Automobiltechnisches Handbuch

2. Lieferung

(Seite 763—1266)

Technischer Verlag Herbert Cram, Berlin

V. Teil.

Otto-Motoren.

Von Richard Bussien, VDI u. ATG, Köln.

I. Gestaltungsgrundlagen.

Kleiner Hubraum — große Hubraumleistung.
Elastischer Lauf, gute Drehzahlausnutzung.
Verwindungsfreie, stoßdämpfende Aufhängung.
Betriebstüchtigkeit auch bei kleinem Hubraum.
Höchstdrehzahl durch Gasgeschwindigkeit begrenzt.
Ständige Betriebsbereitschaft.
Wirtschaftlicher Kraftstoffverbrauch bei Drosselleistung.
Geräuschlos, Schalldämpfung.
Schwingungsfrei im gesamten Drehzahlbereich.
Lange Lebensdauer, wenig Instandsetzungsarbeit.

II. Betriebsbedingungen.

Längeres Einfahren.
Start mit kaltem Motor.
Anfahrdrehmoment durch Kupplung und Getriebe herabgesetzt.
Volleistung nur vorübergehend.
Betriebsdauerleistung etwa 35% der Volleistung bei PKW.
Viele Fahrtunterbrechungen und starke Belastungsschwankungen.
Viel Leerlauf.
Plötzliches Beschleunigen und Abbremsen.
Stöße beim Kuppeln.
Stöße durch Unebenheiten der Fahrbahn.
Bremsen mit Motor.

III. Bewertung.

a) „Literleistung". D. h. : PS je Liter Hubvolumen. Hierbei ist gleichzeitig die Drehzahl anzugeben.

Moderne Personenwagenmotoren weisen jetzt eine Literleistung von 22 bis 25 PS in dem Drehzahlbereich von 2600 bis 3800 auf. Vereinzelt bis 40 PS.

Moderne Lastwagen-Ottomotoren von 1000 bis 3600 Umdr./min 8 bis 25 PS je Liter.

Fahrzeugdieselmotoren haben bei Drehzahlen bis 2200 i. d. min. eine Literleistung von 16 PS/l als Höchstwert.

b) „Mittlerer Arbeitsdruck" in kg/cm²:

Kleinstfahrzeugmotoren	3—5 kg/cm²,	
Personen- und Lastwagen-Otto-Motore	5—7 „	vereinzelt bis 8,5,
Dieselmotoren	5—6,5 „	

c) „Mittlere Kolbengeschwindigkeit":

Kleinstfahrzeugmotoren	6— 9 m/sek.	
Personenwagenmotoren	8—12 „	vereinzelt bis 16.

Lastwagenmotoren sind den Personenwagenmotoren gleich.

d) „Kolbenbelastung". Die Wärmebelastung des Verbrennungsraumes wird durch das Verhältnis von Leistung zur Kolbenfläche

$$\frac{N}{F}$$

ausgedrückt. Es beträgt bei fast allen Motorarten

0,17—0,25 PS/cm².

Ausländische Personenwagenmotoren findet man mit bis 0,38 PS/cm².

Je kleiner der Hubraum, desto niedriger ist die Kolbenbelastung.

e) „Mechanische Schnell-Läufigkeit". $n \cdot \sqrt{N}$. Sie ist ein Maß für die mechanische Beanspruchung des Motors und kann in Abhängigkeit vom Zylinderhubvolumen oder vom Gesamthubvolumen ausgedrückt werden[1]).

Wenn man in den Ausdruck der mechanischen Schnell-Läufigkeit[2])

$$n \cdot \sqrt{N}$$

für die Leistung N das Produkt aus mittlerem Druck, Kolbenfläche, Hub und Drehzahl und für die Drehzahl den gleichen Verhältniswert

$$\frac{c_m}{2s}$$

(c_m = mittlere Kolbengeschwindigkeit, s = Hub)

einsetzt, so erkennt man nach Weglassung der dabei unwichtigen Zahlengrößen, daß die mechanische Schnell-Läufigkeit eines Zylinders bestimmt ist durch die Größe

$$p_m^{1/2} \cdot D \cdot c_m^{3/2} \cdot s^{-1}$$

(p_m = mittlerer Druck, D = Zylinderbohrung).

Die mechanische Schnell-Läufigkeit wird also durch den mittleren Druck nur in der $^{1}/_{2}$-Potenz beeinflußt, vom Zylinderdurchmesser in der einfachen, von der Kolbengeschwindigkeit in der $^{3}/_{2}$-Potenz, dem Hub ist sie umgekehrt verhältig. Wenn man die Arbeitsweise in Form der Taktzahl noch einsetzen würde, würde diese mit t^{-1} erscheinen.

Die mechanische Schnell-Läufigkeit ist gleichzeitig ein Maßstab für die Güte des Triebwerks des ganzen Wagens.

Bild 1 zeigt den ungefähren jetzigen Verlauf der Schnellaufwerte für vollständige Motoren, und zwar in Abhängigkeit vom Gesamthubraum.

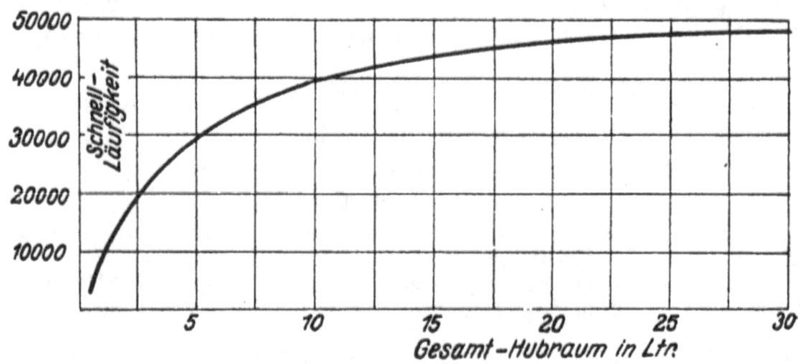

Bild 1. Schnell-Läufigkeit

Die Kurve steigt bei den kleinsten Abmessungen recht schnell, um dann bei den großen Abmessungen (Flugmotoren) fast gerade zu laufen.

f) „Leistungsgewicht" (Motorgewicht/Bremsleistung):

$$\frac{G}{N_e}.$$

Kleinstmotoren	4,5—10 kg/PS,
Personenwagenmotoren	3,0— 5,5 ,,
Lastwagenmotoren (Diesel)	5,0— 9,0 ,,

g) „Hubraumgewicht" (kg/l) $\frac{\text{Motorgewicht}}{\text{Hubvolumen}}$;

Kleinstmotoren	230—265 kg/l,
Personen- und Lastwagenmotoren .	55—120 ,,

[1]) ATZ 13 (1934) S. 343.
[2]) Prof. Dr. W. Kamm.

IV. **Leistung**[1]. (4-Takt-Motoren)

1. Die vier Hübe.

Die Arbeitsweise des Viertaktes ist folgende:
I. Takt: (Kolben läuft im Zylinder abwärts.) Ansaugen des Gasgemisches.
II. Takt: (Kolben läuft nach oben.) Verdichten des Gasgemisches.
III. Takt: (Kolben läuft nach abwärts.) Verbrennen des Gasgemisches. Arbeitstakt.
IV. Takt: (Kolben läuft nach oben.) Ausstoßen der verbrannten Gase.

Die einzelnen Arbeitstakte fallen nicht genau mit den Hüben der Kolben zusammen, sondern werden durch die Öffnungszeiten der Aus- und Einlaßventile abgegrenzt. Ventilöffnungszeiten s. S. 728.

a) Saughub.

Wenn Saughub beginnt, ist Auspuffhub beendet. Es befinden sich also im Verdichtungsraum v_c verbrannte Gase mit höherer Temperatur, etwa 100° C und geringem Überdruck. Saughubvolumen v_h kann also nicht voll mit Frischgas angesaugt werden. Es ergibt sich der volumetrische Wirkungsgrad durch die Menge der frisch angesaugten Ladung v_a zu

$$\eta_{vol} = \frac{v_a}{v_h}$$

Gasvolumen hängen stark von Druck und Temperatur ab. Es muß also das Gasgewicht zugrundegelegt werden, da hiervon der Wärmewert und somit die Arbeit des Hubes abhängt.

Es ergibt sich der Füllungs- oder Lieferungsgrad

$$G_a : G_0,$$

worin $G_0 = \gamma_0 \cdot v_h$ in kg ist und γ_0 das spezifische Gewicht bei 15° C und 760 mm Barometerstand des Kraftstoffgemisches. Der tatsächliche Wert (Gewicht) des Frischgasvolumens ist $G_a = \gamma_a \cdot v_a$ in kg.

Es ergibt sich der Füllungsgrad

$$\eta_l = \frac{G_a}{\gamma_0 \cdot v_h} \qquad \eta_0 = 1{,}2255 \text{ kg/m}^3 \text{ bei } 15^0 \text{ C und } 760 \text{ mm.}$$

Nach Messungen ist $\eta_l = 0{,}5$ bis 0,9 in Praxis meist unter 0,6; weil hohe Temperatur im Zylinder herrscht und das Gasgemisch gleichfalls mehr als 15° C aufweisen muß, um Kondensat-Niederschläge zu vermeiden.

Außerdem herrscht nicht stets der Zustand von 15° C und 760 mm Barometerhöhe. Alle anderen Werte geben andere Motorleistung. (Siehe Normleistung und Höhenleistung Seite 718.)

Der Saughub ist der wichtigste zur Leistungserhöhung, deshalb beachten:
Niedrige Zylinderinnentemperatur, also gute Kühlung.
Niedrige Gemischtempertaur, hohes Gewicht derselben.
Niedriger Druck der verbrannten Restgase.
Geringer Unterdruck im Zylinder beim Ansaugen (keine Drosselung in der Ansaugleitung).

b) Verdichtungshub.

Hängt von Endtemperatur T_a und Enddruck p_a des Saughubes ab und hiervon sowie von der Höhe der Verdichtung

$$\varepsilon = \frac{v_c + v_h}{v_c}$$

Verdichtungsdruck p_c und Verdichtungstemperatur T_c.

Verdichtungslinie im Diagramm ist eine Polytrope mit dem Exponenten ca. $n = 1{,}35$. Es ist also am Ende der Verdichtung

$$p_c = p_a \cdot \varepsilon^n$$

$$T_c = T_a \cdot \varepsilon^{n-1}.$$

---

[1]) Alle Leistungsangaben beziehen sich auf Motoren ohne Vorverdichter (Gebläse oder Kompressor). Über diese und ihren Zusammenhang mit den Motoren berichtet ein besonderer Abschnitt.

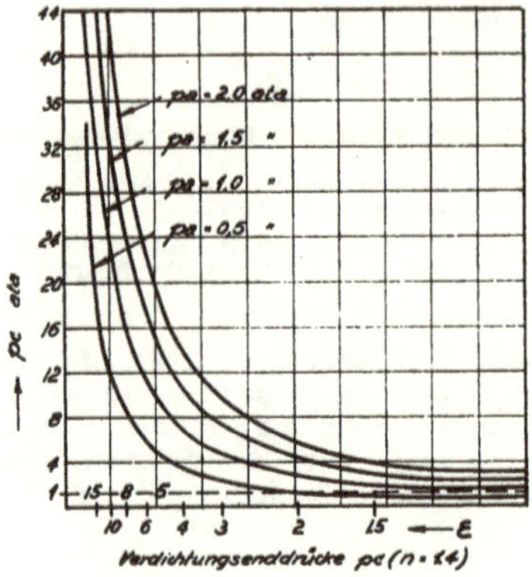

Bild 2. Verdichtungsenddrücke

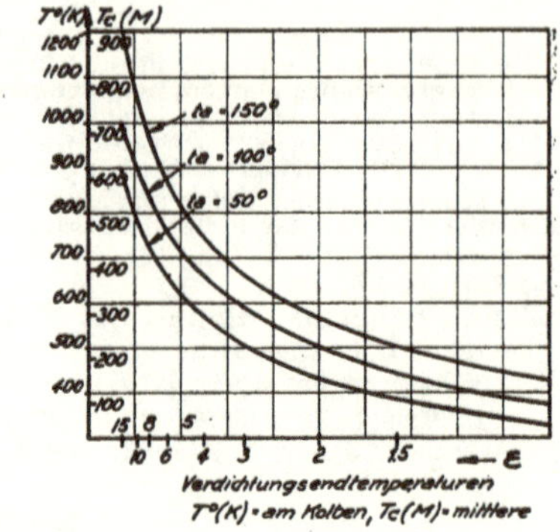

Bild 3. Verdichtungsendtemperaturen

Diese Werte hängen, wie zu sehen, von den Ergebnissen am Ende des Saughubes ab[1]).

A. E. Thiemann sagt hierzu:

Bei der Bestimmung der Verdichtungsendtemperatur $T_c = T_a \cdot \varepsilon^{x-1}$ und des Verdichtungsenddruckes $p_c = p_a \cdot \varepsilon^{x}$ ist die richtige Schätzung des Exponenten wesentlich, was aber sehr schwierig ist, weil

- x steigt mit der Drehzahl,
- x steigt mit der Motortemperatur,
- x fällt mit steigendem Verdichtungsverhältnis,
- x fällt mit abnehmender Zylindergröße,
- x hängt ab vom Zustand der Kolbenringe und des Kolbens.

Bei einem kalten Fahrzeugdieselmotor, der im Winter bei 0° C mit $n = 150$ angeworfen wird, dürfte x höchstens 1,2 bis 1,25 sein. Sobald der Motor aber zündet, wird infolge des Abgasrestes und der höheren Drehzahl $x \cong 1{,}3$ und bei betriebswarmer Maschine auf $\sim 1{,}33 \div 1{,}36$, bei großen Zylindern sogar bis auf 1,39 steigen.

Die Anfangsdrücke von 0,5 bis 1,0 atm für selbstansaugende Motoren ergeben bereits sehr stark abweichende Bnddrucke (siehe Kurve, Bild 2).

Ebenso ergeben die Anfangstemperaturen mit kleinen Unterschieden starke Unterschiede in den Verdichtungsendtemperaturen T_c. Siehe Kurven Bild 3 u. Bild 3a.

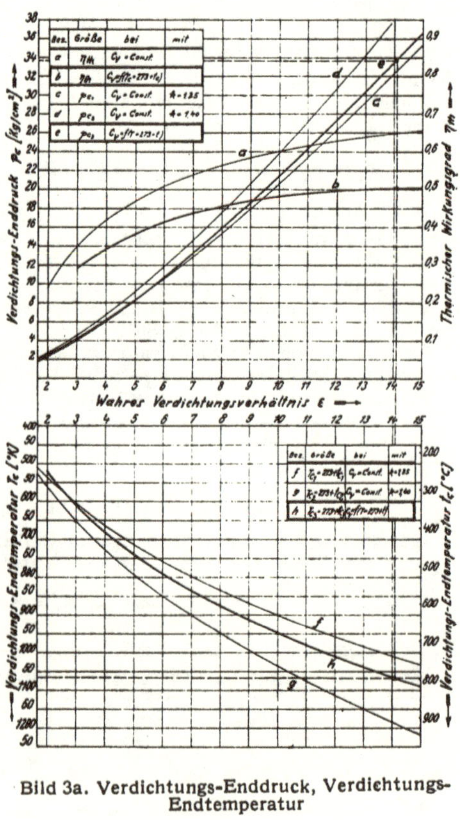

Bild 3a. Verdichtungs-Enddruck, Verdichtungs-Endtemperatur

[1]) Siehe ATZ 1938 S. 57 Heft 3; 1938 S. 511 Heft 19; 1939 S. 27 Heft 2.

T_c ist Mittelwert. An den gekühlten Zylinderwänden niedriger, am höchsten am Kolbenboden und Auslaßventil, also den ungekühlten Stellen. (Über Verdichtung siehe Seite 716.)

c) Verbrennungs- oder Ausdehnungshub (Arbeitstakt).

Die Verdichtung liegt unter dem Zündpunkt (Selbstzündung), deshalb ist Zündfunken erforderlich. Da im oberen Totpunkt die größte Drucksteigerung eintreten soll, um den Kolben zum Arbeitshube genügend zu beschleunigen, muß der Zündfunke vor dem oberen Totpunkte eingeleitet werden. Sogenannte Vorzündung. Sie wird durch die Zündgeschwindigkeit des brennbaren Gemisches gegeben. Zu frühe Zündung gibt beste Kraftstoffausnutzung allerdings bei höchsten Drücken, evtl. Zündungsklopfen, zu späte, nicht genügende Ausnutzung des Hubes.

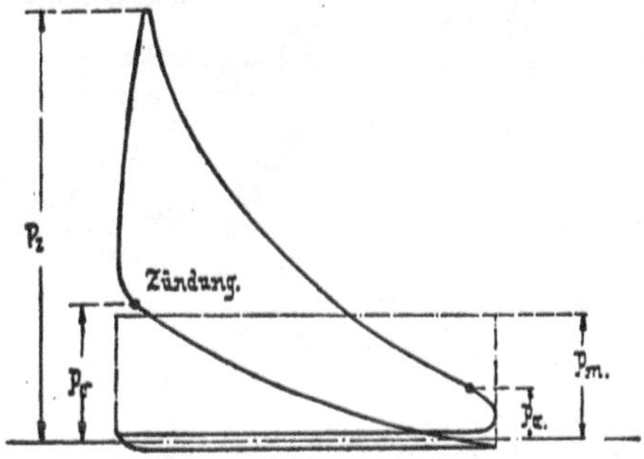

Bild 4. Die vier Hübe (Diagramm)

Die höchste Verbrennungstemperatur T_z ergibt sich als Mittelwert zu

$$T_z = T_c \cdot \frac{p_z}{p_c}.$$

In Praxis zwischen 1600 und 1800° C.

Die Höchstdrucke sind abhängig von der Verdichtung und betragen bis 45 atm. Es ergibt sich folgende Beziehung:

$$\frac{p_c}{p_z} = \frac{T_c}{T_z}.$$

Die Ausdehnungslinie ist eine Polytrope mit etwas veränderlichem Exponenten n, im Mittel $n = 1,2$.

d) Auspuffhub.

Beginnt mit Öffnung des Auslaßventiles, das etwa 15 v. H. vor unterem Totpunkt geöffnet wird, um die verbrannten Gase aus dem Zylinder zu entfernen. Sie haben also in diesem Moment noch eine Spannung von mehreren atm, so daß hohe Strömungsgeschwindigkeiten (bis 900 m/sek) entstehen. Geräusche und Schwingungen treten auf.

Die vier Hübe sind im Diagramm Bild 4 dargestellt.

2. Leistungsberechnung. Viertakt.

a) Leistung ist abhängig vom mittleren effektiven Arbeitsdruck p_m, der Drehzahl und den Abmessungen von Bohrung und Hub nach:

$$N_e = \frac{p_m \cdot F \cdot s\ n}{2 \cdot 60 \cdot 75} \cdot i$$

Hierin ist: F = Kolbenfläche in cm²,
s = Kolbenhub in m,
n = Drehzahl,
i = Anzahl der Zylinder.

Für den Entwurf sind im allgemeinen gegeben

$$N_e;\ i \text{ und } n;$$

das Hubvolumen eines Zylinders ergibt sich also zu

$$V_h = F \cdot s = \frac{9000 \cdot N_e}{p_m \cdot n \cdot i} \text{ (Viertakt)}$$

$$V_h = \frac{4500 \cdot N_e}{p_m \cdot n \cdot i} \text{ (Zweitakt).}$$

Die Erhöhung der Drehzahl wird stets weiter angestrebt. Man ist hierin bei normalen Motoren bis 3600, bei Spezialmotoren sogar bis über 4000 und bei Rennmotoren sogar über 7000 gegangen. Das Bestreben, mit einem kleinen Motor eine große Leistung zu erzielen, wirkt darauf hin, mit der Drehzahl so hoch zu gehen, wie irgend möglich ist. Der kleinere Motor mit der höheren Leistung muß angestrebt werden, da hiervon die Wirtschaftlichkeit und das Wagengewicht des Kraftwagens in hohem Maße abhängig ist. Es ist jedoch klar, daß ein Motor mit niedriger Drehzahl eine längere Lebensdauer, größere Betriebssicherheit und einen geringeren Ölverbrauch hat, so daß es bei Gebrauchswagen mit stets hoher Beanspruchung vorteilhafter ist, den Motor nicht so schnell laufen zu lassen. Bei Lastwagenmotoren ist es allgemein üblich, mit etwa 2500 Umdrehungen je Minute zu arbeiten, während man bei Schnellastwagen bis 3000, neuerdings bis über 3000 Umdrehungen je Minute geht und Personenwagen-Motoren verwendet.

Die größtmögliche Drehzahl ist abhängig von den Ventilöffnungs- und den Saugkanalquerschnitten sowie dessen Führung, also dem Lieferungsgrad des Saughubes, und dem Gewicht der hin und her gehenden Massen.

Von den erstgenannten Beschaffenheiten und der Höhe des Verdichtungsdruckes ist in weitem Maße der mittlere effektive Druck p_m abhängig. Auf diese Weise ist auch bei langsamer laufenden Motoren eine höhere Leistung zu erzielen. Der mittlere effektive Druck p_m wird aus der Bremsleistung und Drehzahl des Motors berechnet nach

$$p_m = \frac{900 \cdot N_e}{F \cdot s \cdot n} \text{ je Zyl. oder } p_m = \frac{900 \cdot N_e}{H \cdot n}$$

Hierin ist: N_e = Bremsleistung,
F = Kolbenfläche in cm²,
s = Hub in m,
n = Drehzahl bei obiger Bremsleistung,
H = Hubvolumen des Motors in ltr. für den Motor

Der mittlere indizierte Druck p_i kann auch aus dem Arbeitsdiagramm, wie ein solches in Bild 4 dargestellt ist, in bekannter Weise ermittelt werden. Für gewöhnlich nimmt man den mittleren Druck p_m jedoch als praktisch erprobten Erfahrungswert bei dem Entwurf an, um ihn nach erfolgter Bremsung zu errechnen.

Nachstehend sind einige Werte von p_m für verschiedene Brennstoffe zusammengestellt.

Benzin, Benzol:
- Durchschnittswert 5 kg/cm².
- Erreicht wurden 6 und 7 kg/cm² und bei Flugmotoren und Rennmotoren mit Leichtbenzin sogar bis über 9 kg/cm².

Petroleum, 3,5—5 kg/cm².
- Mit Gemischen von Benzol und Spiritus hat man mit normalen, nicht umgeänderten Benzinmotoren Werte bis 7,5 kg/cm² erreicht.

Der mittlere Druck ist das Kennzeichen der guten Ausnutzung der Ladung, ein Merkmal der hochentwickelten Maschine, also ein Leistungskennzeichen. Es ist demnach anzustreben, p_m zu steigern.

Bei allen Festigkeitsrechnungen ist nur mit dem Explosionsdruck, der vom Lieferungsgrad des Saughubes und dem Verdichtungsverhältnis abhängig ist, zu rechnen.

Im allgemeinen wird mit einem viel zu niedrigen Explosionsdruck gerechnet. Man kann für normale Motoren mit einem Explosionsdruck rechnen, der etwa dem Vierfachen des Verdichtungsdruckes entspricht. Hochleistungs- und Sportmotoren haben einen noch höheren Explosionsdruck, der etwa bei dem 5- bis 6fachen Verdichtungsdruck liegt, bis 45 atm und höher für Rennmotoren.

Bei der Beurteilung der Leistung eines Motors ist nicht allein die PS-Zahl maßgebend, sondern vor allem das

b) Drehmoment errechnet sich aus Leistung N und Drehzahl n zu

$$M_d = 716{,}2 \cdot \frac{N}{n} \text{ in mkg.}$$

Am angetriebenen Wagenrade ist das Drehmoment um die Übersetzung zwischen Motor und Wagenrad höher, jedoch ist der Wirkungsgrad des Triebwerkes in Betracht zu ziehen.

In Bild 5, den Kennlinien eines Motors, ist M_d für den Drehzahlbereich dargestellt. Das höchste Drehmoment liegt bei der Drehzahl, bei der der Motor den besten Füllungsgrad hat. Dieser kann durch Herabsetzung der Widerstände im Ventilöffnungs-Querschnitt, also Vergrößerung desselben, und in der Saugleitung erhöht werden. Durch Druckaufladung ist das gleiche möglich. Die erste Möglichkeit kann jedoch nur bis zu einem gewissen Grade ausgenutzt werden, da sonst bei niedriger Drehzahl durch die zu niedrige Ansauggeschwindigkeit eine zu geringe Füllung erzielt wird und ein schlechter Anzug des Wagens, das heißt, schlechte Leistung bei niedrigen Drehzahlen, die Folge ist. Bei Rennwagen wird hierauf natürlich keine Rücksicht genommen, denn solche fahren nicht im engen Stadtverkehr. Hier muß die Füllung so hoch wie möglich durch Vorverdichter getrieben werden.

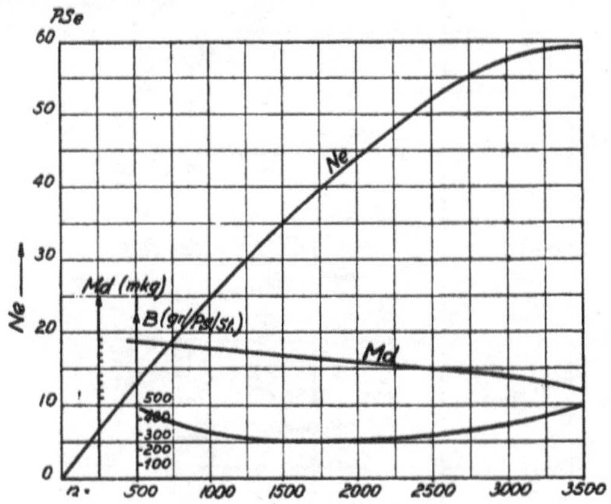

Bild 5. Kennlinien eines Motors

Durch Vorverdichter auch bei niedriger Drehzahl eine ausreichende Füllung und somit großes Drehmoment zu erzielen, scheiterte in der Praxis bisher.

Die Steigerung der Leistung findet ihre Grenze in der Unmöglichkeit, die Wärme zu beherrschen. Besondere Zylinderkopf-, Ventil- und Kolbenkonstruktionen werden erforderlich, und besonders die Haltbarkeit der Zündkerzen läßt zu wünschen übrig. Baustoffe, die der Wärme standhalten und nicht zum Glühen neigen, sowie beste Kühlmöglichkeiten sind weiter zu entwickeln zur Förderung der Leistung und somit Wirtschaftlichkeit.

c) Verdichtung. Ein besonders wichtiger Faktor, um die Leistung hochzubringen, ist das Verdichtungsverhältnis ε. Es ist das Verdichtungsverhältnis

$$\varepsilon = \frac{V}{V_c + V_h} \text{ (siehe Bild 6).}$$

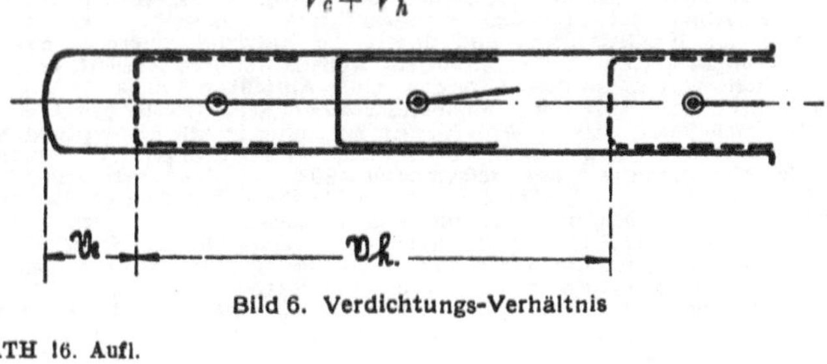

Bild 6. Verdichtungs-Verhältnis

Erfahrungsgemäß ist für

Benzin	$\varepsilon = 1 : 4{,}25$ bis $1 : 5{,}2$
Benzol	$\varepsilon = 1 : 5$ bis $1 : 8$, und darüber bis $1 : 9$,
Spiritus	$\varepsilon = 1 : 6{,}5$,
Petroleum	$\varepsilon = 1 : 3{,}5$ bis $1 : 3{,}8$.

Das Bestreben geht dahin, das Verdichtungsverhältnis zu erhöhen, um wirtschaftlicher zu arbeiten. So macht man jetzt bei normalen Motoren

$$\varepsilon = 1 : 5{,}5 \text{ bis } 1 : 6{,}5$$

bei Motoren für Sportzwecke

$$\varepsilon = 1 : 6 \text{ bis } 1 : 7,$$

für besondere Leistungen wohl noch höher, bis 1 : 13.

Generatorgas-Motoren haben 1 : 7 bis 1 : 9.

Unter den wissenschaftlichen Abhandlungen, die sich mit diesen Fragen befassen, ist am bekanntesten die des Engländers Ricardo geworden. Ferner wurden von der wissenschaftlich-technischen Abteilung des Benzolverbandes im Rahmen ihrer Forschungsarbeit über diese Zusammenhänge praktische Versuche an luftgekühlten Motoren durchgeführt, die die günstige Wirkung hoher Verdichtungsgrade bestätigen. Besonderes Interesse bieten die Versuche für die Praxis dadurch, daß sie unter ausgesprochenen Betriebsbedingungen zunächst auf dem Prüfstand durchgeführt wurden.

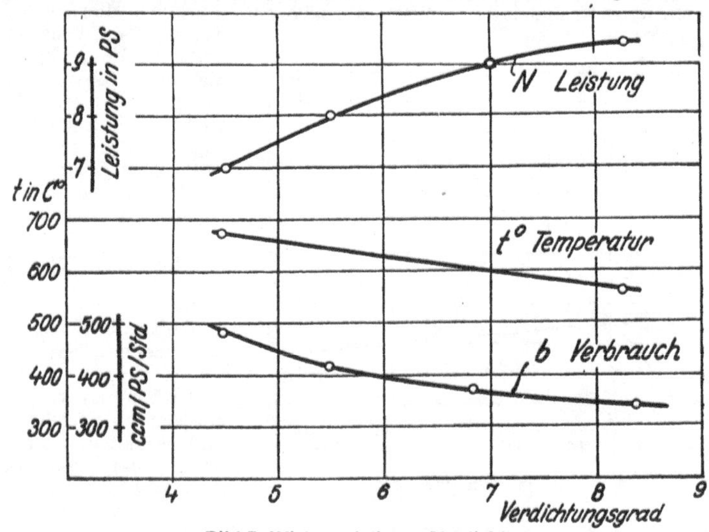

Bild 7. Wirkung höherer Verdichtung

Dann wurden die Ergebnisse durch Kontrollversuche auf der Landstraße überprüft. Aus den umfassenden Versuchsreihen ergab sich eine Fülle der interessantesten Ergebnisse über das Verhalten luftgekühlter Motoren in Abhängigkeit vom Vergaser und Zündungseinstellung, Klima, Betriebsbedingungen, Fahrweise usw., aus denen hier nur eines herausgegriffen sei: die Beziehung zwischen Verdichtungsgrad, Leistung, Verbrauch und Betriebstemperatur. Bei den verarbeiteten Vergleichsmessungen (siehe Bild 7) wurde jeweils von der für die Leistung günstigsten Einstellung von Vergaser und Motor ausgegangen.

Am meisten überrascht bei Steigerung des Verdichtungsgrades nicht, daß der Verbrauch bei erheblicher Leistungssteigerung stark zurückgeht, sondern daß die Temperatur der Auspuffgase und damit die Betriebstemperatur des Motors sinkt. Das steht in glattem Widerspruch zur weitverbreiteten Ansicht, daß die Motoren durch Höherverdichten heißer werden; einer Ansicht, die meist darauf gestützt wird, daß höherverdichtete Motoren wärmefestere Zündkerzen verlangen. Diese richtig beobachtete Erscheinung ist kein Widerspruch zur aufgestellten Behauptung, sondern erklärt sich ganz einfach dadurch, daß bei der Höherverdichtung die Spitzentemperaturen bei der Verbrennung etwas steigen, und daß durch die Höherverdichtung die Leistung des Motors, seine Spitzendrehzahl im Gefolge der höheren Fahrzeugendgeschwindigkeit und damit natürlich die Wärmebelastung der Kerzen steigt. Daß dabei die Temperatur der Auspuffgase sinken muß, ist nur ein scheinbarer Gegensatz. Bei hoher Verdichtung ist die Verbrennung eine saubere und vollkommenere, und alle thermischen Verhältnisse werden dadurch günstiger.

Die Leistungssteigerung bei Höherverdichtung ist eine Folge der besseren Verbrennung, der höheren mittleren Drücke, obgleich die Spitzendrücke bei guten, weichverbrennenden Brennstoffen, wie es die in Deutschland verwendeten Benzolgemische sind, nicht übermäßig steigen. Der Brennstoffverbrauch sinkt zwangsläufig, da für jedes PS der Brennstoffbedarf ein geringerer ist, wenn man aus der gleichen Brennstoffmenge mehr PS herausholt. Wenn der Motor mehr leistet, braucht man für eine bestimmte Geschwindigkeit nicht so viel Gas geben: man fährt sparsamer. Die Erfolge höherer Verdichtung sind je nach der Bauart des Motors etwas verschieden, ebenso die obere Grenze. Bei den Versuchsmaschinen wurde durchschnittlich bei einer Verdichtungssteigerung von 1 : 4,5 auf 1 : 7 eine Leistungssteigerung um 23 % und gleichzeitig eine Verbrauchsminderung um 26 % erzielt.

Gestaltung des Verdichtungsraumes und die Vermeidung von Wärmestaustellen, Leichtmetallzylinderköpfe und Lage der Zündkerze sind bestimmend für die Höhe der möglichen Verdichtung.

d) Normleistung.

Nutzleistung (PSe) Leistung an der Kupplung des in allen Teilen einschließlich der Saug- und Auspuffanlage reihenmäßigen Motors unter normalen Betriebsbedingungen[1]). Bei der Prüfung müssen Windflügel und Wasserpumpe bzw. Kühlluftgebläse, Kraftstoff-Förderpumpe und unbelastete Lichtmaschine mitlaufen.

Dauerleistung (PSe) Größte Nutzleistung, die der Motor dauernd abgeben kann, ohne daß die Wärmebeanspruchung die zulässige Grenze überschreitet.

Höchstleistung (PSe) Größte Nutzleistung, die der Motor mindestens 10 Minuten lang abgeben kann. Bei Bestimmung der Höchstleistung ist vom Beharrungszustand der Dauerleistung auszugehen. Nach dem Höchstleistungsbetrieb muß der Motor, wieder auf die Dauerleistung zurückgebracht, einwandfrei weiterarbeiten.

Bei Leistungsangaben ist stets die zugehörige Drehzahl je Minute anzugeben.

e) Leistung in verschiedenen Höhen.

Die Leistung nimmt mit niedrigem Barometerstand (größerer Höhe über dem Meere) ab. Ferner ergeben Temperaturveränderungen andere Leistungen. Deshalb wird die Leistung stets für den Normalzustand bezogen angegeben, das sind: 735,6 mm Barometerstand

20° C Lufttemperatur

für Deutschland (siehe unter d). Andere Länder rechnen mit $b = 760$ und 15° C. Die relative Luftfeuchtigkeit φ ändert ebenfalls die Leistung[2]). Die Formel für N siehe Fußnote.

f) Drehzahl und Kolbengeschwindigkeit. Gesichtspunkte hierfür sind:

Lebensdauer
Gewicht
Geräusch.

Nutzfahrzeuge erfordern lange Lebensdauer, also niedrige Drehzahl. Schnell-Läufer-Motoren sind leicht (Personenwagen- und Rennmotoren).

Hohe Drehzahl ergibt bei langem Hub hohe Kolbengeschwindigkeit, bei kurzem Hub niedrige. Deshalb haben PKW-Motoren meist kurzen Hub, Nutzfahrzeugmotoren und Rennmotoren langen Hub, weil die beiden letzteren fast stets mit Voll-Leistung laufen und der lange Hub günstige thermische Verhältnisse ergibt.

---

[1]) Normale Betriebsbedingungen liegen vor bei der im Fahrzeug reihenmäßig verwendeten Einstellung des Vergasers, der Einspritzpumpe oder des Mischventils unter Zugrundelegung des normalen Kraftstoffes. Die Kühlmittel-Temperatur soll der im normalen Fahrbetrieb auftretenden entsprechen. Die gemessenen Leistungen sollen nach folgender Formel auf 735,6 Torr und 20° umgerechnet werden:

$$N \text{ red.} = N \cdot \frac{735{,}6}{b} \cdot \sqrt{\frac{273 + t}{273 + 20}}$$

b = Barometerstand in Torr am Prüfort
t = Temperatur in ° der angesaugten Luft (gemessen am Prüfort)

[2]) Siehe ATZ 1938 Heft 7, Dr.-Ing. Ernst Frey, Altona und ATZ 1938 Heft 13 Tafel 29.

Die Autobahnen verlangen heute Motoren, die dauernd mit fast der Höchstdrehzahl laufen müssen. Sie erfordern Beachtung, weil nur Nutzkraftwagen in der Regel mit Reglern versehen sind. Der Fahrer muß sich Beschränkung auferlegen und die erprobten Autobahn-Geschwindigkeiten einhalten.

Die mittlere Kolbengeschwindigkeit

$$v_k = \frac{s \cdot n}{30} \quad \text{(Siehe Tafel I.)}$$

erreicht Werte von über 12 m/sek.

Als Erfahrungswert kann heute angenommen werden, daß bei 100 km/Std. Fahrgeschwindigkeit 10 m/sek mittlere Kolbengeschwindigkeit nicht überschritten werden soll, wenn es sich um Motoren für den praktischen Gebrauch in Personen- und Lastfahrzeugen handelt.

V. Verhältnis von Bohrung zu Hub (Hubraum und Zylinderzahl).

1. Hubraum eines Motors ist

$$F \cdot h \cdot i = J_{ltr}$$

Bei internationalen Veranstaltungen wird hiernach klassifiziert. (Feststellung des Hubraumes siehe nachstehende Rechentafel II [Zylinderhubraum]. Der Wert ist mit der Zylinderzahl zu multiplizieren.)

Das Verhältnis von Bohrung : Hub wird bei Personenwagen-Motoren verhältnismäßig klein gemacht, man findet Motoren mit 0,9 : 1; am gebräuchlichsten sind Werte zwischen

1 : 1 bis 1 : 1,65.

Die kleineren Werte finden mit Ausnahmen Anwendung bei Gebrauchs fahrzeug-Motoren, um durch die geringere Kolbengeschwindigkeit eine längere Haltbarkeit der Zylinder und Kolben zu erhalten. Man geht hier soweit, daß der Hub kleiner als die Bohrung ist (Olympia 74 : 80) mit einer mittleren Kolbengeschwindigkeit von unter 10 m/sek bei hoher Geschwindigkeit, 100 km/Std.

2. Zylinderzahl ist üblich:

a) Kleinkraftwagen 1 bis 4 Zyl.

b) Personenkraftwagen
   bis an 2 l Hubraum 4 Zyl.
   von 2 bis 4 l Hubraum 6 und 8 Zyl.
   darüber (Luxuswagen-Motoren) 8 bis 16 Zyl.

c) Lastkraftwagen (nach der neuen Typisierung)
   1½ Tonnen Nutzlast 4 und 6 Zyl.
   3 „ „ 6 „ 8 „
   4½ „ „ 4 „ 6 „
   6 „ „ 6 Zyl.

Sonderfahrzeuge 6 und 12 Zyl.

Sechs- oder Achtzylindermotoren gleichen Hubvolumens sind im Betriebe praktisch gleichwertig, wenn alle konstruktiven Bedingungen richtig erfüllt sind. Der Achtzylinder in Reihe ist mehr unangenehmen Resonanzerscheinungen durch Drehschwingungen der Kurbelwelle ausgesetzt, die den Achtzylinder-Gabelmaschinen fehlen. Sechszylinder- und Gabelmaschinen mit acht Zylindern bauen kürzer, ein wichtiges Moment zur Erzielung eines kurzen Radstandes und zur Gewichtsersparnis.

VI. Ventil-Öffnung und -Steuerung.

1. Ventilöffnung.

Der freie Ventilöffnungsquerschnitt soll so bemessen sein, daß bei höchster Umdrehungszahl die mittlere Gasgeschwindigkeit 50 m/sek möglichst nicht überschreitet, da sonst bereits eine Drosselung des Gemisches eintritt. Auch in sämtlichen Saugkanälen soll die Gasgeschwindigkeit nicht

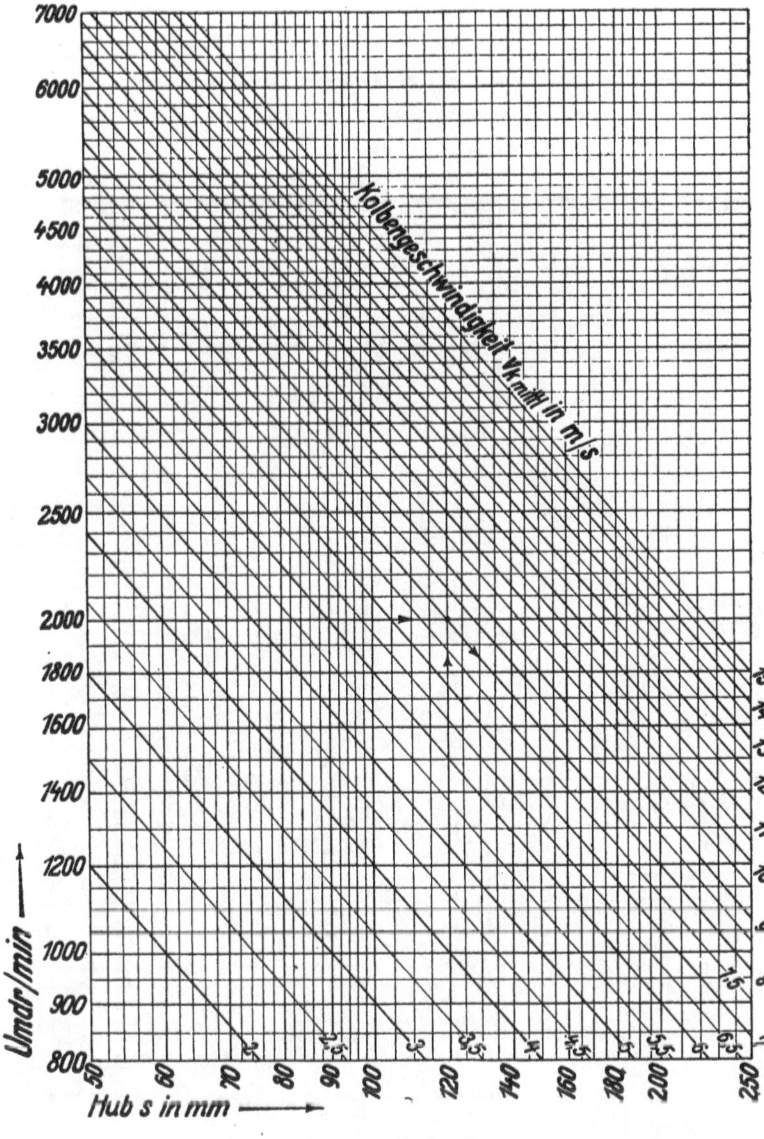

Tafel I. Mittlere Kolbengeschwindigkeit

größer sein. Für langsam laufende Motoren für Zugmaschinen oder Lastwagen geht man besser nicht über 30 m/sek hinaus, um gute Leistungen zu erzielen. Geringe Gasgeschwindigkeit ergibt bei niedrigen Drehzahlen eine bessere Leistung, bei hohen dagegen eine schlechtere[1]).

[1]) Ausführliche Untersuchungen siehe: Prof. Dr. G. Becker, Gemischvorwärmung bei Kraftfahrzeugen, Verlag M. Krayn.

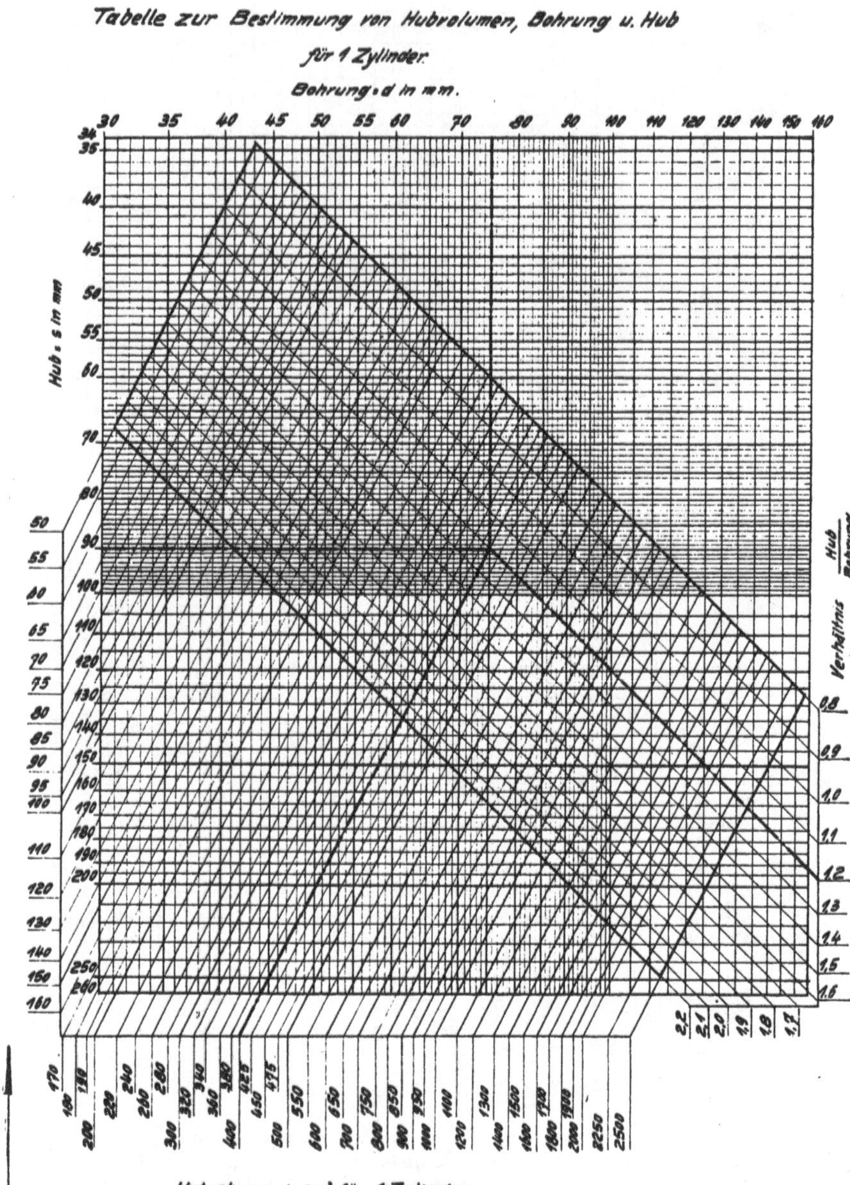

Tafel II. Hubraum

Der Ventilöffnungsquerschnitt berechnet sich nach folgendem Verhältnis: Es muß sein

$$\frac{F}{f} = \frac{v_g}{v_k}$$

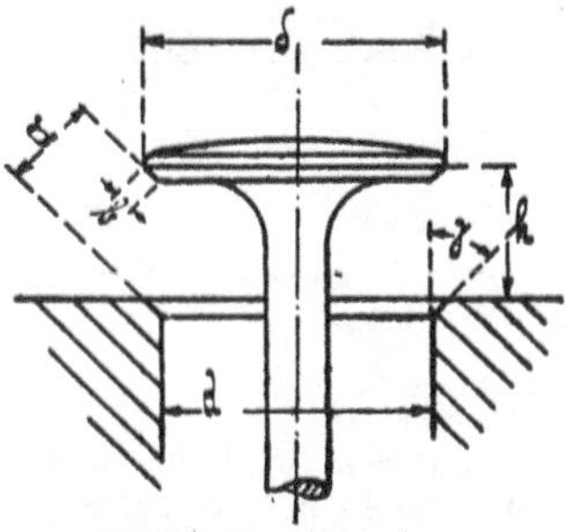

Bild 8. Ventildurchgang

und hieraus

$$f = \frac{F \cdot v_k}{v}.$$

Hierin ist: F = Kolbenfläche,
f = Ventilöffnungsquerschnitt,
v_k = mittlere Kolbengeschwindigkeit,
v_g = Gasgeschwindigkeit.

Der freie Ventildurchgang ist, da fast ausschließlich Ventile mit Kegelsitzfläche in Frage kommen (Bild 8),

$$f = d \cdot \pi \cdot a.$$

Es wird bei $\gamma = 45^0$

$$a = h \cdot \sin \gamma = h \cdot 0{,}707.$$

Für Sport- und Hochleistungsmotoren nimmt man $\gamma = 60^0$, also 30^0 Ventilsitzwinkel, da hierbei, bei gleichem Ventilhube, ein größerer Durchgangsquerschnitt f erhalten wird. Es wird

$$a = h \cdot \sin 60^0 = h \cdot 0{,}8741.$$

Der Hub der Ventile wird erfahrungsgemäß bei Automobilmotoren $^1/_4$ bis $^1/_3$ d, oft auch kleiner gemacht.

Die Sitzbreite b wird allgemein 1,5 bis 2 mm ausgeführt. Ein schmaler Sitz hält besser und länger dicht als ein breiter.

Allzu große Ventildurchmesser haben den Nachteil, daß sich die Ventilteller leicht verziehen und dann nicht mehr dichten, was hauptsächlich bei dem heiß werdenden Auslaßventil eintritt. Für eine reichliche Kühlung ist deshalb hier bei der Konstruktion zu sorgen. Der Sitz des Auslaßventils soll vollständig von Kühlwasser umgeben sein, oder auch die Saugkanäle in geringer Entfernung von den Auslaßventilen geführt werden. Das Einlaßventil wird durch das eintretende Gemisch reichlich abgekühlt, so daß bei diesem ein Glühen nicht eintreten kann.

Wird das Auslaßventil zu groß, daß man befürchten muß, es hält der hohen Erwärmung nicht stand, so können zwei Auslaßventile angeordnet werden, die dann klein genug werden, um der Hitze zu widerstehen. Mit Vorteil läßt sich dieses bei im Zylinderkopf hängenden Ventilen ausführen. Die Steuerung wird allerdings schwieriger, jedoch können die zwei Auslaßventile von einem Nocken aus gesteuert werden.

Da der Auspuff unter Druck entweicht, kann das Auslaßventil einen kleineren Durchmesser erhalten als das Einlaßventil, wodurch das letztere wiederum mehr Platz erhält, also größer gemacht werden kann und eine bessere Füllung erzielt wird, während das erstere sich durch den kleineren Durchmesser nicht so leicht verziehen und aus besserem Material gefertigt werden kann, ohne daß die Gefahr besteht, die Ventile zu vertauschen.

Der Ventildurchmesser d wird ungefähr bei Motoren für PKW halb so groß wie der Zylinderdurchmesser oder so groß wie möglich gemacht.

Ein zu schwacher Ventilschaft fördert das Glühen des Auslaßventiles und stört somit die Betriebssicherheit. Durch den starken Ventilschaft fließt mehr Wärme nach außen und schneller ab.

Höchleistungsmotoren (Renn- und Flugmotoren) rüstet man häufig mit vier Ventilen in jedem Zylinder aus. Man erhält hierdurch einen großen Eintritts- und Austrittsquerschnitt bei verhältnismäßig kleinem Ventildurchmesser.

Das Gewicht der bewegten Steuerungsorgane (Ventilkegel, Stößel usw.) ist so leicht wie möglich zu halten, da hierdurch das Geräusch des Aufsetzens erheblich vermindert wird und die Massenkräfte der bewegten Teile zur Erzielung hoher Drehzahlen niedrig gehalten werden müssen. Durchrechnung des Steuermechanismus, insbesondere Feststellung der Ventilbeschleunigung und Massenkräfte ist unbedingt erforderlich.

2. Ventilbeschleunigung berechnet sich graphisch nach Bild 9 für die verschiedenen Punkte am Nocken nach

$$b_1 = r_1 \cdot w_s^2 \cdot \cos \varphi_1 = r_1 \cdot \left(\frac{\pi n_s}{30}\right)^2 \cdot \cos \varphi_1$$

für den Punkt P_1 und für Punkt P_2 zu

$$b_2 = r_2 \cdot w_s^2 \cdot \cos \varphi_2 = r_2 \cdot \left(\frac{\pi n_s}{30}\right)^2 \cdot \cos \varphi_2.$$

Hierbei ist: w_s = Winkelgeschwindigkeit der Nockenwelle,
n_s = Drehzahl der Nockenwelle in der Minute.

3. Anordnung der Ventile ist von erheblichem Einfluß auf die Leistung eines Motors. Es hat sich erwiesen, daß Motoren mit im Zylinder-

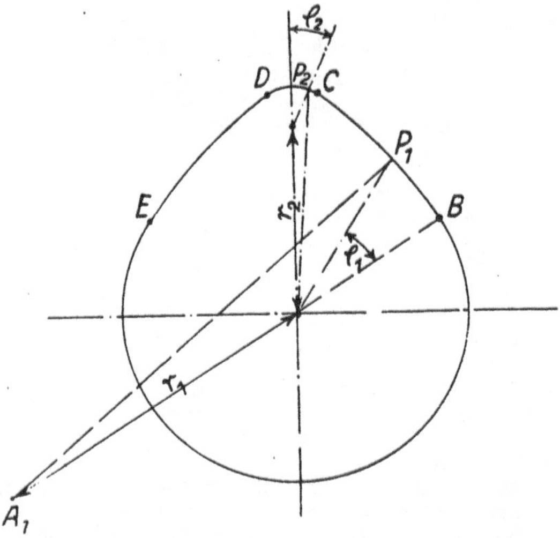

Bild 9. Graphische Berechnung der Ventil-Beschleunigung

kopf hängenden Ventilen höhere Leistung ergeben. Für Nutzmotoren sollte die Konstruktion demnach stets in dieser Weise ausgeführt werden. Allerdings wird das Steuergestänge nicht so einfach wie bei Ventilen, die neben den Zylindern liegen und von unten gesteuert werden. Infolge des vermehrten Steuergestänges ist allerdings der ruhige Lauf der Motoren mit Ventilen im Zylinderkopf hängend beeinträchtigt oder es muß die Steuerwelle oben auf den Zylinder gelegt und die Ventile durch Zwischenhebel oder direkt durch die Nocken betätigt werden.

Für Personenwagen wird demnach der ruhiger laufende Motor mit den von unten gesteuerten und seitlich stehenden Ventilen oder oben liegender Steuerwelle mit im Kopf hängenden Ventilen in Frage kommen, während Nutzmotoren für Lastwagen, Zugmaschinen und Motorpflüge mit im Zylinderkopf hängenden Ventilen, durch Stoßstangen von der untenliegenden Steuerwelle betätigt, ausgerüstet werden sollten.

4. Ventilfedern müssen den Unterdruck im Innern des Zylinders bei gedrosseltem Lauf des Motors überwinden.

Ist p_0 und v_0 der Druck bzw. das Volumen der Gase im Anfang des Saughubes, p und v der Druck bzw. das Volumen der Gase am Ende des Saughubes, bei vollkommen geschlossener Drosselklappe, so erhalten wir

$$p = \frac{p_0 v_0}{v}.$$

Da $p_0 = 1$ gesetzt werden kann, und

$$\frac{v}{v_0} = \varepsilon$$

das Verdichtungsverhältnis bedeutet, so ist

$$p = \frac{1}{\varepsilon}$$

und damit der Unterdruck p'

$$p' = 1 - p; \; p' = \left(1 - \frac{1}{\varepsilon}\right) \text{kg/cm}^2; \quad p' = \frac{\varepsilon - 1}{\varepsilon} \text{kg/cm}^2.$$

Ist weiter der Ventilkegeldurchmesser δ, so ergibt sich die von der Ventilfeder zu überwindende Kraft:

$$P' = \frac{\pi \delta^2}{4} \cdot \frac{\varepsilon - 1}{\varepsilon} \text{kg}.$$

Die Ventilfedern müssen natürlich einen stärkeren Druck als dieses erforderliche Minimum auf die Ventilkegel ausüben, und wenn wir ε im Mittel zu 4,25 setzen, so kann die Federspannung bei geschlossenem Ventil zu $2\,P'$ angenommen werden:

$$P = 2\,P' = \frac{\pi \delta^2}{2} \cdot \frac{3,25}{4,25} = 1,2\,\delta^2 \text{ kg}.$$

Der Federdruck muß bei geschlossenem Ventil so klein wie irgend möglich sein.

Zur Ermittlung der erforderlichen Federabmessungen sind folgende Bezeichnungen eingeführt (Bild 10):

P Federspannung bei geschlossenem Ventil in kg,
P_1 Federspannung bei ganz zusammengedrückter Feder in kg,
P_0 Federspannung bei voll geöffnetem Ventil in kg,
L Länge der Feder bei geschlossenem Ventil in cm,
L_1 Länge der ganz zusammengedrückten Feder in cm,
L_0 Länge der Feder bei voll geöffnetem Ventil in cm,
L_2 Länge der Feder ungespannt in cm,
f Durchbiegung der Feder bei der Spannung P in cm,
f_1 Durchbiegung der Feder bei der Spannung P_1 in cm,
f_0 Durchbiegung der Feder bei der Spannung P_0 in cm,
d Drahtdurchmesser der Feder in cm,
p Mittlerer Halbmesser der Feder in cm,
i Anzahl der voll wirksamen Windungen der Feder,
δ Ventilkegeldurchmesser in cm,
l Ventilhub in cm.

Um einen Sicherheitsfaktor gegen die Gefahr der Federbrüche einzuführen, können wir annehmen, daß die Feder bei geschlossenem Ventil nur die Hälfte ihrer totalen Durchbiegung erreicht hat, also daß

$$f = 0,5\,f_1 \quad \text{und} \quad P_1 = 2\,P \text{ ist.}$$

Der mittlere Halbmesser der Feder ergibt sich aus konstruktiven Verhältnissen und kann als gegeben betrachtet werden.

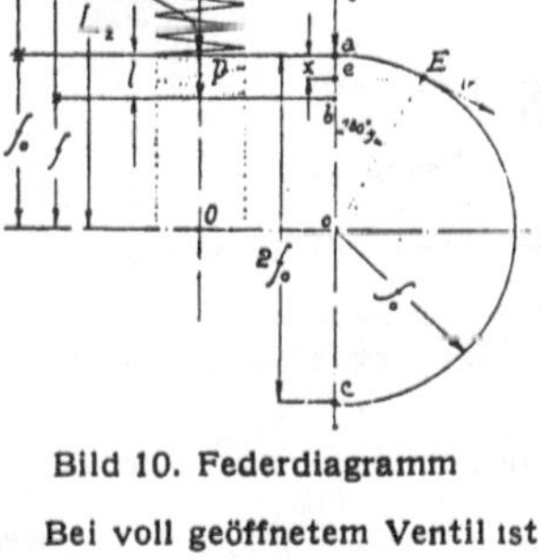

Bild 10. Federdiagramm

Dann ist:

$$P_1 = \frac{\pi}{16} \cdot \frac{d^3}{p} \cdot k_d.$$

Für $k_d = 4500$ erhalten wir

$$d = 0,1042 \sqrt[3]{P_1 \cdot p} \text{ cm}^{1)}$$

und weiter

$$f_1 = \frac{4 \pi i p^2}{d} \cdot \frac{k_d}{G};$$

für $G = 750000$ kg/cm² ergibt sich

$$f_1 = 0,075 \frac{i p^2}{d}.$$

Weiter ist

$$f = 0,5\,f_1$$
$$L_1 = (i + 1)\,d$$
$$L = L_1 + f$$
$$L_2 = L_1 + f_1.$$

Bei voll geöffnetem Ventil ist

$$P_0 = P\left(\frac{l}{f} + 1\right)$$

$$L_0 = L_2 - f - l$$
$$f_0 = f + l.$$

1) Zu beachten ist, daß der Wert von $kd = 4500$ kg/cm² nur für vollständig geöffnetes Ventil gilt, wenn also die Feder ihre größte Zusammendrückung während des Betriebes erhält.

Für Hochleistungs- und Rennmotoren werden unter jedes Ventil zwei Federn gelegt, um größere Sicherheit und sicheres Schließen zu erreichen. Die ungespannte Einbaulänge beider muß gleich sein, sie sollen außerdem entgegengesetzte Steigungsrichtung ihrer Windungen haben.

Ventilfedern[1]) dürfen bei keiner Drehzahl zum Schwingen kommen. Es würde unangenehme Geräusche verursachen, Bruch der Feder herbeiführen und Folgeschäden zeitigen.

Die Schwingungserscheinungen bestehen in einer zusätzlichen Bewegung der Federwindungen gegeneinander. Sie verursachen eine erhöhte Wechselbeanspruchung des Ventilfeder-Werkstoffs.

Durch ausgedehnte Versuche, die teils in England, teils in Amerika durchgeführt wurden, ist der Verlauf und das Zustandekommen der Ventilfederschwingungen geklärt worden. Man hat festgestellt, daß es sich um erzwungene Schwingungen handelt, die durch die in der Ventilerhebungskurve enthaltenen Oberwellen erregt werden. Da die Ventilfedern eine sehr geringe Dämpfung besitzen, genügen Oberwellen mit sehr kleiner Amplitude, um beim Eintritt der Resonanz beträchtliche Schwingungsausschläge herbeizuführen.

Über diese Ergebnisse berichtet E. Lehr zusammenfassend in einem Aufsatz in Nr. 18 der VDI-Zeitschrift vom 6. Mai 1933. Ferner gibt er eine einfache Ableitung für die Theorie der erzwungenen Federschwingungen. Durch Untersuchung der Wanderwellen, die durch den Nockenstoß in der Ventilfeder hervorgerufen werden, wird nachgewiesen, daß auf diesem von Magg früher eingeschlagenen Weg eine befriedigende rechnerische Untersuchung der Ventilfederschwingungen nicht gegeben werden kann.

Die bisher zur Beseitigung der Ventilfederschwingungen vorgeschlagenen Maßnahmen haben noch nicht zu einem brauchbaren Ergebnis geführt. Beachtlich ist der neue Vorschlag, durch Anbringen einer dämpfenden Unterlage unter den festen Stützpunkt der Ventilfedern die Schwingungen zu vermindern.

5. Steuernocken werden so ausgeführt, daß man eine recht schnelle Öffnung des Ventils erzielt, dasselbe recht lange auf dem größten Öffnungsquerschnitt hält, um dann zunächst schnell zu schließen, aber sanft, d. h. ohne Geräusch zu vollbringen, aufgesetzt, d. h. geschlossen wird.

Die Form des Steuernockens[2]) ergibt sich aus:

a. Der Konstruktion der Ventilstößel, jetzt fast ausschließlich Rolle oder rollenartig abgerundeter, der Abnützung entsprechend breiterer Stößel, oder Pilzstößel mit tellerartiger Auflage auf dem Nocken; die heute verbreiteste Ausführung.

b. dem Ventilhub;

c. dem Vor- bzw. Nacheilen des Öffnens und Schließens der Ventile;

d. dem Spielraum zwischen Stößel und Ventilschaft.

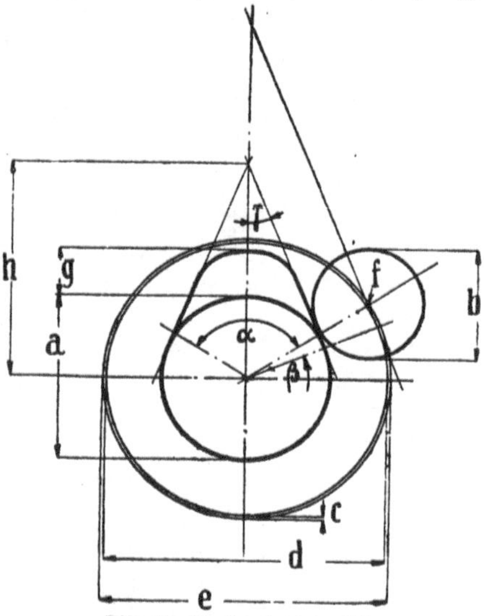

Bild 11. Nockenkonstruktion

Konstruktion des Nockens für Rollen- oder rollenartige Stößel zeigt Bild 11. Es bedeutet:

a = Grundkreisdurchmesser,
b = Rollendurchmesser,
c = Luft zwischen Grundkreis und Rolle, entspricht der Stößelluft.
g = Ventilhub plus c.

Der Grundkreisdurchmesser a ist so groß wie irgend möglich zu machen, da hierdurch der Nocken eine recht runde Form erhält und die Geräusche somit vermindert werden. Außerdem kommt man mit schwächeren Federn aus.

[1]) Siehe: ATZ-Konstruktionstafel 22.

[2]) ATZ 1939 Heft 13 Seite 376 bringt Karl Slevogt einen Aufsatz: Ein konstruktiver Beitrag zur Wahl der Nockenform und Bogennocken von Obering. Otto Ambs, in ATZ. vom 25. März 1943.

Für die Nockenkonstruktion kommen die Kreise vom Durchmesser d und e in Frage, diese haben folgende Abmessungen:

$$d = a + b,$$
$$e = a + b + 2c.$$

Es wird dann der Saug- bzw. Auspuffweg (Winkel α) eingetragen. Jetzt legt man durch den Punkt f des Kreises e eine Tangente an den Kreis d und zu dieser Tangente im Abstande $\frac{b}{2}$ eine Parallele, die gleichzeitig den Grundkreis tangiert. Diese Parallele ist eine Flanke des Nockens. Darauf wird die Länge g (Ventilhub plus Stößelluft) eingetragen, worauf nach Abrunden der Ecken der Nocken bestimmt ist. Das Abrunden nehme man möglichst in einem Bogen vor, da der Nocken hierdurch eine rundere Form erhält und der Stößel mit seiner Rolle nicht so stark beansprucht wird wie bei einem mehr eckigen Nocken. Kontrolle durch Rechnung:

$$\text{Winkel } \beta = \cos \beta = \frac{\frac{d}{2}}{\frac{e}{2}} \qquad \text{Länge } h = \frac{\frac{a}{2}}{\cos\left(\frac{a}{2} + \beta\right)}$$

$$\text{Winkel } \gamma = 90^\circ - \left(\frac{a}{2} + \beta\right)$$

Für Pilz- oder Tellerstößel ist die Nockenform aus einem Hubdiagramm zu ermitteln, wobei die Flanken des Nockens nicht gerade Tangenten sind,

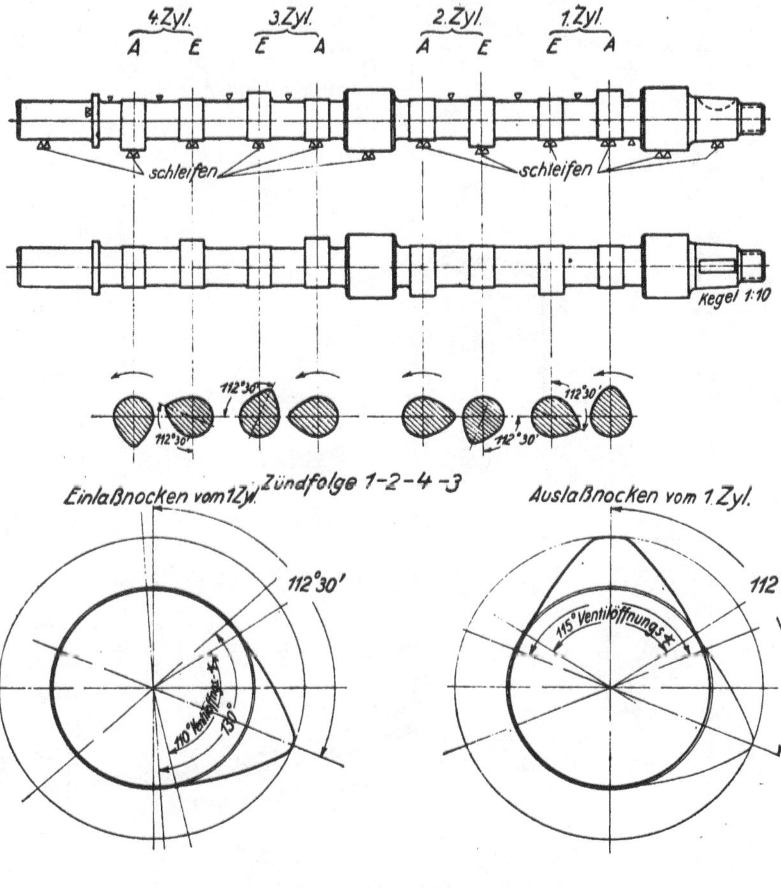

Bild 12. Nockenwelle für Pilzstößel

sondern an den Grundkreis tangierende Kreisbogen sein müssen. Sie ergeben eine größere Füllung des Zylinders gegenüber den Rollenstößeln mit entsprechenden Nocken.

In Bild 12 ist eine Konstruktionszeichnung einer Nockenwelle für Pilzstößel für einen Vierzylindermotor eines Personen-Gebrauchswagens dargestellt.

In der ATZ 1936 Heft 16 Seite 412 u. f. gibt Wolf-Dieter Bensinger, Berlin-Adlershof ausführliche Angaben über den harmonischen Nocken, der allen anderen

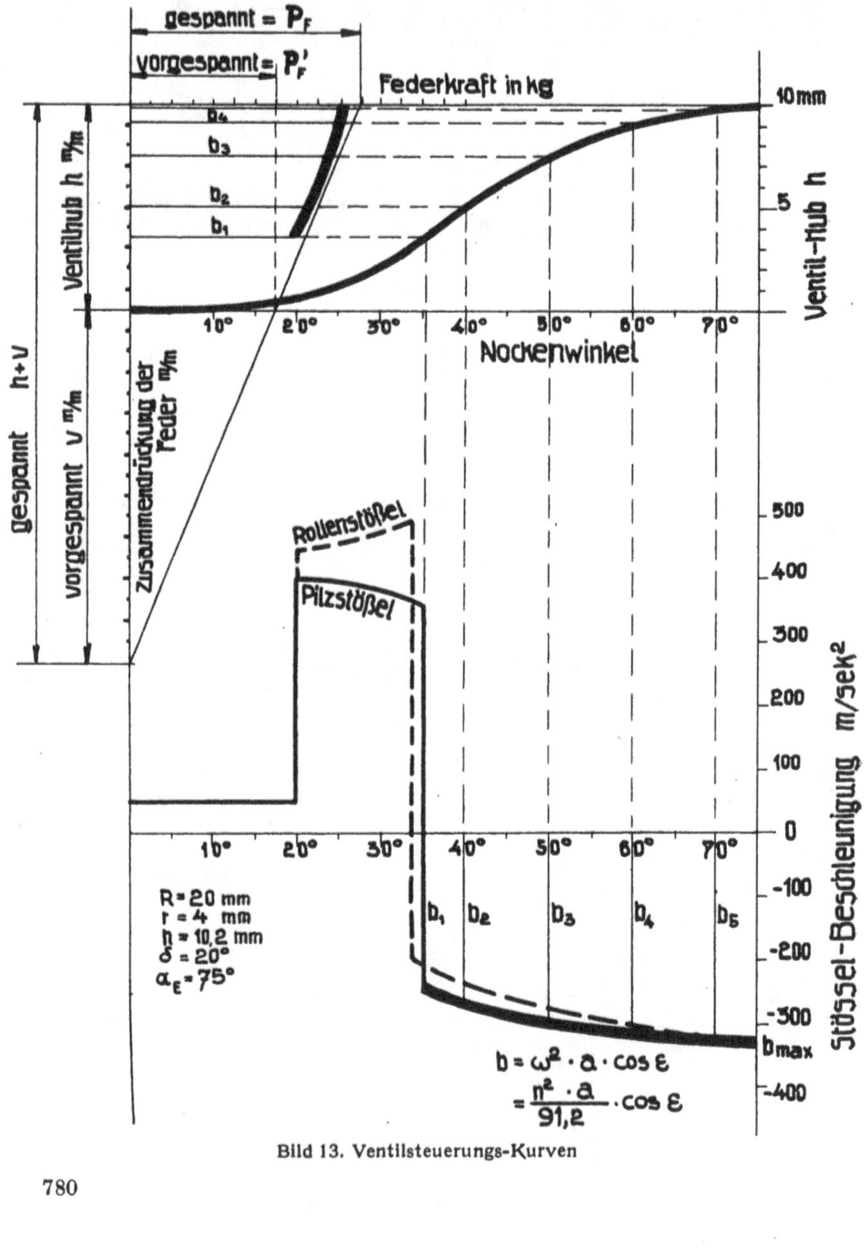

Bild 13. Ventilsteuerungs-Kurven

Nockenformen überlegen ist und besonders die Beanspruchung vom Nocken und Stößel herabsetzt.

Aufzeichnen einer Beschleunigungskurve ist vorteilhaft, in die Ventilhubkurve und Vorspannungsverhältnisse der Ventilfedern eingezeichnet werden können.

Darstellung eines solchen Diagramms Bild 13[1]). Die Federkraft wird hierbei bestimmt aus

$$P_F = 1{,}2 \cdot m \cdot b_{\max} .$$

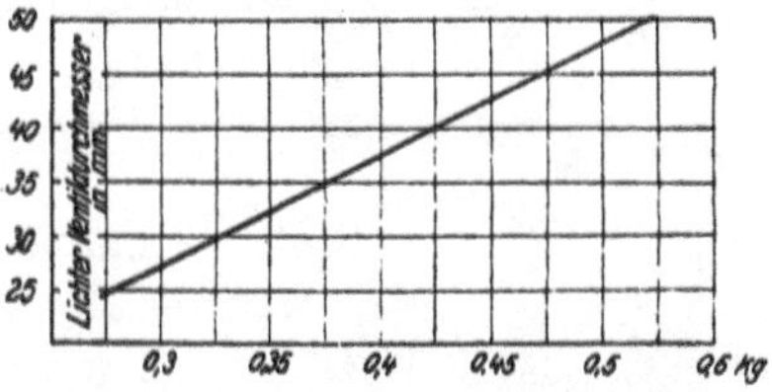

Bild 14. Gewicht der bewegten Teile

Hier ist m die Masse der bewegten Steuerungsteile, b die Ventilbeschleunigung.

Wie das gesamte bewegte Triebwerk muß die Ventilbetätigung so leicht als möglich sein. Die Kurve Bild 14 gibt das ungefähre Gewicht der bewegten Teile bei stehenden Ventilen an. Das angegebene Gewicht in kg enthält das Gewicht von Ventil, Ventilstößel; ½ Ventilfeder und Federteller.

6. Ventil-Öffnungs- und Schließzeiten.

Vor- und Nachöffnungswinkel der Ventilbetätigung, bezogen auf die Kurbelwelle, sind größtenteils ausprobierte Werte, die einen verhältnismäßig großen Einfluß auf die Leistung des Motors haben. Bild 15.

Im nachstehenden sind einige gebräuchliche Werte angegeben. Bezogen auf Kurbelwellenwinkel.

1. Schnelläufer (Wagenmotor):
   Einlaß öffnet 5° bis 10° vor oberem Totpunkt,
   Einlaß schließt 35° bis 45° nach unterem Totpunkt,
   Auslaß öffnet 45° bis 55° vor unterem Totpunkt,
   Auslaß schließt 5° bis 10° nach oberem Totpunkt.
   Werte mit nicht überschneidendem Auslaß- und Einlaßventil sind:
   Einlaß öffnet 8° nach oberem Totpunkt,
   Einlaß schließt 40° nach unterem Totpunkt,
   Auslaß öffnet 50° vor unterem Totpunkt,
   Auslaß schließt 4° nach oberem Totpunkt.
2. Boots- oder Sondermotor mit höchstens 1000 Umdrehungen[2]):
   Einlaß öffnet 20° nach oberem Totpunkt,
   Einlaß schließt 30° nach unterem Totpunkt,
   Auslaß öffnet 35° vor unterem Totpunkt,
   Auslaß schließt 10° nach oberem Totpunkt.

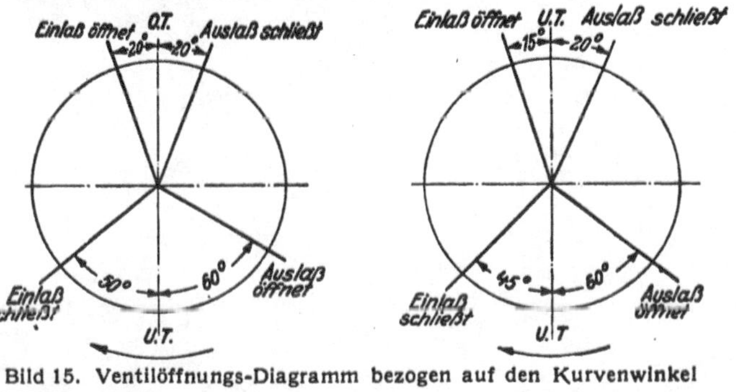

Bild 15. Ventilöffnungs-Diagramm bezogen auf den Kurvenwinkel

[1]) Aus: Schwaiger, Entwerfen und Berechnen neuzeitlicher Nutz-Kraftwagen, Verlag M. Krayn.

[2]) Ein langsam laufender Otto-Motor hat folgende Ventilzeiten:
Einlaß öffnet 0,8 v. H. nach oberem Totpunkt,
Einlaß schließt 10 v. H. nach unterem Totpunkt,
Auslaß öffnet 15 v. H. vor unterem Totpunkt,
Auslaß schließt im oberen Totpunkt,
Die v. H.-Angaben beziehen sich auf den Hub bzw. Kolbenweg.
Er leistet bei 1400 Umdrehungen 65 PS und hat 110 mm Bohrung, 160 mm Hub, 4 Zylinder.

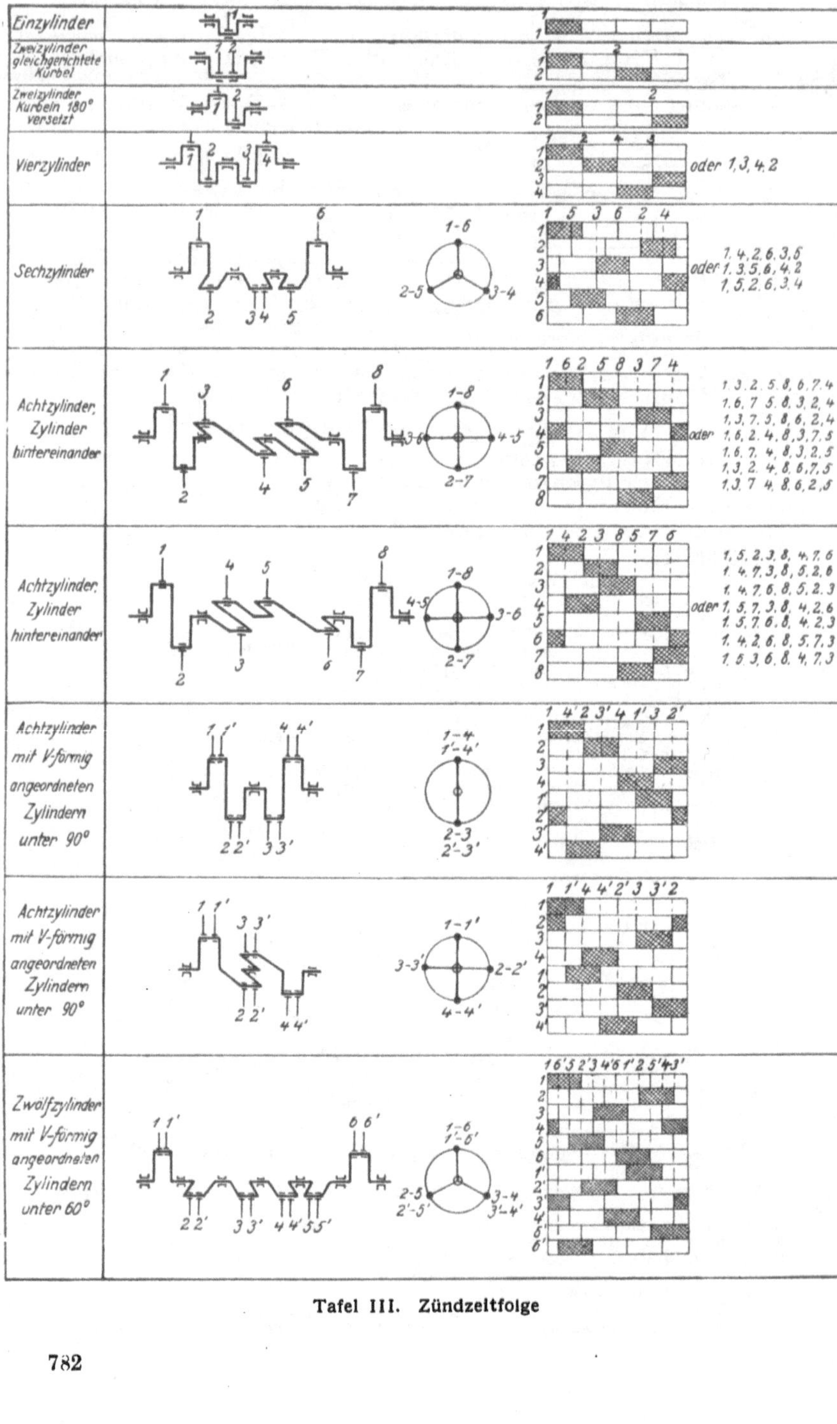

Tafel III. Zündzeitfolge

Ein früheres Öffnen und späteres Schließen des Saugventils hat erheblichen Einfluß auf die Erhöhung der Leistung. Man findet Werte für den Nachschluß des Saugventils bis zu 70°, wodurch der Motor wohl bei hohen Drehzahlen mit guter Leistung arbeitet, jedoch in niedrigen, den sonst allgemein gebräuchlichen zwischen 1000 und 2000 Umdrehungen in der Minute schlechte Leistung und hohen Brennstoffverbrauch ergibt.

Es muß erwähnt werden, daß bei Motoren mit geschränktem Kurbeltriebe für die Ventilzeiten nur der Kolbenweg, nicht der Kurbelweg maßgebend ist und deshalb die Werte dann in Prozenten des Kolbenwegs angegeben werden[1]).

VII. Zündung.

Otto-Motoren haben Fremdzündung durch elektrischen Funken.

1. Zündzeitfolgen für verschiedene Motorengattungen sind aus der Tafel III ersichtlich.

Der Zündpunkt wird fast ausschließlich veränderlich eingerichtet. Bei Wagenmotoren durch den automatisch sich einstellenden Zündapparat (siehe Abschnitt Zündungen).

Zu beachten ist, daß manche Kraftstoffe[2]) eine größere Vorzündung vertragen. Dies ist besonders dann der Fall, wenn die Verdichtung z. B. für Benzin eingerichtet ist, aber mit Benzol gefahren wird. Eine größere Vorzündung ist stets zweckentsprechend, um den Brennstoffverbrauch zu vermindern und die Leistung zu erhöhen.

2. OZ 74: Die Motoren müssen heute in Deutschland sämtlich mit Kraftstoff mit der Oktanzahl 74[2]) betriebsfähig sein, d. h. sie dürfen bei Betrieb mit solchem Brennstoff nicht klopfen. Deshalb muß eine leichte Einstellbarkeit der Zündung möglich sein. Eine kleine Gradeinteilung an der Verstellung dient zur Kennzeichnung der Einstellung (Oktan-Einstellung, in USA schon lange bekannt und angewendet).

Bild 16 zeigt die verschiedenen Mittel der Gestaltung, um die Neigung des Motors zum Klopfen zu verringern.

3. Klopfen. Neben dem Klopfwert des Kraftstoffes sind Gestaltung des Verbrennungsraumes, Zündzeitpunkt und Arbeitstemperatur die wichtigsten Faktoren, die das Klopfen des Motors beeinflussen. Wie Bild 16 zeigt, bewirken die meisten neuzeitlichen Verbesserungen am Motor eine Herabsetzung der Temperatur des verdichteten Gemisches. Zum Beispiel verhüten Zylinderköpfe aus Leichtmetall wegen ihres besseren Wärmeleitvermögens das Auftreten überhitzter Stellen. Dasselbe gilt für Leichtmetallkolben, denn der größte Teil des Verbrennungsraumes wird ja durch Kolben-Boden und Zylinderkopf umschlossen.

Eine der heißesten Stellen des Verbrennungsraumes ist das Auslaßventil. In gut entworfenen Motoren wird dieses Ventil dadurch gekühlt, daß Wasser aus einem im Kühlmantel untergebrachten Rohre durch Düsen an den Ventilsitz gespritzt wird.

Heiße Zündkerzen sind eine häufige Ursache des Klopfens. Bei einigen neuen Wagen findet man jetzt die neuen, sehr kleinen, kühl arbeitenden Zündkerzen, die aus dem Flugmotorenbau übernommen worden sind, 14 mm und 10 mm Gewinde.

Durch Herunterziehen des Wassermantels bis an den Zylinderfuß wird die Kolbenwärme wirksamer an das Kühlwasser abgeführt. Dadurch wird die Temperatur des Kolbenbodens herabgesetzt.

Viele Untersuchungen, die mit dem Zwecke unternommen wurden, Mittel zu finden, um das Klopfen herabzusetzen, haben die Vorteilhaftigkeit eines kühl in den Motor gelangenden Gasgemisches erwiesen. Neuzeitliche Motoren

---

[1]) Riedl gibt in seinem Buche: Der moderne schnellaufende Automobilmotor hierfür folgende Werte für normale Motoren an:
Saugventil öffnet 2—4 v. H. vor oberem Totpunkt,
Saugventil schließt 10—12 v. H. nach unterem Totpunkt,
Auslaßventil öffnet etwa 15 v. H. vor unterem Totpunkt,
Auslaßventil schließt 1—2 v. H. nach oberem Totpunkt.

[2]) Siehe Abschnitt Kraftstoffe.

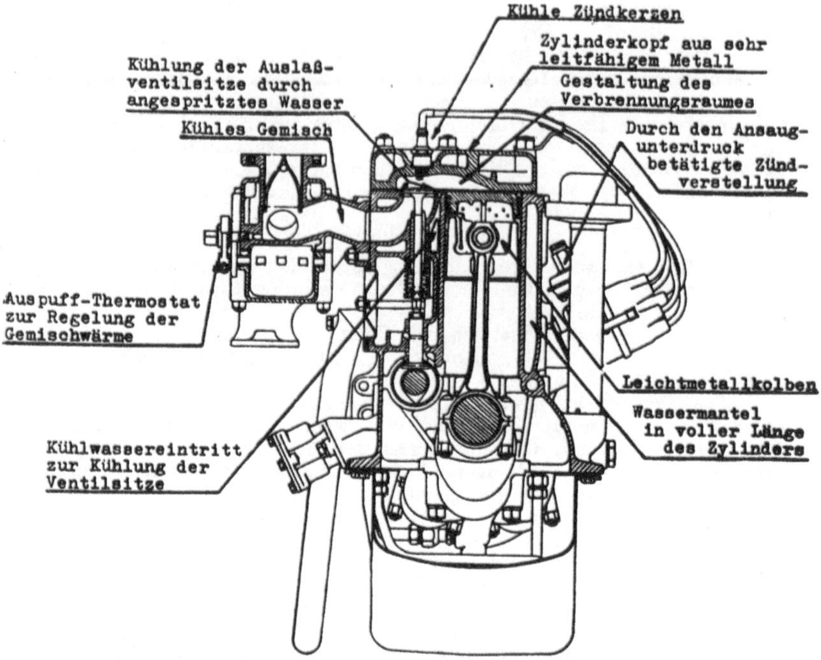

Bild 16. Mittel zum Verhindern des Klopfens

sind mit einem Thermostaten ausgerüstet, um die Wärme des Auspuffs, der das Gemisch beheizt, zu regeln.

Ein neuzeitliches Hilfsmittel zur Herabsetzung des Klopfens in hoch verdichtenden Motoren ist die durch den Ansaugunterdruck geregelte Zündung. Sie ermöglicht es, einen normalen Kraftstoff in einem hochverdichtenden Motor bei Teillast mit normal eingestellter Zündung zu verwenden und stellt bei Vollast selbsttätig die Zündung zurück, um Klopfen zu verhindern. Auf diese Weise erreicht man bei Teillast günstigste Ausnutzung des Kraftstoffes, und wenn auch bei Vollast infolge der verzögerten Zündung die Leistung geringer ist als sie bei richtiger Einstellung der Zündung für volle Leistung sein würde, so liegt sie doch nicht unter der Leistung, die ein entsprechender niedrig verdichtender Motor bei günstigstem Zündzeitpunkt erreichen würde. Dies ist die Erklärung dafür, daß es überhaupt möglich, andererseits aber auch vorteilhaft gewesen ist, das Verdichtungsverhältnis so stark zu erhöhen, wie es in den letzten Jahren geschehen ist.

Die Motoren müssen bei Betrieb mit Kraftstoff mit OZ 74 geprüft werden[1]). Hierbei dürfen sie leicht klopfen. Bei Betrieb mit Kraftstoff von OZ 76 muß dies aber vollständig verschwinden.

4. Vorzündung. Wie lange vor dem oberen Totpunkte die Zündung erfolgen soll, hängt von der Klopffestigkeit des Kraftstoffes ab, die wiederum von folgendem abhängig ist:

Verhältnis von Kraftstoff zu Luft
Temperatur
Verdichtung
Form des Verbrennungsraumes
Lage der Zündkerze

[1]) Hierfür bestehen gesetzliche Vorschriften.

Vorzündung ist bei dem Erstbau eines Motores auf dem Prüfstand festzustellen. Je geringer sie ist, um so besser ist die thermische und strömungstechnische Gestaltung des Verbrennungsraumes und um so höher die Leistung des Motors.

VIII. Wirkungsgrad.

Der totale Wirkungsgrad eines Verbrennungsmotors ist

$$\eta = \frac{N_e}{Q \cdot E}$$

wobei N_e = effektive Leistung des Motors auf der Bremse, Q = zugeführte Wärmemenge (durch die Explosion, beziehungsweise Verbrennung) in Kalorien pro Sekunde, E = mechanisches Wärmeäquivalent (427 mkg/sek). Dieser totale Wirkungsgrad kann als das Produkt aus dem mechanischen Wirkungsgrad η_m und dem thermischen Wirkungsgrad η_t aufgefaßt werden,

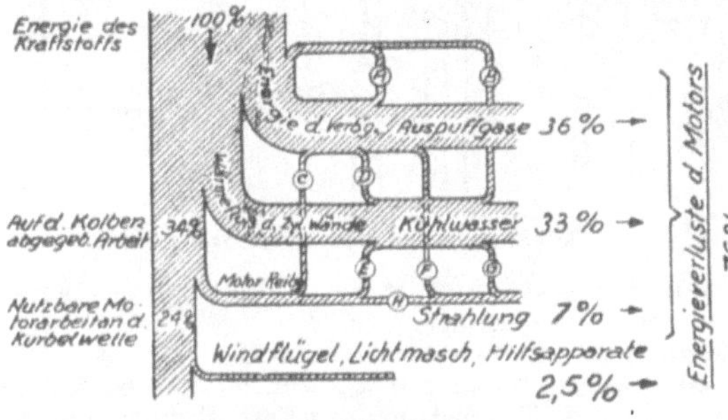

Verlust im Motor.

A. Energie aus zurückgebliebenen Gasen und Gemischerwärmung durch Auspuffgase.
B. Gemischerwärmung durch Zylinderwände.
C. Reibungswärme, die durch Auspuffgase abgeführt wird.
D. Wärmeübergang von Auspuffgasen an Kühlwasser.
E. Reibungswärme, die durchs Kühlwasser abgeführt wird.
F. Strahlung der Auspuffleitungen.
G. Strahlung des Kühlwassermantels und der -leitungen.
H. Strahlung nicht wasserumspülter Motorwände.

Bild 17. Verlustdiagramm eines Motors

onach ist

$$\eta = \eta_m \cdot \eta_t = \frac{N_e}{N_i} \cdot \frac{N_i}{Q \cdot E},$$

wobei N_i = indizierte Leistung in PS. die sich aus dem Indikatordiagramm des Zylinders ergibt.

Beim Vergleich von zwei Motoren ist die Annahme zulässig, daß bei Verwendung desselben Brennstoffes der thermische Wirkungsgrad η_t derselbe sei; auf den mechanischen Wirkungsgrad η_m sind die Reibungsverluste von Einfluß.

In Bild 17 ist in einem Diagramm dargestellt, wie sich bei einem normalen Motor die Verluste aneinanderreihen und welcher geringe Wert in % der Brennstoffenergie als Nutzleistung verbleibt.

Es werden hiernach ca 24 v. H. als nutzbare Motorarbeit an der Kurbelwelle aus der Energie des Kraftstoffs gewonnen (bei Dieselmotoren 32 v. H.).

IX. Gestaltung der Einzelteile.

1. Zylinder, Zylinderkopf, Verdichtungsraum, Kurbelgehäuse.

Die Zylinder werden jeweils am oberen Hubende über dem Kolben geteilt, so daß der Verbrennungsraum zum allergrößten Teile im Zylinderkopf liegt. Bild 18. Zwischen beiden liegt die Zylinderkopfdichtung.

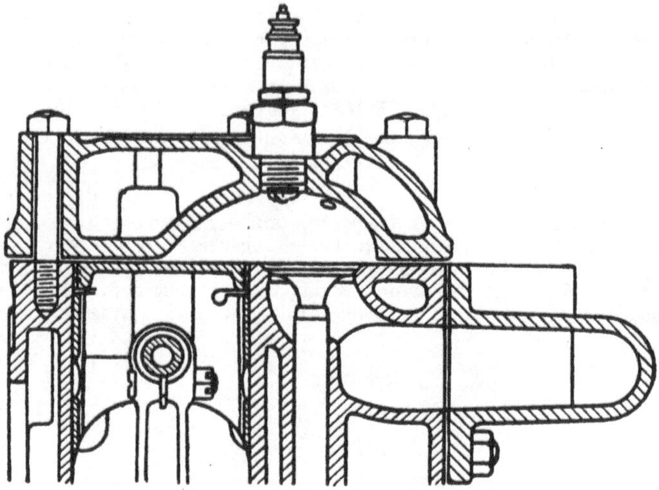

Bild 18. Zylinder und Zylinderkopf

Zylinder- und Kopfgestaltung ist durch die Lage der Ventile gegeben, hierdurch auch der Verdichtungsraum.

Der Verdichtungsraum, der eine kugelförmige oder zylindrische Gestalt besitzt, ist wärmetechnisch am günstigsten. Ferner ist bei höherer Verdichtung die vollständige Bearbeitung des Verdichtungsraumes unerläßlich zur Erzielung gleich großer Räume, und um rauhe Oberflächen, die leicht zum Glühen neigen, zu vermeiden. Es ist deshalb eine leicht zu bearbeitende Form für denselben zu wählen oder in Kokillen zu gießen.

Die Versuche von Ricardo haben gezeigt, daß den besten thermischen Wirkungsgrad schräg im Kopf hängende Ventile mit entsprechendem Zylinderkopf ergeben. Die Versuchsergebnisse von Ricardo sind in der Tafel Bild 19 zusammengestellt.

Wenn diese Versuche auch schon eine Reihe von Jahren zurückliegen, so haben sie heute noch volle Gültigkeit. Es wird weiter experimentiert und besonders für Motoren mit neben dem Zylinder stehend angeordneten Ventilen die verschiedensten Verdichtungsräume entwickelt. So wird auch hier der kugelförmige Verdichtungsraum angestrebt mit geringer Spalthöhe über dem Kolben, Bild 20. Je geringer der Spalt, desto geringer die Klopfneigung. 1 mm Spalthöhe ist voll ausreichend. Ferner sollen die verbrannten Gase nicht über den Ventilteller streichen, damit seine Erhitzung niedrig bleibt. Es soll deshalb der Spalt *a* über dem voll geöffneten Auslaßventil sehr gering sein.

Whatmough gibt folgende praktische Konstruktionsregeln:

a. Möglichste Vermeidung jeglicher Turbulenz während des Auslasses, damit die Temperatur des Auslaßventiles nicht durch turbulente Erwärmung erhöht wird.

Das nicht turbulente Einsaugen des Gemisches trägt nebenbei zur besseren Füllung bei.

Ein weiteres Übel des zu heißen Ventiles ist die durch das heiße Ventil versursachte langsame Vorverbrennung des Gemisches.

b. Die Zündung soll von der heißeren zur kühleren Zone erfolgen, damit das heißeste Gemisch, das zur Detonation zuerst neigt, verbrennt und das unverbrannte Gemisch nie gegen eine heiße Wand komprimiert wird. Er setzt deshalb die Zündkerze dicht zum Auslaßventil.

c. Intensive Kühlung des Ventiles und der von ihm erwärmten Umgebung. Bedeutend verminderte Kühlung der weiter wegliegenden Wände, da die Verhältnisse hier, was Kühlung anbelangt, weit günstiger liegen.

Für im Zylinderkopf hängende Ventile ist der kugelförmige Verdichtungsraum anzustreben. Schema Bild 19. Ein Beispiel zeigt Bild 21, den Vauxhall-

Motor-Type	Schema des Zylinderkopfes u. Zündkerzenanordnung	Ventilzahl pro Zylinder	Zylinderzahl	Volumen d. Zyl. in Liter	Verdichtungsgrad ε	Mittlerer Druck in Kg/cm^2	Mittlerer Druck in Kg/cm^2 reduziert auf $\varepsilon=5$	Mittlerer Druck in Kg/cm^2 reduziert auf 1,64 Liter Hubvol.	Thermodynamischer Wirkungsgrad η_{th} reduziert auf $\varepsilon=5$	Neigung zu brisanten Zündungen
Normaler stationärer Motor	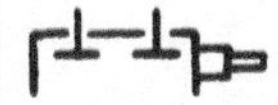	2	1	0,47	4,5	9,2	9,5	9,7	30,0	Sehr gering
Stationärer Versuchs-Motor	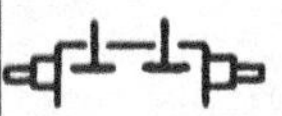	5	1	2,1	5,0	9,9	9,9	9,8	32,0	"
Versuchs-Motor		4	1	9,0	4,9	10,8	10,9	10,1	69,5	"
Flugzeug-Motor		4	12	1,2	4,8	9,6	9,7	9,8	58,3	"
Tank-Motor		2	6	2,9	4,3	8,6	9,1	8,9	65,5	Sehr stark
Lorry-Motor	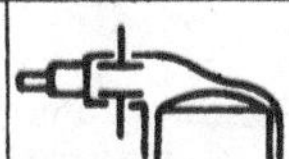	2	4	1,7	4,7	8,7	8,9	8,9	61,5	"
Lorry-Motor		2	4	1,6	4,7	8,3	8,6	8,6	59,6	Gering
Automobil-Motor		2	4	0,6	5,1	7,8	7,8	7,9	51,0	Sehr stark

Bild 19. Versuch von Ricardo

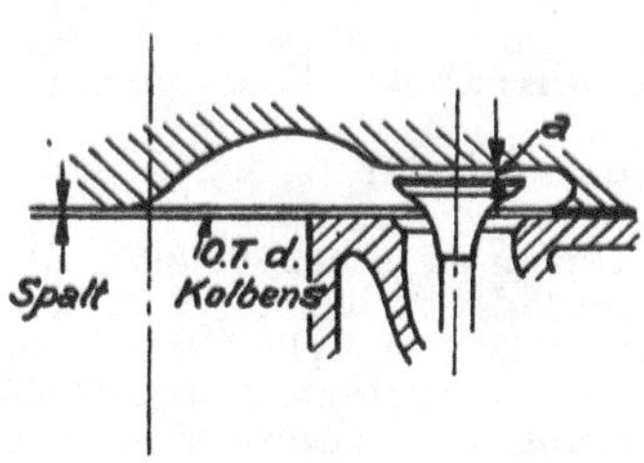

Bild 20. Verdichtungsraum

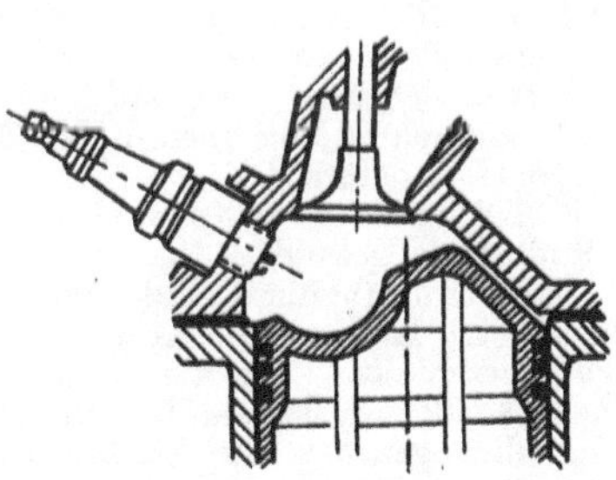

Bild 21. Verdichtungsraum (Vauxhall)

Motor, wobei allerdings der Kolbenboden eine besondere Gestaltung erhält.

Die Dachform des Zylinderkopfes bei hängenden Ventilen (Bild 21a) ergibt den angenähertsten Kugelraum, bedingt jedoch obenliegende Nockenwelle oder besonderes Gestänge, ist also teuer, aber am besten in jeder Hinsicht. Deshalb sind Rennmotoren so gestaltet.

2. Zündkerze soll dort angeordnet werden, wo im Moment der höchsten Verdichtung die höchste Temperatur herrscht. Das ist stets in der Nähe des Auslaßventiles. Sie soll zugleich aber durch einströmendes frisches Gemisch an ihren Eektroden gekühlt werden (siehe Bild 22).

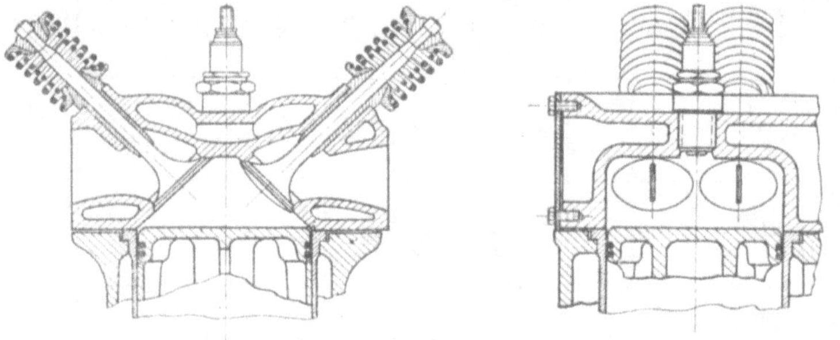

Bild 21a. Verdichtungsraum bei Kopfsteuerung

Kleinster Gewindedurchmesser ist anzustreben wegen geringer Materialanhäufung und und besserer Kühlung. 18, 14 und 10 mm Gewindedurchmesser sind genormt. 18 mm fällt ab 1940 fort.

Die Zündkerze soll zur guten Kühlung vollständig von dem Kühlwasser umspült werden.

Bei größeren Bohrungen ordnet man häufig 2, bei Rennwagenmotoren manchmal 3 Zündkerzen für jeden Zylinder an, um ein schnelleres Entzünden und Verbrennen des Gemisches zu erzielen, wodurch die Leistung des Motors um ein Geringes verbessert wird, hauptsächlich aber wird durch Aussetzen einer Zündkerze noch kein Versagen des Zylinders eintreten.

Sie soll nicht mit dem Gewinde in den Zylinder hineinragen, aber auch nicht zurückstehen, sondern nur die Elektroden innerhalb des Verbrennungsraumes liegen (siehe Bild 22). Je stärker die Elektroden von dem frischen Gemisch umspült werden, desto stärker ist die Abkühlung und wird die Rußbildung und das Verölen verhindert.

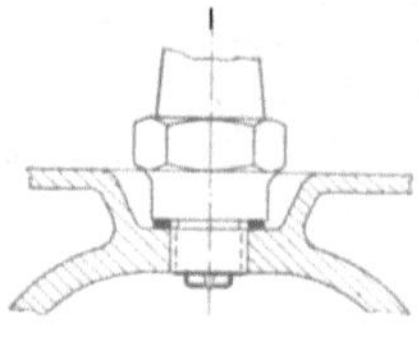

Bild 22. Zündkerzen-Lage

Bei Motoren mit seitlich liegenden Ventilen wird die Kerze über der Linie von Mitte Saugventil zu Mitte Zylinder etwa dort, wo sich die Ventilkammer mit dem Zylinderraum berührt, angeordnet, während bei Ventilen im Kopf die Zündkerze horizontal, besser schräg von oben in den Zylinder, zwischen dem Saug- und Auspuffventil hineinragt.

3. Kolbenlaufbahn sei bis zur unteren Kolbenstellung bis zum Zylinderende gekühlt.

Zylinderlaufbahnen sind Verschleißteile, denn sie müssen unter Einwirkung der Kolben- und Kolbenringdrücke sowie der Verbrennungsprodukte usw. verschleißen. Ist die Zylinderlaufbahn mit dem Zylinderblock aus einem Stück gegossen, so bedeutet dies, daß der ganze teure Zylinderblock lediglich wegen des Verschleißes in den Bohrungen — gegebenenfalls nach deren mehrmaligem Ausbohren, soweit dies die Zylinderwandstärken zulassen — unbrauchbar wird, d. h. lange bevor die Lebensdauer der übrigen

Maschinenteile erschöpft ist, deshalb ist die Laufbahnhärte bei Gußeisen nicht unter 190 Brinell vorzuschreiben.

Härtere Sonderbaustoffe, nitrierter Stahl oder dergleichen, haben noch nicht den Beweis einer längeren Haltbarkeit erbracht. Dagegen scheint Schleudergußeisen infolge seiner Struktur mehr Aussicht auf Erfolg zu bieten, wie auch nitrierte Gußeisenbüchsen.

Zylinder werden aus bestem Spezialgrauguß in möglichst dünnen Wandstärken ausgeführt.

Zylinderwandstärke $\geqq 0{,}05\, D$ (D = Bohrung), Stärke des Wassermantels 3,5—4,5 mm. Es muß Rücksicht auf mindestens zweimaliges Ausschleifen genommen werden.

Alle Übergänge in den Wandstärken sehr sanft, größere Materialansammlungen sind zu vermeiden oder durch Rippen auszugleichen. Zylinder und Wassermantel sollen jeder für sich den Wärmeausdehnungen frei folgen können, es sind also keine Verbindungen (Rippen) zwischen Zylinder und Wassermantel vorzusehen.

Der Schmierfilm soll nicht zu stark sein, da sonst die Gefahr besteht, daß Öl in größeren Mengen in den Verbrennungsraum gelangt, wo es die Leistungsfähigkeit herabsetzt.

Die Laufbahn soll so lang sein, daß der Kolben in seiner untersten Stellung höchstens 20% seiner Länge herausragt, die Abschrägung mitgerechnet, die zum Einbringen des Kolbens erforderlich ist.

Die stets beobachtete Abnutzung der Laufbahn am oberen Ende scheint nicht durch Abrieb, sondern durch Korrosion zu entstehen, und zwar hauptsächlich dann, wenn die Zylindertemperatur unter dem Taupunkt des Gemisches liegt. Also beim Anlassen und bei geringer Belastung. Deshalb soll der Kaltstart möglichst verringert und die Kaltlaufzeit so kurz als möglich sein.

Ursache des Verschleißes.

Der dem Motor zugeführte Brennstoff verwandelt sich bei der Verbrennung zum großen Teil in Wasser, das bei betriebswarmer Maschine in Form von Wasserdampf ins Freie geleitet wird, wobei ein Kilogramm Kraftstoff etwa ein Liter Wasser ergibt. In den Abgasen befinden sich ferner 6—11% Kohlendioxyd (CO_2) 3—9% Kohlenoxyd (CO), Stickstoff und Schwefeldioxyd. Das entstehende Kondenswasser ist ziemlich unschädlich, solange es nicht im Verbrennungsraum in Form von Wasser an den Zylinderwänden niederschlägt. Da die Niederschlagsmenge aber direkt von der Temperatur der Zylinderwand und diese wiederum von der des Kühlwassers abhängig ist, so ist die Höhe der Zylinderabnutzung proportional der Betriebstemperatur, weil das Kondenswasser in Verbindung mit dem Dioxyden stark korrodierende Wirkung besitzt. Diese ätzenden Säuren fressen die Zylinderwand an, zerstören die glatte Oberfläche und den hauchdünnen Schmierfilm, so daß an diesen Stellen trockene Reibung eintritt. Hinzu kommt noch, daß ein Teil des Wassers sowie schwersiedende Brennstoffteilchen an dem Kolben vorbei in das Schmieröl gelangen, dieses verdünnen und in seiner Schmierfähigkeit stark herabsetzen. Alle diese unangenehmen Begleiterscheinungen werden bei einer Kühlwassertemperatur von 80 bis 85° auf ein Minimum reduziert.

Versuche der „The Institution of Automobile Engineers".

Die Versuche wurden mit mehreren gleichen Motoren angestellt und ergaben ein interessantes Bild. Ein Teil der Motoren lief im Dauerbetrieb, der andere abwechselnd betriebswarm und unterkühlt, auch im Kaltstart. Sie zeigten, daß die unterkühlten Motoren einen wesentlich höheren Zylinderverschleiß hatten. Die Temperaturen der Zylinderwände waren also ausschlaggebend für die Abnützung der Zylinderlaufbahnen. Es zeigte sich dann, daß die günstigste Betriebstemperatur eines Motors zwischen 80 und 85° Celsius lag, d. h. daß bei dieser Temperatur die Abnützung einen normalen Wert erreichte und trotzdem das Kühlwasser noch unter der Siedegrenze blieb.

Die von der englischen Versuchsanstalt ermittelten Werte zeigt die Kurve Bild 23. Unterhalb 70° C steigt die Abnützung ganz gewaltug an und beträgt bei 40° C schon das Siebenfache des 70-Gradwertes, während oberhalb 80° die Kurve fast ganz gleichmäßig verläuft. Im praktischen Fahrbetrieb stellte man durch Wärmemessungen weiter noch fest, daß aus Sicherheitsgründen die Kühlerdimensionen für heiße Sommertage groß gewählt werden mußten, so daß ohne Temperatur-Regelung nur ganz selten die günstigste Betriebstemperatur erreicht wird. Nachdem man dies erkannt hatte, war es auch weiter nicht verwunderlich, daß stark unterkühlte Motoren bereits nach einer Laufzeit von 20000 km überholungsbedürftig waren.

Stark Nickel und Chrom enthaltende Zylinderwerkstoffe ergaben bei

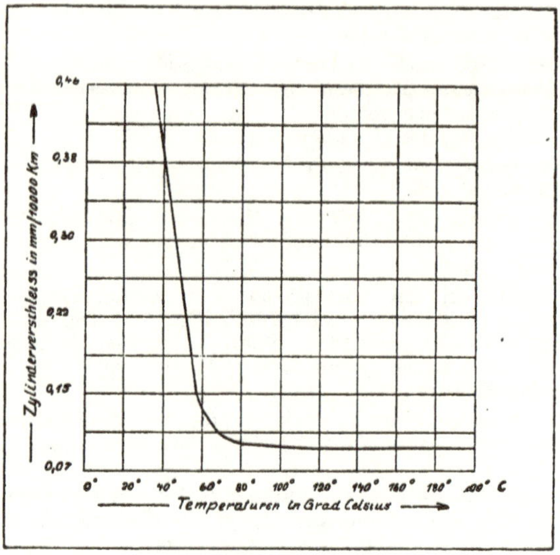

Bild 23. Zylinderverschleiß

englischen Versuchen von C. G. Williams[1]) doppelt so lange Haltbarkeit als andere. Siehe nachstehende Tafel.

Analysen	1	2	3
Gesamt-Kohlenstoff . . . . . . v. H.	3,25	3,13	2,75
Gebundener Kohlenstoff . . . „	0,65	0,54	0,59
Kieselsäure . . . . „	2,05	2,335	1,73
Mangan . . . . „	0,90	0,75	0,69
Schwefel . . . . „	nicht über 0,12	0,83	0,065
Phosphor . . . . „	0,65	1,26	0,707
Nickel . . . . „	0,37	0,37	11,565
Chrom . . . . „	0,20	0,07	2,653
Kupfer . . . . „	—	—	4,620
Verschleiß der Zylinderlaufbahn in Millimeter auf 1000 km	0,00500	0,00414	0,00287

Der letztgenannte dieser Werkstoffe ist austenitisch und ergab gemäß der Korrosionstheorie die größte Verbesserung. Außerdem weisen die Ergebnisse früherer Versuche darauf hin, daß die Legierungen 1 und 3 dem schleifenden Abrieb im wesentlichen in gleicher Weise widerstehen werden. Die Versuchsergebnisse wurden in den Motoren von Omnibussen, die im Zentrum von London laufen und häufig halten müssen, erzielt. Der Zylinderverschleiß, der sich bei der ersten Legierung ergab, die in gehärtetem Zustand Verwendung fand, wurde in Anbetracht der Betriebsverhältnisse als günstig angesehen. Die zweite Legierung wurde im gegossenen Zustand verwendet und zeigte schon eine merkliche Verbesserung. Der Unterschied kann in diesem Falle als Annäherung an den Betrag angesehen werden, der durch eine Verbesserung der Widerstandsfähigkeit gegen schleifenden Abrieb gewonnen werden kann.

Die mehrjährige Erfahrung des Verfassers geht dahin, daß der wichtige Anteil in einem nicht-austenitischen Zylinderguß der Phosphor ist; diese Tatsache wird heute wohl allgemein als richtig anerkannt. In der Vergangenheit ist zweifellos vielfach schneller Zylinderverschleiß durch Verwendung eines Zylindergusses entstanden, der fast frei von Phosphor war. Die Folge war sehr schneller Zylinderverschleiß, wenn das Eisen auch alle guten Eigenschaften in gießtechnischer und werkstattechnischer Hinsicht aufwies. Unter Verhältnissen ähnlich denen. welchen die oben genannten drei Legierungen unterworfen sind, zeigte ein Zylinderguß entsprechend Guß Nr. 1, aber ohne Phosphor, einen Verschleißwert von 0,00789 mm auf 1000 km.

Es muß also ein Motor sofort nach dem Start, besser bereits vorher, auf die Betriebswärme von 75 bis 85° C gebracht werden. Hierzu ist am zweck-

[1]) The Problems of Oil Consumption in High-Speed Internal Combustion Engines von E. C. Ottaway.

mäßigsten eine Kühlwassertemperaturregelung, die durch Thermostate erfolgt, weil automatisch. Kühlerjalousien mit einem Temperaturanzeiger wirken zu langsam und bringen die Gefahr des Kochens des Kühlwassers.

Die Wirkungsweise der Thermostate[1]).

Thermostate bestehen, Bild 24, aus einem vollkommen geschlossenen Federkörper, einem aus nahtlos verformtem Wellrohr aus Spezialmetall von großer Elastizität.

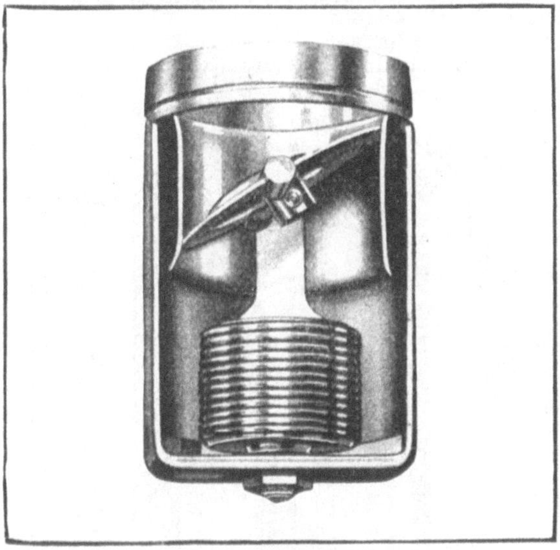

Bild 24. Thermostat

In dem Federkörper befindet sich eine leichtsiedende Flüssigkeit, die bei zunehmender Temperatur zu verdampfen anfängt und das federnde Wellrohr auseinanderdrückt. Die Größe des Federrohrhubes ist durch die Öffnungsweite der Drosselklappe begrenzt. Am zweckmäßigsten erfolgt der Einbau des Thermostaten zwischen dem oberen Motorkühlwasseraustritt und dem Kühlerdom, wo er in kaltem Zustand die Kühlwasserverbindung zum Kühler vollkommen dicht abschließt. Hat sich das im Motorblock befindliche Wasser auf etwa 70° C erwärmt, so hebt das Federrohr die Drosselklappe an und läßt eine langsame Zirkulation zu. Bei 85° C hat sich das Federrohr so weit ausgedehnt, daß die Drosselklappe ganz geöffnet ist und vollen Wasserumlauf gestattet. Die Temperaturdifferenz zwischen Öffnungsbeginn und voller Öffnung beträgt also nur ca. 15° C, so daß eine unbedingte Gewähr für genaue und gleichmäßige Einhaltung der Betriebstemperatur erreicht wird. Da sich durch den Thermostaten das Drosselorgan auf genau abgestimmte Temperaturunterschiede abstimmen läßt, so können für jede Motortype diese Temperaturunterschiede vorher genauestens festgelegt werden, denn die Wärmeentwicklung bzw. die Wärmeableitung hängt wesentlich von der Bauweise des Motors ab. Die Empfindlichkeitstoleranz des Federrohres ist außerordentlich gering und beträgt + 2° C, und es ist bei dieser Gelegenheit einmal der Versuch interessant, einen Thermostaten abwechselnd in ein Gefäß mit heißem und kaltem Wasser zu tauchen. Der Öffnungsbeginn setzt urplötzlich nach dem Eintauchen in das heiße Wasser ein und ebenso umgekehrt das Schließen.

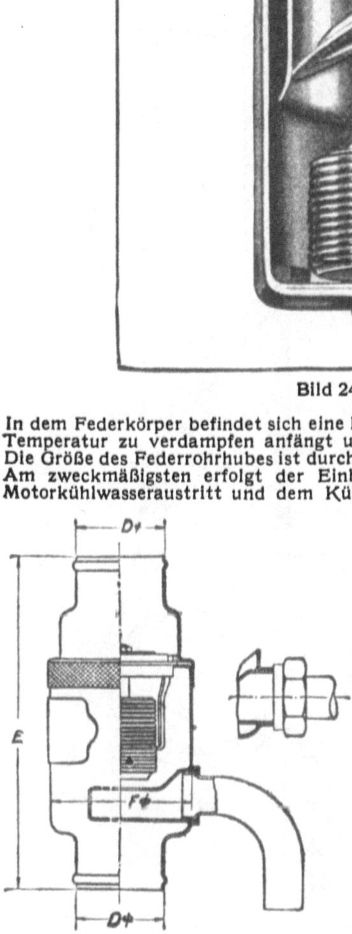

Bild 24a.
Thermostat mit Umlaufleitung

[1]) **Thermostaten werden hauptsächlich von A. Teves, Frankfurt/M., Mecano und VDO hergestellt.**

Ist ein Motor mit einer starken Wasserpumpe ausgerüstet, so daß evtl. die Drosselklappe des Thermostaten durch den Pumpendruck aufgedrückt wird, so muß eine schwache Umlaufleitung (Bild 24a) vorgesehen werden, die den Kühler umgeht.

In USA werden die Thermostatenklappen durch Bi-Metallfeder betätigt, oder durch eine chemische Masse in Pillenform in einer Kapsel[1]). Ford verwendet beide Konstruktionen.

4. Laufbahn als Büchse[2]).

Trockene Zylinderbüchsen sind nicht direkt von Wasser umspült, sondern sie sind vom Blockkörper, also einer besonderen Zylinderwand

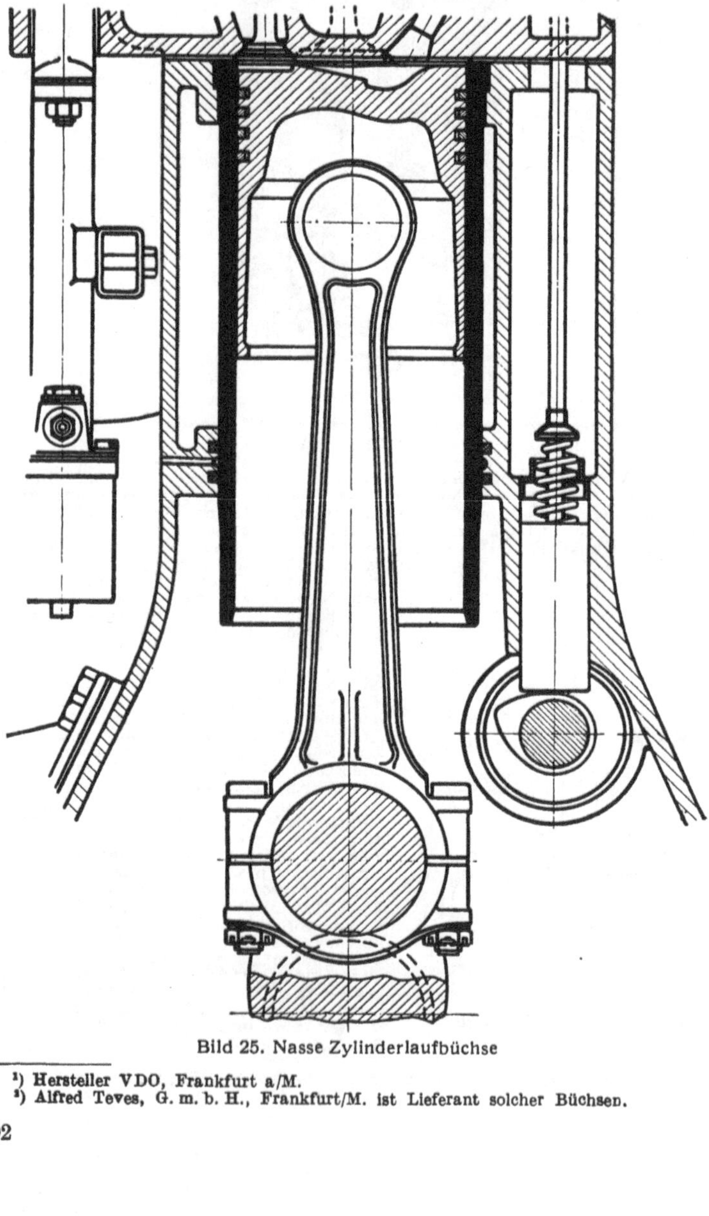

Bild 25. Nasse Zylinderlaufbüchse

[1]) Hersteller VDO, Frankfurt a/M.
[2]) Alfred Teves, G. m. b. H., Frankfurt/M. ist Lieferant solcher Büchsen.

umgeben. Sie benötigen keine Abdichtung gegen Wasser, und werden meist fest eingesetzt. Sie werden auch vielfach zu Reparaturen verwendet, wenn ein nochmaliges Ausschleifen nicht mehr möglich ist.

Nasse Zylinderbüchsen sind direkt vom Wasser umspült, bedürfen besonders unten einer Abdichtung und Vorkehrung, daß keinesfalls Wasser bei Undichtigkeit ins Schmieröl gelangt. Siehe Bild 25.

Die Forderung des modernen Konstrukteurs, rund bleibende Bohrungen im Zylinder zu erhalten, sind durch die Anwendung von nassen Zylinderlaufbüchsen zu erreichen. Dabei ist die Tendenz immer mehr dahingehend, den Zylinderblock aus ganz normalem Grauguß herzustellen, da ja der Block selbst keinem Verschleiß unterliegt, während die eigentlichen Verschleißflächen in den Zylinderlaufbüchsen liegen. Die Vorteile dieser Verbindung gegenüber Zylinderblöcken aus hochwertigem Edelguß, in welchem die Zylinderflächen gleich mit eingegossen sind, liegen auf der Hand. Erstens ist dieses hochwertige Material infolge seiner hohen Härte schwer zu bearbeiten, ferner ergeben sich in diesen komplizierten Zylindern viele Spannungen, die eine noch so sorgfältig hergestellte Bohrung im Betriebe sehr bald unrund

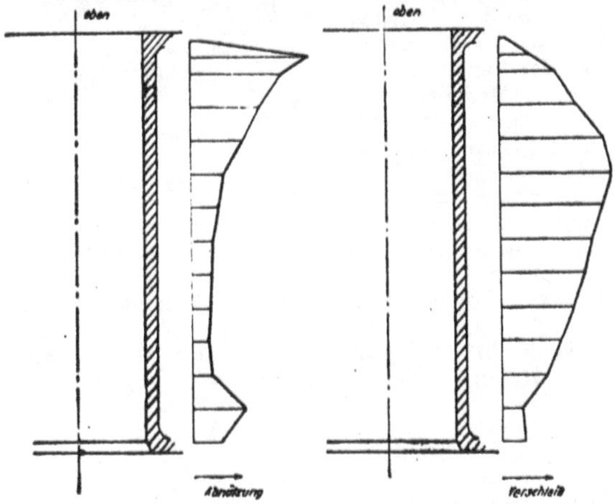

a *b*

Bild 26a u. b. Abnutzung von Kolbenlaufbahnen

werden lassen. Zuletzt ist auch die Ausschußgefahr bei ganz gegossenen Zylinderblöcken ein nicht zu unterschätzender Faktor, der bei Verwendung von Graugußblock-Zylinderlaufbüchsen in Fortfall kommt. Es kann in der heutigen Zeit als Materialverschwendung angesehen werden, den ganzen Block aus teuerem legiertem, schwer zu bearbeitendem Edelguß herzustellen, nur um gut verschleißbare Zylinderflächen zu erzielen. Bei kleineren Motoren oder solchen, wo es auf Leichtigkeit ankommt, wird der Zylinderblock aus Silumin hergestellt.

Die Laufbüchsen werden aus Stahl, Gußeisen, Sonderbaustoffen, als Schleuderguß und aus nitriertem Stahl hergestellt.

Eine Konstruktion mit nassen Laufbüchsen wird stets leichter als ein gegossener Block, wohl aber teurer, aber die Gußschwierigkeiten durch Formsandversetzungen und ungleiche Wandstärken sind behoben, die Kühlung gleichmäßiger und der Wasserdurchlauf unbehinderter, Wärmestauungen durch Gußanhäufungen vermieden.

Das normale Verschleißbild einer Zylinderlaufbüchse zeigt Bild 26a. Es ist charakteristisch für den natürlichen Verschleiß, wie er nach längerer Laufdauer in jedem Zylinder zu erwarten ist. Zeigt der Verschleiß hingegen einen Verlauf nach Bild 26b, so ist dieser mit Sicherheit auf Ursachen zurückzuführen, die in einer fehlerhaften Schmierung, sei es in Schmierölmangel. -Verunreinigung oder -Nichteignung des Büchsenmaterials zu suchen ist.

5. Wasserraum. Der Auslaßventilsitz muß stets vollständig vom Wasser umspült sein. Mindeste Wasserraumdicke an den engsten Stellen 6 mm, darunter tritt Verengung durch Formsandabbröckelung ein.

Die Ventilschaftführung muß gleichfalls beste Wasserumspülung haben, denn hier wird die Wärme vom Ventilschaft abgeleitet.

Der Wassereintritt soll in der Nähe der heißesten Zone, also zwischen den Auslaßventilsitzen, oder kurz darunter liegen. Der Austritt stets an höchster Stelle des Wasserraumes, der dort noch etwas nach oben gezogen wird. Gleichmäßige Verteilung des Wassers und zweckmäßige Leitung zu den heißen Zonen durch Leitwände ist vorteilhaft. Verhindert muß werden, daß sich durch die zusammengesetzten Kerne Gußhäute bilden, die den Wasserumlauf hemmen. Große Öffnungen an den gefährdeten Stellen, z. B. an der Ventilseite bei seitlich stehenden Ventilen und an den Enden des Blockes sind vorzusehen und nach gründlicher Reinigung dicht zu verschließen. Bild 26c zeigt gute Kühlung des Auslaßventilsitzes und der Zündkerze durch Leitkörper a. Die Wasserströmung wird hierdurch zu dieser besonders heißen Stelle geführt, also Erhöhung der Klopffestigkeit.

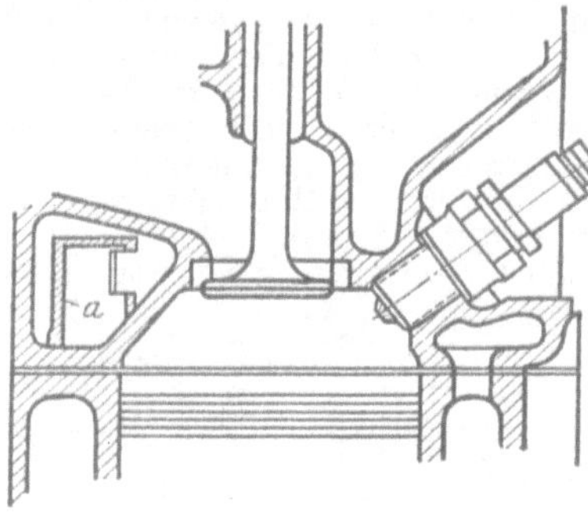

Bild 26c. Wasserführung

Thermosyphon-Kühlung erfordert größere Wasserräume als Pumpenkühlung.

6. Ventilsitze. Infolge der starken mechanischen Beanspruchung und Wärmebelastung verlangen Ventilsitzflächen die Verwendung von Sonder-

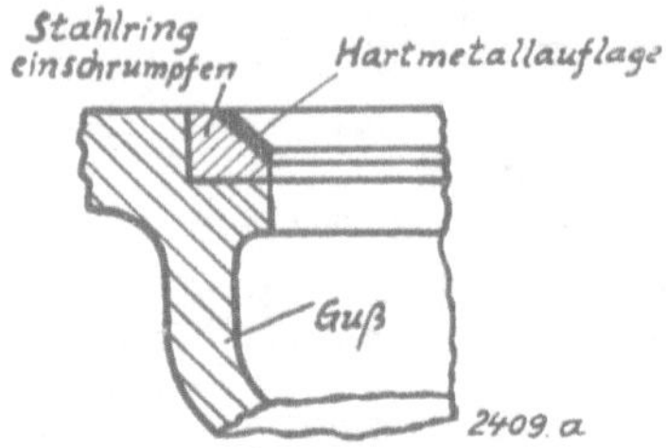

Bild 27. Ventilsitz

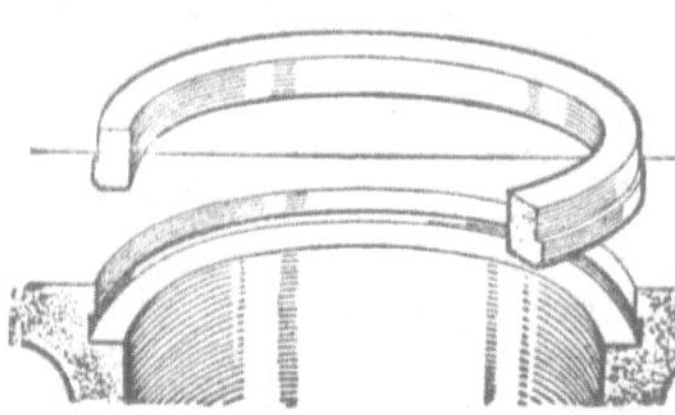
Bild 28. Ventilsitz

baustoffen, die verschleißfest, schlagfest und in hohem Grade hitzebeständig sein müssen. Insbesondere gilt diese Forderung für Auslaßventile, deren Sitzflächen infolge der abströmenden heißen Verbrennungsgase leicht zu Verbrennungen neigen.

Die eingesetzten Ventilsitzringe müssen also Gewähr bieten für absolute Sicherheit gegen Lockerwerden, beste Wärmeleitfähigkeit und größten Widerstand gegen Verbrennung und Zerstörung. Bild 27 und 28.

Als Baustoffe verwendet man daher hochprozentige Chrom-Wolfram-Stähle, Chrom-Silizium-Schleudergußeisen und chrommolybdänlegierte Sondergußsorten. Darüber hinaus können zur Erhöhung der Verschleißfestigkeit die Ringe mit besonders harten Materialauflagen armiert sein (Stellitieren). Bild 27.

Wo Stahlventilsitzringe besonders hohen Beanspruchungen ausgesetzt werden, wo insbesondere sehr hohe Schlagbeanspruchungen oder starke korrodierende Einflüsse zu erwarten sind, empfiehlt es sich, die Sitzflächen zu stellitieren und damit praktisch den Verschleiß am Ventilsitz zu Null zu machen.

Derartig gepanzerte Ventilsitzringe bewähren sich vor allem auch als Gegensitze für stellitierte Ventilkegel.

Diese Ringe werden mit genauen Toleranzen hergestellt und eingepreßt

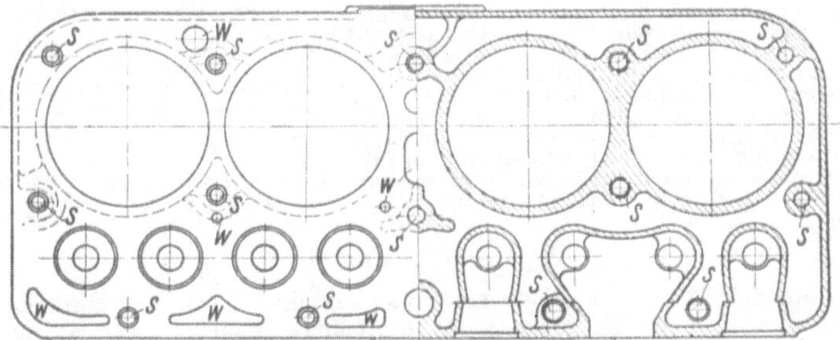

Bild 29. Zylinderfläche. Anordnung der Kopfschrauben und Wasserdurchlässe

(0,14 bis 0,16 mm Übermaß erforderlich) oder mit Trockeneis (— 80° C eingefroren.

7. **Zylinderkopf.** Befestigung und Dichtung.

Meistens aus Gußeisen (bei seitlich stehenden Ventilen auch aus Leichtmetall). Hoch genug, um gegen Durchbiegen sicher zu sein. Große Wasser-

Bild 30. Reinz-Zylinderkopfdichtung

durchtrittsöffnungen vom Zylinder zum Kopf. Zündkerzensitz und Verdichtungsraum vollständig vom Wasser umspült.

Die Dichtungsfläche an keiner Stelle unter 8 mm breit, besonders nicht zwischen zwei benachbarten Zylindern wegen der Gefahr des Durchbrennens der Dichtung.

Die Befestigungsschrauben, wegen des starken Anziehens zur Dichtung aus vergütetem Stahl, in gleichmäßigem, nicht zu großem Abstand. Beispiel hierfür zeigt Bild 29.

Die Kopfdichtung erfolgt durch Eisenasbest 1,5 bis 2 mm stark, gegebenenfalls Einfassung zum Verdichtungsraum zu für stark wärmebelastete Motoren (Diesel) oder durch Metallgewebe mit Asbestmasse (It-Dichtung), die wesentlich schwächer, etwa 0,6 mm sind. Das Bild einer Dichtung zeigt Bild 30. Reinz. Infolge der besonderen Struktur (kombiniertes Asbest-Metallgewebe) bei der Reinz-Dichtung besseres Ausfüllen von Bearbeitungsriefen.

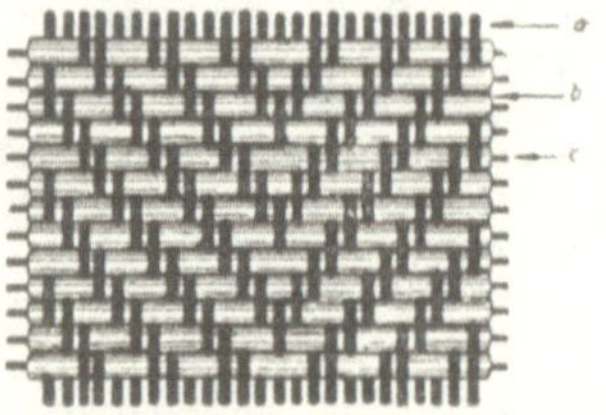

Bild 31. Konstruktion der Reinz-Dichtung
a Metallkettfaden, *b* Asbestschußfaden mit Metallseele, *c* Metallseele des Schußfadens

Die Abdichtung zwischen Zylinderkopf und Motorblock erfolgte früher meistens durch metallblechbewehrte Asbest-Dichtungen, wie z. B. Kupfer-Asbest-Dichtungen. Als Austauschdichtungen werden heute z. B. Eisen-Asbest-Dichtungen benutzt; bevorzugt werden jedoch sogenannte glattflächige Dichtungen wie z. B. die „Reinz-Spezial"-Dichtungen.

Die „Reinz-Spezial"-Dichtung besteht aus einem kombinierten Asbest-Metall-Gewebe (Bild 31) mit einem hauchdünnen Überzug aus einem Asbestgemisch. Bei vorschriftsmäßiger Flächenpressung werden die Asbestschußfäden mit Metallseele dieses Gewebes flach gedrückt. Sie pressen sich in die Bearbeitungsriefen und Unebenheiten der abzudichtenden Flächen ein und verhindern das Durchtreten von Gasen, Dämpfen und Flüssigkeiten. Die Asbest-Schußfäden haben mithin die Funktion des Abdichtens, während die Kettdrähte, welche nur aus Metall bestehen, durch die Flächenpressung an die Dichtungs-Oberfläche hervortreten und die Wärmeübertragung vom Kopf zum Block vornehmen.

8. Kurbelgehäuse.

Zylinderblock und Kurbelgehäuseoberteil sind jetzt der Einfachheit wegen in einem Stück ausgeführt; einfachere Bearbeitung, geringeres Gewicht. Bild 32 schematisch.

Man fertigt auch bei Motoren mit im Kopf hängenden Ventilen den Zylinder mit dem Kurbelgehäuseoberteil aus Leichtmetall (Silumin oder Aluminium) aus einem Stück und zieht Zylinderlaufbüchsen aus Gußeisen oder Stahl ein. Der Zylinderkopf wird besonders aufgesetzt und aus Gußeisen gefertigt.

Das Kurbelgehäuse-Unterteil ist als Ölbehälter ausgebildet und aus Leichtmetall gegossen (Elektron).

Zylinderblock mit Kurbelgehäuse wird auch unter Mitte Kurbelwelle herabgezogen, um einen steifen Block zu erhalten. Bild 33. (Gleichzeitig nasse Zylinderbüchsen.)

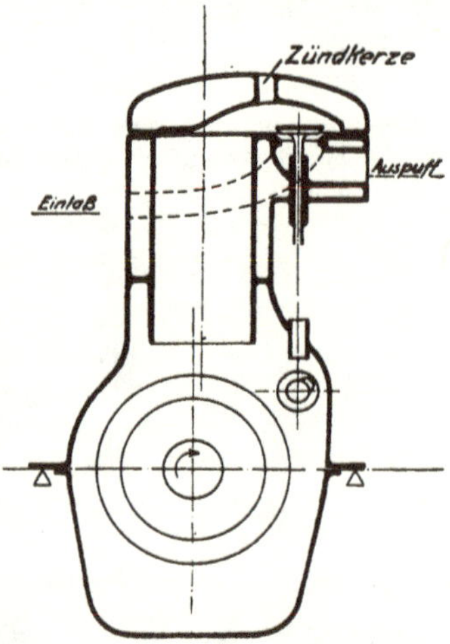

Bild 32. Schema eines Zylinderblock-Querschnittes

Das Kurbelgehäuse muß gut entlüftet sein um einen Überdruck zu verhüten und zur Innenkühlung. Der Öleinguß wird in den meisten Fällen gleichzeitig als Entlüfter ausgebildet. Auch die Vergaseransaugeluft wird vereinzelt hindurchgeleitet. Ford hat bei seinem V-8-Motor eine besondere Innenkühlung, die in Bild 34 dargestellt ist. Das Öl wird durch diese Einrichtung sehr kühl gehalten und alle Dämpfe strömen nach unten ab, so daß es im Inneren des Wagens geruchfrei ist. Ölhöchsttemperatur ohne Fahrwind, also auf dem Prüfstande bei voller Leistung beträgt nur 106° im Dauerbetrieb.

Der Ford V-8-Zylinderblock in einem Stück gegossen ist ein Meisterwerk der Zylindergießtechnik (Bild 34a). Dünner gleichmäßiger Guß, gute kurze Kanäle und wenig Bearbeitungsfläche zeichnen ihn aus.

9. Ventilanordnung, Ventilsteuerung. Spielfreie Ventilbetätigung. Nockenwellenantrieb.

Eines der wichtigsten Erfordernisse ist die leichte Zugänglichkeit bzw. Ausbaumöglichkeit aller Teile und Nebenapparate, um beim Auftreten eines Schadens das Auseinandernehmen und gegebenenfalls schnelles Er-

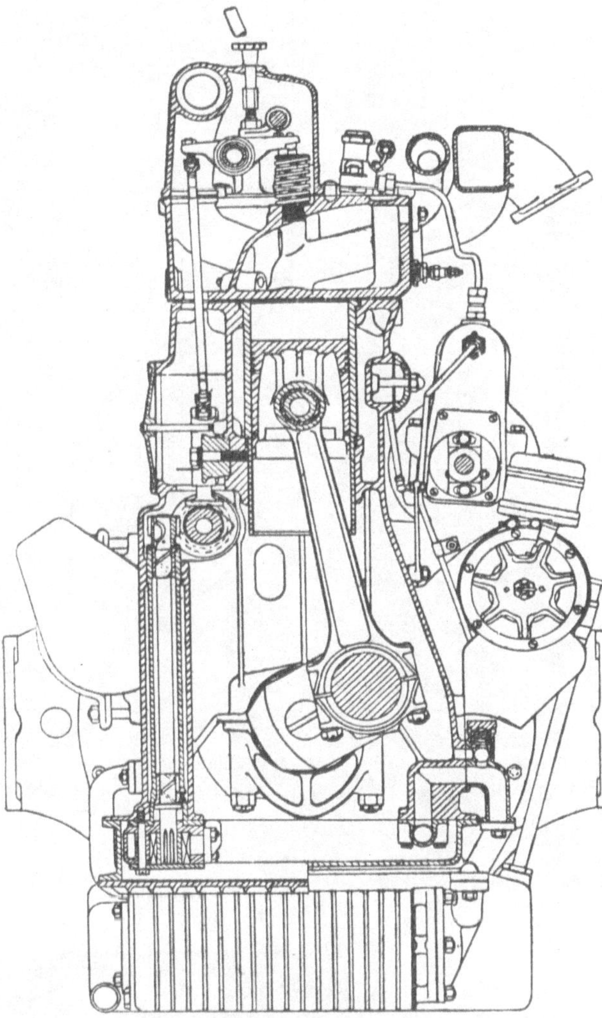

Bild 33. Kurbelgehäuse unter Mitte Kurbelwelle herabgezogen. Nasse Zylinderbüchse

setzen des schadhaft gewordenen Teiles oder Organes zu ermöglichen. Ein anderer wesentlicher Punkt ist der, eine möglichst billige Herstellung bei größter Stabilität und Betriebssicherheit zu ermöglichen, also auf geringe Teilezahl des vollständigen Motors und leichte, einfache Montage zu achten.

Der Aufbau des Motors ist wesentlich bestimmt durch die Ventilanordnung. Durch die Lage der Ventile wird die Form des Zylinders und durch die Lage der Betätigungsorgane der Ventile, insbesondere der Nockenwellen, die Gestaltung des Kurbelgehäuses sowie aller Antriebsorgane bestimmt.

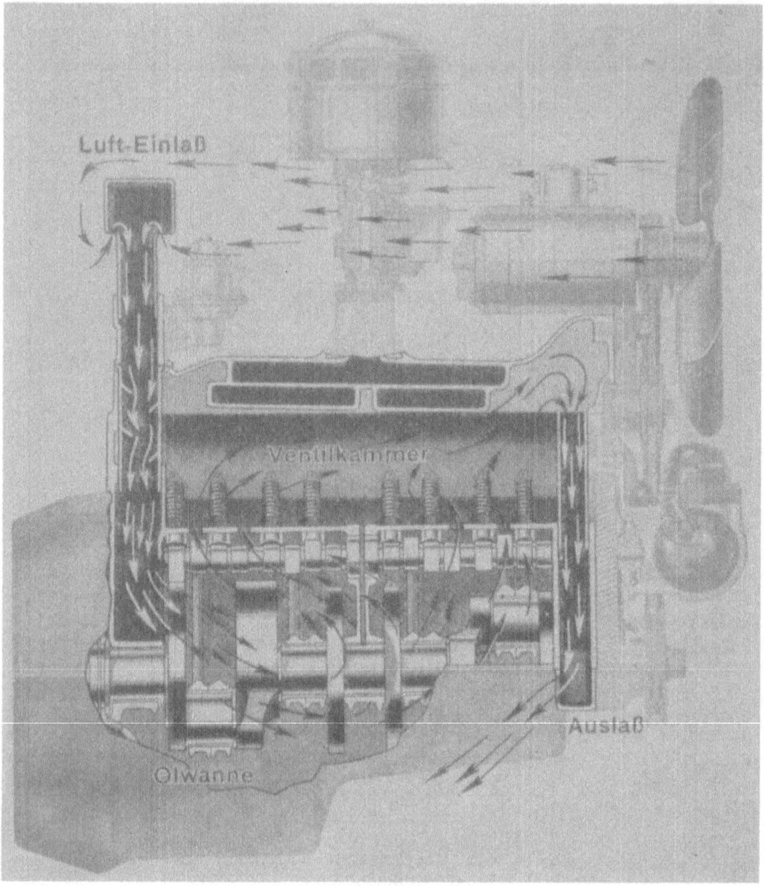

Bild 34

Bild 34 u. Bild 34a

Ford ⟨ Innere Ölkühlung
Ford ⟨ V-8-Zylinderblock

Bild 34a

a. Ventilanordnungen.

In Bild 35 sind die gebräuchlichsten Anordnungen der Ventile dargestellt. Wie aus der schematischen Zeichnung ersichtlich, kennt man sechs verschiedene Möglichkeiten, von extremen Anordnungen abgesehen. Die einzelnen schematischen Darstellungen sind mit I bis VI gekennzeichnet. Vorweg sei bemerkt, daß die Anordnungen nach II, III und VI heute nicht mehr ausgeführt werden, da sie einen unförmlichen und zum Klopfen neigenden Verdichtungsraum im Zylinder ergeben. Es soll deshalb auf diese Ausführungen nicht eingegangen werden, sie seien nur der Vollständigkeit halber gezeigt.

Als allgemein üblich und für die Fabrikation am einfachsten und billigsten, sowie bisher am betriebssichersten hat sich die Ausführung mit seitlich stehenden Ventilen bewiesen, wie in I dargestellt. Gegen die Ausführung ist nur zu erwähnen, daß der Verbrennungsraum eine Form erhält, die verbrennungstechnisch nicht zweckmäßig ist und die nicht vollständig

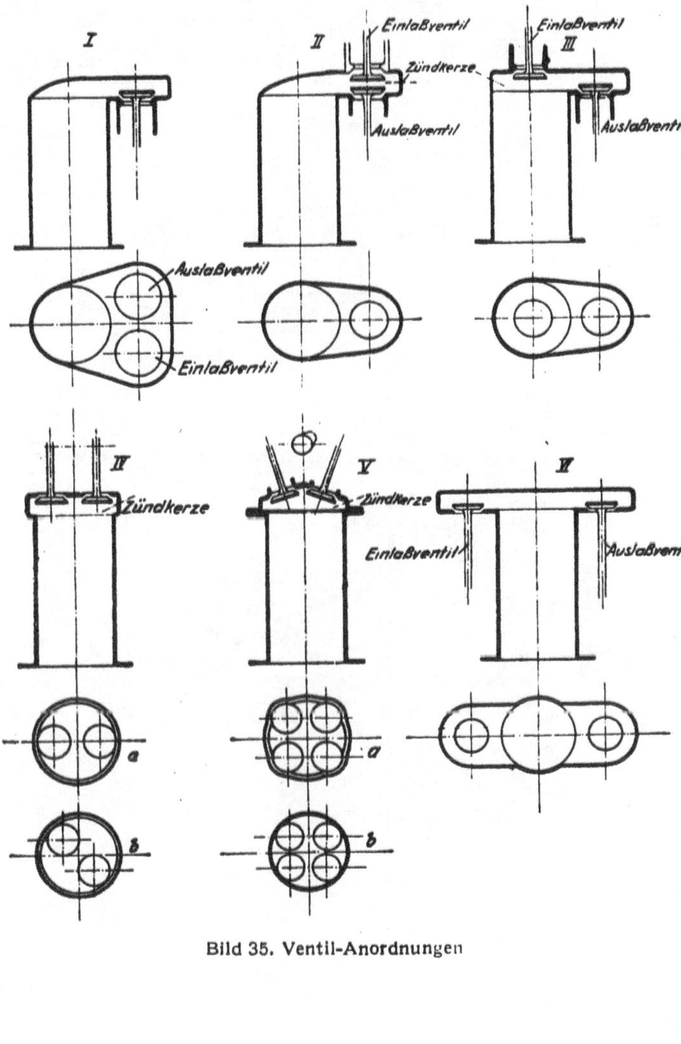

Bild 35. Ventil-Anordnungen

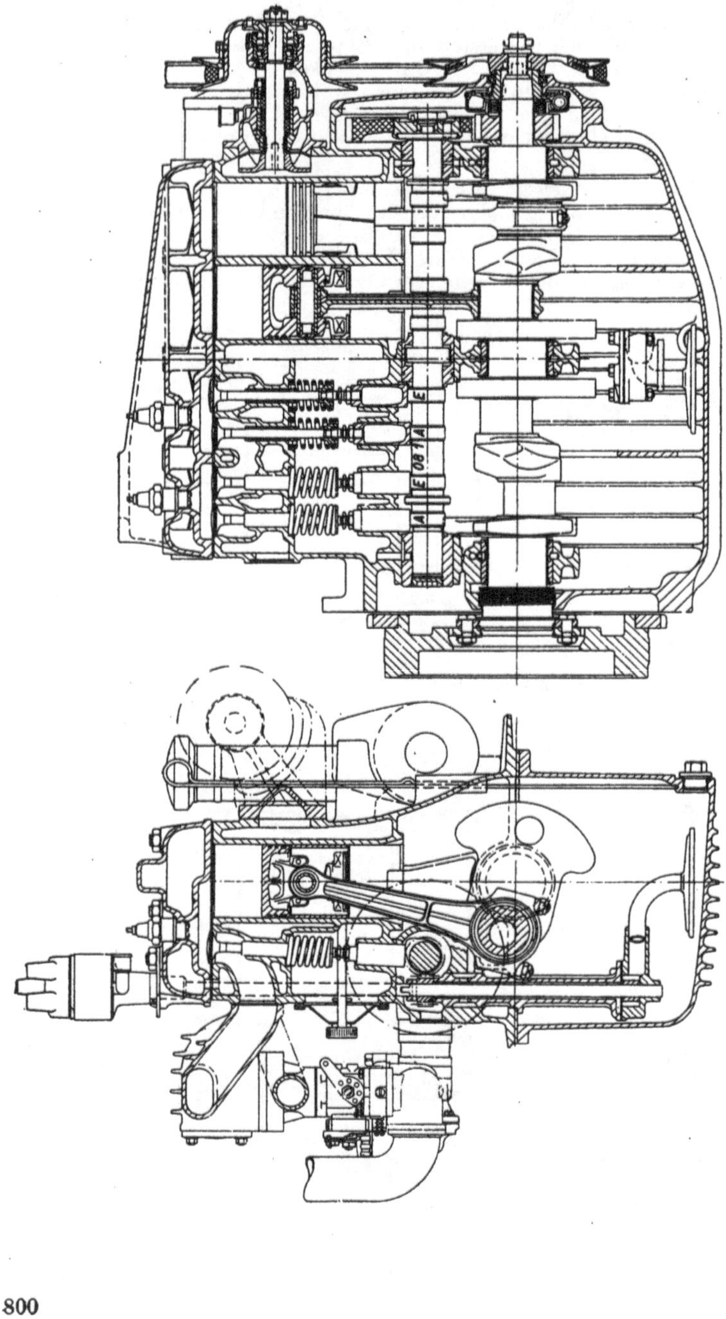

Bild 36. Motor mit seitlich stehenden Ventilen

bearbeitet werden kann, sondern in Kokille sauber gegossen werden muß. Eine Motorenkonstruktion dieser Art zeigt Bild 36.

Die Anordnung der Ventile hängend im Kopf nach Bild 35 IV und V erfordert entweder Lagerung der Nockenwelle oben über den Zylindern (Bild38) oder Betätigung der Ventile von der unten liegenden Nockenwelle mittels Stoßstange und Schwinghebel (Bild 33 und 37).

Hierbei haben bisher Schwierigkeiten nur die Betätigungsgestänge ergeben, die infolge der jetzt hohen Drehzahlen äußerst leicht und doch kräftig genug sein müssen. Auch die Ventile selbst müssen kräftiger ausgeführt werden.

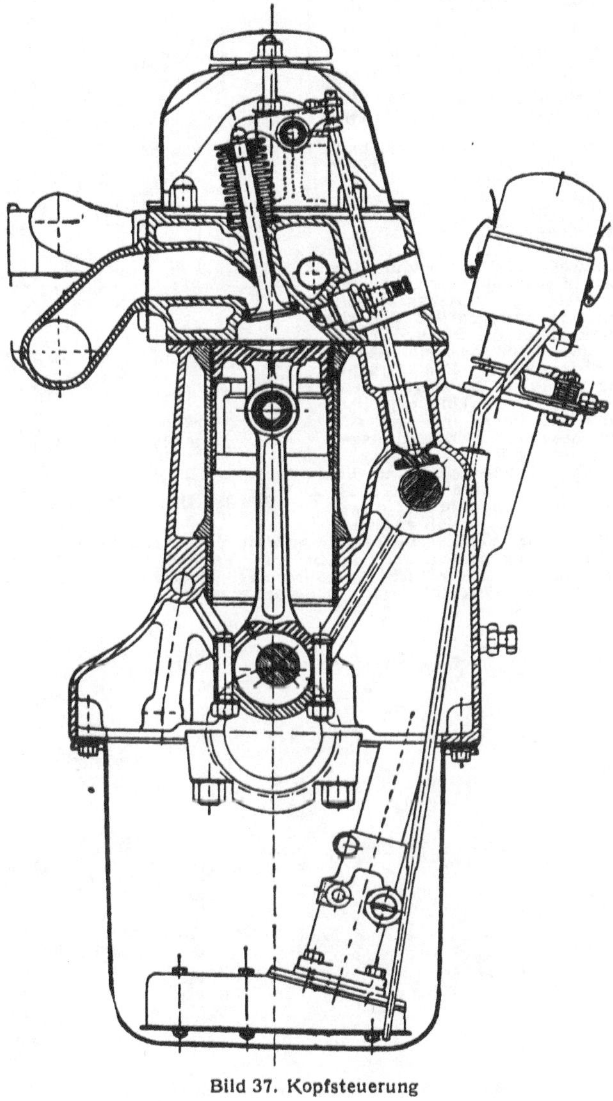

Bild 37. Kopfsteuerung

Die Anordnung der Ventile selbst bei hängenden Ventilen kann nach *a* und *b* unter IV (Bild 35) durchgeführt werden, wobei bei Anwendung der oben auf dem Zylinder liegenden Nockenwelle die Nocken bei der Ausführung *a* direkt auf den Ventilteller arbeiten (siehe Bild 38), während bei der Ausführung nach *b* unter IV Schwinghebel angewendet werden müssen (Bild 33 und 37). Selbstverständlich besteht auch die Möglichkeit, bei der Ventilanordnung nach IV *a* durch unten im Kurbelgehäuse liegende Nockenwelle und Stoßstangen die Ventile zu betätigen.

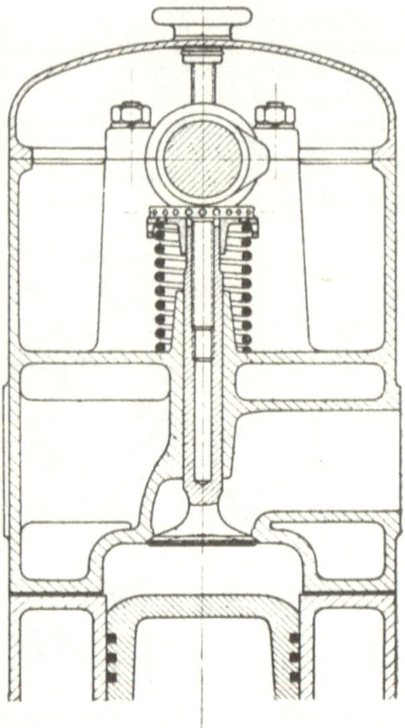

Bild 38. Direkte Ventilbetätigung

Um einen großen Ventilquerschnitt zu erhalten, ordnet man für Hochleistungs- und Rennmotoren häufig 4 Ventile, 2 Einlaß- und 2 Auslaßventile, an. Unter V (Bild 35) ist eine solche Anordnung dargestellt, die Betätigung der Ventile kann hierbei entweder durch eine Nockenwelle und Verwendung von Schwinghebeln (Bild 39) oder aber durch zwei Nockenwellen, von denen die eine direkt über den Saugventilen und die andere direkt über den Auslaßventilen liegt, erfolgen. Für normale Serienmotoren dürfte jedoch eine derartige Anordnung mit vier Ventilen kaum in Frage kommen, da sie eine erhebliche Verteuerung des Fahrzeuges mit sich bringt. Nur bei Sport- und Rennwagen ist diese Anordnung üblich.

In Bild 40 ist schematisch dargestellt, wie groß die Ventile bei gleichem Ventildurchlaß werden, wenn je ein oder je zwei Ventile für Einlaß und Auslaß angewendet werden. Bei vier Ventilen bleibt man außerdem vollständig innerhalb des zylindrischen Verdichtungsraumes, während bei zwei Ventilen und den heute üblichen Ventilabmessungen bereits seitliche Ausbauten nötig sind, die sich schwer bearbeiten lassen und einen zerklüfteten Verdichtungsraum ergeben.

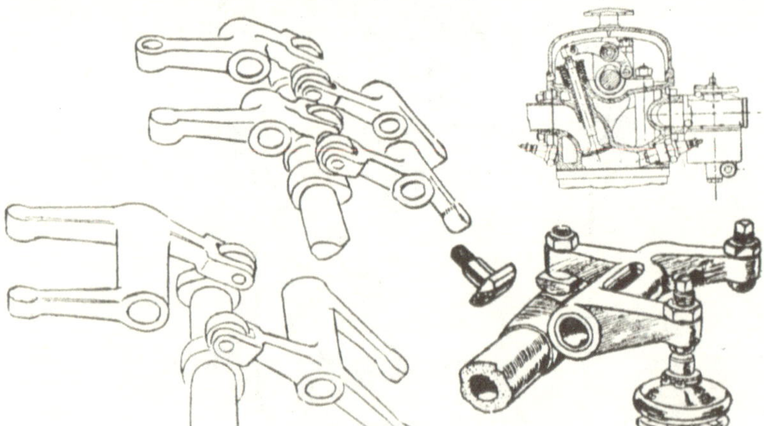

Bild 39. Schwinghebel zur Ventilbetätigung

Da das Auslaßventil durch die höhere Temperatur, der es ausgesetzt ist, leichter zum Verziehen und Verbrennen neigt, als das stets durch das frisch einströmende Gemisch abgekühlte Einlaßventil, sollte das Auslaßventil bei allen Motoren, die mit höherer Drehzahl laufen, nicht über 45 mm Durchmesser ausgeführt werden, wobei 45 mm Durchmesser der größte Durchmesser des Ventilkopfes sein soll. Das Saugventil kann erheblich größer gehalten werden, ohne daß irgendwelche Beschädigungen zu befürchten sind. Es liegt deshalb nahe, das Auspuffventil kleiner, und zwar zugunsten des Saugventils auszuführen, denn durch den beim Öffnen des Auspuffventiles sich noch im Innern des Zylinders befindlichen Überdruck strömen die verbrannten Gase mit erheblich höherer Geschwindigkeit aus, als die durch den Kolben eingesaugten Gase durch das Einlaßventil in den Zylinder eintreten. Eine Drosselung der ausströmenden Gase und Verminderung der Leistung durch das kleinere Auslaßventil tritt nicht ein, sondern eine Erhöhung der Leistung durch bessere Füllung des Zylinders mit frischem Gemisch, welches durch das vergrößerte Ansaugventil möglich

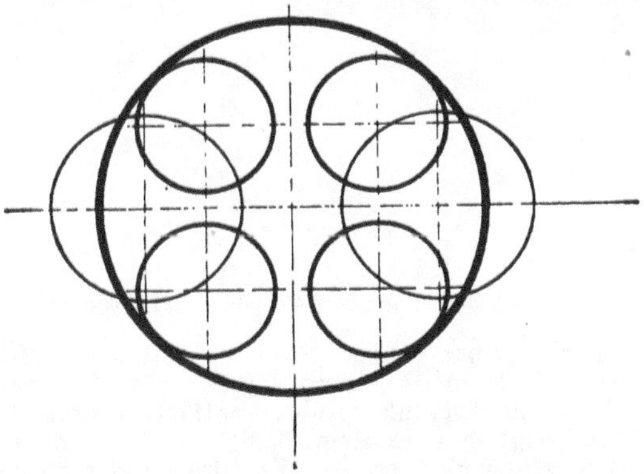

Bild 40. Gleiche Ventildurchlaß-Querschnitte bei 2 und 4 Ventilen

ist. Ein Vertauschen der Ventile kann bei einer solchen Anordnung gleichfalls nicht mehr stattfinden und somit besteht ohne Gefahr die Möglichkeit, das Auspuffventil aus hochwertigem Material, das hohe Hitzegrade ohne Schaden vertragen kann, auszuführen und das Saugventil aus geringeren Werkstoffen herzustellen.

Bei der Anordnung nach I, Bild 35 werden die seitlich stehenden Ventile meist schräg zur Zylinderachse geneigt angeordnet, um dichter an die Zylinderbohrungen mit dem Ventilteller heranzukommen, und um den Ausbau des Verdichtungsraumes für die Ventile nicht übermäßig groß ausladend zu erhalten.

b. Ventilsteuerung.

Vom Nocken auf der Nockenwelle (s. diese) erfolgt bei seitlich stehenden Ventilen der Ventilanhub über den Ventilstößel, auf dem entweder das Ventil direkt mit seinem Schaft, mit dem sog. Ventilspiel aufsteht (Bild 36) oder eine Stoßstange für hängende Ventile sitzt, Bild 37. Manchmal liegt auch ein Schwinghebel direkt auf dem Nocken, siehe Bild 41 gefordert durch die Lage der Ventile.

Ventilspiel ist unbedingt erforderlich wegen der verschiedenen Ausdehnung der Bauteile. Es ist oft einstellbar durch Druckschraube und Gegenmutter (Bild 36).

Eine vereinfachte Konstruktion der Ventilsteuerung besteht darin, daß bei ihr keinerlei Einrichtung zum Nachstellen der Ventile vorhanden ist (Ford, Bild 43).

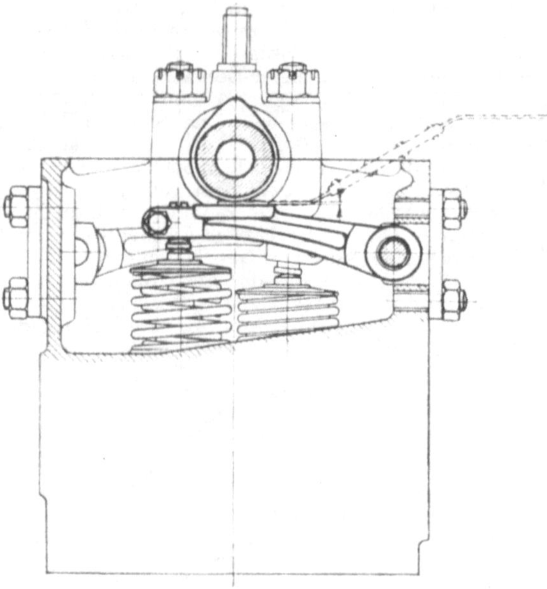

Bild 41. Ventilbetätigung bei hängendem Ventil und obenliegender Nockenwelle

So vereinfachte Ventilsteuerungen sind bei zahlreichen Motoren in Gebrauch. Sie werden hauptsächlich dann angewendet, wenn Ventilsitzringe vorgesehen sind, die ein Einschlagen des Ventilsitzes verhindern.

Die Ventilfeder liegt an dem einen Ende gegen den Zylinder oder die Ventilführung und stützt sich auf den Ventilteller, der abnehmbar durch Nute im Ventilschaft und geteilte Kegelringe auf dem Ventilschaft festsitzt (Bild 42, A. Teves), Bild 43, Ford. Keinesfalls darf der Ventilschaft durchbohrt werden, wie das früher häufig der Fall war.

Die Stößel sollen so stark bemessen und sicher geführt werden, daß sie den erheblichen Seitendrücken gewachsen sind, was besonders bei Pilzstößeln, die sich außerdem drehen müssen, zu beachten ist. Das Drehen wird dadurch erreicht, daß man den Stößel etwa 2—5 mm außer Mitte Nocken in der Längsachse setzt. Außerdem sind sie so leicht als möglich zu machen.

Die nötige Luft zwischen Stößel und Ventil macht nun viel Sorge, da sie beim Anheben des Ventiles zu Geräuschen Veranlassung gibt. Ganz sanfter, langer Anlauf der Nockenhub- und Schlußkurve ist eine Möglichkeit geräuscharmen Arbeitens. Die An- und Ablaufkurven erhalten am Nocken gemessen eine Länge bis zu 30⁰ entsprechend der erforderlichen Ventilluft. Hierdurch wird langsames Anlegen des Stößels an das Ventil erzielt.

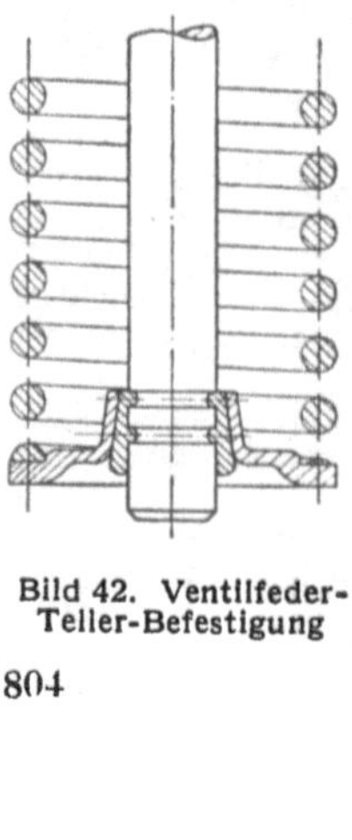

Bild 42. Ventilfeder-Teller-Befestigung

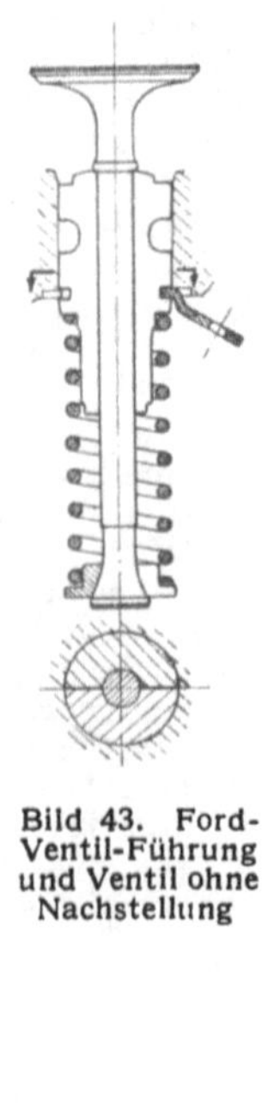

Bild 43. Ford-Ventil-Führung und Ventil ohne Nachstellung

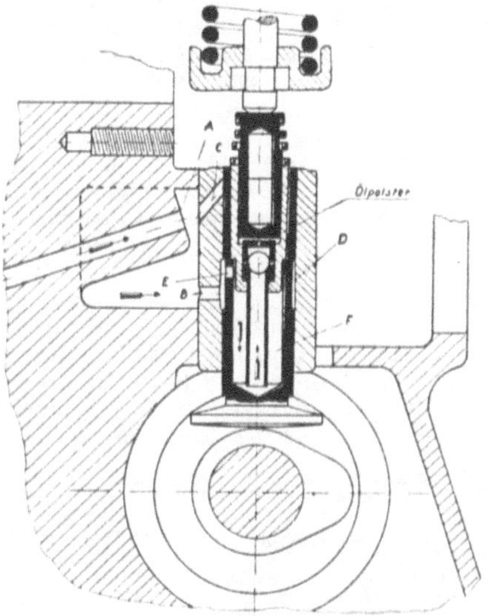

Bild 44. Hydraulische Stößel-Luftausschaltung von Mecano

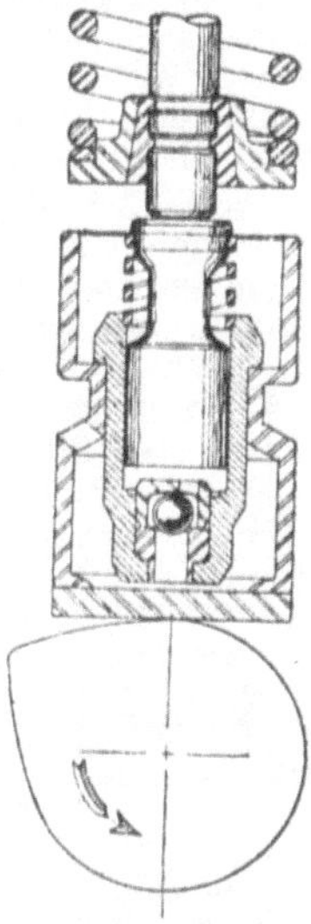

Bild 46. Hydraulisch nachstellbarer Stößel

Ein anderes Mittel ist die Ausschaltung der Luft vor dem Anhube auf hydraulischem Wege durch:

Spielfreie Ventilbetätigung. Dieses Problem ist von verschiedenen Seiten gelöst, das beste und fast nur angewendete ist das hydraulische. Cadillac verwendete bei seiner ersten 6-Zyl.-Gabelmaschine ein System, das in A. H. 13. Auflage, S. 717 beschrieben ist.

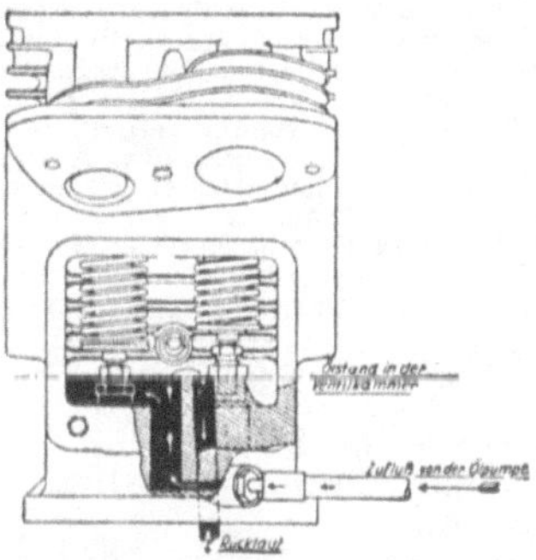

Bild 45. Öldämpfung nach Phänomen

Beim Pierce Arrow sind erstmalig hydraulisch wirkende Nachstelleinrichtungen für das Stößelspiel eingebaut, die von der Wilcox-Rich Co., Detroit, entwickelt wurden. Neben den Stößeln befindet sich ein Ölreservoir, in welches von der Druckleitung aus dauernd Öl gegeben wird. Das Öl tritt von dort unten in den Stößel ein und hebt durch seinen Druck jedes Spiel auf. Rückströmen des Öls erfolgt beim Anheben des Stößels oben in das Reservoir hinein. (Autom. Ind. vom 26. 5. 34, S. 662.)

Eine deutsche Ausführung der Mecano-Frankfurt/M. zeigt Bild 44. Der Lauf des Drucköles und seine Wirkung zur Aufhebung der Ventilluft sind deutlich gekennzeichnet. Ein solcher Stößel wird wohl etwas schwerer, jedoch der Fortfall der Luft verhindert das lästige Geräusch.

Phänomen gibt in die Stößelkammer freistehendes Öl, das sich zwischen Stößel und Ventilschaft setzt und so eine Dämpfung hervorruft. Durch einen Überlauf wird stets der richtige Ölstand eingehalten, denn der Ölzufluß erfolgt direkt von der Ölpumpe. Siehe Bild 45.

In USA wird serienmäßig der hydraulische Stößel von Eaton, Detroit, bei Cadillac, Lincoln und anderen angewendet. Er ist in Bild 46 dargestellt.

Beim Anheben des Ventils durch den Stößel ist aus dem Raum zwischen Kugel und Kolben etwas Öl entwichen infolge der unbedingt erforderlichen Ölluft zwischen Kolben und dessen Laufbüchse. Beim Abwärtsgang des Stößels hebt sich die Kugel infolgedessen entsprechend ein wenig an, und aus der Öldruckleitung kann unten an der Kugel vorbei der Raum zwischen dieser und dem Kolben wieder aufgefüllt werden.

Der Leckölverlust ist so gering, daß sich der Kolben im Innern nur etwa 0,02 mm bei jedem Anhub senkt. (Autom. Ind. 23. 10. 37, S. 127.)

Wie das gesamte bewegte Triebwerk muß die Ventilbetätigung so leicht als möglich sein. Die Kurve Bild 14 gibt das ungefähre Gewicht der bewegten Teile bei stehenden Ventilen an. Das angegebene Gewicht in kg enthält das Gewicht von Ventil, Ventilstößel; ½ Ventilfeder und Federteller mit seiner Befestigung.

Die Stößel werden heute fast ausschließlich als Tellerstößel ausgebildet, etwa 2 mm exzentrisch zum Nocken versetzt, um abwälzende Betätigung durch den Nocken zu erhalten. Keinesfalls dürfen sie an der Drehbewegung gehindert werden. Der Teller selbst muß kräftig sein, während der Schaft sehr dünnwandig, etwa 1 mm, ist. Rockwellhärte auf dem Teller mindestens C 45, besser 50.

Material: Sondergußeisen mit 2,50—2,90 Silizium, 0,60—0,80 Mangan 3,40—3,70 Kohlenstoff, 0,1 Schwefel im höchsten und 0,36—0,45 Phosphor in Öl gehärtet. Oder: Silizium-Mangan-Federstahl; 0,55—0,65 Kohlenstoff 0,6—0,9 Mangan, 1,8—2,20 Silizium, 0,05 Phosphor und Schwefel.

Versuche in USA[1]) ergaben über Ventile und Ventilsitze folgendes:

Ventile und Ventilsitze. Einfluß der Ventil- und Ventilsitztemperatur und der Art der Verbrennungsgase.

Bei diesen Versuchen wurde ein Sitzring aus Gußeisen verwendet und zwei verschiedene Ventilstähle, austenitischer Chromnickelstahl und Chrom-Siliziumstahl. Zur Verwendung gelangten ferner zwei Brennstoffmischungen, wobei die eine eine oxydierende und die andere eine reduzierende Atmosphäre erzeugten. Es wird festgestellt, daß die Oxydation für den Verschleiß des Ventilsitzes von ausschlaggebender Rolle ist.

Einfluß des Stößelspiels. Bei den Versuchen wurden Stößelspiele von 0,5 und 0,15 mm angewandt. Bei dem größeren Spiel war die Abnutzung etwa achtmal so groß als bei dem kleineren Spiel.

Einfluß der Ventilfederkraft. Bei einer schnellaufenden Verbrennungskraftmaschine mit hoher Ventilschlußgeschwindigkeit, hoher Federkraft und hoher Ventiltemperatur ist der Verschleiß des Ventilsitzes verhältnismäßig hoch, sofern die Verbrennungsgase nicht reduzierend wirken.

Einfluß der Sitzbreite. Versuche ergaben, daß der Einfluß der Sitz- und Ventilbreite auf den Verschleiß nicht erheblich ist.

Einfluß des Werkstoffes. Bei den vergleichenden Untersuchungen wurden etwa 30 verschiedene Werkstoffe für den Ventilsitz und austenitischer Chromnickelstahl für die Auslaßventile untersucht. Zusätzliche Versuche wurden mit stellitüberzogenen Ventilsitzen und Ventilen durchgeführt. Die Versuchstemperatur betrug 715° bei oxydierender Atmosphäre und das Stößelspiel 0,5 mm. Diese Bedingungen wurden deshalb gewählt um möglichst großen Verschleiß zu erhalten. Die Ergebnisse nach einer Versuchsdauer von 50 Stunden werden mitgeteilt. Unter den Werkstoffen, die einen geringen Verschleiß bei austenitischem Ventilstahl aufweisen, werden Monel-Metall, KMonel, Stellit, Beryllium-Contracid und Chromgußeisen genannt. Austenitisches Nickelgußeisen weist einen geringeren Verschleiß als unlegiertes Gußeisen auf, während ein Nickelgußeisen mit 26% Ni und hoher Ausdehnung etwas größeren Verschleiß zeigte. Mangan-Chromnickelstahl ergab mittlere Verschleißwerte. Die Tatsache, daß das Verhalten von Monel-Metall (Härte 149) etwa dem von Stellit (Härte 641) gleich kommt, wird auf die hohe Oxydationsbeständigkeit des Monel-Metalls zurückgeführt.

Ventilkegel. Höchst beanspruchter Bauteil des Motors durch:
hohe Beschleunigungskräfte, dadurch hohe mechanische Beanspruchung,
hohe Temperaturen beim Auslaßventil besonders (bis 600° C),
hohe Korrosionsmöglichkeit beim Auslaßventil (Bleioxyd und Brom im Zylinder bei verbleitem (Bleitetraäthyl) Benzin).

Deshalb für Auslaßventile hochwertiger Stahl, z. B. Chrom-Silicium-Stahl bis zu den höchsten Legierungen. Für ganz besonders hohe Beanspruchung ist ein wärmefester und korrosionsbeständiger, austenitischer Chrom-Nickel-Stahl mit etwa 14% Chrom und 14 bis 20% Nickel zu verwenden.

Einlaßventil wird aus Chrom-Silicium-Stahl hergestellt.

Noch höher beanspruchte Auslaßventile, besonders aus dem obengenannte Chrom-Nickel-Stahl, der eine geringere Wärmeleitfähigkeit besitzt, müssen eine Innenkühlung erhalten. Diese erfolgt durch Natrium, das in dem hohlen Ventilschaft untergebracht werden muß. Bild 47.

---

[1]) C. G. Williams, Report of the Research and Standardisation Committee on An Investigation of the Factors Influencing Wear of Valve Seats in Internal Combustion Engines. J. Instn. Automob. Engr., April 1937, B. 5, S. 25—41.

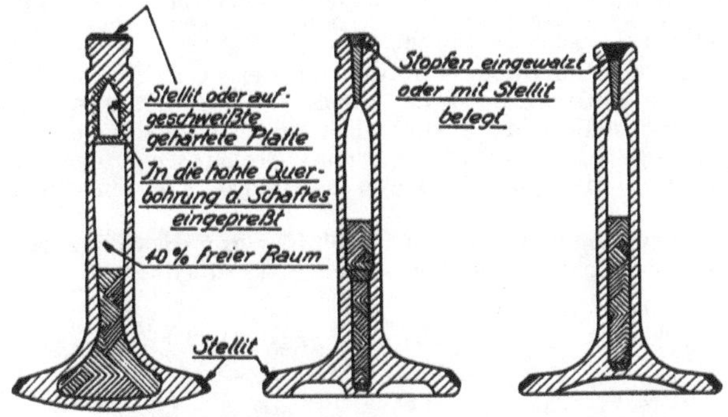

Bild 47. Natriumgefüllte Ventile

Natrium besitzt eine gute Wärmeleitfähigkeit und besitzt ein geringes spezifisches Gewicht (0,97). Es wird bei 90° C flüssig und durch das Hin- und Herschleudern wird eine erhebliche Wärmeabfuhr vom Sitz zum Schaft herbeigeführt.

Sitz und Schaftende werden auch mit Stellit gepanzert, was bei dem obengenannten Chrom-Nickel-Stahl unbedingt erforderlich ist. Andere Stahlarten können am Schaftrande gehärtet werden (Oberflächenhärte Rockwell 50 bis 55, 2 mm tief).

Die Anwendung von Stopfen (Bild 47 rechts) wird mehr und mehr verlassen und nur noch das Zuschweißen angewendet.

A. Tews, Frankfurt/M. ist erfahrener Erzeuger aller Arten von Ventilen.

Schaftdicke der Ventile nicht unter 8 mm. Im allgemeinen $^1/_4$ des lichten Kanaldurchmessers. Guter Übergang zum Ventilteller. Sitzbreite $1\frac{1}{2}$ bis 2 mm. Heute kein Schlitz oder Bohrung in Teller zum Einschleifen mehr, sondern ganz glatt, Teller zum Verdichtungsraum zu am besten geschliffen zur Verhinderung des Kohleansatzes.

c. Nockenwellenantrieb.

Nockenwellenantrieb erfolgt durch Zahnräder. Auf der Kurbelwelle Stahl oder Gußeisen in Sonderguß. Auf der Nockenwelle Bakelit-Gewebe-Stoff wie Novotext, Textar und ähnliche. Jetzt auch in USA Sonder-Al.-Legierungen.

Hohe Beanspruchung durch Drehschwingungen von Kurbelwelle und Nockenwelle, deshalb ist für Laufruhe durch:

breite Zähne, schräge Zähne, kl. Teilung, richtiges Spiel, schallsicheren Radkörper, geringste Längsluft

zu sorgen.

Zahnbreite mindestens $3 \cdot t$. $t = 2 \cdot \pi$ bis $3 \cdot \pi$. Es genügen stets 2 Zahnräder bei seitlich stehenden Ventilen.

Werden Ketten verwendet, Zahn- oder Rollenketten, dann ist unbedingt eine Spannrolle vorzusehen. Bei Motoren mit Kopfsteuerung findet man am häufigsten Kettenantrieb, die breite Zahnkette, oder die doppelte bis vierfache Rollenkette (Duplex-, Triplex- und Quadruplex-Rollenketten von Wippermann jr. A.-G.).

Das Schwingen der Kette muß durch entsprechende Spannung verhindert werden. Auch Motoren mit obenliegender Nockenwelle, die zum Antrieb eine sogenannte Königswelle hatten, erhalten häufig Ketten zum Antriebe. Interessant ist hier der Weller-Trieb, nach seinem Konstrukteur Weller so benannt. Siehe Bild 48.

Nachdem AJS 1927 als erste Fabrik ihre Königswellen-Motoren mit Kettenantrieb nach Weller-Patenten ausgerüstet hatte, hörte man von dieser Anordnung nur noch wenig. 1934 wendet laut „Motor Cycle" auch Levis den Weller-Trieb an, der sich dadurch auszeichnet, daß das Spannen der Triebkette und das Verhindern des Auftretens von Schwingungen in der Kraftübertragung durch eine flexible Auflaufschiene bewirkt wird, die der Kette gestattet, ihre durch die inneren und äußeren Kräfte bestimmte natürliche Lage einzunehmen.

Oben liegende Nockenwellen werden meistens durch zwei Paar Kegelräder über eine senkrechte Welle angetrieben, sogenannte Königswelle (Bild 49). Diese senkrechte Welle wird am zweckmäßigsten hinten am Schwungrade angeordnet, um nur schwache Drehschwingungen zu erhalten und Platz für die Nebenapparate, wie Wasserpumpe, Lichtmaschine und dgl. zu haben.

Zum Antriebe dienen am besten Kegelräder mit Gleasonverzahnung, da diese am geräuschlosesten laufen. Auch Schraubenräder werden ange-

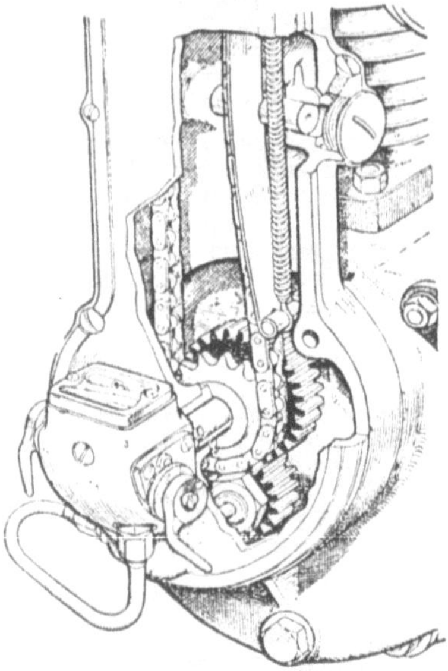

Bild 48. Weller-Kettentrieb

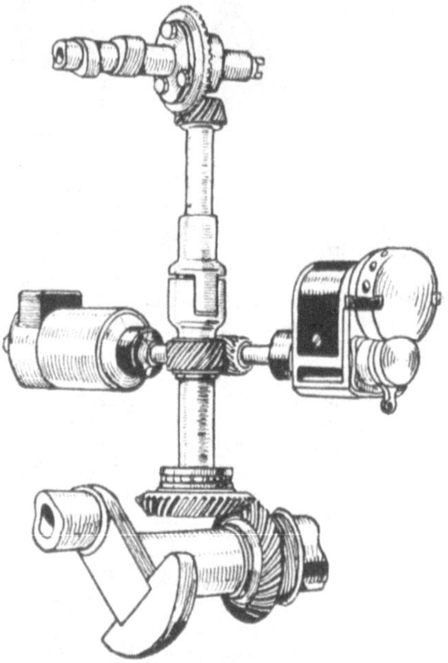

Bild 49. Königswelle

wendet, machen aber Schwierigkeiten im Lauf durch Drehschwingen und ergeben keine korrekten Ventilöffnungszeiten infolge zu großen Spiels der Zähne.

Nockenwelle aus Einsatzstahl im Einsatz gehärtet (StC 1661), biegungsfest und schwingungsfrei, gut gelagert, am besten in Gleitlagern mit einem Durchmesser so groß, daß sich die Welle mit ihren Nocken glatt herausziehen läßt. Lager am besten aus Gußeisen. Gegossene Nockenwellen aus Sonderlegierungen werden heute bereits serienmäßig verwendet.

Von gegossenen Nockenwellen werden vor allem folgende Eigenschaften verlangt: Steifigkeit, Verschleißwiderstand, Schwingungsfestigkeit, Ermüdungsfestigkeit und Dämpfungsfähigkeit. Auf Grund der neueren Untersuchungen über die Beziehungen zwischen Zugfestigkeit und Schwingungsfestigkeit wird angenommen, daß Gußeisen mit einer Festigkeit von 35 und 49 kg/mm² Schwingungsfestigkeiten von 17,5 und 21 kg/mm² aufweisen. Die Kerbempfindlichkeit ist bei Gußeisen wesentlich geringer als bei Stahl. Kerben verursachen im allgemeinen nur eine Verminderung der Schwingungsfestigkeit um 10%, was bei Molybdän-Nickelgußeisen festgestellt wurde.

Untersuchungen über die Dämpfungsfähigkeit verschiedener Werkstoffe ergaben, daß Legierungen mit hoher Dämpfungsfähigkeit gegenüber dem Einfluß von Oberflächenkerben oder plötzlichen Querschnittsänderungen weniger empfindlich sind. Eine aus Gußeisen mit hoher Dämpfungsfähigkeit hergestellte Welle wird daher auch eine größere Festigkeit und längere Lebensdauer aufweisen.

Den Anforderungen genügt die nach verschiedenen Verfahren hergestellte gegossene Nockenwelle. Hohe Festigkeit und Zähigkeit werden durch Schmelzen in einem überhitzten elektrischen Ofen erzielt. Diese Gußeisen haben einen niedrigen Gesamtkohlenstoffgehalt und enthalten Legierungszusätze. Es sind drei verschiedene Verfahren bekannt, und die Zusammensetzung der Werkstoffe ist in jedem Falle den besonderen Erfordernissen angepaßt.

Bei dem einen Verfahren werden die Nocken in Sandformen gegossen, wobei an den Stellen, die hart sein sollen, Kokillen eingesetzt werden. Dadurch bildet sich an diesen Stellen eine gegen Abnutzung sehr widerstandsfähige Schicht von weißem Guß. Die Tiefe dieser Schicht hängt von der Nickel- und Chrombeimischung ab. Durch beide Bestandteile wird die Härte der Schicht gesteigert. Teile, wie die Verteilerräder, Lager und Antriebsräder, werden infolge ihrer längeren Abkühlung im Sande bearbeitbar. Die Nockenflächen haben jedoch bei einem genügend niedrigen Gesamtkohlenstoffgehalt und entsprechenden Legierungsbestandteilen einer Zugfestigkeit von 42 kg/mm², einer Druckfestigkeit von 105 kg/mm², eine Brinellhärte um etwa 300 kg/mm². Eine typische Legierung hat folgende Zusammensetzung;

Kohlenstoff Gesamt	Si	Ni	Cr	Mo
2,80	2,00	0,75	0,20	0,75

Bei einem zweiten Verfahren, bei dem die Nocken ebenfalls in Sand gegossen werden, wird ein Gußeisen verwendet mit Beimischungen, die eine Härte von etwa 300 kg/mm² des Gußstückes ergeben. Erforderlich ist ein Gesamtkohlenstoffgehalt von 2,25 bis 2,50 %, ein niedriger Siliziumgehalt von 1,00 bis 1,50 %, 3 bis 4 % Nickel und möglichst etwas Chrom oder Molybdän. Diese Nocken werden zur Bearbeitung angelassen und dann wieder erwärmt und gehärtet bis über 400 Brinellhärte.

Bei dem dritten Verfahren wird eine Dauergießmaschine benutzt. Die Mischung und die Gußbedingungen werden so geregelt, daß das Gußeisen aus den Formen mit einer dünnen Schicht von Kokilleneisen kommt. Damit einzelne Teile bearbeitbar sind, wird ein Trockensandkern an diesen Stellen der Form eingelegt. Dadurch wird die Abkühlung verzögert, und der Guß verwandelt sich in Grauguß. Die zu bearbeitenden Teile erhalten eine Härte von 250 bis 300 Brinell, während die Nockenflächen sehr hart werden.

10. Kolben

Dr.-Ing. P. Sommer, Stuttgart.

a. Allgemeiner Aufbau, Anforderungen.

Im Tauchkolben des Kraftfahrzeugmotors ist der eigentliche Kolben, der den Arbeitsraum des Zylinders beweglich abschließt und abdichtet, mit dem geradführenden Kreuzkopf zu einem geschlossenen Bauteil vereinigt. Der Kolbenschaft muß daher nicht nur bei erhöhter Temperatur unter der wechselnden Einwirkung der Seitenkräfte auf der Zylinderwand gleiten, sondern dazu auch noch an der Wärmeabführung und der Regelung des Schmierölumlaufes teilnehmen. Die zweckmäßige Anpassung an alle diese Aufgaben ergibt zahlreiche Anforderungen an Konstruktion und Werkstoff, die sich zum Teil entgegenstehen. Sie müssen für jede Motortype sorgfältig gegeneinander abgewogen werden. Die jeweils „richtige" Einzellösung der Aufgabe, deren endgültige Form meist durch Versuche gefunden wird, kann daher sehr verschiedenartig ausfallen. Die folgende Übersicht zeigt den Zusammenhang zwischen den Betriebsbedingungen und den erwünschten und erreichbaren Eigenschaften des Kolbens.

Tafel 1.

Betriebsbedingung	Anforderung an den Kolben	Anforderung erfüllbar	
		konstruktiv	durch Werkstoff
1. Mechanische Belastung: a) Kolbenboden bis 50 atü (Otto-Motor) bis 80 atü (Diesel-Motor) b) Kolbenschaft 3—6 atü Gleitbahndruck	hohe statische und dynamische Festigkeit	genügende Wandstärke, gestaltfeste Bauweise, gleichmäßiger „Kraftfluß"	Vergütete Aluminium-Legierungen, Grauguß, bei Höchstanforderung gepreßte und vergütete Aluminium-Legierungen

Betriebs-bedingung	Anforderung an den Kolben	Anforderung erfüllbar konstruktiv	Anforderung erfüllbar durch Werkstof
2. Hohe Temperatur: im Verbrennungsraum: bis 2500° C. Kolbenboden: bis 450° bei Grauguß 250—400° bei Leichtmetall Kolbenschaft: bis 170° bei Grauguß bis 140° bei Leichtmetall	Festigkeit muß auch bei hoher Temperatur noch erhalten bleiben. Kennzeichen Warmhärte. Dazu hohe Wärmeleitfähigkeit zur Temperatursenkung	ausreichende Wärmeflußquerschnitte, Kühlrippen	wie oben, Grauguß und gepreßte Legierungen sind warmfester Bestwerte bei Al-Cu-Legierungen, eutekt. Al-Si-Legierungen (über 0,30 cal/cmsec °C)
3. Massenbeschleunigung von Kolben und Pleuel bei hoher Drehzahl: Mittl. Kolbengeschwindigkeit bis 14 m/sec	geringes Gewicht (ergibt kleine Massenkräfte)	Leichtbau mit höchster Werkstoff-Ausnutzung	Magnesium-Legierungen (Elektron) Al-Legierungen, besonders mit eutektischem und übereutektischem Si-Gehalt
4. Gleitende Reibung in den Kolbenringnuten, am Kolbenschaft, in den Bolzenlagern, z. T. ungünstige Schmierverhältnisse	geringer Reibungswiderstand hohe Verschleißfestigkeit (bedingt Gebrauchsdauer) keine Neigung zum Fressen	genügende Gleitflächen, gleichmäßige Druckverteilung bei allen Betriebszuständen	(Al-Cu-Legierungen) Al-Si-Legierungen Grauguß; Schaft verzinnt, verbleit, grafitiert, eloxiert
5. Wechsel der Anlage von einer Zylinderseite zur andern	Geräuschlosigkeit, kein „Kolbenkippen" bei kalter und warmer Maschine, dazu Anpassung der Wärmeausdehnung des Kolbens an die des Zylinders	Laufspiel nach DIN-Laufsitz, Invar- und Autothermic-Streifen-Kolben, Ovalfederung (Röhrenkolben) Schlitzfederung (Schlitzmantel-, T-Schlitz-Kolben u. a.)	niedrige Wärmeausdehnung: Grauguß, eutektische, noch günstiger übereutektische Al-Si-Legierungen (hohe Wärmeausdehnung bewirkt Klappern und hohen Verschleiß oder Fressen)

b. Grundlagen der konstruktiven Ausbildung.

Aus den Betriebsanforderungen der derzeitigen Kraftfahrzeugmotoren (4-Takt-, 2-Takt-, Otto- und Dieselmotoren) ergibt sich, daß in der Regel am zweckmäßigsten Aluminium-Legierungen als Kolbenbaustoff dienen. Nur bei besonders geringer Wärmebeanspruchung finden noch Kolben aus Grauguß oder legiertem Sonderstahlguß Verwendung. Die folgenden konstruktiven Angaben beziehen sich daher hauptsächlich auf Leichtmetall-Kolben.

Der Kolbenboden wird meist eben oder leicht nach außen gewölbt ausgeführt. Seine geringste Dicke beträgt 0,07—0,12 D (D-Zylinderdurchmesser) und nimmt von der Mitte nach außen zu, wo ein stark abgerundeter Übergang in die Kolbenringzone für Wärmeabführung und Versteifung sorgt. Gewölbte und mit Kühl- und Stützrippen versehene Böden können dünner gehalten werden, letztere sind aber höheren Wärmespannungen ausgesetzt.

Die Kolbenringzone besorgt die bewegliche Abdichtung gegen den Verbrennungsraum. Ihre Höhe richtet sich nach der Zahl und Höhe der unterzubringenden Kolbenringe (2—4, bei Dieselmotoren 3—5 Kompressionsringe, dazu 1—2 Ölabstreifringe). Die Höhe der Stege über und zwischen den Ringen nimmt nach unten infolge der fallenden Temperatur und Gasdruckbelastung ab.

Der Kolbenschaft dient zur Geradführung des Kolbens im Zylinder. Er überträgt die bei Schräglage der Pleuelstange am Bolzen auftretenden Seitenkräfte gleitend an die Zylinderwand. Er ist so zu bemessen, daß der mittlere Gleitbahndruck 4—6 kg/cm² nicht überschreitet. Durch genügende Länge wird das Kippen beim Seitenwechsel gering gehalten oder ganz verhindert. Dies ist für ruhigen Gang und zur Verminderung des Verschleißes an allen Gleitflächen des Kolbens wichtig.

Die Bolzen-Lage hat verschiedenartigen Anforderungen zu genügen. Die gleichmäßigste Belastung der Schaftgleitfläche würde durch den Bolzen in der Mitte ihrer Höhe erreicht werden. Für die Vermeidung von Massendrehmomenten beim Seitenwechsel spricht dagegen die Anordnung im Schwerpunkt des Kolbens. Beide Forderungen können jedoch praktisch weder vereinigt noch einzeln verwirklicht werden. Außerdem wird eine geringe Bauhöhe des Motors nur bei hoher Bolzenlage erzielt. Man setzt daher den Bolzen meist so hoch als möglich, wobei zu beachten ist, daß darüber noch genug Schafttragfläche vorhanden ist.

Die Bolzennaben(-Augen) haben die gesamten Längsdruckkräfte vom Kolben auf den Bolzen zu leiten und müssen daher gegen den Boden gut abgestützt sein. Die Verbindung mit dem Schaft muß eine gleichmäßige Verteilung der Seitenkräfte zulassen. Der Abstand zwischen den beiden Naben richtet sich nach der Breite des Pleuel-Auges, soll aber im Interesse geringer Kolbenverformung möglichst knapp gehalten werden (Tafel 2).

Tafel 2.

Kolben-Hauptabmessungen.

(Richtwerte)

	Ottomotoren	Dieselmotoren
Ringzone:		
Abstand Kolbenboden bis zur obersten Ringnute	0,06—0,09 D	0,10—0,18 D
Höhe des obersten Ringsteges	0,04—0,06 D (3—6 mm)	0,04—0,06 D (4—6 mm)
Höhe des untersten Ringsteges	0,025—0,04 D (2,5—4,5 mm)	0,025—0,045 (3—6 mm)
achsiale Höhe der Kompressions-Ringe	2—4 mm meist 2,5—3 mm	3—5 mm meist 3,5—4 mm
„Kompressionshöhe" (von Bodenkante bis Bolzenmitte)	0,5—0,7 D	0,55—0,85 D
Innerer Abstand der Bolzennaben	0,35—0,5 D bei Klemmpleuel: 0,30—0,35 D	0,35—0,5 D
Gesamte Schaftlänge	0,75—1,0 D	0,85—1,14 D
Gesamtlänge des Kolbens	1,0—1,4 D Krafträder- u. Rennmotoren 0,9—1,2 D	1,2—1,7 D (D = Zylinderdurchmesser

c. Einbau- und Laufspiele.

Das Spiel der Kolbenringe in den Nuten wird mit 0,015—0,04 mm so bemessen, daß die Ringe frei beweglich sind, aber auch keine Möglichkeit haben, die Nuten auszuschlagen und dann durch Verkantung hohen Verschleiß hervorzurufen. Die oberen Ringe brauchen mehr Spiel, bis 0,12 mm, besonders bei 2-Takt- und Dieselmotoren, damit sie durch die entstehende Ölkohle nicht zu rasch festgebrannt und an ihrer Dichtwirkung verhindert werden.

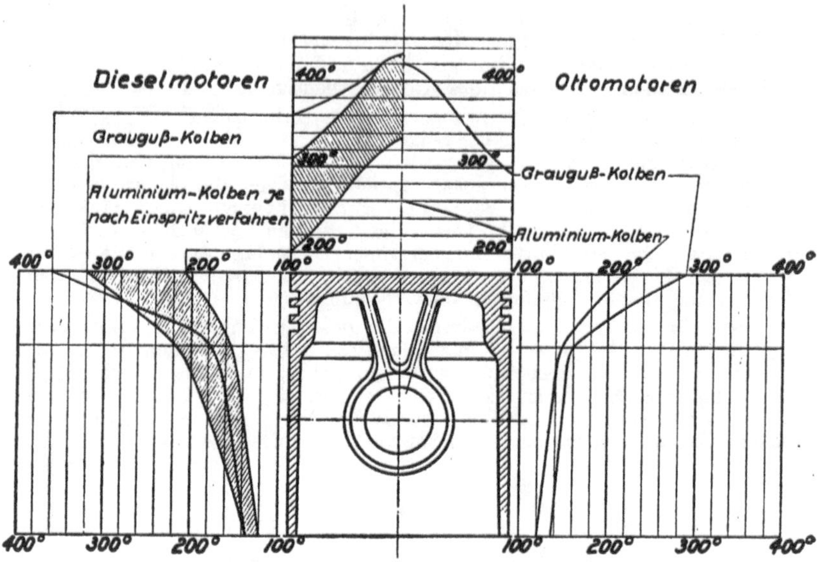

Bild 50. Kolbenbetriebstemperaturen bei Wasserkühlung (schematisch)
Gemessen nach dem Schmelzkegelverfahren von Dr. Ing. E. Koch.

Die seitlichen Einbauspiele in der **Ringzone** werden aus der Wärmeausdehnungszahl des Werkstoffes und der Betriebstemperatur so berechnet, daß im betriebswarmen Zustand nur eine geringe, bei hochbeanspruchten Motoren keine Anlage an den Zylinder erfolgen kann.

Am **Kolbenschaft** strebt man danach, das Einbauspiel möglichst nicht viel größer als das Laufspiel des warmen Motors zu machen, damit bei allen Betriebszuständen gleichmäßig ruhiger Gang erreicht wird. Infolge der hohen Wärmeausdehnung der Leichtmetall-Legierungen ist dieses Ziel nur durch besondere Konstruktions-Maßnahmen angenähert zu erreichen (s. übernächsten Abschnitt).

Die für die Spielbemessung maßgebenden Kolbenbetriebstemperaturen zeigt Bild 50; Tafel 3 gibt eine Übersicht über die Spiele verschiedener Kolben in der Ringzone und am Schaft.

Tafel 3.

Kolbeneinbauspiele in Tausendstel vom Zylinderdurchmesser.
Streifen-Kolben (Invar- und Autothermic-Kolben). Otto-Motoren.

Kühlung		Wasser		Luft	
Legierung		Al-Si eutekt. (Mahle 124)	Al-Cu (Mahle 101, Y)	Al-Si eutekt. (Mahle 124)	Al-Cu (Mahle 101, Y)
Meßpunkt	A	4	4,5	6,5	7,4
	B	2,6	2,9	3,1	3,6
	C	ca. 1 mm			
	D	0,6	0,65	0,75	0,9
	E[1]	0,65	0,7	1,5	1,8

[1]) Bei Autothermic-Kolben größer.

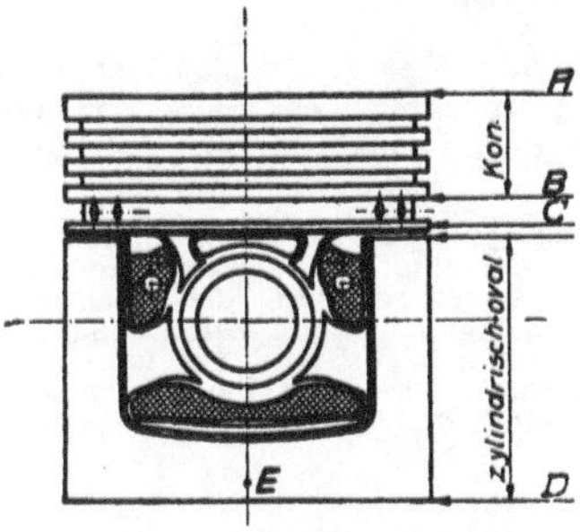

Bild 51. Streifen-Kolben

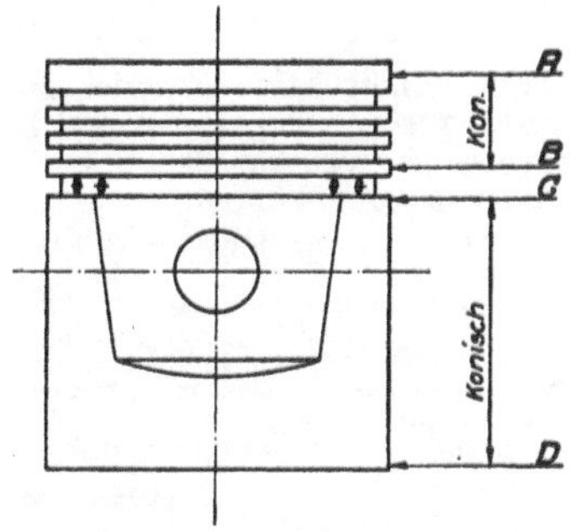

Bild 52. Vollschaft-Kolben

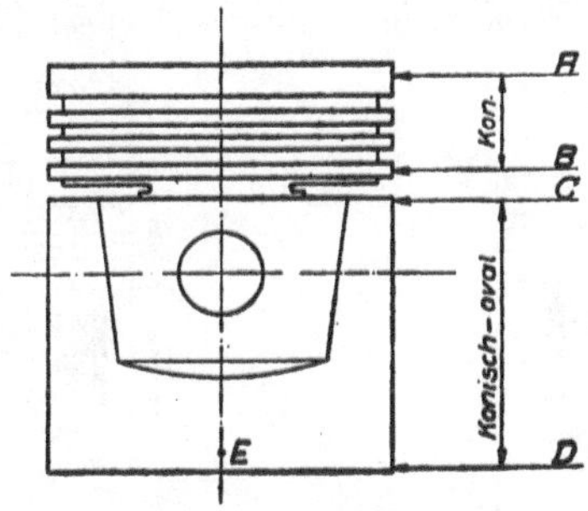

Bild 53. Röhren-Kolben

Vollschaft-Kolben.

Kühlung	Wasser				Luft
Motor	Otto			Diesel	Otto
Werkstoff[1])	Al-Si eutektisch (Mahle 124)	Al-Si eutektisch Röhren-Kolben	Grauguß	Al-Si eutektisch (Mahle 124)	Al-Si eutektisch (Mahle 124)
Meßpunkt A	3,5	3,5	3,5	5,0	4,5
Meßpunkt B	1,9	1,9	2,0	3,0	3,1
Meßpunkt C	1,4	1,1	0,9	1,8	2,2
Meßpunkt D	1,1	0,8	0,9	1,1	1,6
Meßpunkt E	—	2,7	—	—	—

[1]) Für Al-Cu- und Elektron-Kolben (Mahle 101, Y, ZS 32) um ca. 10% mehr; für übereutektische Al-Si-Legierungen (Alusil, KS 280, Mahle 138) um ca. 10% weniger als für Mahle 124.

d. Kolbengewichte.[1])

Insbesondere bei schnell-laufenden Motoren ist es wichtig, die Kolbengewichte so klein als möglich zu halten. Dadurch wird die Beanspruchung durch Massenkräfte, die großen Einfluß auf die Lagerbelastungen haben, geringer. Das Gewicht neuzeitlicher Kolben liegt meist in folgenden Grenzen:

Gewicht (in Gramm) = Zylinderdurchmesser D^3 (cm) $\times f$.

Der Erfahrungswert f beträgt für Kolben aus

Magnesium-Legierungen (Elektron) ....0.4—0,55
Aluminium-Silizium-Legierungen ....0,7—0,9
Aluminium-Kupfer-Legierungen ....0,8—1,1
Grauguß ....1,1—1,6

Kleinere Kolben (zwischen 50 und 60 mm ⌀) nähern sich dabei mehr der oberen Grenze, weil die Höhe der Kolbenringzone sich weniger als die übrigen Abmessungen ändert.

[1]) Siehe Seite 102.

e. Ausführungsformen.

Die konstruktive Entwicklung der Kolben, insbesondere seit der Verwendung von Leichtmetall als Baustoff, hat eine große Zahl von Formen hervorgebracht, von denen hier nur einige der wichtigsten als Beispiele gezeigt werden können.

Invarstreifen-Kolben (DRP. 537513 u. a.). Je eine Platte aus Invarstahl mit hohem Nickelgehalt mit geringster Wärmeausdehnung wird zwischen Bolzennaben und Schaft eingegossen. Sie gleicht die Wärmeausdehnung des Leichtmetalles in Druckrichtung so weit aus, daß das Schaft-Laufspiel im kalten und betriebswarmen Zustand nahezu gleich groß wird. Dies ermöglicht ruhigen Lauf und lange Lebensdauer. Das Hauptanwendungsgebiet sind hochwertige Personenwagen-Motoren. Bild 54 zeigt eine neuere Ausführung mit innerem und äußerem Aluminium-Versteifungsarm an der Invarstahlplatte.

Autothermicstreifen-Kolben.

Diese Kolbenart ist der mit Invarstreifen sehr ähnlich (Bild 55). Man verwendet jedoch eine unlegierte Stahlplatte, die zusammen mit dem hier allein vorhandenen äußeren Leichtmetall-Stützarm ein Bimetall-Element bildet. Dieses krümmt sich bei

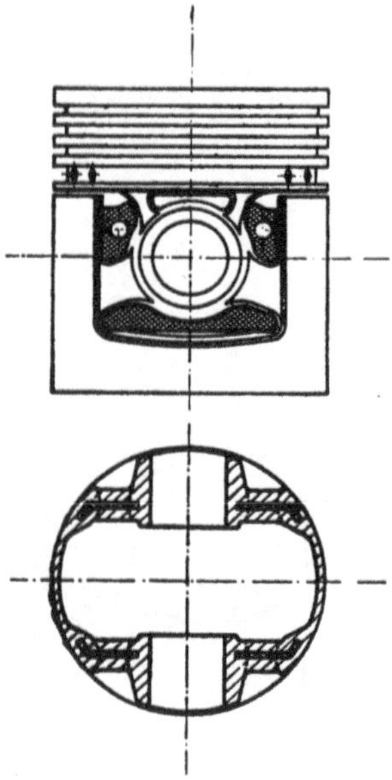

Bild 54. Invarstreifen-Kolben („Breitplatten"-Ausführung)

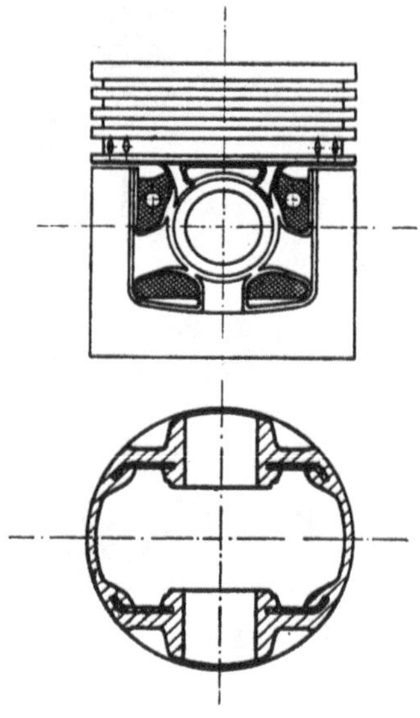

Bild 55. Autothermicstreifen-Kolben

Erwärmung und erzeugt dabei eine Ovalverformung des Kolbenschaftes, die die Wärmeausdehnung in Druckrichtung nahezu ausgleicht. In Bolzenrichtung wird sie dagegen in gleichem Maße verstärkt. Hier muß der Kolben daher dünner geschliffen werden, damit die ursprünglich ovale Schaftform durch die genannte Bimetallwirkung bei Betriebstemperatur in den Kreis übergeführt wird. Authothermicstreifen-Kolben sind etwas billiger als Invarstreifen-Kolben, da man dafür keinen Invarstahl benötigt. Sie können in den meisten Fällen vollwertig an deren Stelle treten.

Röhren-Kolben (DRGM. 1294154)

werden durch einen Schlitz zwischen Ringzone und Schaft so gestaltet, daß die höhere Wärmeausdehnung des oberen Teils den Schaft ähnlich wie beim Autothermic-Kolben oval-verformt. Außerdem sorgt eine besondere Ausbildung der Abstützung vom Boden zu den Bolzennaben für eine geringe Verformung der Boden- und Ringzone. Röhren-Kolben (Bild 56) zeichnen sich durch geringes Baugewicht aus und eignen sich für alle leichteren und schnellaufenden Otto-Motoren.

Kolben mit geschlitztem Schaft.

Bei vielen Kolbenbauarten wird ein Teil der Wärmeausdehnung durch Federung des Schaftes ausgeglichen. Das wird dadurch möglich gemacht, daß von einem Quer-

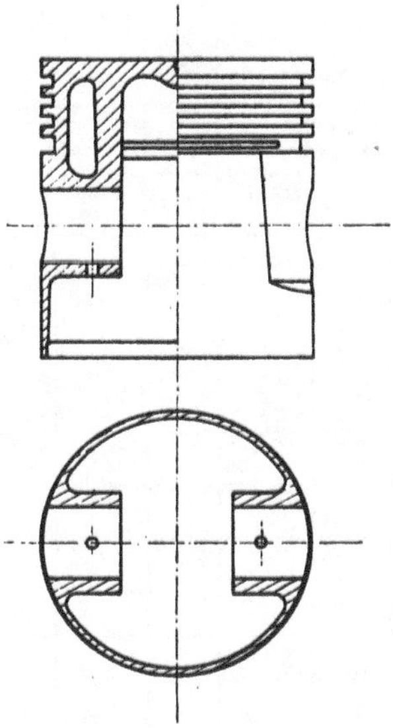

Bild 56. Röhren-Kolben (schematisch)

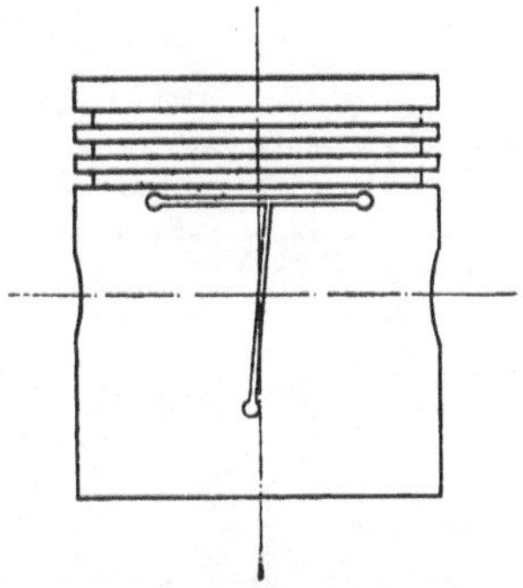

Bild 58. T-Schlitz-Kolben

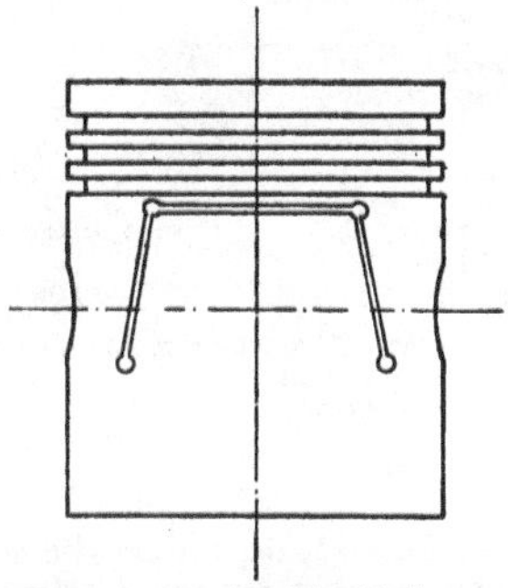

Bild 59. U-Schlitz-Kolben

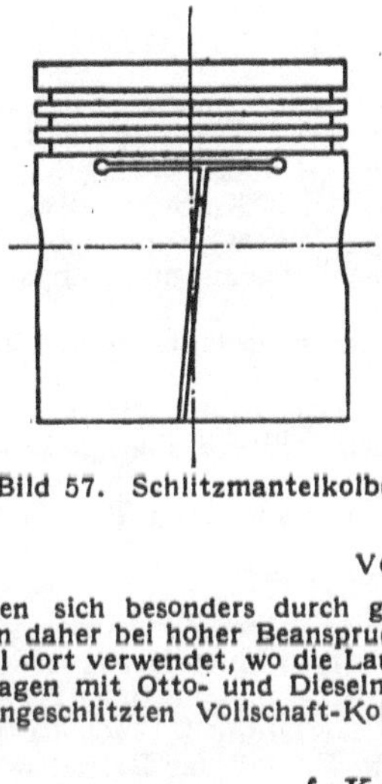

Bild 57. Schlitzmantelkolben

schlitz unter den Kolbenringen ein ganz oder teilweise leicht schräg nach unten durchlaufender Schlitz angebracht wird (Schlitzmantel- und T-Schlitz-Kolben). Auch U-förmige Schlitze finden Anwendung. (Bild 57—59.) Solche Kolben lassen sich einfach und billig herstellen. Das Nachlassen der Federung in den abgeschlitzten Teilen beeinträchtigt bei längerer Betriebszeit häufig die Laufruhe. Anwendung erfolgt in normalen Personen-Kraftwagenmotoren.

Vollschaft-Kolben

zeichnen sich besonders durch größte mechanische Widerstandsfähigkeit aus. Sie werden daher bei hoher Beanspruchung (neuerdings häufig auch im Gesenk gepreßt). überall dort verwendet, wo die Laufruhe kein Haupterfordernis darstellt. Die meisten Lastwagen mit Otto- und Dieselmotoren, sowie Sport- und Rennmaschinen werden mit ungeschlitzten Vollschaft-Kolben ausgerüstet.

f. Kolbenbaustoffe.

Seitdem Aluminium-Kolben-Legierungen entwickelt wurden, die den verschiedensten Anforderungen angepaßt sind, werden Grauguß-Kolben für Kraftfahrzeugmotoren nur noch in Sonderfällen verwendet. Dabei muß hohes Gewicht oder die erschwerte Herstellung besonders dünnwandigen Gusses (auch bei legiertem Sonderstahlguß hoher Festigkeit) in Kauf genommen werden. Tafel 4 enthält eine Übersicht über die wichtigsten Kolbenbaustoffe und ihre Eigenschaften.

Tafel 4.

Kolbenbaustoffe.

(Beispiele der Grundtypen, Richtwerte)

Gruppe	Al-Cu		Al-Si eutekt.	Al-Si übereutektisch			Mg (Elektron)		Grauguß
Bezeichnung	Mahle 101	Y	Mahle 124 [2])	Alusil	KS280	Mahle 138	ZS 32	Mahle 549	
Zusammensetzung Hauptbestandteile ca.									
Cu %	10	4	1	1,5	1,5	1	—	—	3,5Cges.
Si %	bis 0,4	bis 0,4	12	21	21	17	2	—	2,8 Si
Ni %	—	2	1	—	1,5	1	—	—	0,7 Mn
Mg %	0,3	1,5	1	—	0,5	1	85	83	0,5 P
Sonstiges %	—	—	—	—	1,2 Co	—	3 Zn	Ce+Mn	—
Al %	88	92	84	76	74	79	—	—	0,1max.S
spezifisches Gewicht g/cm³	2,9	2,8	2,7	2,65	2,7	2,7	1,8	1,8	7,3
Wärmeausdehnungszahl $\times 10^{-6}/^0$C	23	24	20	18	17,5	18,5	25	24	12
Verschleißwert (verglichene Abtriebmenge nach E. Koch	1,0 Bezugswert	0,9	0,8	0,7	0,7	0,7	2	1,6	0,4
Brinellhärte[1]) kg/mm²	g	g / P	g / P	g	g	g / P	P	P	g
bei 20° C	115	110 / 125	110 / 120	90	100	115 / 120	55	80	180
nach 15 Std. bei 300° C	30	30 / 30	30 / 30	25	35	30 / 30	10	15	150

[1]) je nach Vergütung mehr oder weniger.
g = gegossen.
P = gepreßt.

[2]) Genormte Einheitslegierungen KAl 3210—13.

g. Kolbenherstellung.

Der Kokillenguß ist die gebräuchlichste Herstellungsart für Kolbenrohlinge aus Aluminium-Legierungen. Er gestattet bei entsprechender Teilung von Kern und Außenform große Freizügigkeit in der Formgebung und das Eingießen von Invar- bzw. Stahlstreifen. Auch Kolbenringträger aus legiertem Gußeisen hoher Wärmeausdehnung (Niresist) können bei hochbeanspruchten Lastwagen-Kolben zur Verschleißhemmung eingegossen werden.

Sandguß wird nur bei Grauguß und zur Einzelanfertigung großer Leichtmetallkolben verwendet.

Das Gesenkpressen ergibt bei Leichtmetall-Legierungen gegenüber dem Gußzustand wesentlich höhere und gleichmäßigere Festigkeitswerte, ist aber teuerer. Es wird vor allem für Flugmotor-Kolben, hochbeanspruchte Kolben für Lastkraftwagen, Renn- und Sportmotoren, zum Teil auch für hochwertige Personenwagenmotoren verwendet.

Vergütung:

Fast alle Leichtmetallkolben erfahren je nach ihrer Zusammensetzung und Herstellung eine ein- oder mehrstufige Wärmebehandlung. Dadurch erhöht sich bei den meisten Legierungen die Härte und Festigkeit wesentlich. Außerdem wird so eine bleibende Volumenänderung („Wachsen") und Verzug vorweg-genommen, die sonst unter dem Einfluß der Betriebswärme auftreten würden.

Die Fertigbearbeitung von Kolben geschieht größtenteils auf Spezial-Werkzeugmasehinen. Nur hohe Genauigkeit und Oberflächengüte gestatten volle Ausnutzung ausgewählter Werkstoffe und zweckgerechter Bauformen. Alle Gleitflächen werden stufenweise bearbeitet. Nach dem Vordrehen der Außenflächen bzw. dem Vorbohren der Bolzenlöcher werden folgende Feinbearbeitungen vorgenommen:

Kolbenboden: feindrehen, meist nachpolieren
Ringzone außen: feindrehen,

Ringnuten: feindrehen,
Schaftfläche: feinschleifen (meist konisch und oval)
oder: feindrehen mit Hartmetall oder Diamant (besonders bei ballig-ovaler Form)
Bolzenauge: feinbohren mit Hartmetall oder Diamant, läppen.
Die Toleranzen liegen meist bei 0,01 mm, für Bolzenlöcher oft noch enger bis 0,002 mm (Auswahlverfahren).

h. Oberflächenschutzschichten

haben im Kolbenbau große Bedeutung erlangt.

Durch ölsaugfähige galvanisch erzeugte Oxydschichten (Eloxal) werden die Notlaufeigenschaften von Aluminium-Kolben verbessert. Dünne Überzüge von Zinn, Blei oder gebundenem Graphit am Schaft (Mahle-Stannal-, Plumbal, Graphal-Verfahren) verkürzen die Einlaufzeit neuer Kolben und vermindern die Gefahr des Kolbenfressens bei Kaltstart und anderen schlechten Schmierbedingungen wesentlich. Bei hoher Wärmebeanspruchung können die Kolbenböden durch Eloxal-Schichten, sowie durch galvanisch aufgebrachte Schwermetallüberzüge (besonders Hart-Chrom) geschützt werden.

i. Kolbenringe.

1. Formen und Abmessungen

Kolbenringe dienen der Abdichtung des Verbrennungsraumes (sog. Verdichtungsringe), sowie dem Abstreifen und der Rückführung des überschüssigen Schmieröls von der Zylinderwand (Ölabstreifringe.)

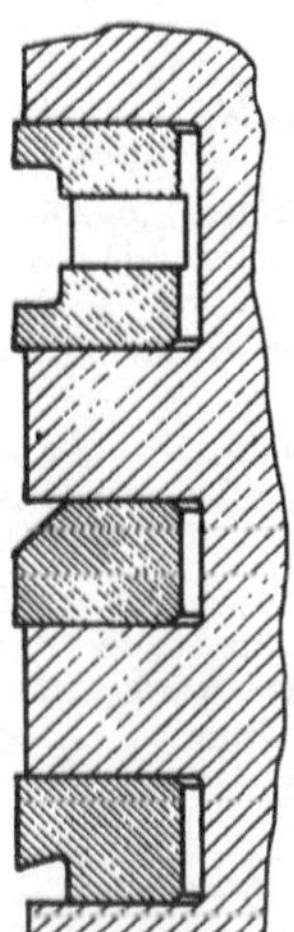

Bild 60. Querschnittsformen von Ölabstreifringen

Die Abmessungen der Kolbenringe sind in den Normblättern DIN 73101—05 FI festgelegt. Die achsiale Höhe der Verdichtungsringe beträgt meist 2—4 mm, die radiale Wandstärke in der Regel etwa $\frac{1}{25}$ des Zylinderdurchmessers. Zur Erzeugung des üblichen mittleren Anlagedruckes von 1,0—1,5 (sog. Hochspannungsringe bis etwa 2,2) kg/cm² gegen die Zylinderwand erhalten die Ringe die Form einer offenen Ringfeder. Die Stoßöffnung (meist gerade, manchmal auch unter 45° zur Längsachse schräg geschnitten) ist zur Erzeugung der Federkraft im ungespannten Zustand auf 0,10—0,15 D (D-Zylinderdurchmesser) aufgespreizt. Im geschlossenen Zustand muß sie so bemessen werden, daß infolge der Wärmeausdehnung kein Klemmen eintritt.

Unter den Kompressionsringen wird meist ein Ölabstreifring (manchmal ein zweiter darunter oder am Schaftende) angeordnet. Die radiale Wandstärke und die Spreizung wird ähnlich wie bei den Kompressionsringen gehalten. Dagegen ist die Höhe meist größer (4—7 mm). Die Normalausführung hat in der Mitte der zylindrischen Gleitfläche eine Rille, von der gefräste Schlitze oder Bohrungen das Öl zu Rückführungsöffnungen im Nutengrund des Kolbens leiten. Bei Mangel an Bauhöhe werden auch Ölabstreifringe verwendet, die nur eine niedrige schabende Kante an der Gleitfläche haben und das Öl zu darunter im Kolben liegenden Löchern fördern (Bild 60).

Werkstoff und Herstellung.

Hochwertige Kolbenringe werden meist im Einzelgußverfahren aus verschleißfestem und feinkörnigem Sonder-Grauguß mit einer Brinellhärte von 220—260 kg/mm² gefertigt. Bei der selteneren Herstellung aus Büchsen ergibt Schleuderguß die beste Qualität.

Kennzeichnende Gefügeausbildung guten Kolbenringgusses:

Grafit: feinblätterig, nicht eutektisch,
Grundmasse: perlitisch-sorbitisch, wenig oder kein Ferrit,
Phosphideutektikum: dichtes, feinmaschiges Netzwerk.

Das Spannen der Kolbenringe geschieht meist durch eine Wärmebehandlung der gespreizt festgehaltenen Ringe (thermische Spannung). Durch Herausschneiden eines Stückes aus einem größeren runden Ring und nachfolgendes Formdrehen kann gute Spannungsverteilung und dauerhafte Federkraft erzielt werden — („Natur-Spannung"). Das Betriebsverhalten der Kolbenringe hängt stark von der Bearbeitungsgüte ab. Die äußere Mantelfläche wird feingedreht (raschere Abdichtung durch Einlaufen als nach dem Schleifen), die Planflächen werden feingeschliffen und geläppt.

k. Kolbenbolzen.

Kolbenbolzen werden zur Gewichtsersparnis als zylindrisch hohlgebohrte oder auch an den Enden konisch erweiterte Rohrkörper ausgeführt. Sie werden auf Biegung, Abplattung und Scherung beansprucht.

Bewährte Abmessungen und Normen: (D = Zylinderdurchmesser)

	Ottomotoren	Dieselmotoren
Außendurchmesser	0,28 D	0,35 D
Innendurchmesser	0,20 D	0,22 D
Normblatt	DIN 73121 FI	DIN 73122 FI

Um eine harte (Rockwell-C-Härte 58—65) und verschleißfeste Oberfläche zu erzielen, stellt man die Bolzen aus Einsatzstählen (z. B. EC 60, bei hohen Beanspruchungen ECMo 80) oder Nitrierstählen her. Die letzteren kommen wegen des höheren Preises ebenso wie hochlegierte Vergüte-Stähle nur für besonders hochwertige Motoren zur Anwendung.

Hohe Glätte der Außenfläche, die man durch Feinschliff und nachfolgenden Läppen erzeugt, ist ebenso unerläßlich wie genaue Rundheit und Zylinderform.

Sofern die Bolzen nicht durch Schraub- oder Klemmverbindung im Pleuel festgehalten werden (seltene Ausführung!), müssen sie durch andere Sicherungen am Anlaufen an der Zylinderwand verhindert werden. Dazu dienen entweder Pilze mit kugeliger Außenfläche aus Aluminium- oder Elektron-Legierungen oder federnde Ringe in Rillen am Außenende der Bolzenlöcher im Kolben (Drahtringe, Seeger-Ringe).

Literatur:

E. Mahle, Kolbenspiele für Fahrzeugmotoren, Kraftfahrzeughandwerk 1930/Nr. 7.

E. Koch, Über die Veränderung der Kolbenspiele im Betriebszustand, ATZ 1929/Nr. 24.

E. Koch, Charakteristik von Kolbenmaterialien unter Berücksichtigung des Verschleißwertes, Dissertation Aachen 1931.

E. Koch, Verbesserung der Laufeigenschaften der Kolben von Kraftwagenmotoren. Z. d. VDI 1937/Nr. 51.

E. Koch und Mitarbeiter, Technisches über EC-Kolben, Werksveröffentlichung Mahle-KG, Bad Cannstatt 1938.

P. Sommer, Prüfung von Leichtkolben-Baustoffen, Verlag C. Hanser, München 1931.

Mickel-Sommer-Wiegand, Berechnung und Gestaltung der Triebwerke schnellaufender Kolbenkraftmaschinen. Springer-Verl. Berlin 1942.

11. Kurbeltrieb[1]).

a. Kurbelwellen und ihre Lagerung.

Die Kurbelwelle ist das Rückgrat des Motors und soll steif und schwingungsfrei die Kräfte aufnehmen. Ihre kritischen Schwingungen müssen außerhalb der Betriebsdrehzahl liegen. Sie soll auch vollständig frei von statischen und dynamischen Massenkräften sein, was besonders bei Motoren mit hoher Drehzahl zu beachten ist. Schwingungen, besonders Drehschwingungen, sollten durch Schwingungsdämpfen gemildert werden.

Die Kurbelwelle, die am besten den vorgenannten Anforderungen entspricht, ist für Mehrzylindermotoren diejenige, die vor und nach jedem Pleuellagerzapfen ein Lager besitzt und deren Wangen wie auch Zapfen den Beanspruchungen entsprechende Abmessungen hat und durch Gegengewichte vollständig ausgeglichen ist. Eine solche Kurbelwelle ist natürlich in der Bearbeitung etwas teuer, jedoch sind die Vorteile, die damit verknüpft sind, auch überwiegend. Zunächst erschütterungsfreier und geräuschloser Lauf des Motors und lange Haltbarkeit der Lager. Trotzdem wird leider oft versucht, die Lagerzahl einer Kurbelwelle bei Mehrzylindermotoren auf ein Minimum herabzudrücken.

Kurbelwellen für kleinere und mittlere Vierzylindermotoren sind mit wenigen Ausnahmen dreimal gelagert; selten trifft man zweimal und viermal gelagerte. Große Vierzylindermotoren sollten ausschließlich fünfmal gelagert sein, da bei den hohen Drehzahlen und großen Verbrennungsdrücken starke Biegungsschwingungen der Welle bei zu großem Lagerabstand eintreten, was die Lager ungünstig beeinflußt und sie in kurzer Zeit unbrauchbar macht. Auch wird ein Motor mit fünfmal gelagerter Welle geräuschloser laufen.

Bei Sechs- und Achtzylindermotoren trifft oben Gesagtes im selben Sinne zu, man hat vier- bzw. fünfmal gelagerte Wellen, besser sind jedoch sieben- bzw. neunmal gelagerte.

Beim Achtzylinder, V-förmig angeordnet, genügt die dreimal gelagerte Kurbelwelle, man trifft aber auch solche mit vier Lagern.

Besondere Sorgfalt ist auf die Beseitigung von Massenkräften zu legen, was durch sorgfältiges Auswuchten auf entsprechenden Maschinen erfolgen muß. Es sind die dynamischen und statischen Massenkraftmomente herauszubringen. Bei den hohen Drehzahlen und der verlangten Geräuschlosigkeit, die von neueren Motoren verlangt werden, ist diese Arbeit auf keinen Fall zu unterlassen und sehr sorgfältig mit geringer Toleranz auszuführen.

Ebenfalls sollen die Zentrifugalkräfte, die Biegungsschwingungen hervorrufen und jedes einzelne Teil der Kurbelwelle bei hohen Drehzahlen belasten, durch Ausgleichgewichte ausgeglichen werden. Dieses erfolgt dadurch, daß die Kurbelarme in der Richtung über die Lagerzapfen hinaus und verlängert mit entsprechend großen Gewichten versehen werden. Als auszugleichende Massen sind zu rechnen: Kurbelzapfen mit Armen und der große vollständige Kopf der Pleuelstange einschließlich Lagerschale. Die Kurbelwellen mit Lagern zwischen sämtlichen Hüben ergeben beim Ausgleichen der Zentrifugalkräfte keine konstruktiven und praktischen Schwierigkeiten, während bei Wellen mit wenigen Lagern dieses nicht mehr ganz einfach ist. In Bild 60a ist eine ausgeglichene Kurbelwelle für Sechzylindermotoren mit nur vier Lagern gezeigt. Bild 60b zeigt eine solche ausgeglichene Welle mit acht Lagern einer Zwölfzylindergabelmaschine. Bild 60c zeigt die Kurbelwelle des La Salle-Motors, der eine 8-Zylinder-Gabelmaschine, 90° Zylinderwinkel, ist. Die Kurbeln sind 90° versetzt, siehe Bild 61 unter X. Die Kurbelwelle ist vollständig ausgewuchtet und schwingungsfrei.

Bild 60d zeigt die am meisten ausgeführte und bewährte gegossene Kurbelwelle des Ford V-8. Kurbelwinkel und Kurbelfolge entsprechen der günstigsten Anordnung, bei der sich alle Massenkräfte und die Massenmomente zweiter Ordnung aufheben, während die Massenmomente der

[1]) Von hier ab Verfasser: Richard Bussien.
Siehe auch Seite 89 und 105.

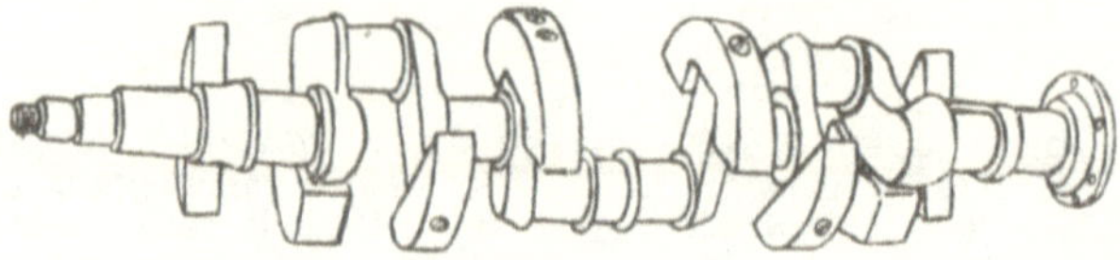

Bild 60 a

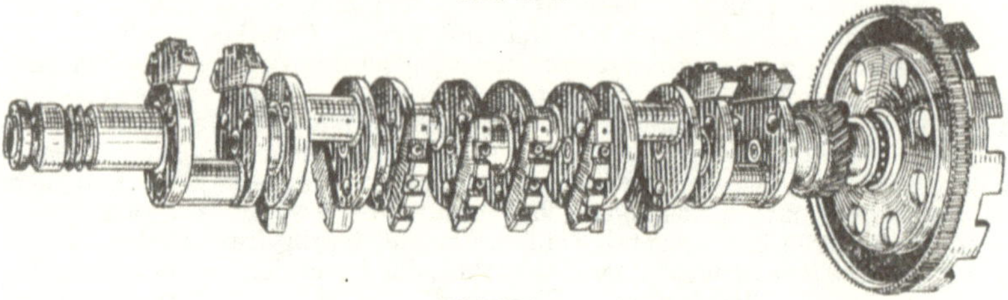

Bild 60 b

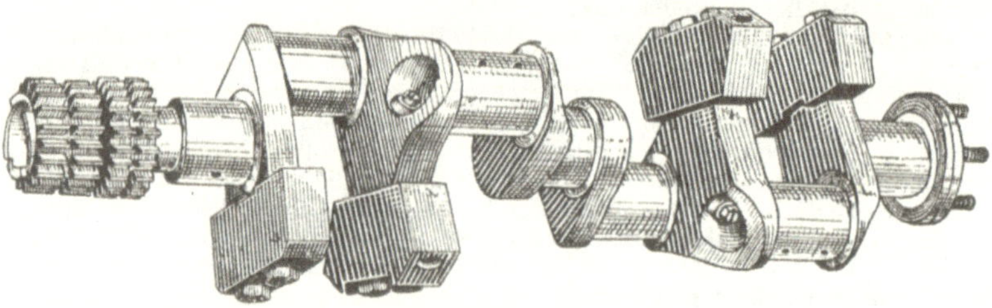

Bild 60 c

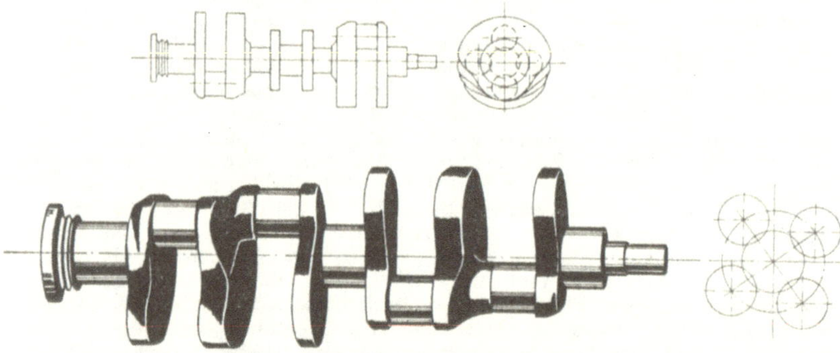

Bild 60 a—d Kurbelwellen

umlaufenden Massen und die Massenmomente der hin und her gehenden Massen erster Ordnung durch Gegengewichte voll ausgleichbar sind. Welle ist mit Gegengewichten in einem Stück gegossen.

Das Mehrgewicht, das durch die Gegengewichte entsteht, wird aufgewogen durch das ersparte Gewicht, um das die Kurbelwelle durch größeres Ausbohren schwächer ausgeführt werden kann infolge Fortfalls der Zentrifugalkräfte. Ferner kann das Schwungrad zur Erzielung des gleichen Ungleichförmigkeitsgrades leichter ausgeführt werden.

In Bild 61 sind schematisch eine Reihe von Kurbelwellen dargestellt, unter I ist für Vierzylindermotoren die zweimal gelagerte Welle gezeigt. Sie sollte nur für ganz kleine Motoren bei bester Ausbalancierung und bei Kugellagern mit Einstellringen verwendet werden, um die unvermeidlichen Durchbiegungen nicht schädlich auf die Lager einwirken zu lassen. Die

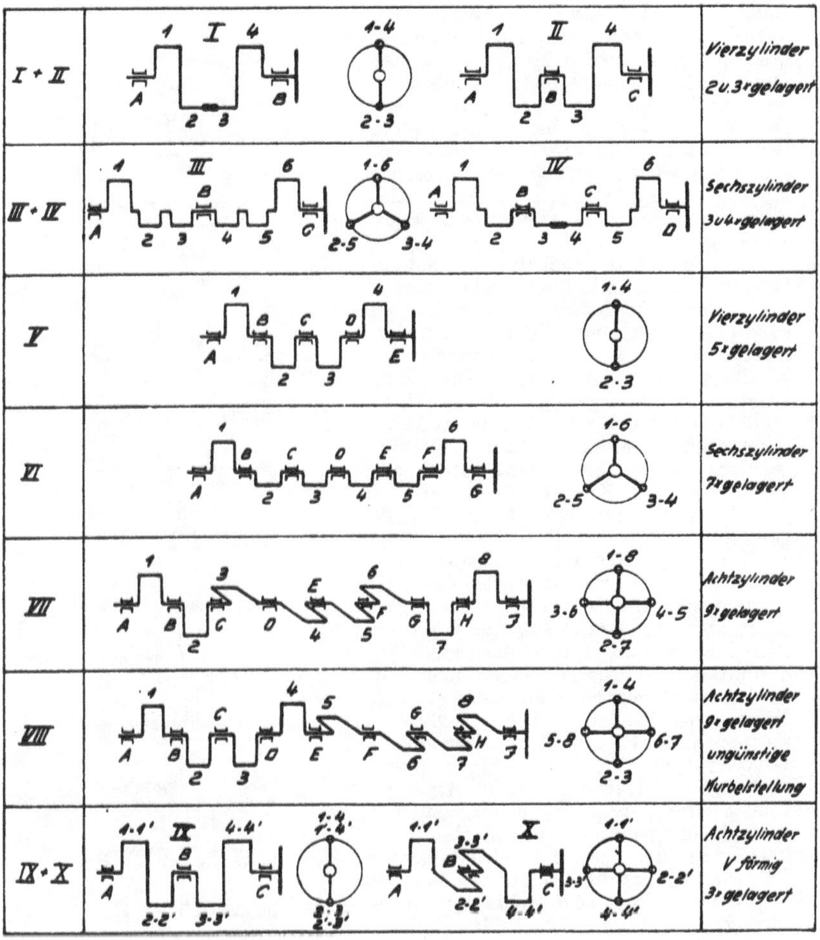

Bild 61. Kurbelwellen (Schematisch)

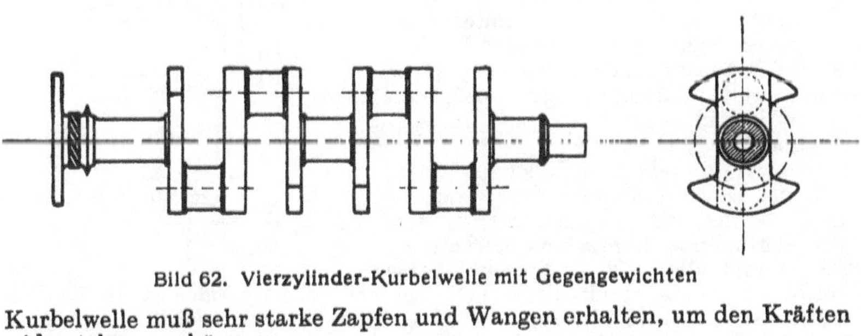

Bild 62. Vierzylinder-Kurbelwelle mit Gegengewichten

Kurbelwelle muß sehr starke Zapfen und Wangen erhalten, um den Kräften widerstehen zu können.

In II ist die dreimal gelagerte Kurbelwelle für Vierzylindermotoren gezeigt, die am gebräuchlichsten ist und weiteste Verbreitung gefunden hat.

Die freien Arme an den Lagerstellen werden zweckmäßig zum Ausbalancieren über den Lagerzapfen hinaus verlängert und mit entsprechenden Gegengewichten, wie Bild 62 zeigt, versehen. Die Gegengewichte werden am besten aus einem Stück mit der Kurbelwelle geschmiedet, hin und wieder jedoch auch mittels kräftiger Schrauben und entsprechender Sicherung an die Kurbelarme angeschraubt.

In V ist schematisch die fünfmal gelagerte Vierzylinderkurbelwelle dargestellt, deren Kurbelarme am besten als runde Scheiben ausgebildet werden und hierdurch die beste Ausgleichung der Kräfte erzielt werden kann. Die Welle kann dann bei geringen Stückzahlen ohne Schmieden aus Rundmaterial durch reine mechanische Bearbeitung hergestellt werden. Sie ist teuer, wird jedoch angewendet. Eine Kurbelwelle dieser Art jedoch für Sechszylinder ist in Bild 63 gezeigt.

Für Sechszylindermotoren sind unter III, IV und VI die entsprechenden Beispiele dargestellt, wobei unter III in der schematischen Darstellung die Lage der Pleuellagerzapfen verzerrt dargestellt ist, denn dieselben liegen so angeordnet, wie in dem dazu gehörigen Seitenriß gezeigt. Diese Kurbelwellen für Sechszylindermotoren unter III und IV erhalten gleichfalls Gegengewichte an ihren Armen, wobei zu beachten ist, daß die langen Arme geknickt oder gebogen sein müssen, um die Pleuellagerzapfen entsprechend zu verbinden. Bei der Kurbelwelle unter VI für Sechszylindermotoren werden zweckmäßig die Arme wieder scheibenförmig ausgebildet (s. Bild 63).

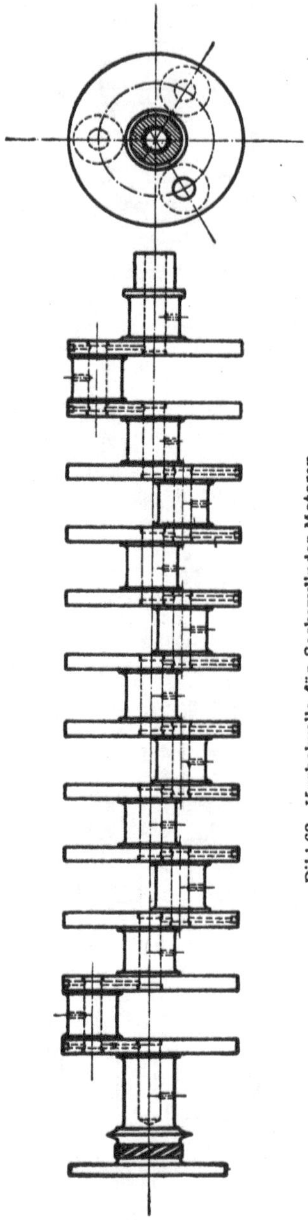

Bild 63. Kurbelwelle für Sechszylinder-Motoren

Die richtige Kurbelwelle für den Achtzylinder-Reihenmotor zeigt VII. Zwei Vierzylinder-Kurbelwellen hintereinandergesetzt ergibt gleichfalls eine Kurbelwelle für Achtzylinder, siehe VIII. Diese Kurbelwelle wird kaum angewendet, denn sie ergibt Kippmomente, die oft Karosseriegeräusche zeitigen.

Die Kurbelwellen für Gabelmaschinen, Schema IX und X, sind denen für die halbe Zylinderzahl solcher gleich, also der Achtzylinder besitzt eine Kurbelwelle des Vierzylinders, der Zwölfzylinder eine solche des Sechszylinders usw. Lediglich beim Achtzylinder ist die Kurbelwelle nach Schema X ausgeführt, wie Seite 767 beschrieben.

Die Gabel-Sechszylindermaschine (zwei Reihen je drei Zylinder) erhält eine Kurbelwelle mit drei Kröpfungen mit 120° Versetzung und 120° Zylinderwinkel.

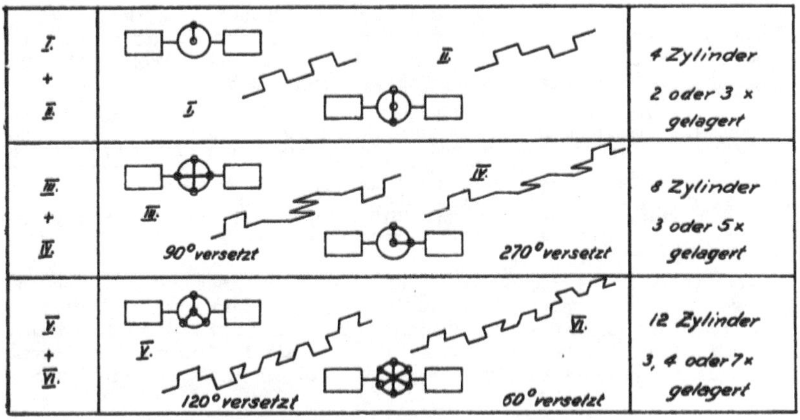

Bild 64. Kurbelwellen (schematisch) für Boxermotoren

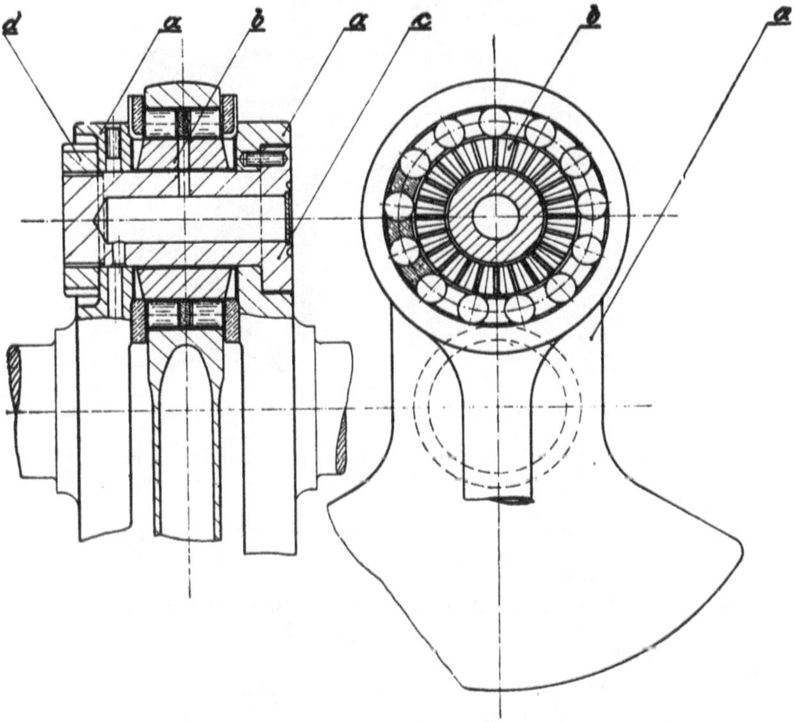

Bild 65. Zusammengesetzte Kurbelwelle nach A. Hirth (Stirnverzahnung)

Boxermotoren erhalten Kurbelwellen nach dem Schema Bild 64. Sie entsprechen den Reihenmotoren in ihrer hauptsächlichsten Anordnung[1]).

[1]) Ausführliches über Kurbelwellen siehe: Dr.-Ing. H. Schrön, Kurbelwellen mit kleinsten Massenmomenten für Reihenmotoren, Berlin, J. Springer, ferner ATZ 1939, Heft 9 S. 242ff. P. Heldt, Automob. Ind. Bd. 68 (1933) S. 664.

Für Wälzlagerung der Kurbelwelle und der Pleuelstangen, die gehärtete Lagerstellen erfordern, wird die Welle aus kleineren Einzelteilen zusammengesetzt, die sich leicht härten lassen. A. Hirth baut solche Wellen. Bild 65 zeigt die einzelnen Elemente und ihren Zusammenbau.

Die Kurbelschenkel *a* sind mit konischen Kronenzähnen versehen und greifen in entsprechende Zähne des gehärteten Kurbelzapfens. Der Schraubenbolzen *c* und die Mutter *d* pressen die Teile ineinander. Eine Muttersicherung verhindert ein Lösen der Verbindung. Bei einer weiteren Ausführung werden die zu verbindenden Teile durch einen Bolzen mit zwei Gewinden verschiedener Steigung (Differenz-Gewindebolzen), die in gleicher Richtung geschnitten sind, verbunden. Solche Bolzen sitzen ungemein fest und lösen sich selbsttätig nie. Zum Lösen ist eine ungleich größere Kraft erforderlich, als beim Zusammenspannen. Bild 65 a zeigt eine derartige Ausführung.

Sämtliche Lager der Kurbelwellen müssen entsprechend den Ausdehnungen des Kurbelgehäuses in axialer Richtung Luft erhalten, die entsprechend der Länge des Kurbelgehäuses und der Temperatur festzustellen ist, auf keinen Fall darf die Kurbelwelle innerhalb der Lager sich zwängen denn dieses führt zum Auslaufen der Lager. In einem Endlager ist die Kurbel-

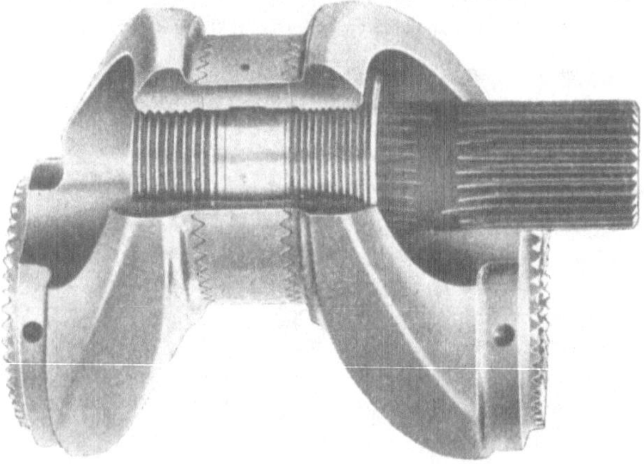

Bild 65a. Hirth-Stirnverzahnung durch Differenz-Gewindebolzen verbunden

welle gegen axiale Verschiebung zu sichern, wobei in der Richtung, in der bei ausgerückter Kupplung der Kupplungsdruck wirkt, manchmal ein Druckkugellager angewendet wird.

Kurbelwellenbaustoffe. Bedingungen: Hohe Schwingungsfestigkeit. Große Härte an den Lagerzapfen. Einfache Bearbeitbarkeit einschließlich der Rohstoff-Formung.

Stahlarten: Vergütungsstahl mit Chrom und Nickel legiert. etwa VCN 15 der Din-Norm bis 120 kg/cm^2 vergütet. Manganstahl (Amerika) mit folgender Legierung:

Kohlenstoff	0,35—0,40,	Phosphor	0,03 im Maximum,
Mangan	0,70—0,90,	Schwefel	0,05 im Maximum.
Silizium	0,07—0,15,		

Gehärtete Wellen aus Vergütungsstahl nach dem Doppel-Duro-Härteverfahren[1]) der Deutschen Edelstahlwerke in Krefeld. Verwendet wird ein besonderer Chrom-Molybdän-Stahl mit folgenden mittleren Qualitätsziffern (Marke BSF-Duro).

[1]) DRP. 412225.

Zustand	Streckgrenze kg/mm²	Festigkeit kg/mm²	Dehnung $l = 5$ d %	Dehnung $l = 10$ d %	Einschnürung %	Kerbzähigkeit mkg/cm²
geglüht	50—60	65—70	23—19	16—13	65—55	17
zäh vergütet . . .	60—75	80—90	19—16	13—11	65—55	15
zähhart vergütet . .	70—85	90—100	17—15	12—10	60—50	12

Die äußere Härte beträgt 70 bis 80 Grad Shore, das entspricht etwa 45 bis 52 Rockwell C oder 200 bis 210 kg/cm² Zugfestigkeit. Im Kern beträgt die Zugfestigkeit dann 80 bis 100 kg/cm². Arme bleiben ungehärtet, lediglich die Lagerstellen erhalten eine Härte, siehe Bild 65b.

Gegossene Kurbelwellen (Ford).

Die wichtigsten Gründe für die Einführung dieser Kurbelwellen[1]) ist die Verringerung der Anzahl der Arbeitsgänge. Diese konnten von 62 bei den geschmiedeten auf 54 bei den gegossenen Kurbelwellen herabgesetzt werden. Insbesondere ist das Kaltrichten der fertigen bzw. der getemperten Kurbelwellen weggefallen, da diese Kurbelwellen, wenn sie gerade gegossen wurden, auch während der Wärmebehandlung gerade bleiben. Ein Verziehen oder Werfen der Gußstücke würde unweigerlich Ausschuß zur Folge haben, da sie nur 0,8 mm Bearbeitungszugabe besitzen.

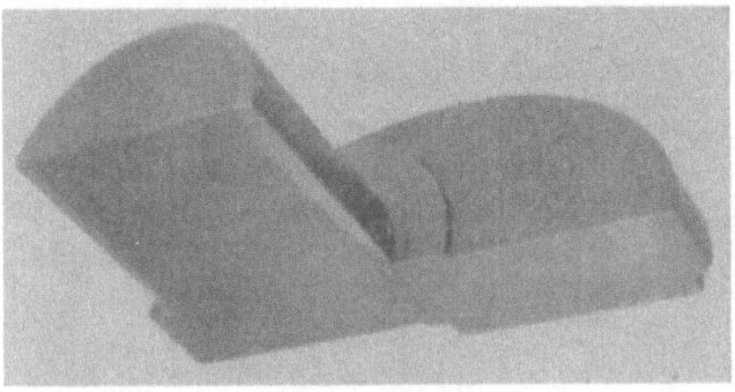

Bild 65 b.
Kurbelwelle, Doppel-Duro-Härteverfahren

Der Werkstoff dieser Kurbelwellen hat die folgende Zusammensetzung:

C 1,25—1,40%	S 1,90—2,10%	Chr 0,35—0,40%
Mn 0,50—0,60%	Cu 2,50—2,75%	Ph 0,10% höchstens
		S 0,06% höchstens

Man kann den Werkstoff als einen hochkohlenstoff- und kupferhaltigen Chromsilizium-Stahlguß bezeichnen. Als Rohstoff dienen 40% Stahlschrott, den Rest bilden Legierungsbestandteile, Rückschmelzen und Roheisen. Graugußschrott wird nicht verwendet. Jede Gußcharge wird kurz vor dem Gießen durch optische Pyrometer auf genaue Einhaltung der Temperatur geprüft. Jeder Gußtrog dient für drei Gußformen, die je vier Kurbelwellen aufnehmen. Vier Kurbelwellen werden in einem Bündel gegossen.

Nach dem Gießen bleiben die Gußformen noch einige Zeit auf dem Förderband, um genügend zu kühlen. Dann wird der Sand entfernt und die Gußstücke untersucht. Die folgende Wärmebehandlung zum Entfernen innerer Spannungen hat nachstehende Reihenfolge:

1. Erwärmen auf 900° C . . . . 20 Minuten.
2. Abkühlen auf 540° C . . . . 1 Stunde 30 Minuten
3. Erwärmen auf 760° C . . . . 9 Minuten.
4. Langsamkühlen auf 370° C . . . . in etwa 2 Stunden.
5. Abkühlen in der Luft auf Raumtemperatur.

Nach dem Gießen hat die Kurbelwelle eine Kugeldruckhärte von 340 bis 360, sie wird durch das Tempern auf 286 bis 321 an der fertigen Kurbelwelle herabgesetzt. Der Durchschnitt ist 300.

In Deutschland ist das „Meehanite"-Verfahren zur Herstellung von gegossenen Kurbelwellen und Nockenwellen von der Firma A. Stotz, Stuttgart, in Lizenz übernommen.

Die guten Erfahrungen, die Ford mit der gegossenen Kurbelwelle seit einigen Jahren gemacht hat, haben auch andere Firmen zu ihrer Einführung

[1]) Autom. Ind. 17. März 1934. S. 330—332. Vgl. auch ATZ 24 (1932) S. 590, und 1 (1934) S. 11.

bestimmt. Die Zusammensetzungen einiger für Kurbelwellen geeignet n Gußeisensorten sind nachstehend angegeben[1]).

	Proferall 3 X	Caterpillar	Frankite
Ges. Kohlenstoff in . . . . . v. H.	2,40—2,80	2,95—3,05	2,75—3,00
Nickel in . . . . ,,	1,00—1,20	1,50—1,60	1,50—1,00
Mangan in . . . . ,,	0,80—1,20	0,70—0,80	—
Molybdän in. . . . . ,,	1,00—1,20	0,75—0,85	0,75—0,50
Silizium in . . . . ,,	2,25—2,75	2,00—2,10	1,90—2,30
Chrom in . . . . ,,	—	—	—
Kupfer in . . . . ,,	—	—	—
Schwefel in . . . . ,,	0,10 max.	0,06—0,08	0,08 max.
Phosphor in . . . . ,,	0,15 max.	0,05—0,07	0,20 max.
Zugfestigkeit	42,0—56,0	35,0	35,0
Brinellhärte	265—320	260—280	230—280

b. Massenausgleich und Schwingungen.

Massenausgleich und Schwingungen sind im Abschnitt: Schwingungen ausführlich behandelt. Hier nur die Berechnung der **Massenkräfte**.

Berechnung der Beschleunigung und der Beschleunigungskräfte ist aus der Mechanik bekannt, hier sei nur eine einfache Berechnungsformel nach Güldner angegeben. Es ist der Massendruck je cm² Kolbenfläche in den Totpunkten:

$$p = \left(\frac{n}{30}\right)^2 \cdot G_0 \cdot r \cdot (1 \pm \lambda).$$

Das + gilt für den oberen Totpunkt, — für den unteren.

G_0 ist das Gewicht von Kolben, Kolbenbolzen mit Sicherungsschrauben, Kolbenringen und die Hälfte des Pleuelstangengewichtes, berechnet auf das cm² Kolbenfläche. r = Kurbelradius in m, n = Drehzahl/min, $\lambda = \frac{r}{L}$ Kurbelradius : Pleuelstangenlänge.

Da die Kraftfahrzeugmotoren mit sehr hohen Umdrehungen laufen, so ist das Gewicht der hin und her gehenden Teile, wie Kolben und Pleuelstange, so niedrig wie möglich zu halten, und zwar kann am meisten Gewicht am Kolben gespart werden. Wie schnell die Kräfte wachsen, zeigt Bild 66.

Hier sind die Massendruckkurven aufgezeichnet für einen Motor von 80 Bohrung, 130 Hub. Der Wert G_0 ist gleich 0,035 gesetzt. Man sieht, daß die Massenkräfte bei der Drehzahl von 2400 schon sehr erheblich sind und beinahe die Größe des Explosionsdruckes erreichen.

Die jeweilige Kolbengeschwindigkeit v bei φ Kurbelwinkel in m/s ist:

$$v = r \cdot \omega \cdot \left(\sin \varphi \pm \frac{1}{2} \frac{r}{l} \cdot \sin 2\varphi\right).$$

Mittlere Kolbengeschwindigkeit ist

$$v_m = \frac{s \cdot n}{30}.$$

Die jeweilige Kolbenbeschleunigung b in m/s² ist

$$b = r \cdot \omega^2 \cdot \left(\cos \varphi \pm \frac{r}{l} \cdot \cos 2\varphi\right).$$

ω die Winkelgeschwindigkeit $= \frac{\pi \cdot n}{30}$,

$$r \cdot \omega = 1{,}57 \cdot v_m.$$

Geschränkter Kurbeltrieb kann nur bei Motoren mit nur einer Drehrichtung angewendet werden. Er hat den Vorteil, daß der Normaldruck

[1]) Gußkurbelwellen. Automob.-techn. Z. 1938, Nr. 12, S. 333.

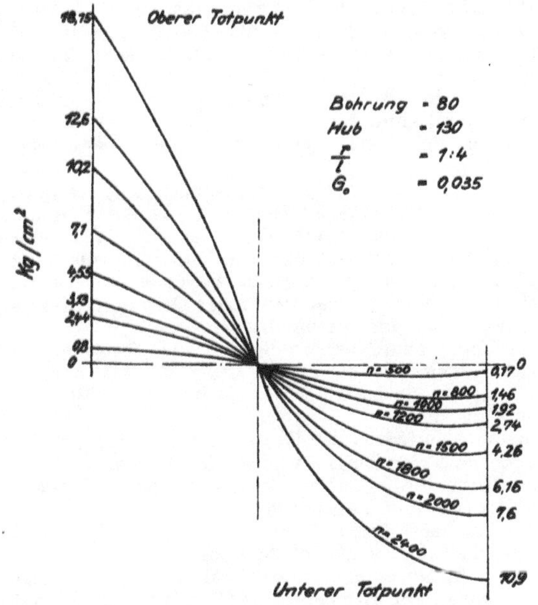

Bild 66. Massenkräfte

des Kolbens bedeutend kleiner wird, wodurch die Reibung vermindert und somit der mechanische Wirkungsgrad des Motors verbessert wird.

Nach Angaben von Vorreiter wird auch die Leistung verbessert, und zwar bei einer Schränkung von 0,25 des Kurbelradius um etwa 2 v. H.

Die Massenkräfte und der Gleichgang des Motors werden durch die übliche Schränkung nicht in solchem Maße geändert, daß es einen praktisch bemerkbaren Einfluß auf den Lauf des Motors ausübt.

Man findet in der Praxis Werte der Schränkung x von 0,05 bis 0,2, des Kurbelradius, also nur wenige Millimeter, 4 bis 8. Maßgebend hierfür ist der Schlitz, der im Zylinder vorgesehen werden muß, um genügend Raum für die Pleuelstange zu erhalten. Auf keinen Fall dürfen Kolbenringe über den Schlitz laufen.

Durch die Schränkung wird auch der Hub verlängert, und zwar ist bei einer Schränkung von 0,25 r der Kurbelradius

$$r = 0{,}995\,\frac{s}{2}\,.$$

Bei einer anderen Schränkung berechnet sich der Hub nach

$$s = \sqrt{(l + r)^2 - x^2} - \sqrt{(l - r)^2 - x^2}.$$

Die unangenehmsten und am schwersten zu beherrschenden Schwingungen sind die **Verdrehungs-, Torsions-** oder **Drillschwingungen**, die durch die Tangentialkräfte an den Kurbelzapfen, aber auch vom Triebwerk und der Fahrbahn eingeleitet werden können. Den größten Anteil haben jedoch die Tangentialkräfte.

Die Wirkungen dieser Schwingungen sind kurz folgende:

1. Sie teilen sich dem Steuerungsantrieb des Motors mit und ergeben dann:

a) Änderung der Ventilbetätigung (Beschleunigung, Öffnungszeit). Ergibt starkes Geräusch, Prasseln der Ventile (Schlagstellen werden auf Nocken und Stößel sichtbar), Ventilfederbrüche, verzogene

Auslaßventile. Liegt der Steuerungsantrieb am Schwungrade, so sind die Fehler infolge der hier eintretenden wesentlich schwächeren Schwingungen geringer, als wenn er am vorderen Ende der Kurbelwelle liegt.

b) Geräusche in der Übertragung zwischen Kurbel- und Nockenwelle, Klappern der Zahnräder.

c) Veränderung der Füllung einzelner Zylinder bei starken Schwingungen.

2. Die Zündung wird etwas beeinflußt (Veränderung des Zündpunktes).
   a) Übertragungsmittel ergeben Geräusche, Klappern der Zahnräder.
3. Kurbelwellenbrüche, hauptsächlich in der Nähe des Schwungrades.
4. Die Schwingungen setzen sich über die Kupplung zum Triebwerk fort und ergeben auch dort Geräusche. Durch elastische Kupplungen lassen sich wohl Ungleichförmigkeiten des Drehmomentes ausgleichen, jedoch keine Schwingungen beseitigen.

Je mehr Kröpfungen eine Kurbelwelle aufweist, desto empfindlicher ist sie in bezug auf Torsionsschwingungen. Lange Achtzylinderkurbelwellen mit neun Lagern neigen deshalb leichter dazu.

Dämpfung erfolgt durch:

1. Entsprechende Bemessung der Welle, so daß die gefährlichen Schwingungen außerhalb der Betriebsdrehzahlen liegen.
   a) Kleiner Hub, also Verringerung der Kolbengeschwindigkeit;
   b) starke Kurbel- und Lagerzapfen;
   c) kräftige Kurbelwangen;
   d) kurze Kurbelwelle, also Gabelmaschinen.

   Eine ausführliche Durchrechnung auf harmonische Schwingungen der Kurbelwelle und ihrer Koppelungen (Getriebe, Kardanwelle, Steuerungsantrieb usw.) ist unbedingt erforderlich[1]).
2. Anbringung energievernichtender Schwingungsdämpfer.

c. Lagerdrücke.

Lagerdrücke bei Gleitlagern sollen nicht zu hoch sein. Werte von praktisch ausgeführten guten Wellen ergaben die Ausrundung zur Lagerlänge gerechnet:

1. für die Kurbelzapfen $k = 50—100$ kg/cm²,
2. für die Wellenlager $k = 40—80$ kg/cm²

bei 30 kg/cm² Verbrennungsdruck. Es ist jedes Lager auf diesen Druck hin zu prüfen. Das Verhältnis von $\frac{l}{d}$ ist 1 meist darunter bei den Lagerzapfen um kurz zu bauen. Das gleiche gilt für die Kurbelzapfen.

Das hintere Lager (Schwungradlager) wird mit Rücksicht auf das Schwungrad gewöhnlich etwas länger gemacht, man findet hier Werte bis 1,8 d, sogar bis 2 d. Besser ist es, zwei Lager mit dazwischen liegendem Steuerungsantrieb zu verwenden. S. Bild 60b.

Die Kräfte auf die Kurbellagerzapfen zu Beginn des Saughubes setzen sich zusammen aus:

Den Massenkräften plus der Zentrifugalkraft durch das Gewicht des unteren Teiles der vollständigen Pleuelstange. Sie übersteigen bei hoher Drehzahl den größten Verbrennungsdruck. Bei besonders leicht gebauten Maschinen sind sie mitunter 25 bis 30% höher als dieser, wenn keine Ausgleichgewichte angebracht werden.

Mit Rücksicht auf das Durchbiegen der Welle sollten die Lager kurz sein und starke Zapfen erhalten, wodurch geringe Kantenpressung der Lager erzielt wird.

Das mittelste Lager wird bei gleichgerichteten benachbarten Kurbeln am höchsten von allen Lagern beansprucht, da hier die gleichgerichteten Massen-

[1]) Wedemeyer, Abschnitt Schwingungen, Dr. Geiger und Dr.-Ing. K. Schlaefke haben hier Grundlegendes geschaffen.

kräfte dieser beiden Kurbeln aufgenommen werden müssen. Man findet deshalb auch hier größte Abnutzung. Es ist also zweckmäßig, dieses besonders kräftig, also auch breiter, auszuführen.

d. Berechnung auf Festigkeit.

Es ist zweckmäßig, sich die Kräfte an der Kurbelwelle in den Totpunkten aufzuskizzieren, um ein klares Bild über ihre Belastung zu erhalten (siehe Bild 67). Rechenfehler werden hierdurch leicht vermieden.

Belastung durch: Verbrennungsdruck
Massenkräfte der Triebwerksteile
eigene kritische Biegungs- und Drehschwingungen.

Eine Berechnungsweise, die für die Praxis übersichtlich und einfach ist, gibt es noch nicht, da es sich stets um mehrfach gekröpfte Wellen handelt. Was vorhanden ist, ist sehr umständlich und zeitraubend. Bis jetzt gelten für erfahrene Motorenkonstrukteure folgende Richtlinien:

a) Pleuellagerzapfen so stark, daß die Pleuelstange mit ihrem großen Kopf gerade noch durch den Zylinder mit dem Kolben nach oben herausgeht.

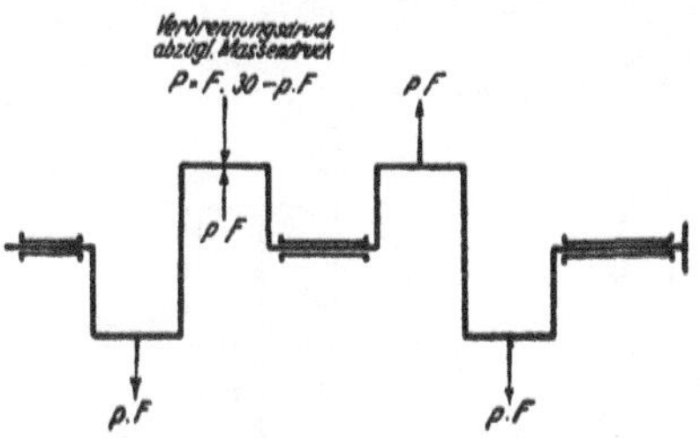

Bild 67. Kräfte an der Kurbelwelle

b) Wellenzapfen gleich stark oder besser stärker.
c) Lagermittenabstand so gering als möglich.
d) Zylindermittenabstand so gering als möglich.
e) Kurze Pleuelzapfen, kurze Lagerzapfen.
f) Wangen so stark als irgend möglich, aber mindestens gleiche Festigkeit wie der stärkste Lagerzapfen.
g) Abrundung zwischen Zapfen und Wangen so groß als möglich.

Eine kurze, nicht allen Anforderungen[1]) gerecht werdende Berechnung ist folgende:

Diese Berechnung ist einfach und nur nach den Momentgleichungen durchgeführt, wobei die ganze Welle als ein starrer Träger auf 3 Stützen betrachtet wurde. Für genauere Nachrechnungen sind noch die Zapfen zu prüfen auf die Beanspruchung durch die Massenkräfte der hin und her gehenden Massen und die Fliehkräfte der umlaufenden Massen, die zu- oder abzurechnen sind zu den P_1, P_2, P_3 u. P_4 (siehe Bild 67).

Es ist P_1 = Explosionsdruck, dann ist vereinfacht gesetzt

$$P_2 = P_3 = P_4 = 0.$$

$$A = \frac{P_1 \cdot a_2}{a_1 + a_2};$$

$$B = \frac{P_1 \cdot a_1}{a_1 + a_2}.$$

Es wird nun allgemein (s. Bild 68):

für den linken Kurbelzapfen . . . $M_b = A \cdot a_1$
für das linke Lager . . . . $M_b = A \cdot a_3$
für das rechte Lager . . . . $M_b = B \cdot a_4$
für den Kurbelarm am linken Lager $M_b = A \cdot a_5$
für den langen Kurbelarm . . . . $M_b = B \cdot a_6$.

Durch das größte Drehmoment (35° Kurbelwinkel) treten am Kurbelzapfen die Nebenkräfte T und Z auf (Bild 69).

Es kann gesetzt werden:

$$T = 0{,}4\ P_1;\ Z = 0{,}48\ P_1,$$

wenn man mit 25 kg/cm² Explosionsdruck rechnet.

Für jeden Kurbelwinkel errechnet sich T zu

$$T = \frac{K \cdot \sin \cdot (\alpha + \beta)}{\cos \beta};$$

---

[1]) Andere Berechnungsarten siehe: Kamm, Das Kraftfahrzeug. E. A. Wedemeyer, ATZ 1936, Heft 15 S. 387. Dr. Geiger, ATZ 1937, Heft 4, S. 93. Prof. Dr.-Ing. Cornelius, ATZ 1939 Heft 14.

oder zeichnerisch nach Bild 69a. (Siehe auch Seite 786 unter Schwungrad).

Hiernach ändern sich die Auflagerdrücke in:

1. $$A_1 = \frac{T \cdot a_2}{a_1 + a_2}; \quad B_1 = \frac{T \cdot a_1}{a_1 + a_2}$$

2. $$A_2 = \frac{Z \cdot a_2}{a_1 + a_2}; \quad B_2 = \frac{Z \cdot a_1}{a_1 + a_2}.$$

Für den Kurbelarm am linken Lager ist dann folgende Belastung:

Biegungsmoment aus T: $M_{b_1} = A_1 \cdot \left(r - \frac{d}{2}\right)$ wenn d der Kurbelzapfendurchmesser ist,

Biegungsmoment aus Z: $M_{b_2} = A_2 \cdot a_3$

Drehmoment aus T: $M_d = A_1 \cdot a_3$.

Aus diesen beiden Biegungsmomenten muß das resultierende Moment berechnet werden zu

$$M_{res} = \sqrt{M_{b_1}^2 + M_{b_2}^2},$$

für das ideelle Moment (Biegung und Dehnung) gilt dann:

$$M_i = 0{,}35\, M_{res} + 0{,}65 \sqrt{M_{res}^2 + M_d^2}.$$

Für den langen Kurbelarm kommen in Frage

Biegungsmoment $M_{b_1} = B \cdot \left(r - \frac{d}{2}\right)$

Biegungsmoment $M_{b_2} = B_2 \cdot a_4$

Drehmoment $M_d = B_1 \cdot a_4$.

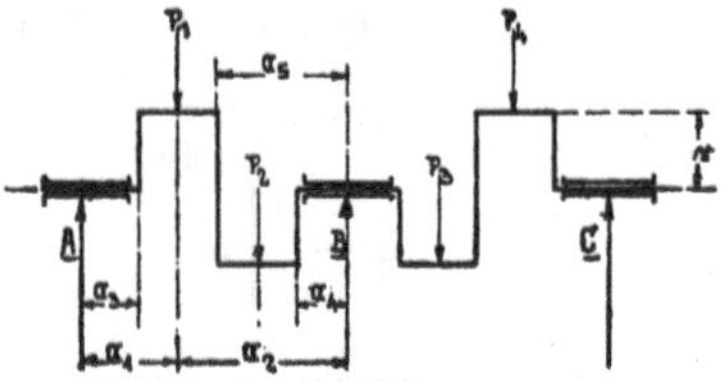

Bild 68. Kurbelwellenberechung

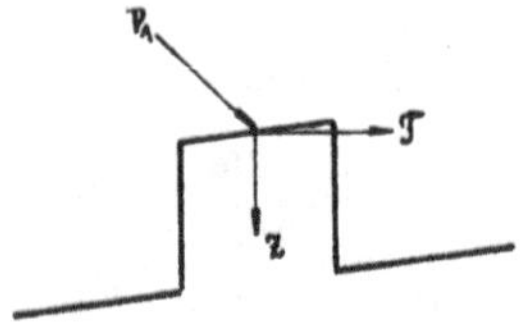

Bild 69. Kräfte am Kurbelzapfen

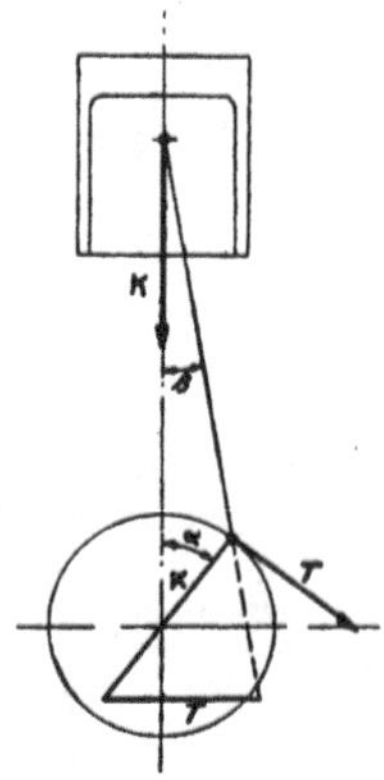

Bild 69a. Kräfte am Kurbeltrieb

Es muß nun wie vorher das resultierende Biegungsmoment bestimmt und dann wieder aus M_{res} und M_d das ideelle Moment berechnet werden.

Für das mittlere Lager entstehen

1. aus T ein Drehmoment $M_d = T \cdot r$
2. aus Z ein Biegungsmoment $M_b = B \cdot a_4$.

Hieraus wäre wieder das ideelle Moment zu bestimmen. Die anderen beiden Kurbeln erhalten die gleichen Abmessungen.

Die Kurbelzapfen werden gewöhnlich ausgebohrt; hierbei ist zu beachten, daß bis zu einem Loch von 20 mm die Materialbeanspruchung nur ganz wenig erhöht wird.

An allen Übergängen sind große Abrundungen vorzusehen. Auf Gleitflächen mündende Schmierlöcher sind an dieser Stelle sehr sauber abzurunden, damit das Lager nicht angegriffen wird.

Die Pleuelstangen sind mit einer axialen Luft von etwa 0,2 mm anzubringen.

Die Kurbelwellen werden nur bei Flugmotoren oder Einzelanfertigung vollständig bearbeitet. Bei im Gesenk gepreßten Kurbelwellen bleiben die Kurbelarme roh, ein tadelloses Ausbalancieren ist natürlich Bedingung. Für gegossene Kurbelwellen gilt das Gleiche, nur die Lagerzapfen werden geschliffen.

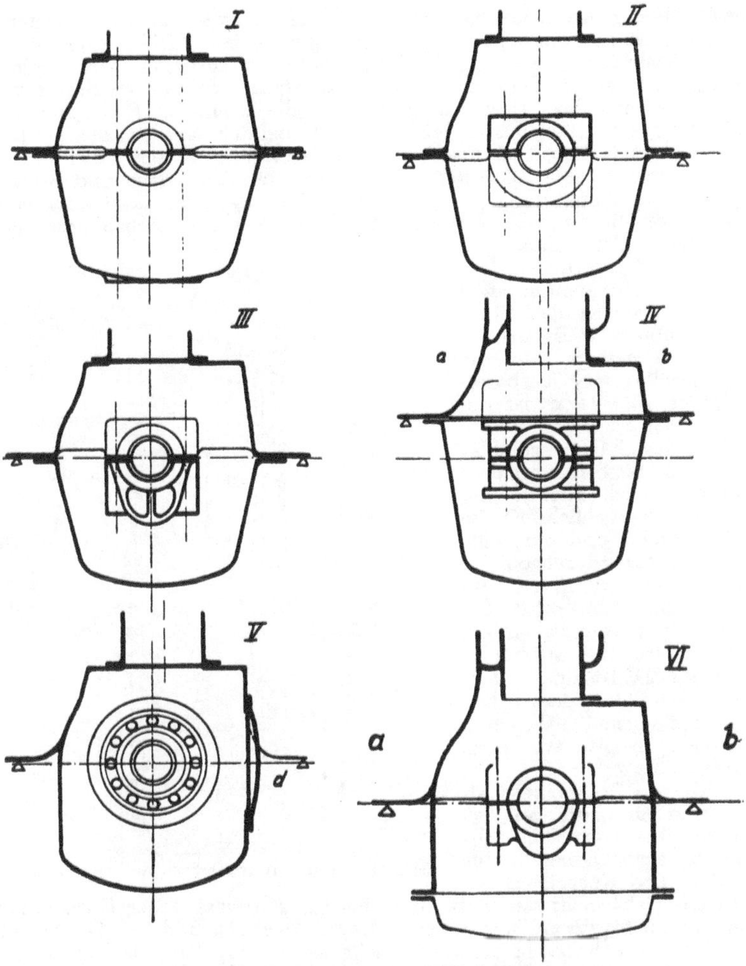

Bild 70. Lagerung der Kurbelwelle

Die Befestigung des Schwungrades erfolgt durch Flansch. Für gute Zentrierung ist zu sorgen. Die Schrauben haben das größte Drehmoment sicher zu übertragen. Man verwendet hier sauber eingepaßte Stahlschrauben.

e. Lagerung von Kurbelwellen[1]).

Lagerung von Kurbelwellen im Kurbelgehäuse kann verschiedentlich durchgeführt werden. In Bild 70 sind die gebräuchlichsten Arten der Lagerung dargestellt. Unter I befinden sich beide Lagerhälften in dem zweiteiligen Kurbelgehäuse, im Ober- und Unterteil. Die Kurbelgehäuse werden durch lang durchgehende Anker oder Stiftschrauben an den Lagerstellen zusammengehalten, wobei an denselben Schrauben vielfach der Zylinderblock mit befestigt wird. Nur noch wenig ausgeführt, da zu schwer. Unter II ist die Lagerung der Kurbelwelle nur im Kurbelgehäuseunterteil dargestellt, das alle Kräfte der Kurbelwelle, die dieselbe auf ihre Lager ausübt, aufnehmen muß. Die obere Hälfte der Lager wird durch einen Deckel gebildet,

[1]) Über Wälzlager siehe Seiten 419 u. 436.

der aus dem gleichen Material hergestellt sein muß wie das Kurbelgehäuseunterteil, um eine einwandfreie Bearbeitung zu erzielen. Die Deckel werden mit Stiftschrauben befestigt. Zur Erhöhung ihrer Festigkeit wird vielfach auf die obere gerade Seite des Deckels eine Stahlplatte in einer Stärke von 8—12 mm, evtl. noch stärker aufgelegt oder der Deckel aus Stahl gefertigt, während das Gehäuse aus Gußeisen besteht. Bei der Lagerung der Kurbelwelle nur im Unterteil wird auch die Aufhängung des Motors am Unterteil vorgenommen. Diese Anordnung gelangt fast nur bei Boots- und Schiffsmotoren zur Anwendung, da solche beim Neulagern oft nicht ausgebaut werden können, was viele Vorteile mit sich bringt und die Arbeit wesentlich vereinfacht. Bei allen übrigen Kurbelwellenlagerungen erfolgt die Aufhängung stets im Kurbelgehäuseoberteil.

Die üblichste Bauart ist unter III gezeigt, wo die Kurbelwelle im Kurbelgehäuseoberteil gelagert ist und durch einen Deckel die untere Hälfte des Lagers gebildet wird, der mit Stiftschrauben befestigt wird. Hierbei hat der Deckel erhebliche Kräfte aufzunehmen und muß entsprechend stark durchgebildet werden, wozu nötig ist, denselben einer korrekten Berechnung zu unterziehen und recht kräftig zu gestalten.

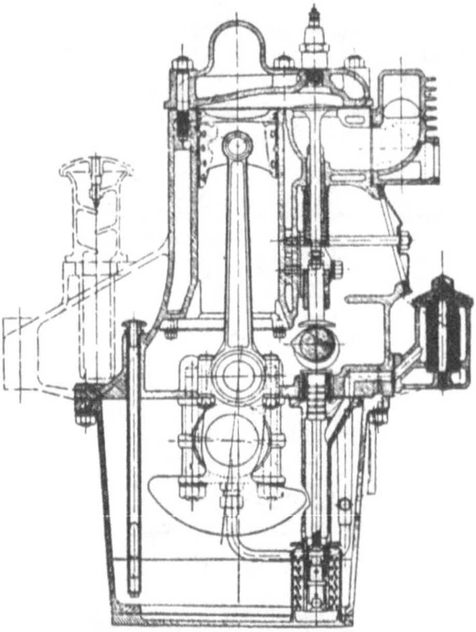

Bild 71. Motor mit angeschraubten Hauptlagern

Unter IV ist eine vereinfachte Ausbildung der Kurbelgehäuse dargestellt. Die Lager bestehen hierbei aus zweiteiligen Lagerkörpern, die ähnlich wie Deckel beschaffen sind und die an das Kurbelgehäuseoberteil vollständig fertig angeschraubt werden. Das Kurbelgehäuseoberteil reicht in diesem Falle nicht bis zur Mittelachse der Kurbelwelle, sondern nur bis zur Auflagefläche des Lagerkörpers (s. Bild 71). Die Vereinfachung der Fabrikation ist hierbei sehr wesentlich, denn die Lagerkörper können für sich auf Drehbänken hergestellt werden, das Kurbelgehäuse bedarf keiner Arbeit auf der Horizontalbohrmaschine. Vornehmlich wird diese Konstruktion angewendet, wenn Kurbelgehäuseoberteil und Zylinder aus einem Stück gefertigt werden, wie unter IV auf der einen Seite mit *a* bezeichnet (Bild 46) dargestellt. Auf der anderen Seite mit *b* bezeichnet, ist die Ausführung gezeigt, wo Zylinder und Kurbelgehäuseoberteil getrennt ausgeführt sind.

Zur weiteren Vereinfachung wird das Kurbelgehäuseoberteil so weit hinuntergezogen, daß es bis über die Lagerung der Welle reicht. Siehe VI, Bild 70, eine heute sehr verbreitete Konstruktion. Hierbei wird gleichzeitig eine größere Stabilität des Gehäuses erreicht und das Unterteil, das nur eine Blechwanne zu sein braucht, vereinfacht und erleichtert; ebenfalls wird eine bessere Kühlung des Ölvorrats in der Blechwanne durch die geringe Wandstärke und die vorbeistreifende Luft erzielt. Die Dichtung am Kurbelwellenflansch erfolgt durch einen besonderen Deckel.

Die Lagerdeckel, unter II, III und IV gezeigt, werden mit zwei Schrauben befestigt. Bei mittleren Motoren erhält gewöhnlich das Kurbelwellenlager

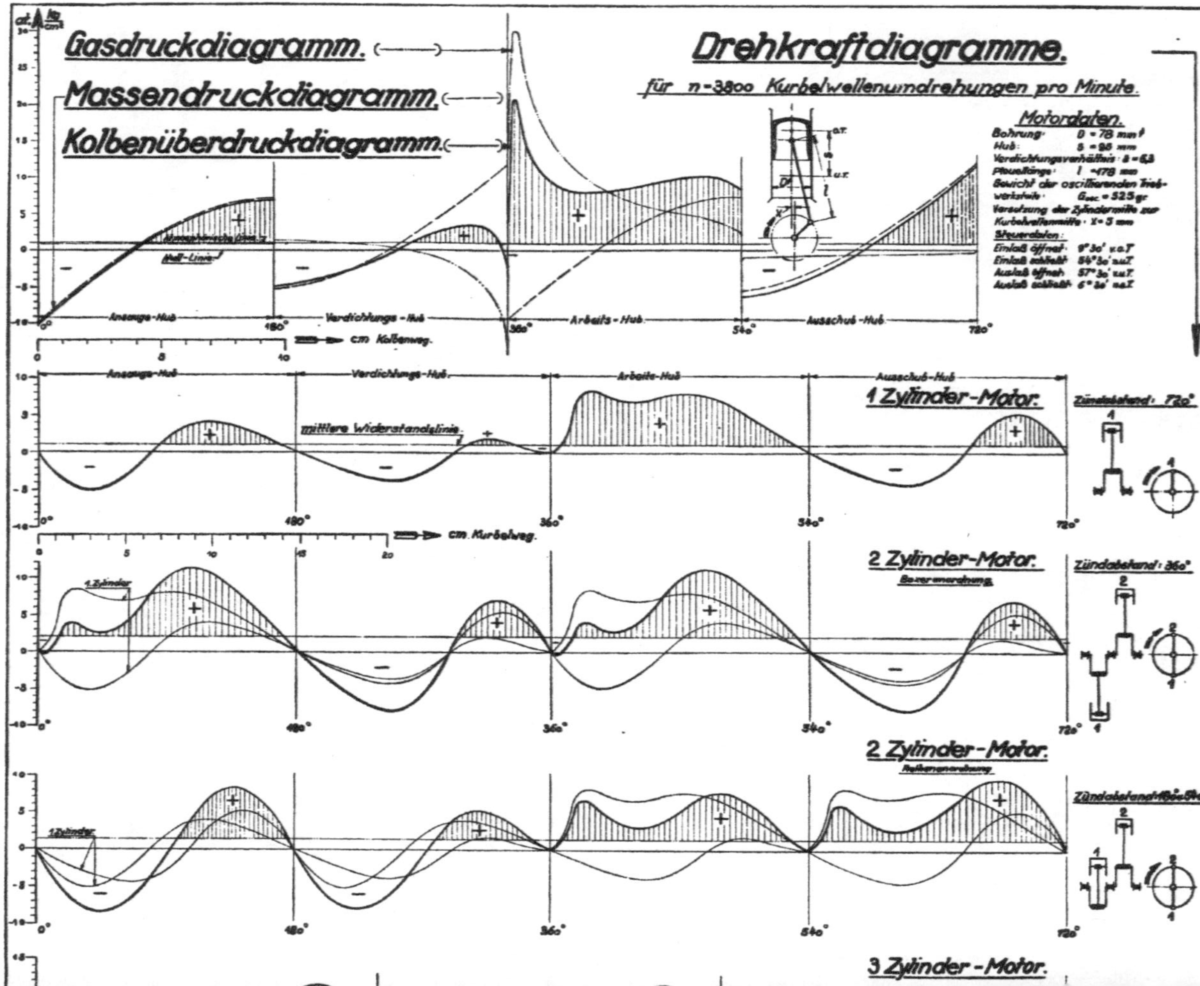
Gasdruckdiagramm.
Massendruckdiagramm.
Kolbenüberdruckdiagramm.
Drehkraftdiagramme.
für n-3800 Kurbelwellenumdrehungen pro Minute.
Motordaten.
Bohrung: D = 78 mm
Hub: S = 95 mm
Verdichtungsverhältnis: ε = 6,3
Pleuellänge: l = 178 mm
Gewicht der oscillierenden Triebwerksteile: G_{osc} = 525 gr
Versetzung der Zylindermitte zur Kurbelwellenmitte: Y = 5 mm
Steuerdaten:
Einlaß öffnet: 9° 30' v.o.T.
Einlaß schließt: 54° 30' n.u.T.
Auslaß öffnet: 57° 30' v.u.T.
Auslaß schließt: 6° 30' n.o.T.
Ansauge-Hub
Verdichtungs-Hub
Arbeits-Hub
Ausschub-Hub
cm Kolbenweg.
cm Kurbelweg.
mittlere Widerstandslinie.
1 Zylinder-Motor.
Zündabstand: 720°
2 Zylinder-Motor.
Boxeranordnung
Zündabstand: 360°
2 Zylinder-Motor.
Reihenanordnung
1. Zylinder
3 Zylinder-Motor.

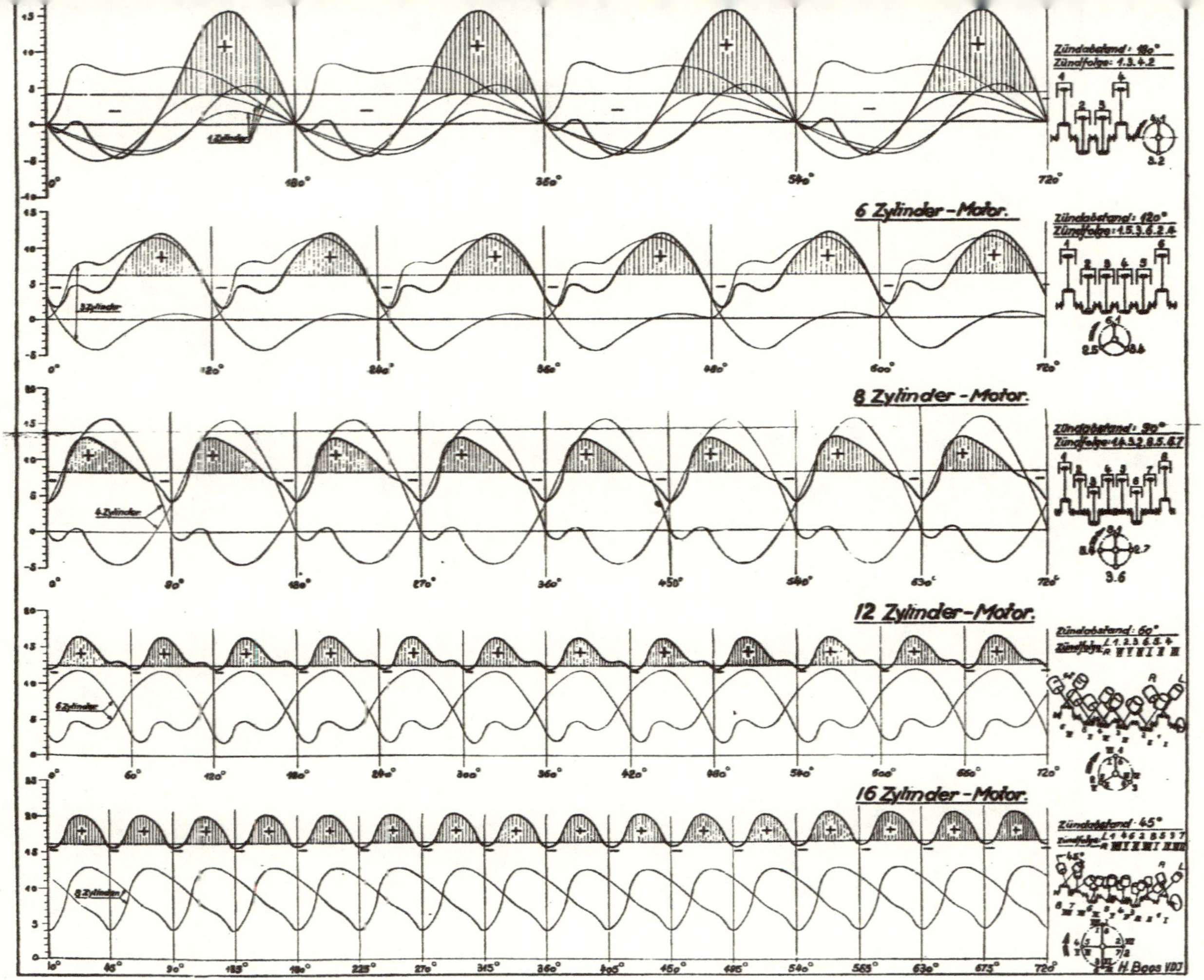

Zündabstand: 180°
Zündfolge: 1.3.4.2
1 Zylinder
6 Zylinder-Motor.
Zündabstand: 120°
Zündfolge: 1.5.3.6.2.4
3 Zylinder
8 Zylinder-Motor.
Zündabstand: 90°
4 Zylinder
12 Zylinder-Motor.
Zündabstand: 60°
6 Zylinder
16 Zylinder-Motor.
Zündabstand: 45°
8 Zylinder
H. Boos VDI

am Schwungrade vier Schrauben. Bei großen starken Motoren erhält jeder Lagerdeckel vier Schrauben.

Unter V ist die Kurbelwellenlagerung bei Anwendung von Wälzlagern gezeigt. Das tunnelförmige Kurbelgehäuse erhält große Kugellager, die in entsprechenden Naben an den Wänden des Kurbelgehäuses evtl. unter Anwendung von Stahlbuchsen gelagert sind. Die ganze Kurbelwelle wird mit den Lagern von einem Stirnende des Kurbelgehäuses aus eingeschoben und durch einen Deckel gegen axiale Verschiebung gesichert. Über die Lagerung von Kurbelwellen in Kugel- oder Rollenlagern ist im Abschnitt Wälzlager das Nötige behandelt. Wie jedes tunnelartige Kurbelgehäuse muß ein Deckel entweder unten oder an der Seite, in der schematischen Darstellung mit *d* bezeichnet, zum Befestigen der Pleuelstangen vorgesehen werden.

Um eine sichere, geräuschlose Lagerung der Kurbelwelle zu erreichen, ist es erforderlich, das Fundament der Lagerung, das ist das Kurbelgehäuse, heute meist der ganze Zylinderblock, zu einem Träger gleicher Festigkeit zu gestalten. Ein Beispiel, wo dies weitgehendst erreicht ist, ist der Ford V-8-Zylinderblock, Bild 34a, Seite 735, vollständig in einem Stück aus Gußeisen gegossen.

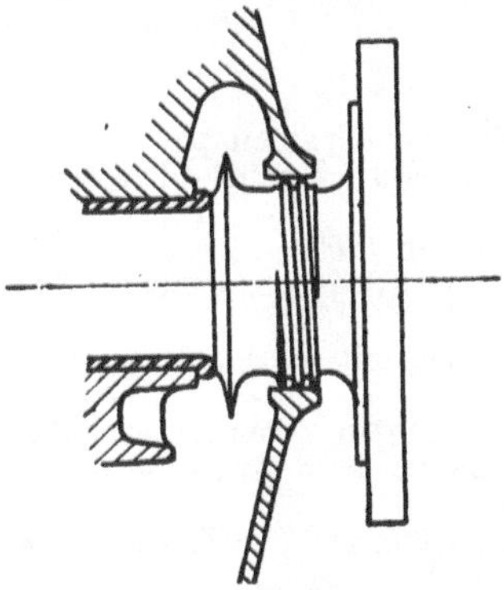

Bild 72. Gewinde-Öl-Dichtung

Ein hoher Zylinderblock, mit entsprechender guter Verrippung der Lagerkörper ist anzustreben. Bei Leichtmetall ist besonders vorsichtig bei der Gestaltung vorzugehen und am besten werden die Ingenieure des Lieferwerkes des Gusses bei der Gestaltung herangezogen.

Der Durchtritt der Kurbelwelle durch das Kurbelgehäuse am Schwungrade und vorn an der Andrehkurbel bedarf einer guten Sicherung gegen Austritt von Öl, was bei dem heutigen hohen Öldruck häufig Schwierigkeiten bietet. Am besten und sichersten hat sich eine Flachgewindespirale auf der Kurbelwelle erwiesen (s. Bild 72), die beim Lauf des Motors das Öl sozusagen hineinschraubt. Bei der Konstruktion ist also auf richtige Steigung zu achten, die vorn

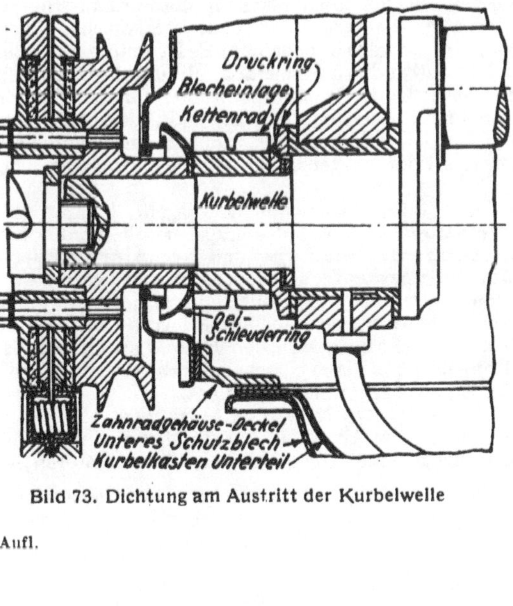

Bild 73. Dichtung am Austritt der Kurbelwelle

und hinten verschieden sein muß, wie auch nur geringe Luft zwischen Gewinde und Gehäuse sein darf.

Eine andere, sich gleichfalls außerordentlich bewährende Dichtung, die keinerlei Reibflächen hat, zeigt Bild 73. Hier sorgt der Ölschleuderring für Dichtung und die Rille an der Austrittsöffnung für richtigen Rücklauf des Öles. In dieser Skizze ist gleichzeitig axiale Haltung der Kurbelwelle ersichtlich.

Irgendwelche Dichtungen aus Filz, Asbestgewebe und ähnlichem haben keine Dauerhaftigkeit, da die Kurbelwelle durch die unvermeidliche Verlagerung durch die Lagerluft sich in solchen Dichtungen Luft schafft, wodurch sie also illusorisch werden.

Die in die Kurbelwelle eingebohrten Kanäle für die Schmierung müssen an ihren Austrittsstellen gut entgratet sein und sollen keinen zu kleinen Durchmesser erhalten. Für längere Kanäle nicht unter 10 mm, für kürzere, Schmierlöcher z. B., nicht unter 5 mm. An den Stellen, an denen die Kanäle wieder verschlossen sein müssen, ist für gute Dichtung und Sicherung gegen Herausfallen des Stopfens zu sorgen.

Lagerungen, Lagermetalle[1]).

Für die Automobil- und Dieselmotorenindustrie kamen bis vor mehreren Jahren hier in Deutschland für die Lagerung der Kurbelwellen eigentlich nur drei Metalle in Frage, und zwar

die Legierung WM 80F nach dem DIN-Blatt 1703,

die EK-Legierung der Eßlinger Maschinenfabrik mit etwa 80% Zinngehalt und

die Legierung der Glyco-Metallwerke, früher mit ca. 82% und heute mit 86% Zinngehalt.

Neben diesen Legierungen trifft man, wenn auch in vereinzelten Fällen, nur auf Hoyt-Metall. Diese Legierung kommt aus dem Auslande und ist der Zinngehalt um 90% herum.

Wir sehen also, daß diese Legierungen sämtlich auf der Zinnbasis hergestellt sind.

Alle diese Lagermetalle sind heute nicht mehr anwendbar, da sie hohe Devisenbeträge erfordern. Man mußte deshalb andere Werkstoffe suchen und fand solche im Blei und Aluminium.

Seit ungefähr 1920 hat sich ein Lagermetall mit sehr guten lagertechnischen Eigenschaften einen Platz im Motorenbau erobert, bei welchem die Legierungsbasis Blei ist. Die charakteristische Eigenschaft dieses Metalles ist der Graphitgehalt desselben. Es ist unter dem Namen „Gittermetall" im Handel und wird von dem Braunschweiger Hüttenwerk hergestellt. Die Rohstoffe dieser Metalle werden in der Hauptsache hier im Inlande gewonnen. Durch den Graphitgehalt, die heute gegenüber früher weit besseren Ausgießverfahren und die gut durchgebildete Schmierung ist das Gittermetall den vorgenannten Zinnlegierungen vollkommen gleichwertig.

Wie aus dem letzten Satz schon hervorgeht, kommt es, um eine gute Lagerung zu erhalten, aber auf das Lagermetall nicht allein an, sondern die Verarbeitung, Bearbeitung und Schmierung der Lager müssen bei den heute außergewöhnlich hohen Anforderungen, die an die Lager gestellt werden, auch außergewöhnlich gut sein.

Auf Bleibasis sind weiter eine Reihe von Lagermetallen aufgebaut (Bleibronzen). Sie erfordern sämtlich harte Laufflächen der Kurbelwelle (Gehärtet, Doppelduro). Bei gegossenen Kurbelwellen, die nicht eine harte Oberfläche haben, bewähren sie sich nicht.

Bleilager sind nicht als Notlösung anzusehen, sondern als vollwertige Lager, haben doch die Amerikaner trotz ihres Zinnreichtums Bleilager (Satko-Metall) für hochbelastete Motoren (Dieselmotoren) eingeführt.

[1]) Freundlichst zur Verfügung gestellt von Dir. E. Meier, Braunschweig.

Zur weiteren Verstärkung sind dann noch die Stahlbleibronze-Lager eingeführt, bei denen auf einer Stahlstützschale die Bleibronze aufgebracht ist. Um auch bessere Notlaufeigenschaften zu erhalten, werden die Stützschalen aus kupferplattiertem Stahlblech hergestellt und erhalten einen dünnen Ausguß mit Bleibronze oder Gittermetall. Die Kupferschicht ist 10% der Gesamtwandstärke dick, wodurch ein Notlauf gesichert ist.

Leichtmetall-Lager finden bereits Anwendung bei langsam laufenden Motoren, z. B. beim Lanz-Bulldogg-Motor. Für schnellaufende hochbelastete Kraftfahrzeugkurbelwellen ist jedoch die Entwicklung noch nicht als abgeschlossen zu betrachten[1]).

Da gerade in jetziger Zeit der Verbrauch an Metallen stark eingeschränkt werden muß, sind alle Bestrebungen in dieser Richtung wichtig und zu verfolgen.

Verarbeitung des Lagermetalles.

Grundbedingung bei der Verarbeitung des Lagermetalles ist, daß die Lagerausgießerei genau so sorgfältig überwacht wird, wie etwa die Härterei. Um in der Lagerausgießerei stets gleichmäßige und gute Ausgüsse zu bekommen, müssen die Temperaturen in möglichst kleinen Grenzen genau eingehalten werden. Das Pyrometer oder aber sogar der Temperaturregler darf auf keinen Fall fehlen. Sämtliche Gießgeräte sollen peinlichst sauber gehalten werden. Vor allen Dingen sollen die Lötwasserbehälter aus irdenen Gefäßen bestehen und muß das Lötwasser in demselben des öfteren erneuert werden. Die Lager oder Pleuelstangen werden nun an den Stellen, wo eine Verzinnung nicht notwendig ist, mit Schlemmkreide oder einer Graphitmischung eingestrichen und dann in ein Zinnbad getaucht. Diese Verzinnung ist gegenüber früheren Verfahren überaus wirtschaftlich und hat außerdem noch den Vorteil, daß die Lager zugleich, wie verlangt, angewärmt werden. Die für eine gute Bindung erforderliche Zusammensetzung des Zinnbades soll 80% Zinn und 20% Blei haben. Durch eine ganze Reihe angestellter Versuche ist festgestellt, daß die Verzinnung mit reinem Bankazinn nicht so gut ist, wie bei einem Zinnbad obiger Zusammensetzung. Um das Warum zu erläutern, mangelt es hier für diese Ausführungen an Platz.

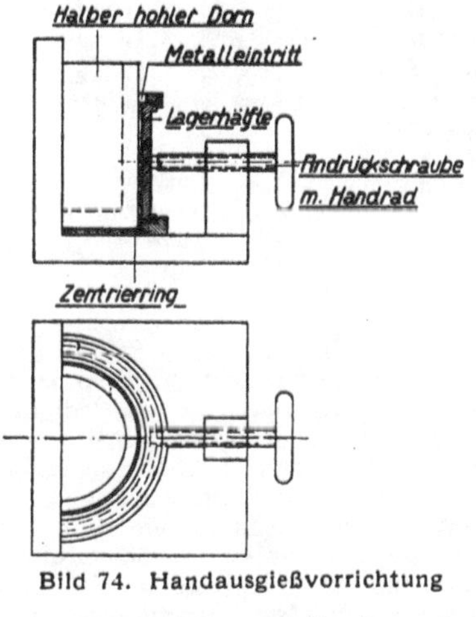

Bild 74. Handausgießvorrichtung

Die drei üblichen Ausgießverfahren sollen nachstehend schematisch dargestellt werden.

Bild 74 zeigt eine gewöhnliche Handausgießvorrichtung. Es können natürlich auf einen beliebig langen Winkel mehrere solcher Ausgießvorrichtungen angebracht werden.

Bild 75. Hier haben wir eine Schleudergußeinrichtung. Die Spannscheibe *B* ist fest auf der Welle *C*, wird mit Spannkreuz *F* angezogen oder gelockert, um das Lager einzuspannen oder aber herauszunehmen. Die Bolzen *D*, drei Stück, betätigen durch das Spannkreuz *F* die Spannung mit Scheibe *C*. Die Einsätze *E* sind je nach dem Durchmesser des Lagers auswechselbar. Ist die Maschine in Betrieb gesetzt, dann wird das einfließende Metall so lange an die Wandung des Lagers geschleudert, bis dasselbe gefüllt ist und dann bei der Bohrung des Einsatzes *E* heraustritt.

[1]) Arbeiten von Junkers, Dessau und Karl Schmidt, Nekarsulm.

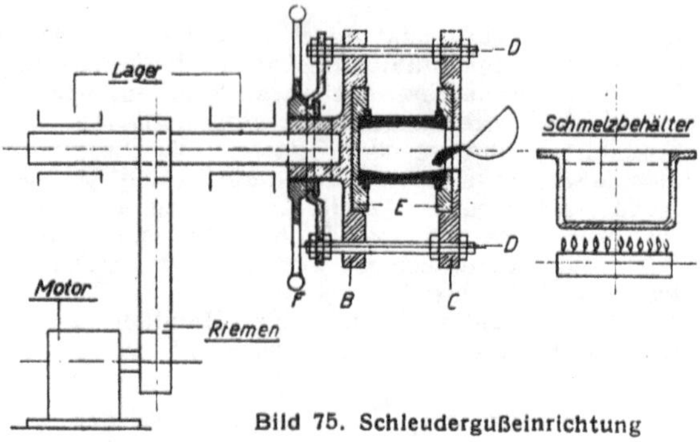

Bild 75. Schleudergußeinrichtung

Als drittes Verfahren kommt das in Bild 76 gezeigte in Frage. Es ist das sog. Spritzen oder richtiger das Gießen unter Druck. *A* ist der Schmelzbehälter mit eingegossenem Preßzylinder *B*. Die Form, bestehend aus dem Winkel *H*, dem Dorn *E*, dem unteren Einsatz *F*, dem oberen *F* und der Lagerschale *G*, die auf die Düse *D* gedrückt wird. Die Einsätze *F* haben die Aussparungen zur Aufnahme der Lagerschalen und sind sowohl wie der halbe Dorn leicht auswechselbar. Der Preßkolben *C*, der in Anfangsstellung steht, wird nach oben bewegt, verschließt die Schlitze *J* und drückt das im Preßzylinder befindliche Metall in die Lagerschale. Das Metall erkaltet unter Druck. Die Bearbeitungszugabe kann, wenn die Zentrierung gut ist, bis auf 0,5 mm herabgedrückt werden.

Ehe auf die Bearbeitung eingegangen wird, soll noch kurz erwähnt werden, daß den Rotguß- oder Bronzestützschalen vorteilhaft einige Prozente Blei beim Gießen derselben zugesetzt werden sollten, da bei diesem Material die Bindung zwischen Lagermetall und Stützschale weit besser ist, als in dem Falle, wo dieses nicht gemacht wird.

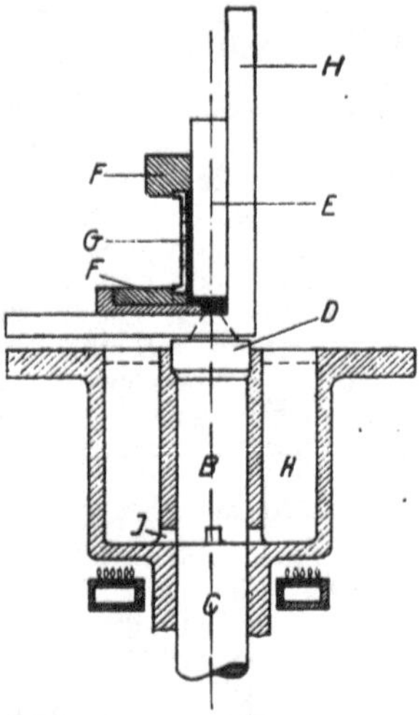

Bild 76. Ausgießen unter Druck (Spritzen)

Bearbeitung der Lager.

In neuerer Zeit hat die Bearbeitung der Lager sehr große Fortschritte gemacht. Es soll hier nicht die gesamte Lagerbearbeitung besprochen werden, denn diese ist mehr oder weniger bekannt, sondern es soll lediglich die Fertigbearbeitung der Lagerbohrungen behandelt werden, da diese ja für den Lauf des Lagers ausschlaggebend ist. In früherer Zeit wurde das Lagern der Motore durch Einschaben vorgenommen. Abgesehen von der Unwirtschaftlichkeit dieser Bearbeitungsart, traten vielfach beim Einlaufen der Motore Versager in den Lagern auf, welche darauf zurückzuführen waren, daß einmal die Lagerung zu stramm war, das andere Mal aber Metallteilchen mitgerissen wurden, die das Lager ebenfalls zerstörten.

In neuerer Zeit werden Pleuelstangen fest zusammengeschraubt, auf einem Feinbohrwerk sauber maßhaltig, d. h. mit Übermaß für die erforderliche Ölluft gebohrt und ohne an der Bohrung noch etwas zu schaben, in den Motor eingebaut. Die so hergestellten Bohrungen garantieren eine

Flächenauflage, wie sie durch Räumen oder Reiben, geschweige denn durch Schaben niemals erreicht wird.

Bei Lagerung der Gehäuse war es natürlich anfänglich schwieriger, diese Bearbeitungsart einzuführen, da ja die einzelnen Lagerzapfen in ihren Durchmessern doch wesentlich voneinander abwichen. Hier wurde oder wird auch jetzt noch in vielen Fällen mit der Mehrfachreibahle gearbeitet. Bei einigen Firmen der Automobilindustrie sind nun aber auch schon Bohrwerke in Betrieb, bei denen das Gehäuse mit den fest eingespannten Hauptlagern mit einer Bohrstange, in welcher sich entsprechend der Anzahl Hauptlager eine gleiche Anzahl Stähle befinden, ausgebohrt werden. Das Bohren braucht durchaus nicht mit Diamanten geschehen, sondern gut geschliffene Widiastähle erzeugen genau die glatte Bohrung. Ein Nachpassen oder Nachschaben ist nicht notwendig.

Schmierung.

Die Art der Schmierung soll hier nicht behandelt werden, da ja genügend Erfahrungen vorhanden sind. Viel Unklarheit herrscht aber immer noch bezüglich der Ausführung der Schmiernuten. Es sollte eigentlich nie der Grundsatz vernachlässigt werden:

„In der am meisten belasteten Lagerhälfte keine Nut und in dem weniger belasteten Teil nur soweit, wie es notwendig ist, das Schmiermittel an die Stellen zu fördern, wo es die Funktion der Schmierung aufnehmen soll."

Jede Lagerfläche, die durch Nuten oder Kanäle unterbrochen ist, kann nie so hoch beansprucht werden, als wenn dies nicht der Fall wäre. Dieses liegt aber etwa nicht nur daran, daß ein Teil der tragenden Fläche fortgenommen wird und hierdurch die spezifische Lagerbelastung höher wird, sondern durch die Unterteilung der Lagerfläche wird auch der Ölfilm unterteilt und wird hierdurch weniger widerstandsfähig gegen Verdrängung.

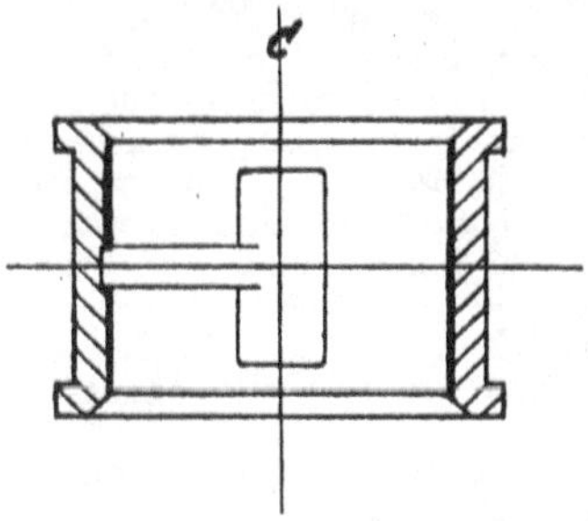

Bild 77. Richtige Schmiernuten

Es sollen also an den am wenigsten belasteten Stellen des Lagers schlanke, nicht zu tiefe Öltaschen möglichst tangential zur Bohrung verlaufend, eingearbeitet werden, denn diese Anordnung fördert die Ölfilmbildung ganz erheblich und nur in dem weniger belasteten Teil der Bohrung ist eine Ölzuführungsnut einzubringen, die das Schmiermittel an diese sog. Fasen heranzubringen hat (siehe Bild 77).

In Bild 78 ist eine 4-Zylinder-Kurbelwelle dargestellt, um hier die Anordnung der Fasen und Nnuten in den Kurbelwellenlagern und den Pleuellagern zu zeigen. Der Übersichtlichkeit wegen sind die Bohrungen in der Kurbelwelle fortgelassen.

Die scharfe Fortentwicklung im Motoren- und Dieselmotorenbau führte dazu, daß auch außergewöhnliche Anforderungen an das Konstruktionsmaterial gestellt wurden. Die Bestrebungen, Motore mit hohen Leistungen, aber niedrigem Gewicht zu bauen, führten gerade bei den Fahrzeugdieselmotoren vielfach zu Ermüdungsbrüchen bei verschiedenen Konstruktionselementen. Die Lager, die schon bezüglich Flächenpressung und Umfangsgeschwindigkeit fast an der Grenze der Belastungsmöglichkeit waren, wurden aber durch die zusätzlichen Belastungen, welche durch falsche Bemessung der Kurbelwelle entstanden, wie in Bild 79 gezeigt ist, zerstört.

Mit den normalen Lagerausführungen waren diese auftretenden Störungen nicht zu beheben.

Es finden für diese hohen Beanspruchungen drei Lagerarten Verwendung:

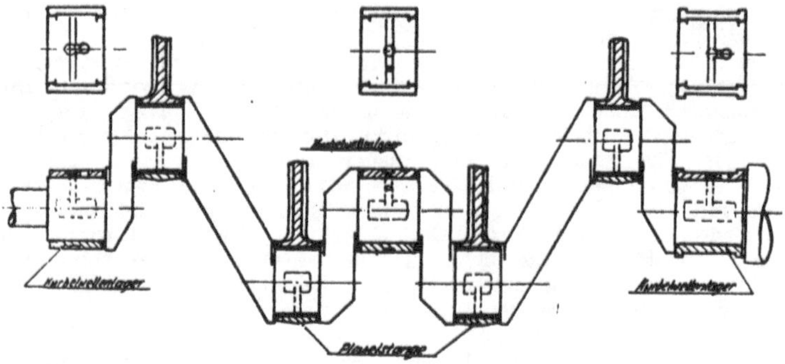

Bild 78. Nuten- und Fasenausführung eines 3 mal gelagerten 4 Zylinder-Motors

Ausführung 1: Als Grundlage wird Bleibronze verwendet, als Ausgußmaterial Gittermetall, aber nur 0,3 bis 0,5 mm stark.

Die charakteristischen Merkmale dieser Ausführung sind:

„Gute Dämpfungseigenschaft der Bleibronze, scharfes Anliegen an Gehäuse- oder Pleuelbohrung, dadurch gute Wärmeableitung, infolge des Bleigehaltes ganz hervorragende Eigenschaften mit dem Ausgußmaterial zu verbinden und als letztes ganz geringe Möglichkeit des Einstauchens des dünnen Ausgusses und hieraus folgend eine längere Lebensdauer.“ Diese Lagerausführung kann für sämtliche Kurbelwellen, ob gehärtet oder ungehärtet, Verwendung finden.

Ausführung 2: Das Lager besteht aus massiver Bleibronze, also ohne Ausguß. Dieses Lager hält höchsten Beanspruchungen stand, kann aber nur für gehärtete Wellen verwendet werden, möglichst auch nur für im Einsatz gehärtete oder nach dem Nitrierverfahren gehärtete Wellen. Für reichliche Schmierung und gute Filtrierung des Öles muß unbedingt gesorgt werden, da die Gleiteigenschaften der Bleibronze nicht so gut sind wie bei Lagern mit einem Ausguß, und außerdem die geringste Verschmutzung des Öles die Welle und das Lager angreift, also rissig werden läßt.

Ausführung 3: Diese Lagerausführung hat auch, wie Ausführung 2, die Lauffläche aus Bleibronze. Die Stützschale besteht aber aus Stahl. Die Ausführung ist also genau so, wie ein normales Weißmetall-Lager; der Unterschied besteht aber darin, daß die Stahlschale statt mit Weißmetall, mit Bleibronze ausgefüttert ist. Für diese Ausführung gilt dasselbe wie für Ausführung 2.

Der Vorteil gegenüber der zweiten Ausführung ist der, daß eine weiche Bleibronze Verwendung finden kann, und daß weiter die Lager schwächer

Bild 79. Durch Überlastung zerstörte Lager eines Dieselmotors

ausgeführt werden können, weil die Stahlstützschale dem Lager genügend Festigkeit bietet.

Der Nachteil der beiden letzten Lagerausführungen hat sich vielfach bei der Reparatur herausgestellt, und zwar vornehmlich bei Doppel-Duro-gehärteten Wellen. Muß schon das Bleibronzelager, wenn dasselbe direkt auf der Welle läuft, also ohne den dünnen Ausguß, sehr genau aufgepaßt werden, sonst entsteht schon beim Einlauf Riefenbildung, dann zeigt sich erst recht, wenn die Welle nachgeschliffen wird und nicht mehr die Oberflächenhärte hat wie bei der Neufabrikation, daß das Bleibronzelager die Wellen angreift. Es ist also nach diesen Ausführungen dem Konstrukteur möglich, die Lagerausführung, die für seinen Motor die günstigste ist, auszuwählen.

Wirtschaftlich, bezüglich der Preise haben wir folgende Großanordnung:

Lagerausführung 2 ist etwas billiger als die normale Lagerausführung.

Lagerausführung 1 durch Einbringung des dünnen Metallfutters etwas teuerer.

Lagerausführung 3 etwa $2\frac{1}{2}$ bis 3mal so teuer als die früheren normalen Lagerausführungen.

f. Schwungrad und Gleichgang.

Das Schwungrad hat die Aufgabe, bei plötzlichen Belastungsänderungen seine Kraftreserve herzugeben und auch das Andrehen zu erleichtern.

Bei den jetzigen niedrigen Personenwagen darf der äußere Durchmesser nicht zu groß sein, damit eine genügende Bodenfreiheit gewährleistet wird.

Eine Berechnung[1]) nach den Tangentialdruckdiagrammen ist bei Vier- und Sechszylindermotoren nicht gut möglich, da die Überschußflächen zu gering sind.

Irgendeine andere Berechnung für die jetzigen Vielzylindermotoren ergibt viel zu hohe Werte, da ja bereits der Sechszylindermotor fast ohne Schwungrad auskommt. Eine Scheibe von etwa 15 mm Stärke mit Flanschrand für die Schrauben, an den die Kupplung angeflanscht wird, wird stets als Schwungrad genügen, da die Massen der Kupplung selbst Schwungradmassen sind.

Infolge der hohen Drehzahlen werden die Schwungräder aus Siemens-Martin-Stahl gepreßt und vollständig bearbeitet, oder aus Sondergußeisen porenfrei gegossen.

Übliche Durchmesser von Schwungrädern sind:

1 l	Hubraum	280 mm ⌀	40 mm Kranzbreite,
1,5 l	,,	300 mm ⌀	40 mm ,,
2 ÷ 2,5 l	,,	300 mm ⌀	30 mm ,,
3 ÷ 4 l	,,	330 mm ⌀	50 mm ,,

Die Drehkraft T am Kurbelhalbmesser (S. 828) läßt sich über dem abgewickelten Kurbeldurchmesser aufzeichnen; man erhält dann das sog. Drehkraft-Diagramm (Tafel IV). Man ersieht hieraus, daß die Drehkraft sehr ungleichförmig verläuft, z. B. beim Einzylinder, der also ein schweres Schwungrad erfordert. Je mehr Zylinder an einer Kurbelwelle arbeiten, desto kleiner werden die Schwankungen und um so leichter also das Schwungrad. Tafel IV zeigt die Diagramme für Gasdruck, Massendruck und Kolbenüberdruck für einen Motor von 1 bis 16 Zylindern. Bild 80.

g. Pleuelstange und Kolbenanlenkung.

Pleuelstange. Länge: nicht unter 3,5 · Kurbelhalbmesser, m Mittel 4 · Kurbelhalbmesser. Gewicht so niedrig als möglich.

[1]) Eine einfache und übersichtliche Schwungradberechnung gibt Wittenbauer, ZVDI 1905 S. 471, ausführlich gegeben in Kamm, Das Kraftfahrzeug, Jul. Springer 1936 und Kölsch, Gleichgang und Massenkräfte bei Fahr- und Flugmaschinen, Jul. Springer 1911. H. Boos, Köln, ATZ-Konstruktionstafel 23, Nr. 15, 1937.

Sie ist sehr starken Wechselbeanspruchungen ausgesetzt und ihre Berechnung[1]) auf folgende Belastungsarten durchzuführen:

Knicken — durch Verbrennungsdruck in beiden Ebenen,
Druck — durch Verbrennungsdruck,
Zug — durch Massenkräfte des Kolbens,
Biegung — durch die Massenkräfte der Stange selbst.

Für Knickungsrechnungen sind die Formeln für an beiden Enden nicht fest eingespannte Stangen zu verwenden.

Infolge der starken Wechselbeanspruchungen ist ein Baustoff von hoher Schwingungsfestigkeit zu verwenden. Vergütungsstahl, also höher gekohlter Stahl, etwa 0,35 bis 0,4% Kohlenstoff, gegebenenfalls mit Mangan, Chrom und Silizium legiert, reicht aus, wenn er auf 70 bis 80 kg/mm² Festigkeit vergütet wird. Absolute Rissefreiheit und Vermeidung jeglicher Kerbwirkung Bedingung. Deshalb, und auch um leichter zu bauen, werden vielfach die Pleuelstangenschrauben in einem Stück mit der Stange im Gesenk geschmiedet, siehe Bild 81. Denn gerade die Einsenkungen für den Schraubenkopf oder die Mutter sind gefährlich. Außerdem wird der Kopf kleiner im Durchmesser und der Kurbelzapfen kann stärker gemacht werden.

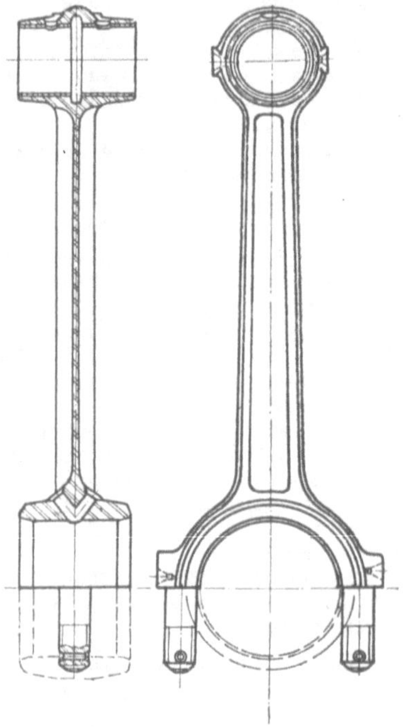

Bild 81. Pleuelstange mit angeschmiedeten Schrauben

Querschnitt der Stange am besten I-förmig, da hierbei eine gute Übertragung des Druckes auf das Lager erfolgt. — Kreuzförmiger Querschnitt erfordert stärkere Augenwandungen und somit größeres Gewicht, sonst hält die Lagermetall-Ausgießung nicht. — Runder Querschnitt ist leicht, jedoch sehr teuer in der Bearbeitung, denn die kleinste Dreh- oder Bohrriefe kann zum Bruche führen. Sorgfältigste Bearbeitung erforderlich.

Leichtmetall-Pleuelstangen werden infolge ihrer ungeeigneten Schwingungsfestigkeit nur noch selten angewendet. Ihren Vorteil der besseren Wärmeabfuhr wiegen die anderen Nachteile nicht auf, auch ist kaum eine nennenswerte Gewichtsverminderung vorhanden.

Der Deckel der Pleuelstange ist auf Biegung durch die Massenkräfte wie vorstehend angegeben, zu berechnen, während das Kolbenbolzenauge auf Zug, Biegung und Flächenpressung berechnet werden muß. Flächendruck höchstens 150 kg/cm².

Bis zu etwa 0,6 ltr **Hubvolumen je Zylinder** genügen 2 Deckelschrauben aus Sonderstahl, darüber hinaus müssen 4 vorgesehen werden. Die Schrauben werden durch Massenkräfte stark beansprucht, es ist eine Kontrollrechnung vorzunehmen.

Die Schmierung des Lagers im Kolben muß zuverlässig durchgebildet sein, auch ist durch Aussparen im Auge für Ölvorrat zu sorgen. Am besten ist ein Kanal vom Kurbellager zum Kolbenbolzenlager, wodurch auch die Zylinderbahn besser geschmiert wird. Siehe Bild 82.

[1]) Eine eingehende Berechnung gibt Erich Schweter, Potsdam in der ATZ 1936 Heft 15.

Kolbenbolzen soll nach der dynamischen Forderung im Schwerpunkt liegen, was sich aber der großen Erwärmung wegen nicht gut machen läßt. Es ist besser, ihn weiter nach außen zu setzen, da die Haltbarkeit des Pleuelstangenlagers hierdurch bedeutend erhöht wird.

Der Kolbenbolzen soll unbedingt geschmiert werden und er wird am besten an die Öldruckleitung angeschlossen. Dieses erfolgt am zweckmäßigsten durch die durchbohrte Pleuelstange, wie in Bild 82 dargestellt. Diese Bohrung *a* ist billiger herzustellen als ein aufgesetztes Röhrchen, das übrigens auch nicht sehr sicher anzusprechen ist, oder genügende Bohrungen an den Köpfen, Bild 81.

Für die Befestigung und Sicherung des Kolbenbolzens gibt es viele Konstruktionen, zylindrisch und konisch, sie müssen so sein, daß der Kolben nicht verzogen wird und daß Bolzen und Kolben ihren Wärmeausdehnungen frei folgen können. Am besten sind Seegerringe in Nuten des Kolbenbolzenauges und ganz zylindrischer Bolzen.

Der Kolbenbolzen wird bei ortsfesten Maschinen fast ausschließlich im Kolbenauge festgeklemmt, während bei Leichtmotoren bekanntlich die Ausführung mit in der Pleuelstange festgeklemmten Bolzen häufiger ist und

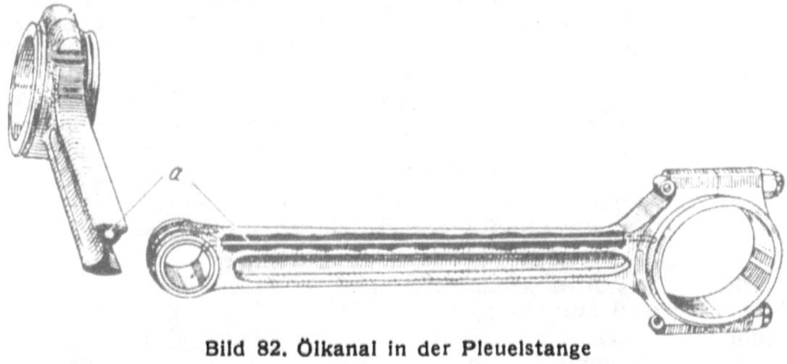

Bild 82. Ölkanal in der Pleuelstange

die Anordnung mit schwimmendem Bolzen am häufigsten angewendet wird.

Die Berechnung des Bolzens erfolgt nach

$$M_b = \frac{P}{2}\left(\frac{l}{2} - \frac{e}{4}\right)$$

auf Biegung. Hierin ist: P = Explosionsdruck, l = Entfernung von Kolbenbolzen-Auflagemitte bis Mitte, e = Entfernung zwischen Kolbenbolzen-Naben im Kolben.

Für den Bolzen verwendet man Einsatzmaterial, Flächenbelastung möglichst nicht über 130 kg/cm².

Tragende Länge ungefähr 1,2 vom Durchmesser.

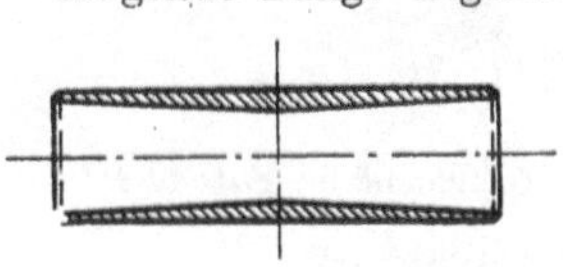

Bild 83. Kolbenbolzen als Träger gleicher Festigkeit

Der Bolzen muß, wie alle bewegten Teile, ganz leicht gehalten werden und wird deshalb hohl, rohrartig ausgeführt. Man gestaltet ihn als Rohrträger gleicher Festigkeit. Bild 83.

Der Gleitbahndruck g je cm² Kolbenfläche errechnet sich für die verschiedenen Kurbelwinkel φ zu

$$g = p\,\frac{r \cdot \sin\varphi}{L}$$

p = Kolbendruck je cm² Kolbenfläche,

r = Kurbelhalbmesser,

L = Länge der Pleuelstange.

Der maximale Gleitbahndruck N wird bei dem üblichen Verhältnis von

Kurbelhalbmesser zu Pleuelstangenlänge etwa $N = 0{,}15\ P_{max}$, wobei P_{max} = dem größten Kolbendruck ist. Achtung, Schränkung beachten, da N dann kleiner wird.

Es ist natürlich nur die wirklich tragende Kolbenfläche bei der Bestimmung des Flächendruckes je cm² einzusetzen, also Ringe und Stege dazwischen nicht.

Der Flächendruck je cm² tragender Kolbenfläche beträgt bei jetzigen Motoren 1,5—2,5 kg/cm².

12. Gaskanäle.

a. Einlaßkanäle[1]).

Vom Einlaßventil bis zum Lufteintritt am Luftreiniger und Ansauggeräuschdämpfer ist von Grund auf unter Einschluß der gewählten Vergaserkonstruktion dieser Kanal zu entwickeln, wobei zweckmäßig der Vergaserfachmann hinzugezogen wird. Man achte auf glatte Führung, vermeide Vorsprünge, z. B. die Ventilführungen verengen sehr leicht den Querschnitt. Leistungsabfall ist die Folge.

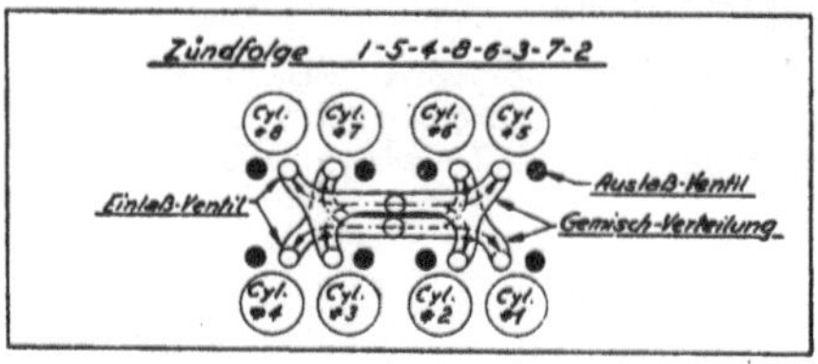

Bild 84. Schema der Gaskanäle für einen V-8-Motor

Die Gaskanäle für Achtzylinder-Gabelmotoren ergeben erst dann guten Erfolg, wenn sie nach Schema Bild 84 ausgeführt werden. Hierbei erhält jeder Zylinder seine volle Füllung und die Wege vom Vergaser zu jedem Einlaßventil sind so gleich lang, wie nur irgend möglich. Doppelvergaser ist selbstverständlich erforderlich. Jeder für vier Zylinder. Die Ausführung einer solchen Kanalanordnung zeigt Bild 85 (Ford).

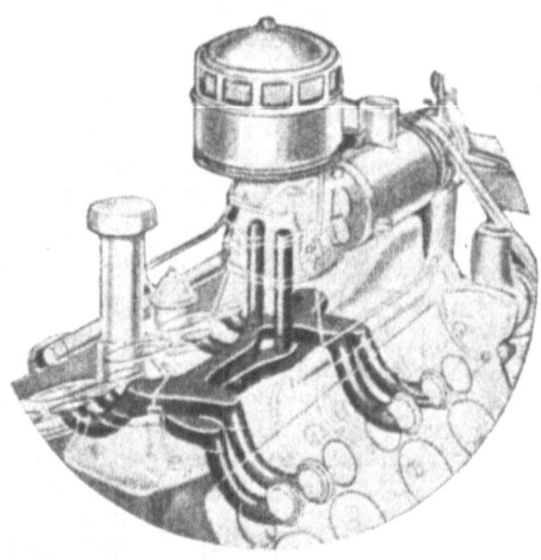

Bild 85. Gaskanäle an Ford V-8

Die Gemischbildung ist in hohem Maße von der Saugkanalführung und der Heizung abhängig. Die Tafel Bild 86 gibt die verschiedenen wichtigen Werte einer Anzahl Wagen wieder, die als Vergleich und richtunggebend gezeigt wird. Es sind auch ältere Motoren darin enthalten. Die Gasgeschwindigkeit soll bei Kolbenhöchstgeschwindigkeit im Saugrohr 120 m/sek nicht übersteigen.

Es gelten für die Gemischbildung folgende Erfahrungsgrundsätze:

1. Bei Drosselleistungen: Wirtschaftlichste Gemische mit hohem Luftüberschuß. Starke Gemischvorwärmung (trockene Gemische).
2. Bei Vollast: Reiche Gemische für höchste Leistungsausnutzung. Schwache Vorwärmung (nasse Gemische).
3. Anlassen: Reiche Gemische bei hoher Luftgeschwindigkeit (Zusatz-(Anlaß)-Vergaser).

Die Herstellung trockener Gemische muß vor der ersten Saugrohrabzweigstelle, also direkt über dem Vergaser, erfolgen. Regelbare Heizung an dieser

[1]) Sollten gemeinsam mit dem Vergaserfachmann entworfen werden.

$f = d \cdot \pi \cdot 0{,}8h$

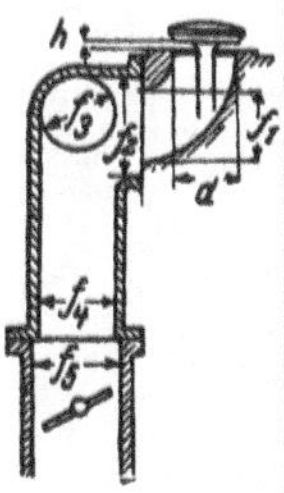

max. Gasgeschwindigkeit

$V_{max} = \frac{F \pi \cdot n \cdot s}{f \cdot 60}$

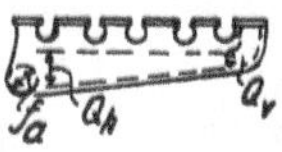

		Chrysler Mod. 70	Buick Std. 1928	Buick Mod. 1928	Locomobile Jr. 8	Adler Stan. 6	Adler Stan. 6	Adler Stan. 8	Ford Mod. A	NAG 6 Zyl.	La Salle 8 Zyl.	NAG 8 Zyl. V	NAG 8 Zyl. V
	Bohrung u. Hub	79,4 x 120,7	76,2 x 114,3	79,4 x 114,3	71,4 x 101,6	70 x 110	75 x 110	75 x 110	98,43 x 107,95	84 x 120	82,5 x 125,4	80 x 100	85 x 100
f	Kolbenfläche	49,5 cm²	45,6 cm²	49,51 cm²	40 cm²	38,48 cm²	44,18 cm²	44,18 cm²	76,1 cm²	55,42 cm²	53,46 cm²	50,26 cm²	56,75 cm²
V_h	Volumen pro Zyl. cm³	597	522	565	408	423	486	486	822	667	672	503	568
H	Gesamtvolumen cm³	3582	3132	3390	3260	2540	2916	3888	3286	4000	5375	4025	4540
d	Ventilöffnung ⌀ mm	35,5	36	36,5	30,1	32	32	32	34,8	38 ∓30'	38 ∓30'	35 ∓30'	36 ∓30'
h	Ventilhub mm	7,9	8,5	7,95	8,67	7,9	7,9	7,9	7,2	9	9	9	9
	Drehzahl b. Höchstleistung	3000	3000	3000	3000	3100	3100	3400	2350	3200	3000	3300	3300
	Alle Gasgeschwindigkeitswerte in m/sek gelten für												
	n =	3000	3000	3000	3000	3000	3000	3000	2000	3200 (3000)	3000	3300 (3000)	3300 (3000)
f	Ventil cm²	7,03	7,7	7,28	6,55	6,35	6,35	6,35	6,34	9,26	9,26	8,56	8,8
v_{max}	in f	136	106	122	98	105	120	120	135	120 (112,5)	115	101,5 (92,5)	111 (101)
f_i	Ansaugkanal cm² ⌀	9,9 ⌀35,6	7,8 ⌀31,5	8,55 ⌀33	10,18 ⌀36	8,04 ⌀32	8,04 ⌀32	8,04 ⌀32	9,62 ⌀35	9,08+10,18 ⌀34+36	11,34 ⌀38	10,18 ⌀36	10,18 ⌀36
v_{max}	in f_1	95	103	104	62,5	83,5	95	95	89,5	122+109 115+102,4	93,5	85,5 (78)	95,5 (88)
f_2	Saugstutzen cm² ⌀	8,55 ⌀33	7,8 ⌀31,5	8,04 ⌀32	8,55 ⌀33	6,16 ⌀28	7,07 ⌀30	8,04 ⌀32	8,86 ⌀33,5				
v_{max}	in f_2	110	103	110,5	75	108	108	95*	97				
f_3	Ansaugrohr cm² ⌀	8,55 ⌀33	7,8 ⌀31,5	8,04 ⌀32	8,55 ⌀33	6,16 ⌀28	7,07 ⌀30	7,07* ⌀30	7,30 ⌀30,5				
v_{max}	in f_3	110	103	110,5	75	108	108	108*	117				
f_4	Vergaserstutz. cm² ⌀	8,04 ⌀32	8,04 ⌀32	8,81 ⌀33,5	10,18 ⌀36	9,5 ⌀35	12,5 ⌀40	10,46 2x36,5	7,30 ⌀30,5				
v_{max}	in f_4	118	102	100,8	62,5	69	61	73*	117				
f_5	Vergaser cm² ⌀	10,46 [1] ⌀36,5	13,2 [3] ⌀41	17,8 [2] ⌀47,6	10,46 [1] ⌀36,5	9,6 [3] ⌀35	12,5 [3] ⌀40	10,46 [1]* 2x36,5	7,07 [1] ⌀30	12,57 [4] ⌀40	Spezial	12,57 [3] ⌀40	15,90 [3] ⌀45
v_{max}	in f_5	90	63	50	61	68	61	73*	121	88,5 (83,5)		69 (63)	61,8 (56)
	1) Stromberg 2) Marvel 3) Pallas 4) Zenith — Auspuffrohr												
Q_v	Querschnitt vorn cm²	18	10,5	10,5	13	11,5	11,5	14,5	10				
$\frac{Q_v}{V_H}$	Querschn. Belastg.	30 cm²/l	20 cm²/l	18,6 cm²/l	32 cm²/l	27 cm²/l	23,8 cm²/l	30 cm²/l	12,2 cm²/l				
Q_h	Querschn. hinten cm²	23	17	17	16,5	15,5	15,5	21,5	17				
$\frac{Q_h}{V_H}$	Querschn. Belastg.	38,4 cm²/l	32,5 cm²/l	30 cm²/l	40,5 cm²/l	36,5 cm²/l	31,8 cm²/l	44 cm²/l	20,7 cm²/l				
f_a	Abgasrohr cm² ⌀	18,8 ⌀49	13,2 ⌀41	17,8 ⌀47,6	18,8 ⌀49	16,6 ⌀46	19,6 ⌀50	24,4 ⌀58	19,6 ⌀50				
$\frac{f_a}{H}$	Querschn. Belastg.	5,25 cm²/l	4,2 cm²/l	5,25 cm²/l	5,75 cm²/l	6,5 cm²/l	6,7 cm²/l	6,3 cm²/l	6,0 cm²/l				
	Bemerkungen:	*Doppelvergaser mit Zwillingssaugrohr für je 4 Zylinder											

Bild 86. Tafel über Gaskanäle

Stelle erwünscht. Regelung der Heizung mit Drosselklappenstellung in Verbindung gebracht, oder thermostatische Regelung erforderlich.

Eine automatisch regulierbare Heizung durch Thermostaten des Saugrohrteiles über dem Vergaser zeigt Bild 87 (Chrysler).

Führung des Saugkanals, der nie vollständig in den Zylinderblock oder Zylinderkopf eingegossen werden soll, ist unter Beachtung eines großen Gasvorrates so anzuordnen, daß keine Vertiefungen (Säcke), in denen sich niedergeschlagener Brennstoff ansammeln kann, vorhanden sind. Möglichst gleiche Länge und Form nach jedem Zylinder. Verschiedene Arten der Saugkanalführung sind in Bild 88 und 88a für Sechszylinder-Motoren veranschaulicht. Es sind Sechszylinderanordnungen mit einem oder zwei Vergasern und außen liegendem Saugkanal gezeigt. Heute werden die sechs Zylinder in einem Block gegossen. Bild 89 zeigt Saugkanalanordnungen für Achtzylindermotoren mit einem oder zwei Vergasern, sowie für die Anwendung von Doppelvergasern.

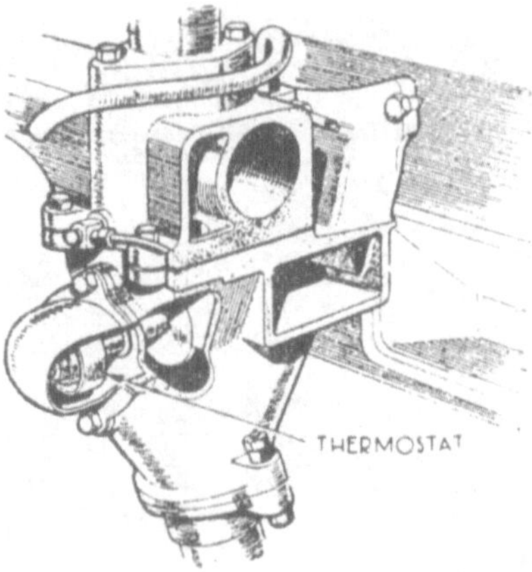

Bild 87. Heizregelung

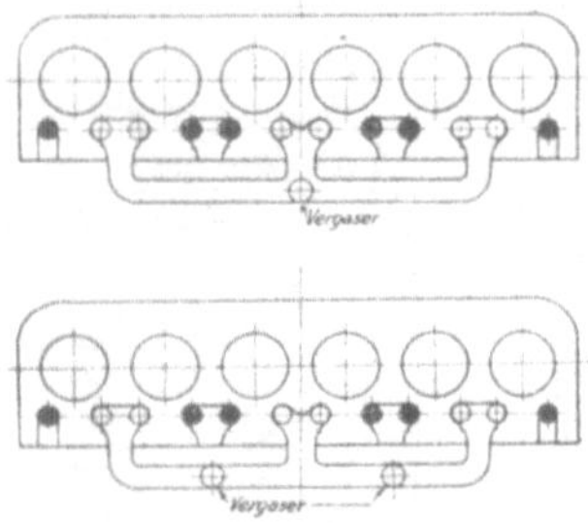

Bild 88. Saugkanäle

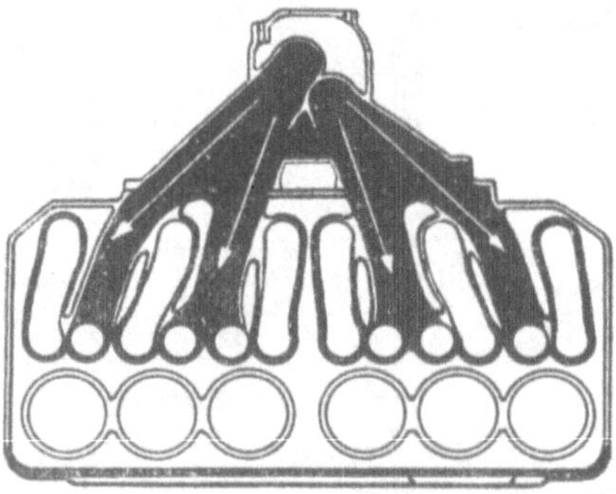

Bild 88a. Saugkanal

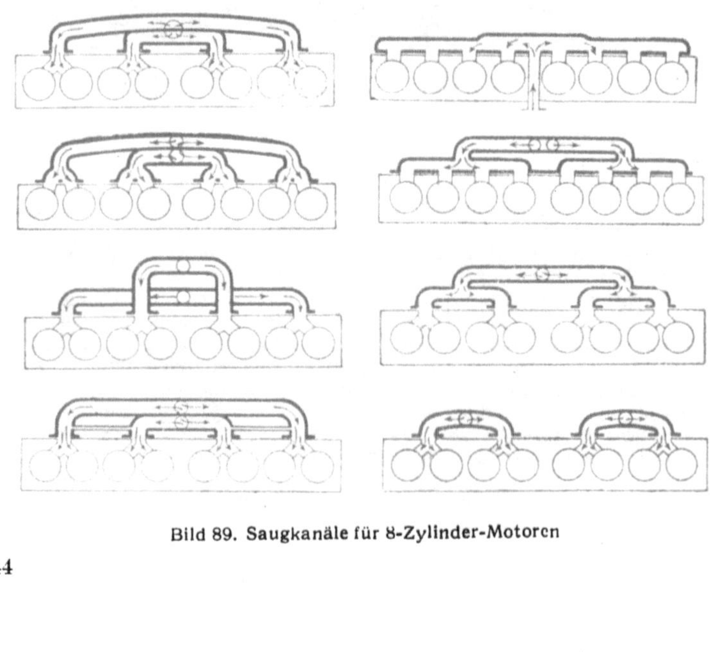

Bild 89. Saugkanäle für 8-Zylinder-Motoren

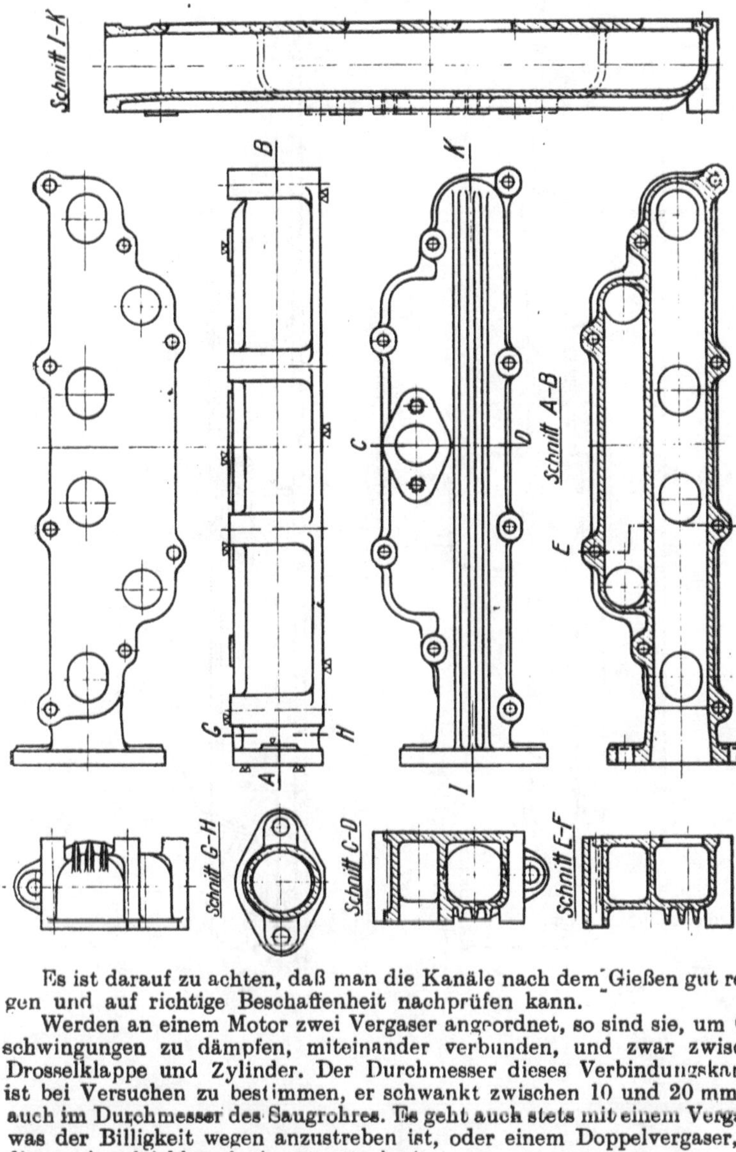

Bild 90. Saug- und Auspuffkanal in einem Stück gegossen (für 4-Zylindermotor)

Es ist darauf zu achten, daß man die Kanäle nach dem Gießen gut reinigen und auf richtige Beschaffenheit nachprüfen kann.

Werden an einem Motor zwei Vergaser angeordnet, so sind sie, um Gasschwingungen zu dämpfen, miteinander verbunden, und zwar zwischen Drosselklappe und Zylinder. Der Durchmesser dieses Verbindungskanales ist bei Versuchen zu bestimmen, er schwankt zwischen 10 und 20 mm, oft auch im Durchmesser des Saugrohres. Es geht auch stets mit einem Vergaser, was der Billigkeit wegen anzustreben ist, oder einem Doppelvergaser, der diesen Ausgleichkanal eingegossen besitzt.

Um eine genügende Vorwärmung des Gemisches zur besseren Vernebelung zu erzielen, werden am besten Saug- und Auspuffrohr zu einem Gußstück vereinigt (siehe Bild 90 für Vierzylinderblocks), oder so zusammengelegt, daß eine Heizung des Saugkanals vorhanden ist (siehe Bild 91 für einen Sechzylinderblock). Ein Saug- und Auspuffrohr zu einem Gußstück vereinigt, und zwar für einen Achtzylinderblock, zeigt Bild 93. Hierbei ist eine gute Heizung vorgesehen, und beide Kanäle haben große Querschnitte. Eine Regelung der Heizung, evtl. automatisch, ist unbedingt erforderlich.

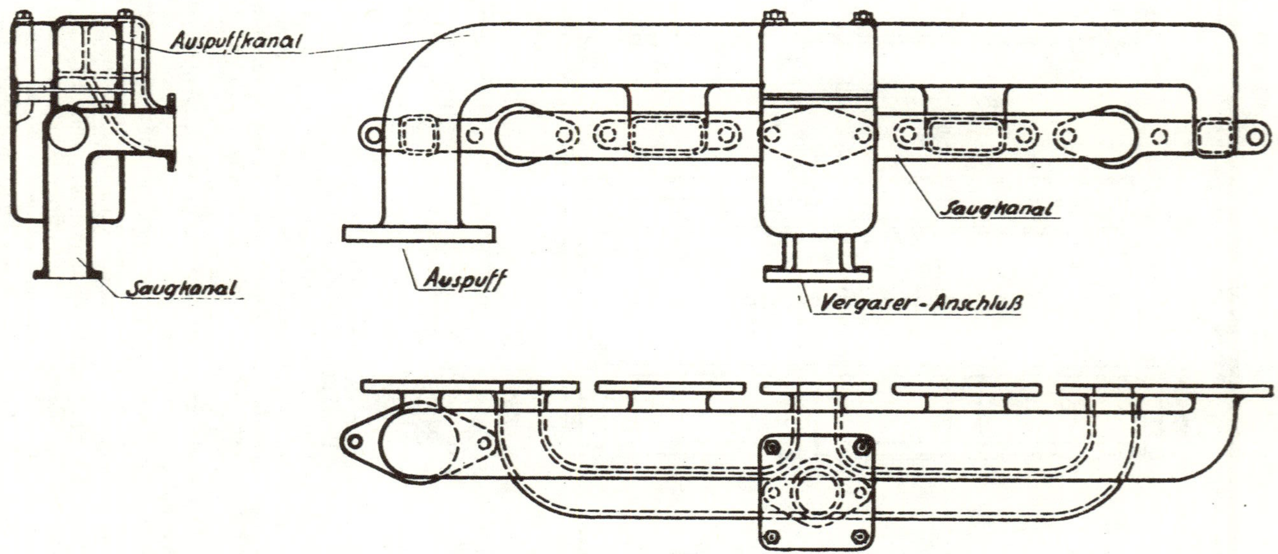

Bild 91. Saug- und Auspuffkanal, einzeln gegossen, zusammengeschraubt

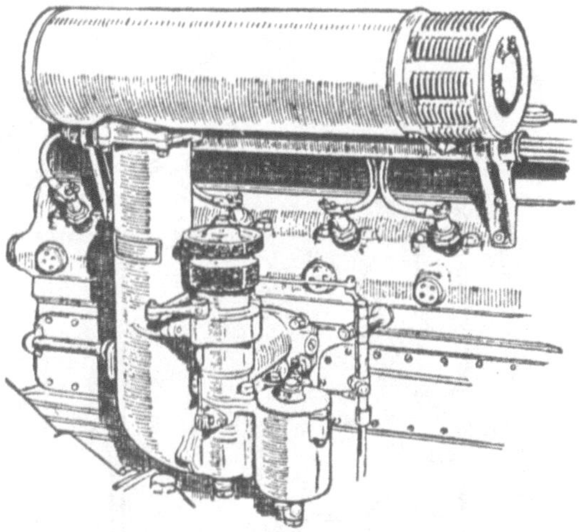

Bild 92. Ansauggeräusch-Dämpfer mit Luftreiniger

Ansauggeräusche sind oft sehr unangenehm. Sie können durch Lufteintrittsrohr-Gestaltung verändert, jedoch nicht ganz abgestellt werden. Die heute fast an jedem Wagen angebrachten Luftreiniger dämpfen bei stärkeren Motoren nicht genügend. Deshalb werden hierbei Ansauggeräuschdämpfer in Form von Behältern, durch die die angesaugte Luft strömt, angewendet. Sie werden dann mit dem Luftreiniger vereinigt. Siehe Bild 92. Siehe Abschnitt Kraftstoffhaltung usw.

b. Auslaßkanäle.

Freies, schnelles Fortführen und Entspannen der heißen verbrannten Gase ist Bedingung. Deshalb erweitert man den Auspuffkrümmer bis zum Rohranschluß laufend, etwa wie Bild 93 zeigt. Allerdings ist jetzt bei größeren Motoren stets eine Trennung vom Saugrohr vorgenommen, wegen Vereinfachung der Gußstücke. Der Anschluß des Auspuffrohres wird zweckmäßig am vorderen Ende vorgenommen, da hier stets genügend Platz vorhanden ist und eine bessere und schnellere Abkühlung erfolgt und also auch Entspannung. Man vermeide, innerhalb des Kühlmantels unnötig lange Auslaßkanäle einzugießen.

Auslaßkanal liegt schon zum Zwecke der Saugrohrbeheizung auf der gleichen Motorseite. Bei PKW ist gleichgültig auf welcher, jedoch meistens auf der rechten Seite in Fahrtrichtung. LKW erfordern zweckmäßig linksseitige Anordnung, damit nach der StVZO, die vorschreibt, daß der Auspuff hintern nach links erfolgen muß, es nicht nötig ist, das Auspuffrohr quer im Fahrgestell über den Wagen zu führen.

13. Antrieb der Nebenorgane.

Besonderen Antrieb benötigen: Lüfter, Lichtmaschine, Wasserpumpe, Ölpumpe, Verteiler für Zündung, Brennstoffförderpumpe. Die Antriebe werden tunlichst zusammengefaßt und zwar meistens wie folgt:

1. Lüfter und Lichtmaschine, durch Keilriemen (wenn Wasserpumpe vorhanden, so wird diese hier mit angeschlossen durch sog. Dreiecktrieb (Bild 94) oder Viereektrieb (Ford, Bild 94a).
2. Ölpumpe und Verteiler, durch Zahnräder (Schraubenräder) von der Nockenwelle aus, Bild 95. Brennstoffpumpe wird meistens durch besonderen Exzenter auf der Nockenwelle (Bild 96) oder auf der Nebenwelle für Ölpumpe oder Verteiler (konischer Exzenter Bild 96a) angetrieben.

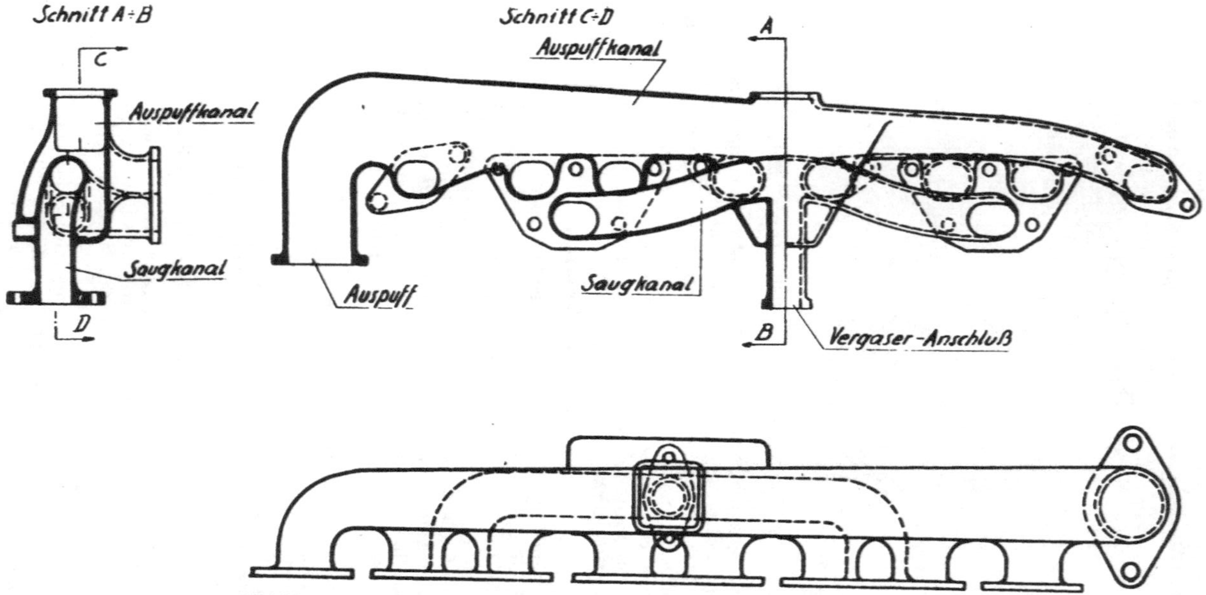

Bild 93. Saug- und Auspuffkanal in einem Stück für 8-Zylinder-Reihenmotor

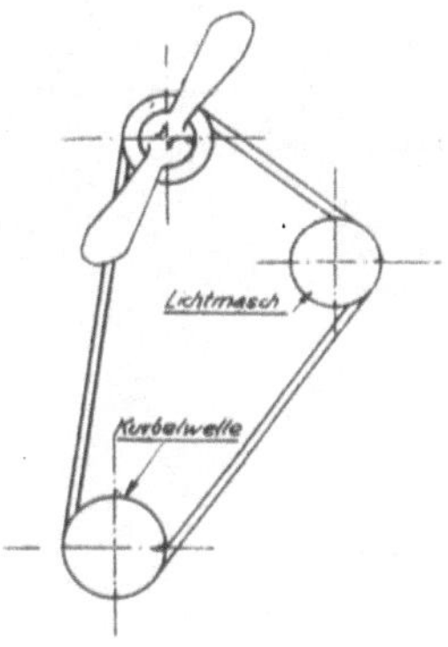

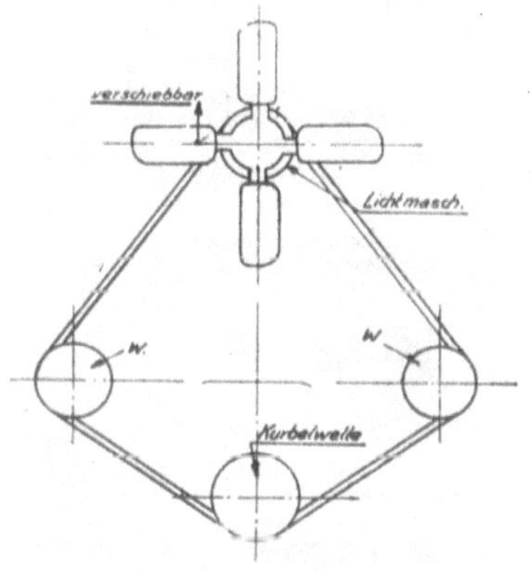

Bild 94a. Viereck-Trieb

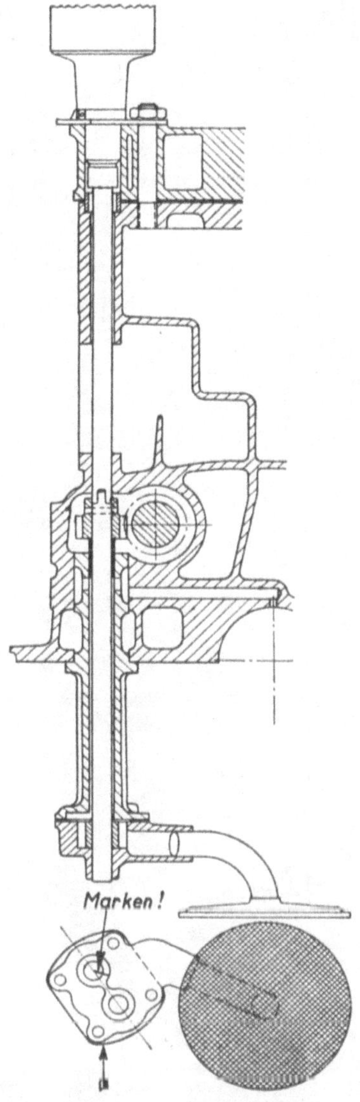

Bild 95. Ölpumpen- und Verteiler-Antrieb

Keilriemen müssen spannbar sein; deshalb ist meistens die Lichtmaschine, Bild 94, schwenkbar, oder bei Viereckantrieb die Lichtmaschine mit dem Ventilator verschiebbar. (Achtung! Riemenvorschriften der Conti (Continental Cautschuk Comp., Hannover) beachten.)

Opel treibt ferner von der Nockenwelle mittels Schraubenrädern und biegsamer Welle den Scheibenwischer an. Eine Konstruktion von Vauxhall hierfür zeigt Bild 97.

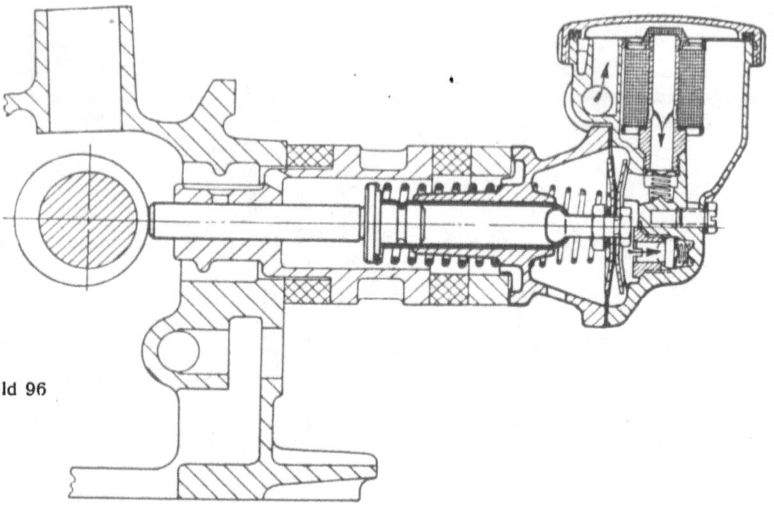

Bild 96

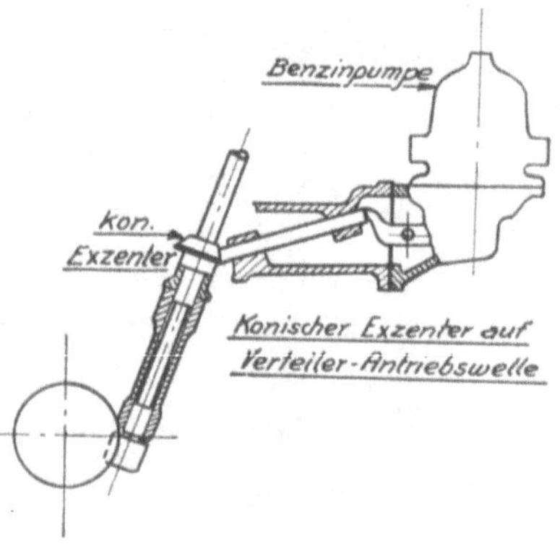

Bild 96 a

Bild 96 u. 96a
Brennstoffpumpen-Antrieb

Bild 97. Direkter Scheibenwischer-Antrieb von der Nockenwelle

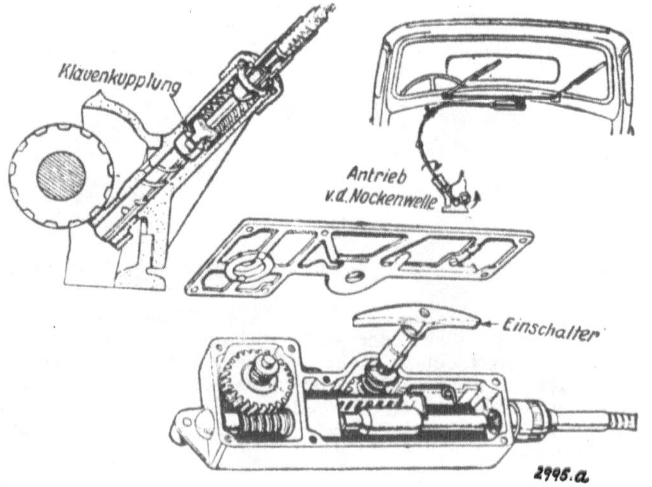

Bild 97

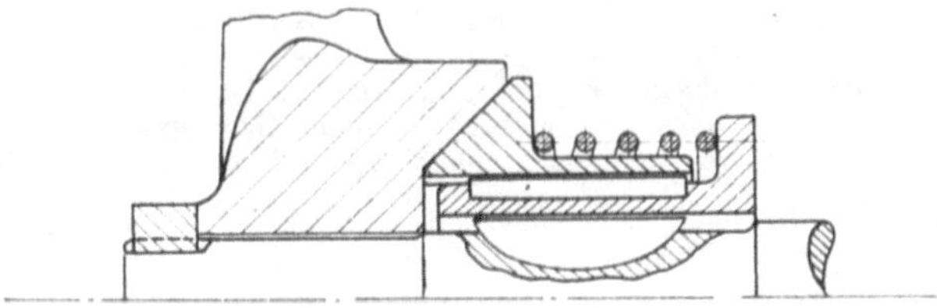

Bild 98. Ventilator-Rutschkupplung bei direktem Antrieb

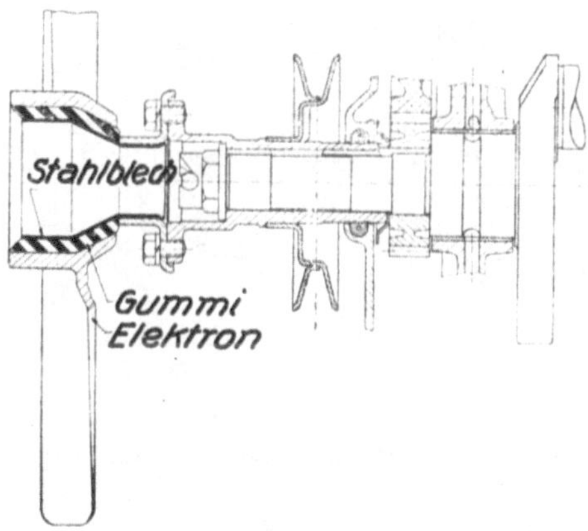

Bild 98a. Direkter Ventilator-Antrieb mit Schwingmetall

Bild 99. Kl. 4-Zyl.-Motor

Heutige Motoren für PKW, besonders in USA haben den Lüfter direkt auf der Kurbelwelle sitzen, bedingt durch die sehr tief liegenden niedrigen Kühler. Hierbei ist dann zur Schonung gegen Überbeanspruchung der Flügel bei scharfem Gasgeben oder plötzlichem Gaswegnehmen ein elastisches Bindeglied erforderlich. Meistens ist dieses Schwingmetall (Bild 98a)

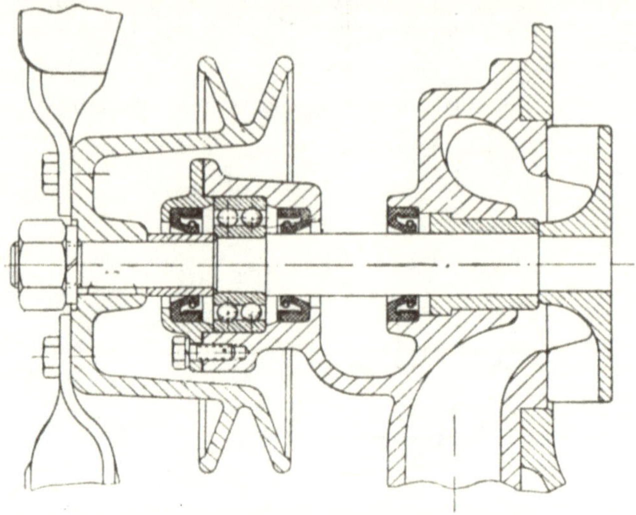

Bild 100. Wasserpumpe und Lüfter vereinigt

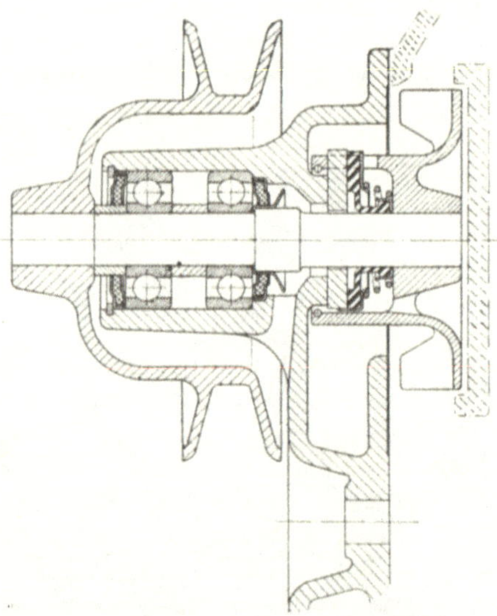

Bild 100a. Stirndichtung der Wasserpumpe

oder eine Rutschkupplung. Schematisch in Bild 98 gezeigt. Statt der konischen Kupplung werden auch Plattenkupplungen angewendet.

Ist keine Wasserpumpe vorhanden, so wird die Lichtmaschine oben auf den Kopf des Motors gesetzt und ein einfacher Riementrieb angewendet. Sind die Scheiben groß genug gewählt, so ist keine Nachstellung hierbei erforderlich. Siehe Bild 99 Fiat.

Die Vereinigung von Wasserpumpe und Lüfter auf einer Welle stellt Bild 100 dar, heute die gebräuchlichste Anordnung. Die Wasserpumpe er-

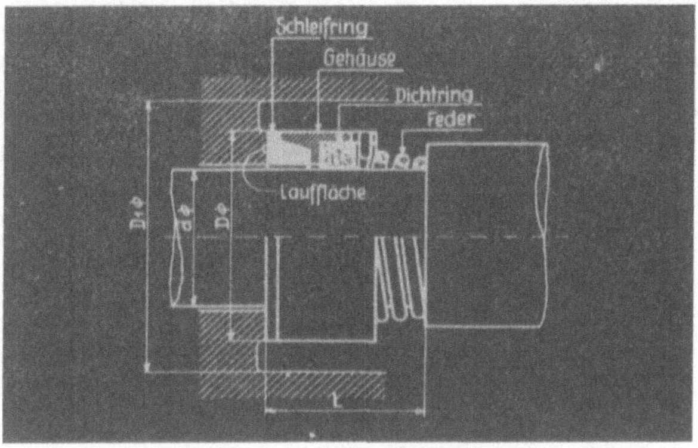

Bild 101. Goetze-Pumpenpackung

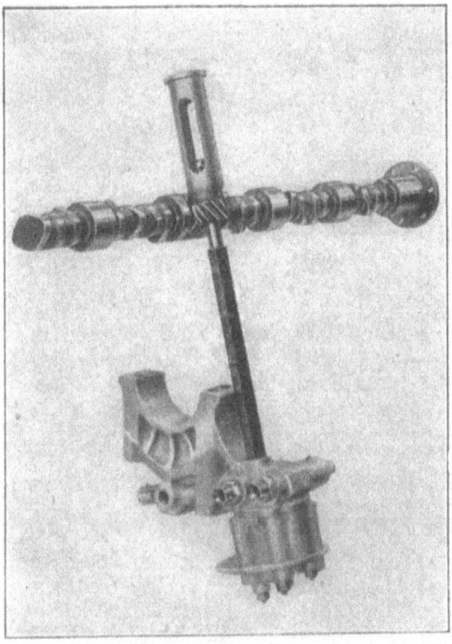

Bild 102. Ölpumpe am mittleren Lagerdeckel

hält für den Riemenzug Wälzlager und am Wasserpumpenrad Gleitlager. Die Ford V-8-Wasserpumpe mit Stirndichtung zeigt Bild 100a. Einwandfreie Abdichtung gegen Wasseraustritt, also Verlust, ist unbedingt erforderlich. Vor allem müssen die Wälzlager vor Berührung mit Wasser geschützt

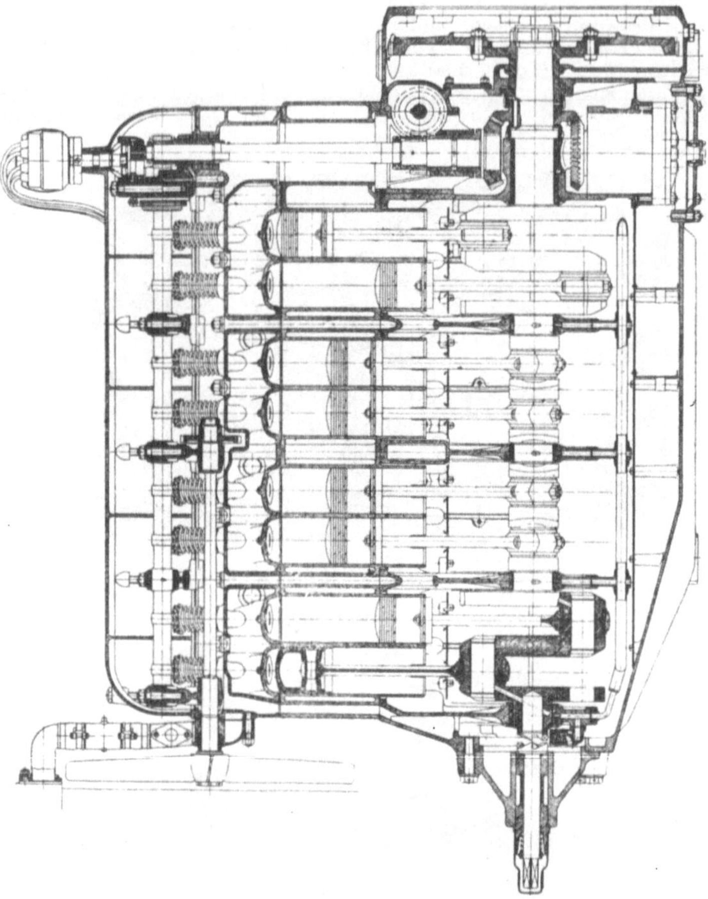

Bild 103. Königswellen-Antrieb der obenliegenden Nockenwelle

werden. Die Stopfbuchsendichtung hat man vollständig verlassen und ist zu Manschettendichtung, Bild 100, oder zur Stirndichtung, Bild 100a, der besten und sichersten, übergegangen.

Die Goetze-Pumpenpackung *A*, Bild 101[1]) läuft wie bei Ford mit der Welle um und daher kein Wellenverschleiß. Die senkrecht zur Wellenachse stehende Schleifring-Abdichtung und die axsiale Nachgiebigkeit der Federn gestattet in beiden Richtungen geringfügige Schwingungen. Der Schleifring besteht aus verschleißfestem Spezial-Preßstoff, der Wellendichtring aus deutschem Gummi. System „U 0" als einfache Ausführung für Kühlwasserpumpen, Zahnradpumpen und kleine Ventilatoren. Beständig gegen Wasser, Glycol, Fett, Öl, Benzin, Benzol sowie gegen zahlreiche chemische Gase.

Die Ölpumpe wird auch häufig mit einem der Lagerdeckel verbunden, dem mittelsten, und nach oben schließt der Verteilerantrieb an. Bild 102.

Der sog. Königswellen-Antrieb, bei dem alle Antriebe von dieser senkrechten Welle erfolgen, wird noch wenig bei Wagenmotoren angewendet. Sie wird bei oben liegender Nockenwelle zweckmäßig. Bild 103 und 49a zeigt ihre klare Gestaltung. Sie ist teuer, aber praktisch und sehr ruhig im Lauf. Statt des Magnetzünders in Bild 49a wird die Wasserpumpe angeordnet, wenn Batteriezündung angewendet wird.

[1]) Goetzewerk, Friedrich Goetze A.-G. Burscheid bei Köln.

X. Allgemeiner Aufbau.

Abhängig von Zylinderzahl und ihrer Anordnung, sowie der Lage der Ventile.

Bedingungen sind: Leichte Zugänglichkeit und Ausbaumöglichkeit aller Teile und der Nebenapparate, um beim Auftreten eines Schadens das Auseinandernehmen und gegebenenfalls schnelles Ersetzen des schadhaft gewordenen Teiles oder Organes zu ermöglichen. Ein anderer wesentlicher Punkt ist der, eine billige Herstellung bei größter Stabilität und Betriebssicherheit zu ermöglichen, also auf geringe Teilezahl des vollständigen Motors und leichte, einfache Montage zu achten.

Es muß zum Beispiel die Ölwanne abnehmbar sein, um sie zu reinigen, ohne daß andere Teile hierzu abgenommen werden müssen. Dasselbe trifft für den Zylinderkopf zu, besonders bei seitlich stehenden Ventilen.

Geringes Gewicht, kleinster Raumbedarf sind ebenfalls zu beachten.

Geschlossene Unterbringung der Nebenapparate innerhalb dieses Raumes muß erfolgen.

Anordnung der Zylinder wie folgt:

1 Zylinder: Stehend, liegend oder schräg (Krafträder, Leichtfahrzeuge).
2 ,, : Nebeneinanderstehend, gegenüberliegend (Boxer), in V-Form[1]).
3 ,, : In Reihe hintereinander senkrecht stehend.
4 ,, : In Reihe hintereinander senkrecht stehend, gegenüberliegend 2 + 2 (Boxer).
6 ,, : In Reihe hintereinander senkrecht stehend, in V-Form 3 + 3.
8 ,, : In Reihe hintereinander senkrecht stehend, in V-Form, gegenüberliegend 4 + 4 (Boxer).
darüber : nur noch in V-Form oder gegenüberliegend (Boxer).

Wahl einer dieser Anordnungen nach den Bedürfnissen des Fahrzeuges.

Kurzbau verlangt Boxer oder V-Form.

Große Ladefläche bei LKW erfordert Boxer, über dem der Fahrersitz liegt (sogenannter Unterflurmotor).

PKW haben meist Reihen (bei 4 und 6 Zylindern). Kleine Fahrzeuge Boxer, große Gabelmaschinen.

Gabelmaschinen und Boxermotoren ergeben wesentlich geringere Länge des Motors als Reihenmaschinen.

Gabel- und Boxermotoren.

Beide sind sich ähnlich, nur ist beim Boxermotor der Zylinderwinkel stets 180°. Deshalb können sie hier gemeinsam behandelt werden. (Meist Vielzylindermotoren.)

Vorteile:

1. Geringe Baulänge.
2. Kurze einfachere Kurbelwelle mit einer geringeren Anzahl von Kröpfungen gegenüber Reihenmotoren. Ist weniger Schwingungen ausgesetzt.
3. Infolge der im allgemeinen angewendeten großen Zylinderzahl (8 bis 16): Gleichmäßigeres Drehmoment, ferner
   a) Bessere thermische Verhältnisse,
   b) kleinere Leistung je Zylinder,
   c) weiches, elastisches und erschütterungsfreies Arbeiten,
   d) Geringe Massenkräfte,
   e) geringere Beanspruchung aller bewegten Teile.

Der Gabelwinkel der Zylinderachsen wird so genommen, daß die Kraftimpulse (Verbrennungstakte) gleichmäßigen Kurbelwellen-Drehwinkel-Abstand haben.

Es muß der Gabelwinkel[2]) also sein: $\alpha = 720$: Zylinderzahl.

[1]) V-Form ist Gabelmaschine.
[2]) Z. V. I. Band 80 (1936) S. 1253. Dr.-Ing. K. Schlaefke, Frankfurt/M. Einfluß des V-Winkels auf die Kurbelwellen-Drehschwingungen von V-Motoren.

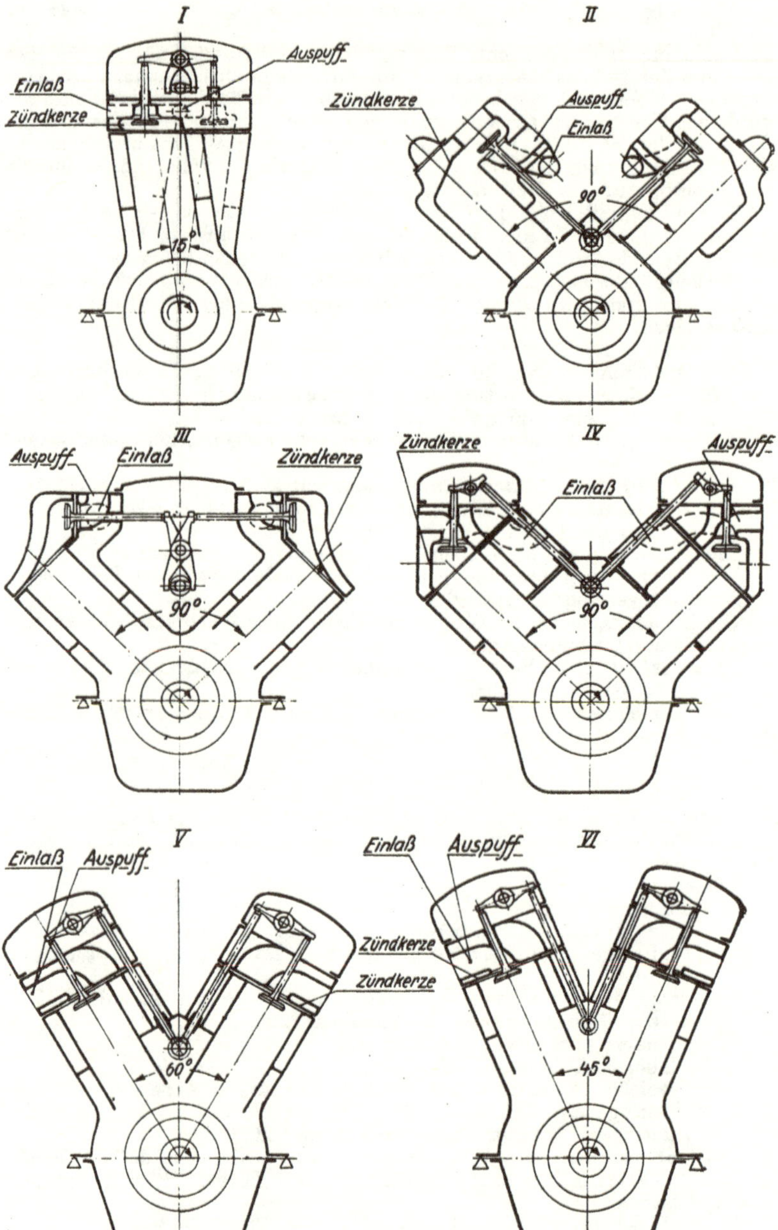

Tafel V. Gabel-Motoren

2 Zylinder:	beliebig, 45⁰ oder 90⁰
4 „ :	90⁰ 15⁰, 20⁰ (Lanzia)
6 „ :	120⁰
8 „ :	90⁰ 60⁰ (Horch)
12 „ :	60⁰
16 „ :	45⁰ oder 135⁰ (Cadillac 1938).

Tafel V, Anordnungs-Schema von Gabelmotoren.

Der in den größten Stückzahlen auf der Welt erbauten Gabelmotoren ist der Ford V-8 (Bild 104). Gedrungenste, leichteste Bauart bei geringster Teilezahl zeichnet diese Maschine vor allen aus.

Der Cadillac-Motor (Bild 105), ein großer Luxusmotor mit 185 PS Leistung bei 3600 Umdrehungen und 7,07 ltr Hubvolumen. Kolbenge-

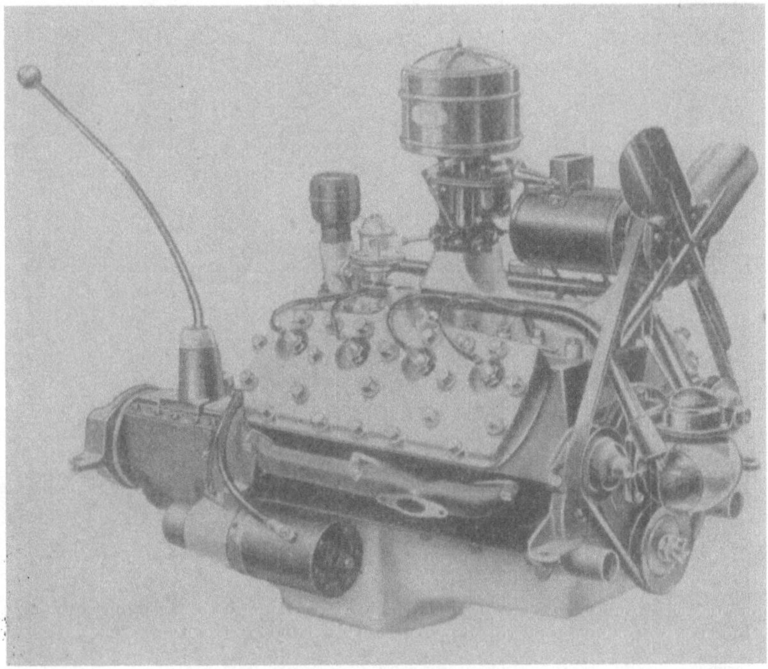

Bild 104. Ford-V-8-Motor

schwindigkeit nur 9,9 m/sek hierbei. Der Gabelwinkel ist von früher 45⁰ jetzt auf 135⁰ geändert, um niedrig zu bauen, vor allem wegen der Schwerpunktlage.

Den Aufbau eines Zwölfzylinder-Boxermotors zeigt Bild 106. Es ist zwar ein Dieselmotor; aber er hat geschlossene, ganz niedrige Bauart.

Der Einbau eines solchen Unterflurmotors ist in Bild 107 ersichtlich; Führersitz darüber liegend. Leichte Zugänglichkeit zu allen Teilen ist sehr beachtlich.

XI. Aufhängung des Motors.

Die Aufhängung des Motors im Fahrzeugrahmen ist von wesentlichem Einfluß auf die Geräuschlosigkeit im Fahrgastraum, insbesondere bei Ganzstahllimousinen. Wird ein Motor starr im Wagen befestigt, so überträgt er

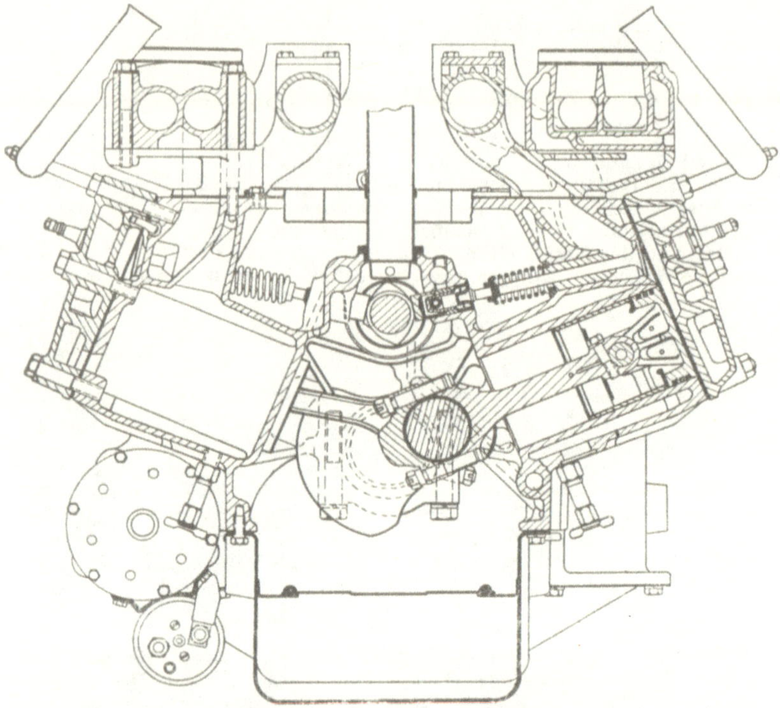

Bild 105. Cadillac-Motor, 16-Zylinder

Bild 106. Zwölfzylinder-Boxer-Dieselmotor. Henschel-Werkfoto

Bild 107. Boxermotor im Lastwagen als Unterflur-Motor

alle in ihm wirkenden Ungleichförmigkeiten auf diesen und damit auch auf die Karosserie. Ihre einzelnen Blechteile beginnen in Resonanz zu schwingen und es stellt sich das unangenehme Dröhnen ein, das sowohl für die Fahrgäste unangenehm ist, als auch für den Fahrer ermüdend wirkt.

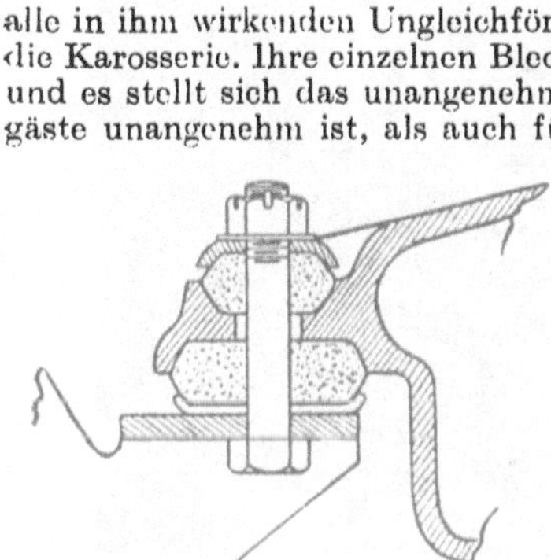

Bild 108. Doppelte Gummilagerung des Motors Falsch

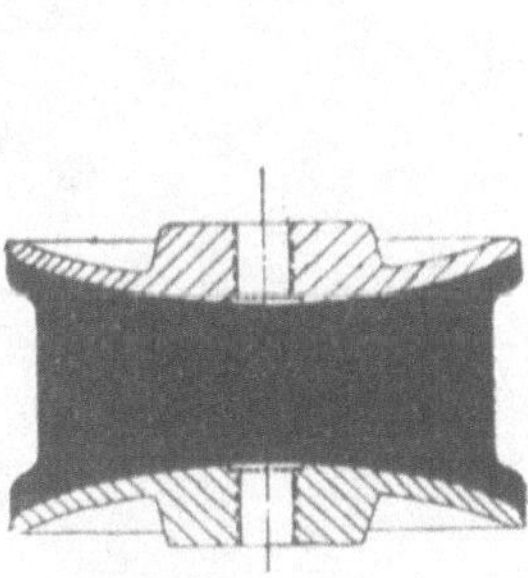

Bild 109a. Gummi-Metall-Lager Richtig

Man muß deshalb den Motor elastisch im Rahmen aufhängen und verwendet hier hauptsächlich den Gummi als federndes Mittel.

Dieser Werkstoff zeichnet sich durch besondere Arbeitsaufnahmefähigkeit aus, die insbesondere bei Resonanzzuständen und schlagartigen Beanspruchungen wirksam wird, d. h. der Motor wird allein durch diese Eigenschaft des Gummis vor allzugroßen Bewegungen geschützt. Konstruktionen, wie sie Bild 108 zeigt, waren früher üblich, müssen aber als durchaus unsachgemäß gelten, selbst wenn sie heute noch in einigen wenigen Wagen eingebaut werden.

b c d

Bild 109a—d. Prüfung von Gummi-Metall-Lagern (Werkfoto Getefo)

Vielmehr geht man heute dazu über, dank der Fortschritte auf chemischem Gebiet, den Gummi an die angrenzende Metallplatte anzuhaften, um jede Verspannung des Gummis und jeden metallischen Zusammenhang des Motors mit dem Chassis sicher zu vermeiden. Eine für besonders hohe Beanspruchungen, sowohl auf Zug, als auch auf Schub geeignete Konstruktion dieser Lager zeigen die Bilder 109a bis d, die ein solches Lager im Schnitt, im unbelasteten Zustand, im statisch auf Schub belasteten Zustand und im dynamisch auf Schub belasteten Zustand zeigen. In diesem Falle ist der Gummi mit gesenkgeschmiedeten Teilen verbunden. Die Technik ist aber noch wesentlich weiter gegangen. Sie verbindet heute nicht nur Gummi mit Stahl, sondern auch mit Leichtmetall, Gußeisen, Messing, Novotext und sogar mit Glas u. a. mehr, wie Bild 110 zeigt. Es ist demnach möglich, solche

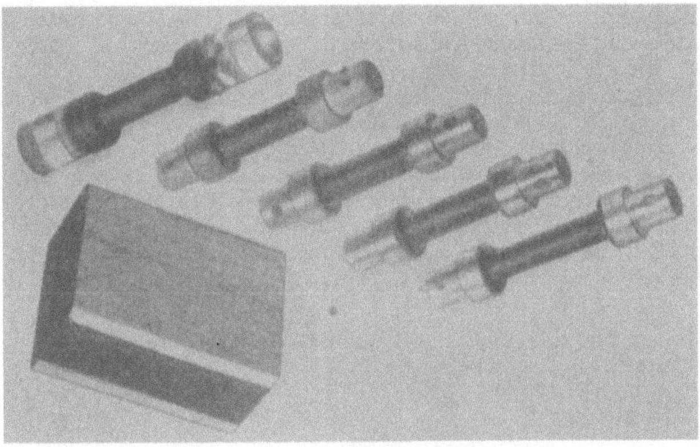

Bild 110. Gummi mit verschiedenen Werkstoffen mittels Getefo-Haftverfahren verbunden

Gummi-Motorlager auch aus den sogenannten Werkstoffen zu machen, also aus Nichtmetallen, was bei der heutigen Rohstofflage von besonderem Vorteil ist.

Die Belastbarkeit solcher Lager ist äußerst mannigfaltig. Zum Teil werden die Lager durch die Last des Motors auf Druck oder auf Schub beansprucht, zum Teil werden sie durch Fahrstöße, durch den Kupplungsdruck und durch die Schwingungen selbst außerdem noch auf Zug belastet, zum Teil sogar auf Torsion, d. h. ein solches Gummiteil ist in der Lage, Bewegungen nach jeder Richtung hin aufzunehmen und einen Teil der aufgenommenen Energie durch Dämpfung zu verschlucken. — Die Höhe der Belastbarkeit hängt allerdings stark von der Formgebung des Einzelteiles ab. Eine besonders glückliche Konstruktion hierbei zeigt Bild 109a. Diese Konstruktion erreicht durch ihre Formgebung, daß die durch die Querkontraktion des Gummis hervorgerufenen, zugeordneten Spannungen soweit abgebaut werden, daß diese zu einer Verletzung des Lager kaum führen können. — Jedoch geht man im Automobilbau über geringe Belastungen, wie etwa 3 kg/m² nicht hinaus, das andernfalls in solchen Fällen die elastischen Lager zu klein würden und die Bewegung des Motors infolge der Straßenstöße zu groß.

Man muß aber beachten, daß der Werkstoff Gummi einige ausgesprochene Feinde besitzt, gegen die er sich nicht wehren kann. Das sind: übermäßige Wärme (Temperaturen über 80° Celsius), Licht und Sauerstoff (allerdings für praktische Fälle in unbedeutendem Ausmaß) und Öle und Brennstoffe, die ihn aufzulösen bestreben.

Wenn solche Gefahren ernstlich bei einer Konstruktion vorliegen, so müssen entweder Mittel, etwa zim Sinne einer Schutzkappe, wie es Bild 111 zeigt, angewandt werden, oder das Lager muß aus dem neuen WerkstoffPerbunan (Hersteller des Rohmaterials IGFarben) hergestellt werden.Dieser künstliche Kautschuk besitzt nach seiner Verarbeitung zu Gummi, also zum gebrauchsfähigen Gummilager, die vorteilhaften Eigenschaften, gegen Öle und Brennstoffe praktisch unempfindlich zu sein, sowie höheren Temperaturen standhalten zu können. Allerdings erleidet er im Gegensatz zum Gummi größere bleibende Verformungen, die sich aber noch gerade in erträglichen Grenzen halten.

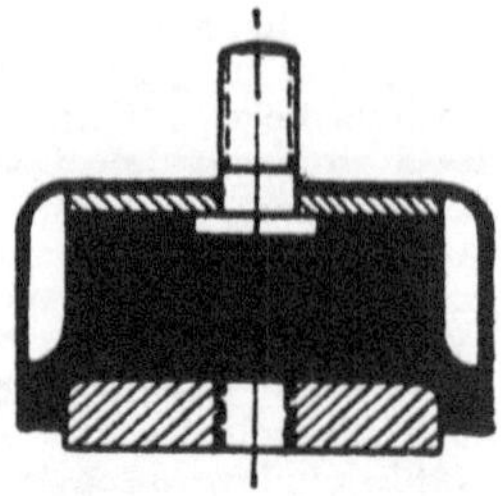

Bild 111. Beispiel der Gummi-Aufhängung

Die Verwendung dieser Teile am Kraftfahrzeug[1]) ist außerordentlich mannigfaltig, aber auch gleichzeitig außerordentlich schwierig. Es genügt nämlich nicht, die für die statische Last eines Motors notwendigen Gummiteile an einer beliebigen Stelle einzubauen, sondern man muß durch Berechnungen feststellen, welche Abmessungen für die Resonanzlage brauchbar sind; denn eine elastische Lagerung hat dann ihren Zweck verfehlt, wenn im normalen Betriebsdrehzahlbereich das unangenehme Abschütteln der Motoren auftritt. Hierfür wären möglichst weiche Gummilager am geeignetsten, doch würden bei diesen die Bewegungen des Motors infolge der Querstöße viel zu groß werden, was wiederum Schäden innerhalb des Motors und an den Anschlußteilen des Motors (Auspuff, Vergaser, Kardanwelle usw.) zur Folge

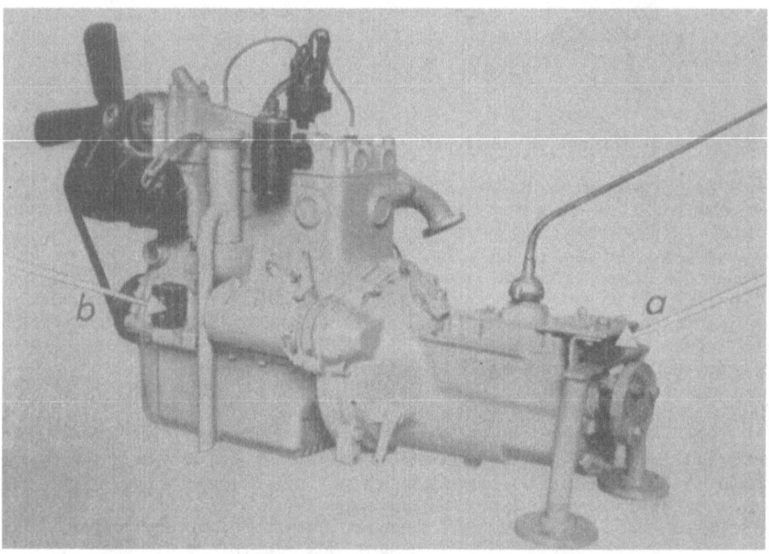

Bild 112. Motorlagerung im Stoßmittelpunkt, System Getefo

hätte. Man muß also bei der Konstruktion einen zum Teil durch die Erfahrung gelieferten Kompromiß schließen, dessen letzte Feinheiten erst

[1]) Schon bei der Konstruktion sollte man daher eine erfahrene Firma für Gummi-Metall-Teile zu Rate ziehen und in Gemeinschaftsarbeit mit dieser die schwingungstechnischen Aufgaben lösen.

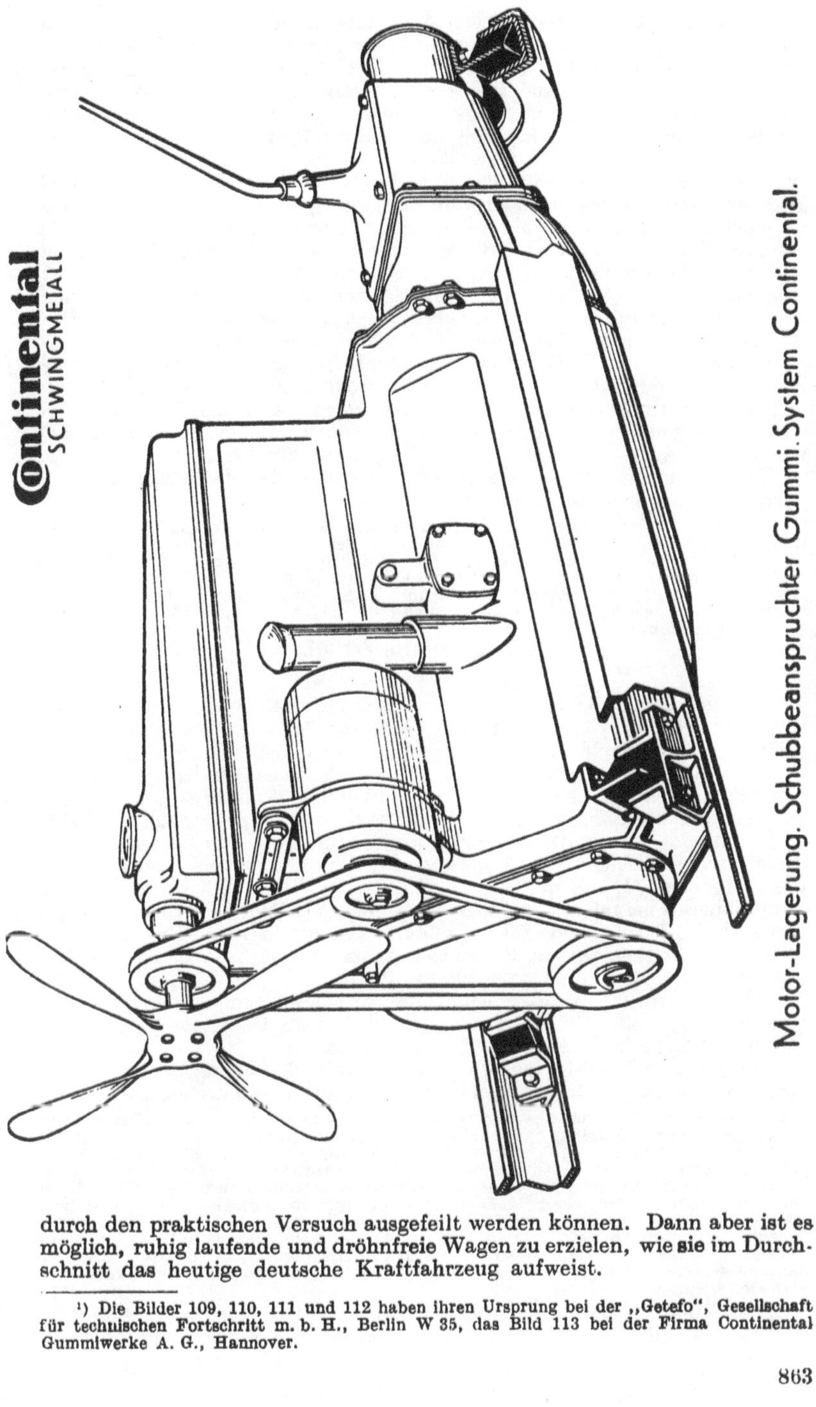

Bild 113. Beispiel der Gummi-Aufhängung

durch den praktischen Versuch ausgefeilt werden können. Dann aber ist es möglich, ruhig laufende und dröhnfreie Wagen zu erzielen, wie sie im Durchschnitt das heutige deutsche Kraftfahrzeug aufweist.

[1]) Die Bilder 109, 110, 111 und 112 haben ihren Ursprung bei der „Getefo“, Gesellschaft für technischen Fortschritt m. b. H., Berlin W 35, das Bild 113 bei der Firma Continental Gummiwerke A. G., Hannover.

Selbst den Konstrukteuren von Automobilen ist dieses Sondergebiet so fernliegend gegenüber den wichtigsten konstruktiven Aufgaben, daß sie nur gut daran tun, auf diesem Sondergebiet auch die Sondererfahrungen zu verwenden und also diese Aufgaben den Spezialisten überlassen. Wenn dann schon bei der Konstruktion die Beratung stattfindet, so ist es ein Leichtes, den für eine gute Motoraufhängung notwendigen Platz vorzusehen, ohne daß dadurch Nachteile bei der Gesamtkonstruktion entstehen. Bild 112 zeigt eine besonders wirkungsvolle elastische Lagerung eines Motors, die dadurch gekennzeichnet ist, daß der Motor im Stoßmittelpunkt *a* abgefangen ist, also in jenem Punkt, der sich während der Schwingung des Motors stets in Ruhe befindet. Die Lager *b*, die sich links und rechts neben der Maschine befinden und die in diesem Falle auf Schub beanspruchte Gummiteile darstellen, ermöglichen dem Motor, seinen inneren Kräften entsprechend auszuweichen. Eine andere Ausführungsform der elastischen Lagerung zeigt Bild 113. Hier ist der Motor nur mit Schublagern am Fahrgestell befestigt.

Daß nach all dem Gesagten der Silentbloc, also jener zwischen zwei Büchsen eingepreßte Gummi nicht mit Erfolg herangezogen werden kann, liegt auf der Hand. Er ist gegenüber den freien elastischen Lagern viel zu unnachgiebig und besitzt infolge der geringen auftretenden Bewegungen auch nur geringe Arbeitsaufnahme-, d. h. Dämpfungsfähigkeit.

Zu den einzelnen in der Wirtschaft vorkommenden Fachausdrücken sei noch folgendes bemerkt.

Der Name „Pendelastic" ist die Bezeichnung der Motorlagerung der „Getefo"-Gesellschaft für technischen Fortschritt m. b. H., Berlin W 35, der ältesten auf diesem Gebiet in Deutschland tätigen Firma. Die Metallbauteile werden „Flexofix"-Teile genannt. Die Continental Gummiwerke A.-G., Hannover, stellt ebenfalls Gummi-Metall-Bauteile her, die unter der Bezeichnung „Schwingmetall" in den Handel gebracht werden, während die „Phönix", Hamburg-Harburg, ihre Teile als „Metallgummi" bezeichnet.

XII. Dauerleistungsfähigkeit.

(Autobahnfestigkeit.)

Ist erforderlich beim Befahren von reinen Kraftfahrzeugstraßen (Autobahnen). Diese sind so gebaut, daß im Bedarfsfalle höchste Geschwindigkeiten (150 km/Std und mehr) dauernd auf ihnen gefahren werden können. Wenn auch für den allgemeinen Reiseverkehr die Geschwindigkeit auf ihnen einer Beschränkung, in Deutschland auf 100 km/Std, unterliegt, so ist doch ein stundenlanges Fahren mit 100 km/Std schon eine erhebliche Beanspruchung des Motors. Besonders bei kleinen und mittleren Wagen bedeutet diese Geschwindigkeit eine Motorleistung, die nahe an der Höchstleistung des Motors liegt. Dieser muß also diese Leistung wirtschaftlich, ohne Schädigung dauernd hergeben können. Leichter Bau des Fahrzeugs, also niedriges Gewicht je PS, oder hohe PS je Tonne Gesamtgewicht sind für solche Leistungen Bedingung. Solche Fahrzeugmotoren sind in ihren Leistungsbedingungen den Flugmotoren nahe verwandt.

Kleine thermische Beanspruchung und geringes Eigengewicht sind nur zu erreichen mit großer Zylinderzahl. Deshalb sind die Gabelmaschinen mit 8, 12 und 16 Zylindern die gegebenen für diesen Zweck.

Sorgfältigste Durchbildung der Schmierung ist Bedingung, evtl. besondere Kolbenschmierung (Bild 8, Graham, Abschnitt: Schmierung).

Graham hat eine neue Art der Zylinderschmierung eingeführt. Hierbei wird Öl, das aus einer Längsbohrung im Stößelführungsgußstück unter Druck zugeführt wird, in eine Ringnut am Ventilstößel geleitet und von dort im Augenblick des größten Ventilhubes in eine Querbohrung im Stößelführungsgußstück an die Zylinderwand gedrückt, wo im gleichen Augenblick eine Ringnut am Kolben mit dieser Querbohrung in Verbindung tritt. Dadurch strömt das Öl in diese Ringnut; eine Entlüftung der Ringnut am Kolben läßt das Öl schnell hindurch strömen, selbst beim Anlassen aus dem kalten Zustande. Diese Art der zusätzlichen Kolbenschmierung soll das Verreiben des Kolbens verhüten und den Ölverbrauch bei hohen Drehzahlen dadurch niedriger halten, daß der hauptsächlich beim Anlassen eintretende Verschleiß verhütet wird.

Die Öltemperatur darf bei Höchstleistung 100° C nicht übersteigen, sie muß aber auch bei kalter Maschine sofort nach dem Anlassen schnell auf

Betriebstemperatur kommen. Deshalb geringe Ölmenge im Kurbelgehäuse auf große Fläche verteilt, was in fast allen Fällen den besonderen Ölkühler erübrigt.

Ölmengeninhalt genügt wie folgt (Erfahrungszahlen):

Hubraum	1	bis 1,5	Liter	=	2,5 Liter
,,	1,5	,, 2	,,	=	3 ,,
,,	2	,, 3	,,	=	4 ,,
,,	3	,, 4	,,	=	4 bis 5 Liter.

Einwandfreie Zuführung des Öles zu den Bedarfsstellen durch Dosierung in Kanälen und Schmiernuten. Kolben muß gut geschmiert werden, aber über den Kolben darf kein Öl gelangen, also saubere, genaue Kolbenringe und Nuten, sowie genaues erprobtes Spiel des Kolbens im Zylinder.

Ferner ist der Kühlung des Motors durch Wasser oder Luft größte Sorgfalt zu schenken. Richtige Wasserführung, so daß alle Zylinder gleiche Temperatur haben, ebenso der Verbrennungsraum. Wasserpumpe und Windflügel müssen den Verhältnissen entsprechen, aber auch die Luft muß aus dem Motorraum ungehindert abströmen können, so daß stets frische Luft zuströmt.

Das Zubehör, wie Wasserpumpe, Windflügel, Lichtmaschine, Verteiler, Zünd-Spule, Brennstoffpumpe müssen den harten Dauerbeanspruchungen gewachsen sein, sie sind in Einzelprüfungen ständig zu überwachen.

Der Motor muß in seinem Dauerbetriebe ständig durch Instrumente überwacht werden, so daß schon die leiseste Unstimmigkeit bemerkt wird und hierauf die Fahrgeschwindigkeit eingestellt wird. Es ist folgendes unbedingt erforderlich:

1. Öldruck (Manometer),
2. Kühlwassertemperatur (Thermometer) in Sicht des Fahrers; ferner erwünscht, jedoch nicht unbedingt erforderlich, wenn der Motor in seinem Schmiersystem richtig durchgebildet:

Ölthermometer

Anzeige-Instrument für Arbeiten der Lichtmaschine und Zustand der Batterie (Voltmeter).

Brennstoffbehälter-Inhaltsanzeiger, zuverlässig.

Hieraus geht hervor, daß die Autobahnfestigkeit des Motors in hohem Maße vom Fahrer abhängig ist. Gefühl, Gehör und größte Aufmerksamkeit beim schnellen Fahren und Anpassen der Geschwindigkeit an den augenblicklichen Zustand des Motors erhöhen die Autobahnfestigkeit.

Literatur.

1. ATZ = Automobiltechnische Zeitschrift.
2. Zeitschrift des VDI.
3. SAE-Journal (USA).
4. Automotive Industrie (USA).
5. Kamm, W., Dr. Ing. und Dr. Ing. C. Schmid, Das Versuchs- und Meßwesen auf dem Gebiete des Kraftfahrzeugs, 1938.
6. Kamm, W., Dr. Ing., Das Kraftfahrzeug.
7. Fauner, W. E., Baurat, Das technische DDAC-Jahrbuch.
8. Ambs, Otto, Grundlagen für die Berechnung von Kraftwagen.
9. Bosch, Kraftfahrtechnisches Taschenbuch.
10. Buschmann, H., Prof., Taschenbuch für den Auto-Ingenieur.

Schmierung. [1])

Von Dr.-Ing. G. Blank VDI, Hamburg.

a) Motor.

1. Konstruktionsbedingungen.

Im Interesse einer zweckmäßig durchgebildeten Schmierung ist es notwendig, bei der Konstruktion des Motors folgende Punkte zu beachten, soweit es sich mit dem gewählten Schmiersystem vereinbaren läßt:

Durch möglichst gute Abdichtung muß Ölverlusten vorgebeugt werden. Zur Dichtung muß ölbeständiges Dichtungsmaterial verwendet werden. Die Entlüfter müssen gegen Herausschleudern von Öl gesichert werden.

Um ein Verstopfen der Druckleitung zu vermeiden, müssen die Kanäle weit genug bemessen werden.

Leichte Zugänglichkeit aller mit der Schmierung zusammenhängenden Teile, welche gereinigt werden müssen, ist notwendig.

Der Ölbehälter ist derart einzurichten, daß das ganze darin befindliche Schmieröl möglichst restlos aufgebraucht bzw. beim Ölwechsel entfernt werden kann.

Um Störungen infolge Ölmangels zu verhindern, ist eine bequeme Zugänglichkeit der Ölspiegelkontrolle notwendig.

Eine einfache Gestaltung der Schmierleitung ist erforderlich, um dieselbe gut reinigen zu können. Die Zahl der Anschlüsse der Druckleitung ist aufs äußerste zu beschränken, um wenig Möglichkeit für Undichtigkeiten zu haben.

Der Ölsumpf ist derartig zu gestalten, daß er eine gute Kühlfläche für das zurücklaufende warme Öl bietet, um demselben für den neuen Kreislauf eine anfänglich wieder höhere Viskosität zu geben.

Die Schmierung muß, wenn irgend angängig, derart eingerichtet werden, daß sie bei Inbetriebsetzung des Motors selbsttätig zu arbeiten beginnt, ohne daß erst besondere Handgriffe notwendig sind, um sie in Tätigkeit zu bringen. Falls irgendwelche Absperrhähne nicht umgangen werden können, welche vor Inbetriebsetzung geöffnet werden müssen, so ist es empfehlenswert, dieselben derart anzubringen, daß sie nicht leicht zu übersehen oder daß sie in irgendeiner Abhängigkeit zu dem zur Inbetriebsetzung des Motors notwendigen Mechanismus sind (Kurzschluß-Schalter).

Schmiernuten (Längsnuten) werden im Fahrzeugmotorenbau nicht mehr angewendet. Allgemein üblich ist die Ausführung von Kurbelwellen- und Pleuellagern ohne Schmiernuten, abgesehen von einer nicht durchgehenden Abfassung der Stoßkanten von Ober- und Unterschale. Dagegen findet man bei verschiedenen Motoren eine ringförmige Nut in der Mitte des Lagers (Quernut); in diese Nut mündet die Ölzuleitungsbohrung und die Bohrung zum Pleuellager. Diese Nut teilt gewissermaßen das Lager in zwei Hälften, wodurch ein rascher Öldurchfluß durch das Lager von der Mitte her bei allen Winkelstellungen des Zapfens und dadurch wirksame Kühlung und pulsationsfreier Durchfluß bis in das Pleuellager gewährleistet ist.

2. Frischölschmierung.

Die einfachste Art der Schmierung ist — abgesehen von der Mischungsschmierung — die Frischölschmierung. Im allgemeinen hat man es hierbei

[1]) Grundsätzliches über Schmierung und Schmiermittel ist in Abschnitt Ostwald, Schmiermittel behandelt.

mit einem getrennt vom Motor angebrachten Schmieröl-Vorratstank zu tun. Eine Pumpe drückt das Öl in Mengen, die nach dem Bedarf bemessen sind, zu den einzelnen Schmierstellen, versorgt sie also mit Drucköl. Ein Vorteil dieser Schmierungsart ist, daß hierbei stets nur frisches und daher nicht verunreinigtes Öl verwendet wird. Auch kann die Ölzuführung — bei verschiedenen Motoren sogar während der Fahrt — reguliert werden. An das von der Pumpe ausgehende Leitungsnetz sind meist die Lager, Kipphebel, der Steuerungsantrieb und unter Umständen auch verschiedene Stellen der Zylinderwand angeschlossen. Das aus dem Kurbeltrieb verspritzte Öl wird meist in vernebeltem Zustand den noch zu schmierenden Stellen wie Kolben, Zylinderlaufbahn usw. zugeführt. Diese Art der Frischölschmierung wird heute bei einzelnen Kraftradmotoren (Horex, Triumph (nur S 500), Flottweg K 55) und einem bekannten Flugmotorenbaumuster (Hirth) angewandt.

Bild 1 zeigt die perspektivische Darstellung eines derartigen Kraftrad-Motors.

Ein besonderer Vorteil der Frischölschmierung ist, daß der Ölverbrauch hierbei verhältnismäßig gering ist. Es ist ohne weiteres möglich, die Pumpe so einzuregulieren, daß die von ihr geförderte Menge auch wirklich mit der verbrauchten Menge übereinstimmt. Allerdings kann bei einem derartigen System der Frischölschmierung das Schmieröl keine zusätzlich kühlende Wirkung ausüben.

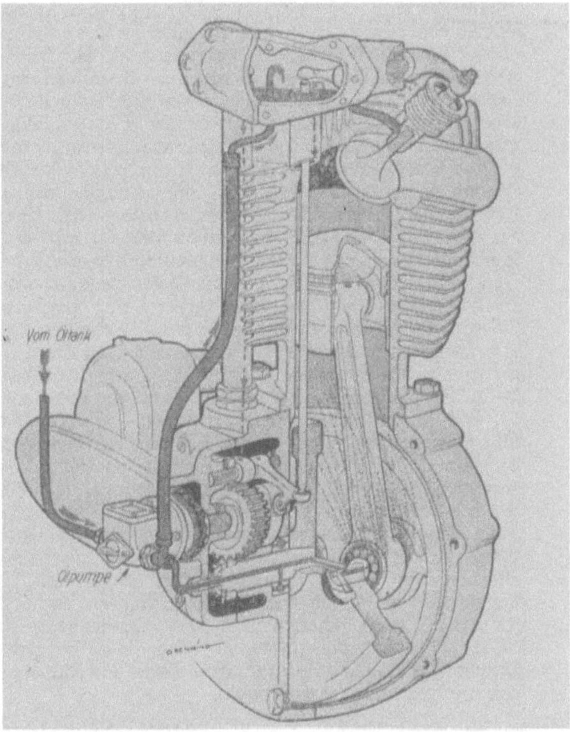

Bild 1. Viertakt-Motor mit Frischöl-Schmierung

Bei Flugmotoren findet sich das System der Frischölschmierung in etwas vervollkommneter Ausführung, z. B. bei dem Hirth-Motor HM 60 R. Bei diesem Baumuster wird die Zuführung des Öles zu den einzelnen Schmierstellen von zwei Bosch-Ölern übernommen. Etwa überschüssiges Öl tropft ab und sammelt sich im Kurbelgehäuse und wird von hier mit Hilfe einer Rückförderpumpe durch ein Ölfilter hindurch in den Ölbehälter zurückgeführt. Ein Vorteil dieser Konstruktion ist die Möglichkeit einer besonders wirksamen Kurbelgehäuse-Entlüftung und damit einer „Innenkühlung" der Kolben, ohne daß diese Kühlung mit unzulässigen Ölverlusten erkauft werden muß.

3. Tauchschmierung.

Eine weitere Art der Schmierung ist die sogenannte Tauchschmierung, die in Deutschland bei Phänomen angewandt wird und auch bei älteren

DKW-Sonderklasse- und Schwebeklasse-Wagen zu finden ist; in Amerika finden wir sie noch bei Hudson und Hudson-Terraplane.

Bei der einfachsten Art sind an den Pleuelstangen kleine Schöpfer oder Spritzlöffel angeordnet. Diese tauchen in den Ölvorrat ein und spritzen so das Öl im ganzen Motor umher. Diese Anordnung hatte den Nachteil, daß eine sichere Schmierung nicht wirklich gewährleistet war, und daß außerdem bei Schräglage des Fahrzeuges, z. B. bei der Berg- oder bei der Talfahrt, der Ölvorrat im Kurbelgehäuse sich auf einer Seite des Motors ansammelte, und daß so einzelne Pleuelstangen kein Öl mehr auffangen und zu den zu schmierenden Stellen schleudern konnten. Bei der Weiterentwicklung dieses Schmiersystemes unterteilte man die Kurbelwelle entsprechend der Anzahl der Pleuelstangen in einzelne Kammern und konnte so auch bei verhältnismäßig großer Schräglage des Fahrzeuges das Öl an der Eintauchstelle aller Pleuelstangen bereithalten. Die Fortentwicklung dieses Schmiersystemes brachte dann die Anordnung einer Ölpumpe mit sich. Mit Hilfe dieser Ölpumpe wurde das Öl in kleine Spritztröge oder Fangtaschen, die über dem Ölspiegel angeordnet und oben offen sind, gepumpt. In diese Tröge, die auch bei der Schräglage des Fahrzeuges stets gefüllt bleiben, tauchen die Schöpfer an den Pleuelstangen ein, reißen das Öl mit und zerstäuben es. Kolben, Zylinder, Lager und Steuerungsantrieb werden mit dem umherspritzenden Öl geschmiert. Die Kurbelwellenlager dagegen erhalten Öl durch besondere Fangtaschen, die über den Lagerschalen angeordnet sind und denen das Öl von der Pumpe durch besondere Leitungen zugeführt wird. Die Pleuellager werden dadurch mit Öl versorgt, daß die Lagerschalen an den Stellen, an denen die Schöpfer angebracht sind, durchbohrt sind. So kann das Öl beim Eintauchen der Schöpfer auch an diese Stellen gelangen.

Ein wesentlicher Nachteil dieser Schmierungsart ist der ungeregelte Ölumlauf. Auch reicht dieses System insbesondere bei hochbelasteten Motoren nicht mehr aus, die Schmierstellen mit der entsprechenden Sicherheit mit der notwendigen Schmierstoffmenge zu versorgen.

Als Weiterentwicklung der reinen Tauchschmierung ist das System aufzufassen, wie es heute bei dem Chevrolet-Motor Anwendung findet. Es ist dies zwar ein Tauchschmiersystem, doch wird das Öl den zu schmierenden Stellen zum Teil auch unter Druck zugeführt. Man hat es also mit einer kombinierten Tauch-Druckschmierung zu tun.

Bild 2 zeigt einen Längs- und Querschnitt durch einen Ford-Typ B-Motor. Die Kurbelwellenlager und die Nockenwellenlager werden durch Drucköl geschmiert, die übrigen Teile des Motors werden durch Schleuderschmierung mit Öl versorgt.

4. Druckumlaufschmierung.

Die Druckumlaufschmierung ist die bei modernen Kraftfahrzeugmotoren wohl am häufigsten angewandte Schmierungsart.

Der Ölvorrat befindet sich hierbei im Kurbelgehäuse. Von einer Zahnrad-Ölpumpe, die im Ölsumpf angeordnet ist, wird das Öl den Kurbelwellenlagern unter Druck zugeführt. Von hier aus gelangt es durch Bohrungen zu den Pleuellagern. Auch der Steuerungsantrieb, die Nockenwelle und eventuell die Kipphebel sind oft an die Öldruckleitung angeschlossen. Die Schmierung der Kolbenbolzen ist unterschiedlich. Entweder tritt das Öl an den Pleuellagern aus, wird umhergeschleudert und schmiert so die Zylinderwände und die Kolbenbolzen, oder aber es wird durch die durchbohrten Pleuelstangen hindurch bzw. in besonderen Rohren entlang den Pleuelstangen den Kolbenbolzen unter Druck zugeführt. Der Öldruck in einem derartigen Schmiersystem wird meist mit Hilfe eines Manometers überwacht. Bei verschiedenen Motoren kann der Öldruck auch durch Einstellung eines Ventils in der Druckleitung auf eine bestimmte Höhe gebracht werden. Wichtig ist außerdem, daß der Ölvorrat im Kurbelgehäuse nicht zu groß sein darf, um eine Überschmierung und damit unzulässigen Ölver-

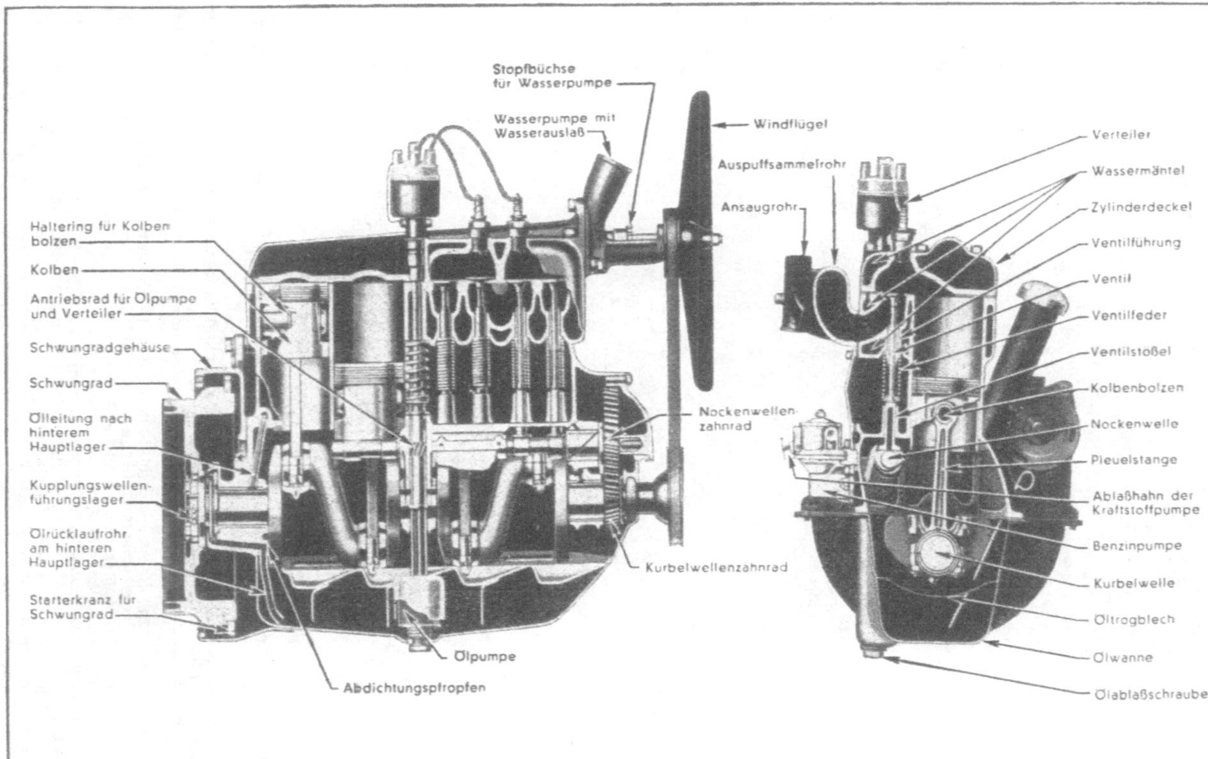

Bild 2. Motor mit kombinierter Tauch- und Druckschmierung (Ford Typ B)

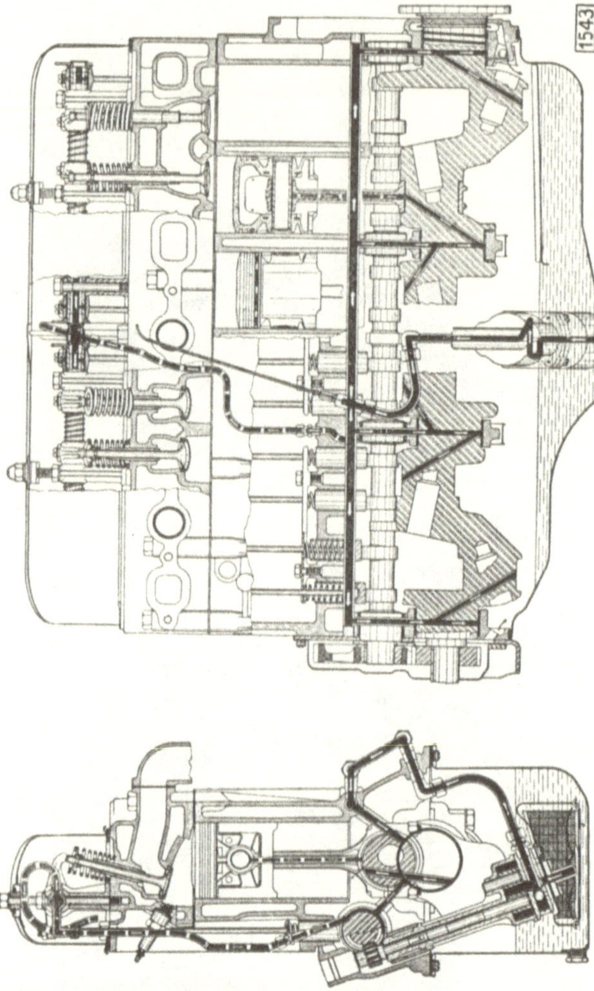

Bild 3. Motor mit Druck-Umlauf-Schmierung (Opel Admiral

brauch zu vermeiden; er darf aber auch nicht zu klein sein, um eine sichere Schmierung stets zu gewährleisten.

Ein ausgezeichnetes Beispiel für die Druckumlaufschmierung ist die, wie sie im „Opel Admiral" Verwendung findet (Bild 3).

Im Handbuch des „Opel Admiral" wird dieses Schmiersystem wie folgt beschrieben:

Die *Schmierung des Motors* erfolgt von dem in der Ölwanne befindlichen Ölreservoir aus. Die hier aufgespeicherte Ölmenge ist so bemessen, daß auch bei höchster Inanspruchnahme des Motors eine ausreichende Kühlung des Schmieröles durch die an der Ölwanne vorbeistreichende Luft sichergestellt ist.

Eine *Zahnrad-Ölpumpe*, die von einem feinmaschigen Sieb umgeben ist, saugt Öl aus der Ölwanne und fördert es in eine Verteilerleitung zu den einzelnen Schmierstellen. Der Antrieb der Ölpumpe erfolgt zugleich mit dem des Verteilers von der Nockenwelle aus. Von der in der Motorlängsrichtung laufenden Verteilerleitung wird das Öl unter einem Druck von etwa 2—3 Atm. zu den vier Hauptlagern und den vier Nockenwellenlagern und durch im Zylinderblock eingebohrte Kanäle zu den Stößeln gefördert. Durch kreisförmige Nuten in den Hauptlagern wird das Öl durch die durchbohrte Kurbelwelle zu den Pleuellagern und von hier durch die längsdurchbohrte Pleuelstange zu der Kolbenbolzenlagerung gefördert. Die Zylinderwände, die Nocken, der

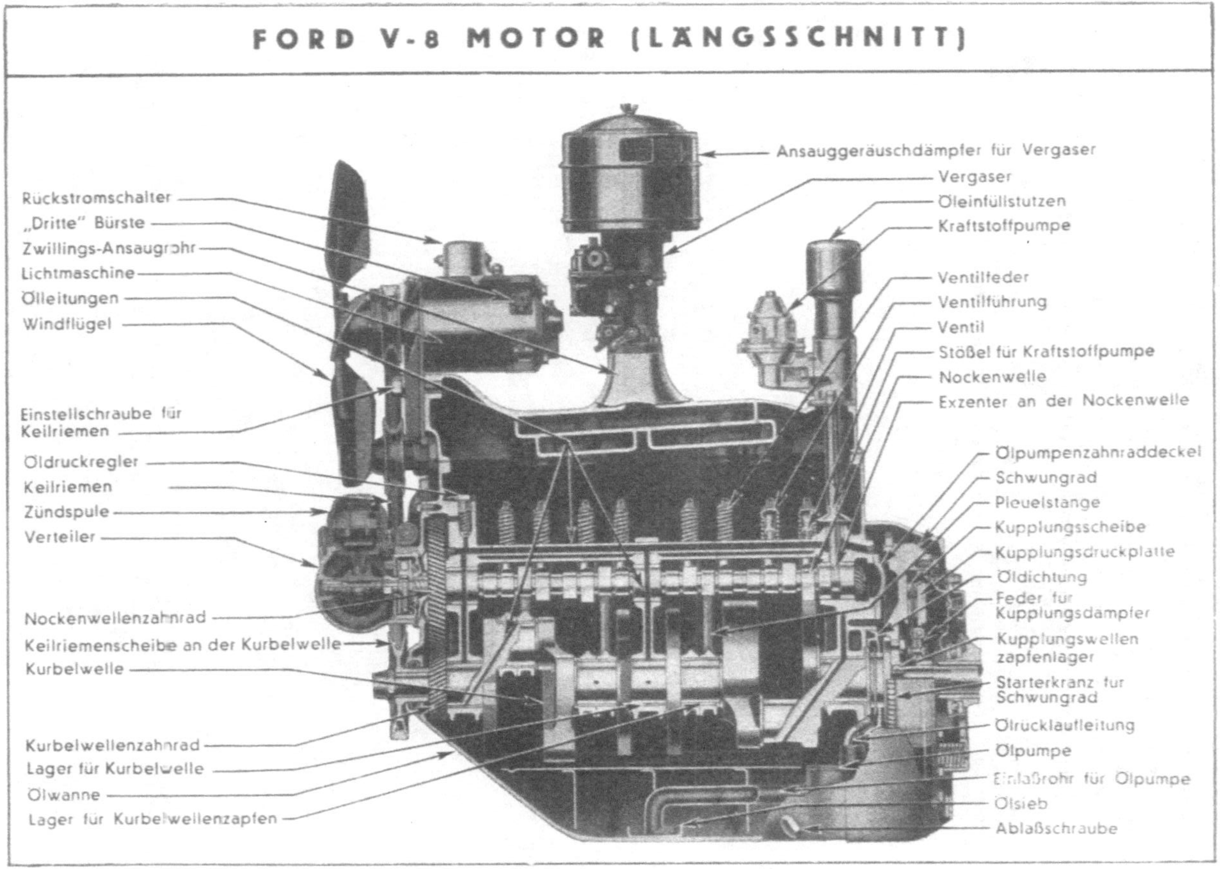

Bild 4 Schmiersystem des Ford V 8-Motors

Verteiler-, der Scheibenwischer- und der Kraftstoffpumpenantrieb erhalten aus einer Spritzdüse am Pleuelstangenkopf bei jeder Kurbelwellen-Umdrehung einen Ölstrahl. Durch eine Düse in der vorderen Motorstirnwand wird der Nockenwellenantrieb geschmiert. Im hinteren Hauptlager der Kurbelwelle ist ein Ölsammelkanal vorgesehen, dessen Rücklauf in die Ölwanne mündet. Eine besondere Leitung führt das Öl in die durchbohrte Kipphebelwelle an die einzelnen Kipphebellager.

Um den Öldruck weitgehend von der Motordrehzahl unabhängig zu machen, ist im Ölpumpengehäuse ein Überdruckventil angeordnet, das bei Drücken über 2¹/₂ Atm. einen Teil der geförderten Ölmenge wieder ins Kurbelgehäuse zurückleitet. Der vorhandene Öldruck wird durch ein an der Instrumententafel angebrachtes Ölmanometer gemessen, das den Druck in der Hauptverteilerleitung anzeigt.

Durch ein *Entlüfterrohr*, welches mit dem Öleinfüllstutzen auf der rechten Motorseite kombiniert ist, wird eine wirksame Entlüftung des Kurbelgehäuses bewirkt. Die vorbeistreichende Luft am unteren Ende des Entlüfterrohres saugt dauernd Kraftstoff- und Wasserdämpfe aus dem Kurbelgehäuse ab. Hierdurch wird die Verdünnung des Motoröles auf ein Minimum herabgesetzt. Entlüftungsschlitze in der Zylinderkopfhaube übernehmen die Entlüftung des Motors. Das Entlüftungssystem verhindert eine zu starke Erwärmung des Motoröles im Kurbelgehäuse.

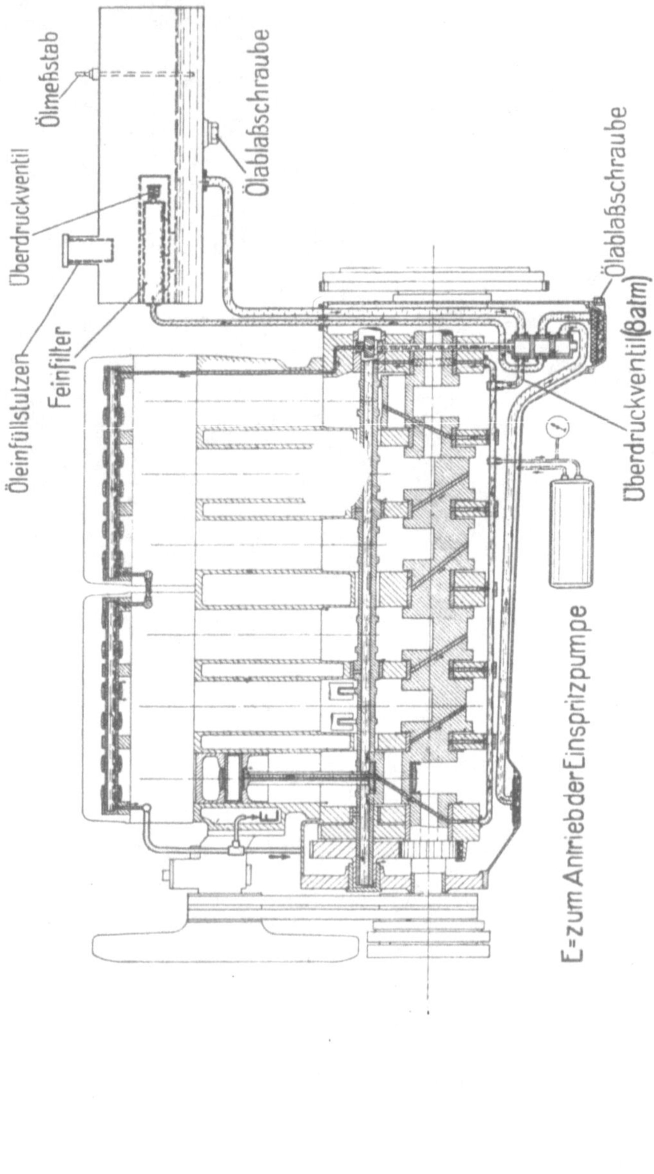

Bild 5. Trockensumpf-Umlaufschmierung (Mercedes-Benz, Typ OM54)

Als weiteres Beispiel sei das Schmiersystem des Ford-V-8-Motors erwähnt. Druckschmierung erfolgt bei diesem Motor durch eine Ölpumpe zu den Kurbelwellen-, Nockenwellen- und Pleuelstangenlagern. Zylinderwände und Kolbenbolzen werden durch Spritzöl geschmiert. Die Ölpumpe ist als Zahnradpumpe ausgebildet; die Fördermenge beträgt 7 Liter pro Minute bei einer Drehzahl der Kurbelwelle von 2000 U/min. Da als Ölvorrat im Kurbelgehäuse 4 Liter vorgesehen sind, wird das Öl also 1,75mal pro Minute umgewälzt. Der normale Öldruck soll 2 Atm. bei 2000 U/min des Motors betragen; der Ölvorrat kann mittels eines Tauchstabes kontrolliert werden. Das nachzufüllende Öl wird — wie es bei modernen Motoren häufig geschieht — durch einen oben auf dem Motor angeordneten Stutzen eingefüllt.

Bild 4 zeigt einen Längsschnitt des Ford-V-8-Motors. Die Anordnung der Ölpumpe, derÖlleitungen und des Einfüllstutzens ist gut zu erkennen.

5. Trockensumpfumlaufschmierung.

Die Trockensumpfumlaufschmierung findet hauptsächlich bei Flug- und bei Kraftrad-Motoren, vereinzelt auch bei Lastkraftwagen-Motoren, Anwendung. Ihr Kennzeichen ist, daß das Öl stets von einem vom Motor getrennten Ölbehälter zu den einzelnen Schmierstellen gepumpt wird. Das abtropfende Öl sammelt sich im Kurbelgehäuse in ein oder zwei Ölsümpfen und wird zum Ölvorratsbehälter zurückgepumpt. Ein mit Trockensumpfumlaufschmierung ausgerüsteter Motor hat deshalb normalerweise mindestens zwei Ölpumpen. In den Ölkreislauf ist gewöhnlich auch ein Ölfilter eingeschaltet.

Konstruktionsbeispiele für die Anwendung der Trockensumpfumlaufschmierung sind der Mercedes-Benz-Dieselmotor OM 54, der MAN-Dieselmotor 2086 B und der Einheitsdieselmotor der deutschen Wehrmacht, Typ HWA 526 D.

Bild 5 zeigt schematisch das Schmiersystem des Mercedes-Benz-Dieselmotors Typ OM 54. Die Wirkungsweise des Schmiersystems ist folgende: Die im Kurbelgehäuse befindliche und in drei übereinanderliegenden Stufen wirkende Ölpumpe wird durch eine senkrechte Welle von der Nockenwelle aus mit Schneckenrädern angetrieben. Die untere Stufe saugt das Öl aus dem vorderen Ölsumpf der Kurbelwanne an und drückt es zu der mittleren Stufe, die außerdem das Öl aus dem hinteren Ölsumpf ansaugt und nach dem getrennt angeordneten Ölbehälter fördert. Der Ölbehälter hat am Einlauf ein Feinfilter, dessen Überdruckventil sich bei zu starker Verschmutzung des Filtereinsatzes öffnet. Der Behälter ist mit Einfüllstutzen, Meßstab und Ölablaßschraube ausgerüstet. Die obere Stufe erhält ihr Öl vom Vorratsbehälter und drückt es nach den Hauptlagern der Kurbelwelle. Von dort gelangt es durch entsprechende Bohrungen in der Kurbelwelle zu den Pleuellagern und durch Rohrleitungen an den Pleuelstangen zu den Kolbenbolzen. Vom hinteren Kurbelwellenlager wird das Öl zum hinteren Nockenwellenlager und durch die hohle Nockenwelle zu den übrigen Nockenwellenlagern geführt. In die Leitung von der dritten Pumpenstufe zu den Hauptlagern ist ein von außen durch eine Schraube zugängliches und gewöhnlich auf 5 Atm. eingestelltes Überdruckventil eingeschaltet, das bei übermäßig hohem Druck einen Teil des Öles in die Kurbelwanne abführt. Von der oberen Stufe der Ölpumpe wird das Öl durch Kanäle im Gehäuse nach oben geführt und schmiert hier die Lager der Ventilhebelwellen und die Kugelpfannen der Stoßstangen. Das zur Kurbelwanne zurückfließende Öl wird über die Lager der Antriebswelle für die Einspritzpumpe und die Lichtmaschine sowie über die Steuerungsantriebsräder geleitet, so daß somit alle beweglichen Teile des Motors zwangsläufig geschmiert werden. Das abtropfende Öl sammelt sich in den beiden Ölsümpfen und wird von hier, wie bereits erwähnt, in den Ölbehälter zurückgepumpt. Auf diese Weise bleibt also das Kurbelgehäuse „trocken".

Eine sehr interessante Konstruktion ist im Einheitsdieselmotor der deutschen Wehrmacht, Typ HWA 526 D, verwirklicht. Bild 6 zeigt eine schematische Darstellung des Schmiersystems, ebenfalls eine Trockensumpfumlaufschmierung. Ein perspektivischer Längsschnitt durch diesen Motor, aus dem das gesamte Schmiersystem recht gut erkenntlich ist, ist in Bild 7 dargestellt.

Dieser Motor, der für die besondere Bedingung des Fahrbetriebes im Gelände gebaut werden mußte, ist mit zwei Ölpumpen ausgerüstet. Die vorn liegende, zweiteilige Pumpe ist eine Druckpumpe, die hinten liegende, ebenfalls zweiteilige eine Absaugpumpe. Die Absaugpumpe saugt das Öl entsprechend der Schräglage des Fahrzeuges entweder aus dem vorderen oder aus dem hinteren Ölsumpf (bzw. gleichzeitig

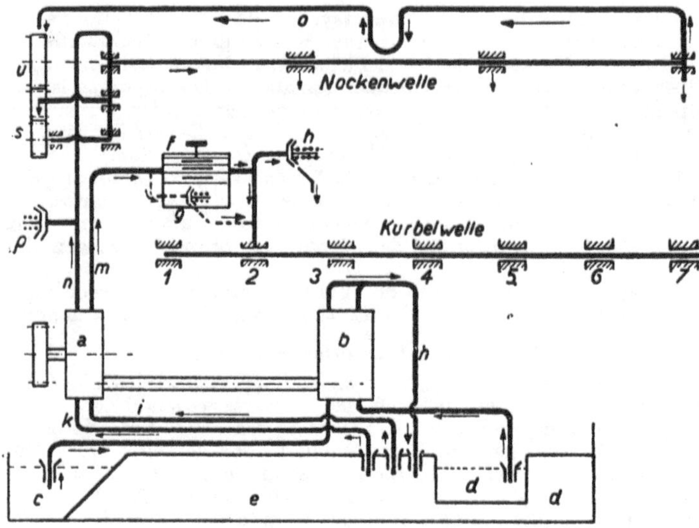

Bild 6. Schmierungsschema des Einheitsdieselmotors

aus beiden Ölsümpfen) und drückt es in den Ölvorratsbehälter. Eine Besonderheit dieser Konstruktion ist, daß hier der Ölvorratsbehälter nicht getrennt vom Motor angeordnet ist, sondern daß er als allseitig geschlossene Kurbelwanne ausgebildet ist, so daß das Öl auch bei schrägliegendem Motor nicht herausfließen kann. In diesen Behälter tauchen die beiden Saugleitungen der Druckpumpe ein. Die Druckpumpe drückt das Öl nun in zwei voneinander getrennte Leitungen und zwar in die eine, die durch das Spaltfilter zur Kurbelwelle führt und in die zweite, die die Schmierung der Nockenwelle, der Schwinghebelwellen und der vorderen Stirnräder übernimmt. An die zur Kurbelwelle führende Druckleitung ist ein Manometer angeschlossen. Die besonders ausgebildete zweiteilige Ölpumpe dieses Motors wird auf S. 878 beschrieben.

Taucht eine der beiden Saugleitungen aus dem Öl heraus, was bei Geländefahrt geschehen kann, so wird trotzdem in beiden Druckräumen der Ölpumpe die Ölförderung nicht unterbrochen. Es erhält jeder Druckraum vorübergehend immerhin noch die Hälfte der vorgesehenen Schmierölmenge. Dies reicht eine Zeitlang vollkommen aus, um Störungen an den Lagern usw. zu verhüten.

Das zur Kurbelwelle fließende Öl muß ein im Hauptstrom angeschlossenes Spaltfilter durchlaufen. Ein Überdruckventil sorgt dafür, daß der Öldruck nicht zu stark anwachsen kann. Wenn das Spaltfilter verstopft sein sollte, kann das Öl auch durch eine an sich durch Federdruck verschlossene Umgehungsleitung zur Kurbelwelle gelangen. Dadurch ist gewährleistet, daß die Schmierung der Kurbelwelle nicht aussetzt, wenn das Vorhandensein von allzu vielen Verunreinigungen den Durchgang des Öles durch das Spaltfilter verhindert. Wie bereits erwähnt, ist am Ende dieser Leitung ein Manometer angeschlossen. Der von diesem Manometer angezeigte Öldruck soll im Mittel etwa 2—3 Atm. betragen.

Die zweite von der Öldruckpumpe ausgehende Ölleitung führt zur Nockenwelle. Das durch diese Leitung geförderte Öl kann von den Lagern der Nockenwelle aus wieder in den Ölsumpf zurückfließen, muß aber auch zum Teil die Schmierung der Stirnräder des Motors übernehmen. Eine Abzweigung dieses Ölstromes führt zur Schwinghebelwelle. Von dort kann das Öl auf den Zylinderkopf fließen und dann weiter an den Ventil-Stoßstangen vorbei in den Ölsumpf zurückgelangen. Da die Schwinghebel sehr reichlich mit Drucköl versehen werden, müssen die auf den beiden Zylinderköpfen sitzenden Hauben öldicht abgeschlossen sein. Die aus Leichtmetallguß hergestellte Ölwanne faßt etwa 17 Liter, ihr Fassungsvermögen ist so groß, daß eine genügende Abkühlung des Schmieröles auch bei langsamer Fahrt mit hochbelastetem Motor im Gelände gewährleistet ist.

Die Kontrolle des Ölstandes geschieht durch 2 Peilstäbe, von denen auf jeder Motorseite einer angebracht ist. Es hat sich ergeben, daß ein reibungsloser Kolonnenfahrbetrieb günstiger zu gewährleisten ist, wenn die gelegentlich notwendige Ölkontrolle von jeder Seite des Fahrzeuges aus vorgenommen werden kann. Aus dem gleichen Grunde ist auf jeder Seite des Motors ein Öleinfüllstutzen angebracht.

Eine recht interessante zusätzliche Kolbenschmierung hat die Firma Graham verwirklicht. Durch eine Ölleitung im Zylinder gelangt Drucköl in eine Aussparung der Ventilstößel. Während der Betätigung der Ven-

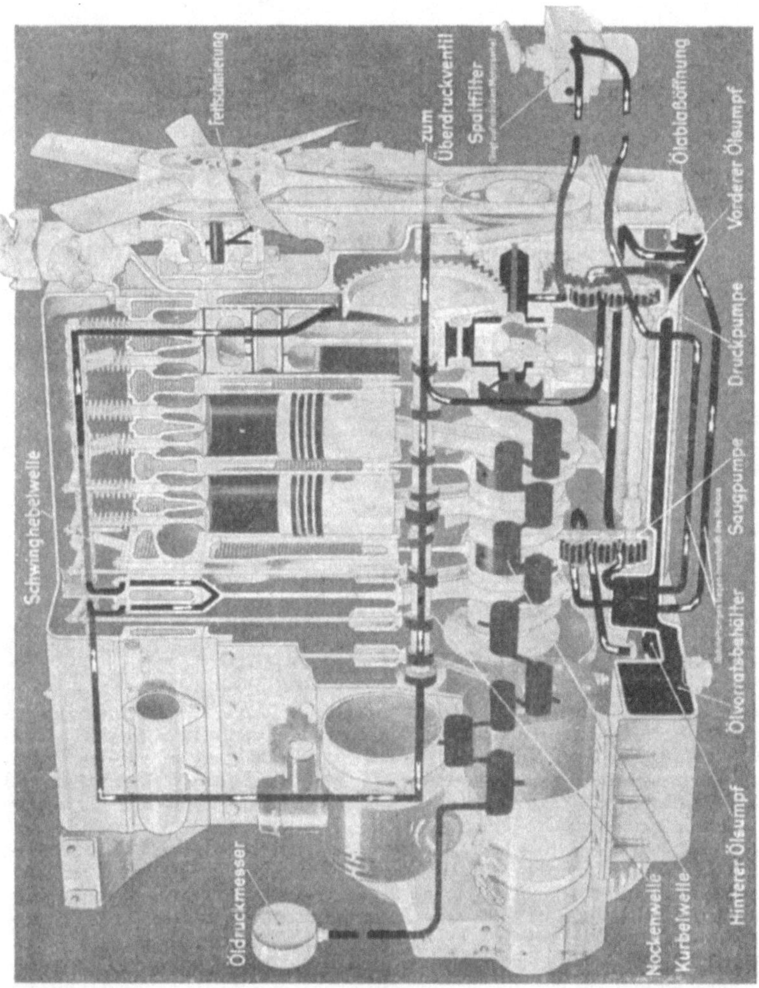

Bild 7. Einheitsdieselmotor der deutschen Wehrmacht, Typ HWA 526 D

tile wird kurzzeitig eine Verbindung dieser Ölleitung mit einem zum Zylinder führenden Kanal hergestellt. Dieser Kanal mündet, wie Bild 8 zeigt, bei einer bestimmten Stellung des Kolbens in eine Nut auf dem Kolben. Auf diese Weise kann Drucköl an die Zylinderwände und den Schaft des Kolbens gebracht werden. Angaben über die Bewährung dieser zusätzlichen Kolbenschmierung liegen noch nicht vor; doch wird bei geeigneter Wahl der Querschnitte eine Überschmierung der Kolben nicht eintreten.

6. Mischungsschmierung.

Als letztes der Schmiersysteme sei schließlich noch die Mischungsschmierung aufgeführt. Man kann hier von einem eigentlichen System nicht mehr ohne weiteres sprechen, da das Schmieröl — stets in frischem Zustand — lediglich den Weg des Kraftstoffes mitmacht. Das Öl wird dem Kraftstoff

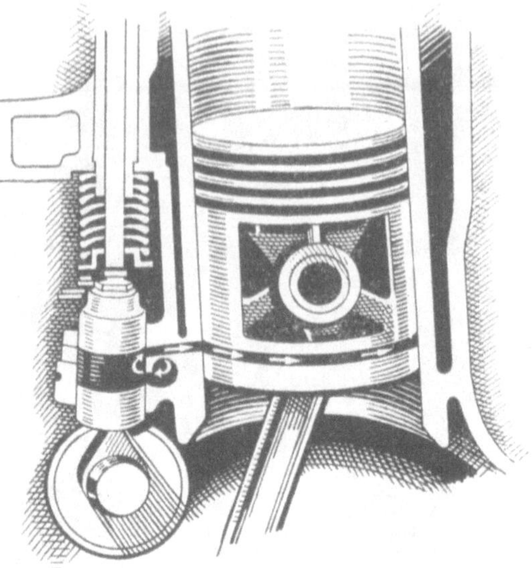

Bild 8. Zusätzliche Kolbenschmierung bei Graham

in einem bestimmten Verhältnis beigemischt. Dieses Mischungsverhältnis, das sich nach den besonderen Erfordernissen der einzelnen Motoren richtet, wird von den Herstellern festgelegt. Diese Fabrik-Vorschrift ist unter allen Umständen einzuhalten, um Störungen zu vermeiden. Nur die Eigenheiten verschiedener Motoren, z. B. Bootsmotoren, bedingen die Anwendung verschiedener Mischungsverhältnisse. Normalerweise wird das Schmieröl außerhalb des Motors dem Kraftstoff zugemischt und gelangt mit diesem durch den Vergaser an die zu schmierenden Teile wie Kolben, Zylinderwände und Lager (Bild 9). Die Anwendung der Mischungsschmierung ist heute ausschließlich auf Zweitakt-Ottomotoren beschränkt. Beim Ansaughub gelangt die Mischung von Kraftstoff und Öl zusammen mit der zur Verbrennung notwendigen Luftmenge in das Kurbelgehäuse des Motors bzw. bei Konstruktionen mit Aufladepumpe in diese Pumpe. Infolge der starken Wirbelung fällt sowohl hierbei als auch beim Überströmen in den Verbrennungsraum das Öl wieder aus und kann so seine schmierende Wirkung ausüben. Die Erfahrung hat gezeigt, daß hinsichtlich der Schmierung bei Zweitakt-Motoren einmal auf den Zustand der Kolbenringe und zum anderen auf die Lagerschmierung besonders geachtet werden muß. Eine genügend ölreiche Mischung ist notwendig, um eine sichere Schmierung der Lager zu gewährleisten. Ungeeignete Öle neigen dazu, die Kolbenringe zu verkleben, wodurch der Gebrauchswert des Motors erheblich herabgesetzt wird. In dieser Hinsicht ist auch eine zu reiche bzw. auch eine zu arme Mischung von Nachteil.

Bild 10, aus den Versuchsunterlagen der Deutschen Vacuum Oel Aktiengesellschaft, Hamburg, zeigt, daß sowohl die Anwendung eines ungeeigneten Öles als auch die Anwendung einer zu reichen oder zu armen Mischung die Laufzeit bis zum gleich starken Festgehen der Kolbenringe erheblich herabsetzt.

Es ist in den letzten Jahren durch umfangreiche Versuchsarbeiten angestrebt worden, die theoretischen Grundlagen der Mischungsschmierung, des Mischungsverhältnisses und auch die Anwendungsmöglichkeit der verschiedensten Schmiermittel hierfür zu klären. Diese Arbeiten haben ergeben, daß Mischungsverhältnisse von etwa 1 : 20 bis 1 : 25 am günstigsten sind.

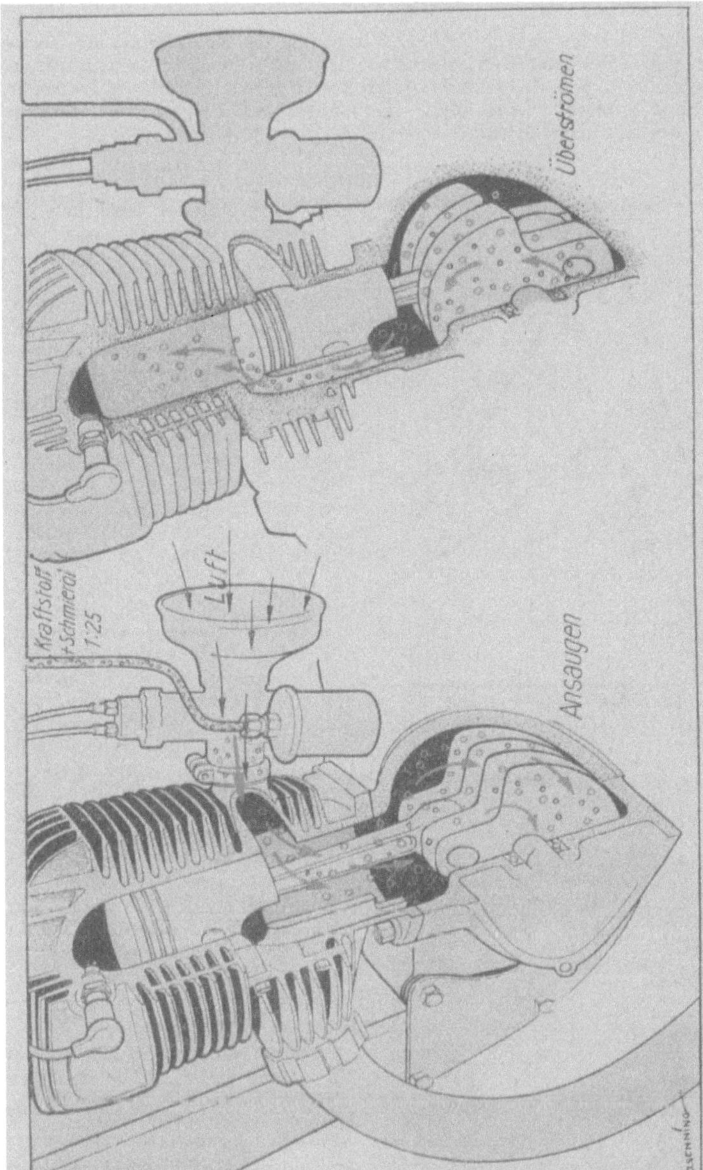

Bild 9. Mischungsschmierung

Die gesamten Erfahrungen auf dem Gebiet der Mischungsschmierung sprechen eindeutig dafür, die von den Herstellern bzw. Schmierölfirmen erprobten Mischungsverhältnisse und Ölqualitäten beizubehalten. Sowohl das Überschreiten wie auch das Unterschreiten der einmal als richtig erkannten Mischung, als auch die Verwendung ungeeigneter Öle können gerade bei derartigen Motoren zu ganz erheblichen Störungen führen.

7. Ölpumpen.

Grundsätzlich ist es möglich, zur Förderung des Schmieröles im Motor Pumpen verschiedenster Bauart anzuwenden. Im Automobil- und im Flugmotorenbau sind jedoch nur drei Arten von Pumpen für diesen Zweck in Erscheinung getreten. Diese sind: Kolbenpumpen, Flügelpumpen (Drehschieberpumpen) und Zahnradpumpen.

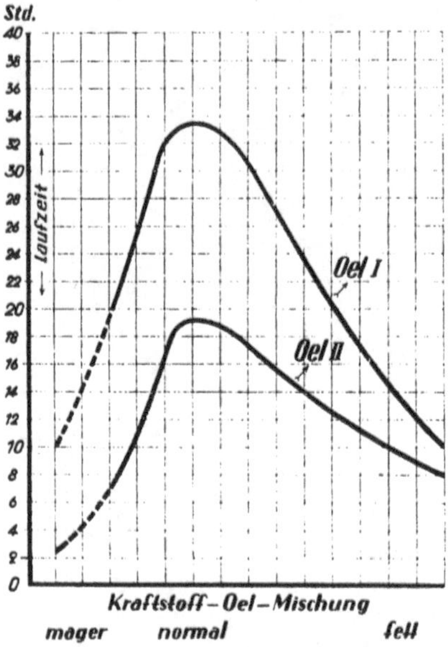

Bild 10. Laufzeit bis zum Festgehen der Kolbenringe

Bild 11. Schema der Zahnradpumpe

Je nach der Aufgabe, die diese Pumpen zu erfüllen haben, kann man unterscheiden zwischen Öldruckpumpen, Rücksaugpumpen, Frischölpumpen und Niveaupumpen.

Kolbenpumpen werden im Automobil-Motorenbau heute kaum mehr verwendet. Sie finden sich nur noch vereinzelt, z. B. bei den Traktoren-Motoren der Firma Humboldt-Deutz F 1—2 M und A 1—2 M, sowie bei der Motorenreihe KD der Firma Motoren-Werke Mannheim. Drehschieberpumpen finden sich vereinzelt noch bei Wanderer-Motoren. Weitaus am meisten werden jedoch Zahnradpumpen verwandt.

Die für ein Schmiersystem vorzusehende Ölmenge hängt sehr von den verschiedensten Umständen, z. B. Unterbringungsmöglichkeit, Kurbelwannengröße, Schmiersystem (ob Trockensumpfschmierung oder Druckumlaufschmierung) ab. Anhaltspunkte, die Allgemeingültigkeit haben, können nicht gegeben werden; doch findet man bei der Nachprüfung bewährter Konstruktionen, daß der Ölvorrat im Kurbelgehäuse bei der höchsten Drehzahl des Motors etwa 1—4 mal pro Minute durch die Pumpe umgewälzt wird. Dieser Wert kann jedoch in besonderen Fällen erheblich über- und unterschritten werden.

Kolbenpumpen werden in der üblichen Weise berechnet.

Sie sollen wegen der Einhaltung eines günstigen volumetrischen Lieferungsgrades, der bei neuen Pumpen etwa 75% beträgt, mit möglichst geringen Hubzahlen arbeiten. Aus Sicherheitsgründen muß die Pumpe überdimensioniert werden. In der Praxis wird man sich meist mit einer überschlägigen Berechnung begnügen und die Pumpe so wählen, daß die von ihr geförderte Ölmenge erfahrungsgemäß ausreicht.

Desgleichen werden Öldruckleitungen meist aus der Erfahrung bestimmt. Bei der Nachrechnung soll eine Ölgeschwindigkeit von 1—1,5 m/Sekunde nicht überschritten werden. Die Hauptdruckleitung wäre z. B. zu wählen:

$$d = \sqrt{\frac{4 \times \text{Kolbenfläche} \dfrac{\text{Kolbengeschwindigkeit}}{\text{Oelgeschwindigkeit}}}{\pi}}.$$

Am meisten werden, wie bereits erwähnt, Zahnradpumpen angewandt. Diese Pumpen können in der verschiedensten Weise ausgeführt sein; am häufigsten sind jedoch Pumpen mit einfachen Stirnrädern. Das Öl tritt in die Zahnlücken zweier Zahnräder ein und wird durch diese entlang der Gehäusewand mitgenommen. Bild 11 zeigt die schematische Darstellung einer solchen Pumpe. Der mit diesen Pumpen erreichbare Öldruck ist ziemlich hoch, dagegen ist die Saugwirkung verhältnismäßig gering.

Die konstruktive Ausführung und der Einbau einer Zahnradpumpe sind aus Bild 12 ersichtlich.

Für Motoren durchschnittlicher Größe gewählte Verhältnisse sind etwa:

2 Stirnräder,
Modul 1,5—2,5,
20—25 Zähne,
achsiale Zahnbreite 10 bis 15 mm,
Spiel im Außendurchmesser etwa 0,1 mm.

Der Lieferungsgrad derartiger Pumpen ist je nach der Verarbeitung und der Drehzahl verschieden. Die Pumpenzahnräder können in rohgegossenem, in gefrästem und in geschliffenem Zustande eingebaut werden. Der Lieferungsgrad kann dabei 0,7—0,9 betragen.

Da bei heißem Öl das Ansaugen sehr erschwert ist, soll die Saughöhe von Ölpumpen möglichst gering sein. Aus diesem Grunde wird die Pumpe zweckmäßigerweise oft unter dem Ölspiegel angeordnet. Vor der Pumpe selbst ist aus Sicherheitsgründen ein Sieb vorzusehen. Dieses Sieb muß, um eine genügend sichere Reinigungswirkung zu haben, verhältnismäßig engmaschig sein; es muß jedoch möglichst groß gewählt werden, um den Saugwiderstand klein zu halten. Siebnummern 30 und 40 mit 133 bzw. 237 Maschen pro cm² werden viel verwendet. Bei den heute aus guten Gründen bevorzugten leicht- bis mittelflüssigen Ölen, vorausgesetzt, daß sie eine gute Viskositäts-Polhöhe aufweisen, wäre die Anwendung engerer Drahtsiebe, etwa der Nummern 50, 60 oder 70 mit 370, 533 bzw. 725 Maschen pro cm² möglich und wegen ihrer besseren Filterwirkung zu bevorzugen. — Es verwenden z. B. die Firma Stoewer-Stettin Siebe der Nr. 50 und 60, Daimler-Benz-Gaggenau Nr. 55.

Die von einer Zahnradpumpe zu liefernde Ölmenge hängt in den meisten Fällen nicht nur von dem wirklichen Schmiermittelbedarf des Motors ab. Es muß hierbei auch die zusätzliche Kühlwirkung, die man von dem Öl als Wärmeträger verlangt, berücksichtigt werden. Bei Motoren mit Trockensumpfumlaufschmierung ist es meist möglich, einen größeren Ölvorrat vorzusehen, um die Anzahl der Ölumläufe je Zeiteinheit geringer zu halten. So z. B. fördert die Zahnradpumpe eines BMW-Flugmotors etwa 1600 Liter pro Stunde, was bei ca. 35 Liter Ölvorrat einem ca. 45fachen stündlichen Ölumlauf entspricht.

Die Fördermenge einer Zahnradpumpe (Stirnräder) beträgt:

$$Q = \pi \cdot d \cdot b \cdot m \cdot n \cdot h \cdot \lambda .$$

Hierin bedeuten:

d = Teilkreisdurchmesser,
b = Zahnbreite (achsial),
m = Modul,
n = Drehzahl min^{-1},
h = Zahnhöhe,
λ = Lieferungsgrad.

Da man aus konstruktiven Gründen die Ölpumpe sehr oft unmittelbar von der Welle antreiben läßt, die auch den Verteiler antreibt, ist die Drehzahl gleich der halben Kurbelwellen-Drehzahl. Die geförderte Menge Q ergibt sich, wenn Teilkreisdurchmesser, Zahnbreite und Zahnhöhe in dem eingesetzt werden, in Ltr./Min.

Beispiel:

Teilkreisdurchmesser d	$= 40$ mm
achsiale Zahnbreite b	$= 12$ mm
Modul m	$= 2$
Drehzahl n	$= 1500$ min^{-1}
Zahnhöhe h	$= 10$ mm
Lieferungsgrad λ	$= 0{,}7$
Fördermenge Q	

$$Q = \pi \,.\, 0{,}4 \,.\, 0{,}12 \,.\, 2 \,.\, 1500 \,.\, 0{,}1 \,.\, 0{,}7 = 31{,}7 \text{ Ltr./Min.}$$

Dieses ergibt eine stündliche Umlaufölmenge von ca. 1900 Ltr. Bei einem Ölvorrat von 8 Ltr. wäre das also ein etwa viermaliger Ölwechsel in der Minute.

Beim Entwurf achtet man zweckmäßigerweise darauf, daß der Lieferungsgrad alter, abgenutzter Zahnradpumpen sehr absinkt, daß also die Pumpe von vornherein entsprechend groß zu wählen ist.

Eine besonders interessante Pumpenkonstruktion ist schematisch in Bild 13 dargestellt.

Es handelt sich hierbei um die Zahnrad-Ölpumpe, die im Einheitsdieselmotor der deutschen Wehrmacht (Baumuster HWA 526 D) Anwendung findet. Dieser Motor hat, wie in dem Abschnitt „Trockensumpf-Umlaufschmierung" bereits besprochen, eine besonders ausgebildete Kurbelwanne, die außer dem Oelvorratsbehälter auch zwei Ölsümpfe enthält. Da nun auch bei starker Schräglage des Fahrzeuges stets eine ausreichende Ölversorgung des Motors gewährleistet sein muß, wird das Frischöl zweckmäßigerweise von zwei verschiedenen Stellen aus dem Ölvorratsbehälter entnommen.

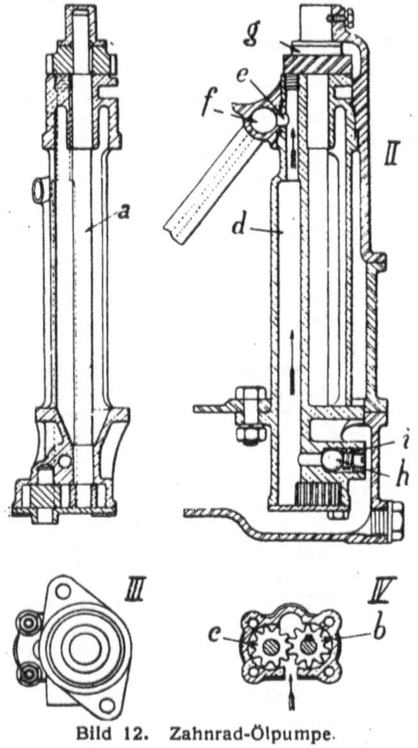

Bild 12. Zahnrad-Ölpumpe.

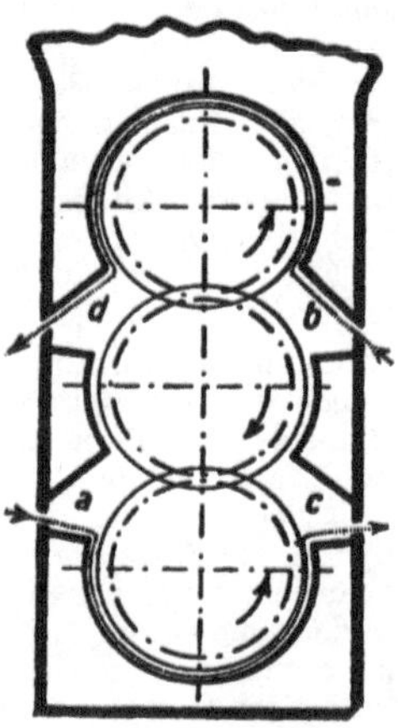

Bild 13.
Schema einer zweiteiligen Ölpumpe

Von zwei jeweils vorn und hinten liegenden Ölsümpfen muß das Öl in den Vorratsbehälter zurückgepumpt werden. Durch diese Konstruktion erwies sich die Anwendung von vier verschiedenen Ölpumpen als notwendig. Um nun mit zwei Aggregaten auskommen zu können, wählte man „zweiteilige" Zahnradpumpen mit je drei Zahnrädern. Die Pumpe saugt an den Stellen a und b das Öl an und führt es den Leitungen c und d zu. Bei dieser Konstruktion ist selbst bei einer Schräglage von etwa 30° die Gewähr gegeben, daß die von einer Ölpumpe geförderte Menge ausreicht, den Motor wenigstens vorübergehend mit genügend Schmierstoff zu versorgen.

Der Öldruck, der von einer Ölpumpe erzeugt wird, hängt von verschiedenen Faktoren ab. Diese sind etwa: die Zähflüssigkeit bzw. die Temperatur des Öles, der dem Öl entgegengesetzte Widerstand und die Einstellung des Überdruckventils.

Es hat keinen Zweck, einen besonders hohen Öldruck anzustreben, um dadurch den Motor vor Schäden zu bewahren. Die Praxis beweist, daß Öldrücke von etwa 1 Atm. bei betriebswarmem Motor meist vollkommen ausreichend sind. Bei der Bestimmung des Öldrucks muß auch darauf geachtet werden, daß das Öl in der Kurbelwellenbohrung infolge der Zentrifugalkraft entgegen dem Öldruck wirkt. Dieser Druck ergibt sich zu[1]):

$$p = \frac{1}{200} \cdot \left(\frac{n}{1000}\right)^2 \cdot \varrho^2$$

Hierbei ist als ϱ der Wellenhalbmesser in cm einzusetzen. Zur Vereinfachung ist mit einer Dichte des Öls von 0,9 gerechnet. Ein Beispiel zeigt, daß bei einem Wellendurchmesser von 70 mm und einer Drehzahl von 3000 Umdrehungen/min der durch die Fliehkraft der Ölsäule erzeugte Druck etwa 0,55 Atm. beträgt.

Von den meisten Firmen werden die Ölpumpen heute sehr reichlich bemessen. Die Umlaufmenge wird durch ein federbelastetes Überdruckventil begrenzt. Es muß dabei nur darauf geachtet werden, daß das Überdruckventil so klein gehalten oder aber sein Hub so begrenzt wird, daß beim Anlassen des kalten Motors infolge Drosselung ein ausreichender Öldruck zustande kommt (z. B. 5 Atm. bei einer Öltemperatur von etwa 20°).

8. Öldruck-Kontrolle.

Zweckmäßigerweise wird im Schmiersystem jedes Kraftfahrzeuges — soweit als möglich — eine Einrichtung vorgesehen, die es ermöglicht, laufend das sichere Funktionieren der Schmierung zu überwachen. Bei älteren Kraftrad-Motoren kann man hierfür Schaugläser eingebaut finden. Heute ist jedoch an die Öldruckleitung meist ein Manometer angeschlossen. Gelegentlich sind auch Kontrollampen oder bewegliche Scheiben mit einem roten Sektor, der durch einen Schlitz sichtbar wird, wenn kein Öldruck vorhanden ist, vorgesehen. Diese Einrichtungen zeigen den in der Leitung herrschenden Öldruck an. Sie geben jedoch keinerlei Aufschluß über die wirklich umlaufende Ölmenge. Wichtig ist aber dabei zu beachten, daß nicht die absolute Höhe des Druckes — die ja doch auf den meist sehr billigen Instrumenten nur ungenau angezeigt werden kann — von ausschlaggebender Bedeutung ist, sondern die Tatsache, daß das Instrument überhaupt noch Öldruck und damit Ölumlauf anzeigt. Ein Absinken des Öldruckes auf Null soll stets der Anlaß dafür sein, den Motor zu überprüfen und die aufgetretenen Störungen zu beseitigen. Hauptsächliche Störungsquellen sind folgende:

1. Das Manometer ist beschädigt. Die Praxis beweist, daß mit solchen Schäden gerechnet werden muß.
2. Es befindet sich zu wenig Öl im Kurbelgehäuse, so daß die Pumpe nicht genügend Öl anzusaugen vermag. Es kann sein, daß durch normalen Verbrauch der Ölspiegel zu weit gesunken ist und daß unterlassen wurde, frisches Öl nachzufüllen. Es kann aber auch Ölverlust durch einen Schaden an irgendeiner Stelle vorliegen.
3. Die vor der Pumpe befindlichen Ölsiebe haben sich im Laufe der Zeit mit Schmutz zugesetzt, so daß nicht mehr genügend Öl durch die Pumpe angesaugt werden kann.
4. Die Ölpumpe selbst weist eine Störung auf. Es kann sich um einen Bruch der Antriebswelle oder auch um eine Beschädigung der Pumpe selbst handeln.
5. Der Ölumlauf ist gestört. Dies tritt z. B. dann ein, wenn dieÖlleitung hinter der Pumpe gebrochen ist oder wenn in dieser Leitung Undichtigkeiten aufgetreten sind, durch die das von der Pumpe geförderte Öl sofort wieder ins Kurbelgehäuse zurückfließt.
6. Die Feder des Überdruckventiles ist gebrochen. In diesem Falle fördert die Pumpe zwar richtig, jedoch tritt das Öl durch das Ventil ins Kurbelgehäuse aus, ohne zu den Schmierstellen zu gelangen.
7. Die Kurbelwellen- und Pleuellager haben zuviel Luft. In diesem Falle wird dem Ölumlauf ein zu geringer Widerstand entgegengesetzt; das Öl tritt leicht aus den Lagerstellen aus und der angezeigte Druck sinkt unter Umständen bis auf Null.
8. Durch Zutritt von Kraftstoff zum Schmieröl ist übermäßig große Ölverdünnung aufgetreten.

---

[1]) Dr. Frey, Automobiltechnische Zeitschrift 1938, Heft 17.

9. Ölfilter.

Durch richtige Auswahl des Schmierstoffes und zweckmäßige Ausbildung seines Kreislaufes im Triebwerk wird eine wesentliche Schonung des Motors und eine bedeutende Verlängerung seiner Lebensdauer erzielt. Gleichzeitig hat aber der Motoren-Konstrukteur durch zusätzliche Einrichtungen am Motor auch dafür zu sorgen, daß die Reinheit und die Schmierfähigkeit des verwendeten Öles möglichst lange erhalten bleibt, damit auch von dieser Seite aus zur Erhöhung der Betriebssicherheit und zur weitgehendsten Schonung des Motors beigetragen wird.

Konstruktiv wird der zunehmenden Verschmutzung des Öles durch die von außen eindringenden oder im Innern des Motors entstehenden Fremdkörper wie Staub, Metallabrieb, Sand, Ölkohle, Fasern und anderer Schmutz dadurch begegnet, daß ein wirkungsvolles Ölfilter in den Schmierkreislauf eingeschaltet wird. Einwandfreies Arbeiten solcher Filter ist aber nur dann gewährleistet, wenn man sie regelmäßig überprüft und sorgfältig pflegt. Dieser Forderung wird heute oft noch viel zu wenig Beachtung geschenkt.

Bei der Wahl solcher Ölfilter muß der Motoren-Konstrukteur zunächst grundsätzlich zwischen den beiden folgenden Möglichkeiten unterscheiden, für deren jede er entsprechende Filterausführungen zur Verfügung hat:

1. Ölfilter von begrenzter Lebensdauer, die zwar eine Feinstfilterung des Schmieröles erzielen, jedoch nach bestimmter Betriebszeit überholt oder erneuert werden müssen, da sie sich mit dem aufgefangenen Schmutz bis zur höchstmöglichen Grenze anfüllen, oder da sich die Wirksamkeit des in ihnen verwendeten Filtermittels erschöpft. Zur Instandsetzung oder zum Austausch solcher Filter muß der Motor stillgesetzt werden.

2. Ölfilter von unbegrenzter Lebensdauer, bei denen man bewußt auf die höchste überhaupt noch erreichbare Feinheit der Filterung verzichtet, dafür aber den Vorteil eintauscht, daß solche Filter ohne Ausbau und Zerlegung von außen her durch irgendwelche einfachen Vorrichtungen gereinigt werden können, ohne daß der Betrieb des Motors auch nur im mindesten unterbrochen zu werden braucht.

In beiden Fällen ist natürlich grundsätzlich danach zu streben, die Filter in den Hauptstrom des Schmierölkreislaufes einzuschalten, so daß stets der gesamte im Motor umlaufende Ölvorrat dauernd von allen eindringenden oder entstehenden Verunreinigungen sicher befreit wird. Im ersteren Fall begegnet dies insofern erheblichen Schwierigkeiten, als Feinstfilter, wenn sie in den Hauptstrom eingeschaltet werden sollen, unverhältnismäßig groß ausgeführt werden müssen, damit eine wenigstens einigermaßen annehmbare Lebensdauer des Filters erreicht wird. Hierdurch wird aber die Unterbringung solch großer Geräte am Motor, ganz abgesehen von preislichen Gründen, schon im Hinblick auf den erfahrungsgemäß sehr beschränkten verfügbaren Raum meist von vornherein unmöglich gemacht.

Im zweiten Fall dagegen, in welchem man zugunsten einer einfachen und bequemen Wartungsmöglichkeit auf die Erreichung der überhaupt höchstmöglichen Filterwirkung bis zu einem gewissen Grad verzichtet, läßt sich der Einbau entsprechender Filter in den Hauptstrom mit verhältnismäßig wenig Aufwand an Raum und Material bewerkstelligen.

Infolgedessen kam man durch die Erfahrung sehr bald zu folgenden, schon seit Jahren üblich gewordenen zwei Lösungen:

a) Man schaltet Feinfilter von begrenzter Lebensdauer, die nach bestimmter Betriebszeit instandgesetzt oder ausgewechselt werden müssen, in den *Nebenstrom* des Schmierkreislaufes. In diesem Fall gehen nur etwa 5—10% des umlaufenden Öles durch das Filter und werden dort sorgfältig gereinigt. Die restlichen 90—95% kreisen auf dem Hauptstromweg ungereinigt durch das Triebwerk. Die Erfahrung hat aber gezeigt, daß trotzdem schon innerhalb einer Fahrstrecke von 20—30 km das Öl auch einmal in allen seinen Teilmengen durch den Filter hindurchgeht und dort gereinigt wird.

b) Man schaltet weniger fein filternde Geräte, bei denen man dafür aber den Vorzug bequemer Wartungsmöglichkeit und unbegrenzter Lebensdauer hat, in den *Hauptstrom* des Schmierkreislaufes. In diesem Fall tritt stets das gesamte umlaufende Öl durch das Filter hindurch. Es wird zwar weniger gründlich, dafür aber dauernd gereinigt.

Grundsätzlich gelten aber in beiden Fällen folgende Bedingungen, denen zuverlässige Ölfilter entsprechen müssen:

1. Stets gleichbleibende Filterwirkung.
2. Unempfindlichkeit gegen erhöhte Öldrücke, wie sie beispielsweise beim Anlassen des Motors, besonders im Winter, in den ersten Minuten des Betriebs auftreten.
3. Dauernde Betriebsbereitschaft.
4. Geringster Platzbedarf.
5. Einfache, bequeme Überwachung und Wartung, möglichst ohne Unterbrechung des Betriebs.
6. Möglichst lange Lebensdauer.

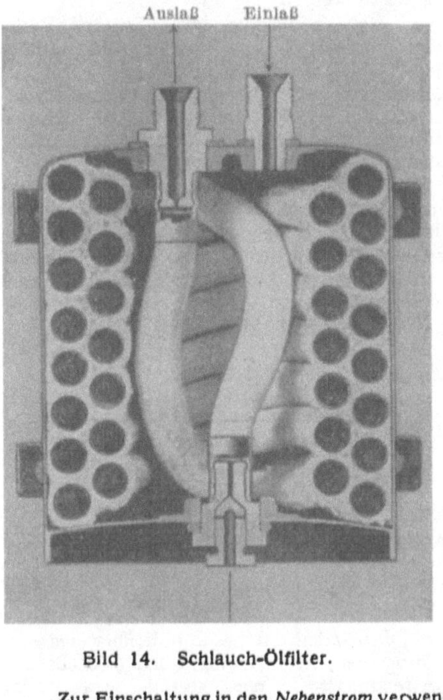

Bild 14. Schlauch-Ölfilter.

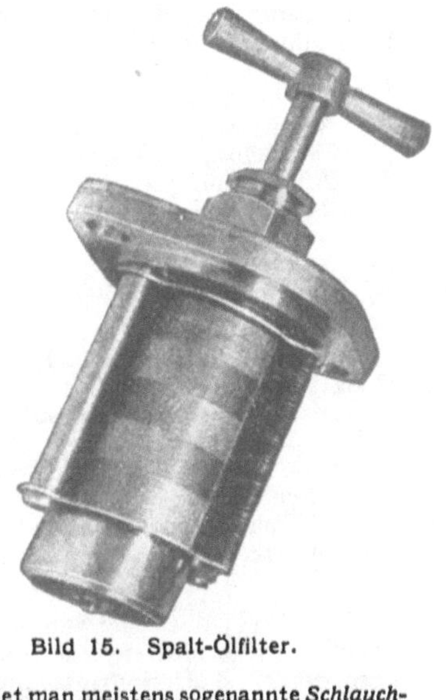

Bild 15. Spalt-Ölfilter.

Zur Einschaltung in den *Nebenstrom* verwendet man meistens sogenannte *Schlauch-Ölfilter*. Diese bestehen aus einem Gehäuse, in dem ein langer Filterschlauch aus zweischichtigem Baumwollgewebe mit einer Stütz-Spirale aus Stahldraht eingesetzt ist. Das schmutzige Öl gelangt vom Motor her durch einen Gewindestutzen in das Filtergehäuse, durchdringt dort den Filterschlauch von außen nach innen und lagert dabei alle mitgeführten Verunreinigungen auf der äußeren Baumwollschicht des Schlauches ab. Das so gereinigte Öl fließt im Inneren des Schlauches zu der Auslaß-Verschraubung des Filtergehäuses und strömt von dort aus frei in das Kurbelgehäuse des Motors zurück. Diese Filter müssen aber nach einer Laufzeit von höchstens 10000 km entweder ausgewechselt werden, oder man muß wenigstens ihr Gehäuse sorgfältig auswaschen und einen neuen Filterschlauch einbauen. Die Erfahrung hat nämlich gezeigt, daß nach dieser Betriebszeit der Filterschlauch so stark zugesetzt und das Gehäuse so weitgehend mit ausgeschiedenem Schlamm und Schmutz angefüllt ist, daß nur noch ein ganz geringer Teil des Öles überhaupt durch das Filter hindurchgeht. Das Wirkungsvermögen des Filters ist damit erschöpft. Es ist jedoch keinesfalls zulässig, etwa einen bereits gebrauchten, verschmutzten Filterschlauch wieder auszuwaschen und weiter zu verwenden, da sich der Schmutz in die Poren des Baumwollgewebes derart fest hineinsetzt, daß er selbst durch gründlichstes Waschen nicht wieder herauszubringen ist. Ein Nebenstromfilter der geschilderten Art ist in Bild 14 dargestellt. Es handelt sich um ein Schlauch-Ölfilter der Mahle K. G. in Stuttgart-Bad Cannstatt.

Zur Einschaltung in den *Hauptstrom* verwendet man in neuerer Zeit in steigendem Maße sogenannte *Spalt-Ölfilter*. Diese bestehen im wesentlichen aus einem metallischen, auf einer drehbaren Spindel aufgespanntem Paket aus dünnen Lamellen mit dazwischen geschalteten Distanz-Plättchen. In jede der durch die Distanzscheiben entstehenden feinen Spalte greift von der Seite her ein feststehendes Kratzmesser etwa 2 mm tief hinein. Da das zu reinigende Öl dieses Lamellenpaket von außen nach innen durchströmt, lädt es alle mitgeführten Verunreinigungen auf dem Außenumfang des Paketes, also an den Eingängen seiner feinen Spalte, ab. Aus diesen wird der angesammelte Schmutz durch die seitlich angeordneten Kratzmesser wieder zwangsläufig nach außen herausgekämmt und sinkt in den Schlammraum des Filtergehäuses. Ein solches Spalt-Ölfilter ist in Bild 15 veranschaulicht. Es wird von der Firma Mahle K. G. in Stuttgart-Bad Cannstatt hergestellt. Die Reinigung dieser Filter wird durch mehrmaliges Herumdrehen des vorgesehenen Handgriffs während des Betriebs, also bei laufendem Motor, vorgenommen. Vielfach wird dies auch unter Verwendung einer Ratsche und eines mit dem Kupplungsfußhebel des Fahrzeugs verbundenen Gestänges vollkommen selbsttätig besorgt. Diese Art von Filtern erfordert also weder eine Reinigung noch sonst irgendeine Pflege. Lediglich der im Schlammraum des Gehäuses angesammelte Schmutz muß durch die hierfür vorgesehene Verschraubung in gewissen Zeitabständen (je nach den Betriebsverhältnissen alle 1—3 Wochen) abgelassen werden.

Neben diesen beiden Arten von Schmierölfiltern ist noch eine Reihe weiterer Konstruktionen entwickelt worden. Es mag hier die Feststellung genügen, daß auf dem Markt heute auch zuverlässig arbeitende Filter mit Einsätzen aus Spezialpappe, Filz, Siebgewebe, Papier oder ähnlichen Filtermitteln zu finden sind. Diese besitzen aber keine selbsttätige Reinigungsvorrichtung wie die oben geschilderten Spalt-Ölfilter, so daß deren öftere Überholung oder Auswechslung nötig ist.

Deutsche Hersteller von Schmierölfiltern sind z. B. die Firmen Bosch-Stuttgart, Faudi-Frankfurt, Knecht-Stuttgart, Mahle-Stuttgart-Bad Cannstatt und Pallas-Berlin.

Wie wichtig die Filterung des Öles während des Motorbetriebes ist, mag die Untersuchung zweier gebrauchter Öle und zwar eines Öles aus einem Otto-Motor und aus einem Diesel-Motor zeigen:

	Otto-Motor	Diesel-Motor
Gehalt an Ruß	0,2%	0,6%
Gehalt an Kraftstoff	3,6%	0%
Gehalt an Wasser (von der Verbrennung herrührend)	0,1%	0,1%
Gehalt an Sand (aus der angesaugten Luft)	unter 0,1%	unter 0,1%
Gehalt an Metallteilchen (von Abnutzung der Motorteile herrührend)	unter 0,1%	unter 0,1%
Engler-Viskosität des Frischöles bei 50° C	11,1 E	11,1 E
Engler-Viskosität des gebrauchten Öles bei 50° C	9,1 E	13,3 E

Man darf jedoch nicht annehmen, daß selbst das heute üblicherweise verwendete Filter eine restlose Reinigung des Öles erreichen könnte; insbesondere werden Kraftstoffreste und Alterungsstoffe, wie Asphalt-Bestandteile, durch die Filterung meist nicht erfaßt. Ein Versuch, bei dem gebrauchtes Motorenöl bei einer Temperatur von 80° während 5 Stunden durch ein Scheibenfilter, das Einlagen aus Spezialfilterpappe hatte, geschickt wurde, zeigte folgendes Ergebnis:

Öl-Untersuchung	vor 5-stündiger Filterung	nach 5-stündiger Filterung
Benzinunlösliches %	0,53	0,24
Benzollösliches % (Asphaltstoffe)	0,06	0,06
Kohlenstoff % (Ruß)	0,40	0,15

Asche %	0,07	0,03
Art der Asche:		
	Eisenoxyd, Kupferoxyd, Sand	Eisenoxyd, Kupferoxyd

Man sieht hieraus, daß es mit Hilfe dieses Filters doch möglich war, einen großen Teil des Rußes und der Asche, insbesondere aber die in das Öl gelangten sandartigen Staubteilchen zu entfernen.

Die neueste Entwicklung geht nun dahin, Ölfilter zu bauen, die aktive Erden oder ähnliche Stoffe enthalten und auf das Öl nicht nur reinigend, sondern auch regenerierend wirken sollen. Mit Hilfe derartiger Filter könnte es unter Umständen möglich sein, die Lebensdauer des gewöhnlich verwendeten Motorenöls erheblich zu verlängern. Ein Nachteil ist allerdings, daß die eingesetzten Filterungsstoffe verhältnismäßig schnell unbrauchbar werden und ausgewechselt werden müssen.

Moderne Kraftfahrzeug- und Flugmotoren sollten stets mit einem Ölfilter versehen werden. Anzustreben ist auch, soweit es konstruktiv möglich ist, die Anordnung im Hauptstrom, d. h. die gesamte Ölumlaufmenge soll durch das Filter gepumpt werden. In diesem Falle ist allerdings eine Umgehungsleitung (mit Kurzschluß-Ventil) vorzusehen, damit der Ölkreislauf nicht verhindert wird, wenn bei Kaltstart des Motors, insbesondere im Winter, das steife und zähflüssige Öl das Filtermittel im Ölfilter nicht in genügender Menge zu durchdringen vermag oder der Filter-Einsatz einmal durch Schmutz so vollständig zugesetzt ist, daß überhaupt kein Öl mehr hindurchgeht.

Rechnerische Grundlagen für die Bestimmung von Ölfiltern liegen heute noch kaum vor. Lediglich für die Spalt-Ölfilter wurden die Durchfluß-Widerstände und Durchflußmengen bei den verschiedenen Drücken der Förderpumpe und den verschiedenen Temperaturen des Öles genau bestimmt, so daß auf Grund dieser Unterlagen, ähnlich wie bei einigen anderen Konstruktionen, aus der umlaufenden Ölmenge des Motors (Leistung der Ölpumpe beachten!) die Größe des gesuchten Filters bestimmt werden kann. Abgesehen von diesen wenigen Fällen sind allerdings die Ölfilter grundsätzlich so groß als möglich zu machen, damit stets die nötige Sicherheit vorhanden ist. Bei der Auswahl muß außerdem berücksichtigt werden, welche Zähflüssigkeit das zu filternde Öl aufweist. Je dickflüssiger ein Öl ist, desto schwerer wird es durch das Filter hindurchgehen und desto größer muß dessen wirksame Oberfläche sein.

10. Ölkühlung.

Das Schmieröl hat im Verbrennungsraum eine dreifache Aufgabe:

Es muß die aufeinander gleitenden Teile trennen und so die Berührung von Metall und Metall verhindern; es muß also *schmieren*.

Es muß das Durchtreten der Gase zwischen Kolbenringen und Kolben bzw. Kolbenringen und Zylinderwand verhindern; es muß *dichten*.

Es muß einen Teil der im Motor durch Verbrennen und Reibung erzeugten Wärme abführen; es muß *kühlen*.

Rechnerische Grundlagen für den Umfang der zusätzlichen Kühlwirkung des Öles liegen nicht vor; doch ist die Beobachtung sicher, daß bei allen Umlaufschmiersystemen das vom Motor nach dem Sumpf zurückfließende Öl eine höhere Temperatur hat als das von der Pumpe angesaugte Öl. Das Temperaturgefälle zwischen zurückfließendem und angesaugtem Öl kann je nach der Belastung des Motors und auch je nach seiner Konstruktion verschieden groß sein. Bei besonders hoch belastetem Motor, insbesondere in Rennfahrzeugen, ist es meistens notwendig, die kühlende Fläche, die die Kurbelwanne bietet, durch Hinzufügung eines besonderen Ölkühlers erheblich zu vergrößern. Dies gilt auch in besonderem Maße für luftgekühlte Motoren. Interessant ist, daß in der Konstruktion des deutschen Volkswagens der serienmäßige Einbau eines Ölkühlers vorgesehen ist. Die konstruktive Ausführung des Ölkühlers kann etwa folgendermaßen sein:

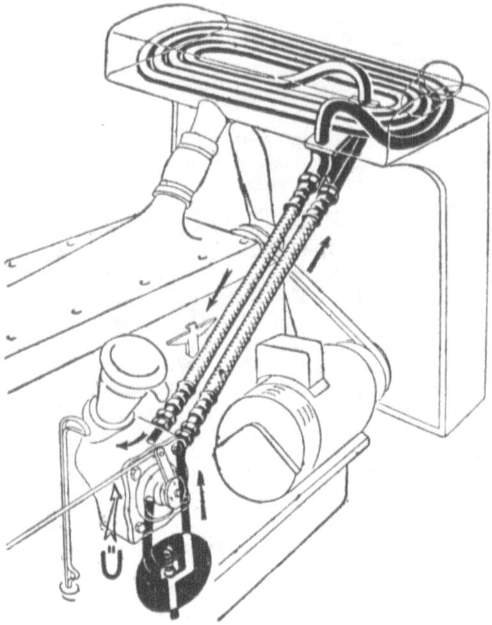

Bild 16. Ölkühler des 2,5 Liter-Adler

a) Im oberen Wasserkasten des Kühlers liegt eine Rohrschlange, durch welche das Umlauföl geleitet wird. (Vgl. Bild 16: Ölkühler des 2,5 Ltr.-Adler).
b) Man läßt das Öl durch einen Kühler laufen, welchen man vor dem Wasserkühler anordnet oder in diesen einbaut.
c) Man ordnet in der Ölwanne rings um den Saugkorb der Ölpumpe ein ringförmiges Element an, das mit einer außerordentlich großen Zahl von Kühlrippen versehen ist und durch welches man Wasser aus dem unteren Wasserkasten des Kühlers hindurchpumpt. Das Element ist ein normales Heizelement, welches für Heizzwecke entwickelt worden ist. Diese Art der Kühlung soll erstaunlich gute Resultate geben. Es ist auf diese Weise einwandfrei gelungen, die Öltemperatur um 30—35° C herunterzudrücken. Man bezeichnet diese Einrichtung nicht als Kühlung, sondern als Temperaturregler, weil ja das Kurbelgehäuseöl anfangs von dem Kühlwasser angeheizt wird.

Man hat einwandfrei festgestellt, daß die Lebensdauer der Lager von der Öltemperatur sehr stark abhängt, daß aber durch ein kurzzeitiges Ansteigen der Öltemperatur auf 120—130° die Lager nicht angegriffen werden.

Als Beispiel eines mit einem Ölkühler ausgerüsteten Fahrzeuges sei der Mercedes-Benz-Lastkraftwagen Typ G 3 A angeführt. Der Motor dieses Fahrzeuges ist mit einer zweistufigen Ölpumpe ausgerüstet. Die obere Stufe saugt das Öl aus dem Vorderteil des Kurbelgehäuses und drückt es nach dem Ölkühler. Dieser ist als sechstes Element in den normalen Wasserkühler eingebaut. Nach Durchgang durch das Kühlerelement gelangt das Öl in den hinteren Sack der Kurbelwanne zurück. Bei kalter Witterung ist die Benutzung des Ölkühlers jedoch nicht angebracht. Aus diesem Grund ist in die Leitung von der Kurbelwanne zum Ölkühler ein Umschalthahn eingebaut. Durch Betätigung dieses Hahnes wird der direkte Weg vom vorderen Sack im Kurbelgehäuse unter Umgehung des Ölkühlers zum hinteren Sack freigegeben. Im Gehäuse des Umschalthahnes ist noch ein bei 2,5 Atm. ansprechendes Überdruckventil angeordnet, welches bei etwaiger Verstopfung des Ölkühlers das Öl direkt ins Kurbelgehäuse ableitet. Der Ölkühler ist nach je 15000 km Fahrt zu reinigen.

11. Öltemperatur.

Als Wärmeträger erfährt das Öl während des Motorenbetriebes eine dauernde Zufuhr von Wärme, die durch die Metallteile des Motors hindurch an die umgebende Luft abgeführt werden muß. Je mehr ein Motor belastet ist, je höher also der Umsatz an Wärme in diesem Motor ist, und je weniger Wärme durch das Kühlwasser abgeführt werden kann, desto mehr Wärme muß mit Hilfe des Öles beseitigt werden. Dadurch folgt, daß sich je nach der Belastung, nach der Fahrweise und nach dem Zustand des Motors sowie aus anderen Gründen eine verschieden hohe Temperatur des Öles einstellen wird.

Die Öltemperatur ist jedoch nicht im ganzen Motor stets gleich; sie wird dort am höchsten sein, wo das Öl unmittelbar Wärme aufnehmen muß, beispielsweise an den heißen Wänden der Zylinder und in den Lagern. Sie wird am niedrigsten sein dort, wo das Öl am meisten der kühlenden Wirkung des Fahrwindes ausgesetzt ist, das ist also in der Nähe der Kurbelgehäusewand.

Die Beachtung der Öltemperatur wird gerade beim Betrieb auf den Reichsautobahnen immer mehr erforderlich sein; gibt doch eine übermäßig gesteigerte Öltemperatur gewissermaßen eine Warnung vor möglicherweise eintretenden Beschädigungen des Motors. Das unzulässig hoch erhitzte Öl hat zu viel an Zähflüssigkeit eingebüßt und kann keinen richtigen Schmierfilm zwischen den aufeinandergleitenden Teilen des Motors aufrechterhalten. Dadurch wird örtlich eine Berührung von Metall zu Metall auftreten. Hieraus folgt eine immer stärker werdende Überhitzung und schließlich Fressen der Kolben in den Zylindern bzw. Auslaufen des Lagermetalles.

Die als zulässig zu erachtende Öltemperatur hängt, wie bereits erwähnt, von verschiedenen Einflüssen ab. Diese sind u. a.:

1. Die Konstruktion des Motors (Kolbenspiel, Lagerpassungen usw.);
2. die Leistungsfähigkeit des Kühlsystems;
3. der Viskositätsverlauf des Öles;
4. die Beanspruchung, d. h. ob das Öl lange oder kurze Zeit auf seiner Höchsttemperatur bleiben muß.

Je besser das Öl hinsichtlich seines Viskositäts-Temperaturverhaltens ist, desto höher wird die Temperatur sein, bei der eine zufriedenstellende Schmierung des Motors noch zu erwarten ist. Je günstiger die Kühlungsverhältnisse und je größer die Toleranzen des Motors sind, desto geringer wird die Wärmemenge sein, die mit Hilfe des Öles abgeführt werden muß. Ein Anhaltspunkt für die Praxis mag sein, daß eine Öltemperatur von etwa 100° C im Dauerbetrieb noch nicht als schädlich anzusehen ist. Voraussetzung dabei ist jedoch die Verwendung eines unbedingt hochwertigen Schmieröles, das bei dieser Temperatur noch genügend zähflüssig ist. Die im Motor auftretende Temperatur wird im allgemeinen eher dem Motor selbst gefährlich werden können als dem Schmieröl. Schmieröle halten Temperaturen von mehr als 200° C, ohne sich zu zersetzen, aus. Eine Annäherung an eine zu hohe Temperatur wird sich im allgemeinen auch durch das Kochen des Kühlwassers ankündigen.

Für den Fahrer muß als Regel gelten: Nicht das peinlich genaue Einhalten einer bestimmten Höchsttemperatur ist ausschlaggebend für ein einwandfreies Arbeiten des Motors, ohne daß Schäden zu befürchten sind, sondern man darf den Motor keinesfalls zu lange Zeit überhitzen. Man muß nach längerer Höchstbeanspruchung dem Motor Zeit lassen, die in ihm aufgespeicherte übermäßige Wärme wieder abzuführen.

Für den Autobahnbetrieb ist es also empfehlenswert, nach längerer Fahrt mit Höchstgeschwindigkeit kurze Strecken langsam zu fahren, damit der Motor sich wieder abkühlen, mit anderen Worten, erholen kann.

12. Einfahren.

Motor, Getriebe und Achsantrieb neuer Fahrzeuge müssen vorsichtig nach den Fabrikvorschriften eingefahren werden. Dasselbe gilt natürlich ebenso für Motoren, deren Kolben und Lager erneuert, oder für Getriebe und Achsantriebe, bei denen Zahnräder oder Lager gegen neue ausgewechselt wurden. Der Zweck des „Einfahrens" ist, den trotz feinster Bearbeitungsmethoden immerhin noch als rauh zu bezeichnenden Gleitflächen die für das einwandfreie Arbeiten des Motors erforderliche Oberflächenglätte und -politur zu geben. Die gleitenden Teile müssen sich erst nach und nach gegeneinander einreiben und sich den im Motorbetrieb auftretenden Wärmedehnungen der Gleitflächenmetalle anpassen. Das Einlaufen ist also mit Verschleiß verbunden, die Rauhigkeiten der einen Gleitfläche schleifen sich gegen die Rauhigkeiten der anderen Gleitfläche ab.

Das erwünschte Ziel des Einfahrens ist, möglichst glatte Oberflächen ohne Erhebungen und Vertiefungen zu erhalten, damit die Reibung zwischen den Gleitflächen — vorausgesetzt, daß eine Ölschicht sie trennt — möglichst gering wird und zwischen Kolben und Zylinder eine einwandfreie Abdichtung entsteht. In welcher Feinheit dieser Poliervorgang erreicht wird, hängt von der Eignung des verwendeten Schmieröles und von der Art der Beanspruchung des Fahrzeuges während der Einfahrzeit ab. Das Öl mit der größten Schmierfähigkeit wird die beste Glättung der Oberflächen bewirken, weil bei Verwendung dieses Öles der Abrieb nur in kleinsten Teilchen erfolgt und nicht größere Teile aus den Oberflächen herausgerissen werden, die dann wieder schmirgelnd wirken.

Früher verwendete man zum Einlaufen dasselbe Öl wie für den eingelaufenen Motor. Seit Jahren hat man aber erkannt, daß das Einlaufen mit dickflüssigem Sommeröl bei modernen Automobilmotoren unzureichend ist. Durch heute zur Anwendung kommende bessere Bearbeitungsmethoden besitzen nämlich moderne Automobilmotoren wesentlich feinere Lager- und Kolbenpassungen. Schwerflüssige Öle können infolge der engen Passungen nicht schnell genug und nicht in ausreichendem Maße aus den Lagern zum Zwecke der Zylinder- und Kolbenschmierung austreten. Zylinder und Kolben werden bekanntlich mit dem aus den Pleuelstangen ausspritzenden Öl geschmiert, und gerade beim Einlaufen kommt es sehr darauf an, daß viel Öl überhaupt und daß dieses schnell an die Zylinderwände gelangt, um die bei diesem Betrieb entstehenden größeren Wärmemengen sicher abführen zu können. Weiterhin spricht für die Anwendung von dünnflüssigem Öl zum Einfahren der Umstand, daß dünnflüssiges Öl den Metallabrieb schneller von gefährdeten Stellen wegbringt als dickflüssiges. Ein guter Glättezustand aller gleitenden Teile ist dann zu erreichen, wenn dünnflüssiges Öl mit hohem Schmierwert (bestes Markenöl) verwendet wird. Da während der Einfahrzeit in erhöhtem Maße Metallabrieb entsteht, muß während dieser Zeit das Schmieröl häufiger gewechselt werden als bei normalem Fahrbetrieb. Ungefähre Angaben aus Betriebsanleitungen sagen etwa, daß die erste Ölerneuerung bereits nach 400 km, die zweite und dritte nach weiteren je 1000 km vorzunehmen sind. Besonders wichtig ist dabei aber ein sorgfältiges Ausspülen des Motors, um die angefallenen Verschleißteile wirklich zu entfernen.

13. Ölerneuerung.

Der sicherste Schutz gegen Beschädigungen des Motors, die auf das Unbrauchbarwerden der Ölfüllung zurückzuführen sind, ist eine regelmäßige Erneuerung des Öles. Es ist nicht möglich, eine allgemein gültige Regel für die Ölerneuerungszeiten anzugeben, da hierfür die Betriebs- und Fahrweise, sowie die Art des verwendeten Kraftstoffes von ausschlaggebendem Einfluß sind. Beispielsweise reichert sich in einem Wagen, der vorwigend im Stadtverkehr gefahren wird, die Ölfüllung schneller mit Kraftstoff und Verunreinigungen an als in einem Wagen, der große Überlandstrecken fährt. Das kommt daher, daß beim Starten immer unverbrannter Kraftstoff in das Öl gelangt, wodurch dieses verdünnt wird. Stadtfahrten verunreinigen die Ölfüllung mehr als Überlandfahrten. Bei Dieselmotoren ist mit Ölverdünnung nicht zu rechnen, dagegen mit einer Ölverdickung, hervorgerufen durch Ruß und Alterungsstoffe.

Am besten hält man sich daher an die von den Kraftfahrzeugfabriken in ihren Betriebsanweisungen angegebenen Kilometerzahlen. Diese lauten meist: Ölerneuerung im Sommer nach 2000 bis 2500 km, im Winter nach 1500 bis 2000 km. Gerade bei modernen Motoren mit geringem Ölverbrauch ist rechtzeitige Ölerneuerung besonders wichtig, da in diesen Motoren das Schmieröl wesentlich stärker beansprucht wird.

Am zweckmäßigsten ist es, das Öl unmittelbar nach einer längeren Fahrt, wenn Motor und Öl noch warm sind, abzulassen. Die in der Ölfüllung enthaltenen Verunreinigungen werden so am leichtesten aus dem Schmiersystem mitgenommen. Die Verschlußschraube wird dann wieder aufgesetzt und eine angemessene Menge Spülöl eingefüllt, um damit einige Minuten nachzuspülen. Niemals ist Petroleum zum Spülen zu verwenden. Es entölt die geschmierten Teile, so daß diese beim Anlassen trocken laufen würden. Außerdem bleiben Reste in den toten Ecken zurück, die von vornherein die Neufüllung verdünnen und in ihrem Schmierwert beeinträchtigen würden.

Um die schlammartigen Rückstände vollständig aus der Kurbelwanne zu entfernen, ist es erforderlich, alle 10000 km die Kurbelwanne abzunehmen und zu säubern.

14. Ölverbrauch.

Das Schmieröl hat im Verbrennungsmotor die Aufgabe, alle aufeinander gleitenden und beweglichen Teile zu schmieren. Es gelangt von der Zylinderwand auch in den Verbrennungsraum, wo es bei den dort herrschenden hohen Temperaturen verkokt und verbrennt. Auf diese Weise entsteht ein gewisser Verbrauch an Schmieröl, der um so größer ist, je mehr Öl in den Verbrennungsraum kommt. Ob dies viel oder wenig ist, hängt davon ab, in welchem Maße die Abdichtung zwischen Kolben und Zylinderwand und der Zustand der Kolbenringe ein Durchsaugen und Pumpen des Öles nach dem Verbrennungsraum zuläßt. So ergibt sich die bekannte Erscheinung, daß neue Motoren und Motoren, deren Kolben erneuert und Zylinder ausgeschliffen worden sind, zunächst einen sehr geringen Ölverbrauch haben, der dann mit der Laufzeit des Motors aber größer wird, weil sich die Abdichtung zwischen Kolben und Zylinder durch den unvermeidlichen Verschleiß verschlechtert und weil ausgeschlagene Kolbenringe eine gewisse Pumpwirkung haben.

Die Abdichtung zwischen Kolben und Zylinder ist um so besser, je dicker der Schmierölfilm zwischen Kolben und Zylinder ist. Daraus ergibt sich die Tatsache, daß bei Verwendung eines dünnflüssigen Öles ein höherer Ölverbrauch auftreten muß als bei Verwendung eines dickflüssigen Öles. Außerdem ergibt sich daraus, daß bei geringbelasteten Motoren, wenn also die Öltemperaturen niedrig sind, der Ölverbrauch ebenfalls geringer sein muß als bei den hochbelasteten Motoren mit hohen Öltemperaturen und dann entsprechend dünnem Ölfilm.

Der Verbrauch an Schmieröl wird beeinflußt durch die Verbrennung im Verbrennungsraum und durch die Verdampfung im Kurbelgehäuse. Ein Schmieröl, das viele niedrig siedende Bestandteile enthält, wird also stärker verdampfen und daher einen größeren Ölverbrauch ergeben als ein Schmieröl, das nur hochsiedende Bestandteile enthält. Die Verdampfung wird außerdem um so stärker sein, je höher die Temperatur des Öles im Kurbelgehäuse ist und je mehr dem Öl Gelegenheit gegeben wird, in feinzerstäubtem Zustande im Kurbelgehäuse herumzuwirbeln. Daher ist auch der Ölverbrauch in denjenigen Motoren größer, die verhältnismäßig großes Spiel in den Pleuellagern haben, also vor allem dann, wenn schon ein Verschleiß in den Lagern eingetreten ist. Bei großem Spiel zwischen Lager und Zapfen kann mehr Öl aus dem Lager austreten als bei geringem Spiel. Der Ölverbrauch eines Motors kann durch die niemals zu vermeidende Verdünnung des Öles im Kurbelgehäuse durch Kraftstoff überdeckt werden, d. h. die Füllung im Kurbelgehäuse wird oft nicht geringer, sondern sie kann auch durch unverbrannten Kraftstoff mengenmäßig zunehmen. Gerade bei Stadtfahrten und kühllaufendem Motor ist die Ölverdünnung durch Kraftstoff besonders groß. Der wirkliche Ölverbrauch eines Motors kann nur dann richtig festgestellt werden, wenn gleichzeitig die Verdünnung der Ölfüllung durch Kraftstoff berücksichtigt wird.

Häufig ist die Ursache von erhöhtem Ölverbrauch in Undichtigkeiten am Motor selbst zu suchen. Besonders ist darauf zu achten, daß die Abdichtung des vorderen und des hinteren Kurbelwellenlagers und der Ölablaßschraube in Ordnung ist. Undichtigkeiten brauchen nicht immer am stehenden Fahrzeug, wo sie schnell auffindbar sind, sichtbar zu werden; häufig machen sie sich erst während der Fahrt bemerkbar. Die Kurbelwelle kann beispielsweise bei Undichtigkeiten der Lager als Ölförderschnecke wirken, so daß Leckverluste nur bei laufendem Motor auftreten. Für die Höhe des Ölverbrauches sind bei verschiedenen Konstruktionen auch die Ausführungen der Ölringe und die Größe und Anordnung der Rücklauflöcher in den Kolben von Bedeutung. So hat z. B. die Firma Opel festgestellt, daß bei dem 3,5 Ltr.-Motor in Fällen, in denen über hohen Ölverbrauch geklagt wird, eine wirksame Abhilfe dadurch erzielt werden kann, daß die Öl-Rücklauflöcher von 3,2 mm auf 4 mm aufgebohrt werden.

Der Verbrauch von zwei verschiedenen Ölen läßt sich nur vergleichen, wenn

1. beide Öle genau die gleiche Zähflüssigkeit haben,
2. beide Öle unter genau denselben Betriebsbedingungen geprüft werden, d. h. dieselbe Strecke mit denselben Geschwindigkeiten, derselben Belastung des Fahrzeuges und bei ähnlichen Witterungsverhältnissen gefahren wird,
3. der mechanische Zustand des Motors bei beiden Versuchen der gleiche ist,
4. derselbe Kraftstoff verwendet wird,
5. der Ölverbrauch nach der richtigen Methode bestimmt wird,
6. die prozentuale Verdünnung des Öles durch Kraftstoff berücksichtigt wird.

Der Verbrauch an Schmieröl kann bei einem Fahrzeugmotor beeinflußt werden durch:

1. die Art des verwendeten Schmieröles, insbesondere ob dick- oder dünnflüssig,
2. die Betriebsbedingungen, denn Stadtbetrieb ergibt weniger Ölverbrauch als Autobahnbetrieb,
3. den Motorzustand, insbesondere durch das Spiel zwischen Kolben und Zylinder, durch den Zustand der Kolbenringe und durch das Lagerspiel
4. die Außentemperaturen,
5. Leckverluste infolge von Undichtigkeiten,
6. die Anzahl der Ölumläufe je Zeiteinheit.

Es dürfte interessieren, welche Ölverbrauchswerte heute für verschiedene Motortypen als normal anzusehen sind.

Durchschnittlicher Ölverbrauch.

	g/PSh
Otto-Motor, Viertakt, Druckumlaufschmierung, wassergekühlt	4—8
Otto-Motor, Zweitakt, Mischungsschmierung, luftgekühlt	15—20 (bei 1 : 25)
Dieselmotor, Viertakt, Druckumlaufschmierung, wassergekühlt	5—10
Flugmotor, Druckumlaufschmierung	5—10
Flugmotor, Frischölschmierung	1,5—3

15. Obenschmierung und Graphitschmierung.

Eine zusätzliche Schmierungsart ist die Obenschmierung. Man versteht darunter die Beimischung eines Öles (oder auch anderer geeigneter Stoffe) zum Kraftstoff. Die Obenschmierung ist somit eine Abart der Mischungsschmierung. Mit dem Kraftstoff gelangen die Schmierstoffteilchen (Mischungsverhältnis meist 400 : 1, während der Einfahrperiode auch 200 : 1) in das Innere des Motors. Die Bedeutung dieser zusätzlichen Schmierung liegt hauptsächlich darin, daß dem Motor schon während der ersten Umdrehungen beim Anspringen Schmierstoff zugeführt und so die Korrosionsgefahr beim Kaltstart vermindert wird. Weiter erhalten auch die Teile des Motors Schmierstoff, die sonst unter Umständen vielleicht zu wenig geschmiert werden, wie z. B. die Schäfte der Einlaßventile. Gewarnt werden muß jedoch unbedingt vor einer allzu reichlichen Beimischung von Obenschmieröl; dieses würde zu Rückständen und zu Motorstörungen Anlaß geben.

Schließlich sei noch die Graphitschmierung erwähnt. Graphit verleiht dem Motor gewisse Notlaufeigenschaften und schützt ihn kurze Zeit beim Aussetzen der Schmierung vor Beschädigungen. Da Graphit infolge seiner hohen Oxydationstemperatur (gegen 4000°) im Motor nicht verbrennt, muß er — im Übermaß zugeführt — auch zu Rückstandsbildung Anlaß geben. Graphit wird meist dem Motorenöl beigemischt. Unbedingt nötig ist jedoch die Verwendung von wirklich kolloidalem Graphit, damit — was z. B. bei Schuppengraphit möglich wäre — kein Ausfallen des im Öl in Schwebe befindlichen Graphites und besonders auch in den Ölkanälen der Kurbelwelle kein Ausschleudern infolge der Zentrifugalkraft eintritt. Hierdurch könnte leicht ein Verstopfen der Ölleitungen und damit Ölmangel und Beschädigung des Motors auftreten. In manchen Fabriken werden auch bei der Motorenmontage die verschiedenen Teile des Motors wie z. B. Lager, Kolben und Ventile vor dem Zusammenbau mit einer Mischung von Öl und kolloidalem Graphit bestrichen, um schon bei den ersten Umdrehungen des neuen Motors sichere Schmierung zu gewährleisten.

b) Schmierung von Getrieben und Achsantrieben.

Getriebe und Achsenantrieb von Kraftfahrzeugen bedürfen ebenso sehr einer richtigen Schmierung wie der Motor. Fehler, die in der Ölauswahl gemacht werden, wirken sich meistens verhängnisvoller und schneller aus, als wenn für den Motor einmal nicht die richtige Ölsorte verwendet wird.

Der Grund dafür ist in den wesentlich höheren Druckbeanspruchungen zu suchen, die an den Flanken der Zahnräder auftreten, gegenüber den viel geringeren Drücken, die in den Lagern des Motors festgestellt werden. Besonders die neuzeitliche Entwicklung im Automobilbau hat dazu geführt, daß ganz neuartige Getriebeschmiermittel geschaffen werden mußten, um den gesteigerten Anforderungen gerecht zu werden. Man vergleiche einmal das Getriebe- und Achsantriebsgehäuse eines Wagens aus früherer Zeit mit dem eines heutigen Wagens. In der Größe hat sich wenig geändert, vielleicht sind die Gehäuse des neuzeitlichen Wagens sogar kleiner geworden. Unterschiede bestehen aber in Motorleistung und Wagengeschwindigkeit, also in den Kräften, die von den kleiner gewordenen Zahnrädern zu übertragen sind. Zahnräder ergeben das Problem der Schmierung von reibenden Teilen, die sich nur auf einer Linie berühren. Die Kraft wird auf einer Berührungslinie übertragen, die sich über die Zahnflanken bewegt. Wenn Zahnräder unbelastet im Eingriff stehen, findet diese Berührung theoretisch nur auf einer Linie statt, vorausgesetzt, daß die Zahnflanken genau bearbeitet sind. Bei Belastung wird aus der berührten „Linie“ eine ganz schmale „Linienfläche“. Diese Fläche entsteht durch Nachgeben des Metalls unter Einwirkung des Druckes. Wieviel das Metall nachgibt, hängt von seiner Elastizität ab. An den Grenzen der Zahnberührung übernimmt das Schmieröl einen Teil der Last. Hierbei spielt nun die Güte des Schmiermittels insofern eine Rolle, als sie es ermöglicht, die Belastung über eine Druckfläche zu verteilen, die größer ist als diejenige, die sich allein aus der Nachgiebigkeit des Metalls ergibt, wobei das Öl gleichzeitig ausreichende Schmierung für den Gleitvorgang sichert.

Bei der Getriebeschmierung hängt der Wirkungsgrad der Kraftübertragung in starkem Maße von der Zähflüssigkeit des verwendeten Schmieröles ab. Es ist einleuchtend, daß man beim Drehen von Zahnrädern in dünnflüssigem Öl weniger Kraft aufwenden muß als beim Drehen in dickflüssigem Öl. Ganz besonders stark tritt der Unterschied hervor, wenn man zur Getriebeschmierung Fett verwendet, da hierbei die Walk- und Knetarbeit besonders groß ist.

Fette kommen für die Verwendung in neuzeitlichen Getrieben und Achsantrieben überhaupt nicht mehr in Frage, da sie durch die Belastung von den Zahnflanken weggedrückt werden und außerdem dazu neigen, in ihre Bestandteile, Öl und Seife, zu zerfallen oder unter dem Einfluß der Luft zu verdicken.

Für die Schmierung neuzeitlicher Getriebe und Achsantriebe können nur Schmieröle Anwendung finden, die auf Grund sorgfältiger Fabrikation alle Voraussetzungen erfüllen, die durch die hohen Anforderungen an solche Schmiermittel zu stellen sind. Je nach den Beanspruchungen, denen das Schmiermittel gewachsen sein muß, unterscheidet man zwischen normalen Getriebeölen, milden Höchstdrucköl en und Hypoidölen.

Man versteht unter normalen Getriebeölen zähflüssige, für ihren Zweck besonders ausgewählte Mineralöle; manchmal sind sie gefettet, d. h. mit fettem Öl „compoundiert". Solche Öle werden für Getriebe und Achsantriebe normaler Bauart und Beanspruchung verwendet. Im Winter ist ein dünnflüssigeres Getriebeöl als im Sommer notwendig, um schnellere Ölverteilung beim Anfahren zu gewährleisten und das Schalten zu erleichtern.

Die Ölfüllung ist alle 10—12000 km zu erneuern. Vor Einfüllung des Frischöles ist Durchspülen mit Spülöl zweckmäßig.

Die Anwendung von Höchstdruckölen wurde für Getriebe und Achsantriebe mit hohen spezifischen Zahndrücken sowie für Schneckenantriebe notwendig. Die hohen Zahndrücke bewirken einerseits die Verdrängung des Schmieröles von den Zahnflanken beim Eingriff, andererseits erzeugen sie so hohe Temperaturspitzen auf den Abwälzflächen, daß es bis zum Fressen, also zum gegenseitigen Verschweißen von Stahl mit Stahl in der Form von Kerbenbildung kommen kann. Dieser schädlichen Wirkung in zweifacher Hinsicht, nämlich Verdrängung des Schmieröls und Fressen, begegnen die Höchstdruckschmiermittel dadurch, daß sie fettes Öl oder andere Stoffe mit polarem Verhalten, die der Verdrängung von den Reibungsflächen unter Druck widerstehen, enthalten, und ferner durch einen Gehalt an Schwefel oder Phosphor- oder Halogenverbindungen; alle diese Stoffe bilden mit dem Stahl der Zahnflanken unter Einwirkung der auf den Abwälzflächen entstehenden Temperaturspitzen oder „Temperaturblitze", wie sie auch genannt worden sind, chemische Verbindungen, welche das Verschweißen verhindern.

Bei den amerikanischen Personenwagen ist im Laufe der letzten Jahre der Hypoidantrieb wegen seiner verschiedenen Vorzüge zur weitaus überwiegenden Form des Achsantriebs geworden. (Näheres hierüber vgl. IV. Teil, Abschnitt C.-Rad-Antrieb, Abs. e.) Als Übergangsform zwischen Kegelrad- und Schneckenantrieb weist der Hypoidantrieb besonders hohe Temperaturspitzen auf. Um die Kerbenbildung infolge der Neigung zum Verschweißen zu verhüten, sind beim Hypoidantrieb Schmieröle mit besonders aktiven Zusätzen erforderlich. Wegen dieser Zusätze aber sind Hypoidöle für andere Achsantrieb und für Getriebe meistens unerwünscht.

Überhaupt ist zu beachten, daß Höchstdruckschmiermittel, noch mehr aber Hypoidöle, um ihre besonderen Eigenschaften zur Geltung bringen zu können, die Erreichung einer bestimmten Mindesttemperatur auf den Reibungsflächen voraussetzen. Werden diese Temperaturen nicht erreicht, dann bleibt der Zusatz oder ein Teil davon unwirksam und das Öl hat dann nur die Schmierwirkung, die seiner Viskosität entspricht. Man verwende darum derartige Sonderöle nur da, wo sie notwendig sind.

Ölfüllungen von Höchstdruck- oder Hypoidöl sollten alle 8—10000 km gewechselt werden. Getriebeöl verschiedener Art sollten nicht miteinander vermischt werden. Wenn man gezwungen ist, ein anderes Öl als bisher verwendet einzufüllen, dann ist vorheriges Durchspülen mit einem Spülöl unbedingt zu empfehlen. Getriebe- und Achsgehäuse dürfen keinesfalls mit Petroleum, Benzin, Dampf oder Wasser gereinigt werden, mit Spiritus nur dann, wenn ein rizinusölhaltiges Schmiermittel verwendet wurde.

Bei der Füllung von Getrieben beachte man sorgfältig den richtigen Ölstand; insbesondere vermeide man Überfüllung. Zuviel Öl verursacht Überdruck und damit Leckverluste.

Bei den meisten Getrieben dient der Einfüllstutzen gleichzeitig auch zur Ölstandskontrolle. Einige Getriebe, wie z. B. die des Adler Trumpf und des Adler-Trumpf-Junior sind zur Ölkontrolle mit einem Peilstab versehen.

c) Schmieranweisung.

Als Beispiel einer Anweisung über die Schmierung eines Kraftfahrzeuges wird nachstehend ein Auszug aus der Betriebsanleitung für Mercedes Benz-Personenwagen, Typ 230, gebracht. Man beachte dabei, daß die Firma Daimler-Benz sich hinsichtlich der Angaben von Schmiermitteln neutral verhält, daß also Schmiermittel nicht namhaft gemacht werden und daß nur auf bestimmte Analysendaten verwiesen wird. Die Schmierungsanweisung muß im einzelnen Fall selbstverständlich den Anforderungen des Fahrzeuges, wie sie sich aus der Konstruktion und den Betriebsbedingungen ergeben, angepaßt sein.

1. Motor.

Die Kurbelwanne wird durch den zugleich als Entlüfter ausgebildeten Einfüllstutzen vorn an der linken Motorseite mit Öl gefüllt. Der Seiher im Einfüllstutzen muß stets sauber sein. Auf dem Meßstab sind 2 Marken für kleinste (3,5 Liter) und größte (5,5 Liter) Ölfüllung angebracht. Der Meßstab ist vor Benutzung sauber abzuwischen und täglich zur Prüfung des Ölstandes anzuwenden. Zur Schmierung kann jedes gute säurefreie Öl mit geringstem Aschegehalt und einer Viskosität von 10—12° nach Engler im Sommer bzw. 7—9° in der Übergangszeit bzw. 4,5—6° im Winter verwendet werden. Die angegebenen Engler-Grade gelten für eine Öltemperatur von 50° C.

Mineralöl darf niemals mit Pflanzenöl vermischt werden. Vor Übergang von einer zur anderen Sorte ist das Kurbelgehäuse-Unterteil abzunehmen und der ganze Motor mit Ölleitungen, Ölpumpe, Filter, Lagerstellen usw. durch Benzin zu reinigen. Bei neuen Wagen ist das Öl nach den ersten 500 km und dann nach weiteren 1000 km Fahrt abzulassen und durch frisches Öl zu ersetzen; dann soll der Ölwechsel nach je 1500 km Fahrt vorgenommen werden. Den Ölwechsel nehme man bei warmem Motor gleich nach einer Fahrt vor. Die Kurbelwanne ist nach insgesamt 15000 km Fahrt durch gründliche Spülung mit Benzin zu reinigen.

Das in der Kurbelwanne befindliche Öl wird von der durch senkrechte Zwischenwelle angetriebenen Zahnradpumpe angesaugt und über das im Kurbelgehäuse-Oberteil eingebaute Ölfilter nach den Gleitlagern der Kurbelwelle, zu den Lagern der Nockenwelle und den Führungen der Ventilstößel gedrückt; durch entsprechende Bohrungen in der Kurbelwelle gelangt das Öl nach den Pleuelstangenlagern und schmiert, aus den Lagern tretend, im Umherspritzen die Kolben und Kolbenbolzen, um sich dann wieder in der Kurbelwanne zu sammeln.

Das Ölfilter ist als Spaltfilter ausgebildet. Es besteht aus zahlreichen ringförmigen Stahllamellen mit vier sektorförmigen Ausschnitten und aus sternartigen Zwischenlagern, welche den Abstand der Lamellen, d. h. die Spaltweite sichern. Das Lamellenpaket ist auf einer drehbaren Mittelachse fest zusammengespannt und besitzt unbegrenzte Haltbarkeit. In jeden Spalt greift ein feststehender Kratzer mit zwei feinen geschweiften Zacken ein. Das Schmieröl dringt durch die Spalten des Lamellenpaketes von außen nach innen und lagert dabei etwaige Verunreinigungen an den Spalteingängen ab. Wird das Lamellenpaket durch die Mittelachse gedreht, so führen die Kratzer den an den Spalteingängen abgelagerten Schmutz wieder nach außen zurück, welcher nach unten in den Schlammraum des Filters fällt. Die Mittelachse des Filters ist durch Ratsche und Gestänge mit dem Kupplungsfußhebel verbunden, so daß die Reinigung des Filters gewissermaßen selbsttätig bei jeder Betätigung der Kupplung erfolgt. Irgendwelche Wartung des Filters ist nicht erforderlich, jedoch ist der Raum unter dem Filter nach je 15000 km Fahrt mit einem kleinen Kratzeisen oder einer Bürste zu reinigen. Man überzeuge sich öfters, ob die Mittelwelle des Spaltfilters bei Betätigung des Kupplungsfußhebels gedreht wird. Über dem Filtergehäuse ist das auf 4 Atm. eingestellte Überdruckventil angeordnet, das keinesfalls verstellt werden darf. Vom Filtergehäuse zweigt die Leitung zum Öldruckmesser auf der Schalttafel ab. Der Öldruck soll bei warmem Motor und voller Drehzahl etwa 4 Atm. betragen. Ist kein Druck vorhanden, so ist mit dem Meßstab festzustellen, ob genügend Öl in der Kurbelwanne ist. — Tritt nach Abschrauben der Verbindungsleitung nach dem Druckmesser am Filtergehäuse bei laufendem Motor Öl heraus, so ist die Ölpumpe in Ordnung und der Fehler liegt im Druckmesser selbst.

Das Öl wird aus der Kurbelwanne durch die mittels einer Schraube verschlossene Öffnung abgelassen. Kurbelwanne und Saugkorb der Ölpumpe sind nach je 15000 km Fahrt durch gründliche Spülung mit Benzin zu reinigen; vor der Füllung mit Öl muß das Benzin restlos ablaufen bzw. verdunsten.

Die Fettbüchsen am Lager der Wasserpumpe und am Windradlager sind nach je 1500 km Fahrt um 1—2 Gänge nachzudrehen. Für die Fettbüchsen ist gutes Wasserpumpenfett zu verwenden. Die Fettbüchse des Verteilers muß nach je 1500 km Fahrt um einen Gang eingedreht und rechtzeitig mit neuem Fett gefüllt werden; zur Schmierung ist Heißlagerfett (Schmelzpunkt 175° C) zu verwenden.

2. Getriebe und Hinterachse.

Der Getriebekasten (Ölinhalt 1,5 Liter) ist bis zur Öffnung der Einfüllschraube an der rechten Seite mit bestem Getriebeöl (Stockpunkt etwa —24° C) von 18—24 Engler-Graden (bei 50° C) zu füllen. — Das Hinterachsgehäuse (Ölinhalt 2,5 Liter) ist mit bestem Getriebeöl (Stockpunkt —24° C) von 48—60 Engler-Graden (bei 50° C) zu füllen. — Ölwechsel in Getriebekasten und Hinterachsgehäuse ist nach je 6000 km Fahrt vorzunehmen. Zum Ablassen des Öles sind die Schrauben im Boden der Gehäuse herauszudrehen. — Am Hinterachsgehäuse ist hinten in der Mitte oben ein Schraubstopfen angebracht, bis zu dessen Öffnung der Ölspiegel reichen soll.

Der Ölstand des Hinterachsgehäuses ist nach je 1500 km Fahrt zu prüfen und gegebenenfalls aufzufüllen.

3. Fahrgestell.

In das Gehäuse der Lenkung ist nach je 6000 km Fahrt dickflüssiges Öl nachzufüllen (Inhalt 1/4 Liter).

Alle übrigen am Fahrgestell vorhandenen Schmierstellen werden durch eine vom Führersitz aus zu bedienende Zentralschmierung mit Öl versorgt. An der Spritzwand ist im Motorraum der 1/8 Liter fassende Ölbehälter mit Pumpe angebracht, deren Kolbenstössel vom Führersitz aus durch den Fuß stoßweise nach vorwärts gedrückt wird. Von der Pumpe leitet ein Hauptrohr das Öl zu dem Verteiler am linken Längsträger neben dem Getriebekasten; auf dem Verteiler ist für jede abzweigende Schmierleitung eine kleine Luftkammer angebracht, welche die für jede Schmierstelle erforderliche Ölmenge genau dosiert und mit hohem Druck in die zugehörige Schmierleitung gibt, so daß gleichzeitig eine gute Spülung und Reinigung der zu schmierenden Organe erreicht wird. Die Luftkammern dürfen keinesfalls vertauscht werden.

Vor Antritt jeder größeren Fahrt bzw. nach je 100 km Fahrt ist die Pumpe nach richtiger Erwärmung des Motors und damit des Ölbehälters durch kurze scharfe Stöße zweimal hintereinander zu betätigen, wobei beim zweiten Stoß der Weg des Pumpenkolbens nur ein außerordentlich kleiner ist, sofern sich das System in ordnungsmäßigem Zustand befindet. Sofort nach jedem Stoß ist der Fuß vom Stössel zu nehmen, damit der Stössel in seinem Rückgang keinesfalls behindert wird. Der Behälterinhalt reicht für etwa 6000 km Fahrt aus. Es ist die gleiche Ölsorte wie im Kurbelgehäuse zu verwenden, die entsprechend der Jahreszeit gewählt werden muß. Nach je 1500 km Fahrt ist jedoch der Ölstand im Behälter zu prüfen und gegebenenfalls nachzufüllen. Beim Füllen darf das Sieb nicht entfernt werden; das Öl muß langsam eingegossen werden, da das Sieb sehr fein ist. Der Ölbehälter darf niemals gänzlich leerlaufen, da sonst Luft in das Rohrsystem tritt.

Die Naben der Vorderräder sind nach je 15000 km Fahrt mit gutem Fett zu versehen. Man entferne den Nabendeckel durch Abdrücken mittels der herausgeklappten Zunge des Radschlüssels, schraube die dahinterliegende Radkapsel ab und fülle sie zur Hälfte mit gutem Fett, welches durch Aufschrauben der Radkapsel nach den Kugellagern gedrückt wird. — Die Kugellager der Hinterräder werden vom Hinterachsgehäuse aus geschmiert.

4. Arbeitsplan für den Fahrer.

a) Alle 100 km: Zentralschmierung durch 2 Stöße betätigen! Stössel sofort nach jedem Stoß freigeben!

b) Nach je 500 km Fahrt: Ölstand in Kurbelwanne mittels Meßstabes nachprüfen und gegebenenfalls nachfüllen!
Bei neuen Wagen: Öl aus der Kurbelwanne ablassen und durch frisches Öl ersetzen!

c) Nach je 1500 km Fahrt: Öl aus der Kurbelwanne ablassen und durch frisches Öl ersetzen!
Fettbüchsen am Zündverteiler, Windrad und Wasserpumpe nachziehen bzw. neu füllen!
Fußbremshebel schmieren!
Gestänge vom Beschleunigerfußhebel zum Vergaser sowie Anlassergestänge schmieren!
Füllung des Zentralschmierbehälters prüfen und gegebenenfalls ergänzen!
Ölstand im Hinterachsgehäuse prüfen und gegebenenfalls auffüllen!
Luftfilter reinigen und mit Öl benetzen!

d) Nach je 6000 km Fahrt: Öl aus Getriebekasten und Hinterachsgehäuse ablassen und durch frisches Öl ersetzen!
Öl im Lenkgehäuse nachfüllen!
Stopfbüchse der Wasserpumpe gegebenenfalls nachziehen!
Zentralschmierbehälter nachfüllen!
Fettbüchse am Kraftstoffhahn nachdrehen!

e) Nach je 15000 km Fahrt: Kurbelwanne reinigen!
Raum unter dem Spaltfilter reinigen! Welle des Spaltfilters prüfen!
Vorderräder durch die Radkapseln mit Fett versehen!
Vorderfedern reinigen und schmieren!

Schrifttum.

Buschmann, Taschenbuch für den Auto-Ingenieur, Franckh-Verlag, Stuttgart, 1938.
Haeder, Die Berechnung des Automobilmotors, Verlag Schmidt, Berlin, 1930.
Verschiedene Druckschriften der Deutschen Vacuum Oel Aktiengesellschaft, Hamburg:
Fahrzeug-Diesel.
Die Schmierung des 6-Zylinder-Einheitsdieselmotors der Wehrmacht.
Technische Nachrichten „Kraftfahrzeuge".
Kraftfahrzeug-Handbücher:
Ford V 8.
Mercedes-Benz Typ 230.
Opel Admiral.
Mitteilungen der Forschungsanstalten des Gutehoffnungshütte-Konzern.
Allgemeine Automobil-Zeitung.
Automobiltechnische Zeitschrift.
Automobile Engineer.
Automotive Industries.
Motortechnische Zeitschrift.
SAE Journal.

Zündung[1].

Von Dipl.-Ing. Wilhelm Winter, Stuttgart.

I. Der Zündfunke.

Das Kraftstoff-Luftgemisch wird heute ausschließlich durch Hochspannungszündfunken[2]) entzündet.

Entstehung des Zündfunkens. Durch die Zündquelle wird stoßartig eine Spannung an die Kerzenelektroden angelegt, die nach einer bestimmten, sehr kurzen Zeit (Entladeverzug) die Durchschlagspannung (meist mit Zündspannung oder Überschlagspannung bezeichnet) der Gasstrecke zwischen den Elektroden erreicht und zur Ausbildung eines Zündfunkens führt.

Aufbau des Zündfunkens. Er besteht aus mehreren Teilen. Der zuerst auftretende Funkenkopf ist in der Hauptsache eine kapazitive Entladung des mit Hochspannung geladenen Teils der Zündanlage. Diese kapazitive Entladung verursacht auch die Funkstörungen. Dem Funkenkopf folgt ein Lichtbogen von verhältnismäßig niederer Spannung und langer Dauer (Funkenschwanz). Es kann jedoch nach dem ersten Hauptfunken, der im allgemeinen das Gasgemisch zündet, noch eine Reihe weiterer Entladungen folgen, je nach Kapazität der Anlage, Zündquellenenergie, Zustand des Gases zwischen den Elektroden usw.

Dauer des Zündfunkens. Bei normalen Zündquellen für Fahrzeugmotoren 0,002 bis 0,005 sec.

Zündvorgang. Zur einwandfreien Zündung durch den Funken, der nur wenig Gemischteile erfaßt, ist um die Elektroden gut aufbereitetes, zündfähiges Gemisch Voraussetzung. Der Zündfunke ruft eine örtliche Erwärmung hervor, die zur Entflammung der getroffenen, zündfähigen Gemischteile führt. Die Verbrennung schreitet dann, abhängig von der Verbrennungsgeschwindigkeit des betreffenden Gemisches und von dessen Strömungsgeschwindigkeit mit bestimmter Geschwindigkeit durch den Verbrennungsraum fort (Flammfront), bis schließlich das gesamte, im Verbrennungsraum befindliche Kraftstoff-Luftgemisch entflammt ist.

Zündfunkenenergie. Gut aufbereitetes Gemisch wird schon von Funken geringer Energie (0,005—0,008 Joule/Funke) entflammt. Schlecht aufbereitetes, verdünntes Gemisch erfordert größere Funkenoberfläche (größerer Elektrodenabstand) oder größere Funkendauer und stellt damit höhere Ansprüche an die Energie der Zündquelle, die bei heutigen Zündanlagen bei ca. 0,05—0,10 Joule/Funke liegt. Verrußte, verölte, feuchte Zündkerzen oder Verbrennungsrückstände von gebleitem Kraftstoff auf dem im Verbrennungsraum befindlichen Isolatorfuß stellen weitere Anforderungen; auch höhere kapazitive Belastung der Zündanlage, wie sie z. B. durch lange Kabel oder die metallischen Entstörumhüllungen um

[1]) Bücher für eingehendes Studium: Klaiber-Lippart: „Die elektrische Ausrüstung des Kraftfahrzeugs", Teil I, Zündung, Verlag von M. Krayn, Berlin W 35. Seiler: „Elektrische Zündung, Licht und Anlasser des Kraftfahrzeugs", Verlag Wilh. Knapp, Halle/S.

[2]) Bei der Niederspannungszündung, auch Abreißzündung genannt, entsteht der Zündfunke an einer Unterbrechungsvorrichtung, durch welche im Augenblick der Zündung der Kurzschluß der Magnetzünderspule aufgehoben und ein Abreißfunke erzeugt wird. Die Vorrichtung besteht aus einem Zündstift, der am sogenannten Zündflansch befestigt ist und dem am Zündflansch drehbar gelagerten Zündhebel. Der Zündhebel ist zum Antrieb durch Stoßstange mit dem Pendelanker des Niederspannungsmagnetzünders verbunden. Die Niederspannungszündung mußte bald der Hochspannungszündung weichen, da die pendelnden Teile der Erhöhung der Motordrehzahl und der Einhaltung eines genauen Zündzeitpunktes Schwierigkeiten entgegensetzten.

die Kabel auftreten, führt bei einer Zündanlage mit geringer Zündenergie bei ungünstigen Verhältnissen früher zum Aussetzen der Kerze als bei höherer Zündenergie.

Überschlagspannung (Zündspannung). Zum Funkenüberschlag an den Elektroden im Verbrennungsraum ist eine bestimmte Spannung notwendig. Sie beträgt bei einem mittleren Elektrodenabstand der Kerze von 0,6 mm im normalen, praktischen Betrieb bei üblichen Fahrzeugmotoren rund 5000 bis 10000 Volt, kann jedoch unter ungünstigen Verhältnissen bis auf 20000 bis 24000 Volt und höher anwachsen, so daß sie u. U. von der Zündquelle nicht mehr aufgebracht wird. Für den Betrieb ist niedere Überschlagspannung erwünscht wegen geringerer Aussetzergefahr bei Nebenschluß durch Verschmutzung, Bleibelag oder Feuchtigkeit, wegen geringerer Durchschlags- und Überschlagsgefahr an Kerzenkopf, Kabel, im Verteiler und wegen geringerer Belastung der Zündquelle. Ihre Höhe ist von verschiedenen Bedingungen abhängig.

a) Der **Elektrodenabstand**, der die Funkenlänge bestimmt, ist wichtig für das sichere Arbeiten der Kerze. Er darf nicht zu klein sein (mindestens 0,3 mm), um ungünstiges Gemisch (z. B. mageres Gemisch, schlechtes Gemisch im Leerlauf oder beim Beschleunigen) noch sicher zu zünden und eine Abkühlung des entstehenden Flammenkerns zwischen den verhältnismäßig kühlen Elektroden zu verhindern. Er darf nicht zu groß sein, da man im Betrieb mit einem natürlichen Verschleiß (Abbrand) rechnen muß und dann die Überschlagspannung zu hoch wird und Aussetzer beim Anlassen oder im Betrieb auftreten. (Oberste praktische Grenze: an normalen Fahrzeuganlagen bei 1 bis 1,2 mm nachstellen!)

Günstige Werte für den Elektrodenabstand sind:

Für Fahrzeugmotoren mit normaler Verdichtung
(bis etwa 1 : 7) . . . . 0,6—0,8 mm

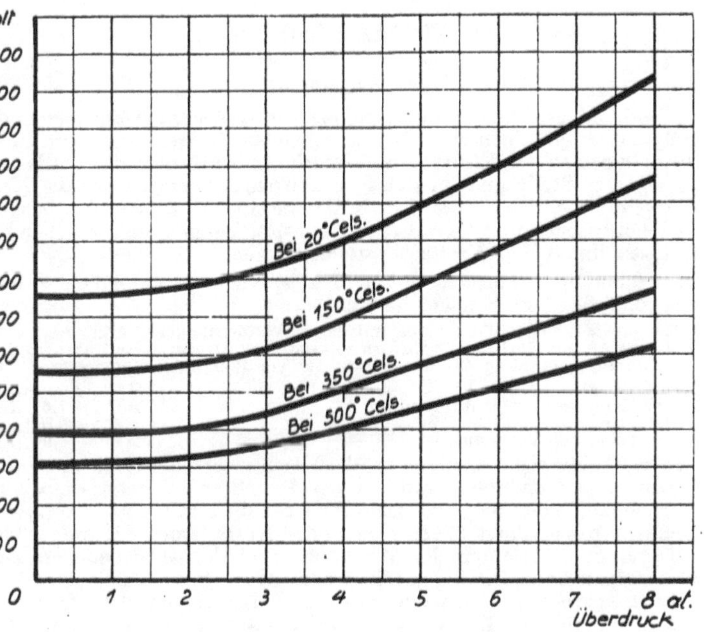

Bild 1. Zündspannung in Abhängigkeit vom Verdichtungsdruck bei verschiedenen Temperaturen

Für Fahrzeugmotoren mit höherer Verdichtung (z. B. bei Generatorgasbetrieb und Rennmotoren und Fahrzeugen mit Magnetzündern) . . . . 0,4—0,5 mm

Für manche Motoren sind vom Hersteller bestimmte Elektrodenabstände nach sorgfältiger Erprobung vorgeschrieben.

b) **Elektrodenform.** Stumpfe Elektroden erfordern eine höhere Überschlagspannung als scharfkantige und spitze. Der Abbrand der spitzen Elektroden ist jedoch größer und damit die Lebensdauer einer mit solchen Elektroden versehenen Kerze kürzer, da sie weniger Abbrandfläche aufweisen.

c) **Elektrodenwerkstoff.** Es gibt Werkstoffe, die in hohem Maß die Überschlagspannung beeinflussen; z. B. beträgt die Überschlagspannung bei Wolfram bis zu 40% mehr als bei Nickel, gleiche geometrische Abmessungen, Elektrodenabstand und Gaszustand vorausgesetzt.

d) **Gasdruck, Gasbewegung.** Mit dem Gasdruck steigt die Überschlagspannung, s. Bild 1. Hohes Verdichtungsverhältnis verlangt also hohe Zündspannung. Starke Gasbewegung um die Elektroden bedingt ebenfalls höhere Zündspannung.

e) **Temperatur.** Mit steigender Temperatur der Elektroden und der Gasstrecke zwischen den Elektroden sinkt die Zündspannung, s. Bild 1. Man sieht daraus, daß in kaltem Zustand die Zündspannung mehr als doppelt so hoch ist als bei betriebswarmem Motor.

f) **Gemischverhältnis. Mageres Gemisch** verlangt höhere Zündspannung als fettes Gemisch. Bei magerem Gemisch ist die Elektrodenoberfläche sauber, bei fettem Gemisch rußig und rauh, so daß der Funke williger springt.

II. Die Zündkerze.

A. Allgemeines.

Die Zündkerze hat die Aufgabe, den hochgespannten Zündstrom durch den Zylinderkopf in den unter Druck stehenden Verbrennungsraum zu leiten und durch den an den Elektroden überspringenden Funken die Entflammung an geeigneter Stelle und im richtigen Zeitpunkt, bezogen auf die Kolbenstellung, einzuleiten. Hierbei haben die einzelnen Teile der Zündkerze den hohen elektrischen und thermischen Beanspruchungen und den chemischen Einflüssen durch den Kraftstoff standzuhalten.

Die schnellwechselnde thermische Beanspruchung während eines Arbeitsspiels (0,05 Sek.) zeigt folgendes Beispiel:

Bei einem Viertakt-Ottomotor mit einem Verdichtungsverhältnis von 1:5 und 2000 U/min an der Kurbelwelle wurden folgende Temperaturen und absolute Drücke im Verbrennungsraum in der Umgebung der Zündkerzenteile gemessen:

Am Ende des Saughubs	60° C	0,9 Atm.
Am Ende des Verdichtungshubs	330° C	7,6 ,,
Bei Beginn des Arbeitshubs (Zündung)	2000° C	28,0 ,,
Am Ende der Verbrennung	1000° C	4,0 ,,

In mechanischer Beziehung ist die Kerze einerseits durch den Verdichtungsdruck und andererseits durch das Einschrauben beim Einbau sowie durch Schlag oder Biegung beim Einschrauben mit schlecht passenden Schlüsseln beansprucht. Ferner muß die Kerze trotz der verschiedenen Ausdehnungskoeffizienten der Werkstoffe und der verschiedenen Temperaturen gegen hohe Drücke gasdicht sein, denn starke Undichtigkeit kann zu Leistungsverlust, Glühzündungen und Zerstörung der Kerze durch Überhitzung führen. Damit die Kerze einwandfrei arbeitet, muß das an Isolator und Elektroden gelangende Öl abgebrannt werden, was bei einer Betriebstemperatur von etwa 500° C, der sogenannten Selbstreinigungstemperatur, der Fall ist. Höhere Temperaturen (etwa 850—900°) an der Kerze führen zu Glühzündungen. Um diese Selbstreinigungstemperatur einzuhalten, ist die Kerze den Wärmeverhältnissen des betreffenden Motors durch Gestaltung und Einbau anzupassen.

Die Wärmebelastung, die der Motor auf die Kerzen ausübt, ist von vielen, im folgenden angeführten Bedingungen abhängig und deshalb fast bei jeder Motortype anders: Form des Verbrennungsraums und seine Kühlverhältnisse, Verdichtungsgrad, spez. Leistung, Drehzahl, Kraftstoff, Vergasereinstellung, Zündzeitpunkt, Kerzenlage und sogar auch die Fahrweise sind bestimmend. Da aber die Zündkerze in den richtigen Temperaturgrenzen arbeiten soll, muß sie den Wärmeverhältnissen eines bestimmten Motortyps angepaßt sein. Die vielen verschiedenen Motortypen verlangen deshalb eine Vielzahl von verschieden gestalteten Kerzen. Wir sind also von der erwünschten Einheitskerze noch weit entfernt.

B. Aufbau.

Zu unterscheiden sind normale Kerzen (Bild 2), die meist durch Aufsetzen einer metallumhüllten Kappe entstörbar sind (Bild 4) und entstörte Kerzen (Bild 5), die zum Zwecke der Verhinderung von Sende- und Empfangsstörungen durch die vom Funken ausgesandten Störwellen mit einem Metallmantel umgeben sind. Letztere Kerzen sind wasserdicht. Nach dem Isolator sind Stein- und Glimmerkerzen zu unterscheiden. Die vorwiegend verwendeten Einschraubgewinde sind $14 \times 1{,}25$ mm- und $18 \times 1{,}5$ mm-, in geringerem Umfange sind $12 \times 1{,}25$ mm- und $10 \times 1{,}0$ mm-Gewinde im Gebrauch.

Bild 3 zeigt den Aufbau einer üblichen Zündkerze mit keramischem Isolator (Steinkerze). Die wichtigsten Bestandteile sind der Kerzenkörper, der Isolator und die beiden Elektroden. Ferner sind die Mittel zur Abdichtung gegen die hohen Drücke im Verbrennungsraum zu erwähnen.

1. Kerzenkörper.

Der aus Stahl bestehende Kerzenkörper, auch Kerzengehäuse genannt, ist mit einem Sechskant und Gewinde zum Einschrauben in den Zylinderkopf des Motors versehen. In Bild 2 ist der Isolator durch Bördelung und Verwendung eines Dichtungsringes im Kerzenkörper gasdicht befestigt. Bild 3 zeigt einen durch Überwurfschraube festgezogenen Isolator. Dies hat

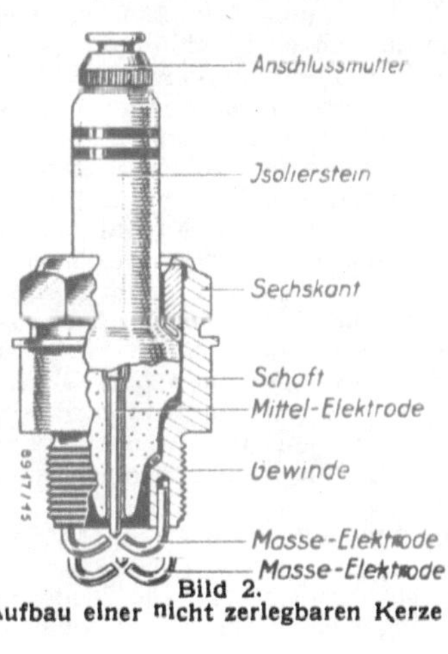

Bild 2.
Aufbau einer nicht zerlegbaren Kerze

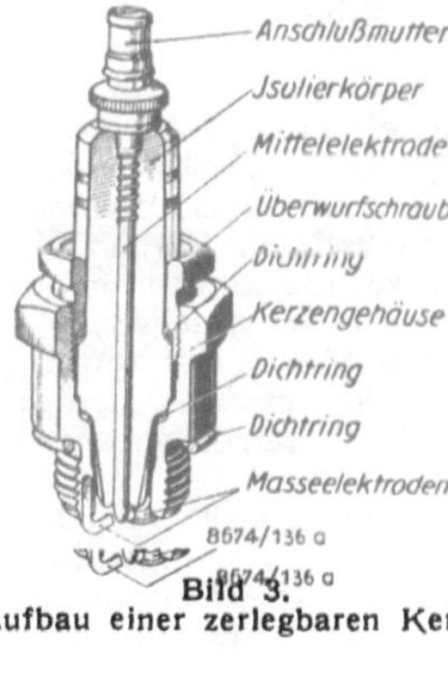

Bild 3.
Aufbau einer zerlegbaren Kerze

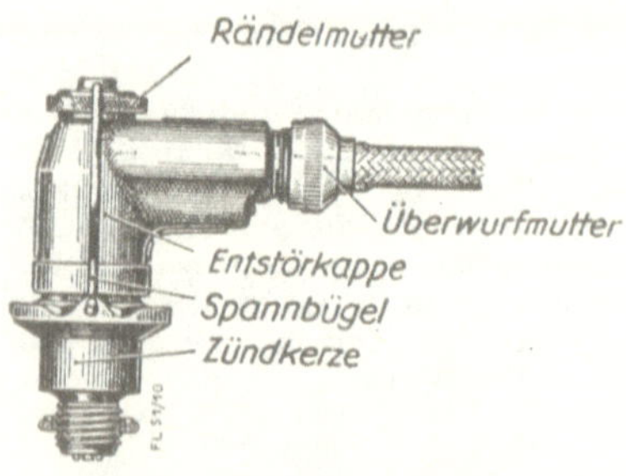

Bild 4. Entstörte Zündkerze mit aufgesetzter Entstörkappe

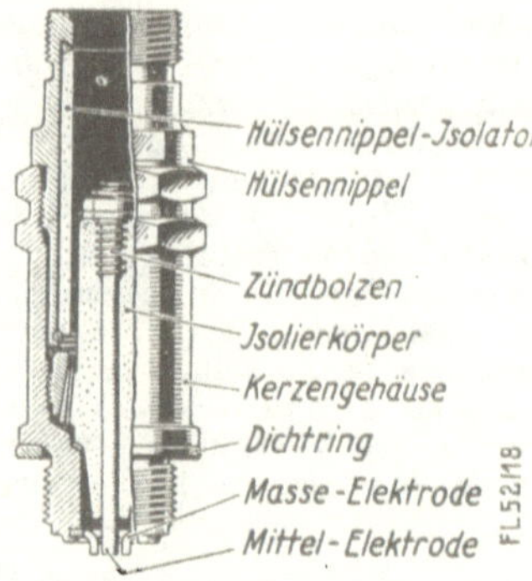

Bild 5. Entstörte Zündkerze

den Vorteil der Zerlegbarkeit, wodurch die Reinigung erleichert wird. Hoch beanspruchte Rennkerzen sind häufig mit Kühlrippen am Schaft des Kerzenkörpers versehen, um die Wärmeabfuhr zu vergrößern.

2. Isolator.

An den Isolierkörper werden folgende Forderungen gestellt:

Der Isolator ist der wichtigste Kerzenteil. Als Isolatoren für Fahrzeug- und Flugmotoren werden vorwiegend keramische Stoffe (Steinkerzen) verwendet, die den anderen üblichen Isolierstoff, Glimmer, (Glimmerkerzen) immer mehr verdrängen. In seltenen Fällen findet Quarz als Isolator Verwendung. Die Werkstoffe der keramischen Isolatoren sind als Steatit oder Speckstein, Zirkonstein, Sillimanit, Sinterkorund und Pyranit bekannt geworden. Die verschiedenen Steine unterscheiden sich durch ihre mechanischen, thermischen und elektrischen Eigenschaften, so zeichnet sich z. B. der Stein Pyranit II gegenüber dem Stein Pyranit I durch bessere thermische Festigkeit, größere Wärmeleitfähigkeit und höhere mechanische Festigkeit aus und wird daher für besonders hoch beanspruchte, hoch verdichtende und schnellaufende Motoren verwendet. Da zudem die Pyranit II-Steine gegen den Angriff der Verbrennungsrückstände der heute verwendeten gebleiten Kraftstoffe unempfindlich sind, während Glimmer angegriffen wird, verdrängen sie immer mehr die Glimmerkerzen, die früher ausschließlich für hohe Beanspruchungen verwendet werden mußten. Hervorragende Bedeutung erlangten die Isolatoren auf der Korundbasis mit ca. 99,7% Al_2O_3 (Sinterkorund) und besonders die Isolatoren mit rund 80—88% Al_2O_3 (Pyranit II). Vor allem letzteres hat auch im Ausland, befruchtet durch das deutsche Vorbild, eine Reihe von Nachahmern gefunden. Die außerhalb des Verbrennungsraums liegenden Isolatorteile erhalten einen Glasurüberzug zur Erzielung einer glatten, leicht zu reinigenden Oberfläche, an der Öl, Schmutz und Wasser sich weniger festsetzen. Glasur verbrennungsraumseitig hat sich wegen dem Angriff durch Verbrennungsrückstände von bleihaltigem Kraftstoff nicht bewährt. Glimmer ist bekanntlich ein in der Natur in vielen Sorten vorkommendes Material, das jedoch nur in seinen hochwertigsten Formen und in ausgesuchter Qualität für Kerzen verwendbar ist (Muskowit und Phlogopit oder Amberglimmer).

Durchschlagsfestigkeit gegen Spannungen bis etwa 30000 Volt auch bei hohen Temperaturen.

Isolationswiderstand auch bei hoher Erwärmung. Die Isolationsfähigkeit läßt mit zunehmender Erwärmung nach. Sie kann bei hoher Erhitzung, wie sie z. B. an der Kerze im Betrieb auftritt, bis auf den zehnten Teil des Wertes sinken, den der Isolator in kaltem Zustand hat. Ein Maßstab für die Güte des Isolators ist sein Te-Wert; das ist diejenige Temperatur, bei welcher der Isolationswert auf 1 Meg-Ohm gesunken ist.

Gute thermische Festigkeit. Der Stein muß gegen hohe einseitige Erhitzung und plötzliche Abkühlung möglichst unempfindlich sein. Er soll dabei nicht reißen, noch sonstwie Fehler bekommen

Mechanische Festigkeit. Zur Erzielung völliger Gasdichtigkeit muß der Isolator in einen Stahlkörper eingebördelt oder durch Überwurfmutter festgezogen werden. Der Druck auf den Stein beträgt dabei mehrere tausend Kilogramm. Ferner muß er gegen Stoß und Schlag sehr unempfindlich sein, damit er beim Einschrauben der Kerze in den Motor nicht beschädigt wird. Die mechanische und die thermische Festigkeit hängen in gewisser Beziehung zusammen, da nur ein mechanisch guter Werkstoff die thermischen Beanspruchungen genügend aushält.

Gute Wärmeleitfähigkeit des Isolatorstoffs ermöglicht lange Kriechwege der Isolatorteile im Verbrennungsraum und dadurch geringere Neigung zu Verschmutzungsanständen. Die Ableitung der vom Isolator während des Verbrennungsvorgangs aufgenommenen Wärme muß so erfolgen daß keine Wärmestauungen und damit Glühzündungen auftreten können. Die Wärmeableitung der Kerze darf aber auch nicht zu groß sein, da sonst der Isolator im Betrieb zu kalt bleibt und sich Ruß und Öl auf ihm festsetzen. Ist der Stein einer Kerze verrußt oder verschmutzt, so bildet diese Schicht für den Funken einen bequemeren Weg als die Funkenstrecke zwischen den Elektroden, und der Zündfunke setzt aus.

Günstige Wärmedehnungszahl, so daß sich der Isolator bei Erhitzung möglichst gerade so ausdehnt wie die übrigen Werkstoffe, in die er eingebaut ist, oder welche in ihm eingebettet sind. Ist der Unterschied in der Wärmedehnung zwischen den Baustoffen einer Kerze all zu verschieden, so ist es schwierig, sie im Betrieb dicht zu halten.

Neben genügend glatter Oberfläche, damit sich die Verbrennungsrückstände und Öl nicht so leicht festsetzen können, sind noch Widerstandsfähigkeit gegen chemischen Angriff, dichtes, feuchtigkeitsunabhängiges, porenfreies Gefüge und gute Herstellbarkeit Kennzeichen eines guten Isolators.

Die Glimmerkerze, die im Schnitt in Bild 6 dargestellt ist, eignet sich besonders für rauhen, hoch beanspruchten Betrieb, da geringfügige Beschädigungen des Isolators keinen Einfluß auf Isolierfähigkeit haben. Der Hauptvorteil des Glimmerisolators liegt in seiner guten Temperaturwechselbeständigkeit, seiner guten elektrischen und mechanischen Festigkeit, sowie darin, daß man die Mittelelektrode mit verhältnismäßig großem Durchmesser ausführen kann, weil gegenüber dem keramischen Isolator durch die Wärmeausdehnung der Mittelelektrode keine Sprengwirkung zu befürchten ist. Die stärkere Mittelelektrode hat eine größere Wärmeableitung und bleibt deshalb kühler und hat große Abbrandflächen, so daß der Elektrodenabbrand besonders klein bleibt. Wegen der Verölungs- und Verrußungsgefahr sollte, wie oben erwähnt, die Temperatur des in den Verbrennungsraum ragenden Teils des Isolators etwa 500° C (Selbstreinigungstemperatur) betragen. Glimmer kalziniert[1]) jedoch bei Temperaturen von über 600° nach längerer Betriebszeit, bei etwa 700° schon nach verhältnismäßig kurzer Zeit, wodurch der Isolator zerstört wird, während die heutigen keramischen Isolatoren bis zur Glühzündungstemperatur (850—900°) erwärmt werden können und auch bei Temperaturen von

Bild 6.
Glimmerkerze

[1]) Das Kristallwasser wird aus dem Glimmer ausgetrieben, so daß der Glimmer rissig wird und deshalb nicht mehr isoliert.

ca 1200°, wie sie bei starken Glühzündungen möglich sind, im Gegensatz zu Glimmer keinen Schaden leiden. Ein weiterer Nachteil von Glimmer ist, wie bereits oben erwähnt, daß er infolge chemischen Angriffs durch die Verbrennungsrückstände des heute viel verwendeten gebleiten Benzins allmählich zerstört wird. Infolge der vielen kleinen Teile, die zum Zusammenbau benötigt werden und dem hohen Abfall bei der Verarbeitung des Glimmers ist die Glimmerkerze wesentlich teurer als die Steinkerze, wobei zu beachten ist, daß Glimmer vom Ausland bezogen werden muß; die neuesten deutschen Kerzensteine dagegen werden vollkommen aus inländischen Rohstoffen hergestellt.

3. Elektroden.

Aus Bild 2 und 3 sind die Masse-Elektrode und die Mittelelektrode, auch Zündstift genannt, ersichtlich. Die Mittelelektrode, die in den Isolator eingeschraubt und meist eingekittet ist, besteht hauptsächlich aus Stahl, jedoch derjenige Teil, an dem der Funke überspringt, aus Nickel oder Nickellegierung. Nickel hat den Vorteil, daß es nicht zundert, daß der Abbrand geringer ist und daß die erforderliche Zündspannung kleiner ist als bei anderen Elektrodenwerkstoffen. Für Rennkerzen werden zwecks hoher Wärmeableitung häufig Mittelelektroden aus Kupfer verwendet, die durch einen im Windstrom liegenden Kühldom, d. h. Kühlrippen, Bild 6, gekühlt werden. Eine wesentlich bessere Kühlung hat die Masse-Elektrode. Sie besteht ebenfalls aus Nickel oder einer Nickellegierung. Die Masse-Elektrode muß nachbiegbar sein, um den Elektrodenabstand, der durch den Abbrand vergrößert wurde, richtig einstellen zu können. Um den Abbrand zu verringern, wird vielfach die Masse-Elektrode verbreitert oder mehrere Masse-Elektroden angebracht, so daß der Funke nicht immer an demselben Punkt überspringt. Eine spitze Masse-Elektrode verringert wohl die zum Überschlag erforderliche Spannung, jedoch steigt dadurch der Abbrand, so daß die Lebensdauer sinkt. Wichtig ist, daß die Kraftstoff-Luftgemischteilchen ungehindert zwischen die Elektroden gelangen können, was die Anlaßwilligkeit erhöht und runden Leerlauf ergibt. Die neuen keramischen Werkstoffe mit ihrer hohen Wärmeleitfähigkeit und großen thermischen Festigkeit ermöglichen, die Kerze so einzubauen, daß die Funkenstrecke tiefer in den Verbrennungsraum hineinragt. Damit können besonders im Teillastbetrieb Leistung und Verbrauch des Motors verbessert werden. Verschiedene Anordnungen und Elektrodenformen sind in Bild 7 dargestellt.

4. Abdichtmittel.

Zur Erzielung guter Gasdichtheit zwischen Isolator und Gehäuse werden Kupfer- oder Kupferasbest-Dichtringe verwendet. Über sie fließen auch die größten Wärmemengen vom Stein ab. Die Abdichtung der Mittelelektrode erfolgt selten durch den Kitt allein, sondern zusätzlich, meist am Steinkopfende, durch Dichtscheiben, durch Einschmelzen der Mittelelektrode mittels glasurartigen Massen, durch Einpressen von Specksteinpulver oder Graphit um oder zwischen die Mittelelektrode.

Die Abdichtung der Kerze im Motor erfolgt durch massive oder gefalzte Kupferringe, durch Kupferasbestringe oder durch gefalzte Eisenringe.

C. Betriebsbedingungen.

1. Beim Anlassen.

Beim Anlassen des kalten Motors muß ein ungünstiges, unvollkommen vergastes, kaltes Gemisch entzündet werden. Hierzu ist ein kräftiger Funke am geeignetsten, der möglichst viele Gemischteile erfaßt (Elektrodenabstand soll daher nicht zu klein sein) und dabei möglichst lange andauert (Zünderenergie soll daher groß sein). Beim Anlassen treten die höchsten

Überschlagspannungen auf, man muß daher zur Vermeidung von Aussetzern den Elektrodenabstand der Zündquelle anpassen (Magnetzündung 0,4—0,5 mm, Batteriezündung 0,6—0,7 mm am günstigsten). Die Isolatorfußtemperaturen sind nieder. Durch unvorsichtiges Gasgeben oder Einspritzen von zu viel Benzin können Kraftstoffniederschläge auf dem Isolator und schlechtes Anlassen wegen nicht zündfähigem Gemisch und bei gelegentlichen Zündungen Kondenswasserniederschläge auf dem Steinfuß auftreten. Meist ist jedoch die Tatsache, daß überhaupt kein Gemisch an die Elektroden gelangt, die Ursache von Anlaßschwierigkeiten.

2. Im Fahrbetrieb.

Bei gleichbleibendem Motorbetriebszustand stellt sich am Isolatorfuß der Kerze im Verbrennungsraum eine bestimmte Beharrungstemperatur ein, die sich jedoch rasch bei wechselnder Motorleistung ändert. Höchste Isolatorfußtemperatur tritt bei höchster Motorleistung auf. Für störungsfreies Arbeiten der Kerze soll diese Temperatur in einem bestimmten Bereich liegen und ca 500° (Selbstreinigungstemperatur) möglichst nicht unterschreiten. Hierbei brennen Ruß und Öl mit Sicherheit weg. Als obere Grenze sollen 850—900° nicht überschritten werden, weil sonst Glühzündungen auftreten, d. h. Entflammung des Gemisches vor dem elektrischen Funken oder weitere Zündungen nach Abstellen der elektrischen Zündung durch heiße Kerzenteile.

Praktisch treten auch bei richtig gewählter Kerze, besonders bei Kerzen mit hohem Wärmewert, im ungünstigen Fall, z. B. bei längerem Schiebeleerlauf, Temperaturen weit unter Selbstreinigungstemperatur auf (oft nur 150 bis 200° am Steinfußende). Ist dies längere Zeit der Fall, so besteht bei ungünstigem Aufbau der Kerze bei Schmieröldurchtritt infolge ausgelaufener Kolben oder festsitzender Kolbenringe oder zu fetter Vergasereinstellung Verschmutzungsgefahr. Dann sinkt der Isolationswiderstand der Kerze (Soll: mindestens 200000 Ohm), Zündenergie fließt im Nebenschluß ab, der Funke wird geschwächt oder bleibt ganz weg. Bei Motoren, die lange Zeit mit sehr hohen Leistungen betrieben werden müssen, wird

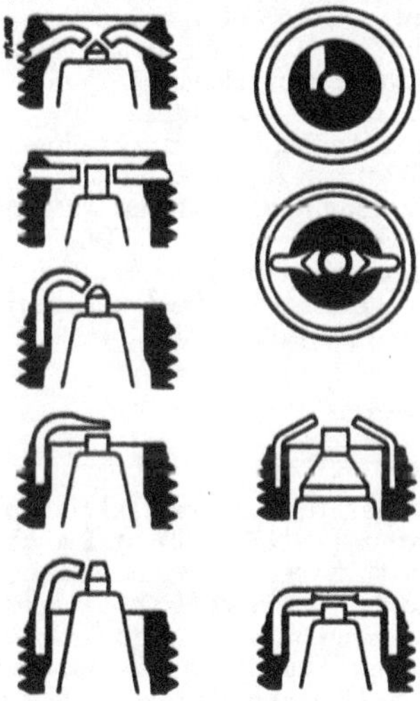

Bild 7. Anordnungen und Formen von Kerzenelektroden

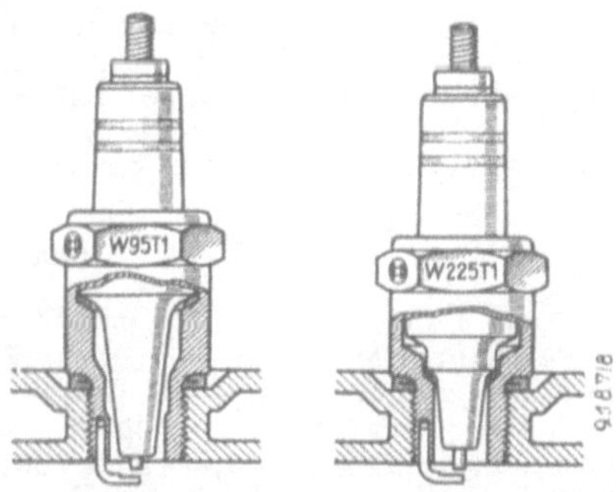

Bild 8. Zündkerzen, links; Mit niederem Wärmewert; Große Kerzenfußoberfläche nimmt viel Wärme auf, rechts; Mit hohem Wärmewert; Kleine Kerzenfußoberfläche nimmt wenig Wärme auf

man den Wärmewert der Kerze so wählen, daß die Mittelelektrodentemperatur an der Zündstelle wesentlich unter der Glühzündungstemperatur liegt, um übermäßigen Abbrand und, besonders bei gebleiten Benzinen oder schwefelhaltigen Kraftstoffen, starke Korrosion der Elektroden zu verhindern.

Bei mittlerer bis hoher Motorleistung glüht also bei richtig gewählter Kerze das Steinfußende stets dunkel- bis hellrot.

D. Wärmewert.

Der Wärmewert, ein von Bosch eingeführter Begriff, ist ein Maß für die Wärmebelastbarkeit einer Kerze. Durch richtige Abstimmung von Wärmeaufnahme und Wärmeableitung der Kerze wird ein bestimmter Wärmewert erzielt. Kerzen mit hohem Wärmewert haben kleine wärmeaufnehmende Oberflächen und gute Wärmeableitung von Isolationsfuß und Elektroden. Sie neigen nur in einem Motor mit sehr hoher Wärmebelastung zu Glühzündungen, sind allerdings auch gegen Verschmutzen empfindlicher. Solche Kerzen sind also für Motoren geeignet, die hohe Wärmebelastungen ausüben. Bild 8 zeigt zwei Kerzen mit verschiedenem Wärmewert. Durch Wahl der Kerze mit dem geeigneten Wärmewert wird erreicht, daß der Isolatorfuß der Kerze auch bei den verschiedensten Motoren im richtigen Temperaturgebiet arbeitet.

Der Wärmewert wird vorwiegend von folgenden Faktoren beeinflußt:

Wärmeleitfähigkeit des Isolators und der Elektroden, vor allem der Mittelelektrode.

Größe der Oberfläche derjenigen Teile des Isolators und der Elektroden, welche der Flamme ausgesetzt sind.

Größe und Form des Hohlraums zwischen dem Isolator und dem Kerzengehäuse.

Art und Form des Werkstoffs für die Dichtungen zwischen Isolator und Gehäuse.

Größe der dem Kühlwind ausgesetzten Oberfläche des Isolators, des Kerzengehäuses und der Mittelelektrode. Man macht deshalb z. B. bei Rennmotoren Kühlrippen an Gehäuse und Mittelelektrode.

Art der Abdichtung der Mittelelektrode im Isolator und damit Wärmeübergang zwischen Elektrode und Stein.

Für fast sämtliche Fahrzeugmotoren kommt man mit wenigen Wärmewertstufen aus (nach Bosch z. B. mit 5 Stufen: 45, 95, 145, 175, 225).

Der Wärmewert wird vom Kerzenhersteller im Motor durch Messung der Zeit bis zum Glühzündungsbeginn oder durch vergleichende Temperaturmessungen im Stein und in der Mittelelektrode bestimmt.

Der Wärmewert, z. B. 140, besagt, daß die betreffende Kerze in einem bestimmten Motor, der zur Bestimmung des Wärmewerts verwendet wird, bei einer bestimmten hohen Drehzahl 140 Sekunden lang betrieben werden kann, bis die ersten Glühzündungen auftreten. Bei einer Kerze mit Wärmewert, z. B. 45, treten die ersten Glühzündungen schon nach 45 Sekunden auf, ihr Wärmewert ist niedriger, sie wird also schneller heiß und darf daher nur in einem Motor mit geringerer Wärmebelastung benützt werden.

E. Ermittlung der Kerze.

1. Kerzengröße.

Für Fahrzeugmotoren ist heute in Deutschland für Neukonstruktionen die Kerze mit M 14 × 1,25 mm-Gewinde genormt (DIN 72502) und auch im Ausland weitgehend eingeführt. Daneben sind bei Fahrzeugmotoren noch Kerzen mit M 18 × 1,5- (DIN 72501) und im Ausland M 12 × 1- und M 10 × 1-Gewinde im Gebrauch. Für manche Sonderzwecke wird jedoch nach wie vor dem M 18 × 1,5-Gewinde besondere Bedeutung zukommen, besonders wo hohe Lebensdauer und geringe Verschmutzungsempfindlichkeit verlangt werden. Infolge der größeren Abmessungen des Isolators, der Elektroden und der Zwischenräume zwischen dem in den Verbrennungsraum hineinragenden Teil des Isolators und dem

Kerzenkörper wie auch der größeren wärmeleitenden Querschnitte ist bei der großen Kerze die Gefahr des Verschmutzens und der Glühzündungen geringer; ferner ist der Elektrodenabbrand geringer, die Auswahl des Wärmewerts braucht nicht so genau zu erfolgen und die Kerze hält höhere mechanische Belastung aus. Schaft- und Gewindelänge der Kerze sind durch die Einbauverhältnisse gegeben.

2. Wärmewert.

Die Wahl des richtigen Wärmewerts ist für richtiges Arbeiten von Kerze und Motor von entscheidender Bedeutung, sie wird bei Neukonstruktionen am besten in enger Zusammenarbeit mit dem Kerzenhersteller vorgenommen.

Beste Vorwahl erfolgt hierbei durch Temperaturmessung mittels Meßkerzen.

Diese haben in der hohl gebohrten Mittelelektrode ein Thermoelement. Die Temperatur wird an der heißesten Stelle der Kerze bestimmt, nämlich nahe am vorderen Ende der Mittelelektrode. Bei höchster Motorleistung wird mit Meßkerzen verschiedenen Wärmewerts gemessen. Gewählt wird der Wärmewert, der für den betreffenden Motorzweck auf Grund der Erfahrungen des Kerzenherstellers am geeignetsten ist.

Prüfung des richtigen Wärmewerts kann durch Beobachten des Kerzengesichts nach längerem Betrieb (mindestens ca. 1000 km) vorgenommen werden (Voraussetzung: Motor und Kerze in Ordnung!)

Normales, richtiges Aussehen:

Normaler Kraftstoff: Stein hellbraun bis dunkelbraun.

Gebleites Benzin: Graugelber bis brauner, pulverförmiger Belag von geringer Stärke. Elektroden ohne Korrosion.

Wärmewert zu hoch; Kerze bleibt zu kalt:

a) Normaler Kraftstoff: Schwarzer Stein mit Ruß- oder Ölkohleschicht oder Ölbelag.

b) Gebleites Benzin: Meist stärkerer, schwarzgrauer bis schwarzer, pulveriger, oft ölfeuchter Belag.

Vorsicht: Verölung tritt auch auf bei Zündaussetzern, z. B. infolge zu großen Elektrodenabstands, Rißbildung im Stein, Überschlag am Kerzenkopf oder an Masse, zu starker Ölschmierung, z. B. infolge undichter Kolbenringe, ausgelaufener Zylinder usw.

Wärmewert zu nieder (Kerze wird zu heiß):

a) Normaler Kraftstoff: Blaßweißer Stein, manchmal stark korrodierte Elektroden.

b) Gebleites Benzin: Dunkelbrauner bis schwarzbrauner, glasiger, krustiger, an der Isolatorspitze aufgeschmolzener Belag. Mittelelektrode meist stark korrodiert.

Der Fahrzeugbesitzer hält sich wegen richtiger Kerze am besten an die Vorschrift des Motorenherstellers.

F. Einbau der Kerze.

Die Lage der Kerze im Zylinder hat großen Einfluß auf Verbrennungsverlauf, Klopfneigung, Verbrauch und Leistung des Motors. Sie muß bei Neukonstruktionen durch sorgfältige Versuche ermittelt werden. Die Kerze soll, besonders mit Rücksicht auf Anlassen, Beschleunigen und Teillastbetrieb an einer Stelle liegen, die gut aufbereitetes, durch restliche Verbrennungsgase wenig verdünntes Kraftstoffgemisch erhält. Die Flammenwege von der Kerze bis zur entferntesten Stelle des Brennraums sollen zur Verhinderung von Klopferscheinungen oder rauhem Motorgang kurz sein. Aus diesem Grund ist Zündung in möglichst zentraler Lage des Zylinders günstig, wobei nach Möglichkeit die heißesten Gemischteile (meist in der Nähe des Auslaßventils) zuerst gezündet werden sollten. Andererseits ist

Bild 9. Richtiger und falscher Kerzensitz

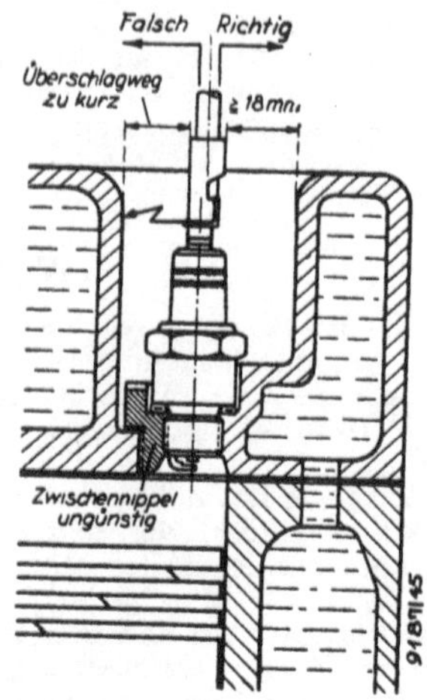

Bild 10. Verbesserung der Wärmeableitung vom Kerzensitz durch Änderung des Zylinderkopfes. Links: alter, schlechter Zustand, rechts: richtig

eine Lage der Kerze zu stark im Auslaßstrom unerwünscht, da sonst die Kerzenteile stärker erhitzt werden.

Lage des Zündfunkens in einem tiefen Sackloch oder einer schlecht mit Frischgas durchspülten Tasche ist zu vermeiden (s. Bild 9 oben), da hier ein durch Restgase verdünntes, mit geringer Geschwindigkeit verbrennendes und schlechter zündfähiges Gemisch vorhanden ist. Die Lage des Kerzengewinde-Endes soll möglichst mit der Zylinderwandung abschneiden (s. Bild 9 Mitte), jedoch keineswegs vorstehen (s. Bild 9 unten), wegen schlechterer Wärmeabführung vom Gehäuse und möglichem Gewinde-Fressen beim Ausbau durch verkokte Gewindegänge.

Für einwandfreie Kühlung ist besonders zu sorgen; bei wassergekühlten Motoren, indem das Kühlwasser möglichst nahe an den Kerzensitz herangezogen wird (s. Bild 10), bei luftgekühlten Motoren durch gute Kühlluftführung. Zwischennippel (Bild 10) sind wegen schlechter Wärmeabführung vom Kerzensitz zu vermeiden, jedoch sind bei Leichtmetallzylinderköpfen Gewindebüchsen aus Bronze, oder aus Stahl mit gutem Wärmekontakt mit dem Zylinder zu verwenden, um Ausreißen von Gewindegängen bei öfterem Wechsel zu verhindern.

Bild 10 zeigt den Kerzeneinbau in einem von Dieselbetrieb auf Generatorgas umgebauten Motor mit guter und schlechter Wärmeableitung vom Kerzensitz. Beim Einbau ist ferner darauf zu achten, daß für die spannungführenden Kerzenteile ausreichende Abstände von Masse vorgesehen werden (mindestens 16 mm), um Überschläge und dadurch Aussetzer zu vermeiden. Die beste Kerzenlage bei einem Motor liegt dann vor, wenn bei günstigster Leistung, niederstem Verbrauch auch bei Teillast und gutem Leerlauf eine Kerze mit möglichst niederem Wärmewert verwendet werden kann.

G. Wartung.

Sie ist bei richtig gewählter Kerze und einwandfreiem Motorzustand gering. Folgende Punkte sind zu beachten:

a) Gelegentliches Nachstellen des Elektrodenabstands auf den vom Motorenhersteller vorgeschriebenen Wert. Bei Fahrzeugmotoren mindestens dann, wenn 1 bis 1,2 mm Abstand erreicht ist.

b) Bei verrußten oder durch starken Bleibelag (nur bei gebleitem Benzin) oder zu Aussetzern neigenden Kerzen leichtes Sandstrahlen im Zündkerzen-Sandstrahlgebläse. (Glimmerkerzen dürfen nicht sandgestrahlt werden!) Verölte Kerzen in Benzin reinigen, falls Steinfuß schwarz, ebenfalls Sandstrahlen.

c) Nassen oder verschmutzten Kerzenkopf abwischen (sonst Aussetzergefahr durch Nebenschluß oder Überschlag am Kopf).

d) Beim Einschrauben in Motor Dichtring nicht vergessen, sonst Undichtheit und Kerzenüberhitzung, Glühzündungen! Hierbei passenden Steckschlüssel benützen und Steinkopf nicht abdrücken!

e) Nicht übermäßig in Motor festziehen, sonst treten mechanische Beschädigungen auf. Kerzen mit 18 mm-Gewinde sind mit 5—7 mkg, Kerzen mit 14 mm-Gewinde mit 3—4 mkg vollständig ausreichend festgezogen.

III. Zündzeitpunkt.

Die Leistung des Motors wird in hohem Maße von dem Zeitpunkt der völligen Entflammung beeinflußt. Die höchste Motorleistung erhält man, wenn der Zeitpunkt der völligen Entflammung unmittelbar nach dem Totpunkt liegt. Eine völlige Entflammung vor dem oberen Totpunkt ruft eine

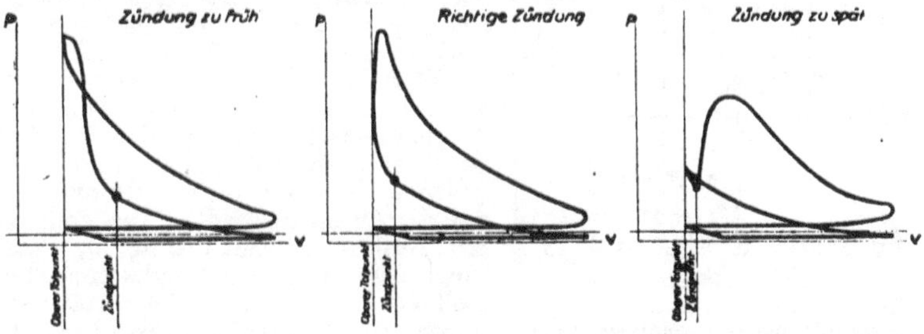

Bild 11. Indikatordiagramme eines Viertaktmotors bei verschiedenen Zündzeitpunkten

rücktreibende Kraft auf den Kolben hervor. Der Motor überhitzt sich, die Leistung sinkt und beim Anwerfen besteht Gefahr des Rückschlages. Bei einer zu späten Entflammung dagegen ist die Verdichtung ungenügend, die Verbrennung ist schleichend und die Energie des Kraftstoffs wird zu einem kleineren Teil in mechanische Leistung umgewandelt, so daß sich der Motor ebenfalls stärker erwärmt. Da die Entflammung eine bestimmte Zeit dauert, muß „Vorzündung" gegeben werden, d. h., der Zündzeitpunkt soweit vor o. T. gelegt werden, daß die Forderung für höchste Leistung erfüllt ist. Der Einfluß des Zündzeitpunktes auf die Motorleistung wird durch die Indikator-Diagramme eines Viertaktmotors mit zu frühem, rechtzeitigem und zu spätem Zündzeitpunkt in Bild 11 gezeigt. Bei langsamlaufenden stationären Motoren, die mit unveränderter Drehzahl laufen, kommt man mit festem Zündzeitpunkt aus. Bei Schnelläufern (Fahrzeugmotoren) ist eine Anpassung des Zündzeitpunkts an die Motordrehzahl notwendig. Je höher die Drehzahl ist, desto früher muß die Zündung erfolgen, damit unmittelbar nach dem Totpunkt des Kolbens die völlige Entflammung erreicht ist, denn die Entflammungsdauer wird größer, weil geringere Füllung und die Zeit vom Zündzeitpunkt bis zum Totpunkt, z. B. bei doppelter Drehzahl ist nur halb so groß, also umgekehrt proportional zur Drehzahl. Die Anpassung des Zündzeitpunkts an die Drehzahl kann am besten durch einen Fliehkraftregler erfolgen.

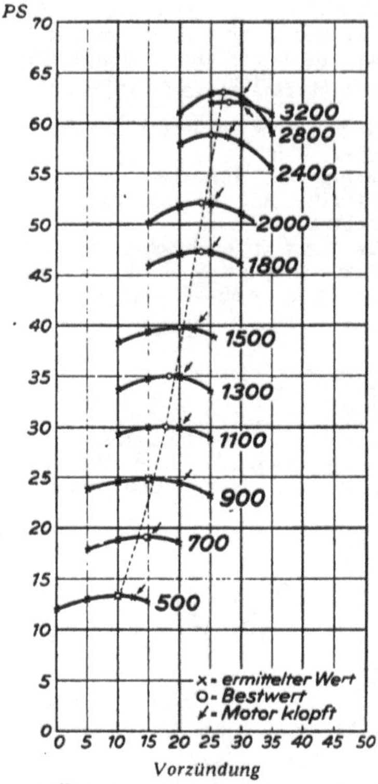

Bild 12. Ermittlung der Zündzeitpunkte höchster Motorleistung bei verschiedenen Drehzahlen

Die Ermittlung der günstigsten Verstellinie erfolgt für die höchste Motorleistung auf dem Bremsstand nach folgender Methode:

Man mißt die Bremsleistung des Motors bei Vollgas in Abhängigkeit von der Einstellung des Zündzeitpunkts vor dem oberen Totpunkt und zwar bei verschiedenen Drehzahlen, die im ganzen Drehzahlbereich des Motors liegen. Aus der auf diese Weise erhaltenen Kurvenschar (Bild 12) ergibt sich, die Punkte höchster Motorleistung für jede Drehzahl miteinander verbunden, die gesuchte Abhängigkeit des günstigsten Zündzeitpunkts von der Drehzahl, d. h. die Verstellkurve. Berücksichtigt man, daß der Leistungsabfall in dem Toleranzbereich höchstens 1 % der Motorhöchstleistung betragen soll, so erhält man die Grenzverstellkurven in Bild 13. Falls der Motor in diesem Verstellbereich bei bestimmten Drehzahlen klopft oder klingelt, so muß man dies jeweils durch etwas Spätzündung vermeiden.

Neben der Anpassung des Zündzeitpunktes an die Drehzahl des Motors mittels der Fliehkraftverstellung, hat auch die sogenannte Unterdruckverstellung — in beschränktem Umfange — in die Praxis Eingang gefunden. Bei Teillast ist die Entflammungsdauer etwas größer als bei Vollast, so daß man zur vollen Ausnützung des Motors den Zündzeitpunkt noch etwas früher legen muß. Dies gewinnt bei langer Teillastfahrt, z. B. auf der Autobahn und bei größeren, viel mit Teillast laufenden Motoren, Bedeutung. Die zusätzliche Zündzeitpunktverstellung bei Teillast erfolgt selbsttätig durch den Unterdruckversteller: Der Unterdruck im Saugrohr wirkt auf eine Membran, von der aus mit wachsendem Unterdruck der Zündverteiler in Richtung Frühzündung verdreht wird (Näheres Abschnitt IV, Zündstromerzeuger).

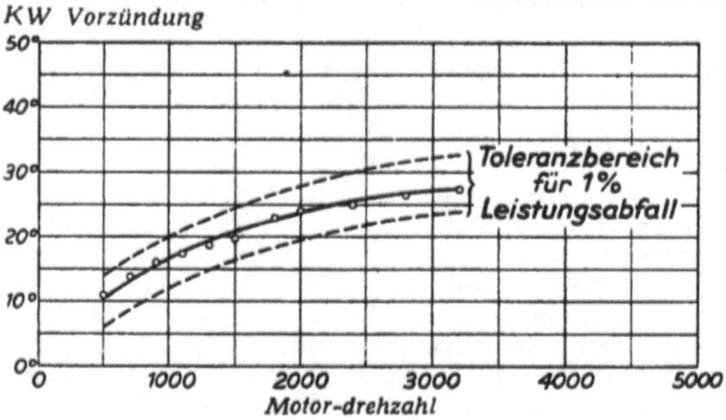

Bild 13. Günstigste Verstellinie und Grenzverstellkurven

Eine mit Gradeinteilung versehene Klemmschelle am Zündverteiler gestattet eine dem Oktanwert des Kraftstoffs angepaßte Voreinstellung des Zündverteilers, die daher Oktanverstellung genannt wird (Näheres Abschnitt IV A 3).

Damit der Motor beim Anwerfen von Hand nicht zurückschlägt, muß bei Motoren mit mehr als 375 ccm Inhalt je Zylinder der Batteriezünder so eingestellt werden, daß der Zündzeitpunkt nicht vor dem oberen Totpunkt des Motorkolbens liegt, der Magnetzünder ohne Schnapper dagegen kann bis zu 15° vor O.T. eingestellt werden.

IV. Zündstromerzeuger.

Zur Zündung des Ottomotors verwendet man heute ausschließlich Hochspannungszündfunken, die im richtigen Augenblick entstehen müssen. Der Schlüsselpunkt der heutigen Hochspannungszündung liegt an der Berührungsstelle zwischen den mechanischen und elektrischen Vorgängen: am Unterbrecher. Er ist sozusagen die Seele der Zündung und deshalb das wichtigste Element des Zündstromerzeugers. Durch den vom Motor aus mechanisch angetriebenen Unterbrecher wird der Zündvorgang ausgelöst und damit auch der Zündzeitpunkt bestimmt.

Als Stromquelle für den Unterbrecherstromkreis kann entweder eine Batterie oder eine in einem permanenten Magnetfeld bewegte Wicklung verwendet werden, je nachdem es sich um einen Batterie- oder Magnetzünder handelt.

In der Literatur ist ferner die sogenannte Dynamozündung bekanntgeworden, die sich von der Batteriezündung nur dadurch unterscheidet, daß anstelle der Batterie die Dynamo oder Lichtmaschine tritt. Die Dynamozündung hat sich jedoch nur bei Motorrädern als Notbehelf eingeführt; wenn die Batterie schadhaft ist, wird durch einen Schalter an der Lichtmaschine deren Selbstschalter überbrückt, wodurch die Lichtmaschine unmittelbar auf die Batteriezündanlage arbeitet und dadurch trotz schadhafter Batterie bei genügend raschem Anschieben des Motorrads ein Anlassen möglich ist.

Die Größe des Zündstromerzeugers ist durch die Zündenergie bestimmt. Zum aussetzerfreien Zünden ist eine bestimmte Zündenergie notwendig. Da bei Batteriezündung die Zündenergie mit steigender Motordrehzahl abnimmt, muß der Batteriezünder so groß gewählt werden, daß er bei der höchsten Motordrehzahl und damit höchsten Funkenzahl die notwendige Zündenergie abgibt. Bei der Magnetzündung dagegen wird die erforderliche Zündenergie erst von einer bestimmten Drehzahl ab erreicht. Diese niederste Drehzahl darf nicht höher liegen als die Anlaßdrehzahl des Motors bei Kälte. Soll die notwendige Zündenergie bei einer niedrigeren Drehzahl erzeugt werden, so muß ein größerer Magnetzünder gewählt werden; handelt es sich jedoch nur um die Erhöhung der Anlaßzündenergie, so können dazu Anlaßhilfsmittel wie z. B. Schnapper verwendet werden.

Eine hohe mechanische und elektrische Beanspruchung der einzelnen Teile des Zündstromerzeugers tritt bei den hohen Funkenzahlen auf, die zum Betrieb von vielzylindrigen und schnellaufenden Motoren notwendig sind; so z. B. verlangt ein Viertakt-Motor mit 12 Zylindern und einer Kurbelwellendrehzahl von 6000 U/min 36000 Unterbrechungen oder Funken je Minute.

A. Batteriezünder.

Die Batteriezündung konnte erst die heutige weite Verbreitung finden, als die Batterie zuverlässig genug war. Heute sind fast alle Personenwagen und viele Gebrauchsmotorräder mit Batteriezündung ausgerüstet, weil sie billiger ist als die Magnetzündung.

1. Wirkungsweise (s. Bild 14).

Die notwendige elektrische Leistung wird der Wagenbatterie entnommen, die im Fahrbetrieb von der Lichtmaschine aufgeladen wird. Durch Schließen des Zündschalters wird die Primärwicklung der Zündspule über einen Unterbrecher an die Batterie angeschlossen. Der hierbei fließende Gleichstrom baut ein Magnetfeld auf, dessen magnetische Energie ein Maß für die Zündenergie und Spannung ist. Zur Erreichung eines genügend starken Magnetfeldes dient ein Spulenkern aus geblättertem, weichem Eisen. Außer der Primärwicklung umschließt diesen Eisenkern eine Sekundärwicklung, die eine viel höhere Windungszahl hat als die Primärwicklung. Wird der Unterbrecher geöffnet, so wird der Strom unterbrochen und das

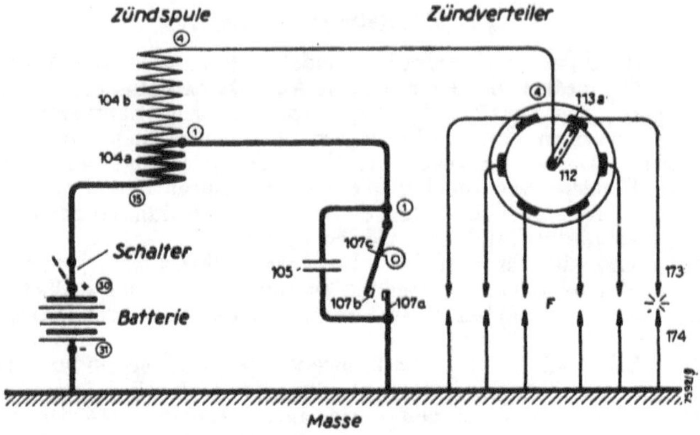

Bild 14. Schaltung der Batteriezündung

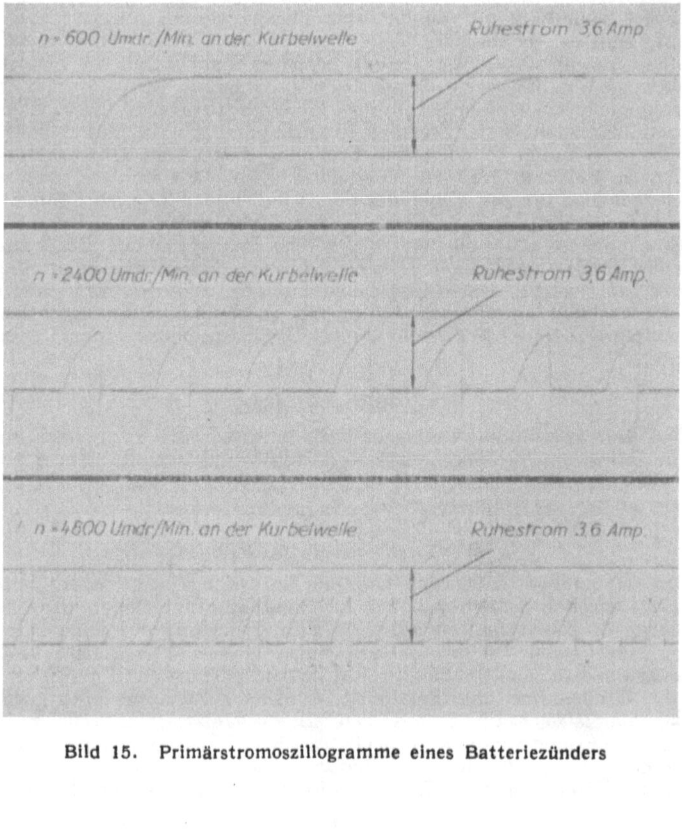

Bild 15. Primärstromoszillogramme eines Batteriezünders

Magnetfeld bricht plötzlich zusammen, wodurch in der Sekundärspule eine hohe Spannung erzeugt wird. Zur Verhinderung des schädlichen Feuerns an den Unterbrecherkontakten ist ihnen ein Löschkondensator parallel geschaltet. Die Kapazität des Kondensators ist nur so groß zu halten, daß der Lichtbogen noch sicher gelöscht wird. Der hochgespannte Zündstrom der Sekundärwicklung wird über einen Verteiler den einzelnen Zündkerzen zugeführt. Die Rückleitung des Zündstroms zur Zündspule erfolgt über die Masse des Motors. Der Unterbrecher wird von einem Nocken gesteuert. Jede Öffnung des Unterbrechers gibt einen Zündfunken. Der Läufer des Verteilers, der in der Regel mit nur einem Unterbrecher zusammenarbeitet, läuft mit derselben Drehzahl wie der Unterbrechernocken. Bei Viertaktmotoren ist die Verteilerdrehzahl und damit auch die Nockendrehzahl gleich der Steuerwellendrehzahl. Die Stellung des Nockens zur Steuer- bzw. Kurbelwelle ist durch den Zündzeitpunkt bedingt. Über die verschiedenen Arten der Zündzeitpunktverstellung s. Abschnitt 3.

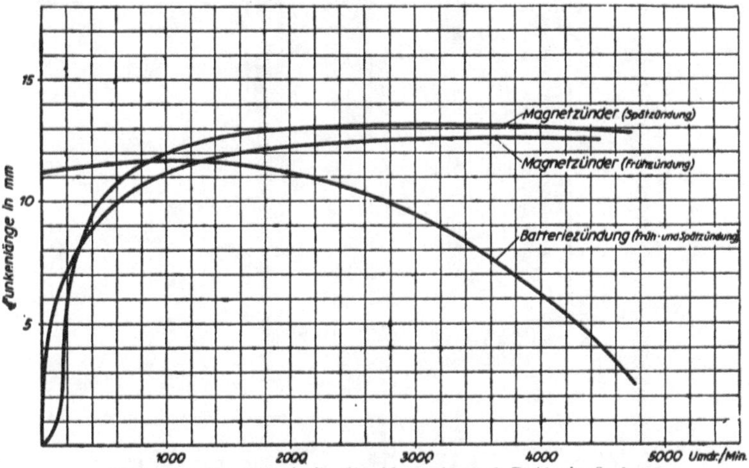

Bild 16. Charakteristik des Magnet- und Batteriezünders

Abhängigkeit der Zündspannung von der Drehzahl. Während der Schließungsdauer des Unterbrechers steigt der Strom in der Primärwicklung der Zündspule nach einer Exponentiallinie an (s. Bild 15) und baut ein entsprechendes Magnetfeld auf. Die notwendige Zeit für den Aufbau dieses Magnetfeldes beträgt etwa $^1/_{100}$ sec. Die während der Schließungsdauer aufgespeicherte magnetische Energie bestimmt die Zündspannung. Diese Eigenschaft der Batteriezündung sieht man aus den Primärstromoszillogrammen in Bild 15. Man sieht, daß bei einer Kurbelwellendrehzahl von 600 U/min der Primärstrom die Höhe des Ruhestroms erreicht, da die Schließungsdauer sehr lang ist. Bei den höheren Drehzahlen von 2400 und 4800 U/min reicht die Schließungsdauer nicht mehr aus, den Primärstrom bis zum Ruhestrom ansteigen zu lassen. Dies hat zur Folge, daß die in der Zündspule aufgespeicherte magnetische Energie und damit die Zündspannung bei diesen höheren Drehzahlen sinkt. Diese fallende Charakteristik der Zündspannung in Abhängigkeit von der Drehzahl, die in Bild 16 dargestellt ist, ergibt die höchste Zündspannung bei besonders niederer Drehzahl, d. h. beim Anlassen und im Leerlauf, während bei den hohen Drehzahlen verhältnismäßig kleine Zündspannungen erzeugt werden. Diese Charakteristik hat meist Ähnlichkeit mit der an der Kerze im praktischen Betrieb verlangten Zündspannung. Verlangt man besonders hohe Funkenzahlen, so verwendet man zur Erreichung eines aussetzerfreien Betriebes entweder

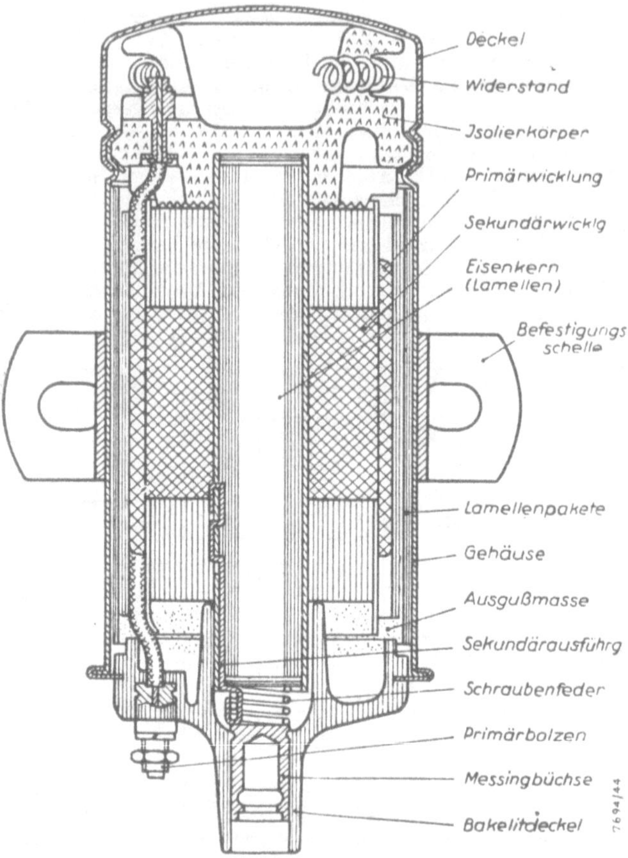

Bild 17. Schnitt durch eine Zündspule

Zündverteiler mit Doppelunterbrecher oder zwei getrennte Zündkreise. Nähere Einzelheiten s. Abschnitt 2.

2. Bauarten.

a) Zündspule.

Bei der üblichen Zündspule, die im Schnitt in Bild 17 dargestellt ist, wird die den Batteriestrom führende Primärwicklung aus dickem Draht allgemein außen angeordnet, damit die Stromwärme besser abgeleitet wird. Die aus vielen Windungen dünnen Drahtes bestehende Sekundärwicklung ist unmittelbar auf den geblätterten Eisenkern gewickelt. Während ihr inneres Ende mit dem Eisenkern verbunden ist und die Hochspannung durch den Eisenkern zum Anschluß des Hochspannungskabels geführt wird, liegt ihr äußeres Ende über die Primärwicklung und die Batterie an Masse. Die ganze Zündspule ist von einer Vergußmasse umgeben, die die Aufgabe hat, die Wicklungen gegen Feuchtigkeit abzudichten, die in den Wicklungen erzeugten Wärmemengen abzuleiten, ferner eine gute Isolation zu bilden und den dünnen und empfindlichen Draht der Sekundärwicklung vor Erschütterungen zu schützen.

Das Gehäuse der Zündspule besteht entweder aus Blech oder Preßstoff. Ein Preßstoffgehäuse eignet sich besonders gut für eine Hochleistungszündspule, deren magnetischer Kreis, abgesehen vom Kern, eisenfrei und daher besonders verlustarm ist. Die Hochleistungszündspule erzeugt aus diesem Grunde über den ganzen Drehzahlbereich eine höhere Zündspannung als die übliche Zündspule. Wegen der schlechteren Wärmeableitungsverhältnisse muß diese Zündspule jedoch größer bemessen werden.

Gegenüber der 6 Volt-Zündspule ist die 12 Volt-Zündspule manchmal mit einem Vorschaltwiderstand versehen, dessen Ohmwert durch die Forderung der Begrenzung der Spulenerwärmung bedingt ist und der so im Isolierkörper der Zündspule angebracht ist, daß eine günstige Wärmeabführung erfolgt.

Die Zündspule mit Zusatzwicklung als Anlaßhilfe wird in Abschnitt 4 besprochen.

b) Zündverteiler.

Unterbrecher, Selbstversteller und Verteiler sind im sogenannten Zündverteiler zusammengebaut, der in seiner üblichen Bauart in Bild 18 dargestellt ist.

Der Hebel des Unterbrechers wird durch einen umlaufenden Nocken gesteuert, der über den Selbstversteller (nähere Einzelheiten s. Zündzeitpunktverstellung) vom Motor aus angetrieben wird. Dem Kontakt auf dem Unterbrecherhebel steht der auf der Unterbrecherplatte befestigte Kontakt gegenüber. Letzterer kann zur Einstellung der vorgeschriebenen Kontaktöffnung verstellt werden. Zur Erzielung einer langen Schließungsdauer und damit großen aufgespeicherten Energie der Zündspule und hoher Zündspannung wird die Öffnungsdauer verhältnismäßig kurz gewählt. Um die Gefahr des Abschleuderns des Unterbrecherhebels zu verringern, wird dieser leicht ausgeführt und der Nockenanstieg nicht zu steil gemacht. Über die Mittel zur Erhöhung der Funkenzahl bei Batteriezündung siehe Abschnitt c.

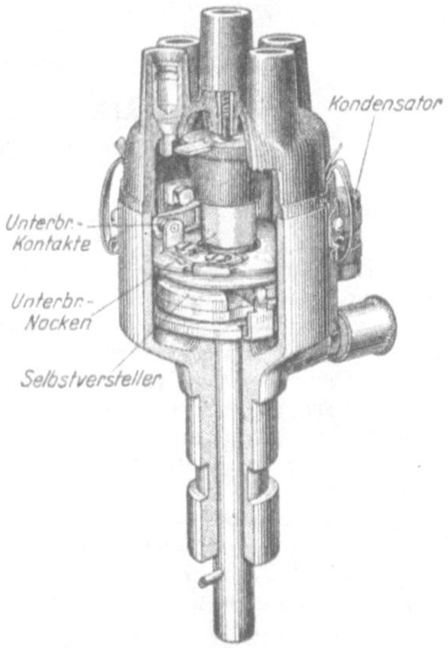

Bild 18. Zündverteiler

Der Verteiler besteht aus dem Verteilerläufer, der auf dem Nocken angebracht ist und der Verteilerscheibe aus Isolierstoff, in die die Anschlüsse für die Hochspannungskabel und die dazugehörigen Elektroden eingepreßt sind. Der Verteilerläufer läuft an den Elektroden der Verteilerscheibe mit kleinem Abstand vorbei, wobei ihm der Hochspannungszündstrom von der Zündspule über den mittleren Hochspannungsanschluß der Verteilerscheibe und eine Schleifkohle zugeführt wird. Da die Verteilung des Zündstromes vom Verteilerläufer auf die Verteilerscheibe durch Überschlag erfolgt, wird dieser Verteiler Überschlagverteiler genannt. Damit die salpetrige Säure, die sich beim Überschlag bildet, die Metallteile nicht angreift, muß dieser Verteiler gut gelüftet werden. Bei einem Betrieb, bei welchem der Zündverteiler in hohem Maße der Gefahr der Verschmutzung und Verstaubung ausgesetzt ist, kommt eine Entlüftung mit Rücksicht auf die Betriebssicherheit nicht in Frage. In diesem Falle tritt an die Stelle des Überschlagverteilers der Schleifbahnverteiler, bei welchem eine Kohle auf den in der Verteilerscheibe eingebetteten Segmenten schleift. Der Anschluß der Zündkabel an die Kerzen erfolgt entsprechend der für den jeweiligen Motor vorgeschriebenen Zündfolge.

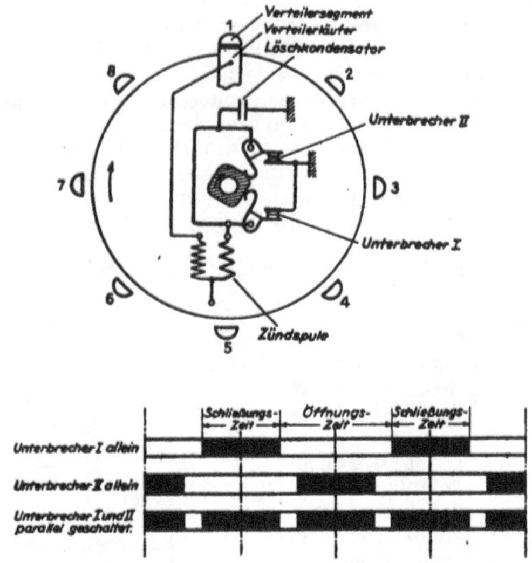

Bild 19. Schaltung eines Batteriezünders mit zwei parallel geschalteten Unterbrechern

c) Batteriezündung für vielzylindrige und schnellaufende Motoren (Bild 19 und 20).

Vielzylindrige und schnellaufende Motoren verlangen hohe Funkenzahlen. Bei der Batteriezündung ist die Funkenzahl durch die erreichbare Schließungsdauer des Unterbrechers begrenzt. Durch zwei parallel geschaltete Unterbrecher und einem Nocken mit halber Höckerzahl (Bild 19) ist es möglich, die Schließungsdauer zu verlängern, ohne daß die Höcker zu spitz werden. Die beiden Unterbrecher sind so angeordnet, daß innerhalb der Öffnungszeit des einen Unterbrechers der andere schließt und öffnet. Durch die Verwendung von zwei Unterbrechern müssen die Kontakte später ersetzt werden wie beim Einfach-Unterbrecher.

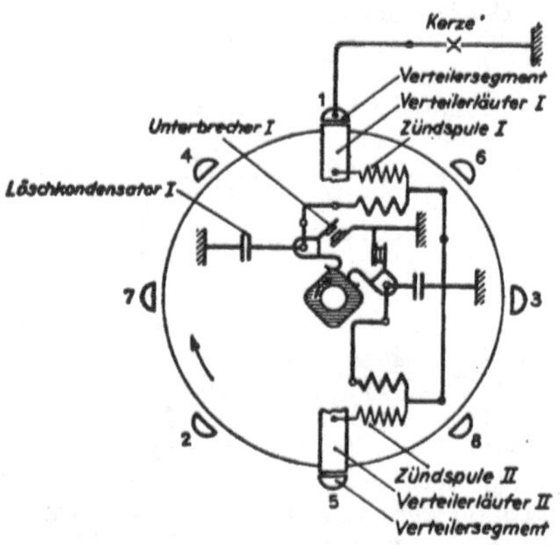

Bild 20. Schaltung eines Batteriezünders mit zwei elektrisch getrennten Zündkreisen

Eine andere Möglichkeit, die Funkenzahl des Batteriezünders zu erhöhen, besteht darin, daß man z. B. einen Achtzylindermotor nicht mit einem einzigen Zündkreis, bestehend aus Unterbrecher, Löschkondensator, Zündspule und Verteiler, ausrüstet, sondern mit zwei elektrisch getrennten Zündkreisen (Schaltung s. Bild 20), wovon jeder eine Hälfte der Zylinder versorgt. Es wird ein vierhöckeriger Nocken verwendet und jede Zündspule arbeitet mit ihrem Unterbrecher auf vier Zylinder. Die Schließungszeit und damit die Zündspannung, liegt ebenso günstig, wie bei einer Zündanlage für einen Vierzylindermotor. Zwecks Vereinfachung sind die Unterbrecher, Löschkondensatoren und Verteiler der beiden Zündkreise in einem Zündverteiler zusammengebaut.

Die zwei elektrisch getrennten Zündkreise ermöglichen gegenüber der Schaltung mit den parallel geschalteten Unterbrechern höhere Funkenzahlen, also bei gleicher Zylinderzahl höhere Drehzahlen, jedoch ist der Aufwand wesentlich größer. Sie werden außerdem mit Vorteil bei V-Motoren mit unregelmäßiger Zündfolge angewendet.

3. Zündzeitpunktverstellung.

Wie in Abschnitt III erwähnt, muß der Zündzeitpunkt mit wachsender Drehzahl vorverlegt werden. Früher wurde dazu Handverstellung benützt, während heute fast allgemein ein Fliehkraftselbstversteller verwendet wird (Bild 21), der die Stellung des Unterbrechernockens gegenüber der Antriebswelle, die mit der Kurbel- oder Steuerwelle des Motors in Verbindung steht, mit steigender Drehzahl um einen bestimmten Winkelbetrag vorverlegt. Die Verstellung erfolgt dadurch, daß die Fliehgewichte, die mit einem bestimmten Hebelarm am Nocken eingreifen, nach außen gehen und den Nocken verdrehen. Da jeder Motortyp eine bestimmte Charakteristik des Selbstverstellers verlangt, werden die Federn und Abwälzkurven des Selbstverstellers entsprechend ausgeführt.

Bild 21. Fliehkraftselbstversteller

Zusätzlich zum Fliehkraftselbstversteller sind die Zündverteiler manchmal noch mit einer Hand-

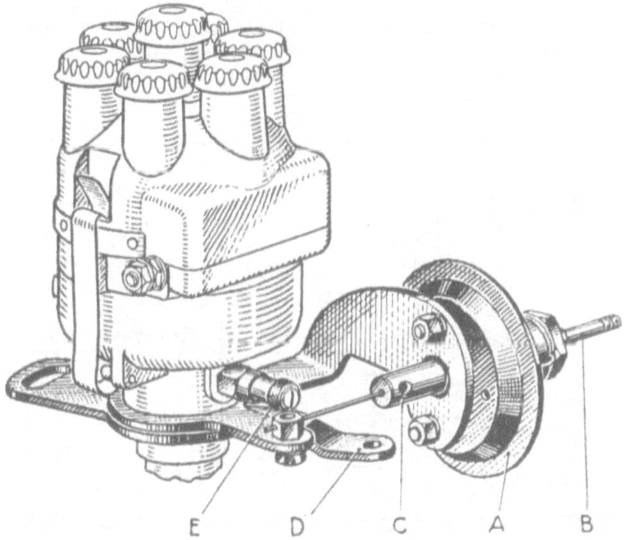

Bild 22. Lucas-Zündverteiler mit Unterdruckversteller

verstellung ausgerüstet. Dadurch ist es möglich, das Gehäuse des Zündverteilers entsprechend der Belastung und des Kraftstoffs von Hand zu verstellen. Zu diesem Zweck ist am Lenkrad ein Verstellhebel oder am Instrumentenbrett ein Ziehknopf angebracht, der durch Bowdenzug, Gestänge usw. mit dem Zündverteiler in Verbindung steht.

Um den Zeitpunkt nicht nur an die Drehzahl, sondern auch an die Belastungsverhältnisse möglichst selbsttätig anzupassen, wird heute hin und wieder zu der Fliehkraftverstellung zusätzlich eine Unterdruckverstellung verwendet, die an Hand eines Ausführungsbeispiels von Lucas, Bild 22, dargestellt ist. Durch die Unterdruckdose wird das Gehäuse des Zündverteilers so verstellt, daß der Zündzeitpunkt bei Teilgas gegenüber Vollgas vorverlegt ist. Damit bei Leerlauf keine Verstellung, also kein Unterdruck vorhanden ist, wird das Ansaugrohr kurz vor der Drosselklappe angezapft. Sowie die Drosselklappe geöffnet wird, entsteht an der Anzapfstelle ein Unterdruck, welcher über die Unterdruckdose die gewünschte Vorzündung bewirkt. Die Unterdruckverstellung bringt nur bei Fahren mit Teilgas eine Kraftstofferspamis, was insbesondere auf der Autobahn eine Rolle spielt.

Um auch beim Fehlen einer Handverstellung den Zündzeitpunkt entsprechend dem Kraftstoff einstellen zu können, ist neuerdings die sogenannte Oktanverstellung eingeführt worden. Bei Übergang auf einen Kraftstoff mit niedrigerer Oktanzahl, also größerer Neigung zum Klopfen des Motors, kann man der Klopfneigung durch etwas mehr Spätzündung begegnen. Dies geschieht dadurch, daß man, nachdem der Verteiler in der üblichen Weise auf Spätzündung im oberen Totpunkt eingestellt ist, ihm an Hand einer Gradeinteilung eine entsprechende zusätzliche Spätzündung gibt.

4. Anlaßhilfsmittel.

Beim Anlassen wird der Batterie der hohe Anlasserstrom entnommen, wodurch deren Spannung sinkt. Es kann deshalb bei Motoren mit besonders ungünstigen Anlaßverhältnissen infolge der niedrigeren Batteriespannung beim Anlassen die Zündspannung des Batteriezünders nicht ausreichen. In diesem Falle schaltet man während des Anlaßvorgangs zur Erhöhung der Spannung und Zündenergie eine Zusatzwicklung parallel zur Primärwicklung der Zündspule. Die Schaltung einer Zündspule mit Zusatzwicklung in Bild 23 zeigt, wie die Zusatzwicklung gleichzeitig mit dem Anlasser ein- und ausgeschaltet wird.

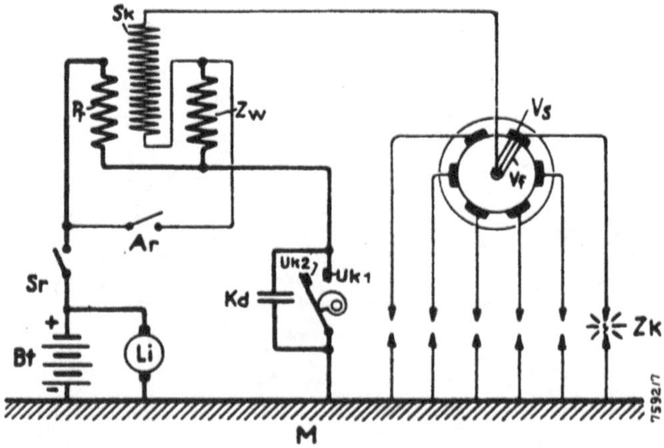

Bild 23. Schaltung einer Zündspule mit Zusatzwicklung als Anlaßhilfsmittel

Bei Zündspulen mit Vorwiderstand kann während des Anlaßvorgangs die Zündspannung dadurch erhöht werden, daß der Vorwiderstand kurzgeschlossen wird

5. Einbau und Wartung.

Die **Zündspule** sollte möglichst nahe am Zündverteiler, z. B. am Motorblock oder an der Spritzwand, jedoch nicht in der Nähe heißer Motorteile befestigt werden, damit das Hochspannungskabel zwischen Zündspule und Zündverteiler kurz und die Zündspule nicht zu heiß wird. Die Befestigung der Zündspule an der Spritzwand anstatt am Motorblock hat den Vorteil geringerer Beanspruchung durch Erschütterungen; bei starken Erschütterungen sind besondere Befestigungsteile notwendig.

Der **Zündverteiler**, der bei Viertaktmotoren mit Steuerwellendrehzahl läuft, wird meist am Motor mit senkrechter oder nahezu senkrechter Achse eingebaut. Der Antrieb des Zündverteilers erfolgt in der Regel über ein Schraubenrädergetriebe von der Steuerwelle aus. Dabei wird das die Verteilerwelle treibende Ritzel, das häufig auch zum Antrieb der Ölpumpe gebraucht wird, meist besonders gelagert und treibt entweder über eine Kupplung (Bild 24) oder über einen Mitnehmer die Zündverteilerachse an. Um Achsversetzungen auszugleichen und damit Achsdrücke zu vermeiden, wird die Kupplung oder die Mitnehmerwelle in der Regel kardanisch ausgebildet. Bild 25 zeigt eine solche kardanische Mitnehmerwelle, die für einen

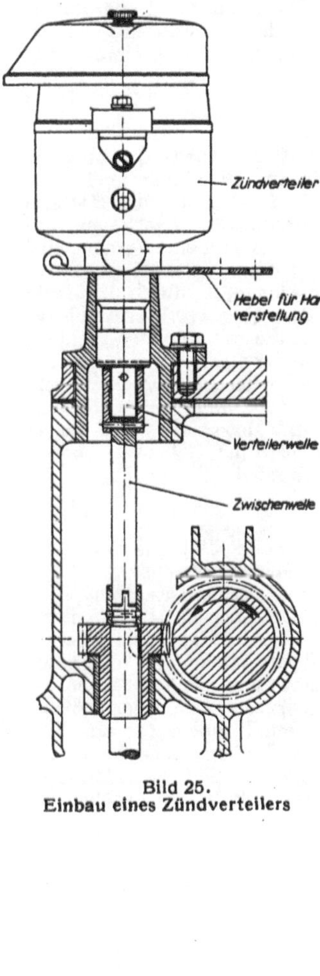

Bild 25.
Einbau eines Zündverteilers

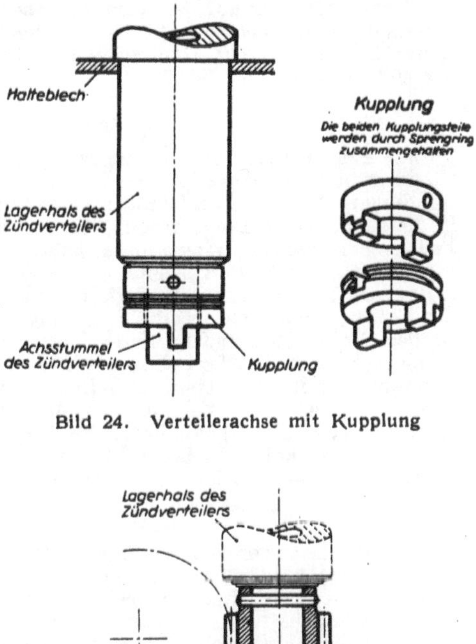

Bild 24. Verteilerachse mit Kupplung

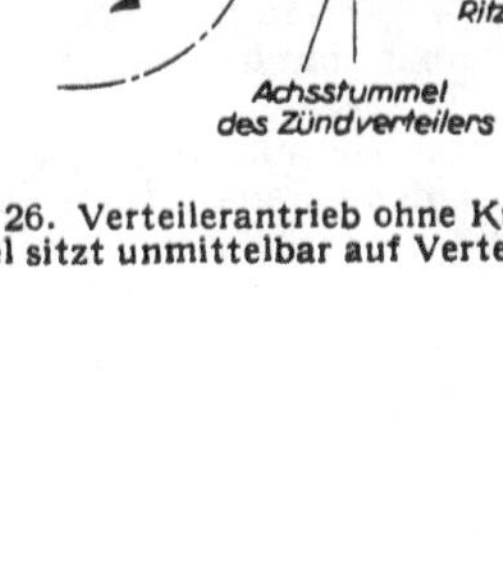

Bild 26. Verteilerantrieb ohne Kupplung, Ritzel sitzt unmittelbar auf Verteilerachse

Fall geschaffen ist, bei dem das antreibende Ritzel besonders weit vom Achsstummel des Zündverteilers entfernt ist. Zuweilen sitzt auch das Ritzel unmittelbar auf dem Verteilerachsstummel (Bild 26). Der Verteiler selbst wird in der Regel mit seinem Schaft in eine entsprechende Bohrung des Motors eingesteckt und durch ein auf diesen Schaft geklemmtes Halteblech gegen Verdrehen gesichert, wobei das Halteblech entweder festgeschraubt oder zur Zündzeitpunkteinstellung mit Schlitzen versehen und verstellbar befestigt wird (Bild 25). Flanschbefestigung wird verwendet, wenn entweder sehr geringe Bauhöhe verlangt wird, so daß kein genügend langer Verteilerhals zum Einstecken gemacht werden kann oder wenn der Verteiler waagrecht eingebaut werden muß. Der Platz des Zündverteilers am Motor ist durch die Raumverhältnisse bestimmt. Es muß jedoch darauf geachtet werden, daß Benzin, Öl und übermäßige Wärmezufuhr (z. B. vom Auspuffrohr) vom Zündverteiler mit Rücksicht auf Lebensdauer der Unterbrecherkontakte und zur Vermeidung von Überschlägen zwischen zwei benachbarten Verteiler-Elektroden usw. fernzuhalten sind, ferner daß die Hochspannungskabel vom Zündverteiler zu den Kerzen möglichst kurz sind. Zur Erzielung einer zweckmäßigen Kabelverlegung wählt man Verteilerscheiben mit senkrechter oder waagrechter Kabelabführung. Zur Einstellung und Wartung des Zündverteilers ist für gute Zugänglichkeit zu sorgen.

Die notwendige Wartung eines Zündverteilers — die Zündspule bedarf keiner Wartung — ist verhältnismäßig gering. Notwendig sind Nachstellung der Kontaktöffnung auf den vorgeschriebenen Wert, bei der Generalüberholung des Fahrzeugs nötigenfalls auch Reinigung der Kontakte mit Ölstein, ferner Schmierung des Gleitlagers alle 2000 km durch eine Umdrehung der Fettbüchse.

B. Magnetzünder.

Mit zunehmender Vervollkommnung der Batterie wurde die Magnetzündung in Personenwagen immer mehr verdrängt. Sie findet noch Verwendung in Traktoren und Tropenfahrzeugen, da die Wartung der Batterie in diesen Fällen in Frage gestellt ist, und in Omnibussen, Lastwagen und Feuerwehrfahrzeugen wegen ihrer hohen Betriebssicherheit. Ferner wird die Magnetzündung in Verbindung mit Schnapper bei Motoren, die hoher Kälte ausgesetzt sind, der Batteriezündung vorgezogen, da durch die Kälte das Fassungsvermögen und die Spannung der Batterie stark beeinträchtigt werden. Bei kleinen und mittleren Motorrädern, die mit mäßiger Lichtleistung auskommen, ist der Schwunglichtmagnetzünder einer voll ausgebauten Lichtanlage mit Bleibatterie und Batteriezünder wirtschaftlich überlegen. Deshalb hat in letzter Zeit der Schwunglichtmagnetzünder große Verbreitung gefunden. Bei Rennmotoren für Wagen und Motorräder wird wegen der verlangten hohen Funkenzahl und aus Gründen der Betriebssicherheit heute fast ausschließlich Magnetzündung verwendet.

1. Wirkungsweise.

Im Gegensatz zur Batteriezündung, bei welcher die Batterie die Zündenergie liefert, wird bei Magnetzündung die erforderliche Zündenergie durch Drehen eines bewickelten Ankers in dem Feld eines permanenten Magneten erzeugt. Die Schaltung des Magnetzünders ähnelt der der Batteriezündung, Aufbau und Schaltung eines Magnetzünders mit üblicher Bauart ist schematisch in Bild 27 gezeigt. Daraus ersieht man, daß die Primär- und Sekundärwicklung den geblätterten Eisenkern des Ankers umschließen, ferner die Primärwicklung durch einen Unterbrecher kurzgeschlossen und geöffnet wird. Dem Unterbrecher ist in üblicher Weise ein Kondensator zur Verringerung des Kontaktfeuers parallel geschaltet. Der magnetische Kraftfluß wird bei dieser Bauart durch einen feststehenden permanenten Magneten erregt. Kurz nach der horizontalen Stellung des Ankers, bei welcher der

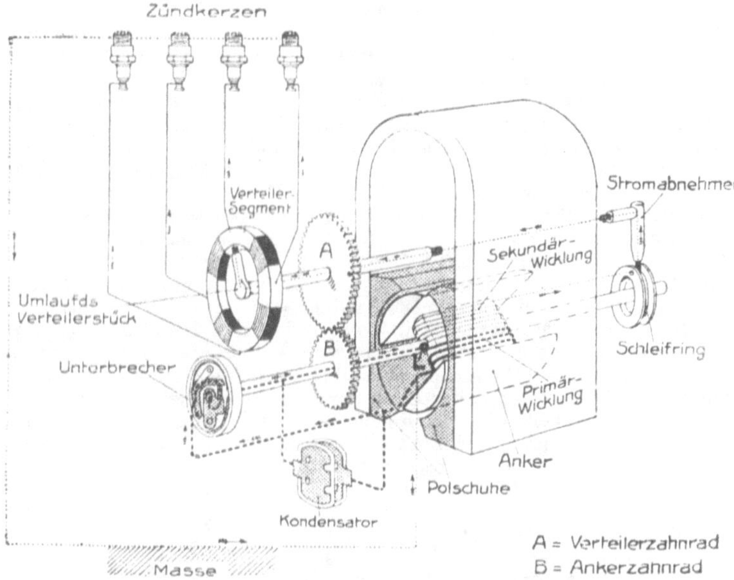

Bild 27. Aufbau und Schaltung eines Magnetzünders, schematisch

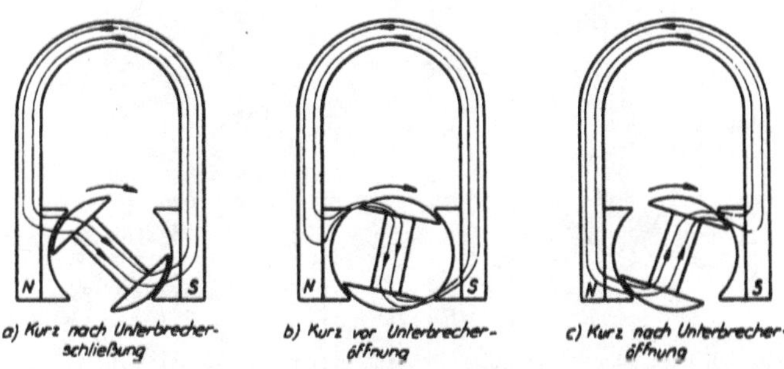

Bild 28. Flußverzerrung durch die kurzgeschlossene Wicklung

Ankerfluß am größten ist und die Unterbrecherkontakte geschlossen haben, ist ein magnetisches Feld nach Bild 28a vorhanden. Ohne den Einfluß der durch die Unterbrecherkontakte kurzgeschlossenen Primärwicklung würde das Ankerfeld entsprechend dem zur Verfügung stehenden Querschnitt des Flußübergangs über den Luftspalt mit dem Weiterdrehen des Ankers abnehmen und in der senkrechten Stellung des Ankers Null sein. Die kurzgeschlossene Primärwicklung hat nun die Eigenschaft, jeder Flußänderung entgegenzuwirken, so daß der Ankerfluß in der senkrechten Stellung des Ankers nicht auf Null zurückgeht, sondern nahezu in seiner ganzen Stärke festgehalten wird (Bild 28b). Mit dem Öffnen der Unterbrecherkontakte (Bild 28c), das kurz darauf erfolgt, bricht das durch die kurzgeschlossene Wicklung festgehaltene Ankerfeld plötzlich zusammen und verläuft entsprechend der Ankerstellung in umgekehrter Richtung durch den Anker. Durch diese plötzliche Flußänderung wird in der ebenfalls sich auf dem Anker befindenden Sekundärwicklung eine hohe Spannung erzeugt, die über Schleifring und Stromabnehmer auf das umlaufende Verteilerstück geleitet und von dort aus über die Verteilersegmente den einzelnen Zündkerzen zugeführt wird. Bei niederen Drehzahlen (Anlaßdrehzahl) wird der Fluß während der Schließungszeit nicht nahezu in seiner ganzen Stärke festgehalten, sondern sinkt so weit ab, daß für die sturzartige Flußänderung im Augenblick der Unterbrecheröffnung nur noch ein erheblich geschwächter Erregerfluß zur Verfügung steht. Hieraus ergibt sich dann auch eine entsprechend verringerte Zündspannung. Mit Rücksicht auf diese verhältnismäßig geringe Zündspannung wird durch die geforderte Anlaßdrehzahl die Größe des Magnetzünders bestimmt. Mit steigender Drehzahl wird die Abnahme des magnetischen Flusses vom Zeitpunkt der Unterbrecherschließung bis zum Zeitpunkt der Unterbrecheröffnung geringer, so daß der magnetische Ankerfluß zu einem größeren Teil festgehalten wird und dadurch die Zündspannung steigt. Diese Charakteristik der Zündspannung eines Magnetzünders in Abhängigkeit von der Drehzahl ist auch in Bild 16 eingezeichnet. Die hohe Zündenergie, die im mittleren und hohen Drehzahlbereich zur Verfügung steht, hat den Vorteil, daß sie zum Sauberbrennen verschmutzter Kerzen ausreicht. Bei sehr hohen Drehzahlen läßt die Zündspannung nach, weil teils durch Nachzittern des Unterbrechers die Schließungsdauer nicht mehr genügend groß ist, teils durch noch nicht ganz abgeklungenen vorausgegangenen Zündvorgang der Fluß sich im Augenblick der Unterbrecherschließung noch nicht ganz aufbauen konnte.

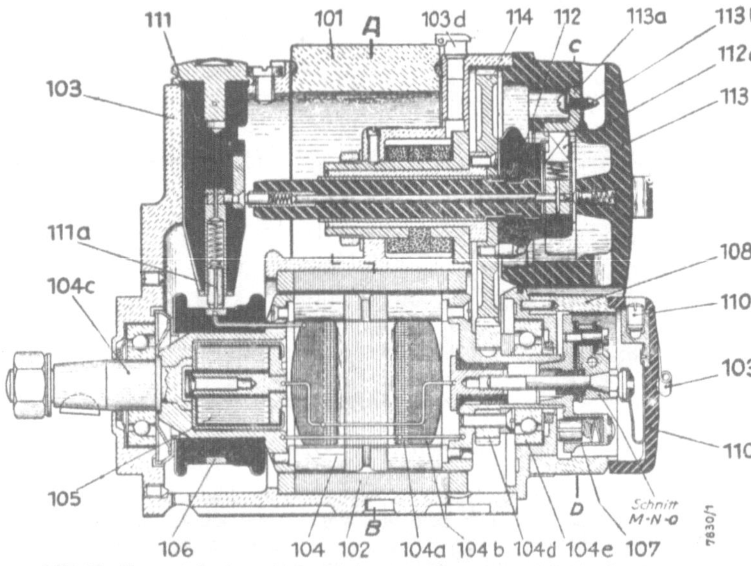

Bild 29. Magnetzünder mit feststehendem Magnet und umlaufendem Anker für Vierzylindermotoren

101 = Stahlmagnetbügel
102 = Polring
103 = Gehäuse
103a = Halter des Unterbrecherdeckels
103d = Klappöler
104 = Anker
104a = Primärwicklung
104b = Sekundärwicklung
104c = Antriebswellenstumpf
104d = Ankerrad
104e = Kugellager
105 = Kondensator
106 = Schleifring
107 = Unterbrecher
108 = Nockenring
110 = Unterbrecherdeckel
110b = Schraube zum Befestigen des Kurzschlußkabels
111 = Stromabnehmer
111a = Schleifkohle im Stromabnehmer
112 = Verteilerläufer
112a = Verteilerkohle
113 = Verteilerscheibe
113a = Verteilersegment
113b = Spitzschraube zum Befestigen der Zündkerzenkabel
114 = Verteilerrad

2. Bauarten.

Die verschiedenen Bauarten entsprechen den Anforderungen, die an die Magnetzünder für die verschiedenen Verwendungszwecke gestellt werden. Die Bauarten unterscheiden sich hauptsächlich durch den umlaufenden Teil, der durch den Anker, den Magneten oder durch magnetische Leitstücke gebildet werden kann. Während der Typ mit umlaufendem Anker nur für 2 Abrisse je Umdrehung gebaut werden kann, sind bei den anderen Typen 2, 4 und mehr Abrisse je Umdrehung möglich.

a) Magnetzünder mit feststehendem Magnet und umlaufendem Anker.

Diese Bauart mit umlaufendem Anker verlangt einen umlaufenden Unterbrecher und umlaufenden Kondensator. Sie hat den Nachteil, daß die Höchstfunkenzahl durch den umlaufenden Unterbrecher begrenzt ist. Die älteste Ausführung dieser Bauart, die nur als Zweiabriß gebaut werden kann und durch den Hufeisenmagnet gekennzeichnet ist, wird heute hauptsächlich noch für Motorräder, Wagen und Traktoren verwendet. Eine solche Ausführung für einen Vierzylindermotor ist in Bild 29 dargestellt.

Das Magnetfeld des Magnetzünders wird durch einen Hufeisenmagnet aus Chromstahl erregt, der an seinen beiden Enden mit Polschuhen versehen ist. Zwischen diesen Polschuhen läuft, getrennt durch kleine Luftspalte, der Anker mit der Primär- und Sekundärwicklung. Hinsichtlich des Flußverlaufs ist diese Bauart die idealste Form, da die Eisenwege kurz und die Streuwege lang sind. Schwierig ist die Herstellung des Doppel-T-Ankers, da sein Eisenkern zur Verringerung der Verluste geblättert sein muß und trotz der aufgebrachten Wicklung des Unterbrechers und Kondensators so widerstandsfähig sein muß, daß er den Dreh- und Schüttelschwingungen des Motors sowie den Fliehkräften standhält. Im Gegensatz zu anderen Bauarten mit feststehender Wicklung muß zur Vermeidung einer Rostbildung an den Kugellagern die Rückleitung des Sekundärstroms zur Masse nicht über die Kugellager, sondern über eine Schleifkohle geführt werden, die das Gehäuse mit dem Anker elektrisch verbindet. Einen Nachteil stellt auch die Notwendigkeit eines Schleifrings zur Abnahme der Hochspannung dar, die bei feststehender Wicklung wegfällt. Bei Viertakt-Einzylindermotoren jedoch benötigt man nur einen Funken je Steuerwellenumdrehung; es muß daher einer der beiden Funken dadurch unterdrückt werden, daß an dem Schleifring die Abnahme durch Fehlen des Metallsegments unterbrochen wird.

An Stelle des Hufeisenmagnets aus Chromstahl hat man aus Gewichts- und Raumersparnis neuerdings einen kurzen Alnimagneten eingeführt.

b) Magnetzünder mit umlaufendem Magnet und feststehendem Anker.

Um den hohen Anforderungen in bezug auf Betriebssicherheit und Lebensdauer bei hohen Funkenzahlen und geringer Wartung im schweren Omnibus- und Lastwagenbetrieb zu genügen, ist diese Bauart entwickelt worden. Diese Neuentwicklung war jedoch erst zweckmäßig, als Magnetstähle mit hoher magnetischer Energiedichte zur Verfügung standen, die einen umlaufenden Magneten kleinen Gewichts und geringer Trägheit ermöglichten. Dadurch, daß die Wicklung und der Unterbrecher feststehen, sind sie vor der hohen Beanspruchung durch Drehschwingungen und Fliehkräfte geschützt. Aus diesem Grunde gestattet diese Bauart einen Betrieb bei besonders hohen Drehzahlen. Einen Magnetzünder dieser Bauart zeigt Bild 30.

Der umlaufende Dauermagnet besteht aus Alnistahl. Die Magnetpolschuhe sowie die Ankerschuhe und der Ankerkern sind zur Verringerung der Eisenverluste geblättert. Der Anker trägt auf seinem Kern die Primär- und Sekundärwicklung. Von dem freien Ende der Sekundärwicklung wird der Zündstrom über den Stromabnehmer dem umlaufenden Verteilerstück zugeführt. Die Verteilerwelle mit Unterbrechernocken wird durch einen Abrißselbstversteller verstellt.

Bei einer Umdrehung des zweipoligen, umlaufenden Magneten treten genau wie beim T-Anker zwei Abrisse auf, daher muß z. B. bei einem Vierzylinder-Viertaktmotor die Läuferwelle mit doppelter Steuerwellendrehzahl angetrieben werden, während die Verteilerwelle samt Unterbrecher mit Steuerwellendrehzahl umläuft. Für vielzylindrige und schnellaufende Motoren verwendet man einen Vierabrißtyp (vierpoliger Sternmagnet).

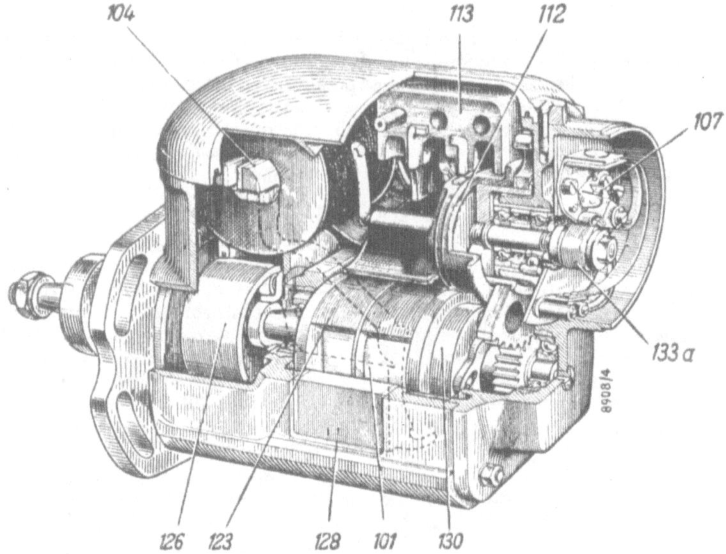

Bild 30. Magnetzünder mit umlaufendem Magnet und feststehendem Anker

101 = Alnistahlmagnet	123 = Läufer
104 = Anker	126 = Schnapper
107 = Unterbrecher	128 = Polschuh
112 = Verteilerläufer	130 = Versteller
113 = Verteilerbogen	133a = Unterbrechernocken

c) Magnetzünder mit feststehendem Magnet, feststehendem Anker und umlaufenden Leitstücken.

Als die besonders starken Magnetstähle noch nicht zur Verfügung standen, man aber trotzdem die Vorteile der feststehenden Wicklung und des feststehenden Unterbrechers haben wollte, ist diese Bauart entwickelt worden. Sie wird wegen ihrer hohen Betriebssicherheit und Lebensdauer im Flugzeugbetrieb und für Rennmotoren mit 8 Zylindern und mehr verwendet, wo die Beanspruchung durch Dreh- und Schüttelschwingungen besonders groß ist.

Eine Ausführung dieser Bauart zeigen die Bilder 31 und 32. Sie stellen einen Vierabrißtyp für 6 bis 12 Zylinder dar. Für Motoren mit 14 Zylindern sind die magnetischen Leitstücke für acht Abrisse je Unterbrecher ausgebildet. Wie aus dem Kraftflußverlauf des Vierabrißtyps in Bild 32 ersichtlich ist, sind im magnetischen Kreis vier Luftspalte hintereinandergeschaltet, die gegenüber den üblichen zwei Luftspalten entsprechend mehr magnetische Energie und damit höheres Gewicht und Preis des Zünders bedingen. Nur bei den Zwillingsmagnetzündern, die ebenfalls für Flugzeuge verwendet werden, kann der Magnet unmittelbar mit dem Anker verbunden werden, so daß zwei Luftspalte wegfallen und man mit entsprechend geringerem Magnetgewicht auskommt.

d) Steuerwellenmagnetzünder.

Der Steuerwellenmagnetzünder, der in der Ausführung der Firma Scintilla, Schweiz, in Bild 33 dargestellt ist, ist entwickelt worden, um in denjenigen Fällen den Motor von Batteriezündung auf Magnetzündung umzustellen, in denen die Batteriezündung wegen zu geringer Betriebssicherheit, z. B. infolge ungenügender Wartung der Batterie, nicht den Ansprüchen genügt. Da der Steuerwellenmagnetzünder auf gleicher Welle

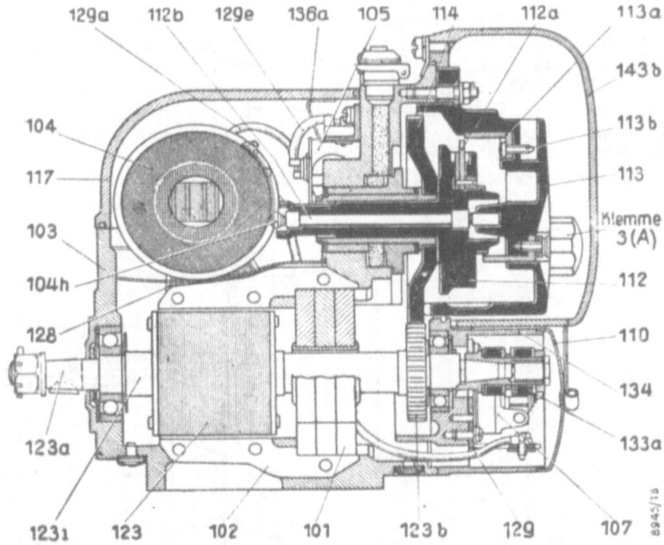

Bild 31. Magnetzünder mit feststehendem Magnet, feststehendem Anker und umlaufenden Leitstücken

101 = Kobaltstahlmagnet
102 = Polschuh
103 = Gehäuse
104 = Feststehender Anker
104h = Kontaktplättchen
105 = Kondensator
107 = Unterbrecher
110 = Unterbrecherdeckel
112 = Verteilerläufer
112a = Betriebselektrode
112b = Kontaktbolzen
113 = Verteilerscheibe
113a = Verteilersegment
113b = Spitzschrauben zum Befestigen der Kerzenkabel
114 = Verteilerrad
117 = Schutzkapsel
123 = Läufer (umlaufende Kraftlinienleitstücke)
123a = Antriebszapfen
123b = Läuferrad
123l = Läuferwelle
128 = Ankerpolschuhe
129 = Leitung von Primärwicklung zum Unterbrecher
129a = Leitung von Primärwicklung zum Kondensator
129e = Leitung von Kondensator zur Kurzschlußfeder
133a = Unterbrechernocken
134 = Unterbrechergehäuse
136a = Maßfeder
3 (A) = Anschlußklemme für Anlaßzündung

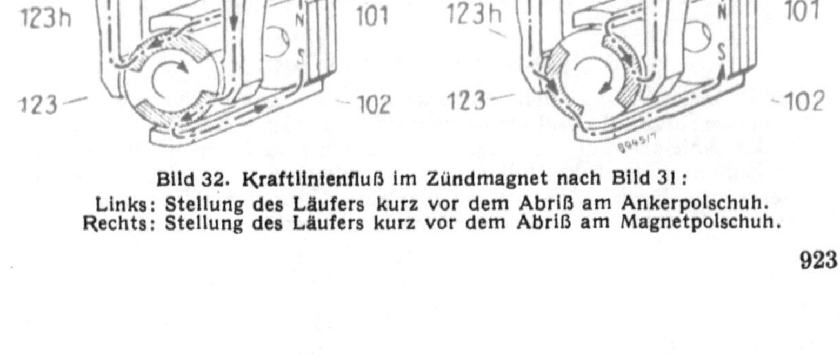

Bild 32. Kraftlinienfluß im Zündmagnet nach Bild 31:
Links: Stellung des Läufers kurz vor dem Abriß am Ankerpolschuh.
Rechts: Stellung des Läufers kurz vor dem Abriß am Magnetpolschuh.

Unterbrecher und Verteiler enthält, wird er bei Viertaktmotoren mit Steuerwellendrehzahl angetrieben. Die Zahl der Abrisse je Umdrehung muß daher gleich der Zylinderzahl sein. Da der Steuerwellenmagnetzünder nur mit Steuerwellendrehzahl, d. h. halber Kurbelwellendrehzahl, umläuft, im Gegensatz zu den üblichen Magnetzündern, die meist mit höherer Drehzahl angetrieben werden, muß er die Anlaßzündenergie schon bei sehr niederen Drehzahlen liefern, wodurch er groß und teuer wird. Durch die hohen magnetischen Kräfte beim Abriß benötigt der Steuerwellen-

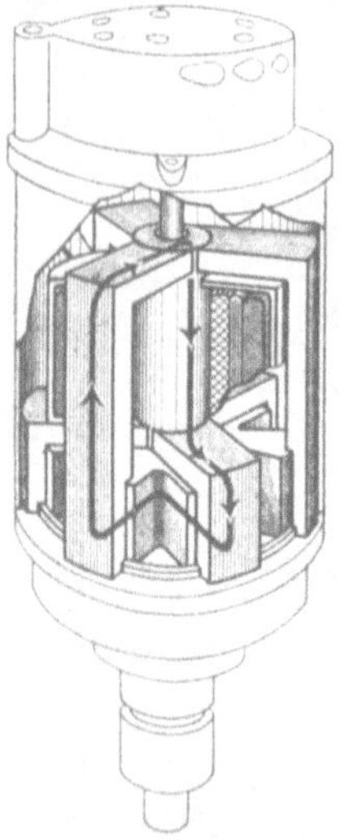

Bild 33. Scintilla-Steuerwellenmagnetzünder „Vertex" (Flußverlauf eingezeichnet)

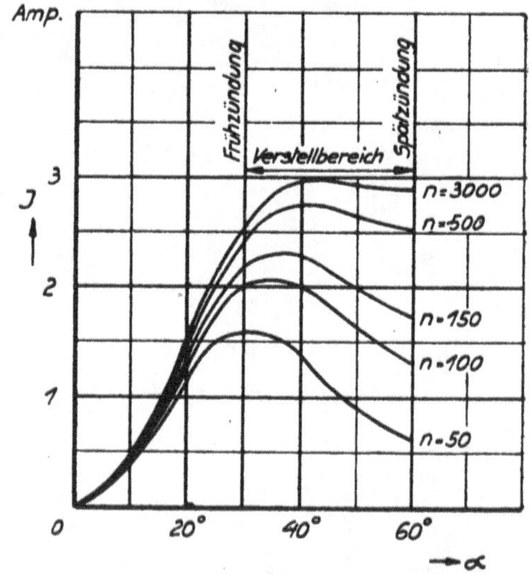

Bild 34. Strom in Abhängigkeit von der Ankerstellung bei verschiedenen Drehzahlen

magnetzünder im Gegensatz zum Batteriezünder kräftig ausgebildete Antriebsteile. Der schwere Steuerwellenmagnetzünder erfordert häufig eine Verstärkung der Lagerung und Befestigung im Motor, insbesondere bei Leichtmetall-Motorgehäusen. Daher ist der Austausch gegen Batteriezünder nicht in allen Fällen möglich. Ferner ist der Einbau noch davon abhängig, ob der für den Steuerwellenmagnetzünder erforderliche größere Raum vorhanden ist. Beim Vielabrißmagnetzünder kann keine Abrißverstellung verwendet werden, weil der mögliche Verstellwinkel zu klein ist. Deshalb muß die Zündzeitpunktverstellung in den Antrieb gelegt werden. Ein Selbstversteller im Antrieb wird groß und schwer, weil bei den starken Drehmomentschwankungen durch die magnetischen Abrisse die Verstellkräfte groß sein müssen, wobei der Selbstversteller nur mit Steuerwellendrehzahl umläuft (vgl. Abschnitt 3, Zündzeitpunktverstellung).

3. Zündzeitpunktverstellung.

Bei Batteriezündung (siehe dort) wird der Zündzeitpunkt in Abhängigkeit von der Drehzahl durch den Fliehkraftversteller verstellt, der sich zwischen der Antriebswelle und dem Unterbrecher befindet. Dabei hat der Zündzeitpunkt keinen Einfluß auf die Zündenergie. Bei Magnetzündung dagegen ist die Zündenergie vom sogenannten Abriß, dem Abstand zwischen Anker- und Polschuhkante, bei welchem der Unterbrecher öffnet, abhängig.

Diese Abhängigkeit der Zündenergie vom Abriß bei verschiedenen Drehzahlen kommt in der Abhängigkeit des Stromes in der kurzgeschlossenen Wicklung, der ein Maß für die Zündenergie ist, zum Ausdruck (Kurvenschar in Bild 34). Wir sehen daraus, daß bei einem Selbstversteller, der den Abriß verstellt, dem sogenannten Abrißversteller, die Zündenergie beim Anlassen, also bei niederer Drehzahl und Spätzündung sehr gering ist, was häufig zu Anlaßschwierigkeiten führt. Den Unterschied zwischen Spät- und Frühzündung zeigen auch die Zündspannungskurven in Abhängigkeit von der Drehzahl in Bild 16. Der Abrißversteller verdreht wie beim Batteriezündverteiler lediglich den Nocken. Die notwendigen Verstellkräfte und damit seine Abmessungen gleichen daher denen des Selbstverstellers für Batteriezündung. Zur Erhöhung der Zündspannung bei Spätzündung werden die Polschuhe vielfach überlappt.

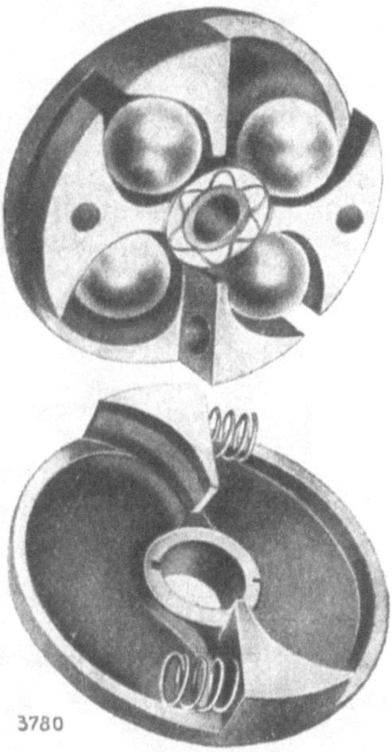

Bild 35. Antriebselbstversteller

Wegen des besprochenen großen Nachteils der Abrißverstellung, nämlich des Einflusses der Verstellung auf die Zündenergie, besonders bei niederer Drehzahl, wird der Versteller häufig so eingebaut, daß er die Läuferwelle gegenüber der Antriebswelle verstellt. Ein solcher im Antrieb eingebauter Versteller wird daher Antriebversteller genannt. Der Antriebversteller hat keinen Einfluß auf den Abriß, da der Nocken nicht gegenüber dem Läufer verdreht wird. Während die in Bild 16 dargestellten Kurven sich auf den Abrißversteller beziehen, würden die entsprechenden Kurven des Antriebverstellers für Früh- und Spätzündung zusammenfallen und entsprechend dem eingestellten Abriß verlaufen. Diese Wirkungsweise des Antriebverstellers ermöglicht die höchste Ausnützung des Magnetzünders und damit niedrigste Anlaßdrehzahl. Zur Verstellung der Läuferwelle gegenüber der Antriebswelle, wobei die Läuferwelle noch den Nocken und den Verteiler antreibt, sind erhebliche Kräfte erforderlich, hauptsächlich sind die pulsierenden magnetischen Kräfte beim Abriß zu überwinden. Der Antriebversteller erfordert daher große Fliehgewichte und eine kräftige Bauart (Bild 35).

Beide Arten der Verstellung, die Abriß- und Antriebverstellung, können selbstverständlich auch als Handverstellung an Stelle der selbsttätigen Fliehkraftverstellung ausgebildet werden.

4. Anlaßhilfsmittel.

Wenn keine Batterie vorhanden ist (z. B. bei Traktoren) oder wenn die Batterie versagt, muß von Hand angelassen werden. Dies macht besonders bei strenger Kälte Schwierigkeiten, weil die Zündenergie bei der dabei erreichbaren niedrigen Anwerfdrehzahl gering ist (vgl. die Zündspannungskurven in Abhängigkeit von der Drehzahl in Bild 16). In diesem Falle kann die Zündenergie bei Anlaßdrehzahl durch besondere Anlaßhilfsmittel erhöht werden. Auch sonst bringt eines der unten beschriebenen Anlaßhilfsmittel eine Erleichterung beim Anlassen, wodurch die Batterie geschont wird.

Eines dieser Hilfsmittel stellt der sogenannte Schnapper (Bild 36) dar. Der Schnapper wird zwischen Antriebswelle und Läuferwelle eingebaut.

Bei langsamer Drehung der Motorwelle werden die beiden Klinken und damit der Zündanker von der Einhaknase an der am Gehäuse des Magnetzünders befestigten Schutzkapsel festgehalten. Dadurch verdrehen sich die Klinkenträger gegen die Mit-

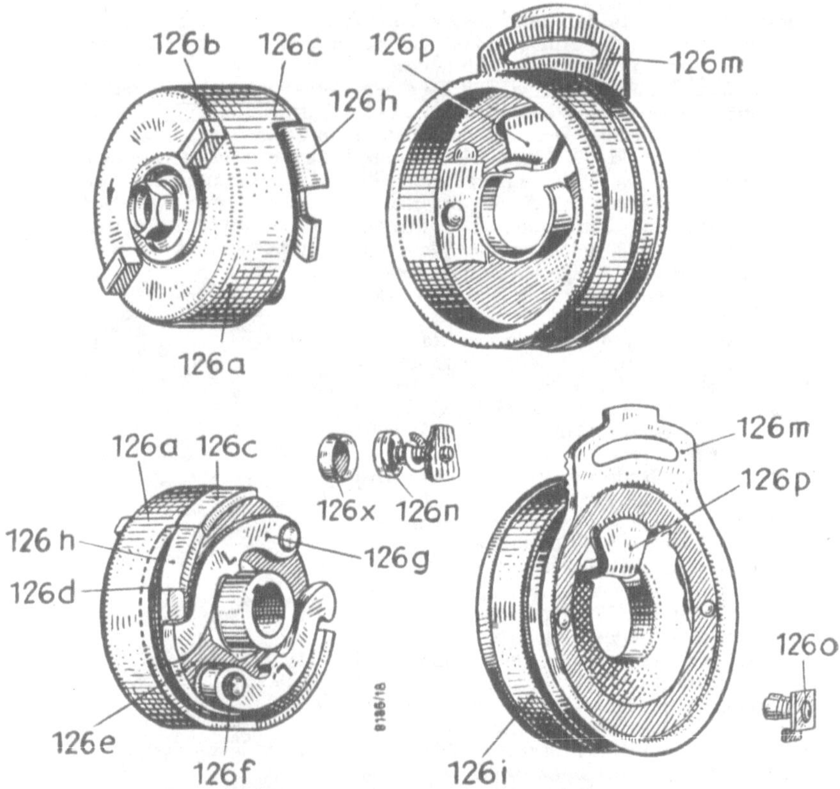

Bild 36. Schnapper, auseinandergenommen

126a = Mitnehmerscheibe
126b = Mitnehmer (Klaue)
126c = Auslösenocken
126d = Spannfeder
126e = Klinkenträger
126f = Drehzapfen für die Klinken
126g = Klinken
126h = Anschlagnocken
126i = Schutzkapsel
126m = Befestigungsflansch
126n = Befestigungsschraube mit Riffelscheibe
126o = Halteplättchen mit Schraube
126p = Einhaknase
126x = Verschlußkapsel für die Schraube 126n

nehmerscheibe und die diese Teile verbindende Feder wird gespannt. Nach einem bestimmten Drehwinkel stößt der Auslösenocken an der Mitnehmerscheibe auf die entsprechende Klinke. Letztere wird ausgelöst und durch die Federkraft wird der Läufer des Magnetzünders stoßförmig gedreht. Dadurch wird bei beliebig kleiner Antriebsdrehzahl ein kräftiger Zündfunke erzeugt. Der Zündzeitpunkt ist nunmehr durch den Auslösezeitpunkt des Schnappers und nicht mehr durch die Lage des Unterbrechernockens bestimmt. Dadurch ist man in der Lage, den Zündzeitpunkt bei Schnappbetrieb, also beim Anlassen, später zu legen als bei normalem Fahrbetrieb, was für rückschlagsicheres Anwerfen wichtig ist. Die Klinkenträger sind als Fliehgewichte ausgebildet, so daß von einer bestimmten Drehzahl (120...150 U/min) ab die Klinken nicht mehr einhaken und der Schnapper also ausgeschaltet ist.

Ein Magnetzünder mit diesem Schnapper kann nur horizontal eingebaut werden, da die Klinken infolge der Schwerkraft einhaken. Die Einstellung des Zündzeitpunktes beim Schnapper erfolgt am Befestigungsflansch. Man unterscheidet abstellbare und nicht abstellbare Schnapper. Außer dem Schnapper kann eine größere Zündenergie für den Anlaßvorgang durch eine fremde Stromquelle erreicht werden: entweder durch einen Anlaßmagnet oder die Summeranlaßzündung.

Der Anlaßmagnet (Bild 37) ist ein kleiner Hilfsmagnetzünder, der nicht mit dem Motor gekuppelt wird. Er ist mit einem Zahnradvorgelege versehen, über welches der Magnetzünder von Hand auf hohe Drehzahl gebracht wird. Dadurch entstehen Hochspannungsstöße, die über eine besondere Anlaßelektrode dem Verteiler des Hauptmagnetzünders zugeführt werden. Der Anlaßmagnet hat den Nachteil, daß er an einem Platz eingebaut werden muß, der sich zum Drehen der Handkurbel eignet. Davon unabhängig ist die Summeranlaßzündung, die sich von der normalen Batteriezündung nur dadurch unterscheidet, daß der Primärstrom nicht durch einen mit dem Motor gekuppelten Unterbrecher, sondern durch einen elektromagnetischen Vibrationsunterbrecher, den Summer, unterbrochen wird. Die Summeranlaßzündung wird außer für Flugmotoren auch für Glühkopfmotoren verwendet (Schaltung der Summeranlaßzündung für Glühkopfmotoren zeigt Bild 38), deren Anlassen mittels Zündkerze im Glühkopf erfolgt. Die Summeranlaßzündung bleibt so lang in Tätigkeit, bis der Glühkopf genügend heiß geworden ist und der Motor selbständig weiterläuft.

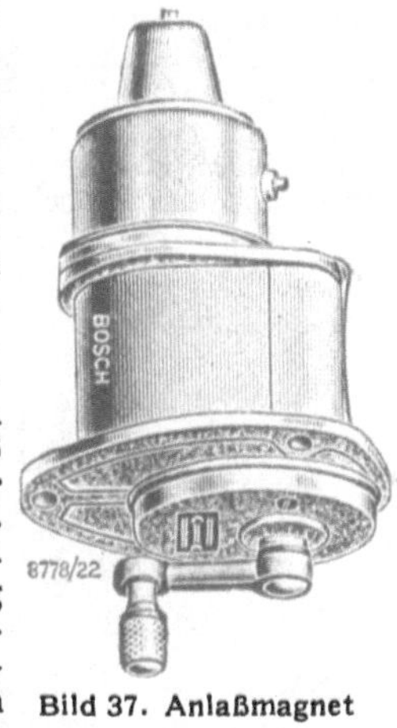

Bild 37. Anlaßmagnet

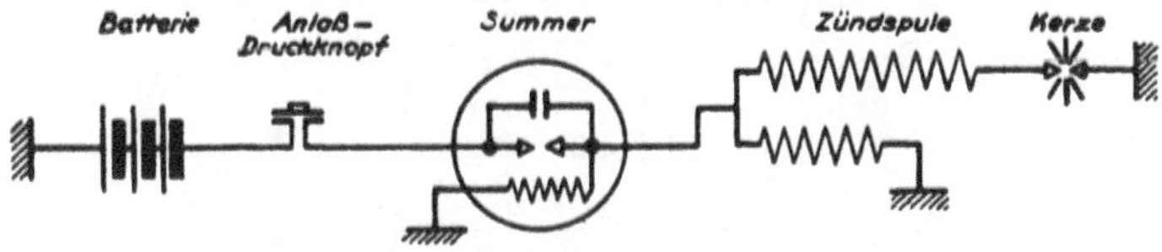

Bild 38. Schaltung der Summeranlaßzündung

Andererseits kann auch die Primärwicklung des Hauptmagnetzünders von einer fremden Stromquelle mit abgehacktem Strom gespeist werden, wodurch im Takte des abgehackten Stromes Funken erzeugt werden. Ist diese fremde Stromquelle eine Batterie, so wird die Primärwicklung des Magnetzünders über einen Summer und dessen Unterbrecher gespeist. An Stelle der Batterie mit Summer kann ein Niederspannungs-Anlaßmagnetzünder treten, dessen Anker nur eine Primärwicklung mit üblichem Unterbrecher hat.

Magnetzünder für Kraftwagen sind im Gegensatz zu denjenigen für Flugzeuge meist nicht mit einer Anlaßelektrode ausgerüstet, so daß die Hochspannungsanlaßhilfsmittel für Kraftwagen kaum in Frage kommen. Dagegen ist in gewissen Fällen, z. B. bei Lichtmagnetzündern, bei denen ein schwerer Lichtanker, der mit dem Magnetzünder starr gekuppelt ist, eine besonders große bewegte Masse ergibt, der Anbau eines Schnappers in praktischen Abmessungen nicht möglich. Es wird daher ein von der Batterie gespeister Summer verwendet.

5. Einbau und Wartung.

Der Magnetzünder wird mit einem Übersetzungsverhältnis angetrieben, das durch Bauart des Magnetzünders, Arbeitsverfahren und Zylinderzahl des Motors bedingt ist. Bild 39 zeigt eine Aufstellung, aus der für jeden Motor und Magnetzünder die Übersetzungsverhältnisse zwischen Kurbel- und Zünderwelle und zwischen Verteiler- und Zünderwelle entnommen werden können. Damit der Zündzeitpunkt mit Rücksicht auf Leistung und Verbrauch des Motors genau eingehalten wird, kommt nur ein schlupffreier Antrieb in Frage. Die Unschädlichmachung von geringen

Achsversetzungen und die Dämpfung der Drehschwingungen des Motors erfordern eine elastische Kupplung zwischen dem Zahnrädergetriebe und der Zünderwelle. Die Pallas-Simms-Kupplung (Bild 40) besteht aus den beiden gezahnten Kupplungshälften mit um einen Zahn verschiedenen Zähnezahlen und der dazwischen liegenden doppelseitig gezahnten Gummischeibe. Zum Einstellen des Zünders wird die Gummischeibe verdreht; dadurch, daß die Zähnezahlen nur um einen Zahn verschieden sind, ist durch die Verdrehung der Gummischeibe eine Verdrehung der Zünderwelle um wenige Winkelgrade möglich. Bei der Bosch-Gummikupplung (Bild 41),

Anzahl der Zylinder	Taktzahl des Motors	Erforderliche Zündungs-Anzahl pro Motor-Umlauf	Erzeugte Funkenzahl pro Zünder-Umlauf	Übersetzung Kurbelwelle zu Zünderwelle	Übersetzung Verteilerwelle zu Zünderwelle	Bemerkungen
1	2	1	1	1:1	1:1	Normale Typen
2	2	2	2	1:1	1:1	
1	4	Alle 2 Umläufe 1 Zündung	1	1:1 od. 2:1	1:1	
2	4	1	2	2:1	1:1	
4	4	2	2	1:1	1:2	
5	4	2,5	2	4:5	2:5	
6	4	3	2	2:3	1:3	
7	4	3,5	2	4:7	2:7	
8	4	4	2	1:2	1:4	
4	4	2	4	2:1	1:1	
5	4	2,5	4	8:5	4:5	
6	4	3	4	4:3	2:3	
7	4	3,5	4	8:7	4:7	
8	4	4	4	1:1	1:2	
9	4	4,5	4	8:9	4:9	
12	4	6	4	2:3	1:3	
6	4	3	6	2:1	1:1	Sondertypen
4	4	2	8	4:1	2:1	
6	4	3	8	8:3	4:3	
8	4	4	8	2:1	1:1	
12	4	6	8	4:3	2:3	
12	4	6	12	2:1	1:1	

Bild 39. Antrieb des Magnetzünders

die im Gegensatz zur Pallas-Simms-Kupplung ein Achsialspiel zuläßt, greifen die Mitnehmerklauen der beiden Kupplungshälften in eine kreuzweise genutete Gummischeibe ein. Zum Zwecke des Einstellens des Zündzeitpunktes ist die eine Kupplungshälfte so geteilt, daß der Mitnehmerteil gegen den Antriebsteil verstellt werden kann.

Unter den verschiedenen Befestigungsarten werden die Spannband- und die Flanschbefestigung am meisten verwendet. Bei der Spannbandbefestigung hat die zylindrische Auflagefläche (Bild 42a) gegenüber der ebenen Auflagefläche (Bild 42b) den Vorteil, daß eine seitliche Verschiebung nicht möglich ist und ein Verdrehen lediglich eine Verstellung des

Bild 40. Pallas-Simms-Kupplung

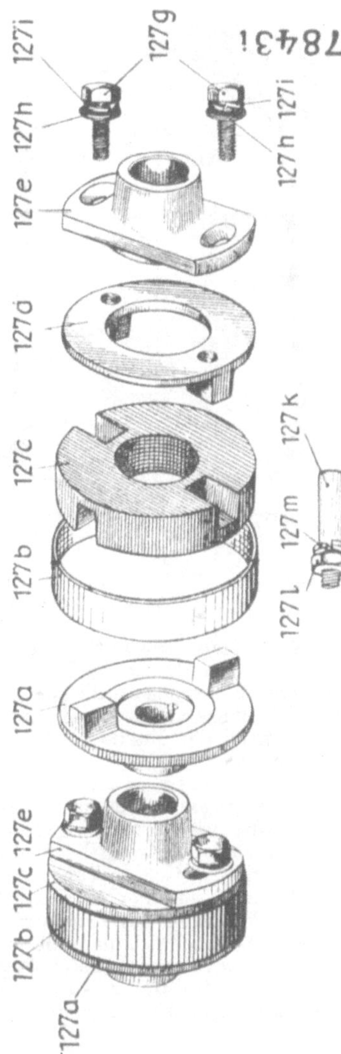

Bild 41. Bosch-Kupplung

Zündzeitpunktes zur Folge hat. Eine Verdrehung kann allerdings nur erfolgen, wenn kein Paßstift vorhanden ist, der bei zylindrischer Auflagefläche jedoch nicht unbedingt erforderlich ist. Dagegen benötigt eine Spannbandbefestigung auf ebener Auflagefläche mindestens 2 Paßstifte. Eine andere, jedoch weniger häufige Befestigungsart ist das Anschrauben des Zünders an die Grundplatte, was nur bei ebener Auflage zweckmäßig ist und daher die Nachteile der ebenen Auflage hat. Vielfach macht der Einbau in dieser Befestigungsart Schwierigkeiten. Aus diesem Grunde werden Pratzen verwendet, die in seitliche Aussparungen des Zünders eingreifen und auf der in diesem Falle ebenen Auflagefläche festgeschraubt werden. Auch hier bedingt die Befestigung auf ebener Auflage eine Sicherung gegen seitliche Verschiebung durch Paßstifte oder seitliche Führungsleisten.

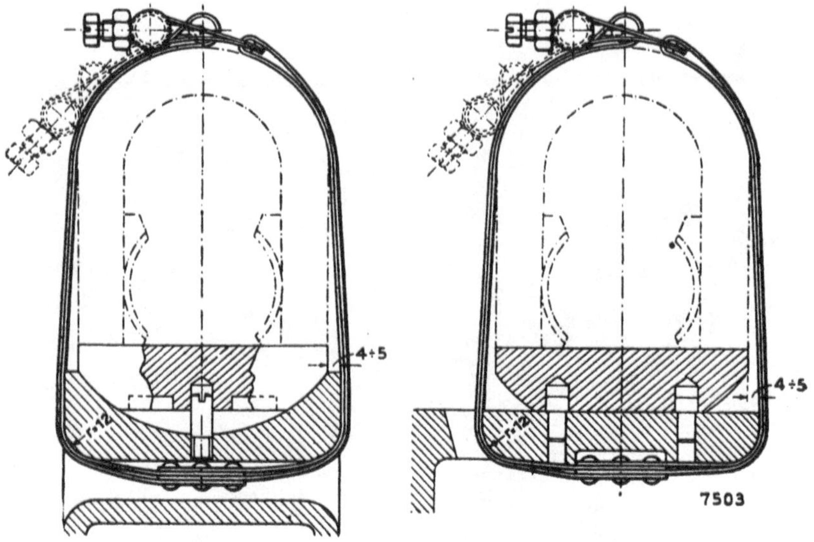

Bild 42. Spannbandbefestigung
a) Zylinderische Auflagefläche. b) ebene Auflagefläche

Neuerdings gewinnt die Flanschbefestigung vor allem wegen der einfacheren Ausbildung des Motorgehäuses größere Bedeutung. Sie stellt aber größere Ansprüche an die Abdichtung der in den Getriebekasten führenden Antriebsachse gegen Eindringen von Öl. Schlitzförmige Befestigungslöcher im Flansch des Magnetzünders ermöglichen genaue Einstellung des Zündzeitpunktes.

Beim Einbau ist darauf zu achten, daß der Zünder gegen Eindringen von Spritzwasser, Schmutz, Benzin und Öl geschützt ist, die Hochspannungskabel nicht zu stark gekrümmt und durch die Nähe von heißen Motorteilen nicht unzulässig hoch erwärmt werden. Ferner ist für gute Masseverbindung zwischen Zündergehäuse und Auflage zu sorgen. Gute Zugänglichkeit ist im Hinblick auf Einstellung und Wartung erwünscht.

Die Wartung des Magnetzünders ist der des Batteriezünders ähnlich; jedoch fällt Lagerschmierung beim Magnetzünder weg, da er mit Kugellagern ausgerüstet ist, deren Fettvorrat mindestens bis zur ersten Generalüberholung des Motors ausreicht. Ferner sollten die Kabel hie und da auf Beschädigung, wie Risse und Durchschläge, untersucht werden.

C. Gegenüberstellung Batterie- und Magnetzündung und deren Verwendungsgebiete.

Die Batteriezündung hat im letzten Jahrzehnt auch in Europa das Gebiet der Personenwagen vollkommen erobert. Sie ist auch bei Motorrädern und Lastwagen zum Teil eingedrungen. Die Gründe dafür sind folgende: Die Batteriezündung ist vor allem billiger als die Magnetzündung, da ihre Bauelemente einfacher sind. Sie ist leicht einbaubar und hat nur wenige bewegte Teile mit geringem Massenträgheitsmoment, so daß die Antriebsteile leicht und billig gestaltet werden können. Dabei ist sie genügend betriebssicher, seit man sich bewährende Lichtmaschinen mit guten Batterien hat. Ein großer Vorzug ist die Möglichkeit, mit geringem Aufwand eine selbsttätige Zündzeitpunktverstellung anzubringen. Durch die geringe Masse der bewegten Teile wird der Selbstversteller klein und leicht. Bei der Magnetzündung war es allgemein üblich, daß man dem Personenwagenfahrer zumutete, den Zündzeitpunkt von Hand einzustellen. Die Batteriezündung brachte durch ihren billigen und leichten Selbstversteller den großen Fortschritt, daß bei allen mit Batteriezündung versehenen Motoren der Zündzeitpunkt selbsttätig geregelt wird. Dieser einfache Selbstversteller war möglich, da der Batteriezünder nur kleine Verstellkräfte braucht, weil keine magnetischen Kräfte wie beim Magnetzünder zu überwinden sind. Diese geringen Verstellkräfte ermöglichen auch eine Unterdruckverstellung zur weiteren Anpassung des Zündzeitpunktes an den Betriebszustand des Motors. Da die umlaufenden Teile des Batteriezünders gegen Dreh- und Schüttelschwingungen verhältnismäßig unempfindlich sind, ist keine elastische Kupplung wie beim Antrieb des Magnetzünders notwendig.

Die mit der Drehzahl abfallende Charakteristik der Zündspannung des Batteriezünders (s. Bild 16) paßt sich im allgemeinen an den Bedarf des Motors hinsichtlich Zündspannung an. Vor allen Dingen bringt die hohe Zündspannung bei niederer Drehzahl günstige Anlaßverhältnisse.

Trotzdem die Magnetzündung teurer ist als die Batteriezündung und stärkere Antriebsteile sowie größeren Einbauraum erfordert, wird sie noch häufig verwendet. Gründe für die Ausrüstung eines Motors mit Magnetzündung sind entweder das Fehlen einer Batterie, aus der die Energie für die Batteriezündung entnommen werden könnte oder besondere Forderungen an die Betriebssicherheit der Zündung.

Eine Batterie zur Speisung der Batteriezündung fehlt z. B. bei stationären Motoren, die keine Lichtanlage haben, bei Traktoren, die meist nicht mit einer Batterie ausgerüstet sind, da sie oft Wochen und Monate außer Betrieb sind. Motorfahrräder und kleine Motorräder sind häufig mit einer Wechselstromlichtanlage ausgerüstet, wobei das Standlicht aus einer Trockenbatterie oder kleinen Naßbatterie gespeist wird, welche beide für die Batteriezündung nicht ausreichen. Hier hat sich gezeigt, daß der Lichtmagnetzünder mit Wechselstromlichtanlage dem Lichtbatteriezünder mit Gleichstromlichtanlage wirtschaftlich überlegen ist. Bei Omnibussen und Lastwagen (auch bei Motorbooten), die mit vielzylindrigen und schnellaufenden Motoren ausgerüstet und besonderen Betriebsbedingungen unterworfen sind, wie häufiger oder längerer Leerlauf, lange wartungslose Betriebszeiten, genügt die Batteriezündung nicht den gestellten Anforderungen; für diese Fahrzeuge wird deshalb Magnetzündung verwendet, die für hohe Funkenzahlen besonders geeignet ist und die Eigenschaft hat, die Kerzen im mittleren und hohen Drehzahlbereich „sauber zu brennen". Fahrzeuge, bei denen man aus Gründen der Betriebssicherheit unabhängig von der Batterie sein will, werden ebenfalls mit Magnetzündung ausgerüstet. Solche Fahrzeuge sind z. B. Fahrzeuge in Ländern, wo die Batterie durch äußere Umstände und durch mangelhafte Wartung besonders wenig zuverlässig ist, ferner Feuerwehrfahrzeuge, Militärfahrzeuge und Flugmotoren, bei welchen man Wert darauf legt, daß Motor und Zündung eine von Leitungen, Schaltelementen usw. unabhängige Einheit bilden.

Kraftstoffhaltung, -Förderung, -Vergasung und Luftzufuhr.

Von Richard Bussien VDI und ATG, Köln.

1. Kraftstoffhaltung.

a) Lage der Kraftstoffbehälter und Kraftstoffeinguß.

Nie im oder direkt am Motorraum, sondern stets getrennt; also nie an der Spritzwand. PKW haben den Behälter stets hinten im Rahmen unter dem Kofferraum. LKW meistens unter dem Fahrersitz oder an der rechten Seite des Rahmens, auch zwischen den Längsträgern in der Mitte oder hinten. Große LKW erhalten auch zwei Kraftstoffbehälter, von denen einer dann stets unter dem Fahrersitz angeordnet ist. Sie sind mit einander verbunden, oder durch Hähne einzeln geschaltet; der Kraftstoff wird dann erst aus dem einen und dann aus dem andern verbraucht. Bei dieser Anordnung müssen zwei Kraftstoff-Inhaltsanzeiger vorhanden sein.

Einguß muß für Deutschland nach der StVZO[1]) so liegen, daß beim Füllen nie die linke Seite des Fahrzeuges (Straßenseite) betreten werden muß, also stets rechts oder hinten. Außerdem muß ein Füllen durch den 20 l Einheitsreservekanister bis zur restlosen Leerung dieses erfolgen können. Eingußweite entsprechend, bei LKW nicht unter 80 l. W.

b) Größe und Form.

Nach der StVZO muß der Inhalt der Kraftstoffbehälter für eine Strecke von mindestens 350 km nach dem Normverbrauch reichen. Bei kleineren PKW also nicht unter 30 l mittlere PKW nicht unter 55 l, große PKW nicht unter 75 l. Der Raumbedarf ist also erheblich, gleichfalls das mitzuführende Gewicht am Beginn der Fahrt.

Form angepaßt dem zur Verfügung stehenden Platz; am besten ist rund, zylindrisch, jedoch viel Raum beanspruchend, deshalb jetzt meist Kofferform oder rechteckig. Große Fläche und geringe Höhe ist ungünstig zur restlosen Entleerung oder es muß eine schräge Einpressung unten vorgesehen werden, die so schräg ist, daß auf Steigungen und gewölbten Straßen restlose Leerung erfolgt.

An der tiefsten Stelle Entleerungsschraube, nicht unter 15 mm Durchmesser und Schlammsammeltiefe. Genügende Entlüftung, geschützt gegen Flammeneinschlag versehen. 10 mm über tiefsten Punkt beginnt das Steigrohr, das zur Pumpe führt, meist vereinigt mit dem Anschluß für das Anzeigegebergerät für den Inhalt.

c) Aufhängung erfolgt durch angeschweißte Winkel oder Stahlbänder so elastisch durch Gummi, Federn oder auf Holz, daß Beschädigungen des Behälters verhindert werden.

d) Herstellung aus Stahlblech geschweißt und feuerverzinkt oder aus verbleitem Eisenblech, gefalzt und genietet. Falze müssen laut StVZO doppelt sein. Stahlblech mit Sonderlack lackiert hat sich noch nicht restlos bewährt, da genügend widerstandsfähige Lacke gegen alle Arten von Kraftstoffen noch nicht geschaffen sind. Auch vollkommen rohe Bleche, entzundent, sind zur Anwendung gekommen.

2. Kraftstoff-Förderung und Leitung.

Ausschließlich durch Pumpen, die mechanisch oder elektrisch angetrieben werden. Die mechanisch angetriebene Pumpe ist organisch an dem

[1]) Straßenverkehrs- und Zulassungs-Ordnung.

Motor angebracht und durch einen Nocken auf einer Welle, meist der Nockenwelle, betätigt. Dieselmotoren haben diese Förderpumpe mit der Einspritzpumpe vereinigt, siehe diese. Hierbei meist Kolbenpumpen. Ottomotoren haben fast ausschließlich Membranpumpen mit der folgenden grundsätzlichen Arbeitsweise (Bild 1, Pallas):

Die Membranpumpe arbeitet nach dem bekannten Prinzip, wonach während eines Saughubes Flüssigkeit in die Pumpe eintritt, die beim anschließenden Druckhub wieder ausgestoßen wird.

Die Membran wird durch Vermittelung der Nockenwelle des Motors zum Ausschlagen gebracht. Dabei ist die Zusammenarbeit von Nockenwelle und Membran so

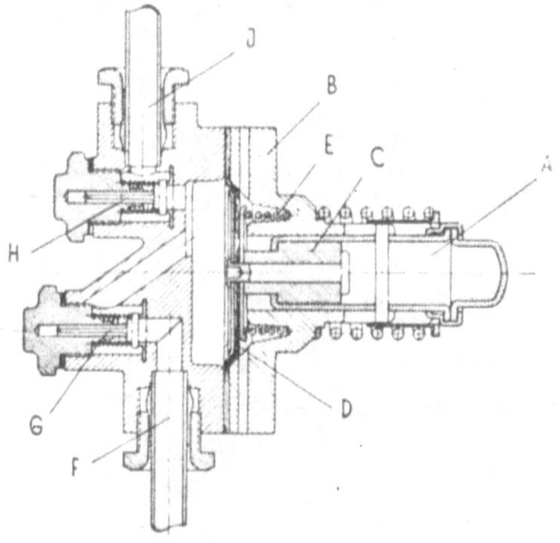

Bild 1. Kraftstoff-Membranpumpe (Pallas)

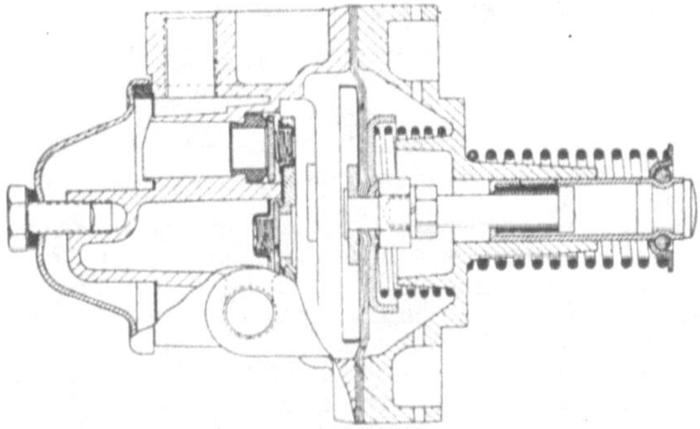

Bild 2. Kraftstoff-Membranpumpe (Solex)

geregelt, daß nur der Saughub der Pumpe durch Motorkraft veranlaßt wird, während der Druckhub mittels Federkraft zur Ausführung gelangt.

Kurz:

Motorkraft saugt den Brennstoff aus dem Tank in die Pumpe; Federkraft drückt den Brennstoff aus der Pumpe in den Vergaser.

Dies wird durch die Anordnung eines sogenannten Freilaufes im Membrangestänge bewirkt, der den Motorantrieb während des Druckhubes ausschaltet, so daß die Membran für diese Zeit durch die Membranfeder bewegt wird. Daher kann der Flüssigkeitsdruck auf die Vergaser-Schwimmernadel nur jene Höhe erreichen, die der Stärke der Membranfeder entspricht.

Diesem Druck, der die Schwimmernadel zu öffnen strebt, wirkt der Auftrieb des Schwimmers entgegen, der die Nadel zu schließen trachtet. Da somit der Schwimmer, sobald die Schwimmerkammer gefüllt ist, die Brennstoffzufuhr absperrt, muß ein selbsttätiges Regeln der von der Pumpe gelieferten Brennstoffmenge erfolgen.

Also wird die Pumpenleistung durch den Vergaser stets dem Verbrauch des Motors angepaßt, ohne daß eine besondere Regelvorrichtung nötig wäre.

Eine andere Ausführung (Solex) zeigt Bild 2 und 2a (Stößelpumpen). Solex baut auch ein Prüfgerät für diese Pumpen, daß für Reparaturwerkstätten recht geeignet ist.

Diese Pumpen werden in verschiedenen Ausführungen, die typisiert sind, hergestellt. Ihre Anschlußflansche sind genormt. Es wird empfohlen, bei Entwurf einer neuen Konstruktion sich bezüglich Auswahl der richtigen. Pumpe mit dem Lieferanten[1]) in Verbindung zu setzen.

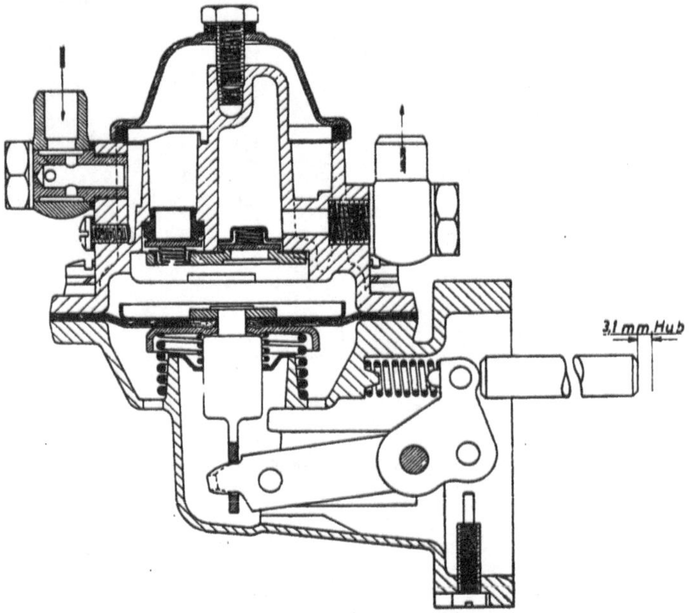

Bild 2a. Kraftstoff-Membranpumpe (Solex)

An Ottomotoren müssen diese Pumpen gut gegen Wärme geschützt werden, da sonst ein Vergasen von Kraftstoff in der Pumpe erfolgt (Gas-Stopfen, engl. vapor lock), der die Wirkung der Pumpe aufhebt oder stark beeinträchtigt. Deshalb soll die Pumpe nicht zu klein gewählt werden und an ihrer Befestigungsstelle (Flansch) ein Wärmeisolierflansch zwischengelegt werden (Steinasbest oder dgl.). Je mehr Kraftstoffinhalt die Pumpe selbst hat, desto unempfänglicher ist sie gegen Gasstopfen. Auch alle Saugleitungen müssen gegen Wärme geschützt sein, da hier auch leicht der Gasstopfen bei Hitze auftritt.

Die Pumpen sind gegen Eindringen von Staub und Schmutz zu sichern. Deshalb erhalten die Entlüftungs- und Atmungsöffnungen ein sogenanntes Atmungsventil (Solex).

Solex hat eine Hilfspumpe geschaffen, die bei Eintritt eines Gasstopfens die Gefahr des Liegenbleibens ausschaltet und gleichzeitig nach tagelangem Stillstand des Wagens es ermöglicht, den Vergaser und das ganze Leitungssystem mit Kraftstoff zu füllen, ehe der Starter (Anlasser) des Motors betätigt wird.

[1]) Deutsche Vergasergesellschaft, Solex, Berlin NW 40, Pallas Apparate GmbH. Berlin N 31.

Anlage Bild 3. Sie ist hand- oder fußbetätigt.

Pallas baut gleichfalls eine Handhilfspumpe, die auf die Motorpumpe aufgesetzt werden kann.

Elektrische Kraftstoffpumpen (Pallas Bild 4 und Tekalamit) sind unabhängig von einem mechanischen Antrieb. Sie können deshalb an jeder be-

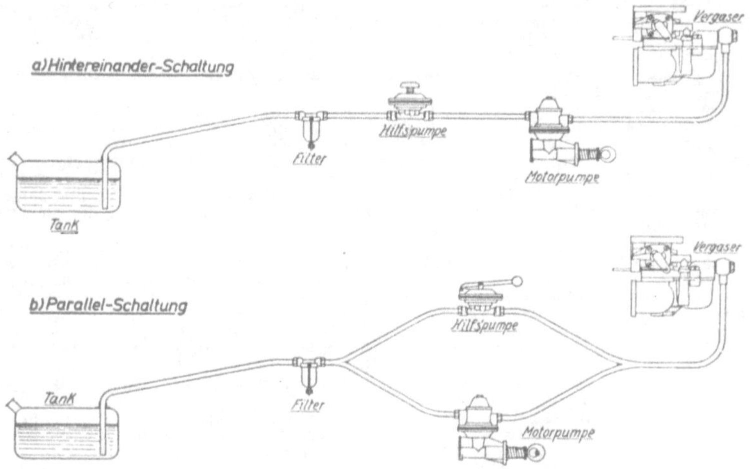

Bild 3. Kraftstoff-Hilfspumpe (Solex)

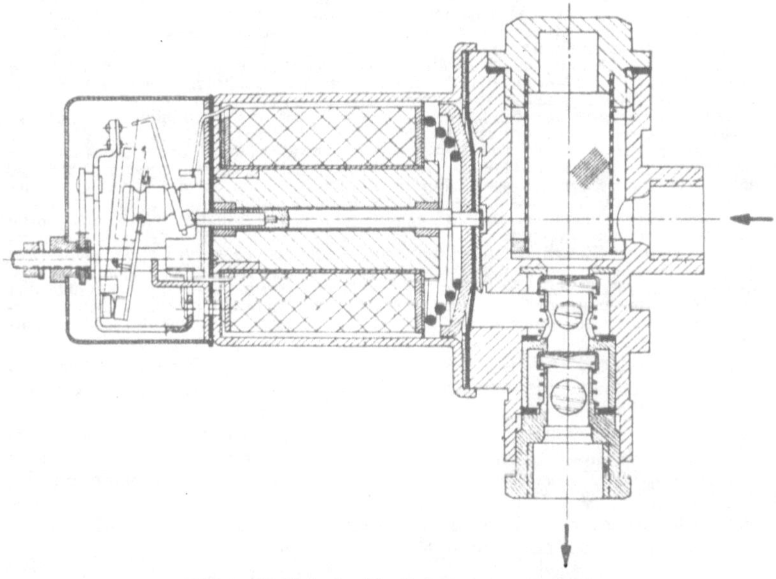

Bild 4. Elektrische Kraftstoffpumpe (Pallas)

liebigen Stelle, die günstig für ihre Arbeitsweise ist, angebracht werden. Pallas schreibt hierüber folgendes:

Die rasch wachsende Beliebtheit, deren sich die elektrische Pumpe bei Wagenbenutzern erfreut, verdankt sie ihrer Fähigkeit, die bekannten Startschwierigkeiten zu vermeiden und dem Motor auch im Winter rasch zum Anlaufen zu verhelfen. Dabei gewährt die elektrische Pumpe der Batterie weitgehende Schonung, weil durch das sofortige Anspringen des Motors das langwierige und viel Strom verbrauchende Durchdrehen der Kurbelwelle fortfällt, während der eigne Strombearf der Pumpe verschwindend gering ist.

Aber auch sie selbst wird durch den elektrischen Antrieb viel weniger angestrengt als die vom Motor angetriebene Pumpe. Vor allem ist die Beanspruchung der Membran, die bei der elektrischen Pumpe höchstens zwei Millimeter ausschlägt, weit geringer als bei der Motorpumpe, deren Membran bekanntlich dauernd bis zum äußersten Ausschlag, also fast dem Dreifachen, in Anspruch genommen wird. Ebenso arbeiten bei der elektrischen Pumpe auch die Ventile unter günstigeren Bedingungen, da sie nur einen Bruchteil der Hubzahl ausführen, die sie für die gleiche Förderleistung in der Motor-Pumpe bewältigen müßten.

Der Hauptvorzug der elektrischen Pumpe besteht aber darin, daß ein Liegenbleiben des Kraftwagens bei großer Hitze infolge Dampfblasenbildung, wie es bei einer Motorpumpe vorkommen kann, ausgeschlossen ist, denn die elektrische Pumpe ist vom Motor unabhängig, im Gegensatz zur Motorpumpe, die einer übermäßigen Erhitzung durch Motor und Auspuffleitung ausgesetzt ist. Die elektrische Pumpe mit ihrer Saugleitung wird deshalb immer möglichst weit entfernt von diesen Wärmequellen eingebaut. Es ist hierauf unbedingt zu achten, wenn dieser Hauptvorzug der elektrischen Pumpe nicht verloren gehen soll.

Wie bei elektrischen Brennstoff-Förderpumpen allgemein üblich, bewirkt auch bei der Pallas-Pumpe die Anziehungskraft eines Elektromagnets den Saughub d. h. den Hub, der den Brennstoff aus dem Wagentank in die Pumpe hineinsaugt. Als Form für diesen Elektromagnet wurde die Glocke gewählt, weil bei ihr die Ausnutzung des antreibenden elektrischen Stromes die günstigste ist. Da nämlich die Glockenform, bei richtiger Gestaltung auch der anschließenden Teile, das Austreten der vom elektrischen Strom erzeugten magnetischen Kraftlinien in den Raum verhindert, läßt sich schon mit geringerem Stromaufwand eine bessere Leistung erzielen als bei irgendeiner anderen Magnetform. Für einen Brennstoffverbrauch von 15 Liter je Stunde werden 4 Watt gebracht.

Wie aus der Schnittzeichnung Bild 4 ersichtlich, ist der Elektromagnet gegenüber der Membran angeordnet, so daß diese beim Saug- und Druckhub seitlich durchgebogen wird. Das Durchbiegen kommt auf die Weise zustande, daß die Membran von zwei Tellerscheiben umfaßt wird, die fest mit dem Anker auf einer Stange vereinigt sind, die den Magnetkern der Länge nach durchdringt. Sobald dann Strom durch die Elektromagnetwicklung fließt, wird der Anker entgegen der Wirkung einer Kegelfeder angezogen, wobei er die Membran mitnimmt. Am Ende des dadurch verursachten Saughubes wird der Strom unterbrochen, womit die Anziehungskraft des Elektromagnets sofort verschwindet. Der Anker wird daher jetzt nicht mehr angezogen, sondern durch den auf ihm lastenden Druck der Kegelfeder in entgegengesetzter Richtung gedrückt, so daß er die Membran nach der anderen Seite durchbiegt und den im Pumpraum enthaltenden Brennstoff zum Vergaser fördert.

Je nach der Menge des vom Motor, entsprechend seiner augenblicklichen Leistung, verbrauchten Brennstoffes drosselt die Vergaser-Schwimmernadel den Abfluß aus der Pumpe mehr oder weniger. Die Pumpenhübe verlaufen somit desto langsamer, je geringer die vom Motor entwickelte Kraft ist, und setzen ganz aus, wenn dieser bei Talfahrt als Bremse benutzt wird. Hieraus erklärt sich auch der stockende Gang der Pumpe bei stehendem Wagen und leerlaufendem Motor, den Unkundige mitunter als Pumpenstörung ansehen. Das Abwechseln von Saug- und Druckhub wird durch einen mechanischen Unterbrecher geregelt. Durch Vermittlung der vorstehend erwähnten zentralen Stange überträgt der Anker seine Bewegung auf einen Hebel, der durch eine Zugfeder mit einem zweiten Hebel verbunden ist, der den Kontakt trägt. Eine besondere Anordnung der Hebel zueinander bringt die erforderliche Verzögerung in das Unterbrecherspiel, die nötig ist, um eine genügende Membranbewegung zu erzielen. Der Entstehung von Kontaktfeuer ist durch geeignete Gegenmaßnahmen vorgebeugt.

Kraftstoffleitungen müssen gegen Steinschlag, Durchscheuern und Hitze gesichert sein. Sie werden fest im Rahmen verlegt und angeschellt. Die Kraftstoffpumpe besitzt ein Filter oder Sieb, um Unreinigkeiten im Kraftstoff zurückzuhalten. Es ist aber besser, noch ein besonderes Kraftstofffilter in die Leitung einzuschalten. Dieselmotoren erfordern unbedingt ein gutes (Spalt-)Filter. Solche Filter sind typisiert und handelsüblich. Sie haben Siebfilter oder Plattenfilter, sind leicht zu reinigen und infolge des Glasgefäßes in ihrer Wirkung zu beobachten. Alle Anschlüsse müssen absolut dicht sein, weil sonst mangelhafte Wirkung.

3. Kraftstoff-Vergasung.

Das Ziel des Vergasungsvorganges besteht im wesentlichen darin, Kraftstoff in feiner Verteilung mit Luft so zu vermischen, daß ein zum Betrieb des Motors geeignetes Gas entsteht. Solche Gasgemische verbrennen verhältnismäßig langsam, nämlich mit etwa 1,5—2,3 m in der Sekunde. Das bei der

Vergasung entstehende Gas muß eine Zusammensetzung innerhalb bestimmter Grenzen der Zündfähigkeit haben. Diese liegt auf 15° C und 1 at., bezogen bei Benzinluftgemischen zwischen 2 und 5, bei Benzolluftgemischen zwischen 2,65 und 6,5% des Kraftstoffes zur Luft. Man unterscheidet Gasgemische, welche gerade die zur vollständigen Verbrennung theoretisch notwendige Luftmenge (L_{chem}), und solche, welche bis zur Grenze der Zündfähigkeit entweder geringere oder reichere Luftmengen haben (fettes oder armes Gasgemisch). Welche Bedeutung die richtige Zusammensetzung eines Gasgemisches für die Zündgeschwindigkeit und bei feststehender Zündung damit auch für die Ausnutzung der Verdichtung, das erreichbaren mittleren Arbeitsdruckes und der Leistung des Motors hat, zeigen Bild 5 und 6.

In Bild 5 ist das Ergebnis der Versuche von Neumann, in Bild 6 die Beeinflussung des mittleren Arbeitsdruckes eines Motors durch die Gaszusammensetzung dargestellt. Es ist im Abschnitt Kraftstoffe gezeigt, daß die nach Leistung oder wirtschaftlichem Betrieb eines Motors günstigste Gaszusammensetzung keineswegs allein für die Vergaserbauart ausschlaggebend ist, sich zudem für jede Belastungsstufe des Motors ändert; dennoch ist das vorstehend Gesagte zum Verständnis der später beschriebenen Vergaser zunächst notwendig.

Betrachtet man die im Laufe der Zeit entstandenen verschiedenen Vergaserbauarten daraufhin, wie versucht wurde, ein bestimmtes Verhältnis

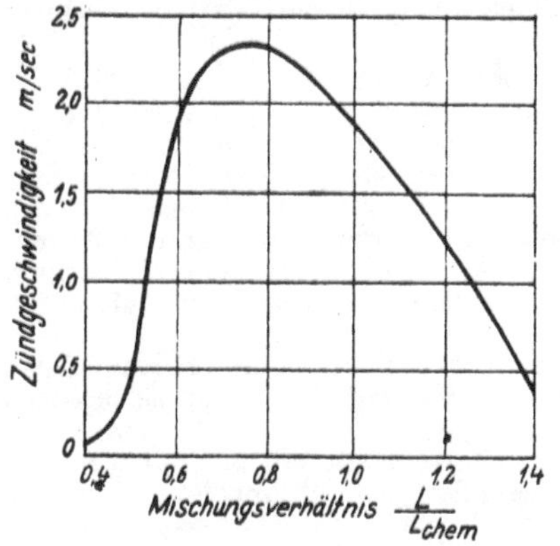

Bild 5

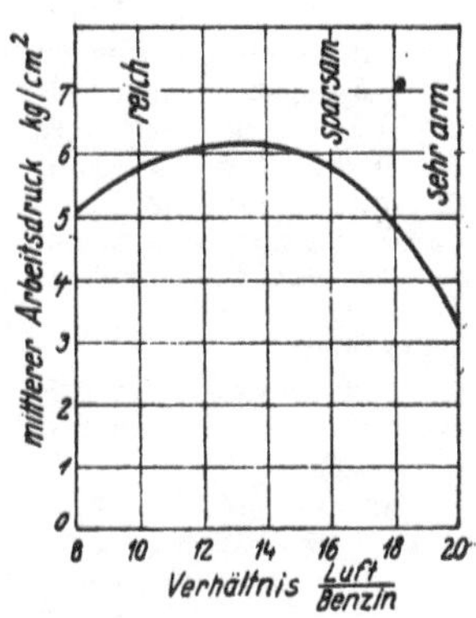

Bild 6

Zündgeschwindigkeit und mittlerer Arbeitsdruck in Abhängigkeit vom Mischungsverhältnis

von Kraftstoff zur Luftmenge zu erreichen, so kann man im wesentlichen 6 Gruppen unterscheiden:

1. Die Hauptluft wird zwangläufig oder automatisch, z. B. durch eine in den Luftstromweg im Vergaser hineinhängende bewegliche Zunge oder durch Einbau einer Irisblende usw. in ihrer Menge geregelt.

2. Nebenluft wird durch Anheben eines Ventils, von Kugeln, oder Öffnen eines Schiebers usw. dem bereits gebildeten Gasgemisch beigemengt und der Unterdruck an der Düse vermindert (Zusatzluft-Vergaser).

3. Die Ausflußmenge der Düse wird durch Änderung ihres Durchflußquerschnittes oder durch die Formgebung der Düse geregelt.

4. Die Düsenausflußmenge und die Luftdurchtrittsmenge werden gleichzeitig beeinflußt.

5. Die Düsenausflußmenge wird durch Eintreten von Luft in den Kraftstoffstrahl in der Düse vermindert (Bremsdüsen-Vergaser).

6. Es wird eine größere Zahl von Düsen mit zugehörigen Luftzutrittöffnungen vorgesehen, welche beim Öffnen der Drossel freigegeben werden (Registervergaser).

Die vorstehend genannten 6 Vergaser-Gruppen sind jedoch keineswegs eindeutig charakterisiert. Es kommen meist einige sonstige Gesichtspunkte und Übergänge zu anderen Bauarten in Betracht.

Allein restlos hat sich seit langem der Spritz- oder Zerstäuber-Vergaser durchgesetzt, der feinste Kraftstoffzerstäubung mit innigster Mischung und Durchsetzung mit Verbrennungsluft gewährleistet. Diese Vergaser haben heute fast durchweg selbsttätige Gemischregulierung.

Die verschiedenen Vergasermarken sind hierbei nicht einheitlich, sondern weichen in ihren Ausführungen von einander ab. Dadurch haben sie einen mehr oder weniger großen Anwendungsbereich gefunden. Es sollte deshalb bereits **beim Entwurf des Motors der Vergaserfachmann des zur Anwendung kommenden Vergasers hinzugezogen werden, denn vom Saugventil ab bis zum Lufteintritts-Stutzen am Luftreiniger oder Geräuschdämpfer ist ein Zusammenarbeiten mit dem Vergasersachverständigen erforderlich.** Spätere Anwendung dieses oder jenes Vergasers innerhalb des vorhandenen Saugrohres und der Luftleitung mit Reiniger gibt Unzulänglichkeiten in der Kraftstoff-Luftmischung und gegebenenfalls wirtschaftliche Nachteile.

Anordnung der Saugventile, vorhandenen Platz und Lage des Auspuffrohres bestimmen die Art des Vergasers. Zur Anwendung kommen Vergaser mit:

vertikalem Durchgang in aufsteigendem Strom (Vertikal-Vergaser oder Steigstrom-Vergaser),

horizontalem Durchgang (Horizontal-Vergaser),

Fallstrom, vertikal mit fallendem Strom (Fallstrom-Vergaser).

Zu jedem gehören die verschiedenen Abweichungen, bedingt durch rechts- oder linksseitige Lagerung am Motor, Drosselklappenlage, Doppelanordnung, Schwimmerlage und dergleichen mehr. Moderne Vergaser weisen Spareinrichtungen auf, die bei Betriebsdrehzahl arbeitet, also kraftstoffarmes Gemisch ergibt, bei hoher Drehzahl des Motors aber aussetzt und dann ein reiches Kraftstoffgemisch (Luftmangel) ergibt, um sehr hohe Leistungen zu erzielen.

Ebenso sind Leerlaufeinrichtungen zur Erzielung eines gleichmäßigen Leerlaufs bei niedriger Drehzahl vorhanden mit Übergang zu höheren Leistungen.

Kalte Jahreszeit verlangt sicheres Starten, also ein besonders reiches Gemisch (Luftmangel). Hierzu sind besondere Einrichtungen am Vergaser vorzusehen (Starteinrichtung), die entweder in einem Abdrosseln der Luft durch eine Luftklappe oder in einem besonderen kleinen Vergaser (Nebenvergaser), der mit dem Hauptvergaser organisch vereinigt ist, bestehen. Letztere Einrichtung hat sich erheblich durchgesetzt (Solex, Pallas), weil sie ein unbedingt sicheres Anspringen des Motors von Vergaserseite her gewährleistet.

Zur schnellen Beschleunigung des Fahrzeuges muß der Motor auch kurzzeitig mit unwirtschaftlicher Brennstoffmenge arbeiten können, deshalb erhalten manche Vergaser sogenannte Beschleunigerpumpen, mittels denen beim Öffnen der Drosselklappe eine besondere Kraftstoffmenge, richtig dosiert, in feinem Strahl in die Saugleitung gespritzt wird.

Organischer Zusammenbau aller dieser Teile mit dem Hauptvergaser und der Einrichtung für die Kraftstoffhaltung zu einem Apparat ist Bedingung und von den Vergaser-Fabriken gelöst. Deshalb sollen nachstehend einige Vergaser beschrieben werden.

1. Pallas Apparate G. m. b. H. (Bild 7 und 8).

Der durch die Anschlußverschraubung *A* dem Vergaser zufließende Kraftstoff wird durch einen Schwimmer *C* und die Schwimmernadel auf gleichbleibender Höhe gehalten. Von dem Schwimmergehäuse aus fließt er zu der Kombinationsspritzdüse *F*, die sich von außen durch Lösen einer einzigen Sechskantmutter mit einem Handgriff herausnehmen läßt. Sie enthält sämtliche die Gemischbildung beeinflussenden Einstellteile, nämlich die am unteren Ende eingeschraubte Kraftstoffdüse *E*, das Tauchrohr *G*, welches die den Kraftstoffaustritt regelnde Luft zuführt, und die Korrekturluftdüse *H*, die den Spritzdüsenraum mit der Außenluft verbindet. Ein Schutzsieb I

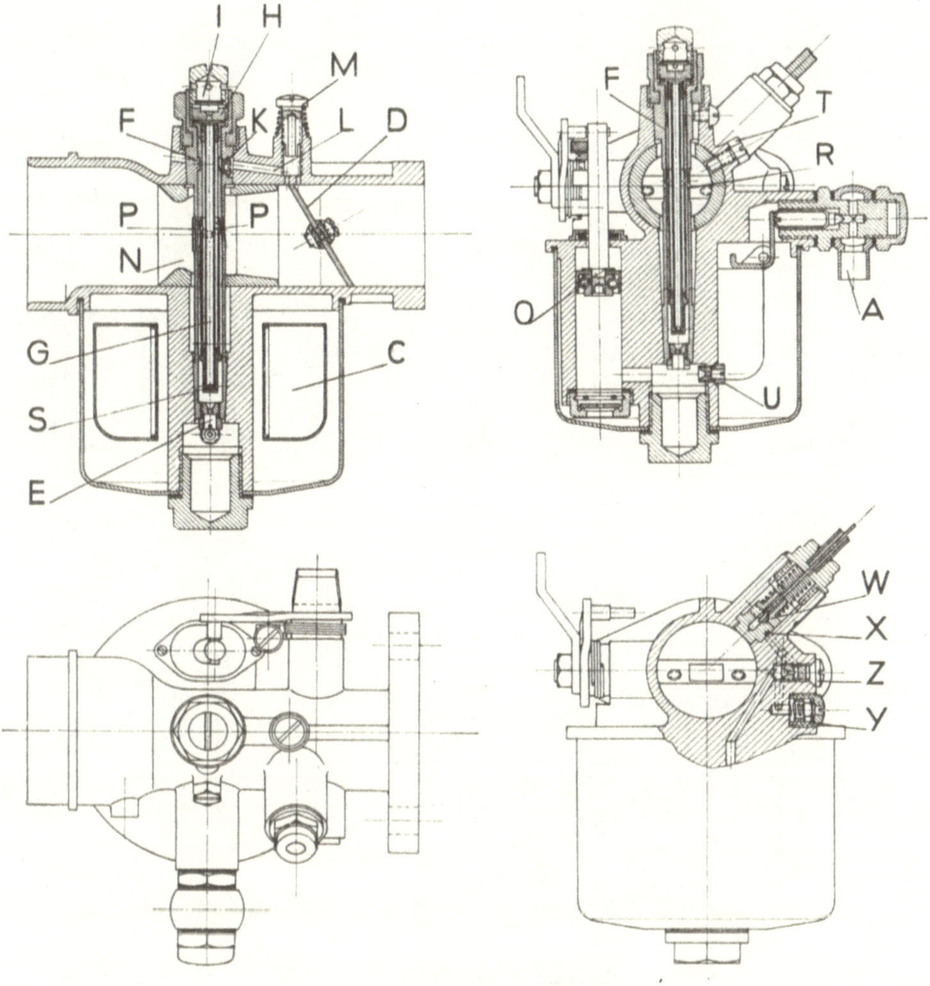

Bild 7. Horizontal-Vergaser (Pallas)

schützt Korrekturluftdüse und Tauchrohr vor dem Eindringen von Fremdkörpern. Bei niedrigen Drehzahlen der Maschine saugt der Hauptluftstrom aus den beiden im engsten Querschnitt des Apparats angeordneten Öffnungen *R* der Spritzdüse nur Brennstoff an, der sowohl in der Düse als auch im Tauchrohr auf gleicher Höhe steht. Mit wachsender Drehzahl wird der Kraftstoff im Innern des Tauchrohrs allmählich abgesaugt. Dadurch werden die im unteren Vierkant des Tauchrohres angeordneten Luftöffnungen *S* freigegeben, so daß sich durch die Korrekturluftdüse Außenluft dem Kraftstoffstrome beimischt. Diese Luftmenge steigt mit zunehmendem Unterdruck, wodurch eine stets gleichbleibende Gemischbildung erreicht wird. Die Düsenanordnung des Vergasers gewährt außerdem noch den Vorteil, daß plötzliche Unterdruckschwankungen, wie sie beispielsweise durch schnelles Öffnen der Drosselklappe hervorgerufen werden, nicht die bekannten schädlichen Wirkungen, wie plötzliche Kraftstoffarmut und Knallen des Vergasers, hervorrufen. Öffnet man die Drosselklappe plötzlich, so entsteht kein augenblicklicher Kraftstoffmangel, sondern die in dem Steigrohr befindliche Kraftstoffmenge dient als eine Art Flüssigkeitsverschluß und Vorrat, der erst vollkommen erschöpft sein muß, bis die zur Korrektur notwendige Luft eintreten kann. Dies geschieht erst dann, wenn der Unterdruck im Vergaser, mithin die Drehzahl der Maschine, die erforderliche Höhe erreicht hat. Auf diese

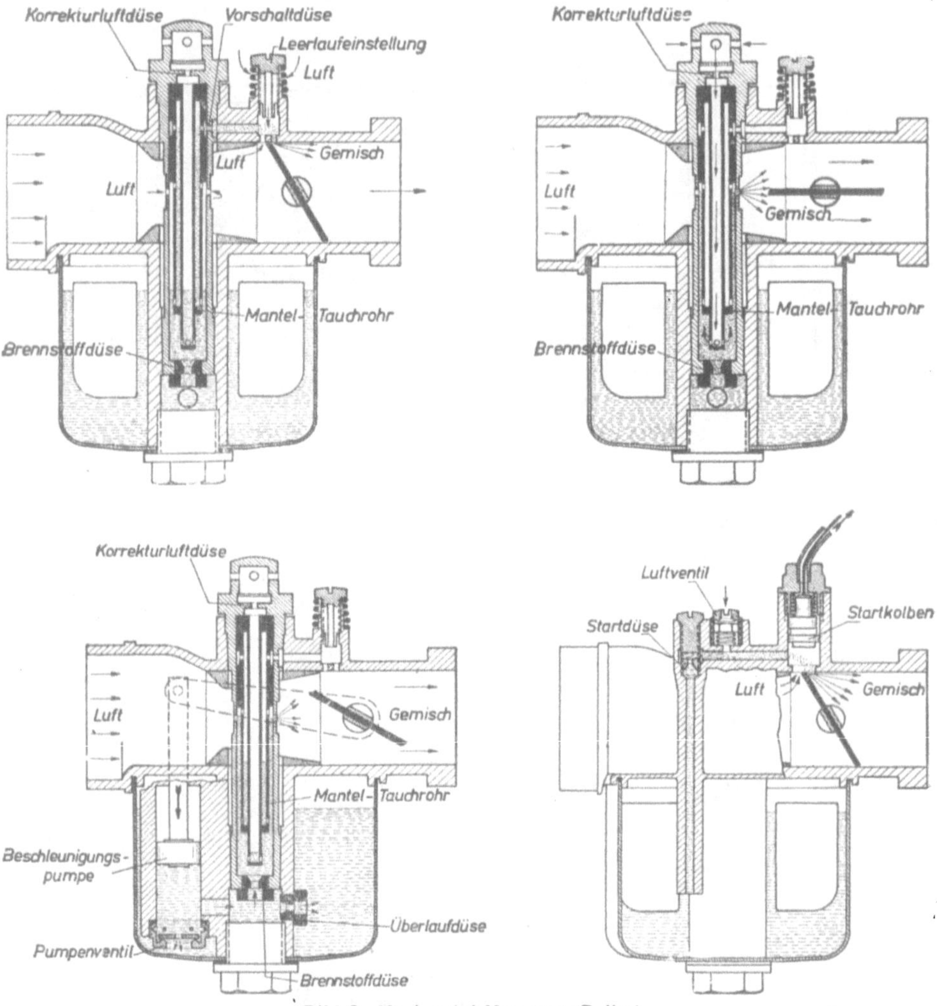

Bild 8. Horizontal-Vergaser (Pallas)

Weise wird eine durchaus selbsttätige Regelung erzielt, die unabhängig von der Geschicklichkeit des Fahrers dem Motor die denkbar größte Geschmeidigkeit verleiht und ein sofortiges scharfes Anziehen der Maschine unter allen Umständen gestattet.

Um sofortiges Anspringen des Motors sowie einen ruhigen, langsamen Leerlauf zu erzielen, ist der Vergaser mit einer besonderen Leerlaufvorrichtung ausgestattet. Sie besteht im wesentlichen aus der verlängerten Spritzdüse *F*, die durch die Vorschaltdüse *K* mit dem Kanal *L* in Verbindung steht, welcher gegenüber der Drosselklappe *D* in die Ansaugleitung mündet. Die Wirkungsweise der Leerlaufvorrichtung ist folgende: Bei nur wenig geöffneter Drosselklappe wird infolge der hohen Luftgeschwindigkeit an derselben durch den Kanal *L* und die Vorschaltdüse *K* aus der Spritzdüse Kraftstoff angesaugt. Diesem mischt sich Luft bei, welche durch die Öffnungen *P* eintritt. Die Menge dieses für den Leerlauf notwendigen Kraftstoffluftgemisches wird durch die Vorschaltdüse *K* geregelt, die auswechselbar ist. Zur Leerlauffeineinstellung, welche genaueste Anpassung der Gemischzusammensetzung an den Bedarf des Motors ermöglicht, wird dem Kraftstoffluftgemisch durch die Feineinstellschraube *M* nochmals Luft beigemischt, hierdurch wird ein langsamer, gleichmäßiger Leerlauf, welcher ohne Auswechseln einer Leerlaufdüse einstellbar ist, insbesondere bei 6- und 8-Zylinder-Motoren, gewährleistet. Beim Öffnen der Drosselklappe nimmt die Wirkung der Leerlaufvorrichtung allmählich ab und hört in dem Augenblick vollkommen auf, in dem die Luftgeschwindigkeit im Lufttrichter *N* größer geworden ist als diejenige, die zwischen Drosselklappe und Vergaserwandung entsteht. Dies ist bei normalem Gang des Motors stets der Fall, und so schaltet sich die Leerlaufvorrichtung selbständig aus. Der auswechselbare Lufttrichter *N* kann nach Entfernung der Spritzdüse sowie der Halteschraube *T* ohne Ausbau des Apparates herausgezogen und gegen einen anderen ausgetauscht werden.

Die Beschleunigerpumpe verleiht dem Motor erhöhte Beschleunigung beim plötzlichen Gasgeben und größere Geschmeidigkeit bei geringerem Kraftstoffverbrauch.

Auch beim schärfsten Heruntertreten des Gaspedals zieht der Motor an, ohne daß er wegen des plötzlich eintretenden Kraftstoffmangels stehenbleibt bzw. aussetzt.

Die Wirkungsweise der Beschleunigungspumpe ist die folgende; Wie aus Bild 7 zu ersehen ist, wird der Kolben *O* der Beschleunigungspumpe durch einen mit der Drosselklappenachse verbundenen Hebel betätigt. Die Pumpe preßt beim Beschleunigen Kraftstoff in die Spritzdüse, so daß aus den Austrittslöchern der Kombinationsspritzdüse des Vergasers ein starker, fein vernebelter Kraftstoffstrahl in die Vergaser-Mischkammer spritzt. Die Zylinder erhalten so ein starkes, kräftig zerstäubtes Gemisch, und der Motor zieht sofort an.

Der Schnellstarter arbeitet wie folgt;

Beim Starten des kalten Motors bildet sich ein Niederschlag von Kraftstoff an den kalten Vergaserwänden, der Ansaugleitung und den Ventilkammern, so daß das vom Vergaser erzeugte Gemisch nur zum geringsten Teil im Motorzylinder zur Wirkung gelangt und der Motor ein zu kraftstoffarmes Gemisch erhält. Auch verhindert die Verdickung des Öles ein genügend schnelles Durchdrehen der Maschine durch den

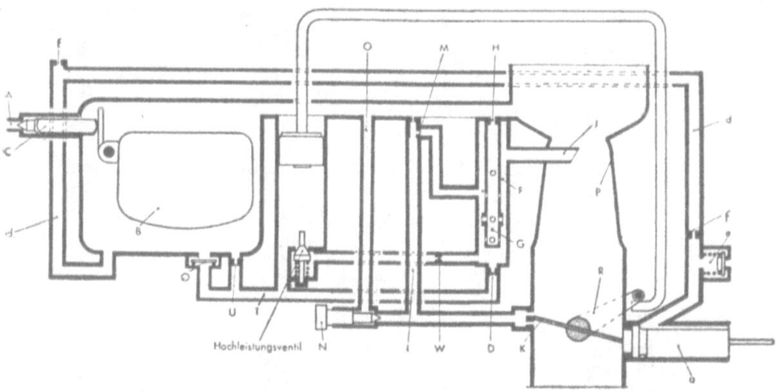

Bild 9. Schema des Pallas-Fallstrom-Vergasers

Anlasser oder von Hand, so daß keine genügende Saugwirkung an den Düsen des Vergasers entsteht.

Der Schnellstarter setzt beim Starten ein stark angereichertes, gut zerstäubtes Gemisch zu, welches durch den hohen Saugdruck oberhalb der geschlossenen Drosselklappe sofort in der Ansaugleitung des Motors zur Verdampfung gelangt und Niederschlagsbildung verhindert. Die Zylinder erhalten also ein starkes, vollkommen zerstäubtes Gemisch, wodurch der Motor sofort anspringt.

Der Pallas-Schnellstarter besteht aus der Zugeinrichtung und der eigentlichen Startvorrichtung.

Beim Ziehen des Zugknopfes wird durch den Kolben *W* die Öffnung *X*, welche durch einen Kanal mit dem Schwimmerbehälter in Verbindung steht, freigegeben. Durch den beim Starten in der Ansaugleitung entstehenden hohen Unterdruck bei geschlossener Drosselklappe wird durch diesen Kanal aus dem Schwimmerbehälter des Vergasers Kraftstoff angesaugt, dem sich Zerstäubungsluft durch das Ventil *Y* beimischt. Die zum Anspringen des Motors notwendige Kraftstoffmenge wird durch die Kraftstoffdüse *Z*, welche in den Kraftstoffkanal auswechselbar eingesetzt ist, geregelt. Aus dem Schnellstarter spritzt ein starker, fein vernebelter Gemischstrahl in die Ansaugleitung des Motors. Nach erfolgtem Anspringen und Loslassen des Zugknopfes geht der Kolben des Schnellstarters in seine Schlußlage zurück, und der Starter wird außer Tätigkeit gesetzt. Gleichzeitig sorgt zutretende Frischluft dafür, daß unter keinen Umständen Kraftstoff aus dem Schnellstarter bei normaler Fahrt in das Ansaugrohr eintreten kann.

Beschreibung des Pallas-Fallstrom-Vergasers, Bild 9 u. 10.

Der durch die Anschlußverschraubung *A* dem Vergaser zufließende Kraftstoff wird durch den Schwimmer *B* und eine Schwimmernadel *C*, die ohne Ausbau des Vergasers zum Reinigen herausgenommen werden kann, auf gleichbleibender Höhe erhalten.

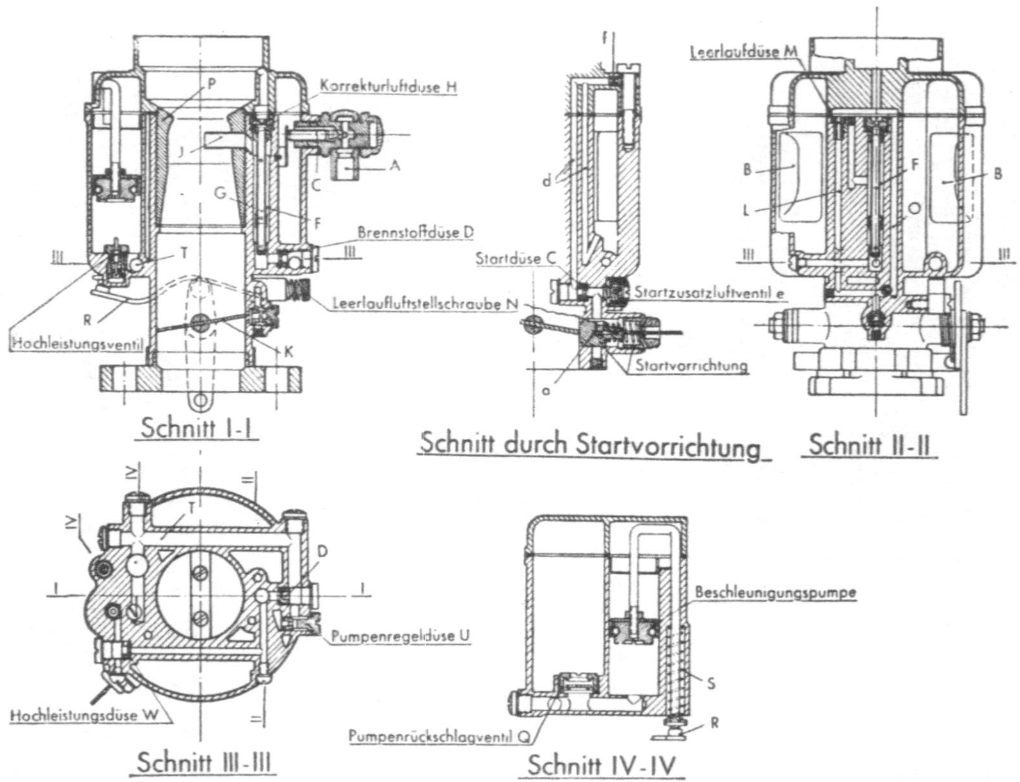

Bild 10. Pallas Fallstrom-Vergaser

Durch die zentrale Anordnung des Schwimmers kann der Kraftstoffstand so eingestellt werden, daß der Vergaser Neigungen bis zu 60%, wie sie bei Geländefahrzeugen vorkommen, verträgt. Diese Anordnung hat ferner den bedeutenden Vorteil, kurvenunempfindlich zu sein, indem Fliehkräfte, die den Kraftstoffstand beeinflussen, auf die Düsenförderung nicht zur Einwirkung gelangen. Der Kraftstoff gelangt durch die Hauptkraftstoffdüse *D* zu dem senkrechten Kanal *F*, in dem sich das Tauchrohr *G* befindet. Den oberen Abschluß des Tauchrohrs bildet die sogenannte Korrekturdüse *H*, durch die die den Kraftstoffaustritt korrigierende Luft zugeführt wird. Die Luft wird aus dem Ansaugstutzen des Vergasers entnommen, so daß bei Verwendung eines Luftfilters nur gereinigte Luft zugeführt wird.

Bei niedrigen Drehzahlen des Motors saugt der Hauptluftstrom aus dem fest mit dem auswechselbaren Lufttrichter *P* verbundenen Austrittsröhrchen *J* nur Kraftstoff an, der sowohl in dem Kanal *F* als auch in dem Tauchrohr *G* auf gleicher Höhe steht. Mit wachsender Drehzahl wird der Kraftstoff im Innern des Tauchrohres *G* allmählich abgesaugt, dadurch werden die im Tauchrohre angeordneten Luftöffnungen freigegeben, so daß sich durch die Korrekturdüse *C* Außenluft dem Kraftstoffstrom beimischt. Diese Luftmenge steigt mit zunehmendem Unterdruck am Austrittsröhrchen *J*, wodurch eine stets gleichbleibende Gemischbildung erreicht wird.

Die Düsenanordnung des Vergasers gewährt außerdem noch den bedeutenden Vorteil, daß plötzliche Unterdruckschwankungen, wie sie beispielsweise durch schnelles Öffnen der Drosselklappe hervorgerufen werden, nicht die schädlichen Wirkungen, wie plötzliche Kraftstoffarmut und Knallen des Vergasers, zur Folge haben. Öffnet man die Drosselklappe plötzlich, so entsteht nicht ein augenblicklicher Kraftstoffmangel, sondern die in dem Tauchrohr befindliche Kraftstoffmenge dient als Flüssigkeitsverschluß und Vorrat, dessen Inhalt erst vollkommen erschöpft sein muß, bis die zur Korrektur notwendige Luft eintreten kann. Dies geschieht erst dann, wenn der Unterdruck im Vergaser, mithin die Drehzahl der Maschine, die erforderliche Höhe erreicht hat. Auf diese Weise wird eine durchaus selbsttätige Regelung erzielt, die unabhängig von der Geschicklichkeit des Fahrers dem Motor die denkbar größte Geschmeidigkeit verleiht und ein sofortiges scharfes Anziehen der Maschine unter allen Umständen gestattet.

Die Wirkungsweise der Leerlaufvorrichtung ist folgende: Bei nur wenig geöffneter Drosselklappe *K* wird, infolge der hohen Luftgeschwindigkeit an dieser, durch den Kanal *L* über die auswechselbare Leerlaufdüse *M* aus dem Tauchrohrkanal *F* Kraftstoff angesaugt. Diesem Kraftstoff mischt sich Luft bei durch die senkrechte Bohrung in der Leerlaufdüse. Die Menge dieses für den Leerlauf notwendigen Kraftstoffluftgemisches wird durch die Leerlaufluftstellschraube *N* geregelt, die von außen leicht zugänglich und verstellbar ist. Diese Luftzuführung erfolgt durch den Kanal *O* und wird ebenfalls aus dem Ansaugkanal des Vergasers entnommen. Beim Öffnen der Drosselklappe nimmt die Wirkung der Leerlaufvorrichtung allmählich ab und hört in dem Augenblick vollkommen auf, in dem die Luftgeschwindigkeit am Austrittsröhrchen *J* im Lufttrichter *P* größer geworden ist als diejenige, die zwischen Drosselklappe und Vergaserwandung an den Kraftstoffaustrittslöchern für den Leerlauf entsteht. Dies ist beim normalen Gang des Motors stets der Fall, so daß sich die Leerlaufvorrichtung selbsttätig ausschaltet.

Der auswechselbare Lufttrichter *P* kann nach Entfernung des Vergaserdeckels leicht nach oben herausgezogen und gegen einen anderen ausgetauscht werden.

Es ist eine Beschleunigungspumpe vorgesehen, die ein allmähliches, langwirkendes Austreten von zusätzlichem Kraftstoff während des Beschleunigungsvorganges aus der Spritzdüse gewährleistet. Die Beschleunigungspumpe ist so eingerichtet, daß sie sich den im praktischen Fahrbetrieb auftretenden Anforderung in bezug auf den zu fördernden zusätzlichen Brennstoff selbsttätig anpaßt.

Der Pumpe läuft der Kraftstoff über das Rückschlagventil *Q* aus dem Schwimmerbehälter zu. Wird nun die Drosselklappe *K* des Vergasers geöffnet, so gibt der Hebel *R* die Pumpenstange frei, so daß durch die Feder *S* der Pumpenkolben nach unten gedrückt wird. Die Verbindung zum Schwimmerbehälter wird durch das Rückschlagventil *Q* verschlossen und der Kraftstoff wird durch der Kanal *T* über die Kraftstoffdüse *D* in den Tauchrohrkanal *F* gedrückt und tritt durch das Austrittsröhrchen *J* aus. Die Fördermenge ist regelbar durch die Pumpenregeldüse *U*, durch die eine Verbindung mit dem Schwimmerbehälter hergestellt wird. Je größer diese Düse gewählt wird, desto mehr Kraftstoff wird bei Betätigung der Beschleunigungspumpe in den Schwimmerbehälter zurückgedrückt und kann infolgedessen nicht über die Kraftstoffdüse *D* austreten.

Die Wirkungsweise des Spar- und Hochleistungsventils ist folgende:

Am Boden der Beschleunigungspumpe befindet sich das Hochleistungsventil, das bei ganz geöffneter Drosselklappe durch den Pumpenkolben geöffnet wird. Somit gelangt zusätzlich Kraftstoff über die Hochleistungsdüse *W* in den Tauchrohrkanal *F* und somit zum Austrittsröhrchen *J*.

Hierdurch erhält der Motor ein Höchstleistungsgemisch, das zur Erzielung größter Kraftentfaltung dient. Bei nicht vollständig geöffneter Drosselklappe, d. h. während des normalen Fahrbetriebes, ist das Hochleistungsventil geschlossen und verhindert hierdurch den zusätzlichen Kraftstoffaustritt aus dem Röhrchen *J*. Das Hochleistungsventil steht dann in Sparstellung und dient als Sparventil, wodurch der Vergaser das wirtschaftliche Brennstoffgemisch liefert.

Die Startvorrichtung setzt beim Starten ein zusätzliches, stark angereichertes, gut zerstäubtes Gemisch zu, das durch den hohen Saugdruck oberhalb der geschlossenen Drosselklappe sofort in der Ansaugleitung des Motors zur Verdampfung gelangt und Niederschlagsbildung verhindert. Die Zylinder erhalten also ein starkes, vollkommen zerstäubtes Gemisch, wodurch der Motor sofort anspringt und mit genügender Drehzahl weiterläuft.

Die Start- und -Warmlaufvorrichtung besteht aus der Zugeinrichtung und der eigentlichen Startvorrichtung.

Beim Ziehen eines am Armaturenbrett befindlichen Zugknopfes wird durch den Kolben *a* die Öffnung, die durch einen Kraftstoffkanal *d* über die Startdüse *c* mit dem Schwimmerbehälter in Verbindung steht, freigegeben, gleichzeitig bildet sich an der Klappe gegenüber dem Kolben ein Umgehungskanal zur Zuführung zusätzlicher Verbrennungsluft in den Motor. Durch den beim Starten in der Ansaugleitung entstehenden hohen Unterdruck bei geschlossener Drosselklappe wird durch den Kraftstoffkanal *d* aus dem Schwimmerbehälter des Vergasers Kraftstoff angesaugt, dem sich nach erfolgtem Anspringen Zerstäubungsluft durch das Zusatzluftventil *e* beimischt. Die zum Anspringen des Motors notwendige Kraftstoffmenge wird durch die Startdüse *c*, die in den Kraftstoffkanal *d* auswechselbar eingesetzt ist, geregelt. Aus der Startvorrichtung spritzt ein starker, fein vernebelter Gemischstrahl in die Ansaugleitung des Motors. Man verwendet am besten einen Zugknopf, der in jeder Stellung beharrt. Läßt man den Motor in Startstellung weiterlaufen, um sich zu erwärmen, dann erhält er, je wärmer er wird, ein reicheres Gemisch, da die Niederschlagsbildung geringer wird. Um ein Stehenbleiben des Motors sowie Verrußen der Kerzen zu vermeiden, gibt man nach Bedarf den Zugknopf etwa $^1/_3$ bis $^2/_3$ seines Hubes wieder frei. Hierdurch wird der Startvorrichtung mehr Luft im Verhältnis zum Kraftstoff zugeführt, das Startgemisch wird kraftstoffärmer, und man kann nun den Motor mit erhöhter Drehzahl warmlaufen lassen, ohne daß er stehenbleibt.

Nach erfolgtem Anspringen und Loslassen des Zugknopfes geht der Kolben des Schnellstarters in seine Schlußlage zurück, und der Starter wird außer Tätigkeit gesetzt. Gleichzeitig sorgt zutretende Frischluft dafür, daß unter keinen Umständen Kraftstoff aus der Startvorrichtung bei normaler Fahrt in das Ansaugrohr eintreten kann.

Anbau an den Motor für Fallstrom-Vergaser.

Da der Fallstromvergaser über dem Saugrohr liegt, reicht das natürliche Gefälle der Kraftstoffzuleitung meistens nicht aus; der Kraftstoff muß zum Vergaser hinaufgedrückt werden. Der Einbau eines Fallstromvergasers ist also fast ohne Ausnahme abhängig von dem Vorhandensein einer Kraftstofförderpumpe. Der Durchgang des Nadelsitzes im Vergaser ist mit Rücksicht auf den Pumpendruck kleiner als für Gefällezuführung gehalten. Die Nadelsitze sind für einen Flüssigkeitsdruck von ungefähr 2 m Kraftstoffsäule abgestimmt.

Für die Ausführung der Saugleitung empfiehlt sich starke Beheizung des Stückes, an dem der Saugstrom sich nach rechts und links teilt, durch Auspuffgase, aber nur auf kurzem Raum. Von den übrigen Stücken der Saugrohrleitung ist die Hitze möglichst fernzuhalten, mit Rücksicht auf gute Füllung der Zylinder mit möglichst schwerer Luft. Das mittlere Rohrstück erhält einen Ablaufkanal für Niederschläge.

Es sei an dieser Stelle noch darauf hingewiesen, daß der Fallstromvergaser durch die Art seines Einbaues oben auf dem Saugrohre und durch umgekehrte Führung der Gemischsäule eine ganz erhebliche Erhöhung der Brandsicherheit mit sich bringt. Rückschlagende Flammen aus dem Zylinderinnern würden nach oben herausschlagen, wo sie naturgemäß keine Nahrung zur Bildung eines Brandes vorfinden, sie sind also beim Fallstromvergaser ungefährlich.

2. Solex-Vergaser (Deutsche Vergaser Gesellschaft) (Bild 11).

Dieser Vergaser wird in seinen verschiedenen Ausführungen in hohem Maße angewendet. Horizontal-, Vertikal- und Fallstromvergaser werden mit Startvorrichtung, Sparer, Regler und besonderer Geländefahrmöglichkeit hergestellt.

Das Prinzip des Solex-Sparvergasers beruht darauf, daß man im Schwimmergehäuse durch Unterdruck den Brennstoffzufluß zur Hauptdüse drosselt. Der Vergaser erhält, wie Bild 11 zeigt, eine Zusatzeinrichtung, die darin besteht, daß man durch eine Leitung *B*—*B* 1 den Raum vor der Drosselklappe mit dem Schwimmerbehälter verbindet und ferner den oberen Raum des Schwimmerbehälters durch eine kalibrierte Düse *E* (Spardüse) mit der Außenluft in Verbindung bringt. Durch eine Bohrung *b 2* in der Drosselklappe wird die Verbindung des Schwimmerbehälters mit der Außenluft bei voll geöffneter Drosselklappenstellung zusätzlich hergestellt. Steht die Drosselklappe in einer Drosselstellung und zwar von der vollen Öffnung soweit zur Schließlage, daß die beiden Öffnungen *b 2* und *b 3* sich nicht mehr decken, so wird durch den Kanal *b* 1 der Unterdruck vom Ansaugkanal in den Schwimmerbehälter übertragen. Die Düse *E* dieses Behälters regelt die Belüftung desselben dergestalt, daß ein geringer Unterdruck im Schwimmergehäuse verbleibt. Die durch diesen Unterdruck im Schwimmerbehälter entstehende Rücksaugwirkung muß allerdings kleiner sein, als die Saugwirkung an der Hauptdüse, da sonst dieselbe keinen Brennstoff abgeben würde. Die Druckdifferenz zwischen dem Unterdruck im Schwimmerbehälter und an der Hauptdüse wirkt bestimmend auf die Brennstoffabgabe der Hauptdüse.

Steht die Drosselklappe ganz geöffnet, so wird durch die beiden Bohrungen *b 2* und *b 3* die Verbindung mit der Außenluft zusätzlich hergestellt und der Unterdruck, welcher vom Ansaugkanal durch die Kanäle *b*—*b* 1 auf den Brennstoffspiegel im

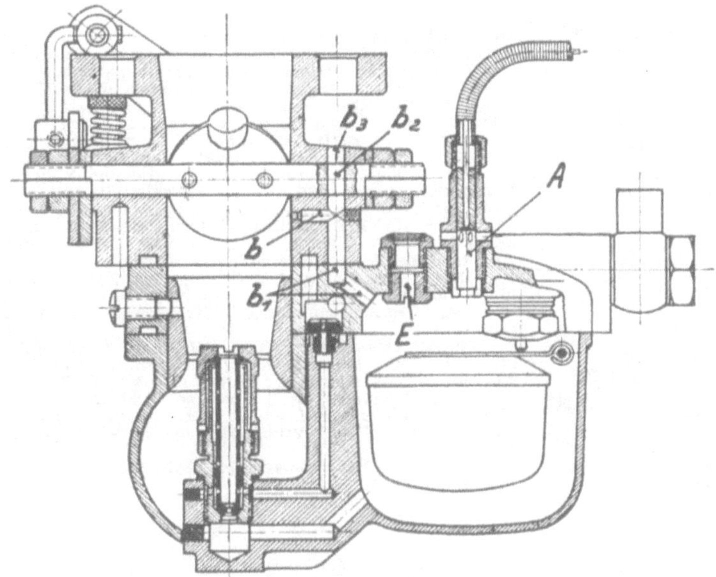

Bild 11. Solex-Spar-Vergaser (senkrecht)

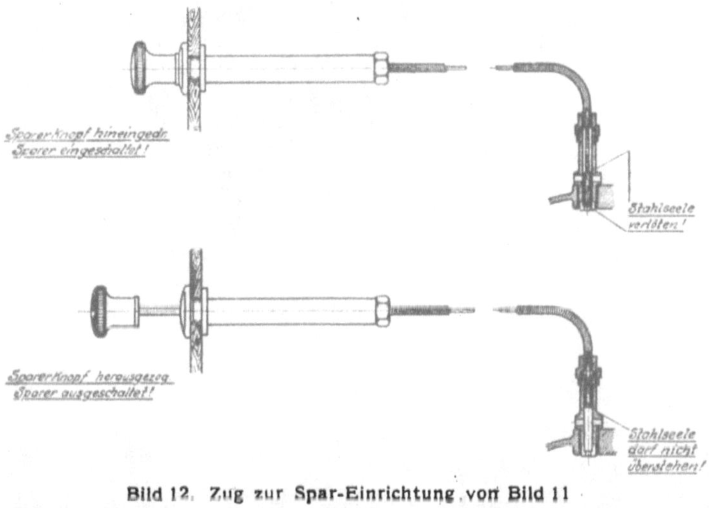

Bild 12. Zug zur Spar-Einrichtung von Bild 11

Schwimmergehäuse wirkt, wird dadurch derart vernichtet, daß eine Drosselung für den Zufluß des Brennstoffes zu der Hauptdüse nicht erfolgt. Bei dieser Drosselklappenstellung ist somit die Sparvorrichtung ausgeschaltet.

Dieses Ausschalten der Sparvorrichtung des Vergasers erfolgt von Hand aus, und zwar für den ganzen Drehzahlbereich des Motors durch eine besondere Belüftung des Schwimmergehäuses. Zu diesem Zweck ist am Deckel de Sschwimmergehäuses eine Vorrichtung *A* angebracht, dessen Kolben mittels eines Drahtzuges, Bild 12, vom Armaturenbrett aus in die Schließ- bzw. in die Öffnungsstellung gebracht werden kann.

Es ist erforderlich, beim Anlassen des kalten Motors die Sparvorrichtung auszuschalten, das heißt, den Zugknopf der Sparvorrichtung, welcher am Armaturenbrett angebracht ist, herauszuziehen. Dadurch wird erzielt, daß das Schwimmergehäuse durch diese Vorrichtung besonders belüftet wird und der Brennstoffzufluß zu den Düsen wird nicht gedrosselt.

Hat die Maschine normale Betriebstemperatur, so kann die Sparvorrichtung eingeschaltet werden, und zwar durch *Hereindrücken des Sparerzugknopfes*.

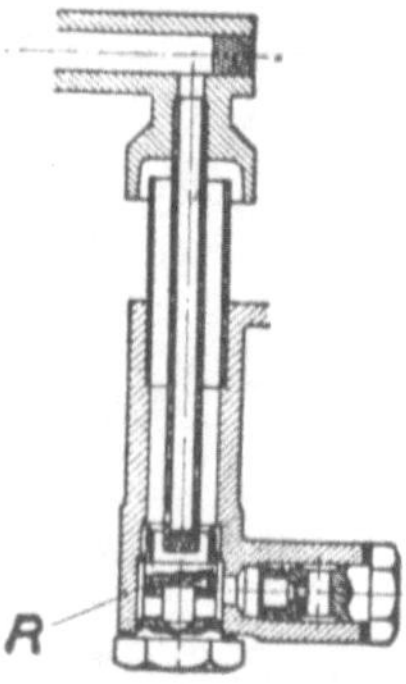

Bild 13. Rückschlag-Ventil zu Bild 11

Durch das Hereindrücken des Sparerzugknopfes schließt der in der Vorrichtung befindliche Kolben die Belüftungslöcher für das Schwimmergehäuse ab. Der Unterdruck, der sich auf das Schwimmergehäuse fortpflanzt, wird dadurch wirksam und drosselt die Brennstoffzufuhr zu den Düsen.

Diese Ein- bzw. Abschaltvorrichtung kann auch verwendet werden bei Motoren, die in größeren Höhenlagen Verwendung finden und mit der normalen Einstellung versehen sind.

Ein Schließen des Ventils wird zur Folge haben, daß bei der geringeren Luftdichte weniger Brennstoff in den Drosselstellungen der Hauptdüse zufließt.

Durch Änderung der Belüftungsdüse „*E*" kann man die Wirkung der Sparvorrichtung vergrößern — oder verkleinern, je nachdem man die Belüftungsdüse *E* kleiner bzw. größer wählt.

Um zu vermeiden, daß bei der Sparstellung durch den im Schwimmergehäuse herrschenden Unterdruck Luft durch das Starterrohr eingesaugt wird, ist — wie Bild 13 zeigt, ein Rückschlagventil *R* vorgesehen, welches durch die Unterdruckwirkung auf seinen Sitz gesaugt wird und dadurch verhindert, daß Außenluft in den Schwimmerbehälter treten kann.

Der neuste Fallstromvergaser (Solex) ist in Bild 14 und 15 gezeigt.

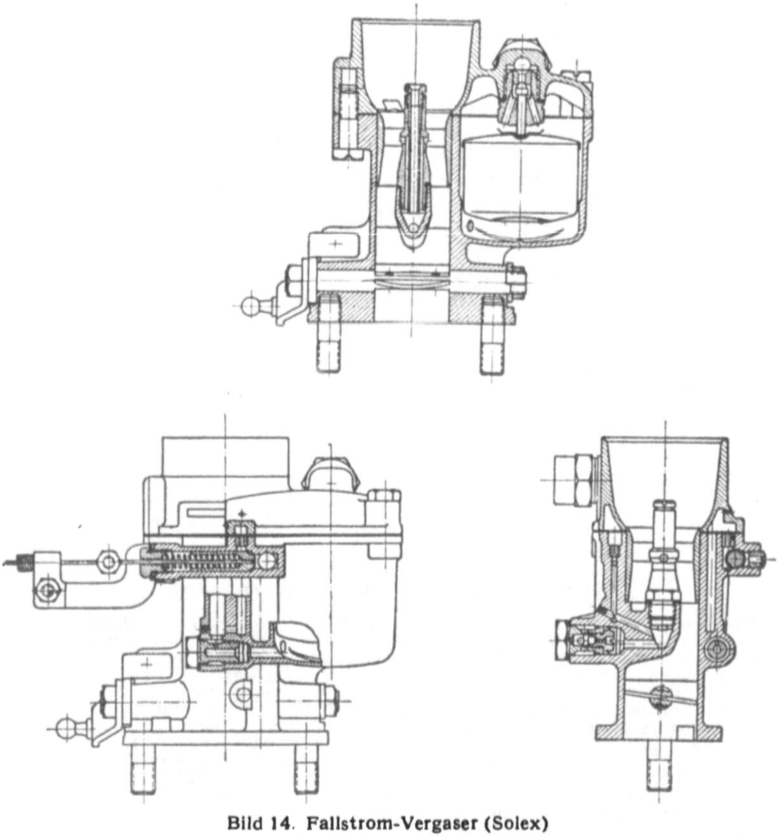

Bild 14. Fallstrom-Vergaser (Solex)

Beschreibung des Vergasers (Bild 15).

Der Vergaser besteht aus einem Schwimmersystem, das stets ein konstantes Brennstoffniveau ergibt, der automatischen Startvorrichtung für das Anlassen des Motors im kalten Zustande, dem Leerlaufsystem und dem Hauptvergaser.

a) Die automatische Startvorrichtung ist ein Vergasersystem für sich und in den Hauptvergaser eingebaut; sie arbeitet vollständig unabhängig von demselben. Das Ein- bzw. Ausschalten der Startvorrichtung erfolgt mittels eines Bowdenzuges vom Armaturenbrett aus.

Die automatische Startvorrichtung hat zwei Regulierteile: Die Starter-Brennstoffdüse ,,*Gs*" und die Starter-Luftdüse ,,*Ga*". Als Steuerorgan dient ein Absperrkegel; durch Herausziehen desselben wird die automatische Startvorrichtung eingeschaltet und durch Hineindrücken des Absperrkegels ausgeschaltet (Bild 14 und 15).

Die Zusammensetzung des dem Motor zugeführten Gemisches bei eingeschalteter Startvorrichtung reguliert sich automatisch je nach der Temperatur und Drehzahl der Maschine.

Es ist besonders darauf zu achten, daß das Anlassen des Motors bei geschlossener Drosselklappe, d. h. in Leerlaufstellung, vor sich geht. Ein Betätigen des Fußgashebels im Augenblick des Anlassens macht die automatische Startvorrichtung unwirksam.

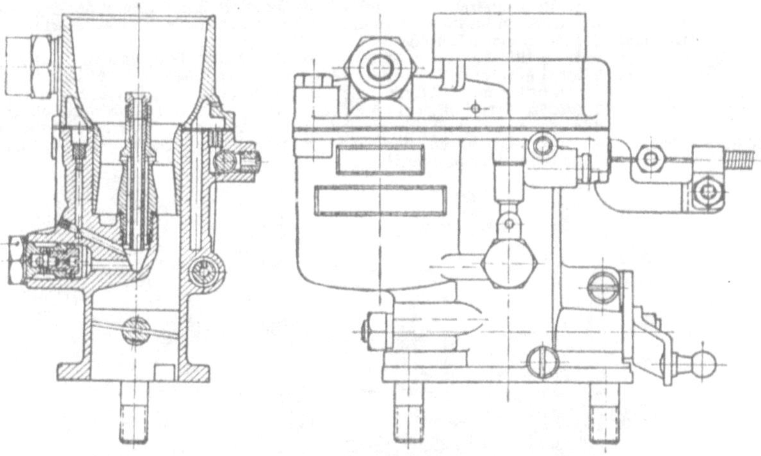

Bild 15 zu Bild 14

Die Düse ,,*Gs*" ist zu groß, wenn die Abgase des warmen Motors bei eingeschalteter Startvorrichtung den Auspuff rußhaltig verlassen.

Die Düse ,,*Gs*" ist zu klein, wenn der Motor bei eingeschalteter Startvorrichtung nicht anspringt.

Die Starterbrennstoffdüse muß so gewählt werden, daß ein genügend brennstoffreiches Gemisch für das Anlassen erzielt wird, um bei Kälte ein Anlaufen des Motors zu sichern.

Es besteht die Möglichkeit, daß bei sehr großer Kälte die Brennstoffdüse um eine bzw. zwei Nummern vergrößert werden muß.

Die Leerlaufdüse bestimmt die erforderliche Brennstoffmenge für den Leerlauf des Motors. Die Größe dieser Düse ist von uns auf Grund von Versuchen festgelegt.

Die Leerlaufregulierschraube, welche im Vergaserkörper sitzt und durch eine Feder gegen Verdrehung gesichert ist, begrenzt die Schließstellung der Drosselklappe und gibt dadurch die Möglichkeit, die Drehzahl des Motors im Leerlauf zu regulieren.

Durch Hineindrehen der Schraube steigert man die Drehzahl des Motors, und durch Herausdrehen mindert man dieselbe.

Die Leerlauf-Gemisch-Regulierschraube ,,*W*" gestattet die Regulierung der Brennstoffanreicherung. Ein Hineindrehen dieser Schraube ergibt ein brennstoffärmeres Gemisch und ein Herausdrehen ein brennstoffreicheres.

Ist das Leerlaufgemisch zu brennstoffarm, so wird der Motor im Leerlauf unregelmäßig laufen, während bei zu brennstoffreichem Gemisch der Motor galoppiert.

Die Regulierung des Leerlaufes ist so vorzunehmen, daß man zunächst durch Hineindrehen der Leerlauf-Regulierschraube eine schnellere Drehzahl des Motors einstellt, um dann durch Drehen an der Gemisch-Regulierschraube ,,*W*" einen gleichmäßigen Leerlauf zu erreichen. Durch das Verdrehen der Gemisch-Regulierschraube ,,*W*" wird sich die Drehzahl des Motors verändern, die wiederum durch Verstellen der Leerlauf-Regulierschraube berichtigt werden kann.

Sollte man in Ausnahmefällen durch Drehen der Gemisch-Regulierschraube ,,*W*" keinen einwandfreien Leerlauf erreichen, so ist die Leerlaufdüse ,,*G*" gegen eine größere bzw. kleinere als die in dem Vergaser befindliche auszuwechseln.

Die Leistung des Motors ist abhängig:

1. von der Größe des Lufttrichters „*K*". Die Größe desselben ist auf Grund von eingehenden Versuchen für die Eigenart eines jeden Motors festgelegt und darf nur für Sonderfälle verändert werden. Ergibt sich die Notwendigkeit einer Umregulierung, so ist zu beachten, daß größere Lufttrichter eine höhere Spitzenleistung, jedoch eine Verminderung des Anzugsmomentes ergeben.

2. Von der Größe der Hauptbrennstoffdüse „*Gg*". Man wähle die kleinste Düse, die noch eine gute Funktion des Motors gewährleistet. Eine zu brennstoffarme Regulierung ist zu vermeiden, da sonst sehr leicht ein Überhitzen des Motors und sogar Schädigung der Ventile eintreten können. Die Hauptbrennstoffdüse muß stets in einem gewissen Verhältnis zum Durchmesser des Lufttrichters stehen. Brennstoffarmut erkennt man am unregelmäßigen Arbeiten des Motors, u. a. Knallen im Vergaser. Das zeigt sich besonders beim Anfahren. Durch Vergrößerung der Hauptbrennstoffdüse „*Gg*" ist dieses zu beheben.

Ein zu brennstoffreiches Gemisch erkennt man daran, daß die Zündkerzen nach ganz kurzer Laufzeit des Motors verrußen.

3. Von dem Durchmesser der Korrekturluftdüse „*A*", die die erforderliche Luftmenge für das Brennstoffgemisch reguliert; dieselbe ist in dem Düsenträger „*B*" eingeschraubt. Das Wechseln wird vorgenommen nach der Erkenntnis:

Vergrößert man den Durchmesser der Korrekturluftdüse „*A*" unter Beibehaltung der gleichen Hauptbrennstoffdüse, so erreicht man im unteren Drehzahlenbereich des Motors ein gleiches Gemisch und bei höheren Drehzahlen ein ärmeres.

Verkleinert man den Durchmesser der Korrekturluftdüse unter Beibehaltung der gleichen Hauptdüse, so wird das Gemisch im unteren Drehzahlenbereich ebenfalls das gleiche sein, bei höheren Drehzahlen jedoch brennstoffreicher.

Bei der Betrachtung des Solex-Vergasers wird man feststellen, daß die Grundsätze hinsichtlich Einfachheit und Zugänglichkeit gewahrt geblieben sind. Das zeigt sich daran, daß die Hauptbrennstoffdüse „*Gg*" die Leerlaufdüse „*G*", die Starterbrennstoffdüse und die Starterluftdüse von außen zugänglich sind und ausgewechselt werden können, ohne irgendwelche Teile zu demontieren. Durch das Lösen der drei Demontierschrauben und Abnehmen des Schwimmergehäusedeckels gelangt man an Schwimmer und Schwimmernadelventil.

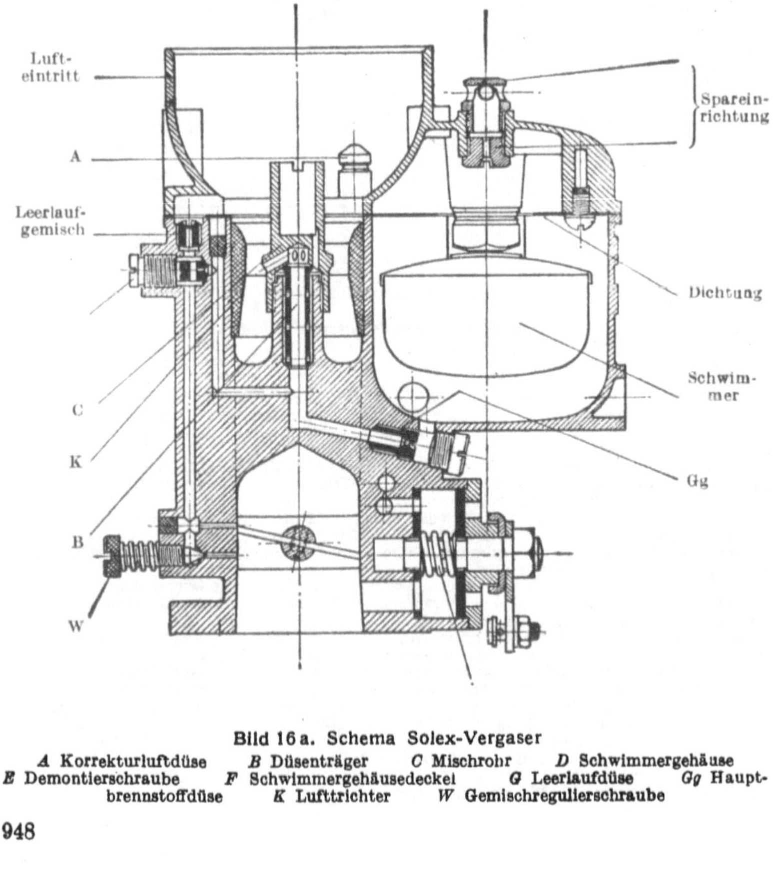

Bild 16a. Schema Solex-Vergaser

A Korrekturluftdüse *B* Düsenträger *C* Mischrohr *D* Schwimmergehäuse *E* Demontierschraube *F* Schwimmergehäusedeckel *G* Leerlaufdüse *Gg* Hauptbrennstoffdüse *K* Lufttrichter *W* Gemischregulierschraube

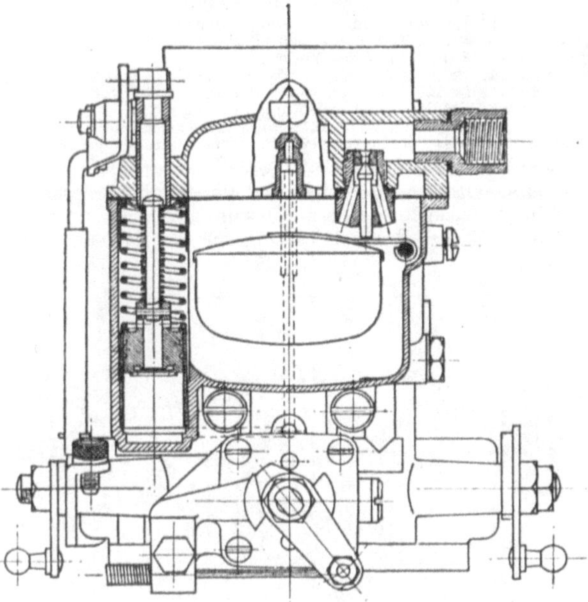

Bild 16 b. Fallstrom-Vergaser (Solex)

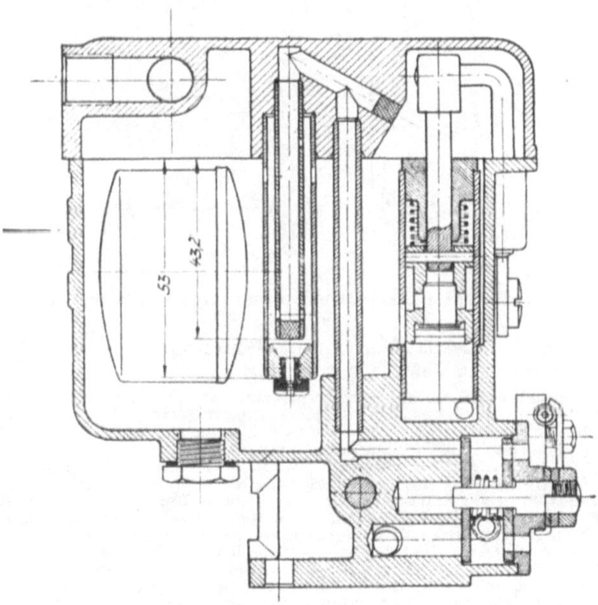

Bild 17 zu Bild 16

Regulierung des Vergasers.

Die Einregulierung des Solex-Vergasers erfolgt durch:
1. Regulierung der automatischen Startvorrichtung,
2. Regulierung für den Leerlauf des Motors,
3. Regulierung für die normale Leistung des Motors.

Soll die Einstellung der automatischen Startvorrichtung verändert werden, z. B. auf Grund klimatischer Verhältnisse, so darf eine Veränderung in bezug auf die Größe der Starterluftdüse nicht vorgenommen werden; dieselbe ist auf Grund von Versuchen für die Eigenart der betreffenden Maschine festgelegt; es ist lediglich die Starterbrennstoffdüse zu wechseln.

Der größere Fallstromvergaser mit Beschleunigungspumpe, Bild 16a u. b, der auch in Doppelausführung Bild 17 und als Geländevergaser, Bild 18a u. b, hergestellt wird, kennzeichnet sich durch sein konstantes Brennstoff-Niveau, durch die automatische Startvorrichtung für das Anlassen im kalten Zu-

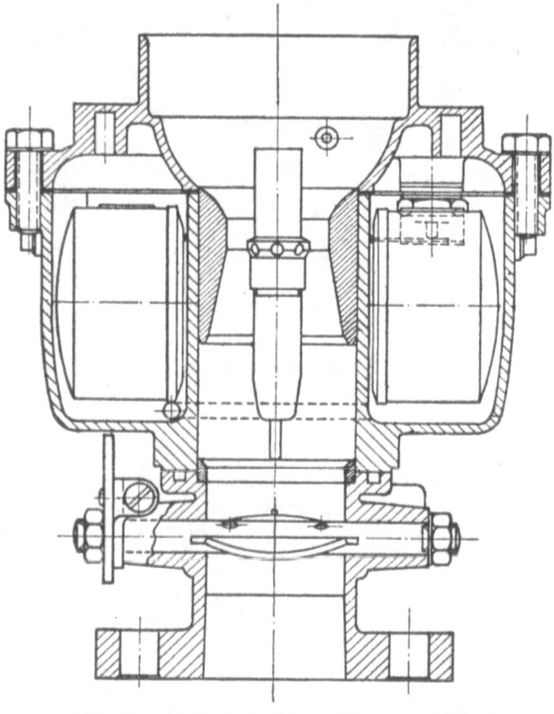

Bild 18a. Gelände-Fallstrom-Vergaser (Solex)

stande, durch eine Leerlaufeinrichtung, den Hauptvergaser mit einer Beschleunigerpumpe und einer Sparvorrichtung.

Die Besonderheiten dieses Vergaserprinzipes sind: guter Übergang und sparsamer Verbrauch. Die Gemischzusammensetzung erfolgt automatisch, d. h. unter Verwendung von Bremsluft. Für den Zweck der besseren Beschleunigung im unteren Drehbereich ist eine Beschleunigerpumpe eingebaut, die durch die Eigenart ihrer Konstruktion eine Anreicherung des Gemisches über einen gewissen Drehzahlbereich gestattet. Die Größe der Pumpendüse wird für die betreffende Motortype festgelegt.

a) Die automatische Startvorrichtung (Nebenschlußvergaser) Bild 16a und b, die in den Hauptvergaser mit eingebaut ist, arbeitet vollkommen unabhängig von ihm. Das Ein- bzw. Ausschalten erfolgt durch einen Drahtzug, der vom Armaturenbrett aus betätigt wird. Die automatische Startvorrichtung hat zwei Regulierteile; die Brennstoffdüse und die Luftdüse. Bei eingeschalteter Startvorrichtung steht durch die Öffnung der Scheibe die Kammer der Startvorrichtung mit dem Vergaserraum hinter der Drosselklappe in Verbindung, d. h. dem Raum zwischen Drosselklappe und Motor. Das angesaugte Gemisch reguliert sich automatisch, je nach der Temperatur und Drehzahl des Motors.

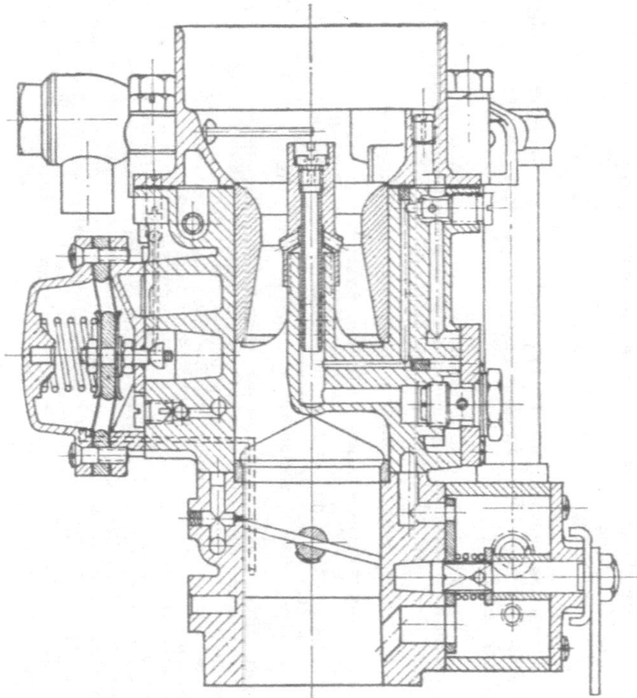

Bild 18b zu a

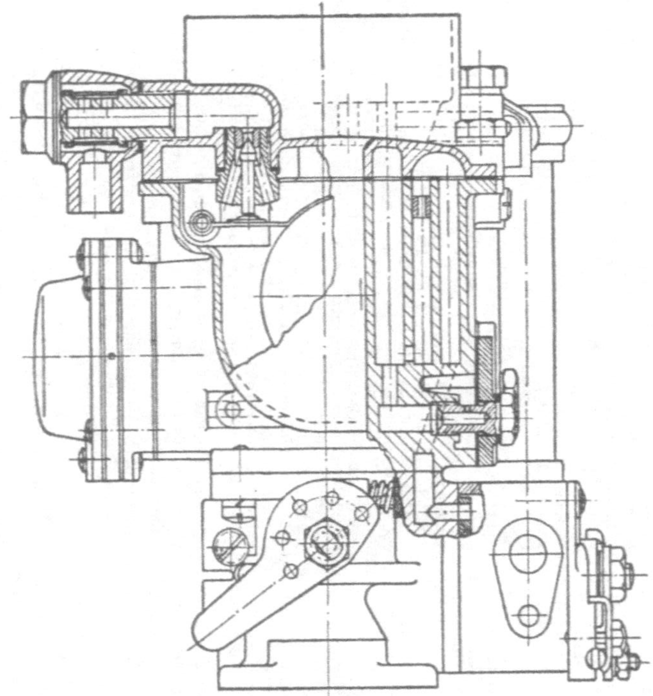

Bild 18 c zu a und b

b) Leerlaufdüsen regulieren den Kraftstoff für den Lauf des Motors bei niedriger Drehzahl. Die Umdrehungen des Motors im Leerlauf werden durch eine Leerlaufbegrenzungsschraube eingestellt, welche im Widerlager, das auf der Drosselklappenachse angebracht ist, sitzt. Zur Regulierung des Leerlaufes sind außer, den Kraftstoffdüsen noch Leerlaufluftdüsen vorgesehen, welche ihren Sitz oben im Vergaserkörper haben. Die Feineinstellung erfolgt mengenmäßig durch die Leerlaufregulierschrauben, die mit dem Leerlaufkanal in Verbindung stehen.

c) Der Hauptvergaser hat Lufttrichter, die die Luftmenge für den normalen Lauf des Motors bestimmen sowie die Hauptdüse, die die Kraftstoffmenge liefern und die Leerlaufdüse, die, wie oben gesagt, die Kraftstoffmenge für den Leerlauf des Motors gewährleisten. Die Mischrohre, die in den Düsenstöcken sitzen, werden durch die Düsenhütchen gehalten. Bei der Anordnung der Hauptdüsen ist das Prinzip in bezug auf Einfachheit und leichte Zugänglichkeit der einzelnen Teile gewahrt geblieben. Man kann, um den Vergaser einzuregulieren, ohne Spezialwerkzeuge von außen an die Hauptdüsen (nach Entfernen der Verschraubungen), die Leerlaufdüsen, die Starterbrennstoffdüse und die Luftdüse der automatischen Startvorrichtung herankommen.

d) Der Sparvergaser beruht darauf, daß man im Schwimmergehäuse Unterdruck wirken läßt und dadurch der Zufluß des Kraftstoffes an der Hauptdüse verhalten wird. Der Vergaser enthält eine Zusatzeinrichtung, die darin besteht, daß man durch eine Leitung den Raum vor der Drosselklappe mit dem Schwimmerbehälter verbindet und ferner den Raum des Schwimmerbehälters durch eine kalibrierte Öffnung mit der Außenluft in Verbindung bringt. Durch eine Bohrung in der Drosselklappenachse und eine Öffnung im Lager der Drosselklappenachse wird die Verbindung mit der Außenluft bei vollgeöffneter Drossel hergestellt. In diesem Falle wird der Unterdruck, der auf den Kraftstoffspiegel wirkt, vernichtet, so daß eine Drosselung bei dem Zufluß zur Hauptdüse nicht erfolgt. Somit ist die Sparvorrichtung ausgeschaltet. —

Die Ausführung dieses Vergasers in doppelt, Bild 17, für 6 Zylinder, V-8 Motoren und andere Vielzylinder, auch als Geländevergaser, Bild 18a, b, c, ist einheitlich. Der Geländevergaser besitzt:

a) ein Doppelschwimmer-System, das ein einwandfreies Arbeiten des Vergasers bei Schräglagen des Fahrzeuges bis zu 45° gewährleistet,

b) den Hauptvergaser, der beim normalen Lauf des Motors denselben mit dem richtigen Kraftstoffluftgemisch versorgt, und zwar durch das Leerlauf-System und das Hauptdüsen-System mit dem im Ansaugkanal eingesetzten Lufttrichter,

c) der Beschleunigungspumpe, die durch Unterdruck gesteuert beim Öffnen der Drosselklappe in den Ansaugkanal zusätzlich Brennstoff einspritzt zum Zweck der besseren Beschleunigung für den niedrigen Drehbereich der Maschine,

d) der automatischen Startvorrichtung für das Anlassen des Motors bei kalter Jahreszeit.

Auf Grund des Verwendungszweckes wird bei diesem Vergaser sämtliche Luft für die Gemischbildung durch den Luftfilter gefiltert dem Vergaser bzw. dem Motor zugeführt.

a) Das Doppelschwimmer-System. Zwei Schwimmerkammern, durch einen Kanal miteinander verbunden, umschließen den Ansaugkanal. Jede Kammer hat einen Schwimmer, welche beide, je nach der Schräglage des Fahrzeuges, über einen Mitnehmer das gemeinsame Zuflußventil steuern und im Düsenstock, der sich im Ansaugkanal des Vergasers befindet, einen gleichbleibenden Kraftstoffspiegel gewährleisten.

b) Der Hauptvergaser. Leerlaufdüsen-System. Für den Lauf des Motors im Leerlauf, d. h. bei niedriger Drehzahl der Maschine, bestimmt die Leerlaufdüse den Kraftstoffzufluß und die Luftzusatzdüse die Luftmenge für das Leerlaufgemisch. Die Umdrehungen des Motors im Leerlauf werden reguliert druch die Leerlauf-Regulierschraube. Eine Kraftstoff-Anreicherung wird erreicht durch Drehen der Gemisch-Regulierschraube.

Hauptdüsen-System. Die für den normalen Lauf des Motors erforderliche Luftmenge wird bestimmt durch den Lufttrichter „*K*", der im Ansaugkanal des Vergasergehäuses eingesetzt ist. Die Hauptbrennstoffdüse „*Gg*", eingeschraubt in der Hauptdüsenverschraubung reguliert den Durchfluß des Kraftstoffes. Der die Hauptkraftstoffdüse „*Gg*" durchflossene Kraftstoff gelangt dann in den eingegossenen Düsenträger „*B*". Unter dem Einfluß des Unterdruckes an den Austrittsbohrungen des Düsenhütchens wird je nach der Größe der Korrekturluftdüse und je nach Größe des Unterdruckes mehr oder weniger Luft dem im Düsenhütchen eingesetzten Mischrohr zugeführt. Diese angesaugte Luft strömt durch das Mischrohr und durch die im Mischrohr befindlichen seitlichen Bohrungen und verbindet sich mit dem im Mischrohr und Düsenträger vorhandenen Kraftstoff. Der so mit Luft durchsetzte und vorzerstäubte Kraftstoff gelangt durch die Austrittsbohrungen des Düsenhütchens in den Ansaugkanal, in dem die durch die Form des Lufttrichters „*K*" erhöhte Luftgeschwindigkeit die vollkommene Zerstäubung des Kraftstoffgemisches herbeiführt.

c) Die Beschleunigungspumpe. Die als Membranenpumpe ausgebildete Beschleunigungspumpe wird automatisch durch Unterdruck betätigt. Nach Ingangsetzen des Motors, und zwar im Leerlauf desselben, gelangt der Unterdruck im Ansaugkanal oberhalb der Drosselklappe über die Verbindungsleitung in den Unterdruckraumder Membranenpumpe und spannt die Membrane „*M*" und die abgestimmte Membranenfeder. Der dadurch größer werdende Brennstoffraum „*O*" füllt sich mit Kraftstoff, der aus dem Schwimmergehäuse des Vergasers über das Kugelventil zufließt. Öffnet man nun die Drosselklappe des Vergasers, so fällt der Unterdruck im Ansaugkanal und somit auch im Unterdruckraum der Membranenpumpe, die beide durch den Kanal verbunden sind. Die durch den Unterdruck gespannte Membranenfeder wird entlastet, dehnt sich aus und drückt mittels der Membrane den Kraftstoff, gesteuert durch die Kugelventile, über den Verbindungskanal und die Pumpendüse in den Ansaugkanal des Vergasers. Quantitativ wird die einzuspritzende Kraftstoffmenge geregelt durch Variieren der Pumpendüsengröße bzw. durch das Auswechseln eines Butzens. Ein höherer oder niedrigerer Butzen vergrößert bzw. verkleinert den Hub der Membranenpumpe.

d) Die automatische Startvorrichtung. Für das Anlassen des Motors, speziell bei kalter Jahreszeit, dient die automatische Startvorrichtung. Sie ermöglicht einen gleichmäßigen Leerlauf und gute Übergänge, solange der Motor noch nicht seine normale Betriebstemperatur erreicht hat.

Die automatische Startvorrichtung gibt im Moment des Anlassens ein kraftstoffreicheres Gemisch je niedriger die Temperatur, bzw. je geringer die Drehzahl des Motors ist. Daraus resultiert, daß das Anlassen des Motors bei Kälte erreicht wird. Sobald der Motor angelaufen ist und sich erwärmt, läßt die Kraftstoffanreicherung schnell und automatisch nach. Die Erklärung hierfür ist folgende:

Läuft der Motor langsam, z. B. mit 60—80 Umdrehungen in der Minute, d. h., wenn der elektrische Anlasser den Motor bewegt, dann ist die Anreicherung des Gemisches mit Kraftstoff sehr groß, da die angesaugte Luftmenge in Verhältnis zu der Kraftstoffabgabe der Düse „*Gs*" gering ist. Sobald die Drehzahl des Motors sich steigert, d. h. im Verhältnis, wie die inneren Widerstände durch Erwärmung abnehmen, erhöht sich die angesaugte Luftmenge, während die Fördermenge der Kraftstoffdüse „*Gs*" konstant bleibt.

Die automatische Startvorrichtung ist also, zusammenfassend gesagt, ein Aggregat, das automatisch die Zusammensetzung des Gemisches je nach der Temperatur und Drehzahl des Motors reguliert und somit das richtige Kraftstoffluftgemisch zum Anlaufen und Weiterlaufen des Motors liefert.

Für die automatische Startvorrichtung gibt es nur zwei Stellungen: offen oder geschlossen.

Solex hat dann noch Regler-Vergaser, die durch Wirkung des Unterdruckes ein Überdrehen über eine bestimmte Drehzahl hinaus nicht zulassen. Die Unterdrücke sind aber bei den verschiedenen Gängen und Drehzahlen so unterschiedlich, daß eine Sicherheit des Überdrehens in allen Gängen nicht gewährleistet ist.

Sämtliche Vergaser müssen gegen Ansaugen vom Staub geschützt sein, was bei der Vergaser-Konstruktion bereits zu berücksichtigen ist. Besonders die Droselklappen-Achse muß gut gegen Staub geschützt werden.

4. Luftzuführung und Reinigung

Das Ansaugen der zur Verbrennung erforderlichen Luft durch den Vergaser gibt erhebliche Geräusche, die bei Personenkraftwagen unbedingt gedämpft werden müssen. Hierzu sind die

Ansauggeräuschdämpfer erforderlich, die stets mit dem Luftfilter vereinigt sind. Die angesaugte Luft ist staubhaltig, der im Motor wie Schmirgel wirkt und deshalb so weit als möglich durch ein Filter, das die Luft durchströmt, zurückgehalten werden muß.

Das schlürfende Saugen des Vergasers und das dadurch bedingte Brummen in der Ansaugleitung wird durch Luftansaugrohre mit Richtungswechsel des Luftstromes und der eingebauten Filter gedämpft. Für jeden Motor muß dieser Geräuschdämpfer besonders durch Versuche entwickelt werden. Eine Ausführung zeigt Bild 19.

Strömt hierbei die Luft von vorn nach hinten durch den Dämpfer, so versuchen die aus dem Vergaser und der Saugleitung herauskommenden Geräusche in entgegengesetzter Richtung ins Freie herauszudringen. Dies wird aber infolge der besonderen Formgebung des Dämpfers dadurch verhindert, daß sich die Geräusche in dem großen Hohlraum des Dämpfers brechen und durch das lange Luftsaugrohr nicht ins Freie gelangen können. Gerade die Bemessung und Gestaltung der Hohlräume und der Richtungswechsel ist durch Versuche bei der Entwicklung zu ermitteln.

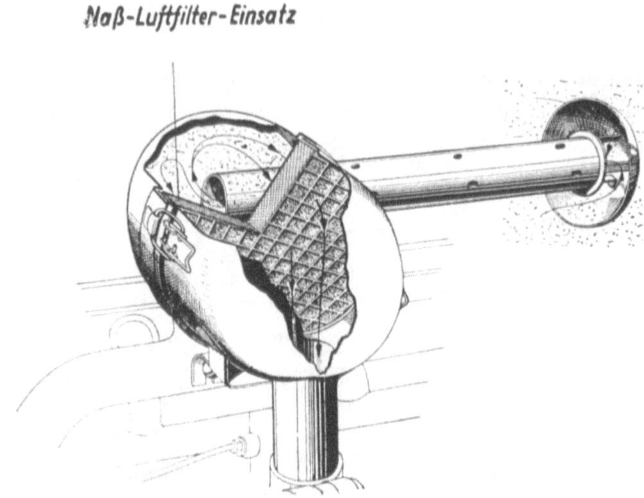

Bild 19. Speicher-Luftfilter

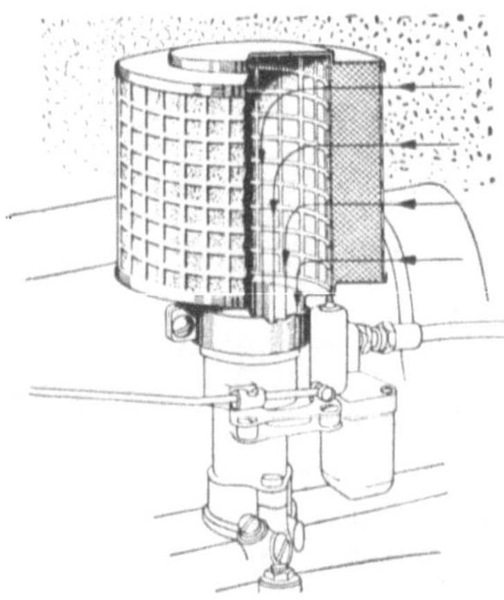

Bild 20. Speicher-Luftfilter

Es gibt Luftfilter folgender Systeme:

a) Ölbenetzte Naß-Luftfilter, Bild 20 und 20a.
b) Trocken - Schleuder - Luftfilter (Zyklone).
c) Verbund-Filter (kombinierte), Bild 21.
d) Wirbel-Öl-Luftfilter, Bild 23 und 23a.

5. Luftfilter.

Ein Kraftwagenmotor benötigt zur Verbrennung von 1 l Betriebsstoff 10000 l, also etwa 10 m³ Luft. Bei einem durchschnittlichen Staubgehalt von 0,001 g/m³ Luft, wie er etwa im Sommer auf unseren normalen asphaltierten Landstraßen und Autobahnen gegeben ist, würden in einen Motor von 2 l Hubraum während einer Fahrstrecke von 100 km schon rund 0,13 g Staub hineingelangen. Noch schlimmer ist es bei Motoren, die in besonders staubreicher Umgebung, wie beispielsweise im Gelände-Fahrbetrieb, in Steinbrüchen oder in der Landwirtschaft zu arbeiten haben, wo der Staubgehalt der Luft bis zu 0,2 g/m³ beträgt. In diesem Fall würde der gleiche Motor von 2 l Hubraum bei einer Fahrstrecke von 100 km etwa 26 g Staub mit der Verbrennungsluft ansaugen. Da solcher Staub die härtesten Quarze enthält, die zusammen mit dem Schmieröl im Motor besonders stark schmirgeln, muß unter allen Umständen für sorgfältige Reinigung der Ansaugluft gesorgt werden.

Bei den Luftfiltern unterscheidet man zwischen Speicherfiltern, Bild 19, 20 und 20a, und Ausscheidungsfiltern, Bild 21. Bei den ersteren wird der aufgefangene Staub gebunden und in der Filtermasse festgehalten. Infolgedessen müssen diese Filter von Zeit zu Zeit gereinigt werden. Bei den

Ausscheidungsfiltern wird der Staub dagegen ausgesondert und sofort wieder ins Freie zurückbefördert. Diese Filter arbeiten also selbsttätig.

Die Bilder 19, 20 und 20a zeigen zwei Ausführungen von Speicherfiltern, nämlich ölbenetzte Naßluftfilter. Sie besitzen eine Füllung aus Metallgewebe, das aus einem dünnen Flachdraht maschenartig als unendlicher Strumpf auf Spezialmaschinen

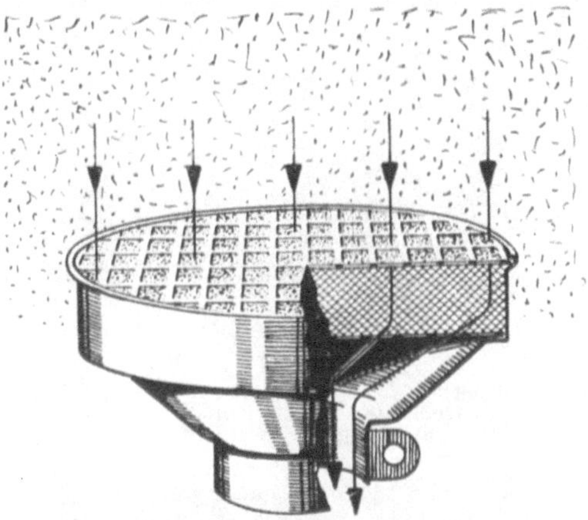

Bild 20a. Speicher-Luftfilter

gewirkt wird. Diese Metallgewebefüllung wird mit Öl benetzt. Die Ansaugluft wird durch die vielen feinen und feinsten Zwischenräume des Gewebes in lauter kleinen Teilströmen hindurchgeleitet. Der in der Luft enthaltene Staub schlägt sich an den ölbefeuchteten, unendlich zahlreichen kleinen Teilflächen des Metallgewebes nieder

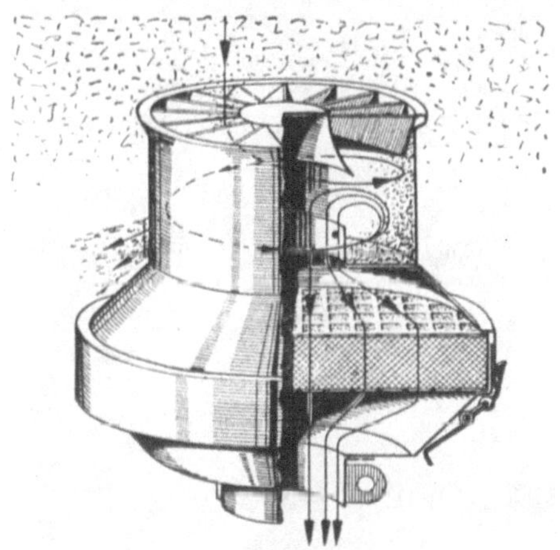

Bild 21. Verbund-Luftfilter

und wird dort durch das Benetzungsöl festgehalten, also in der Filterfüllung aufgespeichert[1]).

Bei weiteren Ausführungsarten erhalten die Filter eine Füllung aus lagenartig übereinander geschichteten, mit zahllosen feinen Schlitzen oder sonstigen Durchtritts-Öffnungen versehenen dünnen Blech-Platten, sogenannten Labyrinthblechen. Auch diese Filter werden mit Öl benetzt und wirken genau so, wie die Metallgewebe-

[1]) Ihre Wirksamkeit ist infolge Nachgebens des Gewebes, wodurch größere Kanäle entstehen, beschränkt.

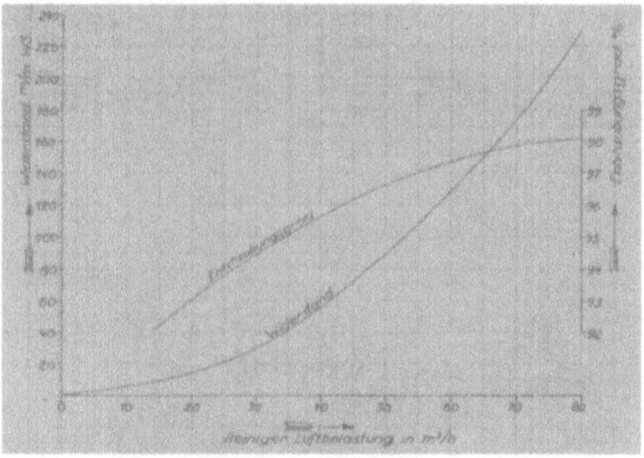

Bild 21a

Filter ohne den Nachteil solcher. Die in der Luft enthaltenen Staubteilchen schlagen sich an den zahllosen ölbefeuchteten Teilflächen der metallischen Füllung nieder und werden dort festgehalten, also aufgespeichert.

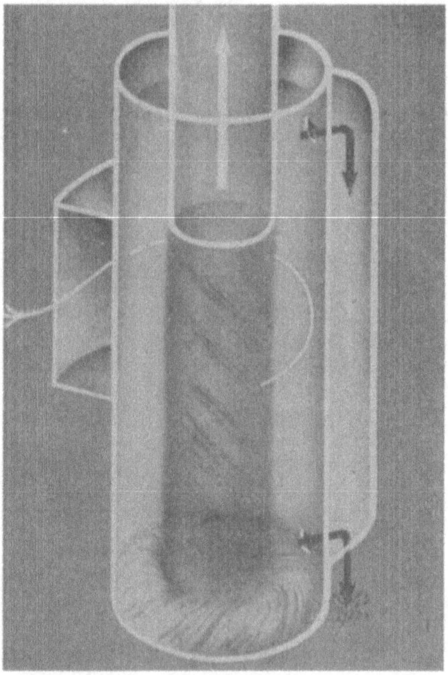

Bild 21b.

Die Reinigung aller solcher Speicherfilter erfolgt durch kräftiges Auswaschen in Benzin oder Petroleum. Danach werden sie wieder mit Motoren-Öl benetzt und sind von neuem betriebsbereit.

Ein Ausscheidungs- oder Schleuderfilter ist in Bild 21, oberer Teil, dargestellt. Ein feststehender Schaufelkranz im Oberteil des Filters ver-

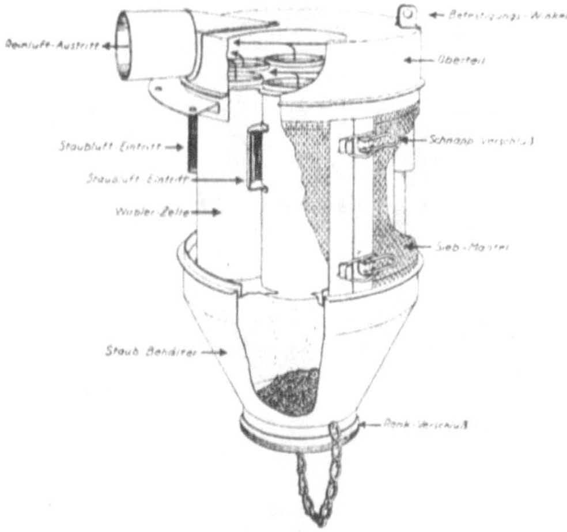

Bild 21c

setzt die angesaugte staubhaltige Luft in rasch kreisende Bewegung. Durch die auftretende Fliehkraft werden die Staubbestandteile und Fremdkörper, besonders die schweren und harten Sandkristalle, an die Außenwand des Filtergehäuses gedrängt. Durch einen im Unterteil des Filters seitlich angeordneten Schlitz werden sie selbsttätig ins Freie zurückbefördert. Im Gegensatz zu den Speicherfiltern werden diese Schleuderfilter nicht mit irgendeiner Bindeflüssigkeit benetzt, sondern arbeiten vollkommen trocken.

Bild 21 zeigt einen kombinierten Luftfilter, der aus einem vorgeschalteten Trocken-Schleuderfilter und einer nachgeordneten ölbenetzten Naßluftfilter-Patrone besteht. Er vereinigt also die Vorzüge eines selbsttätigen Trockenschleuderfilters mit denen eines ölbenetzten Naßluftfilters. Im vorgeschalteten Schleuderfilter werden die groben und mittleren Staubteile und Fremdkörper selbsttätig ausgeschieden und ins Freie zurückgeleitet. Die dahinter befindliche Naßluftfilter-Patrone mit Metallgewebe- oder Labyrinthblech-Füllung fängt dann nur noch die feinen und feinsten Bestandteile auf. Diese Filter eignen sich vor allem für besonders staubreiche Betriebe.

Eine Weiterentwicklung der Speicherfilter nach Bild 21, oberer Teil, bilden Wirbel-Filter nach Prof. Dr. Feifel und auch von Neumann. Es sind durchweg Trockenfilter, die aus der in der Groß-Gasreinigung bekannten Zyklonentstaubung für Klein-Gasreinigung im Motorenbetrieb entwickelt wurden. Sie erfordern kein Öl und kein Auswaschen, sondern lediglich Entleeren. Sie enthalten keinerlei bewegte Teile, können nicht verstopfen, da auch keine Einbauten vorhanden sind. Deshalb ist ihr Durchflußwiderstand (Druckverbrauch) unabhängig von der Betriebsdauer und beträgt bei voller Motordrehzahl etwa 150 bis 200m/mm WS. Er sinkt mit abnehmbarer Drehzahl rasch ohne wesentliche Einbuße in der Güte der Ausscheidung.

Der Ausscheidungsgrad beträgt mit dem als Normalversuchsstaub anerkannten, sehr feinem Klingenbergstaub bis zu 99%. Siehe Kurvenblatt Bild 21a. Bild 21b zeigt schematisch die Wirkungsweise einer Schleuderkammer oder Wirblerzelle. Je nach Größe des Hubraumes und der Drehzahl des Motors sind mehr oder weniger solcher Schleuderkammern zu einem Filter mit Entleerungskammer und Entleerungsdeckel vereinigt, Bild 21c[1]). Die Anordnung der Schleuderkammern kann auch in beliebig anderer

[1]) Hersteller; Filterwerk Mann & Hummel, GmbH., Ludwigsburg.

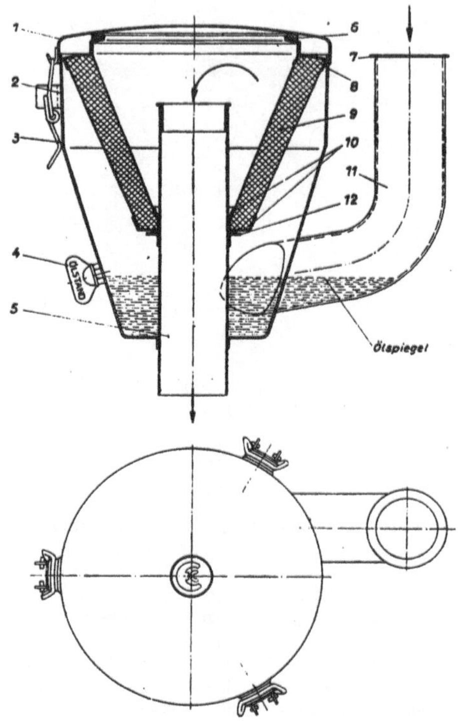

Bild 22. Wirbelöl-Luftfilter (Mahle)

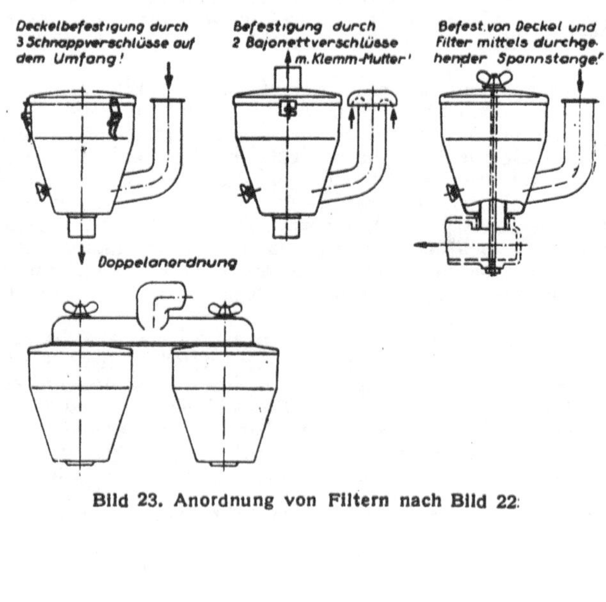

Bild 23. Anordnung von Filtern nach Bild 22

Form, z. B. in Reihe oder im Quadrat, erfolgen, je nach den Platzverhältnissen.

Gegenwärtig finden noch ausgedehnte Versucht statt, um ihre Überlegenheit über andere Filter zu bestätigen.

Wirbelöl-Luftfilter sind bisher am vollkommensten und werden in allen stark staubhaltigen Betrieben, wie Geländewagen, Landwirtschaft angewendet. Bild 22 zeigt das Prinzip eines solchen Filters und Bild 23 verschiedene Anordnungsmöglichkeiten.

Der dargestellte Mahle-Wirbelöl-Luftfilter hat einen Staubabscheidungsgrad von 99% bei Vollast. Diese hohe Staubaufnahmetätigkeit läßt sich nur mit reiner Ölluftwirbelung erreichen, die insbesondere den Vorteil hat, daß auch bei Neigungen des Wagens und somit des Filters keine Störung in der Zentrifugalwirkung auftritt, da immer die gesamte Ölmasse an der Zylinder-Innenwand herumläuft und somit jederzeit die tangential einströmende Luft diese rotierende Ölwand durchbrechen muß, um dabei ihren Staub abzuscheiden.

Das Öl wird so allmählich mit Staub durchsetzt und muß deshalb nach entsprechender Zeit entleert und vollständig gereinigt werden.

Alle beschriebenen Filter werden von den verschiedenen Herstellern in analoger, aber eigener Art hergestellt. Insbesondere die Wirbelöl-Luftfilter haben durch die verschiedenen Hersteller Abwandlungen erfahren, das Prinzip ist aber stets gleich. — Beim Entwurf arbeite man mit den Lieferanten gemeinsam das Problem durch.

Für besondere Tropenverhältnisse, in denen ganz feiner Sand sich in der Luft zeitweise befindet, sind besondere Tropenfilter von der Firma: Mann & Hummel, Ludwigsburg entwickelt worden, die auf der Basis der Filzbalgfilter mit Rüttelvorrichtung beruhen.

Genormte Maße für diesen Abschnitt sind:

Luftreiniger-Anschluß (Vergaser-Ansaug-Stutzen) Anschlußmaße Din Kr. 3351.

Kraftstoff-Förderpumpen Din 73355 FI.

Vergaseranschluß (Klemmbefestigung) Din Kr 3361.

Vergaseranschluß, Flanschbefestigung Din Kr. 3362.

Flüssigkeits-Kühlung und Kühler für Verbrennungsmotoren.

Dipl. Ing. M. Behr, Stuttgart-Feuerbach.

Im Vorliegenden sind die Vorgänge bei der Wärmeübertragung von einer Kühlflüssigkeit an die Kühlluft über eine Metallwand besprochen und die für den Wärmeaustausch gültigen Grundgleichungen angegeben.

An verschiedenen Beispielen werden die Temperaturverhältnisse beschrieben und auf den Einfluß des Temperaturgefälles auf die Kühlung hingewiesen.

In mehreren Diagrammen sind Durchschnittswerte für Kühlleistung, Lufterwärmung, Luftwiderstand usw. in Abhängigkeit von der Luftgeschwindigkeit bei verschiedenen Blocktiefen dargestellt und an einem Beispiel der Gang einer überschlägigen Kühlerberechnung gezeigt.

Die heute hauptsächlich vorkommenden Kühlersysteme und ihre Vor- und Nachteile sind u. a. an Hand von Lichtbildern dargestellt.

Ferner wird auf verschiedene Kühlerkonstruktionen hingewiesen.

In einem besonderen Abschnitt wird die Frage der Austauschwerkstoffe im Kühlerbau und deren Korrosionsbeständigkeit beschrieben.

Weiter wird auf die Gestaltung des Lüfters besonders bezüglich der Geräuschbildung eingegangen sowie einiges über Autobahnverhältnisse und Ölkühlung gesagt. Der letzte Abschnitt behandelt die Anordnung von Kühler und Lüfter.

I. Allgemeines.

Im Verbrennungsmotor wird die im Brennstoff zugeführte Energie zu etwa 30% in mechanische Leistung umgewandelt. Der Rest geht in Form von Wärme verloren und zwar zu etwa 30—35% im Auspuff, während 25—30% durch die Kühlung dem Motorblock, den Zylinderwandungen und eventuell dem Schmieröl entzogen werden müssen. Der Rest ist Strahlungs- und Konvektionsverlust.

Im Nachfolgenden sind der Vorgang bei der Kühlung und die Mittel zur Abführung der überschüssigen Wärmemenge beschrieben.

Die Wärme kann auf zwei verschiedene Arten abgeführt werden:

a) direkt durch Luftkühlung, wobei die abzuführende Wärme unmittelbar von der Zylinderwandung an das Kühlmittel, im Besonderen an die Kühlluft, abgegeben wird;

b) indirekt durch Flüssigkeitskühlung, wobei die abzuführende Wärme von der Zylinderwandung an die Kühlflüssigkeit (in der Hauptsache Wasser) und vom Wasser über einen Flüssigkeitskühler an die Kühlluft abgegeben wird.

Im Folgenden sind insbesondere die Verhältnisse bei Flüssigkeitskühlung beschrieben.

II. Theoretische Grundlagen für Kühlerbau.

A. Grundgleichungen.

Abkürzungen und Bezeichnungen.

Q Wärmemenge kcal/h
G Gewicht kg/h
V Volumen m³/h
t Temperatur °C
Δt Temperaturdifferenz °C
γ spezifisches Gewicht kg/m³
c bzw. c_p spezifische Wärme in kcal/kg · °C
c_W = spezifische Wärme des Wassers
F Kühlfläche m²
F_{st} Kühlerstirnfläche in dm²

k Wärmedurchgangszahl kcal/m²h °C
q spezifische Kühlleistung kcal/dm²h °C
v Geschwindigkeit m/s

Indizes:
W = Wasser
L = Luft
G = Glykol
a = Austritt
e = Eintritt

Der Kühler, der die Aufgabe hat, die von der Kühlflüssigkeit an den Zylinderwandungen aufgenommene Wärme an die Luft abzuführen, ist ein Wärmeaustauscher, in dem die Kühlflüssigkeit rückgekühlt und die Luft aufgewärmt wird.

Die von der Kühlflüssigkeit (Wasser) aufgenommene Wärmemenge berechnet sich nach der Gleichung:

$$Q_W = G_W \cdot \Delta t_W \cdot c_W \text{ kcal/h}. \tag{1}$$

Die von der Kühlluft aufgenommene Wärmemenge ist gegeben durch die Gleichung

$$Q_L = V_L \cdot \gamma_L \cdot \Delta t_L \cdot c_{pL} \text{ kcal/h}. \tag{2}$$

Die Wärmemenge berechnet sich also im wesentlichen aus der Wasser- bzw. Luftmenge und der Wasserabkühlung bzw. der -Luftaufwärmung.

Aus Gleichung (1) folgt, daß es möglich ist, die gleiche Kühlleistung durch einen geringen Wasserumlauf und eine starke Abkühlung bzw. durch einen hohen Wasserumlauf und geringe Abkühlung zu erhalten. Auf diese Tatsache wird besonders deshalb hingewiesen, weil in der Industrie vielfach die irrtümliche Meinung vertreten ist, daß die Abkühlung des Kühlwassers unmittelbar einen Maßstab für die Kühlung darstelle, d. h. wenn bei Kühlungsschwierigkeiten die Abkühlung nur zu wenigen Graden gemessen wird, wird daraus irrtümlicherweise geschlossen, daß dieser Kühler eine zu geringe Leistung habe.

Dies wird in folgendem Beispiel erläutert:

Beispiel.

Die bei einem 50 PS starken Motor anfallende Wärmemenge von rd. 40000 kcal/h kann abgeführt werden

a) bei 4000 l/h Wasserumlauf und einer Wasserabkühlung von 10° C,
b) bei 40000 l/h Wasserumlauf und einer Wasserabkühlung von 1° C.

Wie weiter unten beschrieben, ergibt der Fall b wegen des höheren mittleren Temperaturgefälles zwischen Wasser und Luft eine größere Kühlleistung.

Die vom Wasser an die Luft übertragene Wärmemenge berechnet sich nach folgender Gleichung

$$Q = F \cdot k \cdot \Delta t_m \quad \text{kcal/h}, \tag{3}$$

wobei Δt_m = mittlere Wassertemperatur — mittlere Lufttemperatur ist.

Bei gegebener Kühlfläche F und bekanntem Wärmedurchgangskoeffizienten k ist die Kühlleistung also umso größer, je größer die Temperaturdifferenz Δt_m ist, d. h. bei gegebener Wärmemenge kann der Kühler bei höherem Temperaturgefälle kleiner dimensioniert werden.

Für die praktische Kühlerberechnung wird die Kühlleistung berechnet nach der Gleichung

$$Q = F_{st} \cdot q \cdot \Delta t \qquad \text{kcal/h} \tag{4}$$

wobei Δt = mittlere Wassertemperatur — Lufteintrittstemperatur ist.

B. Einfluß des Temperaturgefälles.

Wie bereits erwähnt, beeinflußt das Temperaturgefälle die Kühlleistung wesentlich; im Folgenden sind daher vergleichsweise die Temperaturverhältnisse bei verschiedenen Kühlanlagen angegeben:

1. Beispiel: Kraftwagen mit Thermosyphon-Kühlung.

Wasser-Eintritt	t_{We} = 90° C		
Wasser-Austritt	t_{Wa} = 60° C	t_{Wm} = 75° C	
Wasser-Abkühlung	Δt_W = 30° C		Δt_m = 35° C
Luft-Eintritt	t_{Le} = 30° C		
Luft-Austritt	t_{La} = 50° C	t_{Lm} = 40° C	
Luft-Aufwärmung	Δt_L = 20° C		

2. Beispiel: Kraftwagen mit Pumpen-Umlaufkühlung.

Wasser-Eintritt	$t_{We} = 90°$ C		
Wasser-Austritt	$t_{Wa} = 85°$ C	$t_{Wm} = 87{,}5°$ C	
Wasser-Abkühlung	$\Delta t_W = 5°$ C		
			$\Delta t_m = 47{,}5°$ C
Luft-Eintritt	$t_{Le} = 30°$ C		
Luft-Austritt	$t_{La} = 50°$ C	$t_{Lm} = 40°$ C	
Luft-Aufwärmung	$\Delta t_L = 20°$ C		

3. Beispiel: Stationärer Motor, Standort Tropen.

Wasser-Eintritt	$t_{We} = 80°$ C		
Wasser-Austritt	$t_{Wa} = 70°$ C	$t_{Wm} = 75°$ C	
Wasser-Abkühlung	$\Delta t_W = 10°$ C		
			$\Delta t_m = 20°$ C
Luft-Eintritt	$t_{Le} = 50°$ C		
Luft-Austritt	$t_{La} = 60°$ C	$t_{Lm} = 55°$ C	
Luft-Aufwärmung	$\Delta t_L = 10°$ C		

4. Beispiel: Flugzeugkühler für Heißkühlung (hochsiedende Flüssigkeit, z. B. Aethylenglykol).

Glykol-Eintritt	$t_{Ge} = 140°$ C		
Glykol-Austritt	$t_{Ga} = 130°$ C	$t_{Gm} = 135°$ C	
Glykol-Abkühlung	$\Delta t_G = 10°$ C		
			$\Delta t_m = 95°$ C
Luft-Eintritt	$t_{Le} = 20°$ C		
Luft-Austritt	$t_{La} = 60°$ C	$t_{Lm} = 40°$ C	
Luft-Aufwärmung	$\Delta t_L = 40°$ C		

Aus diesen Zahlenangaben geht hervor, daß

1. bei Pumpen-Umlauf-Kühlung der Kühler im Verhältnis der mittleren Temperaturgefälle, d. h. um 26% kleiner dimensioniert werden kann, als bei Thermosyphon-Kühlung;
2. der Tropenkühler für die gleiche Kühlleistung im Verhältnis 47,5 zu 20 d. h. 140% größer ausgelegt werden muß und
3. der Heißkühler mit Glykol nur halb so groß gebaut wird, wie bei normaler Wasserkühlung.

Das Temperaturgefälle kann vergrößert werden durch Verwendung hochsiedender Flüssigkeiten oder durch Erhöhung des Siedepunktes des Wassers durch Anbringung von Überdruckventilen im Abdampfrohr des Kühlers usw.

Bei gegebenem mittleren Temperaturgefälle ist dann die Kühlleistung nach Gleichung (3) im wesentlichen gegeben durch das Produkt aus der Kühlfläche F und der Wärmedurchgangszahl k; es bestehen also folgende zwei Möglichkeiten, die Kühlleistung zu steigern:

1. Verwendung eines Kühlers mit hohem k-Wert, wodurch die Kühlfläche kleiner gewählt werden kann;
2. Verwendung größerer Kühlfläche (bei weniger wirksamem Kühlsystem).

Bei der Beurteilung von verschiedenen Kühlern für denselben Verwendungszweck kann daher nicht die Kühlfläche allein als Vergleichsmaßstab herangezogen werden, sondern nur das Produkt aus der Kühlfläche und der Wärmedurchgangszahl.

Die Wärmedurchgangszahl ist von zahlreichen Faktoren abhängig und nur dem Kühlerfachmann genau bekannt. Bei den heute auf dem Markt befindlichen Kühlern unterscheidet sich dieselbe bis 150% und mehr. Bei derselben Kühlleistung kann sich daher auch die nötige Kühlfläche um den genannten Betrag unterscheiden. Ein unmittelbarer Vergleich von Kühlern verschiedenen Systems ist deshalb nicht ohne weiteres möglich.

C) Wärmedurchgangszahl (s. Bild 1).

In Bild 1 ist der Temperaturverlauf beim Wärmedurchgang von Wasser durch eine Metallwand an die Luft eingezeichnet. Dabei ist ersichtlich, daß für den Wärmeübergang von Wasser an Luft die Wärmeübergangszahl des Wassers α_W, für die Wärmeleitung durch die d mm dicke Metallwand die Wärmeleitzahl λ und für den Wärmeübergang von der Metallwand an die Luft die Wärmeübergangszahl α_L maßgebend ist.

Für den Wärmetransport vom Kühlwasser an die Luft ist die Wärmedurchgangszahl k maßgebend, sie berechnet sich nach folgender Gleichung

$$\frac{1}{k} = \frac{1}{\alpha_W} + \frac{d}{\lambda} + \frac{1}{\alpha_L} \qquad \frac{1}{\text{kcal/hm}^2\ \text{C}} \tag{5}$$

Dabei bedeuten

k = Wärmedurchgangszahl in kcal/h. m² °C.
α_W = Wärmeübergangszahl von Wasser an Werkstoff in Kcal/h. m². °C, im wesentlichen abhängig von der Geschwindigkeit des Wassers.
α_L = Wärmeübergangszahl von Werkstoff an Luft in Kcal/h. m². °C abhängig von der 0,6—0,8-Potenz der Luftgeschwindigkeit nach Nusselt'schem Grundgesetz und der Konstruktion des Kühlersystems.
d = Stärke des Werkstoffes in m.
λ = Wärmeleitzahl des Werkstoffes in kcal/hm °C (Fe = 40—50, Ms = 70 bis 100, Cu = 330).

Für mittlere Verhältnisse errechnet sich die Wärmedurchgangszahl

$$\frac{1}{k} = \frac{1}{1500} + \frac{1}{50} + \frac{0{,}0002}{330} \approx \frac{1}{50}$$

Der Wärmedurchgang ist also im wesentlichen gegeben durch die Wärmeübergangszahl der Luft. Er ist also im wesentlichen abhängig von der Luftgeschwindigkeit und wird kaum durch die Geschwindigkeit der Kühlflüssigkeit, die Wandstärke oder die Art des Werkstoffes beeinflußt.

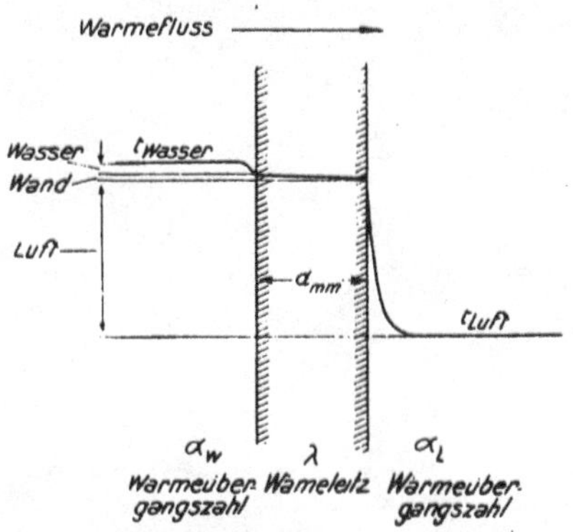

Bild 1. Temperaturverteilung beim Wärmestrom von Wasser über Metall an Luft

D) Einfluß der Verschmutzung.

Aus Gleichung (5) geht ferner hervor, daß Verschmutzungen des Kühlers im Innern durch Ansetzen von Kesselstein usw. an den Wandungen des Kühlers die Kühlleistung nicht bedeutend zu beeinflussen vermögen. Wird z. B. eine Kesselsteinschicht von 0,4 mm Stärke mit einer Wärmeleitzahl von 2,0 kcal/hm °C angenommen, dann beträgt der Wärmewiderstand hierfür $\frac{0{,}0004}{2} = 0{,}0002$, d. h. der Wärmedurchgangswiderstand $\frac{1}{k} \approx \frac{1}{\alpha_L} = 1/50$ würde um nur 1% geändert.

Ein merkliches Zurückgehen der Kühlleistung findet jedoch dann statt, wenn die Ablagerungen so groß sind, daß der Kühlflüssigkeitskanal verstopft und das entsprechende Rohr bzw. Lamelle nicht mehr vom Wasser durchströmt werden kann.

Da der Wärmedurchgang hauptsächlich durch die Luftseite bedingt ist, ist es jedoch von sehr großer Wichtigkeit, dafür zu sorgen, daß die Kühlfläche auf der Luftseite keine Verschmutzung erfährt.

Die Wärmeübergangszahl auf der Luftseite und damit die Kühlleistung kann erheblich gesteigert werden durch Einbau indirekter Kühlflächen, d. h. Flächen, die nur von der Luft umströmt werden und denen die Wärme von dem wasserbespülten Teil durch Wärmeleitung zugeführt wird.

III. Kühlerberechnung.

A) Berechnungsunterlagen.

Die zur Berechnung eines Kühlers notwendigen Daten, wie die Kühlleistung, Wärmedurchgangszahl, Luftwiderstand usw. sind rechnerisch kaum zu ermitteln; sie müssen durch Versuche bestimmt werden.

Bei diesen Untersuchungen werden die Luftgeschwindigkeit, Wassergeschwindigkeit, Wasser- und Lufttemperaturen beliebig verändert und

die Kühlleistung, die Wärmedurchgangszahlen,
der Luftwiderstand, die Lufterwärmung,
die Wasserabkühlung, der Wasserwiderstand usw.

gemessen. Auf diese Weise wurden in den letzten Jahren auf der in Bild 2 dargestellten Versuchseinrichtung[1]) über 600 verschiedene Elemente untersucht und die Versuchsergebnisse nach den verschiedensten Richtungen ausgewertet. Z. B. wurden auf Grund dieser Versuche in den letzten Jahren Kühlsysteme entwickelt, die für eine bestimmte Kühlleistung ein Minimum an Werkstoff und somit an Gewicht aufweisen und außerdem ein Minimum

Bild 2. Kühlerversuchsstand der Süddeutschen Kühlerfabrik Julius Fr. Behr, Stuttgart-Feuerbach

an Lohnaufwand, Raumbedarf, und Leistungsbedarf für den evtl. Lüfter im Fahrzeug usw. gebrauchen.

Im Rahmen dieser Arbeit ist es unmöglich, die Wärmedurchgangszahlen usw. für die zahlreichen Kühlersysteme anzugeben. In folgenden Diagrammen sind daher **Durchschnittswerte** für Kühlleistung, Lufterwärmung, Luftwiderstand usw. in Abhängigkeit von der Luftgeschwindigkeit bei verschiedenen Blocktiefen dargestellt.

In Bild 3 ist die Kühlleistung bei einer Stirnfläche von 1 dm² und einem Temperaturgefälle von 60° (mittlere Wassertemperatur — Lufteintrittstemperatur) bei verschiedenen Blocktiefen in Abhängigkeit von der Luftgeschwindigkeit eingetragen. Aus dieser Darstellung geht hervor, daß die Kühlleistung etwa mit der 0,6—0,8. Potenz der Luftgeschwindigkeit zunimmt.

In Bild 4 ist der Kühlerwiderstand Δ p mm WS in Abhängigkeit von der Luftgeschwindigkeit bei verschiedenen Blocktiefen angegeben. Derselbe wächst etwa quadratisch mit der Luftgeschwindigkeit an.

[1]) Kühlerversuchsstand der Süddeutschen Kühlerfabrik Julius Fr. Behr, Stuttgart-Feuerbach.

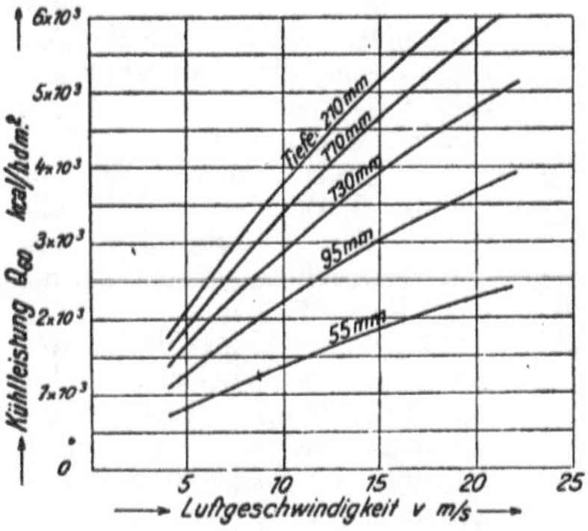

Bild 3. Kühlleistung Q_{60} in Abhängigkeit von Luftgeschwindigkeit bei verschiedenen Kühlertiefen

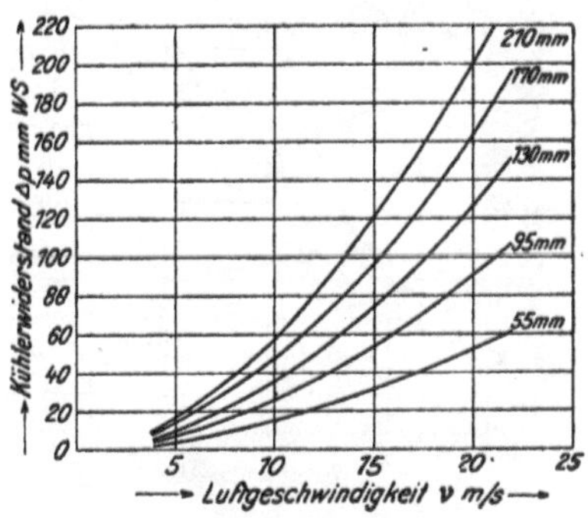

Bild 4. Kühlerwiderstand Δp in Abhängigkeit von Luftgeschwindigkeit v bei verschiedenen Kühlertiefen

In Bild 5 ist die Kühlleistung und der Kühlerwiderstand in Abhängigkeit von der Kühlertiefe dargestellt. Demnach steigt die Kühlleistung mit wachsender Blocktiefe bis zu 150 mm steil an. Über dieser Kühlertiefe nimmt die Kühlleistung nur wenig zu. Der Luftwiderstand und damit das Kühlergewicht bzw. der Materialaufwand steigen nahezu geradlinig weiter an.

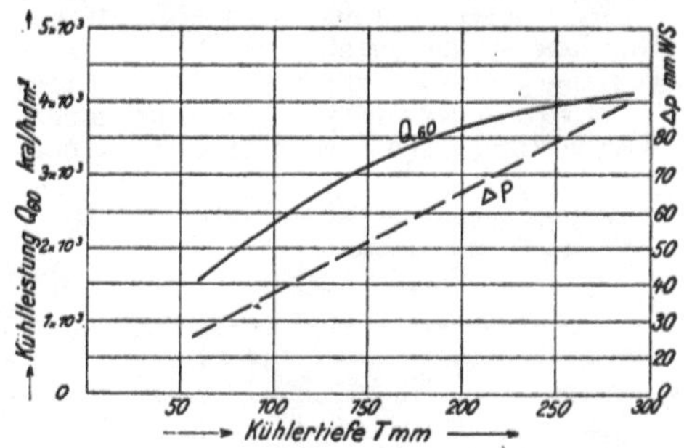

Bild 5. Kühlleistung Q_{60} und Kühlerwiderstand Δp in Abhängigkeit von Kühlertiefe T

Im normalen Kraftfahrzeugbau werden Kühler mit größerer Blocktiefe als 100—120 mm nicht mehr verwendet, zumal ein normaler Lüfter einen größeren Druck als 50 mm WS, was dieser Tiefe etwa entspricht, kaum schafft. Die Verwendung tieferer Kühler ist möglich, wenn ein besonderer Lüfter bzw. Gebläse ausgebildet wird, das den höheren Gegendruck überwindet.

Bild 6 zeigt die Kühlleistung in Abhängigkeit von der Wassermenge bei verschiedenen Blocktiefen. Aus dieser Darstellung ist ersichtlich, daß die stündliche Wassermenge bei einem bestimmten Kühlsystem und bei bestimmter Blocktiefe über einen bestimmten Wert (Sättigungsgrenze) nicht gesteigert zu werden braucht. Eine übermäßige Vergrößerung der Wassermenge würde nur eine Vergrößerung des wasserseitigen Druckabfalles im Kühler hervorrufen.

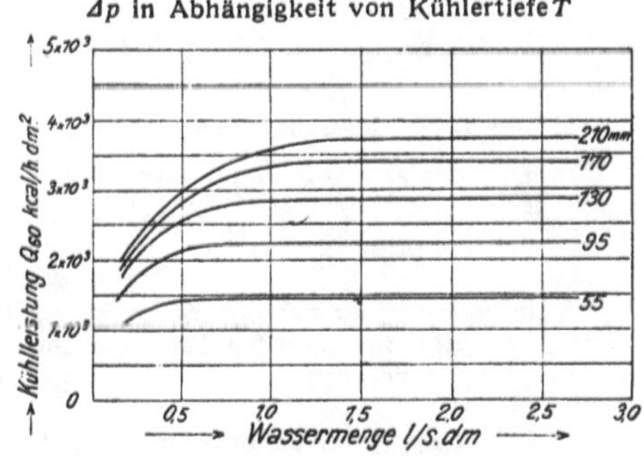

Bild 6. Kühlleistung in Abhängigkeit von Wassermenge je Sek. und dm Blockbreite bei verschiedenen Kühlertiefen

Nebenbei sei erwähnt, daß heute allgemein Wasserpumpen mit großer

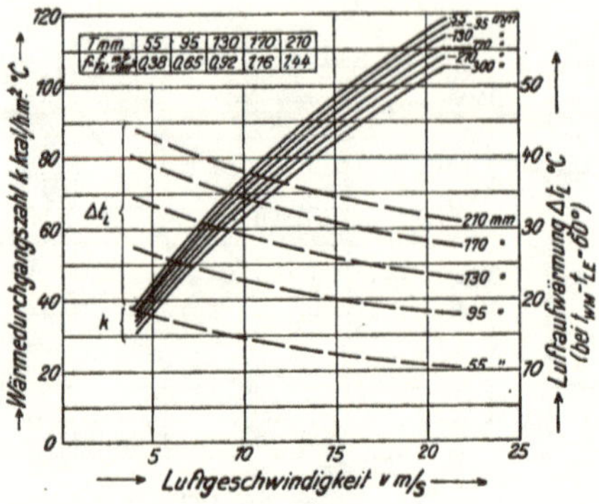

Bild 7. Wärmedurchgangszahl k und Luftaufwärmung Δt_L in Abhängigkeit von Luftgeschwindigkeit v.

Fördermenge verwendet werden, so daß die meisten Kühler im Wassersättigungsbereich arbeiten (ausgenommen Thermosyphon-Kühlung).

In Bild 7 ist die für die genaue Kühlerberechnung erforderliche Darstellung der Wärmedurchgangszahl k und der Luftaufwärmung Δt_L in Abhängigkeit von der Luftgeschwindigkeit bei verschiedenen Blocktiefen und die je dm² Kühlerstirnfläche wirksame Kühlfläche f in m²/dm² angegeben.

Aus Bild 8 ist für eine bestimmte Wärmemenge die erforderliche Kühlerstirnfläche bei verschiedenen Kühlertiefen zu entnehmen. Gleichzeitig ist der günstigste Lüfter-Durchmesser für zwangsläufig belüftete Kühler (normale Kraftfahrzeuge) angegeben. Dieser Darstellung ist eine mittlere Luftgeschwindigkeit von 7 m/s zugrunde gelegt.

In Bild 9 ist die maximale Lüfterdrehzahl in Abhängigkeit vom Lüfter-Durchmesser dargestellt, wobei die Grenze aus Geräuschgründen bei einer Umfangsgeschwindigkeit von 110 m/s festgelegt wurde.

Mit Hilfe der angegebenen Diagramme ist es möglich, für eine bestimmte Kühlleistung die notwendige Kühlergröße überschlägig zu bestimmen.

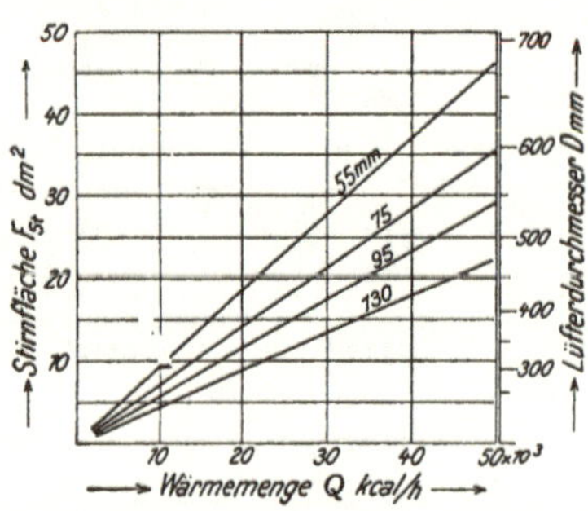

Bild 8. Stirnfläche F_{St} und Lüfterdurchmesser in Abhängigkeit von abzuführender Wärmemenge bei 60° Temperaturgefälle

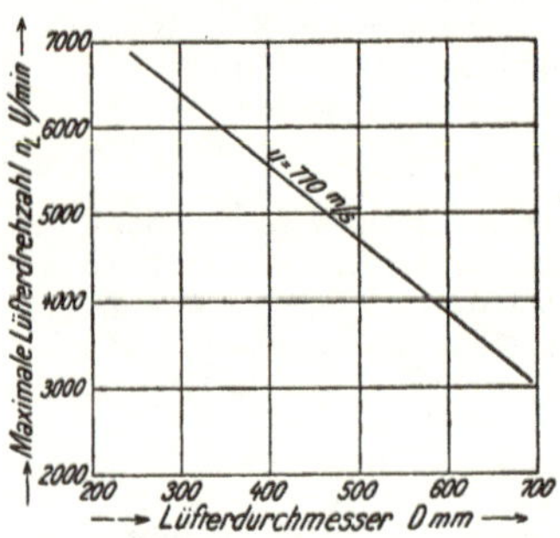

Bild 9. Maximale Lüfterdrehzahl n_L in Abhängigkeit von Lüfterdurchmesser D

Eine genaue Kühlerberechnung ist jedoch dem Kühlerfachmann vorbehalten, der die einzelnen Einflüsse bei den verschiedensten Systemen genau kennt und für den jeweiligen Fall das günstigste Kühlsystem auszuwählen vermag.

Dabei ist zu beachten, daß die angegebene Kühlleistung Q direkt im Verhältnis der Temperaturgefälle umgerechnet werden kann.

B) Berechnungsbeispiel.

Beispiel: Motor mit Pumpen-Umlauf-Kühlung und starkem Ventilator.

Gegeben: Motorleistung $N = 50$ PS

Abzuführende Wärmemenge $Q = 40000$ kcal/h

Gesucht: Größe des Kühlers und Lüfters.

Gewählt: Wasser-Temp. $t_{W_e} = 90\ C^0$

$t_{W_a} = 85^0 C \quad t_{W_m} = 87{,}5^0 C$

$\Delta t = 57{,}5^0 C$

Luft-Temp. $t_{L_e} = 30^0 C$

Fall a) Mittlere Luftgeschwindigkeit vor dem Kühler sei zu 10 m/s = 36 km/h) festgelegt, Blocktiefe zunächst angenommen zu $T = 55$ mm, damit aus Abb. 3:

$$Q_{60} = 1400\ \text{kcal/h dm}^2\ (\text{bei}\ \Delta t = 60^0\text{C})$$

bei vorliegendem Temperaturgefälle von $\Delta t = 57{,}5^0$ erhält man

$$Q_{\Delta t} = 1400 \cdot \frac{57{,}5}{60} = 1342\ \text{kcal/h} \cdot \text{dm}^2 \cdot$$

Stirnfläche

$$F_{st} = \frac{Q}{Q_{\Delta t}} = \frac{40000}{1342}\ \text{rd. } 30\ \text{dm}^2.$$

Somit

Blockhöhe $H = 550$ mm
Blockbreite $B = 550$ mm
Blocktiefe $T = 55$ mm.

Der Lüfter würde, wenn Platz vorhanden, mit einem Durchmesser

$$D = 550\ \text{mm}$$

gewählt werden.
Die max. Lüfterdrehzahl wäre nach Bild 9

$$n_{L\,max} = 4200\ \text{U/min.}$$

Fall b) Falls eine Stirnfläche von 30 dm² wegen Einbauschwierigkeiten nicht in Frage kommt, muß mit größerer Blocktiefe gerechnet werden z. B.

$$T = 95\ \text{mm}$$

$$Q_{60} = 2200\ \text{kcal/h} \cdot \text{dm}^2\ (\text{bei}\ \Delta t = 60^0\text{C})$$

Stirnfläche

$$F_{st} = \frac{40000 \cdot 60}{2200 \cdot 57{,}5} = 19\ \text{dm}^2$$

Blockhöhe $H = 450$ mm
Blockbreite $B = 420$ mm
Blocktiefe $T = 95$ mm

Lüfterdurchmesser $D = 420$ mm
max. Lüfterdrehzahl n_L = rd. 5000 U/min
Kühlerwiderstand $\Delta p = 26$ mm WS
Gesamtwassermenge

$$G_W = \frac{Q}{\Delta t_W \cdot C_W} = \frac{40000}{5} = 8000\ \text{kg/h}$$

Wassermenge je sec. und dm Kühlerbreite für Fall b)

$$M = \frac{8000}{3600 \cdot 4{,}2} = 0{,}53\ \text{l/s} \cdot \text{dm.}$$

Nach Abb. 6 liegt dieser Wert an der Sättigungsgrenze, d. h. der Kühler ist mit dieser Wassermenge voll ausgenützt.
Fördermenge des Lüfters:

$$\text{Lüfterfläche: } F_L = \frac{\pi}{4}\ 4{,}2^2 = \text{rd. } 14\ \text{dm}^2$$

mittlere Luftgeschwindigkeit $v_m = 10$ m/s
Fördermenge $V_L = 1{,}4\ m^3/s$
Gegendruck $\Delta p = 26$ mm WS + Zuschlag für Luft-Ein- u. Austritt.

IV. Kühlersysteme.

Es werden heute hauptsächlich folgende drei verschiedene Kühlersysteme gebaut:

1. Rippenrohr- oder Wasserrohr-Kühler (s. Bild 10 S. 968).

Er besteht aus Röhrchen mit aufgesteckten Rippen, die mit denselben metallisch verbunden sind. Diese vielleicht ursprüngliche Art des Kühlers wird heute nur noch mit ovalen oder Flachröhrchen hergestellt. Man hat es hier mit einem statisch festen Gebilde zu tun, bei dem die Rohre durch die senkrecht dazu laufenden Rippen gehalten sind. Der Druck in den Rohren wird durch die Rippen aufgenommen, die in einem Abstand von etwa 3 mm die Rohre umschließen. Dabei sind stumpfe Lötstellen vermieden. Der Rippenrohr-Kühler wird seit Jahren wegen seiner Unempfindlichkeit bei starken Beanspruchungen wie bei Lastwagen, Lokomotiven, Zugmaschinen usw. verwendet. Er ist ohne Zweifel der Kühler, der mit großem Abstand die stärksten Beanspruchungen aushält und neuerdings soweit entwickelt wurde, daß er höchste Kühlleistung mit geringstem Gewicht und Raumbedarf, d. h. kleiner Kühlertiefe vereinigt. Im Rippenrohrsystem können ohne weiteres Drücke von 10—12 atü aufgenommen werden. Bei Spezialausführungen sind derartige Kühler schon mit 50—60 atü abgepreßt worden.

Im Gegensatz zum Lamellen-Kühler hat er eine geradlinige glatte Wasserführung, die weniger leicht zu Verstopfungen neigt, wie bei jenem.

2. Lamellen-Kühler (s. Bild 10 unten rechts).

Er besteht aus dünnwandigen gewalzten Blechstreifen, die zusammengesetzt die Wege für die Kühlflüssigkeit und für die Luft in geeigneter Weise freilassen. Bei den heutigen Lamellen-Kühlern sind durchweg zwischen den wasserführenden Blechen (direkte Kühlfläche) sogenannte Luftbleche (indirekte Kühlfläche) angebracht. Es gibt Kühlerkonstruktionen mit 1 bzw. 2 Luftblechen. Diese Luftbleche sind mit den Wasserblechen metallisch durch Lötung verbunden und zwischen den Verbindungsstellen in Streifen geschlitzt, die zum Luftstrom schräg gestellt sind. Es wird hierdurch

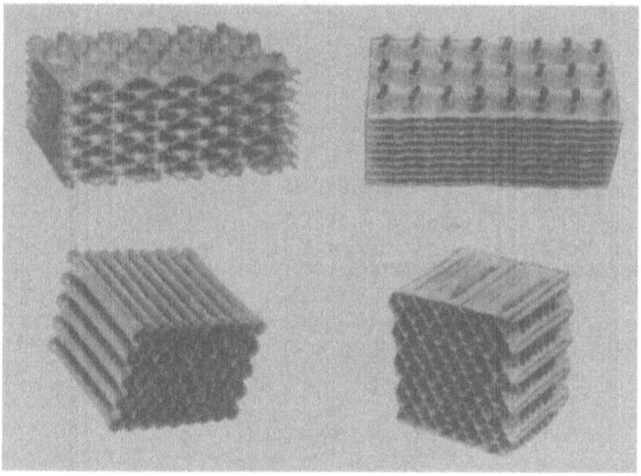

Bild 10. Verschiedene Kühlsysteme der Süddeutschen Kühlerfabrik Julius Fr. Behr, Stuttgart-Feuerbach, oben: 2 Rippenrohr-Kühler, unten: Luftröhrchen-Kühler und Lamellen-Kühler

eine Durchwirbelung der Luft und damit eine innige Berührung derselben mit dem Material bewirkt. Der Kühler ist in den letzten Jahren ebenfalls zu sehr hoher Leistung entwickelt worden.

Der Nachteil dieses Kühlers ist jedoch seine geringe Druckfestigkeit (nicht über 1,0—2 atü) und die große Gefahr des Verstopfens bei schmutzigem Kühlwasser durch die enge und wellige Wasserführung. Der Lamellen-Kühler wird daher vorwiegend für Personenkraftwagen verwendet und macht in größeren Blocktiefen, z. B. über 80 mm, fertigungstechnische Schwierigkeiten.

3. Luftröhren-Kühler (s. Bild 10 unten links).

Er entsteht durch Aneinanderreihen von Röhrchen, die vorn und hinten aufgedornt und durch Tauchlötung verbunden sind. Die Luft geht im Gegensatz zum Rippenrohr-Kühler durch die Röhrchen und das Wasser strömt um dieselben herum. Die Röhrchen haben die verschiedensten Querschnitte, z. B. sechskant, vierkant, rund, hexagonal, Flachrohr usw. z. B. sind Rundrohre, sechskant aufgedornt, für bestimmte Zwecke im Flugzeugbau geeignet.

Ein Vorteil dieser Kühler ist ihre einfache Herstellung: der Kühlerrahmen wird mit Röhrchen gefüllt und dieselben an den Stirnflächen verlötet. Bei Verwendung von Luftröhrenkühlern lassen sich leicht beliebige Außenformen ausführen.

Der Haupt-Nachteil besteht darin, daß die Festigkeit des Kühlers gering ist, da die Drücke durch die stumpf zusammengelöteten Berührungsflächen in der Kühlerfront aufgenommen werden müssen. Die Länge dieser stumpfen Lötfläche beträgt bei manchen Konstruktionen bis zu 9 m pro dm² Stirnfläche. Beispielsweise enthält ein solcher Kühler bei 20 dm² Stirn-

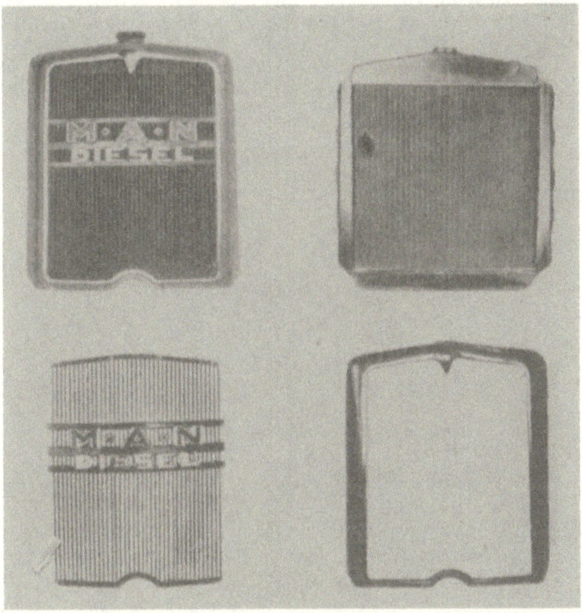

Bild 11. SKF-BEHR-Rippenrohr-Kühler mit Gehäuse und Gitter

fläche eine 270 m lange stumpfe Lötnaht. Es ist daher nicht überraschend, wenn ein solcher Kühler bei der geringsten Überbeanspruchung zu Undichtheiten neigt. Ein weiterer Nachteil besteht darin, daß die meisten Luftröhrenkühler eine große Tiefe benötigen, um eine genügende Kühlleistung zu erreichen.

Dieser Kühler ist sowohl im Materialaufwand, wie in der Herstellung außerordentlich teuer. Ein kompletter Rippenrohr- oder Lamellen-Kühler ist oft billiger, als der Lieferpreis der unverarbeiteten Röhrchen eines Luftröhrchen-Kühlers.

V. Kühlerkonstruktionen.

Früher stellte der Kühler, bestehend aus dem Rahmen und dem Kühlerblock, als untrennbarer Wagenteil das Gesicht des Kraftwagens dar. Heute wird der Kühlerblock (Kühlereinsatz) vom Kühlergehäuse und dem darin evtl. befindlichen Kühlerziergitter aus fertigungstechnischen Gründen vollständig getrennt (Bild 11 u. 12). Bei verschiedenen modernen Konstruktionen fällt sogar das Kühlergehäuse ganz weg und wird z. B. durch die nach vorne gezogenen seitlichen und oberen Teile der Motorhaube gebildet.

Der Kühlereinsatz besteht aus dem Kühlerblock, aus dem sogenannten oberen und unteren Wassersammelkasten, in welchen der Ein- und Auslaufstutzen befestigt ist (s. Bild 13). Die sogenannten Seitenteile stellen die Verbindung zum Kühlergehäuse bzw. zur Motorhaube her. Der Kühler wird unten gelagert und gegen die Spritzwand abgestützt (s. Bild 14). Zu beachten ist, daß der Kühlerblock mit Rücksicht auf die Herstellung von vorn herein einfach und geradlinig konstruiert wird und nicht mit Abschrägungen, Durchbrechungen für die Andrehkurbel und dergleichen versehen wird.

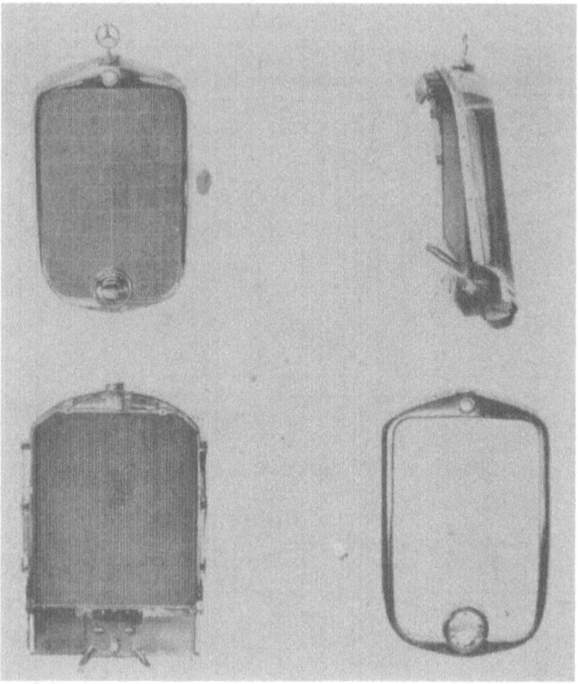

Bild 12. SKF-BEHR-Rippenrohr-Kühler mit Gehäuse und Gitter

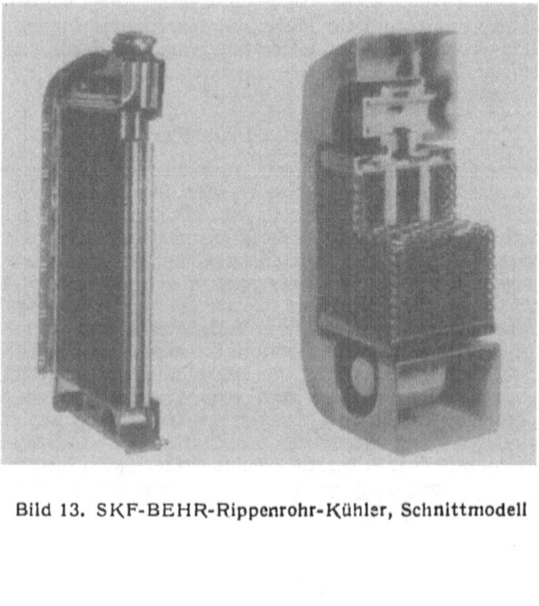

Bild 13. SKF-BEHR-Rippenrohr-Kühler, Schnittmodell

Bild 14. SKF-BEHR-Rippenrohr-Kühler-Einsätze

Bild 15. SKF-BEHR-Teilblock-Kühler

Sehr große Kühler für rauhen Betrieb (Lastwagen usw.) werden als sogenannte Teilblock- oder Elementen-Kühler hergestellt, wobei der Kühler aus einzelnen Elementen bzw. Teilblöcken besteht, die auswechselbar in einen Rahmen eingebaut sind (s. Bild 15).

VI. Kühlerwerkstoffe.

Als Kühlerwerkstoff wird heute für die wasserführenden Teile immer noch vorwiegend Kupfer und Messing verwendet. Als Austauschwerkstoffe für Kupfer und Messing kommen hauptsächlich Eisen und Leichtmetall, sowie deren Legierungen in Frage. So wurden zahlreiche eingehende Versuche unternommen mit verzinntem und verzinktem Eisen, sowie plattiertem Bandeisen, bei welchen eine Messing- oder Kupferschicht galvanisch oder durch Walzen aufgetragen wurde.

Die Hauptschwierigkeit in der Anwendung von Austauschwerkstoffen bestand in der geringeren Korrosionsbeständigkeit gegen heißes Wasser.

Die Verarbeitung von Austauschstoffen ist jedoch erfolgreich bei Anwendung von Kühlwasserzusätzen. Sehr gute Ergebnisse wurden so z. B. erzielt mit:

a) **Akorol der I. G.-Farbenindustrie, was sich jedoch nur mit reinem Wasser und nicht mit Gefrierschutzmitteln vermischen läßt.**

b) **Glysantin K der I.G.F., ein Gefrierschutzmittel, das zugleich einen Korrosionsschutz darstellt.**

c) **Shell-Korrosionsschutzöl, was bei reinem Wasser und bei Gefrierschutzmitteln anzuwenden ist.**

Es wird auf die Korrosionsgefahr bei der Lagerung der leeren Kühler hingewiesen[1]), **was u. a. bei stillgelegten Kraftfahrzeugen mit abgelassenem Kühlwasser zu beachten ist.**

Um jedoch weitgehendst heimische Werkstoffe zu verwenden, werden zunächst sämtliche Teile, die nicht mit dem Kühlwasser in Berührung kommen, aus Stahlblech gefertigt. Das sind neben den Halterungen und Beschlägen alle sogenannten indirekten Kühlflächen, die nur mit der Luft in Berührung stehen; beim Rippenrohr-Kühler die Rippen, beim Lamellen-Kühler die Luftzwischenbleche. Die Verschlechterung der Kühlleistung durch Fe- an Stelle von Cu-Rippen beträgt 10—15%.

Bei dem in letzter Zeit vielfach erörterten Leichtmetall-Kühler besteht die Hauptschwierigkeit in der Unterbringung der nötigen Kühlfläche. Ein hochwertiger SKF-BEHR-Kühler enthält z. B. bei einer Blocktiefe von 100 mm = 0,65 m² Kühlfläche pro dm² Stirnfläche, die hauptsächlich durch die indirekte Kühlfläche (Rippen) gebildet wird. Die Rippen sind mit den Röhren metallisch durch Lötung verbunden. Diese metallische Verbindung ist bei Leichtmetall nicht ohne weiteres, d. h. **nur mit großem Kostenaufwand möglich.** Ein Leichtmetall-Kühler kann daher im wesentlichen nur mit direkter Kühlfläche gebaut werden. Dies bedingt jedoch große Raumbeanspruchung, d. h. große Kühlertiefe. Große Tiefe bedeutet aber hohes Gewicht und hohen Wasserinhalt, so daß ein Leichtmetall-Kühler auf die Kühlleistung bezogen, — nur dieser Vergleich ist maßgebend — kaum nennenswerte Gewichtsunterschiede gegenüber dem Kupfer-Kühler bringt.

Selbstverständlich macht es keine Schwierigkeiten, Kühler mit starkwandigen und breiten Rohren, wie sie in letzter Zeit vielfach auch in der Fachpresse beschrieben wurden, zu bauen. Derartige Kühler sind ja recht schöne Ausstellungsstücke, die jedoch wegen der fehlenden Kühlfläche nur einen Bruchteil der Kühlleistung haben, die benötigt wird.

Der einfachste Leichtmetall-Kühler besteht darin, Luftröhrchen an ihren aufgedornten Enden galvanisch zu behandeln, wodurch dann die

---

[1]) Vgl. „Korrosion und Wassersteinbildung im Kühlwasserkreislauf von Verbrennungsmotoren". Von Dipl.-Ing. Walther Riedel, Versuchsanstalt und Amtliche Prüfstelle für Kraftfahrzeuge an der Technischen Hochschule Berlin, in ATZ, Heft 3/1939.

Röhrchen weich — wie üblich — verlötet werden können. Dies bedeutet jedoch praktisch keine Lösung, weil dieser Kühler die generellen Nachteile des sogenannten Luftkühlers mit der durch die Weichlötung verbundenen Korrosion in verstärktem Maße besitzt. Versuche mit solchen Kühlern wurden schon vor Jahrzehnten durchgeführt. Auch wurden z. B. Kühler aus kurzen Rohrstückchen gebaut, zwischen welchen die Rippen zu liegen kommen und welche durch Spannschrauben festgehalten werden. Schon die Tatsache, daß ein derartiger Kühler aus verschiedenen Tausend Einzelteilen besteht, dürfte genügend über eine derartige Konstruktion besagen.

Bei der Verwendung von Leichtmetall sind also folgende Tatsachen zu berücksichtigen:

1. Ungenügende Korrosionsbeständigkeit gegen heißes Wasser; es kommt also nur veredeltes Kühlwasser in Frage;
2. die mangelnde Reparaturfähigkeit, die nur mittels Weichlötung und der damit verbundenen Korrosionsgefahr möglich ist.
3. Hohe Herstellungskosten, weshalb eine Verwendung für Kraftfahrzeuge noch nicht möglich erscheint.

VII. Lüfter.[1])

Die Belüftung des Kühlers beim Kraftfahrzeug und anderen Kühlanlagen ist im wesentlichen eine Frage des Geräusches. Wie aus einer Vielheit von Messungen bezüglich Geräuschstärke und Tonhöhe festgestellt wurde, ist für das Geräusch im wesentlichen die Umfangsgeschwindigkeit maßgebend. Diese darf auf keinen Fall 110 m/s übersteigen, wenn das Geräusch noch in annehmbaren Grenzen bleiben soll. Bei sehr ruhig gehenden Personenkraftwagen wird jedoch bereits diese Umfangsgeschwindigkeit als störend empfunden und sollte zurückgegangen werden auf etwa 80—90 m/s. Bereits bei dieser Geschwindigkeit treten selbst bei bester aerodynamischer Gestaltung starke Geräusche auf.

Es wird allgemein angenommen, daß die Geräusche in erster Linie durch Ablösungserscheinungen und Flattern der Flügelspitzen erzeugt werden. Für die Tonhöhe spielt die Eigenfrequenz des Lüfters eine gewisse Rolle. Gegossene Lüfter sind im Ton heller und dadurch unangenehmer als Blechlüfter gleicher Ausführung. Werden z. B. bei einem Blechlüfter die Flügel durch größere Wandstärken oder durch eingepreßte Sicken und dergl. versteift, so bedeutet dies meistens eine Erhöhung der Frequenz, d. h. der Ton wird wohl nicht lauter, jedoch heller und damit unangenehmer. Ebenfalls für die Tonhöhe ist die Anzahl der Flügel maßgebend. Ein 4flügeliger Lüfter hat die doppelte Frequenz als ein 2flügeliger und ein 6flügeliger Lüfter hat abermals einen helleren Ton als ein 4flügeliger.

Es soll möglichst versucht werden, den Lüfter in seiner Tonhöhe dem allgemeinen Motorengeräusch, das meist sehr tiefe Frequenzen hat, anzunähern. Dadurch ist beim Personenkraftwagenbau die Anzahl der Flügel mit 4 meistens beschränkt. Durch Versetzung der Flügel wird eine Geräuschstufe erreicht, die zwischen einem 4- und einem 2flügeligen Lüfter liegt.

Für die überschlägige Lüfterberechnung können die Bilder 8 u. 9 benützt werden. In Bild 9 ist die maximale Drehzahl für die verschiedenen Lüfter-Durchmesser unter Zugrundelegung einer Umfangsgeschwindigkeit von 110 m/s aufgetragen und in Bild 8 ist die Lüfter-Geschwindigkeit in Abhängigkeit von der abzuführenden Wärmemenge dargestellt.

Bei Neukonstruktionen sollen möglichst langsam laufende Lüfter vorgesehen werden, die den ganzen Kühlerblock bestreichen. Solche liegen im Wirkungsgrad und im Geräusch besser als kleine schnell laufende Lüfter. Eine ausreichende Belüftung durch außerordentlich kleine schnell laufende Lüfter ist wegen der oben genannten Begrenzung der Umfangsgeschwindigkeit durch das Geräusch meist nicht durchführbar.

[1]) Siehe auch die Dissertation von Bruno Eckert, Stuttgart, Das Kühlgebläse des Kraftfahrzeuges und sein betriebliches Verhalten. 1940.

VIII. Besondere Kühlungsfragen.

A) Autobahnverhältnisse.

Bei Wagen, die für sehr hohe Geschwindigkeiten nach strömungstechnischen Gesichtspunkten gebaut sind, spielt der Energieaufwand zur Belüftung des Kühlers keine zu vernachlässigende Rolle. Als Maßstab für den Aufwand kann der im Zusammenhang mit der sogenannten NACA-Haube bei luftgekühlten Motoren geschaffene Begriff der Pumpleistung gewählt werden. Diese ist gegeben durch die einfache Formel

$$N = \frac{V \cdot \Delta p}{75} \text{ PS.}$$

Bei der Bestimmung von Δp ist zu beachten, daß nicht nur der Druckverlust des Kühlers, sondern auch der Druckverlust im Luft-Ein- und Austritt mitberücksichtigt werden muß, d. h. daß der Luft-Ein- und Austritt mitbestimmend ist für den gesamten Widerstand des Wagens. Aus der Gleichung geht hervor, daß die Pumpleistung ein Minimum ist, wenn mit einem geringen Luftvolumen und geringem Druckabfall gearbeitet wird, h. d. große Kühlerstirnfläche und große Kühlertiefe. Das bedeutet jedoch einen Kühler hohen Gewichts und großer Kosten. Da das Gewicht beschleunigt und verzögert werden muß und außerdem ja ein Wagen wohl kaum nur für die Autobahn, sondern auch für Bergfahrten benützt wird, ist auch hier die Kühlertiefe bei 100—130 mm begrenzt, im Gegensatz zu den in der Luftfahrt üblichen wesentlich größeren Kühlertiefen.

Es ist ferner zu beachten, daß selbstverständlich die Kühlung bei hohen Geschwindigkeiten in jeder Weise zu beherrschen ist, daß jedoch der fehlende Fahrwind bei Paß- und Bergfahrten durch einen Ventilator ersetzt werden muß.

B) Ölkühlung.

Ein Ölkühler ist nur im Sommer nötig, wenn das Öl zu heiß wird und im Winter unerwünscht, ja sogar schädlich. Ferner muß beim Anfahren mit kaltem Motor derselbe zunächst abgeschaltet werden können.

Die beste Ölkühlung wird durch einen sogenannten Wärmeaustauscher zwischen Öl und Wasser erreicht, wobei bei Anfahren mit kaltem Motor das schnell warm werdende Kühlwasser das noch kalte Öl erwärmt und bei längerer Fahrt das heiße Öl durch das Kühlwasser gekühlt wird.

In letzter Zeit wurden Ausführungen gewählt, bei welchen eine öldurchströmte Rohrschlange in den oberen Wasserkasten des Wasserkühlers verlegt wurde. Nachteilige Auswirkungen hiervon wurden nicht bekannt. Der gleiche Effekt kann auch erreicht werden, wenn das Kühlwasser in Form einer Rohrschlange oder dergl. durch die Kurbelwanne des Motors zur Kühlung des dort befindlichen Ölsumpfes geführt wird.

Erwähnt muß werden, daß die im Öl abzuführende Wärme im wesentlichen durch die Drehzahl bedingt ist und im Gegensatz zum Wasserkühler nicht von der Motorbelastung. Hohe Drehzahlen können z. B. bei Talfahrten in niedrigen Gängen hohe Öltemperaturen hervorrufen. — Der Einbau eines Schonganges für Autobahn-Betrieb setzt in den meisten Fällen die dort auftretenden hohen Öltemperaturen ganz wesentlich herab.

C) Kühlwasserregelung.

Für ein einwandfreies Arbeiten des Motors ist die Einhaltung einer gleichmäßigen Motortemperatur d. h. konstante Kühlwassertemperatur wichtig. Eine Regelung der Kühlwassertemperatur kann erfolgen:

1. wasserseitig: durch Drosselung der durch den Kühler fließenden Wassermenge oder durch sogenannte Kurzschlußleitungen, wobei das Kühlwasser unter Umgehung des Kühlers von der Wasserpumpe unmittelbar wieder in den Motor zurückbefördert wird;
2. luftseitig: durch sogenannte Kühlerjalousien, wobei der Kühlluftstrom durch das Kühlnetz reguliert wird.

In beiden Fällen ist eine automatische Regelung erstrebenswert, die durch sogenannte Thermostate bewirkt werden kann.

Für eine einwandfreie Temperaturregelung sind folgende Bedingungen wichtig:

1. der Thermostat muß bei steigender Kühlwassertemperatur bei der gewünschten Temperatur möglichst mit einer Toleranz von 2—3^0 plötzlich ansprechen;
2. bei sinkender Kühlwassertemperatur z. B. bei Talfahrten usw. muß der Thermostat ebenfalls bei einer bestimmten Temperatur sicher ansprechen.

Die auf dem Markt befindlichen Thermostate erfüllen wohl meist die erste Bedingung, bei abnehmender Temperatur erstreckt sich jedoch der Regelbereich über einen zu großen Temperaturumfang, was einer ungleichmäßigen und oft auch unzureichenden Regelung gleichkommt.

IX. Anordnung Kühler-Lüfter,

Die abgeführte Wärmemenge eines Kühlers ist nach Nußelt mit der 0,6—0,8ten Potenz abhängig von dem Luftdurchsatz durch den Kühler. Bei der meist gebräuchlichen Anordnung Kühler—Lüfter befindet sich dieser in einem Abstand von ca. 10—15 mm hinter dem Kühler. Mit größer werdendem Abstand verringert sich die Kühlleistung und ist z. B. bei 30 mm 5—10% geringer als bei dem normalen Abstand. Bei höherer Fahrgeschwindigkeit, z. B. auf der Autobahn, ist der Abstand ohne Bedeutung, da in der Hauptsache der Fahrwind zur Belüftung des Kühlers dient.

Bei langsamer Fahrt, also z. B. im Gebirge, wo der Fahrwind praktisch ausfällt, dient zur Belüftung des Kühlers nur der Lüfter, d. h. also die vom Lüfter geförderte Luftmenge, welche sich wiederum nur auf den Teil des Kühlnetzes beschränkt, der vom Lüfter beaufschlagt wird.

Der beste Wirkungsgrad wird erreicht, wenn der Lüfter so groß als möglich gehalten wird. Um den Kraftbedarf und das Lüftergeräusch in annehmbaren Grenzen zu halten, kann bei besserer Kühlleistung derselbe langsamer laufen bzw. um Ablösungserscheinungen zu vermeiden, der Anstellwinkel kleiner gehalten werden.

Bei manchen LKW und vereinzelten PKW läuft der Lüfter in einer sogenannten Windfanghaube, die sich besonders günstig bei Bergfahrten auswirkt, da hier zur Belüftung des Kühlers nur die Fördermenge des Lüfters ausschlaggebend ist. Könnte diese Windfanghaube als normaler Diffusor ausgebildet werden, so würde die Kühlleistung ca. 20% gegenüber normaler Anordnung verbessert. Dieser Einbau läßt sich in der Praxis kaum verwirklichen, da er einen zu großen Abstand Kühler—Lüfter bedingt. In den meisten Fällen beträgt der Abstand 30—100 mm. Hierbei wird schon eine wesentliche Verbesserung der Kühlleistung erzielt, die sich hauptsächlich bei Kühlern mit hohem Widerstandsbeiwert auswirkt. Diese Anordnung hat weiterhin den Vorteil, daß eine Unterkühlung des Motors auf der Autobahn weitgehendst vermieden wird, da der Fahrwind auf die Windfanghaube aufprallt und dadurch die Luftdurchsatzmenge verringert wird. Der Spalt zwischen Lüfter und Windfanghaube ist so groß zu halten, daß dem sogenannten Pendeln des Motors Rechnung getragen wird.

Die Kraftaufnahme des Lüfters wird nach den bei der SKF durchgeführten Versuchen bei hoher Fahrgeschwindigkeit geringer und kann bei 100 km/h unter Umständen nur noch 50% gegenüber Stillstand des Fahrzeuges betragen. Dies ist darauf zurückzuführen, daß bei höheren Fahrgeschwindigkeiten der Druckverlust des Kühlers schon von dem Fahrwind überwunden wird und der Lüfter von der restlichen Energie des Fahrwindes angetrieben wird und sich somit wie ein Windrad verhält. Die Kraftersparnis ist u. a. abhängig vom Druckverlust des Kühlers und den Austrittsquerschnitten der Motorhaube.

Bei richtiger Auslegung und Anordnung der Kühlanlage eines Fahrzeuges kann die Kraftaufnahme des Lüfters ohne Schwierigkeiten unter 5% der Motorleistung gehalten werden.

Schalldämpfung bei Brennkraftmaschinen.

Fr. Boysen, Stuttgart-Heumaden.

Schall- und Schallwahrnehmung.

In richtiger Erkenntnis der Schädigungen, welche auf den menschlichen Organismus durch den Lärm von Brennkraftmaschinen, hauptsächlich an Kraftfahrzeugen ausgeübt werden, sind die Lärmhöchstgrenzen, besonders für Kraftfahrzeuge, behördlicherseits schon vor längerer Zeit festgelegt worden.

Die deutsche Industrie erzeugt heute Schalldämpfer, welche, gestützt auf die Ergebnisse von Praxis, Wissenschaft und Forschung, auch den höchsten Anforderungen genügen.

Um Ursache und Wirkung von Lärm und Geräusch an ortsfesten oder in Fahrzeugen befindlichen Brennkraftmaschinen festzustellen und Abhilfe dagegen zu schaffen, ist es für den Schalldämpfungsfachmann notwendig, die Geräusche nicht nur an sich, sondern auch hinsichtlich ihrer Einwirkung auf das menschliche Gehör und dessen Wahrnehmbarkeitsbereich zu erforschen.

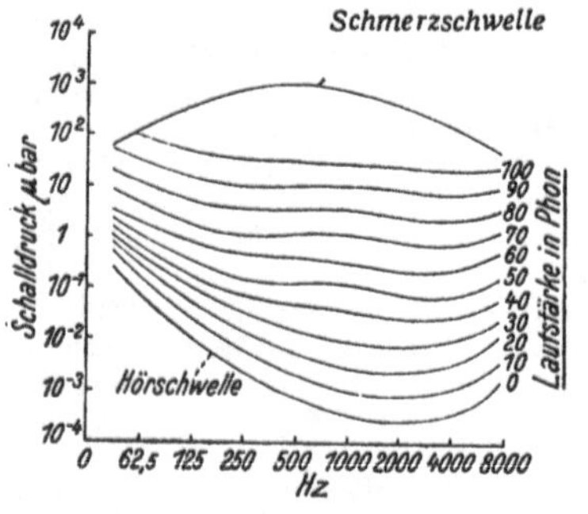

Bild 1. Kurven gleicher Lautstärke

Das menschliche Gehör kann nur den Frequenzbereich des Hörschalls wahrnehmen; dieser erstreckt sich über Schwingungen von 20 bis 18000 Hz. Unter- und oberhalb dieses Bereiches, d. h. im Gebiete des Infra- bzw. Ultraschalles nimmt das Gehör Schwingungen als Geräusch nicht mehr wahr. Der Hörbereich verlagert sich etwas entsprechend dem Lebensalter des Menschen, die obere Hörgrenze sinkt mit zunehmendem Alter. Das sehr verwickelt aufgebaute menschliche Ohr ist nun aber nicht für alle Schwingungszahlen gleich empfindlich, sondern ist frequenzabhängig, d. h. es hat die Eigenschaft, bei verschiedener Schwingungszahl einen Ton verschieden laut zu empfinden. Stellt man für das gesunde Ohr, das sogenannte Normalohr, die Linien gleicher Lautstärke für verschiedene Schwingungszahlen dar, so sind dies keine Geraden, sondern es ergeben sich die in Bild 1 dargestellten Kurven, d. h. das Ohr spricht auf verschiedene Frequenzen unterschiedlich an.

Der sogenannte Hörschall des Ohres, d. h. die Stelle, wo überhaupt ein Höreintritt erzielt wird, wird bei einem bestimmten niedersten Schalldruck erreicht. Ebenso ergibt sich eine obere Grenze für die Schallempfindung, bis zu der der Schalldruck gesteigert werden kann, ehe die Schallstärke unerträglich wird. Diese untere und obere Grenze der Hörfähigkeit, Hörschwelle und Schmerzschwelle genannt, ist aus Bild 1 ersichtlich. Zwischen den beiden Schwellen erfolgt ein stetiger Übergang der Lautstärkeempfindung. Diese richtet sich nicht nach der arithmetischen Zunahme des Schalldrucks, sondern etwa nach dem Logarithmus des Schalldruckanstiegs. Der Wert dieser Lautstärke wird in Deutschland mit Phon, in Amerika mit Dezibel (db) bezeichnet. Aus Bild 1 ist zu ersehen, daß das Ohr zwischen 1000 und 4000 Hz am empfindlichsten ist. Deshalb werden hohe Töne immer besonders gut wahrgenommen. Außerhalb dieses Bereiches ist das Ohr sehr frequenzabhängig, besonders bei geringen Lautstärken.

Das in den folgenden Ausführungen behandelte Geräusch bei Brennkraftmaschinen stellt ein Gemisch von Schallschwingungen dar, d. h. es wirkt gleichzeitig eine große Anzahl von Schwingungen ganz unregelmäßig zusammengesetzter Form auf das Ohr.

Entstehung von Schall.

Man unterscheidet zwischen Körperschall und Luftschall. Körperschall wird angeregt durch mechanische Schwingungen eines Körpers. Die Abstrahlung an die Luft erfolgt von der Körperfläche, beispielsweise an einem Motor.

Luftschall wird angeregt durch die Oberflächen schwingender Körper oder durch Gassäulen, z. B. Auspuffrohre von Brennkraftmaschinen, bei welchen die Fläche des Rohrendes als schwingende Membran wirkt.

Luftschall kann sich nur in Form von Verdichtungswellen ausbreiten, welche wie oben beschrieben, auf das Ohr einwirken.

Schalldämpfung.

Zur Verminderung des Lärms müssen naturgemäß diejenigen Schallschwingungen erfaßt werden, die durch größte Lautstärke aus dem allgemeinen Geräuschspiegel hervortreten. Diese Impulse müssen für eine wirksame Dämpfung soweit verringert werden, bis sie dem Ohr nicht mehr ästig sind.

Schall und Schalldämpfung bei Brennkraftmaschinen.

Schall bei Brennkraftmaschinen.

Die Hauptgeräuschquellen bei ortsfesten und in Fahrzeugen eingebauten Brennkraftmaschinen sind das Ansaug- und Auspuffgeräusch, die im Wesen gleich sind, wobei im Normalfall das Auspuffgeräusch überwiegt.

Der Schallstromverlauf in der Ansaugleitung bei Brennkraftmaschinen wird bestimmt durch den Ansaugtakt, der die Ansaugsäule zum Pulsieren bringt, wodurch die tiefen Töne gebildet werden. Weiter entstehen Spalt- und Schneidetöne an Kanten, Rändern und Mündungen in der Ansaugleitung, welche die hohen Teiltöne des Ansauggeräusches bilden. Bei stärkerem Hervortreten der höheren Töne können diese außerordentlich lästig werden, da sie im Bereich großer Ohrempfindlichkeit liegen.

Das Auspuffgeräusch ist bedingt durch den entsprechend der Zylinder- und Motordrehzahl sowie der Zwei- oder Viertaktwirkung periodisch erfolgenden Auslaß der hochgespannten heißen Abgase aus dem Zylinder. Durch das außerordentlich starke Druckgefälle der beim Beginn der Auslaßöffnung mit Überschallgeschwindigkeit austretenden Abgase wird dem Abgasstrom eine starke Pulsierung aufgedrückt. Nach dem Vorauspuff wird durch den Kolben der Abgasrest im Zylinder ausgeschoben, die Impulswirkung ist jedoch dabei geringer.

Diese Pulsationen bilden die Grundfrequenz des Auspuffgeräusches, in dem außerdem noch die harmonischen Teiltöne enthalten sind. Ein Teil der in den Abgasen enthaltenen Energie wird ferner in Reibungsenergie und Strömungsenergie umgesetzt. Bei zunehmender Belastung der Brennkraftmaschine wächst infolge des erhöhten Ladegewichts der Druck am Anfang des Vorauspuffes, d. h. die Druckwelle und damit das Auspuffgeräusch wird verstärkt. Von Bedeutung für den Verlauf der Druckwelle beim Vorauspuff ist

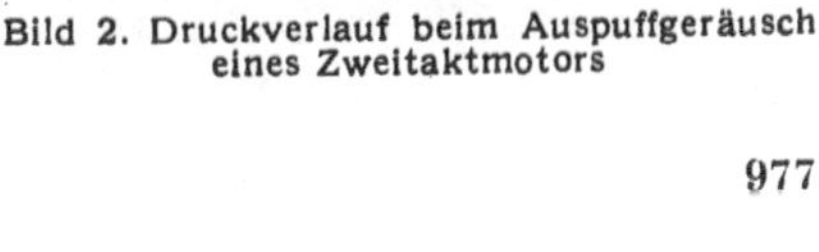

Bild 2. Druckverlauf beim Auspuffgeräusch eines Zweitaktmotors

ferner die Lage des Zündzeitpunktes. Bei Spätzündung wird zu Beginn des Auslaßvorgangs der Abgasdruck geringer und dessen Verlauf durch die noch stattfindende restliche Verbrennung gleichmäßiger.

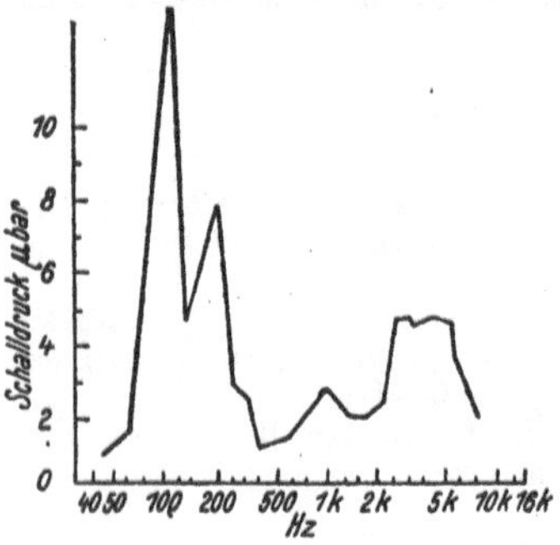

Bild 3. Zusammensetzung des Auspuffgeräusches bei einem Viertaktmotor

Beim Zweitakter wird die Druckwelle infolge des rasch freiwerdenden großen Austrittsquerschnitts gewöhnlich steiler als beim Viertakter mit der langsamer ansteigenden Ventileröffnung.

Um ein Bild über den Verlauf des Schalldrucks und der Lautstärke in Abhängigkeit von der Frequenz zu bekommen, analysiert man das Geräusch.

Bild 3 zeigt eine solche Analyse für einen Viertaktmotor, bei welcher die Schalldrücke über der Frequenz aufgetragen sind.

Bei dem gewählten Beispiel tritt das Gebiet niederer Schwingungen besonders laut hervor.

Schalldämpfung bei Brennkraftmaschinen.

Bei der Dämpfung des Ansaug- und Auspuffgeräusches von Brennkraftmaschinen handelt es sich darum, eine Anzahl Wechselströme, die einem Gleichstrom überlagert sind, zu glätten. Dies ist die Aufgabe des Schalldämpfers.

Die Dämpfung der Schallwellen kann grundsätzlich durch Energieentziehung (Abkühlung, Wirbelung, Absorption), sowie durch Interferenz und durch Reflexion erfolgen.

Abkühlung (bei Auspuffgasen) kann mittels Wärmeabgabe durch Wandungen und ferner durch Ausdehnung erfolgen. Eine Kühlwirkung kann ferner durch Einspritzen oder Einblasen eines Kühlmittels erzielt werden. Letztere Einrichtungen finden jedoch wenig Anwendung, da sie die praktische Herstellung bei geringer Dämpfungswirkung zu sehr verteuern.

Durch Wirbelung und Absorption wirkende Schalldämpfer vernichten die Schallenergie durch Reibung. Wirbelung läßt sich durch Anordnung von Düsen, welche entgegengesetzt, gleichlaufend und mit gleicher oder verschiedener Steigung angeordnet werden können, hervorrufen; neben der Reibung wird bei Wirbelung auch noch eine gewisse, den Schall ablenkende und daher dämpfende Richtwirkung erzielt. Bild 4 zeigt einen Schalldämpfer mit Wirbelung, welche durch besondere, gegenüber der Einlaßrichtung schräg angeordnete Düsen erzielt wird.

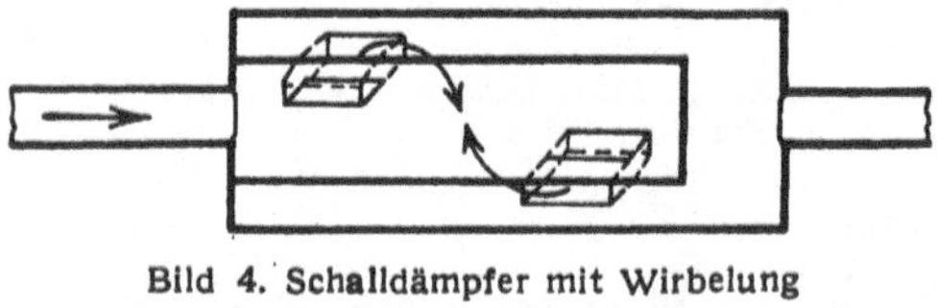

Bild 4. Schalldämpfer mit Wirbelung

Bei den durch Absorption wirkenden Schalldämpfern wird, wie in Bild 5 dargestellt ist, Absorptionsstoff, z. B. Asbest, Glaswolle o. ä. zur Schalldämpfung verwendet. In diesem Absorptionsstoff können ein oder mehrere Durchgänge für die Strömung angeordnet werden. Die Schallwellen dringen in den porösen Absorptionsstoff ein und werden dabei vernichtet. Für die Anforderung in der Praxis müssen die Absorptionsstoffe unempfindlich gegen Erschüt-

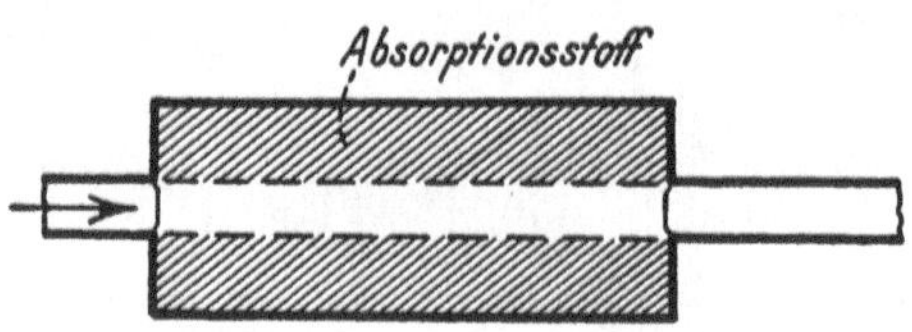

Bild 5. Absorptionsdämpfer

terungen sein, damit sie nicht allmählich während des Betriebes zerfallen. Außerdem dürfen sich die Hohlräume des Absorptionsstoffes nicht durch Schmutz o. ä., z. B. Ruß in den Abgasen zusetzen, da sonst die schalldämpfende Wirkung aufgehoben wird. Die wirksame Dämpfung beginnt bei Absorptionsdämpfern von 800 Hz ab aufwärts. In der Praxis werden Absorptionsdämpfer wenig verwendet, da die Betriebsunsicherheit zu groß ist.

Interferenzwirkung tritt ein, wenn Schwingungen so zusammentreffen, daß sie sich gegenseitig aufheben. Solche Interferenzdämpfer, welche aus seitlich an die Schalleitung angeschlossenen Röhren bestehen, zeigt Bild 6a und 6b. Werden diese Seitenrohre geschlossen ausgebildet, wie es Bild 6a zeigt, so erfolgt am Rohrende Reflexion und die rücklaufende Schwingung übt ihr dämpfende Wirkung beim Wiedereintritt in die Schalleitung aus. Solche einseitig geschlossenen Interferenzrohre erfahren, wenn sie gegenüber dem Hauptrohr Temperaturschwankungen haben, eine Veränderung ihrer Dämpfungswirkung, da die Schallgeschwindigkeit stark temperaturabhängig ist. Zur Dämpfung des Auspuffgeräusches durch Interferenz wird daher besser eine Ausführung nach Bild 6b angewendet, wo die Zweigrohre nicht abgeschlossen sind, sondern wieder in die Hauptleitung münden. Bei dieser Anordnung tritt an den Zweigrohren keine Reflexion auf, sondern die Schallwellen durchlaufen das Rohr nur in einer Richtung und bewirken bei der Einmündung in das Hauptrohr eine Dämpfung. Zur Dämpfung des Ansauggeräusches eignen sich einseitig geschlossene Interferenzrohre mehr, da in

Bild 6a. Interferenzdämpfer mit geschlossener Zweigleitung

Bild 6b. Interferenzdämpfer mit offener Zweigleitung

Hauptleitung und Interferenzrohr dieselbe Temperatur herrscht, wogegen, wie erörtert, zur Auspuffgeräuschdämpfung beiderseits offene, wieder in das Hauptrohr zurückführende Interferenzrohre angebracht sind.

Die Teilung in verschieden lange Leitungsstücke zwecks Erzielung von Interferenz kann auch mittels in den Schalldämpfer eingesetzter, in Form von Schraubenflächen gestalteter Bleche erzielt werden, welche eine Bauart mit kleineren Abmessungen gestatten.

Zur Dämpfung von Ansaug- und Auspuffgeräuschen wird Interferenz wenig angewendet, da ein großes Frequenzgebiet damit nicht ausreichend gedämpft werden kann.

Das wirksamste Mittel zur Dämpfung des Ansaug- und Auspuffschalles bei Brennkraftmaschinen ist die Reflexionsdämpfung, welche praktisch

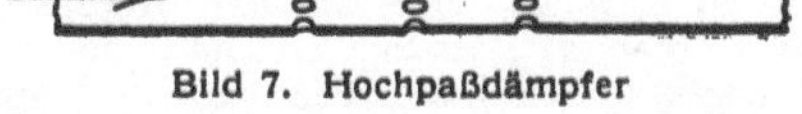

Bild 7. Hochpaßdämpfer

zumeist in Verbindung mit den anderen Dämpfungsarten angewendet wird.

Reflexionsdämpfung wird durch Anordnung verschiedener akustischer Widerstände erreicht. Die durch Reflexion wirkenden Schalldämpfer gliedern sich in Hochpaß- und Tiefpaßsysteme. Beim Hochpaßdämpfer, der, wie das Ausführungsbeispiel Bild 7 zeigt, als Rohrleitung mit Wandungsöffnungen ausgebildet werden kann, werden nur die tiefen Töne gedämpft, die hohen gehen dagegen im Schalldämpfer durch, d. h. die Dämpfung wird mit steigender Frequenz geringer. Hochpaßdämpfer haben sich zur Beseitigung des Auspuffgeräusches bei Brennkraftmaschinen wenig bewährt, besonders wegen der Druckdifferenz zwischen Schalldämpfer und Atmosphäre.

Für die Schalldämpfung bei Brennkraftmaschinen ist dagegen das sogenannte Tiefpaßsystem bedeutungsvoll, das im Grunde eine Aneinanderreihung Helmholtzscher Resonatoren darstellt. Bild 8 zeigt einen gewöhnlichen Tiefpaßfilter mit hintereinanderfolgenden Kammern gleicher Größe, welche durch gleichlange Rohre verbunden sind. Bei diesen Dämpfern wächst die Dämpfung mit der Frequenz an. Nachteiligerweise entstehen jedoch Durchlässe und Resonanzen bei solchen aus aufeinanderfolgenden Kammern und Rohren von je gleicher Größe bestehenden Schalldämpfern. Zur Dämpfung dieser Resonanzen und Durchlaßfrequenzen in den Kammern und Rohren ist ein gestaffeltes Tiefpaßsystem bekannt geworden, bei dem das Auftreten gemeinsamer Resonanzen vermieden ist und die Durchlässe des einen Resonators bestehend aus Kammern und Rohr durch die folgenden Kammern mit Rohr gedämpft werden. In Verbindung damit können durch passende Wahl der Verbindungsrohrquerschnitte die Grenzfrequenzen, bei welchen die Dämpfung dieser aufeinanderfolgenden Resonatoren beginnt, etwa gleich gewählt werden, wodurch zusätzliche Resonanzen vermieden werden.

In der Praxis, wo gewöhnlich nur beschränkte Räume zur Unterbringung der Schalldämpfer zur Verfügung stehen, wird oftmals Schalldämpfung

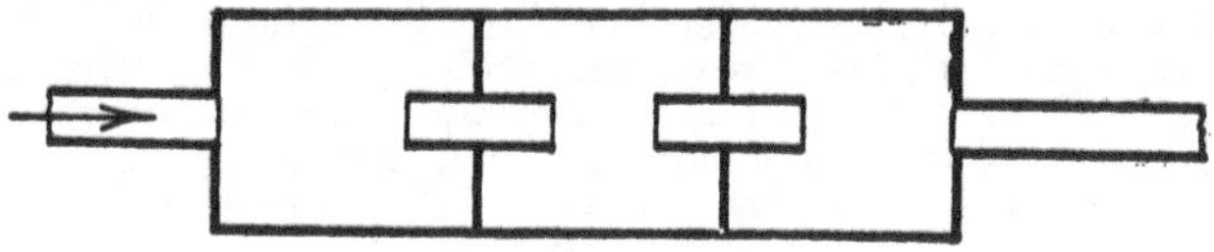

Bild 8. Tiefpaßdämpfer

durch eine Kombination von Abkühlung oder Wirbelung mit einfachem oder gestaffeltem Tiefpaßsystem verbunden.

Im Vorstehenden ist lediglich die Geräuschdämpfung im Innern des Schalldämpfers behandelt, welche die Aufgabe hat, den am Schalldämpferende austretenden Schall auf ein nicht mehr störendes Mindestmaß zu beschränken.

Das durch die Schalldämpferwandung nach außen getragene Geräusch, d. h. der Körperschall, kann durch Anwendung mehrschichtiger Wandungen, unter Umständen mit Zwischenlagen aus Schallisolierstoffen unterdrückt werden.

Beim Bau von Schalldämpfungsanlagen ist ferner zu beachten, daß die Länge des zum Schalldämpfer führenden Rohres so gewählt wird, daß eine Rohrresonanz vermieden wird, die im Schalldämpfer zusätzlich gedämpft werden müßte. Die Länge des an den Schalldämpfer anschließenden Auslaßrohres ist insofern von Bedeutung, als durch passende Wahl die Dämpfung verbessert werden kann.

Auch ist versucht worden, Auspuffschalldämpfer mit Katalysatoren zu versehen, um eine Nachverbrennung der von der Brennkraftmaschine kommenden Abgase zu erzielen. Diese Nachverbrennung hat den Vorzug, daß das schädliche Kohlenoxyd in das unschädliche Kohlendioxyd übergeführt wird. Da jedoch dabei hohe Temperaturen erzeugt werden und außerdem die Katalysatoren sich bald verstopfen, haben derartige Schalldämpfer bisher noch wenig Eingang in die Praxis gefunden.

Technischer Aufbau von Schalldämpfern.

Bei der baulichen Ausführung von Schalldämpfern ist in erster Linie auf möglichst schwingungssteife Bauform zu achten, da sonst eine Weiterleitung des Körperschalls durch die Metallteile sowohl im Innern des Schalldämpfers als auch nach außen die Dämpfung wesentlich verschlechtert. Die Wandstärken müssen so gewählt werden, daß sie ein Durchtönen des Geräusches ohne besondere Schallisolation vermeiden und außerdem einen im Einzelfall verschiedenen Sicherheitsgrad gegen die Beanspruchung durch den oft erheblichen inneren oder äußeren Überdruck geben. Wenn Formen mit Kreisquerschnitt nicht angewendet werden können, sondern beispielsweise ovale Querschnitte erforderlich sind, so kann die letztere an sich weniger schwingungssteife Form durch innere Bauteile so gestützt werden, daß sie trotzdem die erforderliche Festigkeit bekommt. Aus Billigkeitsgründen werden bei nicht übermäßiger Beanspruchung handelsübliche geschweißte Rohre verwendet. Wenn Krümmer erforderlich sind, muß der Radius so groß wie möglich gewählt werden, um eine Störung der Strömung zu vermeiden.

Im Interesse einer Vereinheitlichung wäre es äußerst wünschenswert, wenn die heute bestehenden sehr verschiedenen Querschnittsgrößen der Ansaug- und Auspuffrohre für gleiche Größe und Arbeitsweise der Brennkraftmaschine eine einheitliche Durchbildung erfahren würden. Dies würde auch eine Vereinfachung der Schalldämpfer selbst durch gleiche Ausbildungsmöglichkeit der Anschlußteile bedingen.

Im Interesse der besten Wirkungsweise und des geringsten Aufwands fällt dem Konstrukteur auch die Aufgabe zu, die günstigste Lage des Schalldämpfers in der Schalleitung festzustellen. Bei der ganzen konstruktiven Durchbildung muß heute mehr als je auf möglichst geringes Gewicht im Interesse der Werkstoffersparnis gesehen werden.

Bei Schweißverbindungen dürfen an den Schweißnähten keine Einschnürungen entstehen, die einerseits eine Verengung der Querschnitte bedeuten und andererseits bei der Zusammensetzung von Dämpfungsanlagen Schwierigkeiten bereiten. Sowohl aus diesem Grunde als aus Billigkeitsrücksichten sollen überhaupt möglichst wenig Schweißnähte vorgesehen werden.

Um Geräusche zu vermeiden, die ihre Ursache in der konstruktiven Ausbildung von Schalldämpfern haben, ist es ferner wesentlich, aneinander liegende Bleche und sonstige Teile so zu verbinden oder aufeinander zu pressen, daß ein Gegeneinanderschlagen dieser schwingenden Teile vermieden wird.

Neben guter Dämpfungsleistung darf ein Schalldämpfer keine Rückwirkung auf den Motor in Form eines höheren Brennstoffverbrauchs oder einer gesteigerten Klopfneigung verursachen. Er muß ferner strömungstechnisch so ausgebildet sein, daß sich mitgeführte Ablagerungen nicht absetzen und Verstopfungen hervorrufen, andererseits soll seine Lebensdauer der Brennkraftmaschine angepaßt sein.

Weiter muß beim Einbau von Schalldämpfern oder Schalldämpfungsanlagen in den meisten Fällen eine Schwingungsübertragung auf den den Schalldämpfer tragenden Teil durch Verwendung von schwingungsisolierenden Stoffen vermieden werden.

Aus den obigen Darlegungen ist ersichtlich, in welchem Umfang praktische, theoretische und konstruktive Vorbetrachtungen und Gesichtspunkte beim Entwurf und Bau von Schalldämpfern erforderlich sind. Man ziehe deshalb beim Entwurf die Lieferanten heran.

Licht- und Anlasseranlage, sonstiges elektrisches Zubehör.

Von Dipl.-Ing. Eugen Böning, Stuttgart.

Allgemeines.

Der im Frieden stetig angestiegene Verkehr und die höheren Dauer-Fahrgeschwindigkeiten auf den Autobahnen stellten höhere Anforderungen an die elektrische Anlage, wenn genügende Verkehrssicherheit beibehalten werden sollte. Erhöhte Ansprüche an die Bequemlichkeit beim Fahren führten zu einer größeren Zahl von Verbrauchern; so hat die Einführung eines Radioempfängers, Wagenheizung usw. die gesamte Leistungsaufnahme der Verbraucher wesentlich vergrößert. Diese Gesichtspunkte brauchen im Kriege allerdings nur noch zum Teil berücksichtigt werden. Die Beleuchtung und anderes elektrisches Zubehör, wie Wischer, Winker, Horn usw. haben der Straßenverkehrs-Zulassungs-Ordnung (StVZO) vom 13. 11. 37 und gewissen im Kriege erlassenen Verordnungen (siehe Abschnitt V, Beleuchtung) zu entsprechen. Die Anlaßanlage muß so bemessen sein, daß ein einwandfreies Anlassen auch bei strengster Kälte gewährleistet ist. Dazu ist Voraussetzung, daß die Batterie im Winter auch bei Stadtfahrt mit Lampen und häufigem Anlassen genügend aufgeladen wird.

Zur Auswahl des elektrischen Zubehörs muß man die Wirkungsweise der verschiedenen Bauarten und die Einbau-, Antriebs- und Befestigungsarten kennen, ferner die Betriebsbedingungen des elektrischen Zubehörs, z. B. notwendige Kühlung der Lichtmaschine, Schutz vor äußeren Einflüssen. Außerdem muß man die Größe von Lichtmaschinen und Anlassern bestimmen können. Bei der Wirtschaftlichkeitsberechnung ist nicht der Einzelpreis eines Zubehörs, sondern der Gesamtpreis der elektrischen Anlage samt Einbau, Antrieb, Befestigung usw. maßgebend.

Bei dem Entwurf des Einbaus des Zubehörs sind die entsprechenden Normen zu berücksichtigen.

I. Wahl der Nennspannung der elektrischen Anlage.

Als Nennspannung der elektrischen Anlage für Motorräder, Personenwagen und kleine Lastwagen werden ausschließlich 6 oder 12 Volt verwendet. Für die Wahl von 6 oder 12 Volt sind folgende Gesichtspunkte maßgebend:

Bei gleicher Anlasserleistung erhält man bei 12 Volt den halben Anlasserstrom gegenüber 6 Volt und daher wesentlich geringere Leistungsverluste an den Bürsten des Anlassers — der Spannungsabfall beträgt etwa 1... 1,5 Volt und ist beinahe unabhängig vom Strom — und an den Kontaktstellen der Leitung von der Batterie zum Anlasser und zurück. Diese geringeren Verluste im Anlasserstromkreis ergeben bei 12 Volt gegenüber 6 Volt bei gleicher Anlassergröße eine größere Anlasserleistung. Die Querschnitte der Kabel vom Anlasser zur Batterie können bei gleicher zu übertragender Leistung mit Rücksicht auf Erwärmung und Spannungsabfall bei 12 Volt halb so groß bemessen werden wie bei 6 Volt (Vorteil der Ersparnis an Kupfer oder Aluminium).

Die Spannung von 12 Volt statt 6 Volt bedingt eine Batterie mit der doppelten Zellenzahl und entsprechend mehr Verbindungen, wodurch trotz der bei gleicher Kapazität in Watt-Stunden nur halben Plattenoberfläche je Zelle die Batterie etwas teurer wird.

Bei der Batteriezündung bedingt die höhere Spannung von 12 Volt statt 6 Volt eine höhere Wattaufnahme der Zündspule. Die Zündspule für 12 Volt ist daher wegen der erforderlichen größeren Dimensionierung teurer, dafür gestattet sie etwas höhere Funkenzahlen, d. h. höhere Motordrehzahlen bzw. bei gleicher Motordrehzahl kürzere Unterbrecherschließungsdauer und damit höhere Zylinderzahl.

Die erwähnten Gesichtspunkte führten dazu, daß bei kleineren Motoren die 6-V-Anlage und bei größeren Motoren die 12-V-Anlage verwendet wird. Bei der Normung der Fahrzeugtypen wurde die Spannung der Anlage ebenfalls genormt und festgelegt, daß bei Motoren bis 2,5 Ltr. das 6-V-System verwendet wird, vorausgesetzt, daß die Anlasserleistung unter 1 PS beträgt. Über 2,5 Ltr. und bei einer Anlasserleistung von 1 PS und darüber muß 12 V verwendet werden.

Bei größeren Lastwagen und Omnibussen, besonders bei denjenigen, die mit Dieselmotor ausgerüstet sind und daher schwierige Anlaßverhältnisse haben, wird der Anlasser an eine Spannung von 24 Volt angeschlossen, um eine möglichst große Anlasserleistung zu erzielen. Die Spannung von 24 Volt wird durch Serienschaltung zweier 12-Volt-Batterien erhalten. Bei der z. Zt. am meisten verbreiteten Schaltung sind die beiden 12-Volt-Batterien im allgemeinen parallel geschaltet und werden nur zum Anlassen mittels besonderen Anlaßmagnetschalters von den Verbrauchern getrennt und hintereinander geschaltet. Die Aufladung der Batterien geschieht also durch eine 12-Volt-Lichtmaschine. Seltener wird heute die folgende Schaltung angewendet: Die stets in Serie geschalteten 12-Volt-Batterien werden von einer 24-Volt-Lichtmaschine aufgeladen. Nur der Anlasser ist an die hintereinander geschalteten Batterien angeschlossen, die übrigen Verbraucher dagegen teils an die eine, teils an die andere der Batterien (Nachteile: ungleiche Lastverteilung auf die Batterien).

II. Lichtmaschine.

A. Betriebsbedingungen.

Die Lichtmaschine arbeitet als Gleichstromnebenschlußgenerator. Im folgenden sind die an die Lichtmaschinen gestellten Bedingungen im Fahrzeugbetrieb sowie die wichtigen Maßnahmen zu deren Erfüllung angeführt:

1. Erzeugung einer Spannung, die im ganzen Drehzahlbereich und bei jeder Belastung mit Rücksicht auf die Verbraucher in zulässigen Grenzen bleibt.

Dieser Bedingung konnte durch besondere Regelvorrichtungen genügt werden. Unter den mechanischen Regelungen sind Schleifkupplungen, entweder durch Fliehgewichtregler oder von der Maschinenspannung abhängigem Magnet gesteuert, bekannt geworden, die sich jedoch wegen ungenügender Betriebssicherheit durch große Abnützung, wegen schwierigen Einstellens und zu hohem Preis nicht bewährt haben.

Die bekanntesten elektrischen Regelungsarten sind die Stromregelung mit dritter Bürste und die Spannungsregelung nach dem Tirrill-Regelverfahren.

2. Anpassung der Spannung der Lichtmaschine an den Ladezustand der Batterie.

Erfüllung dieser Forderung ebenfalls durch entsprechende Regelung, jedoch ist dies nur bei der Spannungsregelung möglich.

3. Anpassung der Leistung der Lichtmaschine an die der eingeschalteten Verbraucher.

Durch die Leistungsaufnahme aller Verbraucher ist die Leistung der Lichtmaschine bestimmt, durch die bei gegebener Nenndrehzahl wieder die Größe der Lichtmaschine bedingt ist.

4. Sinkt die Lichtmaschinenspannung unter die Batteriespannung, so darf sich die Batterie nicht über die Lichtmaschine entladen.

Zur Vermeidung der Entladung dient der Selbstschalter, der die Ladeleitung unterbricht, wenn ein Rückstrom, d. h. Entladestrom, fließt.

5. Hohe Betriebssicherheit bei geringer Wartung und bei erst nach langer Betriebszeit notwendigem Überholen der Lichtmaschine.

Die verlangte Betriebssicherheit wird erreicht durch geeignete Bemessung der dem Verschleiß unterliegenden und der sich erwärmenden Teile, ferner durch weitgehende Unempfindlichkeit gegen Erschütterungen und durch hinsichtlich Kühlung günstigen Einbau.

B. Stromregelung mit dritter Bürste.

Unter den verschiedenen Arten der Stromregelung hat sich diejenige mit dritter Bürste wegen ihrer Einfachheit und Billigkeit durchgesetzt und war hauptsächlich in Amerika verbreitet.

1. Wirkungsweise.

An sich drückt die angeschlossene Batterie dem gewöhnlichen Nebenschlußgenerator die Spannung auf, wodurch die Spannung im ganzen Drehzahlbereich in bestimmten Grenzen gehalten wird; der Ladestrom würde jedoch mit steigender Drehzahl anwachsen und schließlich zur Zerstörung von Lichtmaschine und Batterie führen. Durch Anschließen der Feldwicklung an eine Hilfsbürste, die sogenannte dritte Bürste, an Stelle der Plusbürste (siehe Bild 5), so daß die Spannung und damit der Strom in der Feldwicklung von der Spannungsverteilung auf dem Kollektor abhängt, ist eine Begrenzung des Maschinenstroms mit steigender Drehzahl erreicht worden.

Stromkurve in Abhängigkeit von der Drehzahl. Bei der Erläuterung ist vorausgesetzt, daß die Spannung durch Anschluß an die Batterie nahezu konstant ist. Um die Abhängigkeit der Stromkurve von der Drehzahl bei der Dreibürstenmaschine zu erklären, betrachten wir zunächst die entsprechenden Verhältnisse bei der reinen Nebenschlußmaschine:

Eine konstante Spannung ergibt konstanten Erregerfluß, s. Bild 1a, Kurve A. Nach dem Induktionsgesetz $E = c \times n \times \Phi$ muß der resultierende Fluß (Nutzfluß) in Abhängigkeit von der Drehzahl nach der in Bild 1a eingezeichneten Kurve B verlaufen. Der Erregerfluß wird durch das Ankerfeld (siehe Bild 2) infolge Sättigung bei ablaufender Polkante, allgemein wegen Krümmung der Magnetisierungslinie, auf den resultierenden Fluß, d. h. Nutzfluß, geschwächt. Das Ankerfeld, das proportional dem Ankerstrom i ist, senkt Kurve A des Bildes 1a auf Kurve B. Also ist die Strecke $c \times i$ in Bild 1a ein Maßstab für den Ankerstrom der Nebenschlußmaschine; diese Strecke $c \times i$, d. h. das Maß für den Ankerstrom in Abhängigkeit von der Drehzahl aufgetragen, ergibt Kurve C in Bild 1b. Wie daraus ersichtlich ist, steigt bei der reinen Nebenschlußmaschine der Strom mit wachsender Drehzahl zu einer für Lichtmaschine und Batterie unzulässigen Höhe an.

Bei der Dreibürstenmaschine verläuft der Erregerfluß nach Kurve D, während der Nutzfluß wie bei der Nebenschlußmaschine nach Kurve B verläuft, da die Spannung konstant ist. Die Ursache des Verlaufs des Erregerflusses nach Kurve D ist aus folgendem zu ersehen: Die Kollektorspannungslinie der reinen Nebenschlußmaschine nach Bild 3 wird mit steigender Drehzahl stärker verzerrt. Die auf die Nebenschlußmaschine aufgesetzte dritte Bürste erhält deshalb mit steigender Drehzahl eine immer kleinere Spannung, d. h. auch einen kleineren Erregerfluß, s. Kurve D. Die Differenz

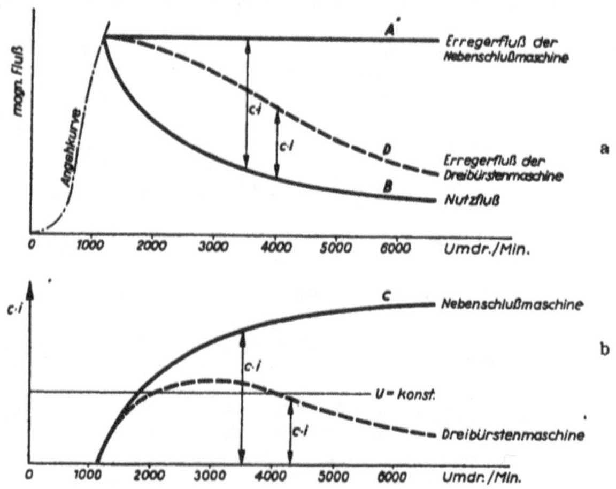

Bild 1. Ströme und Magnetflüsse in der Nebenschluß- und Dreibürstenmaschine in Abhängigkeit von der Drehzahl

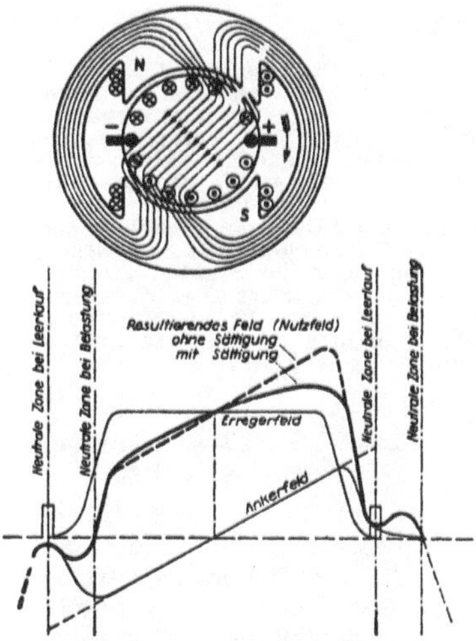

Bild 2. Das magnetische Feld der Nebenschlußmaschine bei Belastung

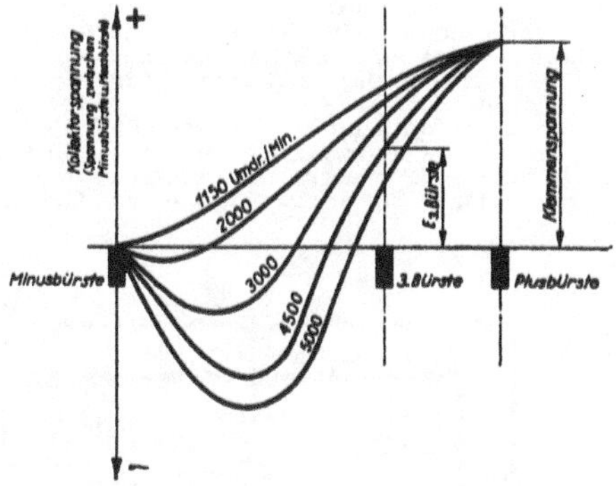

Bild 3. Kollektorspannungslinien der Nebenschlußmaschine bei verschiedenen Drehzahlen

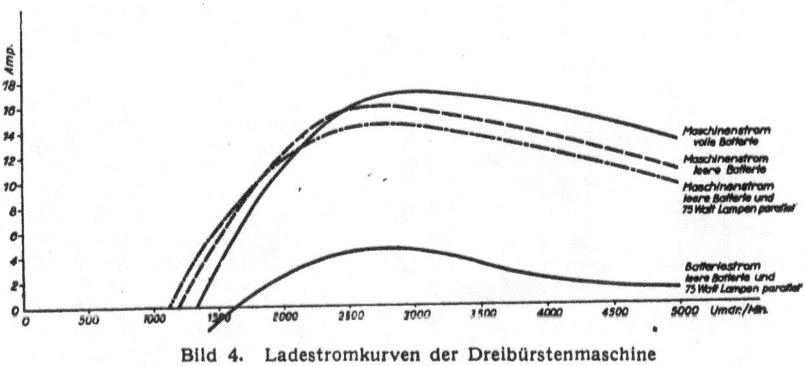

Bild 4. Ladestromkurven der Dreibürstenmaschine

zwischen Erregerfluß (Kurve D) und Nutzfluß (Kurve B) ist wie bei der Nebenschlußmaschine ein Maßstab für den Strom ($c \times i$).

Dies ergibt z. B. im hohen Drehzahlbereich bei der Dreibürstenmaschine einen wesentlich kleineren Strom als bei der reinen Nebenschlußmaschine. Betrachten wir die ganze Stromkurve, so erhalten wir zunächst einen gleichen Verlauf wie bei der reinen Nebenschlußmaschine, dann ein Abbiegen, Überschreiten eines Maximums und Fallen des Stroms bei hohen Drehzahlen.

Das hierbei auftretende Strommaximum kann durch Verschieben der dritten Bürste eingestellt werden (vgl. Abschnitt 3 a).

Abhängigkeit des Stromes vom Ladezustand der Batterie. Da die Batterie, wie oben erwähnt, zur Spannungsregelung herangezogen wird, wirkt sich die höhere Spannung der vollen Batterie gegenüber derjenigen der leeren Batterie zunächst als eine höhere Spannung an der dritten Bürste aus. Das dadurch stärkere Erregerfeld verlangt nun zur Schwächung auf den für die höhere Spannung entsprechend größeren Nutzfluß ein im ungefähr gleichen Verhältnis stärkeres Ankerfeld, m. a. W., der höheren Spannung bei voller Batterie entspricht auch ein höherer Ankerstrom, d. h. Ladestrom gegenüber der leeren Batterie. Diese Tatsache — ein wesentlicher Nachteil der Dreibürstenmaschine — besagt, daß einerseits die volle Batterie mit größerem Strom geladen wird als die leere, andererseits die leere Batterie bei gleichzeitiger Lampenlast nur mit sehr geringem Strom geladen wird. Obige Verhältnisse zeigt das Kurvenblatt Bild 4.

2. Schaltung der Dreibürstenmaschine mit Selbstschalter.

(Siehe Schaltung Bild 5.)

Bei niederen Drehzahlen sind die Kontakte Sk 1 und Sk 2 geöffnet. Die Lichtmaschine ist von der Batterie und den Verbrauchern getrennt. Sie erregt sich, bis durch die Wirkung der Spannungswicklung Se der Schalteranker Sa angezogen wird und die Kontakte Sk 1 u. Sk 2 schließt (Einschaltspannung etwa 6,8 Volt bei 6 Volt Nennspannung). Jetzt speist die Lichtmaschine die Verbraucher und lädt die Batterie auf. Da der gesamte Maschinenstrom durch die Stromwicklung Si fließt, die in gleichem Sinne wie Se gewickelt ist, wird der Schalter bei kleinen Spannungsschwankungen festgehalten; fällt die Spannung aber bei sinkender Drehzahl unter die der Batterie, dann fließt ein Rückstrom von der Batterie zur Lichtmaschine und die Wicklungen Si und Se wirken gegeneinander. Bei einem Rückstrom von 3 ... 5 Amp. wird der Schalter geöffnet und so eine Entladung der Batterie über die Lichtmaschine verhindert. Die Abschmelzsicherung Sg im Erregerstromkreis hat den Zweck, die Maschine bei abgeschalteter Batterie — sei es durch Unterbrechung in der Batteriezuleitung oder durch schlechten Kontakt am Batterieanschluß — vor Überspannungen zu schützen.

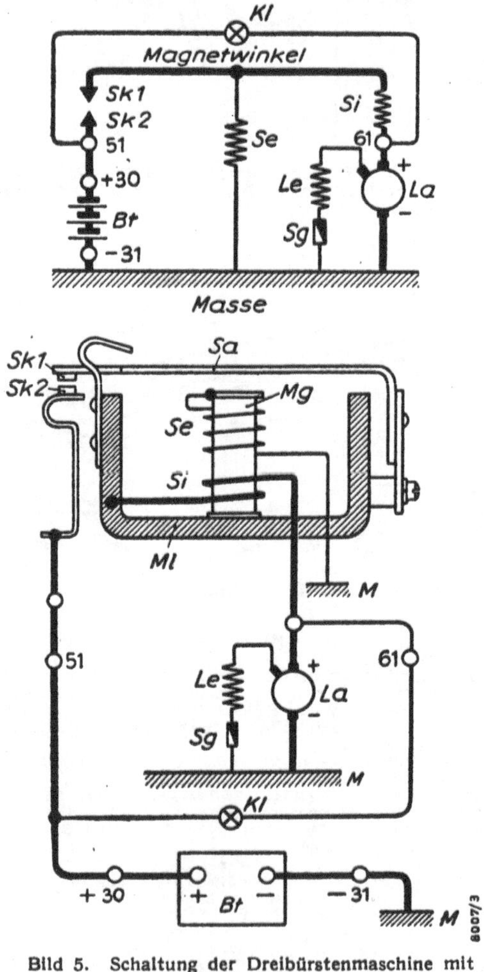

Bild 5. Schaltung der Dreibürstenmaschine mit Selbstschalter

3. Mittel zur Beschränkung der Überladung.

a) *Sommer- und Wintereinstellung.* Durch Einstellen des maximalen Ladestroms mittels der dritten Bürste im Sommer auf einen niedrigeren Wert als im Winter (Entladung der Batterie bei Nachtfahrt), ist es möglich, die Ladung den Erfordernissen besser anzupassen und die Überladung abzuschwächen.

b) *Widerstand im Erregerstromkreis, Einschalten durch Thermostat.* Die Drosselung der Überladung dadurch, daß durch die beim Laden der vollen Batterie auftretende hohe Maschinentemperatur ein Thermostat anspricht, der einen Widerstand in den Erregerstromkreis schaltet und dadurch den Maschinenstrom verringert, stellt eine ungenügende Lösung dar. Da die Maschine bei voller Batterie erst nach etwa 1 Std. die zum Ansprechen notwendige Maschinentemperatur erreicht, tritt bei kurzen Fahrten dauernde Überladung auf. Bei langen Fahrten wiederum kühlt sich nach dem Drosseln der Maschinenleistung die Maschine wieder ab, bei einer bestimmten Temperatur wird der Widerstand vom Thermostatschalter kurzgeschlossen und das Spiel beginnt von neuem. Auf diese Weise erhält man wohl eine Verringerung der Überladung, sie wird aber nicht vermieden.

c) *Widerstände im Erregerstromkreis, Einschalten durch Lade- bzw. Lichtschalter*. Bei der nebenstehenden Schaltung, Bild 6 (verwendet von J. Lucas Ltd., Birmingham, England) sind 2 Widerstände in Reihe in den Erregerstromkreis geschaltet, die durch einen Ladeschalter überbrückt werden können. Dadurch ist es möglich, die Ladung je nach Bedarf von Hand auf „nieder" (auch Sommer-Stellung genannt) und „hoch" (auch Winter-Stellung genannt) einzustellen. In der nächsten Schaltstellung werden einerseits die beiden Widerstände überbrückt (höchster Maschinenstrom), andererseits wird Fern- bzw. Abblendlicht eingeschaltet. Der Lichtschalter wird also zugleich auch als Ladeschalter verwendet und eine Entladung der Batterie bei Lampenlast ist ausgeschlossen. Auch mit dieser Schaltung, die in England viel verwendet wird, ist eine Überladung der Batterie nicht ganz ausgeschlossen, da die Drosselung der Überladung mittels des Ladeschalters dem Fahrer überlassen wird und dieser, wenn die Batterie nicht nahezu leer ist, keinen Anhaltspunkt für den Ladezustand der Batterie hat.

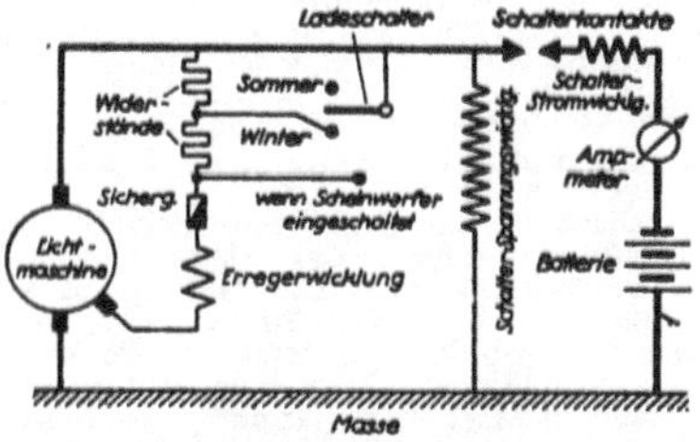

Bild 6. Dreibürstenmaschine mit Ladeschalter für Sommer- und Winterstellung

d) *Spannungsbegrenzer*. Der Spannungsbegrenzer hat die Aufgabe, wenn die Spannung beim Laden der vollen Batterie einen bestimmten Höchstwert erreicht hat, durch Einschalten eines Vorwiderstands in den Erregerkreis die Spannung herunterzusetzen und damit die Überladung zu beschränken. Aus Preisgründen ist dieser Spannungsbegrenzer (hauptsächlich in Amerika verwendet) nicht als Schnellregler, sondern als einfacher Schalter ausgebildet worden, wodurch er den Nachteil hat, langsam ein- und auszuschalten und so die Spannung um einige Volt schwanken zu lassen.

C. Spannungsregelung.

1. Beschreibung des Regelvorgangs.

Die Spannungsregelung erfolgt nach dem bei Großgeneratoren viel verwendeten Tirrill-Regelverfahren. Steigt die Spannung infolge erhöhter Drehzahl über einen bestimmten Wert, so spricht ein Spannungsrelais an, das einen Vorwiderstand in den Erregerstromkreis schaltet. Die Spannung sinkt, bis der Anker des Spannungsrelais durch die Feder zurückgezogen wird und den Vorwiderstand kurzschließt und das Spiel von neuem beginnt. Der Mittelwert der Höchst- und Mindestspannung stellt die geregelte Spannung dar.

Die Schaltung einer spannungsgeregelten Lichtmaschine zeigt Bild 7.

Die Regelung geht folgendermaßen vor sich:

In niederem Drehzahlbereich sind die Reglerkontakte Rk 1 und Rk 2 durch die Feder F geschlossen, so daß der Vorwiderstand Wd kurzgeschlossen ist. Der Erregerstrom ergibt sich aus der Spannung und dem Erregerwiderstand Le. Mit steigender Drehzahl wächst die Spannung der Lichtmaschine und damit die magnetische Erregung der Spannungsspule Re, wodurch der Regleranker angezogen wird. Die Kontakte Rk 1 und Rk 2 öffnen sich und der Vorwiderstand wird in den Erregerstromkreis eingeschaltet (Punkt A in Bild 8). In diesem Augenblick fällt durch die Feldschwächung die Spannung und damit der Erregerstrom von Punkt A nach einer Exponentiallinie bis auf die Spannung des Punktes G (durch die Drehzahl gegeben) ab, die nicht mehr ausreicht, um den Regleranker angezogen zu halten. Die Kontakte Rk 1 und Rk 2 schließen sich, der Vorwiderstand wird kurzgeschlossen und die Spannung und der Erregerstrom steigen von Punkt G nach E an. Das Spiel beginnt von neuem. Um das Flackern des Lichts zu vermeiden, wird der Regler so bemessen, daß das Öffnen und Schließen der Kontakte rasch nacheinander folgt. Der mittlere Erregerstrom hat den Betrag a. Die

Dauer des Anstieges des Erregerstroms ist von der Induktivität und dem Widerstand der Erregerwicklung abhängig, der Verlauf erfolgt daher nach einer Exponentiallinie. Ähnlich verhält es sich mit dem Abfall des Erregerstroms, der außerdem noch unter dem Einfluß des Vorwiderstands Wd steht. Bei weiterem Anwachsen der Drehzahl fällt der mittlere Erregerstrom z. B. auf den Betrag b. Ist dieser Erregerstrom bei entsprechend höherer Drehzahl auf den Betrag i_0 gesunken, so ist der Erregerwiderstand dauernd eingeschaltet. Beim Übergang auf die hohen Drehzahlen steigt die mittlere Maschinenspannung um einen kleinen Betrag, der das weitere Anziehen des Reglerankers bewirkt und die Kontakte Rk 2 und Rk 3 schließt. Dadurch wird die Feldwicklung kurzgeschlossen, was ein Abfallen der Spannung zur Folge hat. Nun öffnen sich die Kontakte Rk 2 und Rk 3, die Spannung steigt und der Regelvorgang spielt sich von neuem ab.

Diese Regelung auf eine gleichbleibende Spannung hat den Nachteil, daß bei Nachtfahrt und leerer Batterie die Gefahr der Überlastung der Lichtmaschine besteht. Zur Vermeidung einer Überlastung ist auf dem Magnetkern des Reglers außer der Spannungsspule Re noch eine vom Maschinenstrom durchflossene Spule Ri vorhanden. Diese Stromspule Ri unterstützt die Spannungsspule Re in ihrer magnetischen Wirkung, so daß beim Fließen eines Maschinenstroms die Magnetkraft schon bei einer niedrigeren Maschinenspannung ausreicht, um den Regleranker anzuziehen. Die Abhängigkeit der geregelten Maschinenspannung vom Maschinenstrom zeigt Bild 9. Es ist daraus zu ersehen, daß bei dieser sogenannten **nachgiebigen Spannungsregelung** die geregelte Spannung mit wachsendem Strom fällt, so daß bei leerer Batterie und Lampenlast eine Überlastung verhindert ist und trotzdem die hohe Spannung zur vollständigen Aufladung der Batterie beibehalten wird.

Die **Einstellung** der Reglerspannung erfolgt durch Verstellung der Vorspannung der Feder F.

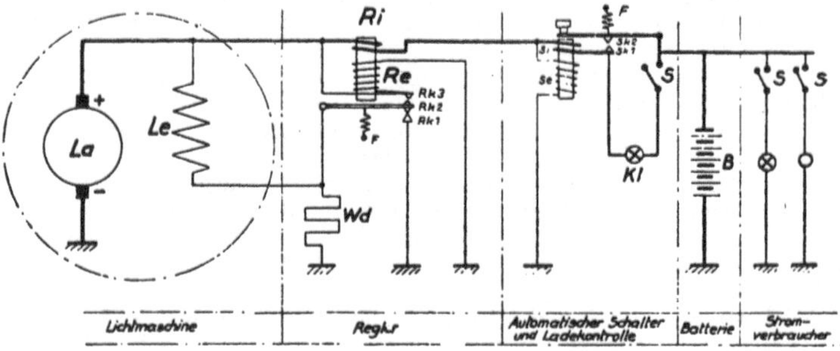

Bild 7. Schaltung einer mit Spannungsregler ausgestatteten Anlage

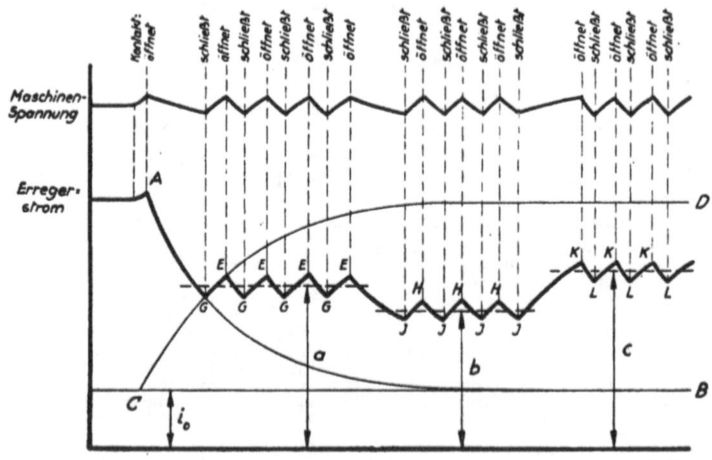

Bild 8. Arbeitsweise eines Spannungsreglers

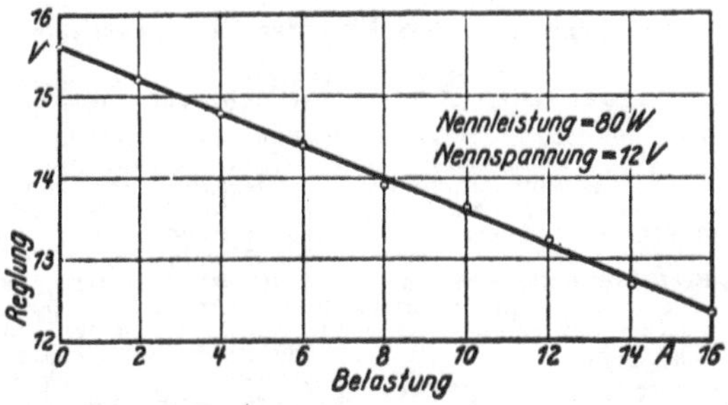

Bild 9. Abhängigkeit der Maschinenspannung vom Maschinenstrom bei nachgiebiger Regelung

Der selbsttätige Schalter spricht bei einer niedrigeren Spannung als der Regler an. Seine Wirkungsweise ist im Abschnitt B unter 2 erläutert. Er ist im allgemeinen mit dem Spannungsregler in einem Gehäuse zum sogenannten Reglerschalter zusammengebaut.

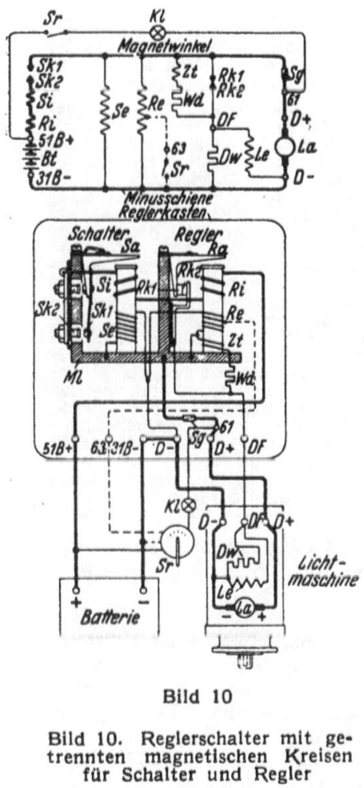

Bild 10

Bild 10. Reglerschalter mit getrennten magnetischen Kreisen für Schalter und Regler

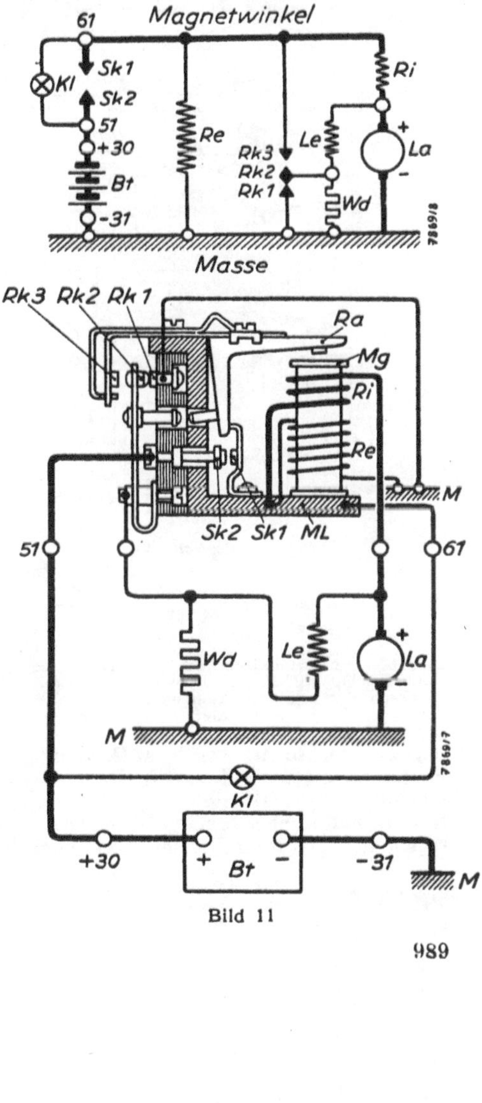

Bild 11

Bild 11. Reglerschalter mit gemeinsamem Magnetkern und gemeinsamem Anker für Schalter und Regler

2. Aufbau und Schaltung verschiedener Reglerschalter-Typen.

a) Reglerschalter mit getrennten magnetischen Kreisen für Schalter und Regler (Bild 10).

Der Schalter ist mit Doppelkontakten Sk 1 und Sk 2 ausgerüstet, die nacheinander öffnen. Der Regler, der lediglich mit einem Kontaktpaar arbeitet, hat eine Zitterspule Zt in Reihe mit dem Vorwiderstand Wd, die gegenüber der Spannungsspule Re entmagnetisierend wirkt, wodurch die Kontakte Rk 1 und RK 2 schneller schließen und die Regelfrequenz erhöht wird. Der Dämpfungswiderstand Dw hat die Aufgabe, das Feuer an den Reglerkontakten zu verringern. Die Spannungsspule Re hat eine Anzapfung für den Betrieb mit alkalischer Batterie (Nickeleisen-Batterie), bei welcher der Unterschied zwischen Lade- und Entladespannung sehr hoch ist. Durch die Anzapfung wird automatisch mit Einschalten der Lampen ein Teil der Widerstandswindungen [1]) der Spannungsspule kurzgeschlossen; dadurch sinkt die geregelte Spannung und die Lampen sind vor Überspannung geschützt. Verwendung findet dieser Reglerschalter hauptsächlich bei Omnibussen.

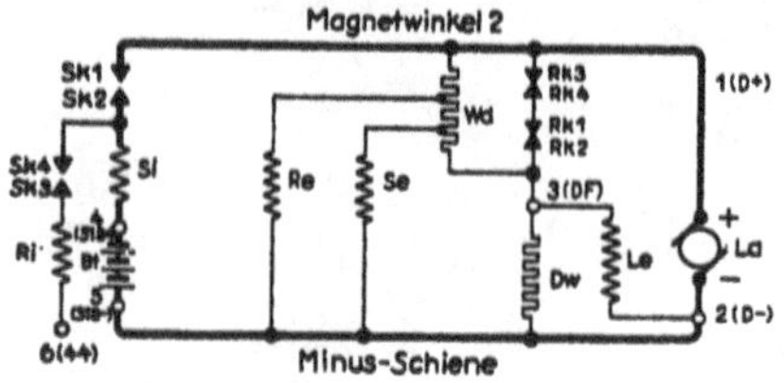

b) Reglerschalter mit gemeinsamem Magnetkern und gemeinsamem Anker für Schalter und Regler (s. Bild 11).

Die Wirkungsweise ist dieselbe wie in Abschnitt 1 erläutert.

c) Reglerschalter mit magnetisch getrenntem Spannungs- und Stromregler, Magnetkern des letzteren zugleich für Schalter verwendet (s. Bild 12).

Der Spannungsregler hat außer der Ausgleichsspule Ri für Parallelbetrieb von Lichtmaschinen (s. auch unten) keine Stromspule, sondern nur eine Spannungsspule Re, daher erfolgt Regelung auf konstante Spannung unabhängig vom Strom (Bild 13), wodurch schnelles Aufladen der Batterie gewährleistet wird. Von einem bestimmten Stromwert ab wird durch die Wirkung der Stromspule Si des Stromreglers dessen Anker angezogen und setzt durch Einschalten eines Teils des Widerstands Wd die Spannung herab (abfallender Zweig der Kennlinie); dadurch sicherer Schutz vor Überlastung. Beim Parallelbetrieb von Lichtmaschinen wird gleichmäßige Lastverteilung auf beide Lichtmaschinen durch Ausgleichsspule Ri erzielt, die beim Ausfall einer Lichtmaschine das Öffnen des Schalters Sk 3 und Sk 4 bewirkt.

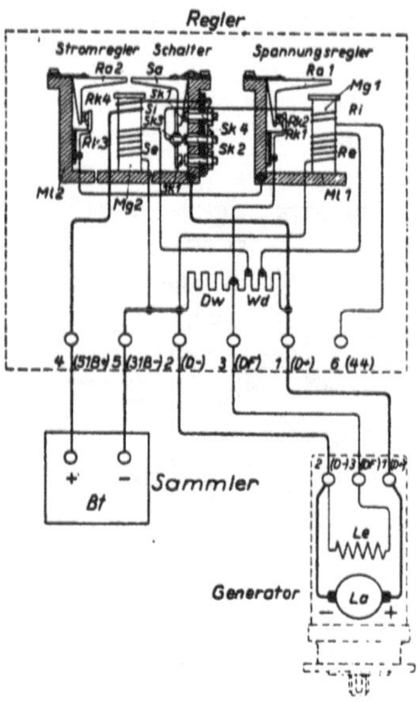

Bild 12. Reglerschalter mit magnetisch getrenntem Spannungs- und Stromregler, Magnetkern des letzteren zugleich für Schalter verwendet

D. Gegenüberstellung von Strom- und Spannungsregelung.

Die Stromregelung mit dritter Bürste hatte sich wegen des einfacheren Aufbaus und geringeren Preises, sowie wegen anfänglich geringerer Empfindlichkeit gegen Erschütterungen und früherer Kontaktschwierigkeiten bei der Spannungsregelung besser als letztere eingeführt. Sie hat in Amerika eine größere Verbreitung als in Europa gefunden. In den letzten Jahren hat jedoch die Spannungsregelung wegen ihrer Vorteile gegenüber der Stromregelung letztere bei den

[1]) In diesem Fall besteht die Spannungswicklung teilweise aus temperaturunabhängigem Widerstandsdraht, teilweise aus Cu-Draht, um die Reglerspannung möglichst unempfindlich gegen Temperaturschwankungen zu machen.

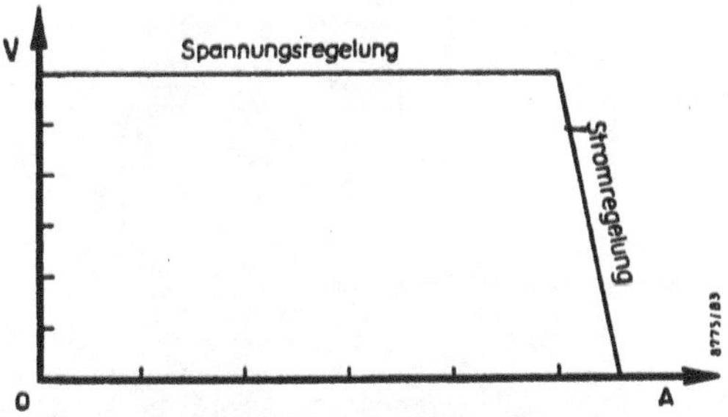

Bild 13. Kennlinie des Reglers nach Bild 12

kleinen Wagen teilweise und bei den großen Wagen ganz verdrängt. Die richtige Anpassung an den Ladezustand der Batterie verlangt, daß die leere Batterie mit hohem Strom zwecks schneller Aufladung und die volle Batterie mit niederem Strom zwecks Vermeidung von Überladung geladen wird. Diese Forderung wird im allgemeinen von der Spannungsregelung im Gegensatz zur Stromregelung erfüllt. Die auf Grund von Messungen aufgestellten Kurven in Bild 4 zeigen die Ladungsverhältnisse bei einer Dreibürstenmaschine in klarer Weise. Die Folgen dieser Eigenschaften der Dreibürstenmaschine kommen darin zum Ausdruck, daß im Winter bei häufigem Anlassen und Nachtfahrten Anstände wegen ungenügender Ladung auftreten und im Sommer die Batterie überladen wird, wodurch infolge Gasen viel Wasser verbraucht wird und auch die Platten unter dem Einfluß der hohen Ströme erheblichen Schaden erleiden können. Aus diesem Grunde erfordert bei einer Anlage mit Stromregelung die Batterie eine häufigere Wartung als bei einer solchen mit Spannungsregelung und die Batterie hat im allgemeinen eine kürzere Lebensdauer. Bei strenger Kälte und leerer Batterie kann die Stromregelung der Spannungsregelung überlegen sein, da die in der Batterie erzeugte Gegenspannung bei Kälte stark zunimmt und damit auch der Ladestrom der stromregelnden Lichtmaschine. Allerdings ist dafür Voraussetzung, daß die Batterie im Fahrzeug der Kälte ausgesetzt ist, was z. B. beim Einbau der Batterie unter der Motorhaube meist nicht der Fall ist. Um die Anlage unempfindlicher gegen Entladung und Überladung zu machen, wird z. B. in Amerika eine größere Batterie als für das Anlassen erforderlich verwendet. Dadurch wird mindestens ein wesentlicher Teil des Preisvorteils der Dreibürstenmaschine eingebüßt. (Andere Mittel zur Beschränkung der Überladung siehe unter B 3.) Bei der Stromregelung wird die Lichtmaschine aus Gründen der Lebensdauer der Kohlen so gestaltet, daß die Stromkurve im hohen Drehzahlbereich stark abfällt und damit auch die Spannung der Anlage, was ein schlechtes Licht der Lampen zur Folge hat. Wie oben schon erwähnt, kann die Dreibürstenmaschine nicht ohne angeschlossene Batterie verwendet werden; schon Übergangswiderstände im Batteriekreis rufen eine starke Erhöhung des Maschinenstroms und damit eine Gefährdung der Maschine hervor. Auch für größere Leistungen hat sich die Dreibürstenmaschine nur in zweipoliger Ausführung bewährt, da bei der vierpoligen Ausführung kleine Verstellungen der dritten Bürste — allein schon durch schlechtes Einlaufen möglich — starke Stromänderungen zur Folge haben.

E. Aufbau der Lichtmaschine.

Die Lichtmaschine für Fahrzeuge weicht in ihrem Aufbau von den Gleichstsom-Nebenschlußmaschinen üblicher Bauart ab, um den besonderen, an sie gestellten Forderungen gerecht zu werden. Insbesondere sind bei ihrem Entwurf der beschränkte Raum für den Einbau, die Art des Antriebs (große Drehzahlschwankungen), die Erwärmung durch die eigenen

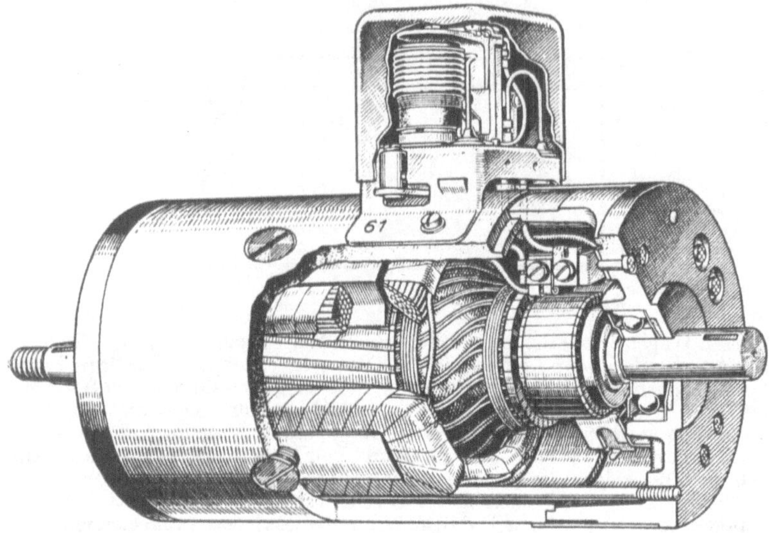

Bild 14. Aufbau einer nicht gelüfteten Lichtmaschine mit aufgesetztem Reglerschalter für Personenwagen

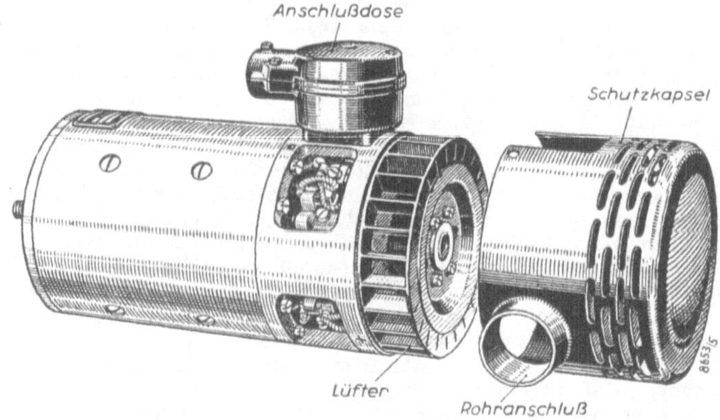

Bild 15. Lichtmaschine für Omnibusse, Triebwagen und Motorboote

Verluste und den Motor, starke Erschütterungen und die Forderung nach kleinstem Gewicht und Preis bei hoher Lebensdauer und ruhigem Lauf zu berücksichtigen. Der Reglerschalter wird bei kleinen Maschinen aus Preisgründen meist auf das Polgehäuse aufgesetzt (s. Bild 14), teilweise auch auf der Kollektorlagerplatte befestigt, bei größeren Maschinen dagegen mit Rücksicht auf den am Motor beengten Raum, zur Vermeidung von Erschütterungen und zum Schutz gegen Eindringen von Brennstoffdämpfen, z. B. bei Dieselmotoren, von der Lichtmaschine getrennt.

Bild 14 zeigt den Aufbau einer kleineren, nicht gelüfteten Lichtmaschine mit aufgesetztem Reglerschalter für Personenwagen, während Bild 15 eine Lichtmaschine für Omnibusse, Triebwagen und Motorboote darstellt, bei welcher mittels Lüfters an der Kollektorseite kühle Frischluft dem heißesten Teil, dem Kollektor, zugeführt wird; der Regler wird getrennt eingebaut.

F. Einbau und Antrieb von Lichtmaschinen.

Zur Erzielung günstiger Antriebs- und Betriebsverhältnisse sind folgende Fragen zu klären:

a) Kühlung der Lichtmaschine.

Für gute Kühlung der Lichtmaschine ist zu sorgen, damit die Erwärmung durch die Eigenverluste, die im allgemeinen mit wachsender Drehzahl steigt, in zulässigen Grenzen bleibt.

Kleine Lichtmaschinen mit oder ohne Lüftung (z. B. für Personenwagen) sollen vom Luftstrom, der vom Ventilator des Motors oder Fahrwind herrührt, möglichst allseitig bestrichen werden. Erwünscht ist eine möglichst freie Lage der Lichtmaschine, Vermeidung eines ganzen oder teilweisen Windschattens eines Hilfsapparates oder Teil des Motors, Verhinderung der Heizung der Lichtmaschine durch heiße Motorteile, z. B. Auspuffrohr, sei es durch direkte Berührung, durch die Zufuhr von an letzterem erhitzter Luft an die Lichtmaschine oder durch ausgestrahlte Wärme. Ferner soll die Luft ungehindert hinter der Lichtmas hine abfließen können. Zur Ermittlung der Güte der Kühlung wird die Geschwindigkeit und Temperatur der Kühlluft an der Lichtmaschine gemessen.

Für *große Lichtmaschinen*, wie sie für Omnibusse, Triebwagen, Motorboote usw. verwendet werden, sind die Kühlungsverhältnisse meist sehr ungünstig, so daß eine besondere Eigenlüftung notwendig ist. Die Eigenlüftung ist meist so gestaltet, daß ein auf dem kollektorseitigen Ankerachsende aufgesetzter Lüfter kühle Frischluft durch eine am Gehäuse angeschlossene Rohrleitung ansaugt, und die Frischluft den am meisten zu Überhitzung neigenden Kollektor umspült und abkühlt (siehe Bild 15).

b) Antrieb und Befestigung der Lichtmaschine.

Die Übersetzung des Antriebs ist so zu wählen, daß die Lichtmaschine im Stadtverkehr bei der niedersten praktisch möglichen Fahrgeschwindigke t (etwa 15—25 km/h) im direkten Gang die Nennleistung abgibt.

Bei *kleinen Lichtmaschinen* wird hauptsächlich der Antrieb mittels Keilriemens verwendet. Außer dem geräuscharmen Lauf und der elastischen Übertragung hat der Keilriemen den Vorteil, daß zugleich noch andere Hilfsapparate, wie Wasserpumpe und Windflügel angetrieben werden können.

Bild 16. Anbau einer Lichtmaschine mit Schwenkarmen am Motor.

Diese Antriebsart erfordert eine Riemenspannmöglichkeit, daher Befestigung mit Schwenkarmen bevorzugt, s. Bild 16, vielfach auch Befestigung mittels Tragarm am Antriebslager, s. Bild 17. Bei Sattelbefestigung erfolgt Riemenspannung entweder durch verstellbare Riemenscheibenhälften (Riemenscheibe der Lichtmaschine oder andere Antriebscheibe, z. B. die des Windflügels), oder, wenn Lichtmaschine exzentrisch gelagert, durch Drehen des Lichtmaschinengehäuses. Kette oder Zahnräder als zwangsläufige Antriebsmittel werden praktisch nur noch dort verwendet, wo eine Zündmaschine mit angetrieben wird, sei es als Lichtbatteriezünder oder Lichtmagnetzünder oder als Lichtmaschine und Magnetzünder in Tandemantrieb. In diesem Fall wird Flanschbefestigung nach Bild 18 bevorzugt, wobei durch kleines Schwenken in dem Flanschlager die Spannung der Kette oder Zahnluft des Zahnradgetriebes eingestellt werden kann. Der Einbau der Lichtmaschine in Verlängerung der Kurbelwelle mit Antrieb über elastische Kupplung ergibt meist ungenügende Kühlung. Eine Anpassung der Lichtmaschinendrehzahl an Kurbelwellendrehzahl ist nicht möglich. Andrehen des Motors über Lichtmaschine bedingt starke Ankerachse und Andrehkurbellager, das am Lagerdeckel der Lichtmaschine befestigt wird.

Bild 17. Lichtmaschine mit Tragarm am Antriebslager

Bild 18. Lichtmaschine mit Flanschlager

Bei *großen Maschinen* kommt wegen des verhältnismäßig hohen Gewichts hauptsächlich Sattelbefestigung mittels Spannbändern oder Spannbügel in Frage. Der Antrieb erfolgt vorzugsweise mit Doppel- oder Dreifachkeilriemen, Kette oder Zahnrädern. Bei letzteren wird die Lichtmaschine über elastische Kupplung evtl. in Tandemantrieb hinter anderem Hilfsapparat angetrieben, in einzelnen Fällen Flanschbefestigung.

Der zur Bemessung der Antriebsorgane erforderlichen *Antriebsleistung* wird ein Gesamtwirkungsgrad von 30—50% bei kleinen und 40—60% bei großen Maschinen zugrunde gelegt. Darüber hinaus ist die Beanspruchung der Antriebsorgane durch die kinetische Energie des Lichtmachinenankers beim plötzlichen „Abwürgen“ des Motors zu berücksichtigen.

c) Zugänglichkeit.

Zur leichten Wartung der Lichtmaschine, d. h. zur Überprüfung der einer natürlichen Abnützung unterworfenen Teile, wie Bürsten und Kollektor, und zur Nachschmierung von ölgeschmierten Lagern ist gute Zugänglichkeit notwendig.

d) Schutz vor äußeren Einflüssen.

Öl und Schmutz können, auf den Kollektor gebracht, zum Versagen der Lichtmaschine führen, weil diese sich nicht erregt. Zur Vermeidung der Verölung bei Antrieb durch Kette oder Zahnrad ist besondere Abdichtung, je nach dem Grad der Verölungsgefahr, Spritzscheibe, Ölrückfördergewinde oder Labyrinthdichtung, erforderlich. Die Räderkasten können durch geeignete Entlüftung überdruckfrei gehalten werden. Nicht gelüftete Lichtmaschinen sind für normale Ansprüche genügend staub- und spritzwasserdicht, für Sonderfälle sind jedoch besondere Maßnahmen erforderlich. Gelüftete Maschinen sind unter allen Umständen zur Vermeidung des Rostens der Kugellager usw. vor unmittelbarem Eindringen von Spritzwasser durch entsprechenden Einbau bzw. Abdeckung zu schützen. Vor allem ist wegen der Explosions- und Brandgefahr beim Eindringen von Brennstoff darauf zu achten, daß Vergaser, Brennstoffhahn usw. nicht über der Lichtmaschine angebracht sind, andernfalls Schutz der Lichtmaschine durch Abdeckblech notwendig.

G. Ermittlung der Größe der Lichtmaschine.

Die Größe der Lichtmaschine hängt im wesentlichen von der abzugebenden Leistung und der Nenndrehzahl, bei welcher sie die Nennleistung abgibt, ab. Besonders große Drehzahlbereiche (größer als ein Verhältnis der Nenndrehzahl zur Höchstdrehzahl von 1 : 5) bedingen teurere Sonderausführungen.

Die Leistung der Lichtmaschine richtet sich zunächst nach dem Gesamtbedarf der gleichzeitig eingeschalteten Verbraucher. Dabei brauchen die kurzzeitig eingeschalteten Verbraucher, wie z. B. Horn, Winker, Wischer, Zigarrenanzünder, nicht berücksichtigt zu werden. Außer der Speisung der Stromverbraucher hat die Lichtmaschine den Ladestrom für die Batterie zu liefern. Die dazu erforderliche Mehrleistung wird meist von vornherein schon zugeschlagen. Weitere Zuschläge werden bei besonderen Betriebsverhältnissen notwendig, ferner bei ungünstigen Anlaßverhältnissen, die eine verhältnismäßig große Batterie bedingen (Batterie wird zusammen mit dem Anlasser durch die Anlaßmöglichkeit im Winter bestimmt; siehe Abschnitt III, Anlasser). Wird z. B. das Fahrzeug hauptsächlich zu Stadtfahrten, verbunden mit häufigem Anlassen, verwendet, so ist einerseits die Ladezeit kurz, andererseits aber wird die Batterie durch das häufige Anlassen stark entladen. Eine solche für den Ladezustand der Batterie ungünstige Fahrweise erfordert eine höhere Leistung der Lichtmaschine.

Aus der folgenden Aufstellung geht die ungefähre Leistungsaufnahme der längere Zeit eingeschalteten Verbraucher hervor. Genaue Werte sind jeweils vom Lieferer einzuholen:

Verbraucher			Leistungsaufnahme Watt
Batteriezündung			etwa 10—25
Scheinwerfer:	Fernlicht	je Lampe	35
	Abblendlicht	,, ,,	25—35
	Standlicht	,, ,,	3—10
Breitstrahler (Nebel- oder Kurvenlampe)			25—35
Schlußlicht		je Lampe	3—10
Begrenzungslampen		,, ,,	3—10
Instrumentenbeleuchtung			2—10
Wagenheizung (Ventilator f. Warmluft)			15—20
Radiogerät			etwa 25 (Baujahr 1938)

Die *Nenndrehzahl* der Lichtmaschine soll möglichst bei der niedersten Fahrgeschwindigkeit, die im direkten Gang gefahren werden kann, erreicht werden. Der Bestimmung der Nenndrehzahl ist ein praktisch durchführbares Übersetzungsverhältnis Kurbelwelle : Lichtmaschine zugrunde zu legen. Ferner ist zu beachten, daß die zulässige Höchstdrehzahl der Lichtmaschine bei der höchsten Fahrgeschwindigkeit nicht überschritten wird.

Um eine bestimmte Lichtmaschine mit ihren Katalogwerten der Nenn- und Höchstdrehzahl an den betreffenden Motor entsprechend der vorerwähnten Forderungen anzupassen, kann das Übersetzungsverhältnis

Kurbelwelle : Lichtmaschine in den praktisch möglichen Grenzen entsprechend geändert werden.

III. Anlasser.

A. Aufgaben.

Zum Anlassen des *Otto-Motors* muß im Zylinder ein zündfähiges Gemisch, das mittels Fremdzündung entzündbar ist, durch Ansaugen von Luft und Brennstoff gebildet werden. Zur Erzeugung des Ansaugunterdrucks ist eine bestimmte Anlaßdrehzahl notwendig. Durch die Verdichtung beim Durchdrehen wird die Temperatur erhöht, eine weitere Vergasung des Brennstoffs erreicht und die Vermischung des Brennstoffs mit Luft zu einem zündfähigen Gemisch ermöglicht. Kälte dagegen, die bekanntlich das Anlassen sehr erschwert, hindert die Gemischbildung in hohem Maße.

Die Selbstzündung des Brennstoff-Luft-Gemisches beim *Dieselmotor* bedingt eine bestimmte Temperatur des Gemisches. Die Temperatur ist hauptsächlich von der Verdichtung abhängig. Durch das Durchdrehen mit einer bestimmten Drehzahl wird einerseits die zur Verbrennung notwendige Menge Luft angesaugt, andererseits die Luft so hoch verdichtet, bis die Entflammungstemperatur des eingespritzten Brennstoffes erreicht ist.

Beim Durchdrehen ist die Reibung an den Lagerstellen und Passungen des Motors und der Verdichtungsdruck zu überwinden. Der Reibungswiderstand hängt von der Viskosität des Schmieröls und damit von der Temperatur ab.

Von den Durchdrehvorrichtungen hat sich der elektrische Anlasser am besten eingeführt, da der Energiespeicher, die Batterie, für die elektrische Anlage des Fahrzeugs ohnedies notwendig ist. Anlassen mit Druckluft kommt dann in Frage, wenn Druckluft auch zum Bremsen benötigt wird, jedoch hat die Verwendung von Druckluft wegen der beim Auf- und Entladen erforderlichen Ventile den großen Nachteil der geringen Betriebssicherheit hinsichtlich Speicherung. Außer der durch diese geringe Speichersicherheit beeinflußten Startbereitschaft ist die Druckluftanlage der elektrischen Anlage auch hinsichtlich der Bedienbarkeit unterlegen.

Zum elektrischen Anlassen des Verbrennungsmotors eignet sich am vorteilhaftesten der Hauptstrommotor, der durch das hohe Drehmoment den ersten Verdichtungshub des Motors am besten überwindet. Um das Durchdreh-Drehmoment bei wirtschaftlichen Abmessungen des Anlassers und der Batterie aufzubringen, wird eine Übersetzung zwischen Anlasserwelle und Kurbelwelle verwendet, am zweckmäßigsten durch Anlasserritzel und Schwungradzahnkranz. Da das Anlasserritzel aus Gründen der Betriebssicherheit nur während des Anlassens — nach dem Anspringen des Motors wird das Anlasserritzel durch die hohe Übersetzung mit sehr hoher Drehzahl angetrieben — im Eingriff sein soll, sind Maßnahmen zum Ein- und Ausspuren des Ritzels notwendig.

B. Bauarten der Anlasser und deren Wirkungsweise.

1. Durchdrehanlasser.

a) Schraubtriebanlasser mit einstufiger Einschaltung (Bendixtrieb).

Bild 19 zeigt einen Bendix-Anlasser, bestehend aus einem Elektromotor mit angebautem Schraubtrieb (Bendixtrieb). Der Anlaßschalter, mit dem der Anlasser an die Batterie angeschlossen wird, kann mit dem Fuß oder von Hand mittels Seilzugs oder, wenn Anlaßschalter als Magnetschalter ausgebildet ist, durch Druckknopf betätigt werden. Der Strom durchfließt die Erregerwicklung und den Anker, die in Reihe geschaltet sind. Der Anker läuft wegen der Hauptstrom-Charakteristik des Motors rasch an. Das Ritzel nimmt infolge seiner Masseträgheit nicht sofort an dieser raschen Drehung teil: es schraubt sich auf der Gewindehülse gegen den Zahnkranz hin bis an die Anschlagbuchse vor.

Die am Ritzel exzentrisch angebrachte Schwungscheibe, die zum sicheren Vorwandern des Ritzels beim Anlassen beiträgt, ist gleichzeitig eine Sicherung gegen un-

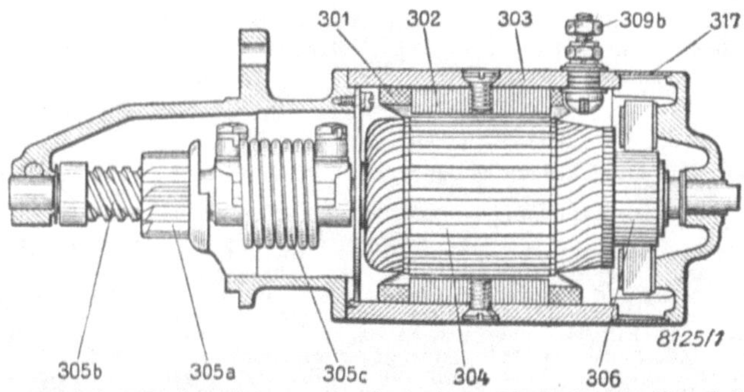

Bild 19. Schraubtriebanlasser mit einstufiger Einschaltung (Bendixtrieb). 301 = Erregerspule, 302 = Polschuh, 303 = Polgehäuse, 304 = Anker, 305a = Ritze mit Schwungscheibe, 305b = Getriebespindel, 305c = Getrebefeder, 306 = Kollektor

beabsichtigtes, schädliches Vorwandern des Ritzels bei nicht eingeschaltetem Anlasser. Diese Gefahr besteht insbesondere durch die Erschütterungen im fahrenden Wagen, so daß häufig als weitere Maßnahme eine Bremsfeder in der Schwungscheibe angebracht wird. In der Ruhestellung des Ritzels drückt diese in die Eindrehung der Spindel und hält so das Ritzel gefangen. Trifft beim Einspuren Zahn auf Zahn, so wird die Getriebespindel auf der Ankerachse nach rückwärts verschoben und dadurch die Getriebefeder gespannt. Das Ritzel gelangt während dieser Rückwärtsbewegung der Spindel und der noch andauernden Drehung auf die nächste Zahnlücke und spurt ein. Ist das Ritzel eingespurt, so schraubt es sich schnell bis zum Anschlag auf der Gewindehülse vor. Das Drehmoment des Anlassers wird nun über Mitnehmer, Getriebefeder, Getriebespindel und Ritzel auf das Schwungrad übertragen. Springt der Verbrennungsmotor an, so wird das Ritzel von dem Zahnkranz des Motors überholt und auf der Getriebespindel zurückgeschraubt; das Ritzel spurt selbsttätig aus. Solange der Anlaßschalter geschlossen bleibt, läuft der Anlasser leer weiter. Durch Loslassen des Anlaßdruckknopfs wird die Verbindung zur Batterie unterbrochen und der Anlasser außer Betrieb gesetzt. Bei Anlassern mit einfachem Bendixtrieb (Bild 20) für kleinere Motoren ist das Getriebe fliegend gelagert. Es gibt Ausführungen mit ausstoßendem und einziehendem Ritzel.

Trotz seiner technischen Nachteile hat der Bendixtrieb wegen seiner Einfachheit und des niederen Preises große Verbreitung, besonders in Amerika gefunden. Nachteilig ist der starke Einspurschlag, der den Zahnkranz beschädigt; dadurch kann sich im Lauf der Zeit das Ritzel in diesen Einschlägen festsetzen und das Schwungrad blockieren, weshalb zum Freimachen des Ritzels an manchen Ausführungen am kollektorseitigen Achsende zwei Flächen zum Zurückschrauben des Ritzels angebracht sind. Ein weiterer Nachteil des Bendixanlassers ist die Neigung zum frühzeitigen Ausspuren unter der Einwirkung rascher Beschleunigungen, die durch vereinzelte Zündungen bei vielen neuzeitlichen Motoren mit kleiner Schwungmasse und hohem Drehmoment hervorgerufen werden. Vielfach ist es

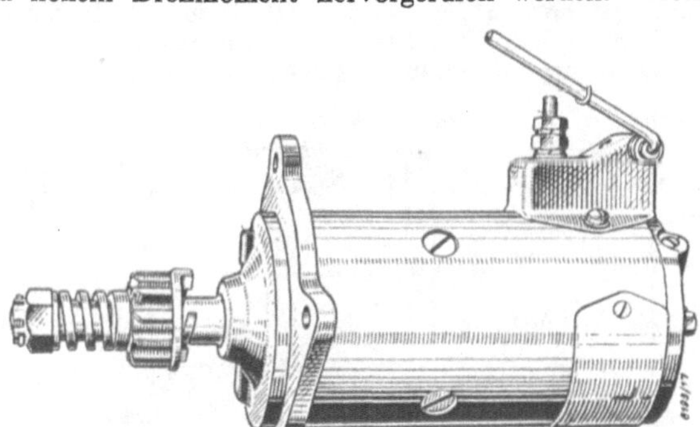

Bild 20. Schraubtriebanlasser mit einfachem Getriebe ohne Außenlager

daher notwendig, den Bendixtrieb zu verlassen und auf Anlasser unten beschriebener Bauart mit besonderer Vorkehrung gegen das frühzeitige Ausspuren überzugehen.

b) Schubankeranlasser.

Bild 21 zeigt einen kleinen Bosch-Anlasser dieser Bauart mit Federkupplung, Bild 22 dessen Schaltung.

Wird der Anlaßdruckknopf niedergedrückt, so fließt zunächst ein Strom durch die Wicklung des Magnetschalters. Der Magnetschalteranker wird angezogen und der längere Schenkel der Kontaktbrücke berührt den Kontakt der Klemme 30. In dieser Stellung wird der Magnetschalteranker durch die Klinkensperrung festgehalten, so daß er nicht vollständig in die Magnetspule hineingezogen werden kann. An die Kontaktbrücke des Magnetschalters ist die Hilfsfeldwicklung des Anlassers angeschlossen. Dadurch erhalten die Hilfsfeldwicklung sowie der in Reihe geschaltete Anker des Anlassers Strom. Die Hilfsfeldwicklung erzeugt ein Magnetfeld, welches den Anker des Anlassers in sich hineinzieht. Der Anker und mit ihm das Ritzel machen eine Längs- und Drehbewegung. Das Ritzel spurt ein. Dadurch, daß das Ritzel im Zahnkranz festgehalten ist, dreht sich die Feder im Durchmesser auf, so daß diese in die Bohrung der Ankerachse und des Ritzels gepreßt wird und das Ritzel und der Anker kraftschlüssig werden. Gegen Ende des Einspurens des Ritzels wird die Klinkensperrung des Magnetschalters durch die am Anker des Anlassers befindliche Auslösescheibe ausgelöst. Der Magnetschalteranker wird jetzt vollständig in die Magnetspule hineingezogen und die Kontaktbrücke schaltet die Hauptfeldwicklung ein. Der Anker bekommt jetzt einen hohen Strom und entwickelt sein volles Drehmoment. Ist der Verbrennungsmotor angesprungen, so wird das Anlasserritzel von dem Zahnkranz des Motors angetrieben, die Schraubenfeder in der Federkupplung wird entspannt und die kraftschlüssige Verbindung zwischen Ritzel und Anlasseranker ist behoben. Eine Kraftübertragung vom Anlasser zum Schwungrad kann daher jetzt nicht mehr stattfinden. Der Anlassermotor läuft leer und nimmt nur noch einen kleinen Strom auf, wodurch das Magnetfeld so geschwächt wird, daß der Anker durch die Ankerrückzugfeder in seine Anfangsstellung gezogen wird und das Ritzel selbsttätig ausspurt.

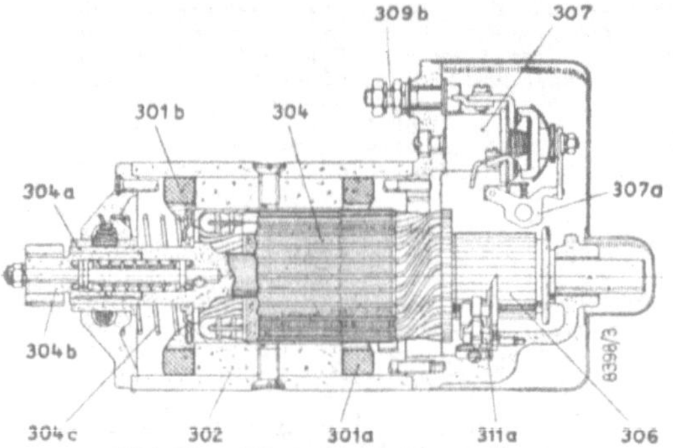

Bild 21. Schubankeranlasser (Bosch)
301a = Hauptstromwicklung, 301b = Hilfswicklung, 302 = Polschuh, 304 = Anker, 304a = Ankerwelle, 304b = Ritzel, 304c = Feder, 306 = Kollektor, 307 = Magnetschalter, 307a = Sperrklinke, 309b = Anschlußklemme, 311a = Bürste

Der Schubankeranlasser schont Ritzel und Zahnkranz dadurch, daß in der ersten Schaltstufe das Einspuren des Ritzels nur mit kleinem Drehmoment erfolgt und erst in der zweiten Schaltstufe nach Einspuren des Ritzels der Anlasser mit vollem Drehmoment arbeitet.

Größere Anlasser nach der Bauart mit Schubanker haben an Stelle der

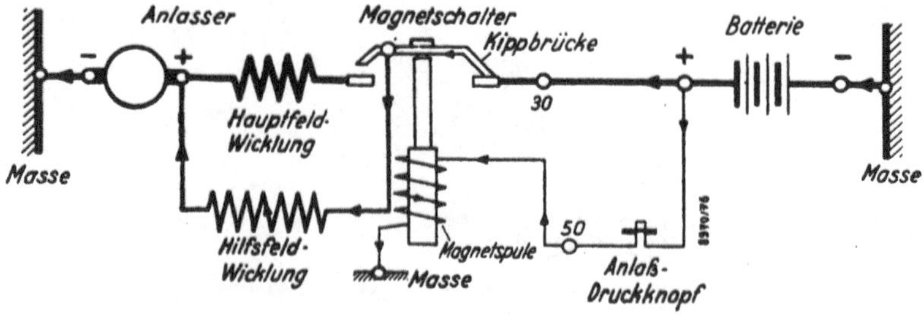

Bild 22. Schaltung des Schubankeranlassers nach Bild 21

Federkupplung eine Lamellenkupplung mit Überlastungsschutz, um den Anlasser vor der hohen Beanspruchung bei Motorrückschlägen zu schützen.

Zur Verhinderung des frühzeitigen Ausspurens des Ritzels aus dem Zahnkranz ist es möglich, den Anlasser mit einer Haltewicklung — als Nebenschlußwicklung geschaltet — zu versehen, die durch den Anlaßdruckknopf ein- und ausgeschaltet wird. Das Ritzel spurt durch diese Haltewicklung nicht mehr selbsttätig aus, sondern erst nach Loslassen des Anlaßdruckknopfs.

c) Schubtriebanlasser (Anlasser mit Fußeinrückung).

Bild 23 zeigt einen Anlasser mit Fußeinrückung.

Beim Anlassen wird durch Niederdrücken des Fußhebels das Ritzel mit der Schwungradverzahnung in Eingriff gebracht und gegen Ende der Einspurbewegung der Anlasserschalter eingeschaltet. Stößt beim Einspuren Zahn auf Zahn, so tritt der Fahrer weiter auf den Fußhebel, bis der Anlaßschalter geschlossen ist. Das ist möglich,

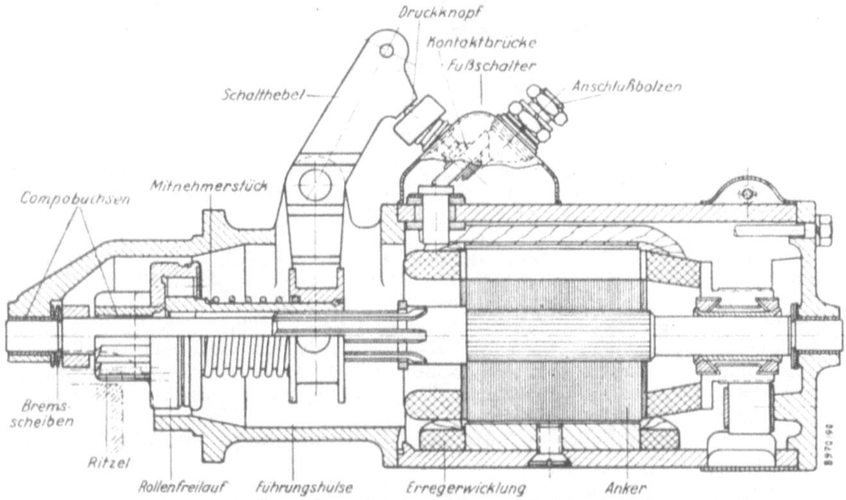

Bild 23. Schubtriebanlasser (Anlasser mit Fußeinrückung)

weil die Führungshülse gegen den Druck der Schraubenfeder vorwärts geschoben wird. Dadurch kommt der Schalthebel ebenfalls auf den Schalterdruckknopf, drückt diesen durch und setzt den Anlasser unter Strom. Durch die dann erfolgende Drehung des Ritzels spurt es unter der Wirkung des starken Federdruckes in den Zahnkranz ein. Ist der Motor angesprungen, so wird das Ritzel vom Schwungrad des Motors angetrieben. Der mit dem Ritzel gekuppelte Teil des Rollenfreilaufs eilt der Ankerdrehung voraus, wodurch die Rollen aus ihrer Verklemmung gerissen werden; das Ritzel ist von der Ankerachse losgekuppelt. Nach Loslassen des Fußhebels wird das Getriebe samt Ritzel durch eine Rückzugfeder in seine Ruhestellung zurückgezogen. Der Anlasser muß durch Loslassen des Fußhebels sofort außer Tätigkeit gesetzt werden, nachdem der Motor angesprungen ist, damit eine unzulässig hohe Beanspruchung des Freilaufs und der Ritzellagerung durch die hohe Drehzahl vermieden wird. Ebenfalls soll das Ausspuren rasch erfolgen, da sonst die Ritzelzähne an der Abschrägung beschädigt werden können.

Bei den kleinsten Anlassern dieser Bauart ist eine Betätigung des Anlaßschalters von Hand mittels Seilzugs gebräuchlich.

d) Anlasser mit Schubschraubtrieb.

Dieser Anlassertyp, der in Bild 24 dargestellt ist, unterscheidet sich von den Anlassern mit Fußeinrückung hauptsächlich dadurch, daß der Mitnehmer des Rollenfreilaufs auf einem Steilgewinde der Ankerachse anstatt auf Längsnuten läuft. Durch dieses Steilgewinde beschreibt das Ritzel beimEinrücken gleichzeitig mit der Längsbewegung eine Drehbewegung, insgesamt also eine Schraubbewegung. Spurt das Ritzel ohne Anstoßen im Zahnkranz ein, so wird der Anlasser kurz nach dem Ein-

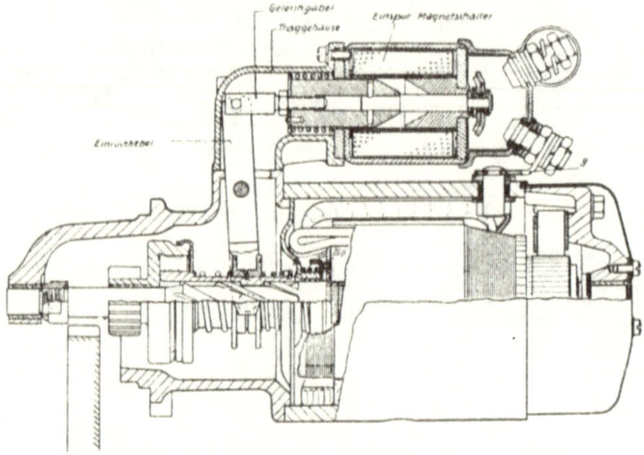

Bild 24. Anlasser mit Schubschraubtrieb

spurbeginn eingeschaltet. Das vollständige Einspuren erfolgt selbsttätig bei laufendem Anlasser, wobei das durch den Zahnkranz an der Drehung verhinderte Ritzel auf dem Steilgewinde vorgeschraubt wird. Stößt beim Vorschrauben des Ritzels Zahn auf Zahn, so wird der Anlasser schon vor dem Einspuren eingeschaltet, da die Feder zwischen Führungshülse und Rollenfreilauf zusammengedrückt wird. Der umlaufende Anker dreht nun Getriebehülse samt Ritzel. Das Ritzel spurt in den Zahnkranz ein und schraubt sich, wie oben erwähnt, ganz in den Zahnkranz ein.

Bei Zahn- auf Zahnschaltung wird im wesentlichen nicht die Druckkraft der Feder zwischen Führungshülse und Rollenfreilauf zum Einspuren in Anspruch genommen, wie es bei Anlassern mit Fußeinrückung der Fall ist, sondern die durch das Steilgewinde infolge der Drehung entstehende Achsialkraft. Dies ergibt kürzeren Weg und geringere Einrückkraft des Einrückhebels, wodurch Betätigung des Anlassers von Hand mittels Seilzugs oder durch verhältnismäßig kleinen Einrückelektromagnet über einen Druckknopf möglich wird.

e) Schraubtriebanlasser mit zweistufiger Einschaltung.

Dieser für Schwerölmotoren großen Inhalts verwendete Anlasser ist in Bild 25 dargestellt und unterscheidet sich von dem Schraubtriebanlasser mit einstufiger Einschaltung dadurch, daß zur Schwächung des Einspurschlages das Einschalten in zwei Stufen erfolgt. In der ersten Schaltstufe ist ein Vorwiderstand in den Haupt-

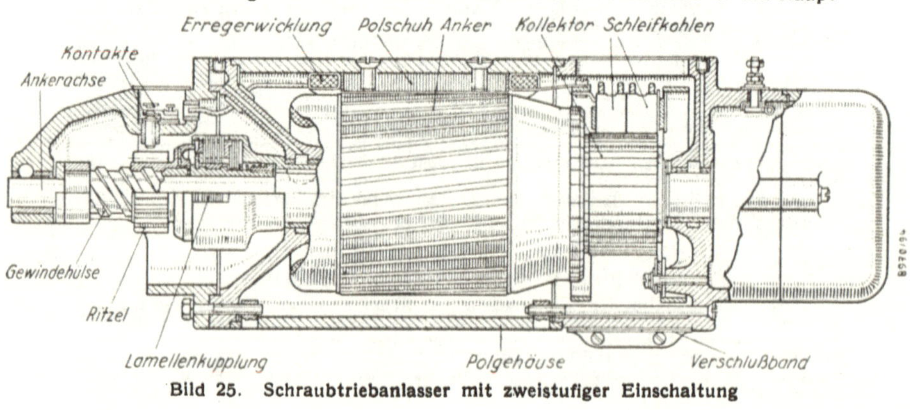

Bild 25. Schraubtriebanlasser mit zweistufiger Einschaltung

stromkreis geschaltet, so daß der Anker nur mit schwachem Strom anläuft und das Ritzel teilweise einspurt. Stößt beim Einspuren Zahn auf Zahn, so wird das Ritzel nur mit dem Vorstufendrehmoment gedreht, das an der Lamellenkupplung entsprechend klein eingestellt ist, wodurch Beschädigung des Ritzels und Zahnkranzes vermieden wird. In der zweiten Schaltstufe werden die Kontakte des Ritzelschalters vom Ritzel kurz nach dem Einspuren geschlossen, der Vorwiderstand wird kurzgeschlossen und der Anlasser erhält den vollen Strom. Das Ritzel spurt weiter ein, bis die Lamellenkupplung kraftschlüssig ist, und der Anlasser den Motor durchdreht. Der Überlastungsschutz der Lamellenkupplung verhindert übermäßige Beanspruchung bei Motorrückschlägen und Einspuren in pendelnden Zahnkranz.

2. Schwungkraftanlasser.

Zum Anlassen von größeren Motoren von Hand oder elektrisch durch Motor wird ein Schwungrad auf eine bestimmte Drehzahl gebracht und dessen aufgespeicherte kinetische Energie zum Durchdrehen des Motors verwendet. Bezüglich der Schwungraddrehzahl werden schnellaufende und langsamlaufende Schwungkraftanlasser unterschieden.

a) Schnellaufende Schwungkraftanlasser.

Grundsätzlicher Aufbau s. Bild 26 u. 27.

Dieser Anlasser wird für Otto- und Dieselfahrzeugmotoren verwendet. Über die Hochdrehvorrichtung und das Planetengetriebe wird das Schwungrad auf eine hohe Umdrehungszahl gebracht, während das Ritzel durch das Bremssegment verhindert wird, sich mitzudrehen. Nach dem Hochdrehen wird das Ritzel durch Betätigen des

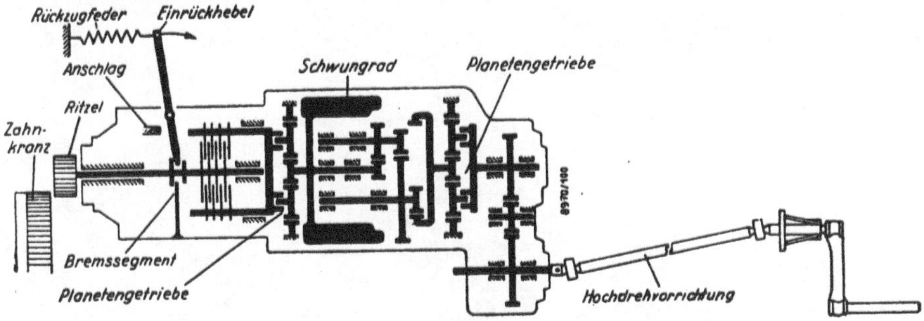

Bild 26. Grundsätzlicher Aufbau eines schnellaufenden Schwungkraftanlassers

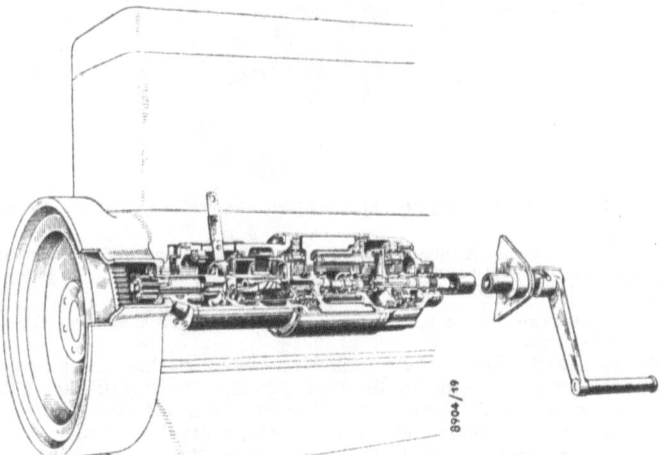

Bild 27. Anbau des schnellaufenden Schwungkraftanlassers am Motor

Einrückhebels eingespurt. wodurch sich die aufgespeicherte Energie des Schwungrads über das Getriebe, die Lamellenkupplung und das Ritzel auf den Schwungradzahnkranz des Motors überträgt. Das Schwungrad dreht über ein Getriebe, das die Drehzahl heruntersetzt, den Zahnkranz mit einer solchen Drehzahl durch, die zum Anspringen des Motors ausreicht. Die Drehzahl des Anlasserschwungrads beträgt etwa 10000 U/min. bei einer Drehzahl der Handkurbel von 70 U/min. Die aufgespeicherte Energie beträgt bei dieser Drehzahl etwa 1100 mkg. Die mittlere Leistungssteigerung durch das Schwungrad als Energiespeicher gegenüber unmittelbarem Durchdrehen von Hand beläuft sich auf das 5,5fache. Wird der Einrückhebel wieder in Ruhelage gebracht, so spurt, unterstützt durch die Wirkung der Rückzugfeder, das Ritzel wieder aus.

Die Lamellenkupplung wird erst kraftschlüssig, wenn das Ritzel eingespurt ist. Bei Zahn- auf Zahnschaltung wird zur Schonung von Ritzel und Zahnkranz nur das geringe Drehmoment der Vorstufe übertragen. Der Überlastungsschutz dient dazu, den Anlasser, d. h. das Getriebe zwischen Schwungrad und Ritzel vor unzulässigen Beanspruchungen durch den Kupplungsstoß und bei Motorrückschlägen zu schützen.

An Stelle des Hochdrehens von Hand sind auch kombinierte Ausführungen auf dem Markt, bei welchen das Aufziehen des Schwungrads in der Regel durch Elektromotor erfolgt, aber im Notfalle auch von Hand möglich ist.

b) Langsamlaufende Schwungkraftanlasser.

Siehe Bild 28. Verwendung bei Traktoren und schweren Zugmaschinen.

Als Energiespeicher wird das Schwungrad des Motors verwendet, das über eine Reibungskupplung mit der Kurbelwelle verbunden ist. Die kinetische Energie des über

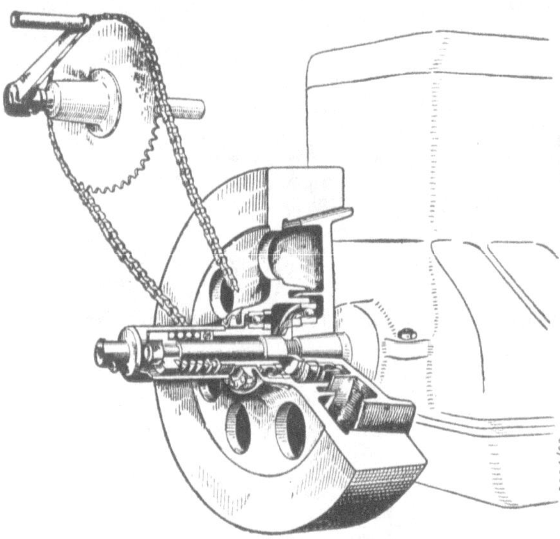

Bild 28. Anbau des langsamlaufenden Schwungkraftanlassers am Motor

Kettentrieb von Hand hochgedrehten Schwungrads wird durch Einrücken der Reibungskupplung auf die Kurbelwelle des Motors übertragen, wodurch der Motor durchgedreht wird. Da bei der niederen Schwungraddrehzahl von etwa 300 U/min. kein Getriebe zwischen Schwungrad und Kurbelwelle benötigt wird, fällt auch der bei den schnellaufenden Schwungkraftanlassern zum Schutz des Getriebes vorgesehene Überlastungsschutz weg.

Der langsamlaufende Schwungkraftanlasser zeichnet sich gegenüber dem schnellaufenden durch große Einfachheit und Wegfall aller Ein- und Ausspurvorgänge aus. Wegen seines besseren Wirkungsgrades durch Wegfall des Planetengetriebes und des Überlastungsschutzes der Kupplung beträgt die mittlere Leistungssteigerung gegenüber reinem Durchdrehen das achtfache. Zur Aufspeicherung der erforderlichen kinetischen Energie bei niederer Drehzahl ist aber ein hohes Schwungradgewicht notwendig, so daß das Gewicht des langsamlaufenden Schwungkraftanlassers das etwa zehnfache des Gewichts des leistungsgleichen schnellaufenden Schwungkraftanlassers beträgt. Der langsamlaufende Schwungkraftanlasser hat sich daher nur bei solchen Maschinen, wie Traktoren und Zugmaschinen, durchgesetzt, bei welchen ohnedies ein schweres Schwungrad notwendig ist und das Mehrgewicht in Kauf genommen werden kann.

3. Selbsttätige Anlaßsysteme.

Die selbsttätigen Anlaßsysteme haben sich bei großen und teueren Wagen (besonders in Amerika) teilweise eingeführt. Wegen ihrer Kompliziertheit bedeuten sie jedoch häufig eine Störquelle.

a) Anlassen durch Einschalten der Zündung.

Das Lucas-Startix-Anlaßsystem [1]) erfüllt die Forderung, daß ein Fahrzeugmotor, der z. B. beim raschen Bremsen „abgewürgt" worden ist, selbsttätig wieder angelassen wird. Bild 29 zeigt schematisch den Aufbau und die Schaltung des Lucas-Startix-Systems.

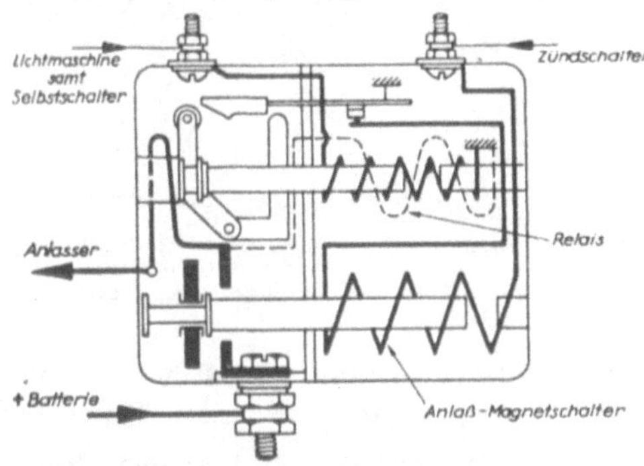

Bild 29. Aufbau und Schaltung des Lucas-Startix-Systems

Durch Einschalten der Zündung erhält der Anlaßmagnetschalter Strom, der Anlasser (Bendixtrieb) wird mit der Batterie verbunden und dreht den Motor durch. Ist der Motor angesprungen, so spricht ein Relais dadurch an, daß dessen eine Spule, die unmittelbar an der Spannung der Lichtmaschine liegt, durch die nun anwachsende Lichtmaschinenspannung Strom erhält; außerdem besitzt das Relais noch zwei derart geschaltete Wicklungen, daß das Sinken des Anlasserstroms bzw. das Steigen der Batteriespannung beim Anspringen des Motors eine Unterstützung der oben erwähnten Spule bewirkt. Das Relais öffnet ein Kontaktpaar im Stromkreis der Anlaßmagnetschalterspule, wodurch der Anlasser abgeschaltet wird. Kommt der Motor zum Stillstand, ohne daß die Zündung ausgeschaltet wurde, so wird der Relaisanker losgelassen, der Stromkreis des Anlaßmagnetschalters wird geschlossen und der wieder eingeschaltete Anlasser dreht den Motor durch.

b) Anlassen durch Betätigen des Gaspedals.

Chevrolet-Anlaßeinrichtung. Bild 30.

Durch Betätigen des Gaspedals wird über Mitnehmer, Schaltgestänge und Anlaßschalter der Anlasser (Bendixtrieb) eingeschaltet. Springt der Motor an, so wird durch den auftretenden Unterdruck im Ansaugrohr der Mitnehmer und damit der Anlasser ausgeschaltet, sobald das Gaspedal losgelassen wird. Während beim Anlassen ein Spiel mit dem Gaspedal nicht möglich ist, kann das Gaspedal nach dem Anspringen des Motors zum Gasgeben in der üblichen Weise verwendet werden. Bleibt der Motor stehen, so wird der Mitnehmer dadurch, daß kein Unterdruck mehr vorhanden ist, zum Gasgestänge zugeschaltet. Durch Niederdrücken des Gaspedals kann der Anlasser wieder eingeschaltet werden.

Delco-Remy-Anlaßeinrichtung. Diese Anlaßeinrichtung arbeitet mit einem Schubtriebanlasser mit Einrückmagnetschalter. Das Anlassen erfolgt dadurch, daß durch Betätigung des Gaspedals — wobei Spiel mit Gaspedal möglich ist — ein Schalter im Stromkreis des Einrückmagnetschalters geschlossen, das Ritzel eingerückt und Anlasser mit Batterie verbunden wird. Sobald der Motor anspringt, bewirkt der Unterdruck im Ansaugrohr ein Öffnen des Schalters im Stromkreis des Einrückmagnetschalters, der Anlasser wird ausgeschaltet und das Ritzel ausgespurt.

Beim Anlassen mit Vollgas reicht der Unterdruck nicht aus, um den Anlasser auszuschalten, daher ist der Selbstschalter der Lichtmaschine mit einem besonderen Kontaktpaar versehen, durch dessen Öffnen mit dem Einschalten der Lichtmaschine der Stromkreis des Einrückmagnetschalters unterbrochen und damit der Anlasser aus-

[1]) Entwickelt aus Startix von Eclipse Machine Co.

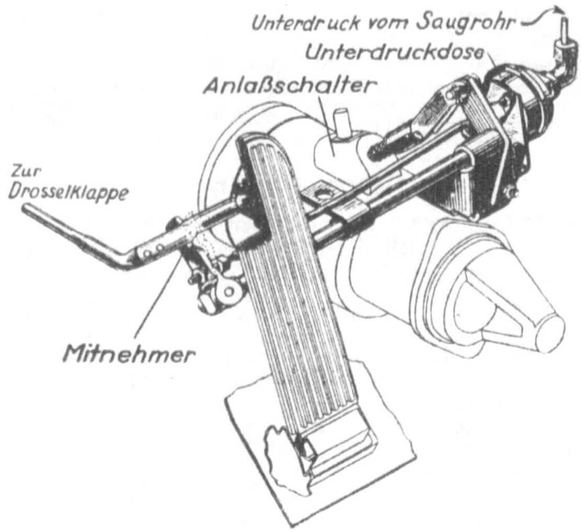

Bild 30. Aufbau der Chevrolet-Anlaßeinrichtung

geschaltet wird. Dasselbe wird erreicht durch Anschließen der Spule des Magnetschalters an die Plusbürste der Lichtmaschine. In diesem Falle macht die Gegenspannung der Lichtmaschine obige Spule spannungslos und führt zum Abschalten des Anlassers.

C. Hilfsmittel zum Anlassen von Otto- und Dieselmotoren bei Kälte.

1. Allgemeines.

Das Anlassen jedes Motors wird mit abnehmender Außentemperatur schwieriger. Dies rührt daher, daß mit sinkender Motortemperatur das zum Durchdrehen des Motors notwendige Drehmoment und die dabei aufzubringende Energie bis zum Anspringen des Motors steigen. Andererseits sinken aber bei zunehmender Kälte Leistung, insgesamt entnehmbare Energie der Batterie (Anlaßenergiespeicher) infolge erheblichen Anwachsens ihres inneren Widerstandes. Die Möglichkeit, Motoren auch bei strengster Kälte, wie sie z. B. in Rußland auftritt, anzulassen, läßt sich durch motorseitige Maßnahmen zur Verringerung des Durchdrehwiderstandes und Verbesserung der Gemischbildung und Maßnahmen an der elektrischen Anlage erreichen.

Als motorseitige Maßnahmen allgemeiner Art sind zu erwähnen: Anwärmung des Kühlwassers und Schmieröls, Verwendung dünnflüssiger Motorschmieröle, Verdünnung des Schmieröls durch Kraftstoffzusatz, Abwaschen des zähen Ölfilms zwischen Kolben- und Zylinderlaufbahnen durch Kraftstoff. Auf Seiten der elektrischen Anlage muß vor allem die Batterie vor Abkühlung geschützt werden, so daß die damit verbundenen, oben erwähnten Nachteile nicht eintreten können. Ein gewisser Schutz vor Abkühlung wird allein schon durch geeigneten Einbau der Batterie erzielt, z. B. durch Einbau unter der Motorhaube, bei großen Batterien durch Einbau in einen Isolierkasten unter dem Fahrersitz. Gegebenenfalls kann die Batterie auch aufgewärmt werden.

2. Ottomotoren.

Der Startvergaser bzw. die Startklappe dient zur Gemischanreicherung, um trotz schlechter Vergasung bei geringer Kälte ein zündfähiges Luft-

Brennstoff-Gemisch zu erzeugen. Bei tiefen Temperaturen ist bei den gegebenen niederen Motordrehzahlen die Bildung eines zündfähigen Gemisches durch Verwendung von Leichtbenzin zum Anlassen gewährleistet. Ist dessen Verwendung nicht vorgesehen oder steht es nicht zur Verfügung, so kann durch Vorwärmung des Gemisches — z. B. durch Erwärmen des Ansaugkrümmers oder eines besonderen Heizflansches zwischen Vergaser und Krümmer — auch mit Fahrbenzin bei tiefsten Temperaturen die Bildung eines zündfähigen Gemisches herbeigeführt werden.

Beim Anlassen werden der Batterie hohe Ströme entnommen, so daß die Spannung stark absinkt. Um daher bei Batteriezündung noch einen genügend starken Zündfunken zu erhalten, wird dieser durch Kurzschließen des Vorwiderstandes der 12 Volt-Zündspule bzw. durch Einschalten einer Zusatzprimärwicklung an der 6 Volt-Zündspule verstärkt. Über die Anlaßeinrichtungen bei Magnetzündung siehe dort.

3. Dieselmotoren.

Bei Kälte reicht vielfach die durch Verdichtung der Luft erzielte Temperatur nicht mehr zur Selbstzündung des Brennstoffes aus. Dies rührt von verschiedenen Faktoren her. Die kalten Motorwandungen führen große Wärmemengen ab. Die Anlaßdrehzahlen liegen sehr nieder, so daß Verdichtungsenddruck und Temperatur durch die lange Abkühlungszeit während des Verdichtungshubes nicht genügend hoch werden. Die niedere Anlaßdrehzahl wird durch das zähe Öl und das Absinken der Batterieleistung bei Kälte hervorgerufen. Zur Erreichung der zur Selbstzündung notwendigen Kompressionswärme werden daher Hilfsmittel zum Durchdrehen und Zünden verwendet.

a) Hilfsmittel zum Durchdrehen.

Die Dekompressionseinrichtung (bei Zweitaktmotoren verwendet, bei Viertaktmotoren Verwendung der Ein- oder Auslaßventile als Dekompressionseinrichtung) ermöglicht eine Aufspeicherung von kinetischer Energie im Schwungrad und Triebwerk des Motors. Umschaltung von Dekompression auf Verdichtung kann von Hand oder automatisch erfolgen.

Zur Verringerung der Reibungswiderstände im Motor, die von der Ölviskosität und damit von der Temperatur abhängen, wird das *Motorgehäuse vorgewärmt.* Dazu werden Maßnahmen, wie Einfüllen von heißem Wasser in den Kühlwassermantel, Erwärmung durch Heizkörper im Ölsumpf des Motors, Erwärmung durch Heizofen unter dem Motor, Einfüllen von Petroleum zum Lösen des Schmieröls an den Zylindergleitbahnen oder Vorpumpen von Gasöl mit Einspritzpumpe, ergriffen. Die Vorwärmung des Motors hat außer der Verringerung der Reibungswiderstände auch geringeres Abkühlen während des Verdichtungshubes zur Folge, d. h. die Vorwärmung des Motors stellt auch ein Hilfsmittel zur Erhöhung der Kompressionswärme und damit zum Zünden dar. Vielfach kann durch Warmhalten des Motors, z. B. mittels Kühlerschutzhaube, Wärmeschutz an Motorhaube, auch bei strengster Kälte über mehrere Stunden hinweg erreicht werden, daß sich der Motor noch gut durchdrehen läßt, denn bei guter Wärmeisolierung des Motors sind die Abkühlungszeiten verhältnismäßig lang.

b) Hilfsmittel zum Zünden.

Glimmstifte, die in einer Bohrung entflammtes, nachglimmendes Zündmaterial tragen und vor dem Anlassen in den Brennraum eingeführt werden, haben den Nachteil großen Zeitaufwandes für die Bedienung. Sie werden daher hauptsächlich bei ortsfesten Motoren verwendet.

Weit verbreitete Anwendung haben dagegen wegen der einfachen Bedienbarkeit die *elektrischen Glühkerzen* gefunden. Die Glühkerze hat die

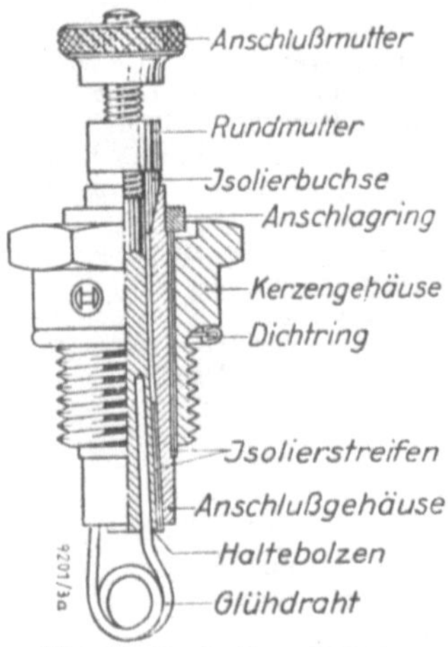

Bild 31. Zweipolige Glühkerze.

Aufgabe, beim Anlassen des kalten Motors die zur Selbstzündung zu niedere Lufttemperatur zu erhöhen. Zu diesem Zweck wird die Metallspirale der Glühkerze durch den Batteriestrom auf Rotglut erwärmt, die dann an die Verbrennungsluft Wärme abgibt. Gleichzeitig werden die Brennstoffteilchen, die in die Nähe der heißen Spiralenoberfläche gelangen, entflammt und dadurch die Verbrennung früher eingeleitet. Es ist aber nicht zulässig, daß der Kraftstoffstrahl die Glühspirale trifft. In diesem Falle würde der Glühdraht bei jedem Einspritzvorgang plötzlich abgekühlt und auch chemisch angegriffen werden. Dies würde in kurzer Zeit einen Bruch der Spirale herbeiführen.

Die Glühkerze, die in Bild 31 dargestellt ist, besteht im wesentlichen aus dem Glühdraht in Spiralenform und dessen Träger, dem Kerzengehäuse. Die Glühkerze soll in den Verbrennungsraum hineinragen. Sie wird mit Hilfe eines Einschraubgewindes oder einer Überwurfschraube auf ihren Sitz im Zylinderkopf gepreßt. Die Temperatur der glühenden Spirale beträgt 1000—1000°C. Diese Temperatur wird nach einer Einschaltdauer von 50—60 Sek. erreicht. Man unterscheidet ein- und zweipolige Glühkerzen. Bei der *einpoligen Glühkerze* ist ein Ende der Glühspirale mit dem Kerzengehäuse und damit mit der Motormasse verbunden daher ist nur Parallelschaltung der Glühkerzen möglich. Einpolige Glühkerzen für, 6 und 12 Volt haben gegenüber denen für 2 Volt geringe Bedeutung erlangt, da die 2 Volt-Glühkerzen eine kurze und dicke Spirale mit hoher Lebensdauer besitzen. Da 2 VoltGlühkerzen eine besondere 2 Volt-Batterie benötigen, die von der Lichtmaschine über einen besonderen Ladewiderstand geladen wird, werden sie, wie die einpoligen Glühkerzen für 6 und 12 Volt, bei neuen Motorentypen kaum noch verwendet. Die *zweipolige Glühkerze*, bei der beide Enden der Spirale isoliert sind, läßt Hintereinanderschaltung zu und damit auch Anschluß an die vorhandene

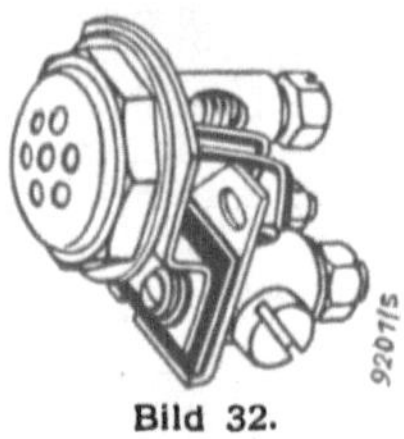

Bild 32. Glühüberwacher

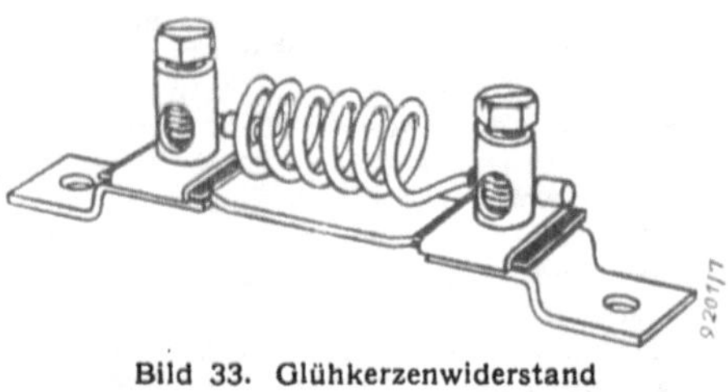

Bild 33. Glühkerzenwiderstand

Batterie. Aufbau zeigt Bild 31. In den Stromkreis der hintereinandergeschalteten Glühkerzen wird noch ein Glühüberwacher (Bild 32) eingeschaltet, dessen Glühdraht bei eingeschalteten Glühkerzen mitglüht und so dem Fahrer eine Kontrolle ermöglicht. Jeder Glühkerzentyp ist für eine bestimmte Stromaufnahme bestimmt, die nicht überschritten werden darf. Dieser Stromaufnahme entspricht jeweils ein bestimmter Spannungsabfall. Die Differenzspannung zwischen der Batteriespannung und dem Gesamtspannungsabfall der hintereinandergeschalteten Kerzen ist in einem entsprechend dimensionierten zusätzlichen Widerstand (Bild 33) aufzubrauchen.

Zum Einschalten der Glühkerzen dienen die neueren zweistufigen Glüh-Anlaßschalter und die früher verwendeten einstufigen Glühschalter (vgl. Schalter, Abschnitt VIII A, Seite 972). Bei den zweistufigen Schaltern wird in der ersten Schaltstellung die Glühkerze eingeschaltet (Einschaltdauer etwa 1 Min., bei Kälte unter — 20° C. etwa 2—3 Min.) und in der zweiten Schaltstellung der Magnetschalter des Anlassers. Da die Batteriespannung bei der Entnahme des hohen Anlaßstroms sinkt, wird in

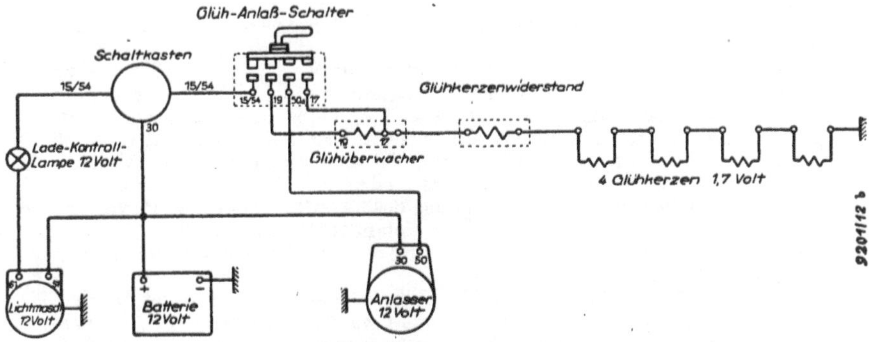

Bild 34. Glühkerzenschaltung für 4-Zyl., 12-Volt-Anlage

der zweiten Schaltstellung zum Ausgleich des Spannungsverlustes der Glühüberwacher kurzgeschlossen. Eine solche Schaltung zeigt Bild 34.

Durch genügende *Erhöhung des Verdichtungsverhältnisses* während des Anlaßvorgangs kann die Verdichtungsendtemperatur in einem solchen Maße erhöht werden, daß eine einwandfreie Selbstzündung beim Anlassen des kalten Motors erfolgt. Dieser Gedanke ist in dem Lanova-Speichermotor (Henschel & Sohn) verwirklicht, s. Bild 35. Zum Anlassen ist der Hauptspeicher durch ein Kegelventil abschaltbar, so daß die höhere Verdichtung eine Temperatursteigerung von etwa 40° C zur Folge hat. Auf Glühkerzen kann verzichtet werden, wenn die verlangte Starttemperatur nicht allzu niedrig ist. Das Abschaltventil dient, wenn es auf beiden Seiten mit Ventilsitzen versehen ist, in der Zwischenstellung zugleich zur Entlüftung, wie es z. B. beim Einstellen des Motors notwendig ist.

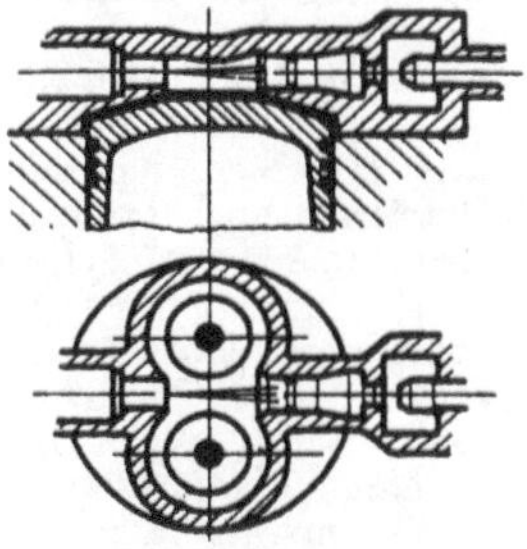

Bild 35. Lanova-Speichermotor (Henschel & Sohn)

Ein weiteres Hilfsmittel zur Steigerung der Temperatur im Verbrennungsraum stellt die *Vorwärmung der Ansaugluft* dar. Zu diesem Zweck kann in das Luftansaugrohr ein elektrisches Heizgitter geschaltet werden. Auch durch Abbrennen eines mit Kraftstoff getränkten Lappens vor dem Luftfilter, so daß warme Luft in den Verbrennungsraum angesaugt wird, oder durch Anwärmen des Saugrohrs mit Lötlampe oder dgl. kann die Verbrennungsluft vorgewärmt werden.

Die *Vorwärmung des Motorgehäuses* bringt neben der Erhöhung der Temperatur im Verbrennungsraum eine Verringerung des gesamten Reibungswiderstandes, wodurch Anlaßdrehzahl und zugleich Verdichtungsenddruck, sowie Temperatur wegen der kürzeren Abkühlungszeiten steigen. Über die Hilfsmittel zur Vorwärmung des Motorgehäuses siehe unter Abschnitt a.

Der Gedanke, leichter zündende Kraftstoffe als *Anlaßkraftstoffe* zu verwenden, ist auf verschiedene Art und Weise ausgeführt worden. Die Einspritzung von Schweröl-Äther-Gemisch in das Ansaugrohr mittels elektrischer Membranpumpe, die während des Anlaßvorgangs eingeschaltet wird, hat außer der Notwendigkeit des Mitführens eines weiteren Kraftstoffs den Nachteil der Feuer- und Explosionsgefahr und der Möglichkeit von Rückschlägen durch vorzeitige Entzündung. Die Rückschläge verursachen neben der Gefahr der Anlasserbeschädigung und eines Brandes ein hartes Anlassen; ihre Vermeidung ist schwierig, da die richtige Dosierung des Schweröl-Äther-Gemischs von der Außentemperatur und der Anlaßdrehzahl abhängig ist.

Um das Anlassen ohne die Verwendung eines weiteren Kraftstoffes zu erleichtern, ist der Ölverdampfer entwickelt worden. Der Ölverdampfer hat die Aufgabe, während des Anlassens heiße Brennstoffdämpfe zu erzeugen, die in das Ansaugrohr einströmen. Das Brennstoff-Luft-Gemisch wird vom Motor angesaugt und entzündet sich gegen Ende des Verdichtungshubes ohne Zündhilfe infolge des niedrigeren Selbstzündungspunktes. Die Schwierigkeit bei der Verwendung des Ölverdampfers liegt darin, daß die Kraftstoffe heute eine niedrigere Ceten-Zahl[1]) haben als früher und daher die notwendige Selbstzündungstemperatur bei Kälte vielfach nicht mehr erreicht wird.

Die *Anlaßkraftstoffe* können *als Notbehelf* dadurch verwendet werden, daß ein Tuch, Putzwolle oder dgl. mit dem Anlaßkraftstoff z. B. Benzin oder Äther getränkt, vor das Ansaugfilter gehalten und so ein leicht entzündbares Brennstoff-Luft-Gemisch gebildet wird.

D. Bestimmung von Anlasser- und Batteriegröße sowie Übersetzungsverhältnis Anlasser : Kurbelwelle.

Zur Ermittlung obiger Größen ist zunächst die Kenntnis der Anlaßleistung bei der vorausgesetzten Kälte notwendig. Die Anlaßleistung ergibt sich aus dem erforderlichen Drehmoment beim Durchdrehen und der Anlaßdrehzahl an der Kurbelwelle. Mittels dieser Anlaßleistung läßt sich aus den Anlasserleistungskurven für verschiedene Batteriegrößen die Anlasser- und Batteriegröße bestimmen. Das Übersetzungsverhältnis ergibt sich aus der Anlasserdrehzahl, die aus der Drehzahlkurve des Anlassers entnommen worden ist und der Anlaßdrehzahl an der Kurbelwelle.

Das *Drehmoment*, das zum Durchdrehen eines Motors notwendig ist, ist durch den Reibungswiderstand an den Kolben in den Lagerpassungen und Getrieben und durch den Kompressionswiderstand bedingt. Daher ist das Drehmoment von Zylinderinhalt, Zylinderzahl, Arbeitsweise, Getriebe, der Anzahl und Art der angetriebenen Zubehörapparate, dem Verdichtungsverhältnis und insbesondere von der Viskosität des verwendeten Öls bei der vorhandenen Temperatur abhängig. Genau kann das Durchdreh-Drehmoment nur durch Messung in der Kältezelle bestimmt werden. Eine überschlägige Ermittlung erfolgt durch Rechnung dadurch, daß die sogenannte Volumziffer in mkg/Ltr., ein aus vielen Kältemessungen ermittelter Erfahrungswert, mit dem Zylinderinhalt in Ltr. multipliziert wird. Nach Angabe der Robert Bosch G. m. b. H. beträgt die Volumziffer für —10° C für Ottomotoren 3...5 mkg/Ltr., für Dieselmotoren 5...10 mkg/Ltr.

Die zum Ingangsetzen des Motors notwendige Mindestanlaßdrehzahl ist bei Ottomotoren allein durch die ausreichende Bildung eines zündfähigen Gemisches bestimmt. Bei Dieselmotoren bestimmt die zur Selbstzündung des Brennstoffs notwendige Kompressionswärme die Mindestanlaßdrehzahl. Die Erfahrungswerte der erforderlichen Anlaßdrehzahlen betragen nach Angabe der Robert Bosch G. m. b. H.: Ottomotoren etwa 50...60 U/min; Vorkammer- und Luftspeicherdiesel mit Glühkerzen etwa 150 U/min; ohne Glühkerzen etwa 200 U/min; Dieselmotor mit direkter Strahleinspritzung etwa 100 U/min.

Durch Einsetzen in die übliche Leistungsformel erhält man die *Anlaßleistung.*

Um nun die *Anlasser- und Batteriegröße* zu ermitteln, sind die Leistungskurven von Anlassern bei verschiedenen Batteriegrößen, s. Bild 36, notwendig. Aus diesen Kurven ist ersichtlich, daß die Leistung eines Anlassers in hohem Maße von der Batteriekapazität abhängt. Gehen wir mit der ver-

[1]) Die Ceten-Zahl gibt die Zündwilligkeit eines Kraftstoffes an. Je größer die Ceten-Zahl, desto zündwilliger der Kraftstoff und desto kleiner der Zündverzug.

langten Anlaßleistung von z. B. 8 PS in die Anlasserleistungskurven ein, so sieht man daraus, daß diese Anlaßleistung von dem Anlasser, auf den die Kurven bezogen sind, nur mit einer Batterie von 150 Ah erreicht werden kann. Mit Rücksicht auf Reserve wird innerhalb des Bereiches, in dem die zur Verfügung stehende Anlaßleistung größer ist als die geforderte, der Arbeitspunkt mit dem kleinsten Drehmoment gewählt. Die Drehzahl des Anlassers erhält man aus der entsprechenden Drehzahlkurve, durch Berücksichtigung der verlangten Kurbelwellendrehzahl das Übersetzungsverhältnis von Anlasser: Kurbelwelle. Wenn das Übersetzungsverhältnis aus Einbaugründen zu groß ist, hat man die Möglichkeit, durch Verzicht auf einen Teil der Drehmomentreserve, die Anlaßdrehzahl und damit das Übersetzungsverhältnis zu verringern.

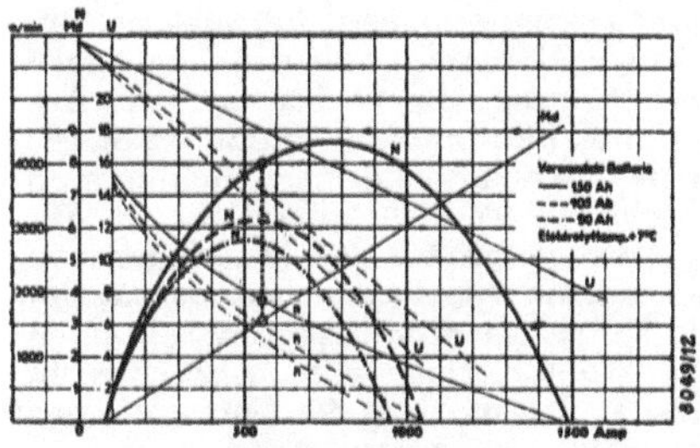

Bild 36. Leistungskurven eines Anlassers bei Verwendung von verschiedenen Batteriegrößen

E. Einbau, Befestigung und Getriebe.

1. Einbau und Befestigung.

Der *Einbau* der Anlasser, dessen Ritzel in üblicher Weise mit dem Schwungradzahnkranz in Eingriff gebracht wird, erfolgt vor oder hinter dem Schwungrad neben dem Kurbelgehäuse bzw. dem Wechselgetriebe. Bei den *kleineren und mittleren Anlassern* ist Flansch- oder Sattelbefestigung mittels Spannband möglich. Befindet sich jedoch der Anschlußbolzen, Anlaßschalter oder dgl. auf dem Polgehäuse, so kommt nur Flanschbefestigung, evtl. auch Befestigung in kurzem Einstecklager in Frage. Auch bei Sattelbefestigung ist ein Einpaß wegen Zentrieren und Einhalten von Zahnluft und Ritzelabstand und Abdichten des Schwungradgehäuses gegen Eindringen von Schmutz, Öl und Spritzwasser zweckmäßig. Während bei den Anlassern mit außen gelagertem Ritzel das Außenlager eine Anpassung an das Schwungradgehäuse erfordert, ergeben Anlasser mit fliegend gelagertem Ritzel einen einfacheren Einbau. Über Normung von Flansch- und Außenlagerabmessungen siehe Normblätter über Flanschlager für Anlasser, deren DIN-Bezeichnungen auf S. 1045 angegeben sind.

Bei *großen* Anlassern findet ausschließlich Sattelbefestigung, jedoch mit kräftigen Spannbügeln, Anwendung (s. Bild 37).

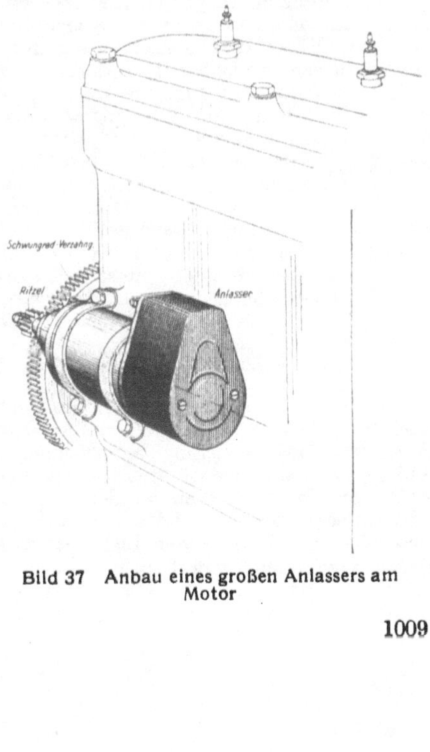

Bild 37 Anbau eines großen Anlassers am Motor

Die Anlasser sind gegen *äußere Einflüsse* zu schützen. Befindet sich im Schwungradgehäuse Öl bzw. kondensierter Öldampf, so ist das Eindringen von Öl in den Anlasser durch Lederabdichtung oder Ölablaufloch im Antriebslager zu vermeiden. Lecköl, das durch die Einpässe, Schraubenlöcher, Verschlußbando der Kapsel ins Innere des Anlassers eindringen könnte, muß durch Abdeckblech vom Anlasser abgehalten werden, andernfalls ist Abdichtung obiger Stellen erforderlich. Dasselbe gilt für das Eindringen von Schmutz und Spritzwasser. Beim Eindringen von Benzin besteht die Gefahr der Entzündung an Funken, die an Schalterkontakten oder Bürsten auftreten, und damit Explosionsgefahr. Abhilfe erfolgt durch Abdeckblech.

Der Anschluß an das Batteriekabel ist zur Vermeidung des Kurzschließens der Batterie beim Montieren vor Berührung zu schützen.

Zur Wartung des Anlassers, d. h. zur Überprüfung von Kollektor und Bürsten, evtl. auch zur Nachschmierung, ist beim Einbau für gute *Zugänglichkeit* zu sorgen.

2. Getriebe.

Hauptsächlich werden Ritzel mit Modul 3, neuerdings mit Modul 2,5, mit einem Eingriffswinkel von $14^1/_2{}^0$ und 20^0 verwendet. Die kleinsten Zähnezahlen der Ritzel sind 7...9.

Als *Material* für Ritzel wird meist Einsatzstahl verwendet, bei Schubankeranlassern (System Bosch-Rushmore) jedoch Bronze, das in bezug auf Geräusch und Verschleiß günstiger, jedoch auch teurer als Stahl ist. Der gerollte und geschweißte Zahnkranz wird entweder aufgeschrumpft, aufgeschraubt oder aufgenietet. Als Material wird nichtgehärteter Stahl mit einer Brinellhärte von 195...230 verwendet. Ritzel und Zahnkranz sind an den Überholflanken in der Regel angeschrägt. Eine Ausnahme bildet das Ritzel des Schubankeranlassers, das nicht angeschrägt ist, da die günstigen Einspurverhältnisse des Schubankeranlassers keine Anschrägung erfordern.

Um die *Verzahnung geräuscharm* auszubilden, muß außer genauem Einbau das Kämmen der Zähne ohne Stoß erfolgen, d. h., wenn ein Zahn außer Eingriff kommt, muß in diesem Augenblick schon ein anderer Zahn im Eingriff sein. Keine Richtungsänderung der Reibungs- und Lagerkräfte tritt bei einseitigem Eingriff auf, wodurch Getriebe geräuschärmer arbeitet. Bei starken Beanspruchungen, wie z. B. bei Dieselmotoren, kommt es vor, daß sich die Kopfkante des Schwungradzahnes beim Abwälzen in den Ritzelfuß einkerbt und Geräusch und Ritzelbrüche verursacht. Beseitigung erfolgt durch Einziehen der Kopfkante des Schwungradzahnes. Zur Erzielung großer Übersetzungen sind Ritzel mit kleinen Zähnezahlen erforderlich. Diese bringen jedoch bei Normalverzahnung ungünstige Eingriffs-, Abnützungs- und Festigkeitsverhältnisse mit sich, die durch *korrigierte* Verzahnung verbessert werden können. *Stumpf*zähne bringen beim Schraubtriebanlasser (Bendixtrieb) günstigere Ein- und Ausspurverhältnisse, jedoch ist die Lebensdauer des Stumpfzahnes kürzer als die des Vollzahnes, da sich der Druck auf eine kleinere Fläche verteilt.

IV. Kombinierte Maschinen.

Bei Verwendung von getrennten Licht-, Zünd- und Anlaßmaschinen sind für jede Maschine besondere Auflagen am Motor, Befestigungen und Antriebe erforderlich. Zur Vereinfachung und Verbilligung der elektrischen Anlage bestand daher schon immer das Bestreben, zwei oder drei Maschinen zu vereinigen. Daraus entstanden, durch Vereinigung von Lichtmaschine und Anlasser der sogenannte Lichtanlasser, durch Vereinigung von Lichtmaschine und Zünder der Lichtbatteriezünder bzw. Lichtmagnetzünder, durch Vereinigung von Lichtmaschine, Anlasser und Zündung der sogenannte Lichtanlaßzünder. Vielfach ist die elektrische Maschine mit dem

Schwungrad des Motors vereinigt worden, was zum Schwunglichtbatteriezünder, Schwunglichtmagnetzünder und Schwunglichtanlaßbatteriezünder führte. Weite Verbreitung haben die kombinierten Lichtzündmaschinen beim Motorrad aus Raumgründen gefunden.

A. Lichtanlasser.

Es werden *eigengelagerte* und *fremdgelagerte* Lichtanlasser unterschieden. Die fremdgelagerten Maschinen sind freifliegend auf dem Kurbelwellenzapfen gelagert. Diese sind nur als Schwungradlichtanlaßzünder für Ein- oder Zweizylinder-Zweitaktmotoren (s. Abschnitt D) bekannt geworden.

Bild 38 zeigt einen *eigengelagerten* Lichtanlasser im Schnitt nebst Schaltbild. Der Anker des Lichtanlassers wird für Anlasser- wie für Lichtmaschinenbetrieb verwendet, die Feldwicklung besteht aus Hauptstrom- und Nebenschlußwicklung. Die Hauptstromwicklung ist nur während des Anlaßvorgangs eingeschaltet, die Nebenschlußwicklung dagegen liegt stets parallel zum Anker. Betätigt man den Anlaßschalter, so wird die Hauptstrom- und Nebenschlußwicklung samt dem Anker mit der Batterie verbunden. Der Lichtanlasser arbeitet als Hauptstrommotor und dreht den Motor durch. Nach Anspringen des Motors wird der Anlaßschalter geöffnet und damit die Hauptstromwicklung ausgeschaltet. Der Lichtanlasser wird nun vom Motor angetrieben und läuft daher als Generator. Bei Erreichen einer bestimmten Drehzahl, der sogenannten Einschaltdrehzahl, verbindet der selbsttätige Schalter des Reglerschalters

Bild 38. Schnitt und Schaltung eines Lichtanlassers mit Eigenlagerung

den Generator mit der Batterie zur Aufladung der letzteren. Die Regelung bei hoher Drehzahl erfolgt in bekannter Weise mit einem Spannungsregler. Bei der Entwicklung von Lichtanlassern mit Stromregelung treten große Schwierigkeiten auf, da die Ankerrückwirkung infolge der niederen Ankerleiterzahl zu gering ist. Sie werden daher kaum mehr verwendet.

Der Lichtanlasser wird bei kleinen Motoren häufig über eine elastische Kupplung direkt mit der Kurbelwelle verbunden. Jegliche Ein- und Ausspurprobleme wie bei den Anlassern, die mit Ritzel auf Schwungradzahnkranz arbeiten, fallen daher weg. Der Lichtanlasser zeichnet sich deshalb auch durch Geräuschlosigkeit aus. Bei großen Motoren würde bei direktem Antrieb der Lichtanlasser zu groß, daher wird der Lichtanlasser über Vorgelege mit Kurbelwelle gekuppelt. Mit Rücksicht auf Geräuscharmut und Preis wird für den Antrieb meist Keilriemen gegenüber Zahnrädern oder Kette bevorzugt. Wegen der hohen Stoßbelastung beim Anlassen sollten jedoch Doppelkeilriemen mit Nachspannvorrichtungen verwendet werden. Die *Vorteile* des Lichtanlassers gegenüber dem Zweimaschinensystem sind geschlossenere Motorbauform, keine Schwungkranzverzahnung und damit Geräuschlosigkeit beim Anlassen und keine Ein- und Ausspurprobleme, ferner Vereinfachung hinsichtlich Antrieb und Befestigung. Diesen Vorteilen stehen folgende *Nachteile* gegenüber: Da keine oder nur kleine Übersetzung vorhanden, muß der Lichtanlasser beim Anlassen ein großes Drehmoment aufbringen; daraus ergibt sich eine Ankerwicklung für hohe Ströme, d. h. verhältnismäßig wenig Ankerleiter mit großen Querschnitten. Obwohl beim Generatorbetrieb der Lichtanlasser im hohen Drehzahlbereich eine große Lichtmaschinenleistung abgeben kann, wird die Einschaltspannung gegenüber dem Zweimaschinensystem wegen der niederen Ankerleiterzahl erst bei höherer Drehzahl erreicht. Der bei der Dimensionierung daher notwendige Kompromiß bedingt große und schwere Lichtanlasser. Ferner wird der Lichtanlasser bei Kälte wegen des Fehlens einer hohen Übersetzung in einem Arbeitspunkt mit schlechterem Wirkungsgrad betrieben. Zum Ausgleich ist daher größere Batterie erforder-

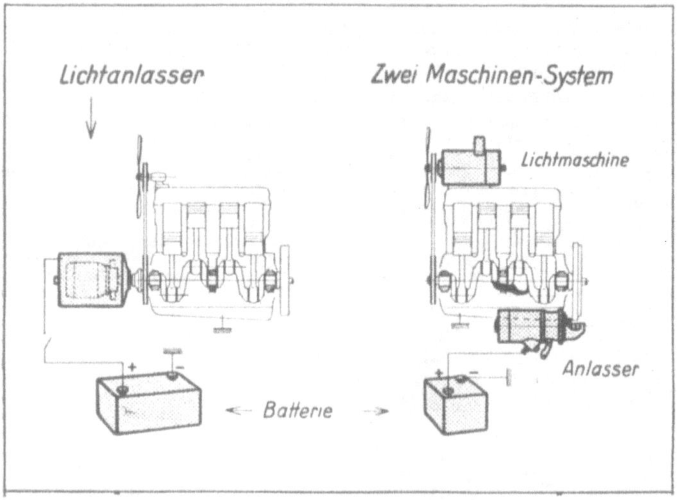

Bild 39. Gegenüberstellung von Lichtanlasser und Zweimaschinensystem

lich. Wegen des hohen Eigengewichts des Lichtanlassers, der meist schwerer ist als Anlasser und Lichtmaschine des Zweimaschinensystems zusammen und wegen der zugehörigen schweren Batterie, hat sich der Lichtanlasser gegenüber dem Zweimaschinensystem nur in geringem Maße eingeführt. Bild 39 zeigt schematisch eine Anlage mit Lichtanlasser gegenüber derjenigen mit Zweimaschinensystem.

B. Lichtbatteriezünder.

1. Lichtbatteriezünder für Krafträder.

Im oberen Teil des *eigengelagerten* Lichtbatteriezünders (Bild 40) befindet sich die Lichtmaschine, die über Vorgelege durch die im unteren Teil liegende Antriebswelle angetrieben wird. Das hintere Ende dieser Welle ist als Nocken ausgebildet, durch den der Unterbrecher für den Zündstrom gesteuert wird. Bei Viertakt läuft die Antriebswelle mit Unterbrechernocken mit Steuerwellendrehzahl. Übersetzung zwischen Antriebswelle und Lichtmaschinenwelle beträgt 1 : 4, so daß Lichtmaschinendrehzahl gleich der doppelten Kurbelwellendrehzahl ist. Bei Zweitakt wird die Antriebswelle direkt mit der Kurbelwelle gekuppelt und die Übersetzung Antriebswelle zu Lichtmaschinenwelle be-

Bild 40. Eigengelagerter Lichtbatteriezünder für Motorräder.

trägt 1 : 2. Der Einbau erfolgt auf ebener Auflage, die Befestigung mittels Spannband. Bei beschädigter Batterie kann die Zündung auch mit der Lichtmaschine, an Stelle der Batterie, betrieben werden. Dazu muß zunächst das Batteriekabel abgeschaltet werden und die Zündung durch den an diesen Maschinen üblichen Schalter von „Batterie" auf „Dynamo" geschaltet werden, wodurch der selbsttätige Schalter der Lichtmaschine überbrückt wird. Die Zündung ist nun allein und unmittelbar mit der Lichtmaschine verbunden (sogenannte Dynamozündung). Zur Er-

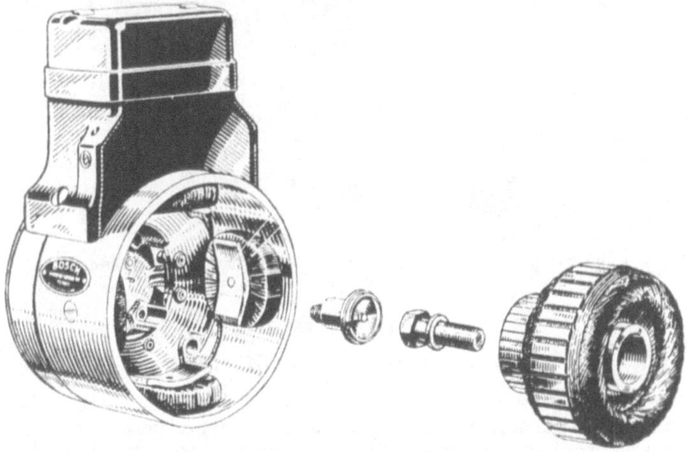

Bild 41. Schwunglichtbatteriezünder für Motorräder

zielung eines zündfähigen Funkens ist es jedoch möglich, daß beim Andrehen mit Kickstarter die Drehzahl nicht ausreicht; in diesem Falle muß das Motorrad angeschoben werden. Wird die instandgesetzte Batterie wieder eingebaut, so ist der Schalter auf „Batterie" zu stellen, sonst würde sich bei Stillstand die Batterie in kurzer Zeit über die Lichtmaschine entladen.

Einen *fremdgelagerten* Lichtbatteriezünder stellt der *Schwunglichtbatteriezünder* dar, dessen Anker auf den Kurbelwellenzapfen aufgesetzt wird und zugleich dem Motor als Schwungrad dient, s. Bild 41. Das Gehäuse des Schwunglichtbatteriezünders sitzt mit seinem Einpaß im Motorgehäuse und wird mit Schrauben befestigt. Der Unterbrechernocken ist auf dem freien Ende des Ankers angebracht. Reicht das Schwungmoment des innen umlaufenden Ankers für den Motor nicht aus, so kann entweder eine Schwungscheibe dem Anker beigelegt oder ein Schwunglichtbatteriezünder mit außen umlaufenden Anker und innenliegenden Feldpolen verwendet werden.

2. Lichtbatteriezünder für Kraftwagen.

Um einen Antrieb bei Kraftwagen mit Batteriezündung zu sparen, wird der Lichtbatteriezünder, bestehend aus üblicher Lichtmaschine und durch Schraubenräder angetriebenem, senkrecht zur Lichtmaschinenwelle stehendem Zündverteiler, verwendet, s. Bild 42. Die Übersetzung Kurbelwelle: Lichtmaschine ist bedingt durch die Nenndrehzahl der Lichtmaschine, die bei der niedersten praktisch möglichen Fahrgeschwindigkeit im direkten Gang erreicht werden soll, während sich die Übersetzung zwischen Lichtmaschine und Verteiler daraus ergibt, daß die Verteilerwelle bei Zweitakt mit Kurbelwellendrehzahl, bei Viertakt mit halber Kurbelwellendrehzahl umlaufen muß.

Der Lichtbatteriezünder wird immer mehr durch keilriemenangetriebene Lichtmaschinen und getrennte Batteriezünder verdrängt.

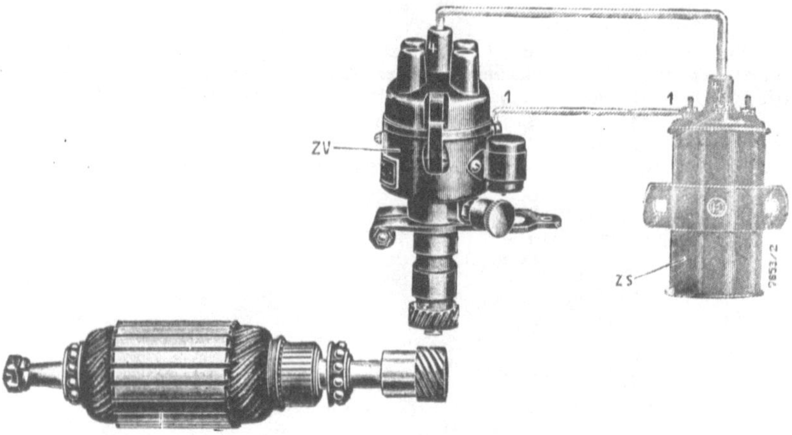

Bild 42. Lichtmagnetanker und Zündverteiler eines Lichtbatteriezünders und Zündspule für Motorwagen

C. Lichtmagnetzünder.

1. Lichtmagnetzünder für Krafträder.

Der *eigengelagerte* Lichtmagnetzünder, s. Bild 43, besteht aus dem im unteren Teil liegenden Magnetzünder und der im oberen Teil liegenden spannungsgeregelten Lichtmaschine. Im Aufbau und Wirkungsweise entspricht der Magnetzünder der üblichen Bauart mit umlaufendem Anker, mit Ausnahme des Hufeisenmagnets, an dessen Stelle zwei Stabmagnete mit magnetischer Verbindung durch Lichtmaschinenpolgehäuse getreten sind. Angetrieben wird der Lichtmagnetzünder an dem herausragenden Stumpf der Magnetzünderwelle, während der Antrieb der eigentlichen Lichtmaschine über Vorgelege von der Magnetzünderwelle aus erfolgt. Der Lichtmagnetzünder wird ebenso wie der entsprechende Magnetzünder eingebaut, beansprucht kaum mehr Platz und kann meist an die Stelle des letzteren gesetzt werden.

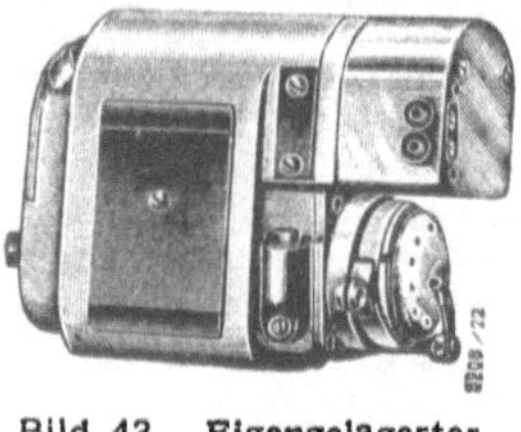

Bild 43. Eigengelagerter Lichtmagnetzünder für Motorräder

Einen *fremdgelagerten* Lichtmagnetzünder für kleine Krafträder mit als Schwungrad umlaufendem Magnet, also einen *Schwunglichtmagnetzünder*, zeigt Bild 44. Der Lichtstrom wird nicht wie üblich in einer Gleichstrommaschine, sondern in einer magnetelektrischen Wechselstrommaschine erzeugt. Der in den auf der feststehenden Ankerplatte befestigten Lichtwicklungen induzierte Wechselstrom wird einerseits zur Speisung der Hauptlampe (Biluxlampe) im Scheinwerfer, andererseits über Gleichrichter, der im Scheinwerfergehäuse eingebaut ist, zur Ladung der Batterie verwendet. Die hochgespannte Zündspannung wird in der Zündwicklung (Primär- und Sekundärwicklung) auf der Ankerplatte erzeugt.

2. Lichtmagnetzünder für Kraftwagen.

Einen Lichtmagnetzünder für Kraftwagen, bei welchem eine übliche spannungsgeregelte Lichtmaschine mit Magnetzünder mit ruhender Ankerspule und umlaufendem Magnet und mit Zündverteiler eine mechanische Einheit bilden, zeigt Bild 45. Anstelle des Lichtmagnetzünders wird heute meist getrennte Licht- und Zündmaschine verwendet.

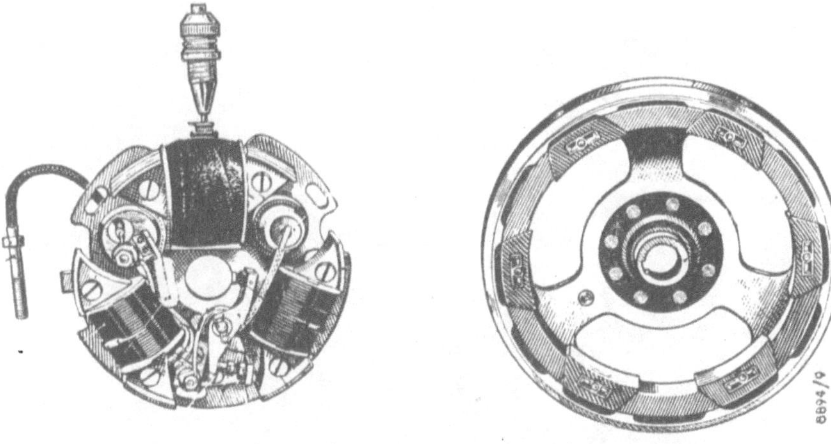

Bild 44. Schwunglichtmagnetzünder für kleine Motorräder

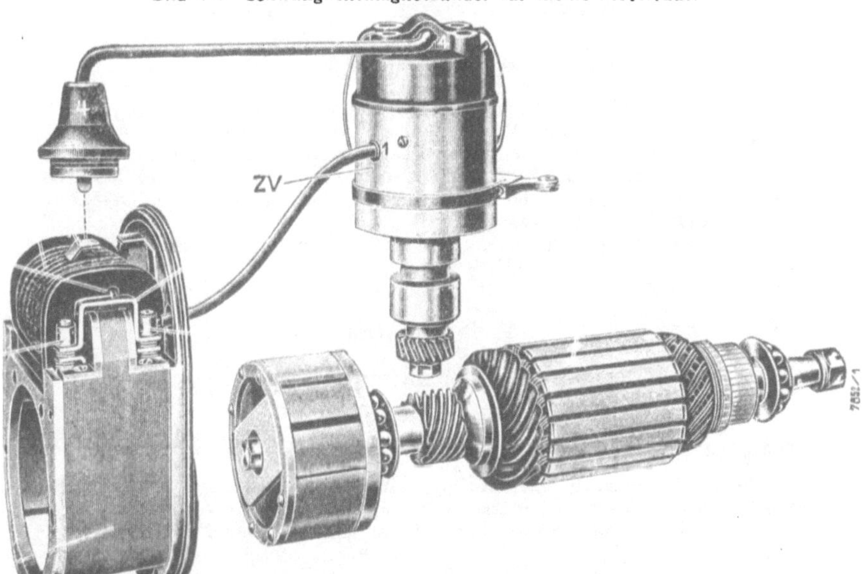

Bild 45. Lichtmagnetzünder für Motorwagen

D. Schwunglichtanlaßbatteriezünder.

Der Schwunglichtanlaßbatteriezünder stellt eine Vereinigung eines Schwunglichtbatteriezünders mit einem Anlasser dar. Die für Einzylinder-Zweitaktmotoren in Betracht kommende Ausführung zeigt Bild 46. Es handelt sich hier um eine fremdgelagerte Maschine, d. h. der Anker ist fliegend auf dem Kurbelwellenzapfen des Motors gelagert. Der Anker ist so gestaltet, daß er zugleich das Schwungrad des Motors bildet. Während der Anker sowohl für Lichtmaschinen- als auch für Anlasserbetrieb dient, befindet sich auf jedem Pol des Ständers eine Feldwicklung (Nebenschluß-

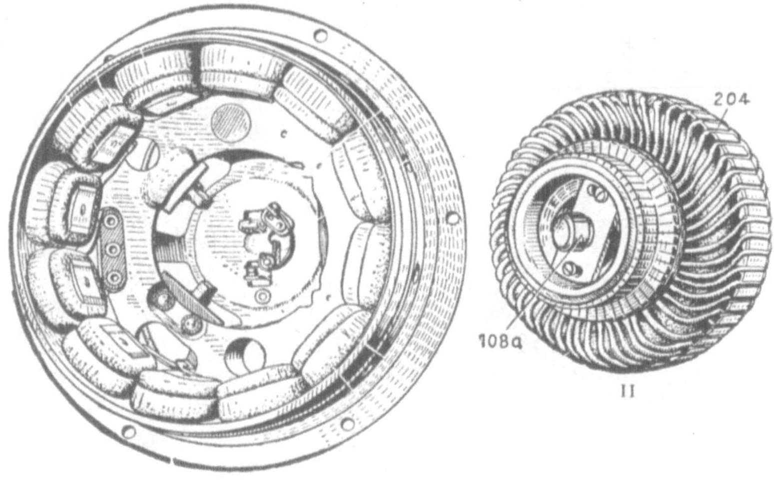

Bild 46. Schwunglichtanlaßbatteriezünder

wicklung) allein für Lichtmaschinenbetrieb und eine Feldwicklung (Hauptstromwicklung) allein für Anlasserbetrieb. Die Lichtmaschine hat Spannungsregler. Der Unterbrechernocken ist am freien Ende des Ankers angeschraubt, während das Unterbrechergehäuse auf dem Polgehäuse befestigt ist. Das Zentrieren des Polgehäuses im Motorgehäuse erfolgt mittels Einpaß, die Befestigung mittels Schrauben.

Für Zweizylinder-Zweitaktmotoren ist ein zweiter Unterbrecher und eine zweite Zündspule erforderlich.

V. Beleuchtung.

A. Scheinwerfer.

1. Hauptscheinwerfer.

a) Anforderungen an die Hauptscheinwerfer und die StVZO.

Für einen neuzeitlichen Kraftverkehr erwarten wir im Frieden, daß er bei Nacht mit einer gegenüber dem Tag nicht zu sehr verminderten Geschwindigkeit, auf alle Fälle aber mit der gleichen Sicherheit abgewickelt werden kann wie bei Tag. Dabei ist noch mit stetig anwachsender Verkehrsdichte zu rechnen. Diese Forderung setzt nicht nur geeignete Straßen voraus, sondern vor allem auch ihre zweckmäßige künstliche Beleuchtung. Auf den Landstraßen und den Reichsautobahnen, wo eine ausreichende Allgemeinbeleuchtung wegen der hohen Kosten auf absehbare Zeit ausgeschlossen ist, muß die Fahrbahn in geeigneter Weise vom Fahrzeug aus beleuchtet werden. Die vor dem Kriege verwendeten Geräte wurden durch geringe Änderungen den Kriegsverhältnissen angepaßt, ferner wurden sie durch einige Sondergeräte ergänzt. Voraussichtlich stehen noch für die ersten Jahre nach dem Kriege die Geräte zur Verfügung, die schon vor dem Kriege verwendet wurden. Wir behandeln hier zunächst die für den Frieden geschaffenen Hauptscheinwerfer.

Die an die Beleuchtung allgemein und im Rahmen der Straßenverkehrs-Zulassungs-Ordnung (StVZO) gestellten Forderungen sind folgende:

Verkehrszeichen, Straßenabzweigungen, Hindernisse usw. müssen rechtzeitig erkannt werden, so daß der Bremsweg kürzer ist als die Sichtweite. Dazu ist eine bestimmte Reichweite des Fernlichts erforderlich. Der Bremsweg ist durch die Reaktionszeit des Fahrers, die Fahrgeschwindigkeit, die Wirksamkeit der Bremsen und den Zustand von Reifen und Straße bedingt. Gleichzeitig muß die Streuung des Lichtes nach der Seite, in die Höhe und im Vorfeld des Wagens so groß sein, daß eine sichere Erkennung der Straßenränder (auch in Kurven), Verkehrszeichen usw., möglich ist. Damit entgegenkommende Personen und Tiere nicht geblendet werden, muß der Scheinwerfer abgeblendet werden; dabei muß jedoch das Vorfeld vor dem Wagen ausreichend beleuchtet bleiben. Die Lichtstärke des Fernlichtes soll grundsätzlich begrenzt sein, damit entgegenkommende Fahrer nicht auf allzu große Entfernung geblendet werden. Auf diese Weise wird die Abblendungsdauer, während der die Sicherheit naturgemäß geringer ist, auf ein Mindestmaß beschränkt. Ferner muß der Scheinwerfer samt Befestigung der Beanspruchung durch die Erschütterungen im Fahrbetrieb standhalten und gegen Eindringen von Spritzwasser und Staub geschützt sein.

Nach der *StVZO* § 50 (1) (2) müssen Kraftfahrzeuge (auch Dreirad-Fahrzeuge) mit zwei gleichfarbigen, gleich stark nach vorn leuchtenden Scheinwerfern ausgerüstet sein; bei Krafträdern ist nur 1 Scheinwerfer erforderlich; bei Kraftfahrzeugen mit einer Höchstgeschwindigkeit von 8 km/h genügen zwei Lampen ohne Scheinwerferwirkung und bei einer Höchstgeschwindigkeit von weniger als 30 km/h genügt das Abblendlicht.

Die untere Kante der Scheinwerferscheibe darf nach § 50 (3) nicht höher als 100 cm (bei Zugmaschinen in land- und forstwirtschaftlichen Betrieben nicht höher als 120 cm) über der Fahrbahn liegen.

Über den seitlichen Abstand der Scheinwerfer von der Außenkante siehe Begrenzungslampen bzw. Standlampen, Abschnitt B 1.

Die Scheinwerfer müssen so befestigt sein, daß eine unbeabsichtigte Verstellung oder eine Selbstverstellung durch die Beanspruchung des Betriebs nicht eintreten kann.

Nach § 50 (4) wird die Lichtstärke der Glühlampen in elektrischen Scheinwerfern oder anderen Leuchten dadurch begrenzt, daß die Leistungsaufnahme von Glühlampen bei der mittleren Betriebsspannung höchstens je 35 Watt betragen darf. Durch Riffelung der Scheinwerferspiegel oder -scheiben oder auf andere Weise muß eine Streuung des austretenden Lichts bewirkt werden.

Die Reichweite des Fernlichts ist nach § 50 (5) folgendermaßen festgelegt:

Fahrzeuge mit über 30 km/h Höchstgeschwindigkeit müssen bei Fernlicht die Fahrbahn so beleuchten, daß die Beleuchtungsstärke in 100 m Entfernung 15 cm über der Fahrbahn mindestens beträgt:

0,25 Lux bei Krafträdern mit einem Hubraum bis 100 ccm
0,50 Lux bei Krafträdern mit einem Hubraum über 100 ccm und
1,00 Lux bei anderen Kraftfahrzeugen.

Bei Fahrzeugen mit weniger als 30 km/h Höchstgeschwindigkeit genügen obige Werte in 25 m Entfernung, d. h. es ist nur Abblendlicht vorgeschrieben.

Die Einschaltung des Fernlichts muß durch eine blau leuchtende Lampe im Blickfeld des Fahrzeugführers angezeigt werden. Bei Krafträdern und Zugmaschinen mit offenem Führersitz kann die Einschaltung des Fernlichts durch die Stellung des Schalthebels angezeigt werden.

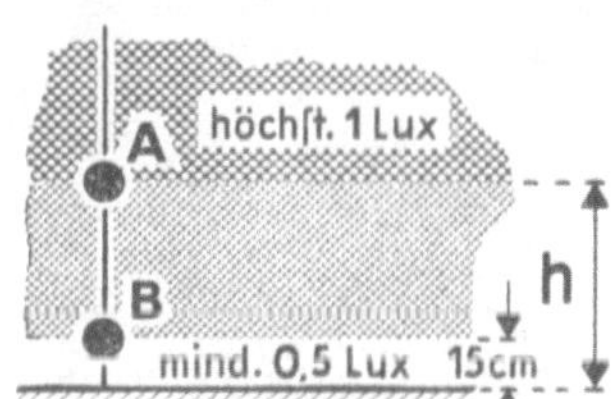

Bild 47. Veranschaulichung des § 50 (6) der StVZO für Abblendlicht

Nach § 50 (6) müssen die Scheinwerfer vom Führersitz aus gleichzeitig und gleichmäßig abgeblendet werden können (Einzelheiten über Abblendung s. Abschnitt c). Das Abblendlicht jedes einzelnen Scheinwerfers darf in 25 m Entfernung oberhalb der Scheinwerfermitte keine größere Beleuchtungsstärke als 1 Lux haben (vgl. Bild 47). In Punkt B, der 15 cm über der Fahrbahnoberfläche liegt, muß der Scheinwerfer bei Abblendlicht eine Beleuchtungsstärke von mindestens 0,5 Lux geben (nur für Scheinwerfer in Fahrzeugen über 100 ccm). Die Lichtverteilung muß so ausgebildet sein, daß im Punkt B mindestens die 3fache Beleuchtungsstärke vorhanden ist, wie im Punkt A.

Beobachtungsfensterchen, die zur Kontrolle, z. B. in den Gehäusen verschiedener Leuchten angeordnet sind, dürfen nicht so angebracht sein, daß sie mit Fahrtrichtungsanzeigern oder anderen Zeichen verwechselt werden können.

b) Aufbau und Wirkungsweise (vgl. Bild 48).

Das *Gehäuse* ist der Form des Spiegels angepaßt; für moderne luftwiderstandsarme Wagen werden häufig windschnittige Formen für das Gehäuse verwendet. Es wird vom Scheinwerferfuß getragen. Während der in Bild 48 dargestellte Scheinwerfer, ein sogenannter Anbau - Scheinwerfer, mit einem Gehäuse versehen ist, fällt ein solches bei dem sogenannten Einbau-Scheinwerfer, s. Bild 67, weg.

Der *Spiegel* hat die Aufgabe, das vom Glühfaden ausgestrahlte Licht so zu reflektieren, daß es in der Richtung der Scheinwerferachse verläuft. Dazu wird ein Spiegel mit parabolischer Form gewählt, der die Eigenschaft hat, daß, wenn der Glühfaden in dessen Brennpunkt steht, das Licht ohne eine Streuscheibe scharf

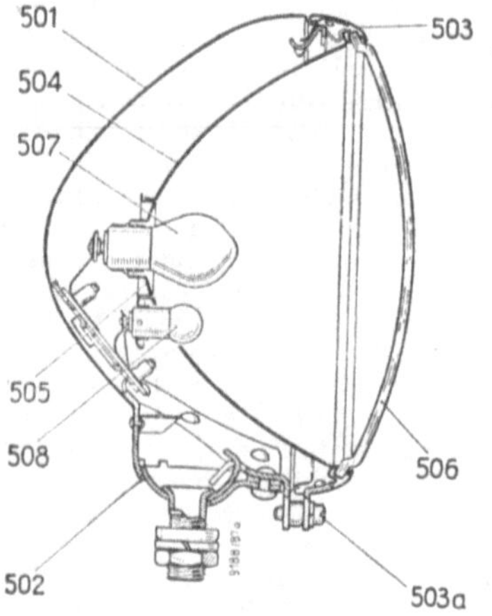

Bild 48. Aufbau eines Scheinwerfers. 501 = Gehäuse, 502 = Scheinwerferfuß, 503 = Scheibenfassung, 503a = Verschlußschraube, 504 = Spiegel, 505 = Lampenfassung, 506 = Streuscheibe als Riffelscheibe. 507 = Biluxlampe, 508 = Standlampe

gebündelt in Richtung der Paraboloidachse, s. Bild 49a, verläuft. Eine Versetzung des Glühfadens aus dem Brennpunkt des Paraboloidspiegels, wie sie bei falsch eingesetzten oder fehlerhaften Glühlampen vorkommt, hat die in Bild 49b, c, d und e dargestellten, in ihrer Richtung geänderten Lichtstrahlen zur Folge. Daraus ist ersichtlich, daß bei jeder Versetzung des Glühfadens die Strahlen nicht mehr parallel verlaufen, sondern

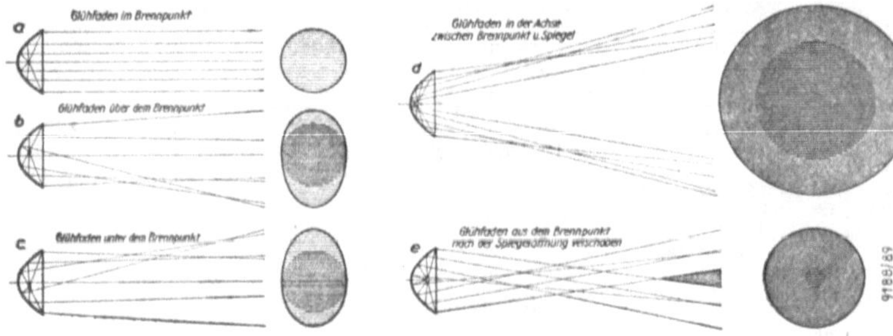

Bild 49. Lichtbündel aus Paraboloidspiegel bei wechselnder Lage der Lichtquelle zum Brennpunkt

gestreut werden und daher in jedem Falle eine geringere, evtl. ungenügende Reichweite ergeben. Während das Strahlenbündel in den Fällen b und c des Bildes 49 hauptsächlich nach unten bzw. oben auseinandergezogen wird, entstehen in den Fällen d und e dunkle Zonen in der Mitte des Strahlenbündels.

Das Reflexionsvermögen, d. h. das Verhältnis der zurückgeworfenen zur auffallenden Strahlungsenergie ist bei Silber am höchsten; es wird deshalb allgemein für Scheinwerferspiegel verwendet.

An die *Glühlampen* sind folgende Forderungen gestellt:

Der Glühfaden soll möglichst punktförmig und erschütterungsfest sein und lange Lebensdauer bei geringer Stromaufnahme haben. Die Leistungsaufnahme bei der mittleren Betriebsspannung ist lt. StVZO auf 35 W begrenzt. Die Lichtstärke und Lebensdauer der Glühlampen sind stark von der angelegten Betriebsspannung abhängig wie aus nebenstehender Tabelle ersichtlich ist:

Spannung in % der Nennspannung	Lichtstärke in %	Lebensdauer in %
85	53	1000
90	67	440
95	83	210
100	**100**	**100**
105	120	50
110	145	28
120	200	6

Geringe Unterspannungen, wie z. B. durch ungeeignete Leitungen bzw. schlechten Kontakt hervorgerufen, ergeben ein stark geschwächtes Licht,

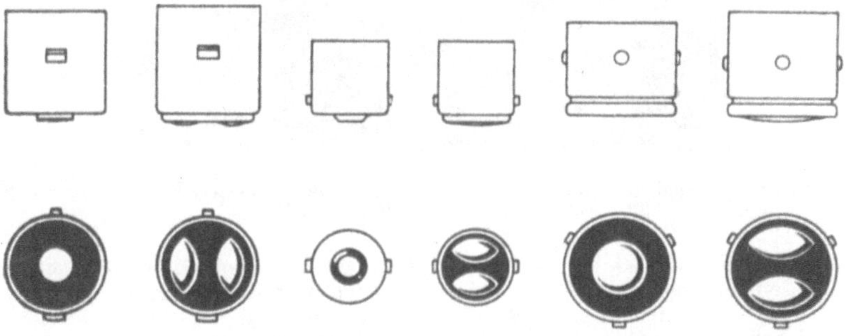

Bild 50. Sockelform für Scheinwerferglühlampen: a) deutsche Einfadenlampe, b) deutsche Zweifadenlampe, c) amerikanische Einfadenlampe, d) amerikanische Zweifadenlampe, e) französische Einfadenlampe, f) französische Zweifadenlampe

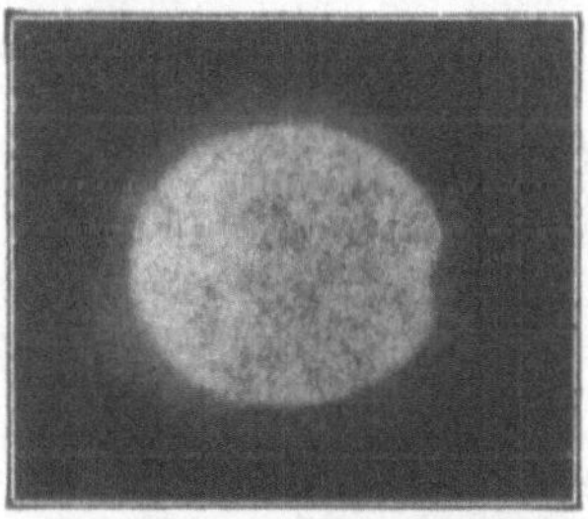

Bild 51. Querschnitt durch das Lichtbündel eines Scheinwerfers mit klarer Lampe und klarer Scheibe

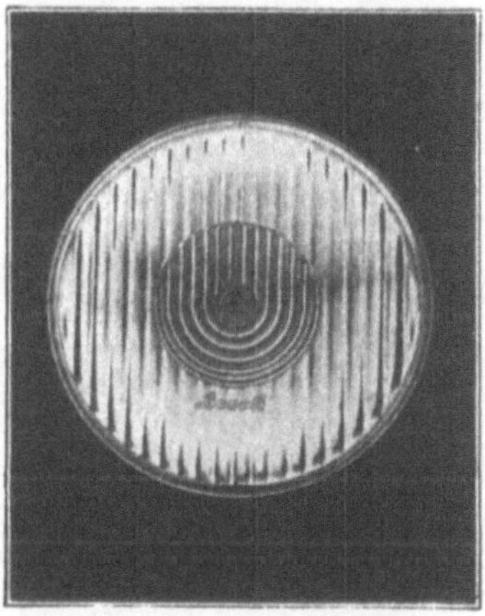

Bild 52a. „Riffel"-Scheibe

geringe Überspannungen ein verstärktes Licht, aber eine wesentlich verringerte Lebensdauer der Glühlampen.

Bild 50 zeigt eine Zusammenstellung der in den verschiedenen Ländern genormten Glühlampensockel für Bajonettfassung, mit welcher Unempfindlichkeit gegen Erschütterungen und sichere Fixierung (Glühfaden im Brennpunkt) gewährleistet wird. Jede Sockelart bedingt eine entsprechende Lampenfassung. Diese Normen der verschiedenen Länder verhin-

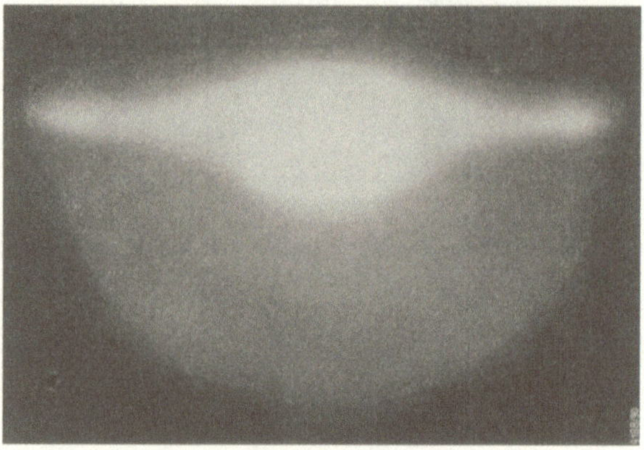

Bild 52b. Querschnitt durch das Lichtbündel eines Scheinwerfers mit klarer Lampe und sogenannter „Riffel-"Scheibe

dern daher z. B. das Auswechseln einer amerikanischen Glühlampe gegen eine deutsche genormte Glühlampe. Die genormten deutschen Glühlampen sind in Kraftfahrbaunorm DIN 72601 angegeben.

Über die Wirkungsweise der Zweifadenlampe siehe folgenden Abschnitt c (Abblendung). Mattierte und geriffelte Glühlampen werden im Anschluß an die Streuscheibe behandelt.

Zur Erzeugung der für die Beleuchtung der Fahrbahn geeigneten Lichtverteilung aus dem parallelen Lichtbündel dient die *Streuscheibe*. Die Streuwirkung der Streuscheibe wird durch Rillen oder Rippen, die als schwache Prismen wirken, hervorgerufen. Das Fernlicht mit klarer Lampe und klarer Scheibe und den Einfluß einer geeigneten Streuscheibe nach Bild 52a auf das Fernlicht zeigen die Bilder 51 und 52b. Während das in Bild 51 gezeigte Lichtbündel eines Scheinwerfers mit klarer Lampe und klarer Scheibe einen kreisförmigen Querschnitt hat, wird durch die Streuscheibe nach Bild 52a das Licht so gestreut, daß ein starker Lichtkern für Boden- und

Bild 53. Wirkung von Scheinwerfern mit klarer Lampe und klarer Scheibe

Bild 54. Wirkung von Scheinwerfern mit klarer Lampe und Riffelscheibe

Fernlicht neben dem Seitenlicht entsteht. Durch diese besondere Streuung wird die Lichtenergie an diejenigen Stellen der Fahrbahn verteilt, die zur Verkehrssicherheit beleuchtet werden müssen; man erhält dadurch die beste Lichtausnützung bei richtiger Beleuchtung. Die Beleuchtung der Fahrbahn mit dem Fernlicht nach Bild 51 bzw. 52b zeigt Bild 53 bzw. 54. Genaue Messungen der Lichtverteilung erfolgen mit dem Luxmeter (bestehend aus Photozelle und Galvanometer). Die sogenannten Isolux-Linien, die man durch Verbinden der Meßpunkte gleicher Beleuchtungsstärke erhält, stellen ein anschauliches Diagramm für die Lichtverteilung dar (vgl. Bild 55).

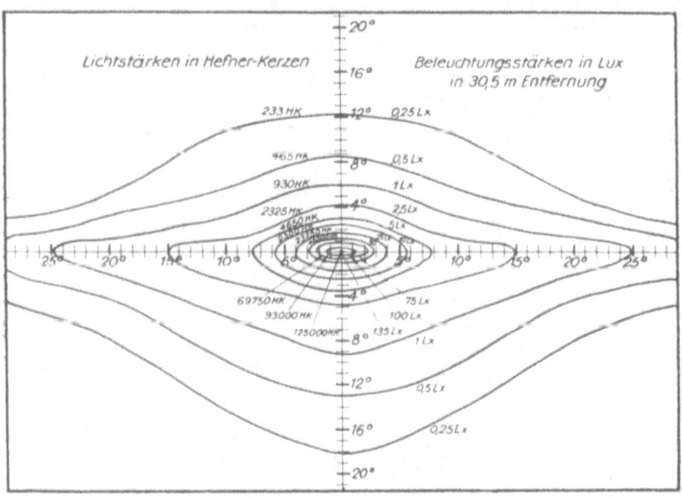

Bild 55. Querschnitt durch das Fernlicht aus zwei Bosch-Scheinwerfern mit Riffelscheiben und Biluxlampen

Eine gewisse Streuung wird auch mit mattierter Lampe und klarer Scheibe erzielt, desgleichen mit geriffelter Lampe und klarer Scheibe, jedoch sind beide Arten der Streuscheibe hinsichtlich Seitenstreuung unterlegen. Eine weitere Möglichkeit, eine genügende Streuung des Scheinwerferlichts hervorzurufen, besteht in der Riffelung des Spiegels.

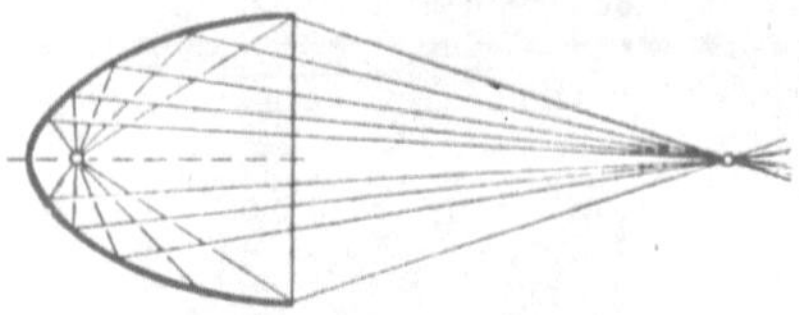

Bild 56. Schematische Darstellung des Strahlengangs beim Ellipsoidspiegel

Außer den Scheinwerfern mit Paraboloidspiegeln sind auch solche mit *Ellipsoidspiegeln* bekanntgeworden. Beim Ellipsoidspiegel werden die Lichtstrahlen zu dem außerhalb des Scheinwerfers liegenden zweiten Brennpunkt reflektiert (s. Bild 56) und verlaufen also nicht parallel zur Spiegelachse wie beim Paraboloidspiegel. Sie müssen durch Ringlinsen zunächst parallelgerichtet werden. Um die durch die Verkehrssicherheit geforderte Seitenstreuung des Lichtes zu erzielen, müssen die Lichtstrahlen dann noch zusätzlich gestreut werden (erreichbar durch Riffelung der Glasscheibe). Vergleichen wir hierzu den Paraboloidspiegel, so fällt bei ihm das Parallelrichten der Lichtstrahlen weg. Aus diesem Grunde sind die Lichtverluste in der Ringlinsenscheibe des Ellipsoidscheinwerfers größer als in der bei Paraboloidscheinwerfern verwendeten Riffelscheibe. Dieser Mehrverlust in der Ringlinsenscheibe des Ellipsoidscheinwerfers kann durch tiefer gezogenen Spiegel ausgeglichen werden, da in diesem Fall der reflektierte Lichtstrom wegen des größeren umfaßten Raumwinkels größer ist; jedoch hat dieser tiefer gezogene Spiegel den Nachteil eines größeren Werkstoffaufwandes.

c) Abblendung.

Das Fernlicht gefährdet entgegenkommende Fahrer durch seine Blendwirkung trotz der Streuung und der begrenzten Leistungsaufnahme der Glühlampe von 35 W. Die Scheinwerfer müssen aus diesem Grunde abblendbar sein. Nach der StVZO darf die Beleuchtungsstärke jedes einzelnen abgeblendeten Scheinwerfers in der Höhe der Scheinwerfermitte in 25 m Entfernung nicht mehr als 1 Lux betragen.

Im folgenden werden die wichtigsten Abblendsysteme beschrieben:

Abblenden durch Zweifadenlampe mit Abdeckschirm. Auf dem europäischen Kontinent wird zur Abblendung fast ausschließlich die vorgenannte Lampe verwendet. Diese Lampe (Bild 57) enthält einen Fernlichtfaden, der sich bei eingesetzter Lampe in

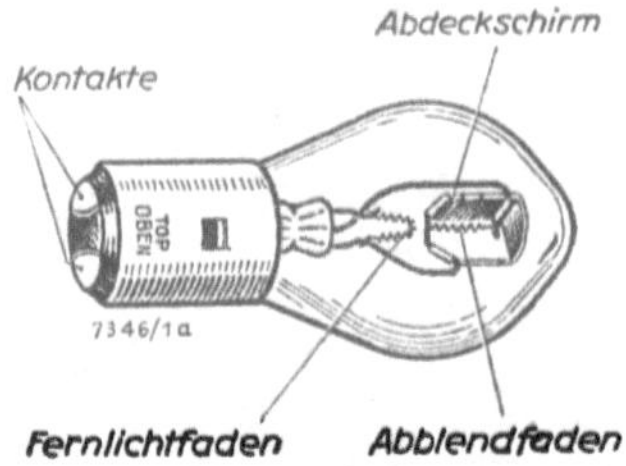

Bild 57. Aufbau einer Zweifadenlampe mit Abdeckschirm

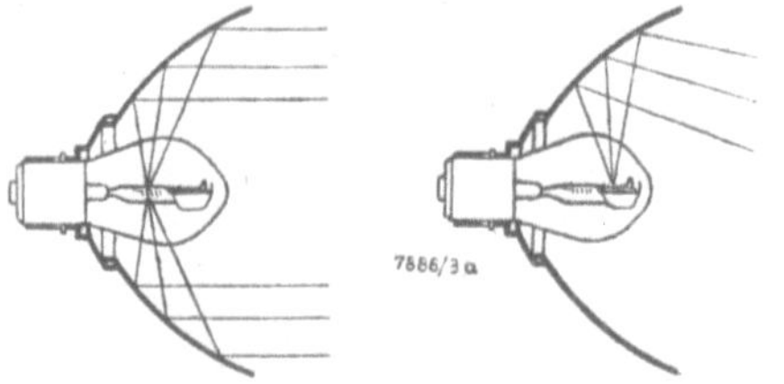

Bild 58. Wirkungsweise einer Zweifadenlampe mit Abdeckschirm. links: Fernlicht, rechts: Abblendlicht

dem Brennpunkt des Scheinwerferspiegels befindet und einen Abblendfaden. Ist der Fernlichtfaden eingeschaltet, so verlaufen die Lichtstrahlen parallel zur Spiegelachse. Der Abblendfaden liegt vor dem Fernlichtfaden, also außerhalb des Brennpunktes, so daß die Lichtstrahlen nicht parallel zur Spiegelachse verlaufen, sondern gegen die Spiegelachse geneigt sind. Die von der unteren Spiegelhälfte nach oben reflektierten Strahlen würden jedoch den entgegenkommenden Fahrer blenden. Zur Beseitigung dieser Blendung werden die vom Abblendfaden nach unten gehenden Lichtstrahlen von einem Abdeckschirm abgefangen. Das Abblendlicht kann auf diese Weise nur von der oberen Spiegelhälfte ausgehen, es ist, siehe Bild 58, nach unten geneigt, so daß eine Blendung nicht möglich ist. Die Beleuchtung einer Straßengabelung mit Fernlicht bzw. Abblendlicht zeigen die Bilder 59 und 60.

Abblendung mittels amerikanischer Zweifadenlampe (Bild 61). Bei dieser Zweifadenlampe, die in Amerika heute hauptsächlich zur Abblendung verwendet wird, befindet sich der Fernlichtfaden ebenfalls im Brennpunkt des Paraboloidspiegels wie bei der deutschen Zweifadenlampe, jedoch liegt der Abblendfaden nicht vor, sondern

Bild 59. Beleuchtung einer Straßengabelung mit Fernlicht von Scheinwerfern mit deutscher Zweifadenlampe Marke „Bilux"

Bild 60. Beleuchtung einer Straßengabelung mit Abblendlicht von Scheinwerfern, mit deutscher Zweifadenlampe Marke „Bilux"

über dem Fernlichtfaden und ein Abdeckschirm ist nicht vorhanden; bei eingeschaltetem Abblendfaden sind die Lichtstrahlen nach dem Boden gerichtet, jedoch ist die Abblendung nicht so günstig wie bei der deutschen Zweifadenlampe.

Abblendung durch Kippspiegel. In England (Linksverkehr) wird die Abblendung hauptsächlich durch Kippen des Spiegels ausgeführt. Die Abblendung erfolgt derart, daß der linke Scheinwerfer ausgeschaltet und der rechte Scheinwerfer durch Kippen des Spiegels nach dem Boden zu geneigt wird. Die Lagerung des Spiegels ist nicht horizontal, sondern so geneigt, daß die Lichtstrahlen des Scheinwerfers mit gekipptem Spiegel schräg nach links unten verlaufen. Der Spiegel wird durch Elektromagnet im Scheinwerfergehäuse gekippt.

Während sich auf dem europäischen Kontinent heute auch beim Motorrad die Abblendung durch Zweifadenlampe mit Abdeckschirm eingeführt hat, wurde beim Motorrad früher meist dadurch abgeblendet, daß man entweder den Spiegel oder den Scheinwerfer mittels Bowdenzug geneigt hat.

Den heutigen, oben beschriebenen Abblendsystemen haften folgende Mängel an: Trotz des geneigten Abblendlichtes kann bei falscher Scheinwerfereinstellung oder zu starker Neigung des Fahrzeuges infolge Straßengefälle oder Straßenunebenheit noch eine gewisse Blendung auftreten. Das Abendlicht mit seiner geringen Reichweite zwingt bei gleicher Sicherheit zu geringerer Geschwindigkeit. Das Umschalten von Fern- auf Abblendlicht ist von dem Verhalten des Fahrers abhängig. Diese Mängel waren der Anlaß, Versuche mit *polarisiertem Licht* zur blendfreien Fahrbahnbeleuchtung durchzuführen. Die praktische Verwirklichung dieses Gedankens ist heute dadurch etwas näher gerückt, daß die Herstellung von Großflächen-Polarisatoren[1]) möglich ist.

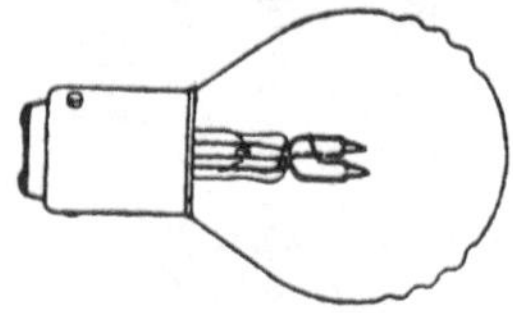

Bild 61. Amerikanische Zweifadenlampe

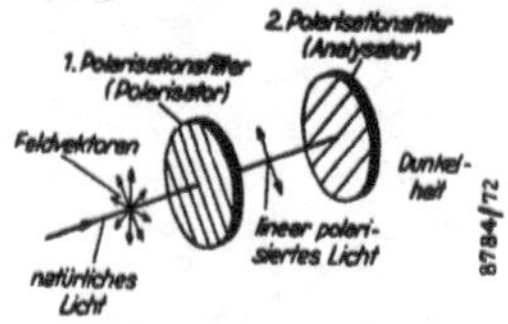

Bild 62. Veranschaulichung der Entstehung linear polarisierten Lichtes.

Lichtstrahlen sind elektromagnetische Wellen. Die jeweilige Wellenhöhe entspricht der Größe des (schwingenden) elektromagnetischen Feldes. Wir stellen sie durch einen Vektor (Pfeil) den sogenannten Feldvektor dar. Dieser steht senkrecht zur Fortpflanzungsrichtung. Beim natürlichen Licht sind in einem Lichtbündel alle möglichen Richtungen des Feldvektors vertreten, siehe Bild 62.

Beim *linear polarisierten Licht* dagegen schwingen alle Feldvektoren nur in einer Richtung. Es entsteht aus natürlichem Licht durch den sogenannten Polarisator, z. B. ein Filter aus dichroitischen Stoffen, die nur Licht einer bestimmten Schwingungsrichtung (in Bild 62 durch Schraffur gekennzeichnet) durchlassen, alles übrige aber verschlucken. Polarisation des Lichtes tritt auch bei Spiegelung an Glasplatten und beim Durchgang durch doppelbrechende Kristalle ein. Zur Anwendung am Kraftfahrzeug sind dichroitische Filter, d. h. die vorgenannten Großflächen-Polarisatoren am geeignetsten. Durch ein zweites Polarisationsfilter (Analysator) in einer Stellung, in der es nur Licht mit einer zum ersten Filter senkrechten Schwingungsrichtung durchläßt, wird das Licht fast vollkommen verschluckt. Damit ein Fahrer von einem entgegenkommenden Fahrzeug, dessen Scheinwerfer durch Vorsetzen eines Polarisators linear polarisiertes Licht ausstrahlt, nicht geblendet wird, muß vor seine Augen, also an der Windschutzscheibe oder Brille ein Analysator angebracht werden. Der Winkel, den die Durchlaßrichtung der Polarisatoren vor den Scheinwerfern mit der Waagrechten bildet, ist 1936 durch Norm auf 45° festgelegt worden. Die Verwendung von linear polarisiertem Licht hat den Nachteil, daß schon eine geringe gegenseitige Verdrehung der Filter eine beträchtliche Blendung hervorruft. Solche Verdrehungen der Filter können z. B. durch fehlerhaften Einbau, mangelhafte Befestigung der Filter im Scheinwerfer, beim Befahren von gewölbten Straßen und durch die Neigung der Krafträder in Kurven entstehen. Diese Mängel des linear polarisierten Lichtes führten zu Versuchen mit zirkular polarisiertem Licht.

Zur Erläuterung der Entstehung *zirkular polarisierten Lichtes* aus linear polarisiertem zerlegen wir letzteres in zwei senkrecht zu einander stehende Komponenten gleicher Phase. Eine Platte aus einem doppelbrechenden Stoff hat bei einer bestimmten Gestaltung die Eigenschaft, daß sie die beiden Komponenten des linear polarisierten Lichtes mit verschiedenen Geschwindigkeiten durchläßt. Die Größe der dadurch erzeugten gegenseitigen Phasenverschiebung der beiden Komponenten bei ihrem Austritt aus der Platte hängt unter anderem von der Dicke der Platte ab. Beträgt die gegenseitige Phasenverschiebung $90° = 1/4$ der Wellenlänge λ (erzeugt durch sogenannte $\lambda/4$-Platte), so setzen sich die beiden Komponenten, sofern sie durch bestimmte Stellung der Platte gleich groß sind, zu einem Schwingungsvektor zusammen, dessen Pfeilspitze sich auf einem Kreis bewegt, bei Berücksichtigung der

[1]) Näheres siehe: Polarisiertes Licht in der Kraftfahrzeug-Beleuchtung. Von Dr. H. Sauer, Dresden. VDJ-Zeitschrift 1938, Bd. 82, Nr. 8, Seite 201.

Fortpflanzung auf einer Schraubenlinie. Die dadurch entstehende elektromagnetische Welle wird daher zirkular polarisiertes Licht genannt. Je nach der Stellung der $\lambda/4$-Platte erhält man links oder rechts zirkular polarisiertes Licht (Links- oder Rechts-Schraube). Zur Auslöschung links polarisierten Lichtes dient ein Analysator, der rechts zirkular polarisiertes Licht durchläßt, links zirkular polarisiertes Licht aber verschluckt (siehe Bild 63). Dabei hat eine Verdrehung des Polarisators gegenüber dem Analysator keine Blendung zur Folge.

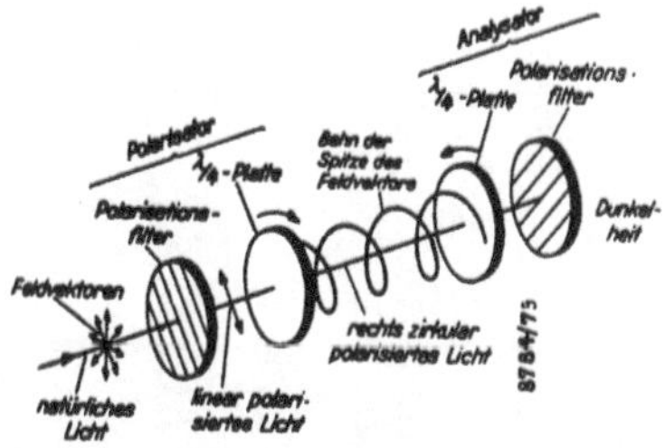

Bild 63. Veranschaulichung der Entstehung zirkular polarisierten Lichtes.

Der praktischen Einführung von zirkular polarisiertem Licht zur Fahrbahnbeleuchtung stehen heute noch eine Reihe erheblicher Schwierigkeiten entgegen. Sie beziehen sich teils auf eine wirtschaftliche Konstruktion bei gleicher Reichweite und Seitenstreuung, teils auf die Anwendung auf alle Verkehrsteilnehmer. Die hohen Lichtverluste in den heute zur Verfügung stehenden Polarisatoren und Analysatoren bedingen bei gleicher Güte der Beleuchtung eine wesentlich höhere Lichtmaschinenleistung (200 statt 35 W je Scheinwerfer[1]) als bei dem heutigen Abblendsystem. Würde man den Analysator insbesondere aus Preisgründen nicht vor die Windschutzscheibe, sondern an der Schutzbrille anbringen, so müßte die Windschutzscheibe unbedingt völlig spannungsfrei sein, da Spannungen im Glas durch ihre depolarisierende Wirkung eine Blendung hervorrufen. Dies gilt auch für die Streuscheibe, die nach wie vor zur Erzielung der gewünschten Lichtverteilung notwendig wäre. Im Stadtverkehr müßte die Blendung der übrigen Verkehrsteilnehmer unbedingt vermieden werden. Da Schutzbrillen als Blendschutz im Hinblick auf die große Anzahl Fußgänger nicht in Betracht kommen, bleibt als Möglichkeit nur die Verwendung des seitherigen Abblendlichtes entweder in einem Sonderscheinwerfer oder mit dem Hauptscheinwerfer kombiniert übrig. Dies würde aber bedeuten, daß nach wie vor ein oder zwei Scheinwerfer genau eingestellt werden müßten und wenigstens für den Stadtverkehr die Mängel des seitherigen Abblendlichtes nicht beseitigt wären; ob die wirtschaftliche Konstruktion einer entsprechenden Glühlampe mit höherem Wirkungsgrad gelingt, steht noch nicht fest.

Zum Umschalten von Fern- auf Abblendlicht werden beim Kraftwagen Fußumschalter, besonderer Schalter am Schaltkasten oder Lenkstock oder Druckknopf in Verbindung mit elektromagnetischem Abblendumschalter, bei Motorrädern an der Lenkstange angebrachter Schalthebel zur Betätigung des Abblendumschalters im Scheinwerfergehäuse verwendet.

d) Befestigung.

Die StVZO schreibt den Platz vor, an welchem der Scheinwerfer am Fahrgestell oder Karosserie angebracht werden muß. Die Befestigung der Scheinwerfer muß derart gestaltet sein, daß einerseits eine Einstellung der Scheinwerfer zur Erfüllung der StVZO leicht möglich ist und andererseits der Scheinwerfer durch Stoß und Erschütterungen im Betrieb nicht verstellt wird. Ferner ist zu beachten, daß der Scheinwerfer wegen des empfindlichen Glühfadens keiner zu hohen Schüttelbeanspruchung ausgesetzt ist.

Was die Anbringung der Scheinwerfer anbelangt, so werden Anbau- und Einbauscheinwerfer unterschieden.

Der *Anbauscheinwerfer* wird entweder mittels Fußflansch an Rohrstutzen nach Bild 64 (vertikale Einstellung durch Biegen des Rohrstutzens) oder mittels Fußschraube an Träger an Karosserieteil nach Bild 65 befestigt. Bild 66 zeigt eine stärkere Ausführung der Fußrohrbefestigung (Kugel-

[1]) Siehe W. Rentschler, ETZ 62 (1941) Seite 437.

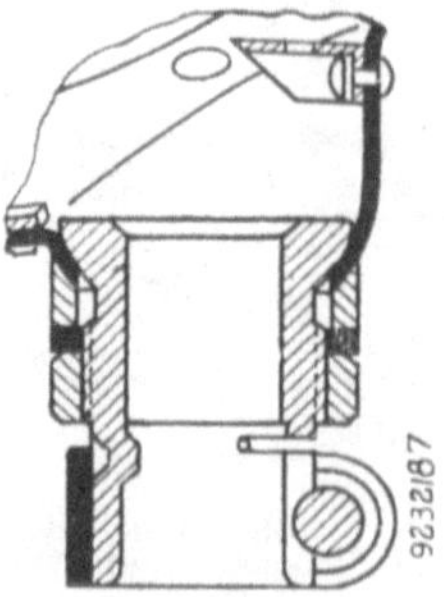

Bild 64.

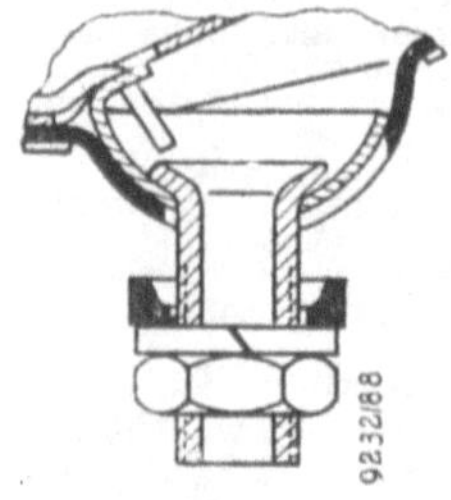

Bild 65.

Bild 62. Träger mit Fußflansch zur Scheinwerferbefestigung an Rohrstutzen
Bild 63. Träger mit Fußschraube zur Scheinwerferbefestigung an Karosserieteil

flansch zum Einstellen) für Lastwagen mit unter radial gerichtetem Druck stehender Gummibüchse — im Handel als Silentbloc bekannt — zur Dämpfung der Erschütterungen.

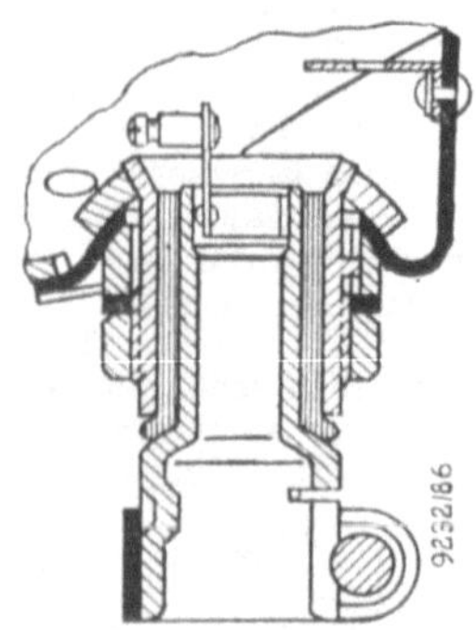

Bild 66. Träger mit Fußflansch zur Befestigung von Scheinwerfern für Lastwagen

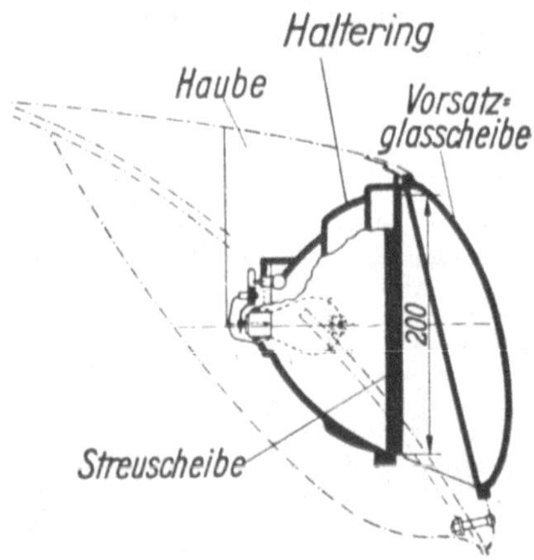

Bild 67. Schematischer Aufbau eines Einbauscheinwerfers.

Zur Befestigung von *Einbauscheinwerfern* ist z. B. nach Bild 67 das Scheinwerfergehäuse durch kugeligen Haltering ersetzt; der Einbauscheinwerfer wird durch Festschrauben des Halterings an den beiden Stützlappen der Karosserie befestigt.

2. **Zusatzscheinwerfer** (Breitstrahler).

§ 52 (1).

„Außer den im § 50 vorgeschriebenen Scheinwerfern können zur Beleuchtung der Fahrbahn ein oder zwei zusätzliche Scheinwerfer (Nebellampen, Kurvenlampen, Breitstrahler u. dgl.) verwendet werden. Die zusätzlichen Scheinwerfer dürfen nicht höher als die im § 50 vorgeschriebenen Scheinwerfer angebracht werden; sie können mit diesen zusammen eingeschaltet werden. Ihre Leistungsaufnahme darf höchstens je 35 Watt und die Beleuchtungsstärke jedes zusätzlichen Scheinwerfers für sich bei einer Entfernung von 25 Metern senkrecht zur Fahrbahn in Höhe der Mitte (des Schwerpunkts) der Lichtaustrittsfläche und darüber höchstens 1 Lux betragen. Für die Messung gilt § 50 Abs. 6 letzter Satz. Für die Farbe der zusätzlichen Scheinwerfer gilt § 50 Abs. 1, für ihre Anbringung der letzte Satz im § 50 Abs. 3, für Beobachtungsfenster § 50 Abs. 7."

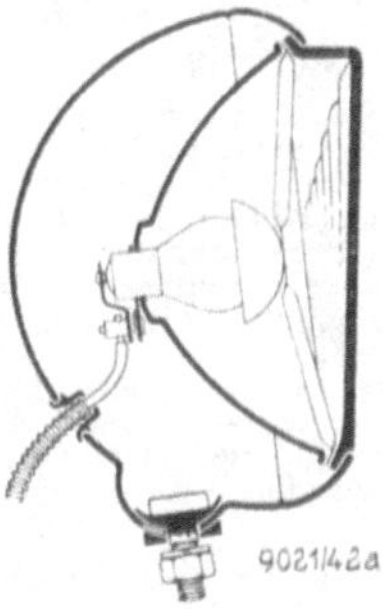

Bild 68. Breitstrahler

Bild 69. Breitstrahler mit Kippspiegel

Bild 70. Anbau eines Breitstrahlers an Wagen

Der Aufbau eines normalen Breitstrahlers und eines Breitstrahlers mit Kippspiegel ist in Bild 68 und 69 dargestellt. Er soll auf möglichst schwingungsfreiem Träger, s. Bild 70, befestigt werden.

3. Tarngeräte.

Durch die vom Reichsverkehrsministerium erlassene Verordnung vom 30. 12. 39 wird die Ausrüstung der Kraftfahrzeuge mit dem Wehrmacht-Tarnscheinwerfer vorgeschrieben. Nach einer zusätzlichen Bestimmung lt. Reichsverkehrsblatt B Nr. 40 vom 13. 9. 40 darf an Stelle des Wehrmacht-Tarnscheinwerfers auch die Tarn-Vorrichtung Bauart Bosch verwendet werden. Später wurde auch der Tarnscheinwerfer Bauart Meteor zugelassen. Fahrzeuge, die zur Beleuchtung der Fahrbahn mit den vor-

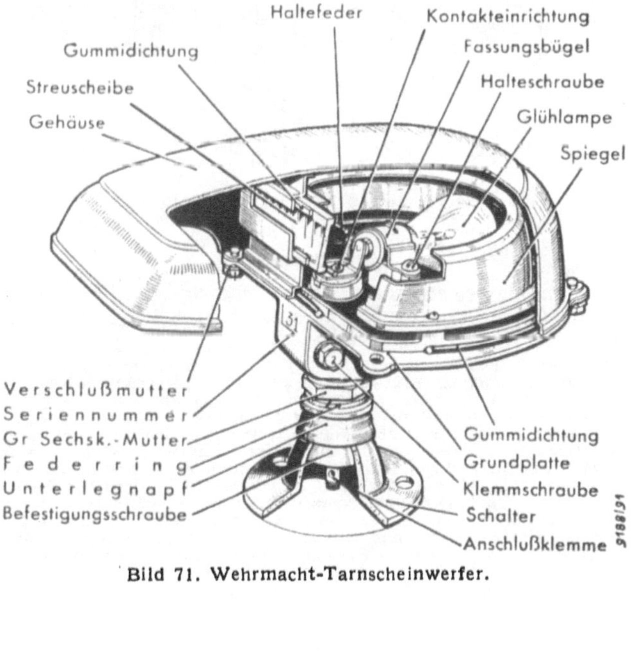

Bild 71. Wehrmacht-Tarnscheinwerfer.

genannten Tarngeräten ausgerüstet sind, können bei Nacht weniger leicht durch Flieger erkannt werden, als bei Verwendung von offenen Lichtschlitzen oder ganz offenen Scheinwerfern. Die Beleuchtung der Fahrbahn gestattet hierbei noch eine Spitzengeschwindigkeit von etwa 45 km/h. Die Blendung anderer Verkehrsteilnehmer wird durch Neigung der Lichtstrahlen nach unten vermieden, siehe Abschnitt 4. Einstellung.

Bild 71 zeigt den *Wehrmacht-Tarnscheinwerfer* im Schnitt. Durch die vorgezogene Abdeckhaube können nach oben gerichtete Lichtstrahlen nicht austreten. An Wehrmachts-Fahrzeugen wird dieser Tarnscheinwerfer in Verbindung mit dem sogenannten Abstandsrücklicht verwendet, das vier grünverglaste Fenster zur Abstandsschätzung beim Kolonnenfahren, Schluß- und Bremslicht und Kennzeichenbeleuchtung enthält. Mit einem Stufenschalter soll der Tarnscheinwerfer je nach Feindesnähe in drei verschiedene Helligkeitsstufen geschaltet werden. Die Anbauhöhe (Entfernung der Lichtaustrittsöffnung vom Boden) soll 0,8—1,2 m betragen.

Die *Tarnvorrichtung Bauart Bosch* besteht aus dem Einsatz und dem Fassungsteller. Der E nsatz (siehe Bild 72) wird an Stelle der im Scheinwerfer befindlichen normalen Streuscheibe in den Deckelring eingesetzt. Gehäuse, Spiegel, Halterung und die Zuleitungskabel der seitherigen Hauptscheinwerfer werden also nunmehr für die Tarnvorrichtungen verwendet.

Die Erfahrungen mit diesen Tarngeräten im normalen Verkehr (außer Feindesnähe) haben gezeigt, daß die schwache Fahrbahnbeleuchtung durch Tarngeräte die Abwicklung des Verkehrs erheblich hemmt. Deshalb wurden die offenen Lichtschlitze bei Scheinwerfern, die ja vor der Einführung der Tarngeräte als erste Luftschutzmaßnahme vorgeschrieben waren, wieder zugelassen.

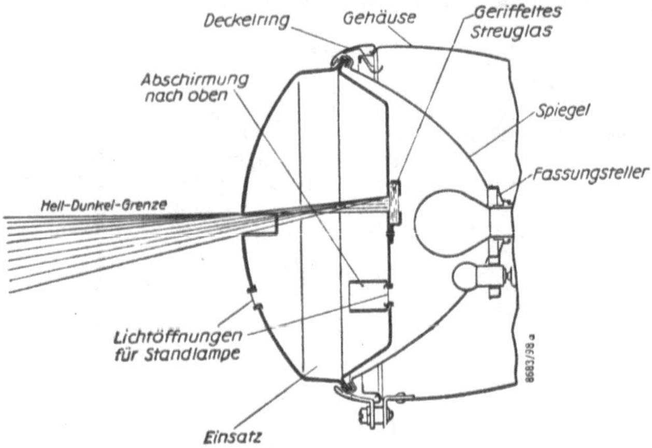

Bild 72. Tarnvorrichtung Bauart Bosch.

4. Einstellung.

Zur Erzielung der vorschriftsmäßigen und geeigneten Fahrbahnbeleuchtung und Abblendung sind die Haupt- und Zusatzscheinwerfer einzustellen (Vorschriften der StVZO s. Abschnitt A 1 a).

Hauptscheinwerfer. Das Fahrzeug wird auf ebener Fahrbahn vor einer möglichst glatten, im Dunkeln liegenden Prüfwand mit ebenem Vordergrund aufgestellt. Damit die Stellung der Federn und Räder (besonders bei Wagen mit Schwingachsen), die die Scheinwerfereinstellung beeinflußt, dem normalen Fahrbetrieb entspricht, ist das Fahrzeug zunächst entsprechend der vollen Besetzung zu belasten und darauf, ohne scharf zu bremsen oder auszusteigen, vor die Prüfwand zu fahren, so daß sich das Fahrzeug noch im Anrollzustand befindet. Die Entfernung der Scheinwerfervorderkante von der Prüfwand soll dabei 5 oder 10 m betragen. Nach Lösen der Befestigungsschraube wird jeder Scheinwerfer in Fernlichtschaltung zunächst für sich eingestellt, so daß sich der Kern des Fernlichts jedes Scheinwerfers in gleichem oder etwas größerem Abstand von der Mittellinie des Fahrzeugs und in gleicher Entfernung von dem Boden wie der Scheinwerfer selbst befindet. Wird nun das Abblendlicht eingeschaltet, so muß auf der Prüfwand eine deutlich ausgeprägte Helldunkelgrenze erscheinen, s. Bild 73.

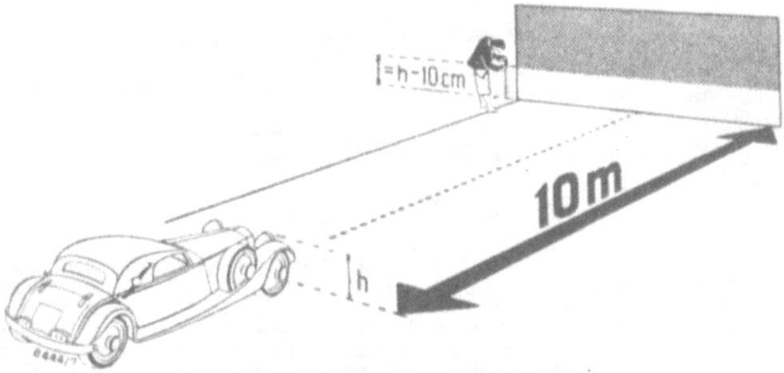

Bild 73. Prüfung des Abblendlichts

Dabei soll, um eine einwandfreie Abblendung zu gewährleisten, die Entfernung der Helldunkelgrenze vom Boden bei 5 m Entfernung der Scheinwerfervorderkante von der Prüfwand mindestens 5 cm (10 cm bei 10 m Entfernung der Scheinwerfervorderkante von der Prüfwand) weniger betragen als die Entfernung der Scheinwerfermitte vom Boden. Ferner muß die Helldunkelgrenze horizontal verlaufen.

Tritt die Helldunkelgrenze nicht ausgeprägt auf, so ist entweder der Scheinwerferspiegel nicht sauber oder verbeult, der Fassungsteller oder die Glühlampe nicht richtig eingesetzt, oder gar falscher Fassungsteller oder Glühlampe verwendet. (Jedem Fassungsteller ist ein oder mehrere bestimmte Spiegel und Glühlampen zugeordnet, außerdem kann die Glühlampe selbst, z. B. durch versetzten Abblendfaden oder Abdeckschirm fehlerhaft sein.) Erscheint die Helldunkelgrenze derart, daß das dunkle Feld unten ist anstatt oben, so ist die Zweifadenlampe mit Abdeckschirm falsch in die Fassung eingesetzt. Sie ist so einzusetzen, daß der Abdeckschirm unter dem Abblendfaden liegt. Bei schräger Helldunkelgrenze des Scheinwerfers liegt der Fehler daran, daß der Scheinwerfer oder die Streuscheibe verdreht ist oder die Glühlampe falsch eingesetzt oder im Sockel lose ist.

Entspricht die Helldunkelgrenze den Prüfvorschriften, so wird die Befestigungsschraube des Scheinwerfers festgezogen und die Helldunkelgrenze nochmals geprüft. Nur in Zweifelsfällen wird es notwendig sein, die in der StVZO für Abblendung vorgeschriebenen Beleuchtungsstärken mit dem Luxmeter nachzuprüfen, da im allgemeinen, wenn die Helldunkelgrenze richtig eingestellt ist, auch die Beleuchtungsstärke den Vorschriften entspricht.

Zusatzscheinwerfer. Die nach der StVZO vorgeschriebene Beleuchtungsstärke von 1 Lux in Höhe der Lichtaustrittsmitte und 25 m Entfernung wird erreicht durch die jeweils für das betreffende Fabrikat vorgeschriebene Einstellung des Zusatzscheinwerfers, z. B. soll der Bosch-Breitstrahler NE 170 mit seinem Lichtkegel so geneigt werden, daß der Abstand der Lichtkegelmitte vom Boden in 4 m Entfernung nur noch 75% von dem Abstand der Scheinwerfermitte vom Boden beträgt.

Tarngeräte. Die Einstellung der Tarngeräte wird grundsätzlich nach demselben Verfahren wie die Hauptscheinwerfer vorgenommen. Dabei muß die Helldunkelgrenze bei 10 m Entfernung des Tarnscheinwerfers bzw. Tarnvorrichtung von der Prüfwand um 12 cm tiefer liegen als die obere Kante der Lichtaustrittsöffnung.

5. Wartung.

Die Verringerung des Reflexionsvermögens des Scheinwerferspiegels ist auf Alterung (Mattwerden) oder auf Fett- oder Ölniederschlag zurückzuführen. Zur Vermeidung eines Niederschlags ist das Berühren des Spiegels zu unterlassen. Bezüglich des Niederschlags auf dem Spiegel ist außerdem beim Auswechseln der Glühlampen darauf zu achten, daß zum Anfassen der Glühlampen stets trockenes Seidenpapier oder ein sauberes trockenes Taschentuch verwendet wird. Auf diese Weise wird vermieden, daß der Glaskolben der Glühlampe beim Anfassen fettig oder ölig wird und daß dieses Fett oder Öl bei eingeschalteter Glühlampe verdampft und sich auf dem Spiegel niederschlägt. Verschmutzte oder gealterte Scheinwerferspiegel können nicht durch Reinigung wieder auf den ursprünglichen Glanz gebracht werden, vielmehr müssen solche Spiegel in der Fabrik wieder aufpoliert werden.

B. Übrige Leuchten samt Innenbeleuchtung.

An die übrigen Leuchten des Fahrzeugs werden hinsichtlich Erschütterungen und Eindringen von Spritzwasser und Staub dieselben Forderungen wie an die Scheinwerfer gestellt. Was die Anforderungen an die Wirkungsweise, Ausführung und Befestigung dieser Leuchten betrifft, so sind diese in den folgenden Vorschriften der StVZO festgelegt:

1. Begrenzungslampen (Standlampe).

§ 51 (1).
Zur seitlichen Begrenzung sind nun für alle Kraftwagen 2 gleich stark leuchtende Lampen in gleicher Höhe und in gleichem Abstand von der Fahrzeugmitte vorgeschrieben. Diese Begrenzungslampen, die nicht blenden dürfen, können als Standlichtlampen im Scheinwerfer eingebaut sein. Sie müssen aber in besonderen Seitenlaternen untergebracht sein, wenn der Abstand von Fahrzeug-Außenkante bis zur leuchtenden Fläche der Scheinwerfer größer als 40 cm ist. Ist dieser Abstand kleiner als 40 cm, dann gilt die Standlichtlampe des Scheinwerfers als Begrenzungslampe. Die Leistungs-

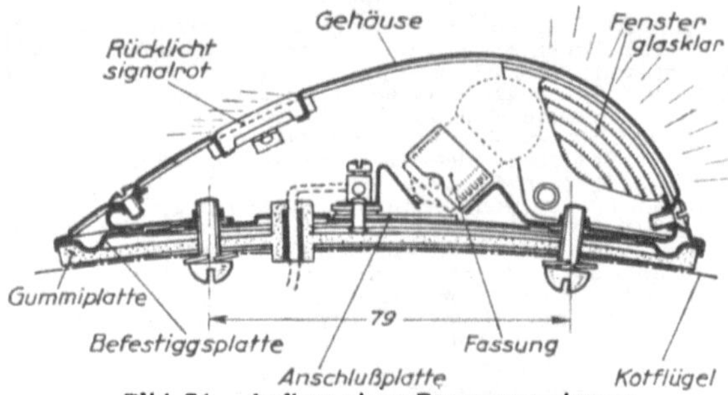

Bild 74. Aufbau einer Begrenzungslampe

aufnahme der dabei verwendeten Glühlampen darf nicht mehr als je 10 W betragen (meist reichen 3—5 W-Glühlampen völlig aus).

Bei Krafträdern mit Beiwagen muß eine Begrenzungslampe (Seitenlaterne) an der äußeren Seite des Beiwagens angebracht sein.

§ 51 (2).
Wenn ein Kraftfahrzeug einen Anhänger mitführt, der mehr als 40 cm über die Scheinwerfer oder Begrenzungslampen des ziehenden Fahrzeugs hinausragt, müssen am Anhänger noch besondere Begrenzungslampen angebracht werden.

Eine Begrenzungslampe, die für Motorradbeiwagen sowie für windschnittige Wagen verwendet wird und ein seitliches Begrenzungslicht nach vorn und nach hinten ausstrahlt, ist in ihrem Aufbau in Bild 70 gezeigt.

2. Kennzeichen und deren Beleuchtung.

§ 60 (2).
Das hintere Kennzeichen darf bis zu einem Winkel von 30° in Fahrtrichtung geneigt sein. Das vordere Kennzeichen muß mit seinem unteren Rand mindestens 20 cm, das hintere mindestens 30 cm über der Fahrbahn liegen. Der obere Rand des hinteren Kennzeichens darf nicht höher als 125 cm über der Fahrbahn liegen. Die Kennzeichen müssen in einem Winkelbereich von je 60° beiderseits der Fahrzeuglängsachse lesbar sein. Wird die Sicht auf das Kennzeichen durch irgendwelche Anbauten beeinträchtigt, so ist ein zweites Kennzeichen nötig.

§ 60 (3)
Das hintere Kennzeichen muß bei Dunkelheit so beleuchtet sein, daß es auf eine Entfernung von mindestens 20 m senkrecht deutlich lesbar ist. Kennzeichen von Krafträdern und Zugmaschinen müssen auf mindestens 14 m Entfernung deutlich lesbar sein. Die Beleuchtung des Kennzeichens kann durch auffallendes oder durchscheinendes Licht erfolgen, jedoch darf kein Licht unmittelbar nach oben austreten Sie muß so geschaltet sein, daß sie nur verlöscht, wenn alle nach vorn gerichteten Lichtquellen vorher oder gleichzeitig verlöschen.

§ 60 (4).
Anhänger von Lastwagen und Personenwagen müssen an der Rückseite das gleiche Kennzeichen haben wie das ziehende Fahrzeug. Anbringung und Beleuchtung wie am ziehenden Fahrzeug, jedoch sind auswechselbare Kennzeichentafeln zulässig.

§ 60 (5).
Alle Krafträder müssen mit einem beleuchteten hinteren Kennzeichen versehen sein.

§ 60 (6).
Außer dem amtlichen Kennzeichen darf an in Deutschland zugelassenen Kraftfahrzeugen das Nationalitätszeichen „D" angebracht werden; es muß bei Fahrten ins Ausland bei Dunkelheit oder starkem Nebel beleuchtet werden.

Gelbes Dreieckzeichen. § 44. Lastkraftwagen und Zugmaschinen mit geschlossenem Führerhaus müssen, solange sie Anhänger mit sich führen, auf dem Führerhaus in der Mitte des Fahrzeugs ein amtlich genehmigtes gelbes Zeichen in Dreieckform tragen, das bei Dunkelheit leuchtet und für ein normalsichtiges Auge in seiner Form auf mindestens 100 m erkennbar ist. Das Brennen der Lampe dieses Dreieckzeichens muß vom Führersitz aus unmittelbar (durch ein Beobachtungsfenster) oder in anderer Weise überwacht werden können. Wenn keine Anhänger mitgeführt werden, muß das Zeichen unsichtbar sein.

Die nachfolgend erwähnte Schlußlaterne wird auch zur Beleuchtung der Kennzeichen verwendet.

3. Brems-Schlußlaternen.

§ 53 (1).

Jeder Kraftwagen muß an der Rückseite mit 2 roten, gleich stark wirkenden Schlußlichtern ausgerüstet sein, die in gleicher Höhe und in gleichem Abstand von der Fahrzeugmitte anzubauen sind.

Die wirksame Leuchtfläche jedes Schlußlichts darf höchstens 20 cm^2 groß sein; lichtsammelnde Linsen oder Spiegel sind verboten.

Die Schlußlaternen müssen mindestens 40 cm und höchstens 125 cm über der Fahrbahn — mindestens aber 35 cm unterhalb des ausgestreckten Fahrtrichtungsanzeigers — angebracht sein. Ihr Abstand muß mindestens 110 cm und darf höchstens 170 cm betragen. Der Abstand vom äußeren Fahrzeugrand darf 40 cm nicht überschreiten.

Krafträder ohne Beiwagen brauchen nur ein Schlußlicht führen. Jedes elektrische Schlußlicht muß eine für sich gesicherte Leitung haben.

§ 53 (2).

Jeder Kraftwagen muß 1 oder 2 Bremslichter führen, die bei jeder Betätigung der Bremsen aufleuchten. Zugmaschinen in land- und forstwirtschaftlichen Betrieben und Arbeitsmaschinen, die keine höhere Geschwindigkeit als 20 km pro Stunde erreichen können, ebenso Krafträder und Krankenfahrstühle sind von dieser Vorschrift ausgenommen. Die Bremslichter müssen gelb-rot sein, bei Tag deutlich aufleuchten und sich bei Dunkelheit vom Schlußlicht gut abheben. Bei Verwendung von 2 Bremslichtern müssen diese unmittelbar bei den Schlußlichtern angebracht werden. Ein einzelnes Bremslicht muß bei dem linken Schlußlicht oder in der Mitte zwischen den beiden Schlußlichtern angebracht werden. Im letzteren Fall kann das Kennzeichen in Fahrzeugmitte angeordnet werden, wenn die Bremslaterne gleichzeitig Kennzeichenbeleuchtung ist.

§ 53 (3).

Anhänger müssen, an der Rückseite ebenso wie das ziehende Fahrzeug mit Schluß- und Bremslichtern ausgerüstet sein. Das linke Schlußlicht von Anhängern — ausgenommen einachsige Anhänger von weniger als 1 Tonne Gesamtgewicht — muß eine Lichtquelle haben, die unabhängig von der Lichtquelle des ziehenden Fahrzeugs ist.

§ 53 (4).

Außer den Schluß- und Bremslichtern muß jedes Kraftfahrzeug (einschl. Krafträder) und jeder Anhänger auf der linken Seite höchstens 40 cm vom linken Fahrzeugrand entfernt und höchstens 50 cm über dem Erdboden einen roten Rückstrahler mit einer wirksamen Fläche von mindestens 20 cm^2 haben.

Häufig wird die Schluß- und Bremslaterne zur Brems-Schlußlaterne, s. Bild 75, vereinigt. Diese Laterne ist unten mit einem Fenster versehen, durch das das Kennzeichen beleuchtet wird.

Bild 75. Brems-Schlußlaterne

4. Sucher und Rückfahrlicht.

§ 52 (2).

Der Rückfahrscheinwerfer wird auch mit Schlußlaterne oder mit Schluß- und Bremslaterne vereinigt verwendet.

„Sucher und Rückfahrscheinwerfer gelten nicht als Zusatzscheinwerfer. Ein Sucher mit weißem oder schwachgelbem Licht ist zulässig; er darf nur zugleich mit der Schlußbeleuchtung einschaltbar sein. Ein Rückfahrscheinwerfer mit weißem oder schwachgelbem Licht ist zulässig, wenn er so geneigt ist, daß er die Fahrbahn auf höchstens 10 m hinter dem Fahrzeug beleuchtet, und wenn er nur bei eingeschaltetem Rückwärtsgang brennen kann."

5. Weitere Laternen.

Bild 76. Deckenlaterne für Innenbeleuchtung

Bei den Laternen zur Instrumentenbeleuchtung ist darauf zu achten, daß der Fahrer nicht durch sie geblendet wird. Zum Aufsuchen von Fehlern bei Dunkelheit und zur Beleuchtung schlecht zugänglicher Stellen am Fahrzeug oder am Motor dient die Handlaterne. Die dazugehörige Steckdose wird vielfach auch für Zigarrenanzünder verwendet. Für die Innenbeleuchtung wird häufig eine Deckenlaterne, s. Bild 76, verwendet, die meist mittels eines kleinen Hebelschalters ein- und ausgeschaltet wird.

VI. Batterien.

A. Aufgabe der Batterie.

Die Akkumulatoren-Batterie im Kraftwagen hat die Aufgabe, bei Stillstand die elektrische Energie zum Anlassen (Motorräder jedoch meist nicht mit Anlasser ausgerüstet) zu liefern und die eingeschalteten Verbraucher zu speisen. Da Personenkraftwagen hauptsächlich mit Batteriezündung ausgerüstet sind, tritt beim Anlassen derselben noch die Speisung der Batteriezündung hinzu. Bei laufendem Motor muß die bei Stillstand verbrauchte elektrische Energie dadurch wieder zurückgeliefert werden, daß die Batterie den Leistungsüberschuß der Lichtmaschine bei der Speisung der eingeschalteten Verbraucher aufspeichert. Zu diesem Zweck muß die Batterie die Eigenschaft haben, die elektrische Energie ohne große Verluste, d. h. mit gutem Wirkungsgrad aufspeichern und wieder abgeben zu können.

Aus der zum Anlassen verwendeten Batterie werden kurzzeitig hohe Anlaßströme entnommen. Diese hohen Stoßentladungen bedingen eine besondere Konstruktion (Ausbildung der Platten). Daher unterscheiden sich hinsichtlich der Konstruktion die Motorrad-Batterien, die bekanntlich meist keinen Anlasser zu speisen haben, von den Kraftwagen-Batterien.

Wegen der großen Bedeutung der Batterie für das Anlassen, besonders bei Fahrzeugen mit Batteriezündung, muß die Batterie zuverlässig sein. Die Batterie hat daher außer den Forderungen in elektrischer Hinsicht den Erschütterungen im Fahrbetrieb mechanisch standzuhalten und darf andererseits keine Säure verlieren.

B. Blei-Batterien.

1. Aufbau und Wirkungsweise.

Die Blei-Batterie (Bild 77) besteht aus mehreren hintereinander geschalteten Einzelzellen oder Elementen, von denen jedes eine mittlere Spannung von 2 Volt hat. Eine 12 Volt-Batterie besteht deshalb aus 6, eine 6 Volt-Batterie aus 3 Zellen.

Der *Batteriebehälter* ist heute meist als Block aus säurebeständiger Isoliermasse gepreßt und entsprechend der Zahl der Zellen unterteilt. Jede *Zelle* besteht aus einem Satz von positiven und negativen Platten; Fläche und Anzahl der Platten ist durch die verlangte Kapazität bedingt. Die Platten, die mit wirksamer Masse ausgefüllte Bleigitter darstellen, sind durch gerippte Holzplatten oder durch dünne Holz- und gewellte Hartgummibrettchen, die sog. *Separatoren*, getrennt. Alle positiven und alle negativen Platten eines Satzes sind durch je eine Polbrücke verbunden und endigen oben in dem Polkopf, der zur Stromführung dient. Die *Füllsäure*, Elektrolyt genannt, ist verdünnte Schwefelsäure. Die *Zellendeckel* schließen die Zellen dadurch dicht ab, daß die Fugen zwischen Deckel und Behälter mit Vergußmasse ausgefüllt sind. Sie enthalten Bohrungen zur Durchführung der Polköpfe und je eine mit Schraubstöpsel verschlossene Säure-Einfüllöffnung.

Die *Wirkungsweise* ist folgende: Bei der *Entladung* wird die Schwefelsäure zerlegt. Dadurch bildet sich sowohl aus dem braunen Blei-Superoxyd $Pb\,O_2$ der geladenen positiven Platte wie aus dem hellgrauen Bleischwamm auf der geladenen negativen Platte Bleisulfat $Pb\,S\,O_4$ und es wird Wasser frei. Daher sinkt die Säuredichte beim Entladen.

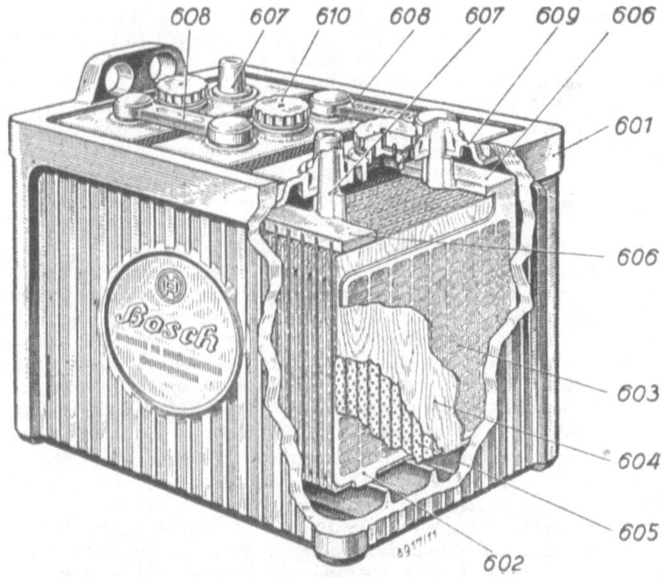

Bild 77. Bleibatterie. 601 = Batteriebehälter, 602 = Plusplatte, 603 = Minusplatte 604 = Holzseparator, 605 = Hartgummiseparator, 606 = Polbrücke, 607 = Polkopf, 608 = Verbindungsschiene, 609 = Zellendeckel, 610 = Verschlußstöpsel

Bei der *Ladung* wird Wasser verbraucht, Schwefelsäure, Blei-Superoxyd auf positiver Platte und Bleischwamm auf negativer Platte zurückgebildet. Aus diesem Grunde steigt die Säuredichte beim Laden.

Zwischen der Säure in der wirksamen Masse der Platten und der freien Füllsäure treten beim Laden und Entladen Konzentrationsunterschiede auf, da die Diffusion langsam vor sich geht. Nach dem Startversuch ist daher der Batterie Zeit zur „Erholung" zu lassen.

Zur Beurteilung des Ladezustandes einer Batterie wird die Säuredichte durch Aräometer gemessen. In folgender Tabelle ist die Säuredichte in Abhängigkeit vom Ladezustand angegeben. Ferner geht aus der Tabelle der Gefrierpunkt hervor, der bei entladener Batterie besonders ungünstig ist, d. h. eine entladene Batterie ist vor Frost zu schützen:

Säurewerte		Batt. geladen		Batt. halb geladen		Batt. entladen	
		normal	f. Tropen	normal	f. Tropen	normal	f. Tropen
Dichte	°Bé	32	27	27	23	22 ÷ 18	13
	kg/l	1,285	1,23	1,23	1,19	1,18 ÷ 1,14	1,10
Gefrierpunkt	°C	— 65	— 50	— 50	— 22,5	— 22,5 ÷ — 10	— 7,6

Außer der Säuredichte kann auch die Klemmenspannung zur Beurteilung des Ladezustandes herangezogen werden, jedoch nur bei Entnahme von Strom. Während der Ladung nimmt bei normaler Temperatur die Spannung erst langsam, dann stärker zu und erreicht gegen Ende der Ladung einen gleichbleibenden Höchstwert von 2,6 bis 2,7 Volt je Zelle, der nach Unterbrechen des Ladestromkreises auf etwa 2,1 Volt je Zelle zurückgeht. Wird die Batterie entladen, so sinkt die Spannung langsam bis auf 1,75 Volt. Die Batterie ist in diesem Zustand normal entladen; bei weiterer Entladung würde die Klemmenspannung rasch bis auf 0 sinken. Die Batterie würde aber durch diese starke Entladung erheblich geschädigt werden.

Überladung. Tritt bei beiden Plattensätzen eine lebhafte Gasentwicklung (Zersetzung des Wassers) auf und hat die Säuredichte den vorgeschriebenen

Wert erreicht, so ist die Ladung zu Ende. Bei weiterer Ladung zersetzt sich daher fortschreitend Wasser und der Flüssigkeitsspiegel fällt. Der aus der Säure herausragende Teil der Platte kann infolge der durch die Gasentwicklung erzeugten verhältnismäßig hohen Temperatur so austrocknen, daß die wirksame Masse der Minusplatte einschrumpft und locker im Gitterrahmen sitzt. Das Gitter der positiven Platte wird durch den beim Gasen entstehenden Sauerstoff allmählich zerstört, so daß die wirksame Masse ihren Halt verliert, aus den Platten herausfällt und nach Auffüllen des Schlammraums zum Kurzschließen der Platten führt. Häufige Überladungen, wie sie beim Laden mit Dreibürstenmaschine (siehe dort) vorkommen, haben ein frühzeitiges Ausfallen der Batterie zur Folge.

Sulfatisierte Batterie. Bei längerem Stehen in entladenem Zustand ballt sich das zunächst fein verteilte Bleisulfat zu harten Kristallen zusammen, die als feste weiße Schicht auf den Platten sichtbar werden. Beim Laden einer sulfatisierten Batterie (Sulfat entsteht schon, wenn Batterie mit kleinem Strom über Nacht entladen wird, z. B. bei eingeschalteter Zündung, Winker oder dgl.) muß zuerst die sulfatisierte Schicht zurückgebildet werden, was höhere Spannung erfordert (bei 6 Volt-Batterie 8—9 Volt), die hernach bald fällt und normal ansteigt.

Selbstentladung. Durch innere Umsetzungen und durch Kriechströme entlädt sich die Batterie im Lauf der Zeit von selbst. Dabei bildet sich wie bei jeder Entladung Bleisulfat. Zur Vermeidung der Erhärtung des Bleisulfats muß die Batterie auch bei Nichtbenützung immer wieder aufgeladen werden. Die tägliche Selbstentladung beträgt etwa 1% der Kapazität. Eine Batterie soll in voll geladenem Zustand nicht länger als 4 Wochen ohne Nachladung stehen bleiben.

Fassungsvermögen. Das elektrische Fassungsvermögen einer Batterie, auch Kapazität genannt, wird durch das Produkt aus dem Entladestrom und der Zeitdauer der Entladung in Ah ausgedrückt. Das Nennfassungsvermögen wird in Deutschland auf eine Entladungsdauer von 10 Std. bei 20° C, in den Vereinigten Staaten auf 20 Std. bei 27° C bezogen. Die Abhängigkeit des Fassungsvermögens von Entladestrom und Temperatur zeigt folgende Aufstellung:

Bei Dauerentladung durch konstanten Strom	bei Hochstromentladung
	(nach VDE 0809/V. 39.)
in 20 Std. bei 27° 110%	bei 20° etwa 40%
„ 10 „ „ 20° 100%	bei —10° „ 20%
„ 4 „ „ 20° 85%	

Der Wirkungsgrad (abgegebene zu aufgenommene elektrische Arbeit) ist bei 10stündiger Dauerentladung bei 20° etwa 70%. Die Dauerentladung entspricht der Belastung mit Glühlampen, während die Stoßentladung beim Anlassen vorkommt. Wie diese Aufstellung zeigt, ist das Fassungsvermögen bei Dauerentladung mit kleinem Entladestrom (sog. Lichtkapazität) wesentlich höher als bei Entladung mit hohem Entladestrom (sog. Anlaßkapazität).

Besonders stark kommt diese Eigenschaft der Batterie bei Kälte zum Ausdruck, wodurch das Fassungsvermögen in hohem Maße verringert wird. Dieser Umstand kann im Winter, verstärkt durch Anlaßschwierigkeiten, häufiges Anlassen bei Stadtfahrt und Laden mit Dreibürstenmaschine, zu Anständen wegen ungenügender Ladung führen.

Im Gegensatz zur Wagenbatterie wird die Motorradbatterie meist nicht zum Anlassen verwendet und ist daher nicht für hohe Ströme berechnet, d. h. die wirksame Oberfläche kann geringer sein und die stromführenden Teile, wie Polbrücke und Polkopf können kleiner bemessen sein, jedoch ist bei der Gestaltung die hohe Schüttelbeanspruchung im Motorradbetrieb zu berücksichtigen. Bild 78 zeigt eine Motorradbatterie mit Batterieträger und Kabelverbinder.

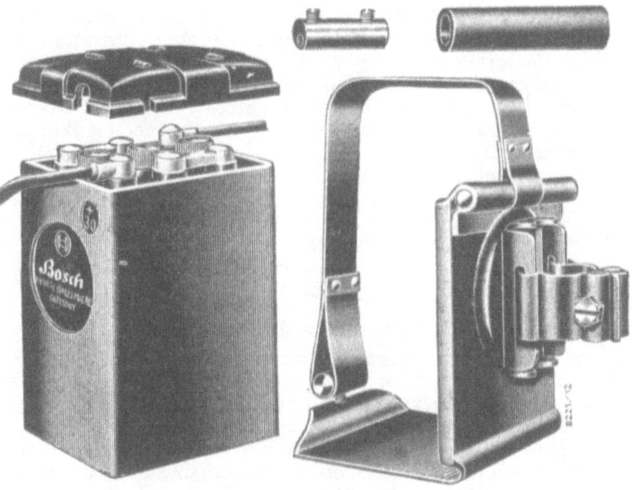

Bild 78. Motorradbatterie mit Batterieträger und Kabelverbinder

2. Einbau.

An den Einbau der Batterie werden folgende wesentliche Forderungen gestellt:

a) Vermeidung hoher Temperatur und großer Temperaturschwankungen,

b) geringe Erschütterungen,

c) Zugänglichkeit.

Zu a): Die Kühlung der Batterie soll so bemessen sein, daß die Temperatur des Batteriebehälters höchstens etwa 50° C beträgt. Ein Überschreiten dieser Temperatur hat außer dem Erweichen der Preßmasse des Behälters und der Vergußmasse eine unzulässige Verstärkung der chemischen Reaktionen und damit eine Verringerung der Lebensdauer der Batterie zur Folge. Andererseits ist die Batterie vor Frost zu schützen, da bei Kälte infolge des großen Spannungsabfalls die Klemmenspannung der Batterie beim Anlassen und damit die Anlaßdrehzahl stark sinkt, um so mehr, als die Leistungsentnahme des Anlassers aus der Batterie zum Durchdrehen des kalten Motors sehr groß ist. Die Folge davon sind häufig Anlaßschwierigkeiten.

Zu b): Erschütterungen der Batterie verkürzen ihre Lebensdauer dadurch, daß die wirksame Masse aus den Platten ausfällt, sich im Schlammraum ansammelt und schließlich zum Kurzschließen der Platten führt. Ferner besteht bei starken Erschütterungen die Gefahr des Ausspritzens der Säure. Zur Vermeidung zu starker Erschütterungen der Batterie ist erschütterungsgedämpfte und stabile Befestigung an Karosserie oder Fahrgestellteil erforderlich.

Zu c): Die notwendige Wartung der Batterie bedingt gute Zugänglichkeit. Bei umständlichem Zugang wird die regelmäßige Wartung häufig versäumt, worunter die Lebensdauer der Batterie leidet.

Der Einbau der Batterie unter dem Vorder- oder Hintersitz hat den Vorteil, daß verschüttete Säure keinen Schaden anrichten kann und die Kühlung im Sommer günstig ist. Als Nachteile sind die langen Anlasserleitungen, die starke Abkühlung im Winter und die umständliche Zugänglichkeit zu erwähnen. Wird die Batterie unter der Motorhaube angebaut bzw. an der Spritzwand befestigt, so erhält man dadurch kürzere oder schwächere Anlasserleitungen (Ersparnis an Kupfer) bei gleichem Spannungsabfall. Bei diesem Einbau ist die Batterie leicht zugänglich und im Winter weniger der Kälte ausgesetzt, jedoch besteht im Sommer die Gefahr, daß die Batterie unzulässig stark erwärmt wird.

Zur Verhinderung des Kurzschließens der Batterie durch beim Montieren unachtsam aufgelegte Schraubenschlüssel u. dgl. wird häufig ein Deckel auf der Batterie angebracht, der aber zur bequemen Wartung leicht abnehmbar sein muß.

Damit bei den nicht abgesicherten Anlasserkabeln (meistens ist auch das Ladekabel nicht abgesichert) durch Kurzschluß kein Brand entsteht, sollte bei Nichtverwendung des Fahrzeugs die Batterie durch Lösen eines Batteriekabels oder bequemer durch einen Batteriehauptschalter, kurz *Batterieschalter* genannt, abgeschaltet werden. Dieser Batterieschalter ist möglichst nahe an die Batterie anzubauen.

3. Behandlung der Batterie.

Schonung und damit lange Lebensdauer der Batterie wird dadurch erzielt, daß längere Überladung und vollständige Entladung vermieden werden. Kurzschlüsse müssen verhindert werden, daher keine Gegenstände auf Batterie legen und bei Arbeiten an der elektrischen Anlage ein Batteriekabel lösen. Die verbleiten Kabelschuhe und Polklemmen sind durch Einfetten mit Säureschutzfett vor dem Zerfressen durch Säure zu schützen.

Entladene Batterien werden mit vorgeschriebenen Strom geladen bis die Zellen $^1/_4$ Std. gegast haben, die Spannung nicht mehr weiter steigt und die Säuredichte 32° Bé beträgt. (Wegen Knallgasbildung und Explosionsgefahr ist der Laderaum zu lüften und offenes Licht zu vermeiden.) Während des Betriebs verdunstet oder vergast in der Zelle immer nur Wasser. Deshalb ist dieser Flüssigkeitsverlust lediglich durch *destilliertes Wasser* zu ersetzen. Wenn aber durch Verschütten oder Auslaufen Säure verloren geht, darf diese nur durch reine Akkusäure derselben Dichte in der betreffenden Zelle ersetzt werden. Das Messen der Säuredichte erfolgt bei voll geladener Batterie.

Sulfatisierte Batterien (weißer Niederschlag auf den Platten infolge zu langer Nichtbenützung) sind 40 Std. mit $^1/_4$, dann mit $^4/_4$ der Ladestromstärke zu laden.

Bei Nichtbenützung ist die Batterie alle 4 Wochen zunächst mit höchstens 3 Amp. auf 1,8 Volt je Zelle zu entladen und danach aufzuladen.

C. Nickel-Eisen-Batterien.

Außer der Blei-Batterie hat noch die alkalische oder Nickel-Eisen-Batterie praktische Verwendung gefunden.

Den *Aufbau* einer Zelle eines alkalischen Sammlers, einer Nickel-Eisen-Kadmium-Batterie von Jungner (Schweden) zeigt Bild 79. Die Plusplatte der geladenen Batterie besteht aus Nickeloxyd in Taschen aus vernickeltem Stahlblech mit kleinen Löchern, die Minusplatte aus Eisen bzw. Eisen und Kadmium in gleichen Taschen. Als Elektrolyt wird Kalilauge mit destilliertem Wasser verdünnt verwendet. Da die wirksame Masse nicht ausfallen kann, sind keine Separatoren wie beim Bleiakkumulator erforderlich. Der Zellenkasten besteht aus vernickeltem Eisenblech.

Die vereinfacht dargestellte *Wirkungsweise* ist folgende:

Bei der *Entladung* wird das Nickeloxyd zu Nickel reduziert und das Eisen bzw. Kadmium zu Eisen- bzw. Kadmiumhydroxyd oxydiert. Bei der *Ladung* dagegen wird am Pluspol das Nickel zu Nickeloxyd oxydiert und am Minuspol das Eisenhydroxyd und Kadmiumhydroxyd zu Eisen bzw. Kadmium reduziert. Die Kalilauge als Elektrolyt spielt hierbei lediglich die Rolle eines Ionenträgers, so daß die Sättigung und Dichte der Kalilauge sich praktisch nicht ändert.

Den größten *Vorteil* der Nickel-Eisen-Batterie gegenüber der Blei-Batterie stellt die große mechanische Festigkeit gegen Erschütterungen dar, da die wirksame Masse nicht ausfallen kann. Weiterhin ist auch die elektrische Festigkeit der Nickel-Eisen-Batterie wesentlich höher als die der Blei-Batterie, bei welcher sich bei Kurzschließen die Platten verbiegen können und die Masse ausfallen kann. Durch das Kurzschließen wird die stabile Platte der Nickel-Eisen-Batterie nicht gefährdet, auch weil die Strombelastung der Platten infolge des größeren inneren Widerstandes nicht so hoch ansteigt. Außerdem tritt bei längerer Nichtbenützung keine chemische Veränderung, wie bei der Blei-Batterie die Sulfatisierung, ein.

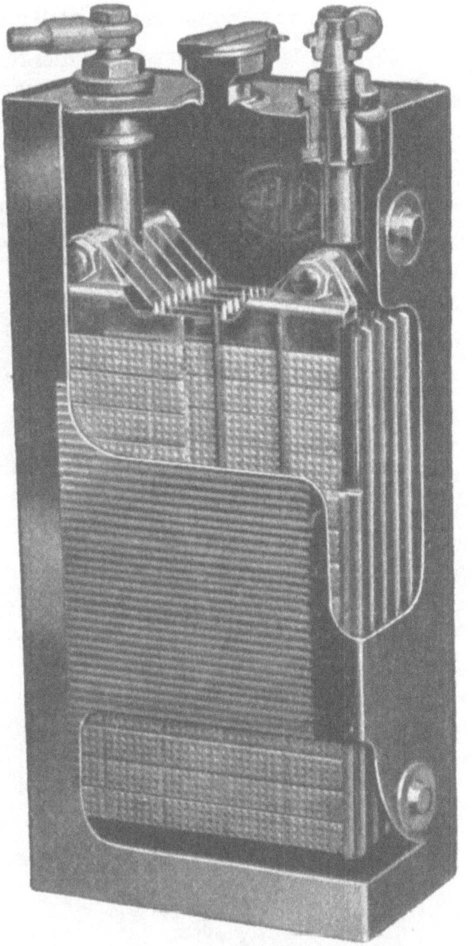

Bild 79. Zelle einer Nickel-Eisen-Kadmium Batterie von Jungner-Schweden

Nachteilig gegenüber der Blei-Batterie sind die wesentlich höheren Herstellungskosten der Platten und die niedere Zellenruhespannung von 1,2 Volt, wodurch mehr Zellen notwendig werden und damit die Batterie teurer wird. Der große innere Widerstand der Nickel-Eisen-Batterie hat ebenfalls eine Erhöhung des Preises zur Folge, dadurch, daß zur Erreichung einer bestimmten Anlaßkapazität (Fassungsvermögen bei Entladung mit großem Strom) eine Batterie mit größerer Lichtkapazität (Nennfassungsvermögen, d. h. Fassungsvermögen bei Dauerentladung mit kleinem Strom) als bei der Blei-Batterie erforderlich ist. Durch die größere Anzahl der Zellen und dem notwendigen großen Nennfassungsvermögen ist außer dem höheren Preis auch ein höheres Gewicht (das 2—3fache des Gewichts der Bleibatterie) bei gleicher Anlaßkapazität bedingt. Ein weiterer Nachteil bei der Verwendung der Nickel-Eisen-Batterie ist der hohe Spannungsunterschied bei Ladung und Entladung. Dieser Spannungsunterschied muß zur Verhinderung der Übervoltung der Lampen bei Ladung der Batterie durch besondere Maßnahmen ausgeglichen werden (Schalten eines Widerstandes vor die Glühlampen).

Die Nickel-Eisen-Batterie wird im Bahnbetrieb, bei Omnibussen und Schiffen häufig der Blei-Batterie vorgezogen, da in diesen Fällen das Gewicht eine untergeordnete Rolle spielt und besonderer Wert auf lange Lebensdauer sowie mechanische und elektrische Unempfindlichkeit im Betrieb gelegt wird.

VII. Sonstiges elektrisches Zubehör.

A. Signal-Instrumente (Hörner).

Nach der *StVZO* § 55 (1) muß jedes Kraftfahrzeug ein Horn besitzen. Auch wenn der Fahrzeugmotor stillsteht, muß man mit dem Horn Schallzeichen geben können.

Nach § 55 (2) müssen die Hörner einen in der Tonhöhe gleichbleibenden, nicht schreckenden Klang (auch harmonischer Akkord zulässig) geben, der frei von Nebengeräuschen ist und in 7 m Entfernung die Stärke von 100 Phon nicht überschreitet.

Nach § 55 (3) dürfen außerhalb geschlossener Ortsteile auch andere Vorrichtungen für Schallzeichen benützt werden, deren Lautstärke 100 Phon überschreiten kann. Sie müssen jedoch mit Ausnahme sogenannter Kompressions- oder Zwitscherpfeifen in einem Akkord anklingen. Mehrklanghörner, die einen in harmonischem Akkord abgestimmten Klang geben (z. B. Zwei- und Dreiklang-Signale) können verwendet werden.

Nach § 55 (4) dürfen Warnvorrichtungen mit einer Folge verschieden hoher Töne nur mit Genehmigung des Reichsführers der SS und Chefs der Deutschen Polizei und Reichsministerium des Innern geführt werden. Sie werden z. B. an Polizei- und Feuerwehrfahrzeugen verwendet.

Nach § 55 (4) brauchen eisenbereifte Fahrzeuge mit 8 km/h Höchstgeschwindigkeit keine Warnvorrichtung.

Bild 80. Aufbau eines elektromagnetischen Horns

1 = Membran
2 = Schwingungsteller
3 = Elektromagnet
4 = Magnetwicklung
5 = Unterbrecher
6 = Kondensator
7 = Anker

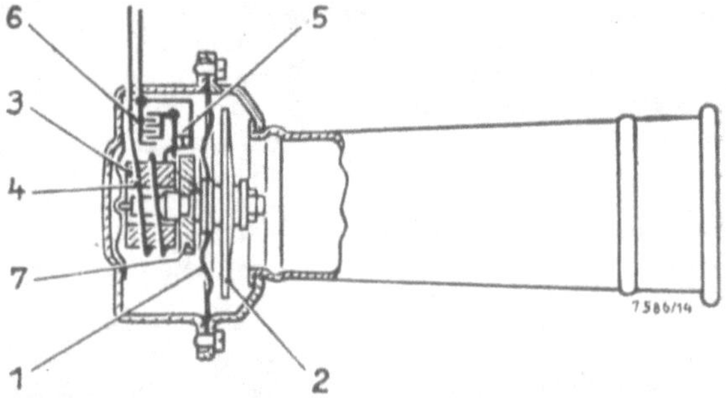

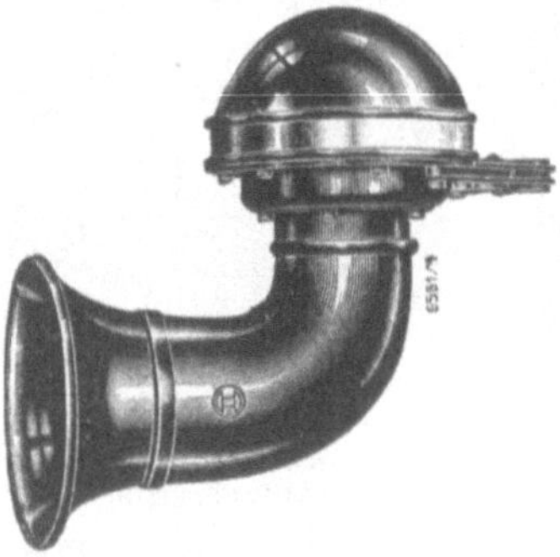

Bild 81. Horn mit gebogenem Trichter

Bild 82. Tellerhorn

Den Aufbau eines elektromagnetischen Horns zeigt Bild 80. Wird der Horndruckknopf niedergedrückt, so fließt Strom durch die Magnetwicklung, wodurch der Anker angezogen wird. Durch die Bewegung des Ankers werden zwangsläufig die Kontakte des Unterbrechers geöffnet, so daß der Strom unterbrochen und der Anker wieder losgelassen wird. Daher schließen sich die Kontakte erneut, der Magnet zieht aufs neue an und der beschriebene Vorgang wiederholt sich in periodischer Weise. Mit dem Anker fest verbunden sind die Membran und der Schwingungsteller, die durch Bewegung des Ankers einen ihrer Eigenschwingungszahlen entsprechenden Ton erzeugen. Die Schwingungen des Schwingungstellers liegen höher als die der Membran, wodurch der Ton eine besondere Klangfarbe erhält, die seine Wirkung verstärkt; außerdem ist dadurch die Richtung, aus der das Signal kommt, leichter zu erkennen. Der dem Unterbrecher parallel geschaltete Kondensator dient zur Unterdrückung der Funkenbildung an den Kontakten.

Hörner nach diesem elektromagnetischen Prinzip sind mit geradem Trichter nach Bild 80 sowie mit gebogenem Trichter nach Bild 81, ferner ohne Trichter als sogenanntes Tellerhorn (Bild 82) im Handel bekannt.

Während bei dem elektromagnetischen Horn der Trichter infolge seines großen Durchmessers auf die Tonbildung nur einen geringen Einfluß hat und das Horn auch ohne Trichter als Tellerhorn einen guten Ton abgibt, wird beim elektropneumatischen Horn (Bild 83) die Luftsäule des Trichters mit kleinem Durchmesser durch die enge Kopplung mit der Membran in Schwingungen versetzt. In der schwingenden Luftsäule bilden sich Grund- und Oberschwingungen, so daß der Ton weich und wohlklingend ist. Durch Verwendung zweier Hörner mit verschieden hohen Tönen (Tonhöhe durch Membran, bei elektropneumatischem Horn durch Membran und Trichter

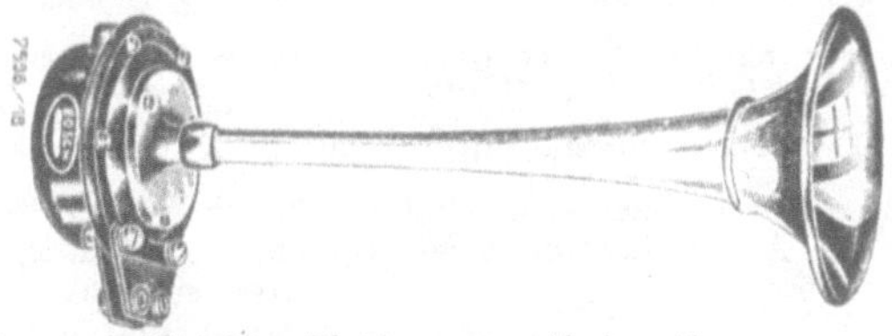

Bild 83. Elektropneumatisches Horn

bedingt) kann das Signal als *Zweiklang* ausgebildet werden. Für *Dreiklanganlagen* wird häufig ein Trichterhorn und zwei Tellerhörner verwendet, deren Töne zu einem harmonischen Akkord abgestimmt sind. Da die Zwei- und Dreiklanganlagen meist einen Ton mit einer Lautstärke von mehr als 100 Phon abgeben, dürfen sie laut StVZO § 55 (3) nur für Überlandfahrt verwendet werden, für Stadtfahrt muß daher ein Horn allein einschaltbar sein. Dreiklanganlagen mit einer Folge von verschieden hohen Tönen, wie z. B. von Polizei, Feuerwehr und Post verwendet, sind mit einer von

Bild 84. Anbau eines Horns am Motor

kleinem Elektromotor angetriebener Steuerwalze versehen, die den Folgetonschalter betätigt.

Der *Einbau* kann unter der Motorhaube oder außerhalb der Motorhaube erfolgen. In beiden Fällen ist das Horn so zu befestigen, daß sich der Schall ungehindert nach vorn ausbreiten kann, d. h. kein Motor- oder Fahrzeugteil sich vor der Hornmündung befindet. Damit das Horn in seiner Schwingung nicht beeinflußt wird, muß es mit dem Motor- oder Fahrzeugteil möglichst frei beweglich befestigt werden. Dazu wird ein federndes Zwischenglied (Feder- oder Gummi-Paket) verwendet. Ferner muß darauf geachtet werden, daß der Motor- oder Fahrzeugteil, an dem das Horn befestigt ist, nicht in störendes Mitschwingen gerät. Aus diesem Grunde wird das Horn, z. B. am Motor mit den Zylinderkopfschrauben (Bild 84) am Rahmen, eventuell auch an der Spritzwand usw. befestigt.

B. Fahrtrichtungsanzeiger (Winker).

In der StVZO § 54 werden folgende Forderungen an die Fahrtrichtungsanzeiger gestellt:

§ 54 (1) u. (2).

An Kraftfahrzeugen — ausgenommen Zugmaschinen mit offenem Führersitz, Elektrokarren und Krafträder — müssen Winker angebracht sein, die als gelbrot leuchtende Arme auf der Seite des Kraftfahrzeugs erscheinen, nach der abgebogen werden soll. Der Winker ist etwa da anzubringen, wo Fahrzeugführer oder Beifahrer mit der Hand Zeichen geben können. Er darf die Sicht des Fahrzeugführers nicht hindern. Die Stellung des Winkers muß durch Anzeigelaterne u. a. angezeigt werden, wenn der Winker nicht im Blickfeld des Fahrzeugführers angebracht ist.

§ 54 (3).

Der Winkerpfeil muß bei Personenwagen mindestens 8 cm über den breitesten, in der Höhe des Winkers liegenden Teil des Fahrzeugs hinausragen; bei den übrigen Kraftfahrzeugen, z. B. auch bei Dreiradwagen, mindestens 8% der Fahrzeugbreite in dieser Höhe. Der Winkerpfeil muß sich deutlich von der Farbe des Fahrzeugs abheben.

Den *Aufbau* eines Winkers zeigt Bild 85. Dieser Winker, der für Einbau im Gegensatz zu Anbau bestimmt ist, besteht im wesentlichen aus der Befestigungsplatte, dem Hubmagnet und dem Winkerarm mit der Glühlampe. Durch das Einschalten des Winkers mit Handschalter am Instrumentenbrett oder Lenkrad wird der in der Ruhelage fast ganz aus der Spule des Hubmagnets ragende Ankerkern schnell in die Spule hineingezogen, wodurch über Hebelübersetzung der Winkerarm in die waagrechte Stellung hochgedreht wird. Gleichzeitig damit wird auch die im Winkerarm befindliche Glühlampe eingeschaltet. Zur Einschaltung einer Anzeigelampe, die, wenn ein oder beide Winker nicht im Blickfeld des Fahrers liegen, von der neuen StVZO vom 13. 11. 37 vorgeschrieben ist, dient ein Federkontakt, der durch den Ankerkern in der eingezogenen Stellung mit Masse verbunden wird. Häufig wird der Fahrer durch die Glühlampe im Winkerarm geblendet; das Blenden kann durch ein im Winkerarm angebrachtes Blendschutzgitter vermieden werden, welches das auf den Fahrer gerichtete Licht abdeckt.

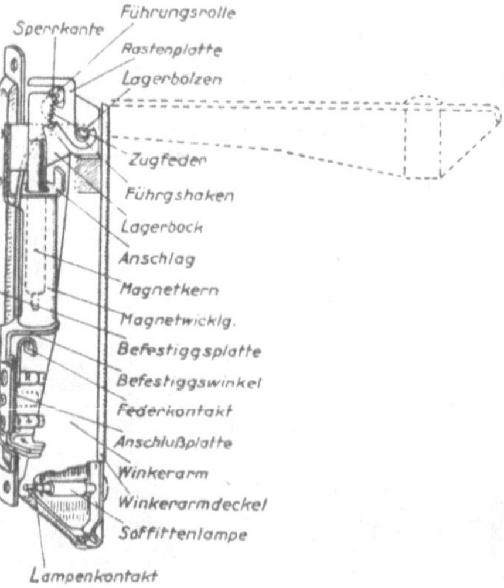

Bild 85. Aufbau eines Winkers

Das *selbsttätige Einschalten* des Winkers könnte von der Lenkung abhängig gemacht werden, jedoch würde dann der Winker erst bei Beginn der Schwenkung eingeschaltet und damit die Richtungsänderung zu spät angezeigt werden.

Für das *selbsttätige Ausschalten* ergeben sich folgende Möglichkeiten: in Abhängigkeit von der Lenkung, der Zeit oder dem zurückgelegten Wege. Im ersten Fall erfolgt das Ausschalten des Winkers mit der Beendigung der Schwenkung. Muß man bei der Schwenkung jedoch einem Hindernis ausweichen, so ist es möglich, daß der Winker ausgeschaltet wird, obwohl die Schwenkung nicht beendigt ist. Dieser Nachteil wird dadurch noch verstärkt, daß der Winker in demselben Augenblick ausgeschaltet wird, in dem der Fahrer seine Aufmerksamkeit auf das Ausweichen gelenkt hat, wodurch der Fahrer unsicher werden kann. Ein selbsttätiges Ausschalten

ATH 16. Aufl. Zu Seite 1054

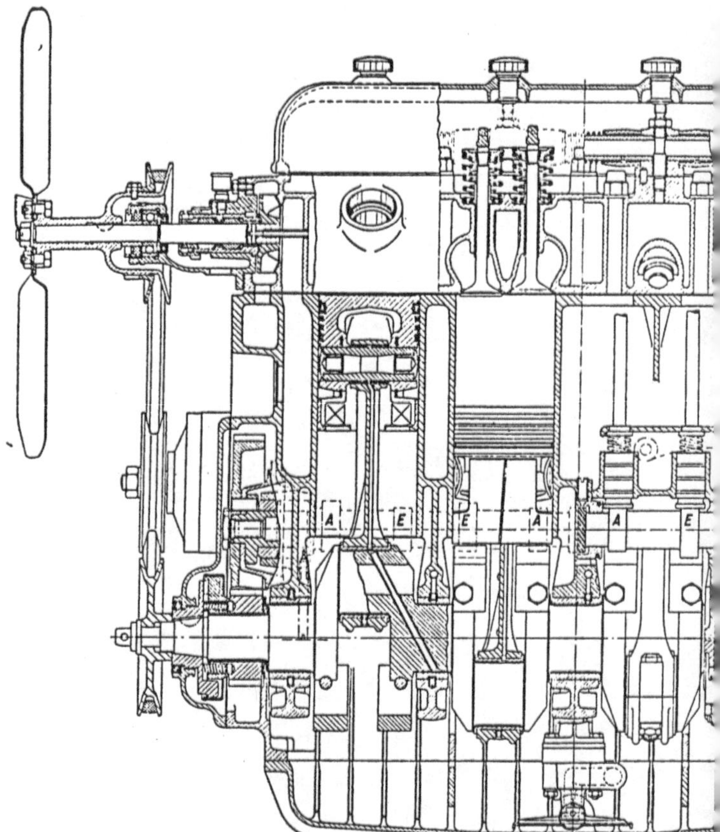

Bild 8. Daimler-Benz Personenwagen-Diesel

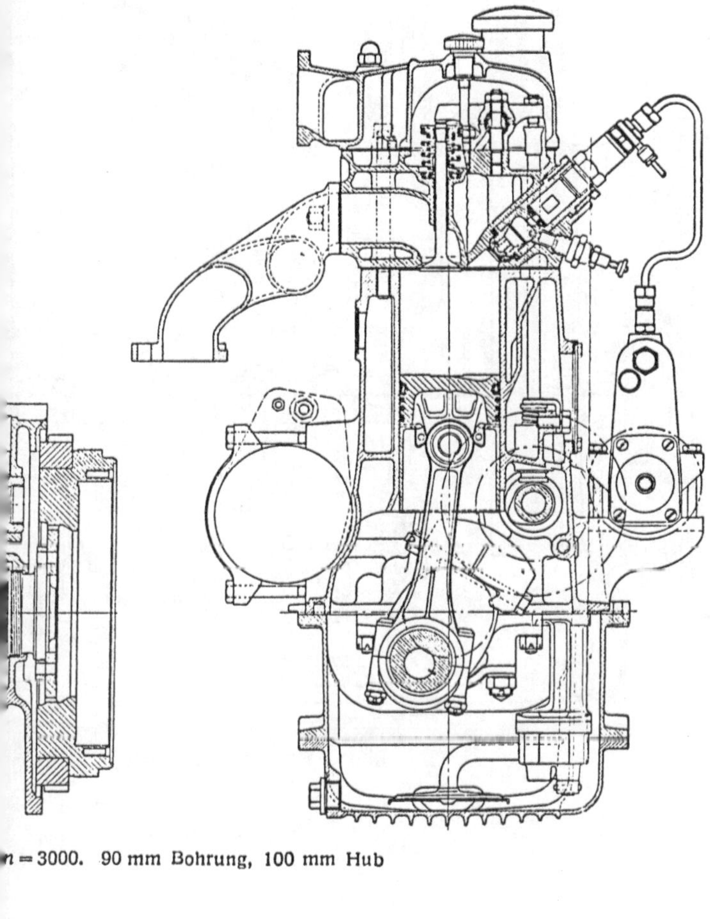

$n = 3000$. 90 mm Bohrung, 100 mm Hub

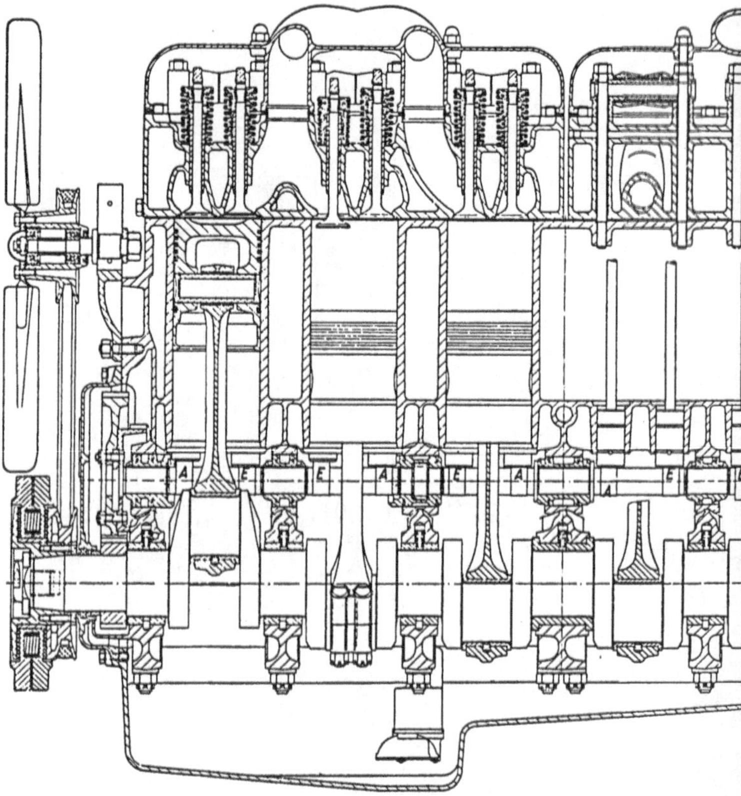

Bild 9. Daimler-Benz Lastwagen-Dieselmo

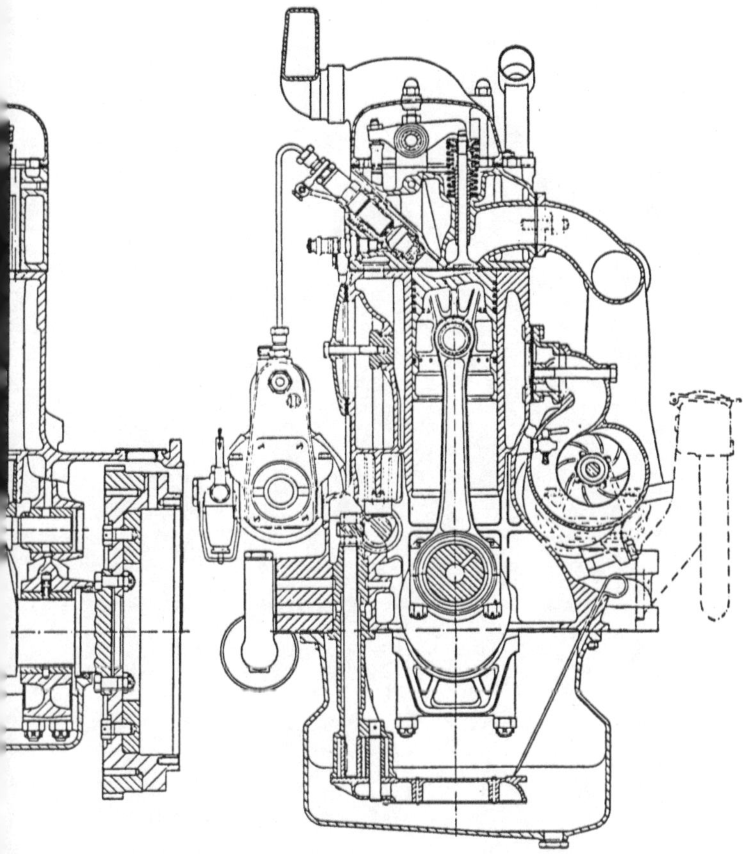

2250. 105 mm Bohrung, 140 mm Hub

Zylinderkopf. Mit dieser Bauart können Mitteldrücke bis zu 6 kg/cm² erzielt werden. Es handelt sich um die Motoren der amerikanischen General-Motors-Corp (Bild 15) und der italienischen Firma Alfa-Romeo.

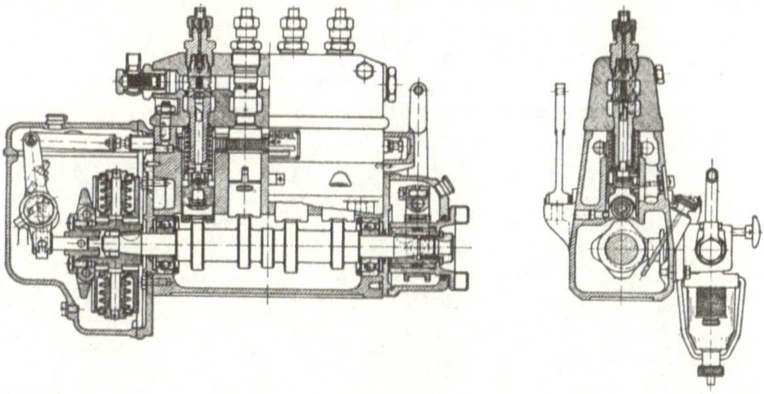

Bild 13. Deckel-Pumpe 1938

Bei dieser Konstruktion sind die thermischen Beanspruchungen von Kolben und Ventilen am meisten zu beachten. Nachdem bei jeder Umdrehung der Kurbelwelle ein Arbeitstakt erfolgt, ist auch der Wärmeanfall zu diesen Bauteilen ungefähr doppelt so hoch wie beim Viertaktmotor. Das erfordert große Sorgfalt in der Auswahl der Materialien und Lauftoleranzen.

6. Schmierungsprobleme.

Es ist ungefähr ein Jahrzehnt verflossen, seit die ersten Serien von Fahrzeug-Diesel-Motoren auf dem Markt erschienen sind und ihre Brauchbarkeit in strengem Dauerbetrieb erwiesen haben. In manchen Fällen traten noch Schwierigkeiten auf, besonders auch solche, die mehr oder weniger mit der bis dahin üblichen Art der Motorschmierung im Zusammenhang standen. Man hatte angenommen, daß die höheren Arbeitsdrücke beim Dieselbetrieb eine Verwendung von besonders dickflüssigen Ölsorten erforderlich machen, damit das Schmieröl nicht aus den Lagern herausgequetscht werden könne. Die unvorhergesehene Folge davon war gewöhnlich ein Festfressen der Kolben nach verhältnismäßig kurzer Laufzeit. Beim Demontieren einer solchen defekten Ma-

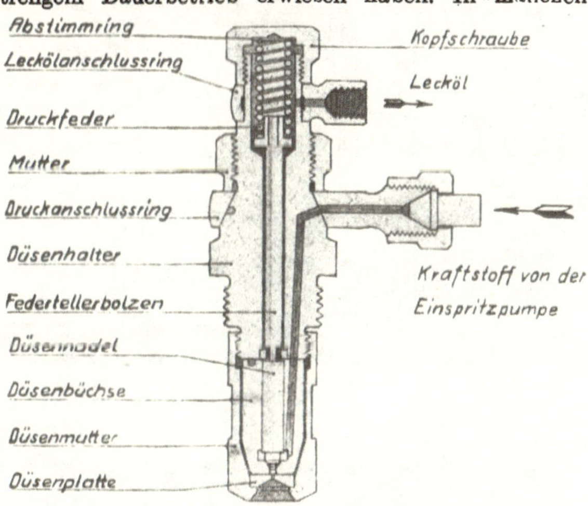

Bild 14. Deckel-Düse 1938

schine fand man dann an Stelle des Schmieröls eine dickschlammige schwarze Masse, die nicht mehr in der Lage war, eine flüssige Reibung der aufeinandergleitenden Innenteile zu gewährleisten. Meist waren auch neben den Kolben die Lager unbrauchbar geworden.

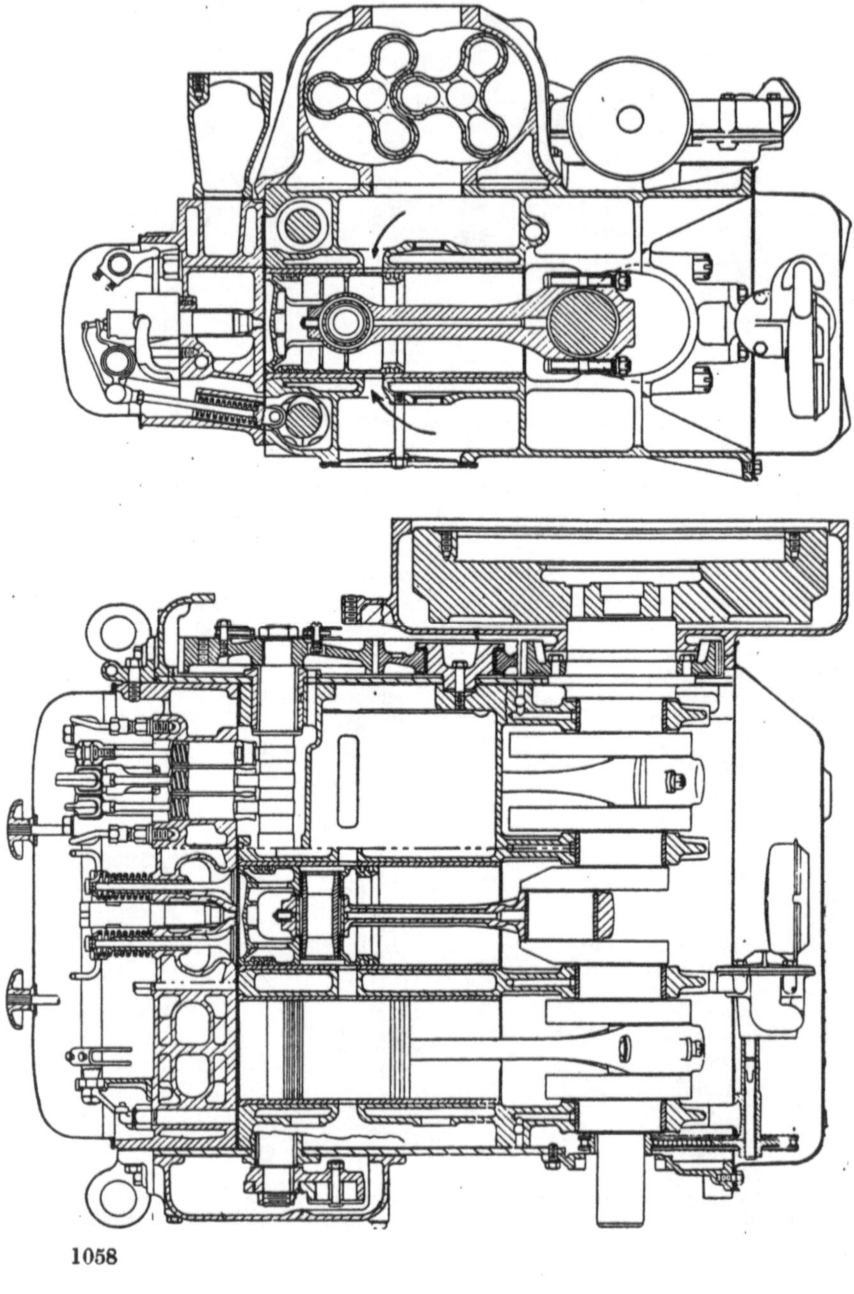

Bild 15. GMC-Zweitaktmotor mit Auslaßventilen

Diese ungewöhnliche Verschlammung des Schmieröls hatte verschiedene Ursachen. Zunächst sei auf die chemische Veränderung des Öles infolge der Einwirkung von Betriebshitze und Sauerstoff (Ansaug-Luft) hingewiesen. Durch diese Prozesse, die der Chemiker Polymerisation und Oxydation nennt, entstehen dickflüssige und zähe Körper, die auf das Öl stark viskositätserhöhend wirken. Eine zusätzliche Eindickung wird noch durch den Ruß verursacht, der während des Betriebes mit den Verbrennungsgasen durch den Ringspalt zwischen Kolben und Zylinder hindurchbläst. Dieser Ruß sammelt sich allmählich unten im Kurbelkasten an und vermischt sich dort mit dem Schmieröl. Beim Dieselmotor ist infolge der höheren Zünddrücke die Durchblasemenge entsprechend größer als bei der Otto-Maschine, und außerdem verbrennt das Dieselöl nur unter erhöhter Rußbildung. Eine Schmierölverdünnung, die etwas ausgleichend wirken könnte, kommt hier nicht in Frage, solange die Einspritzorgane ordnungsgemäß arbeiten.

Alle diese Gründe machen es erforderlich, zur Schmierung von Dieselmaschinen solche Öle zu verwenden, die möglichst wenig zur Eindickung neigen und gleichzeitig die Durchblasemenge auf ein Minimum herabsetzen. Diese Forderungen werden am besten durch verhältnismäßig dünnflüssige Öle erfüllt. Solche Öle besitzen nur wenig hochviskose, zerfallsgeneigte Bestandteile (bright-stock), die für das chemische Eindicken verantwortlich sind. Bei Verwendung dünnflüssiger Öle kann auch das Einbauspiel der Kolben geringer gehalten werden. Die Durchblasemenge wird dann entsprechend ermäßigt und die Eindickung verzögert. Nachdem die zähen, klebrigen Stoffe nur in verschwindendem Maße entstehen, wird ein Festkleben der Kolbenringe ausbleiben. Die verminderte Viskosität verhindert auch ein übermäßiges Anwachsen der Lagertemperatur, was zur Erhöhung der Lebensdauer dieser wichtigsten Teile wesentlich beiträgt.

Dünnflüssige Öle können aber nur verwendet werden, wenn durch konstruktive Maßnahmen dafür Sorge getragen ist, daß der Ölverbrauch niedrig bleibt. Er soll nicht kleiner sein als 1 g/PSh und auch nicht über 2 g/PSh anwachsen. Bei zu geringem Verbrauch entsteht die Gefahr von sofortigem Kolbenfressen durch Ölmangel. Wächst der Verbrauch über das zulässige Maß an, dann treten auch Kolbenfresser auf, aber erst nach langer Laufzeit, weil dann die Ursache das Festhängen von Kolbenringen sein wird.

Der Ölverbrauch kann neben der Einbautoleranz hauptsächlich durch die Anordnung der Ölabstreifringe und durch genaue Erprobung des Schliffbildes für den Kolbenschaft reguliert werden. Von gewissem Einfluß ist auch der Kühlwasserlauf um die Zylinder. Bei Berücksichtigung dieser Vorschriften hat es sich allgemein gut bewährt, Schmieröle mit einer Viskosität von weniger als 10° E bei 50° C zu verwenden. Wenn die Viskositäts-Polhöhe dabei nicht über Wp = 2 hinausgeht, wird man dieses Öl im Sommer und Winterbetrieb gleich gut gebrauchen könen, weil bei diesen verhältnismäßig dünnflüssigen Ölen mit geringer Temperaturabhängigkeit der Viskosität auch bei durchkälteter Maschine Startschwierigkeiten infolge zu großer Ölreibung in den Lagern und zwischen Kolben und Zylindern noch nicht zu erwarten sind[1]).

7. Weiterentwicklung.

Beim Fahrzeug-Dieselmotor wird die Entwicklung ungefähr in den gleichen Bahnen weiterschreiten, wie sie durch den Otto-Motor schon vorgezeichnet sind. Die erstrebte Leistungssteigerung dürfte zum geringeren Teil durch Verbesserung der Verbrennungsverfahren, aber vorwiegend durch Erhöhung der Drehzahl erreichbar sein. Mit der Hochtourigkeit beginnt für den Konstrukteur die Verpflichtung zur Aufwendung größerer Sorgfalt auf die Durchbildung der Lagerschmierung, denn die bei der hohen Drehzahl entstehende Mehrwärme der Lagerschalen ist so rasch abzuführen,

[1]) K. Schwaiger, Öl und Kohle (1937) Heft 28, S. 715ff.

daß die Temperaturen nicht wesentlich über 100° C ansteigen. Hier wird auch die Verwendung möglichst dünnflüssiger Schmieröle zur Erreichung des gesteckten Zieles beitragen.

Es ist unerläßlich, die Frage der künftigen Brennstoffversorgung bei der Fortentwicklung von Dieselmotoren zu berücksichtigen. Für unsere deutschen Verhältnisse dürfte bis auf weiteres das wasserstoffarme Treiböl wesentlich billiger herzustellen sein. Bisher war es aber im Fahrzeug-Dieselmotor nicht möglich, einen Dauerbetrieb mit solchen schlecht zündfähigen, aromatischen Brennstoffen sicher durchzuführen. Die Motoren liefen hauptsächlich bei niedriger Belastung sehr unregelmäßig und stark klopfend. Es war auch kein rauchfreier Auspuff zu erzielen. Verschiedene Hilfsmittel wie Glüheinsätze, Katalysatoren, elektrische Aufheizungen usw. konnten keine praktische Bedeutung erlangen. Durch folgerichtige Anwendung der Gesetzmäßigkeiten beim Zündvorgang in Dieselmaschinen war es nunmehr möglich, ohne Anwendung von Hilfsmitteln aromatische Brennstoffe klopf- und störungsfrei zu verwenden. Es wurden dabei Verdichtungsgrade bis ca. 1 : 30 angewandt, wodurch die Kompressionsluft am Ende des Verdichtungstaktes eine solche Temperaturerhöhung erfährt, daß darin die schlecht zündenden Aromaten mit normalem Verzug entflammt werden können. Die dabei auftretenden Verbrennungsdrücke halten sich ungefähr in der Größenordnung, wie sie für normalen Gasölbetrieb üblich sind. Das Verhalten der Brennstoffe mit aromatischem Charakter wird in Bild 16

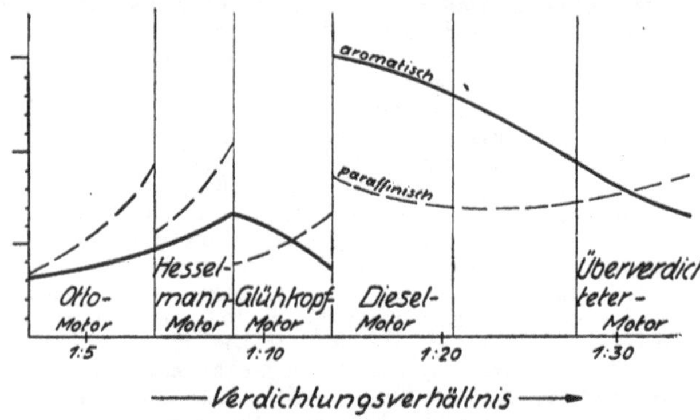

Bild 16. Angenäherter Zünddruckverlauf bei aromatischen und paraffinischen Brennstoffen

in Abhängigkeit von dem Verdichtungsverhältnis gezeigt. Zum Vergleich ist noch der ungefähre Kurvenverlauf bei paraffinischem Gasöl eingetragen. Durch die Anwendung der hohen Verdichtung wird nicht etwa ein stärkeres Triebwerk benötigt, weil die Spitzendrücke nicht wesentlich über das sonst übliche Maß ansteigen. Dadurch ist es möglich, mit dem gleichen Kolbengewicht auszukommen wie bei Gasölbetrieb, und deshalb braucht weder die Pleuelstange verstärkt zu werden, noch ist eine Vergrößerung der Lagerdimensionen erforderlich. Man kann sogar mit einer kleinen Entlastung der Lagerbeanspruchung rechnen, weil beim Verdichtungstakt ein höherer Kolbendruck entsteht, der aber den weit größeren Fliehkräften entgegenwirkt und somit eine geringe Lagerentlastung herbeiführt. Es ist damit zu rechnen, daß diese Erkenntnisse bei der Weiterentwicklung von Fahrzeug-Dieselmotoren größere Beachtung finden werden.

Man ist heute schon in der Beherrschung des Verbrennungsablaufes beim Dieselmotor soweit fortgeschritten, daß die sichere Aufnahme der dabei entstehenden Kräfte durch das Motortriebwerk kein Problem mehr darstellt. Die Baugewichte neuzeitlicher Fahrzeug-Diesel sind deshalb nicht mehr wesentlich verschieden von denen der gleichstarken Otto-

Motoren. Es hat somit stark an Reiz verloren, sich mit dem sog. Mitteldruckmotor (Hesselmann) zu beschäftigen. Nachdem solche Maschinen neben der kompletten Einspritz-Apparatur noch eine Magnet- oder Batterie-Zündeinrichtung benötigen, dürfte eine Gewichtseinsparung kaum in Frage kommen. Außerdem läßt sich auch in bezug auf Brennstoffersparnis nichts

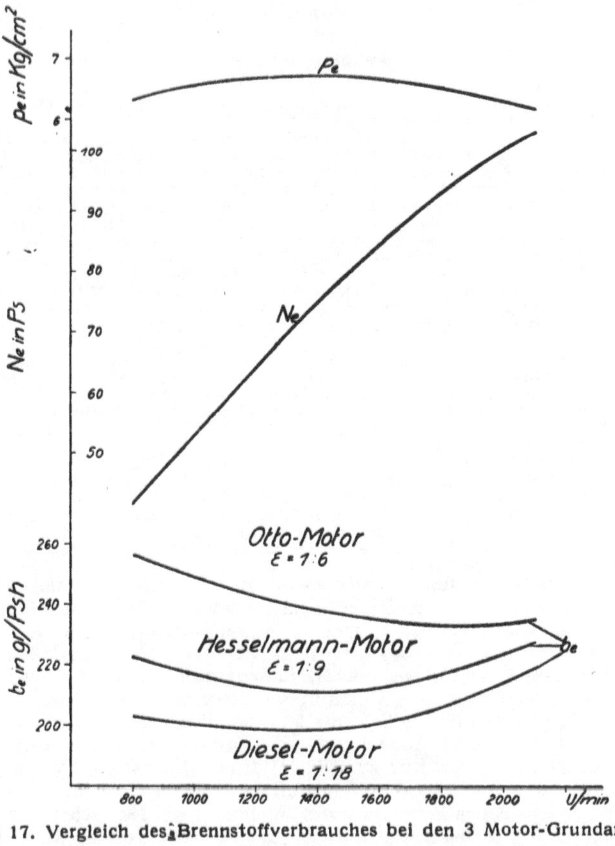

Bild 17. Vergleich des Brennstoffverbrauches bei den 3 Motor-Grundarten

erreichen, weil durch den niedrigen Verdichtungsgrad die Ausnützung des Gasöles zur Kraftleistung immer nur geringer sein kann als beim Dieselmotor. Die Verhältnisse sind im Bild 17 veranschaulicht, wobei noch zu berücksichtigen wäre, daß der spez. Verbrauch der Dieselmaschine bei Anwendung des Verfahrens mit direkter Einspritzung noch günstiger gestaltet werden könnte. In Bild 17 ist aber die Verbrauchskurve eines Vorkammer-Diesel zum Vergleich herangezogen, der in dieser Beziehung bekanntlich etwas ungünstiger liegt.

Zweitaktmotoren.

Von H. J. Venediger VDI.

I. Arbeitsverfahren.

Beim Viertaktmotor spielen sich die den Kreisprozeß bildenden vier Takte — Ansaugen, Verdichten, Ausdehnen, Ausschieben — sämtlich oberhalb des Arbeitskolbens und in ein- und demselben Zylinder ab. Die einzelnen Takte überschneiden sich wegen der Ventilzeiten zwar bei der ausgeführten Maschine, sind aber trotzdem weitgehend in sich abgeschlossen. Dadurch ergibt sich der Vorteil einer exakten Arbeitsweise in weitem Bereich, aber zugleich der Nachteil, daß zur Erledigung der vier Kolbenhübe zwei Kurbelumdrehungen benötigt werden. Dabei entfällt aber nur auf jede zweite Umdrehung ein Arbeitshub, während die andere Umdrehung mit bloßen Pumphüben ausgefüllt ist. Das Triebwerk ist daher leistungsmäßig gesehen nur halb ausgenutzt und der Gleichförmigkeitsgrad ist gering: seine Verbesserung erfordert besonders beim Fahrzeugmotor eine Vielzahl von Zylindern, deren Arbeitskurbeln in geeigneter Weise gegeneinander versetzt sind. Der mechanische Wirkungsgrad wird durch die zwei Leerhübe (Ausschieben, Ansaugen) und durch die zum Antrieb der Steuerorgane für den Stoffwechsel nötigen Elemente herabgesetzt.

Da der Zylinder „Selbstversorger" ist, d. h. die Frischladung selbst ansaugt, und deshalb eine in sich geschlossene Leistungseinheit darstellt, sind die konstruktiven Entwicklungsmöglichkeiten des Viertaktmotors, im Großen gesehen, abgegrenzt. Die einzelnen Bauarten unterscheiden sich im wesentlichen nur durch die Art und Weise wie die einzelnen Zylinder bei Mehrzylindermotoren angeordnet und die Kurbeln gegeneinander versetzt werden (Reihenmotoren, V-, H-, X-, Stern-Motoren usw.), um günstigen Massenausgleich, brauchbare Zündfolge, geringe Lagerbelastung und günstig liegende, ungefährliche kritische Drehzahlen (Drehkritische, Biegekritische, Zündtaktkritische) zu erreichen. Grundsätzliche Fehler im Entwurf sind daher nicht leicht möglich, die Entwicklung ist zielstrebig und geordnet und ist auch bisher so verlaufen. Die Probleme liegen hauptsächlich bei der Gestaltung der Einzelteile, der Durchbildung des Brennraumes, der Ausbildung der Steuerorgane usw. Die Zufügung eines besonderen Laders, der die Frischladung dem Zylinder unter Druck zuführt (Ladermotoren), ändert an dieser Sachlage nur wenig.

Ganz anders liegen die Verhältnisse bei den Zweitaktmotoren. Hier besteht die Aufgabe, den gleichen Kreisprozeß wie bei Viertaktmotoren durchzuführen, ohne daß dazu vier vollständige Takte benötigt werden. Die Lösung besteht darin, daß man den Ausschubhub wegfallen läßt und die Frischladung in einen besonderen Ladezylinder (Lader) einsaugt, von wo aus sie im geeigneten Augenblick in den Arbeitszylinder überführt wird. Das Zweitaktspiel besteht daher nur aus den zwei unumgänglich nötigen Takten: Verdichten und Ausdehnen. Die Fortschaffung der verbrannten Ladung erfolgt hier (aber nur zum Teil!) durch die Strömungsenergie der Gase selbst, indem der Ausdehnungshub vorzeitig (rd. 65° KW vor uT) durch Öffnen des Auslaßorganes unterbrochen wird. Da sich an den Ausdehnungshub — wie beim Viertakt — unmittelbar der Verdichtungshub anschließt, muß die Frischladung aus dem Lader in den Arbeitszylinder überführt werden, solange der Arbeitskolben den Hubwechsel vollzieht, so daß nur eine äußerst geringe Zeitspanne ($\frac{1}{50}$ s bei ortsfesten Großdieselmotoren, $\frac{1}{250}$ s bei Fahrzeugmotoren) zur Verfügung steht. Die Frischladung hat aber dabei während des Überströmens noch die Aufgabe die im Arbeitszylinder zurückgebliebene Abgasmenge auszuspülen. **Dieser Vorgang soll natürlich möglichst vollkommen und verlustlos laufen und stellt das eigentliche Problem des Zweitaktes dar,** besonders, wenn mit dem verbrennungsfertigen Stoff ausgespült werden muß, wie beim Vergaser-Ottomotor. Das wesentliche Merkmal dieser die zwei eigentlichen Takte einrahmenden Nebenvorgänge, die indessen die Hauptaufgabe darstellen, ist die Kürze der zur Verfügung stehenden Zeit und die unübersehbare Zahl der theoretischen Verwirklichungsmöglichkeiten.

Als Lader kommen hauptsächlich mit Kurbelwellendrehzahl laufende Hubkolbenpumpen und Drehkolbenpumpen zur Anwendung, letztere vor allem bei Dieselmotoren wegen des schon aus verbrennungstechnischen Gründen erforderlichen hohen Luftdurchsatzes. Der Lader saugt die Frischladung an, während der Arbeitskolben den Verdichtungshub ausführt; er verdichtet die Frischladung während des Ausdehnungshubes im Zylinder und schiebt sie in letzteren, wenn der Arbeitskolben den Hubwechsel vollzieht. Häufig wird zwischen den Lader und den Arbeitszylinder ein Spülmittelaufnehmer geschaltet, der eine gewisse Unabhängigkeit von diesen Pulsationen gewährleistet und während der Spülperiode für einen annähernd gleichbleibenden Ladedruck sorgt.

Je nach Gestaltung, Anordnung und Wirkungsweise der Ladepumpe ergeben sich viele denkbare Zweitaktmotorenbauarten, die diese Motorengattung z. T. noch verwickelter machen würden als den Viertaktmotor. Da aber der Zweitakt aus dem Bestreben entstanden ist, zu einer einfacheren Maschine zu gelangen, hat sich im Fahrzeugmotorenbau bisher nur die einfachste Bauart wirklich durchgesetzt, d. i. diejenige bei der die Hubkolbenpumpe als Kurbelkammerlader ausgebildet ist. Hier dient der Arbeitskolben zugleich als Pumpenkolben, indem er mit seiner Unterseite auf das allseitig geschlossene und abgedichtete Kurbelgehäuse arbeitet, in das die Frischladung eingesaugt und sodann durch im Kolben befindliche Fenster auf die Oberseite überführt wird, Bild 2. Wegen des zur Unterbringung des gesamten Triebwerks unvermeidbar großen schädl. Raumes ist der Liefergrad zwar verhältnismäßig gering, doch wird dieser Nachteil durch die organische, platzsparende und preiswerte Bauweise bei Kleinmotoren mehr als ausgeglichen.

Die unübersehbaren konstruktiven Möglichkeiten, die allein schon die Lademittelbeischaffung und die Zylinderausspülung bieten, wozu noch die Lademittelhaltung im Zylinder hinzutritt, lassen die quasi mehrdimensionale Entwicklungstendenz des Zweitaktes deutlich erkennen. Planungsfehler sind an der Tagesordnung, sobald der Konstrukteur die ausgetretenen Pfade verläßt: für den Entwurfskonstrukteur ist ein sicheres, gestalterisches Gefühl unerläßlich, weil die Möglichkeiten zu einer abwegigen Konstruktion zu zahlreich sind. Daher ist der Zweitaktmotorenbau von jeher der Tummelplatz von „Erfindern" und der Schauplatz großer Patentprozesse. Die Patentlage ist äußerst beengt, was brauchbare Konstruktionen betrifft. Es sind bereits die ausgefallensten Vorschläge gemacht und z. T. auch ausgeführt worden. Die negativen Ergebnisse haben dem Zweitakt lange schwer geschadet.

Der fachmännisch konstruierte, und sorgfältig hergestellte Zweitaktmotor besitzt gegenüber dem Viertaktmotor folgende Vorteile:

1. Größere Einfachheit im Aufbau (bes. als Kurbelkammermotor),
2. Höhere Hubraumleistung,
3. Gleichförmigeres Drehmoment,
4. Geringeres Leistungsgewicht,

   Zu 2.—4. Wegen der Verdopplung der Arbeitshübe, obwohl der mittlere indiz. Druck geringer ist als beim Viertakt und bis jetzt 5,5 at kaum übersteigt (Gebrauchsmotoren),

5. Mechanische Geräuschlosigkeit,
6. Anspruchslosigkeit in der Wartung.

Zu diesen fundamentalen Vorzügen treten je nach Durchbildung des Triebwerkes und Laders hinzu:

7. Größere Unempfindlichkeit des Triebwerks gegen Drehzahlüberschreitung,
8. Besseres Startvermögen und schnelle Betriebsbereitschaft,
9. Möglichkeit der Anwendung der einfachen und betriebssicheren Mischungsschmierung (Schmierölzusatz zum Kraftstoff),

sowie bei vorteilhaftem Spülverfahren:

10. Geringster spez. Kraftstoffverbrauch zwischen $\frac{1}{2}$ und $\frac{3}{4}$ Last, dem Regelfall der Belastung im Fahrzeug.

Diesen Vorteilen stehen folgende Nachteile gegenüber:

1. Höherer Kraftstoffverbrauch bis $\frac{1}{2}$ und ab $\frac{3}{4}$ Last durch unvermeidliche Spül- und Ladeverluste,
2. Wesentlich höhere Wärmebelastung und Schwierigkeit der Wärmeabfuhr, insbesondere aus dem Arbeitskolben, wegen Wegfall der Leerhübe,

3. Schlechteres Drehmoment bei minderen Drehzahlen,
4. Schlechterer Langsam- und Leerlauf,
5. Schwieriger und meist schlechterer Massenausgleich, wegen der teilsymmetrischen Wellenform (symmetrisch ist nur der Wellenstern),
6. Notwendigkeit eines bes. Laders (außer bei Kurbelkammerlader-motoren).

Der schlitzgesteuerte Kurbelkammermotor macht von allen 10 Vorzügen Gebrauch, daher seine überragende Bedeutung im Fahrzeugmotorenbau. Es handelt sich nicht um eine bloße Kombination, sondern um eine wahre Symbiose zwischen Zylinderund Lader.

II. Stoffwechsel-Steuerung.

1. Grundsätzlicher Aufbau.

Der Stoffwechsel erfolgt vorwiegend durch in der Zylinderwand angeordnete Schlitze, bei einigen teueren Bauarten von ortsfesten und Fahrzeug-Dieselmotoren z. T. auch durch Ventile, Schieber und dergleichen.

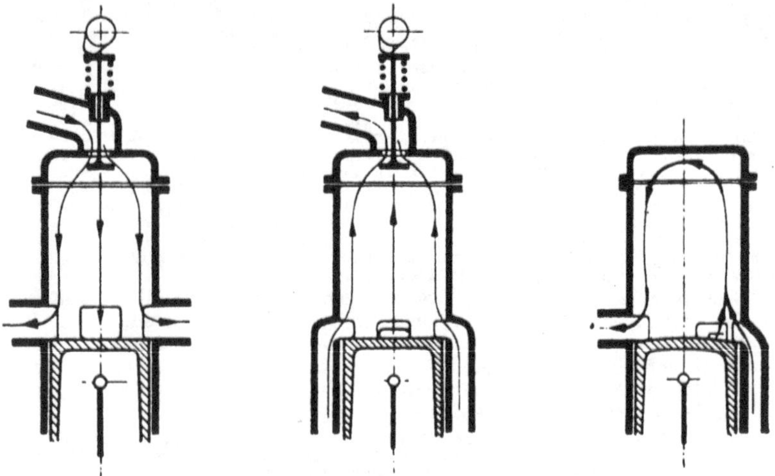

Bild 1 a—c. Grundsätzliche Anordnungen der Steuerorgane bei Zweitaktmaschinen-1a: Gleichstrom-Ventilspülung, 1b: Gleichstrom-Schlitzspülung, 1c: Gegenstrom. Schlitzspülung

Die Anordnung der Steuerorgane in bezug auf die Zylinderachse bestimmt Aufbau und Spülverfahren. Werden die Auslaß- bzw. Einlaßorgane des Arbeitszylinders an verschiedenen Zylinderenden angeordnet, so strömt das Spül- und Lademittel ohne Bewegungsumkehr durch den Zylinder: Gleichstromspülung, Bild 1a, 1b und 7. Die Bauart nach Bild 1a (↓ Gleichstrom) ist heute verlassen, wegen der begrenzten Einlaßquerschnitte, des dadurch erforderlichen hohen Spüldruckes und wegen des ungünstigen Auslaßströmungsfeldes. Die Bauart nach Bild 1b (↑ Gleichstrom) wird als hochwertige, aber teuere Anordnung mit vorläufig begrenzten Drehzahlmöglichkeiten in Verbindung mit Drehkolbenlader seit einigen Jahren erfolgreich in steigendem Maße bei ortsfesten und Fahrzeug-Dieselmotoren angewandt. Die Gegenkolbenbauart nach Bild 7 wird durch den bekannten Junkers-Dieselflugmotor (auch ortsfeste und Schiffsmotoren, bes. in England) verkörpert.

Im ganzen beherrscht aber vorläufig die ausschließlich schlitzgesteuerte Maschine nach Bild 1c noch das Feld; im Fahrzeug-Ottomotorenbau sind andere Bauarten trotz vielfacher Ansätze noch nicht zur Geltung gelangt. Hier befinden sich die Schlitzgruppen für Auslaß und Spülung in ungefähr der gleichen Höhenlage am u T und werden durch die Kolbenoberkante gesteuert. Der aufsteigende (dies wird angestrebt, macht aber Schwierigkeiten) Spülstrom wird im Zylinderkopf umgelenkt und strömt dann im Gegenstrom (zum Aufwärtsstrom) nach unten, so daß der Spülstrom zweimal den Zylinderquerschnitt durchsetzt: G e g e n s t r o m s p ü l u n g, Bild 1c (als übergeordneter Begriff für die verschiedenen Abarten nach Bild 15—20).

Die Lage der Schlitze bei den Gegenstrommotoren bedingt, daß sie symmetrisch zum uT geöffnet und geschlossen werden, so daß die Auslaßschlitze um eine der Voröffnung (Vorauspuff) gleiche Zeitdauer **nach** dem Abschluß der Einlaßschlitze (Spül- und Ladeschlitze) geschlossen werden. Dies führt, außer bei hohen Kolbengeschwindigkeiten, zu einem fast vollständigen Ausgleich des Zylinderdruckes (Ladedruck) mit dem Außendruck. Damit der Ladedruck nicht zum großen Teil nutzlos ins Freie verpufft, ist Aufstauung durch geeignet eingestellten Gegendruck p_z erforderlich. Nur bei Höchstleistungsmotoren wird zwecks Wärmeabfuhr auf Kosten des Ladungsgewichtes mit fast freiem Auspuff gefahren (Rennmotoren). Wegen der Symmetrie des Zylindersteuerdiagrammes ist Auf- oder Überladung nicht möglich, wohl aber bei den Bauformen nach Bild 1a und 1b (durch unsymmetrische Einstellung und entsprechende Querschnittsbemessung der Organe für Einlaß und Auslaß).

Bei Kurbelkammermotoren wird auch der Einlaß in den Lader vom Kolben gesteuert und zwar mit dessen Unterkante. Das Steuerdiagramm liegt symmetrisch zum oT: die Steuerdiagramme eines solchen Dreikanalmotors (je 1 Kanalgruppe für Auslaß, Spülung, Lader) enthält Bild 2. Der Ladereinlaß kann allerdings auf einfache Weise durch Verwendung eines mit der Kurbelwelle verbundenen Drehschiebers unsymmetrisch zum oT gelegt werden, was eine beträchtliche Verbesserung des Füllungsgrades erlaubt. Davon wird praktisch heute noch zu wenig Gebrauch gemacht.

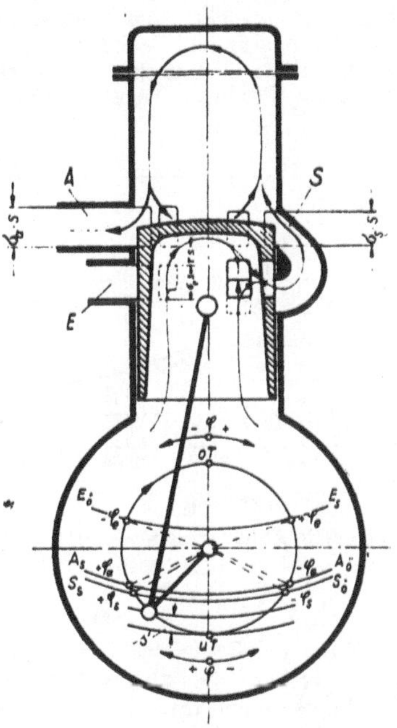

Bild 2.
Gegenstrom-Schlitzspülmaschine mit Kurbelkammerlader (Dreikanalmotor)

Das Ziel im Zweitaktmotorenbau ist das unsymmetrische Steuerdiagramm mit dessen Hilfe Spülverluste verringert werden und Aufladung möglich ist, Bild 43—46. Man kann es erzielen durch viertaktähnliche Steuerungsteile nach Art von Bild 1a und 1b oder durch Verwendung von zwei Arbeitskolben je Zylindereinheit. Die beiden Arbeitskolben können gleichläufig angeordnet werden und auf den gleichen oder auf verschiedene Kurbelzapfen wirken, sog. U-Zylinder-Motoren, Bild 4—6, oder gegeneinanderlaufen, Bild 7. Letztere Anordnung ergibt zwar einen ausgezeichneten Massenausgleich und läßt große Freiheit in der Wahl der Unsymmetrie der Steuerdiagramme für Einlaß und Auslaß, wozu noch ein leicht durchführbares Spülverfahren hinzutritt, bedingt aber zwei weit auseinanderliegende Kurbelwellen, die miteinander verbunden werden müssen (beim Junkers-Flugdiesel durch einen Zahnrädersatz), was eine unerwünschte Komplizierung bedeutet.

● Dem Schema von Bild 5 entspricht der bekannte Puch-Kraftradmotor, während die Auto Union DKW-Rennmotoren mit Haupt- und Nebenpleuel arbeiten, Bild 6:

diese Anordnung nach A. Zoller gestattet eine fast beliebige Unsymmetrie zwischen Einlaß und Auslaß. Bild 4, mit dem Unterschied, daß die Zylinder nebeneinander angeordnet sind und die Pleuel an einer gemeinsamen Welle angreifen, entspricht dem Triumph-Kraftradmotor BD 250. Um die Einführung der U-Motoren hat sich besonders A. Zoller bemüht, aber abgesehen vom DKW-Rennmotor ohne besonderen Erfolg. Das stärkere Eindringen in den Zweitaktmotorenbau ist aber nur eine Frage der Zeit.

Ob symmetrisch oder unsymmetrisch, das Steuerdiagramm ist bei allen heutigen Bauarten unverändert oder „starr“. Es paßt deshalb auf die Maschine charakteristisch nur in einem bestimmten mittleren Drehzahlbereich. Unterhalb desselben sind die Zeitquerschnitte zu groß (Ladung strömt während der Spülung ab), oberhalb desselben zu klein (Abgase entfernen sich nur unvollständig, Frischladung wird gedrosselt), Bild 3. Die Folgen sind schlechter Langsamlauf und hoher Verbrauch bei niederer, Überhitzung bei hoher Drehzahl (Fressen, Blockieren der Kolben). Die richtige Schlitzbemessung ist ein Kompromiß, der lange Versuchsreihen erfordert; deshalb ist die endgültige Entwicklung im Versuch beim Zweitaktmotor von so entscheidender Bedeutung. Die Erledigung des Kreisprozesses in nur zwei Takten bei denen die wirklich entscheidenden Vorgänge nebenbei zwischen Tür und Angel durchgeführt werden müssen, macht eine „reine Arbeitsweise“ im weiten Bereich wie beim Viertakt bei den jetzigen Bauarten unmöglich; diese sind mehr auf einen Betrieb im begrenzten Bereich zugeschnitten, wie er z. B. für ortsfeste Motoren in der Regel gegeben ist. Nichtsdestoweniger ist aber der Zweitakt durchaus für den Betrieb in weitem Bereich befähigt. Die ideale Lösung ist nach dem Vorschlag von H. J. Venediger das veränderliche, unsymmetrische Steuerdiagramm bei dem in Abhängigkeit von Drehzahl und Belastung die Steuerwinkel und Querschnitte geändert werden [1][1]), vgl. österr. Patent 152732 (Auto Union).

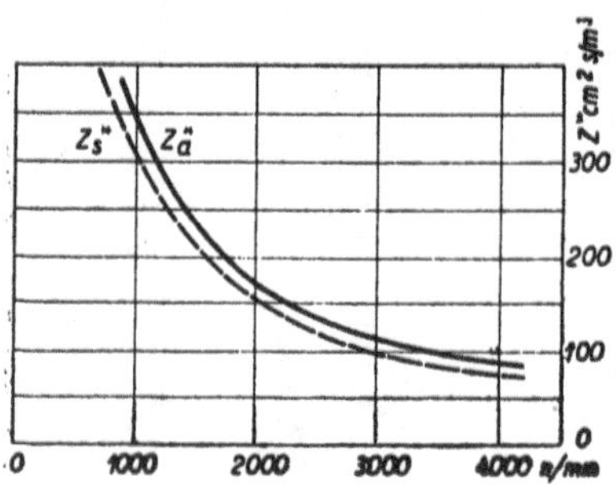

Bild 3.

$\int f \cdot dt$ in Abhängigkeit von der Drehzahl

2. Zeitquerschnitte.

Zur Verfolgung des Stoffwechsels ist wie bei Viertaktmotoren die Ermittlung der sog. Zeitquerschnitte der Steuerorgane erforderlich. Darunter ist der Summenwert $Z = \int f \cdot dt$ zu verstehen, wenn f den augenblicklich freien Querschnitt und t die dazu erforderliche Zeit bedeuten, Dim. $(m^2 \cdot s)$. An Stelle des Zeitquerschnittes kann man auch den Winkelquerschnitt $W = \int f \cdot d\varphi$ in $m^2 \cdot$ Grad Kurbelwinkel ermitteln. Wegen $\varphi = 6nt$ gilt $W = 6nZ$. W ist von der Drehzahl unabhängig. Die Ermittlung erfolgt graphisch, indem man auf der Abszissenachse die Steuerwinkel, auf der Ordinatenachse die zugehörigen Kolbenwege s' aufträgt, Bild 8. Nach Multiplikation mit der Schlitzbreite stellen die schraffierten Flächen die Winkelquerschnitte für Auslaß, Spülung usw. dar. Das zeichnerische Verfahren versagt aber, wenn die Schlitzbreite nicht konstant ist. Bei Ventilsteuerungen und dergleichen tritt an die Stelle des Kolbenweges der Ventilhub und an Stelle der Schlitzbreite der wirksame Ventilumfang. Die nachstehende Errechnung von Z führt meist schneller zum Ziel. Dabei ist aber darauf zu achten, daß die richtige Gleichung für die Kolbenbewegung eingesetzt wird, je nachdem ob sich der Kolben vom uT oder vom oT wegbewegt.

[1]) Die Zahlen in den eckigen Klammern betreffen das Schrifttum am Ende des Abschnittes.

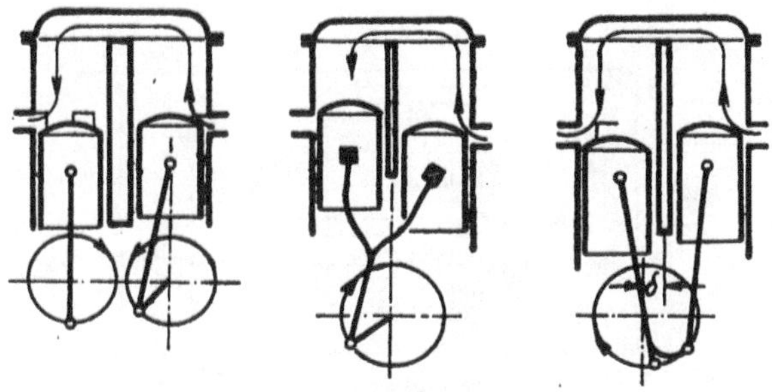

Bild 4—6. U-Zylinder-Motoren. 4: Valveless, 5: Puch, 6: Zoller

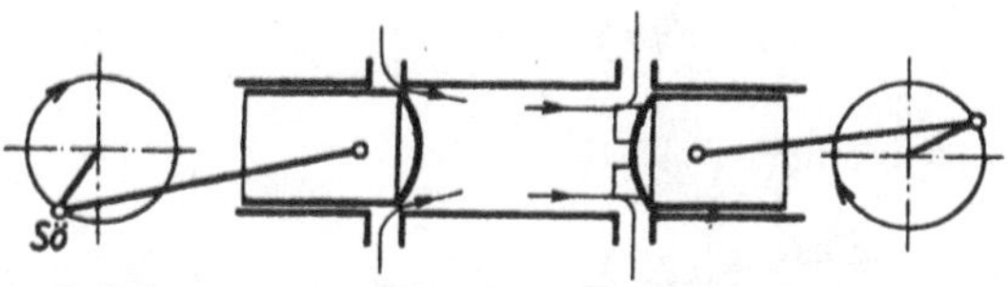

Bild 7. Gegenkolbenmotor n. Ochelhäuser-Junkers

Die durchschnittlichen Werte der Steuerwinkel für Auslaß, Spülung und Einlaß lauten φ_a = rd. 65°, φ_s = rd. 60°, φ_e = rd. 70°; $\varphi_a - \varphi_s$ ist der Vorauspuff bzw. Nachauslaß beim Kolbenrückgang.

Die auf den Hub s bezogenen Längen betragen für Auslaß, Spülung und Einlaß (Fußzeiger a, s, e): $\sigma_a = 0{,}22 - 0{,}26$; $\sigma_s = 0{,}16 - 0{,}18$; $\sigma_e = 0{,}25$. Die auf den Zylinderumfang bezogene Gesamtbreite aller Schlitze zusammen ist:

$$\psi_a = 0{,}18 - 0{,}24;\quad \psi_s = 0{,}18 - 0{,}22;\quad \psi_e = 0{,}25 - 0{,}30.$$

Mit obigen Abkürzungen ergibt sich z. B. für das Auslaßzeitquerschnittselement beim Kolbenrückgang nach Bild 2, Schlitzbreite konstant:

$$dZ_{a_2} = (\sigma_a \cdot s - s')\,\psi_a D\pi \cdot dt, \tag{1}$$

$$dt = d\varphi/\omega = \frac{30}{\pi n} \cdot d\varphi \tag{2}$$

$$s' = \frac{s}{2}\left(1 - \cos\varphi - \frac{\lambda}{2}\sin^2\varphi\right) \tag{3}$$

$$\int dZ_{a_2} = \frac{30\,\psi_a D}{n}\int(\sigma_a \cdot s - s')\,d\varphi \tag{4}$$

Für die Errechnung des Winkelquerschnittes gilt:

$$d\varphi' = 6n\,dt \tag{5}$$

$$\int dW_{a_2} = 180\,\psi_a D\int(\sigma_a \cdot s - s')\,d\varphi \tag{6}$$

(Gl. 5 nicht mit Gl. 2 verwechseln Gl. 2 bedeutet eine Geschwindigkeit, Gl. 5 dagegen eine Relation zwischen dem von einem Fahrstrahl zurückgelegten Winkel und der verstrichenen Zeit).

Aus Gl. (4) folgt der halbe Zeitquerschnitt:

$$\frac{1}{2}\int f_a dt = \int_{\varphi=0}^{\varphi=\varphi_a} dZ_{a2} = \frac{15\,\psi_a D s}{n}\left[\left(2\sigma_a - 1 + \frac{\lambda}{4}\right)\varphi_a + \sin\varphi_a - \frac{\lambda}{8}\sin 2\varphi_a\right] \tag{7}$$

in der φ im Bogenmaß einzusetzen ist. $Z_a = Z_{a_1} + Z_{a_2} = 2Z_{a_1} = 2Z_{a_2}$ aus Kolben Hin- und Rückgang; analog beim Spülzeitquerschnitt. Die Steuerwinkel für Auslaß und Spülung von Bild 2 können errechnet werden, gemäß

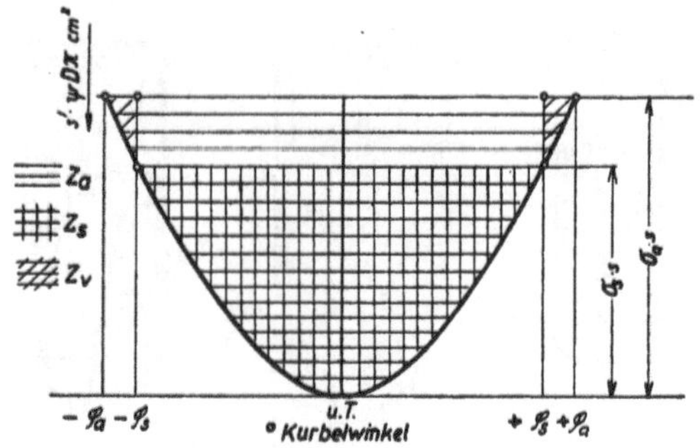

Bild 8. Graphische Ermittlung der Winkelquerschnitte W

$$\cos\varphi = \frac{1}{\lambda} - \sqrt{\frac{1}{\lambda^2} - \frac{2}{\lambda} + 1 + \frac{4\sigma}{\lambda}} \tag{8}$$

Für den Vorauspuff ergibt sich:

$$Z_v = \int_{-\varphi_a}^{-\varphi_s} dZ_{a_1} = \frac{15\psi_a \cdot D \cdot s}{n}\left[\left(2\sigma_a - 1 + \frac{\lambda}{4}\right)(\varphi_a - \varphi_s) + \sin\varphi_a - \sin\varphi_s - \frac{\lambda}{8}\right.$$
$$\left.(\sin 2\varphi_a + \sin 2\varphi_s)\right]. \tag{9}$$

Vorstehende Formeln setzen konstante Schlitzbreite voraus, was bei Auslaß und Spülung praktisch immer der Fall ist. Andere Schlitzformen ergeben verwickelte Formeln: z. B. dreieckiger Schlitz, Länge σ, Basisbreite ψ, Spitze in uT

$$Z_1 = Z_2 = \frac{1}{4\sigma} \cdot \frac{15\psi D \cdot s}{n}\left\{\left[(2\sigma)^2 - 1.5 + \frac{\lambda}{2} - \frac{3}{32}\lambda^2\right] \cdot \varphi + 2\sin\varphi\right.$$
$$\left. - \left(\frac{1}{4} + \frac{\lambda}{4} - \frac{3}{64}\lambda^2\right)\sin 2\varphi\right\}. \tag{10}$$

Der Kurbelkammer-Einlaß wird durch die Kolbenunterkante gesteuert. Hier ist zu beachten, daß Oberkante Einlaßschlitz um die bezogene Strecke τ von der Unterkante der Auslaß- und Spülschlitzgruppe entfernt ist, damit die Kolbenunterkante Zylinder und Lader voneinander trennt, wenn der Kolben im oT steht. Zur Länge τ gehört der Winkel $\pm\varphi'$, zur Gesamtstrecke $\sigma_e + \tau$ der Winkel $\pm\varphi_e$, beide gerechnet ab oT. Zur Ermittlung dient die Gl. (11):

$$\cos\varphi = -\frac{1}{\lambda} + \sqrt{\frac{1}{\lambda^2} - \frac{2}{\lambda} + 1 + \frac{4(1-m)}{\lambda}} \tag{11}$$

wobei für $m = \sigma_e + \tau$ bzw. τ einzusetzen ist.

Bei konst. Schlitzbreite lautet der Zeitquerschnitt:

$$Z_{e_1} = Z_{e_2} = \frac{15\psi_e Ds}{n}\left[\left(2(\sigma_e + \tau) - 1 - \frac{\lambda}{4}\right)(\varphi_e - \varphi') + \sin\varphi_e - \sin\varphi' + \frac{\lambda}{8}\right.$$
$$\left.(\sin 2\varphi_e - \sin 2\varphi') + (2\sigma_e\varphi')\right].. \quad 12)$$

Bild 9 zeigt den geometrischen Zusammenhang; der letzte Klammerausdruck in Gl. (12) bedeutet die Hälfte der viereckigen schraffierten Fläche, der restliche Ausdruck stellt eines der bogenförmig begrenzten Stücke dar.

Der Einlaßschlitz wird zur Milderung des Sauggeräusches oft nach Art von Bild 2 zugespitzt. Bei der Berechnung von Z kann man auf diese Berichtigung verzichten. Einen übertriebenen Wert darf man übrigens der Ermittlung von Z nicht beimessen: im Betrieb setzen sich die Schlitze langsam aber sicher etwas zu, außer im Lader, so daß die Zeitquerschnitte allmählich kleiner werden, was sich schließlich in einem

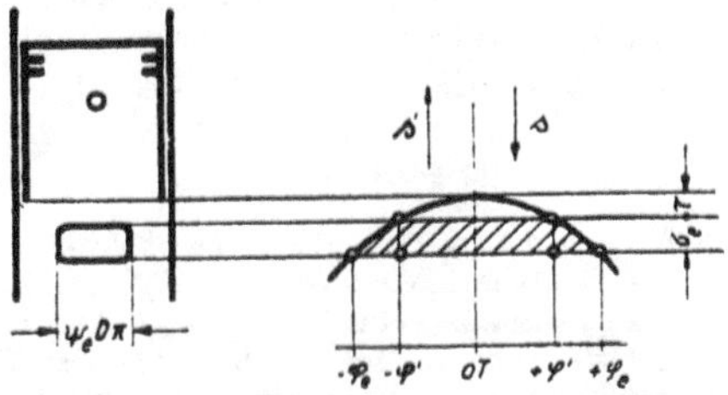

Bild 9. Ermittlung von W beim Kurbelkammerlader-Einlaß

Leistungsabfall bei zunehmenden Kraftstoffverbrauch bemerkbar macht: weiteres hierüber s. Schmierung.

Aus diesen geometrischen Zeitquerschnitten, denen die Schlitzabwicklung zugrunde liegt, sind nunmehr die wirksamen Zeitquerschnitte zu ermitteln unter Zugrundelegung der Querschnitte, die von den strömenden Gasen senkrecht getroffen werden. Man findet Z_w nach Multiplikation von Z mit dem cos des Neigungswinkels des Kanals gegen die Waagerechte bzw. gegen den Zylinderumfang, wenn die Mittellinie des Kanals nicht die Zylinderachse trifft.

Zum Vergleich mit anderen Baumustern werden die Zeitquerschnitte auf $1 m^3$ Hubraum bezogen. Gute Werte für diese spez.* wirksamen Zeitquerschnitte sind nach Erfahrung bei Fahrzeugmotoren mit = 3500 — 4500 U/min:

$Z_a^* = 115—140 \text{ cm}^2 \text{ s/m}^3$; $W_a^* = 2{,}4—2{,}9 \cdot 10^6 \text{ cm}^2 \text{ Grad/m}^3$
$Z_s^* = 50—70 \text{ cm}^2 \text{ s/m}^3$; $W_s^* = 1{,}1—1{,}5 \cdot 10^6 \text{ cm}^2 \text{ Grad/m}^3$
$Z^* = 80—100 \text{ cm}^2 \text{ s/m}^3$; $W^* = 1{,}7—2{,}2 \cdot 10^6 \text{ cm}^2 \text{ Grad/m}^3$.

Die niedrigen Werte gelten für Kurbelkammermotoren, die hohen für Motoren mit besonderen Hubkolben- und Drehkolbenladern.

Wie im nächsten Abschnitt gezeigt ist, setzt die Spülung viel später ein als die Öffnung der Spülkanäle. Es bildet sich ein weiterer wirksamer Zeitquerschnitt aus, während dessen Verlauf wirklich Lademittel in den Zylinder einfließt. Dieser „wirksame" Zeitquerschnitt ist von den obigen Z_w wohl zu unterscheiden.

III. Stoffwechsel

Der Entspannungsvorgang verläuft beim Viertakt und Zweitakt grundsätzlich in der gleichen Weise. Beim Viertaktmotor erfolgt aber die Bemessung des Auslaßorganes nach den Bedürfnissen des Ausschubes, beim Zweitaktmotor hingegen nach denen der Entspannung, um hinterher sofort spülen zu können. Dieses Ziel ist aber besonders bei der Querstromschlitzspülmaschine nach Bild 1c nicht leicht erreichbar, wegen der Schwierigkeit der Unterbringung beider Schlitzgruppen am gleichen Totpunkt. Die Bauarten nach Bild 1a und 7 sind in dieser Hinsicht im Vorteil; dasselbe trifft im wesentlichen auch auf die MAN-Umkehrschlitzspülmaschine, Bild 14, zu, bei der die Auslaßschlitze oberhalb der Spülschlitze liegen und daher einen großen Teil des Zylinderumfanges einnehmen können. Besonders bei den schnellaufenden Fahrzeugzweitaktmotoren ist es kaum möglich, den Expansionsenddruck, der mit steigendem p_i ungefähr linear wächst, Bild 11, trotz der relativ hohen Schlitze so rasch zu senken, daß die Entspannung nach dem Kolbenweg $\sigma_a — \sigma_s$ im wesentlichen durchgeführt ist.

Der gesamte Entspannungsvorgang kann in drei Teile gegliedert werden:

1. Von Aö bis zum Erreichen des kritischen Druckverhältnisses

$\beta = (2/k + 1)^{\frac{k}{k-1}} = 0{,}53—0{,}56$ für $k = 1{,}4—1{,}3$ zwischen Gegendruck P_z hinter den Schlitzen und Druck P im Zylinder,

2. Von da ab bis zum Erreichen der Kolbentotlage,
3. Von uT bis zum Wiederabschluß der Auslaßkanäle.

In der 1. Periode strömen die Abgase mit Schallgeschwindigkeit

$$w_e = \mu w_k = \mu \sqrt{2g \frac{k}{k+1} Pv} \tag{13}$$

durch die Auslaßöffnungen, so daß die Auslaßsäule eine beträchtliche kinetische Energie besitzt. Die Expansion des Zylinderinhaltes V_1 erfolgt adiabatisch, wobei sich V_1 zunächst von $V_c + (1 - \sigma_a)V_h$ auf $V_c + (1 - \sigma_s)V_h$ vergrößert, d. h. bei Ottomotoren um rd. 8 v. H., bei Dieselmotoren um rd. 10 v. H. Vernachlässigt man die Kolbenbewegung, so kann der Entspannungsvorgang bequem punktweise verfolgt werden.

Zu Beginn dieses Vorauspuffes lösen sich im Zylinder Druck- und Geschwindigkeitswellen ab. Bei offenem Auspuff werden die Druckwellen positiv, die Geschwindigkeitswellen negativ zurückgeworfen. Es läuft deshalb eine Verdünnungswelle in den Zylinder zurück, während die Geschwindigkeitswellen mit der doppelten absoluten Geschwindigkeit zurückkehren. Am vollständig geschlossenen Auspuffrohr würde das Umgekehrte eintreten; dazwischen liegen die praktisch in Betracht kommenden Fälle, je nach dem Stauwert der Schalldämpfungsanlage mit einem teilweisen Rückwurf der Druck- und Geschwindigkeitswellen. Wegen der erheblichen Längenausdehnung des in Bild 12 dargestellten schwingungsfähigen Systems kann die Zustandsänderung bei der Entspannung nicht als statisch verlaufend angesehen werden. Auf die Ausbildung der Auspuffanlage ist daher bei Zweitaktmotoren besonders zu achten. Die Leitung zwischen Motor und Schalldämpfer ist kurz zu halten, während für das daran anschließende Auspuffrohr eine mehrfache Länge die besten Werte ergibt. Bei schwingungstechnisch ungünstiger Anlage zeigen die Linien für Leistung und Kraftstoffverbrauch plötzliche Einsenkungen, die allerdings auch auf Schwingungsvorgänge zwischen Lader und Zylinder, häufiger aber auf Gasschwingungen im Lader selbst zurückzuführen sind. Zwischen Lader und Zylinder sind solche Erscheinungen deswegen seltener, weil die Strömungswege meistens kurz sind und die Aufeinanderfolge der Reflexionen so rasch erfolgt, daß die Zustandsänderung quasi statisch vor sich geht. Dies ist besonders bei Kurbelkammerladern der Fall, die die kürzesten Strömungswege aufweisen.

Bedeuten P, V, T Druck, Volumen, Temperatur in einem beliebigen Augenblick des Entspannungsvorganges, der Index 1 den Zustand bei Aö, $k = 1{,}4$; $R = 30$ (Gaskonstante), μ = Ausflußzahl (0,85—0,90), so ist, statisch betrachtet, der für den jeweiligen Entspannungspunkt nötige Auslaßzeitquerschnitt:

$$\int_{t_1}^{t_2} f_a \cdot dt = 0{,}423 \cdot D \cdot \frac{V_1}{\mu \sqrt{T_1}} \ldots (m^2 s) \tag{14}$$

$$D = (P_1/P)^{0{,}143} - 1 \tag{15}$$

Für T_1 kann rd. 1000° K angesetzt werden. Die Entspannungslinie wird gefunden, indem verschiedene Werte von P/P_1 angenommen und rückwärts der erforderliche Zeitquerschnitt aus Gl. (14) errechnet wird. Dabei ist auf den Punkt zu achten, bei dem β unterschritten wird. Bei $P_z = 1{,}1$ ata ist dies bei $P = P_z \cdot (1/\beta) = 2{,}08$ ata der Fall. Von da ab setzt die 2. Periode ein, bei der die Gasgeschwindigkeit durch

$$w_2 = \mu \sqrt{2g \frac{k}{k-1} Pv \left(1 - \left(\frac{P_z}{P}\right)^{\frac{k-1}{k}}\right)} \tag{16}$$

gegeben ist. Eine Zusammenfassung von Gl. (16) mit dem pro dt abströmenden Gasgewicht und $\int f dt$ ergibt in gleicher Weise wie Gl. (14) eine Beziehung zwischen den von jetzt ab erforderlichen Zeitquerschnitten, so daß die Entspannung bis uT verfolgt werden kann. Diese Periode ist weniger interessant als die 1. Periode, da letztere bereits das Wesentliche erkennen läßt.

Es zeigt sich in Bild 10, daß die Entspannung bis weit in die theoretische Spülperiode hineindauert, da bei $S_ö$ das kritische Druckverhältnis noch

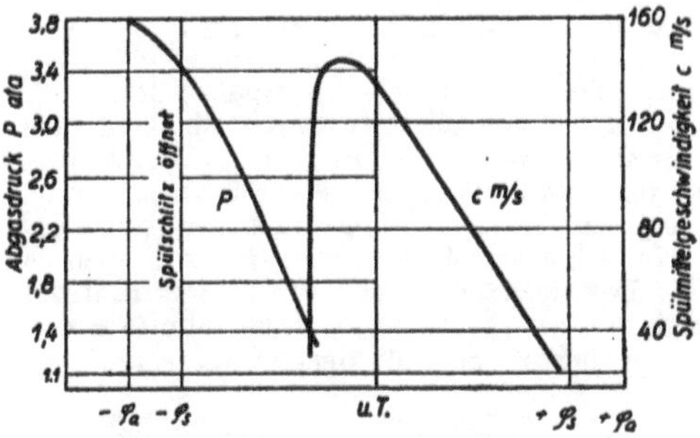

Bild 10. Auspuff- und Spülvorgang

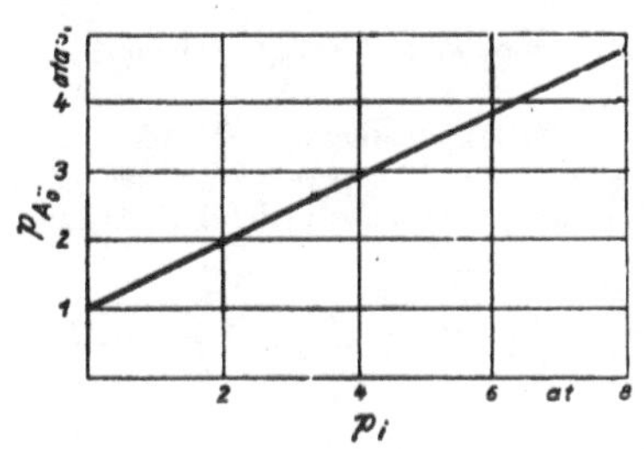

Bild 11. Ausdehnungsdruck bei Aö (Auslaß öffnet)

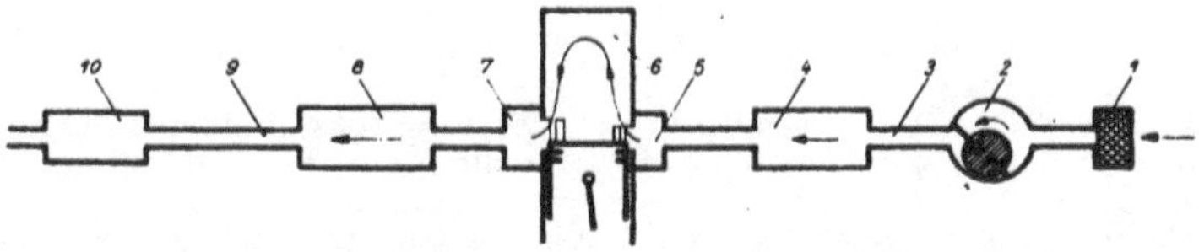
Bild 12. Schema eines Zweitaktsystems
1 = Filter, 2 = Lader, 3 = Druckleitung, 4 = Aufnehmer, 5 = Einlaßkammer, 6 = Zylinder, 7 = Auslaßkammer, 8 = Vordämpfer, 9 = Auslaßleitung, 10 = Nachdämpfer

anhält. Die Abgase schlagen in den Lader zurück, erhöhen den Laderdruck auf p_x, Bild 21, 28 und verkleinern dadurch den Spülzeitquerschnitt auf, einen „wirksamen" Wert, der die vom Lader in den Zylinder eingefüllte Frischgasmenge bestimmt. Bei der üblichen Größe des Vorauspuffes von $Z^* = 2 - 5\ \mathrm{cm^2 \cdot s/m^3}$ bei schnellaufenden Motoren setzt die Spülung erst in Nähe des uT ein. Dies ist aber für den Spülvorgang nicht ungünstig. Der Spülmittelvorrat wird dadurch zunächst zurückgehalten und strömt dann spontan in den Zylinder. Sein Impuls ist dabei kräftig und es wird durch den verzögerten Spülungsanlauf die Gefahr herabgemindert, daß die (zu) rasch fortschreitende Spülfront zu früh den Auslaß erreicht. Etwa in der unteren Kolbentotlage, also am Ende der 2. Periode des Entspannungsvorganges besteht Gleichheit zwischen Zylinderdruck und Spüldruck.

In der 3. Periode, also während des Kolbenrückganges, gleicht sich, statisch betrachtet, der Zylinderdruck unter normalen Verhältnissen dem Auspuffgegendruck an, während der Spüldruck die Oberhand erhält, um sie dann mehr oder weniger rasch (je nach Laderbauweise) zu verlieren. Zunächst strömt das Spülmittel nach Gl. (16) in den Zylinder, wenn jetzt P, v die Werte für das Spülmittel, P_z den Zylinderdruck bedeuten, sodann erfolgt das Einströmen unter nur geringem Überdruck gemäß:

$$w_3 = k_0 \cdot \sqrt{1 - \frac{P_z}{P}} \cdots (m/s) \, (17); \; k_0 = \varphi \cdot 24 \sqrt{T_i} \qquad (18)$$

wobei T_i = Temp. des Spülmittels im Spülschlitz.

Die 3. Periode ist gekennzeichnet durch die Spülverluste, d. h. Mitnahme des Spülmittels durch die ausfließenden Abgase und durch die zwischen Abgas und Spülmittel eintretende Vermischung.

Die Entleerung des Laders erfolgt fast isothermisch; dies trifft auf jeden Fall bei Kurbelkammerladern wegen des großen Wärmeübergangs vom Zylinder zu. Der wahrscheinliche Wert für k lautet 1,1. Eine solche Expansion erfordert einen größeren Zeitquerschnitt als die adiabatische. Bei der Isotherme lautet der Mindestzeitquerschnitt:

$$\int_{t_1}^{t_2} f_s \cdot dt = - \frac{V_i}{2k_0^2} \left[\frac{2k_0 c}{k_0^2 - c^2} + \log \text{nat.} \frac{k_0 + c}{k_0 - c} \right] \cdots (m^2 s); \qquad (19)$$

$$c = k_0 \sqrt{1 - \frac{P_z}{P_i}} \cdots (m/s). \qquad (20)$$

Hierbei bedeuten P_i, V_i Druck, Volumen im Lader, P_z Druck im Zylinder. Für die Drucke sind konstante Mittelwerte zu nehmen.

Bei der Adiabate lautet der erforderliche Zeitquerschnitt:

$$\int_{t_1}^{t_2} f_s dt = 7A \cdot \left[\frac{1}{4} \cdot \frac{y}{(1 - y^2)^2} + \frac{3}{8} \frac{y}{1 - y^2} + \frac{3}{16} \log \text{nat} \frac{1 + y}{1 - y} \right] \cdots (m^2 s) \; (21)$$

$$A = \frac{V_i}{k \cdot \varphi} \left(2g \frac{k}{k - 1} P_i v_i \right)^{-\frac{1}{2}} \left(\frac{P_i}{P_z} \right)^{\frac{k-1}{2k}} \qquad (22)$$

$$y = \left[1 - \left(\frac{P_z}{P_i} \right)^{\frac{k-1}{k}} \right]^{\frac{1}{2}}. \qquad (23)$$

Die Gl. (21—23) gelten nur für $k = 1{,}4$; v_i = spez. Volumen des Spülmittels im Lader, φ = Ausflußzahl; die weiteren Werte sind weiter oben erklärt.

Die isotherme Expansion ergibt eine bessere Entleerung des Laders als die adiabatische. Sie gibt aber auch einen schlechteren Füllungsgrad beim Ansaugvorgang. Man ist daher bestrebt, den Liefergrad durch kräftige Kühlung möglichst zu verbessern.

Die von der c-Linie in Bild 10 eingeschlossene Fläche stellt das in den Zylinder geblasene Spülmittelvolumen dar.

Die Expansionsvorgänge beim Ausströmen auf der einen, beim Füllen auf der anderen Seite bedingen weitere Schwingungsvorgänge im Zylinder, die sich dem Spülvorgang überlagern. Als erste Forderung ist deshalb an die Spülströmung die Bedingung zu stellen, daß sie möglichst stabil verläuft, d. h. den durch die Druckschwankungen hervorgerufenen Störungen gewachsen ist.

IV. Spülung

Die Spülung eines Zylinders mit Kurzschlußströmung nach Art von Bild 1a, 1b und 7 (auch „Längsspülung") stellt keine besonderen Probleme; der Spülstromverlauf ergibt sich dabei quasi von selbst. Bei der Spülung von U-Zylindern, Bild 4—6, bei der die Spülbahn ebenfalls vorgegeben ist, treten schon ernste Schwierigkeiten auf. Es ist nicht ohne weiteres möglich, beide Zylinder an allen Stellen mit Spülströmen zu durchsetzen, unausgespülte Zonen an der gemeinsamen Zylinderwand sind unausbleiblich, die Drosselung im Zylinderkopf ist unvermeidlich, besonders bei Dieselmotoren wegen des geringen V_c. Irrtümlich ist die verbreitete in Abhängigkeit von der Zeit wird durch einen Zeitschalter erreicht, der im Winkerschalter untergebracht ist. Tritt in diesem Fall ein Hindernis in den Weg, so daß z. B. der Fahrer kurzzeitig anhalten muß, so wird der Winker nach Ablauf der durch den Zeitschalter bedingten Zeit ausgeschaltet, obwohl die Schwenkung nicht beendigt ist. In einem solchen Fall findet der Fahrer jedoch immer Zeit, den Winker nochmals einzuschalten. Was die Abhängigkeit des Ausschaltens von dem zurückgelegten Weg betrifft, so ist bis heute noch keine brauchbare Lösung im Handel bekannt geworden.

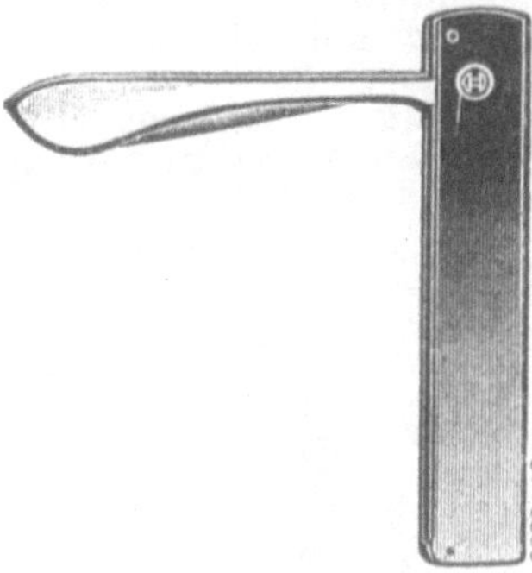

Bild 86. Anbauwinker. Befestigung mit Winkelträger

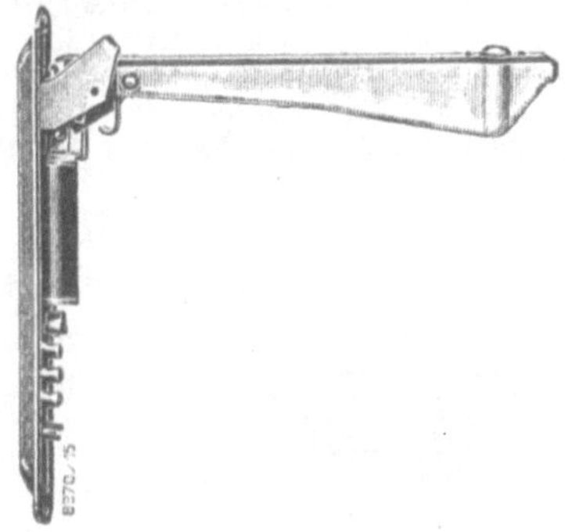

Bild 87. Einbauwinker ohne Gehäuse

Um die Richtungsänderung der Fahrt noch augenfälliger als mit stillstehendem Winkerarm anzuzeigen, werden hauptsächlich für Lastwagen und Omnibusse häufig sogenannte *Pendel-Winker* verwendet. Bei diesen bleibt der hochgehobene Winkerarm nicht in der Anzeigestellung stehen, sondern der Winkerarm ist derart mit Gegengewicht versehen, daß er um die waagrechte Lage entweder durch periodische Stromstöße mit gleicher Amplitude weiterpendelt oder als abklingende Schwingung eines einmaligen Stromimpulses zunächst mit großen, dann mit kleinen Ausschlägen pendelt und schließlich waagrecht stehen bleibt. Ein weiteres Mittel, um die Aufmerksamkeit stärker auf den Winker zu lenken, stellt außer dem beweglichen Winkerarm eine *blinkende Winkerbeleuchtung* dar.

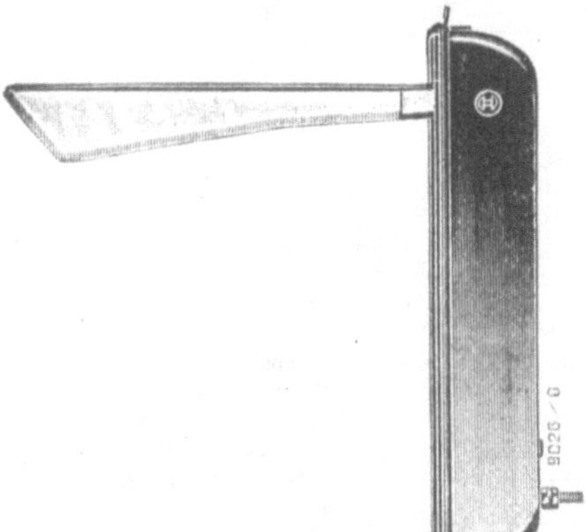

Bild 88. Einbauwinker mit Gehäuse

Was das Anbringen am Fahrzeug anbelangt, so werden Anbau- und Einbauwinker unterschieden. Während die *Anbau-Winker* (Bild 86) mit Winkelträger oder unmittelbar an der Karosserie befestigt werden, müssen die mit oder ohne Gehäuse versehenen *Einbau-Winker* (Bild 87 und 88) in die Karosserie eingelassen werden, wodurch besondere Ausbildung des betreffenden Karosserieteils erforderlich ist.

C. Scheibenwischer.

Nach § 40 (2) der StVZO müssen die Windschutzscheiben von Kraftfahrzeugen mit selbsttätig wirkenden Scheibenwischern versehen sein. Der Wirkungsbereich der Scheibenwischer muß so bemessen sein, daß ein ausreichendes Blickfeld für den Fahrzeugführer geschaffen wird.

Die Aufgabe des Wischers ist, bei Regen oder Schnee klare Sicht durch die Windschutzscheibe zu schaffen. Der elektrische Scheibenwischer (Bild 89), der am meisten verwendet wird, erhält einen kleinen Elektromotor mit Getriebe, der den Wischhebel in eine pendelnde Bewegung versetzt. Dadurch wird auf der Windschutzscheibe ein kreissegmentförmiges Blickfeld freigelegt. Außer diesem sogenannten *Kreiswischer* ist noch der *Parallelwischer* bekannt geworden, der sich jedoch wegen der Schwierigkeiten beim Antrieb des Wischerarmes und wegen des hohen Kraftbedarfs nur in Sonderfällen eingeführt hat. Der Platz des Schalters richtet sich nach der Art des An-

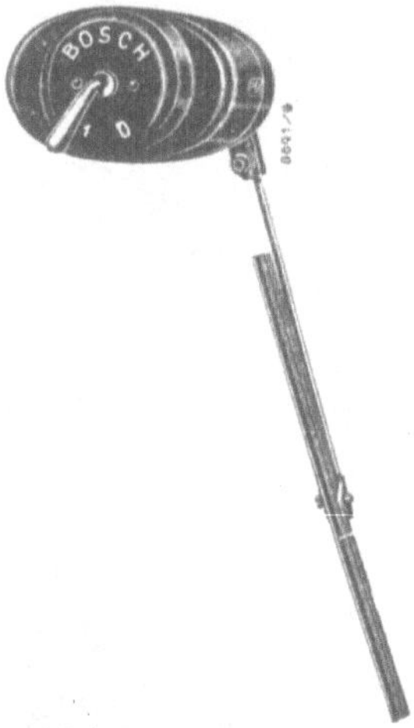

Bild 89. Elektrischer Scheibenwischer

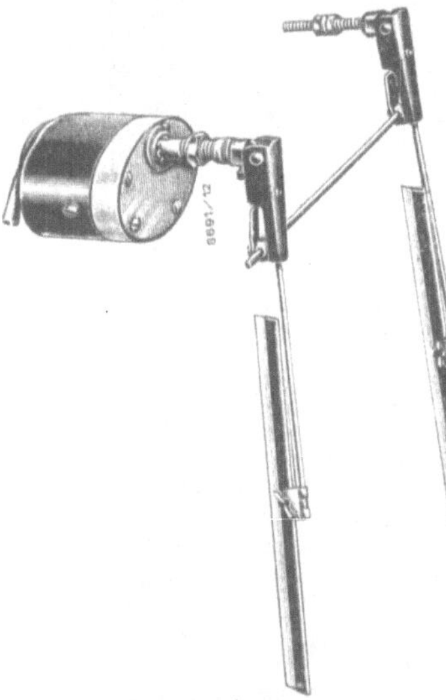

Bild 90. Elektrischer Doppel- oder Tandem-Wischer

baus. Bei Innenanbau ist der Schalter im Wischergehäuse eingebaut. Der Leistungsbedarf und damit die Größe des Wischermotors ist von der Anzahl der Wischhebel, von Wischdruck, Wischfläche, Wischgeschwindigkeit und der Reibung der mechanischen Übertragungsteile, wie z. B. bei Einbau unter der Motorhaube notwendig, abhängig. Zum Reinigen der Windschutzscheibe lassen sich die Wischhebel meist genügend hoch von der Windschutzscheibe abheben.

Um das in der StVZO geforderte ausreichende Blickfeld für den Fahrzeugführer zu erzielen, wird es in den meisten Fällen notwendig sein, den Wischer mit zwei Wischhebeln zu versehen, die durch eine Verbindungsstange miteinander gekuppelt sind (Bild 90). Dadurch hat auch der Beifahrer eine klare Sicht. Dieser Wischer mit zwei Wischhebeln wird *Doppel-* oder *Tandemwischer* zum Unterschied gegenüber dem sogenannten Einfachwischer genannt. Was den *Einbau* betrifft, so kann der Wischer entweder oben oder unten an der Windschutzscheibe angebracht werden. Die letztere Einbauart hat gegenüber der ersteren den Vorteil, daß bei starkem Schneetreiben der von der Wischleiste nach beiden Seiten gewischte Schnee nicht wieder in das gereinigte Feld gelangen kann. Bei schwenkbarer Windschutzscheibe wird der Wischer oben angebracht. Auf diese Weise ist auch bei herausgeschwenkter Windschutzscheibe ein Wischen möglich. Die Befestigung eines Wischers oben am Rahmen zeigt Bild 91.

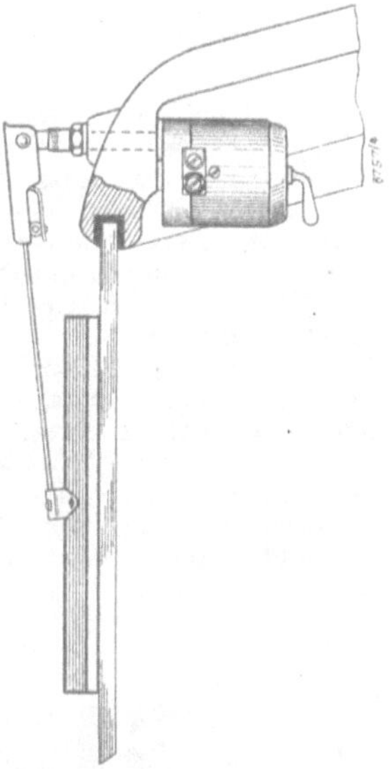

Bild 91. Befestigung eines Wischers oben am Rahmen

Der Einbau des Wischers unter der Motorhaube, der in einer Ausführung der Fa. Lucas Ltd., Birmingham-England, in Bild 92 dargestellt ist, hat den Vorteil, daß der Wischermotor samt Übertragungsmittel, wie Gestänge, Kette oder dgl., verdeckt ist und dessen Geräusch durch den entfernteren, durch das Instrumentenbrett getrennten Einbau stark verringert wird. Nachteilig ist die etwas komplizierte Kraftübertragung und der deshalb verhältnismäßig hohe Leistungsbedarf, wodurch eine solche Wischeranlage teuer wird. An Stelle eines Elektromotors kann auch der im Ansaugrohr befindliche Unterdruck oder der Fahrzeugmotor selbst zum Antrieb des Wischers verwendet werden. Der mittels Unterdruck betriebene Wischer hat den Nachteil, daß bei geöffneter Drosselklappe, also meist bei schneller Fahrt, wenn der Wischer am notwendigsten gebraucht wird, der Unterdruck sehr schwach und damit die Wischgeschwindigkeit nieder ist. Dieser Nachteil kann durch eine besondere Saugpumpe, die vom Motor angetrieben wird, behoben werden; denn dadurch steigt

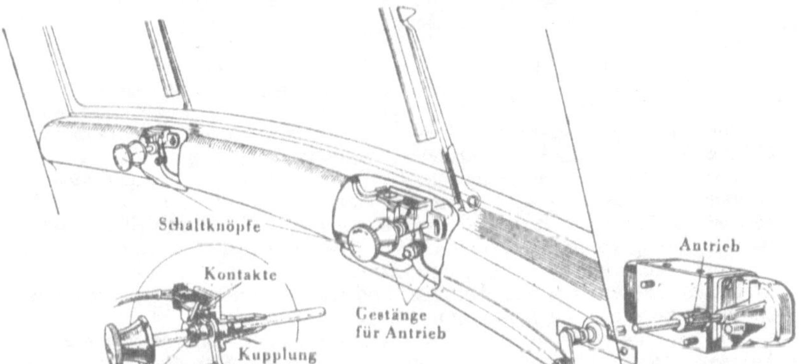

Abb. 92. Doppel-Scheibenwischer (Lucas) mit Elektromotor unter der Motorhaube Gestänge für Antrieb verkleidet.

der Unterdruck mit wachsender Motordrehzahl an und damit auch bei ein und demselben Gang die Wischgeschwindigkeit mit wachsender Fahrgeschwindigkeit. Der vom Motor mechanisch angetriebene Wischer hat eine ähnliche Abhängigkeit. Häufig wird jedoch der elektrische Wischer dem vom Motor angetriebenen Wischer vorgezogen, dessen besonders niedere und besonders hohe Wischgeschwindigkeit gegenüber der konstanten des elektrischen Wischers als störend empfunden wird.

VIII. Schalter, Sicherungen und Leitungsverlegung.

A. Schalter.

Die Schalt- und Überwachungseinrichtungen zur Bedienung der elektrischen Anlage sind folgende:

Zum Ein- und Ausschalten von *Schlußlicht*, *Standlicht*, *Fern-* und *Abblendlicht* dient der Lichtschalter, der häufig mit dem Zündschalter kombiniert ist. Umschalten von Fern- auf Abblendlicht erfolgt meist mit Fuß- oder Lenkstockabblendschalter, seltener mit Schalter am Instrumentenbrett. Befindet sich der Lichtschalter am Lenkstock, so wird der Abblendschalter mit dem Lichtschalter kombiniert. Die Anzeigelaterne für das Fernlicht soll im Blickfeld des Fahrers sein, daher erfolgt die Befestigung auf Instrumentenbrett, entweder gesondert oder mit dem Lichtschalter oder mit einem anderen Schalter oder Instrument kombiniert. Das Einschalten des *Rückfahrlichts* erfolgt zweckmäßig bei eingeschaltetem Schlußlicht durch Schalter, der durch den Schalthebel beim Einrücken des Rückwärtsgangs betätigt wird. Der *Bremslichtschalter* ist mit dem Bremsgestänge verbunden und schaltet beim Bremsen die Bremslaterne ein. Breitstrahler

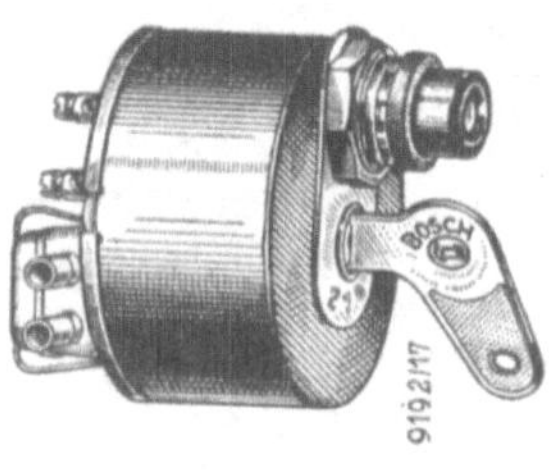

Bild 93.
Schaltkasten.

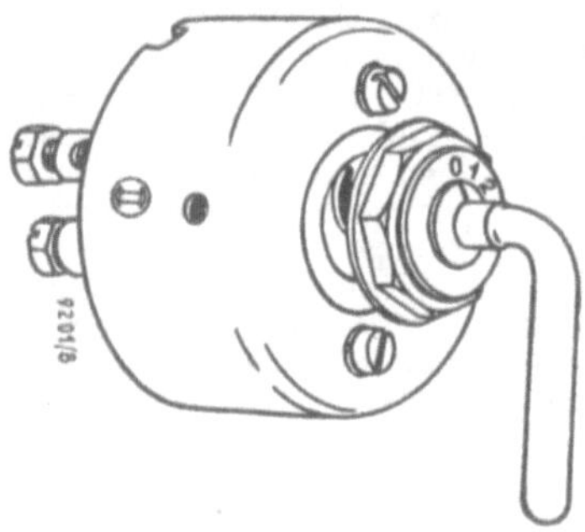

Bild 94.
Glüh-Anlaß-Schalter.

werden mit besonderem Schalter — für Breitstrahler mit Kippspiegel weitere Schaltstellung erforderlich — bedient.

Der *Zündschalter* mit Zündschloß als Sicherung gegen unbefugtes Benutzen des Fahrzeugs wird getrennt oder vereint mit dem Lichtschalter verwendet. Der *Schaltkasten*, die Vereinigung von Licht- und Zündschalter, enthält häufig noch die Ladeanzeigelampe und Anlaßdruckknopf. Eine entstörte Ausführung für 2 Magnetzünder ist in Bild 93 dargestelt. Als Diebstahlsicherung hat sich das mit Zündschalter vereinigte *Lenkschloß*, wodurch Verriegelung der Lenkung möglich, bewährt.

Die Einschaltmöglichkeiten des *Anlassers* hängen von dem verwendeten Anlaßsystem ab. Grundsätzlich kann man den Anlasser von Hand mittels Druckknopfs oder mit Zugschalter und bei Fußbetätigung mit Fußschalter einschalten bzw. das Anlasserritzel zum Eingriff mit dem Schwungradzahnkranz bringen. Dieselmotoren, die mittels Glühkerzen angelassen werden, erhalten Glüh-Anlaßschalter (Bild 94). Näheres darüber siehe Seite 25.

Zur *Überwachung der Ladung* kann ein Ampèremeter verwendet werden, das den Batteriestrom mißt. Häufiger jedoch findet eine Ladeanzeigelampe Anwendung, die mit Zündschalter eingeschaltet wird und mit dem Schließen des selbsttätigen Schalters der Lichtmaschine erlischt, d. h. wenn die Lichtmaschine mit der Batterie verbunden ist. Das Ein- und Ausschalten des *Winkers* erfolgt meist mit Handschalter. Zum selbsttätigen Ausschalten des Winkers dient entweder der Zeitschalter oder der Lenkungsschalter. Befindet sich einer der Winker nicht im Blickfeld des Fahrers, so ist eine

Anzeigelaterne anzubringen. Diese kann auch mit dem Winkerschalter vereinigt werden.

Zum Betätigen des *Horns* dient ein Druckknopfschalter oder Kontaktring am Lenkrad. Zum Umschalten auf Zwei- oder Dreiklanganlagen außerhalb geschlossener Ortsteile ist besonderer Schalter oder ein Kontaktring erforderlich. (Über Batterieschalter s. S. 964.)

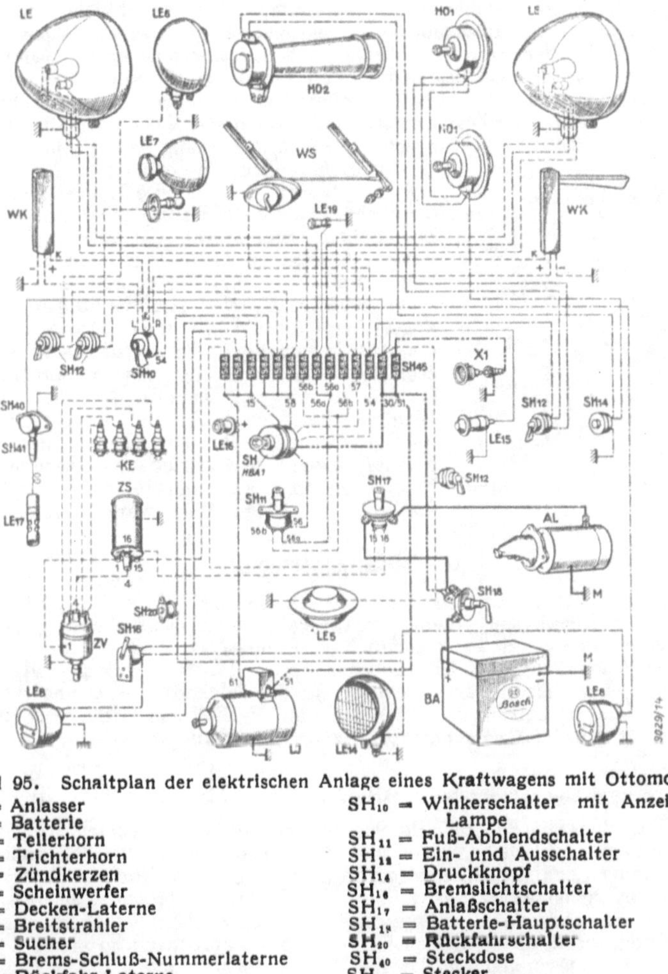

Bild 95. Schaltplan der elektrischen Anlage eines Kraftwagens mit Ottomotor

AL	= Anlasser	SH_{10}	= Winkerschalter mit Anzeige-Lampe
BA	= Batterie	SH_{11}	= Fuß-Abblendschalter
HO_1	= Tellerhorn	SH_{12}	= Ein- und Ausschalter
HO_2	= Trichterhorn	SH_{14}	= Druckknopf
KE	= Zündkerzen	SH_{16}	= Bremslichtschalter
LE	= Scheinwerfer	SH_{17}	= Anlaßschalter
LE_5	= Decken-Laterne	SH_{18}	= Batterie-Hauptschalter
LE_6	= Breitstrahler	SH_{20}	= Rückfahrschalter
LE_7	= Sucher	SH_{40}	= Steckdose
LE_8	= Brems-Schluß-Nummerlaterne	SH_{41}	= Stecker
LE_{14}	= Rückfahr-Laterne	SH_{45}	= Sicherungen
LE_{15}	= Schaltbrett-Laterne	WK	= Winker
LE_{16}	= Lade-Anzeigelaterne	WS	= Wischer
LE_{17}	= Hand-Laterne	X_1	= Zigarrenanzünder
LE_{19}	= Fernlicht-Anzeigelaterne	ZS	= Zündspule
LJ	= Lichtmaschine	ZV	= Zündverteiler
M	= Masse		
SH	= Schaltkasten		

Leiterquerschnitte (Kupfer)

—— 1 mm² --- 1,5 mm²	————	25	35	50	70	95 mm²	b. 0,25 V Spanngsabfall je m Kabellänge
-·- 2,5 mm² -··- 6 mm²	zul. Anlaßspitzenstrom	370	500	740	1000	1350 A	

B. Sicherungen.

Die Sicherung hat die Aufgabe, die unter Kurzschluß stehende Leitung abzuschalten, um Brandgefahr und Beschädigung der elektrischen Anlage, insbesondere der Batterie und Lichtmaschine, zu vermeiden. Andererseits darf das Abschmelzen einer Sicherung nicht wesentlich die Sicherheit des Fahrers oder anderer Verkehrsteilnehmer gefährden. Aus diesem Grunde ist z. B. die Einzelabsicherung der Glühlampen für das Abblend-, wie auch des Fernlichts, zu empfehlen, da ein plötzliches, gleichzeitiges Ausschalten des Abblend- oder Fernlichts beider Scheinwerfer eine große Gefahr bedeuten würde. Die Leitungen des Standlichts dagegen können zusammen, d. h. gruppenweise, abgesichert werden. Vgl. die Absicherung im Schaltplan nach Bild 95. Zu beachten ist, daß nach der StVZO vom 13. 10. 1937 beide Schlußlichter eine für sich abgesicherte Leitung haben müssen.

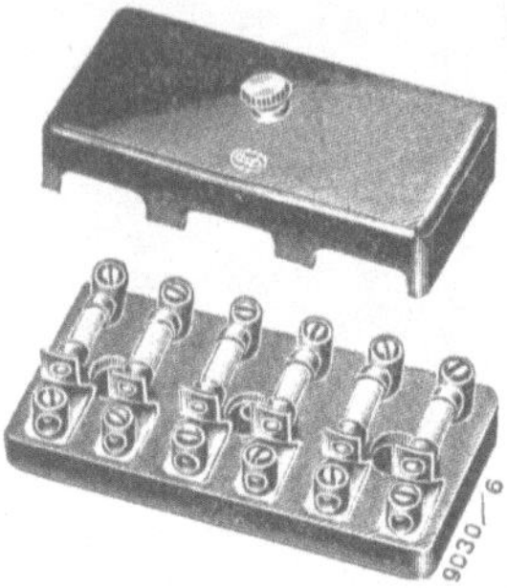

Bild 96. Sicherungsdose

Als Sicherungen verwendet man Abschmelzsicherungen, die zwischen die Kontaktfedern in der Sicherungsdose (Bild 96) geklemmt werden. Die Schmelzstromstärke der üblichen Sicherungen beträgt 15 Amp., für elektrisches Zubehör mit höherem Verbrauch entsprechend mehr, z. B. für Zigarrenanzünder 40 Amp. Nicht abgesichert werden die hohe Ströme führenden Anlaßleitungen, daher ist für besonders gute Isolation und Verlegung des entsprechenden Kabels zu sorgen. Dasselbe gilt bei kleinen Lichtmaschinen auch für die Ladeleitung.

Die Sicherungsdosen sind mit dem Verwendungszweck der einzelnen Sicherungen zu bezeichnen und an einer leicht zugänglichen Stelle, z. B. an der Spritzwand, anzubringen.

C. Leitungsverlegung.

Das Einleitersystem, bei welchem die „Masse“ (Metallteile des Fahrzeugs) als Rückleitung dient, wird wegen seiner Einfachheit gegenüber dem Zweileitersystem hauptsächlich verwendet.

Der *Leiterquerschnitt* ist zunächst durch die Erwärmung und damit durch die Dauerstromstärke bedingt. In der folgenden Belastungstafel für gummi-isolierte Leitungen sind die in den VDE-Vorschriften enthaltenen Werte für Kupfer-Querschnitt u. Dauerstromstärke angegeben:

Kupfer-Querschnitt	qmm	1	1,5	2,5	6	16
höchste zulässige Dauerstromstärke	in Amp.	11	14	20	31	75

Ein Vergleich mit den in Bild 95 angegebenen Leiterquerschnitten zeigt, daß letztere reichlich bemessen sind. Der Grund hierfür ist, daß außer der Erwärmung noch der Spannungsabfall in der Leitung für den Leiterquerschnitt maßgebend ist. Wird daher bei besonders langen Leitungen der für die einwandfreie Wirkungsweise des elektrischen Zubehörs zulässige Spannungsabfall überschritten, so ist ein entsprechend größerer Leiterquerschnitt zu verwenden. Da die Anlasserleitung sowie die Verbindung von der Batterie zur Masse nur kurzzeitig mit dem hohen Anlaßstrom belastet ist, kann mit Rücksicht auf Erwärmung eine höhere Stromdichte zugelassen werden. Aus der in Bild 95 unten angeführten Tabelle geht die Bemessung des Querschnitts der Anlasserleitung hervor, jedoch ist es besonders in diesem Fall wichtig, den Spannungsabfall in den zulässigen Grenzen zu halten. Im allgemeinen sind die Leiterquerschnitte nach unten durch die mechanische Festigkeit des Kabels begrenzt.

Damit die Leitungen den starken Erschütterungen im Fahrbetrieb standhalten, verwendet man Litze statt massiven Leiter.

Die Art und Stärke der *Isolation* ist durch die erforderliche Widerstandsfähigkeit gegen mechanische, chemische (Öl und Benzin) und Witterungseinflüsse bedingt. Dagegen hat die Spannung (6, 12 oder 24 Volt) einen untergeordneten Einfluß auf die Isolation. Diesen Anforderungen wird das in Bild 97 dargestellte Kabel gerecht.

Außer der Isolation ist die *Art der Verlegung* für die Lebensdauer besonders wichtig. Daher ist ein Schutz eines oder verschiedener neben-

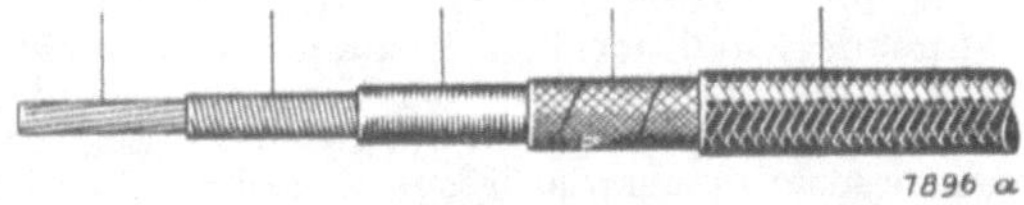

Bild 97. Aufbau eines Niederspannungskabels für Kraftfahrzeuge

einander verlegter Kabel durch Bougierohr, Metallschlauch oder -rohr besonders an den Durchführungen und an den Stellen zweckmäßig, an denen das Kabel mit Schellen befestigt ist. Durch farbige Kabel und Nummernbezeichnung der Anschlüsse kann die Übersicht wesentlich erleichtert werden.

Normen.

Nur für Deutschland.

Anlasser	DIN 72451...56 FJ
Andrehvorrichtung	DIN 73050...51 FJ
Zahnkranz für Anlasser	DIN 72463 FJ
Batterieträger für Motorfahrräder	DIN 72322 FJ
Bleisammlerbatterie	DIN 72311
Leitungsanschlußstücke für Batterien	DIN Kr 2331...32
Glühkerzen	DIN Kr 2520
Glühüberwacher, Glühkerzenwiderstand	DIN 72525 FJ
Bremsschluß- und Kennzeichenleuchten	DIN 72623...28 FJ
Scheinwerfer	DIN 72606...11 FJ
Flanschlager für Lichtbatterie-Zünder, Anschlußmaße	DIN Kr 2405
Lichtmaschinen	DIN 72411...16 FJ
Lichtmaschinendurchmesser	DIN Kr 2401
Regler für Lichtmaschinen	DIN 72420 FJ
Schalter und Schaltkasten	DIN 72755...66 FJ
Schaltbrettmeßgeräte, Einbaudurchmesser	DIN Kr 5501
Fahrtrichtungsanzeiger	DIN 75030 FJ
Hörner	DIN 72701 FJ
Elektrische Leitungen	DIN 72551
Schmelzeinsätze und Sicherungsstreifen	DIN 72581
Sicherungsdosen	DIN 72582 FJ
Steckvorrichtung 4- und 5-polig	DIN 72575...76 FJ
Stecker und Steckdose für Handleuchter	DIN 72591 FJ
Keilwellen- und Keilnaben-Profile	DIN 5461...64
Kerbverzahnungen	DIN 5481
Spannungen für elektr, Hilfsmaschinen an Kraftfahrzeugen	DIN 72251 FJ
Drehrichtungen für elektr. Maschinen und Apparate in Kraftfahrzeugen	DIN Kr 2256
Wellenstumpfe für Hilfsmaschinen	DIN Kr 3031
Elastische Kupplungen für Hilfsmaschinen	DIN 73035

Man beachte die umfassende Typisierung des elektrischen Zubehörs.

Fahrzeug-Dieselmotoren.

Von Dr. Ing. Karl Schwaiger, Gaggenau-Baden.

1. Allgemeines.

In erstaunlich kurzer Zeit haben die Konstrukteure den leichten Dieselmotor zu einer voll brauchbaren Antriebsmaschine für Kraftfahrzeuge entwickelt. Er steht mit dem traditionellen Benzinmotor, zu dessen allmählicher Heranbildung ein halbes Jahrhundert zur Verfügung stand, heute schon in bezug auf Leistung, Lebensdauer usw. auf gleicher Stufe. Zwar befriedigt seine Laufruhe noch nicht immer, dafür ist er aber sparsamer im Brennstoff-Verbrauch, was beispielsweise im Nutzwagenbau von ausschlaggebender Bedeutung ist. Selbst dann, wenn die Preisstellung für Schweröl und Benzin gleich werden sollte, wie es in manchen Ländern schon der Fall ist, bleibt ein so großer wirtschaftlicher Vorteil durch den sparsamen Dieselbetrieb bestehen, daß eine solche Antriebsart nicht mehr entbehrt werden kann. Diese Erkenntnis findet auch ihren Ausdruck im deutschen Bauprogramm für das Kraftfahrwesen. Die Lastwagen-Typen für 3 t Nutzlast dürfen mit Benzin- oder Dieselmotoren gebaut werden, dagegen müssen alle Nutzkraftwagen höherer Tragfähigkeit mit Dieselmaschinen ausgerüstet sein. Schon aus diesem Grunde ist es erforderlich, der Weiterentwicklung des Fahrzeugmotors mit Verdichtungs-Zündung jede mögliche Förderung angedeihen zu lassen.

2. Verbrennungsverfahren.

Das gemeinsame Kennzeichen aller Dieselmaschinen ist die Entflammung des eingespritzten Brennstoffes durch eine während des Verdichtungstaktes bis zu seiner Entzündungstemperatur erhitzte Luftladung. Diese Kompressionszündung läßt sich nur bei innerer Gemischbildung anwenden. Da für eine solche Gemischbildung nur sehr kurze Zeitspannen (wenige Kurbelwinkel-Grade) zur Verfügung stehen, müssen besondere Hilfsmittel angewendet werden.

Man hat danach zu streben, daß der Brennstoff möglichst fein zerstäubt wird (Mikromischung) und dieser feine Ölstaub über den Brennraum gleichmäßig zur Verteilung kommt (Makromischung). Die besten Mischungsverhältnisse erhält man unzweifelhaft beim klassischen Dieselmotor mit Lufteinblasung. Für den Fahrzeugbetrieb kann diese Motorenart aber wegen des kostspieligen, betriebsempfindlichen Mehrstufen-Luftpressers nicht in Frage kommen. Von den früher stark verbreiteten Motoren mit direkter Einspritzung des Brennstoffes in einen mehr oder weniger scheibenförmigen Verdichtungsraum konnten sich nur Junkers und Gardner behaupten. Die weitaus größte Verbreitung haben die Dieselmotoren mit Unterteilung des Verbrennungsvorganges durch sinnvolle Zerklüftung des Verdichtungsraumes gefunden, weil durch diese Anordnung bisher die besten Ergebnisse in der Gemischbildung sowohl bei Voll- wie Teillast und in jedem Drehzahlbereich erzielbar waren. Der bekannteste Vertreter dieser Gattung ist der Vorkammermotor.

Der Wesensunterschied zwischen den beiden Hauptgruppen besteht im Ablauf des Verbrennungsvorganges. Motoren mit direkter Einspritzung haben normalerweise eine strahlenförmige Verteilung des Brennstoffes aufzuweisen (Mehrlochdüse). Die erste Zündung kann nur in Strahlrichtung, und zwar in einem Abstand von der Düsenmündung, die dem Zündverzug entspricht, entstehen. Es ist durchaus möglich, daß jeder Brennstoffstrahl ungefähr gleichzeitig einen Zündfleck erzeugt. Von diesen Zündstellen aus schreitet dann die Zündwelle fort, aber viel rascher als beim Niederdruckmotor, weil ja infolge des hohen Kompressionsverhältnisses der Wärmezustand der Luftladung für die Selbstzündung des Brennstoffes von Anfang an günstiger ist und die Sauerstoffkonzentration ein Vielfaches von dem b ei Niederdruckmotoren möglichen Höchstwert beträgt. Mit Rücksicht auf di e Schnelligkeit des Verbrennungsablaufes ist es bei jedem Dieselmotor erforderlich, dafür zu sorgen, daß zu Beginn der Einspritzung nur verhältnismäßig wenig Brennstoff in den Zylinder gelangt. Er muß aber gleichzeitig sehr fein zerstäubt sein, damit kleiner Zündverzug erreicht wird. Der Hauptteil des pro Hub einzuspritzenden Brennstoffes soll erst in den Zylinder gelangen, wenn dort schon ein Zündfleck entstanden ist. Es wird dadurch vermieden, daß die Gesamtheit des eingespritzten Brennstoffes schlagartig zur Verbrennung kommt, ein Zustand, den man unter dem Namen „Dieselklopfen" kennt.

Für einen Motor mit Vorkammer ergibt sich dagegen folgender Ablauf des Verbrennungsvorganges: Das gesamte Brennstoffquantum wird in die Vorkammer eingespritzt, wobei sich aber nur ein dem anwesenden Sauerstoff entsprechender Anteil entzünden kann. Der dabei entstehende Überdruck wird dazu herangezogen, den restlichen Brennstoff aus der Vorkammer herauszublasen. Es tritt dabei ein ähnlich günstiger Zerstäubungs- und Verteilungseffekt im Hauptraum ein wie beim Kompressor-Diesel. Die Vorkammermaschine hat deshalb im Gegensatz zum Dieselmotor mit direkter Einspritzung auch bei Teillast und geringer Drehzahl noch eine hervorragende Gemischbildung [1]). Von dem jeweils eingespritzten Brennstoffquantum kommt bei jeder Einspritzmenge praktisch gleich viel in der Vorkammer selbst zur Verbrennung. Der zur Einblasung der restlichen, noch unverbrannten Ölmenge in den Hauptraum erforderliche Überdruck ist in der Vorkammer somit immer vorhanden.

Es ist bei einer gut durchgebildeten Vorkammermaschine nicht erforderlich, ein bestimmtes Verhältnis zwischen dem Kammerinhalt und dem Hauptverbrennungsraum einzuhalten, aber man bleibt mit dem Kammerinhalt über $^1/_3$ des Verdichtungsraumes, damit auch bei großer Belastung noch genügend Ausblasenergie entwickelt werden kann. Manche Konstrukteure gehen mit dem Kammerinhalt bis zu dem aus baulichen Gründen möglichen Höchstmaß von etwa 75% (Abstand des Kolbenbodens gegen Zylinderkopf im oberen Totpunkt mindestens 1 mm) und haben damit Erfolg. Ausschlaggebend für einen guten Wirkungsgrad der Vorkammer ist aber die richtige Wahl des Durchgangsquerschnittes zwischen Kammer und Hauptraum. Die Drosselung darf an dieser Stelle nicht so groß sein, daß die Füllung des Nebenraumes mit Frischluft während des Kompressionstaktes verringert oder verschleppt wird. Außerdem muß die Gesamtquerschnittsfläche des Vorkammerhalses klein genug ausgeführt sein, damit ein Höchstwert für Verteilung und Zerstäubung erreicht werden kann. Die Vorteile des Vorkammersystems für den Fahrzeugbetrieb wurden schon sehr frühzeitig erkannt und es ist deshalb verständlich, wenn eine Reihe von Konstruktionen entstanden, die ihrem Wesen nach eine mehr oder weniger gelungene Umgehung des bekannten Vorkammer-Pionier-Patentes Nr. 230517 darstellen. Ein grundsätzlicher Unterschied in verbrennungstechnischer Hinsicht besteht zwischen den einzelnen Systemen mit zerklüftetem Verbrennungsraum nicht; es entzündet sich ein bestimmtes Quantum des Treibstoffes im Nebenraum. In den meisten Fällen wird auch bei Luftspeichermaschinen die erste Zündung in der Kammer erfolgen. Dadurch, daß der Brennstoff vom Hauptraum aus (mindestens teilweise) erst in den Luftspeicher hineingespritzt wird, um sich dort zu entzünden und als Verbrennungsprodukt wieder herausgetrieben zu werden, wird viel Wärme ungenützt an das Kühlwasser verloren gehen. Man kann sichere Schlüsse auf den erreichbaren thermischen Wirkungsgrad eines Dieselmotors ziehen, wenn man den Weg des Brennstoffes verfolgt, den er zurückzulegen

[1]) K. Schwaiger, Einzelheiten über das Vorkammerverfahren, ATZ (1934) S. 422.

hat vom Beginn der Einspritzung (über alle Aggregatzustände) bis zum Beginn des Auspufftaktes. Je länger und je wechselvoller dieser Weg gestaltet ist, um so höher muß der Wärmeverlust und somit auch der spezifische Brennstoffverbrauch ansteigen [1]).

Kennzeichnend für die Entwicklung ist der Werdegang des Saurer-Dieselmotors. Die ersten Versuche wurden mit dem Acro-System durchgeführt, bei dem, wie aus Bild 1 ersichtlich, ein Luftspeicher im Kolbenboden untergebracht ist. Bald schritt

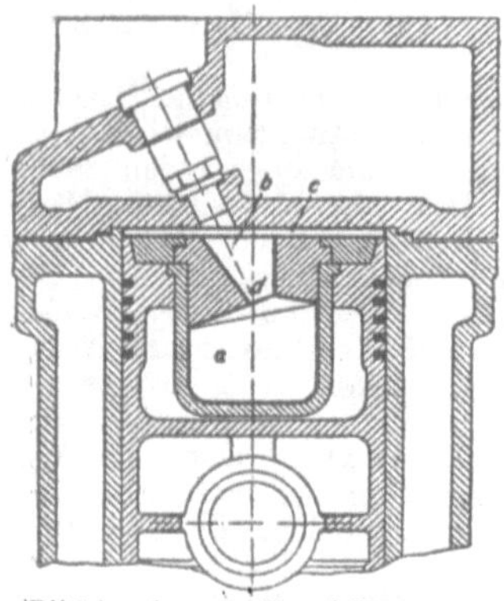

Bild 1. Acro-Luftspeicher von Saurer verwendet 1928

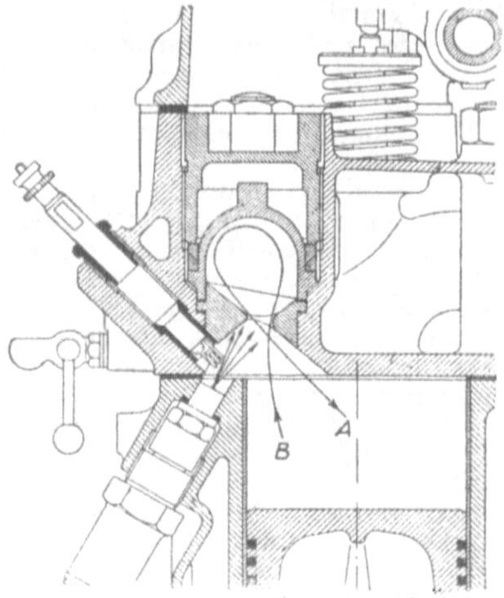

Bild 2. Saurer-Luftspeicher bis 1933 (Acro-System)

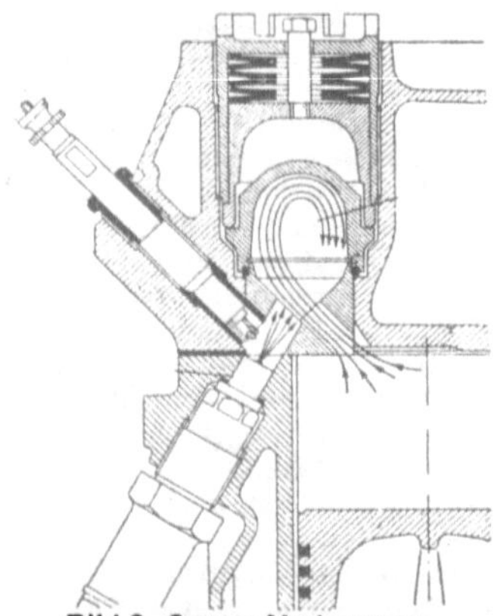

Bild 3. Saurer-Vorkammer bis 1936 (Kreuzstrom)

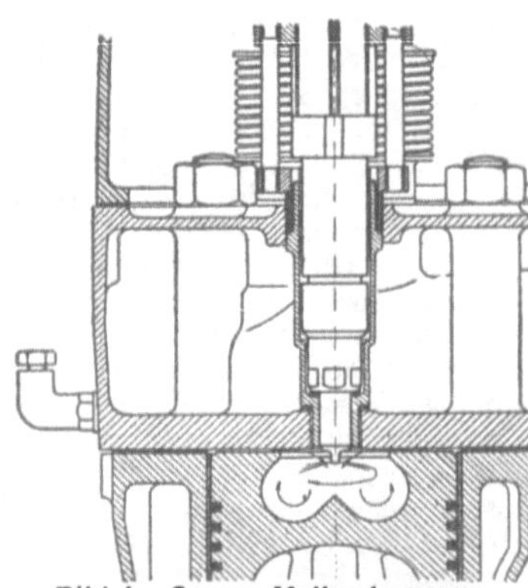

Bild 4. Saurer-Kolbenkammer seit 1937

man zur Verlegung des Luftspeichers in den Zylinderkopf, weil dies betriebliche Erleichterungen brachte (Bild 2). Der nächste Schritt führte zum Saurer-Kreuzstrom-Verfahren (Bild 3), das ohne weitere maschinelle Änderung einen Anstieg des mittleren Kolbendruckes von 5 auf 6 kg/cm^2 brachte. Als die Entwicklung der Düsen soweit fortgeschritten war, daß diese hohen Anforderungen an Zerstäubung und Durchschlagskraft gerecht werden konnten, war es schließlich möglich, auf direkte Einspritzung überzugehen (Bild 4). Die Vereinfachung des Verbrennungsraumes brachte eine weitere erhebliche Steigerung des mittleren Kolbendruckes auf 7 kg/cm^2 und darüber und gleichzeitig eine Senkung des Brennstoffverbrauches um etwa 15 v. H. In den Vergleichskurven des Bildes 5 kommt diese Entwicklung klar zum Ausdruck.

[1]) K. Schwaiger, ATZ (1934) S. 424.

Bild 6 zeigt ein Ausführungsbeispiel des Saurer-Fahrzeugdieselmotors mit direkter Einspritzung. Der Verbrennungsraum wird durch eine Ausnehmung im Kolben gebildet, deren großer Übertrittsquerschnitt zum Zylinder geringe Luftgeschwindigkeit und daher geringe Wirbelungsverluste ergibt, wodurch der hohe Wirkungsgrad erklärlich wird. Die vielfach verbreitete Ansicht, daß die Kolbenkammer und besonders der eingezogene Kolbenrand zu Wärmestauungen führen, wurde durch Messungen widerlegt. Bild 6a. aus dem der Temperaturverlauf in dem Kolben bei den Verbrennungsverfahren nach Abb. 3 und 4 zu ersehen ist, zeigt, daß der Übergang zur direkten Einspritzung auch in diesem Punkt eine Verbesserung brachte.

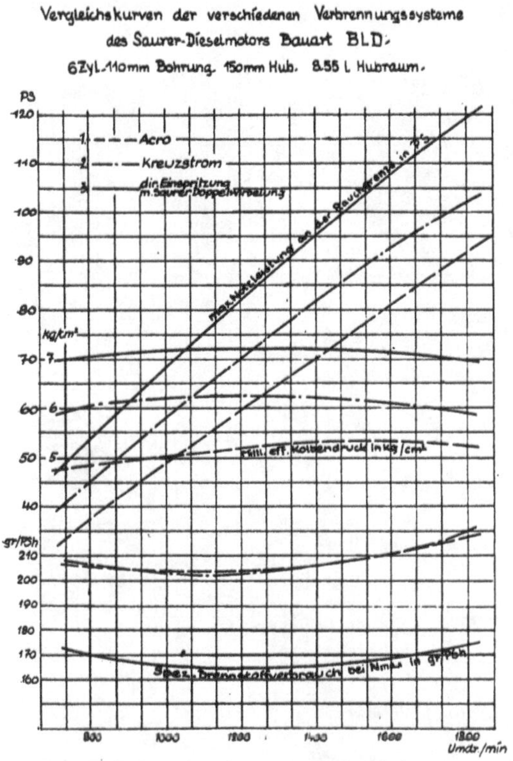

Bild 5. Leistungssteigerung durch Verbesserung des Verbrennungs-Verfahrens beim Saurer-Dieselmotor

Wie aus Bild 6 ersichtlich, sind je Zylinder 4 Ventile angeordnet. Die beiden Einlaßventile tragen Schirme und bewirken damit die zur guten Gemischbildung erforderliche Tangentialeinströmung der Luft. Die Vierlochdüse liegt im Zylindermittel.

Neuerdings wird der Saurer-Motor auch in zweiventiliger Bauart ausgeführt, wodurch ohne Verschlechterung der Verbrennung eine Vereinfachung des konstruktiven Aufbaues erzielt wird.

Eine ähnliche Entwicklung nahm der Verbrennungsraum des MAN-Dieselmotors, die aus Bild 7 ersichtlich ist.

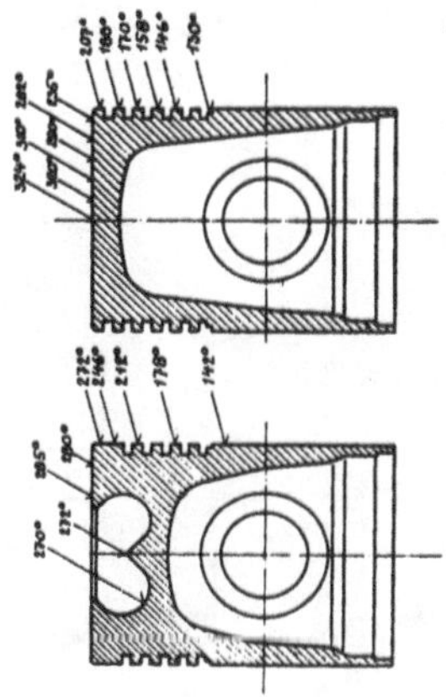

Bild 6a. Vergleich der Kolbentemperaturen bei direkter Einspritzung und Kreuzstromverfahren

Dem Kammermotor wird als Nachteil angerechnet, daß er im durchkälteten Zustand schlechter anspringt als ein Dieselmotor mit direkter Einspritzung. Es hängt dies mit der schon beschriebenen Abkühlung der Verdichtungsluft beim Überströmen in die Vorkammer zusammen, weil der als Wärmespeicher ausgebildete Überströmkanal zu Beginn des Betriebes noch keinen Wärmeausgleich herbeiführen kann. Man war deshalb bis jetzt gezwungen, in der Kammer eine elektrische Glühkerze anzuwenden, die wenigstens in der Umgebung der bei eingeschaltetem Strom weißglühenden Drahtspirale, die Differenz zwischen der Untertemperatur des Luftinhalts der Vorkammer und der Selbstzündungstemperatur des Brennstoffes ausgeglichen hat. Mit solchen Glühkerzen wurden sehr brauchbare Resultate erzielt. Heute kann man auch Vorkammer-Motoren ohne Glühkerzen anlassen. Durch geeignete Ausbildung des Überströmkanals ist es gelungen, ohne Zuhilfenahme von chemischen oder elektrischen Hilfsmitteln die Startfreudigkeit den Motoren mit direkter Einspritzung anzugleichen.

Im Zusammenhang mit den anfänglichen Anlaßschwierigkeiten wurde mitunter eine Vorrichtung entwickelt, mit der eine vorübergehende Verminderung der Kompressionshöhe zu ermöglichen war. Man ging von der Überlegung aus, daß der Dieselmotor leichter in Gang zu bringen sei, wenn zuerst bei ausgeschalteter Verdichtung die Drehzahl möglichst hoch getrieben wird. Schaltet man dann plötzlich auf hohe Kompression und maximale Brennstoffzufuhr um, dann sollte der Motor sofort anspringen. Diese Versuche haben beim Fahrzeug-Diesel-Motor nie zum Erfolg geführt,

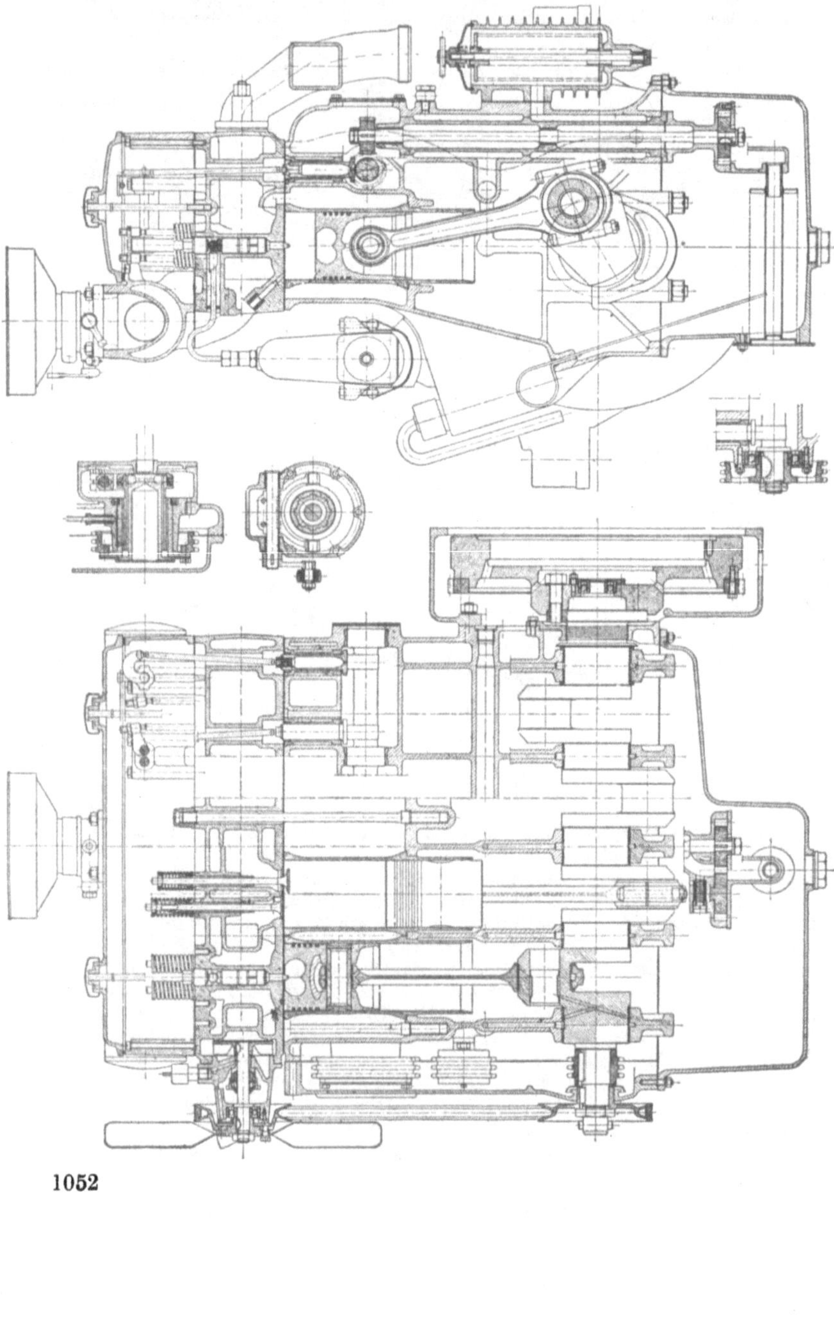

Bild 6. Saurer-Dieselmotor 1938

weil die Schwungradenergie hierbei, mit Rücksicht auf die Forderung nach rascher Beschleunigung und Verzögerung der Fahrzeugbewegung, niemals so hoch sein darf, wie es zur Durchführung des Anlaßvorganges mit Dekompressionsvorrichtung erforderlich wäre. Es ist deshalb zwecklos, eine solche Hilfseinrichtung konstruktiv vorzusehen.

3. Triebwerk.

Bei der Entwicklung des Fahrzeug-Dieselmotors hat die Ausbildung des Triebwerkes anfänglich größere Schwierigkeiten bereitet. Die Leichtmetallkolben waren nicht kräftig genug durchgebildet und die Lager den höheren Belastungen nicht gewachsen. Es mußten erst Lagermetalle mit höherem Schmelzpunkt, sog. Hartlager, gefunden werden. Bei Weichlagern führte die Verringerung der Ausgußschicht unter 0,5 mm zu einer höheren

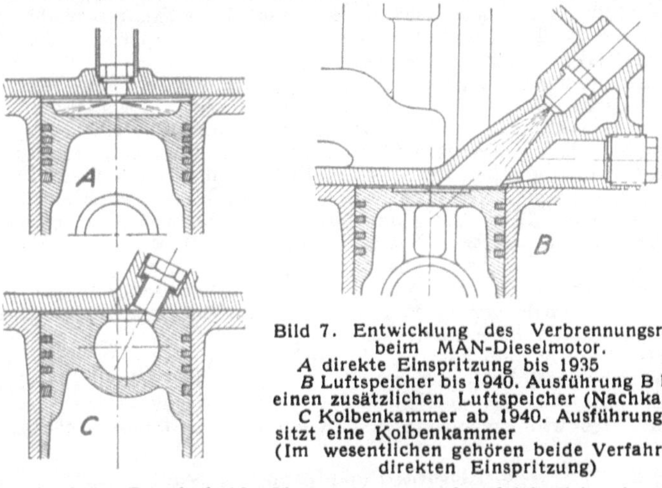

Bild 7. Entwicklung des Verbrennungsraum beim MAN-Dieselmotor.
A direkte Einspritzung bis 1935
B Luftspeicher bis 1940. Ausführung B besitzt einen zusätzlichen Luftspeicher (Nachkammer)
C Kolbenkammer ab 1940. Ausführung C besitzt eine Kolbenkammer
(Im wesentlichen gehören beide Verfahren zur direkten Einspritzung)

Belastbarkeit. Durch beide Neuerungen wurde gleichzeitig eine größere Temperaturbeständigkeit und deshalb längere Lebensdauer der Lagerung erzielt. In der Lagerbemessung findet man bei Dieselmotoren mit Drehzahlen von $n = 2000$ und darüber folgende Norm:

Wirksame Lagerbreite für Haupt- und Pleuellager . = B/2,5
Stärke der Kurbelschenkel . . . . = B/4,4
Durchmesser des Hauptlagerzapfens . . . . = H/2
wobei B = Bohrung und H = Hub.

Es hat sich eingebürgert, daß die Lagerdurchmesser auf solche Zahlen auf- oder abgerundet werden, die durch 5 oder 10 teilbar sind. Der Pleuelzapfen wird gewöhnlich um 5 mm kleiner gehalten als der Hauptlagerzapfen. Derart bemessene Wellen sind so torsionssteif, daß sie bei Vierzylindermotoren noch ohne Schwingungsdämpfer betrieben werden können. Um die Lagerstellen der Kurbelwellen verschleißfester zu machen, ist man allgemein dazu übergegangen, das Doppelduro-Verfahren der Deutschen Edelstahlwerke anzuwenden. Es zeichnet sich gegenüber der Einsatzhärtung durch große Preiswürdigkeit aus. Außerdem tritt ein Verziehen der Wellen durch diese einfache thermische Härtebehandlung nicht auf.

Ein Bauelement, das im Laufe der Fahrzeug-Diesel-Entwicklung sehr starken Wandlungen unterworfen war, ist der Kolben. Ursprünglich wagte man nur Graugußkolben einzubauen, weil die Leichtmetallkolben als nicht genügend widerstandsfähig gegen die harten Dieselschläge angesehen wurden.

In der Tat haben auch die ersten Leichtmetallkolben nicht befriedigt, weil man auch bei diesem Konstruktionsteil nicht gleich mit den wirklichen

Höchstdrücken gerechnet hatte. Systematische Verstärkungen brachten aber grundlegende Besserung. Heute ist der Leichtmetallkolben im schnelllaufenden Dieselmotor eine Notwendigkeit, schon in wärmetechnischer Hinsicht. Bei den verschiedenen Diesel-Bauarten wird stets ein gewisser Teil des Brennstoffes gegen den Kolbenboden geschleudert und in seiner unmittelbaren Nähe zur Verbrennung gebracht. Es entsteht dadurch eine sehr starke partielle Überhitzung des Materials. Leichtmetall ist infolge seiner guten Wärmeleitfähigkeit in der Lage, diese Wärmepunkte bis zu einem Grad auszugleichen, der keine Gefahr zur Wärmerißbildung (wie beim Graugußkolben) mehr birgt.

Zur schadlosen Ableitung der Kolbenbodenwärme ist ein bestimmter Fließquerschnitt erforderlich; man ist deshalb an bewährte Normen gebunden, beispielsweise soll die Kolbenlänge ungefähr 1,2 bis 1,5 mal so groß sein wie der Kolbendurchmesser. Der Kolbenbolzen wird gewöhnlich in halber Kolbenhöhe angebracht. Bei kürzeren Kolben kann man für einen störungsfreien Abfluß der Bodenwärme über die Ringpartie nicht mehr garantieren (Festbrennen der Kolbenringe).

Die Abnutzung der Zylinderwand hängt in gewissem Sinne auch mit der Kolbenauswahl zusammen. Es ist weniger das Kolbenmaterial, was den Verschleißfaktor beeinflußt, als vielmehr die Einbautoleranz. Je geringer das Spiel zwischen Kolbenschaft und Zylinder gehalten werden kann, um so länger wird bei gleichen Betriebsverhältnissen eine Zylinderwand halten. Die Hauptabnutzung tritt stets in der obersten Kolbenstellung auf. Die Hauptursache für diese Erscheinung ist in dem Kolbenkippen im oberen Totpunkt während des Explosionstaktes zu suchen [1]). Man war lange Zeit der Ansicht, daß die Abnutzung eine Funktion der absoluten Kolbengeschwindigkeit sei. Dies trifft aber nach genauen Untersuchungen nicht zu, es wurde vielmehr von Le Mesurier und Stansfield [2]) nachgewiesen, daß eine Abhängigkeit der Verschleißquote lediglich von Drehzahl und mittlerem nutzbaren Kolbendruck besteht. Je größer beide Faktoren sind, desto schneller nutzen sich bei gleichen Materialien die Innenflächen der Zylinder ab, auch dann, wenn die mittlere Kolbengeschwindigkeit noch weit unterhalb der bisher willkürlich aufgestellten Grenze von 10 m/sek. bleibt.

4. Einspritz-Pumpen und -Düsen.

Um eine möglichst weitgehende Ausnutzung des Brennstoff-Wärmewertes zur Leistungsentwicklung im Dieselmotor zu erreichen, ist die richtige Wahl der Einspritzcharakteristik ebenso wichtig wie eine zweckmäßige Ausbildung des Brenn- und Zündraumes. Der Einspritzvorgang hängt zu gleichen Teilen von der Pumpen- und Düsenkonstruktion ab. Es soll zu Beginn der Einspritzung nur eine verhältnismäßig kleine Brennstoffmenge in sehr fein verteiltem Zustand in den Brennraum gelangen. Wenn dort für eine genügende Höhe der Verdichtungstemperatur Sorge getragen ist, wird nach Ablauf der Zeit für den unvermeidlichen, chemischen Zündverzug (etwa $^1/_{1000}$ sek.) dieses kleine Brennstoffquantum zur Entzündung kommen. Die Entflammung kann dabei ohne Nachteile plötzlich erfolgen. Da es sich ja nur um geringe Ölmengen handelt, wird kein Dieselklopfen hörbar sein. Während dieses Vorganges war aber die Brennstoffzufuhr nicht unterbrochen, sondern sie hat stetig zugenommen, so daß in der Zeiteinheit immer mehr und mehr Treiböl in den Brennraum gelangt. Dieser nachströmende Brennstoff, der erst im Zylinder ankommt, wenn schon von dem voreingespritzten Brennstoff Flammenherde vorhanden sind, braucht nicht so stark zerstäubt zu sein, weil infolge des großen Temperaturanstiegs bei der Vorverbrennung die Entzündung des nachgespritzten Brennstoffes verhältnismäßig leichter ist.

---

[1]) K. Schwaiger, Entwerfen und Berechnen neuzeitlicher Nutzkraftwagenmotoren (Verlag Krayn 1934) S. 59f.

[2]) Le Mesurier und Stansfield, Some Observations on Fuel for Heavy Oil Engines S. 15.

Man hat lange Zeit versucht, die erforderliche Spritzcharakteristik mit Hilfe besonderer Nockenformen zu erzielen. Die Ergebnisse waren aber nie ganz befriedigend, weil die bewegten Massen (Stößel, Kolben, Feder usw.) im Vergleich zu dem pro Hub eingespritzten Brennstoffquantum übermäßig groß waren. Die Firma Bosch ist deshalb bei Zapfendüsen dazu übergegangen, die Durchflußmenge zu Beginn der Einspritzung mit Hilfe besonders geformter Zapfen zu drosseln. Der dabei angewendete sehr feine Ringspalt erzeugt gleichzeitig beste Zerstäubung. Beim weiteren Öffnen der Düsennadel werden die Austrittsquerschnitte immer größer, so daß auch die in den Zylinder gelangende Brennstoffmenge stetig zunehmen kann.

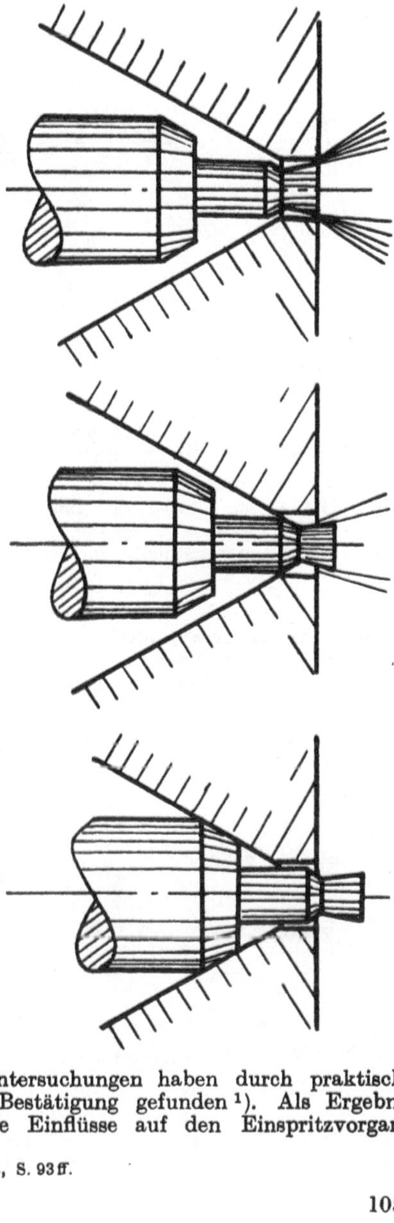

Bild 10. Wirkungsweise der Bosch-Drosseldüse.

Wie das Bild 10 zeigt, ist der dünne Zapfen an der Düsenmündung kegelförmig ausgebildet. Das hat den Zweck, den Strahl unter einem gewissen Winkel schirmartig auszubreiten, weil es nicht bei jedem Verbrennungsverfahren möglich ist, mit schlanken Strahlformen ruhigen Motorgang zu erzielen. Diese Düsenart hat somit während des Einspritzvorganges zwei zusätzliche Funktionen auszuüben:

1. Verhinderung eines zu raschen Öffnens der Düse zur Erzielung eines langsamen Anstieges der Einspritzmenge (Bild 11 und 12).

2. Erzielung eines bestimmten Weitwinkels des Einspritzstrahles. Durch das Zusammenwirken beider Vorgänge wird das gefürchtete Dieselklopfen verhindert. Diese Stücke sind unter dem Namen Drossel- oder Breitstrahldüsen bekannt geworden.

In diesem Zusammenhang muß noch auf die Ausbildung der Druckleitung zwischen Einspritzpumpe und -Düse näher eingegangen werden. Bekanntlich treten während der Einspritzung in den Leitungen Längsschwingungen der Flüssigkeitssäulen auf, die unter Umständen von störendem Einfluß sein können. Die mathematische Behandlung dieses Vorganges wurde von Blaum durchgeführt. Von Einfluß sind besonders die Rohrlänge und der Innendurchmesser der Rohre. Die theoretischen Untersuchungen haben durch praktische Nachprüfung eine hinreichende Bestätigung gefunden[1]). Als Ergebnis kann mitgeteilt werden, daß die Einflüsse auf den Einspritzvorgang

[1]) Blaum, Forschung, 7. Band, 2. Heft, S. 93 ff.

vernachlässigt werden können, solange bei gleichem Innendurchmesser die Rohrlänge zwischen 0,5 m und 1,5 m variiert. Daraus geht hervor, daß gleich lange Einspritzleitungen nicht unbedingt erforderlich sind, was in mancher Hinsicht bauliche Vereinfachung bringt. Am besten verhalten sich Rohre mit 6 × 3 mm Durchmesser.

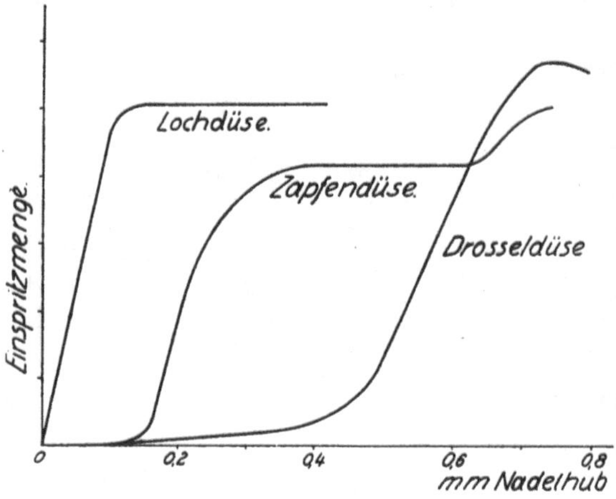

Bild 11. Ausflußmenge abhängig vom Nadelhub bei konst. Leitungsdruck

Durch die Erfolge des Fahrzeug-Diesel-Motors wurden verschiedene Unternehmungen ermutigt, den Bau von Einspritzpumpen aufzunehmen. Es kamen die verschiedensten Systeme auf den Markt, aber nur Bosch und Deckel konnten sich behaupten. Die Bosch-Einspritzpumpe hat die weiteste Verbreitung gefunden. Sie ist schon wiederholt beschrieben worden, so daß sich hier eine Wiedergabe der Konstruktion erübrigt. Die Firma Deckel ist von der Rückström-Drosselung abgegangen und baut neuerdings Kolbenkanten-Steuerung, ähnlich der Boschausführung. Die neue Deckel-Pumpe ist in Bild 13 dargestellt. An der Düse von Deckel sind wesentliche Änderungen nicht vorgenommen worden (Bild 14).

5. Zweitakt.

Bisher hat von den Zweitaktmotoren für Fahrzeuge, die nach dem Dieselprinzip arbeiten, nur der Doppelkolbenmotor von Junkers eine praktische Bedeutung erlangen können. Die mit diesem Baumuster erreichten günstigen Werte für den spezifischen Brennstoffverbrauch konnten bisher noch nicht unterboten werden. Die Gegenkolben-Bauweise brachte aber doch manche mechanische Erschwerung, so daß in dieser Richtung keine neuen Versuche mehr unternommen wurden.

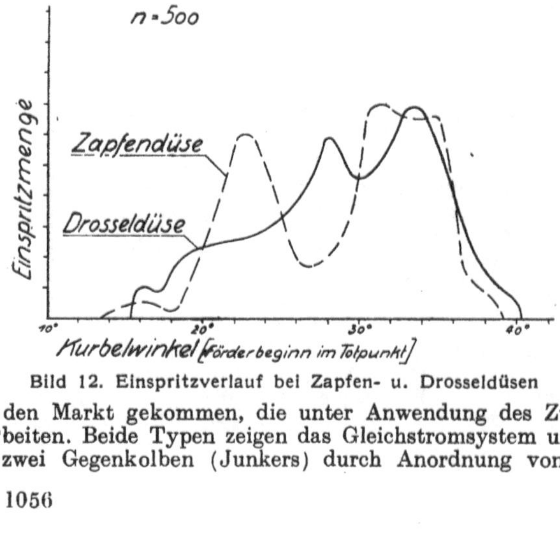

Bild 12. Einspritzverlauf bei Zapfen- u. Drosseldüsen

Es sind in jüngster Zeit zwei namhafte Firmen mit Dieselmotoren auf den Markt gekommen, die unter Anwendung des Zweitaktverfahrens arbeiten. Beide Typen zeigen das Gleichstromsystem unter Vermeidung von zwei Gegenkolben (Junkers) durch Anordnung von Auspuffventilen im

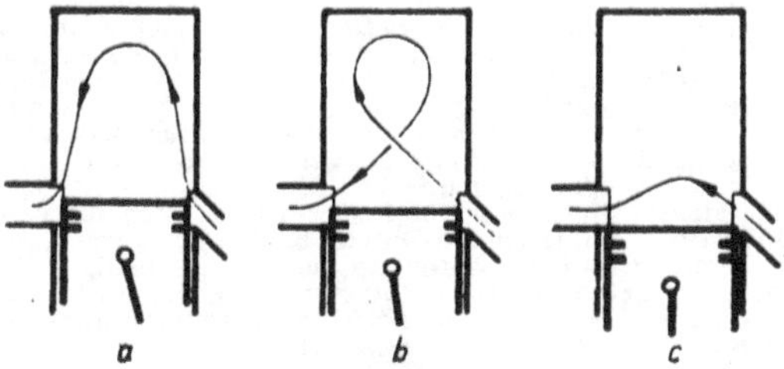

Bild 13

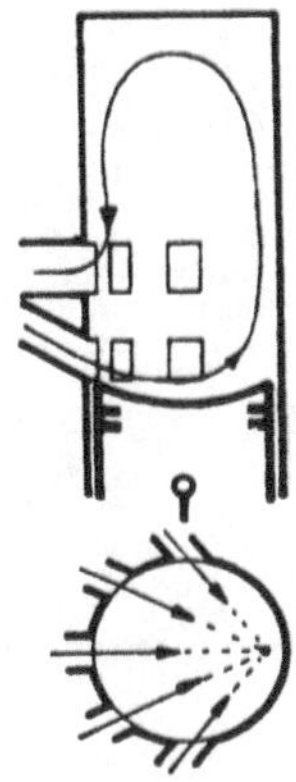

Bild 14

Bild 13a—c. Strömungsbilder bei der Querspülung
Bild 14. MAN-Umkehrspülung

Auffassung, daß es sich beim U-Zylinder um eine Gleichstromspülung handeln würde. Tatsächlich ist es eine Gegenstromspülung mit der Abweichung, daß zwischen den beiden Strömen eine feste Wand steht, so daß die Spülung stabil verläuft.

Die schwierigsten Aufgaben stellt aber die Gegenstromschlitzspülmaschine nach Bild1c, also jene Maschinengattung bei der Auspuffschlitzgruppen und Spülschlitzgruppen am gleichen Ende eines und desselben Arbeitszylinders angeordnet und irgendwie verteilt sind. Es liegt auf der Hand, daß die Spülströme in einem solchen Zylinder besonders stark die Neigung haben, eine Kurzschlußströmung herbeizuführen, d. h. auf kürzestem Wege in den Auslaß zu entweichen, der unter Umständen (je nach der Auslaßschwingung) eine starke Saugwirkung ausübt. **Alle bisher in Vorschlag gebrachten Spülverfahren unterscheiden sich im wesentlichen nur durch die Mittel, welche den Kurzschluß verhindern sollen** (Stabilisierungsmittel), damit tatsächlich ein Gegenstrom, d. h. ein den Zylinderkopf erreichender Aufwärtsstrom und ein von da noch nach unten ziehender Abwärtsstrom zustande kommt.

Nach den heutigen Erkenntnissen der Strömungslehre sind dazu drei grundsätzliche Bedingungen besonders geeignet:

1. Einführung der Spülströme in einer vom Auslaß weggewendeten Richtung,
2. Rasche Vereinigung der Spülströme zu einem resultierenden Strom,
3. Abstützung der Spülströme an festen Teilen (Kolben, Zylinder) gleich nach dem Eintritt in den Zylinder und Beibehaltung dieser Führung, solange wie möglich.

Diese Voraussetzungen hat man lange nicht erkannt. Die Konstrukteure gingen von der Vorstellung einer bügelförmigen Strömung aus, bei der sich Auslaß und Einlaß einander gegenüberliegen, Bild 13a—c. Bei einem solchen Zylinder mit „Querspülung“ (daher der Name) treten aber nacheinander drei Strömungsformen auf: Die angestrebte Bügelströmung, die dem Zylinderumriß folgt, eine Schleifenströmung (sobald der Kolben nur noch wenig führt) Bild 13b und schließlich der Kurzschluß Bild 13c, Die Strömung ist labil, nicht stabil. Im Fahrzeugmotorenbau hat dieses Verfahren mit einem Aklenkerkolben, Bild 18, der die von jeher erkannte Labilität der Strömung beseitigen soll, in Ermangelung eines Besseren jahrelang das Feld beherrscht. Der Bau von Hochleistungsmotoren macht aber dabei Schwierigkeiten, nicht zuletzt wegen der mechanischen und thermischen Schwierigkeiten des massigen Kolbens.

Bei glattem Kolben, Bild 19, kann die Bügelform durch Absaugen der Grenzschicht über den Spülschlitzen mit Hilfe von Nebenauslaßschlitzen erzwungen werden (Krupp-Germaniawerft), doch wird dieses Verfahren nur im Großdieselmotorenbau angewandt (DRP. 514 456ff.).

Die oben angegebenen drei Grundbedingungen hat als erstes Verfahren die MAN-Umkehrspülung erfüllt. Die Auslaßschlitzgruppe liegt oberhalb der Spülschlitzgruppe, beide Gruppen nehmen einen großen Teil des Zylinderumfanges ein, Bild 14. Bei Spülbeginn ist deshalb die Entspannung weit fortgeschritten, so daß mit einem niedrigen Spüldruck gearbeitet werden kann. Das ist aber auch nötig, da der Auslaß hier noch vollständig offen ist, wenn die Spülschlitze schon wieder verschlossen sind. Es eignet sich dieses Verfahren daher nur für Spülung mit reiner Luft und nicht für Schnelläufer. Die Spülstromführung ist ausgezeichnet. Es liegt eine totale Umkehr der Spülströme vor: dieselben kehren beinahe an ihren Ausgangspunkt zurück: „Umkehrspülung". Das Verfahren wurde von der MAN im Jahre 1925 in den Zweitaktdieselmotorenbau eingeführt und hat zu großartigen Erfolgen geführt. Grundsätzlich ist ein solcher Spülstromverlauf aber schon durch die brit. Patentschrift 17362 vom 10. 8. 1903 von Despland-Dufour bekannt geworden. Im Jahre 1933 wurde die Umkehrspülung (auf die Anregung von H. J. Venediger [2]) durch die Auto-Union erstmalig in den Zweitakt-Ottomotorenbau eingeführt und zwar das Verfahren von A. Schnürle, DRP. 511 102 und 520834, wodurch auch der Zweitakt-Ottomotor eine wesentliche Vervollkommnung erfuhr.

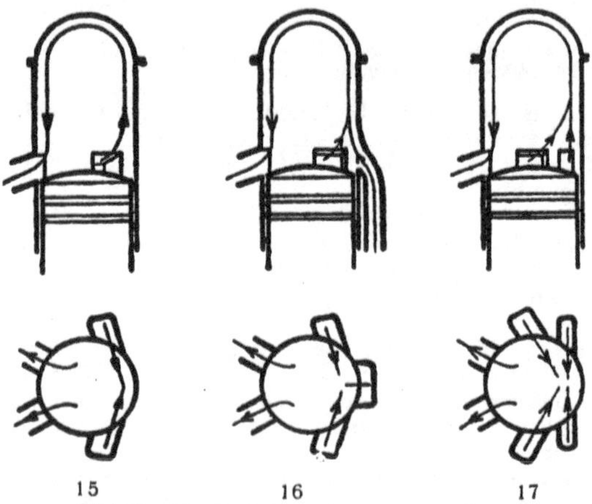

15 16 17

Bild 15—17. Umkehrspülung nach A. Schnürle

Bei der Schnürle-Umkehrspülung liegen die Spülschlitze zu beiden Seiten der Auslaßschlitzgruppe (und zwar in etwa der gleichen Höhe) und blasen die Spülströme gegen die den Auslaßschlitzen gegenüberliegende Zylinderwand, Bild 15; es können nebensächliche zusätzliche Spülschlitze vorhanden sein, Bild 16 und 17. Das Verfahren erfüllt die vorstehenden drei Bedingungen, jedoch nicht in dem hohen Maße, wie die „totale" Umkehrspülung der MAN. Wegen der normalen Höhenlage der Schlitzgruppen ist es aber für jede Drehzahl, und für ein beliebig geartetes Spülmittel verwendbar, daher seine besondere Brauchbarkeit für Ottomotoren. Diese Umkehrspülung hat das Nasenkolben-Querspülverfahren jetzt fast völlig verdrängt, aus wirtschaftlichen, baulichen und betriebstechnischen Gründen.

Die wesentlichen Vorteile sind u. a.:

Wirtschaftlich: Die höheren Spülwirkungsgrade, Bild 24, und die dadurch erzielte Leistungssteigerung und Verbrauchssenkung: die Möglichkeit höherer Verdichtung.

Baulich: Das leichtere Triebwerk durch die Möglichkeit der Verwendung von glatten Kolben wie bei Viertaktmotoren: geringeres Kolbenspiel wegen kleinerer Wärmeaufnahme durch die Kolbenoberfläche.

Betriebstechnisch: Längere Lebensdauer der Maschine bis zur Überholung durch länger freibleibende Kolbenringe, ruhiger Lauf durch geringes Kolbenspiel, günstigere Lagerbeanspruchung, Verbesserung der Beschleunigung im niederen Drehzahlbereich, Verminderung der Schaltarbeit. Einführung der Umkehrspülung daher bedeutendster Fortschritt der letzten 10 Jahre mit wesentlicher Wertsteigerung des Zweitaktfahrzeuges an sich.

Um ebenfalls einen glatten Arbeitskolben verwenden zu können, haben einige Hersteller von Zweitaktfahrzeugmotoren (Villiers, Ardie, Triumph) die altbekannte

Kreuzspülung (teils in verbesserter Form) aufgegriffen, bei der die Auslaß- und Spülschlitzgruppen am *uT* über Kreuz angeordnet sind, z. B. nach Art von Bild 20. Die Stabilität dieses Verfahrens ist gering, bessert sich aber bei höheren Drehzahlen, deshalb ist ein guter Füllungsgrad des Kurbelkammerladers (z. B. mit Hilfe eines Drehschiebereinlasses, der ein unsymmetrisches Diagramm liefert, wie beim Triumph-Motor B 125) bei niederen Drehzahlen erforderlich.

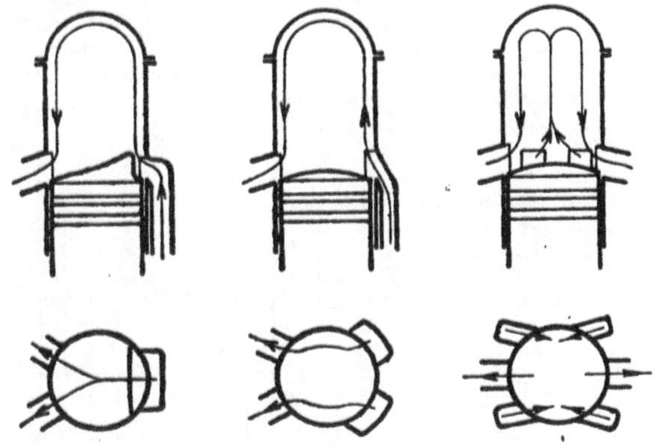

18 19 20

Bild 18—20. Querspülung mit (links) u. ohne (Mitte) Ablenkerkolben und Kreuzspülung (rechts) (nach DRP. 281 753)

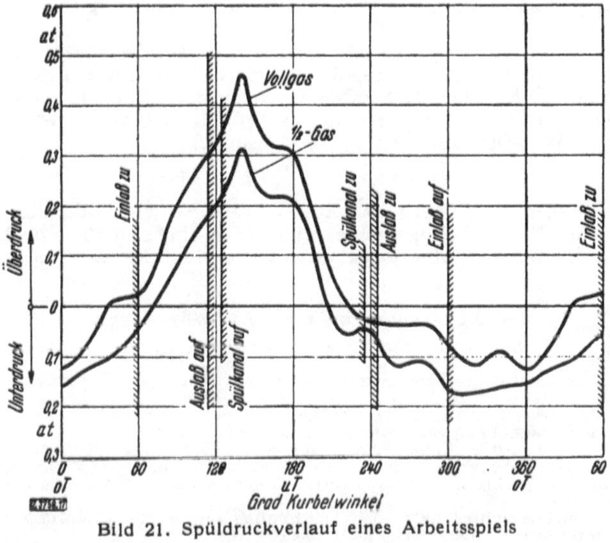

Bild 21. Spüldruckverlauf eines Arbeitsspiels

In Patentschriften u. dgl. werden den Spülströmen bestimmte Bahnen vorgeschrieben bzw. unterstellt; diese Wege werden bei vernünftigen Konstruktionen bei stationärer Strömung tatsächlich angenähert eingehalten In der laufenden Maschine ist der Vorgang aber dynamisch, hier läuft die Spülung im wesentlichen auf eine „gewöhnliche" Verdrängung der Abgase hinaus. Diese ist um so besser, je standhafter die Spülströme die unterstellte Bahn tatsächlich einhalten (Stabilität der Strömung), was nur bei Wandanlehnung möglich ist. Bei anderem Verlauf lösen sich die Spülströme

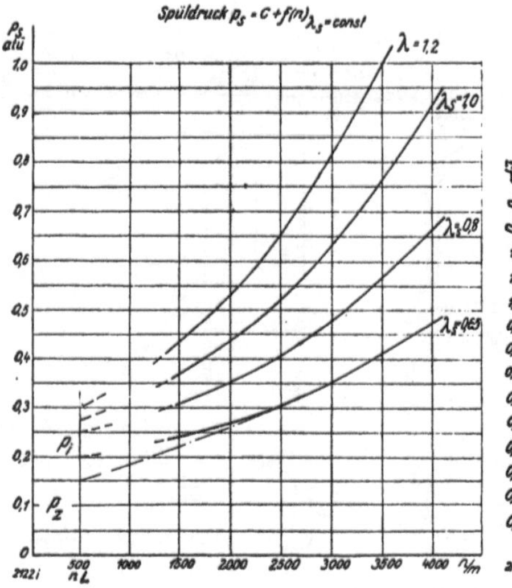

Bild 22. Spüldruck p_s als Funktion von Spülmittelaufwand λ_s und Drehzahl n

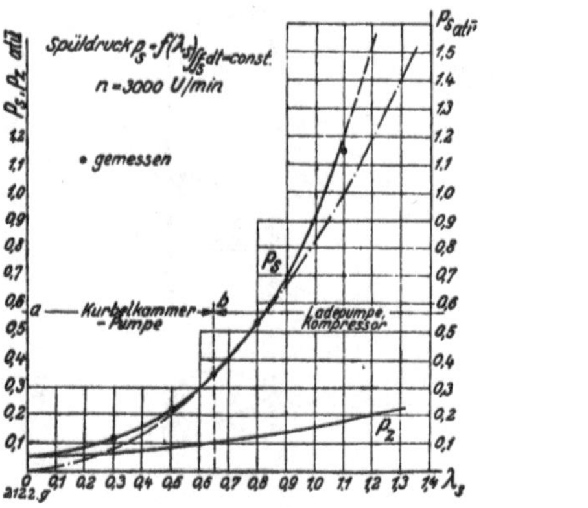

Bild 23.
Spüldruck p_s als Funktion von λ_s

im Abgas auf und wirken lediglich durch die Verdünnung desselben, z. B. Bild 20.

Zur Erzielung einer guten Stabilität ist — wenigstens bei Spülungsanlauf — hoher Spüldruck günstig. Bild 21 zeigt den Druckverlauf für ein Arbeitsspiel bei einer 300 cm³-Maschine mit Schnürle-Umkehrspülung, $n = 3500$, $\lambda_s = 0{,}65$. Der Spitzendruck ist abhängig von Drehzahl n und Belastung (Spülmittelaufwand λ_s), etwa gemäß:

$$p_s = p_i + 0{,}4 \cdot 10^{-7} \cdot \lambda_s^3 \cdot n^2 \ldots (\text{atü}), \qquad (24)$$

wobei $p_i = 0{,}15 — 0{,}30$ atü der Anfangswert ist, vgl. Bild 22. Bild 23 zeigt wie der Spüldruck anwächst, wenn man ein- und dieselbe Maschine mit einem höheren Spülmittelaufwand betreibt, d. h. verschiedene Lader anbaut.

A. Spülungstechnische Anforderungen

1. Große Stabilität der Strömung bei allen Drehzahlen und Auspuffschwingungen,
2. Hoher quantitativer Spülwirkungsgrad η_s
3. Hoher qualitativer Spülwirkungsgrad η'_s
4. Hohe ebene und räumliche Spülformwirkungsgrade,
5. Drehzahlunabhängigkeit der Wirkungsgrade 2—4,
6. Nicht zu große Abhängigkeit des Spülerfolges vom Spülmittelaufwand,
7. Geringe Abhängigkeit des Spülerfolges vom Impuls (Spüldruck, Menge),
8. Auch bei geringem Impuls (Leerlauf) müssen die Spülströme die Zündkerze erreichen,
9. Das Spülverfahren darf nicht empfindlich sein gegen teilweise Zusetzungen der Spülkanäle oder nicht ganz exakte Ausführung.
10. Die nicht ausgespülten Abgase sollen möglichst in den ganzen Zylinderraum verteilt werden.

B. Bauliche Anforderungen

1. Keine ausgesprochene Auslaß (-heiße) und Spülseite (kalte Seite).
2. Die Spülströme sollen möglichst große Teile des Kolbenbodens bestreichen.
3. Das Verfahren muß die Ausbildung gut verlegter Spülkanäle bei allen möglichen Bauarten gestatten.
4. Leichte Bearbeitungsmöglichkeit der Spülkanäle.

Es gibt bis jetzt kein Verfahren, das alle diese Bedingungen erfüllt, jedoch sind Fortschritte zu erwarten.

Wirkungsgrade der Spülung:

Die Wirkungsgrade von Spülung und Ladung werden durch Messung folgender Größen (Volumina in nm^3) bestimmt:

V_h = Hubraum der Maschine,
V_e = Nutzhubraum hiervon = $(1 - \sigma_a) \cdot V_h$,
V_k = Verdichtungsraum der Maschine,
V_s = Gesamte zugeführte Spülmittelmenge,
V_n = Die nutzbar im Zylinder verbleibende Menge hiervon,
V_r = im Zylinder verbleibende feuchte Abgasmenge,
V_r' = der trockene Teil hiervon,
V_a = die durch den Auslaß entweichende feuchte Abgasmenge,
V_a' = der trockene Teil hiervon,
$f = V_a'/V_a$ = Feuchtigkeitsgrad,
CO_2' = CO_2-Gehalt der trockenen Verbrennungsgase kurz vor „Auslaß öffnet" $A_ö$
CO_2'' = CO_2-Gehalt der trockenen Gase im Auspuffrohr,
CO_2^* = CO_2-Gehalt der Ladung kurz vor der Zündung.

Es gilt dann:

Spülmittelaufwand $\lambda_s = V_s/V_h$ (auch Füllungsgrad)

quantit. Spülwirkungsgrad $\eta_s = V_n/V_s = \dfrac{\alpha \cdot \eta_s'}{1 - \eta_s'} = 1 - \dfrac{V_a'}{V_s}\left(1 - \dfrac{CO_2''}{CO_2'}\right)$

qualit. Spülwirkungsgrad $\eta_s' = \dfrac{V_n}{V_n + V_r} = \dfrac{\eta_s}{\eta_s + \alpha} = \dfrac{1 - (CO_2^*/CO_2')}{1 + \dfrac{CO_2^*}{CO_2''}\left(\dfrac{1}{f} - 1\right)}$

Restgasgrad $\alpha = V_r/V_s$.

Die ebenen bzw. räumlichen Spülformwirkungsgrade sind das Verhältnis aus den von den Strömen bestrichenen Flächen bzw. durchspülten Volumen zu den betreffenden Zylinderlängsschnitten bzw. zum Hubraum. Sie können nur im Modellversuch bei stationärer Strömung ermittelt werden. Ihre Größe liegt bei guten Spülverfahren je nach λ_s und Eröffnung der Schlitze zwischen 0,50—0,85.

Quantitativer und qualitativer Spülwirkungsgrad erreichen bei guten Spülungen Bestwerte von 0,75—0,82.

Während des Spülvorganges mischt sich ein Teil der Frischladung mit den im Zylinder verbleibenden Restgasen (s. [5], 1. Bericht, Mischungsgrad). Es ist für die Verbrennung und die Möglichkeit der Hochverdichtung günstig, wenn die Mischung von Frischgas und Restgas nach Beendigung der Spülung möglichst vollständig ist.

V. Ladung

Der Lader führt je Arbeitsspiel oder Zeiteinheit die Spülmittelmenge V_s in den Arbeitszylinder ein, davon entweicht der Teil $V_s - V_n$ in den Auspuff, der Rest V_n bleibt nutzbar im Zylinder. Der verlorene Teil hängt ab: vom Steuerdiagramm, von der Drehzahl, vom Spülverfahren, vom Spüldruck, vom Auspuffgegendruck, vom Spülmittelaufwand und vom Fördergesetz der Spülpumpe.

Je nachdem man die nutzbare Frischladung V_n auf das Hubvolumen V_h, auf $V_h + V_k$, auf V_e oder auf $V_e + V_k$ bezieht, erhält man vier Ladungsgrade. Weitere vier Ladungsgrade erhält man, wenn man nicht allein V_n sondern die nach Abschluß der Schlitze im Zylinder befindliche Gesamtgasmenge $V_n + V_r$ als maßgebend ansieht.

Wirkungsgrade der Ladung, vgl. Bild 25a—d.

a) theoretischer Ladegrad $\eta_L = V_n/V_h = \lambda_s \cdot \eta_s$ (25a)

theoretischer Gesamtladegrad $\eta_{GL} = \dfrac{V_n + V_r}{V_h} = \dfrac{\lambda_s \cdot \eta_s}{\eta_s'}$, (26a)

b) ideeller Ladegrad $\eta_{iL} = \frac{V_n}{V_h + V_k} = \eta_L \cdot \frac{\varepsilon - 1}{\varepsilon}$ (27b)

ideeller Gesamtladegrad $\eta_{iGL} = \frac{V_n + V_r}{V_h + V_k} = \eta_{GL} \cdot \frac{\varepsilon - 1}{\varepsilon}$, (28b)

c) effektiver Ladegrad $\eta_{eL} = V_n/V_e = \eta_L \cdot \frac{1}{1 - \sigma_a}$ (29c)

effektiver Gesamtladegrad $\eta_{eGL} = \frac{V_n + V_r}{V_e} = \eta_{GL} \cdot \frac{1}{1 - \sigma_a}$, (30c)

d) wahrer Ladegrad $\eta_{wL} = \frac{V_n}{V_e + V_k} = \eta_L \cdot \frac{\varepsilon - 1}{\varepsilon^*}$, (31d)

wahrer Gesamtladegrad $\eta_{wGL} = \frac{V_n + V_r}{V_e + V_k} = \eta_{GL} \cdot \frac{\varepsilon - 1}{\varepsilon^*}$. (32d)

Hierbei ist ε das auf den vollen Hub, ε^* das auf $(1 - \sigma_a)$ bezogene Verdichtungsverhältnis. Bei Ottomotoren ist bei den heutigen ε der Ver-

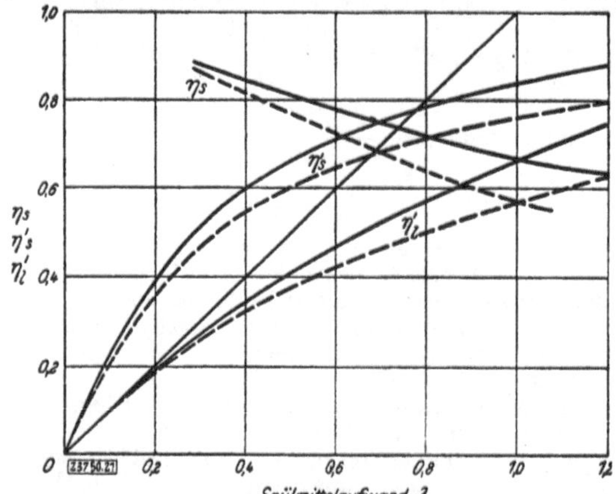

Bild 24. Quantitative u. qualitative Spülwirkungsgrade u. Ladegrade bei Umkehr- u. Querspülung (strichliert)

lustraum $\sigma_a \cdot V_h$ von derselben Größenordnung wie V_k, deshalb unterscheiden sich Gl. (25a) und (26a) kaum von (31d) und (32d). Die ideellen Ladegrade sind dem volumetrischen Wirkungsgrad von Viertaktmotoren am ehesten vergleichbar. Es ist aber überhaupt abwegig, solche und ähnliche Kennwerte von Zweitaktmotoren ständig in Parallele zu denen von Viertaktmaschinen zu setzen. Die zutreffendste Wertung ist die nach dem wahren Lade- bzw. Gesamtladegrad.

Die ungünstigsten Ladegrade ergibt naturgemäß der einfache Gegenstromzylinder; sie können jedoch durch gesteuerte Nachladeschlitze (Dieselmaschinen, z. B. Sulzer) beträchtlich erhöht werden. Bei symmetrischen Steuerdiagrammen für Auslaß und Spülung (Ladung) nehmen die Ladegrade mit steigendem Spülmittelaufwand ab $\lambda_s = 1{,}2$ nur noch wenig zu, Bild 24. (Dort ist der theoretische Ladegrad eingetragen und mit η'_l bezeichnet). Da ein immer größerer Anteil in den Auslaß entweicht, ist ein Spülmittelaufwand $> 1{,}0$ bei Ottomotoren mit symmetrischen Steuerdiagrammen unwirtschaftlich und daher bei solchen Motoren auch nicht anzutreffen. Bei Kurbelkammermotoren liegt λ_s im günstigen Drehzahlbereich bei 0,65—0,80, fällt aber zwischen 3000—4000 U/min auf 0,45 und weniger, Bild 26, so daß der theoretische Ladegrad den Wert 0,40 kaum übersteigt, Bild 24. Beim Vergaser-Ottomotor mit Kurbelkammerlader nach Bild 2 ist es kein Mangel, daß mit Hub und Bohrung des Arbeitszylinders zugleich die vom Lader geförderte Frischgasmenge innerhalb gewisser Grenzen mitbestimmt ist, denn ein Mehr an Lademenge würde bei symmetrischen Diagrammen für Auslaß und Spülung zum größten Teil doch nutzlos in den Auslaß entweichen.

Bei Renn- und Sportmotoren werden dagegen wesentlich höhere Lademengen in den Zylinder gepumpt, wobei aber heute unsymmetrische Diagramme (hauptsächlich U-Zylinder-Motoren) verwendet werden.

Der Ladedruck ist derjenige Zylinderdruck, der nach Abschluß der Auslaßorgane vorhanden ist. Seine Höhe hängt vom Steuerdiagramm, vom Spüldruck, vom Gegendruck und von der Schwingungsform der Auslaßschwingung ab. Er liegt auch bei symmetrischem Diagramm häufig über dem Atmosphärendruck, wenn die Schwingungsform der Auslaßsäule günstig ist.

VI. Lader[1]).

Bezeichnen V_{HL} den Hubraum des Laders, V_h den Hubraum des Arbeitszylinders, so ist der Spülmittelaufwand:

$$\lambda_s = V_s/V_h = \eta_v \cdot \frac{V_{HL}}{V_h} = \eta_v \cdot \xi . \qquad (33)$$

ξ ist das theoretische Ladeverhältnis. Zur Deckung der anteilig großen Spülmittelverluste im niederen Drehzahlbereich müssen die Lader für

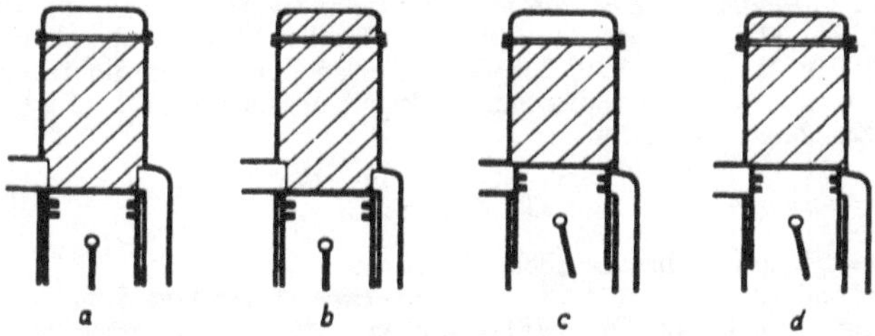

Bild 25a—d. Bezugsbasen für die Ladegrade

Zweitaktmotoren besonders im unteren Drehzahlbereich einen hohen volumetrischen Wirkungsgrad η_v aufweisen, damit sie klein genug ausfallen. Lader mit großer Geräuschentwicklung (z. B. Roots-Lader) kommen höchstens für Sport-, Renn-, Flug- und ortsfeste Motoren in Betracht.

An die Lader müssen folgende Anforderungen gestellt werden:

a) betriebstechnisch: Hoher Liefergrad im unteren Drehzahlbereich, geringe Strömungswiderstände, geringe Geräuschentwicklung, niedrige Antriebsleistung, kleine Massenkräfte, geringer Verschleiß, Unempfindlichkeit gegen starke Erwärmung (z. B. durch Rückzündungen); keine Störung, sondern womöglich Verbesserung des Massenausgleichs des Motortriebwerks;

b) baulich: Kleine Abmessungen, organische Einbau- oder Anbaumöglichkeit, kurze Verbindungsleitungen zwischen Lader und Motor, Möglichkeit diese Leitungen einfach und beliebig zu legen.

Es ist bisher keine Laderbauart bekannt, die alle diese Forderungen hinreichend erfüllt; der Kurbelkammerlader erfüllt noch die meisten.

1. Hubkolben-Lader.

a) Kurbelkammer-Lader.

Der volumetrische Wirkungsgrad ist stark — jedoch nicht allein — vom Verhältnis $\beta = V_0/V_h$ abhängig. Je nach der Sorgfalt bei der Ver-

[1]) Vgl. auch den besonderen Abschnitt „Ladeeinrichtungen" des Handbuches.

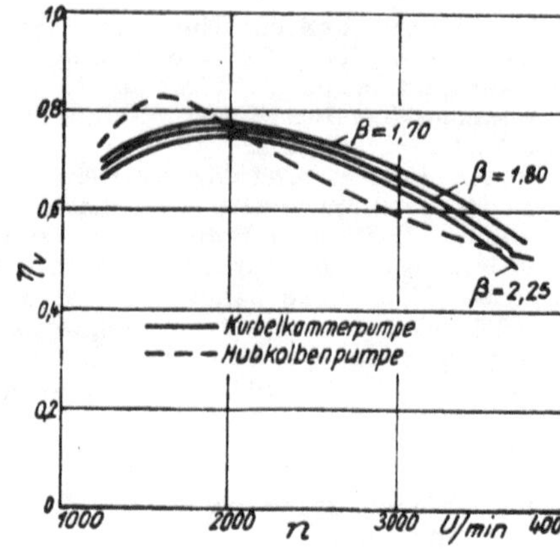

Bild 26. Volumetrische Wirkungsgrade η_v von Kurbelkammerladern und Kolbenspülpumpen

kleinerung des schädlichen Raumes V_0 schwankt β bei schnellaufenden Motoren zwischen 1,8—2,8, liegt jedoch im Mittel bei 2,2.

Von 27 untersuchten Motoren verschiedener Bauarten lag β bei 18 v. H. unter 2,0; bei 37 v. H. zwischen 2,0 und 2,25; bei 18 v. H. zwischen 2,25—2,50; bei 27 v. H. sogar über 2,50—2,80. Für den Vorverdichtungsdruck ergibt sich, wenn man die bezogene Länge von Es bis oT in Bild 28 mit $\sigma_e + \tau$ bezeichnet, vgl. Bild 2:

$$p_{S\delta} = p_{Es}\left(\frac{\beta\delta}{\beta + \sigma_s}\right)^k \tag{34}$$

wobei $k = 1{,}3$ der wahrscheinliche Wert ist.

Bei schnellaufenden Motoren ist ein niedriger Wert von β nur von Vorteil, solange mit hoher Drehzahl gefahren wird. Bei langsam laufenden Motoren ist ein besonders kleiner schädlicher Raum nicht anzustreben, damit $p_{S\delta}$ nicht zu hoch ausfällt und damit die Spülverluste in Grenzen gehalten werden. Für stark drehzahlveränderliche Motoren wäre daher ein hinsichtlich V_0 regelbarer Lader von Vorteil [17].

Bild 26 zeigt die volumetrischen Wirkungsgrade bei verschiedenen Werten von β; die Linien beziehen sich auf symmetrisch zum oT gesteuerten Ladereinlaß nach Bild 2. Der Gewinn, den man bei einer Maschine durch Verkleinern von V_0 erreichen kann, ist also nicht sehr erheblich. Durch Ausbildung der Kurbelwangen als Flachschieber oder durch Anordnen eines Rotationsdrehschieber, Bild 27 (Triumph BD 250), kann man mehr erzielen und insbesondere das Maximum verlegen, z. B. in ein niedrigeres Drehzahlgebiet.

Wie das Schwachfederdiagramm ausnahmslos zeigt, ist die Verdichtung im Punkt $S_ü$ zwar beendet, doch wird der Druck $p_{S\delta}$ durch die zurückschlagenden Verbrennungsgase auf p_x erhöht, Bild 28. In Abhängigkeit von Drehzahl und Belastung beträgt $p_{S\delta}$ je nach δ, β und σ_s: $=$ 0,25—0,40 at die Steigerung auf p_x dagegen allein 0,1—0,3 at. Der wahre Spüldruck ist p_x.

Die Füllung des Laders erfolgt durch einen Schwingungsvorgang, der der gedämpften Eigenschwingung des Systems Kurbelkammer-Saugleitung entspricht. Sein Verlauf kann vorausberechnet werden. Das symmetrische Diagramm ist deshalb dem Vorgang nur in bestimmten Drehzahlbereichen angepaßt. Bei anderen Drehzahlbereichen wird Frischladung zurückgestoßen. Deshalb kann man bei fast allen schnellaufenden Vergasermotoren in be-

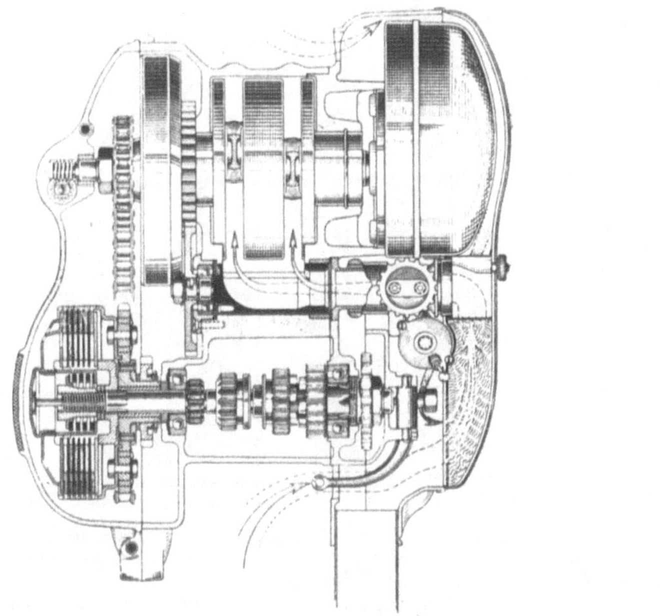

Bild 27. Einlaßdrehschiebersteuerung beim Kurbelkammerlader des Triumph-Motors BD 250

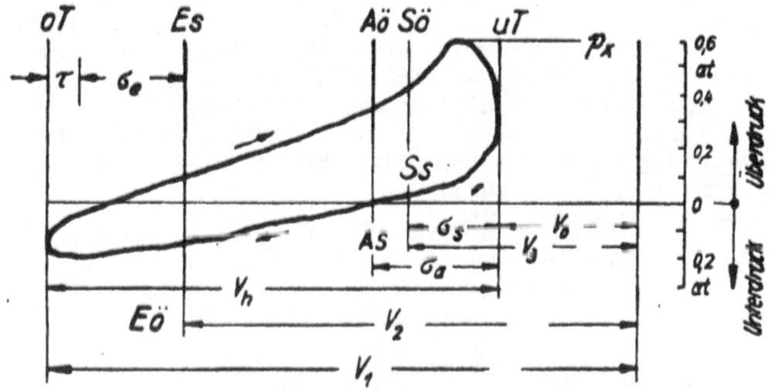

Bild 28. Kurbelkammer-Diagramm

stimmtem Bereich eine hinter dem Vergaser stehende Brennstoff-Fahne beobachten; der Verschmutzung des Vergasers hat man teilweise durch völlige Kapselung desselben zu begegnen gesucht. (Kraftstoff-Öl-Mischung!)

Der volumetrische Wirkungsgrad ist in erster Linie bestimmt durch den Einlaßschlußdruck p_{E_s}. Derselbe ist um so höher, je besser die dynamische Wirkung der schwingenden Frischgassäule ausgenutzt ist. Diese ist um so größer, je tiefer der Druck $p_{Eö}$ liegt (je größer der Unterdruck ist) und dessen Höhe hängt wiederum vom Druck p_{S_s} ab. Da dieser wieder vom richtigen Verlauf des Entspannungsvorganges im Zylinder abhängt, ist letzten Endes der Verlauf der Zylinderentleerung maßgebend für η_v des Laders. Daraus geht wieder der dynamische Vorgang der Laderfüllung

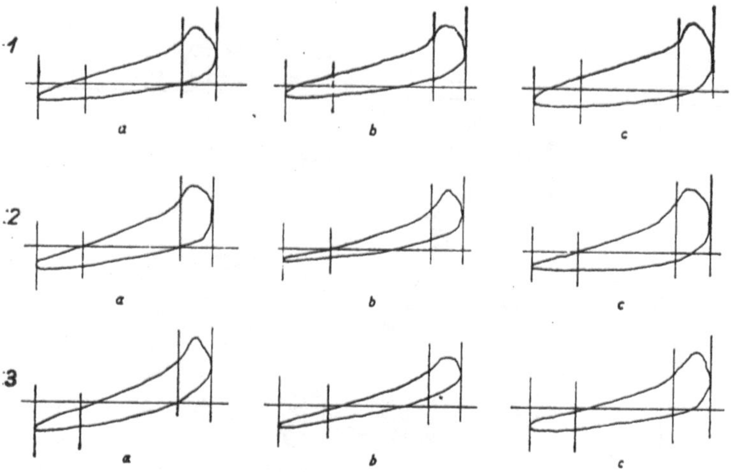

Bild 29. Verschiedene Kurbelkammer-Diagramme, ober Reihe: Fall 1, mittlere Reihe: Fall 2, untere Reihe: Fall 3, je a—c

hervor, die auf Ejektorwirkung beruht. Bei bestimmten Drehzahlen kann der Lader überhaupt entbehrt werden, die Frischladung wird einfach durch im Zylinder vorgesehene Öffnungen eingesaugt (Kadenacy-Motor). [15]

Das Schwachfederdiagramm des Laders ersetzt bei Kurbelkammermotoren fast vollkommen das Zylinderdiagramm, da man beinahe alle Mängel erkennen kann. Es lassen sich neun Fälle unterscheiden, die auch tatsächlich bei den verschiedenen Drehzahlen und Belastungen auftreten können, Bild 29. Die hauptsächlich vorkommenden Fälle sind die b-Fälle, bei denen p_{Ss} über der atmosphärischen Linie liegt. Bei den c-Fällen liegt eine starke Saugwirkung durch die schwingende Auspuffsäule vor, die bei Dieselmaschinen unschädlich ist, aber bei Vergasermotoren zu Brennstoffverlusten führt. Bei diesen ist Fall 1a anzustreben.

Wenn das Laderdiagramm zuverlässig vorliegt, ist eine Mengenmessung zwecks Ermittlung von η_v unnötig, da eine Errechnung für den betreffenden Zustand möglich ist. Es bezeichnen:

$$V_1 = 1 + \beta V_h \tag{35}$$

$$V_2 = (\beta + 1 - \sigma_e - \tau) V_h \tag{36}$$

$$\delta = V_2 / V_0 \tag{37}$$

$$V_3 = (\beta + \sigma_s) V_h \tag{38}$$

$$p_{E\ddot{o}} = p_{Ss} \left(\frac{\beta + \sigma_s}{\beta \delta} \right)^k. \tag{39}$$

Hierbei kann k in Gl. (39) = 1 gesetzt werden. An das angesaugte Gemisch wird von den großen Flächen des Kurbelgehäuses so viel Wärme abgegeben, daß das beigemischte Schmieröl bei Mischungsschmierung durch Verdampfen des Brennstoffes z. T. ausfällt. Es ist dann die Temperatur im Lader $T_0 = T_{Es} = T_{E\ddot{o}}$. Das zuströmende Frischgewicht vom Normalzustand (Zeiger N) ist:

$$\Delta G = \frac{p_N V_N}{R T_N} \tag{40}$$

$$\frac{p_{Es} V_2}{R T_{Es}} = \frac{p_{E\ddot{o}} V_2}{R T_{E\ddot{o}}} + \frac{p_N V_N}{R T_N} \tag{41}$$

$$\eta_v = V_N / V_h$$

$$= \frac{C}{T_0} [p_{Es} \cdot \beta\delta - p_{Ss}(\beta + \sigma_s)] \tag{42}$$

$$C = T_N / p_N = 283 \text{ für } T_N = 283^0\, K,\ p_N = 1 \text{ ata}$$

$$= 265 \text{ für } T_N = 273^0\, K,\ p_N = 1{,}033 \text{ ata.}$$

Der Laderliefergrad wird somit von folgenden statischen Größen beeinflußt: Vom Verhältnis β und δ, von der Höhe der Spülschlitze σ_s und von der Ladetemperatur T_0. Die dynamischen Faktoren sind: Der Einlaßschlußdruck p_{Es} und der Druck p_{Ss}.

Setzt man zur Vereinfachung $\sigma_e + \tau = \sigma_s = \sigma$, so kann man die Gl. (42) weiter umformen und die Einflußgrößen noch besser erkennen.
Man findet:

$$\eta_v = \frac{C}{T_0} [(p_{Es} - p_{E\delta})(\beta + 1 - \sigma)] \tag{43}$$

$$= \frac{C}{T_0} ([p_{Es} (1 - 2\sigma) + (p_{Es} - p_{Ss})(\beta + \sigma)] \tag{44}$$

Für $C/T_0 = 0{,}875$ bei $T_0 = 323^0\, K$ sei bei einem bestimmten Diagramm: $p_{Es} = 1{,}05$ ata, $p_{E\delta} = 0{,}80$ ata: ferner $\beta = 2{,}2$ und $\sigma = 0{,}20$. Damit ergibt sich $\eta_v = 0{,}656$ hingegen bei $p_{Es} = 1{,}1$ ata schon $\eta_v = 0{,}787$.
Wird bei p_{Es} nur der Atmosphärendruck erreicht, so sinkt η_v auf 0,525. Verkleinert man bei diesem Motor β von 2,2 auf 1,8, so fällt $p_{E\delta}$ von 0,8 auf 0,76 ata und η_v steigt damit auf 0,546 d. h. der Gewinn ist bescheiden. Wesentlich ist nicht die Größe von β, sondern die Ausnutzung der Einlaßschwingung, die sich in einem hohen Wert von p_{Es} ausdrückt. In diesem Fall ist die Füllung umso größer, je **größer** β ist. Wenn aber der Druckunterschied $p_{Es} - p_{Ss}$ in Gl. (44) gar negativ wird, wirkt sich ein großer Wert von β sehr schädlich aus: in einem solchen Fall (Bild 29, Fall 2 b, 3 a, 3 b) ist der Spül- und Auspuffvorgang nicht in Ordnung. Abgesehen hiervon ist der Lader nach schwingungstechnischen Gesichtspunkten zu gestalten. Dabei ist auf möglichst kleine Dämpfung der Einlaßschwingung zu achten, die allerdings bei Vergasermotoren gewisse Schwierigkeiten macht, umso mehr als sich die Dämpfung mit der Drehzahl ändert. Da man besonders im unteren Drehzahlbereich eine gute Füllung benötigt, ist eine entsprechende lange Schwingungsdauer erforderlich. Große Vergaserquerschnitte, Luftfilter mit geringem Widerstand, möglichst geradlinige Saugleitungen und ein unsymmetrisches Steuerdiagramm sind anzustreben, möglichst auch eine mit Drehzahl und Belastung mögliche Änderung von V_0. Auf einen möglichst niedrigen Wert von T_0 ist zu achten.

Das theoretische Ladeverhältnis ist bei Kurbelkammerladern $\xi = 1$, somit ist $\lambda_s = \eta_v$. Dieser Mangel kann durch Anordnen eines zum Arbeitskolben gegenläufigen Hilfskolbens beseitigt werden, Bild 30, der bei Zweizylindermotoren mit Ober- und Unterseite arbeitet. In dieser Form ist der Kurbelkammerlader eine ausgezeichnete Lösung, der alle betriebstechnischen und baulichen Anforderungen zufriedenstellend erfüllt und auch für Dieselmotoren mit ihrem hohen λ_s verwendbar ist. Der Hub des Saughilfskolbens wird in der Regel wesentlich kleiner gewählt als der Arbeitskolbenhub. Bei entsprechendem Durchmesser kann ein Wert $\beta = 1$ erreicht werden.

b) Kolbenspülpumpen.

Der Zweitaktzylinder mit getrennter Spül- und Ladepumpe, Bild 31, stellt an sich die älteste Bauart dar. Je nach der Ausbildung des Arbeitszylinders (Bild 1) und dem Spülverfahren (bei der Bauart nach Bild 1c) fallen die Leitungen zwischen Lader und Zylinder verschieden lang aus. Sind kurze Leitungen ausführbar, so besteht an sich durchaus die Möglichkeit, einen hohen volumetrischen Wirkungsgrad zu verwirklichen. Bei Ottomotoren kann man aber hiervon keinen Gebrauch machen, da man — wenigstens trifft dies für symmetrische Zylinderdiagramme zu — darauf angewiesen ist, die sehr günstigen Spülverhältnisse des Kurbelkammerladers nachzuahmen. Die Hubkolbenladepumpe kann deshalb nur bei luftverdichtenden Motoren voll ausgenutzt werden, wo sie auch (bei nicht zu hoher Drehzahl) eine bedeutende Rolle spielt.

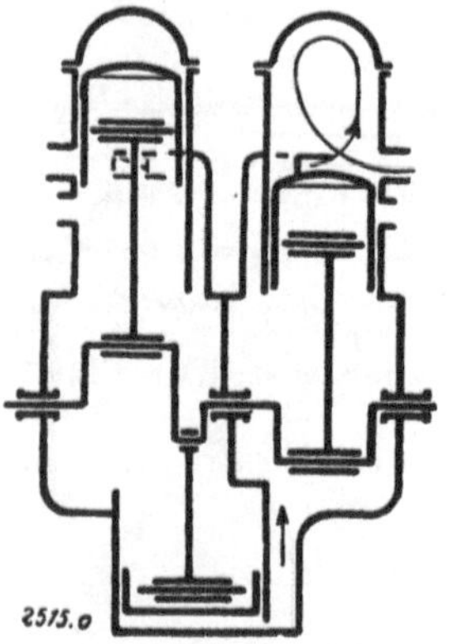

Bild 30. Kurbelkammer-Motor mit Saughilfskolben

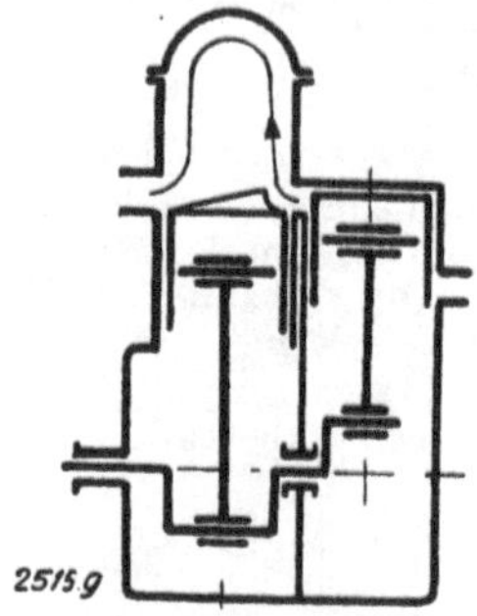

Bild 31. Zweitaktmotor mit Ladepumpe

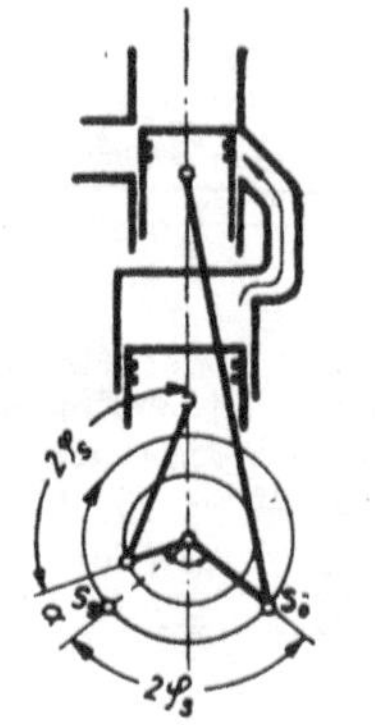

Bild 32. Voreilwinkel der Ladepumpenkurbel, gleichachsige Anordnung

Bei Ottomotoren wird der zur Erzielung eines geeigneten Spüldruckes erforderliche schädliche Raum durch entsprechende Bemessung der Leitungen geschaffen. Zwecks völliger Entleerung des Ladezylinders müßte theoretisch die Ladepumpenkurbel um den Winkel $2\varphi_s + \alpha$ bei gleichachsiger, um $2\varphi_s + \alpha + 90^0$ bei rechtwinkliger Anordnung voreilen, Bild 32 u. 33. Spülungstechnisch ergibt sich dann gegenüber dem Kurbelkammermotor, bei dem der Inhalt des Laders schon kurz nach uT entleert ist, Bild 28, der wesentliche Unterschied, daß die Spülung und Ladung bis S_s dauert, was größere Spülmittelverluste mit sich bringt. Der Voreilwinkel wird daher in der Regel kleiner ausgeführt, so daß eine teilweise Rückexpansion der Ladung erfolgt und der volumetrische Wirkungsgrad sinkt. Die beste Kurbelversetzung ist ein Kompromiß zwischen höchster Leistung, geringstem Verbrauch und bester Beschleunigung. Bild 26 enthält die η_v Linie eines solchen (doppeltwirkenden) Laders für den Motor nach Bild 55—56. Er gibt nur im niederen Drehzahlbereich bessere Werte als der Kurbelkammerlader.

Ein bedeutender Nachteil der Ladepumpenbauweise ist bei Mehrzylindermotoren die Tatsache, daß es außerordentlich schwierig, teilweise unmöglich ist, ein Spülverfahren anwenden zu können, bei dem die Spülkanäle in einer vom Auslaß abgewendeten Richtung in den Arbeitszylinder einmünden. Einwandfrei läßt sich nur die Querspülung durchbilden, wenn der Ladezylinder nicht auf der Auspuffseite untergebracht werden kann [14]. Da ferner die Leitungen zwischen Lader und Zylinder bei doppeltw. Pumpe steigend und fallend verlaufen, vgl. Bild 36 u. 37, ist der angestrebte Spülerfolg in den Zylindern oft in Frage gestellt. Die rechtwinklige Anord-

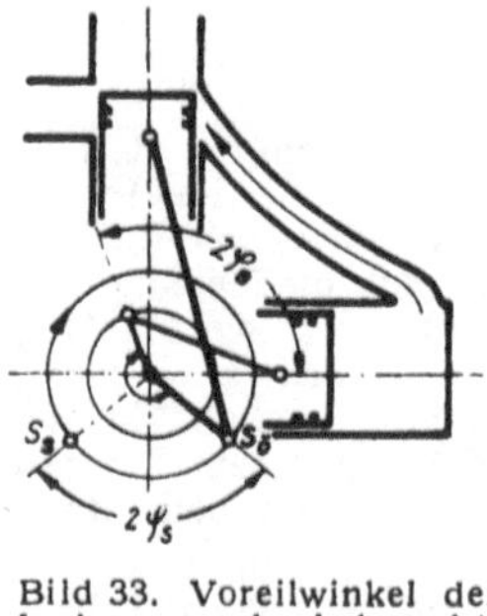

Bild 33. Voreilwinkel der Ladepumpenkurbel, rechtwinklige Anordnung

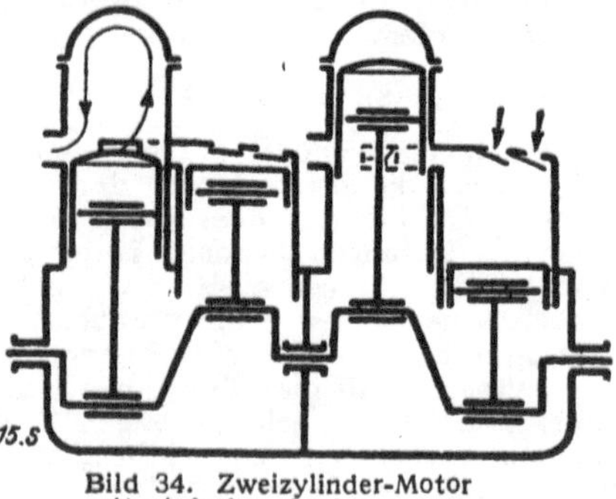

Bild 34. Zweizylinder-Motor mit einfachw. Ladepumpen

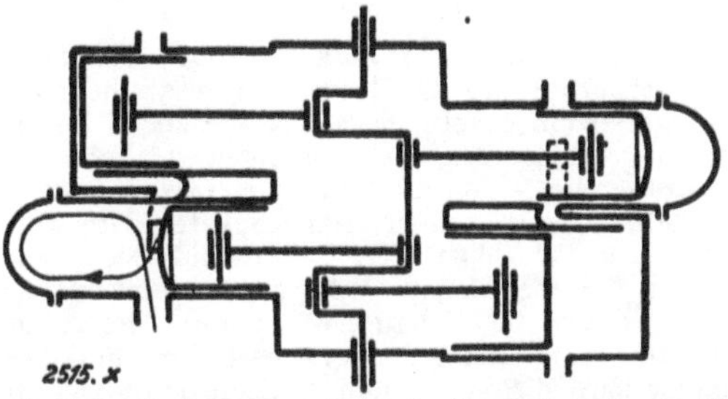

Bild 35. Zweizylinder-Ladepumpen-Motor in Boxer-Anordnung (DRP 612 584)

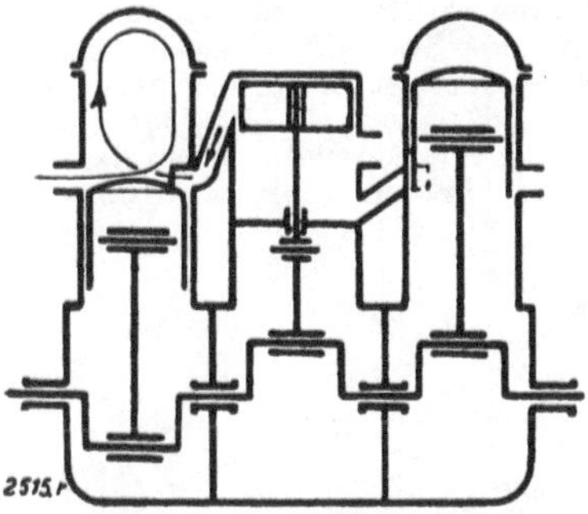

Bild 36. Zweizylinder-Motor mit mittiger, doppeltw. Ladepumpe

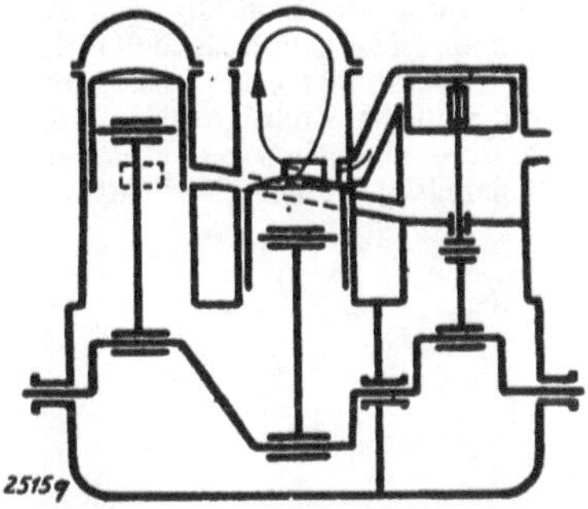

Bild 37. Zweizylinder-Motor mit endseitiger, doppeltw. Ladepumpe

nung der Pumpe gibt hinsichtlich Leitungslänge und η_v unerwünschte Verhältnisse. Es ist daher erklärlich, daß man bei schnellaufenden Motoren, insbes. Mehrzylindermotoren von der Ladepumpe, die in der frühen Entwicklung eine große Rolle gespielt hat, mehr und mehr abgekommen ist.

Bei Reihenmotoren ist einfach- oder doppeltwirkende Ausführung möglich, aber nur erstere führt zu vorteilhaften Verhältnissen. Günstigen Massenausgleich ergibt z. B. die Zweizylindermaschine nach Bild 34, noch bessere Verhältnisse die Anordnung nach Bild 35. Eine doppeltwirkende Ladepumpe kann mittig oder endseitig angeordnet werden, Bild 36 u. 37. Die Einlaßsteuerung für die Ladepumpe kann durch Schlitze oder Plattenfedern erfolgen; Ventilsteuerung ist nicht üblich, wohl aber die Verwendung von Einlaßdrehschiebern. Der mechanische Wirkungsgrad des Aggregates ist naturgemäß schlechter als bei Kurbelkammermotoren. Dagegen gibt die Ladepumpenbauweise die Möglichkeit zu einem Schmierverfahren überzugehen, wie es bei Viertaktmotoren üblich ist, da die Kurbelkammer drucklos ist. Infolgedessen ist auch eine beliebige Lagerkonstruktion durchführbar. Die Vorteile der Bauart liegen deshalb in der größeren Freizügkeit in der Gestaltung des Triebwerks und der Schmieröleinrichtung, im besseren Langsam- und Leerlauf und im höheren Drehmoment bei niedrigen Drehzahlen. Hohe Drehzahlen bereiten dagegen Schwierigkeiten.

Ein naheliegender Weg ist bei Mehrzylindermotoren der Vorschlag die Arbeitskolben als Stufenkolben auszubilden und zur wechselseitigen Beladung der Arbeitszylinder zu verwenden, Bild 38. Vor allem wegen des großen Kolbengewichtes ist dieser Weg praktisch bedeutungslos.

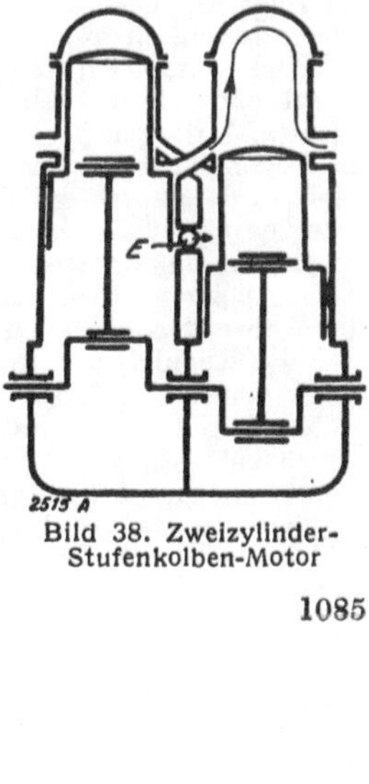

Bild 38. Zweizylinder-Stufenkolben-Motor

2. Drehkolbenlader.

Unter dieser Bezeichnung faßt man meistens die eigentlichen Drehkolbenlader (Kapselwerke) und die Rootslader zusammen. Zwischen beiden Bauarten besteht aber ein erheblicher Unterschied. Beim Rootslader sind die sich in einem gemeinsamen Gehäuse nach Art von Zahnradpumpen gegeneinander drehenden, lemniskatenartigen zwei- und mehrflügeligen Läufer lediglich Fliehkräften unterworfen. Bei den Drehkolbenladern, die kinematisch mit dem Schubkurbeltrieb verwandt sind, sind jedoch Beschleunigungs- und Verzögerungsperioden vorhanden, da sich die Flügel oder Platten, die in dem im Gehäuse exzentrisch gelagerten Läufer verschiebbar angeordnet sind, beim Läuferumlauf hin- und herbewegen.

Die Rootslader sind die gegebenen Ladeeinrichtungen für die Selbstversorgerzylinder des Viertaktes, wenn es auf die Geräuschentwicklung nicht ankommt. Deshalb ist ihre Anwendung bei Renn- und Sportmotoren allgemein. Die grundsätzliche Eignung für den Zweitakt ist zwar gegeben, jedoch nur unter ganz bestimmten Bedingungen, z. B. bei ortsfesten Motoren und bei mäßig schnellaufenden Fahrzeugmotoren. Da der Rootslader, der eigentlich nur eine Luftfördermaschine darstellt, wegen der verhältnismäßig hohen Spaltverluste erst bei höheren Drehzahlen einsetzt,

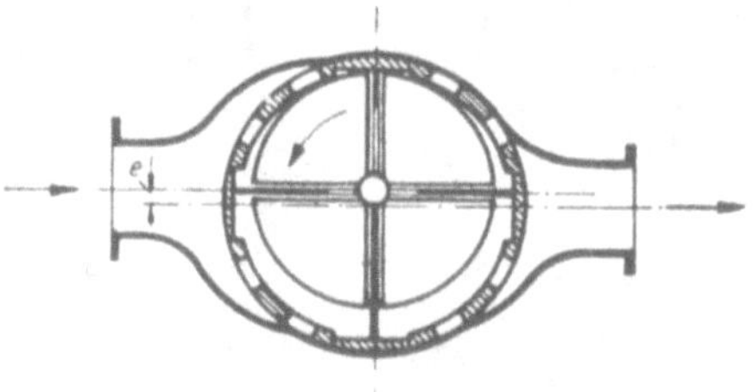

Bild 39. Drehkolbenlader (Powerplus), Schema

der Zweitakt aber gerade bei niederen Drehzahlen einen hohen Spülmittelaufwand benötigt, muß der Rootslader von vornherein mit hoher Übersetzung gekuppelt werden, so daß man bei schnellaufenden Motoren (z. B. Ottomotoren) zuletzt in ein auch für den Lader unerwünscht hohes Drehzahlgebiet gelangt, von der Geräuschentwicklung gar nicht zu reden. Dabei sind die mechanischen und isothermen Wirkungsgrade gering. Ein Mangel ist es ferner, daß der Rootslader keine sog. innere Verdichtung aufweist. Bei den ortsfesten Motoren liegen dagegen die Verhältnisse für den Rootslader günstig, deshalb seine steigende Anwendung bei Großdieselmaschinen, wo er organisch angebaut werden kann.

Eine wesentlich bessere Abstimmung auf den Zweitakt besitzt der eigentliche Drehkolbenverdichter der Bauarten Zoller, Powerplus, Cozette, Wittig u. a., Bild 39, obwohl Eignungsmängel bestehen und zwar im Gegensatz zum Rootslader bei hohen Drehzahlen. Diese sind in erster Linie in dem stark mit der Drehzahl abfallenden mechanischen Wirkungsgrad begründet. Das ist darauf zurückzuführen, daß die in die Flügel während der Beschleunigungsperiode hineingesteckte Leistung tatsächlich nicht nutzbar zurückgewonnen wird (im Gegensatz zum Schubkurbelgetriebe), weil die freiwerdende Massenkraft die Flügel an die Gehäusewand preßt, so daß die Rückleistung in Reibung umgesetzt wird, also ein zweitesmal aufzubringen ist. Infolge der Relativbewegung zwischen Läufer und Flügel treten Corioliskräfte auf, die die Flügel und die Führung belasten usw. Zur Kleinhaltung der Verluste sind geringe Exzentrizität, geringer Durchmesser, leichte Flügel und gute Schmierung erforderlich.

Der volumetr. Wirkungsgrad ist dagegen erheblich und nimmt mit der Drehzahl nur wenig ab. Die innere Verdichtung wird bei schnellaufenden Motoren am besten mit 0,3—0,5 atü ausgelegt. Aber selbst für unsymmetrische Zylinderdiagrmame ist der Liefergrad im unteren Drehzahlbereich noch zu gering, wie es denn bisher überhaupt noch keinen Lader gibt, der in dieser Hinsicht dem Zweitakt voll angepaßt ist. Mit Drehkolbenlader ausgerüstete Zweitaktfahrzeuge ziehen daher (auch bei unsymmetrischen Diagrammen) erst ab etwa 1500 U/min der Kurbelwelle kraftvoll ab, vorher ist ihre Beschleunigung im Hinblick auf den konstruktiven Aufwand ungenügend, weil der hyperbolische Charakter der Zeitquerschnitte, Bild 3, und der geringe Liefergrad des Laders im unteren Bereich zusammenkommen. Umgekehrt steigt die Leistung bei hohen Drehzahlen nicht in dem erwarteten Maße, wegen des starken Leistungsbedarfes für den Lader. Nach einem Vorschlag von H. J. Venediger (DRP. 663957 Auto-Union) wird deshalb der Drehkolbenlader im unteren Motordrehzahlbereich rascher, im oberen Bereich langsamer betrieben als die Kurbelwelle, um den Liefergrad zu erhöhen bzw. den Leistungsaufwand zu verringern.

Nach dem heutigen Stande der Entwicklung eignen sich ohne die vorbeschriebene Einrichtung mit dem Motor fest gekuppelte Drehkolbenlader nur bis etwa 2500 U/min. Dabei ist der Verschleiß erheblich und die Lebensdauer geringer als beim Motor selbst. Zur Konstanthaltung des radialen Spieles von rd. 0,10 mm der Flügel sind hochwerte Sparstoffe erforderlich; am besten eignen sich bei der unvermeidlichen starken Erhitzung (z. B. durch Rückschlagen der Gase in den Lader) hochnickelhaltige Stähle. Der

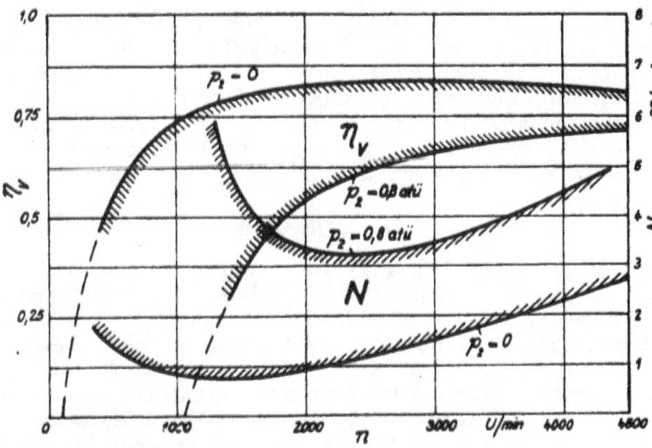

Bild 40. Kennlinien eines Drehkolbenladers (nach Bild 39) η_v = volum. Wirkungsgrad, Leistungsaufwand N(PS) pro nm³ bei Gegendrücken 0—0,8 atü

gefürchtete Öldurchsatz in die Arbeitszylinder kann bei normalem Schmierverfahren durch selbsttätige Kugelrückschlagventile am Ende der Schmierleitungen des Laders unterbunden werden. Er macht sich sonst besonders beim Schließen der Drosselklappe bemerkbar, da der Unterdruck im Lader bei hoher Drehzahl bis auf 600 mm QS ansteigt und die Schmierölleitungen restlos leersaugen will.

Bild 40 zeigt durchschnittliche Werte für einen Powerplus-Lader verhältnismäßig günstiger Konstruktion für den volum. Wirkungsgrad η_v und für den Leistungsbedarf N (PS) pro nm³ geförderter Luft im Bereich der Gegendrücke (Spüldrücke) 0—0,8 atü. Die besten isothermen Wirkungsgrade liegen zwischen 0,4—0,8 atü in der Gegend von 0,50 und fallen ab 2500 U/min stark ab (0,30 bei 4000 U/min).

Mit Hilfe von Bild 22 und 40 kann man sich den Leistungsbedarf N_L des Laders annähernd im voraus berechnen bzw. an einer ausgeführten Maschine nachprüfen. Bild 41 zeigt das ungefähre Verhältnis N_L/N_e, wobei N_e die eff. Motorleistung ist, die an der Kupplung verfügbar ist. $N'_e = N_e + N_L$ ist die ideelle, eff. Leistung der Maschine. Es müssen allein $N_L/\eta_m \cdot N_e$ vom mittleren indiz. Druck p_i für den Antrieb des Laders aufgebracht werden, z. B. für $n = 3000$, $\eta_m = 0{,}85$ rd. 23,5 v. H. Bei solchen Ladermotoren steigt daher der Kraftstoffverbrauch allmählich trotz unsymmetrischen Steuerdiagrammen stark an. Bei Kurbelkammerladern verlangt hingegen der Betrieb des Laders auch bei hohen Drehzahlen und Vollast nicht mehr als ~ 10 v. H. von p_i.

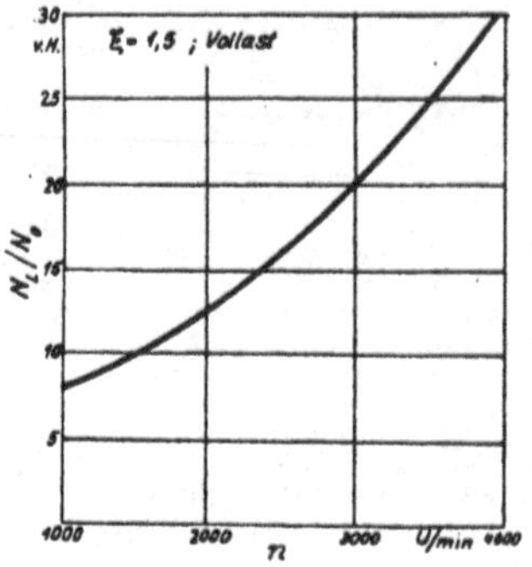

Bild 41. Antriebsleistung für Drehkolbenlader im Verhältnis zur eff. Leistung des Motors

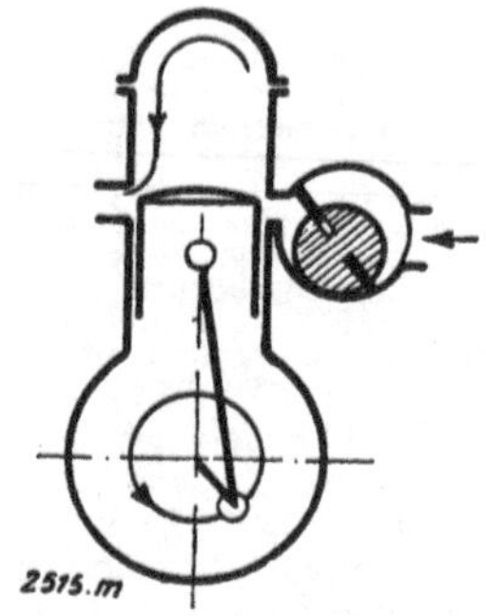

Bild 42. Zweitaktmotor mit Drehkolbenlader

Mit der allgemeinen Einführung von Drehkolbenladern bei Fahrzeugzweitaktmotoren ist bei dieser Sachlage noch lange nicht zu rechnen. Der Drehkolbenlader reizt aber zu seiner Verwendung aus zwei wichtigen Gründen: Man kann ein hohes theoretisches Ladeverhältnis ξ bei geringen Laderabmessungen herstellen und kann ferner den (oder die parallel geschalteten) Lader organisch mit der Maschine verbinden, wobei sich die kürzesten Strömungswege verwirklichen lassen, Bild 42.

VII. Aufladung

Die Aufladung verfolgt bei der Verbrennungsmaschine den Zweck, eine Leistungssteigerung bei entsprechender Erhöhung der Brennstoffzugabe durch Vergrößerung des Luftgewichtes am Ende des Ladevorganges zu erzielen. Ihre Grenzen sind durch die höchstzulässige Wärmebeanspruchung der Bauteile, insbesondere von Kolben, Zylinder und Auslaßorganen bestimmt. Die erzielbare Leistungssteigerung ist verhältnismäßig um so höher, je größer der Verdichtungsraum der Maschine ist. Allgemein kann aber bei Dieselmaschinen mit ihrem kleinen V_c bei wenig geändertem Gesamtwirkungsgrad mit niedrigerem Luftüberschuß gefahren werden, weil die Ausnutzung der Verbrennungsluft infolge der kräftigen Durchwirbelung im Verdichtungsraum eine bessere ist. Bei der aufgeladenen Vergaser-Zweitaktmaschine sinkt dagegen der Gesamtwirkungsgrad, da der Aufladevorgang zum großen Teil mit der Spülung zusammenfällt, so daß beträchtliche Brennstoffmengen, abgesehen von der Kühlwirkung, nutzlos entweichen. Aufladung verlangt bei der Zweitaktmaschine nachträgliche Brennstoffeinspritzung, deshalb werden stark aufgeladene Vergasermotoren nur im Rennsport verwendet. Eine geringe Aufladung ist bei Zweitaktmotoren normaler Bauart unbeabsichtigt vorhanden, wenn das Schwingungsbild des Systems, Bild 12, gerade günstig ist. Die aufgeladene Maschine führt je $PS_e h$ eine geringere Wärmemenge an das Kühlmittel ab. Das ist auf die kühlende Wirkung der vergrößerten Lademittelmenge zurückzuführen, die sich besonders vorteilhaft auf die Auslaßorgane auswirkt. Ohne diese innere Kühlung wäre (besonders beim Zweitakt) eine so erhebliche Leistungssteigerung (bis 100 v. H.) gar nicht durchführbar.

Bei Zweitaktmaschinen wird die Möglichkeit der Aufladung durch unsymmetrisch zueinander liegende Diagramme für Auslaß und Einlaß (Spülung) geschaffen. Bei der Gleichstrommaschine nach Bild 1a und 1b liegt das Auslaßdiagramm (Bild 1a) bzw. das Einlaßdiagramm (Bild 1b) symmetrisch zum uT. Die Unsymmetrie der beiden Zylinderdiagramme wird durch die Versetzung δ der Zeitquerschnittdiagramme erreicht, Bild

43—46. Bei den Doppelkolbenbauarten Bild 4—7 liegen beide Diagramme symmetrisch zur zugehörigen Kolbentotlage. Bei den Anordnungen nach Bild 4 und 7 wird die Unsymmetrie durch entsprechende Versetzung der beiden Antriebskurbeln erzielt, während beim U-Motor nach Bild 6 die Größe von δ und die Lage der Anlenkstelle für das Nebenpleuel die gewünschte Unsymmetrie herstellt. (Ähnlich bei Bild 5, jedoch geringere Möglich-

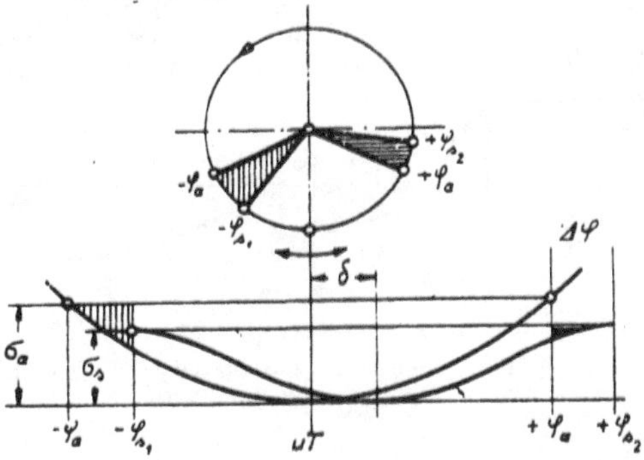

Bild 43. Stoffwechselsteuerung einer Aufladegleichstrommaschine nach Bild 1a

keiten). In allen Fällen kann der Abschluß des Auslaßorganes mit dem des Einlaßorganes auch zusammengelegt werden; im übrigen werden die Zeitquerschnitte für den Einlaß durch entsprechende Breitenbemessung der Schlitze in der Regel wesentlich vergrößert, so daß Z_s während der Spül- und Ladeperiode größer ist als Z_a.

Bei den Gegenstrommaschinen nach Schema Bild 1c kann die Erhöhung des Ladedruckes durch vorzeitigen Abschluß des Auslaßorganes erzielt

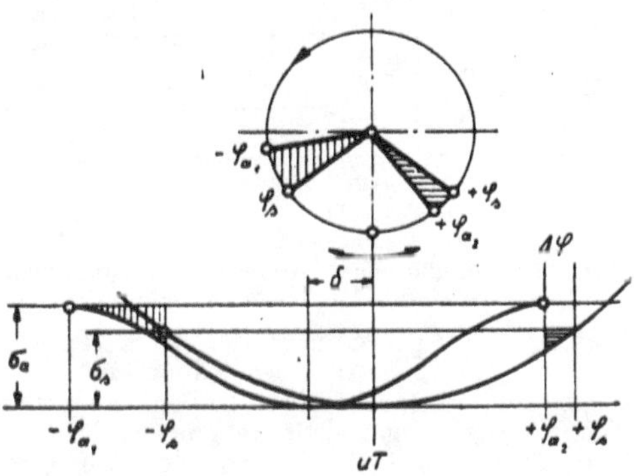

Bild 44. Stoffwechselsteuerung einer Aufladegleichstrommaschine nach Bild 1b

werden, z. B. durch einen Drehschieber, der nur bei der Aufwärtsbewegung des Kolbens den Auslaßkanal abschließt, Bild 45a—b (MAN-Umkehrschlitzspülmaschinen).

Eine zweite Möglichkeit besteht bei der Maschine nach Bild 1c schließlich darin, zusätzliche Nachladeschlitze oberhalb der Spülschlitze vorzusehen, die sowohl durch den Kolben als auch durch ein besonderes Organ (z. B. zwangläufig oder selbsttätig gesteuerte Ventile) abgesteuert werden, Bild 46a—b (Ausführung Sulzer-Querspüldieselmaschinen).

Im Fahrzeugmotorenbau spielen, abgesehen vom Junkers-Flugdieselmotor und von Vergaser-Rennmotoren (Auto Union — DKW), die auf-

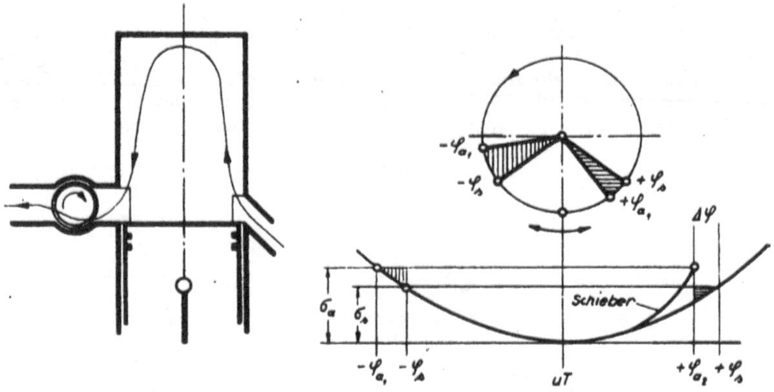

Bild 45a—b. Stoffwechselsteuerung einer Auflade-Gegenstrom-Schlitzspülmaschine nach Bild 1c, I. Möglichkeit

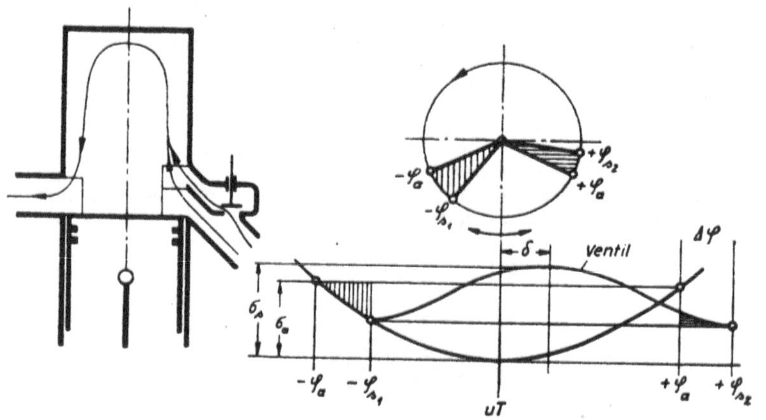

Bild 46a—b. Stoffwechselsteuerung einer Auflade-Gegentsrom-Schlitzspülmaschine nach Bild 1c, II. Möglichkeit

geladenen Zweitaktmotoren noch keine Rolle. Bei mäßig schnelldrehenden Fahrzeugdieselmotoren (GMC, Krupp) ist jedoch die Tendenz zur Aufladung festzustellen. Im Ottomotorenbau bedient man sich der Bauart, die die höchste Schnelläufigkeit gewährleistet, das sind die lediglich schlitzgesteuerten Motoren nach Bild 4—7, während der Fahrzeugdieselmotorenbau in neuerer Zeit die Bauart nach Bild 1b bevorzugt.

Beim *U*-Motor nach Bild 6 wird der Auslaßkolben an das Hauptpleuel, der Einlaßkolben an das Nebenpleuel angelenkt. Die Drehung erfolgt gegen den Einlaßkolben. Das Nebenpleuel schwingt auf einer Ellipse mit einem vom Hauptpleuel verschiedenem Hub. Die Anlenkung wird so gewählt, daß neben einem günstigen Diagramm möglichst geringe Seitendrücke erzielt werden. Bezogen auf den Kurbelkreis des Hauptpleuels lautet ein Diagramm für einen Rennmotor z. B.; $-\varphi_{a1} = 76°$, $+\varphi_{a2} = 53°$, $-\varphi_{s1} = 46°$, $+\varphi_{s2} = 78°$, somit Nachladewinkel $\Delta\varphi = 25°$, Vorauspuffwinkel $= 30°$. Es steht nichts im Wege den Durchmesser des Auslaßkolbens kleiner zu halten, als den des Einlaßkolbens, um große Einlaßzeitquerschnitte und therm. Entlastung des Auslaßkolbens zu erhalten. Neuerdings geht man mit der Aufteilung des Hubraumes immer weiter und teilt bei Rennmotoren schon 250 ccm auf 2 *U*-Zylinder mit zusammen 4 Kolben auf, so daß sich Kolbendurchmesser von rd. 45 mm ergeben, bei denen die Wärmeabfuhr, das Kolbenspiel und das Verhüten des folgenschweren Fressens sicherer beherrscht wird.

Zur Ladung und Aufladung dienen Hubkolbenpumpen, auch Kurbelkammerpumpen mit Saughilfskolben, Bild 30, Rootsgebläse und Drehkolbenlader, bei ortsfesten und Flugmotoren auch Kreisellader. Das theoretische Ladeverhältnis ξ ist erheblich > 1, die Spüldrücke überschreiten bei Flug- und Rennmotoren 1 atü. Wesentlich ist die Ausnutzung der Auspuffstöße bei Eröffnung des Auslaßorganes. Die Spül- und Ladeperiode soll in die Zeit des geringsten Druckes in der Auslaßleitung fallen. Um die Reibungsverluste gering zu halten, ist strömungstechnisch richtige Ausbildung des Auslaß- und Einlaßsystems erforderlich. Gegen diesen Punkt wird leider noch vielfach verstoßen. Vorbildlich in der Gestaltung der Auslaßleitung sind in neuerer Zeit Vergaser-Rennmotoren mit ihren sich düsenähnlich erweiternden Auspufftüten, Bild 60. Bei Mehrzylindermotoren sind in jedem Fall Zündfolge und Ausbildung der gesamten Auslaßleitung aufeinander abzustimmen, da die drehschwingungstechnisch günstigen Zündzeitfolgen meist nicht die einfachste Leitungsanordnung ermöglichen. Es sind vielmehr mehrere Leitungen erforderlich. Es können allgemein nur solche Zylinder in eine gemeinsame Leitung auspuffen, deren Zündabstand größer ist als der gesamte Auslaßwinkel $2\varphi_a$ (symmetrisches Diagramm) bzw. $\varphi_{a1} + \varphi_{a2}$ (unsymmetrisches Diagramm). Ich muß mich im Rahmen dieses Abschnittes auf den Hinweis beschränken [20].

Eine Zweizylinder-Maschine kann demnach immer mit nur einer einzigen Leitung ausgerüstet werden, eine Dreizylinder-Maschine nur solange der Auslaßwinkel 120° nicht übersteigt, sonst sind 2 Leitungen erforderlich. Vierzylinder-Motoren erhalten 2 Leitungen, Fünfzylinder-Motoren 3 Leitungen, Sechszylinder-Maschinen 2 bzw. 3 Leitungen usw.

VIII. Bauformen

Die erste Entwicklungszeit des schnellaufenden Zweitaktmotors hat die theor. Verwirklichungsmöglichkeiten der Lademittelbeschaffung, Spülung, und Lademittelhaltung (Ladung) wahllos kombiniert und eine Art Übermotor zu schaffen versucht. Diese Einstellung ist auch heute z. T. noch nicht ganz verschwunden. Man erkannte nicht, daß der gute Zweitaktmotor das Ergebnis geschickter Kompromisse ist, dem, wie jedem technischen Erzeugnis, bestimmte Grenzen gezogen sind. Alle diese superlativen Konstruktionen (Peugeot, Koechlin, Legros, Evans, Lamplough, Valveless, Laviator usw.) sind nach kurzer Zeit wieder verschwunden. Geblieben ist zunächst nur der einfache Dreikanalmotor nach Bild 2, wie er von Grade, Brauer, Scott, Stuart, Rex, Ixion u. a. eingeführt und von anderen Firmen dann nachgebaut und weiterentwickelt wurde. Erst seit reichlich 10 Jahren gilt der Fahrzeugzweitaktmotor nicht mehr als dem Viertakt unebenbürtig, nachdem sich exakte Techniker der Entwicklung angenommen haben und auch die wissenschaftliche Forschung, insbesondere die moderne Strömungslehre die Erkenntnisse wesentlich vertieft hat. In der konstruktiven Richtung ist aber immer noch eine gewisse Unsicherheit und Unstetigkeit unverkennbar, die darauf zurückzuführen ist, daß sich manche Konstrukteure die allgemeinen Voraussetzungen, die allerdings ziemlich verwickelt sind, nicht genügend klar machen. — Es lassen sich zwar viele Bauformen entwerfen, aber nur wenige genügen den Bedingungen einer starken Konstruktion. Folgende allgemeinen Grundsätze sind beim Entwurf zu beachten:

1. Wellenform.

Der Zweitakt bietet nur eine beschränkte Zahl brauchbarer Bauformen, aus folgenden Gründen: 1. Der Zündabstand beträgt je Zylinder nur 360°, 2. Die Ladung muß durch einen besonderen Lader erfolgen, 3. Die verschiedenen Spül- und Ladeverfahren eignen sich nicht für jede Bauform. Die konstruktiven Schwierigkeiten machen sich indessen erst bei vielzylindrigen Schnelläufern besonders hoher Hubraum- und Gesamtleistung bemerkbar, z. B. bei Reihenstern-Motoren, wie sie für Flugzeuge in Betracht kommen. Bei Motoren für normale Landfahrzeuge kommt man mit wenig Zylindern aus, fünf Zylinder in Reihe können in den meisten Fällen als ausreichend angesehen werden. Im Gegensatz zum Viertakt verlangt der Zweitakt zur Erzielung eines gleichmäßigen Zündabstandes ungerade Zylinderzahlen, die Arbeitskurbeln sind bei Reihenmotoren deshalb nicht paarweise gleich gerichtet, so daß der Ausgleich der resultierenden Momente aus den oszillierenden Massen schlechter ist. Dagegen ist der Ausgleich der Kräfte bedeutend günstiger. Bei V-Motoren ergibt sich der Mißstand, daß der Gabelwinkel sehr klein ausfällt, wenn gleichmäßiger Zündabstand verlangt wird, d. h. Zündung in zugleich zwei Zylindern vermieden werden soll. Bei vielzylindrigen Reihenstern-Motoren läßt sich dies schließlich nicht mehr umgehen.

Bezeichnen: α den Winkel zwischen der Kurbel und der Lotrechten, m_r die rotierenden, m_h die oszillierenden Massen je Zylinder, r den Kurbelradius, ω die Winkelgeschwindigkeit, λ das Schubstangenverhältnis und wird zur Abkürzung $r \cdot \omega^2 \cdot \alpha = F(\alpha)$ gesetzt, so ergibt sich bei den in Betracht kommenden Wellenformen (ohne Berücksichtigung des Laderantriebes) folgendes, wenn die Momente aus den rotierenden Massen mit M_r, jene aus den oszill. Massen mit M_I (1. Ordnung), M_{II} (2. Ordnung), M_{IV} (4. Ordnung) bezeichnet werden:

a) Zweizylinder-Welle, Bild 47a:

Ausgleich der Kräfte bis einschließlich 1. Ordnung. $M_r = m_r \cdot F(\alpha)$, $M_I = m_h \cdot F(\alpha)$, M_{II} und M_{IV} sind Null.

Am besten wird der mangelhafte Ausgleich verbessert durch die Bauweise nach Bild 35. Bei Wahl eines Kurbelkammerladers erreicht ein Boxermotor zwar ebenfalls Ausgleich der Kräfte, bedingt aber Doppelzündung. Bei der Anordnung nach Bild 34 ist Bild 32 zu beachten, so daß die Verhältnisse der 4-Zylinder-Viertakt-Welle nicht erreicht werden. Die Welle Bild 47a läßt sich für einen 4-Zylinder-V-Motor verwenden, Gabelwinkel 90°, Zündfolge 1—1′—2—2′; ein Kurbelkammerlader ist aber dabei ausgeschlossen. Ladepumpenanordnung nach Bild 36—37, vgl. Bild 55—56. Die beste Bauart ergibt sich durch Anordnung der Einheiten nach Bild 34 in V-Form. Die Welle Bild 47a läßt sich ferner verwenden für einen 8-Zylinder-Zweistern-Motor mit um 45° gegeneinander versetzten Zylindersternen, oder für einen 12-Zylinder-Zweistern-Motor mit um 30° versetzten Sternen usw. (bei regelmäßigem Zündabstand) mit einer einfachwirkenden Ladepumpe je Zylinder oder mit Umlauflader.

b) Dreizylinder-Welle, Bild 47b:

Zündfolge 1—3—2 mit 120° Abstand. Ausgleich der Kräfte bis einschließlich 4. Ordnung. $M_r = 1{,}732 \; m_r F(\alpha)$; $M_I = 1{,}732 \; m_h F(\alpha)$, $M_{II} = 1{,}732 \cdot \lambda \cdot m_h F(\alpha)$, $M_{IV} = 1{,}732 \cdot \frac{\lambda^3}{4} \cdot m_h F(\alpha)$. Wegen der starken Momente ist sorgfältige Aufhängung erforderlich. Die Gemischverteilung auf die drei Zylinder macht Schwierigkeiten und erfordert besondere Maßnahmen. Die Zylinderzahl ist bis 1,2 l Gesamthubraum bereits genügend. Diese Welle eignet sich für einen 6-Zylinder-V-Motor mit 60° Gabelwinkel, Zündfolge 1—1′—3—3′—2—2′, Drehkolbenlader oder sonstiger Umlauflader vorausgesetzt.

c) Vierzylinder-Welle, Bild 47c:

Von dieser Kreuzwelle kommt nur die dargestellte Form in Betracht, bei der die Kurbeln 1 und 2 um 180° versetzt sind. Zündfolge 1—4—2—3 (bzw. 1—3—2—4) mit 90° Abstand. Ausgleich der Kräfte bis einschließlich 2. Ordnung. $M_r = 1{,}414 \; m_r \cdot F(\alpha)$, $M_I = 1{,}414 \; m_h \cdot F(\alpha)$, $M_{II} = 4\lambda \cdot m_h \cdot F(\alpha)$, $M_{IV} =$ Null. Die Welle ist sehr unruhig und in der Reihenform nicht geeignet.

Als Welle für einen 8-Zylinder-V-Motor stellt sie dagegen mit 90° Gabelwinkel mit den Zusatzmassen nach Bild 48 als Cadillac-Welle V 63 die vollendetste Bauart dar und wird durch Wegfall der freien Kräfte 1. und 2. Ordnung und der Momente 1., 2. und 4. Ordnung völlig momentenfrei. Der Gabelwinkel von 90° bedingt bei Zweitakt aber Doppelzündung nach dem Schema (1,2′)—(3,1′)—(4,3′)—(2,4′). Bei 45° Gabelwinkel wird der Zündabstand gleichmäßig, Zündfolge 1—1′—3—3′—4—4′—2—2′, die Lagerbelastung ungünstiger, der Ausgleich schlechter. Mit Umlauflader stellt die Welle nach Bild 48 eine besonders vorteilhafte Bauweise für einen Fahrzeug-Zweitaktmotor von 2—8 l Gesamthubraum dar.

d) Fünfzylinder-Welle, Bild 47d:

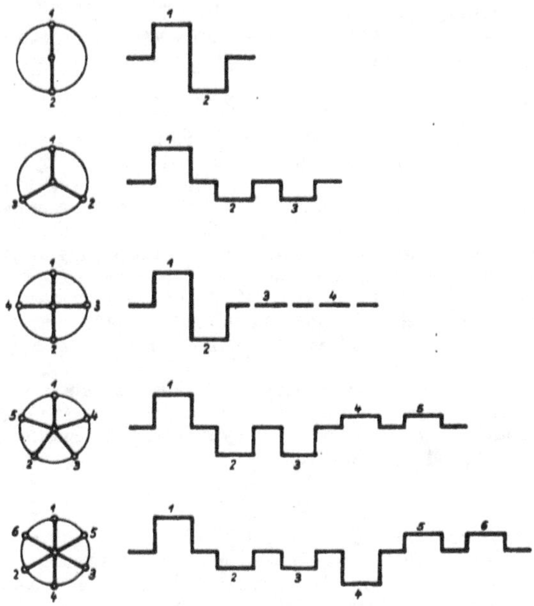

Bild 47a—e. Wellenformen für Zweitakt

Beste Form: Zündfolge 1—5—2—3—4 (bzw. 1—4—3—2—5). Ausgleich der Kräfte bis einschließlich 8. Ordnung. $M_r = 0{,}449\ m_r \cdot F\ (\alpha)$, $M_I = 0{,}449\ m_h \cdot F\ (\alpha)$, $M_{II} = 4{,}980\ \lambda \cdot m_h \cdot F\ (\alpha)$, $M_{IV} = 0{,}449\ \frac{\lambda^3}{4} \cdot m_h \cdot F\ (\alpha)$. Noch längere Wellen sollten für schnellaufende Fahrzeug-Zweitaktmotoren nicht verwendet werden. Bei der Verwendung für einen V-Motor erfordert regelmäßiger Zündabstand einen Gabelwinkel von nur 36°, was schon konstruktive Schwierigkeiten bereitet.

e) Sechszylinder-Welle, Bild 47e:

Beste Zündfolge 1—6—2—4—3—5 (bzw. 1—5—3—4—2—6). Ausgleich der Kräfte bis einschließlich 4. Ordnung. M_r = Null, M_I = Null, $M_{II} = 3{,}464\ \lambda \cdot m_h \cdot F\ (\alpha)$, $M_{IV} = 3{,}464\ \frac{\lambda^3}{4}\ m_h \cdot F\ (\alpha)$. Für einen 12-Zylinder-V-Motor verwendet, wird der Gabelwinkel bei gleichmäßigem Zündabstand 30°, was bei Schnelläufern die Unterbringung kurzer Pleuelstangen meist ausschließt; bei Triebwagenmotoren und dgl. dagegen verwendbar.

Für den Fahrzeugzweitaktmotor stehen somit zur Verfügung: vier Reihenmotoren mit 2, 3, 5 oder 6 Zylindern, vier V-Motoren mit 4, 6, 8 oder 12 Zylindern, sowie Einstern-Motoren mit 3, 5, 7, 9 Zylindern und Zweistern-Motoren mit 8, 12 usw. Zylindern mit gleichmäßigem Zündabstand oder teilweiser Doppelzündung. **Boxer-Anordnung eignet sich nicht für den Zweitakt.** Gleitlager können ohne Schwierigkeiten verwendet werden, wenn kein Kurbelkammerlader vorgesehen wird.

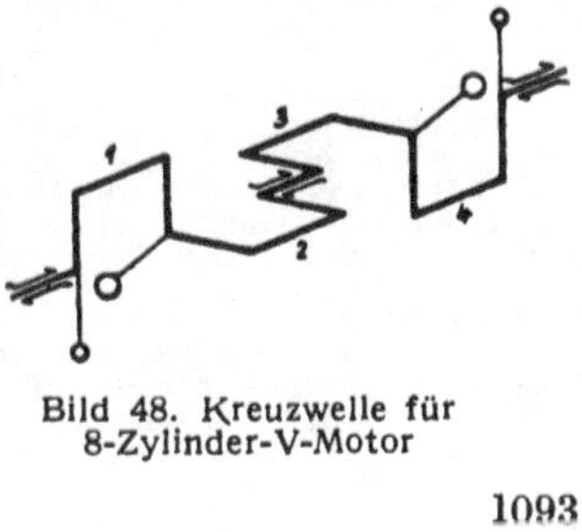

Bild 48. Kreuzwelle für 8-Zylinder-V-Motor

Die Doppelkolbenbauart eignet sich nur

für Reihenanordnung, vor allem Schema Bild 7. Die U-Zylinderbauweise Bild 5 und 6 läßt sich zwar auch in V-Form verwenden, führt aber zu ungünstigen Konstruktionen.

2. Lader.

Die Wahl des Laders bestimmt unter Umständen von vornherein die mögliche Bauweise. Der Kurbelkammerlader ist nur bei Zylinderreihung anwendbar (abgesehen vom Boxermotor). Die rechtwinklig zur Zylinderachse angeordnete Hubkolbenladepumpe führt stets zu ungünstigen Verhältnissen und ist praktisch auf Zylinderreihung beschränkt. Die parallelachsige Ladepumpe ermöglicht einige brauchbare Anordnungen, Bild 34—37, verteuert auf den Gesamtaufbau schon in den Grundzügen. Sie stellt 2-Zylinder-Reihenmotoren, 4-Zylinder-V-Motoren und Einstern- und Zweistern-Motoren mit einfach wirkenden Ladepumpen nach dem Schema von Bild 31 bzw. 34 und mit doppeltwirkenden Ladepumpen nach dem Schema von Bild 36—37.

Der Umlauflader gibt volle Freizügigkeit, führt zu einer kurzen Welle und ist daher die gegebene Laderform. Bei allen Bauarten ergibt er die eleganteste Lösung; er ist aber erst ab 3 Zylindern ohne Spülluftaufnehmer spül- und ladetechnisch einwandfrei.

3. Zylinder.

Der Gegenstromzylinder mit symmetrischen bzw. unsymmetrischen Zylinderdiagrammen Bild 2 bzw. 45—46, ebenso der Gleichstromzylinder, Bild 1b, eignen sich für alle Bauarten, die Doppelkolbenbauart jedoch nur für Zylinderreihung. Damit schälen sich gemäß 1.—3. folgende Bauformen heraus:

a) Kraftwagen-Ottomotoren

2, 3, 5-Zylinder-Reihenmotoren mit Einkolben oder Doppelkolben-Zylinder und Kurbelkammerlader (bzw. Drehkolbenlader bei unsymmetrischen Zylinderdiagrammen).

2-Zylinder-Reihenmotoren mit Hubkolbenladepumpen (auch Boxer-Anordnung) und daraus abgeleitete 4-Zylinder-V-Motoren.

3—5-Zylinder-Sternmotoren mit Ladepumpen bzw. Drehkolbenlader.

6—8-Zylinder-V-Motoren mit Drehkolbenlader.

b) Lastkraftwagen-Dieselmotoren

5—7-Zylinder-Reihenmotoren mit Einkolben oder Doppelkolbenzylinder mit Drehkolbenlader.

8—12-Zylinder-V-Motoren mit Drehkolbenlader.

8—12-Zylinder-Zweistern-Motoren mit einfach- oder doppeltwirkender Ladepumpe oder Umlauflader.

c) Flugmotoren

Stern- und Reihensternmotoren mit Umlaufladern; Doppelzündung kaum mehr vermeidbar.

IX. Ausgeführte Motoren

1. Ottomotoren.

Solche Motoren werden in Kurbelkammerlader-Bauart nach Bild 2 in Deutschland jährlich zu hunderttausenden erzeugt, als Kraftwagen-, Kraftrad- und ortsfeste Motoren von der Auto-Union (DKW), und als Kraftrad- und ortsfeste Motoren von Zündapp, Triumph, NSU, Ardie, Fichtel & Sachs, Steyr = Daimler = Puch, u. a., in Böhmen-Mähren von Aero-Prag, Z-Werken Brünn, Jawa usw. Der Hubraum überschreitet in der Regel 350 ccm/Zyl. nicht. Bei wassergekühlten Motoren wird bis 500 ccm/Zyl. gegangen.

Nach dem Typenprogramm sind die Hubräume bei den Kraftradmotoren wie folgt unterteilt; 125, 250, 350, 500 ccm. Der größte Hubraum wird (als Zweizylinder-Reihenmotor) nur von Auto-Union — DKW ausgeführt. Alle Motoren in Einkolbenbauweise arbeiten mit Luftkühlung, Kurbelkammerlader und symm. Zylinder-

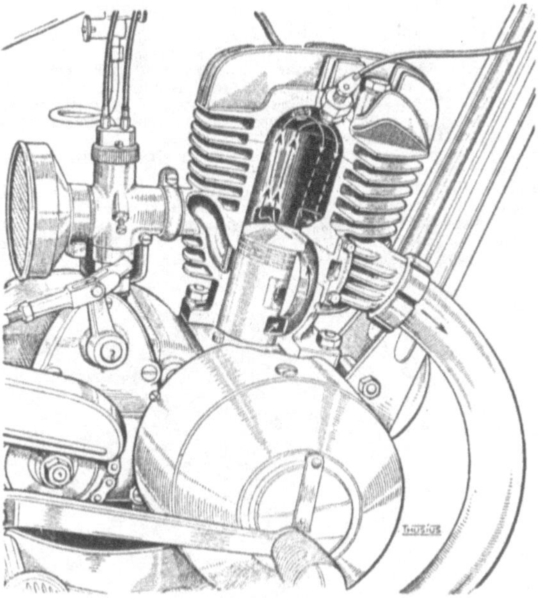

Bild 49. DKW-Motor 100 ccm (jetzt 125 ccm) mit Schnürle-Umkehrspülung

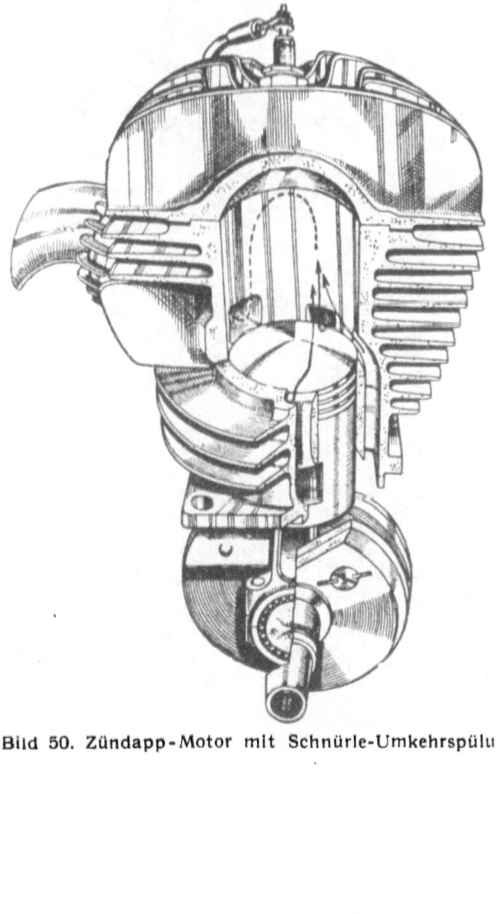

Bild 50. Zündapp-Motor mit Schnürle-Umkehrspülung

diagrammen, also nach Bild 2, mit Ausnahme der Puch-Motoren (Bild 5) und des Modells BD 250 von Triumph, welche U-Zylinder besitzen. Bild 49 bzw. 50 zeigen den DKW bzw. Zündapp-Motor mit Umkehrspülung, Bild 51 betrifft den U-Zylindermotor BD 250, der ferner mit Einlaßdrehschieber für den Kurbelkammerlader ausgerüstet ist, Bild 27. Fast sämtliche Bauarten arbeiten mit Mischungsschmierung (Vorschrift 1 : 20 bis 1 : 30) und mit Schwungrad-Lichtzündmaschine, vgl. Bild 51. Das 3 bzw.4-Gangschaltgetriebe ist angeblockt.

Das Kraftrad mit dem einfachen, robusten Zweitaktkurbelkammer-Motor hat sich in den letzten 10 Jahren so hervorragend bewährt, daß dieser den Viertakter bis einschl. 350 ccm Hubraum jetzt fast völlig abgelöst hat. Mit bis 4500 U/min wird eine Hubraumleistung von bis 40 PS/l bei Umkehrspülung erzielt. Bis jetzt wurden etwa 750000 Zweitakt-Krafträder gebaut. Kraftwagen mit Zweitaktmotoren werden von der Auto-Union, in Böhmen-Mähren von Aero-Prag und den Z-Werken in Brünn erzeugt. Bis auf ein einziges Baumuster, das aber noch vor Kriegsbeginn aufgegeben

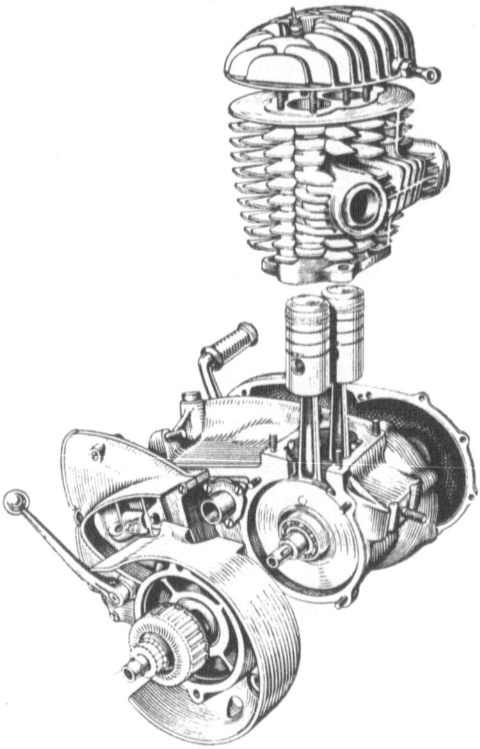

Bild 51. Triumph-Motor BD 250 (250 ccm)

wurde, arbeiten alle Typen mit Kurbelkammerlader und symm. Zylinderdiagrammen nach Bild 2, sowie mit Mischungsschmierung.

Die beiden Baumuster der Auto-Union mit 0,6 bzw. 0,7 l Hubraum sind Zweizylinder-Reihenmotoren und als DKW-Reichsklasse bzw. DKW-Meisterklasse allgemein bekannt und bewährt. Bild 52 zeigt einen Schnitt durch einen solchen Motor mit angeblocktem Frontantrieb. Bild 53 stellt das Triebwerk dar (Reichsklasse). Bis jetzt laufen über 250000 DKW-Wagen. Der Übergang auf einen Dreizylinder-Reihenmotor mit rd. 1 l Hubraum wurde durch den Kriegsausbruch unterbrochen.

Während die 2-Zylindermotoren der DKW-Wagen quer in das Fahrgestell eingebaut sind, wurden die 2-Zylinderbaumuster „Z 6" bzw. „Aero 30" der Z-Werke Brünn bzw. der Firma Aero-Prag in üblicher Längsrichtung angeordnet. Bild 54 zeigt den 2 l Vierzylinder-Reihenmotor mit Kreuzwelle, Bild 47c, Typ „Aero 50" für Frontantrieb.

Das einzige Serienbaumuster, welches nicht mit Kurbelkammerlader arbeitete, war der inzwischen aufgegebene 1,1 l 4-Zylinder-V-Motor mit doppeltw. Ladepumpen

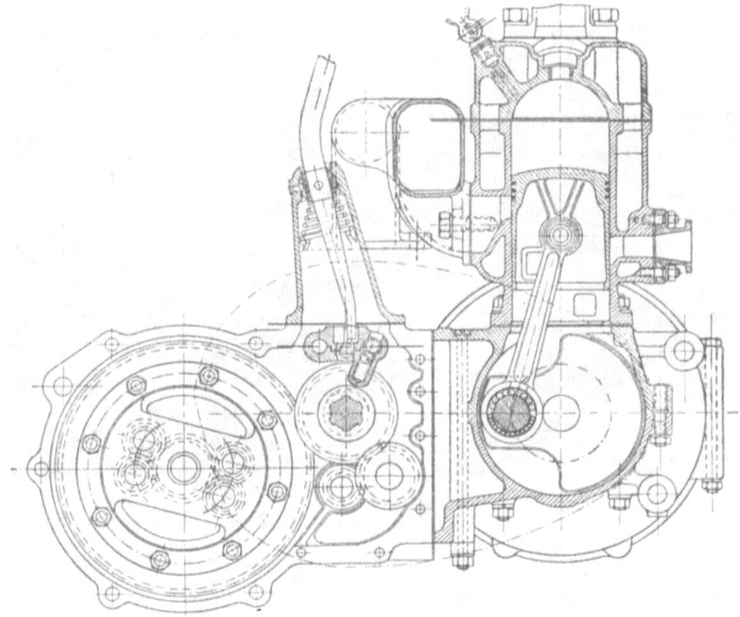

Bild 52. 0,7 l-DKW-Meisterklasse-Motor CA 700 mit Getriebe

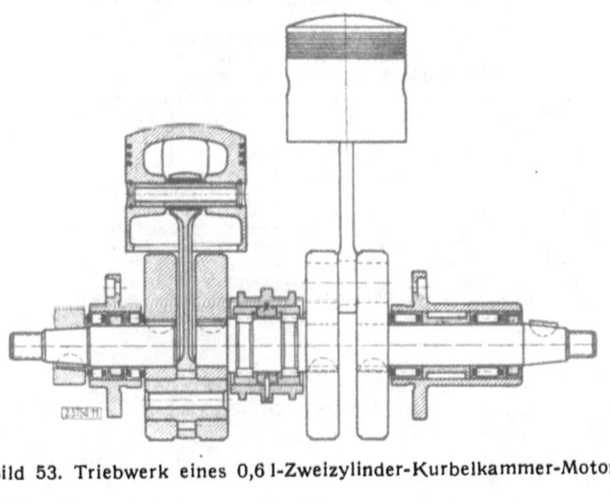

Bild 53. Triebwerk eines 0,6 l-Zweizylinder-Kurbelkammer-Motors.

Bild 54a—b. Aero-Frontwagen-Fahrgestell mit 2 l-4-Zylinder-Reihenmotor

nach Schema Bild 37 der Auto-Union, Wagentyp Schwebeklasse bzw. Sonderklasse, Motortyp KB—11, Bild 55—56. Der Motor ist aus den weiter vorne erläuterten, Gründen mit Nasenkolben-Querspülung ausgerüstet. Der Gabelwinkel beträgt 90° Wellenform Bild 47a. Die doppeltw. Ladezylinder befinden sich in Fahrtrichtung vor den Arbeitszylindern: das Verhältnis der Hubräume von Pumpe und Arbeitszylinder lautet 1:1,2, so daß ganz ähnliche Spül- und Ladeverhältnisse gegeben sind, wie bei Kurbelkammermotoren (vgl. Bild 26). Die Schmierung erfolgt durch eine langsam laufende Hubkolbenpumpe, welche das Öl aus der Wanne den einzelnen Lagerstellen des Wälzlagertriebwerkes teils durch Bohrungen in der Welle, teils durch Laufrinnen zugeführt. Der Ölverbrauch beträgt nur 3—4 g/PSh, d. h. 1,0—1,2 l/ 1000 km. Dieses Schmierverfahen verlangt große Erfahrung, ist aber bei guter Durchbildung sehr zuverlässig.

Diese Gegenüberstellung zeigt, daß sich der Fahrzeug-Ottomotorenbau bisher auf 1,2 (3)- und 4-Zylinder-Reihenmotoren mit Kurbelkammerlader und auf einen 4-Zylinder-V-Motor mit Hubkolbenladepumpe beschränkt hat.

Ergebnisse und Erfahrungen liegen aber noch bei folgenden Bauformen vor; 2-U-Zylinder-Reihenmotoren mit Kurbelkammer-, und Hubkolbenladern (rechtwinklig und gleichachsig), sowie mit Drehkolbenlader: 4-U-Zylinder-V-Motor mit doppeltw. Ladepumpen und mit Drehkolbenlader.

Eine große Bedeutung haben auch die vorwiegend luftgekühlten, ortsfesten, schnellaufenden Kurbelkammermotoren von 32—1100 ccm Hubraum in Ein- und Zweizylinderausführung, wie sie hauptsächlich von den Firmen Auto-Union — DKW, Fichtel & Sachs, Jlo-Werke, NSU u. a. jährlich zu Tausenden erzeugt und von Gewerbe-, Land- und Forstwirtschaft eingesetzt werden. Diese Motoren laufen mit 3000 U/min und mehr, haben Schwungradmagnet und Preßluftkühlung, sind anspruchslos und sofort betriebsbereit. Demgegenüber fällt ihre brennstofftechnische Unwirtschaftlichkeit kaum ins Gewicht. Bis jetzt befinden sich ca. 500000 PS in Betrieb. Bild 57 zeigt einen Schnitt durch einen ortsfesten DKW-Motor.

2. Dieselmotoren.

Die wenigen Baumuster von Fahrzeug-Zweitaktdieselmotoren besitzen Zylinder nach dem Schema Bild 1 b und arbeiten mit Rootsladern, die mit doppelter Kurbelwellendrehzahl laufen. Da der Antrieb für die Auslaßventile mit Kurbelwellendrehzahl laufen muß, ist die Höchtdrehzahl vorläufig auf rd. 2500 U/min beschränkt. Die Spülluft tritt vom Rootslader in das Maschinengestell ein, das als Aufnehmer dient, und strömt dann durch die am ganzen unteren Zylinderumfang angeordneten Einlaßschlitze in den Zylinder. Die Diagramme sind unsymmetrisch gemäß Bild 44. Der Rootslader ist so reichlich bemessen, daß in der Regel Aufladung vorhanden ist.

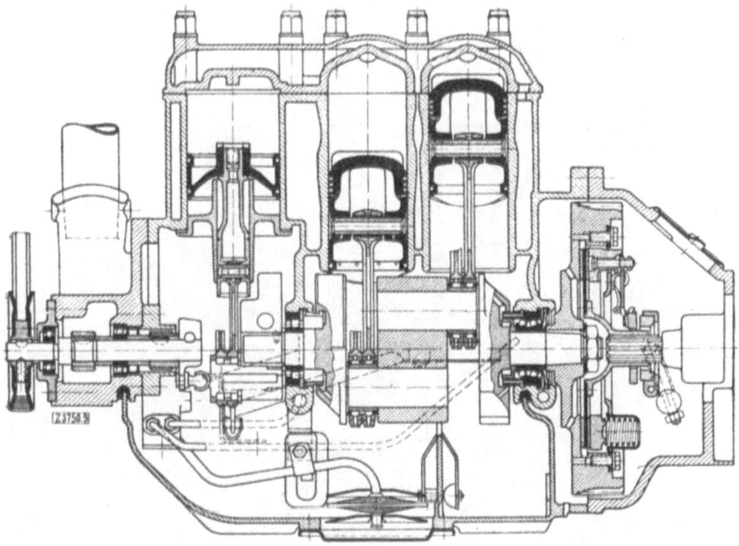

Bild 55. 1,1 l-DKW-Sonderklasse-Motor KB-11, 4-Zylinder-V Längsschnitt

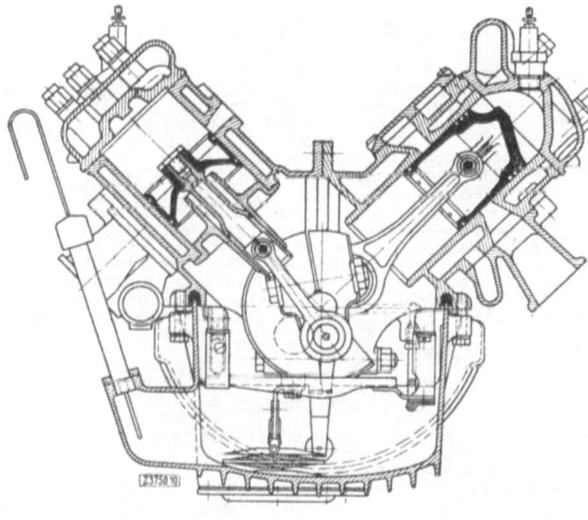

Bild 56. DKW-Sonderklasse-Motor KB-11, Querschnitt

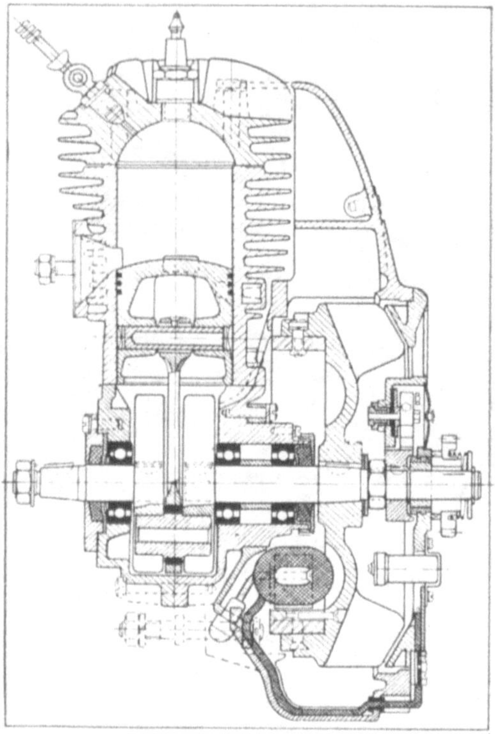

Bild 57. Ortsfester Zweitakt-Schnelläufer

Die General Motors Corp. baut eine 3-, 4-, und 6-Zylinderausführung von 3,5 bzw. 4,7 bzw. 7,0 l Gesamthubraum, 1800 U/min seit 1937. Jeder Zylinder weist drei Auslaßventile auf, die von oben gesteuert werden. Leistungsgewichte; 6,5—4,6 kg/PS. Die grundsätzlich gleiche Bauweise verkörpert der einige Jahre jüngere 8-Zylinder-V-Motor, Baumuster M. 713 von Krupp mit Kreuzwelle, Gabelwinkel 45°. Bild 58 zeigt einen Schnitt durch diese 7,5 l-Maschine von 166 PS, die in einer Sonderausführung 200 PS leistet, $n = 2000$ U/min. Jeder Zylinder besitzt drei von oben gesteuerte Auslaßventile, Leistungsgewichte: 3,8—3,15 kg/PS_e.

Eine Mittelstellung zwischen den Fahrzeugmotoren einerseits und den ausgesprochenen ortsfesten Motoren andererseits nimmt der neue 12-Zylinder-V-Motor T 12 M 133 der Klöckner Humboldt-Deutz-AG. ein, der mit 700 U/min läuft und bei $N_e = 1200$ PS auf ein Leistungsgewicht von 5,7 kg/PS kommt. Er besitzt im Gegensatz zu den vorbeschiebenen Bauarten Gegenstromzylinder mit symmetrischen Zylinderdiagrammen nach Bild 1c mit Schnürle-Umkehrspülung und wird durch ein Schleudergebläse aufgeladen, wobei der sehr niedrige Bestwert des Brennstoffverbrauches von 158 g/PS_eh besonders bemerkenswert ist.

3. Flugmotoren.

Bis jetzt ist es nur der Firma Junkers geglückt, einen Zweitaktflugmotor zur Serienreife zu entwickeln.

Die Baumuster Jumo 204, 205 und 206 sind rd. 16 l=6-Zylinder-Reihenmotoren mit Gegenkolben nach Bild 7 mit kombinierter Gleichstrom-Schraubenstrom-Spülung. Die Spülung und Aufladung besorgt ein Schleudergebläse. Die Hubraumleistung beträgt nahezu 40 PS, der spez. Verbrauch rd. 170 g/PS_eh. Es handelt sich um den bisher höchst entwickelten Zweitaktmotor mit einem Leistungsgewicht von nur 0,8 kg/PS_e, der als einziger Zweitaktmotor der Welt im Luftverkehr und bei einer Luftwaffe eingesetzt ist. Dieser mit bis 2400 U/min laufende Dieselmotor muß als die bisher erstaunlichste Leistung des Motorenbaues bezeichnet werden.

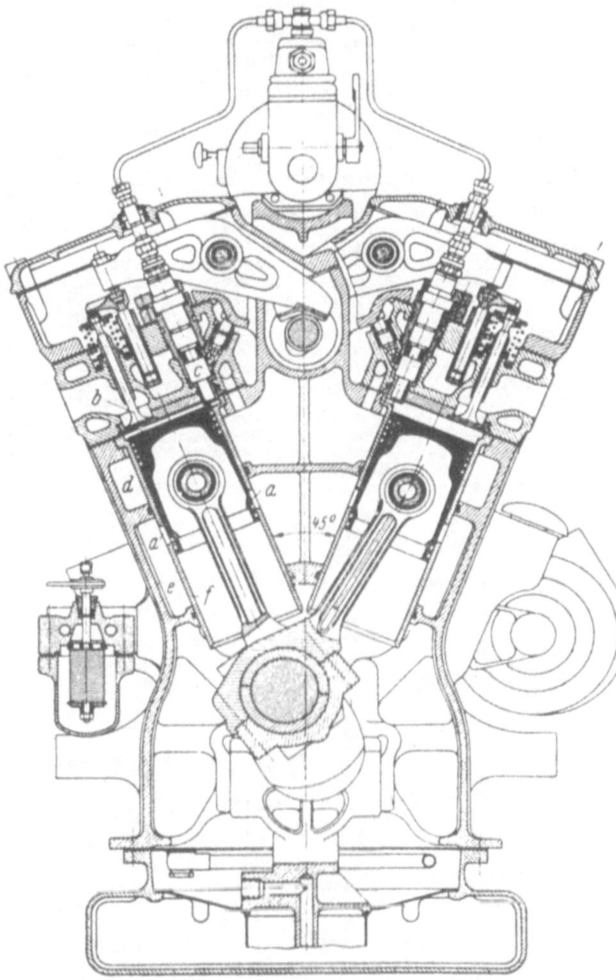

Bild 58. 7,5 l-8-Zylinder-Fahrzeugdieselmotor in V-Form der Kraftwagenfabrik Krupp (a = Einlaß-Schlitze, b = Auslaßventil, c = Vorkammer, d = Kühlwasserraum, e = Spülluftaufnehmer, f = nasse Laufbüchse)

X. Rennmotoren

Zweitakt-Rennmotoren sind mit verschwindenden Ausnahmen bisher lediglich für Krafträder entwickelt und eingesetzt worden, hier aber mit z. T. außerordentlichen Erfolgen. Wie beim Gebrauchsfahrzeug mit Ottomotor hat der Zweitakt-Rennmotor aber seine besondere Eignung bisher nur bei den kleinen bis mittleren Hubraumklassen (250, 350 ccm) erwiesen. Es kommen selbstverständlich nur unsymmetrische Zylinderdiagramme sowie Laderbauarten in Frage, mit denen ein hohes theor. Ladeverhältnis hergestellt werden kann. Alle Rennmotoren arbeiten mit thermisch höchstmöglicher Aufladung. Ein Teil des Ladevolumes ist von vornherein lediglich zur Innenkühlung bestimmt und entweicht im übrigen nutzlos ins Freie. Da Drehzahlen bis 6000/min und mehr das hervorstechende Kennzeichen des Rennmotors sind, kommen vorerst nur schlitzgesteuerte Zylinder in Betracht, d. h. Doppelkolbenmotoren nach Schema Bild 4—7. Der Lader kann als Kurbelkammerlader mit Saughilfskolben, als Hubkolben- oder Drehkolben-Lader ausgebildet werden. Der Saughilfskolben bzw. der Hubkolben können parallel oder rechtwinklig zur Achse der Arbeitszylinder angeordnet werden, wobei man eine Vergrößerung der Bauhöhe bzw. eine Verschlechterung des Massenausgleichs in Kauf nehmen muß.

Wegen der außerordentlichen Wärmebelastung müssen Zweitakt-Rennmotoren bis jetzt ausnahmslos mittelbar gekühlt werden. Die schwierige Anordnung des Kühlers, dessen Gewicht und Empfindlichkeit (selbst bei einem leichten Sturz) bedeuten ein nicht zu unterschätzendes Manko gegenüber den mit unmittelbarer Luftkühlung auskommenden Viertakt-Rennmotoren bei Krafträdern. Da der Brennstoffverbrauch nicht unerheblich höher ist als bei letzteren, muß ein bedeutend größerer Brennstoffvorrat mitgeführt werden. Da schließlich der komplette Zweitakt-Rennmotor selbst ein höheres Gewicht aufweist als der Viertakt-Rennmotor der gleichen Klasse, sind die Zweitakt-Rennräder gegenüber den Viertaktfahrzeugen gewichtsmäßig im Nachteil. Sie müssen daher eine entsprechend höhere Hubraumleistung herausholen, um auf das gleiche Leistungsgewicht zu kommen, das bei Rennfahrzeugen die entscheidende Rolle spielt. Diese Forderung wird bei Hubräumen bis 350 ccm auch tatsächlich weitgehend erreicht, trotz des sehr hohen Standards der Viertaktfahrzeuge. Es werden z. Z. je nach Laderbauart Hubraumleistungen von 70—110 PS/l erzielt. Wesentlich ist ferner ein peinlich genauer Massenausgleich, der aber gerade bei Doppelkolbenmotoren mit U-Zylindern, besonders mit Hubkolbenladepumpe, größere Schwierigkeiten verursacht. Wenn der Ausgleich nicht exakt ist, ist bei großen Zylindereinheiten auch der physisch und psychisch stärkste Fahrer bei einem stundenlangen Rennen schließlich nicht mehr fähig, den starken, hochfrequenten Erschütterungen (bes. Handgelenke, Rückgrat, Oberschenkel) standzuhalten, ganz abgesehen von den erheblichen Anstrengungen, die die Beherrschung einer schweren und schnellen Rennmaschine an sich schon erfordern. Die verhältnismäßig ungünstige Lage des Zweitakters in der großen Klasse (500 ccm) ist bei dieser Sachlage wohl verständlich. Es ist sowohl aus thermischen als auch aus mechanischen Gründen vorteilhaft den Gesamthubraum in eine größere Anzahl von U-Zylinder-Einheiten aufzuteilen und eine Laderbauart zu wählen, die die oszillierenden Massen soweit wie möglich aufhebt.

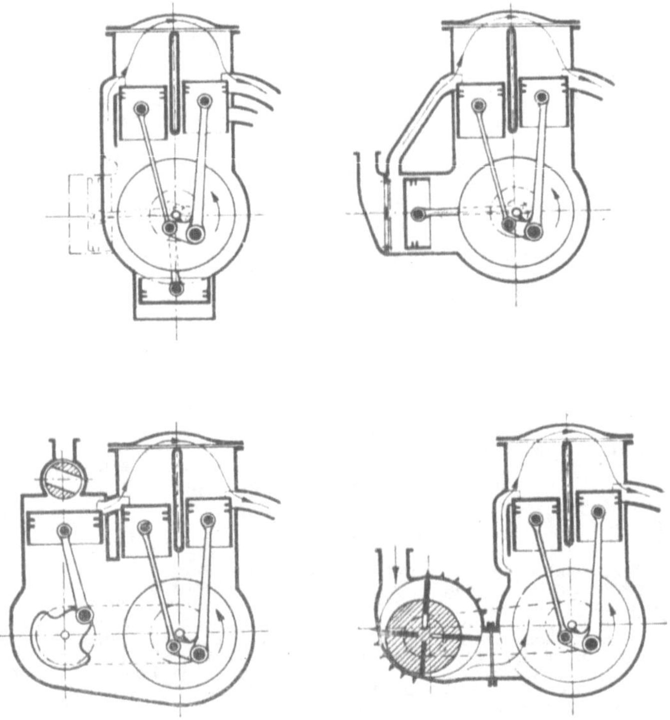

Bild 59a—d. Rennmotoren, versch. Laderbauweisen (Auto-Union DKW)

Bild 60. DKW-Rennsportmotorrad SS 350

Kraftrad-Rennmotoren sind bisher lediglich vom Werk DKW der Auto-Union A.-G. zu einer hohen Stufe entwickelt und in vielen nationalen und internationalen Berg- und Rundstrecken-Rennen im In- und Ausland eingesetzt worden. In der 250 ccm-Klasse wurden dabei im Laufe vieler Jahre einzigartige Rennsiege und Rekorde erzielt. Es ist aber bisher nicht gelungen in der großen Klasse den Leistungsstand der am höchsten entwickelten 500 ccm-Viertakt-Rennräder (z. B. BMW, Norton) zu erreichen. Die heutigen DKW-Rennmotoren sind wassergekühlte U-Zylinder-Doppelkolbenmotoren mit Auslaßkolben-Hauptpleuel und angelenktem Nebenpleuel nach A. Zoller, Bild 6 und 59a—d. Die Baumuster der vergangenen 10 Jahre unterscheiden sich im wesentlichen durch die Laderbauweise. Ursprünglich wurde (zunächst in Verbindung mit einem gewöhnlichen Gegenstromzylinder, vgl. Bild 30) ein Kurbelkammerlader mit Saughilfskolben verwendet, der teilweise gleichachsig, bei anderen Baumustern dagegen stirnseitig rechtwinklig angeordnet ist, Bild 59a. Die weitere Entwicklung führte zum stirnseitigen Hubkolbenlader mit Einlaßsteuerung durch Plattenventile, Bild 59b. Ungünstig sind bei dieser Bauweise die lange Überströmleitung, der schwierige Massenausgleich und die Unsicherheit der federnden Plattenventile. Durch die spätere Anordnung der Ladepumpe nach Bild 59c mit gleichzeitiger Wahl eines Einlaßdrehschiebers werden diese Mängel z. T. behoben und besonders Liefergrad und Schnelläufigkeit verbessert. Mit diesem Modell konnte Ewald Kluge 1938 in der 350 ccm-Klasse die deutsche Meisterschaft, deutsche Bergmeisterschaft und die Europameisterschaft, sowie weitere 12 Siege in den schwersten Rennen des Jahres erringen. Gemeinsam ist aber den Bauarten nach Bild 59b—c, daß die einfache und absolut zuverlässige Mischungsschmierung, die bei der Bauart nach Bild 59a eine Selbstverständlichkeit ist, nicht angewandt werden kann. Mit einem Motor nach Schema Bild 59a sind die Rennsportmodelle SS 250 und SS 350 von Auto-Union-DKW seit einigen Jahren auch dem hierfür in Betracht kommenden Käuferkreis (Ausweisfahrer, Privat-Lizenzfahrer) zugänglich.

Die neuesten (1939er) 250 und 350 ccm Fabrik-Rennmodelle sind mit einem stirnseitig angeordneten Drehkolbenlader ausgerüstet, welcher zwecks Durchführbarkeit der Mischungsschmierung die Frischladung (abweichend von der möglichen Anordnung nach Bild 42) in das Kurbelgehäuse pumpt, von wo aus dieselbe in der bei Kurbelkammermotoren üblichen Weise in den Einlaßzylinder strömt, Bild 59d. Dabei ist beim 250 ccm-Modell erstmals der Hubraum (wie beim 350 ccm Modell) auf 2 U-Zylinder aufgeteilt. Das 500 ccm-Modell erscheint vorerst nicht mehr zum Start. Bild 60 zeigt die Rennsportmaschine SS 350: bei der SS 250 ist der Saughilfskolben rechtwinklig stirnseitig angeordnet. Bild 61 zeigt die 350 ccm-Fabrikrennmaschine mit Drehkolbenlader und 2 Amal-TT-Vergasern: die Hubraumleistung liegt bei 100 PS/l. Die Aussichten des Rennmotors liegen ganz allgemein in der weitgehenden Aufteilung des Hubraumes auf viele Zylinder, besonders beim thermisch auf das äußerste beanspruchten Zweitaktmotor. Selbstverständlich ist die Grenze

Bild 61. 350 ccm-DKW-Rennmodell 1939 Fabrikmaschine)

durch den Gewichtsaufwand und den abnehmenden mechanischen Wirkungsgrad gezogen.

Bei den Viertaktrennmotoren wird nach dem jetzigen Stand je nach Motorengröße und Kühlverfahren bei Saugladung eine Hubraumleistung von 60—80 PS/l, bei Druckladung sogar bis 120 PS/l erreicht: etwa die gleichen Werte erzielen die Zweitaktrennmotoren. Der konstruktive Aufwand der beiden Motorengattungen weist keine erheblichen Unterschiede auf, erscheint aber beim Zweitaktmotor, vgl. Bild 59d, weniger kompliziert. Dieser Grund kann eine ausschlaggebende Rolle spielen, wenn es in Zukunft gelingt, die therm. Schwierigkeiten des Zweitaktmotors noch besser zu meistern.

XI. Aufbau

Die Trennung in Kurbelgehäuse-Ober- und Unterteil, Zylinder und Zylinderkopf ist bis jetzt die Regel, vgl. Bild 52. Dabei wird das Kurbelgehäuse meistens in Leichtmetall ausgeführt. Einen steiferen Aufbau erhält man, wenn man die Zylinder mit dem Oberteil aus einem Stück gießt, doch muß man in diesem Fall den Motor zum Reinigen der Schlitze — was alle 25000 km empfehlenswert ist — aus dem Fahrgestell ausbauen und zerlegen. Ferner erfordert der Ausbau der Kolben im Fahrzeug hier geteilte Pleuelköpfe, was man bei Wälzlagern tunlichst vermeidet.

a) Zylinder.

Sondergußeisen 200—220 Brinell; die Spülkanäle sind in der Regel von außen zwecks Bearbeitung zugänglich und werden durch Formdeckel verschlossen. Verwickelt geformte (z. B. doppelt gekrümmte) Kanäle sind zu vermeiden, da bei Serienfertigung schon geringe Abweichungen völlig abweichende Spülverhältnisse ergeben können. Es sind sehr exakte Abgüsse und scharfe Kontrollen nötig. Die Zylinderbohrung wird mit der Toleranz — 0,01 geläppt und mit passend sortierten Kolben vereinigt. Laufbuchsen sind bei Dieselmotoren die Regel, bei Ottomotoren aber noch kaum eingeführt. Aussichtsreich sind spritzverstählte Leichtmetallzylinder, welche die Wärmeschwierigkeiten des luftgekühlten Motors schlagartig verbessern.

Solche Zylinder hat man in den letzten Jahren bei verschiedenen Firmen (auch Viertakt) zu entwickeln versucht. Die bisherigen Mißerfolge sind nicht in der Verstählung begründet, diese hält bei sachgemäßem Vorgehen einwandfrei. Das Problem liegt vielmehr im Ausweichen, Verziehen und Altern des tragendsn Leichtmetallzylinders, ist also in erster Linie eine Frage der Zylinderkonstruktion, in zweiter Linie eine solche der Legierung. Erst als dritter Punkt kommt die eigentliche Verstählung.

Luftkühlung verlangt dünne Rippen, mäßigen Abstand, besonders sorgfältige Ausbildung an den Auspuffkanälen. Der Steg zwischen denselben wird um 0,01—0,03 zurückgeläppt, um das stärkere Wachsen des Kolbens an dieser Stelle nicht zu behindern. Vorteilhaft sind stachelartige Spezialverrippungen, vgl. Bild 51, welche das Wärmeniveau um 5—10 v. H. erniedrigen. Zwecks Senkung der Temperatur der Auspuffseite bringt man bei luftgekühlten Kurbelkammermotoren den Ladereinlaß vorteilhaft unter den Auspuffschlitzen an, obwohl dies einen langen Saugweg ergibt. Vor- und Nachteile dieser Maßnahme sind im Einzelfall abzuwägen.

b) Kolben.

Hochsiliziumhaltige Legierungen, z. B. KS 280, starke Wärmeflußquerschnitte und eine komplizierte, parabolische Schleifkurve sind erforderlich.

Bei manchen, sonst sorgfältig hergestellten Motoren sind die letzten Feinheiten des Kolbenschliffes, welche das Fressen verhindern und ruhigen Lauf sicherstellen, nicht ausgenutzt. Bei der Entwicklung eines leistungsfähigen Motors ist die Dauererprobung mindestens 4—6 im Schliff leicht voneinander abweichender Profile unbedingt erforderlich, bis man sich schrittweise an die beste Form herangetastet hat. Bei der Serienfertigung ist die festgelegte Schleifkurve sorgfältig an mehreren Meßstellen (z. B. mit dem pneumatischen Solex-Meßverfahren) laufend scharf zu kontrollieren. Der Hochleistungszweitaktmotor steht und fällt mit dem Arbeitskolben.

Der Abstand des obersten Ringes von der Kolbenoberkante darf nicht zu kurz sein, er muß mindestens die 2—3fache Kolbenringhöhe aufweisen. Die Nuten müssen peinlich exakt gestochen sein. Das axiale Ringspiel soll 0,06—0,08 mm betragen, nicht mehr und nicht weniger, außer bei den unteren Ringen, um die Geräuschentwicklung in Grenzen zu halten. Die Konstruktion und Ausführung des Arbeitskolbens ist die Visitenkarte des ganzen Motors. Bei Dieselmotoren sind Spezial-Ringträger im Gebrauch. Es werden volle und geschlitzte Schäfte verwendet. Bei Festlegung der Drehrichtung ist darauf zu achten, daß die thermisch besonders beanspruchte Auslaßseite des Kolbens nicht den Seitendruck des Arbeitshubes aufzunehmen hat. Aussparungen zu beiden Seiten unterhalb des Kolbenbolzens sind zu verwerfen, am besten haben sich volle Schäfte und ein genügend langes Kolbenhemd bewährt. Kolben, Kolbenbolzen und Zylinder werden bei der Montage vielfach passend sortiert (z. B. in drei Durchmesserstufen: rot, blau, gelb).

c) Triebwerk.

Bis jetzt verwendet man fast ausnahmslos Wälzlager, vgl. Bild 53, 57ff. Bei Rollenlagerung laufen die Rollen unmittelbar, halbmittelbar oder mittelbar auf den Kurbel- und Lagerzapfen. Bei der unmittelbaren Lagerung, die die geringsten Ausmaße ergibt, Bild 53, wird der Zapfen aus 20 CM5 rd. 1,0 mm tief im Einsatz gehärtet und geschliffen. Bei der mittelbaren Lagerung mit Außen- und Innenring, Bild 55—56, werden die Laufringe durchgehärtet und mit Edeltreibsitz auf die Zapfen gepreßt. Für die Rollen wird Cr-Stahl verwendet, während für die Kurbelwangen Einsatz-Normstähle in Betracht kommen, doch sind auch Vergütungsstähle, wie 35 MS5 verwendbar. Um möglichst starke Wellenzapfen ausführen zu können, sticht man bei den Lagerzapfen die Rollenlaufbahn vorteilhaft in den Zapfen ein. Die früher übliche Nadellagerung der Pleuel hat man verlassen.

Die Kurbelwelle wird aus den einzelnen Teilen (Zapfen samt Pleueln, Wangen) zusammengepreßt und durch Keile gesichert, Bild 53. Brauchbar ist auch reiner Reibungsschluß durch Zusammenpressen der geschlitzten und verschraubten Wangen, Bild 55—56. Dagegen haben sich andere Verbindungen (z. B. mit Konus) nicht bewährt. Zwecks Erzielung eines möglichst kleinen schädlichen Raumes werden bei Kurbelkammermotoren die Kurbelwangen vorwiegend kreisrund gestaltet. Die Abdichtung der Hauptlager erfolgt bei Kurbelkammerladern durch Manschettendichtungen aus Perbunan. Die am äußeren Wellenende liegenden Manschetten müssen durch kleine Querbohrungen an den Lader angeschlossen werden, damit die erforderliche Schmierung der Lippe der Dichtung gewährleistet ist.

d) Schmierung.

Das Schmierverfahren hängt von der Wahl des Laders und von der Durchbildung des Triebwerkes ab. Werden Wälzlager verwendet und außerdem das Spül- und Lademittel durch die Kurbelkammer hindurchgeführt, so kann die sog. Mischungsschmierung angewandt werden, bei der das Schmieröl dem Kraftstoff bzw. dem Spül- und Lademittel in bestimmtem Verhältnis beigemischt wird.

Bei Gleitlagerung ist die Mischungsschmierung nur in Verbindung mit Druckumlauf- oder Frischölschmierung durchführbar.

Bei druckloser Kurbelkammer ist man auf Druckumlauf- bzw. Frischölschmierung (bei Wälzlagerung) angewiesen. Letztere Kombination, vgl. Bild 55—56, verlangt besondere Erfahrungen, arbeitet aber dann sehr wirtschaftlich.

Bei Kurbelkammermotoren ist die Anwendung der Mischungsschmierung ganz allgemein. Das Schmieröl wird bereits im Brennstofftank zugemischt. Die meisten Werke schreiben ein Mischungsverhältnis von 1 : 25 bis 1 : 30 vor. Die Schmierung ist dann dem Bedürfnis bei hoher Belastung und hoher Drehzahl angepaßt, während bei niedriger Drehzahl und niedriger Belastung eine Überschmierung stattfindet. Das hat neben der Unwirtschaftlichkeit vorzeitiges Festbrennen der Kolbenringe und allmähliches Zusetzen besonders der Auslaßschlitze zur Folge.

Diesen Nachteilen stehen folgende Vorteile gegenüber: Wegfall der Ölpumpe und ihrer Leitungen, absolute Betriebssicherheit, Schmierung aller bewegten Teile, Frischölversorgung, Wegfall der periodischen Ölerneuerung. Letzterer Punkt verbessert den Gesamtverbrauch gegenüber der Druckumlaufschmierung nicht unbeträchtlich.

Die Mischungsschmierung wird zu einem idealen Verfahren, wenn es einmal gelingt, den Ölzusatz dem mit Drehzahl und Belastung schwankenden Schmierungsbedürfnis kontinuierlich anzupassen, das bei niedriger Beanspruchung auf etwa 1/3 des Vollastverbrauches hoher Drehzahl absinkt.

Ein 1-l-Motor verbraucht z. B. pro 1000 km 100 l Ottokraftstoff und volle 4 l Schmieröl beim Mischungsverhältnis 1 : 25, könnte aber mit vorstehendem Schmierverfahren mit höchstens der Hälfte auskommen, wobei seine Lebensdauer sogar noch wesentlich gesteigert werden würde.

Für die Schmierung eignen sich am besten reine, mittelzähe Mineralöle, mit möglichst geringer Rückstandsbildung. Bei Rennmotoren und dergleichen kann dagegen auf die Verwendung fetter oder hochgefetteter Öle nicht verzichtet werden.

Drehkolbenlader und dergleichen müssen selbstverständlich eine eigene, zusätzliche Schmierung besitzen, auch wenn sie das Brennstofföl-Luftgemisch durch die Kurbelkammer hindurchblasen, Bild 59d.

e) Vergasung, Zündung.

Wegen des verhältnismäßig geringen Unterdruckes beim Saugvergang des Kurbelkammerladers, kommen für solche Einzylindermotoren in erster Linie Vergaser mit Gemischbildung im veränderlichen Querschnitt (Schiebervergaser) in Betracht. Bei Mehrzylindermotoren sind überwiegend Klappenvergaser im Gebrauch.

Da bei irgend einer Drehzahl ungünstige Schwingungsformen der Saugschwingung unvermeidlich sind, ist Kapselung der Vergaser empfehlenswert, um eine Verschmutzung des Motors durch die zurückgestoßene Kraftsotff-Öl-Mischung hintan zu halten. Da das Luftfilter allmählich mit Brennstoff angereichert wird, bestehen mitunter Startschwierigkeiten, wenn Zweitaktmotoren im betriebswarmen Zustand erneut angeworfen werden. In diesem Fall erreicht man schnelles Anspringen, wenn das Filter abgenommen wird, das man am besten mit Schnellverschluß am Saugrohr befestigt. (Wichtig für Feuerlöschaggregate!)

Schlitzgesteuerte Ottomotoren weisen keinerlei Nebenwelle auf. Es wird daher in der Regel eine Schwungrad-Lichtzündmaschine, bei ortsfesten Motoren eine Schwungrad-Magnet mit feststehenden Spulen und umlaufendem Magnetring, vorgesehen, der auf der dem Abtrieb entgegengesetzten Seite angeordnet ist, Bild 57. Bei den Kraftwagenmotoren der Auto Union — DKW ist die Schwungrad-Lichtzündmaschine zugleich als Anlasser ausgebildet. Das große Gewicht der Schwungrad-Kombination auf der dem Abtrieb entgegengesetzten Seite macht es erforderlich, auf mögliche Drehschwingungen zu achten, gegen die eine „geflickte" Welle besonders empfindlich ist (hohe Federung). Man darf daher keine ängstlichen Abmessungen vorsehen, etwa um leicht und billig bauen zu können (also starke Zapfen, Rollenbahnen einstechen).

Für Gebrauchsmotoren werden heute Kerzen mit Wärmewert 175 verwendet. Am besten eignen sich die Stirn- und Haken-Elektroden, da sie den bei Zweitaktmotoren z. Z. noch mangelhaften Leer- und Langsamlauf verbessern. Wegen des relativ starken Abbrandes darf der Elektrodenabstand nicht zu groß ausgeführt werden (0,5—0,7 mm).

f) Auspuffanlage.

Die Auspuffanlage ist beim Zweitaktmotor kein Zubehör, sondern einer der wichtigsten Bestandteile der Maschine, da der durch sie erzeugte Staudruck den Spül- und Ladevorgang entscheidend beeinflußt. Zwecks Feststellung des Höchstwertes ist Messung des Staudruckes an verschiedenen Stellen der Anlage erforderlich; ein niedriger Wert ist anzustreben. Nur bei erstklassigen, auf wissenschaftlicher Grundlage aufgebauten Anlagen werden trotz niedriger Staudrucke geringe Brennstoffverbräuche erzielt. Bild 62 zeigt die heutigen Werte bei Vollast für Kraftrad- und Kraftwagen-Zweitaktmotoren. Den thermischen Schwierigkeiten der luftgekühlten Kradmotoren kann man nur dadurch begegnen, daß man den Staudruck bedeutend senkt, was natürlich Brennstoff kostet.

Wo dies möglich ist, sind Zweitopfanlagen anzustreben, Bild 12. Im anderen Fall ist die Lage des einzigen Topfes in der Auslaßleitung entscheidend für Dämpfung und Leistungsverlust. Die beste Anordnung ist vorhanden, wenn der Schalldämpfer nahe beim Motor liegt und die anschließende Leitung die mehrfache Länge der Leitung zwischen Motor und Schalldämpfer aufweist. Die akustisch beste Dämpfung wird dabei dann erzielt, wenn die hinter dem Dämpfer liegende Leitung in ihrer Länge so abgestimmt ist, daß ihr Dämpfungsmaximum mit jenen Schwingungszahlen zusammenfällt, bei denen das zwischen Motor und Dämpfer liegende Leitungsstück seine Resonanzen aufweist ($c/4\,l$, $3c/4\,l$, $5c/4\,l$ usw., c = Schallgeschwindigkeit, l = Länge).

Der Rauminhalt des Schalldämpfers soll den 12-fachen Zylinderinhalt möglichst nicht unterschreiten. Es sind stets rundzylindrische Dämpfer zu verwenden, da ovalzylindrische Dämpfer bei Rückzündungen leicht aufreißen. Dämpfer von Krafträdern sollen stets demontierbar sein, damit sie von Zeit zu Zeit gereinigt werden können. Rennmotoren werden mit freiem Auspuff gefahren.

XII. Entwicklungsstand.

Ursprünglich waren für die Herstellung der Fahrzeug-Zweitaktmotoren lediglich Billigkeitsgründe maßgebend. Diese Anschauung hat sich gewandelt und es werden heute die gleichen fertigungstechnischen Aufwendungen getroffen, die im Viertaktmotorenbau üblich sind. Demgemäß ist der Entwicklungsstand hoch. Im einzelnen ergibt sich folgendes:

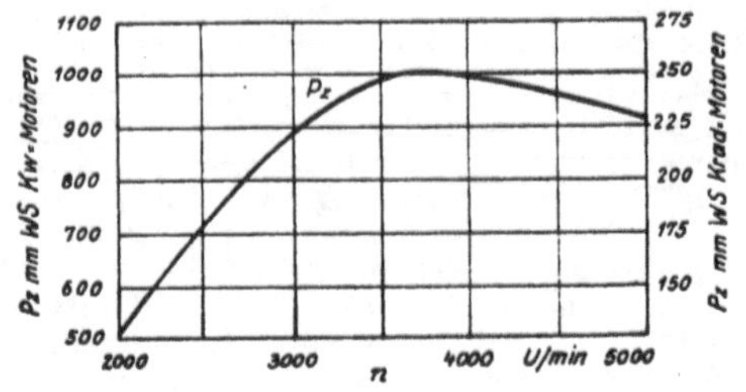

Bild 62. Staudruck bei Zweitakt-Motoren, Voll-Last

1. Verdichtungsverhältnis.

Es werden häufig Zweifel laut, ob das Verdichtungsverhältnis wie bei Viertaktmotoren in der Form $\varepsilon_1 = 1 + (V_h/V_k)$ anzusetzen ist, oder nach Abzug der Auslaßschlitzhöhe σ_a gemäß:

$$\varepsilon_2 = 1 + (1 - \sigma_a)(V_h/V_k) = 1 + (1 - \sigma_a)(\varepsilon_1 - 1) \qquad (45)$$

In diesem Fall erhält man bei den heute üblichen Werten von $\varepsilon_1 = 6{,}0$—$6{,}5$ bei Ottomotoren bzw. $\varepsilon_1 = 15$ bei Dieselmotoren ein um rd. 18 v. H. bzw. rd. 21 v. H. kleineres Verdichtungsverhältnis ε_2 als bei Viertaktmotoren mit gleichem Ausgangswert ε_1. Der Unterschied ist so beträchtlich, daß Zweifel über die Richtigkeit vergleichender Wertungszahlen entstehen können.

Tatsächlich ist das Verdichtungsverhältnis in der raumverhältigen Fassung $\varepsilon_1 = \cdots$ überhaupt keine sinnvolle Wertungsgröße: die Verdichtung ist keine konstante Zahl, sondern eine von den Betriebsbedingungen abhängige Funktion. [33]. Der Verdichtungsenddruck, der mit dem Verdichtungsverhältnis in erster Linie festgestellt werden soll, ist in jedem Falle u. a. abhängig vom Ladedruck P_1, d. h. vom Zylinderdruck bei Verdichtungsbeginn. Beim schnellaufenden Viertaktmotor schließt der Einlaß (E_s) erst 60—85° KW nach u. T. Man kann trotzdem den Verdichtungsbeginn im u. T. ansetzen, unter Zugrundelegung des Ladedruckes P_1, da die kinetische Energie der von u. T. bis E_s nachströmenden Einlaßsäule eine einer Verdichtung gleichkommende Steigerung des Ladedruckes bewirkt. Beim schlitzgesteuerten Zweitakt mit symmetrischen Zylinderdiagrammen beginnt aber die Verdichtung ohne eine solche Wirkung tatsächlich erst ab As, Bild 2, so daß Gl. (45) anzunehmen ist. Der Ladedruck P_1 hängt dabei mit von der (positiven oder negativen) Amplitude der Auslaßschwingung ab. Normalerweise herrscht in der Auslaßkammer und im Zylinder Überdruck, der unter der Saugwirkung der schwingenden Auspuffsäule nach Beendigung der Spülung verschwindet. Setzen wir keine ungünstige Schwingungsform voraus, so beginnt die Verdichtung mit einem Überdruck gemäß Bild 62, beim Viertakt mit Saugladung dagegen mit einem unterhalb der Atmosphäre liegendem Ladedruck P_1.

Man gelangt zu einer zutreffenden Wertung, wenn man das effektive Verdichtungsverhältnis einführt, das ist jenes, welches vom Atmosphärendruck P_a aus gerechnet den gleichen Verdichtungsenddruck ergeben würde, wie das raumverhältige ε_1 mit dem Ladedruck P_1 als Anfangsdruck, also:

$$\text{Viertakt } \varepsilon_e = \varepsilon_1 \cdot (P_1/P_a)^{\frac{1}{k}} \qquad (46)$$

$$\text{Zweitakt } (\varepsilon_2)_e = \varepsilon_2 \cdot (P_1/P_a)^{\frac{1}{k}} \qquad (47)$$

Die höhere Anfangstemperatur beim Zweitakt ist hierbei noch gar nicht berücksichtigt.

Bild 63 zeigt die Werte von ε_e und $(\varepsilon_2)_e$ in Abhängigkeit vom Ladedruck P_1 bei Viertakt und Zweitakt. Entsprechend dem mit steigender Drehzahl (und fallender Belastung) abnehmenden abs. Druck P_0 im Saugrohr, fällt der Ladedruck bei Viertakt-Saugladung und deshalb arbeitet die Viertaktmaschine bei wachsender Drehzahl (und fallender Belastung) mit abnehmendem ε_e. Beim Zweitakt ist es aber gerade umgekehrt. Daher klopft der Viertakt im unteren, der Zweitakt-Ottomotor besonders im oberen Drehzahlbereich. Trotz abgezogener Schlitzhöhe arbeitet der Zweitakt von einem bestimmten Punkt ab bei gleichem ε_1 sogar mit höherer Verdichtung als der Viertaktmotor. Bei Teillast und hoher Drehzahl fällt P_1 beim Viertakt stark ab, beim Zweitakt dagegen bleiben in diesem Fall große Abgasmengen dauernd im Zylinder zurück, so daß $(\varepsilon_1)_e$ weniger stark sinkt. Dies hat eine bessere Brennstoffausnutzung zur Folge, womit der verhältnismäßig günstige Verbrauch zwischen 2/3 und 3/4-Last im Einklang steht, Bild 64.

Das jetzt übliche Verhältnis ε_1 ist bei Ottomotoren 6,0—6,5. Benzine mit OZ = 74—70 werden dabei ohne Klopfen verarbeitet.

Alle Zweitakt-Ottomotoren haben aber die Eigenart, in einem meist eng begrenzten, höheren Drehzahlbereich bei Teillast bei ausgeschalteter Zündung wie ein Dieselmotor weiterzulaufen („Dieseln"). Mittel zur Abstellung sind bekannt (überreichliche Vergasereinstellung, Einleiten von Abgas in den Lader und dgl.), kommen aber praktisch nicht in Frage. Dieses Phänomen, das durch ein eigenartiges, klirrendes Geräusch erkennbar ist, ist noch nicht exakt geklärt. Es ist sehr störend, da der Drehzahlbereich beim Fahren im Kraftwagen und beim Gaswegnehmen immer wieder durchfahren wird.

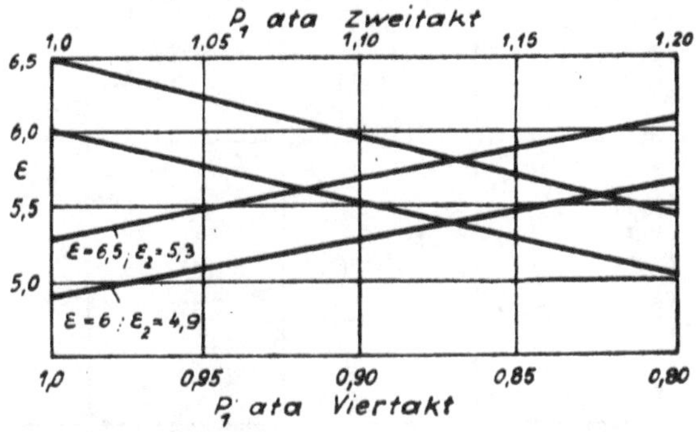

Bild 63. Das effektive Verdichtungsverhältnis ε für Viertakt, $(\varepsilon_1)_e$ für Zweitakt bei verschiedenen Ladedrucken für $\varepsilon_1 = 6{,}0$ bzw. 6,5

2. Mittlerer effektiver Druck p_e.

Bei Kurbelkammer-Ottomotoren mit Umkehrspülung und symmetrisch gesteuertem Ladereinlaß werden jetzt fast 5 at erreicht. Wie bei fast allen Dreikanalmotoren tritt der Spitzenwert etwa bei 2000 U/min auf, die p_e-Linie verläuft nach Bild 64. Im Jahre 1933 — bei Einführung der Umkehrspülung — wurden rd. 4,25 at erzielt, während Motoren mit Ablenker-Querspülung damals auf bis 3,75 at kamen. U-Zylinder-Kurbelkammermotoren erreichen z. Z. kaum mehr als 5 at, außer mit unsymmetrischem Ladereinlaß. Durch ein unsymmetrisches Kurbelkammer-Diagramm kann voraussichtlich ein Wert von $p_e = 5{,}5$ at auch bei serienmäßigen Dreikanalmotoren erreicht werden, doch erscheint eine weitere Erhöhung auch in Zukunft unwahrscheinlich.

Fahrzeugdieselmotoren mit Gleichstromschlitzspülzylinder nach Schema Bild 1b kommen jetzt auf 6—6,5 at (Krupp, GMC) und erreichen damit einen höheren Mitteldruck als die ortsfesten Zweitaktdiesel, die meist mit 5—6 at laufen. Den höchsten Mitteldruck eines Gebrauchsmotors erreicht der Junkers Doppelkolben-Flugdieselmotor (Bild 7), mit $p_e = \sim 8$ at.

U-Zylinder-Ottomotoren mit Hubkolben- bzw. Drehkolbenlader kommen bei entsprechender Aufladung auf 6—7 at, arbeiten aber unwirtschaftlich und haben daher für Gebrauchsfahrzeuge keine Bedeutung, solange die Brennstoffeinspritzung nicht gelöst ist. U-Zylinder-Rennmotoren nach Bild 59d kommen noch bei 5000 U/min auf fast 10 at.

3. Hubraumleistung N*, Leistungsgewicht G*.

Durch die Steigerung der Drehzahl auf bis 4500 U/min kommt der wassergekühlte Kraftwagen-Ottomotor mit Kurbelkammerlader jetzt auf bis $N^* = 32{,}5$ PS_e/l, der luftgekühlte Kraftradmotor mit $n_{max} = 5000$ U/min sogar auf $N = 36$—38 PS_e/l, mit U-Zylinder auf 45 PS_e/l und mehr. Bei den Kw-Motoren ist $G^* = \sim 3$ kg/PS_e (5 kg/PS_e einschließlich Ausgleich- und Wechselgetriebe), bei den Krad-Motoren ist $G^* = 3{,}5$—4 kg/PS_e einschließlich 4-Ganggetriebe erreicht.

Fahrzeugdieselmotoren nach Schema Bild 1b erzielen $N^* = 25$ PS_e/l bei $G^* = 4$—$4{,}5$ kg/PS_e. Der V-Motor von Krupp, Bild 58, weist eine Hubraumleistung von 26,5 PS_e/l und ein Leistungsgewicht von nur 3,15 kg/PS_e auf. Den Entwicklungsstand des Junkers-Flugdieselmotors „Jumo 205“ bzw. „Jumo 206“ kennzeichnen folgende Werte:

$$N^* = 40\ PS_e/l,\quad G^* = 0{,}8\ kg/PS_e.$$

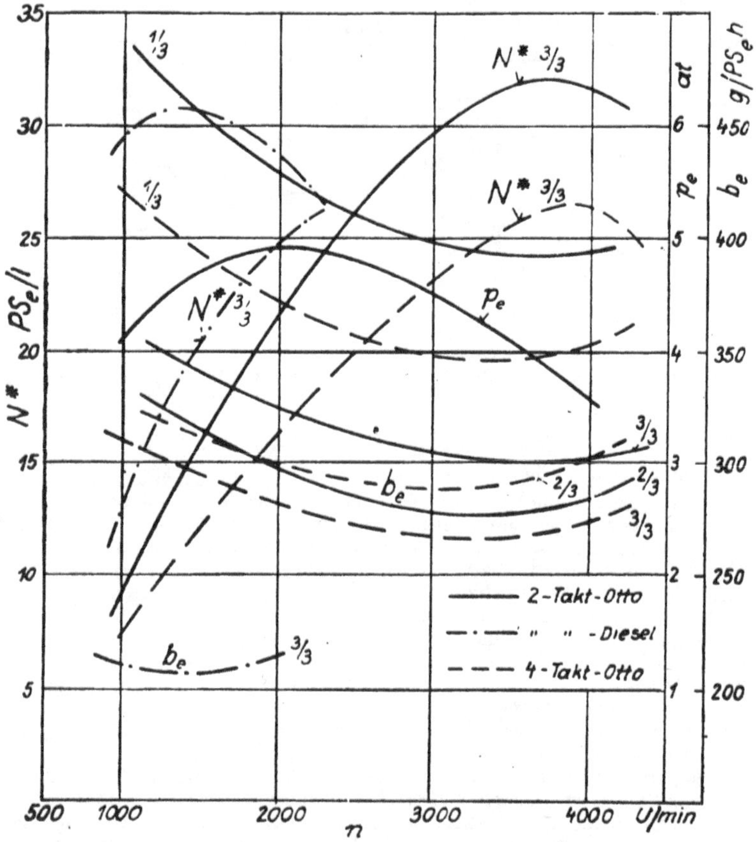

Bild 64. Mitteldruck p_e, Hubraumleistung N^* und spez. Brennstoffverbrauch b_e bei Otto- und Dieselmotoren für Fahrzeuge

4. Brennstoffverbrauch b_e.

Solange die Zweitakt-Ottomotoren auf Billigkeit zugeschnitten waren, war der Verbrauch der sog. „dunkle Punkt“; er lag bei 500 g/PS_eh und mehr. Die wesentlichen konstruktiven und fertigungstechnischen Verfeinerungen der letzten 10 Jahre, nicht zuletzt die Einführung der Umkehrspülung und ähnlicher Verfahren, sowie die Verbesserungen in der Gemischbildung durch Vervollkommung der Vergaser haben bei den Ottomotoren schließlich zu einer beträchtlichen Senkung des spez. Verbrauches geführt. Bei Motoren mit vorerst bis 1 l Gesamthubraum ist die Wettbewerbsfähigkeit mit dem hochentwickelten Viertaktmotor sichergestellt.

Gute Ottomotoren mit Kurbelkammerlader erreichen mit Wasserkühlung bei Vollast 300 g/PS h; bei 2/3—3/4 Last, dem Regelfall der Belastung im Fahrzeug, sogar bis 270 g/PS$_e$h, Bild 64. Wegen des starken Anwachsens des Spüldruckes mit Drehzahl und Belastung, Bild 22—23, ist zügiges Verfahren mit nicht ganz geöffneter Drossel am wirtschaftlichsten. Bei richtiger Fahrweise werden die Verbrauchszahlen gleich starker Viertaktfahrzeuge nicht nur erreicht, sondern häufig unterschritten. Luftgekühlte Ottomotoren verbrauchen bei Vollast 350—400 g/PS h. Der Mehrverbrauch gegenüber dem mittelbar gekühlten Motor wird zur Innenkühlung benötigt; zusätzlich ist der den Mehrverbrauch mitbedingende Staudruck stark gesenkt, Bild 62. Verbesserungsbedürftig ist beim Zweitakt-Ottomotor noch die ungünstige Lage der b_e-Linie bei geringer Teillast, Bild 64.

Gleichstrom-Fahrzeugdieselmotoren nach Bild 1b erreichen einen Verbrauchsbestwert von 200—220 g/PS$_e$h bei Vollast, während der Junkers-Flugdiesel auf 170 g/PS$_e$h kommt und damit den Verbrauch der besten Großdieselmaschinen erreicht.

5. Betriebseigenschaften.

Regelfähigkeit, Leer- und Langsamlauf lassen bei Kurbelkammer-Ottomotoren noch zu wünschen übrig. Bei geringer Teillast besteht Neigung aus dem Zweitakt zu fallen. Der Leerlauf muß verhältnismäßig schnelllaufend eingestellt werden. Ein unsymmetrischer Ladereinlaß verbessert diese Eigenheiten innerhalb gewisser Grenzen, der Hauptgrund liegt im hyperbolischen Verlauf der Zeitquerschnittlinie, Bild 3. Reparaturanfälligkeit und Pflegebedürfnis sind äußerst gering, wenn man davon absieht, daß der schlitzgesteuerte und mit Mischungsschmierung betriebene Zylinder bis jetzt wenigstens alle 30000 km von Rückständen in den Schlitzen gereinigt werden muß. Das wälzgelagerte Triebwerk ist gegen Drehzahlüberschreitung fast unempfindlich. Ein besonderer Vorteil des Zweitakt-Ottomotors ist eine hervorragende Startwilligkeit bei tiefen Temperaturen; sie ermöglicht es, das Fahrzeug selbst bei tiefsten Außentemperaturen meist schon nach wenigen Minuten voll in Betrieb zu nehmen. Das hohe Wärmeniveau des Zweitaktmotors erlaubt sogar einem Vergaserbetrieb mit gutem Dieselkraftstoff, wenn durch entsprechende Einschalung des Motors Wärmeverluste nach außen verhindert werden. Ein Betrieb mit Flüssiggasen nach DIN Vornorm 1875 ist auch bei Kurbelkammermotoren ohne weiteres möglich. Das Schmieröl wird hierbei mit Otto-Kraftstoff verdünnt und vom Lader zusammen mit dem Treibgas aus getrennten Düsen angesaugt. Selbstverständlich kann statt dessen auch eine Ölpumpe und Frischölschmierung vorgesehen werden.

XIII. Entwicklungsrichtung

Beim Zweitakt-Ottomotor hat die bestechende Einfachheit des Gegenstromschlitzzylinders mit Kurbelkammerlader, Bild 2, insbesondere nach der Einführung des glatten Arbeitskolbens, die frühere Hinneigung zum U-Zylinder-Doppelkolbenmotor in den Hintergrund treten lassen. Mit einer solchen Bauart, Bild 6, ist in Verbindung mit einem abgeänderten Lader, Bild 59a—d, eine wesentliche Leistungssteigerung möglich. In noch stärkerem Maße wachsen aber auch die Herstellungskosten. Für normale Zwecke käme dabei vorerst nur eine Laderbauart nach Bild 59a—c in Betracht. Die Einführung solcher Motoren setzt aber erst eine weitere Senkung der Spülverluste und damit des spezifischen Verbrauches voraus, um bei der Ausnutzung der Hubraumleistung mit dem Viertaktmotor wettbewerbsfähig zu bleiben.

Bei den jüngeren Fahrzeug-Dieselmotoren, die auf einen leistungsfähigen Lader angewiesen sind, ist durch die Wahl des Gleichstromschlitzzylinders nach Schema Bild 1b von vornherein eine Bauart zur Einführung gelangt, die große Aussichten besitzt. Da aber der Dieselmotor mit Luft spült, so daß Verluste keine große Rolle spielen, ist hier umgekehrt damit zu rechnen, daß im Zuge der weiteren Entwicklung auch der Gegenstromschlitzzylinder nach Schema Bild 1c, der sich bei den ortsfesten Maschinen so ausgezeichnet bewährt hat, zu seinem Recht kommt. Dagegen kann man dem U-Zylinder hier kein besonderen Aussichten einräumen.

Ein Nachteil ist entwicklungsmäßig gesehen die Tatsache, daß der Bau schnellaufender Zweitaktmotoren bis jetzt auf wenige Werke beschränkt ist, so daß der stärkste Entwicklungsantrieb: der Leistungswettkampf, bei weitem nicht so zur Wirkung kommt, wie z. B. im Viertaktmotorenbau, der seinen hohen Stand in aller Welt zum großen Teil dieser Tatsache verdankt.

Alle heutigen Zweitakt-Ottomotoren arbeiten (abgesehen vom Flüssiggasbetrieb) mit Vergaser, spülen also auf verlustreiche Weise mit einem Brennstoff-Luft-Gemisch. Das Zweitaktverfahren ist aber im Grunde auf Spülung mit reiner Luft und nachträgliche Brennstoffeinführung in den Arbeitszylinder zugeschnitten, deshalb seine großartigen Erfolge und seine weite Anwendung bei den ortsfesten Dieselmaschinen kleiner bis größter Leistungen. Eine wesentliche Umgestaltung der jetzigen Grundlagen und eine erhebliche Vervollkommnung der schnellaufenden Zweitakt-Ottomotoren ist deshalb auch durch den Übergang auf die Brennstoff-Einspritzung mit Fremdzündung zu erwarten. Die Arbeiten an diesem Verfahren sind zwar — besonders an staatlichen Forschungsstellen — im Gange, erfordern aber bis zu einem befriedigenden Abschluß voraussichtlich noch eine lange Entwicklungszeit.

Grundsätzlich ist hierzu folgendes zu sagen; Brennstoff-Einspritzung in den Lader, welche einen Teil der erheblichen Schwierigkeiten (z. B. die zeitlichen) umgeht, ist wenig sinnvoll, da die Brennstoff-Spülverluste hierbei nicht vermieden werden. Höchstens käme in Betracht, einen zweiten Lader mit kleinen Abmessungen vorzusehen, der den Brennstoff mittels Luft, ähnlich wie bei Einblasedieselmaschinen nach Beendigung der Spülung mit Luft mittels eines separaten Spülladers, in den Zylinder bläst. Auch die Einspritzung in die Spülkanäle während der Spülung mit Luft ist vorgeschlagen und versucht worden, weil man sich davon eine bessere Gemischaufbereitung verspricht als von der unmittelbaren Zylindereinspritzung nach Abschluß der Auslaßorgane, die die schwierigsten Probleme stellt. Bei letzterem Verfahren werden Spülverluste an Brennstoff völlig ausgeschaltet, so daß eine wesentliche Verbrauchssenkung (auf etwa 200 g/PS h) möglich ist, während die Spülung (und Innenkühlung-) mit Luft zugleich durch beliebige Vergrößerung des Spülmittelaufwandes bedeutend verbessert werden könnte.

Zur Erhöhung des Gesamteffektes tragen außerdem bei;

Die Vergrößerung des Verhältnisses ε_1 von jetzt 6,0—6,5 auf 1 : 10 und mehr, die Brennstoffverarmung bei Teillast (die bei Vergaserbetrieb nicht möglich ist, Bild 64, Teillastlinien), die Verbesserung des Leer- und Langsamlaufes durch Einspritzen des Brennstoffes in der Nähe des Zünders, das größere Luftgewicht durch Wegfall der Drosselung bei Vergaserbetrieb, der Fortfall der bei Vergaserbetrieb zur Gemischaufbereitung erforderlichen Vorwärmung, sowie die Beseitigung der in Abschn. XII erwähnten gestörten Verbrennungserscheinungen.

Der Zylindereinspritzung stellen sich jedoch folgende Hauptschwierigkeiten in den Weg; Die Einspritzung muß zwischen As und Zündung, d. h. innerhalb von rd. 90° KW durchgeführt werden, so daß bei einer Höchstdrehzahl von 3000—4500 U/min nur 1/200—1/300 s zur Verfügung stehen. Pro Sekunde müssen rd. 75 Einspritzungen zeitlich und mengenmäßig exakt erfolgen. Wegen der Kleinheit der Brennstoffmenge scheiden Zylindergrößen von unter 500 ccm Inhalt praktisch aus. Nimmt man $N = 40$ PS$_e$/l bei 4500 U/min und $b_e = 200$ g/PS$_e$h an, so ergeben sich noch bei diesem verhältnismäßig großen Zylinder Einspritzungen von nur 20 mm³ bei Vollast, während der Teillastverbrauch nur wenige mm³ umfaßt, vom Leerlaufbedarf gar nicht zu reden. Die Anfertigung solcher Einspritzpumpen, die mit einer Frequenz von 75/s zuverlässig arbeiten sollen, stellt ganz ausgefallene Anforderungen. Pulsierende Pumpen (Nockenpumpen, Speicherpumpen usw.) können diesen Erfordernissen wahrscheinlich überhaupt nicht gerecht werden, wenn sie außerdem verhältnismäßig einfach sein sollen. Dauerlaufpumpen (Zahnradpumpen u. dgl.) erfordern aber andererseits mechanisch (z. B. Bagnulo), pneumatisch, oder elektromagnetisch (z. B. Caproni-Fuscaldo) gesteuerte Einspritzventile.

Eine weitere bedeutende Schwierigkeit macht beim Einspritzen die Konstanz des Mischungsverhältnisses, die vom Vergaser in befriedigender Weise erfüllt wird, hier aber — besonders beim Fahrzeugmotor, bei dem zu jeder Belastung eine beliebige Drehzahl denkbar ist — ein Problem für sich stellt.

Bei schnellaufenden, vielzylindrigen Zweitakt-Ottomotoren der Zukunft, noch dazu bei solchen, bei denen die gleichmäßige Gemischverteilung auf die einzelnen Zylinder Schwierigkeiten bei Vergaserbetrieb macht, wo ferner die verringerte Brandgefahr, die Veränderlichkeit der Motorenlage im Raum und die Vereisungsgefahr des Vergaserbetriebs eine Rolle spielen, wie dies bei Flugmotoren zutrifft, dürfen diese konstruktiven, fertigungstechnischen und preislichen Schwierigkeiten der Brennstoffeinspritzung vor der Entwicklung aber nicht abschrecken. Für die einfachen Fahrzeugmotoren und ortsfesten Schnelläufer für Gewerbe, Forst- und Landwirtschaft ist dagegen mit einer Einführung der Benzineinspritzung auch in Zukunft kaum zu rechnen. Nichtsdestoweniger verbleibt ein großer Anwendungsbereich umso mehr als der Zweitakt-Ottomotor, sobald diese Fragen gelöst sind, weitere Gebiete erobern wird. In diesem Sinne ist die Brennstoffeinspritzung beim Ottomotor eines der wesentlichsten großen Entwicklungsziele des Zweitaktverfahrens.

Schrifttum.

Abschn. I—III.

1. H. J. Venediger, Grundsätzliche Betrachtungen zum Zweitaktverfahren, ATZ, Bd. 39 (1936), S. 273.
2. H. J. Venediger, Steigerung der Leistung und Wirtschaftlichkeit bei Zweitakt-Vergaser-Fahrzeugmotoren, Verlag Klasing & Co., Berlin W 9 (1932).
3. A. Pischinger, Bewegungsvorgänge in Gassäulen, insbes. beim Auspuff- und Spülvorgang von Zweitaktmaschinen, Forsch. Ing.-Wes. Bd. 6 (1935), S. 245 und 273.
4. E. Fezer, Der Entspannungsvorgang bei Zweitakt-Motoren, MTZ, Bd. 3 (1941), S. 399.
5. A. Reinsch und U. Schmidt, Untersuchungen an Zweitaktmotoren, 1.—4. Bericht, Kraftf.-Forsch. Arb. (1937) VDI-Verlag, Berlin.

Abschn. IV—V.

6. O. Klüsener, Das Arbeitsverfahren raschlaufender Zweitaktmotoren, VDI-Forsch., Heft 334 (1930).
7. O. Lutz, Untersuchungen über die Spülung von Zweitaktmotoren, Heft 1, Verlag Wittwer, Stuttgart (1931).
8. W. Maier und O. Lutz, Heft 2 (1933), Verlag und Titel wie 7.
9. H. J. Venediger, Wertung der Spülung von Zweitaktmotoren, ATZ, Bd. 36 (1933), S. 301.
10. O. Lutz, Grundsätzliche Betrachtungen über den Spülvorgang bei Zweitaktmaschinen, Forsch. Ing.-Wes. Bd. 5 (1934), S. 275; Z. VDI Bd. 79 (1935), S. 1150.
11. K. Karde, Die Verbesserung des Arbeitsverfahrens der einfachen, raschlaufenden Zweitakt-Vergasermaschne durch Einführung neuer Spülverfahren, ATZ, Bd. 38 (1935), S. 421.
12. U. Schmidt, Die äußere Beeinflussung des Spülverlaufes bei gemischgespülten Zweitaktmotoren, ATZ, Bd. 44 (1941), S. 120.
13. R. Wille, Neuere Untersuchungen über die Spülströmung bei schlitzgesteuerten Zweitaktverbrennungskraftmaschinen, ATZ, Bd. 44 (1941), S. 112.

Abschn. VI.

14. H. J. Venediger, Planung und Aufbau schnellaufender Zweitaktmotoren, ATZ, Bd. 37 (1934), S. 495 und 520.
15. W. Froede, Zweitaktmotoren ohne Spülgebläse, Z. VDI Bd. 22 (1938), S. 119. U. Tänzler, Spülgebläse bei Zweitaktmotoren, Z. VDI Bd. 82 (1938), S. 1153; Bd. 83 (1939), S. 818, ATZ Bd. 46 (1943), S. 31.
16. H. J. Venediger, Untersuchungen an schnellaufenden Auflade-Drehkolbenverdichtern, ATZ Bd. 39 (1936), S. 579 und 619; Bd. 41 (1938), S. 334.
17. P. Schauer, Die Vervollkommnung des gemischgespülten Zweitaktmotors, ATZ Bd. 45 (1942), S. 416.

Abschn. VII.

18. E. Stier, Spülung und Aufladung bei Zweitaktmotoren, Z. VDI Bd. 73 (1929), S. 1389.
19. A. E. Thiemann, Die Leistungssteigerung des Fahrzeugdieselmotors durch Druckladen und Zweitakt, ATZ Bd. 37 (1934), S. 591.
20. A. Schütte, Die Spülung bei Auflademaschinen, Mitt. Forsch.-Anst. GHH-Konzern, Bd. 6, H. 3 (1938), S. 65.
21. J. Zeman, Zweitaktmaschinen mit unsymmetrischen Steuerdiagrammen ATZ Bd. 41 (1938), S. 240.
22. J. H. Pitchford, Aufladung kleiner Dieselschnelläufer, MTZ Bd. 1 (1939), S. 156.
23. J. W. Swisstunoff und A. A. Kuritz, Konstruktive Entwicklung eines Zweitaktdieselmotors für Verkehrszwecke, MTZ Bd. 6 (1941), S. 47 53, Übers. v. A. Garve.
24. R. Mertz, Probleme des Zweitaktmotors, ATZ Bd. 45 (1942), S. 149.

Abschn. VIII—IX.

25. H. Schrön, Kurbelwellen mit kleinsten Massenmomenten, Verlag Springer, Berlin (1932).
26. H. J. Venediger, Stand und Entwicklung der Zweitaktmotoren für Kraftwagen, Z. VDI Bd. 81 (1937), S. 187.
27. GMC-Zweitakt-Leichtdieselmotoren, ATZ Bd. 41 (1938), S. 213, Bd. 44 (1941), S. 497.
28. Achtzylinder-Zweitakt-Diesel-Lkw-Motor, ATZ Bd. 43 (1940), S. 304; Z. VDI Bd. 84 (1940), S. 810; Z. Motor-Kritik Bd. 20 (1940), S. 263.
29. A. E. Thiemann, Der gegenwärtige Stand der Dieselflugmotoren, ATZ Bd. 41 (1938), S. 547.

Abschn. XI.

30. Forschungsarbeiten über Kolben, Folge 3 (1940), Mahle K. G., Bad Cannstatt.
31. M. Kluge, Problem der Dämpfung des Auspuffschalles der Kraftfahrzeugmotoren, ATZ Bd. 36 (1933), S. 192 und 244.
32. H. Martin, Dämpfung des Auspuffschalles an Kraftfahrzeugmotoren, Z. VDI Bd. 78 (1934), S. 1257.

Abschn. XII.

33. H. J. Venediger, Betrachtungen über das Verdichtungsverhältnis, ATZ Bd. 42 (1939), S. 27.
34. U. Schmidt, Der Betrieb gemischgespülter Zweitaktmotoren mit Flüssiggas, Dtsch. Kraftf.-Forsch. Heft Nr. 60 (1941), VDI-Verlag, Berlin.

Schiebergesteuerte Verbrennungskraftmaschinen.

Von Dipl.-Ing. Walther Riedel, Versuchsanstalt und Amtliche Prüfstelle für Kraftfahrzeuge an der Technischen Hochschule Berlin.

Bis auf wenige erfolgreiche Schiebermotoren werden heute alle in Serie hergestellten Verbrennungskraftmaschinen durch Hubventile gesteuert. Um die Bestrebungen zur Einführung von Schiebersteuerungen zu verstehen, muß daher auf die Geschichte des Kraftmaschinenbaues zurückgegriffen werden.

Die Dampfmaschine, die als betriebsbrauchbarer Motor ein Jahrhundert älter ist als die Verbrennungskraftmaschine, ist in dieser langen Entwicklungszeit etwa bis zum Jahre 1870 „ventillos" gewesen. Erst nach dem Übergang auf hohe Drücke und überhitzten Dampf hat die Hubventilsteuerung Eingang gefunden.

Die Vorläufer unserer heutigen Verbrennungsmotoren, nämlich die Gasmaschine von Lenoir (1860) und der Flugkolbenmotor von Otto (1870) wurden durch Schieber gesteuert. Der im Jahre 1879 erschienene Viertakt-Motor von Otto war gleichfalls mit einer Schiebersteuerung ausgerüstet. In verhältnismäßig kurzer Zeit wurden etwa 3000 PS in Viertakt-Otto-Motoren bei etwa 3 PS Höchstleistung je Maschine erbaut und verkauft. Der Kampf gegen die Monopolrechte der Deutzer Motoren-Fabrik auf das Viertaktverfahren und die Befreiung vom Leuchtgasbetrieb dauerte bis etwa zum Jahre 1890. Bei den Leuchtgas-Motoren mit einem Verdichtungsenddruck von nur 2 kg/cm² hatte die Schiebersteuerung zufriedenstellend gearbeitet. Der Übergang auf Betrieb mit Gasen von geringerem Heizwert erforderte wesentlich höhere Gemischverdichtung. Die Auslaßschieber der Viertakt-Großgasmaschinen widerstanden nicht mehr den hohen Verbrennungsdrücken und Temperaturen; die Erbauer dieser Maschinen gingen auf Hubventil-Steuerungen über. Bei Arbeitstemperaturen von mehr als 500° C machten aber auch diese Auslaßventile große Schwierigkeiten; das Augenmerk wurde dadurch auf das Zweitaktverfahren gelenkt, bei dem durch Schlitzsteuerung mit dem Arbeitskolben mindestens der Auslaßhub ventillos sein konnte. Neue Schwierigkeiten ergaben sich, als solche Zweitaktmaschinen zum Antrieb von Stromerzeugern in Elektrizitätswerken verwendet wurden. Die Hinzufügung eines Einströmventils und besonderer Regelorgane wurde notwendig, so daß auch diese Zweitaktmaschinen bald nicht mehr im eigentlichen Sinne als „ventillos" zu bezeichnen waren. Die Verarbeitung flüssiger Kraftstoffe erzwang bei Fahrzeugmotoren eine ähnliche Entwicklung vom Schieber zum Ventil.

Übersieht man diese kurze Entwicklungsgeschichte, so ist festzustellen, daß stets die Schiebersteuerung Pionierdienste geleistet hat und daß sie dann von der Hubventilsteuerung abgelöst worden ist.

Welche Veranlassung besteht nun, beim heutigen Stand des Verbrennungskraftmaschinenbaues wieder auf Schiebersteuerungen zurückzugreifen?

Eine Verbrennungskraftmaschine saugt in der Zeiteinheit ein Gewicht brennbaren Gemisches an, das von Hubvolumen, Drehzahl und Gemischdichte abhängt. Die Gemischdichte wird am stärksten beeinflußt durch die Widerstände in den Ansaugleitungen und Steuerquerschnitten und durch die Temperatur bei Schluß der Einlaßöffnungen.

Durch die Verbrennung des angesaugten Gemisches wird eine Wärmemenge frei, die dem Ladungsgewicht verhältnisgleich ist. Ein durch den Gütegrad der Verbrennung und den thermischen und mechanischen Wirkungsgrad bestimmter Anteil der freigewordenen Wärmemenge wird durch den Kurbeltrieb in nutzbare Arbeit umgesetzt.

Während der letzten acht Jahre Entwicklungszeit ist der thermische Wirkungsgrad von ventilgesteuerten Flugmotoren um etwa 10% verbessert worden. Den überwiegenden Anteil an dieser Erhöhung hat die verbesserte Form des Verdichtungs- und Verbrennungsraumes und die Steigerung des klopffrei verarbeitbaren Verdichtungsverhältnisses. Die Literleistungen sind in dieser Zeitspanne jedoch um etwa 100% gestiegen. Da somit die Verlust-Wärmemenge annähernd verdoppelt worden ist und nur ein gewisser Teil davon durch Steigerung der Abgaswärme aus der Maschine abgeführt werden kann, ist eine zusätzliche Verlustwärme von etwa 40% an die Verbrennungsraumwandungen abzuführen.

Mit Rücksicht auf das ohne Klopfen verarbeitbare Verdichtungsverhältnis darf die Temperatur am Kolbenboden, den Zündkerzen und besonders an den schlecht kühlbaren Ventiltellern Höchstwerte nicht überschreiten. Zwar hat man die Klopffestigkeit der Kraftstoffe durch Beimischung von metallorganischen Klopfbremsen (z. B. Bleitetraethyl oder Eisencarbonyl) erhöht. Bei der Verbrennung gebleiter Kraftstoffe entstehen aber Schwermetalloxyde, in deren katalytischer Gegenwart die heißen Auslaßventilteller unter Umständen sehr schnell zerstört werden.

Ein Tellerventil führt den überwiegenden Teil der ihm zuströmenden Wärmemenge über seinen Abdichtsitz und den Rest über den Ventilschaft an das Kühlmittel ab. Zu geringes Ventilspiel und Verzug von Ventilsitz und -teller führt zur Zerstörung des Steuerorganes infolge Überhitzung. Die Anwendung von Natrium-gefüllten Ventilschäften, die Aufteilung der Auslaßfläche auf mehrere Ventile, die Panzerung der Teller und Sitze mit wärmebeständigeren Stoffen (zum Beispiel Stellit) sind Verbesserungen, aber keine grundsätzlichen Abhilfen.

Aus diesen Gründen befinden sich die Ventilsteuerungen der meisten Hochleistungs-Verbrennungskraftmaschinen am Ende ihrer Belastbarkeit, ohne daß der Kolbenkurbeltrieb diesen Grenzwert bereits erreicht hat.

Da die Ventilbeschleunigung mit dem Quadrat der Drehzahl wächst, hat die Drehzahlsteigerung über das bisher erreichte Maß hinaus ihre Grenze in den zu beschleunigenden Steuerungsteilen gefunden.

Die erstrebenswerte Erhöhung der Hubraumleistung ist durch folgende Maßnahmen möglich:

Verbesserung des Liefergrades durch Verringerung der Gaswiderstände,

Erhöhung des zulässigen Verdichtungsverhältnisses durch günstige Form des Verbrennungsraumes und Vermeidung von wesentlich über der mittleren Wandtemperatur liegenden heißen Stellen,

Verringerung des Restgasanteiles durch Herabsetzung der Auslaßwiderstände,

Erhöhung der Betriebsdrehzahl bis zur Grenze der Leistungsfähigkeit des Kurbeltriebs durch Vermeidung von Steuerungsteilen, die wechselnd beschleunigt und verzögert werden müssen.

Jede dieser Maßnahmen enthält eine Reihe von Vorteilen, die sich in Erhöhung der Hubraumleistung äußern. So bedeutet allein die Steigerung des Verdichtungsverhältnisses

Erhöhung des indizierten mittleren Kolbendruckes,

Verkürzung der Entflammungswege,

Herabsetzung der wärmeabführenden Oberfläche des Verbrennungsraumes und

Verringerung des schädlichen Einflusses der im Verbrennungsraum verbleibenden Restgase.

Dadurch wird die Ladung zündfähiger, gibt während des eigentlichen Verbrennungsprozesses und während des Ausdehnungshubes weniger Verlustwärme an die Wandungen ab und der thermische Wirkungsgrad der Verbrennung steigt.

In Bild 1 ist der grundsätzliche Verlauf des thermischen Wirkungsgrades η_{th} bei einer verlustlosen Verbrennungskraftmaschine in Abhängigkeit vom wahren Verdichtungsverhältnis ε dargestellt. Im oberen Teil des Bildes zeigt der Linienzug a die Abhängigkeit des η_{th} von ε für $c_v = \text{const}$; b stellt die für die ausgeführte Maschine gültigen Verhältnisse mit η_{th} bei $c_v = f(T_c = 273 + t_c)$ dar. Der Kurve b entspricht der Verlauf e des Verdichtungsenddruckes p_c in kg/cm².

Im unteren Bildteil ist die Verdichtungsendtemperatur in Grad Kelvin aufgetragen. Das durch gestrichelte Linien eingetragene Beispiel sagt aus, daß bei einem Verdichtungsverhältnis von 14,1 der Verdichtungsenddruck 33,5 kg/cm², die Verdichtungsendtemperatur 1060° K und der thermische Wirkungsgrad 50% beträgt.

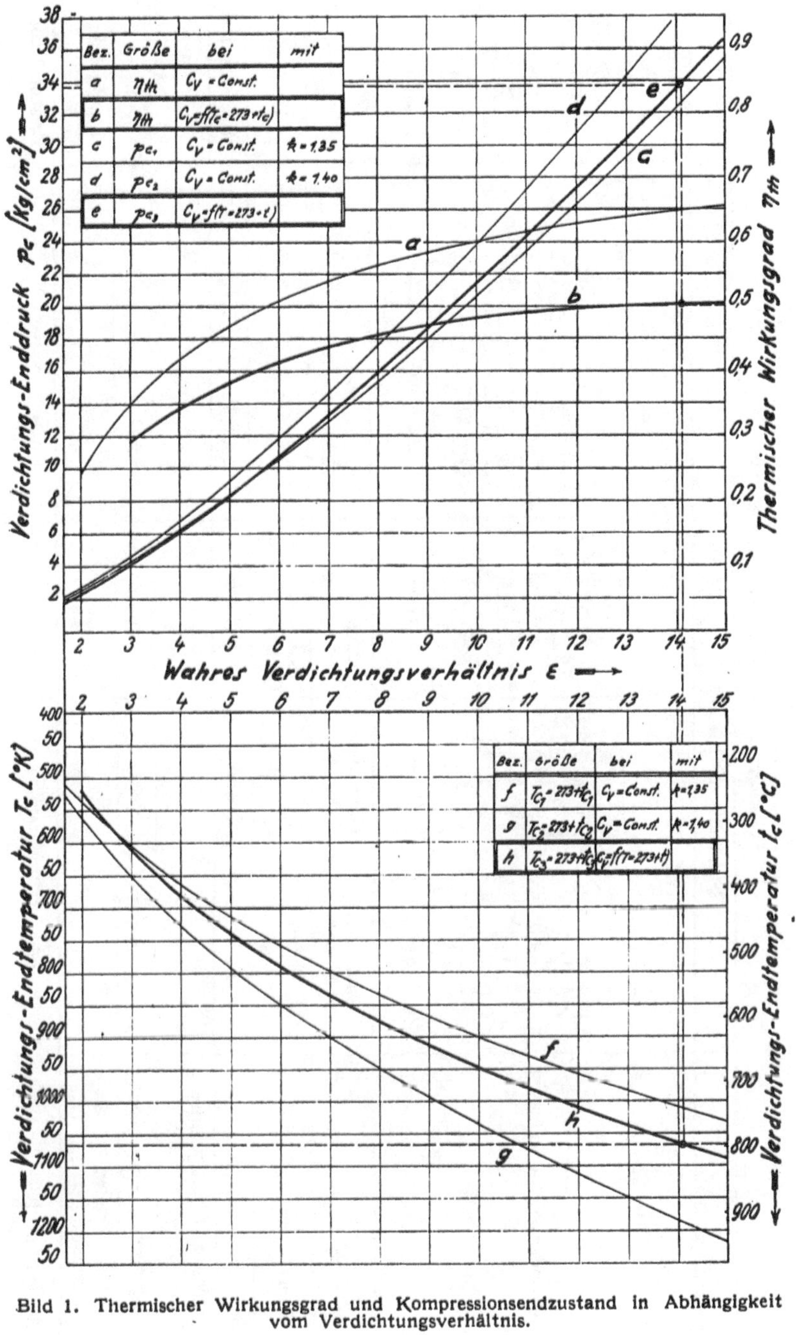

Bild 1. Thermischer Wirkungsgrad und Kompressionsendzustand in Abhängigkeit vom Verdichtungsverhältnis.

Systematik der Schiebersteuerungen

	Schwing-Schieber			Dreh-Schieber		
Grundsätzliche Bauweise	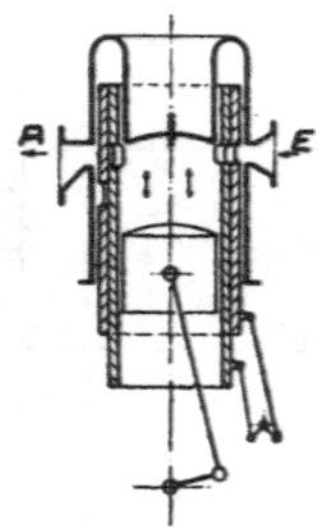	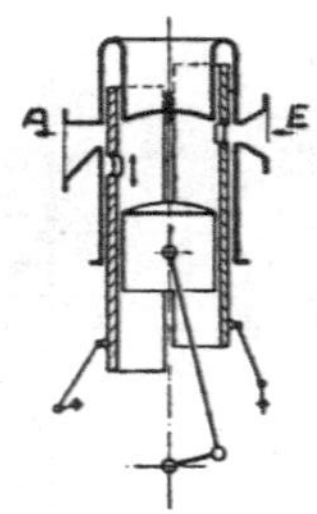	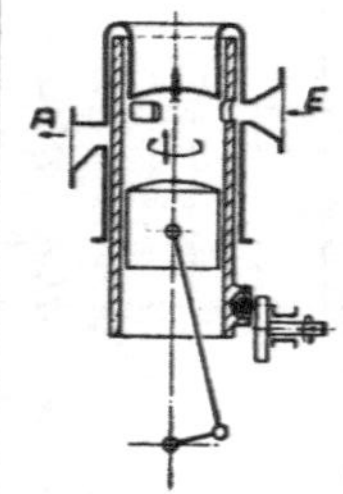	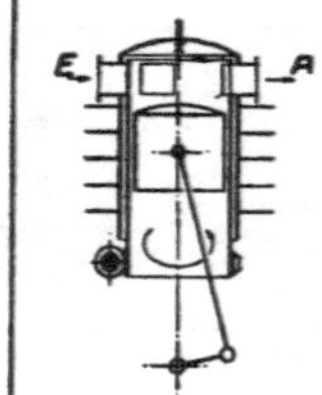	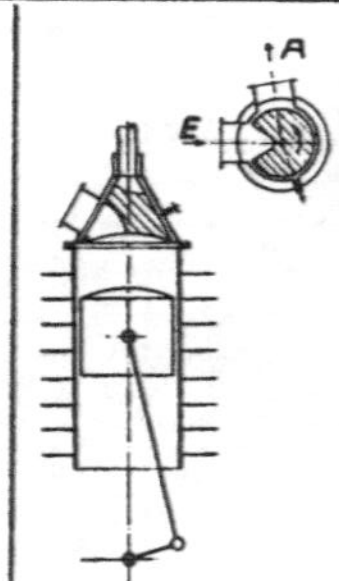	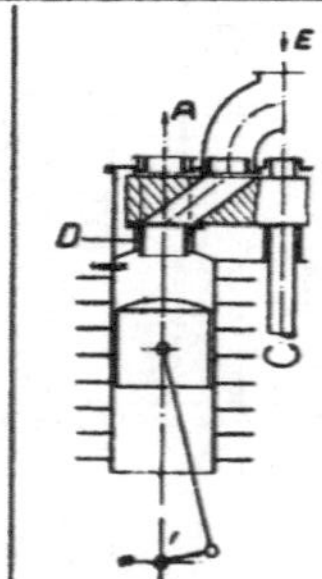
Schieberart	Dopp. Rohr-Schieber	Halbrohr-Schieber	Ein-Rohr-Schieber	Ein-Rohr-Schieber	Kegelschieber	Planschieber
Steuerbewegung	Schiebe-schwingung	Schiebe-schwingung	Schiebe- und Drehschwingung	Drehung	Drehung	Drehung
Schieberform	Zylinder	Zylinder	Zylinder	Zylinder	Kegelstumpf	Kreisscheibe
Zahl der Schieber { je Zylinder . / je Motor . .	2	2	1	1	1	1 oder 1
Zusätzliches Abdichtorgan	fehlt	fehlt	fehlt	fehlt	fehlt	vorhanden
Zahl der Freiheitsgrade je Abdichtorgan	—	—	—	—	—	1 ausgeführt 2 möglich
Ausgeführt bei	Knight	Mustad	Bristol Aeroplane	Pittler	Aspin	Bristol Tramways

	Dreh-Schieber				
Grundsätzliche Bauweise	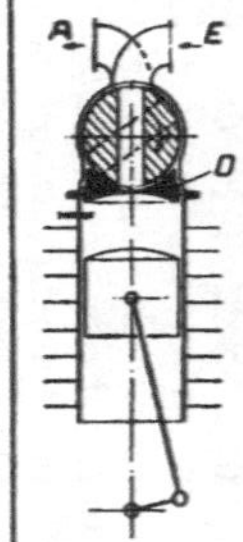 	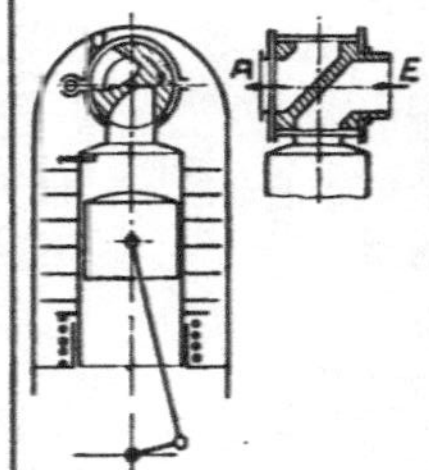 	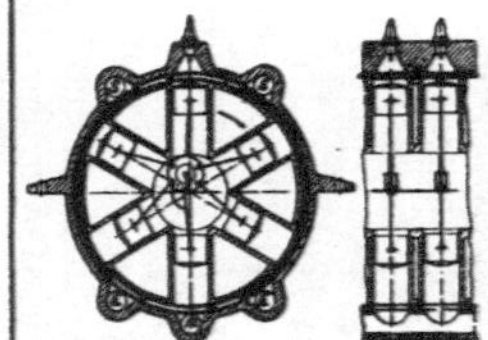	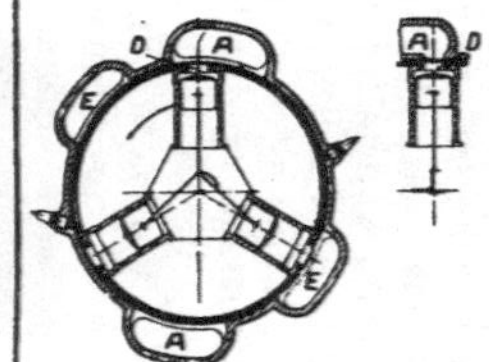 	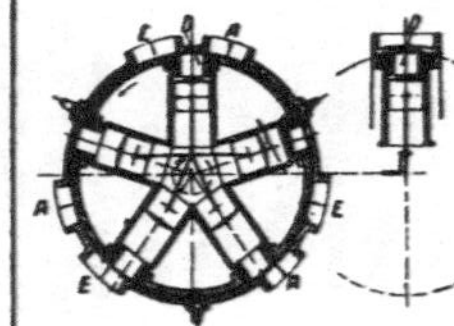
Schieberart	Walzenschieber		Zylinderring-Schieber		Kugelring-Schieber
Steuerbewegung	Drehung		Steuerorgan fest, Zylinderstern dreht um Kurbelwelle		
Schieberform	Zylinder		Zylinder		Kugelabschnitt
Zahl der Schieber { je Zylinder . / je Motor . .	1	1	1	1	1
Zusätzliches Abdichtorgan	vorhanden	vorhanden	fehlt	vorhanden	vorhanden
Zahl der Freiheitsgrade je Abdichtorgan.	1	1	—	1	2
Ausgeführt bei	Heylandt	Cross	Soppit	Freer	Sachsenberg

Bild 2. Zusammenstellung der wesentlichen Kennzeichen von Schiebersteuerungen

Zur Bestimmung des wirtschaftlichen Gesamtwirkungsgrades ist das Produkt aus mechanischem und thermischem Wirkungsgrad mit dem Gütegrad zu bilden. Da der für die Reibungsarbeit aufzuwendende mittlere Kolbendruck mit Drehzahl und Verdichtungsverhältnis ansteigt, und weil der Gütegrad nur wenig mit dem Verdichtungsverhältnis zunimmt, hat eine Erhöhung von ε über 12 wenig Aussicht auf Erfolg.

Mit diesen grundsätzlichen Überlegungen sind die Hauptziele bei der Einführung der Schiebersteuerung umrissen. Zu Beginn des für die Jetztzeit maßgebenden Baues von Schiebermaschinen, etwa um 1905, wurde der Hauptvorteil in der Geräuschlosigkeit und in der Zwangläufigkeit der Steuerung gesehen. Inzwischen sind die Ventilsteuerungen soweit vervollkommnet worden, daß ausreichende Geräuschminderung auch bei ihnen erreicht worden ist; die Zwangläufigkeit ist beim Hubventil nicht zu erreichen, weil die Eröffnung durch den Steuernocken halb-formschlüssig vorgenommen wird, während der Ventilschluß durch eine besondere Feder kraftschlüssig erfolgt. Für eine Zwanglaufsteuerung eignen sich Hubventile nicht, weil ihre Bewegung in der Schließrichtung durch das Auftreffen auf den Ventilsitz begrenzt ist. Da die Lage dieser Begrenzung eine vom Temperaturzustand abhängige Größe darstellt, muß zum Schließen die Ventilfeder verwendet werden. Untersuchungen über die Steuerleistung haben gezeigt, daß bei Hubventilsteuerungen die beim Öffnen in der Ventilfeder gespeicherte Energie beim Schließvorgang fast vollkommen zurückgewonnen wird, und daß nur jene Leistung aufzubringen ist, die zum Öffnen des Auslaßventils gegen den Überdruck und zum Schließen des Einlaßventils gegen die Saugströmung erforderlich ist.

Alle Schieber können im Gegensatz zum Hubventil bei zwangläufigem Antrieb ihre theoretischen Endlagen um einen durch die Abdichtungsbreite, das Spiel im Antrieb und die Wärmedehnung bedingten Betrag übersteuern, ohne damit zusätzliche Kräfte freizumachen.

Die Wirkung einer Steuerung in bezug auf ihre Lade- und Entladefähigkeit ist abhängig von den Strömungswiderständen, die sie dem zu steuernden Medium bietet. Steuerungen verschieden großer aber gleich schnell laufender Maschinen lassen sich mit Hilfe des spezifischen Wirkquerschnittes Q untereinander vergleichen. Q ist das Integral der Kurve $F = f(\alpha)$ bezogen auf die Hubraum-Einheit. Hierin ist F der freigegebene Steuerquerschnitt in cm^2 bei der Kurbelstellung α in Grad:

$$\underset{A,E}{Q} = \frac{1}{V_H} \int_{A\ddot{o}\,E\ddot{o}}^{As\,Es} F \cdot d\alpha \qquad \left[\frac{cm^2 \cdot {}^0KW}{ltr}\right].$$

Bei Bewertung einer Steuerung ist zu berücksichtigen, daß die Art des Verlaufes von Querschnitts-Eröffnung und -Schluß in dieser Vergleichsgröße Q nicht berücksichtigt wird. Bekanntlich ist für den Einlaß langsames Öffnen und schnelles Schließen, und für den Auslaß schnelles Öffnen und langsames Schließen aus strömungstechnischen Gründen erwünscht.

Es gibt wohl kaum noch eine Form, Anordnung und Bewegungsart von Schiebern als Steuerorgan, die nicht vorgeschlagen und in Hunderten von Patenten festgelegt wurde. Alle diese Steuerungen lassen sich aber nach folgenden Gesichtspunkten einordnen:

1. Bewegungsverlauf,
2. Lage zum Arbeitszylinder,
3. Form der Abdichtungsflächen,
4. Führung des zu steuernden Gases.

Das wichtigste Unterscheidungsmerkmal, der Bewegungsverlauf, ist der folgenden Einteilung zugrunde gelegt.

I. Schwingschieber vollführen Pendelbewegungen mit in erster Annäherung sinusförmigem Verlauf. Dazu gehören auch solche

Schieber, die Schwingbewegungen in zwei sich kreuzenden Richtungen ausführen.

II. Drehschieber laufen mit gleichförmiger Winkelgeschwindigkeit um und unterliegen daher bei konstanter Kurbelwellendrehzahl keinen Beschleunigungskräften. Diesen Schiebern gehört die Zukunft.

Eine Aufstellung der in diesem Abschnitt behandelten Schieber-Steuerungen soll die Übersicht über das gesamte Gebiet erleichtern (Bild 2). In dieser Tabelle ist neben den bereits aufgeführten Kennzeichen festgelegt, ob bei der betreffenden Steuerung zwischen Verbrennungsraum und Steuerfläche zusätzliche Abdichtungsorgane sich befinden. Es besteht nämlich aller Grund zu der Annahme, daß nur Schieber-Steuerungen mit solchen Abdichtbauteilen zum endgültigen Erfolg führen werden, und daß die Güte der Abdichtung bei allen Wärmezuständen der Maschine von der Anzahl der von diesen Dichtelementen frei ausführbaren Bewegungen (also von ihren Freiheitsgraden) entscheidend abhängt.

I. Schwingschieber.

A. Doppelschieber.

1. Knight-Steuerung für Viertaktverfahren.

Nach einem Patent von 1905 über eine Steuerung mit bewegtem Arbeitszylinder wurde 1908 das für die Entwicklung des Knight-Doppelschiebers maßgebende Schutzrecht erteilt. 1909 wurde eine Dauer-Prüfstandserprobung mit über 100 Stunden Laufdauer erfolgreich beendet und durch Teilnahme am 2000 Meilen-Rennen auf der Brookland-Bahn der Beweis der Zuverlässigkeit erbracht. Da die Ventilsteuerungen zu jener Zeit noch sehr geräuschvoll waren und Anlaß zu vielen Störungen gaben, begannen folgende Lizenznehmer die Entwicklung und den Bau von Verbrennungskraftmaschinen mit Steuerungen nach Knight-Patenten.

Deutschland: Mercedes in Untertürkheim,
Österreich: Österreichische Daimler-Motorengesellschaft in Wiener-Neustadt
England: Daimler in Coventry,
Belgien: Minerva Motor-Corp. in Antwerpen,
Frankreich: Panhard & Levassor und Voisin.

Die englische Hauptfabrikation wurde durch die Firma Willys-Overland Crossley, Ltd. in Stockport durchgeführt.

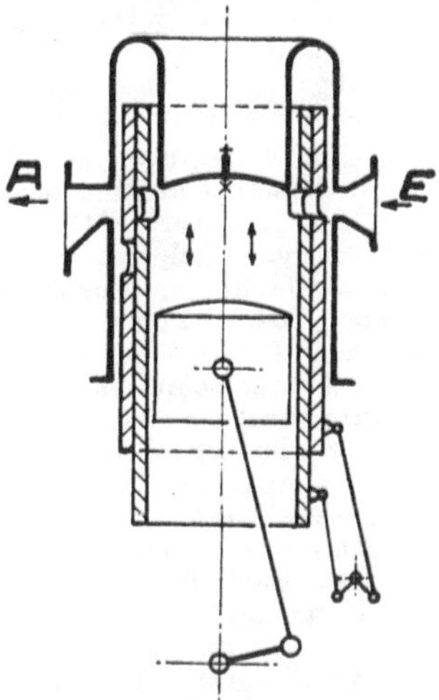

Bild 3. Schema der Doppelschwingschieber-Steuerung Knight

Die Knight-Steuerung verwendet entsprechend Bild 3 zwei ineinander gesteckte Rohrschieber, die den Arbeitskolben umschließen und im Zylinder geführt sind. Beide Schieber werden über je ein Pleuel von um etwa 70° versetzten Kurbeln der Steuerwelle angetrieben. Diese Welle läuft mit der halben Kurbelwellendrehzahl um.

Das eigentliche Steuerverfahren ist sehr verwickelt; die in Frage kommenden Hauptsteuerstellungen sind in etwas vereinfachter Form im Bild 4 dargestellt.

Bei der ausgeführten Maschine sind am Steuervorgang beteiligt:
die Unterkante des Zylinderkopfes;
drei Schlitze im Innenschieber, der mit Kolben und Zylinderkopf den Verbrennungsraum bildet, also Arbeitszylinder ist (Bild 4 und 5);
drei Schlitze im Außenschieber,
zwei Kanten des Ein- und Auslaßkanals im feststehenden Zylinder.

Durch diese umständlich erscheinende Anordnung wird tatsächlich erreicht, daß jeder Steuerungspunkt einzeln beherrscht werden kann und für

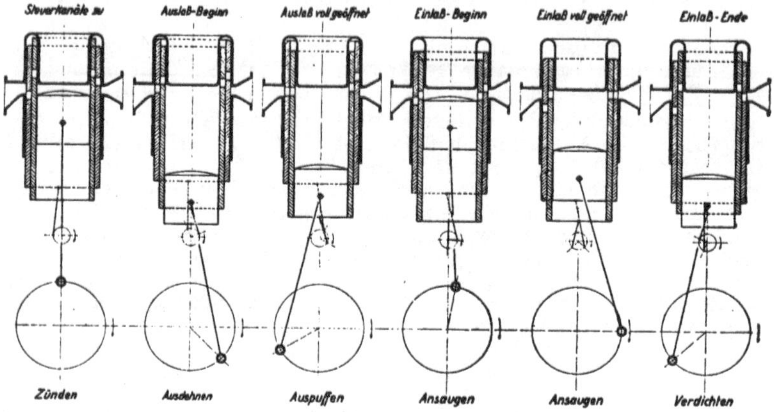

Bild 4. Doppelschwingschieber-Steuerung Knight

die besondere gewollte Wirkung sich abändern läßt, ohne daß die anderen Querschnitts-Eröffnungen und -Schließungen zu stark beeinflußt werden.

Der Zylinderkopf ist gegen den bewegten Innenschieber wie der Arbeitskolben mit Federringen abgedichtet. Mit nur 2,7 mm Wandstärke der Steuerhülsen entstehen sehr kurze Strömungswege für Ein- und Auslaß bei genügend großen Zeitquerschnitten und nur geringfügiger Umlenkung der Gasströme, damit also eine gute Ladefähigkeit der Steuerung.

In Bild 4 ist angenommen, daß der Zylinderkopf mit Oberkante Ein- und Auslaßkanal abschneidet. Für diese Bedingung stellen Bild 6 und 7 den Querschnittsverlauf für Auslaß und Einlaß dar. Die Anfangsstellungen der steuernden Schlitze sind am Bildrand eingetragen. Der durch die Steuerkanten freigegebene Querschnitt ist senkrecht schraffiert und im oberen Teil von Bild 6 über Grad Steuerwinkel dargestellt. Durch Höherverschiebung der Auslaß-Schlitze auf dem Außenschieber erfolgt eine Veränderung des Auslaß-Zeitquerschnittes, wie sie durch schwache und kräftige Schraffung gekennzeichnet ist. Weitere Verstellmöglichkeiten liegen in der Veränderung des Phasenwinkels zwischen Innen- und Außenschieberantrieb und in Veränderung der Höhenlage der Schlitze im Zylinder. In Bild 7 sind die Auslaß- und Einlaß-Steuerquerschnitte über Grad Kurbelwinkel aufgetragen. Der auffällige Unterschied im Verlauf beider Steueröffnungen kehrt bei allen Knight-Maschinen wieder und ist kinematisch begründet. Unter der Annahme eines Phasenwinkels von 90° zwischen den beiden Steuerkurbeln, wie er zum Beispiel von Minerva angewendet worden ist, ergibt sich ein großer Auslaß-Wirkquerschnitt Q_A, während der Wert Q_E für den Einlaß verhältnismäßig klein ausfällt.

Bei einer ausgeführten Knight-Maschine (Bild 5) ergeben sich folgende kennzeichnende Steuerungspunkte:

1. Einlaß öffnet

Es steuert die Oberkante Einlaßschlitz vom Innenschieber mit der Unterkante Einlaßschlitz des Außenschiebers. Bei Fortschreiten im Viertaktverfahren geht der Innenschieber nach oben und der Außenschieber gegenläufig nach unten. Dadurch werden schnell zunehmende Einström-Querschnitte freigelegt. Gegen Mitte Einlaßhub ist kurzzeitig die Unterkante des Einlaßkanals im Außenzylinder an der Steuerung beteiligt und bald auch die Unterkante des Zylinderkopfes.

2. Einlaß schließt

Es steuert die Unterkante des Einlaßschlitzes vom Innenschieber und die Zylinderkopfkante.

3. Verdichten und Ausdehnen

Alle Kanäle sind geschlossen; die Abdichtungswege nehmen annähernd verhältnisgleich mit dem Zylinderdruck zu und ab.

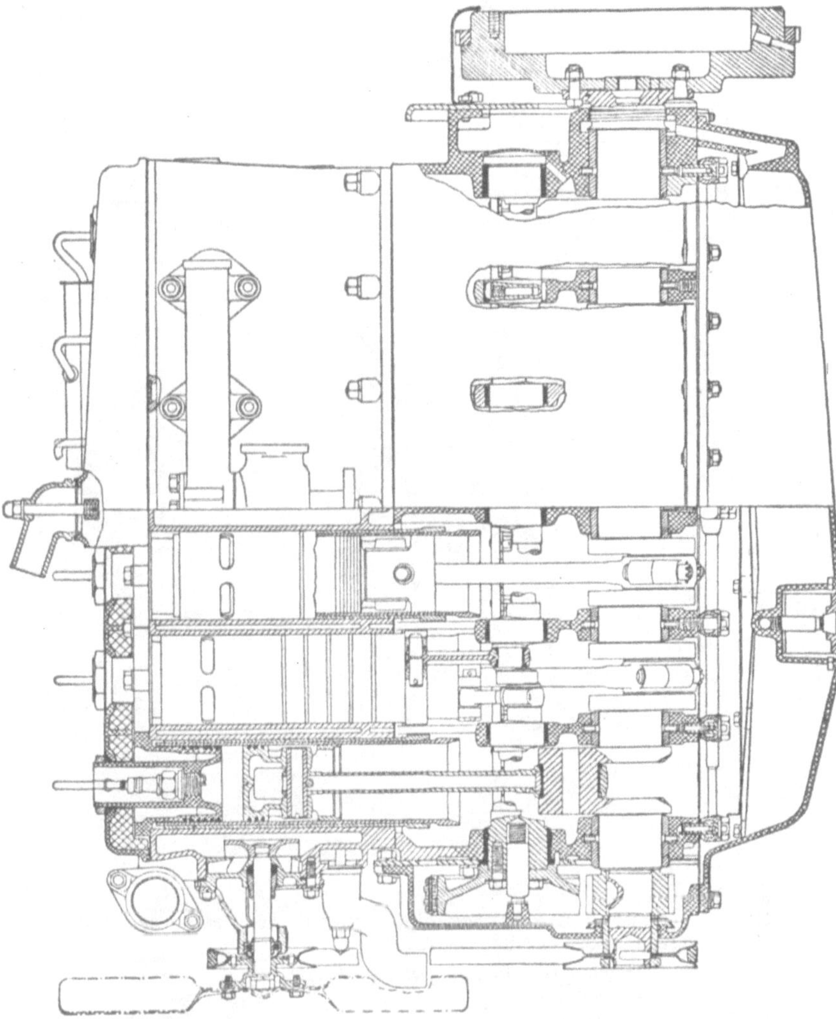

Bild 5. Willys-Knight Fahrzeugmotor (Sechszyl., 2,93 l, 53 PS bei 3100 U/min)

4. **Auslaß öffnet**
Es steuert die Unterkante des Zylinderkopfes und die Unterkante des Auslaßschlitzes vom Innenschieber. Nach Ablauf von etwa 25% der Auslaß-Steuerzeit bestimmt die Oberkante des Auslaßschlitzes im Außenschieber und die Unterkante des Auslaßkanals im Zylinder die Größe der freien Querschnitte.

5. **Auslaß schließt**
Es steuert die Oberkante des Auslaßschlitzes im Außenschieber mit der Unterkante des Auslaßkanals im Zylinder.

Die wesentlichsten Vorteile dieser Doppelschwingschiebersteuerung sind:
- Günstige Verbrennungsraumform
- Vollkommener Zwanglauf
- Geräuscharmheit
- Freigabe großer Steuer-Querschnitte mit hohen Öffnungs- und Schließgeschwindigkeiten
- Kurze Strömungswege

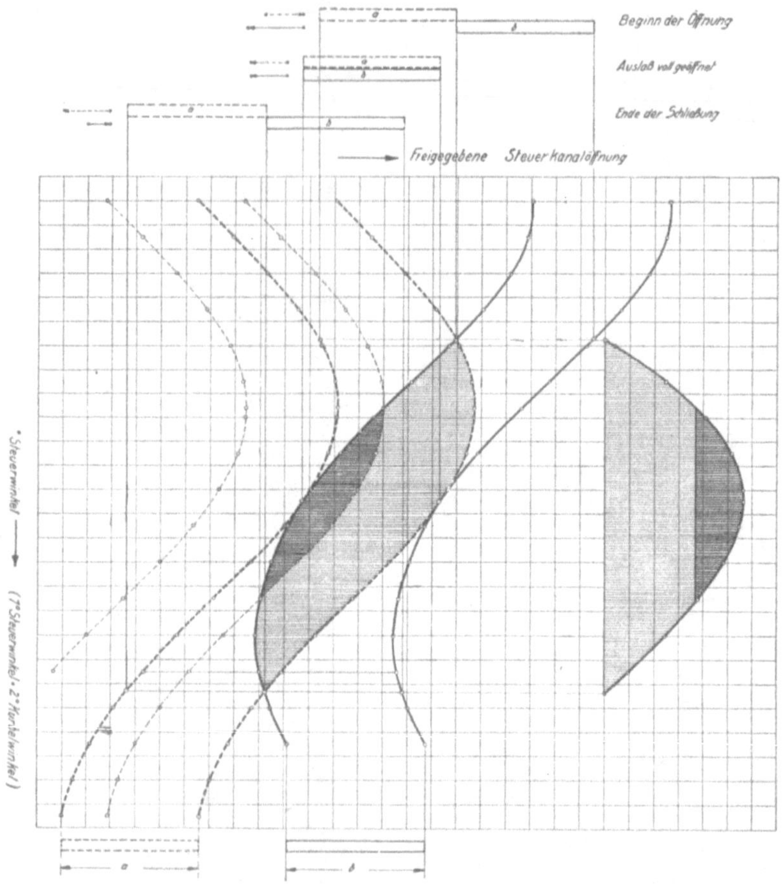

Einzelne Steuergrößen können ohne wesentliche Beeinflussung der anderen Punkte verändert werden.

Diesen Vorteilen stehen folgende Nachteile gegenüber:

Umständlicher Antrieb;

Die Schieberhülsen müssen durch den geschränkten Kurbeltrieb schwingend betätigt werden und erleiden dabei erhebliche Beschleunigungskräfte. [Die Gewichte der Schieber betrugen bei der Willys-Overland-Maschine Mod. 56 mit 2,5 ltr V_H und 45 PS (17,4 PS/ltr) 1,305 und 1,225 kg!];

Schlechte Wärmeabfuhr vom Verbrennungsraum über drei Ölfilme;

Hohe Adhäsion der großen Steuerungsflächen, besonders bei kalter Maschine;

Verkantung der Steuerschieber

1. durch außermittigen Angriff der Steuerungspleuel,
2. durch einseitige Belastung aus dem Bahndruck des Arbeitskolbens;

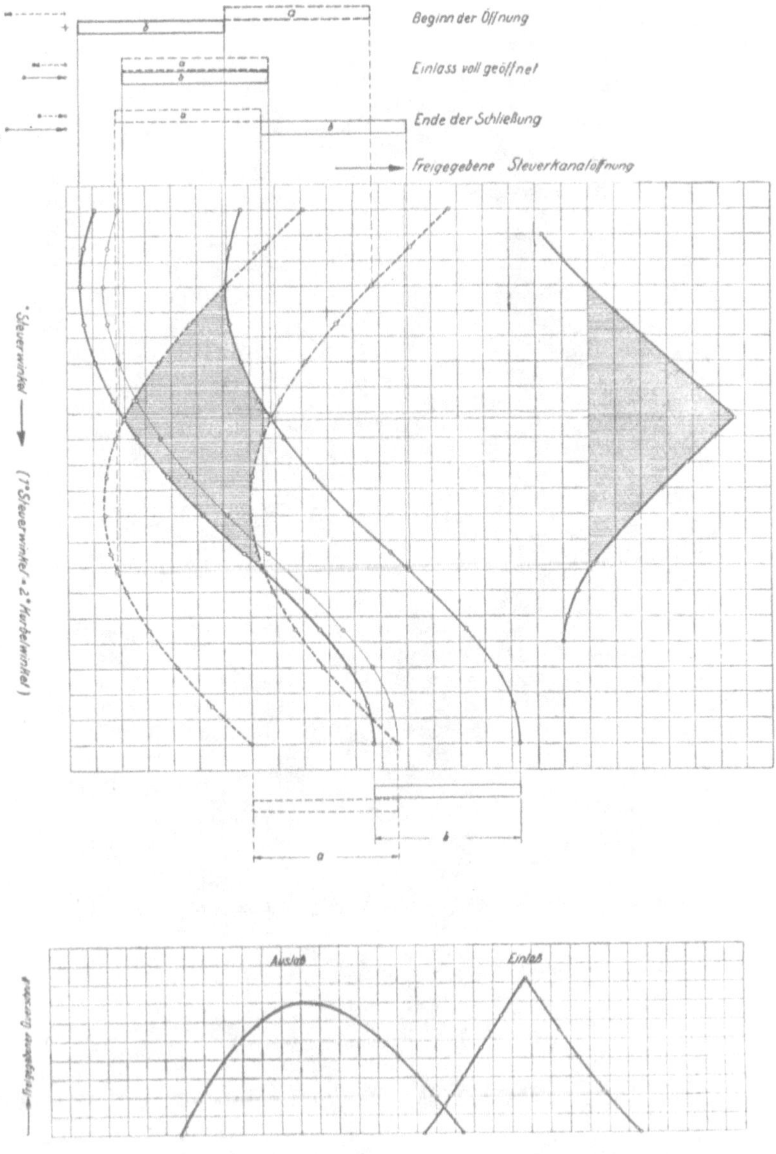

Bild 7. Zeitquerschnitte der Knight-Steuerung in Abhängigkeit von der Kurbelstellung

Nur kurze Abdichtungsüberdeckung der Steuerkanten während des Verdichtungstaktes;

Schwierige Ölversorgung beider Schieber;

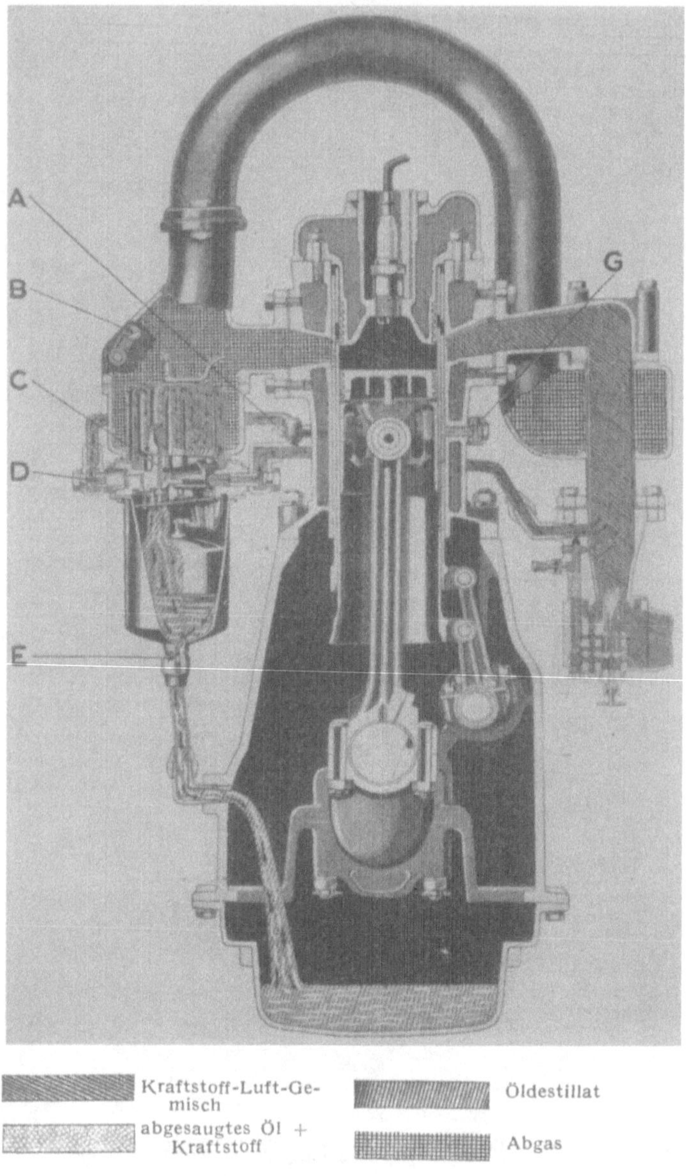

Bild 8. Ölabsaug- und Reinigungsanlage des Willys Knight-Fahrzeugmotors

Gemischverschlechterung durch Öldampf (bis 10% Leistungsabsenkung);

Neigung zu Ölqualmbildung.

Welch großer Wert besonders auf die Schmierung der Rohrschieber gelegt werden mußte, zeigt in dem folgenden Bild 8 die Ölabsaug- und Reinigungsanlage eines Willys Knight-Motors, die nach folgendem Verfahren arbeitet:

Die umlaufenden Ölnuten der Schieber münden in zur Schieberachse parallelen Ausfräsungen (Bild 9). Aus der Öffnung G (Bild 8) wird unter dem Einfluß des Unterdruckes im Saugrohr das Schieberöl bei D in den Ölreiniger gesaugt und durch Abgaswärme destilliert. Der in das Öl besonders nach Kaltstart bei übermäßiger Verwendung der Hilfs-Einrichtungen zur Gemisch-Anreicherung gelangte Kraftstoff tritt hinter der Drosselklappe wieder in das Gemisch. Das destillierte und gereinigte Öl dagegen wird durch ein thermostatisch gesteuertes Ventil C und ein besonderes Schwimmergehäuse über die Leitung E in das Kurbelgehäuse zurückgeführt.

Bild 9 zeigt den Kolben und die Schieber des Willys-Knight-Motors mit den zur Ölverteilung und Absaugung erforderlichen Nuten.

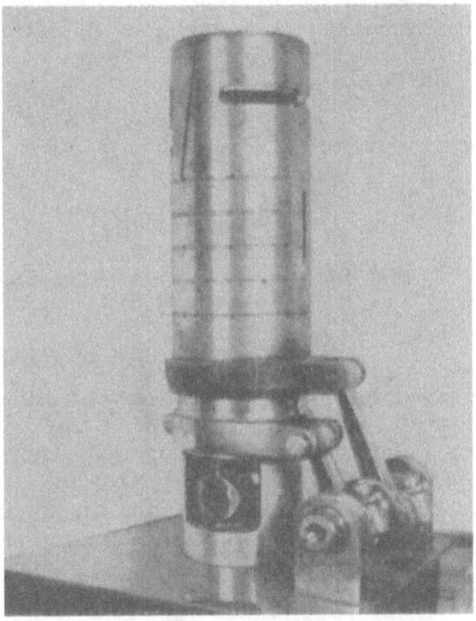

Bild 9. Rohrschieber des Willys Knight-Motors, Mod. 56

Aus Versuchen von Riedler geht hervor, daß etwa 10% der möglichen Leistung wegen Gemischverschlechterung durch Öldampfbildung verloren geht, und daß andererseits bei zu knapper Ölgabe Schieberbrüche auftreten. Nach den gleichen Meßergebnissen war die Antriebsleistung der Schiebersteuerung mit 0,4—0,9% der Nutzleistung gegenüber 0,2—0,3% eines Hubventil-gesteuerten Motors noch in erträglichen Grenzen; immerhin ist die spezifische Steuerleistung bei einem Knight-Doppelschiebermotor danach etwa 2 bis 3 mal so groß als beim Ventilmotor.

Der Anteil der an das Kühlwasser abgegebenen Wärmemenge ist bei den Knight-Motoren beträchtlich kleiner als bei den Vergleichs-Ventilmaschinen. Die Herabsetzung der Wandungsverluste ist an sich erwünscht; leider ist aber bei den Maschinen mit Rohrschiebersteuerung die Verringerung dieses Anteils mit einer entsprechenden Steigerung der mit dem Abgas abzuführenden Wärme erkauft. In der Herabsetzung der Wandungsverluste äußert sich nur die schlechte Wärmeableitung über drei Ölfilme an Zylinderwand und Kühlwasser. Während bei den von Riedler untersuchten Ventilmaschinen die im Kühlwasser abgeführte Wärmemenge 30—37% der zugeführten betrug, erreichten die Knight-Schiebermotoren nur 17—27%; der durch den Wärmestau bedingte mittlere Unterschied betrug also 10—13%.

Die Herstellung von Schiebermotoren nach dem Knight-Verfahren ist heute in allen Ländern der Welt eingestellt worden. Trotzdem laufen auch heute noch Kraftfahrzeuge mit Antrieb durch Doppelschiebermaschinen, die zum Teil bis zu 160000 km Laufstrecke ohne wesentliche Schieberstörungen zurückgelegt haben.

Doppelschwingschieber-Steuerung von Mustad et Fils, Duclair.

Angeregt durch die großen Erfolge der Knight-Steuerung wurden eine ganze Reihe von Systemen erdacht, die sich z. T. nur wenig von dem eigentlichen Ausgangs-

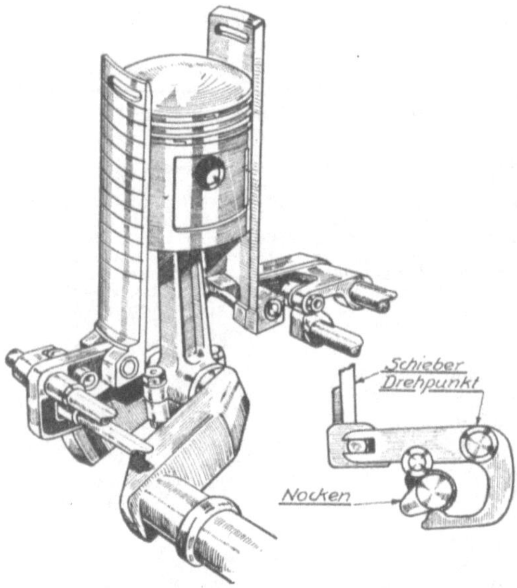

Bild 10. Doppelschwingschieber-Steuerung von Mustad et Fils, Duclair

gedanken unterscheiden. 1910 wurde auf dem Pariser Salon durch die Firma Mustad et Fils ein Motor ausgestellt, dessen Steuerung durch zwei getrennt bewegte Schieber erfolgte, die Teilabschnitte einer Rohrhülse sind (Bild 10). Die Antriebsnocken werden entsprechend dieser Darstellung von einem Gabelhebel umfaßt, und steuern die Hub- und Senkbewegung der Schieber zwangläufig. Diese Steuerung ist deshalb erwähnenswert, weil sie das Bestreben erkennen läßt, die Wärmeabfuhr an die Zylinderwandung gegenüber dem Knight-Doppelschieber zu verbessern und die Massenkräfte herabzusetzen. Da die Steuernockenwellen aus konstruktiven Gründen parallel zur Kurbelwelle liegen, müssen die Schieberhülsen so angeordnet werden, daß sie den Bahndrücken des Arbeitskolbens voll ausgesetzt sind. Gleichfalls sind die schädlichen Kippkräfte durch einseitigen Angriff der Steuerung nicht vermieden. Die Güte der Abdichtung ist mäßig.

B. Einschieber-Steuerungen.

Soll ein Viertakt-Motor mit nur einem schwingenden Rohrschieber gesteuert werden, so muß dieser eine Doppelbewegung ausführen, die wie folgt zusammengesetzt sein kann:

a) aus 2 Schiebungen parallel zur Zylinderachse
b) aus 2 Drehungen um die Zylinderachse oder
c) aus einer Schiebung und einer Drehung.

Jede dieser Teilbewegungen vollzieht sich als sinusähnliche Schwingung oder Pendelung.

Bild 11 zeigt ein Beispiel für den Fall a. Die beiden Steuerkurbeln tragen ein Schwingstück, das seinen Drehpunkt in der Gegend des Schieberumfanges hat. Die eine Steuerkurbel läuft mit der Kurbelwelle um, während die Außenkurbel mit doppeltem Hub bei halber Kurbelwellen-Drehzahl im gleichen Drehsinn umläuft. Durch diesen Antrieb wird die im oberen Bildteil über Grad Kurbelwinkel aufgetragene Schwingbewegung erzielt, die gegenüber den Steuerkanälen des Zylinders die senkrecht schraffierten Flächen freigibt. Bei Veränderung nur einer Steuerungsgröße wird ein starker und ungewollter Einfluß auch auf die anderen Vorgänge ausgeübt. Aus diesem Grunde, sowie wegen des verwickelten Antriebs und der kurzen Dichtungsstrecken beim Verdichten und Ausdehnen haben diese Steuerungen nicht die in sie gesetzten Erwartungen erfüllt.

Einschiebersteuerungen nach Fall b, also mit zwei einander überlagerten Drehschwingungen, erlauben nicht die Unterbringung ausreichender Ein- und Auslaßquerschnitte auf dem Schieberumfang.

Den größeren Erfolg haben jene Schwingschiebersteuerungen gehabt, die entsprechend dem Fall c eine Schiebung parallel zur Zylinderachse mit einer Drehung um die gleiche Bezugslinie verbinden.

Im Jahre 1909 wurde dem schottischen Ingenieur Burt zusammen mit der Argyll Ltd. in Glasgow das Grundpatent auf eine solche Einschiebersteuerung erteilt. Unabhängig hiervon hatte der Kanadier McCollum einen ähnlichen erfinderischen Schritt getan. Durch ein Ab-

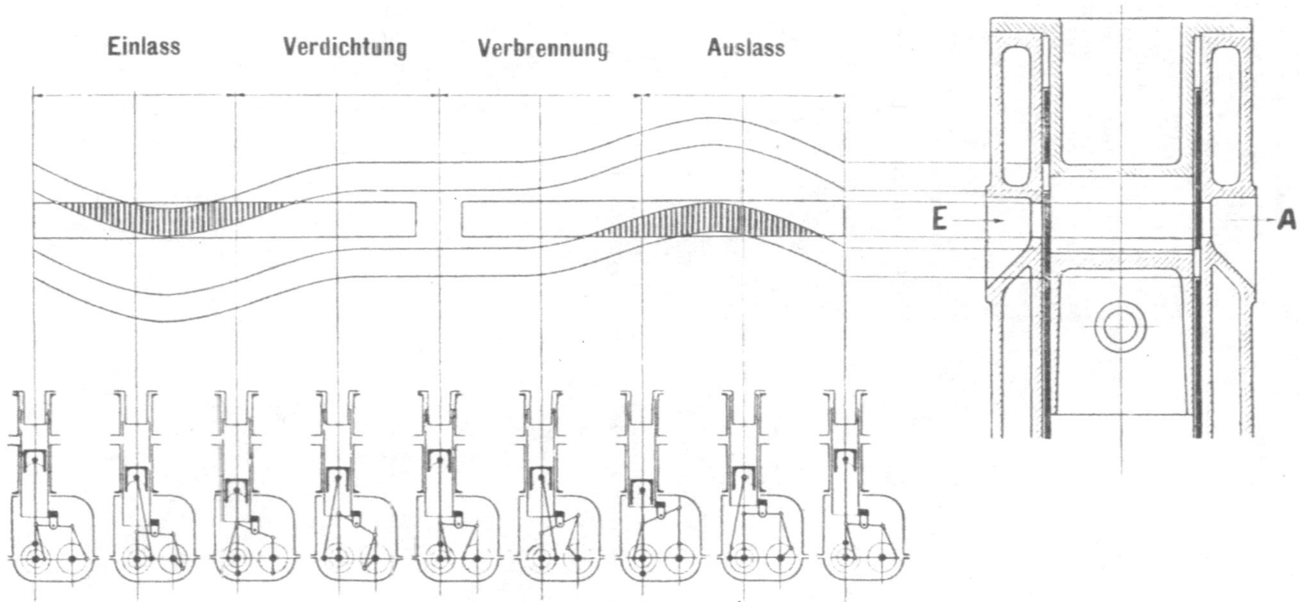

Bild 11. Rohrschieber-Steuerung mit zwei überlagerten Schiebungen

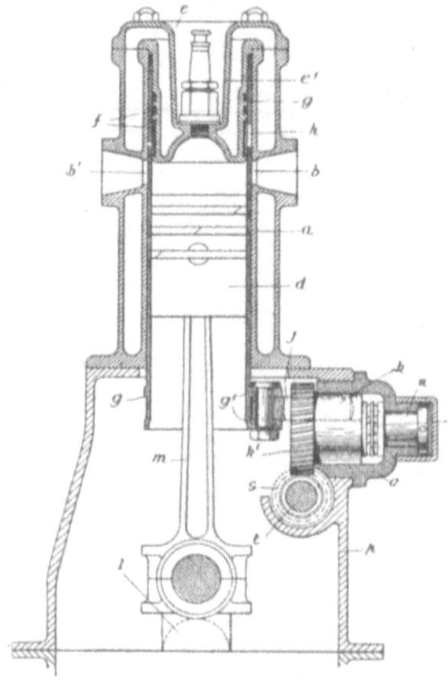

Bild 12. Einschieber-Steuerung mit Schiebe- und Drehschwingbewegung [nach Burt, DRP. 263665]

kommen zwischen den drei Beteiligten wurden die Patentrechte vereinigt. Aus dieser Zeit stammt der zum Begriff gewordene Ausdruck Burt-McCollum-Steuerung.

Wie bei Knight bildet der Schieber zusammen mit Zylinderkopf und Kolben den Arbeitsraum. Die erforderliche Dreh- und Schiebebewegung wird durch die Steuerkurbel *k* veranlaßt (Bild 12), die senkrecht zur Zylinderachse liegt und mit einem Zapfengelenk *g'k/j* am Außenumfang des Steuerschiebers *g* angreift. Hierdurch erhält das Steuerorgan eine rein sinusförmige Schiebung parallel zur Zylinderachse und eine sinusähnliche Drehung von gleicher Frequenz um dieselbe Bezugslinie. In der Abdichtungsfläche zwischen Schieber und Zylinder durchläuft jeder Flächenpunkt eine Raumbahn, deren Abwicklung eine elliptische Kurve ergibt.

Burt-Steuerung bei Bristol-A. Corp.

Der Bewegungsablauf einer nach dem Grundgedanken von Burt entwickelten Steuerung für luftgekühlte Flugmotoren der Bristol Aeroplane Corp. Filton House, Bristol, ist im folgenden näher untersucht. Die Kopplung zwischen Kurbelzapfen und Schieber erfolgt dabei nicht mehr durch den zum Verklemmen neigenden Schiebezapfen Burt's, sondern durch ein Kugelgelenk *k*; mit der Steuerkurbeldrehung schwingt der Rohrschieber um die Zylinderachse und parallel dazu,

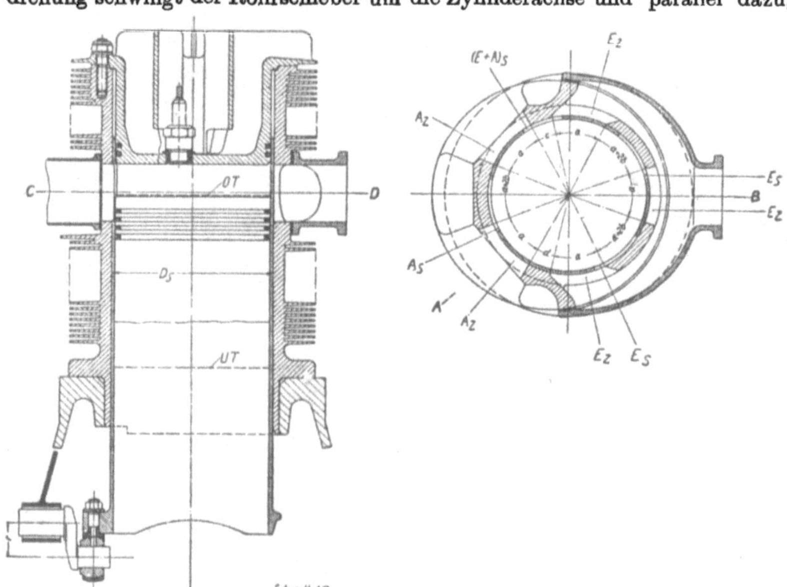

Bild 13. Schwingschieber-Steuerung der Bristol Aeroplane Corp. mit Antrieb durch Kurbel und Kugel

während der Steuerkurbelzapfen eine sinusähnliche Gleitbewegung mit dem Höchstausschlag S in der zylindrischen Bohrung der Kugel ausführt (Bild 13 u. 14). Die abgewickelten Steueröffnungen sind durch die Buchstaben E und A als Ein- und Auslaß gekennzeichnet, wobei der Index S und Z anzeigt, ob die Öffnungen sich im Steuerschieber oder im Zylinder befinden.

In dieser Darstellung ist die Steuerung des Baumusters Perseus gezeigt. Es handelt sich um eine Neunzylinder-Maschine in Sternform mit 146 Bohrung und 165 Hub, also einem Hubraum von 2,27 ltr/Zylinder, die bei 3200 U/min etwa 34,4 PS/ltr leistet. Weiter unten folgen noch nähere Angaben über diesen Motor. Aus der Zeichnung ist abzulesen, daß im Zylinder 3 Ein- (E_Z) und 2 Auslaßöffnungen (A_Z) vorhanden sind. Der Steuerschieber be-

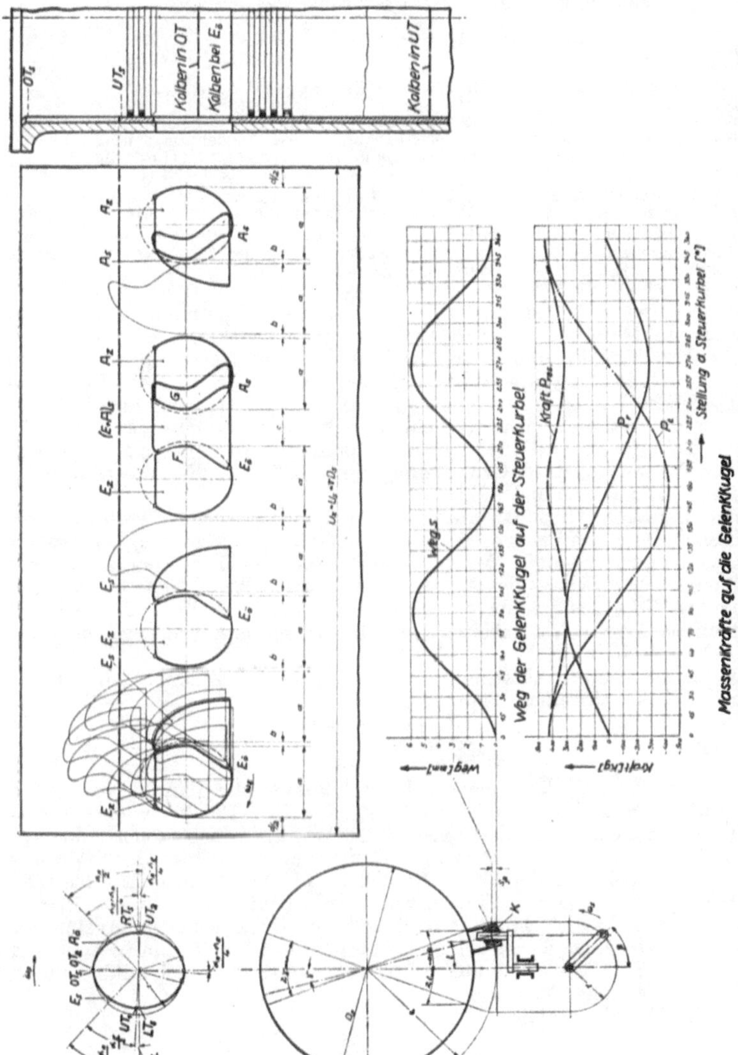

Bild 14. Darstellung der Bewegungsverhältnisse, der abgewickelten Steueröffnungen und der Kräfte beim Flugmotor „Perseus" der Bristol Aeroplane Corp.

sitzt 2 Einlässe (E_S), einen Auslaß (A_S) und eine besonders gestaltete Öffnung $(E+A)_S$, die abwechselnd zur Steuerung eines Einlaß- und eines Auslaßkanals des Zylinders herangezogen wird. Die Gesamtzahl g der Steueröffnungen ist also 9.

Die Formgebung der Kanäle richtet sich nach der durch den Steuertrieb hervorgerufenen Schieberdrehung um seine Achse und nach der Schiebung parallel dazu. Nur bei der Drehbewegung ist ein Zuschlag b zur Sicherung der Abdichtungs-Überdeckung vorzusehen. Ähnlich wie bei der Knight-Steuerung entsteht in der dazu senkrechten Richtung eine Dichtungsbreite, die ihren Größtwert mit dem höchsten Zylinderdruck erreicht.

Der Schieberumfang U_S (gleich dem Zylinderinnenumfang U_Z) ist durch die Beziehung 1 mit den Steuergrößen verbunden:

$$U_S = (g-1)\,a + (g-3)\,b + c + d \qquad \ldots\ldots\; 1$$

Hierin ist

g die Gesamtzahl der Steueröffnungen in Zylinder und Schieber,
a die größte Breite der Steueröffnungen in Drehrichtung,
b der kleinste Abstand zwischen den steuernden Kanten, der zur Abdichtung der Ansaugöffnungen während des Verdichtungs- und Ausdehnungshubes und der Auslaßöffnungen während des Ansaugens und Verdichtens erforderlich ist,
c die Entfernung zwischen den Öffnungen A_Z und E_Z, die durch $(E+A)_S$ wechselnd gesteuert werden. Diese Größe c muß so bemessen werden, daß die Punkte F und G in keiner Steuerstellung außerhalb der Fläche $(E+A)_S$ liegen. Aus gestalterischen Gründen muß c weiterhin groß genug sein, um das Saug- und Auslaßrohr am besonders geformten Außenumfang des Zylinders befestigen zu können (siehe Schnitt CD durch den Zylinder in Bild 13),
d ergibt sich aus der gleichen Bedingung und kann etwa die Größe von c haben.

In Zeichnung 14 ist die bei einem Steuerwellenumlauf von jedem Schieberpunkt durchfahrene Raumkurve in Abwicklung und Grundriß gezeigt. Um für Ein- und Auslaß gleiche Querschnittsformen zu erhalten, muß die OT-Stellung des Arbeitskolbens, bei der im Viertakt-Verfahren der Gaswechsel erfolgt, auf einen solchen Bahnpunkt gelegt werden, von dem aus die Raumkurve nach beiden Richtungen symmetrisch verläuft. Diese Bedingung wird dann erfüllt, wenn der Schieber sich in einem der vier Totpunkte seiner Grundbewegungen befindet, die mit OT_S, UT_S, RT_S und LT_S bezeichnet sind.

Wird der obere Totpunkt des Arbeitskolbens in einer von diesen 4 Steuerlagen erreicht, so ist bei gegebenen Steuerzeiten die Unterbringung größter Steueröffnungen möglich. Bei der von Bristol gewählten Anordnung liegt die Gaswechsel-OT-Lage des Arbeitskolbens (OT_1) in der Nähe der unteren Totpunkte UT_S des Schiebers. Damit sind dann auch die weiteren kennzeichnenden Lagen des Arbeitskolbens in der Steuerkurve gegeben (OT_1, UT_1, OT_2, UT_2).

Bei der weiteren Ableitung werden folgende Bezeichnungen für die Drehwinkel der einzelnen Bauteile benutzt:

α: Arbeits-Kurbelwelle
β: Steuer-Kurbelwelle
γ: Steuer-Schieber.

Die den Steuerwinkeln entsprechenden Punkte der Bahnkurve werden in der üblichen Weise bezeichnet ($A_ö$, A_s, $E_ö$, E_s). Die Form der Steueröffnungen im Zylinder wird bei gegebener Bahnkurve des Steuer-Schiebers durch die Steuerwinkel bestimmt. Bei der angenommenen Drehrichtung der Steuerkurbel fällt der Einlaß-Schluß E_s in den Bereich LT_S bis OT_S der Bahnkurve, wenn der Einlaß, wie üblich, nach UT_1 schließt. Ebenso liegt der Auslaßbeginn $A_ö$ im Bereich OT_S bis RT_S, wenn der Auslaß vor UT_2 öffnet. Die Lage dieser beiden Steuerpunkte ist weiterhin bestimmend für die Höhe H der Steueröffnung. Diese Abmessung wird nach Bild 14 durch folgende Gleichungen bestimmt:

für die Einlaß-Öffnung

$$H_E = r\left(1+\sin\frac{\alpha_E}{2}\right) \qquad \ldots\ldots\ldots\ldots\ldots\ldots\ldots\; 2$$

für die Auslaß-Öffnung

$$H_A = r\left(1 + \sin\frac{\alpha_A}{2}\right)$$

mit

α_E = Kurbelwellen-Winkel, um den der Einlaß nach UT_1 schließt,

α_A = Winkel, um den der Auslaß vor UT öffnet,

r = Radius der Steuerkurbel.

Ist nun α_E gleich α_A, so wird die Höhe H der Ein- und Auslaß-Öffnungen im Zylinder gleich groß, wenn OT_1 in UT_S liegt. Ist dagegen α_E nicht gleich α_A, so sind bei der Steuer-Einstellung OT_1 in UT_S die Höhen H_E und H_A der Steuer-Öffnungen im Zylinder verschieden groß.

Sollen diese Höhen gleich werden, so muß die Stellung der Arbeits-Kurbelwelle gegenüber der Steuerkurbel um den Winkel $\frac{\alpha_A - \alpha_E}{4}$ verdreht werden.

Die dabei erhaltenen gleichen Höhen der Steueröffnungen ergeben sich auch aus der Beziehung

$$H_A = H_E = r + r \cdot \sin\frac{\alpha_E + \alpha_A}{4}$$

$$= r\left(1 + \sin\frac{\alpha_E + \alpha_A}{4}\right) \quad \ldots\ldots\ldots\ldots 4$$

Der Zusammenhang zwischen dem Steuerwellen-Winkel β (gemessen ab OT_S), dem Schieber-Drehwinkel γ und der von einem Oberflächenpunkt durchlaufenen Bogenlänge l ergibt sich aus folgenden Gleichungen:

$$\sin\gamma = \frac{r \cdot \sin\beta}{\varrho} \quad \ldots\ldots\ldots\ldots 5$$

mit ϱ als Schieber-Anlenkradius der Gelenkkugel k

$$l = \frac{\gamma \cdot \pi \cdot D_S}{360} \quad \ldots\ldots\ldots\ldots 6$$

mit D_S als Schieber-Außendurchmesser.

Der größte Schwenkwinkel γ_{max} tritt bei $\beta = 90^0$ und 270^0 auf. Das zwischen diesen Endstellungen in Schieberrichtung liegende Bogenstück $2l_{max}$ muß die Länge $a + b$ haben. Unter Heranziehung der Gleichungen 1, 5 und 6 lassen sich bei gegebenem Schieber-Außendurchmesser D_S und bekannter Gesamtzahl g der Steueröffnungen in Zylinder und Schieber alle die Steuerung bestimmenden Größen ermitteln.

Beim Durchlaufen der Bahnkurve verändert der Schieber auch bei gleichbleibender Arbeits-Kurbelwellen-Drehzahl ständig seine Geschwindigkeit. Infolgedessen wirkt auf die Gelenkkugel k des Steuerantriebs eine Massenkraft ein, deren Größe und Richtung durch vektorielle Addition der Teilkräfte aus Dreh- und Schiebebewegung bestimmbar ist.

Unter der Voraussetzung von Reibungslosigkeit in allen Bauteilen ergibt sich die Schiebekraft P_t als

$$P_t = m_S \cdot b_t$$

Hierin ist

m_S die Schiebermasse

b_t die translatorische Beschleunigung des Schiebers parallel zur Zylinderachse.

Aus der Weggleichung der Schiebung

$$s_t = r\,(1 - \cos\beta) \quad \ldots\ldots\ldots\ldots 8$$

ergibt sich die Beschleunigung

$$b_t = \omega_S^2 \cdot r \cdot \cos\omega_S \cdot t \quad \ldots\ldots\ldots\ldots 9$$

Die Drehkraft P_r errechnet sich aus dem zur Schieberdrehung erforderlichen Moment nach der Gleichung

$$P_r = \frac{Md}{\varrho} \quad \ldots\ldots\ldots\ldots\ldots\ldots \quad 10$$

Nach der Newton'schen Grundgleichung ist

$$Md = I \cdot \varepsilon$$

mit I als Massenträgheitsmoment des Schiebers um seine Drehachse und ε als Winkelbeschleunigung des Schiebers.

Diese Beschleunigung ergibt sich als zweite Ableitung des Drehwinkels γ nach der Zeit, also

$$\varepsilon = \frac{d^2\gamma}{dt^2}.$$

Nach Gleichung 5 wird

$$\gamma = \arcsin\left(\frac{r}{\varrho} \cdot \sin\beta\right)$$

$$\beta = \omega_S \cdot t$$

und nach einiger Umformung

$$\varepsilon = \omega_S^2 \cdot \frac{r}{\varrho}\left[\frac{\left(\frac{r}{\varrho}\right)^2 \cdot \sin 2\omega_S t \cdot \cos\omega_S t}{2\left[1 - \left(\frac{r}{\varrho}\right)^2 \cdot \sin^2\omega_S t\right]^{3/2}} - \frac{\sin\omega_S t}{\sqrt{1 - \left(\frac{r}{\varrho}\right)^2 \cdot \sin^2 w_S t}}\right].$$

Die einzige Veränderliche in dieser Gleichung ist bei konstanter Kurbelwellendrehzahl die Zeit t.

Bestimmung der Massenkräfte des Perseus-Schwingschiebers:

Das Gewicht

der Schieberhülse einschließlich Pfanne und Gelenkkugel wird bei 3 mm Wandstärke, Herstellung aus austenitischem Chromnickelstahl *KE* 965 (geschmiedet und nitriert) sowie bei Führung des Kolbens in *UT* mit 0,86 × Kolbendurchmesser D_K etwa 4,6 kg betragen.

Der Anlenkradius wurde mit 92 mm angenommen.

Das Massenträgheitsmoment ist

$$I = m_S \cdot \frac{\left(\frac{D_S}{2}\right)^2 + \left(\frac{D_K}{2}\right)^2}{2} = 2{,}604 \cdot 10^{-3}\ [\text{mkg} \cdot \text{sec}^2].$$

Mit diesen Werten wurden für eine Motordrehzahl von 3200 U/min die Kräfte P_t und P_r in Abhängigkeit von der Zeit t bestimmt und über Grad Steuerkurbel in Bild 14 aufgetragen.

Die vektorielle Zusammensetzung von P_t und P_r ergibt P_{res}, deren Größe im gleichen Schaubild dargestellt ist. Die Grenzwerte dieser Massenkraft P_{res} liegen also zwischen 427 und 300 kg! Diese Kräfte müssen von der Gelenkkugel k, dem Steuerkurbelzapfen und dessen Lagerung aufgenommen werden; der Steuerantrieb muß die resultierenden, sich ständig ändernden erheblichen Drehmomente bei hoher Blindleistung aufbringen. Weil diese Kräfte vom Quadrat der Kurbelwellendrehzahl abhängig sind, ist eine wesentliche Steigerung der Betriebsdrehzahl gegenüber Hubventil-Motoren mit dieser Steuerungsart nicht zu erreichen.

Durch die geschilderten baulichen Eigenschaften wird aber neben sehr kurzen Gaswegen eine völlige Querschnitts-Steuerung erreicht. Die in Bild 15 gezeigten Verläufe sind für die in Bild 14 dargestellten Öffnungsformen ermittelt worden. Soweit die spärlichen Unterlagen es zuließen, ist damit die Steuerung des Bristol-Perseus-Motors wiedergegeben. Um den Einfluß des Kolbens auf die Auslaßschließ- und Einlaßöffnungskurve zu ermitteln, wurde das Verdichtunsgverhältnis $\varepsilon = 6{,}5$ angenommen. Die Störung des Steuerungsverlaufs durch den Kolben ist gering. Die unteren Linien um OT_1 stellen den Zeitquerschnitt mit Kolbeneinfluß dar.

Die auf Seite 6 begründete Vergleichsgröße Q in $\frac{\text{cm}^2 \cdot {}^0\text{KW}}{\text{ltr}}$, die als

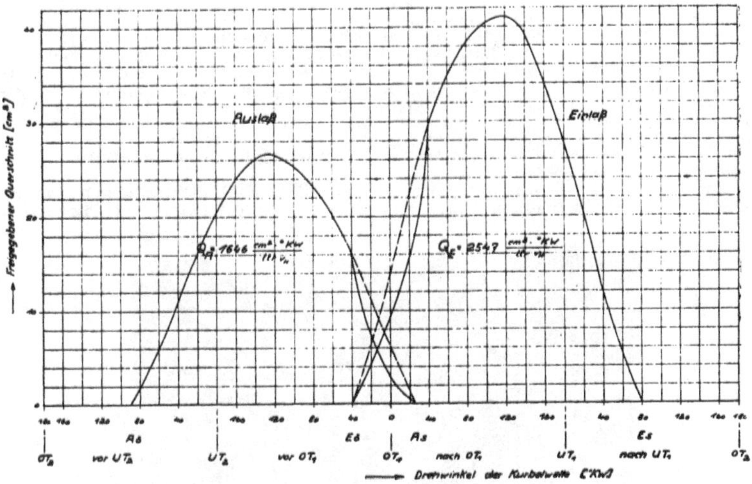

Bild 15. Verlauf der Zeitquerschnitte beim Bristol-Perseus-Motor

spezifischer Wirk-Querschnitt definiert wurde, zeigt bei der Perseus-Steuerung ein Verhältnis zwischen Ein- und Auslaß von

$$\frac{Q_E}{Q_A} = \frac{2547}{1646} = 1{,}55.$$

Die Bevorzugung des Ladevermögens der Maschine gegenüber der Entladefähigkeit ist auffällig; wahrscheinlich hat der Gestalter des Motors die störenden Einflüsse auf der Ansaugseite selbst auf Kosten der Steuergüte der Auslaß-Seite möglichst niedrig halten wollen. Der Erfolg des Perseus-Motors spricht für die Richtigkeit dieser Maßnahme.

Nachdem somit die Burt-McCollum-Steuerung, wie sie bei der Bristol Aeroplane Comp. mit erheblicher Unterstützung durch das Britische Luftfahrt-Ministerium entwickelt wurde, geschildert ist, folgt noch ein kurzer geschichtlicher Rückblick. Aus dem Werdegang dieser Steuerung läßt sich entnehmen, welche außerordentliche Arbeit bis zur Serienreife aufgewendet werden mußte.

Schon 1914 wurde ein Sechszylinder-Flugmotor der Argyll-Gesellschaft mit 12,9 ltr Hubvolumen und 130 PS Höchst-

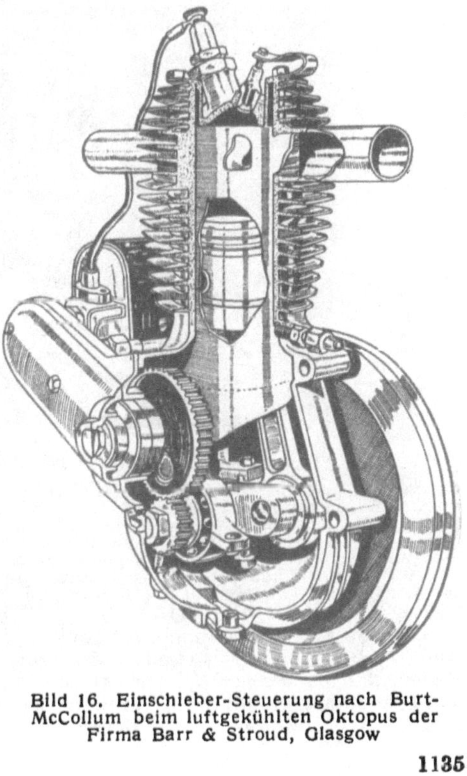

Bild 16. Einschieber-Steuerung nach Burt-McCollum beim luftgekühlten Oktopus der Firma Barr & Stroud, Glasgow

leistung, also etwa 10 PS/ltr, geflogen. Während des Weltkrieges entwickelten die Royal Aircraft-Werke einen 12-Zylinder-V-Motor nach demselben Steuerverfahren mit 140 PS Leistung. Im Jahre 1922 erschien der in Bild 16 dargestellte Motor der Firma Barr & Stroud, Glasgow, Typ Oktopus. Es handelt sich um einen luftgekühlten (!) Motorrad-Motor, dessen Steuerschieber-Öffnungen abwechselnd die Ein- und Auslaß-Kanäle bedienen. Die im Halbkreis geteilten Auslaß-Tunnel waren abnehmbar, so daß durch die Schlitze hindurch der Kolben gesäubert werden konnte.

In den Jahren 1925 und 1926 nahm die Continental Motors Corp. in Detroit, USA. Lizenz auf die Burt-Mc Collum-Steuerung und brachte bereits 2 Jahre später einen Neunzylinder-Motor in Sternform von 12,9 ltr Hubraum und 220 PS Höchstleistung heraus (~ 17 PS/ltr).

Zur gleichen Zeit begann das britische Luftfahrt-Ministerium sich für die Entwicklung von luftgekühlten Einschieber-Motoren zu interessieren. Unter Benutzung

Bild 17. Baumuster Taurus mit Einschieber-Steuerung (B.A.C.)

der von Ricardo bis dahin durchgeführten Untersuchungen an wassergekühlten Motoren wurde im Herbst 1926 nach einleitenden Forschungsarbeiten der Bau von luftgekühlten Schieber-Motoren bei der Bristol Aeroplane Comp. begonnen. Bis 1930 erstreckten sich die Versuche an Ein- und Zweizylinder-Aggregaten, bei denen zum Teil nochmals auf Flüssigkeitskühlung zurückgegriffen werden mußte.

1930 begannen die Gestaltungs-Arbeiten am Neunzylinder-Perseus, der zwei Jahre später die vorgeschriebene 100-Stunden-Prüfung als Motor mit 24,9 ltr Hubraum und 647 PS Höchstleistung bestand (26 PS/ltr).

Die verschiedenen Baumuster (Aquila, Perseus, Herkules und Taurus — Bild 17) besitzen Burt-McCollum-Steuerung mit einem Schwingschieber. Perseus hat die gleichen Zylinder-Abmessungen wie der 4 ventilige Mercury von Bristol und erlaubt daher Vergleiche zwischen Hubventil- und Schieber-Steuerung bei Motoren des gleichen Herstellers.

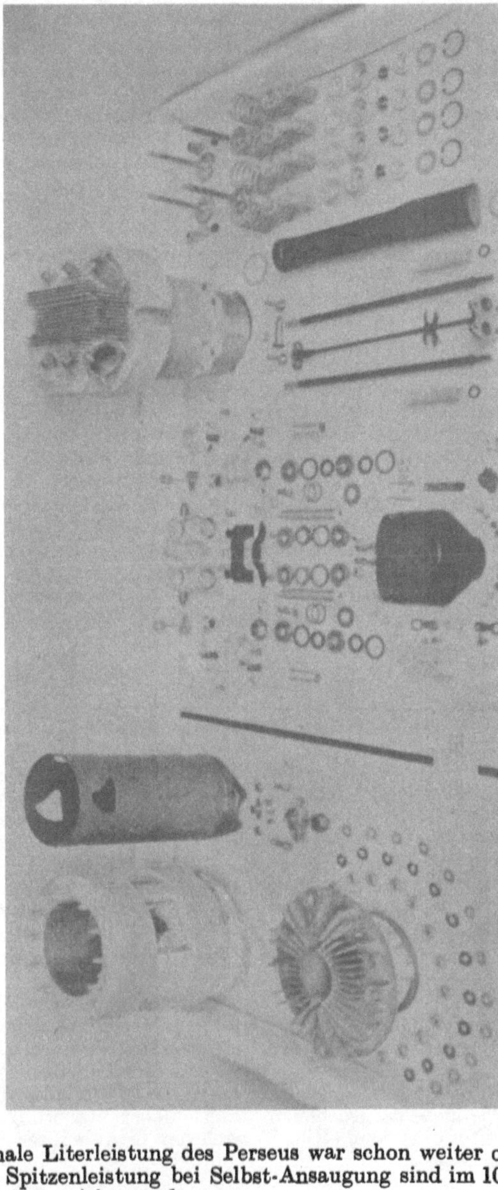

Bild 18. Gegenüberstellung der Bauteile eines Schieber- und eines Ventil-Otto-Motors (Bristol Aer. Corp.)

Die normale Literleistung des Perseus war schon weiter oben angeführt worden. Als Spitzenleistung bei Selbst-Ansaugung sind im 100 Stundenlauf folgende Werte erreicht worden:

p_{me} = 15,46 kg/cm² bei 2800 U/min und 48,11 PS/ltr.

Die entsprechenden 100-Stundenwerte des Mercury sind

p_{me} = 13,0 kg/cm² bei 2750 U/min und 39,70 PS/ltr.

Der niedrigste Brennstoffverbrauch des Perseus wurde bei

p_{me} = 9,7 kg/cm² mit 176 gr/PSh gemessen.

Mit einem Versuchs-Aggregat von 127 ⌀ × 136,5 Hub, also 1,73 ltr/Zylinder, wurde mit einem Kraftstoff von 87 *OZ* bei 3600 U/min ein p_{me} von 9,7 kg/cm² und bei 100 *OZ* ein mittlerer effektiver Kolbendruck von 16,8 kg/cm² ererreicht; die im letzten Fall erzielte Hubraum-Leistung betrug bei 3300 U/min 61,9 PS/ltr. Alle diese Werte sind bei Selbst-Ansaugung, das heißt also ohne Gemischförderung durch Ladeeinrichtungen, gemessen worden.

Neben diesen hohen Einheits-Leistungswerten ergibt die Burt-McCollum-Steuerung eine erhebliche Vereinfachung der Bauweise, die sich besonders in der Herabsetzung der zur Zylindereinheit gehörenden Teilestückzahl äußert. Das Bild 18 zeigt rechts vom schwarzen Strich alle Einzelteile des vierventiligen Mercury-Zylinders und links die der Perseus-Einheit.

Es müssen aber folgende wesentlichen Mängel der Burt-McCollum-Steuerung verzeichnet werden:

Die großen Gleitflächen des Schiebers gegen Zylinderkopf, Kolben und Rippenzylinder verursachen hohe Adhäsion, besonders bei kalter Maschine;

die Steuerkräfte greifen weit außerhalb der Schiebermitte an;

der Schieber wird durch den Bahndruck des Arbeitskolbens einseitig belastet und unterliegt den in Bild 14 dargestellten hohen Beschleunigungskräften. Daher ist die mit dieser Steuerung erreichbare Drehzahlsteigerung gering und beträgt nur etwa 10% der mit der Ventil-Maschine Mercury erzielten Höchstwerte.

Die gasdichte Zusammenpassung des dünnwandigen Steuerschiebers mit Rippenzylinder, Kolben und Zylinderkopf unabhängig vom Wärme- und Belastungszustand erfordert große Erfahrung; sie wird von Bristol soweit beherrscht, daß seit 1935 neben der Verwendung für Wehrzwecke die Ein-Schwingschieber-Sternmotoren in beschränktem Maße auch in der Zivil-Luftfahrt Verwendung finden.

II. Drehschieber.

Die folgenden Ausführungen behandeln Steuerungen durch Drehschieber, also durch rotierende Steuerorgane, die bei konstanter Kurbelwellen-Drehzahl keinen Beschleunigungskräften unterliegen. Die höchst zulässige Betriebsdrehzahl des Motors wird nur noch vom Kurbeltriebwerk und von der Gleitgeschwindigkeit an der Steuerfläche begrenzt. Die Drehschieber werden zwangläufig angetrieben. Bei für Schnellauf geeigneten Drehschieber-Steuerungen läßt sich ein wesentlich größerer Steuer-Querschnitt freigeben, als es selbst bei Unterbringung mehrerer Hubventile je Zylinder der Fall ist. Hierdurch und wegen der kurzen Gaswege mit geringer Umlenkung besitzen solche Steuerungen bei geeigneter Ausbildung hohe Ladefähigkeit und setzen den ausströmenden Abgasen geringen Widerstand entgegen.

Bei einer Reihe von Drehschieber-Steuerungen befindet sich während der Füllung und Verdichtung kein Bauteil im Verbrennungsraum, der ungünstig hohe Temperaturen aus dem vorhergehenden Arbeitsspiel besitzt. Darum läßt sich das Verdichtungsverhältnis erhöhen und es können die sonstigen in der Einleitung geschilderten Vorteile erreicht werden.

Die im folgenden besprochenen Drehschieber-Steuerungen sind entsprechend der Stoffübersicht (Bild 2) nach der Gestalt ihrer Abdichtungsflächen geordnet.

A. Plan-Drehschieber Bristol T. & C. Co.

Die Bristol Tramways & Carriage Co. in Bristol hat einen Taumelscheiben-Otto-Motor entwickelt, der als Neunzylinder-Wabenmaschine mit 7 ltr Hubraum für Fahrzeugzwecke (Omnibusantrieb) ausgebildet ist. Bild 19 zeigt einen Schnitt durch diese Maschine.

Die Kurbelwelle besitzt Z-Form; auf dem schräg gestellten Zapfen läuft ein Taumel-Körper, der in zwei Wälzlagern abgestützt wird und der durch ein besonderes Pleuel gegen Drehung gesichert ist. Die sonst bei Taumelscheiben Motoren auftretenden Gleitbewegungen zwischen Scheibe und Pleuelstangenfuß sind durch Schwenkausschläge der kugeligen Stangenfüße ersetzt. Deshalb wird allerdings auch an Stelle des Kolbenbolzens ein Kugelgelenk erforderlich.

Durch diese Ausbildung des Kolbentriebes wird eine Anordnung der Zylinder ermöglicht, die für die Steuerung von Wichtigkeit ist. Die neun wassergekühlten Zylinder liegen mit parallelen Achsen auf einem Kreis um die Kurbelwellen-Mitte. Jeder Zylinder enthält als Steuer-Kanal etwas seitlich von seiner Achse eine Büchse mit Kolbenring-Dichtung, die als Hals einen Kreisabschnitt mit radialen Trennfugen trägt.

Die Zusammensetzung dieser Stirnflächen ergibt dann, bis auf die notwendigen Spalte, einen geschlossenen Kreisring. Die Abdichtbüchsen sind parallel zur Zylinderachse verschiebbar und werden durch Federn mit ihren Stirnflächen aus Phosphorbronze gegen den Stahlguß-Planschieber gepreßt.

Je nach Größe der dem Verbrennungsraum zugekehrten Ringfläche der Abdichtungsbüchse kommen Anpreßkräfte aus den Arbeitsdrücken zu der Federkraft. Der Schieberantrieb erfolgt von der Kurbelwelle über ein Hilfsgetriebe auf der Kupplungsseite und ein Vorgelege mit dem Untersetzungsverhältnis p

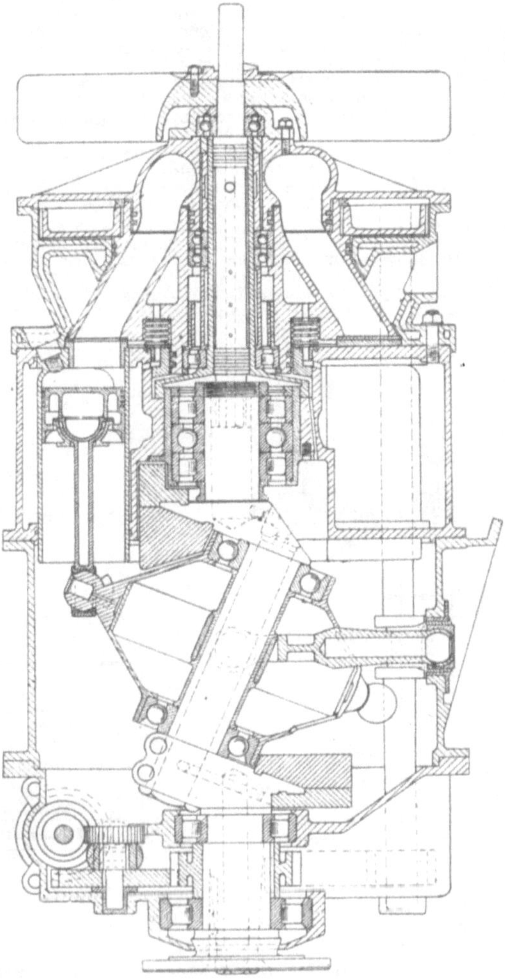

Bild 19. Taumelscheiben-Motor RR 3 der Bristol Tramways and Carriage Company (9 Zylinder, 7 l, mit 149 PS bei 4000 U/min)

$$p = \frac{n_{KW}}{n_S} = \frac{i+1}{1}.$$

Hierin ist i die Zylinderzahl

n_{KW} die Kurbelwellendrehzahl

n_S die Schieberdrehzahl.

Die Übersetzung zwischen Schieber und Kurbelwelle ist von der Anzahl a der im Planschieber ausgebildeten Steuergruppen abhängig. Dabei umfaßt eine Steuergruppe jeweils den Auslaß- und Einlaßkanal, sowie eine Dichtstrecke, unter der die Verdichtung, Zündung und das Ausdehnen erfolgt.

$$a = \frac{i+1}{2}$$

$$i = 2a - 1$$

$$p = \frac{2a}{1}.$$

Das vom Vergaser kommende Gemisch wird dem umlaufenden Planschieber über ein stillstehendes Verteilerstück zentral zugeführt, während die Abgase durch radial aus dem Steuerschieber tretende Kanäle in einen Sammelraum geschleudert werden. Die Abdichtungsbüchsen werden also abwechselnd von Frisch- und Abgas durchströmt und nehmen eine nicht sehr hohe mittlere Temperatur an.

Die im Längsschnitt gezeigte Bristol-Maschine (Bezeichnung RR 3) besitzt 9 Zylinder und dementsprechend 5 Steuergruppen im Planschieber; das Untersetzungs-Verhältnis Kurbelwelle zu Drehschieber beträgt 10: 1. Die Zündfolge ist 1, 3, 5, 7, 9, 2, 4, 6, 8.

Mit der RR 3 wurden folgende Kennwerte erreicht:

Hubraumleistung	21,3	PS/ltr
spez. Drehmoment	6,3	mkg/ltr
Kraftstoffverbrauch	267	g/PSh.

Das Gewicht der RR 3 beträgt 356 kg (2,4 kg/PS) gegenüber 610 kg eines Sechszylinder-Reihenmotors geringerer Leistung des gleichen Herstellers. Durch die gedrängte Bauweise ist auch der Raumbedarf bedeutend kleiner als beim üblichen Triebwerk.

Bild 20 zeigt den schematischen Aufbau einer Planschiebermaschine und die Anzahl der Steuergruppen a sowie das Untersetzungsverhältnis p bei der Zylinder-Zahl $i = 1 - q$.

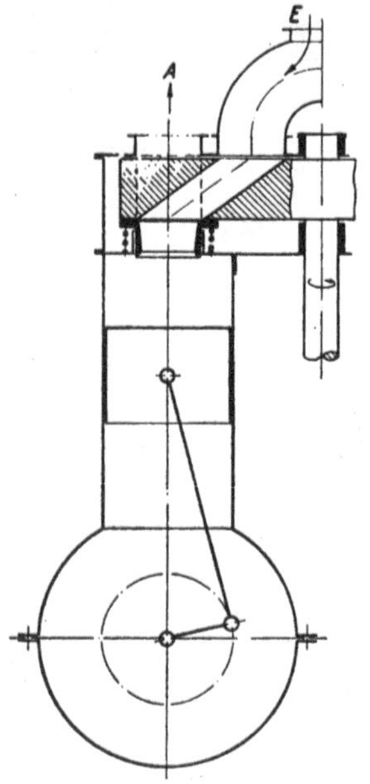

Arbeitsverfahren	A	4-Tkt	
Mögliche Zylinderz.	i	1, 3, 5, 7, 9	
Arbeitsperioden je Schieberumlauf	a	1, 2, 3, 4, 5	$\frac{i+1}{2}$
$\frac{\text{Kurbelw.-Drehzahl}}{\text{Schieberdrehz.}}$	$\frac{n_{Kw}}{n_{Sch}}$	$\frac{2}{1}$ $\frac{4}{1}$ $\frac{6}{1}$ $\frac{8}{1}$ $\frac{10}{1}$	$\frac{i+1}{1}$
Ausgeführte Maschine	V_H	7	l
$\frac{\text{Kolbenfläche}}{\text{freigeg. Steuerqu.}}$	$\frac{F_K}{f}$	$\frac{100}{18,9}$	

Bild 20. Motor mit Steuerung durch Plandrehschieber

Nachteile der Bauweise sind:

Ungünstige Form des Verbrennungsraumes.

Geringe Zeitquerschnitte der Steuerung:

Wegen der exzentrischen Lage der Abdichtungsbüchsen können nur etwa 18,9% der Kolbenfläche bei voller Öffnung als Steuer-Querschnitt freigegeben werden. Es sei erwähnt, daß die vierventilige Vauxhall von Ricardo 28,9% des Zylinder-Querschnittes als Einlaßfläche öffnete.

Schlechte Schieberkühlung:

Mit Rücksicht auf die Wärmeverteilung im Motor wird das Kühlwasser bei der Bristol RR 3 dem Block oben zugeführt und unten abgesaugt. Das Kühlmittel wird zum Schieber durch in der Schnittzeichnung erkennbare Membran-Körper mit Stirnschleifringen geleitet. Da aber nur eine gemeinsame Ringöffnung für Zu- und Abfuhr des Kühlmittels zum Schieber vorhanden ist, kann eine intensive Kühlung dieses Bauteiles nicht erreicht werden.

Die Kühlwasserzuführung mit den unüberwachbaren Dichtstellen kann die Betriebssicherheit durch Eindringen von Kühlmittel in den Schmierkreislauf gefährden.

Ungleiche Schieberabnutzung:
Die Abdichtflächen unterliegen einem Verschleiß, der unter anderem von der Gleitgeschwindigkeit in der Dichtfläche abhängt, die mit dem Schieberradius zunimmt. Darum verschleißen diese Flächen weiter außen stärker als innen. Auch die Abdichtungshälse der Zylinderkopfbüchsen unterliegen dieser ungleichen Abnutzung.

Plandrehschieber Laros.

Das Bild 21 zeigt die Kurbelwelle des Vierzylinder-Zweitaktmotors der Firma Laros, Mailand, bei der durch 2 mit Federkraft gegen eine wundstück gepreßte Planschieber die Einlaßkanäle zwischen Vergaser und Kurbelgehäuse-Pumpen gesteuert

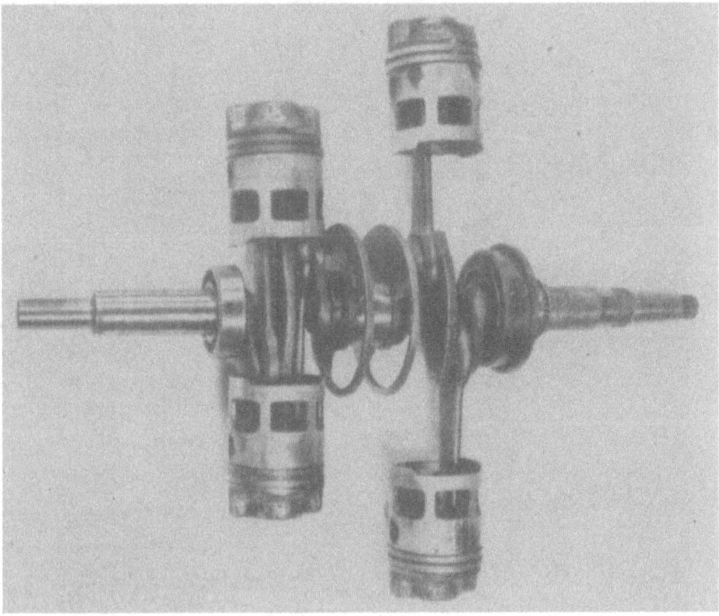

Bild 21. Kurbelwelle des Zweitaktmotors Laros mit zwei Plandrehschiebern (Vierzyl., 0,495 l mit 25 PS bei 5000 U/min)

werden. Diese für Außenbordzwecke erbaute Maschine hat 4 Zylinder von 54 ∅ × 54 = 0,495 ltr Hubvolumen. Bei einer Betriebsdrehzahl von 5000 U/min soll die Maschine 25 PS leisten (Hubraumleistung 50 PS/ltr).

B. Zylinder-Drehschieber.

Eine umfangreiche Gruppe von Drehschiebern besitzt zylindrische Abdichtflächen. Hierzu gehören folgende Fabrikate:

Rohrschieber

Renault Frères in Bilancourt und Pittler, Berlin

Beide Firmen stellten Verbrennungskraftmaschinen her, deren Steuerschieber den Arbeitszylinder bildete, also die Anordnung des Bristol- und Knight-Motors besaß. Der Steuerschieber lief jedoch um, und zwar je nach der Anzahl der Steuerschlitze mit $^1/_4$ oder $^1/_6$ der Kurbelwellen-Drehzahl. Die Maschine Pittlers wurde 1905 in Berlin ausgestellt. Beide Verfahren haben sich aber nicht durchsetzen können

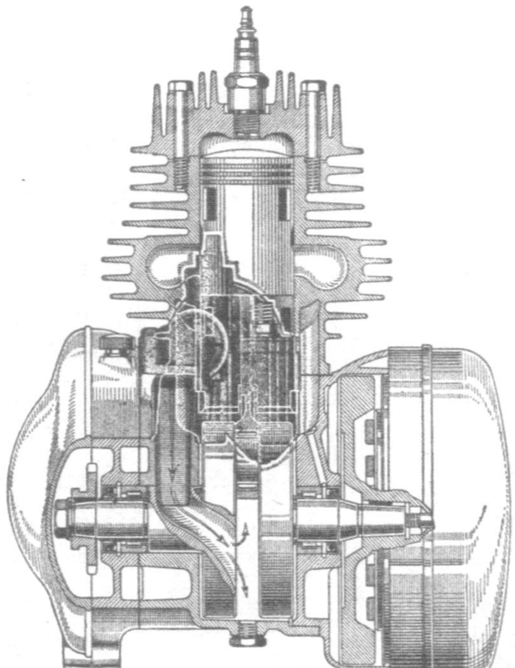

Bild 22.

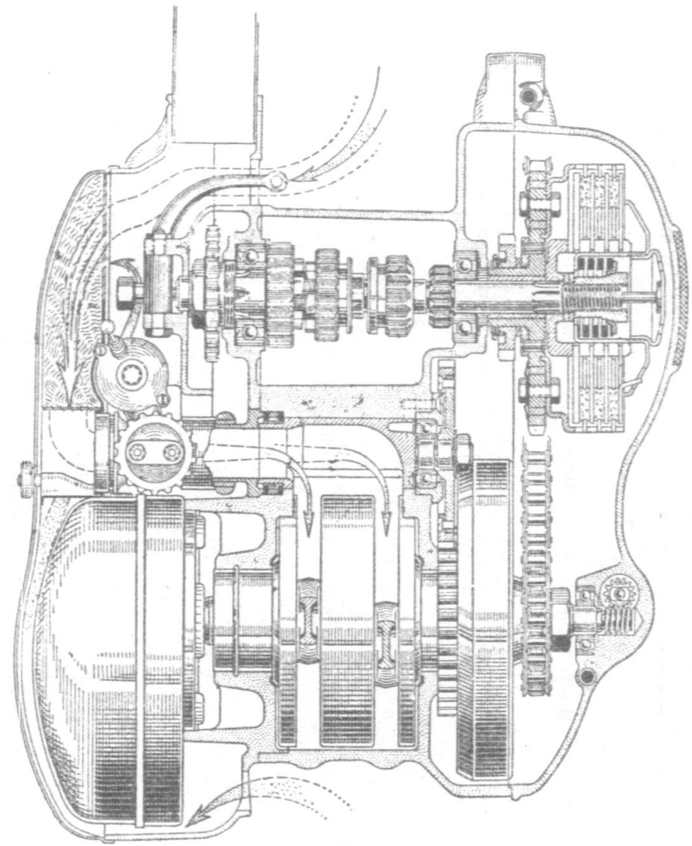

Bild 23

Bild 22. Triumph-Motor B 125 mit als Drehschieber ausgebildeter Kurbelwelle (1 Zyl., Zweitakt, 125 cm³, 4 PS)
Bild 23. Triumph-Doppelkolben-Blockmaschine BD 250 mit gesondertem Drehscheiber zwischen Vergaser und Kurbelgehäuse (2 Zyl., Zweitakt, 250 cm³, 12 PS)

Bild 24. Kurbelwelle und Drehschieber der Triumph-Doppelkolben-Blockmaschine BD 250

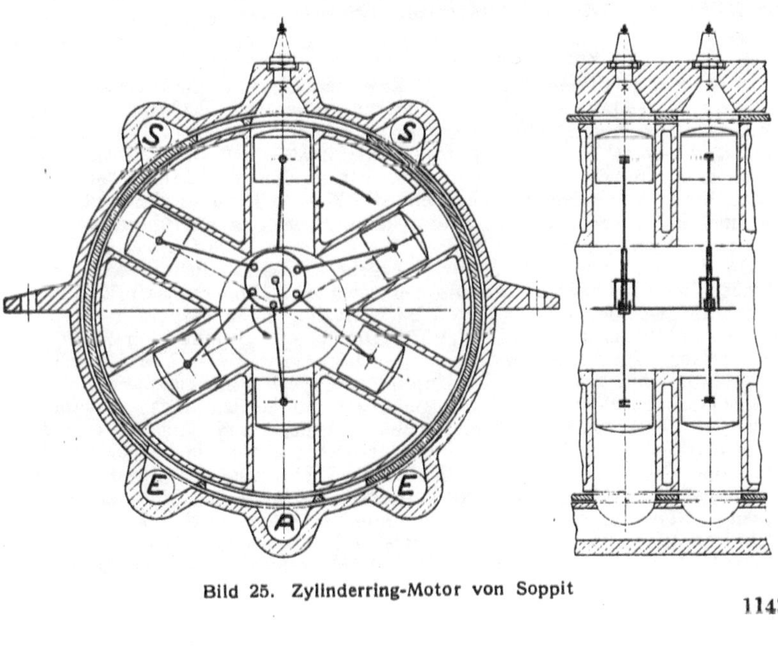

Bild 25. Zylinderring-Motor von Soppit

Walzenschieber

Die aussichtsreichste Form des Drehschiebers mit zylindrischer Abdichtfläche ist der Walzenschieber.

Walzenschieber ohne Dichtungskörper

Wird dieser Schieber nur zur Steuerung von Einlaßkanälen benutzt, so kann unter Umständen auf ein bewegliches Abdichtungsglied verzichtet werden. Ähnlich wie bei dem vorher erwähnten Laros steuert der auf der Berliner Internationalen Automobil-Ausstellung 1939 gezeigte Triumph-Motor B 125 das Frischgas mit Hilfe der als Drehschieber ausgebildeten Kurbelwelle. Bild 22 stellt einen Schnitt durch diesen Zweitakt-Motor dar, der mit 50 ∅ und 62 Hub = 125 cm^3 4 PS leistet (32 PS/ltr).

In Fortführung dieses Gedankens ist auch bei der Triumph-Doppelkolben-Blockmaschine BD 250 eine Drehschieber-Steuerung der Frischgase auf dem Wege vom Vergaser zum Kurbelgehäuse ausgeführt. Nach Bild 23 ist der Drehschieber in zwei Wälzlagern aufgenommen und wird von der Kurbelwelle über ein Zahnradpaar angetrieben. Der Vergaser sitzt in Achsrichtung des Schiebers, während die Steuerschlitze quer dazu angebracht sind. Es erfolgt also nur eine rechtwinklige Umlenkung, so daß das Ladevermögen der Steuerung bei ausreichenden Zeitquerschnitten groß sein muß. In Bild 24 ist das Aggregat Kurbelwelle, Vergaser und Drehschieber dargestellt. Diese Maschine leistet als 250 cm^3 Zweitakt-Doppelkolbenmaschine mit 45 ∅ und 78 Hub 12 PS (48 PS/ltr). Der Drehschieber läuft mit Kurbelwellendrehzahl. Die mit diesem Motor im Kraftrad erreichbare Höchstgeschwindigkeit bei einem Gesamtgewicht von 151 kg (mit Kraftstoff und Öl) wird mit 110 km/h angegeben. Der Kraftstoffnormverbrauch soll 3 ltr je 100 km betragen.

Drehschieber, die den Auslaß steuern und den Verbrennungsdrücken und -temperaturen ausgesetzt sind, müssen erfahrungsgemäß ein durch Federkraft, Fliehkraft oder Zylinderdruck gegen den Schieber gepreßtes bewegliches Abdichtungsglied haben. Darum sind Drehschieber-Bauweisen, wie sie nach Bild 25 von Soppitt vorgeschlagen wurden, bei Verbrennungskraftmaschinen nicht anwendbar. Solche Anordnungen eignen sich allenfalls für den Bau von Pumpen und Gebläsen.

Walzenschieber mit Dichtungskörpern

In Erkenntnis dieser Tatsache hat Freer nach Bild 26 eine Sternmaschine aufgebaut, deren mit *D* bezeichnete Dichtungsteile sich in Richtung Zylinderachse vermöge ihrer Fliehkraft gegen die Steuerfläche legen. Die Bezeichnungen *A* und *E* für die Aus- und Einlaßkanäle und der Drehsinn von Stern- und Kurbelwelle genügen zum Verständnis der Arbeitsweise. Da jedoch bei zylindrischer Abdichtfläche die Körper *D* außer der erwähnten Verschiebung in achsialer Richtung keine Bewegung ausführen können, ohne zu verklemmen, war auch diese Bauweise zum Mißerfolg verurteilt.

Baer-Walzendrehschieber. Die verbreitetste Ausführung der Walzenschieber sieht die Drehschieberachse senkrecht zur Zylinderachse im Zylinderkopf vor. Nach der Bauart Alfred Baer, Berlin, deren Prinzip in Bild 27 und 28 dargestellt ist, besitzt der Drehschieber in Durchmesser-Richtung je einen Kanal für Frisch- und Abgas. Bei Maschinen, die im Viertaktverfahren arbeiten, beträgt somit das Untersetzungsverhältnis zwischen Kurbelwelle und Drehschieber 4: 1. Infolgedessen sind die Umfangsgeschwindigkeiten an der Schieberoberfläche leicht zu beherrschen. Achsial wird das Steuerorgan von der Kühlflüssigkeit durchströmt, die wie bei der Bristol RR 3 über Membrankörper mit Schleifring-Dichtfläche oder durch Wellendichtungen (z. B. Simmerring) zu- und abgeleitet wird. Die Bilder 29 und 30 zeigen die Bauteile, mit denen der Verbrennungsraum gegen die Schieber-Oberfläche und den Außenraum abgedichtet wird. Der bewegliche Zylinderboden *D* ist mit Hilfe einer aus mehreren dünnen Stahlblechringen bestehenden Mem-

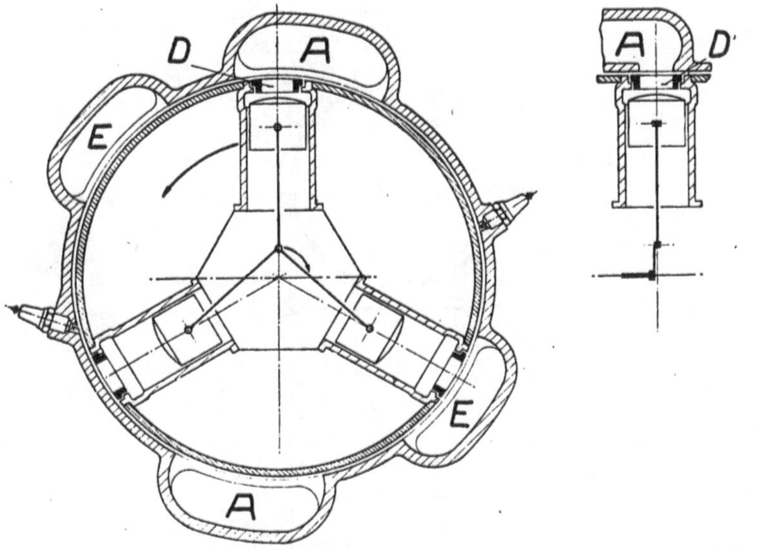

Bild 26. Zylinderring-Motor von Freer mit zusätzlicher Abdichtung D zwischen Verbrennungsraum und Schieberfläche

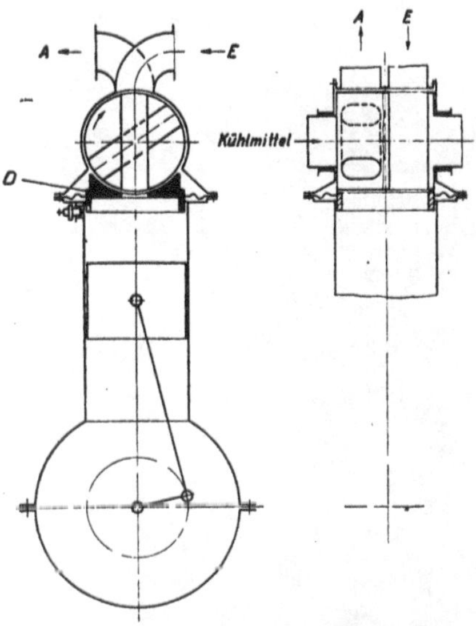

Größe			
Arbeitsverfahren	A	4-Tkt	
Kleinste Zylinderz.	i	1	
Arbeitsperioden je Schieberumlauf	a	2	
$\frac{\text{Kurbelw.-Drehzahl}}{\text{Schieberdrehz.}}$	$\frac{n_{KW}}{n_{Sch}}$	$\frac{4}{1}$	
Ausgeführte Maschine	V_H	0,412	l
$\frac{\text{Kolbenfläche}}{\text{freigeg. Steuerqu.}}$	$\frac{F_K}{f}$	$\frac{100}{18,8}$	
Spezifische Einlaßsteuerfläche	$\frac{f \cdot {}^\circ KW}{V_H}$	2040	$\frac{cm^2 \cdot {}^\circ KW}{l}$
Spezifische Auslaßsteuerfläche	$\frac{f \cdot {}^\circ KW}{V_H}$	2040	$\frac{cm^2 \cdot {}^\circ KW}{l}$

Bild 27. Zylinder-Drehschieber, Bauart Baer

bran im Zylinder befestigt. Gegen die unmittelbare Einwirkung der Verbrennungsgase ist ein Kolbenring vorgeschaltet. Durch Verformung der Membran beim Einbau wird eine Vorspannung zur Dichtung gegen den Ansaugunterdruck erzielt. Die Anpressung des Zylinderbodens beim Verdichten, Zünden und Ausdehnen erfolgt in Abhängigkeit vom Druck im Verbrennungsraum.

Der Durchmesser der Schieberwalze ist um einen durch Versuch bestimmten Wert kleiner als die Bohrung im Zylinderkopf. Bei einigen Aus-

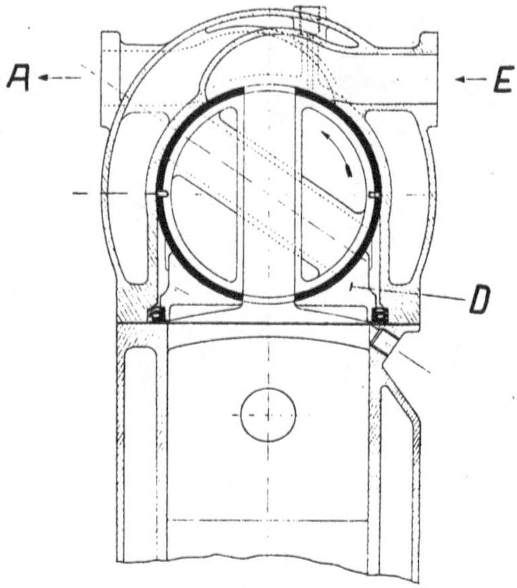

Bild 28. Zylinderkopf eines Baer-Drehschieber-Motors mit beweglichem Zylinderboden *D*

Bild 29. Zylinderkopf und Steuerungsteile eines Drehschiebermotors der Bauart Baer

führungen ist der Grauguß- oder Leichtmetallschieber mit Materialien guter Laufeigenschaft ummantelt, so daß auch im Fall mangelnder Schmierung die Betriebsfähigkeit gesichert ist. Die Zuführung des Schmieröles erfolgt in dem dem Verbrennungsraum gegenüberliegenden Teil der Schieberführung als Hochdruck-Verbrauchsschmierung.

Bild 30. Zylinderkopf, Drehschieber, Zylinderboden und Abdichtungsmembran eines Baer-Motors

Zur Steuerung von Reihenmotoren wird eine über die ganze Länge der Maschine sich erstreckende ungeteilte Steuerwalze angeordnet, die die Kanäle für Gas und Kühlmittel enthält. In Bild 31 ist der Verlauf des Ansaug-Querschnittes bei einem Tellerventil-gesteuerten Sechszylinder Morris-Motor von 2,47 ltr Hubvolumen gezeigt. Bei Verwendung des Baer-Schiebers ergibt sich der ausgezogene Steuer-Querschnitt. Die mit dieser Maschine

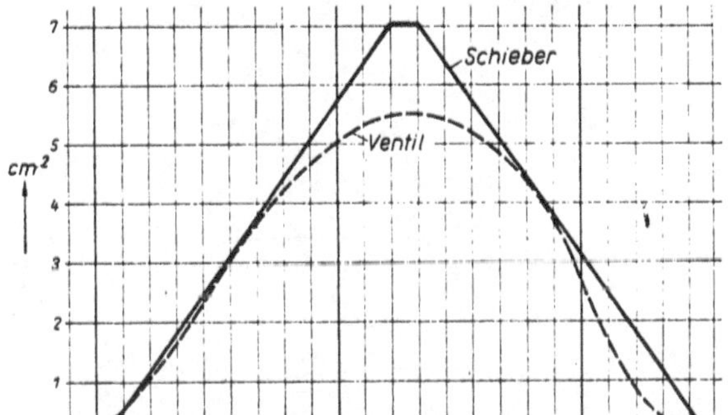

Bild 31. Vergleich der Ansaugquerschnitte eines Sechszylinder Morris-Motors von 2,47 l Hubraum bei Hubventil- und Drehschieber-Steuerung Baer

erreichten Kennwerte sind in Bild 32 dargestellt. In der üblichen Weise stellt N_e die effektive Leistung in PS, Md/V_H das spezifische Drehmoment in mkg/ltr und b den spezifischen Kraftstoffverbrauch in gr/PSh dar. Die Zylinder-Ausnutzungskonstante c gibt die Literleistung je Maschinenumlauf an.

Das Bild 33 zeigt die gleichen Kennwerte für einen Zweitaktmotor, der mit 0,292 Liter Hubvolumen und $\varepsilon = 7{,}5$ bei Höchstdrehzahl etwa 15 PS leistet (51 PS/ltr).

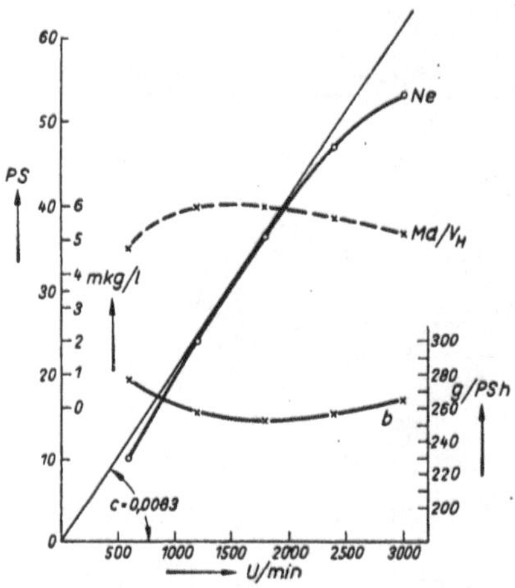

Bild 32. Kennlinien eines Drehschieber-Motors mit Baer-Steuerung (Sechszyl.-Morris; 2,47 l, $\varepsilon = 4{,}9$)

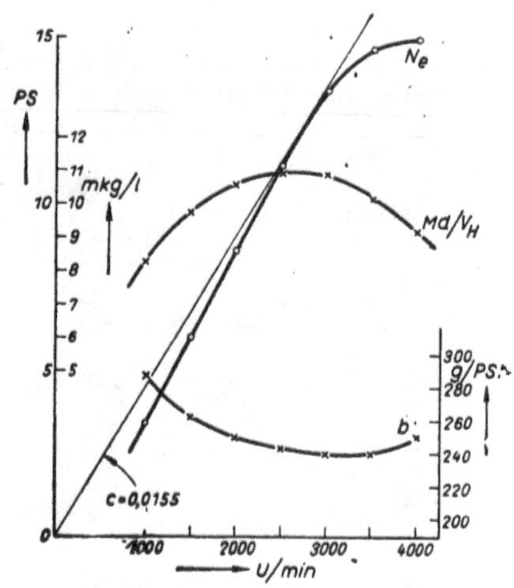

Bild 33. Kennlinien eines Baer-Zweitakt-Drehschiebermotors (Einzylinder; 292 cm³, $\varepsilon = 7{,}5$)

Durch die Firma Heylandt Verbrennungstechnik, Berlin-Britz, sind Entwicklungsarbeiten an Verbrennungskraftmaschinen mit Walzenschieber-Steuerung ausgeführt worden. Das Verfahren entspricht der Baer-Steuerung.

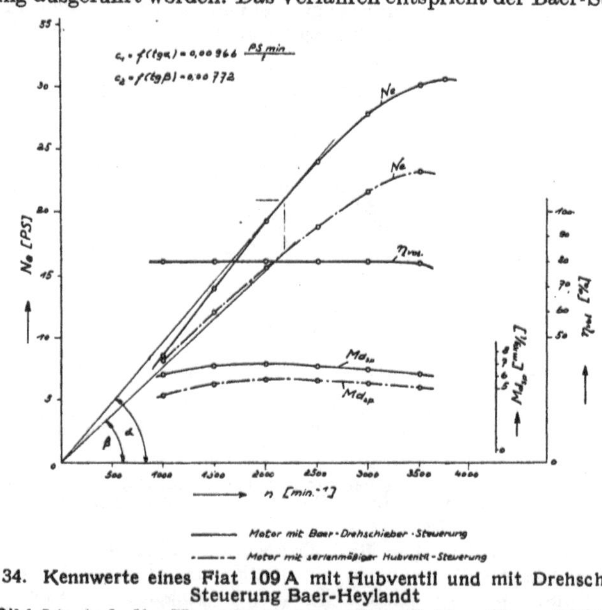

Bild 34. Kennwerte eines Fiat 109 A mit Hubventil und mit Drehschieber-Steuerung Baer-Heylandt

In Bild 34 sind die Kennwerte eines Fiat-Motors, Type 109 A (4 Zyl., 57 ⌀ × 97 = 0,99 l, $\varepsilon = 5{,}4$) mit Ventil- und Drehschiebersteuerung aufgetragen. Der Füllungsgrad des schiebergesteuerten Motors (4 Zyl., 58 ⌀ × 97 = 1,03 l, $\varepsilon = 7{,}8$) liegt bei 80 %. Der auf Baer-Heylandt-Steuerung umgebaute Motor 109 A ist in Bild 35 gezeigt; seine Steuerwalze mit den

Bild 35. Fiat 109 A mit Baer-Heylandt-Steuerung

Bild 36. Steuerwalze, Zylinderböden und Faltenbalge des auf Drehschieber-Steuerung umgestellten Fiat 109 A

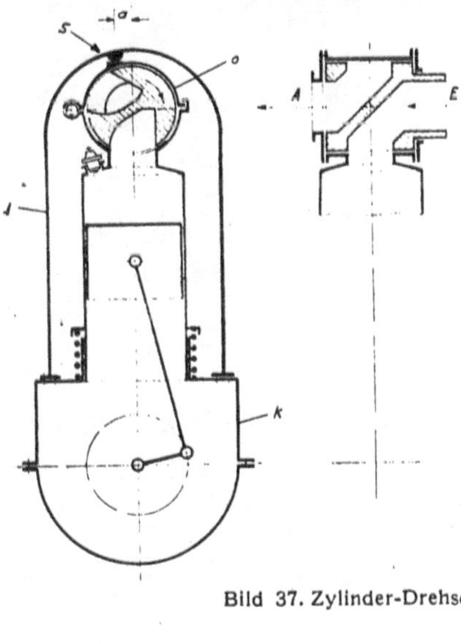

Arbeitsverfahren	A	4-Tkt	
Kleinste Zylinderz.	i	1	
Arbeitsperioden je Schieberumlauf	a	1	
Kurbelw.-Drehzahl / Schieberdrehz.	$\frac{n_{KW}}{n_{Sch}}$	$\frac{2}{1}$	
Ausgeführte Maschine	V_H	0,2476	l
Kolbenfläche / freigeg. Steuerqu.	$\frac{F_K}{f}$	$\frac{100}{26}$	
Spezifische Einlaßsteuerfläche	$\frac{\Sigma f \cdot {}^\circ KW}{V_H}$	4358	$\frac{cm^2 \cdot {}^\circ KW}{l}$
Spezifische Auslaßsteuerfläche	$\frac{\Sigma f \cdot {}^\circ KW}{V_H}$	4358	$\frac{cm^2 \cdot {}^\circ KW}{l}$

Bild 37. Zylinder-Drehschieber, Bauart Cross

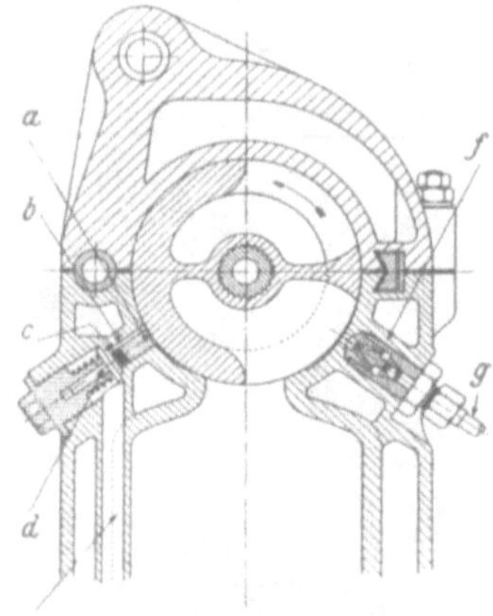

Bild 38. Bild 39.

Cross-Zylinder mit Abdichtungslippe und Ölführung des Drehschiebers

Bild 40. Bild 41.

Cross-Motor für Kraftrad (Einzylinder; 550 cm³, 23 PS bei 6000 U/min)

4 beweglichen Zylinderböden und einer älteren Ausführung der Kühlmittelzufuhr durch Faltenbalgen ist in Bild 36 dargestellt.

Wegen des erheblichen Raumbedarfes in der Schieberwalze für zwei Gaskanäle in Durchmesser-Richtung und quer dazu für das Kühlmittel sind sehr große Einlaß- und Auslaß-Werte schwer zu erreichen. Die Lade- und Entladefähigkeit findet ihre Grenze darin, daß der Gasstrom vom Schieber zweimal gesteuert wird (hier ist Abhilfe möglich). Bei einer

Bild 42. Rudge Ulster mit Cross-Motor (Einzyl.; 350 cm³ mit 25 PS bei 6000 U/min)

Bild 43. Rudge Ulster mit Cross-Motor

Reihenmaschine muß die lange einstückige Steuerwalze bei allen Wärmezuständen des Motors Lagerung im Zylinderkopf finden, ohne zu verklemmen. Bei mehr als 8 Zylindern in einer Reihe ist die Walze zu teilen.

Durch die gute Kühlung des Steuerschiebers sind Kraftstoffe niedriger Oktanzahl (bis herab zu *OZ* 2!) trotz $\varepsilon = 7{,}2$ ohne Klopfen mit gutem Wirkungsgrad zu verarbeiten.

Die dadurch ermöglichte Ausweitung der Kraftstoffdecke verspricht von erheblicher Bedeutung zu werden.

3. Cross-Walzendrehschieber.

Eine andere Ausführungsform des Walzenschiebers wird durch die Firma Cross Rotary Valve, Bath in England gebaut. Das Bild 37 zeigt die Kanalführung der Walze und das Prinzip der Abdichtung. Der Leichtmetall-Zylinder ist in Richtung seiner Achse im Kurbelgehäuse verschiebbar und wird durch Schraubenfedern gegen die Unterseite des nitrierten Graugußt-Drehschiebers gedrückt. Die Reaktionskräfte zwischen Zylinderkopf und Kolbenfläche gehen vom Schieber an die Oberschale *o* und von dort über einen Stützpunkt *s* und das Joch *j* an das Kurbelgehäuse *k*. *s* liegt um den Abstand *a* neben der Zylinderachse. Durch Veränderung der Größe *a* kann die resultierende Kraft zwischen Zylinder und Schieber in weiten

Grenzen verändert werden. Der überwiegende Teil der Kräfte aus den Arbeitsdrücken wird also auf diesem Umwege an das Kurbelgehäuse abgegeben, während die Abdichtungslippe des Zylinders (*l* in Bild 38) nur mit wenig mehr als der Federkraft gegen den Drehschieber gepreßt wird. Das Frischgas tritt axial in den Schieber und wird rechtwinklig umgelenkt; das Abgas strömt radial in den Schieber ein und verläßt ihn in Achsrichtung auf der Gegenseite. Aus dieser Kanalführung ergibt sich ein Übersetzungsverhältnis zwischen Kurbelwelle und Schieber von 2 : 1 beim Viertakt- und 1 : 1 beim Zweitakt-Motor.

In unmittelbarer Berührung mit dem Verbrennungsraum steht nur ein verhältnismäßig kleiner Teil der Schieberwalze, wogegen die Anlagefläche am gekühlten Zylinder und Zylinderkopf groß ist; das aus dem nahe am Drehschieber angeordneten Vergaser austretende Gemisch trifft auf die von den Abgasen beheizte Umlenkwandung, verdampft nach und kühlt diese. Aus diesen Gründen kann die Steuerwalze auch ohne unmittelbare Flüssigkeitskühlung hohen thermischen Belastungen widerstehen. Ihre Wandungen werden aber heißer als die des Baer-Heylandt-Drehschiebers.

Die Ölversorgung des Schiebers erfolgt über die Leitung *g* (Bild 39) und ein Rückschlagventil *f*. Das Öl läuft ungefähr 220° mit dem Schieber um, wird durch den

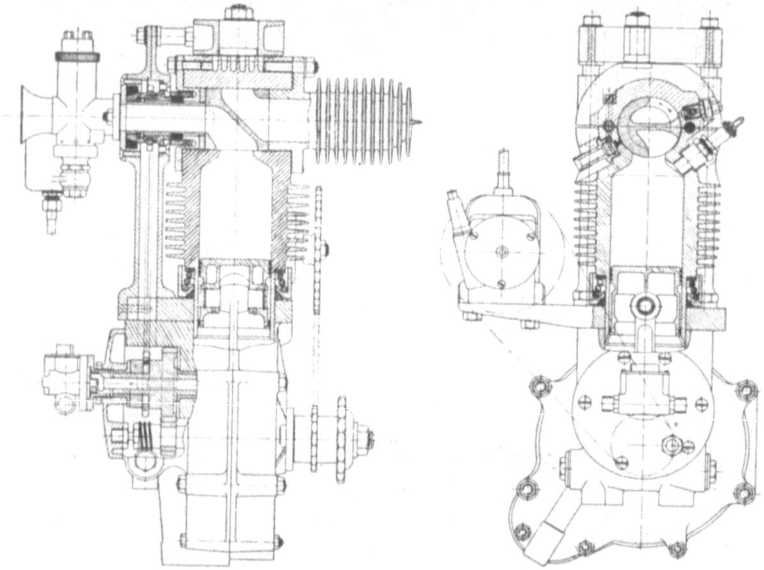

Bild 44. 250 cm³ Rudge mit Cross-Steuerung bei beweglichem Zylinder

Schraper *a* bis auf den erwünschten dünnen Film abgenommen und über das Rückschlagventil *d* und den Kanal *e* wieder dem Ölkreislauf zugeführt. Die Ventile *f* und *c* sind erforderlich, um das Einströmen von Gas in die Frischölleitung und von Öl in die Ansaugleitung zu verhindern. Mit Rücksicht auf die hohe Frequenz, mit der diese Ventile arbeiten müssen, sind Zweifel an der Betriebssicherheit dieses Steuervorganges berechtigt. Die Ölversorgung wird von Kolbenölpumpen durchgeführt, deren Fördermenge sich mit der Drosselklappen-Stellung selbsttätig verändert. Nach zuverlässigen Angaben sollen wesentliche Schwierigkeiten am Ölabstreifer nicht aufgetreten sein. Der Ölverbrauch entspricht etwa dem von Hubventil-Maschinen. Eine elastische Abdichtung *h* und *i* der Schalenfuge soll die Gas- und Öldichtheit zwischen Oberschale und Zylinder gewährleisten.

Die Anordnung der Gaskanäle im Schieber erfordert auch für eine Reihenmaschine Einzelschieber für jeden Zylinder. Es folgen einige Abbildungen, aus denen nähere Einzelheiten zu ersehen sind.

Bild 40 und 41: Ansicht eines 550 cm³ Motor von 23 PS bei 6000 U/min und einem mittleren effektiven Kolbendruck von 13,6 kg/cm².

Der bewegliche Zylinder, das Joch und der Stützpunkt sind zu erkennen. Der Vergaser liegt mit kurzem Ansaugrohr vor dem Schieber. Der Schieber-Antrieb erfolgt von der Kurbelwelle durch Kette und Zwischenwelle.

Bild 42 und 43: Rudge „Ulster"-Motorrad mit 350 cm³-Viertaktmaschine die bei 6000 U/min 25 PS leistet und einen mittleren effektiven Kolbendruck von 12,7 kg/cm² besitzt. Der Kraftstoffverbrauch hat seinen Geringstwert bei 180 g/PSh.

Bild 44: 250 cm³ Rudge, umgeändert auf Cross-Steuerung mit beweglichem Zylinder. Bei einer größten Einlaßöffnung von 25,2 % der Kolbenfläche ist der Verlauf B für p_{me} aus Bild 54 zu ersehen.

Bild 45: 350 cm³ Cross-Motor mit axial verschiebbarem Zylinder. Bei der größten Einlaßöffnung von 26,6 % der Kolbenfläche ist der Verlauf A für p_{me} gemessen worden (Bild 54).

Weil der bewegliche Zylinder Schwierigkeiten in bezug auf saubere Führung und Kurbelgehäuse-Abdichtung bereitet, hat Cross in neuester Zeit eine Ausführung durchgebildet, die sein Anpreß-System bei starr mit dem Kurbelgehäuse verbundenen Zylindern anwendet. Das Prinzip ist aus Bild 46 zu erkennen. Der den Verbrennungsraum bildende zylindrische Einsatz E überträgt den Hauptteil der auf ihn einwirkenden Kräfte über den Drehpunkt D an die Halbkugel K, deren Abstand von der Zylinderachse die Größe des Schließdruckes bestimmt, mit dem die gleichfalls zylin-

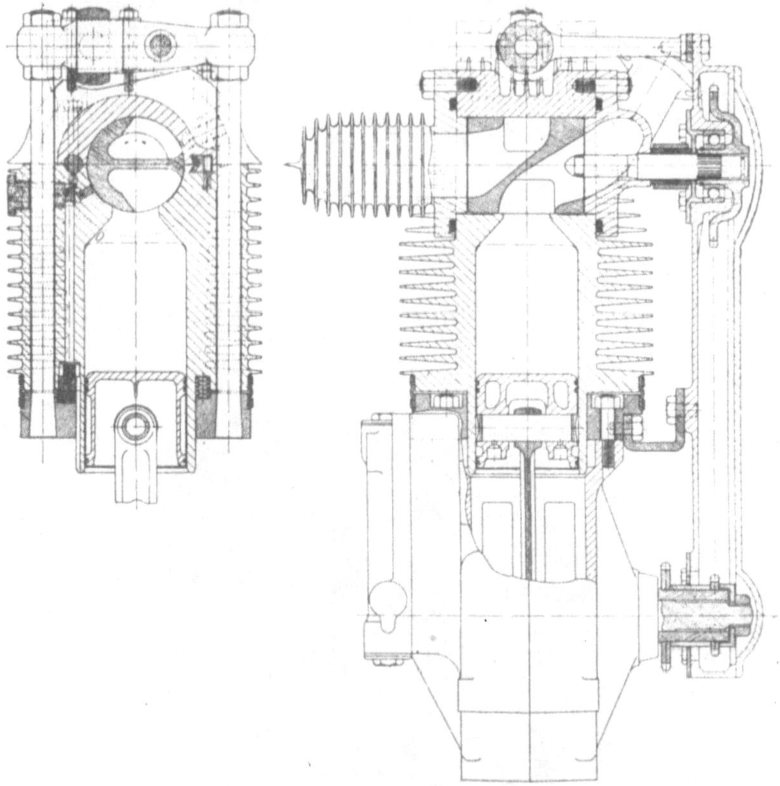

Bild 45. 350 cm³ Cross-Motor mit beweglichem Zylinder

drische Oberschale O gegen die Schieberwalze gepreßt wird. Der Zylinderkopf ist gas- und öldicht abgeschlossen.

Bild 47 zeigt einen mit diesem Zylinderkopf ausgerüsteten Austin-Motor von 750 cm³ Hubvolumen. Die Maschine leistet bei 5000 U/min 30 PS mit einem höchsten mittleren Kolbendruck von 10 kg/cm². Die Drehschieberachsen liegen parallel zur Kurbelwelle als Verbindungslinie der Ventilator- und Kühlwasserpumpenwelle.

Bild 48, 49: 750 cm³ Vierzylinder-Cross-Motor mit geschlossenem Walzenkopf und starrem Zylinder. Die Weiterentwicklung dieses Gedankens zeigt Bild 50. Hier gleitet in dem Einsatz E die Oberschale O, die einen durch die Konstruktionsmaße a und b bestimmten Bruchteil der auf E wirkenden Kräfte als Dichtdruck erhält. Die Kerze zündet mit langem Weg durch eine Ausfräsung in der umlaufenden Kolbenwulst. Die Anwendung dieser Bauweise bei einem Vierzylindermotor von 1 ltr Hubvolumen ist in Bild 51 gezeichnet. Die kettengetriebene Antriebswelle der 4 Einzelwalzen läuft ungeteilt durch den Zylinderkopf; jede Walze wird über ein Keilprofil mitgenommen. Die Andruckplatte, die das Hebelverhältnis $a:b$ herstellt, ist im

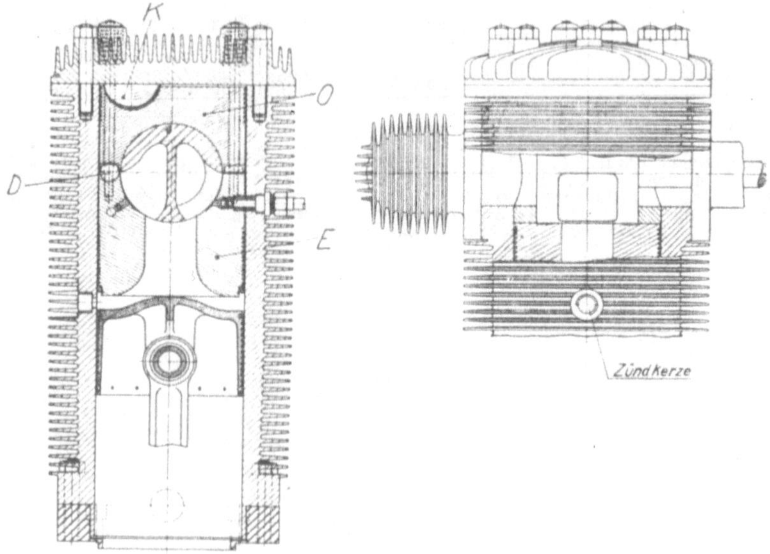

Bild 46. Cross-Drehschieber mit starrem Zylinder und geschlossenem Zylinderkopf; Abstützung durch Halbkugel K

Bild 47. Austin-Motor mit Cross-Steuerung (Vierzyl.; 750 cm³ mit 30 PS bei 5000 U/min)

Schnitt $A - A$ rechts unten zu sehen. Die Pressung auf die Oberschale wird durch sie zentral übertragen.

Bild 52 zeigt die Querschnitts-Eröffnung bei einem Cross-Walzendrehschieber-Motor von 62 ∅ und 82 Hub = 248 cm³ Hubvolumen. Der freigegebene Querschnitt in cm² ist über Grad Kurbelwinkel aufgetragen. Der spezifische Wirk-Querschnitt $Q_E = Q_A$ wurde zu 4358 $\frac{\text{cm}^2 \cdot {}^\circ\text{KW}}{\text{ltr}}$ festgestellt.

Bild 48. Cross-Motor mit geschlossenem Zylinderkopf nach Bild 46 (Vierzyl. 750 cm^3)

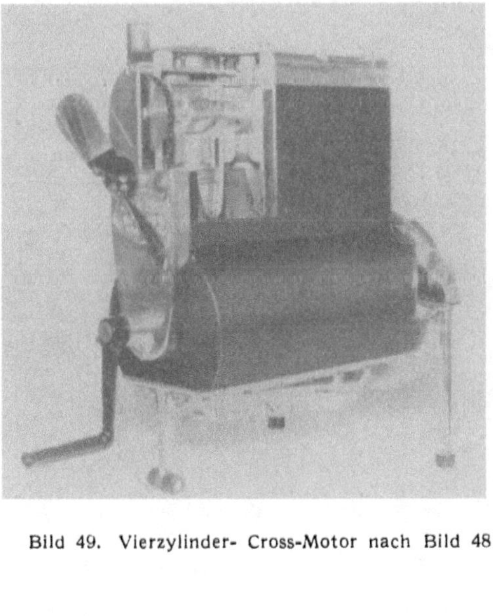

Bild 49. Vierzylinder- Cross-Motor nach Bild 48

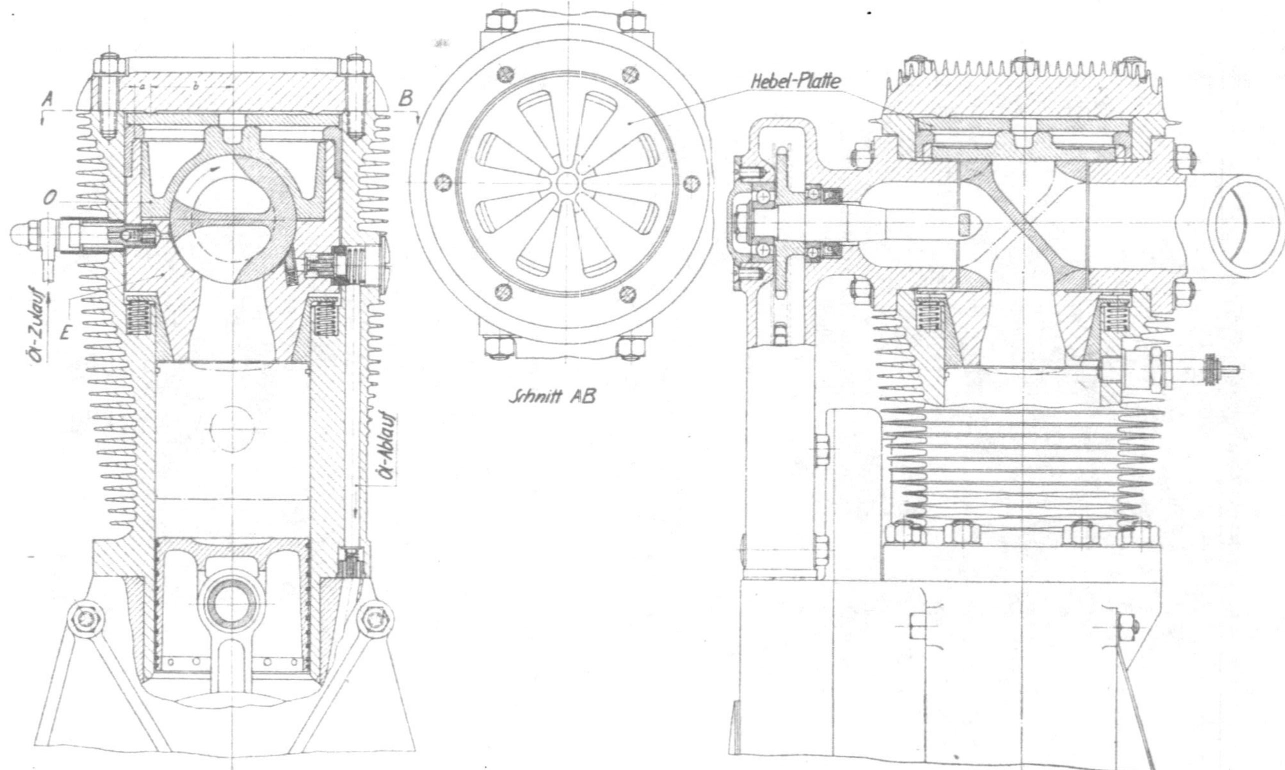

Bild 50. Cross-Drehschieber mit starrem Zylinder und geschlossenem Zylinderkopf; Abstützung durch zweiarmigen Hebel

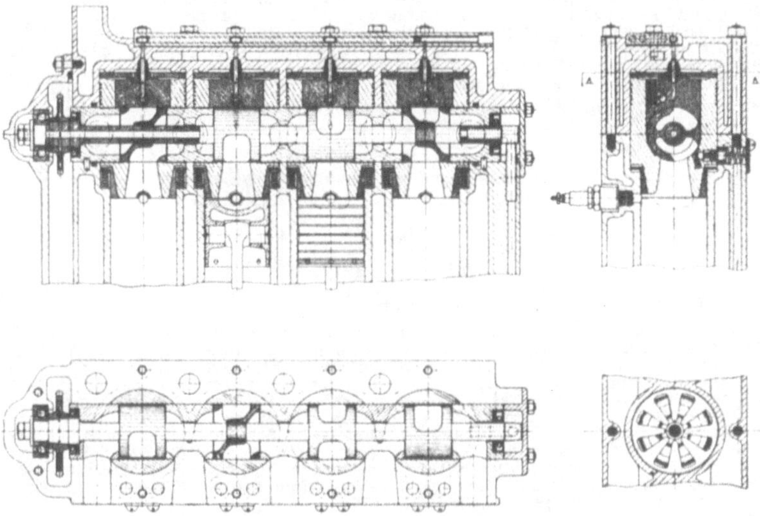

Bild 51. Vierzylinder-Cross-Motor mit Einzelschiebern; Übertragung der Andruckkräfte durch Ringplatte

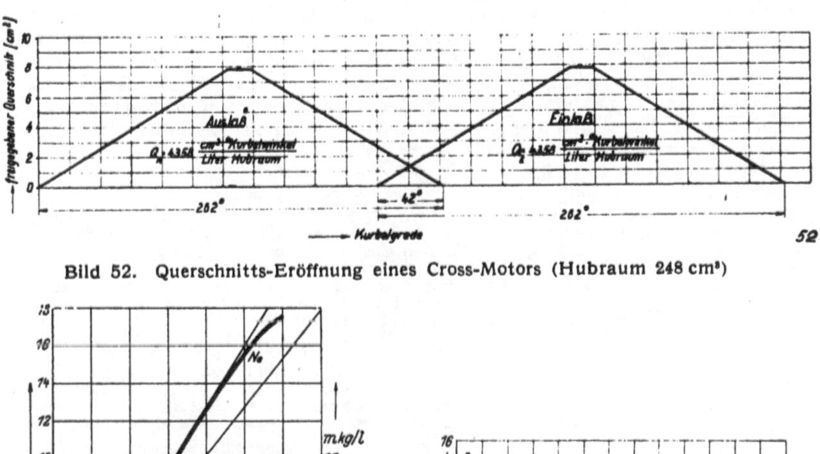

52

Bild 52. Querschnitts-Eröffnung eines Cross-Motors (Hubraum 248 cm³)

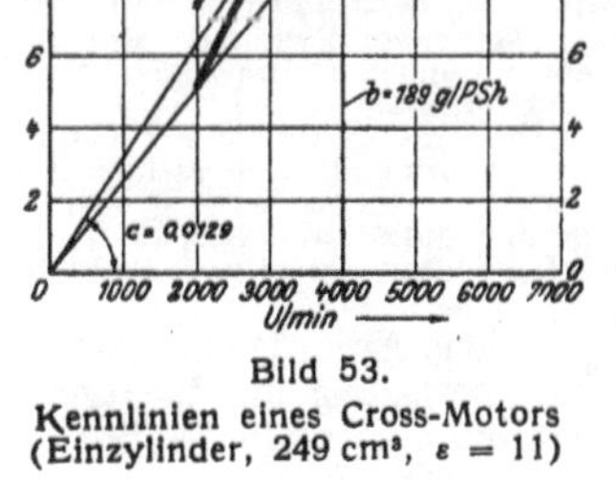

Bild 53.
Kennlinien eines Cross-Motors (Einzylinder, 249 cm³, $\varepsilon = 11$)

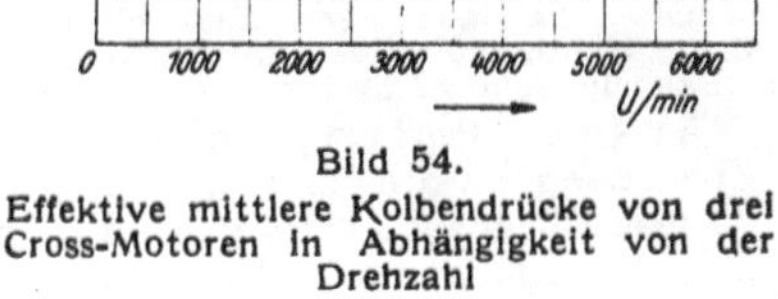

Bild 54.
Effektive mittlere Kolbendrücke von drei Cross-Motoren in Abhängigkeit von der Drehzahl

Bild 53: Die Kennlinien eines ähnlich bemessenen Motors (63 ⌀ und 80 Hub = 249 cm³) und $\varepsilon = 11$ zeigen einen gestreckten Verlauf der Leistungskurve bis zur Kurbelwellendrehzahl von 6000 U/min. Der niedrigste Kraftstoffverbrauch b betrug bei 4000 U/min 189 gr/PSh. Bei 6000 U/min sind 71,2 PS/ltr erreicht worden; das höchste spezifische Drehmoment betrug 9,2 mkg/ltr.

Bild 54: Über der Drehzahl sind die mittleren effektiven Kolbendrücke p_{me} von drei Cross-Motoren in kg/cm² aufgetragen. Es stellt dar:

Kurve	i	V_H cm³	p_{me} kg/cm²
A	1	348	13,8
B	1	250	11,5
C	4	750	10,0

3. Brown-Walzendrehschieber.

Von I. & E. Brown, England, ist die im perspektivischen Schnitt in Bild 55 gezeigte Drehschieber-Steuerung entwickelt worden. Die Abdichtung gegen den Verbrennungsraum erfolgt durch einen zylindrischen Dichtungsring (Bild 56), der seine Voranpressung durch einen geteilten konischen Sprengring erhält. Die Schmierung der Oberfläche des Drehschiebers wird von einem Federstück aus vorgenommen, das an die Druckölleitung angeschlossen ist. Zur Verringerung des Wärmeüberganges vom Abgas an den Drehschieber ist der Auslaßkanal im Schieber mit einem Stahlrohr-Futter versehen, das gegen den Schieberkörper durch eine Asbest-Zwischenschicht isoliert ist. Die während des Verbrennungsprozesses die Steueröffnung verschließende Drehschieberseite enthält einen breiten Ölkanal, durch den ein Teilstrom des Umlauföles zu Kühlzwecken geleitet wird (Bild 57).

C. Kegel-Drehschieber.

Cottereau stellte auf dem Pariser Salon 1910 einen Motor aus, der als Vorgänger des 1926 gebauten Peacy und des im Jahre 1937 erschienenen Aspin eine Drehschiebersteuerung besaß, bei der das Steuerorgan um die Verlängerung der Zylinderachse rotiert und eine konische Dichtfläche hat. (Bild 58). Bei Aspin hat dieser Schieber einen Kegelwinkel von 50 bzw. 67° und besteht aus einer nitrierten Stahlschale mit Leichtmetall-Ausfüllung. Der Schaft wird von zwei Wälzlagern geführt.

Der Steuervorgang spielt sich wie folgt ab (Bild 59):

Ein schwach gekrümmter Kanal im Drehschieber führt vom Kegelmantel zur Schieberfläche und dient abwechselnd für die Steuerung und Führung der Frisch- und Abgase. Der Schieber läuft beim Viertaktmotor mit halber Kurbelwellendrehzahl. Gegen Ende der Verdichtung befindet sich fast das gesamte Frischgas im Steuer-Kanal. Zwischen Kolbenboden und Schieberfläche verbleibt nur ein flacher Doppelhohlkegel, aus dem gegen Hubende das restliche Gemisch unter starker Durchwirbelung in den Hauptbrennraum gedrückt wird. Die Zündkerze befindet sich im Zylinderkopf auf dem Kegelmantel und ist bis kurz vor Zündung vom Drehschieber abgedeckt. Durch die Fliehkrafteinwirkung, der das im Kanal befindliche Gemisch ausgesetzt ist, sollen die schweren Gemischteile in Richtung Zündkerze verlagert werden, so daß auch ärmere Gemische günstige Vorbedingungen für die Zündung haben. Die Führung des Frisch- und Abgases durch den gleichen Kanal ermöglicht wie bei dem Bristol-Planschieber die Nachverdampfung des Kraftstoffes ohne schädliche Einwirkung auf den Füllungsgrad; die Verbrennungsraum-Wandtemperaturen bleiben verhältnismäßig niedrig.

Zwischen Antriebsrad und oberem Lager-Innenring befindet sich eine Feder, die das Achsspiel aus der Lagerung nimmt (Bild 60). Diese Feder hat sich besonders bei fortschreitender Lagerabnutzung als nötig erwiesen, um Abheben des Drehschiebers unter der Einwirkung des Unterdruckes S zu verhindern. Im Einbauzustand liegt der Kegelmantel des Schiebers **nicht** an der Gegenfläche des Zylinderkopfes an, sondern bildet einen Spalt, der gerade ausreicht, einen dünnen Ölfilm aufrecht zu erhalten. Es wird bezweifelt, daß dieser Spalt mit genügender Genauigkeit trotz Lagerspiel und Einbaufehlern so klein gehalten werden kann, daß zwar der Ölfilm bestehen bleibt, aber dichtes Anliegen und damit der unvermeidliche Verschleiß im Kegelmantel nicht auftritt.

Die linke Hälfte der Abbildung stellt die Lagerung durch zwei Radiax-Lager und die rechte eine solche durch zwei Schrägrollen-Lager dar. Der Unterschied in der Bauhöhe beider Ausführungen ist sehr groß.

Um einen Begriff über die in Achsrichtung eines Aspin-Drehschiebers auftretenden Kräfte zu erlangen, sei folgende Überlegung durchgeführt:

Die Kolbenfläche beim in Bild 61 und 62 gezeigten Vierzylinder-Boxer-Motor beträgt 54 cm². Die dem Verbrennungsdruck ausgesetzte Ober-

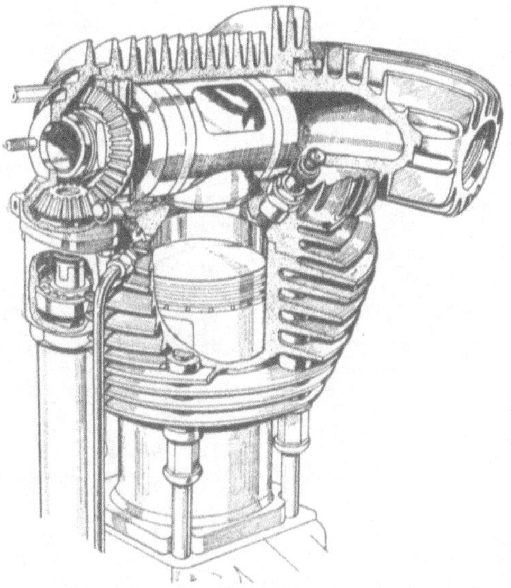

Bild 55. Walzendrehschieber-Steuerung von I. & E. Brown

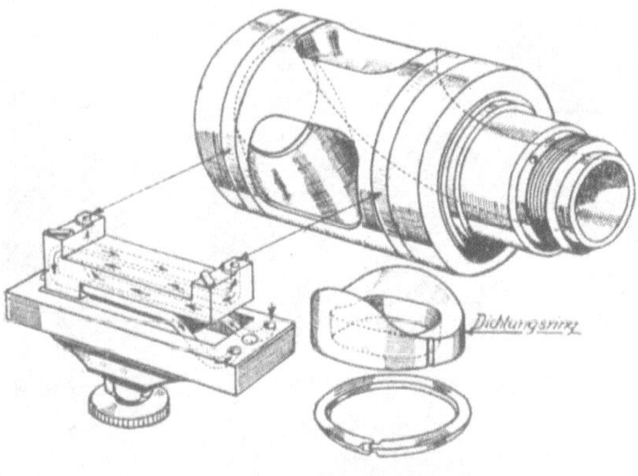

Bild 56. Einzelteile der Brown-Steuerung

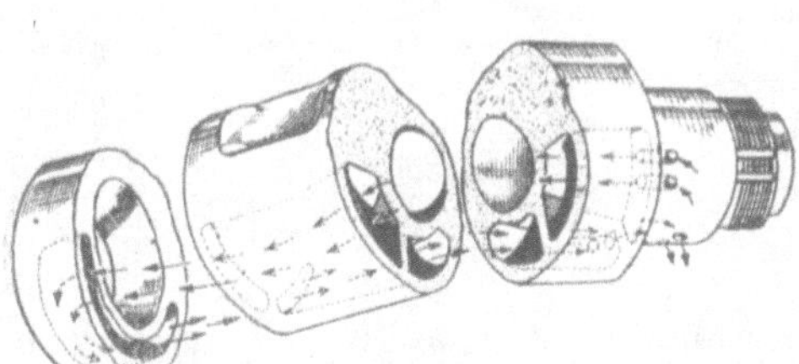

Bild 57. Weg des Kühlöles im Brown-Schieber

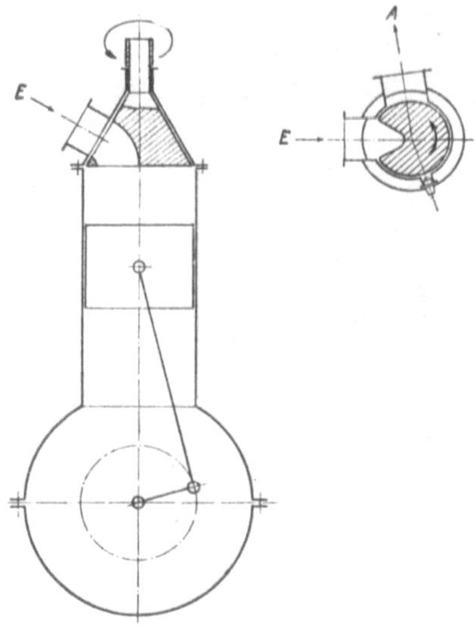

Arbeitsverfahren	A	4-Tkt	
Kleinste Zylinderz.	i	1	
Arbeitsperioden je Schieberumlauf	a	1	
Kurbelw.-Drehzahl / Schieberdrehz.	$\frac{n_{KW}}{n_{Sch}}$	$\frac{2}{1}$	
Ausgeführte Maschine	V_H	0,2486	l
Kolbenfläche / freigeg. Steuerqu.	$\frac{F_K}{f}$	$\frac{100}{23,6}$	
Spezifische Einlaßsteuerfläche	$\frac{\Sigma f \cdot {}^\circ KW}{V_H}$	3962	$\frac{cm^2 \cdot {}^\circ KW}{l}$
Spezifische Auslaßsteuerfläche	$\frac{\Sigma f \cdot {}^\circ KW}{V_H}$	4163	$\frac{cm^2 \cdot {}^\circ KW}{l}$

Bild 58. Kegeldrehschieber der Bauart Aspin

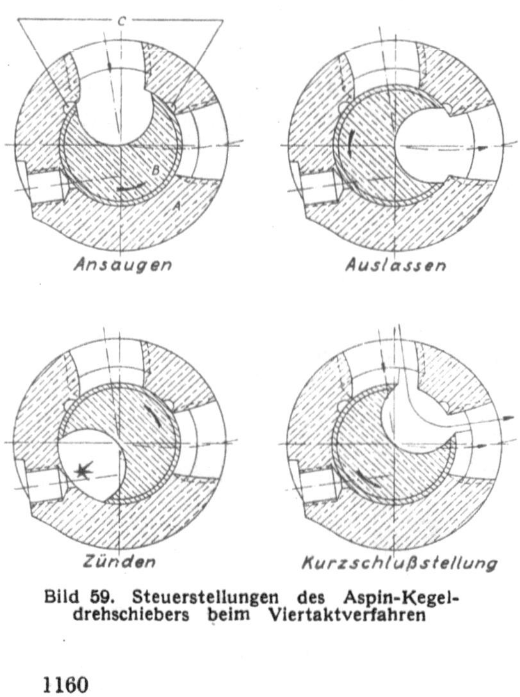

Bild 59. Steuerstellungen des Aspin-Kegeldrehschiebers beim Viertaktverfahren

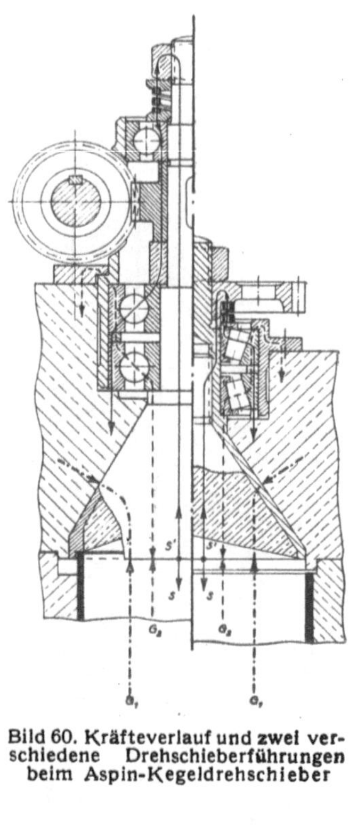

Bild 60. Kräfteverlauf und zwei verschiedene Drehschieberführungen beim Aspin-Kegeldrehschieber

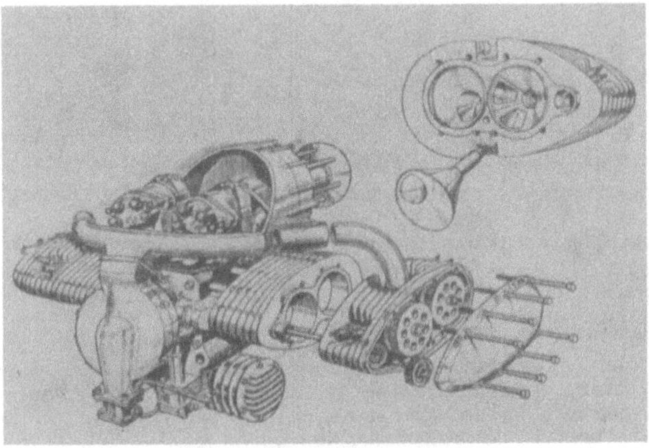

Bild 61. Kegeldrehschieber-Flugmotor Aspin (4 Zyl.; 1,731 l, 80—90 PS bei 4500 U/min)

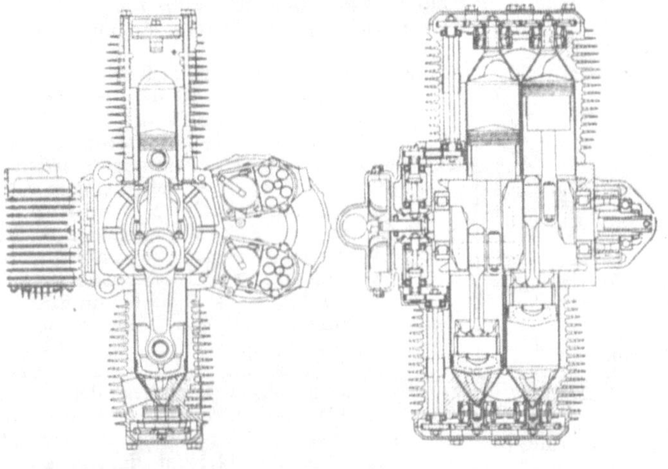

Bild 62. Schnitt durch den Kegeldrehschieber-Boxer-Motor Aspin

fläche des Drehschiebers hat die gleiche Größe. Für die Ermittlung der Achskräfte (G_1 und G_2 in Bild 60) ist zwar ein Betrag in Abzug zu bringen, der die unmittelbare Abstützung der Gassäule auf dem Zylinderkopf im Verbrennungsraum berücksichtigt; die Auflagefläche des Drehschiebers im Zylinderkopf ist aber auch um die beiden Steuerkanäle kleiner als der Kegelmantel. Bei Berücksichtigung der gegebenen Abmessungen wird die mittlere Flächenpressung am Drehschiebermantel etwa 60% größer als der im Zylinder herrschende Gasdruck. Bei einem Spitzendruck von zum Beispiel 60 kg/cm² entsteht eine Achsialkraft $G_1 + G_2$ von fast 2600 kg, die zum Teil von der kegligen Sitzfläche und überwiegend von der Lagerung der Drehschieberwelle aufzunehmen ist. Ähnlich wie beim Bristol-Planschieber ist auch hier die Umfangsgeschwindigkeit in Zapfennähe kleiner als am großen Kegeldurchmesser, so daß die zu erwartende Abnutzung dementsprechend mit Annäherung an den Verbrennungsraum wächst. Zwischen der Drehschieberführung und dem Konussitz besteht eine Doppel-

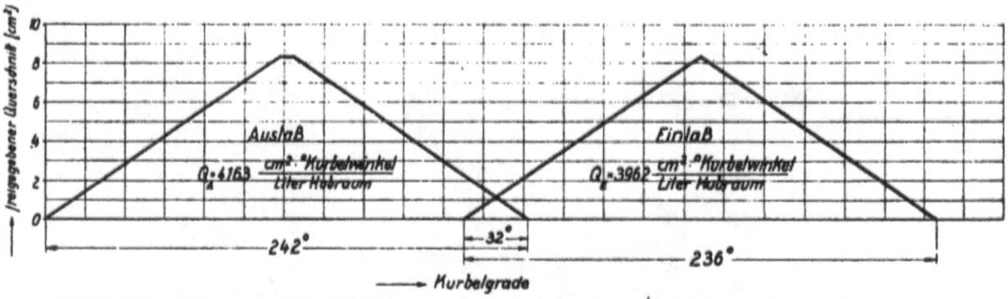

Bild 63. Querschnitts-Eröffnung beim Kegeldrehschieber-Motor Bauart Aspin (Einzyl.; 248 cm³, $\varepsilon = 14{,}1$)

passung, die nur sehr schwer bei allen Wärmezuständen der Maschine beherrschbar sein wird.

Diesen Überlegungen widersprechen Angaben über Versuche, die durch Aspin ausgeführt worden sind. Nach einer Laufzeit von 3200 Stunden soll die Verlagerung des Drehschiebers in Achsrichtung durch Abnutzung nur 0,05 mm betragen haben; die Steuerleistung zum Drehen des Schiebers unter Arbeitsdruck soll außerordentlich klein sein.

Von Aspin sind bisher Einzelheiten über folgende Otto-Motoren veröffentlicht worden:

1. Einzylindermaschine mit 249 cm³ Hubraum, Luftkühlung,
2. Vierzylinder-Boxer-Motor mit 1,73 l Hubraum, Luftkühlung,
3. Achtzylinder-Motor von etwa 4,75 l Hubraum mit Flüssigkeitskühlung.

Die Querschnitts-Eröffnung und die Kennlinien der Einzylindermaschine sind in Bild 63 und 64 dargestellt. Nach diesen Angaben würde sich bei 11000 U/min und einem mittleren effektiven Kolbendruck von 13,1 kg/cm² bei der unaufgeladenen Maschine eine Hubraumleistung von 126 PS/ltr ergeben. Zur Erreichung dieser Werte müßte der wirtschaftliche Wirkungsgrad bei Höchstleistung-Regulierung 47,6% betragen haben; bei Einstellung auf geringsten Brennstoffverbrauch, wo bei 5000 U/min und 13,5 PS Leistung nur 113 gr/PSh verbraucht worden sein sollen, sogar 59,6%. In Bild 1 war über dem Verdichtungsverhältnis als Linienzug *b* der thermische Wirkungsgrad der verlustlosen Maschine aufgetragen. Für das im vorliegenden Fall angewendete Verdichtungsverhältnis $\varepsilon = 14{,}1$ ist danach ein Kompressions-Enddruck von 33 kg/cm², eine Verdichtungs-Endtemperatur von 800° C und ein thermischer Wirkungsgrad von 50,6% erreichbar. Bei einer ausgeführten Maschine wird also das Produkt des thermischen Wirkungsgrades × Gütegrad × mechanischer Wirkungsgrad = wirtschaftlicher Wirkungsgrad bestenfalls den Betrag 50,6 · 92 · 90 = 42% erreichen. Es müssen also Fehler bei der Leistungsbestimmung und der Kraftstoffverbrauchsmessung aufgetreten sein. Auch die Angaben betreffs des klopffrei verarbeitbaren Verdichtungsverhältnisses von $\varepsilon = 18{,}5$ sind mit Vorsicht aufzunehmen. Interessant ist immerhin, daß diese Maschine bis zu einer Kurbelwellen-Drehzahl von 14850 U/min betrieben worden ist, und daß die Steuerung der Beanspruchung widerstanden hat.

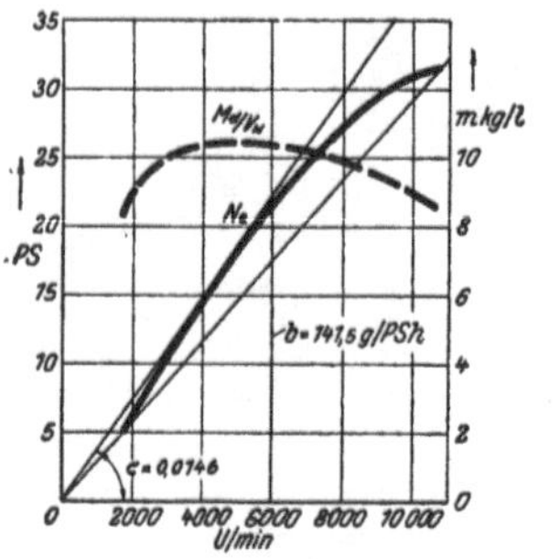

Bild 64. Kennlinien des Aspin-Motors (Bild 63)

Die als weitere Entwicklungsstufe gedachte Vierzylindermaschine von 1,731 ltr Hubvolumen (Bild 61 und 62) besitzt ein Propeller-Getriebe mit der Übersetzung 2:1, ein Verdichtungsverhältnis $\varepsilon = 10{,}2$ und soll bei 4500 U/min der Kurbelwelle 80—90 PS (49 PS/ltr) bei einem Kraftstoffverbrauch von 140 gr/PSh leisten.

Die Aspin-Steuerung eignet sich auch für die Anwendung bei Zweitakt-Motoren und kann dann entweder als Ein- oder Auslaß-Steuerung benutzt werden. Bei Ausbildung von zwei Verbrennungsräumen bzw. Gaskanälen im Steuerkegel läuft das Steuerorgan weiterhin mit halber Kurbelwellendrehzahl um.

D. Kugeldrehschieber, Bauart Sklenar.

Nach dem Grundpatent Sklenar-Keller von 1926 wird bei der Gebrüder Sachsenberg A.-G. Dessau-Roßlau an der Entwicklung von Drehschieber-Maschinen gearbeitet. Diese Schiebersteuerung ist besonders für Maschinen in Sternform geeignet. Das Arbeitsverfahren ist in Bild 65 dargestellt. Gegenüber einem feststehenden Ring, der gleichzeitig zum Tragkörper der Maschine ausgebildet ist, führt der Zylinderstern eine langsame Drehbewegung aus. Die Relativbewegung zwischen Zylinder und Motorkörper dient zur Steuerung der im Ring angeordneten Ein- und Auslaßkanäle und zur Fortbewegung des Zylinderkopfes über die Verdichtungs- und Ausdehnungsstrecke.

Das Bild 66 zeigt das Steuerschema einer 5 Zylinder-Sternmaschine mit drei Steuergruppen im Ring. Die Arbeitsstellungen des im Schnitt gezeichneten Zylinders sind in den fünf Einzelbildern folgende:

Beginn des Ansaugens,

Ende der Saugperiode,

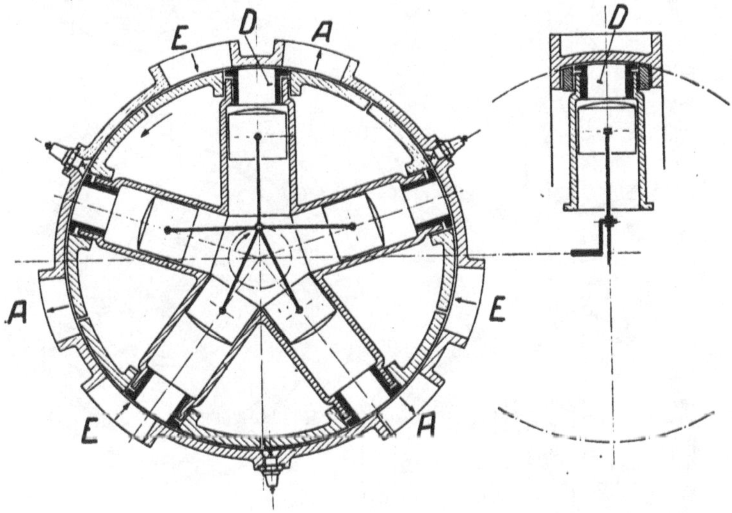

Arbeitsverfahren	A	4-Takt	
Mögliche Zylinderzahl	i	3, 5, 7, 9	
Arbeitsperioden je Sternumlauf u. Zylinder	a	2, 3, 4, 5	$\frac{i+1}{2}$
$\frac{\text{Kurbelwellendrehzahl}}{\text{Sterndrehzahl}}$	$\frac{n_{KW}}{n_{St}}$	$\frac{3}{1}$ $\frac{5}{1}$ $\frac{7}{1}$ $\frac{9}{1}$	$\frac{i}{1}$
Ausgeführte Maschine	V_H	1,5	l
$\frac{\text{Kolbenfläche}}{\text{Freigeg. Steuerqu.}}$	$\frac{F_K}{f}$	$\frac{100}{26{,}6}$	
Spezifische Einlaßsteuerfläche	$\frac{\Sigma f \cdot {}^0KW}{V_H}$	5815	$\frac{cm^2 \cdot {}^0KW}{ltr}$
Spezifische Auslaßsteuerfläche	$\frac{\Sigma f \cdot {}^0KW}{V_H}$	6415	$\frac{cm^2 \cdot {}^0KW}{ltr}$

Bild 65. Kugeldrehschieber-Motor, Bauart Sklenar

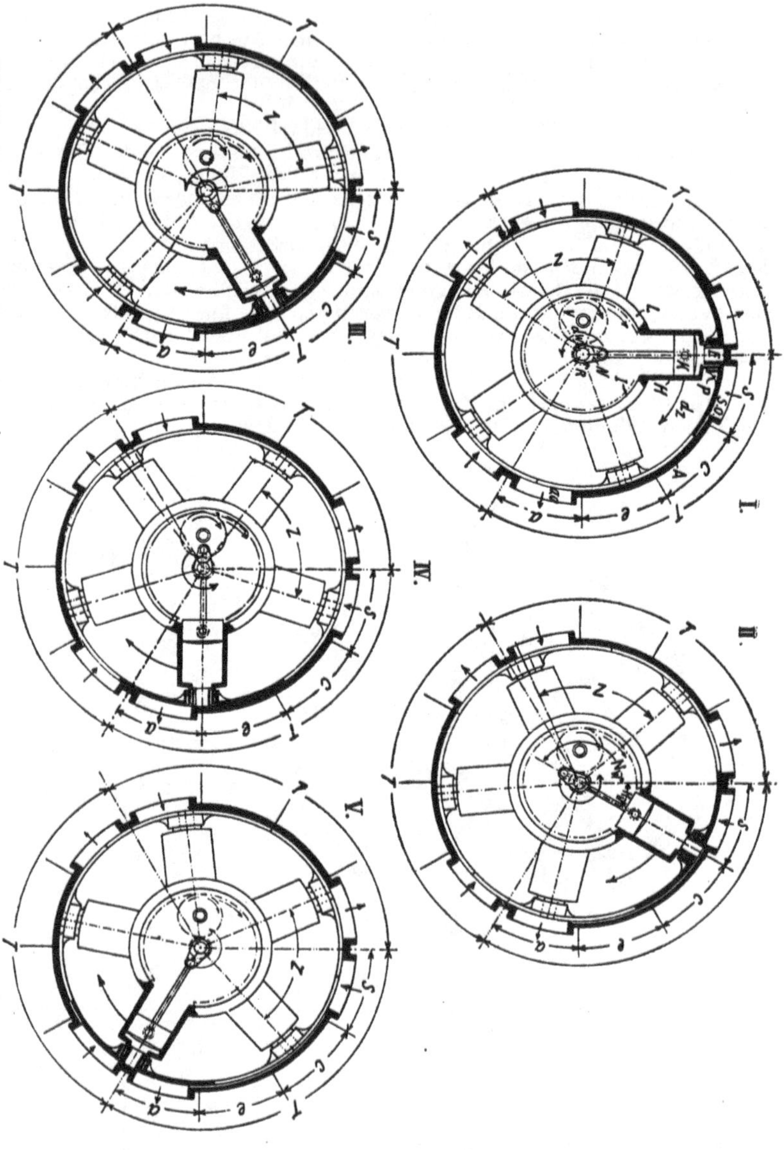

Bild 66. Steuervorgang bei einem Fünfzylinder-Sklenar-Motor mit drei Steuergruppen auf dem Schieberring

Ende der Verdichtung,
Ende der Ausdehnung,
Ende des Ausschiebens.

Die Zündkerzen sitzen im Steuer-Ring und werden erst kurz vor dem Zünden mit der Ladung im Brennraum in Verbindung gebracht. Zwischen Kurbelwelle, Zylinderstern und Steuergruppenzahl bestehen Beziehungen, die denen beim Bristol-Taumelscheiben-Motor ähnlich sind.

Bild 67. Bild 68.

Zylinder und Kolben des Kugelschiebermotors SV 2
(sphärische Dichtungsbüchse und Verbindungs-Schuh)

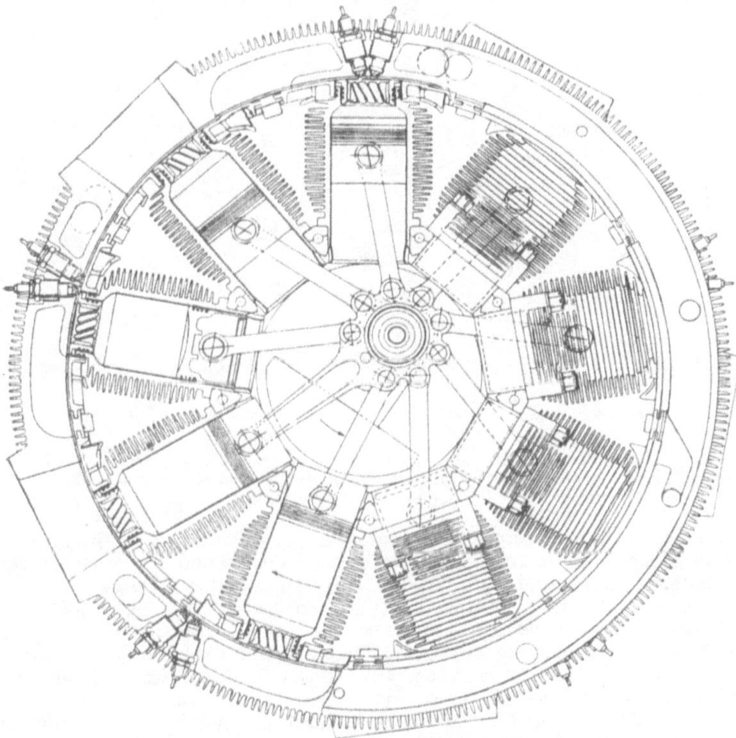

Bild 69. Kugeldrehschieber Bauart Sklenar mit 9 Zylindern
und 5 Steuergruppen im Ring

Es ist die Steuergruppenanzahl

$$a = \frac{i + 1}{2}$$

und das Untersetzungsverhältnis zwischen Kurbelwelle und Zylinderstern

$$p = \frac{i}{1}.$$

Das wichtigste Kennzeichen des Sklenarmotors ist nun, daß der Steuerring auf seiner Innenfläche sphärisch so bearbeitet ist, daß die Kugelmitte im Schnittpunkt der Kurbelwellenachse mit der Zylinderstern-Ebene liegt. Die einzelnen Zylinder tragen Büchsen D, die gegen diese Kugelfläche unter dem Einfluß der Fliehkraft und der Verbren-

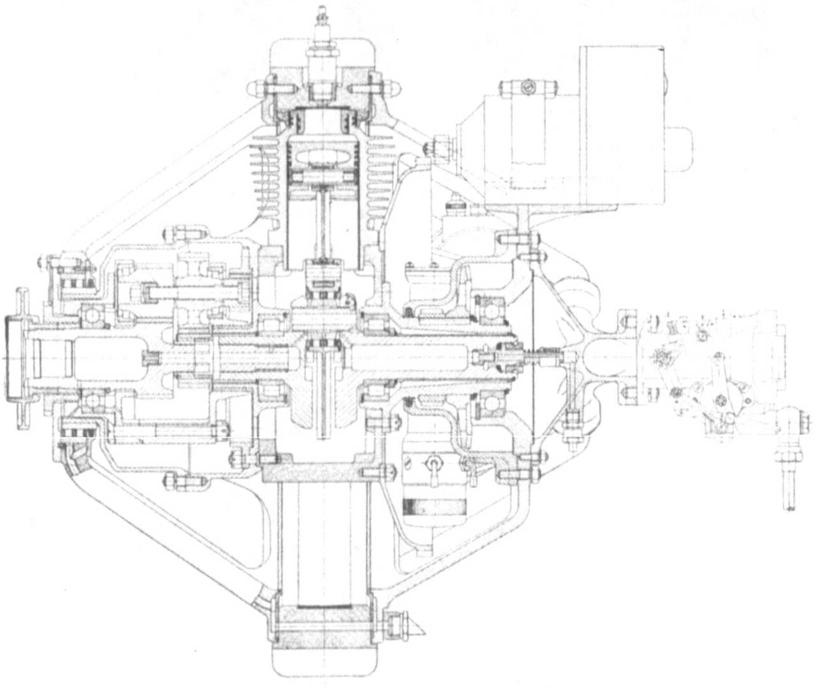

Bild 70. Kugelschiebermotor Baumuster SV 2 Gebr. Sachsenberg A.-G. Dessau-Roßlau (7 Zylinder mit 1,5 ltr Hubraum, 4 Steuergruppen, $\varepsilon = 6{,}3$ und 60 PSe bei 4480 U/min Systemdrehzahl)

nungsdrücke, jedoch ohne Federvorspannung, anliegen. Die Stirnflächen der in einer älteren Ausführungsform in Bild 67 und 68 gezeigten Abdichtungsbüchsen sind zylindrische Kugelausschnitte. Durch diese besondere Gestalt der Dichtflächen wird entgegen dem Bristol-Taumelscheiben-Motor und der Freer-Anordnung erreicht, daß die Büchse neben der Achsial-Verschiebung eine freie Drehung um die Zylinderachse ausführen kann. Hierdurch schleifen sich die Zylinderbüchsen auf der Ringschieberfläche bis zur Bildung eines idealen Abdichtungsspiegels selbsttätig ein. Wenn Fremdkörper auf die Dichtfläche gelangen, so werden sie durch die Büchsendrehung forttransportiert.

Wie bei Bristol Tramways ist zwischen den einzelnen Abdichtbüchsen eine fortlaufende Ergänzung der Dichtfläche notwendig, um die vom Zylinderkopf nach dem Steuerprozeß verlassenen Ein- und Auslaßkanäle sowie die Zündkerzen abzudecken. Diese innere Abdichtfläche wird aber nicht durch Fortsätze an den Stirnflächen der Abdichtungsbüchsen, sondern durch vom Zylinderhals getragene, frei sich an die Steuerfläche anschmiegende Schuhe gebildet; deren Dichtfläche ist kugelig bearbeitet und wieder vermögen diese Gleitschuhe neben der Schiebung in Richtung Zylinderachse kleinere Drehungen um diese Bezugslinie auszuführen. Um zu verhindern, daß die Schuhe bei einseitiger Erhöhung des Flächendruckes in Drehung geraten, sind besondere Führungen vorgesehen.

Anordnung und Gestalt dieser Schuhe ist aus Bild 68 zu ersehen.

Bild 69 zeigt einen 9 Zylinder-Sklenarmotor mit 5 Steuergruppen im Ring. Der Zylinderstern läuft nach Bild 65 entgegen der Kurbelwelle mit $^1/_9$ von deren Drehzahl. Bei einem Sternumlauf werden 45 Viertakt-Arbeitsspiele vollführt.

Die Summe der Bahndrücke, die von den Kolben auf den sich drehenden Zylinderstern ausgeübt werden, ergibt ein Moment von der Größe des Kurbelwellen-Drehmoments. Die von dem Stern abgegebene Leistung ist also

$$N_{ST} = \frac{1}{p} \cdot N_{KW}$$

$$N_{ST} + N_{KW} = N_e.$$

Die Addition der Stern- und Kurbelwellen-Leistung erfolgt in einem Getriebe, das in einem Ausführungsbeispiel in Bild 70 zu erkennen ist. Die im Schnitt dargestellte Maschine ist ein 1,5 ltr Otto-Viertakt-Motor der Gebrüder Sachsenberg A.-G., der als Vorstufe für den in Entwicklung befindlichen Flugmotor SV 5 von 3,6 ltr Hubraum ausgeführt wurde.

Die Untersetzung $p = 7:1$ zwischen Kurbelwelle und Stern erfolgt durch ein Nebenwellen-Getriebe, das gleichzeitig die Untersetzung 2:1 zwischen Kurbelwelle und Propeller enthält. Sämtliche Getriebe-Bauteile werden auf die Weise gut ausgenutzt.

Das Innere der Abdichtungsbüchsen stellt mit dem für die Ladungsverwirbelung günstigen Raum zwischen Kolben und Zylinderboden den Verdichtungs- und Verbrennungsraum dar. Das Verhältnis von Inhalt zu Oberfläche ist günstig und nähert sich dem idealen Verbrennungsraum. Da die Leichtmetall-Abdichtungsbüchsen, die gegen den Zylinderhals mit Kolbenringen dichten, wechselnd von Frisch- und Abgas durchströmt werden, nehmen sie eine verhältnismäßig niedrige Temperatur an und behalten ihre Festigkeit. Die Abdichtung an der sphärischen Fläche ist auch dann noch gut, wenn der feststehende Steuerring durch große Temperaturunterschiede und durch die auf ihn einwirkenden Kräfte nicht mehr der idealen Kugelform entspricht. Der Ausgleich erfolgt dann durch entsprechende Achsial-Verschiebung der Büchsen und Schuhe. Das Einschleifen der Dichtfläche ist ein selbsttätiger Vorgang, der sich fortsetzt, wenn Störungen, zum Beispiel durch Fremdkörper, auftreten.

Bild 71 der Versuchsmaschine SV 1 mit radial den Ring durchbrechenden Auslaß-Öffnungen läßt die noch mit schraubenförmigen Innenrippen versehene Abdichtungsbüchse erkennen. Auch im Betrieb kann man durch diese Öffnung bis in das Zylinderinnere sehen. Die im Schnitt Bild 70 gezeigte Versuchsmaschine SV 2 ist unverkleidet in Bild 72 dargestellt. Man erkennt die Grundform des Ringes mit den vier Kerzen und die sieben Leichtmetallzylinder mit großer Kühlfläche. Die mit dieser Maschine erreichten Leistungswerte sind in Bild 73 über Systemdrehzahl aufgetragen. Die Verlustleistung des Getriebes für Propeller-Untersetzung, Sternantrieb und Hilfsmaschinen sind in der Messung enthalten. Bei diesem Baumuster ist die Gleitgeschwindigkeit in der Kugelfläche etwa 26% größer als die mittlere Kolbengeschwindigkeit. Die Querschnitts-Eröffnung ist in Bild 74 über Winkelgrad-System gezeigt, um die gegenseitige Lage von Kurbelwelle und Zylinderstern zu berücksichtigen. Die spezifischen Wirkquerschnitte

Bild 71. Kugelschiebermotor Baumuster SV 1 (Auslaßöffnung und Abdichtbüchse!)

$$Q_E = 5815 \text{ und}$$

$$Q_A = 6415 \frac{\text{cm}^2 \cdot {}^0\text{System}}{\text{ltr}}$$

liegen günstig im Vergleich zu anderen Schieber-Maschinen.

Die Anpressung der Abdichtbüchsen durch die Arbeitsdrücke im Zylinder läßt sich durch Abstimmung der diesen Kräften ausgesetzten Büchsenhals-Fläche und der Steueröffnung vollkommen aufheben. Eine verhältnisgleiche Erhöhung dieser Anpressung mit dem Zylinderdruck ist jedoch erwünscht. Darum werden bei dem vorliegenden Baumuster die Abdichtbüchsen bei Volleistung mit 3 kg/cm² durch die Verbrennungsspitze angepreßt, während die Fliehkraft sie mit 0,6 kg/cm² nach außen schleudert. Die Größe dieser Kraft kann durch die Wahl des Werkstoffes in den erwünschten Grenzen gehalten werden. Durch die Anordnung der Büchsen um die Zylinderachse läßt sich als Steuer-Querschnitt eine Fläche erreichen, die im äußersten Fall gleich der Kolbenfläche sein könnte. Mit Rücksicht auf die mindest erforderliche Gasgeschwindigkeit kann dieser Grenzwert bei Gemischansaugung nicht ausgeführt werden.

Nach dem gleichen Steuerverfahren arbeitet die SV 3, eine Siebenzylindermaschine in Sternform der Gebr. Sachsenberg A.-G., die bei 4000 U/min-

Bild 72. Drehschiebermotor Baumuster SV 2, Vorderansicht

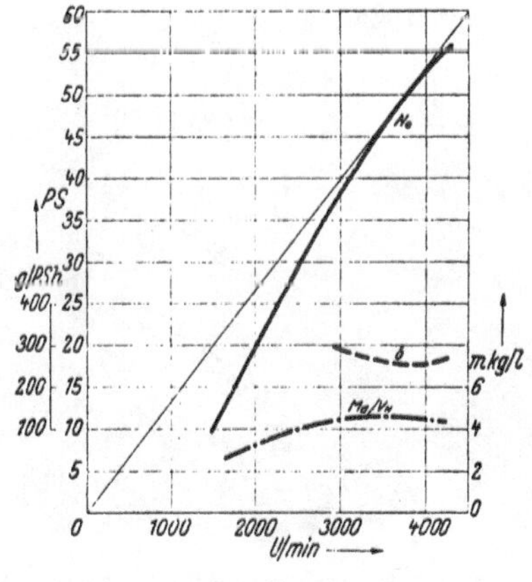

Bild 73. Kennlinien des Kugelschiebermotors SV 2
(7 Zylinder in Sternform; 1,5 l, $\varepsilon = 6{,}3$)

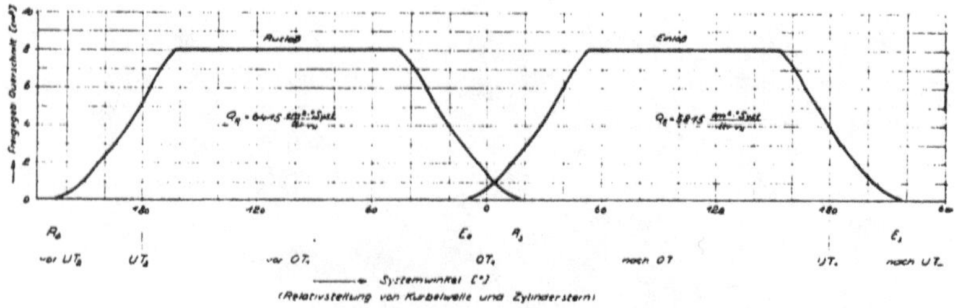

Bild 74. Querschnitts-Eröffnung über Winkelgrad System (Baumuster SV 2)

Bild 75. Kugelschiebermotor Baumuster SV 3, Vorderansicht mit Schwungradlüfter

Bild 76. Kugelschiebermotor Baumuster SV 3, Seitenansicht mit Apparateteil

Bild 77. Kugelschiebermotor Baumuster SV 3, Rückansicht mit Hilfsapparaten

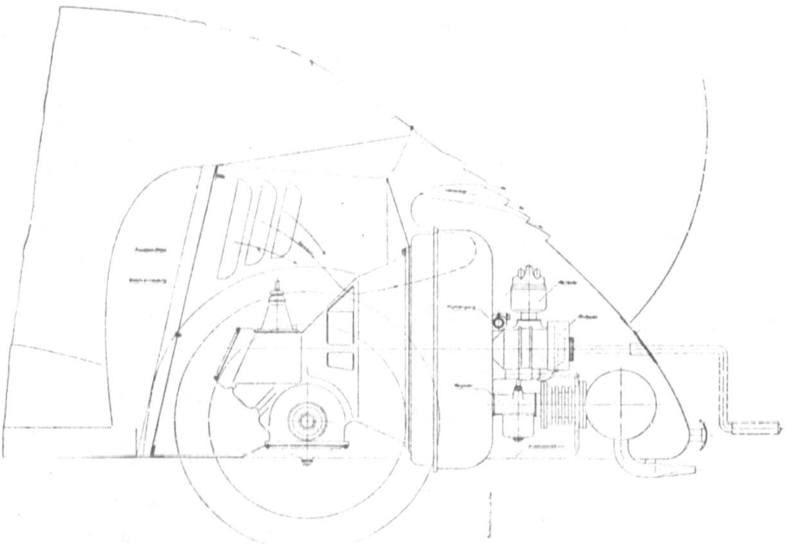

Bild 78. Hecktriebsatz eines Personenkraftwagens mit Sternmotor SV 3

System (zusammengesetzt aus 3500 U/min Kurbelwelle + 500 U/min Zylinderstern) eine Volleistung von 52 PS bei einem Kraftstoffverbrauch von 235 gr/PSh besitzt. Der Hubraum beträgt 1,5 ltr und das Verdichtungsverhältnis $\varepsilon = 6{,}25$. Entsprechend Bild 75 hat diese Maschine einen Schwungradlüfter, der mit der Kurbelwelle umläuft, und die Kühlluft über die Zylinder und den Ring bläst. Die Seitenansicht 76 und die Rückansicht 77 zeigen die Anordnung der Hilfs-Apparate und die Gehäuse zur Kühlluftführung. Das Gewicht der Maschine im betriebsfertigen Zustand beträgt 115 kg, und die Abmessungen 600 mm ∅ × 585 mm Länge. Den Motorraum eines mit dieser Maschine ausgerüsteten Personen-Kraftwagens mit Heckantrieb zeigt Bild 78.

Wie schon erwähnt, ist die nächste Entwicklungsstufe ein Baumuster mit 3,62 ltr Hubvolumen. Bei der Systemdrehzahl 6000 U/min wird von dieser Maschine eine Leistung von 215 PS erwartet. Die Querschnitts-Eröffnung ist in Bild 79 gezeigt. Die Flächenpressung der Abdichtungsbüchse durch die Fliehkraft allein ist mit 0,55 kg/cm² bemessen, während die Verbrennungsspitze eine zusätzliche Pressung von 2,9 kg/cm² ausübt. Die Gleitgeschwindigkeit in dem Abdicht-Durchmesser ist nur 17% größer als die mittlere Kolbengeschwindigkeit.

Ein Nachteil dieser Bauart ist unzweifelhaft, daß sie sich nur bei Motoren in Sternform anwenden läßt, und daß die Führung des langsam umlaufenden Sternes besondere konstruktive Maßnahmen erfordert. Die Vorteile gegenüber anderen Schiebersteuerungen sind im einzelnen oben aufgeführt und sind so erheblich, daß mit einer erfolgreichen Weiterentwicklung dieser besonders für Schnellauf geeigneten Bauweise zu rechnen ist.

Nach dem gleichen Grundgedanken werden von den Firmen Mawen in Paris und Matthes in USA Flugmotoren entwickelt, über deren Kennwerte jedoch nähere Angaben fehlen.

In der folgenden Tafel ist eine Zusammenfassung der in diesem Abschnitt behandelten Schieber-gesteuerten Motoren und ihrer Kennwerte gegeben. —

Hersteller und Baumuster	Bauart	Takt	Kühlung	Bohrung d	Hub s	Hubraum V_H	Hubr. je Zyl. V_H	Verdichtung ε	Mittl. Kolbengeschw. c_m	Höchst-Leistg. Ne	Drehz. bei Höchst-Leistg. n	Leistg. je ltr Hubr. Ne/V_H
				mm	mm	ltr	cm³	—	m/sec	PS	U/min	PS/ltr
Willys-Overland WK 56	6-Zyl. Reihe	4	W	74,6	98,4	2,58	430	4,2	9,84	45	3000	17,4
Willys-Overland StK 8	8-Zyl. Reihe	4	W	88,9	127	6,3	788	5	11,8	115	2800	18,3
Bristol Perseus VI	9-Zyl. Stern	4	L	146	165	24,9	2762	6	13,2	1395	2400	56,0
„ „ XII	9-Zyl. Stern	4	L	146	165	24,9	2762	6	13,2	755	2400	30,3
„ Taurus	14-Zyl. Dopp.St.	4	L	127	137	24,3	1736	—	12,8	920	2800	37,8
Bristol Tr. & C. Co. RR 3	9-Zyl. Wabe	4	W	88	128	7,0	788	—	12,8	149	3000	21,3
Laros	4-Zyl. Boxer	2	W	54	54	0,495	124	—	9,0	25	5000	50
Triumph B 125 ..	1-Zyl.	2	L	50	62	0,125	125	—	—	4	—	32
„ BD 250..	1-Doppel-Zyl.	2	L	45	78	0,25	250	—	—	12	—	48
Baer	1-Zyl.	2	L	74	68	0,292	292	7,5	9,1	15	4000	51,5
„	6-Zyl. Reihe	4	W	69	110	2,47	411	4,9	11,0	53,2	3000	21,5
Baer-Heylandt ...	4-Zyl. Reihe	4	W	65	75	0,99	248	8,6	9,4	30,5	3750	30,8
Cross	1-Zyl.	4	L	63	80	0,249	249	11	16,0	17,6	6000	70,8
Aspin............	1-Zyl.	4	L	67	70,5	0,248	248	14,1	25,6	33	11000	133
„	4-Zyl. Boxer	4	L	83	80	1,731	433	10,2	12,0	80	4500	46,2
Sachsenberg SV 2	7-Zyl. Stern	4	L	62	71	1,5	214	6,3	10,6	60	4480	40
Sachsenberg SV 3	7-Zyl. Stern	4	L	62	71	1,5	214	6,25	9,5	52	4000	34,7
Sachsenberg SV 5	9-Zyl. Stern	4	L	80	80	3,62	402	7	16,0	235	6000	65

Quellen-Nachweis.

1. Deutsche Patentschrift Nr. 184926. Knight und Kilbourne 1905.
2. Deutsche Patentschrift Nr. 1214089. Knight 1908.
3. Deutsche Patentschrift Nr. 222300. Knight 1908.
4. Deutsche Patentschrift Nr. 229690. Mc Collum 1909.
5. Deutsche Patentschrift Nr. 235024. Mc Collum 1910.
6. Deutsche Patentschrift Nr. 263665. Burt und Argylls 1909.
7. Deutsche Patentschrift Nr. 249823. Burt und Argylls 1910.
8. Deutsche Patentschrift Nr. 462807. Burt 1926.
9. Deutsche Patentschrift Nr. 608646. Bristol Tramways 1932.
10. Deutsche Patentschrift Nr. 628997. Bristol Aeroplane 1933.
11. USA. Patentschrift Nr. 1 249 845. Soppitt 1915.
12. USA. Patentschrift Nr. 1 331 749. Freer 1916.
13. Deutsche Patentschrift Nr. 457918. Sklenar und Keller 1926.
14. H. Güldner, „Das Entwerfen und Berechnen der Verbrennungskraftmaschinen". Verlag Julius Springer, Berlin, 3. Auflage.

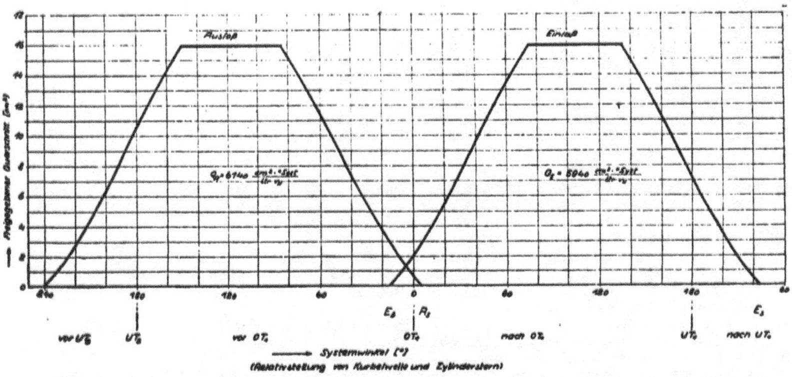

Bild 79. Querschnitts-Eröffnung über Winkelgrad System (Baumuster SV 5)
(9 Zyl. in Sternform mit 3,62 ltr Hubraum, ε = 7, 240 PS bei 6000 U/min Systemdrehzahl)

Min. Kraftst. Verbr. b	Höchst-Drehm. je ltr Hubr. Md/V_H	Max. mittl. eff. Druck p_{me}	Spezifischer Wirkquerschnitt Einlaß Q_E	Spezifischer Wirkquerschnitt Auslaß Q_A	Spezifischer Zeitquerschnitt Einlaß Z_E	Spezifischer Zeitquerschnitt Auslaß Z_A	Zylinder-Aus-nutzungs-konstante $c \cdot 10^2$	Verwendungszweck	Bemerkungen
g/PSh	mkg/ltr	kg/cm²	cm²·°KW/ltr	cm²·°KW/ltr	cm²·sec/ltr	cm²·sec/ltr	PS/ltr·Uml × 100		
—	4,16	5,23	—	—	—	—	—	PKW	
—	4,68	5,86	—	—	—	—	—	PKW	
—	16,7	21,0	2547	1646	0,177	0,114	—	Flug	Mit Aufladung
—	9,05	11,4	—	—	—	—	—	Flug	Höhenlader
—	10,1	12,2	—	—	—	—	—	Flug	Höhenlader
267	6,3	7,8	—	—	—	—	0,88	LKW	
—	7,16	4,5	—	—	—	—	—	Boot	
—	—	—	—	—	—	—	—	Krad	
—	—	—	—	—	—	—	—	Krad	
238	11,0	6,9	—	—	—	—	1,55	Krad	
253	6,1	7,6	—	—	—	—	0,83	PKW	
210	9,3	7,7	—	—	—	—	0,96	PKW	
189	9,2	11,6	4385	4385	0,121	0,121	1,29	Krad	
141?	10,5	13,1	3962	4163	0,060	0,061	1,46	Krad	*Ne*-u. *b*-Werte unsicher
136?	7,3	9,2	—	—	—	—	—	Flug	*Ne*- u. *b*-Werte unsicher
202	6,6	8,3	5815	6415	0,216	0,239	0,92	Flug	
235	6,2	7,8	—	—	—	—	—	PKW	Schwungrad-Lüfter
—	7,8	9,6	5940	6140	0,165	0,171	—	Flug	

15. W. Schüle, „Technische Thermodynamik". Verlag Julius Springer, Berlin, 5. Auflage.
16. H. R. Ricardo, „Schnellaufende Verbrennungsmotoren". Verlag Jul. Springer, Berlin 1932.
17. —, „Some Problems of Aircraft Engine Design". Gesammelte Vorträge der Hauptversammlung der Lilienthal-Gesellschaft, 1937, S. 101.
18. Riedl, „Konstruktion und Berechnung moderner Automobil- und Kraftradmotoren". Verlag K. Schmidt & Co., 1937.
19. Dr. M. Christian, „Begrenzung der Leistungssteigerung der schnellaufenden Verbrennungsmaschine durch den Steuervorgang". Forschungsh. 315 (1929) VDI.
20. A. Riedler, Wissenschaftliche Automobil-Wertung, Schiebermotoren". Bericht VI—X des Laboratoriums für Kraftfahrzeuge an der Königl. Techn. Hochsch. Berlin 1912.
21. Louis Mantell, „The Aspin Engine". The Automobile Engineer, Bd. 28, Nr. 367, Januar 1938.
22. Th. Hoock, „Der Cross-Vergasermotor mit Drehventil". ATZ, Heft 22 (1937), S. 559.
23. W. Riedel, „Drehschieber-gesteuerte Verbrennungskraftmaschinen". ATZ 1938.
24. Bristol Motor „Perseus". The Aeroplane, Bd. 45 (1933).
25. Bristol Motor „Perseus". Aircraft Engineering Bd. 9 (1937).
26. The Bristol „Aquila" Sleeve-Valve-Motor. The Aeroplane, Bd. 49 (1935).
27. Bristol Motor „Hercules". Aircraft Engineering, Bd. 9 (1937).
28. The Bristol-Perseus XII Sleeve-Valve Aero Engine. Engineering, May 6, 1938.

29. Der Bristol-Neunzylinder.
30. The latest Bristol Mercury. The Aeroplane, Nov. 9, 1938.
31. The Bristol Perseus sleevevalve engine. Shell Aviation News.
32. Rotary Versus Poppet Valves. The Motor Cycle, April 21st 1938.
33. A New Axial Engine. The Engineer, 24. Mai 1935.
34. Sleeve Valve Aero-Engines. The Engineer, April 22, 1938.
35. A Fine Piece of Construction. The Aeroplane, November 9, 1938.
36. A New Type of Rotary Motors. The Aeroplane, October 19, 1938.
37. Verdichtungsverhältnis und mechanischer Wirkungsgrad. ATZ 1938, Heft 10.
38. Interesting Rotary Valve. Motor Cycle, Oktober 20th, 1938.
39. Valve Design. The Motor Cycle, October 6th, 1938.
40. Three Cross-Engined Motorcycles. Motor Cycling, April 28, 1937.
41. Rudge Ulster mit Cross-Motor. Das Motorrad-Heft 36,/1937 „Besuch bei Cross".
42. Aspin Engine Development. The Motor Cycle, March 31st, 1938.
43. The Aspin Engine in Detail. Flight, July 29, 1937.
44. The Aspin Engine. The Motor Cycle, December 8th, 1938.
45. Der Bristol-Neunzylinder-Taumelscheibenmotor. ATZ Heft 23 (1935). S. 600.
46. The Cross Rotary Valve. Firmenschrift der Cross Rotary Valve Patents, 33 Midford Road, Combe Down, Bath, England.
47. Three Cross-Engined Jobs. The Motor Cycle vom 28. April 1937.
48. How the Aspin Engine works. The Motor Cycle, 5. August 1937.
49. The Aspin Engine. Shell Aviation News, Dezember 1937.
50. La Technique Moderne. (Revue Universelle des Sciences appliquées à l'Industrie). Nr. 3 vom 1. Februar 1938 S. 66 u. 67.
51. Laros, Mailand. Firmenunterlagen 1938.
52. Triumph. Firmenunterlagen 1939. Die neuen Triumph-Motorrad-Modelle auf der Internationalen Automobil- und Motorrad-Ausstellung 1939.
53. Baer. Firmenunterlagen 1938/39.
54. Heylandt. Firmenunterlagen 1939.
55. Th. Hook, Köln. Firmenunterlagen über Cross-Motoren 1937—39.
56. Gebr. Sachsenberg A.-G. Dessau-Roßlau. Firmenunterlagen 1934—39.

Luftgekühlte Wagenmotoren.

Von Dr.-Ing. Alfred Haesner, Zittau i. Sa.

A. Aufgaben der Kühlung.

Der verkehrstechnische Fortschritt im Kraftfahrzeugbau setzt die Steigerung des Gebrauchswertes der Motoren im Sinne verbesserter Leistung, Wirtschaftlichkeit und Betriebssicherheit voraus. Diese Betriebseigenschaften stehen miteinander in engem Zusammenhang. Auf wärmetechnischem Gebiet besteht der Weg zur Vervollkommnung der Motoren in der Verbesserung der Energieumwandlung und in der sorgfältigen gegenseitigen Abstimmung der dafür maßgebenden Faktoren, nämlich

der Gemischbildung (Mischungsverhältnis, Vorwärmung, Gemischverteilung, Füllungsgrad),

des Verbrennungsablaufs (Verdichtung, Wirbelung, Brennraumform, Zündzeitpunkt, Brenngeschwindigkeit, Druckverlauf),

der Wärmeabfuhr (Kühlung).

Die Kühlung spielt dabei eine überragende Rolle, denn die Grenzen der Belastbarkeit werden bei mechanisch einwandfreier Durchbildung des Motors durch die Wärmebeanspruchung der den Verbrennungsgasen ausgesetzten Wandflächen gezogen. Je besser die Kühlung die durch bauliche Unvollkommenheiten aller Art bedingte Verschiedenheit der Wandtemperaturen auszugleichen und vor allem die nur mittelbar gekühlten Flächen (Kolben, Auslaßventile, Zündkerzen) thermisch zu entlasten vermag, um so mehr kann der gesamte Wärmezustand des Motors gehoben und seine Leistungsfähigkeit gesteigert werden. Umgekehrt zwingt ein wegen schlecht gekühlter Brennraumwände überhitztes Auslaßventil oder ein unzweckmäßig gestalteter, überhitzter Kolbenboden zur Herabsetzung der Verbrennungstemperatur durch Verminderung der Füllung oder der Verdichtung. Dies führt im allgemeinen an vorher normal gekühlten Wandungsteilen zu Überkühlung und weiterhin zu übermäßigem Kraftstoffverbrauch, Einbuße an Leistung und unverhältnismäßig hohem Aufwand für die Kühlung selbst.

Die wirksamsten konstruktiven Maßnahmen für den Temperaturausgleich sind aber wertlos, wenn die Kühlung im ganzen unzureichend bemessen ist, so daß die Betriebstemperatur der Zylinder schon bei normaler Motorbelastung bis zur Überhitzungsgrenze steigt. Maßgebend für den erforderlichen Kühlungsaufwand ist der Wirkungsgrad des Arbeitsprozesses. Unwirtschaftliche Energieumwandlung beeinträchtigt die Betriebssicherheit, weil die überschüssige Wärmemenge, die im Motor nicht in Arbeit umgesetzt werden kann, sondern teils mit den Abgasen abgestoßen, teils durch die Kühlung entfernt werden muß, mit abnehmendem thermischen Wirkungsgrad wächst. In welchem Umfang der Wirkungsgrad die Voraussetzungen für eine ausreichende Wärmeabfuhr verändert, geht aus einem von Pye[1]) angeführten, einfachen Beispiel hervor, in dem 2 Maschinen von gleicher Größe bei zunächst gleichgroßer zugeführter Kraftstoffmenge unter Annahme verschiedener Nutzwirkungsgrade von 20% bzw. 30% miteinander verglichen werden. Der Motor mit $\eta_e = 30\%$ hat eine 1,5 mal so große Leistung wie der andere Motor. Seine Verlustwärme als Anteil der zugeführten Wärmemenge beträgt aber nur 70% gegenüber 80% im anderen Fall. Wird dieser Motor unter Drosselung der Kraftstoffzufuhr bei entsprechend grö-

[1]) D. R. Pye: „Die Brennkraftmaschine", Verlag J. Springer, Berlin 1933, Abschnitt 61.

ßerer Vorzündung mit $^2/_3$ seiner Höchstleistung betrieben, was der Vollleistung des anderen Motors entspricht, so bleibt sein Wirkungsgrad, wie aus dem späteren Bild 10 hervorgeht, praktisch unverändert. Überschlägig ergibt sich daher, daß die durch Kühlung und mit den Abgasen abzuführende Wärmemenge bei der besseren Maschine nur $^2/_3 \times ^7/_8 \approx 0{,}6$ mal so groß ist wie im Falle des schlechteren Wirkungsgrades, wenn beide Motoren die gleiche Leistung hergeben.

Für die Höhe der Überhitzungstemperatur gibt es keine feste Grenze, denn sie ist eine Frage der baulichen Gestaltung des Motors, insbesondere der Baustoff-Eigenschaften. Grundsätzlich ist ein wirtschaftlicher Betrieb nur mit einer wärmetechnisch hochwertigen Motorbauart möglich, denn eine gute Kraftstoffausnutzung läßt sich nur bei möglichst vollkommener Verbrennung sowie bei großem Temperaturgefälle und Ausdehnungsgrad der Verbrennungsgase, d. h. bei einer hohen Verbrennungstemperatur erzielen. Hierzu ist ein möglichst hohes Verdichtungsverhältnis erforderlich.

Das größte anwendbare Verdichtungsverhältnis als maßgebende Einflußgröße der Leistung und des Wirkungsgrades ist aber bei Otto-Motoren durch die Klopfneigung des Kraftstoffes im Zylinder begrenzt. Der Klopfvorgang besteht der bekannten Deutung zufolge in einer bei zu hoher Betriebstemperatur eintretenden Steigerung der Brenngeschwindigkeit, in deren Verlauf der noch unverbrannte Ladungsteil bis zur vorzeitigen Detonation verdichtet wird. Das schlagartige Abbrennen bringt durch den sprunghaften Druck- und Temperaturanstieg zusätzliche thermische und mechanische Beanspruchungen des Motors und seines Triebwerks mit sich, die schließlich zu Leistungsabfall und Betriebsschäden führen.

Wann das Klopfen oder Klingeln auftritt, hängt hauptsächlich von Art und Oktanwert des Kraftstoffes ab, im übrigen aber auch von Druck, Temperatur und vor allem vom Restgasanteil der Ladung im Brennraum, also von dem durch Gemischbildung und Verdichtung herbeigeführten Zustand vor der Entzündung[15]). Infolgedessen wird der Klopfvorgang (allerdings ohne allgemein festlegbare Beziehung zwischen Selbstzündungsgrenze und Verdichtungsgrad) durch die baulichen Merkmale des Motors mitbestimmt und namentlich im Bereich des größten Mitteldrucks, d. h. im Gebiet der unteren oder mittleren Drehzahlen und bei voll geöffneter Drossel (Vollast) ausgelöst.

Unter den verschiedenen Mitteln zum Hinausschieben der Klopfgrenze steht die Kühlung neben den Maßnahmen, die der guten Durchwirbelung des Gemisches mit dem Restgas zur Verlangsamung der Verbrennung dienen (Brennraumform), wiederum an vorderer Stelle. Inwieweit nämlich ein Motor dauernd dicht unterhalb der Klopfgrenze betrieben werden kann, ist auch hier vor allen Dingen eine Frage ausreichender Wärmeabfuhr aus den besonders wärmebeanspruchten Teilen: Kolben, Auslaßventil und Zündkerze. Die Temperatur dieser Teile verändert sich aber außerdem durch das Verdichtungsverhältnis selbst und steht somit auch indirekt unter dem Einfluß der Kühlung.

In Bild 1 sind die Temperaturänderungen auf Grund einer amerikanischen Untersuchung über den Klopfvorgang[2]) in Abhängigkeit vom Verdichtungsverhältnis zusammengestellt. Die in den ebenfalls aufgezeichneten Leistungs- und Verbrauchskurven zum Ausdruck kommende Verbesserung des Wirkungsgrades bei steigendem Verdichtungsverhältnis bewirkt durch den Rückgang des Abwärmeanteils im Sinne des erwähnten Beispiels eine beträchtliche Abnahme der hohen Auslaßtemperatur. Dabei geht die Kolbentemperatur infolge der zunehmenden Verbrennungstemperatur in etwa gleichem Grade in die Höhe. Da die höchste Betriebstemperatur des Motors von der raschen Fortleitung der Wärme aus den unmittelbar gekühlten Wandungen, die den mittelbar gekühlten Flächen benachbart sind und deren

[2]) Neil MacCoull: „Power Loss Accompanying Detonation", SAE-Journal, April 1939.

Kühlung bewerkstelligen, entscheidend abhängt[3]), ergibt sich mit zunehmendem Verdichtungsverhältnis ein vermehrter Kühlungsbedarf des Laufzylinders und ein verminderter Bedarf für die Auslaßkühlung. Daß außerdem die Kühlung der Zündkerze mit höheren Verbrennungstemperaturen ebenfalls zunehmende Bedeutung erlangt, zeigt sich in Bild 1 an dem stark ansteigenden Temperaturverlauf und versteht sich von selbst. Die Auswirkung des besseren Wirkungsgrades durch hohe Verdichtung ist demnach auf die relative Wärmeabfuhr durch die Kühlung weniger günstig als auf die Wärmeabfuhr durch das Abgas, eine Tatsache, die z. B. bei der Kühlung von Dieselmotoren merklich in Erscheinung tritt.

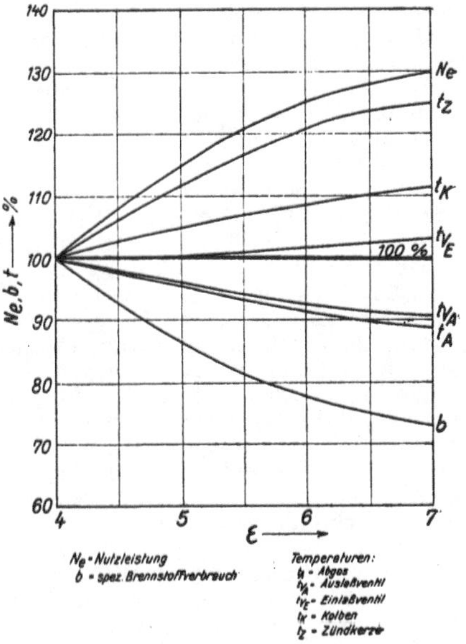

Bild 1. Einfluß des Verdichtungsverhältnisses auf Leistung, Brennstoffverbrauch und Spitzentemperaturen im Zylinder bei optimaler Zündeinstellung

Mit den beschriebenen Zusammenhängen sind die Aufgaben der Kühlung umrissen. Zusammenfassend erkennt man, daß die Kühlung nicht nur schlechthin den unvermeidlichen Wärmeüberschuß aus dem Zylinder zu beseitigen, sondern gleichzeitig unter Ausnutzung der wechselseitigen thermodynamischen Einflüsse die Voraussetzungen für einen möglichst hohen Wirkungsgrad der Energieumwandlung zu schaffen hat. Erst dadurch, daß der Wärmeverlust zugunsten von Leistung, Betriebsstoffverbrauch und Kühlungsaufwand mit Hilfe geeigneter baulicher Mittel klein gehalten werden kann, wird der Arbeitsvorgang bei den heutigen Anforderungen an die Leistungsfähigkeit des Fahrzeugmotors thermisch einwandfrei beherrschbar.

B. Entwicklungsstand der Luftkühlung.

Die Ableitung der überschüssigen Verbrennungswärme aus dem Zylinder an die Außenluft kann entweder unmittelbar oder mit Hilfe von Wasser als Zwischenkühlmittel erfolgen. Für den Wärmeaustausch mit der Luft ist in beiden Fällen eine genügend große Kühlfläche erforderlich.

Bei der Wasserkühlung geht die Wärmeabfuhr an die Luft in einer vom Motor getrennten Kühlanlage vor sich, die man mit einer ziemlich beliebig großen Kühlfläche versehen kann. Dadurch wird eine Reihe schwieriger Fragen über die Ausbildung und Unterbringung der Kühlfläche und über die Kühlluftführung am Motor ausgeschaltet und auf die besondere Rückkühl-Einrichtung für das Wasser verlagert. Insofern stellt die Wasserkühlung die für den Motorenbauer bequemere und zunächst sicherere Lösung dar.

Bei der Gestaltung luftgekühlter Motoren treten dagegen mannigfache Unsicherheitsfaktoren auf, die z. T. erst auf dem Prüfstand oder sogar erst nach dem Einbau im Fahrzeug geklärt werden können. Will man nicht völlig auf zeitraubende und kostspielige Experimente angewiesen sein, so ist eine äußerst sorgfältige, erfahrungssichere Behandlung aller Einzelfragen, die mit der Wärmeabfuhr in Zusammenhang stehen, vom ersten Entwurf an unerläßlich. Diese Fragen beschränken sich keineswegs ausschließlich

[3]) Gabriel Becker: „Vervollkommnung der Kraftfahrzeugmotoren durch Leichtmetallkolben", Verlag R. Oldenbourg, München und Berlin, 1922.

auf den Kühlflächenbedarf und die Luftführung am Zylinder und Zylinderkopf, sondern erstrecken sich mehr oder weniger auf alle wesentlichen Typenmerkmale wie Bauart und Hubraum, Hubverhältnis und Kolbengeschwindigkeit, Zylinderabstand, Verdichtungsgrad, Temperaturverteilung, Werkstoffauswahl usw. Sie sind daher teilweise einer nachträglichen Korrektur nicht zugänglich und setzen von vornherein große konstruktive Treffsicherheit voraus.

Im Dieselmotorenbau kommt erschwerend hinzu, daß nicht alle Verbrennungsverfahren eine für die Luftkühlung günstige Lage der Brennkammer und der Einspritzdüse aufweisen.

Übermäßige Wärmebelastung ist in den früheren Entwicklungsabschnitten das Grundübel der luftgekühlten Motoren und die Ursache zahlloser Mißerfolge gewesen. Mit wachsendem Zylinderinhalt fiel die Literleistung im Vergleich zum wassergekühlten Motor immer bescheidener aus. Die dem Verfahren zur Last gelegten Mängel waren aber mehr oder weniger die Folge mangelnden Überblicks über die tatsächlich zu erwartende Höhe und Verteilung der Arbeitstemperaturen im Zylinder. Es entstand die Auffassung, daß das Anwendungsgebiet der Luftkühlung bei den Ansprüchen, die man bei der ständig zunehmenden Vervollkommnung der wassergekühlten Motoren berechtigterweise stellen durfte, nur auf sehr kleine Zylindereinheiten beschränkt wäre. Hieraus erklärt sich der Ablauf der bisherigen Entwicklung.

Beim Kraftrad führte der Weg von vornherein geradlinig zu der heutigen hohen Entwicklungsstufe der vom Fahrwind gekühlten Kleinmotoren in Zweitakt- und Viertakt-Bauart.

Demgegenüber ist im Personen- und Lastwagenbau die serienmäßige Herstellung luftgekühlter Motoren bisher nur zögernd und vereinzelt aufgenommen worden. Hier ist die Luftkühlung eine Frage von Sondererfahrungen geblieben, über die heute erst wenige Herstellerwerke verfügen.

In Anbetracht dessen, daß der Wärmefluß im Zylinder und im Kolben mit der Zunahme der Zylindergröße und Wärmeleitwege immer schwieriger beherrschbar wird, ist diese Tatsache verständlich. Sie darf allerdings nicht zu einer Täuschung über den wahren technischen Stand solcher Motoren verleiten. Es ist der planmäßigen Entwicklungsarbeit, die in den letzten 20 bis 25 Jahren im In- und Auslande von einigen Industriefirmen und Forschungsanstalten geleistet worden ist, zu verdanken, daß inzwischen genug Erfahrungen vorhanden sind, um die direkte Luftkühlung bei allen im Fahrzeugbau praktisch vorkommenden Motorbauarten, Hubraumgrößen und Zylinderzahlen erfolgreich anzuwenden. Wohl nicht in den Spitzenwerten, aber in den Durchschnittswerten von Leistung und Wirtschaftlichkeit ist der Entwicklungsvorsprung der wassergekühlten Motoren eingeholt. An Zuverlässigkeit und Ausdauer wird der wassergekühlte Motor sogar übertroffen.

Zu einem beachtlichen Teil stützt sich diese Vervollkommnung auf die zahlreichen Forschungsergebnisse im Flugmotorenbau. Dort hat sich die Luftkühlung am Sternmotor bis zu fast 4 l Zylinderhubraum, bei der Reihenbauart bis zu etwa 2 l Zylinderhubraum in unvorhergesehenem Ausmaß durchgesetzt. Allerdings sprechen hierbei die besonderen Betriebsumstände des Flugmotors in Verbindung mit den vom Fahrzeugbau weitgehend abweichenden Vorbedingungen der Herstellung entscheidend mit. Im ganzen genommen sind die Betriebsbedingungen für die Kühlung am Wagenmotor durch den häufigen Belastungswechsel, durch den wesentlich größeren Drehzahlbereich und durch die Forderung nach langer Lebensdauer schwieriger als am Flugmotor.

Die Schaulinien in Bild 2 fußen auf einer Untersuchung von W. Kamm[4]) und zeigen die Leistungswerte deutscher Fahrzeug-Ottomotoren mit

[4]) Kamm Huber, Schmid: „Betriebsbeanspruchungen und Baugewicht von Fahrzeugmotoren", Kraftfahrtechn. Forschungsarbeiten, Heft 1, VDI-Verlag.

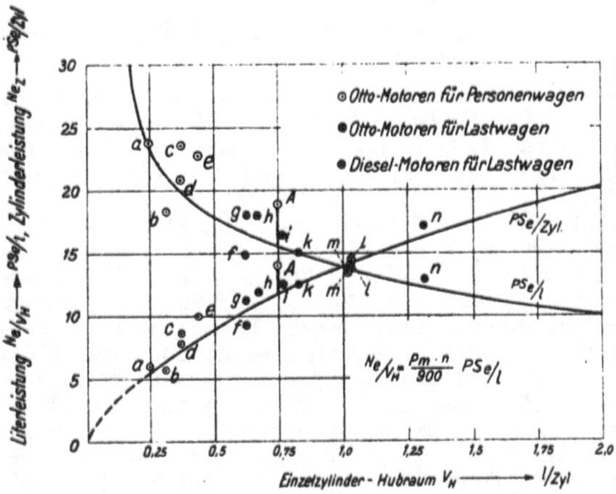

	Type	Abmessungen	Dauer-leistung PS	[illegible] U/min
a	Volkswagen	4-70/64	23,5	3000
b	Tatra	4-73/75	23	3000
c	Tatra	8-75/84	70	3600
d	Stoewer	4-75/84	31	3100
e	Tatra	4-75/99	40	3500
A	Franklin 1931 (Serie 145)	6-82,9/102,7	85	3500
f	Phänomen	4-85/110	37	2500
g	Krupp	8-85/110	90	2800
h	Phänomen	4-85/118	48	2800
i	Phänomen	4-90/120	50	2800
k	Krupp	4-90/130	50	2500
l	Phänomen-Diesel	4-95/145	58	2200
m	Krupp-Diesel	4-100/130	65	2200
n	Phänomen	Versuchsmotor		

Bild 2. Hubraum-Ausnutzung und Zyl.-Leistung von Wagen-Motoren mit Luftkühlung im Vergleich zu den Kennlinien der Durchschnittswerte deutscher Otto-Motoren mit Wasserkühlung nach dem Entwicklungsstand von 1938.

Wasserkühlung nach dem Entwicklungsstand vor Kriegsausbruch. Sie stellen reine Durchschnittswerte aus einer Vielzahl praktischer Beispiele dar und gelten ohne Rücksicht auf die sehr verschiedenartigen baulichen Merkmale der verglichenen Motoren einheitlich für die obengesteuerte und untengesteuerte Bauart.

Zum Vergleich sind in dieses Schaubild einige Beispiele der Dauerleistung bewährter Wagenmotoren mit Luftkühlung (Volkswagen, Krupp, Phänomen, Tatra, Franklin) eingetragen. Auch hier handelt es sich, wie die Streuung der Vergleichspunkte schon andeutet, um Maschinen völlig verschiedener Bauart.

Die Lage dieser Leistungswerte zu den Kennlinien der wassergekühlten Motoren bestätigt die dargelegte Entwicklungshöhe der Luftkühlung am Wagenmotor. Selbst die beiden luftgekühlten Dieselmotoren (Krupp und Phänomen), die zwar gleichgroßen Hubraum besitzen, aber in der Bauart und im Verbrennungsverfahren grundverschieden sind, liegen dicht beieinander im Bereich der wassergekühlten Motoren gleicher Zylindergröße. Infolgedessen bilden die dargestellten Kennlinien der Untersuchung von Kamm gleichzeitig auch den Maßstab für die mit der Luftkühlung sicher erreichbaren Durchschnittswerte der Literleistung bzw. Zylinderleistung.

Der luftgekühlte Fahrzeugmotor verfügt, wie noch gezeigt wird, über eine Reihe von Gebrauchseigenschaften, die ihm von Haus aus eine gewisse Überlegenheit sichern. Vermöge dieser Eigenschaften erfüllt er namentlich die Ansprüche im Nutzwagenbau, im gewerblichen Transportverkehr und vor allem im Truppengebrauch in hervorragendem Maße.

Beim Lastwagenmotor sind billige Anschaffung und leichte Instandhaltung für den Fahrzeughalter ebenso wichtig wie starke Leistung, wirtschaftlicher Betrieb und lange Lebensdauer. In werkstatt-technischer Hinsicht lassen sich am luftgekühlten Motor mit einzelstehenden Zylindern mancherlei Vorteile des baulichen Aufwandes, der Zugänglichkeit des Triebwerks durch einfache Demontage der Zylinder, des Ventileinschleifens usw. erreichen. Der folgende Abschnitt enthält weitere Unterschiede der luftgekühlten Bauart im Vergleich zur Wasserkühlung. Jedenfalls sind die vorstehenden Forderungen des reinen Lastwagenbetriebes insgesamt nur durch einfache, robuste Bauweise mit großen Zylinderleistungen (10 bis 13 PS/Zyl.), und zwar durch verhältnismäßig große Zylinderabmessungen (über 0,6 l/Zyl.) zu erfüllen. Zur Beschränkung des Verschleißes und der

Triebwerkskräfte im Motor ist gegenüber dem vielzylindrigen Schnellläufer eine entsprechende Herabsetzung der Drehzahl notwendig.

Für die Anwendung der Luftkühlung sind die Vorbedingungen bei kleinen Zylindereinheiten und hoher Drehzahl naturgemäß am günstigsten. Zwar hat sich aus Versuchen ergeben, daß der luftgekühlte Otto-Motor auch mit sehr großen Zylindereinheiten von weit über 1 l/Zyl. noch über sehr beachtenswerte Betriebseigenschaften verfügt. Wenn trotzdem bei der Entscheidung über Zahl und Größe der Zylinder des Otto-Motors eine Hubraum-Vergrößerung auf über 0,8 l-Zyl. weniger zweckmäßig erscheint, so ist dies nicht allein vom Standpunkt der Luftkühlung aus der Fall, sondern noch aus anderen naheliegenden Gründen. Das bei gleichbleibender Motorleistung mit sinkender Betriebsdrehzahl wachsende Drehmoment erfordert die Verwendung starker und schwerer Wagentriebwerke, für deren Haltbarkeit die Ermüdungsbeanspruchungen als Folge der gleichzeitig quadratisch ansteigenden Ungleichförmigkeit des Drehmoments ausschlaggebend sind. Eine Verbesserung des Ungleichförmigkeitsgrades durch größere Schwungradmassen bringt meist eine zu große Trägheit des Geschwindigkeitswechsels mit sich. Man gelangt daher in der Entwicklung der Lastwagenmotoren bei verhältnismäßig kleinen Zylinderzahlen in Verbindung mit einer auskömmlichen Zahl von Getriebeschaltstufen immerhin zu so hohen Drehzahlen, daß sich die Größe der Einzelhubräume in den Grenzen hält, die für die Anwendung der Luftkühlung noch günstig sind. Am gebräuchlichsten sind nach Bild 2 bei den Otto-Motoren für Lastwagen die Größen zwischen 0,6 und 0,8 l-Zyl. sowie Drehzahlen von 2500 U/min und darüber.

Bei den Dieselmotoren ist man allerdings mit der Höchstdrehzahl vom Verbrennungsverfahren abhängig und auf entsprechend verstärkte Wagentriebwerke angewiesen. Die bis jetzt für die luftgekühlte Diesel-Bauart erfolgreich angewandten Hubräume liegen zwischen 0,8 und 1,3 l-Zyl.

Im Personenwagenbau dagegen sucht man die Leistungssteigerung zur Befriedigung der größeren Ansprüche an hohe Fahrleistung, Schnelläufigkeit, Laufruhe und Gewichtsersparnis sowieso mit kleinen Zylindereinheiten und hohen Drehzahlen zu erreichen. In Bild 2 liegen die Einzelhubräume aller deutschen Personenwagenmotoren mit Luftkühlung unter 0,5 Liter, die Drehzahlen zwischen 3000 bis 3500 U/min., die Zylinderleistungen je nach Hubraumgröße zwischen 5 und 10 PS/Zyl. Damit ergeben sich Literleistungen von 18 bis 24 PS/l. Nur der als Außenseiter mit A bezeichnete amerikanische Franklin-Motor nimmt als Personenwagenmotor eine Sonderstellung ein. Dem Einzelhubraum nach liegt er im Feld der Lastwagenmotoren, während seine Drehzahl der für normale Personenwagenmotoren üblichen oberen Grenze entspricht. Es handelt sich um ein Modell von überdurchschnittlicher Leistungsfähigkeit, das in Amerika s. Zt. besonders auf dem Lande ziemlich volkstümlich geworden ist[5]) und noch genauer behandelt werden wird.

Die Verkehrsleistungen, die mit luftgekühlten Kraftwagen in den letzten 10 Jahren erzielt worden sind, vornehmlich aber die damit im Kriegseinsatz gewonnenen Erfahrungen haben die überlegenen Eigenschaften dieses Kühlverfahrens erst genügend zur Geltung zu bringen vermocht. Bei der aktuellen Bedeutung, die die Luftkühlung dadurch erlangt hat, ist eine zunehmende Anwendung im Kraftfahrzeugbau für die Zukunft zu erwarten. Besonders bei den normalen Gebrauchsmotoren ist man nach dem heutigen Stande der Erfahrungen auf die Wasserkühlung nicht mehr angewiesen und beginnt bereits zielbewußt auf luftgekühlte Bauarten überzugehen.

---

[5]) W. B. Stout: „What Motor Cars Can Be", SAE-Journal, Juni 1939.

C. Vergleich zwischen Wasser- und Luftkühlung.

I. Die Kühlanlage.

1. Baulicher Aufwand.

Bei der Beurteilung eines wassergekühlten Motortyps pflegt man den Kühler als ein selbständiges Bauwerk anzusehen und in den Angaben über Einbau-Maße, Motor-Leistungsgewicht, Herstellungskosten usw. unberücksichtigt zu lassen. Dadurch entsteht aber, da der Motor — von der Frischwasserkühlung auf dem Bremsstand abgesehen — ohne den Kühler nicht betriebsfähig ist, über den wirklichen Aufwand für die Antriebsmaschine im Fahrzeug ein falsches Bild. Der Fehler dieser Gewohnheit wird durch den Vergleich mit dem luftgekühlten Motor offensichtlich.

Bekanntlich kommt man am luftgekühlten Wagenmotor ohne ein Kühlluftgebläse nicht aus, denn bei der Fahrt unter Last im hoch übersetzten Schaltgang, besonders in Steigungen steht nicht genügend natürlicher Luftzug für die Umspülung der Zylinder zur Verfügung. Alle luftgekühlten Wagenmotoren besitzen daher ein Gebläse zur Erzeugung der erforderlichen Kühlluftgeschwindigkeit in Abhängigkeit von der Motordrehzahl. Das Gebläse tritt, was den baulichen Aufwand betrifft, zusammen mit der Leitvorrichtung der Kühlluft zu den Zylindern an die Stelle des bei der Wasserkühlung vorhandenen Kühlers samt Pumpe, Wasserleitungen und Ventilator.

Der Raumbedarf des Gebläses im Fahrgestell ist in der Regel geringer als der Raumbedarf des Wasserkühlers nebst Ventilator. In bezug auf Gewicht und Kosten verhält sich das Gebläse ebenfalls erheblich günstiger. Da der Kühler herkömmlicher Bauart mit Rücksicht auf Wärmeaustausch und Korrosionsfestigkeit aus Messingblech besteht, ist vom wehrwirtschaftlichen Standpunkt aus für den luftgekühlten Motor auch die Einsparung von Kupfer und Zinn ein Punkt, der über alle Bedenken hinweg von ausschlaggebender Bedeutung sein kann. Die Verwendung von Eisenblech ist ein Notbehelf und setzt besondere Schutzmaßnahmen zur Erhaltung der Betriebssicherheit voraus.

2. Stationäre Verwendung.

Mit der größeren Einfachheit infolge Fortfall des Wasserkühlers verbindet der luftgekühlte Motor den Vorzug, daß er mit seinem Gebläse eine baulich geschlossene, jederzeit betriebsfähige Einheit bildet. Durch die Unabhängigkeit vom Fahrwind ist er besonders für den ortsfesten Antrieb von Arbeitsmaschinen (Stromerzeuger, Pumpen, Winden, Verdichter usw.) geeignet.

3. Betriebsbereitschaft und Zuverlässigkeit.

Alle Störungen durch Wassermangel und Frostschäden, durch schlechte Schmierung oder Verpackung der Wasserpumpe, durch Rost, undichte Fugen, durch Kalkablagerungen, Verstopfungen, zerstörte Dichtungen usw. sind mit dem Fortfall des flüssigen Kühlmittels beseitigt.

Das luftgekühlte System bedarf keiner Wartung. Es ist unempfindlich gegen Kälte und Hitze sowie gegen leichte Beschädigungen. Man kann daher all die kleinen, oft unzulänglichen Hilfsmittel, ohne die der wassergekühlte Fahrzeugmotor meist nicht auskommt, wie z. B. Kühlerhauben, Jalousien, Thermometer, Gefrierschutzmittel, Heizung des Unterstellraumes, Steinschlaggitter für den Kühler und dgl. entbehren.

Für die Verwendung in kalten und wasserarmen Gegenden, in den Tropen oder auf Hochgebirgsstraßen und besonders beim Einsatz für militärische Zwecke hat daher der luftgekühlte Motor auf Grund seiner Anspruchslosigkeit und Betriebsbereitschaft alle Vorteile auf seiner Seite.

4. Leistungsbedarf.

Das Kühlluftgebläse kann als Druckgebläse oder als Sauggebläse an die Zylinder angeschlossen sein. Bevorzugt wird im allgemeinen die Druckförderung (Anblaskühlung). Mit Rücksicht auf einfache Bauart und auf geräuschlosen Lauf ordnet man das Flügelrad, wenn angängig, unter Verzicht auf eine besondere Übersetzung vorn auf der Kurbelwelle an. Um beim direkten Antrieb mit Motordrehzahl den erforderlichen Staudruck und ausreichende Kühlluftgeschwindigkeit zu erzielen, geht man mit den Abmessungen des Gebläses in diesem Falle so hoch, wie die Einbauverhältnisse im Fahrzeug es erlauben.

Für die Anordnung auf der Kurbelwelle eignet sich nur ein Schleudergebläse. Schraubengebläse gewinnen neuerdings an Bedeutung. Sie haben den Vorteil kleinerer Abmessungen und eines besseren Wirkungsgrades, benötigen aber eine sehr hohe Übersetzung, bei der die Geräuschbildung zur Vorsicht zwingt. Besondere Förderung hat die Entwicklung des axial wirkenden Kühlluftgebläses in jüngerer Zeit durch die Arbeiten des FKFS an der Technischen Hochschule Stuttgart erfahren[34]).

Bei den im Serien-Motorenbau früher ausschließlich üblichen Radialgebläsen ist die Leistungsaufnahme als Anteil der Motorleistung im Gebiet der oberen Drehzahlen je nach dem Kühlluftbedarf und je nach der Laufradgestaltung verschieden groß, und zwar meist größer als die beim wassergekühlten Motor für Pumpe und Ventilator aufzuwendende Leistung. Hierdurch geht die im luftgekühlten Zylinder durch Ausnutzung gewisser thermodynamischer Vorteile erzielbare Verbesserung der Motorhöchstleistung wieder verloren. Die Effektivwerte des wassergekühlten Motors können also im Vergleichsfall nur erreicht werden, wenn die indizierte Leistung des luftgekühlten Motors zum Ausgleich der vom Kühlgebläse verursachten Verschlechterung seines mechanischen Wirkungsgrades von vornherein etwas höher liegt oder wenn es gelingt, den Leistungsbedarf für die Kühlung auf den vergleichsweise zulässigen Betrag herabzudrücken. Andernfalls wird die Nutzleistung und der darauf bezogene spezifische Verbrauch auf dem Prüfstand schlechter ausfallen als im Falle der Wasserkühlung. Soweit es sich um Durchschnittswerte handelt, sind die Schaulinien in Bild 2 als Grundlage der Beurteilung heranziehbar.

II. Einbaufragen.

1. Kühlluftführung im Fahrzeug.

Möglichst ungehinderte Zufuhr der Frischluft und Abfuhr der Warmluft im Fahrzeug sind von entscheidender Bedeutung für die Betriebsergebnisse der Luftkühlung und fallweise sorgfältig zu prüfen. Je kleiner die Wirbelwiderstände und die Luftstauungen, soweit sie unvermeidbar sind, gehalten werden, um so eher ist bei schneller Fahrt ein gewisser Rückgewinn an Gebläse-Antriebsleistung infolge natürlichen Staudrucks (bei vorn liegendem Motor) oder infolge Saugwirkung (bei hinten liegendem Motor) erzielbar.

Bei der wassergekühlten Maschine fallen diese Einbaurücksichten in der Regel weg. Die günstigste Luftgeschwindigkeit im Kühler liegt bei etwa 25 m/sek und ist mitbestimmend für die Kühlerstirnfläche. Durch entsprechende Verkleidung läßt sich aber der Stirnwiderstand des Fahrzeugs günstig beeinflussen.

2. Abdeckung des Motorenraumes.

Mit Hilfe einer geeigneten Anordnung oder Abschirmung muß beim luftgekühlten Motor im Fahrzeug vermieden werden, daß die ausgeblasene Warmluft wieder angesaugt wird. Ferner muß infolge der relativ großen Saugwirkung des Gebläses der Luftzutritt von unten so ausreichend abgedeckt sein, daß der Straußenstaub nicht am frei im Fahrwind hängenden Ölsumpf des Kurbelgehäuses vorbei unter die Motorhaube gelangt. Abgesehen von der äußeren Verschmutzung des Motors kann sich der Staub in den Kühlluftwegen absetzen und Verkrustungen und Verstopfungen, besonders in den engen Zwischenräumen der Zylinderrippen herbeiführen, die die Kühlwirkung beeinträchtigen. Das Gebläse soll aus diesem Grunde die Kühlluft möglichst hoch ansaugen. Dies gilt bekanntlich auch für den Eintritt der Ladeluft in den Luftfilter.

Bei Fahrzeugen mit wassergekühlten Motoren sind dagegen im Motor-Unterschutz mehr oder weniger weite Luftöffnungen für den Austritt des Luftstroms vom Ventilator gebräuchlich, die die Abfuhr der Strahlungswärme des Motors und vor allem die Umspülung des Kurbelgehäuses mit Frischluft unterstützen.

3. Durchlüftung der Motorhaube.

Die Wärmeausstrahlung des luftgekühlten Zylinders ist infolge seiner höheren äußeren Temperaturen größer als die Wärmeausstrahlung des durch den Wassermantel umschlossenen Zylinderblocks. Nach dem Abstellen der heißen Maschine setzt sich im wassergekühlten Motor die Kühlwirkung des Wassermantels von selbst fort. Bei der luftgekühlten Bauart dagegen tritt eine sofortige Unterbrechung des Kühlluftstromes ein. Es kommt infolge Temperaturausgleich innerhalb des Motors eine zusätzliche, kurzzeitige Aufheizung der weniger heißen Teile zustande. Bei stark erhitzten Zylindern, vor allem bei hoher Außentemperatur und bei Motoren mit knapp bemessener oder mit geregelter Kühlung kann diese Aufheizung der vorher gekühlten Teile des Brennraums zu nachträglichen Glühzündungen führen (Nachdieseln des Motors).

Eine kräftige Durchlüftung der Motorhaube ist demnach im Sommer dringend erforderlich, damit sich die ausstrahlende Motorwärme unter der Haube nicht anstaut. Bei genügender Beachtung dieser Forderung geht die

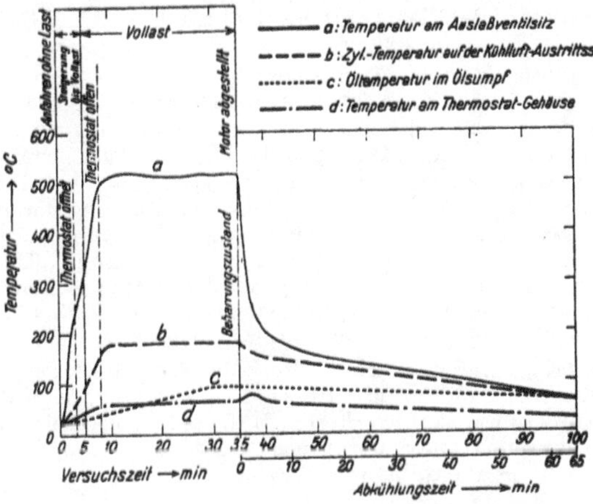

Bild 3. Erwärmungs- und Abkühlungsverlauf an einem luftgekühlten Motor mit querangeblasenen Zylindern und mit thermostatischer Kühlluftregelung

Erwärmung und Abkühlung des Motors etwa nach Bild 3 vor sich. In diesem Bild kommt der geschilderte Temperaturverlauf am abgestellten Motor allerdings nur andeutungsweise in der Kurve *d* als Beispiel für den Anstieg der Strahlungswärme der vorher von der Kühlluft auf niedrigere Betriebstemperatur gekühlten Motorteile zum Ausdruck.

4. Anordnung des Zubehörs.

Hinsichtlich der Anordnung der Hilfsapparate und ihrer Zugänglichkeit nach dem Einbau des Motors im Fahrzeug liegen die Verhältnisse im Falle der Luftkühlung vor allem bei der Reihenbauart mit quergerichtetem Kühlluftstrom weniger einfach als am wassergekühlten Motor, weil auf den ungehinderten Zu- und Abstrom der Luft durch die Zylinderlücken Rücksicht genommen werden muß. Der Platzbedarf der Luftkanäle ist immerhin so groß, daß es einiger Mühe bedarf, die Antriebsverhältnisse und die Verteilung der Hilfsmaschinen zufriedenstellend zu klären. Auf eine zweckmäßige Anordnung des elektrischen Zubehörs (Zündverteiler und Lichtmaschine) an kühler Stelle ist dabei besonders Bedacht zu nehmen. Noch mehr gilt diese Forderung im Hinblick auf die Gefahr der Dampfblasenbildung für die Anbringung der Kraftstoffpumpe nebst Leitung. Auch die Anordnung der Luftreiniger neuerer Bauart erfordert wegen des großen Platzbedarfs gründliche Überlegung.

III. Betriebseigenschaften.

1. Unterschiedliche Einflüsse der Wärmeabfuhr.

Eine eingehende Erörterung der bei der Luftkühlung für die Wärmeübertragung maßgebenden Zusammenhänge erfolgt in Abschnitt D. Für die Gegenüberstellung beider Kühlsysteme in betriebstechnischer Hinsicht genügt folgende allgemeine Betrachtung:

Nach der Grundgleichung

$$Q_K = \alpha \cdot F_K \cdot \Delta t \text{ kcal/h}$$

hängt die von einer beheizten Wandfläche stündlich an das Kühlmittel übergehende Wärmemenge Q_K von 3 Faktoren ab, nämlich

von der Art und dem Bewegungszustand des Kühlmittels, ausgedrückt durch die Wärmeübergangszahl α (in kcal/m² h°C),

von der Größe der Kühlfläche F_K (in m^2),

vom Temperaturgefälle Δt zwischen Kühlfläche und Kühlmittel (in °C).

Die Wärmeübergangszahl (WUZ) nimmt mit der Strömungsgeschwindigkeit des Kühlmittels stark zu. Da das jeweils verfügbare Temperaturgefälle praktisch wenig zu beeinflussen ist, stellen Strömungsgeschwindigkeit und Kühlflächengröße die beiden Mittel dar, mit denen man bei gegebener Art des Kühlmittels (Wasser oder Luft) die Wärmeabfuhr verändern kann.

Der Wärmeübergangswert von Metall an Luft ist sehr niedrig. Auch die Wasserkühlung ist als indirekte Form der Luftkühlung von diesem niedrigen Übergangswert abhängig und benötigt zur Ableitung der vom Kühlwasser aufgenommenen Wärme an die Luft eine zwangläufige Beschleunigung des Luftstroms (Ventilator) und große Übergangsflächen im Kühler. Für den Motor ist es hierbei aber nicht gleichgültig, in welcher Weise die an das Kühlwasser abgegebene Wärme daraus entfernt wird.

An den Zylindern sind nämlich die Verhältnisse je nach der Umspülung mit Wasser oder mit Kühlluft grundlegend verschieden, denn das Wasser nimmt die Wärme in ungleich stärkerem Maße auf als die Kühlluft. Für die Wärmeübertragung von einer Metallwand an Luft bzw. an Wasser gelten folgende Wärmeübergangszahlen in kcal/m²h°C:

für ruhende Luft:	$\alpha_{L_0} = 5—8$
für bewegte Luft	
mit $v_L = 10$ m/s Strömungsgeschwindigkeit:	$\alpha_{L_{10}} = 40—60$
mit $v_L = 20$ m/s ,, :	$\alpha_{L_{20}} = 80—100$
mit $v_L = 50$ m/s ,, :	$\alpha_{L_{50}} = 150—180$
für ruhendes Wasser:	$\alpha_{W_0} = 500$
für bewegtes Wasser mit bis	
zu $v_W = 1$ m/s Strömungsgeschwindigkeit:	$\alpha_W = 1500—3200$
für siedendes Wasser (Wasserdampf):	$\alpha_{WD} = 6100$

Der Wärmeübergang an Luft wird also durch eine Steigerung der Luftgeschwindigkeit von 10 auf 50 m/s, zu deren Erzeugung unabhängig von der Fahrgeschwindigkeit ein Kühlluftgebläse erforderlich ist, etwa verdreifacht. Trotzdem beträgt er nur einen Bruchteil des Wärmeübergangs an Wasser. Zum Ausgleich ist daher am luftgekühlten Zylinder eine entsprechend vergrößerte Kühlfläche anzuordnen.

Man kann annehmen, daß die umspülte Kühlfläche F_{K_W} des wassergekühlten Zylinders etwa die 1,15- bis 1,2-fache Größe seiner inneren Wandfläche F_i aufweist. Das Temperaturgefälle Δt zum Kühlmittel ist am wassergekühlten Zylinder nicht viel mehr als halb so groß wie am luftgekühlten Zylinder. Ganz überschlägig ohne Berücksichtigung der Übertragungsverluste, der Kühlung des Auslaßkanals usw. gerechnet, ergibt sich daher aus

$$\frac{F_{K_L}}{F_i} = \frac{\alpha_W}{\alpha_L} \cdot \frac{F_{K_W}}{F_i} \cdot \frac{\Delta t_W}{\Delta t_L} = \frac{3200}{180} \cdot 1{,}2 \cdot 0{,}5 \approx 11,$$

daß der luftgekühlte Zylinder, sofern er die niedrigen Temperaturverhältnisse des wassergekühlten Zylinders erreichen soll, eine wärmeabgebende äußere Oberfläche F_{K_L} benötigt, die bei der vielfach üblichen Kühlluftgeschwindigkeit von 50 m/s mindestens 11 mal so groß ist wie die wärmeaufnehmende innere Wandfläche F_i. Diese Oberflächenvergrößerung entspricht etwa mittleren praktischen Verhältnissen. Sie muß durch Anordnung von Kühlrippen erzielt werden und bedingt die starke Verschiedenheit der Motoren in baulicher Hinsicht. An den Stellen gesteigerter Wärmebelastung (Brennraum, Auslaß usw.) ist der Kühlflächenbedarf weit höher, weil die Temperaturspitzen vom Luftstrom bei weitem nicht in demselben Maße ausgeglichen werden können wie vom Kühlwasser ($\lambda_L = 0{,}019$ kcal/m h° C; $\lambda_W = 0{,}50$ kcal/m h° C). Bei Zylindern, an denen es nicht gelingt, die erforderliche Kühlfläche unterzubringen, muß entweder ein höherer Temperaturzustand im Vollastbetrieb zugestanden oder die Kühlwirkung durch größere Kühlluftgeschwindigkeit, d. h. durch größere Kühlluftmenge unter Inkaufnahme höherer Gebläseverlustleistung verstärkt werden. Wenn es die Rücksicht auf die Betriebssicherheit gestattet, entscheidet man sich für den erstgenannten Ausweg.

Dem Wesen der beiden Kühlsysteme entsprechend weisen die verglichenen Motoren sehr unterschiedliche Betriebseigenschaften auf, die man je nach dem Betrachtungsstandpunkt (Betriebssicherheit oder Wirtschaftlichkeit) als Vorteile oder als Nachteile ansprechen kann. Im ganzen gesehen ergibt sich für die gleichzeitige Erfüllbarkeit dieser beiden Forderungen eine gewisse Überlegenheit der luftgekühlten Bauart.

a) Betriebssicherheit.

Beim wassergekühlten Zylinder sind die Voraussetzungen für eine hohe Betriebssicherheit durch die innere Verdampfungswärme des Wassers von selbst gegeben. Die Wassertemperatur kann über die Siedegrenze hinaus nicht ansteigen und führt bei diesem Höchstwert zu einer Unterteilung des gesamten Temperaturgefälles zwischen Zylinderwand und Außenluft in nahezu 2 Hälften. Solange der Dampfdruck abgeblasen und das Wasser nicht aus dem Kühler getrieben wird (Expansionsverhältnis 1650:1), ist selbst bei kochendem Kühlwasser kein unmittelbarer Anlaß zu einer Betriebsgefährdung vorhanden.

Demgegenüber steht am luftgekühlten Zylinder als einziger Schutz vor Überhitzung die Wärmeleitfähigkeit des Metalls zur Verfügung, sodaß allein durch konstruktive Mittel ein genügend weiter Abstand der Zylinder- und Kolbentemperatur von der Sicherheitsgrenze erreicht werden muß. Die Schaffung der mindestens 11-fachen Zylinderoberfläche unter Einhaltung ausreichend freier Querschnitte für den Durchgang der Kühlluft durch die Kühlrippen und unter Überwindung der am Mehrzylindermotor bei gegebenem Zylinderabstand auftretenden räumlichen Schwierigkeiten ist die Grundlage aller Gestaltungsmaßnahmen am luftgekühlten Zylinder und Zylinderkopf.

Zwei Gesichtspunkte sind nach Abschnitt A bei der Lösung dieser konstruktiven Aufgabe besonders wichtig: die Vermeidung unzulässig hoher

Temperaturspitzen an den Stellen der größten Wärmeeinwirkung — Auslaßventilsitz, Auslaßstutzen, Zündkerze (Bild 1) — und die möglichst gleichmäßige Verteilung des Wärmeflusses um den runden Zylinder zum Schutz vor Kolbenfressern oder gegen Festbacken der Kolbenringe.

Während man das Kühlwasser verhältnismäßig leicht an solche heißen Stellen heranleiten kann und nur die Bildung von Dampfsäcken in den toten Winkeln des Zylinderkopfes zu vermeiden hat, ist die Anbringung genügend großer Kühlrippen und die Zuführung eines kräftigen Luftstromes für die sichere Wärmeableitung aus den besonders gefährdeten Bereichen nicht immer befriedigend durchführbar. Die im Schatten der Strömungsrichtung liegenden Temperatur-Nester sind außerdem nur einer indirekten Kühlwirkung zugänglich.

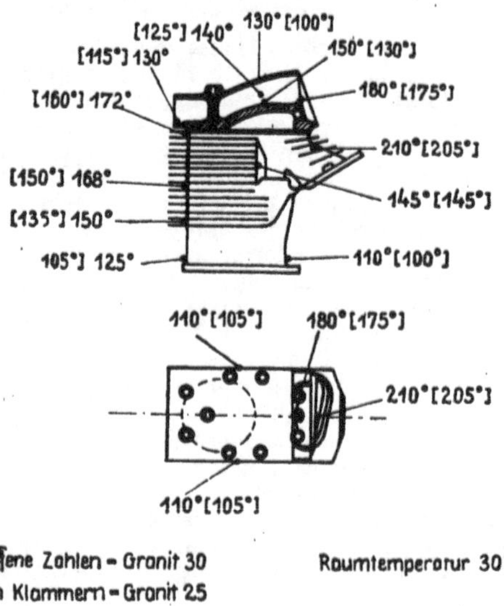

Bild 4. Temperaturverteilung am Zylinder (Grauguß) und Zylinderkopf (Neonalium) der früheren Phänomen-Motoren „Granit 25" und „Granit 30"

Der Ausgleich hat daher nicht nur durch örtlich vergrößerte Kühlflächen, sondern auch durch entsprechend starke Materialquerschnitte zu erfolgen. Je größer die örtliche Wärmebelastung ist, um so stärker muß die Wandung sein, um die Wärme zu verteilen. Schroffe Temperaturunterschiede begünstigen das Verziehen des Zylinders infolge von Spannungen durch ungleichmäßige Wärmeausdehnung und können die Ursache für undichte Ventile, Lockerung der Ventilsitzringe, Festbrennen der Kolbenringe, verzogene Dichtflächen und ungleichmäßige Abnutzung der Kolbenlaufbahn (schlecht tragende Kolbenschäfte) sein.*)

Mit Rücksicht auf gleichmäßige Temperaturverteilung und Spannungsausgleich verwendet man bei luftgekühlten Motoren bis auf wenige Ausnahmen einzelstehende Zylinder. Dadurch wird gleichzeitig die Herstellung der schwierigen Gußstücke erleichtert. Um bei quergerichtetem Luftstrom die Wandtemperaturen auf der Abströmseite der warmen Kühlluft an die Temperaturen auf der vom kalten Luftstrom angeblasenen Gegenseite durch vermehrte Kühlung anzugleichen, wird nicht selten auch bei den einfachen runden Laufzylindern der obengesteuerten Motoren die Rippenhöhe über den Umfang nach Bedarf variiert. Besondere Erfahrung setzt in

*) Zur Beseitigung von Mängeln dieser Art ist zuweilen mühselige Kleinarbeit bei der Entwicklung neuer Baumuster unvermeidlich.

dieser Beziehung der untengesteuerte Zylinder infolge der unsymmetrischen Anordnung des Brennraumes und der Gaskanäle voraus. Gerade bei dieser Bauart ist aber ein ausreichender Temperatur- und Spannungsausgleich durchaus möglich, wenn die Kanäle auf der Seite des auftreffenden Luftstromes vorgelagert sind und die Kühlrippenhöhe hinter den Gaskanälen (vornehmlich am Auslaß) und auf der Windschattenseite richtig bemessen wird. Das Ergebnis findet man in Bild 4 am Phänomen-Zylinder. Die daran erreichte günstige Temperaturverteilung ist die Voraussetzung für die Anwendbarkeit eines genügend kleinen Kolbenspiels, für befriedigende Abnutzungswerte und für niedrigen Ölverbrauch.

Die schwierigste Stelle, die für mannigfache Störungen verantwortlich zu machen ist, liegt bei allen Bauarten in dem schmalen Verbindungssteg zwischen den Ventilen und beim untengesteuerten Zylinder vor allem auch noch zwischen der Zylinderwand und dem nahen Auslaßkanal. Eine intensive Kühlung dieser Stellen ist von noch größerer Bedeutung als beim wassergekühlten Zylinder, denn man erhält hier ähnlich hohe Vollast-Temperaturen wie etwa in Mitte Kolbenboden. Eine wirksame Unterstützung der Temperaturverteilung ist durch den möglichst starken Wärmeabzug vom Auslaßventil nach dem kalten Einlaßkanal erreichbar (Franklin, Phänomen).

Bei obengesteuerten Motoren (Dieselmotoren), deren Zylinderkopf infolge zu großer Wärmebeanspruchung des Verbindungssteges zu Verwerfungen neigt, kommt man zuweilen mit Ventilsitzringen nicht zurecht. Man verwendet alsdann mit gutem Erfolg eingegossene Al-Bronzebrillen, die durch ihre Materialstärke und durch ihre Leitfähigkeit eine bessere Zerstreuung der Wärme bewirken und bei genügender Verankerung auch unter größter Beanspruchung festbleiben. Dieser Ausweg ist aber teuer und vom Standpunkt des Sparstoff-Verbrauchs nicht gerade empfehlenswert.

Einen anschaulichen Bericht über ihre anfänglich von zahlreichen Mißerfolgen begleitete Entwicklungsarbeit haben die Erbauer des Franklin-Motors veröffentlicht[6]). In diesem Aufsatz sind 8 verschiedene Entwicklungsstufen des obengesteuerten Franklin-Zylinders aus den Jahren bis 1931 ausführlich beschrieben und bildlich dargestellt.

Außerordentliche Vorteile für die Beherrschung der Temperaturen bietet der Übergang auf Leichtmetall. Diese Vorteile liegen aber für den Zylinderkopf nicht so sehr, wie oft angenommen wird, in der absoluten Temperaturverminderung — die nicht besonders groß ist —, sondern eben darin, daß die dreimal größere Leitfähigkeit des Materials örtliche Wärmestauungen durch indirekte Kühlung ausgleicht und auf diesem Wege eine Senkung der mittleren Temperatur herbeiführt. Man verwendet daher für Zylinderköpfe bislang ausnahmslos Leichtmetall-Legierungen mit genügender Warmfestigkeit. Die seit einiger Zeit erfolgte Wiederaufnahme von Versuchen mit Grauguß-Köpfen (wie an Kraftrad-Motoren), geschieht lediglich aus Einsparungsgründen und nicht aus thermodynamischen Erwägungen.

Für den Laufzylinder fällt mit Rücksicht auf die Kolbenschmierung jede auch bescheidene Verbesserung des Temperaturzustandes stark ins Gewicht. Die Versuche, zu einem praktisch brauchbaren, dauerhaften Leichtmetallzylinder mit oder ohne Laufbuchse aus Eisen oder Stahl zu gelangen, sind daher fast so alt wie der luftgekühlte Motor selbst. Die Schwierigkeiten liegen einesteils in den verschieden großen Ausdehnungszahlen von Eisen und Leichtmetall, die die Bindung beider Metalle und den Wärmedurchfluß bei hoher Betriebserwärmung gefährden, andernteils in der Frage der Abnutzung und der Lebensdauer. Sowohl im Kraftradbau (F. & S.-Zylinder mit nach besonderem Verfahren eingegossener Laufbüchse, Ardie-Zylinder in ähnlicher Bauart, engl. Cross-Motor mit Al-Cu-Lauffläche und Kolben-

[6]) E. S. Marks and C. T. Doman: „Development of the Franklin Direct Air-Cooled Engine", SAE-Journal, Februar 1931.

führung durch die Kolbenringe) als auch bei Wagenmotoren haben diese Bestrebungen neuerdings vereinzelte Erfolge aufzuweisen. So ist es z. B. mit Hilfe von dünnen, eingeschrumpften Ni-Resist-Buchsen, die einen sehr geringen Ausdehnungsunterschied gegenüber den Leichtmetallzylindern ergeben, am Franklin-Motor[7]) gelungen, einen festen Sitz der Laufbuchse zur einwandfreien Wärmeübertragung auch bei voller Betriebstemperatur zu erzielen. Die bemerkenswerten Betriebseigenschaften dieses sowohl im Flugzeug als auch im Kraftwagen verwendbaren Motortyps sind ein aufschlußreiches Beispiel der mit der Luftkühlung verbundenen Fortschrittsmöglichkeiten und in Abschnitt F 1 näher erläutert.

Auch bei der Verwendung von Leichtmetall bleibt aber die richtige Bemessung der Materialquerschnitte für den erzielbaren Sicherheitsgrad ebenso wichtig wie die zweckmäßige Anordnung der Kühlrippen und die richtige Kühlluftverteilung. Wie schon genügend betont wurde und wie es vom Kolbenbau her bekannt ist, kann eine zu starke Einschnürung des Wärmeflusses an unrechter Stelle eine unerwartet frühe Grenze der Belastbarkeit des Motors, wenn nicht sogar ernstliche Betriebsmängel hervorrufen.

Zu den in diesem Zusammenhang beachtenswerten Einzelfragen gehört außer dem Auslaßventilsitz z. B. nach Bild 1 die Kühlung der Zündkerze. Es trifft oft zu, daß die Umspülung der Kerze durch die kalte Kühlluft bei günstiger Anordnung bessere Bedingungen schafft als sie am wassergekühlten Motor vorliegen, denn dort ist allein das Kerzengewinde von der Kühlwirkung erreichbar. Trotzdem ist dafür zu sorgen, daß die Wärmeaufnahme der Kerze bei den hohen Temperaturen im Brennraum nicht zu groß und der Abzug der Hitze aus dem Kerzensitz möglichst stark ist. Gerade am dickwandigen luftgekühlten Zylinderkopf aus Leichtmetall kann es nützlich sein, Kerzen mit kleinem Durchmesser (14 mm) und langem Gewindeschaft zu verwenden, zumal dann, wenn bei der Abschirmung der Kerzen durch Entstörkappen die direkte Umspülung des Isolators und des Kerzengehäuses durch die Kühlluft wegfällt. Bei Kerzen, die infolge mangelhafter Kühlung bei Vollast mehr als 800° C erreichen, muß der Wärmewert vergrößert oder der Widerstand gegen Überhitzung unter Umständen künstlich erhöht werden, indem man die Elektroden nicht direkt in den Brennraum hineinragen läßt.

b) Wärmewirtschaftlichkeit.

Bei der Wasserkühlung gibt es, grundsätzlich betrachtet, kein Mittel zur Anpassung der Kühlwirkung an die örtlich verschieden große Wärmebelastung. An der wärmeabgebenden Oberfläche des Zylinders läßt sich praktisch kaum viel ändern. Die durch den Wassermantel geleitete Kühlwassermenge muß so groß sein, daß die heißeste Zone des Verbrennungsraumes bei Vollast thermisch beherrscht wird. Dadurch entstehen an anderen Stellen z. T. unerwünscht niedrige Temperaturfelder. Mit den Worten von Goßlau[8]) ausgedrückt, müssen die Täler der Wärmebelastung überschwemmt werden, um die Gipfel unter das Niveau der erreichbaren Wärmeabfuhr zu bekommen.

Noch wichtiger ist, von der Seite der Wirtschaftlichkeit gesehen, der Umstand, daß für die Abgabe der Kühlwasserwärme im Kühler nur das von der Siedetemperatur begrenzte Temperaturgefälle verfügbar ist, wobei aus allgemeinen Betriebsrücksichten und für die Fahrt im Gebirge bis zu 2500 m Höhe (Siedegrenze 92° C) ein besonderer Sicherheitsabstand vorhanden sein muß. Zahlentafel 1 gibt eine Übersicht über die bei der wassergekühlten Maschine im Fahrbetrieb auftretenden Temperaturen. Danach ist die thermische Dauerbeanspruchung bei Vollast ziemlich niedrig, während sich die angegebenen Höchstwerte auf die Kurzleistung beziehen und für den Dauerbetrieb ausscheiden.

---

[7]) „Franklin Aircooled Aircraft Engine", Aut. Ind., Vol. 78, Nr. 15 v. 9. 4. 1938.

[8]) Dr. Ing. F. Goßlau: Verschiedene Aufsätze: Z. d. VDI, Bd. 69 (1925) und 70 (1926) und Z. F. M. Bd. 18 (1927) und 19 (1928).

Zahlentafel 1: Übliche Arbeitstemperaturen in wassergekühlten Personenwagenmotoren bei 20° C Außenluft-Temperatur und bei verschiedenen Fahrgeschwindigkeiten (SAE-Journal, Band 41, Nr. 2, August 37).

Temperaturen in °C	Fahrgeschwindigkeit in km/h 35	65	110
	Teillast	Vollast	Höchstwerte
Verbrennungstemperatur	1800	2200	2500
Innere Zyl.-Wand (oberer Teil)	110	135	190
Innere Zyl.-Wand (unterer Teil)	90	115	150
Kolbenboden-Mitte	160	230	400
Oberste Kolbenringnut	135	190	315
Kolbenschaft	95	120	150
Auslaßventilschaft	160	230	370
Kurbellager	65	100	175
Kühlwasser im Zyl.-Mantel	65	80	95
Öl im Ölsumpf	50	75	125

Die Folge des begrenzten Temperaturgefälles im Kühler ist eine große Empfindlichkeit der Wasserkühlung gegen Temperaturschwankungen der Außenluft[9]). Die Kühlfläche des Kühlers muß für den Sommer bemessen sein und ist naturgemäß für den Winter zu groß. Der Vorteil der hohen Betriebssicherheit, der im Falle der Wasserkühlung durch das Sicherheitsventil der Verdampfungswärme gegeben ist, wird also durch gewisse Schwächen in der Wärmewirtschaftlichkeit erkauft.

Bekannt sind in diesem Zusammenhang die Versuche, den Temperaturzustand des flüssigkeitsgekühlten Motors durch Anwendung der Heißkühlung (Verdampfungskühlung) zu erhöhen, um die Temperaturspanne zu vergrößern und die Leistungs- und Verbrauchswerte im Bereich der verschiedenen Motorbelastungen zu verbessern[10]).

Bei der Anwendung von Glycol und Äthylenglycol statt Wasser hat man zwar den Vorteil einer sehr hohen Siedegrenze und eines tiefen Gefrierpunktes[11]). Die WUZ ist jedoch weitaus kleiner als diejenige des Wassers, sodaß die normale äußere Zylinderoberfläche wassergekühlter Fahrzeugmotoren bei Vollast u. U. dafür ungenügend ist[12]).

Die Anpassungsfähigkeit der Kühlwirkung, die hingegen bei der Luftkühlung mit Hilfe kleinerer oder größerer Kühlrippen am Zylinder in gewissen, baulich und herstellungsmäßig bedingten Grenzen von vornherein vorhanden ist, erlaubt nötigenfalls die nachträgliche Vornahme berichtigender, konstruktiver Eingriffe in eine als unbefriedigend erkannte Temperaturverteilung. Durch einfache Leit- und Abdeckbleche kann überdies der Kühlluftstrom für den örtlichen Bedarf noch auf dem Prüfstand verändert[13]) und z. B. mit Hilfe des Thermocolor-Verfahrens[14]) in seiner Wirksamkeit überprüft werden.

Die mittlere Betriebstemperatur des luftgekühlten Zylinders liegt teils infolge der gewollten Hebung der niedrigen Temperaturfelder, teils infolge der meist ungewollt hohen Temperaturspitzen in der Regel höher als bei der Wasserkühlung.

---

[9]) L. P. Saunders: „Radiator Development and Car Cooling", SAE-Journal, Dezember 1936.

[10]) W. Kamm: „Verbesserung der Wirtschaftlichkeit von Fahrzeugmotoren insbesondere bei Dauerfahrt auf der Reichsautobahn", „Die Straße" (Verlag Volk und Reich, Berlin W 9), Heft 19, 1938.

[11]) „Die Flüssigkeitskühlung von Verbrennungsmotoren", ATZ 1939, Heft 21 vom 10. 11. 39.

[12]) H. Wood: „Liquid-cooled Aero-Engines", SAE-Journal, Juli 1936.

[13]) Kamm, Rieckert, v. Stotzingen, Schopper: „Versuche an einem luftgekühlten Sechszylinder-Motor mit vollständig geschlossener Kühlluftführung", Kraftfahrtechnische Forschungsarbeiten, Heft 4, VDI-Verlag, Berlin 1936.

[14]) F. Penzig: „Die Untersuchung von Temperaturfeldern", ATZ. Jahrgang 42, Heft 2. Januar 1939.

Bild 5 gibt einen Überblick über die am Franklin-Zylinder Baujahr 1931 gemessenen Temperaturwerte einschl. Kolben- und Kühlluftemperatur[6]). Diese Temperaturen gelten für Höchstleistung und werden mit folgenden spezifischen Kühlflächen erzielt:

Zylinderkopf (Al-Guß):	4250 cm²/l	Hubraum bzw.	220 cm²/PS
Laufzylinder (Grauguß):	5000 cm²/l	„ „	260 cm²/PS
Ganzer Zylinder:	9250 cm²/l	„ „	480 cm²/PS

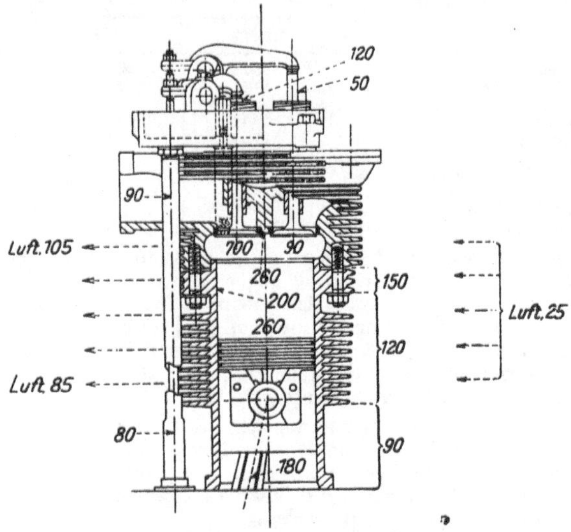

Abmessungen und Leistungswerte nach Zahlentafel 2

Kühlfläche:
am Laufzylinder : 3800 cm² (Grauguß mit 1% Ni)
am Zylinderkopf : 3200 cm² (Aluminium. Y-Leg.)

Bild 5. Franklin-Zylinder 1931; Temperaturverteilung in °C

Am Laufzylinder ist die Kühlfläche bei diesem Beispiel etwa 11 mal so groß wie die Wandfläche des Hubraumes. Für den Zylinderkopf dagegen beläuft sich die Kühlfläche sogar auf den 17-fachen Betrag der Brennraum-Innenfläche, weil vom Auslaßkanal eine beträchtliche zusätzliche Wärmemenge von der Kühlluft abgeführt werden muß. Die Höchsttemperatur von 260° C im Leichtmetall-Zylinderkopf an der kritischen Stelle zwischen den Ventilsitzringen kann als sehr niedrig gelten und kommt bei der gewählten Anblasrichtung durch den Wärmeabzug über einen Steg nach dem Einlaßkanal zustande.

Im allgemeinen geht man jedenfalls mit den Vollast-Betriebstemperaturen so nahe wie möglich an die zulässigen Grenzen. Bei einer Laufflächentemperatur von 180 bis 220° C ist der Abstand zur Überhitzungsgrenze noch ausreichend. Oberhalb 250° C sind jedoch Störungen durch Verkokung des Schmieröls (festsitzende obere Kolbenringe) nicht mehr sicher zu verhindern. Für den Zylinderkopf darf man eine Durchschnittstemperatur von rund 280 bis 300° C noch als zulässig ansehen.

Mit einer solchen Steigerung des Wärmezustandes sind die Voraussetzungen für eine wirtschaftliche Energieumwandlung im luftgekühlten Motor an sich gegeben. Es liegt auf der Hand, daß daraus vor allem auch für den Betrieb im Teillastgebiet günstige Auswirkungen entstehen. Man darf aber nicht übersehen, daß das Zugeständnis der hohen Vollast-Temperaturen, wie schon angedeutet, nicht immer freiwillig erfolgt, sondern den Ausweg darstellt, um in Anbetracht der räumlichen und gießtechnischen Schwierigkeiten, die bei der Unterbringung der notwendigen Kühlrippen-Oberfläche gerade an den gefährdeten Stellen auftreten, die Kühlluftmenge und den Leistungsaufwand für das Gebläse in tragbaren Grenzen zu halten. In manchen Fällen kann man durch die Heraufsetzung des mittleren Temperaturzustandes eine gleichmäßigere Temperaturverteilung erzwingen.

Unter diesen Umständen rücken allerdings die Fragen des höchsten noch anwendbaren Verdichtungsverhältnisses, des Füllungsgrades und der Verwendung von Spezialwerkstoffen höherer Warmfestigkeit mehr und mehr in den Vordergrund. Schon aus diesem Anlaß wäre man nicht in der Lage, die Wandtemperaturen zugunsten einer kleineren Kühlfläche oder Luftmenge beliebig zu steigern, denn man gerät dabei schnell in ein Gebiet stärker absinkenden Mitteldrucks und zunehmend unwirtschaftlichen Verbrauchs, wobei die übermäßig große spezifische Kraftstoffmenge z. T. der inneren Kühlung dient. Bei Überschreitung der angeführten Temperaturgrenzen würde man jedenfalls, ganz abgesehen von den drohenden Laufstörungen des Kolbens, eine Verbesserung von Leistung und Verbrauch nicht mehr erwarten dürfen, weil man infolge der Aufheizung des Gemisches mit zu starkem Abfall des Füllungsgrades zu rechnen hat oder infolge der örtlichen Temperaturspitzeni m Brennraum die Klopfgrenze überschreiten würde. Man wäre wahrscheinlich trotz der verminderten Ladedichte gezwungen, mit dem Verdichtungsgrad, dessen Bedeutung in erster Linie in seiner Beziehung zur Detonation liegt, über das vertretbare Maß zurückzugehen. Die durch die Kühlung gezogene Grenze der Nutzleistung liegt also nicht allein im mechanischen Aufwand für die Kühlluftförderung, sondern auch in den thermodynamischen Verlusten im Zylinder.

Das Verdichtungsverhältnis liegt bei den heutigen luftgekühlten Motoren für handelsübliches Benzin fast durchgängig niedriger (ε = 4,8 bis 5,8) als bei wassergekühlten Maschinen hochwertiger Bauart (ε = 5,4 bis 6,5). Insbesondere ist die bei den wassergekühlten Motoren in den Vorkriegsjahren bemerkbare Tendenz zu höherer Verdichtung bei den luftgekühlten Motoren aus den genannten Gründen zunächst nicht in Erscheinung getreten. Dies hat insofern wenig zu sagen, als die Verdichtungssteigerung als Mittel zur Leistungssteigerung neben den anderen Verbesserungsmaßnahmen auf dem Gebiet der Gemischbildung, Füllung und Verbrennung nicht von allein ausschlaggebender Bedeutung ist[15]). Im übrigen haben sich die Vorbedingungen bei beiden Kühlverfahren durch die gegensätzlich verlaufende Entwicklung der Kraftstoffe (sinkende Oktanzahlen: in Deutschland OZ 74, im Ausland herunter bis OZ 60) beträchtlich verschlechtert. Die Zukunftsentwicklung wird jedoch wahrscheinlich, ausgehend von der amerikanischen Produktionsrichtung, wieder steigende Klopffestigkeit der Kraftstoffe mit sich bringen.

Was die im Vergleich zur Wasserkühlung bekanntlich weit größere Unempfindlichkeit der Luftkühlung gegen die Schwankungen der Kühllufttemperatur anbetrifft, so ist diese z. T. eine Folge des hier voll ausnutzbaren Temperaturunterschiedes zwischen Zylinderwand und Kühlluft. Beim Wasserkühler hat man oben am Zufluß unter normalen Verhältnissen mit etwa 60 bis 70° C Temperaturdifferenz zur Außenluft zu rechnen. Am luftgekühlten Zylinder dagegen kann dieser Unterschied mehr als doppelt so groß sein, so daß die geographisch und jahreszeitlich bedingten Schwankungen der Kühlluft-Eintrittstemperatur bei gleichbleibender Kühlluftmenge für das verfügbare Temperaturgefälle anteilig weniger ins Gewicht fallen und damit für die Einhaltung eines wirtschaftlichen Betriebes eine ungleich geringere Bedeutung besitzen. Diese Frage wird noch besonders behandelt.

---

[15]) H. J. Venediger: „Betrachtungen über das Verdichtungsverhältnis", ATZ. Jahrg. 42, Heft 2, Januar 1939.

2. Kühlmittel-Regelung.

Der luftgekühlte Motor folgt einer Beeinflussung seines Wärmezustandes durch die wechselnde Belastung im Fahrbetrieb wesentlich schneller als der wassergekühlte Motor, denn dort bringt die Wärmespeicherung im Wasser mantel eine gewisse Trägheit der Temperaturänderung mit sich.

Für das Anfahren des ausgekühlten Motors ist es im Winter einer der bekanntesten Vorzüge der Luftkühlung, daß die volle Betriebswärme der Zylinder schnell erreicht wird. Dieser Vorgang vollzieht sich in bedeutend kürzerer Zeit als selbst bei einem wassergekühlten Motor mit thermostatischer Steuerung des Kühlwasserumlaufs, so daß kein unnötig langes Kaltfahren mit seinen schädlichen Folgen (Verschleiß, Mehrverbrauch, Ölverdünnung durch Kraftstoff, schwache Leistung) eintritt.

In den meisten luftgekühlten Motoren wird auf eine besondere Regelung der Wärmeabfuhr verzichtet. Mit Rücksicht darauf, daß die Abkühlung der Zylinder ebenfalls rasch erfolgt, ist aber eine Regelung der Zylindertemperatur auch am luftgekühlten Motor empfehlenswert, denn sie kürzt die Zeit des Warmlaufens noch weiter ab (Bild 3) und hält die Betriebstemperatur in einem großen Bereich der Belastung angenähert konstant.

Ohne Regeleinrichtung sind die Voraussetzungen für eine gleichmäßige Betriebstemperatur nicht gegeben. Bei schneller Fahrt auf freier, ebener Strecke oder im Gefälle läuft der Motor gedrosselt und mit voller Kühlluftmenge. Die Fördermenge des Gebläses ändert sich aber im Verhältnis der Motordrehzahl. Fällt in einer Steigung die Fahrgeschwindigkeit bzw. die Drehzahl unter Vollgas ab, so wird die Fördermenge trotz größeren Kühlluftbedarfes geringer. Diese Zusammenhänge sind bei beiden Kühlsystemen dieselben.

Bei Motoren mit knapp bemessener Kühlung, die schon bei normaler Belastung dicht unter der Überhitzungsgrenze arbeiten, ist die Fahrt im Drosselzustand bei hoher Drehzahl und mit großer Kühlluftmenge eine willkommene Gelegenheit zur Abkühlung und Erholung. Je mehr aber die Luftkühlung, wie es beim Lastwagenmotor der Fall ist, auf den ausdauernden Vollgasbetrieb zugeschnitten wird, um so eher wird eine Regeleinrichtung zur Verbesserung der Betriebseigenschaften, insbesondere der Wirtschaftlichkeit in den niedrigeren Belastungszuständen beitragen.

Die Praxis verlangt von einer solchen Regeleinrichtung, daß sie mit einfachen baulichen Mitteln auskommt und sehr schnell anspricht. Eine verwickelte Einrichtung führt leicht zu Störungen und kann u. U. mehr schaden als nützen. Die einfachste Form besteht in einer Drosselung der der Kühlluft im Gebläsedruckstutzen nach Maßgabe der Kühlluft-Austrittstemperatur am Zylinder. Ein Beispiel dafür ist die Anordnung am Phänomen-Lastwagenmotor früherer Bauart. Die serienmäßige Ausrüstung dieser Motoren mit einer thermostatischen Regeleinrichtung war eine der Ursachen für ihren ausnehmend niedrigen Brennstoffverbrauch und hat sich besonders auch im städtischen Lieferverkehr mit seinen häufigen Betriebspausen bewährt.

Es liegt in der Eigenart der thermostatischen Regelung, daß die Verstellung des Kühlluft-Querschnittes eine nachträgliche Anpassung an den Sollwert darstellt und dem wechselnden, tatsächlichen Kühlluftbedarf dauernd nachhinkt. Was daher den Thermostaten betrifft, so ist selbstverständlich die Bauart mit der kürzesten Reaktionszeit bei ausreichenden Werten von Hub und Verstellkraft die geeignetste. Große Verstellkraft verlangt einen Thermostaten mit großer Wärmekapazität, bei dem relativ große Material- und Flüssigkeitsmengen erwärmt werden müssen (Pillenthermostate, Federbalgthermostate) und die Reaktionszeit entsprechend länger ist als z. B. bei einem schwachen Bimetall-Thermostaten. Die Wirkungsweise der Regelanlage wird daher durch Maßnahmen, die den Kraftbedarf

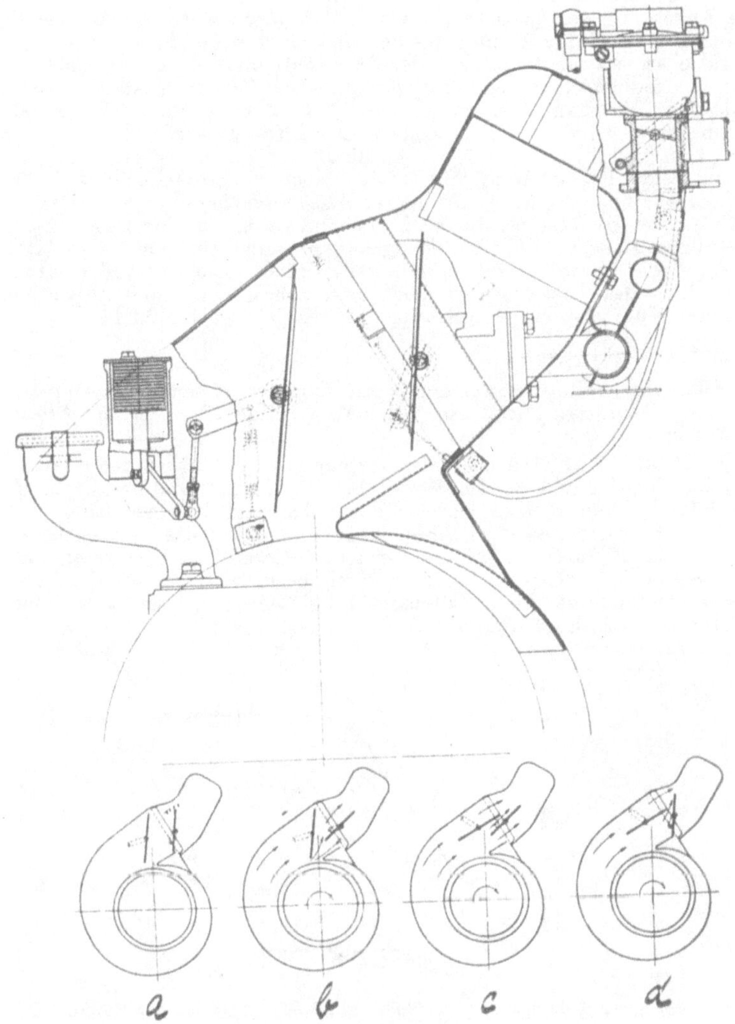

Bild 6. Kühlluft-Regelung am Phänomen-Motor, „Granit 27".

Grenzstellungen der Kühlluftregel-Klappen: a) Vergaser-Drosselklappe zu: Motor kalt und in Ruhe; b) Vergaser-Drosselklappe auf, Motor noch kalt (Anfahren); c) Vergaser-Drosselklappe auf, Motor warm (volle Fahrt); d) Vergaser-Drosselklappe zu, Motor noch warm (Bergfahrt, Leerlauf oder nach dem Abstellen.)

für die Verstellung vermindern (Ausgleich der Regelklappen bei Phänomen), weitgehend beschleunigt.

Außer dieser Anordnung gibt es Ausführungen, die nicht mit korrigierender, sondern mit vorbeugender Wirkung arbeiten. Man findet in der amerikanischen Patentliteratur Vorschläge, bei denen die Anpassung der Kühlluftmenge an den jeweiligen Bedarf nach Maßgabe der Kraftstoffzufuhr,

z. T. unter Heranziehung des Unterdrucks im Saugrohr vor sich geht. Da die Anpassung an die Drehzahl von selbst gegeben ist, erfolgt hier die Steuerung der Kühlung unter Ausschaltung einer mehr oder weniger langen Reaktionszeit zwangläufig mit der Drehzahl- und Belastungsänderung. Für die Berücksichtigung außergewöhnlicher Betriebsumstände (Kalt-Anfahren, übermäßige Erhitzung infolge falscher Zündeinstellung oder durch Schmierölmangel usw.) bleibt aber auch in diesem Fall die zusätzliche Einschaltung eines genügend empfindlichen Thermostaten als Korrekturorgan der Regelstellung von Nutzen, denn die tatsächliche Zylindertemperatur bzw. die in unmittelbarer Abhängigkeit davon veränderliche Kühlluft-Austrittstemperatur ist in jedem Fall der für den Regelvorgang wichtigste Maßstab. Dieser Grundgedanke wurde am Phänomen-Motor „Granit 27" entsprechend Bild 6 verwirklicht. Die im Bild sichtbare Kapselung des Thermostaten dient dem Schutz vor staubhaltiger und feuchter Kühlluft sowie vor Beschädigungen (vgl. auch Bild 44).

3. Betriebsgeräusche.

Zweifellos besitzt der wassergekühlte Zylinder in seinem Wassermantel ein hervorragendes Mittel zur Schallabdämpfung der inneren Arbeitsgeräusche.

Diese rühren, abgesehen von den Verbrennungsgeräuschen, hauptsächlich von den Ventilen und von den Kolben her. Kolbenspiel und Ventilspiel sind bei luftgekühlten Motoren infolge der hohen Arbeitstemperaturen z. T. größer als in der wassergekühlten Maschine, wobei das kleinstzulässige Kolbenspiel oft durch die hohen Spitzen des polaren Temperaturdiagramms im obersten Zylinderquerschnitt ungünstig beeinflußt wird. Da das Fehlen des Wassermantels die Schallabstrahlung begünstigt, ist eine größere Geräuschentwicklung unvermeidlich.

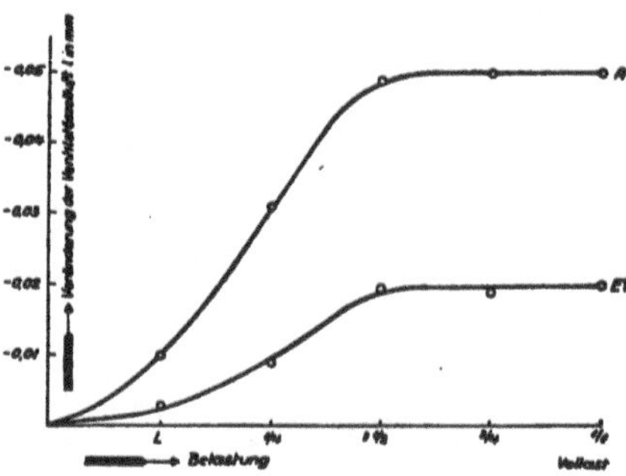

Bild 7. Verringerung des Ventilstössel-Spiels in Abhängigkeit von der Motorbelastung (Phänomen)

In Anbetracht der sehr gesteigerten Ansprüche, die man vom wassergekühlten Motor her an hochwertige Personenwagen bezüglich der Geräuschfreiheit zu stellen gewohnt ist, kann dieser Umstand in gewissem Umfang als hinderlich für die Einführung der luftgekühlten Bauart gelten. Bei Lastwagen allerdings bestehen, wenn man den lauten Gang der Dieselmotoren mit in Betracht zieht, gewiß keine übermäßigen Anforderungen in diesem Punkt.

Sorge des Motorenkonstrukteurs muß es auf jeden Fall sein, alle Mittel zur Geräuschverminderung am luftgekühlten Motor auszunutzen. Soweit es sich nur um den geräuschvollen Gang der Ventile obengesteuerter Motoren handelt, ist man zu wirksamen Abhilfsmaßnahmen in der Lage, indem man eine selbsttätige Ausgleichsvorrichtung des Ventilspiels vorsieht. Eine Veranlassung hierzu kann allein schon aus Gründen der mechanischen Verschlechterung des Ventilantriebes und der damit verbundenen Rückwirkungen auf die Zylinder-Füllung bzw. Leistung durch die ziemlich bedeutende Verschiedenheit der Wärmeausdehnung des Zylinders und der Stoßstangen bestehen (Ventilbeschleunigung, Spiel, Öffnungs- und Schließzeiten.)

Die bekannten Ausführungsarten öl-hydraulisch oder mechanisch wirkender Vorrichtungen lassen sich aber oft auf sehr einfache Weise durch Stoßstangen aus geeignetem Werkstoff mit großem Ausdehnungskoeffizienten ersetzen. Eine Abhilfe gegen die Spielveränderung bei eingeschlagenen Ventilsitzflächen ist damit natürlich nicht verbunden.

Bei untengesteuerten Motoren ist die Frage der Geräuschminderung in der Steuerung ziemlich bedeutungslos, sofern man nur die An- und Ablaufbögen der Nocken sorgfältig genug entwickelt. Bild 7 stellt die Spielveränderung an den Ventilstösseln des Motors Phänomen-„Granit 25" in Abhängigkeit von der Motorbelastung dar. Mit zunehmender Erwärmung des Motors ergibt sich an diesem Beispiel nicht, wie bei obengesteuerten Motoren mit durch Stoßstangen betätigten Ventilen, eine Vergrößerung, sondern sogar eine Verkleinerung der Stösselluft. Das normale Spiel von 0,25 mm für das Einlaßventil und von 0,3 mm für das Auslaßventil geht bis zur halben Motorbelastung auf 0,23 bzw. 0,25 mm zurück und bleibt dann konstant. Da die Stössel in den Ventilkammern außerdem noch unter Öl stehen, zeigt diese Motorbauart hinsichtlich der Ventilgeräusche keinen auffälligen Unterschied zu einem Motor mit Wasserkühlung.

Mit den angedeuteten Maßnahmen gelingt es verhältnismäßig leicht, das von älteren luftgekühlten Baumustern her unliebsam bekannte Klappern der Ventile und Stössel weitgehend hintanzuhalten. Ebenso einfach lassen sich bis auf die reinen Verbrennungsgeräusche bei genügender Vorsorge während des Entwurfs meist auch die übrigen Geräuschquellen vermeiden oder hinterher beseitigen. Diese hängen hauptsächlich mit der Kühlluftförderung zusammen und betreffen an erster Stelle die Geräuschbildung im Kühlluftgebläse durch zu kleine Anzahl der Laufradschaufeln oder durch falsche Lage der Zunge im Spiralgehäuse des Gebläses.

Bei blechgeformten Luftkanälen und Zylinderverkleidungen können ferner, besonders im Falle ungenügenden Massenausgleichs im Motor, dröhnende Geräusche durch Fortpflanzung der Resonanzschwingungen im kritischen Drehzahlgebiet entstehen. Diesen Geräuscherzeugern gegebenenfalls gründlich nachzuspüren und durch einfache Mittel (Versteifungen der Blechwände, Sicken, Abstandsänderungen, künstliche Vorspannungen, Isolierungen) entgegenzuwirken ist eine Sonderaufgabe während der Erprobung des Motors auf dem Prüfstand und im Fahrzeug.

D. Die wärmetechnischen Grundlagen der Luftkühlung.

Der Wert der üblichen Berechnungsmethoden zur Vorausbestimmung der Kennzahlen eines Motors hängt von der richtigen Einschätzung und Anwendung der aus der laufenden Entwicklung stammenden Erfahrungsgrößen ab. Mit der Übertragung solcher Erfahrungsgrößen auf den Einzelfall kann aber bei der Vielzahl der Einflüsse aller Art bestenfalls nur eine gute Annäherung der Rechnung an die sich später wirklich einstellenden Betriebsergebnisse erzielt werden.

Die nachstehende Betrachtung hat zum Ziel, die von den Hauptkennwerten (Hubraum, Verdichtungsgrad, Hubverhältnis) ausgehenden Einflüsse auf die Wärmeabfuhr aufzuzeigen, um daraus allgemeingültige Konstruktions-Richtlinien für den luftgekühlten Motor zu gewinnen. Sie ist naturgemäß nur unter bestimmten Vorbehalten durchführbar und gilt, ausgehend vom heutigen Stande der Erfahrungen, unter folgenden Vereinfachungen:

a) Gleichwertiger Entwicklungsstand der verglichenen Motoren im Sinne der bislang erreichbaren Durchschnittswerte der mechanischen, thermischen und volumetrischen Ausnutzung, ausgedrückt durch die mit der Kennlinie in Bild 2 zugrundegelegten Literleistungen als Funktion von Drehzahl und Mitteldruck.

b) Vernachlässigung untergeordneter Nebeneinflüsse, insbesondere aller individuellen Unterschiede der Bauform, soweit sie die Voraussetzungen für die Luftkühlung nicht maßgebend beeinflussen.

c) Übertragung der im wassergekühlten Zylinder herrschenden Wärmeverhältnisse auf den gleichgroßen oder gegebenenfalls geometrisch ähnlichen luftgekühlten Zylinder.

d) Beschränkung auf Viertakt-Ottomotoren unter Annahme gleichartigen Betriebszustandes und gleichartiger Einregulierung auf wirtschaftlichen Betrieb.

I. Der an das Kühlmittel übergehende Anteil der mit dem Brennstoff zugeführten Wärme.

Von der im Brennstoff enthaltenen Wärmeenergie Q_B gehen die Wärmemengen Q_K und Q_A an das Kühlmittel und an das Abgas. Die Wärmemenge Q_0 wird in Nutzleistung umgesetzt. Die Restmenge Q_R verteilt sich auf das Schmieröl (Reibung) sowie auf Strahlung und Leitung.

Die stündlich insgesamt aus den Verbrennungsgasen an das Kühlmittel abzuführende Wärmemenge beträgt

$$Q_K = x \cdot B \cdot N_0 \cdot H_u \text{ kcal/h}$$

worin x = gesuchter Anteil der abzuführenden Brennstoffwärme,
B = je PSh verbrauchtes Brennstoffgewicht (kg/PSh),
N_0 = reduzierte Nutzleistung (PS),
H_u = unterer Heizwert des Brennstoffes (kcal/kg).

Für abtastende Überschlagsrechnungen genügt die Beziehung

$$Q_K = 1000\, N_0,$$

gültig für $x = 0{,}33$, $B = 0{,}3$ und $H_u = 10000$.

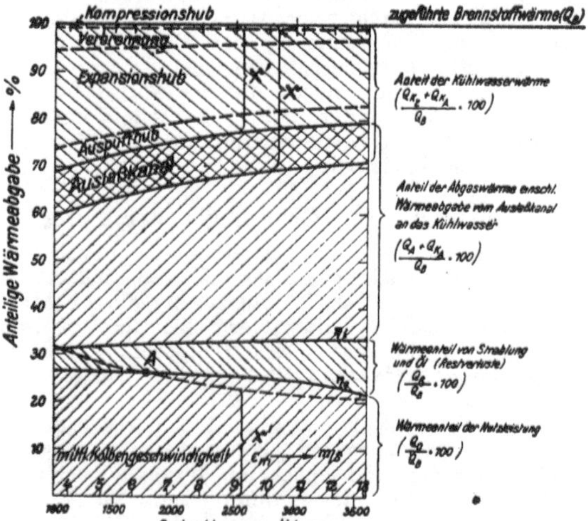

Bild 8. Wärmeverteilung im wassergekühlten Kraftwagenmotor bei Vollast in Abhängigkeit von der Drehzahl bzw. Kolbengeschwindigkeit

Zahlentafel 2: Gegenüberstellung der Hauptkennwerte verschiedener Fahrzeugmotoren mit Wasserkühlung und mit Luftkühlung.

Motortype	Zylinderzahl i	Bauart	Kühlung	Steuerung	Bohrung d	Hub s	Gesamt-Hubraum V_H	Einzel-Hubraum v_H	Hubverhältnis $z = s/d$	Verdichtung ε	Nutzleistung N_o	Drehzahl n_o (und n_{max})	Literleistung N_o/V_H	Zyl.-Leistung N_o/i	Ladungsausnutzung $c_o = \frac{N_o}{V_H \cdot n_o}$	Mittl. Nutzdruck bei N_o $p_{m_o} = 900 \cdot c_o$	Drehmoment bei N_o $M_d = 716 \cdot V_H \cdot c_o$	Mittl. Kolbengeschwindigkeit $c_m = \frac{s \cdot n_{max}}{30}$
					mm	mm	l	l			PS	U/min	PS/l	PS/Zyl.	mkg/l	kg/cm²	mkg	m/s
Chrysler (Bild 8)	8	Reihe	Wasser	unten	82,5	108	4,63	0,58	1,31	5,4	96	3400 (3600)	20,7	12	0,0061	5,5	20,2	13,0
Franklin Mod. 1931	6	Reihe	Luft	oben	88,9	120,7	4,5	0,75	1,36	5,3	87	3100 (3500)	19,3	14,5	0,0062	5,6	20,0	14,1
Phänomen Granit 30	4	Reihe	Luft	unten	90	120	3,05	0,76	1,33	5,3	50	2800	16,4	12,5	0,0059	5,3	12,9	11,2

Der Anteil x kann für die folgenden grundsätzlichen Betrachtungen als von der Art des angewandten Kühlverfahrens unabhängig angenommen werden und ist als Durchschnittswert aus der Erfahrung bestimmbar.

Nach neueren amerikanischen Untersuchungen[16]) kann der in Bild 8 in Abhängigkeit von der Drehzahl dargestellte Wärmehaushalt für Vollast zugrunde gelegt werden. Diese Untersuchungen behandeln die Frage der Wärmeabfuhr in allen Phasen des Arbeitsspiels an einem wassergekühlten Fahrzeugmotor (8-Zyl.-Chrysler-Motor), dessen Leistungszahlen als Richtwerte auch für luftgekühlte Motoren mit guter Hubraumausnutzung gelten können. Zur Bestätigung dieser Annahme sind seine Baudaten und Betriebswerte in Zahlentafel 2 mit denjenigen eines obengesteuerten und eines untengesteuerten luftgekühlten Fahrzeugmotors bewährter Bauart verglichen. Hubverhältnis, Verdichtungsgrad sowie Ladungsausnutzung bzw. Mitteldruck stimmen annähernd überein und kennzeichnen die gemeinsame Entwicklungshöhe der 3 Motoren.

Aus Bild 8 ergibt sich folgendes:

1. Die im Abgas und mit dem Kühlmittel abzuführenden Wärmeanteile, welche den Wärmemengen Q_A und Q_K entsprechen, sind stark drehzahlabhängig. Die anteilige Abgaswärme nimmt bei den mit steigender Drehzahl immer dichter werdenden Zündabständen zu, der Wärmeanteil im Kühlmittel entsprechend ab.

   Der in indizierte Leistung umgesetzte Anteil (etwa entspr. $Q_0 + Q_R$) bleibt annähernd konstant.

   Die bekannte Faustregel, wonach je $1/3$ der erzeugten Wärmemenge auf die Leistung, auf das Abgas und auf die Kühlung entfällt, trifft besonders im mittleren Drehzahlfeld ziemlich genau zu.

2. Die weitaus überwiegende Wärmeabgabe im Zylinder an das Kühlmittel vollzieht sich während der Expansion. Sie beträgt über den dargestellten Drehzahlanstieg konstant $^2/_3$ ihres Gesamtwertes. Als Anteil an der zugeführten Brennstoffwärme Q_B jedoch verringert sich dieser Bilanzposten mit zunehmender Drehzahl bzw. Kolbengeschwindigkeit von etwa 21% auf etwa 14%. Er gibt damit der Linie des Wärmeanteils, welcher der Wärmemenge Q_K entspricht und dem Motor durch Kühlung entzogen werden muß, den charakteristischen Verlauf.

   Als Grund dafür kann neben dem Einfluß der Ladedichte und der Wirbelung wahrscheinlich gelten, daß die spezifische Zeitdauer je Hub für den Wärmeübergang vom Verbrennungsgas auf die Zylinderwand mit dem Anstieg der Motordrehzahl abnimmt. Für die WUZ ist die Art des angewandten Kühlverfahrens im übrigen in diesem Zusammenhang gleichgültig.

Übertragen auf die Luftkühlung bedeutet der Kurvenverlauf, daß man sich beim Entwurf des Motors nicht damit begnügen darf, die Kühlluftmenge nach der Höchstleistung und der Höchstdrehzahl zu bestimmen. Eine Nachprüfung der Kühlverhältnisse im mittleren Drehzahlbereich, nämlich in der Gegend des maximalen Drehmoments, d. h. bei der größten Füllung ist in jedem Falle angebracht, denn die Liefermenge des Kühlgebläses fällt proportional mit der Drehzahl ab, während dies bei der von der Kühlluft aufzunehmenden Wärmemenge keineswegs der Fall ist. Auf die spezifische Kühlluftmenge je PSh wird deshalb noch eingegangen.

Die Auswirkung davon ergibt sich aus Bild 9, in welchem die Vollast-Temperaturverteilung in einem Zylinder des luftgekühlten Krupp-Boxermotors Typ M 304 in Abhängigkeit von der Drehzahl für verschiedene Meßstellen angegeben ist. Die Temperaturkurven zeigen deutlich, daß die größte Erwärmung der Zylinderwände in diesem Beispiel nicht bei höchster Drehzahl, sondern etwa im Gebiet des größten Drehmoments auftritt.

---

[16]) R. N. Janeway: „Quantitative Analysis of Heat Transfer in Engines", SAE-Journal, September 1938.

Gleichwohl ist die sehr verbreitete Auffassung, daß das Gebläse dem Motor, sofern er im Gebiet des größten Drehmoments ausreichend gekühlt ist, im oberen Leistungs-Bereich einen Überschuß an Kühlluft liefere, in dieser allgemeinen Form keineswegs richtig. Man beruft sich darauf, daß die Motorleistungskurve krumm sei, während die Liefer-Charakteristik des Gebläses geradlinig ansteigt. Zunächst kann aber die Leistungskennlinie auch im oberen Teil noch ziemlich steil und fast geradlinig sein, wie dies zuweilen bei Dieselmotoren bis hinauf zur Regler-Grenzdrehzahl der Fall ist. Ferner sinkt der Wirkungsgrad der Wärmeübertragung an den Kühlrippen der Zylinder mit zunehmender Kühlluftgeschwindigkeit (Bild 15). Ob also der in Bild 8 dargestellte Rückgang des Kühlwärme-Anteils bei wachsender Vollast-Drehzahl überwiegt, ist stets fraglich und läßt sich nur fallweise nach entsprechender Untersuchung und unter Berücksichtigung aller Einflußgrößen beantworten.

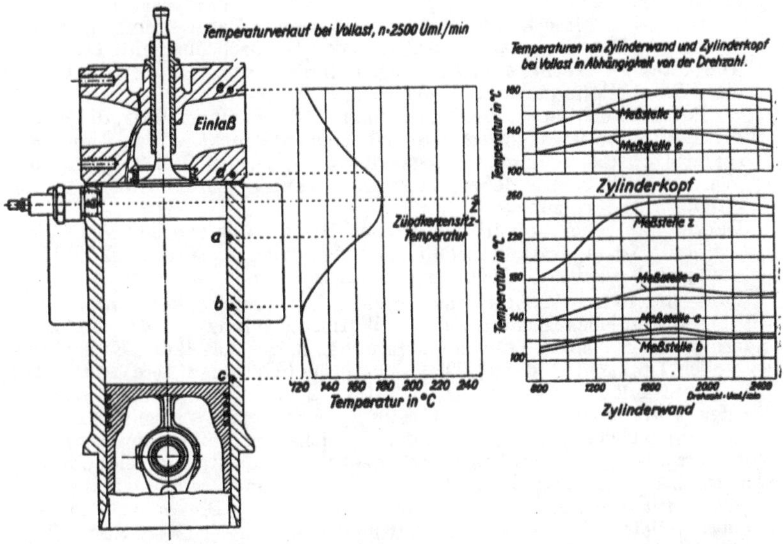

Bild 9. Vollast-Temperaturen am Zylinder und am Zylinderkopf des Krupp-Motors M 304

3. Von dem Gesamt-Wärmeanteil x des Kühlmittels (entsprechend Q_K) geht der Anteil x' (entspr. Q_{K_Z}) innerhalb des Arbeitszylinders und der Anteil $(x - x')$, der der Menge Q_{K_A} entspricht, außerhalb des Arbeitszylinders an das Kühlmittel über.

Die Belastung der Kühlung durch die Abgaswärme ist außerordentlich hoch. Der Anteil $(x - x')$ beträgt 8,5 bis 9,5% der zugeführten Wärmeenergie bzw. 24 bis 29% der gesamten Kühlwärme.

Eine möglichst wirksame Kühlung der Auslässe gehört danach für den luftgekühlten Motor zu den vordringlichsten Forderungen, um das Gleichgewicht zwischen Wärmeanfall und Wärmeabfuhr aufrechtzuerhalten. Zur Aufnahme bzw. Verminderung der dem Kühlvorgang zur Last fallenden Wärmemenge im Abgas ist eine große Oberfläche der Kühlrippen am Auslaßkanal und eine gute Wärmeverteilung durch starke Fließquerschnitte der Kanalwände ebenso wichtig wie ein möglichst kurzer Stutzen.

4. Wie an der im Schaubild unten eingetragenen Vergleichslinie für x' ersichtlich, entspricht die Wärmeabgabe Q_{K_Z} an das Kühlmittel innerhalb des Hubraumes und Brennraumes in der oberen Drehzahlhälfte annähernd dem Wärmeanteil der Nutzarbeit. Man bleibt daher im Rahmen der erforderlichen Genauigkeit, wenn man die in Wärmeenergie ausgedrückte Nutzleistung (entsprechend Q_0) als direkten Maßstab für die mittlere Wärmebelastung (q) der inneren Wandflächen des Zylinders, die der Einwirkung der Verbrennungsgase ausgesetzt sind, verwendet (vgl. Abschnitt D II). Vom Schnittpunkt A beider Schaulinien bei halber Drehzahl ab wird allerdings die Verfälschung des Ergebnisses durch den zunehmenden Unterschied beider Wärmewerte mit fallender Kolbengeschwindigkeit schnell größer.

5. Der konstante Anteil des Kompressionshubes an der Wärmeübertragung ist vernachlässigbar klein, so daß praktisch nur während des halben Arbeitsspiels (Expansions- und Auspuffhub) Wärme an das Kühlmittel abgegeben wird.

Hierbei sei bemerkt, daß von den Restgasen im Verbrennungsraum eine bestimmte Wärmeaustauschmenge an das Gemisch übergeht. Da dieser Teilbetrag an Wärme dem Arbeitsprozeß nicht verloren geht, tritt er in der Wärmebilanz nicht in Erscheinung.

Es fehlt auch im Schaubild, da bilanzmäßig nicht erfaßbar, die Kurve der Reibungswärme, soweit diese Wärmemenge nicht an das Schmieröl, sondern an das Kühlmittel abgeleitet wird. Der in Bild 8 dargestellte Wärmeanteil x ist daher über den ganzen Drehzahlbereich als Mindestanteil aufzufassen.

Da der Fahrzeugmotor im praktischen Betrieb überwiegend mit $1/2$ bis $2/3$ Last läuft, ist es für die Beurteilung des Kühlvorganges wichtig, die Wärmebilanz auch in diesem Belastungsgebiet zu kennen.

Laut Bild 10 hat die Änderung der Motorbelastung bei konstanter Drehzahl einen ähnlichen Einfluß auf die Wärmeaufteilung wie die Drehzahländerung unter Vollast. Danach entspricht z. B. der Anteil der Kühlwärme bei voller Drehzahl und 50% Belastung ziemlich genau dem Anteil bei Vollast und halber Drehzahl in Bild 8. Dies hängt zwar mehr oder weniger von der Motorbauart und ihren Leistungs- und Verbrauchskennlinien ab. Bei Annahme gleicher Einregulierung und gleichen Füllungsgrades kann man aber überschlägig die stündlich zugeführte Brennstoffwärme in beiden Fällen wenigstens angenähert gleich groß ansetzen. Alsdann wäre hier wie dort der gleiche Teilbetrag der vollen Kühlluftmenge nötig. Die tatsächlich vom Gebläse gelieferte stündliche Kühlluftmenge beträgt jedoch infolge ihrer Abhängigkeit von der Kurbelwellendrehzahl im ersten Fall doppelt so viel wie im zweiten Fall. Hieraus ergibt sich der grundsätzliche Nutzen einer auf den wechselnden Bedarf zugeschnittenen Kühlluftregelung in Abhängigkeit von der Motorbelastung nach Abschnitt C III 2.

Die in Bild 10 dargestellten Bilanzwerte sind dem Buch von Pye[1]) über die Brennkraftmaschine entnommen und gelten bei wirtschaftlicher Vergasereinstellung (ungefähr 10% Brennstoffmangel). Bemerkenswert ist, daß die Wärmeverteilung bei Vollast mit den Endwerten in Bild 8 trotz der völlig unterschiedlichen Motoren, an denen die Ergebnisse in beiden Fällen gewonnen wurden, übereinstimmt. Man muß daher, wie es oben geschah, annehmen, daß für Bild 10 die Höchstdrehzahl zugrunde liegt und daß für beide Abbildungen das gleiche Mischungsverhältnis gilt. Im Bereich des Brennstoffüberschusses ändert sich nach den Angaben von Pye die Wärmeverteilung wesentlich in Richtung steigenden Anteils der Abgaswärme und fallender Anteile der Kühlmittelwärme und der indizierten Leistung, wodurch die Kühlung des Auslaßstutzens noch an Bedeutung gewinnt.

In diesem Zusammenhang muß erwähnt werden, daß sich die obige Forderung nach einem möglichst kurzen Auslaßstutzen konstruktiv nicht immer erfüllen läßt. In einem solchen Fall tut man, wenn es die Bauart zu-

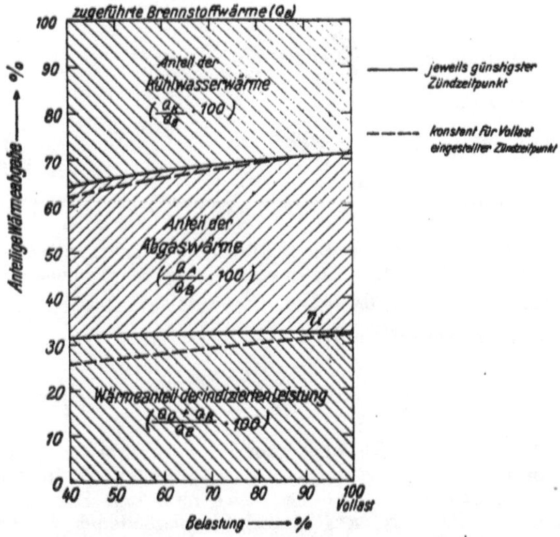

Bild 10. Wärmeverteilung im wassergekühlten Kraftwagenmotor bei konstanter Drehzahl und konstantem Mischungsverhältnis in Abhängigkeit von der Belastung

läßt, gut daran, den Auslaßstutzen auf die Ausströmseite der warmen Kühlluft zu legen, sodaß die Kühlluft bei der Umspülung des Stutzens ihre Aufgabe, die Wärme des Zylinderkopfes aufzunehmen, bereits erfüllt hat. Um eine Rückströmung der Wärme zum Zylinderkopf zu verhindern, muß gleichzeitig jede unnötige Materialverbindung zwischen Stutzen und Zylinderkopf unterbleiben (vgl. Bild 5).

II. Die Wärmebelastung der Zylinderwandungen.

Bei der Bestimmung der mittleren Wärmebelastung q, d. h. des Quotienten aus der Wärmemenge Q_{K_Z}, die entsprechend dem Anteil x' stündlich über die Zylinderwandungen an das Kühlmittel übergeht, und der inneren Wandfläche des Zylinders, ist das Verhältnis dieser Wandfläche (o) zum Rauminhalt (v) der ausschlaggebende Faktor. Die Verhältniszahl o/v hängt bei gegebenem Hubraum vom Hubverhältnis $z = s/d$ und vom Verdichtungsverhältnis ε nach Maßgabe der bekannten geometrischen Beziehungen ab und folgt einer Kurve, die der Literleistungskennlinie in Bild 2 sehr stark ähnelt.

Infolgedessen ergibt sich für die spezifische mittlere Wärmebelastung q der Arbeitsflächen verschieden großer Zylinder eine Schar annähernd gestreckt verlaufender Linien, deren Abstand voneinander sich nach dem Einfluß von z und ε richtet.

Unter Zugrundelegung eines obengesteuerten Zylinders mit zylindrischem oder annähernd zylindrischem Verbrennungsraum, dessen Durchmesser der Zylinderbohrung d entspricht, lassen sich die einzelnen Räume und Flächen wie folgt ausdrücken:

Hubraum:

$$\text{Inhalt: } v_H = \frac{\pi d^3}{4} \cdot z \text{ cm}^3$$

$$\text{d. h.: } d = \sqrt[3]{\frac{4\, v_H}{\pi \cdot z}} \text{ cm}$$

$$\text{Oberfläche: } o_H = \pi d^2 z \text{ cm}^2$$

Kolben:

Bodenfläche: $o_K = \frac{\pi d^2}{4}$ cm²

Verbrennungsraum:

Inhalt: $v_C = \frac{\pi d^3 z}{4(\varepsilon - 1)}$ cm³

Oberfläche: $o_C = \frac{\pi d^2}{4} \cdot \frac{\varepsilon - 1 + 4z}{(\varepsilon - 1)}$ cm²

Für vergleichende Untersuchungen ähnlicher Bauarten ist es im Falle der Wasserkühlung üblich, den Mittelwert q_m der Wärmebelastung auf die Gesamt-Wandfläche $o_H + o_C$ des ganzen Zylinders zu beziehen, sodaß, mit $Q_{K_Z} = Q_0$ gesetzt (Abschnitt D I 4),

$$q_m = \frac{Q_0}{o_H + o_C} = \frac{Q_0/v_H}{(o_H + o_C)/v_H} \quad \text{kcal/m}^2\,\text{h}.$$

Für die Belange der Luftkühlung genügt diese einfache Kennzahl meistens nicht. Um die Anpassungsfähigkeit der Kühlfläche an die tatsächliche Wärmebelastung ausnutzen zu können, hat man den Zylinder und den Zylinderkopf, die in der Regel aus Material verschiedener Wärmeleitfähigkeit bestehen und überdies an einem Wärmeaustausch zueinander durch die dazwischenliegende Dichtung gehemmt sind, getrennt zu behandeln.

Die Flächen o_H, o_C und o_K nehmen in verschiedenem Maße am Wärmeübergang teil: während o_C und o_K über die volle Dauer des Arbeitsspiels unveränderlich bleiben, ist o_H in der oberen Totpunktstellung des Kolbens, d. h. im Augenblick der stärksten Wärmeeinwirkung ganz abgedeckt. Die Veränderlichkeit der Fläche o_H unter dem Einfluß der Kolbenbewegung kann einfachheitshalber dadurch berücksichtigt werden, daß man mit dem Mittelwert $o_H/2$ dieser Fläche rechnet[16]). Die maßgebenden Flächengrößen und Verhältniszahlen sind alsdann folgende:

$$o_I = \frac{o_H}{2} + o_K = \frac{\pi d^2}{4}(2z + 1) \quad \text{cm}^2$$

$$o_{II} = \frac{o_H}{2} + o_K + o_C = \frac{\pi d^2}{4} \cdot \frac{2z(\varepsilon + 1) + 2(\varepsilon - 1)}{(\varepsilon - 1)} \quad \text{cm}^2$$

$$o_H/v_H = 4/d \quad \text{cm}^2 \text{ Hubraumfläche/cm}^3 \text{ Hubraum}$$

$$o_{II}/v_H = \frac{2z(\varepsilon + 1) + 2(\varepsilon - 1)}{d \cdot z(\varepsilon - 1)} \quad \text{cm}^2 \text{ Gesamtfläche/cm}^3 \text{ Hubraum}$$

Eine gegebene Motorleistung, die nach Bild 2 mit einem bestimmten Hubraum bei gegebener Drehzahl möglich ist, kann unter verschiedenen baulichen Voraussetzungen, d. h. je nach Kühlung mit verschiedenen Werten von z und ε erzielbar sein. Setzt man voraus, daß der vom Kolben aufgenommene Anteil der Verbrennungswärme schließlich doch in vollem Betrage über die Zylinderwand in das Kühlmittel gelangt und daß die Reibungswärme aus dem Kolben, die in Bild 8 zu den Restverlusten zählt, in voller Höhe an das Schmieröl geht, so ist mit entsprechender Beachtung der Bezugseinheiten:

a) die je cm³ Hubraum an das Kühlmittel abzuführende Wärmemenge, berechnet aus der Literleistung nach Bild 2 als dem direkten Maß der Kühlwärme je Liter Hubraum:

$$\frac{Q_0}{v_H(\text{cm}^3)} = \frac{75 \cdot 3600}{427 \cdot 1000} \cdot \frac{N_e}{v_H(l)} = 0{,}632 \frac{N_e}{v_H(l)} \quad \text{kcal/cm}^3\,\text{h}$$

b) der auf den Laufzylinder entfallende Wärmeanteil:

$$Q' = Q_0 \cdot o_I/o_{II} \quad \text{kcal/h}$$

oder je cm³ Hubraum:

$$\frac{Q'_0}{v_H} = \frac{Q_0}{v_H} \cdot \frac{o_I}{o_{II}} = \frac{Q_0}{v_H} \cdot \frac{(2z+1)(\varepsilon-1)}{2z(\varepsilon+1)+2(\varepsilon-1)} \quad \text{kcal/cm}^3\,\text{h}$$

c) die mittlere Wärmebelastung der Hubraumfläche o_H:

$$q_H = \frac{Q'}{o_H} = \frac{Q'_0}{\pi d^2 z} \quad \text{kcal/cm}^2\,\text{h oder}$$

$$q_H = \left[\frac{Q'_0}{v_H}\right] : \left[\frac{o_H}{v_H}\right] = \frac{Q'_0 \cdot d}{4 \cdot v_H} \quad \text{kcal/cm}^2\,\text{h}$$

d) der auf den Brennraum im Zylinderkopf entfallende Wärmeanteil:

$$Q''_0 = Q_0 \cdot \frac{o_C}{o_{II}} \quad \text{kcal/h}$$

oder je cm³ Hubraum

$$\frac{Q''_0}{v_H} = \frac{Q_0}{v_H} \cdot \frac{o_C}{o_{II}} = \frac{Q_0}{v_H} \cdot \frac{\varepsilon - 1 + 4z}{2z(\varepsilon+1)+2(\varepsilon-1)} \quad \text{kcal/cm}^3\,\text{h}$$

e) die mittlere Wärmebelastung der Brennraumfläche o_C:

$$q_C = \frac{Q''_0}{o_C} = \frac{Q_0}{o_{II}} \quad \text{kcal/cm}^2\,\text{h oder}$$

$$q_C = \left[\frac{Q_0}{v_H}\right] : \left[\frac{o_{II}}{v_H}\right] = \frac{Q_0}{v_H} \cdot \frac{d \cdot z \cdot (\varepsilon-1)}{2z(\varepsilon+1)+2(\varepsilon-1)} \quad \text{kcal/cm}^2\text{h}$$

Bild 11 enthält das Ergebnis für die verschiedenen Hubraumgrößen bei konstantem Hubverhältnis, Vollast und Höchstdrehzahl.

Aus den q_H- und q_C-Linien, deren etwas unregelmäßiger Verlauf sich aus dem empirischen Charakter der ebenfalls dargestellten und aus Bild 2 umgerechneten Q_0/v_H-Kurve erklärt, ist die bei den bisher üblichen Literleistungen vorhandene mittlere Wärmebelastung der Wandflächen vom Hubraum und Brennraum zu entnehmen. Die Wärmeaufnahme dieser Flächen steigt bei voller Hubraumausnutzung mit abnehmender Hubraumgröße und mit zunehmendem Verdichtungsverhältnis. Örtlich können doppelt so große Werte (300000 bis 400000 kcal/m² h) auftreten.

Um die stark veränderlichen Voraussetzungen für die Wärmeabfuhr bei den verschiedenen Hubraumgrößen und Verdichtungsverhältnissen deutlich zu machen, ist die spezifische Oberfläche

$$\frac{o_H + o_C}{v_H} = \frac{4\varepsilon \cdot z + (\varepsilon - 1)}{d \cdot z(\varepsilon - 1)} \quad \text{cm}^2/\text{cm}^3$$

als für jeden Motor leicht zu handhabende Kennzahl in das Schaubild mit aufgenommen, so daß man für Vergleichsrechnungen die schon oben aufgeführte Größe

$$q_m = \frac{Q_0}{o_H + o_C} = \frac{Q_0/v_H}{(o_H + o_C)/v_H}$$

für den Mittelwert der Wärmebelastung, bezogen auf die beheizte Gesamt-Wandfläche im Zylinder, bilden kann.

In beträchtlichem Maße wirkt sich lt. Bild 12 auch das Hubverhältnis auf die Belastungszahl q_H aus. Mit steigendem Hubverhältnis nimmt die

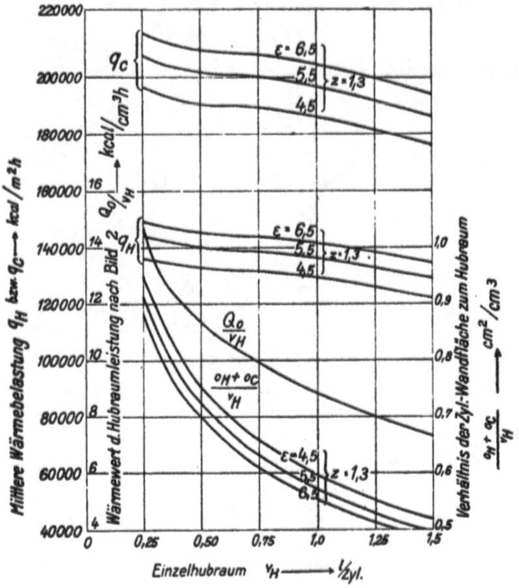

Bild 11. Mittlere spezif. Wärmebelastung q_H der Hubraumwand und q_C der Brennraumwand, Verhältnis der Zyl.-Wandfläche $o_H + o_C$ zum Hubraum v_H bei verschiedenen Verdichtungsverhältnissen und konstantem Hubverhältnis $z = 1{,}3$ sowie Wärmewert bisher üblicher Hubraumleistungen in Abhängigkeit vom Hubraum des obengesteuerten Zylinders.

Wärmebelastung der Hubraumfläche merklich ab. Befindet sich z. B. ein luftgekühlter Zylinder von bestimmten Abmessungen bei Vollast nahe an der zulässigen Temperaturgrenze, so ist dieser Darstellung zufolge eine mittels Hubraumvergrößerung beabsichtigte Leistungssteigerung zweckmäßiger durch Verlängerung des Hubes zu erreichen als durch das übliche einfache Mittel des Aufbohrens auf größeren Zylinder-Durchmesser (siehe Zahlentafel 5).

Dadurch wird außerdem nicht nur eine Verschlechterung der Wärmeabfuhr aus dem Kolben vermieden, sondern vor allem auch die Möglichkeilt zur Vermehrung der Kühlrippen am Laufzylinder geschaffen. Es ist wohl

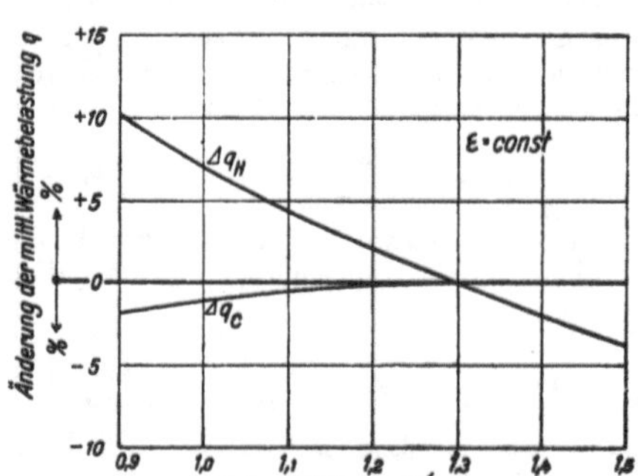

Bild 12. Änderung der Wärmebelastungszahlen q_H und q_C bei von $z = 1{,}3$ abweichenden Hubverhältnissen und konstantem Verdichtungsverhältnis (Mittelwerte)

als die markanteste Eigenschaft der langhubigen Bauart anzusprechen, daß sie sowohl für die thermische Belastung von Zylinderwand und Kolben als auch für die Anordnung der Kühlrippen und für den freien Durchtritt der Kühlluft bei kleinem Zylinder-Abstand die besseren Vorbedingungen in sich schließt (vgl. Abschnitt D IV 2c). In der Hubverlängerung hat der Konstrukteur ein Mittel, um entweder bei gegebener Hubraumgröße und Leistung einer mangelhaften Kühlung der Kolbenlaufbahn nach Möglichkeit vorzubeugen oder im Bedarfsfall den Hubraum und die Leistung ohne Verschlechterung der vorhandenen Kühlverhältnisse zu vergrößern.

Bei schnellaufenden Motoren steht allerdings die Kolbengeschwindigkeit als Maßstab der mechanischen Beanspruchung mit im Vordergrund. Stellt man 2 Motoren gleicher Bauart mit verschiedenem Hubverhältnis $z = s/d$ und im übrigen mit gleichem Hubraum und gleicher mittlerer Kolbengeschwindigkeit einander gegenüber, so hat die langhubige Maschine die nach Maßgabe des längeren Hubes kleinere Drehzahl und, wenn sich die Leistung wie die Drehzahl verhält, eine entsprechend kleinere Leistung. Maßgebend ist die Beziehung

$$s = \sqrt[3]{\frac{4}{\pi} \cdot v_H \cdot z^2} = \text{const} \sqrt[3]{z^2},$$

wonach das Verhältnis der Leistungen bzw. Literleistungen durch $z^{2/3}$ gekennzeichnet ist. Es kommt daher bei der Leistungssteigerung durch Hubverlängerung darauf an, ob die mittlere Kolbengeschwindigkeit noch steigerungsfähig ist, d. h. ob die damit verbundene mechanische Verschlechterung zugunsten einer besseren Wärmebeanspruchung in Kauf genommen werden kann.

Im Zuge der heutigen Entwicklung zum kurzhubigen Motor treten häufig noch weitere Gegengründe gegen die Anwendung eines großen Hubverhältnisses auf, wie z. B. die Schwierigkeit der Unterbringung ausreichend großer Ventile oder bei Boxermotoren die Vergrößerung der Baubreite der Maschine im Fahrzeug (Volkswagenmotor). Ferner weist der kurzhubige Motor im allgemeinen das kleinere Leistungsgewicht auf. Wo angängig, sollte man aber wenigstens bei größeren Einzelhubräumen ein Hubverhältnis mittlerer Größe für den luftgekühlten Motor anstreben, um die Vorteile der kleineren Wärmebelastung und der besseren Wärmeabfuhr auszunutzen.

Vollständigkeitshalber wird darauf hingewiesen, daß auch die vom Kolben an die Zylinderwand durch Strahlung abgegebene Wärmemenge mit zunehmendem Hubverhältnis wächst[17]) und dadurch zur thermischen Entlastung des Kolbens beiträgt.

Was die mittlere Wärmebelastung q_C der Brennraumwand o_C anbelangt, so ist zwar der Einfluß des Hubverhältnisses im unteren Bereich der Darstellung Bild 12 entgegengesetzt gerichtet, jedoch von untergeordneter Größe.

Für den untengesteuerten Motor gelten grundsätzlich die gleichen Richtlinien. Die Verhältnisse liegen allerdings weniger einfach. Im Ricardo-Brennraum beläuft sich für übliche Verdichtungsgrade die Wandfläche $o_{C'}$, soweit sie zum Zylinderkopf gehört, etwa auf den 1,7-fachen Betrag des für den obengesteuerten Zylinder gleichen Hubraums mit scheibenförmigem Brennraum gültigen Wertes. Dazu kommt noch als weitere Wandfläche des Brennraumes die zum Laufzylinder gehörige Aufnahmefläche der Ventile mit der zusätzlichen Aufheizung des Laufzylinders durch den Auslaßkanal.

Durch die nahe am Laufzylinder befindlichen Ventilkanäle wird, wie aus Bild 4 einigermaßen ersichtlich, die gürtelförmig geschlossene Anordnung der Kühlrippen auf dem Zylinderumfang unterbrochen. Nur unter Inkaufnahme einer ziemlich schrägen Ventilstellung oder eines sehr langge-

[17]) A. Stambuleanu: „Der Wärmeaustausch durch Strahlung zwischen den inneren Zylinderflächen als Funktion der mittleren Kolbengeschwindigkeit". ATZ 1939, Heft 11 (10. 6. 1939).

zogenen, thermisch ungünstigen Brennraumes ließe sich die Kühlfläche des Laufzylinders auf der Ventilseite vergrößern. Eine solche Maßnahme hätte zwar auf die hohe örtliche Temperatur zwischen Auslaßkanal und Zylinderwand infolge des größeren Luftdurchtritts unmittelbaren Einfluß. So wichtig ein reichlicher Kühlluftdurchfluß an dieser engen Stelle mit Rücksicht auf ein gleichmäßigeres Temperaturbild am Zylinder und an der Ringpartie des Kolbens auch ist, so wenig erscheint es andererseits angebracht, die zum Laufzylinder gehörige Fläche des Brennraumes unnötig zu vergrößern.

Allgemein betrachtet ist die thermische Belastung, die diese Zylinderbauart als Träger der stehenden Ventile auszuhalten hat, in Wirklichkeit bei weitem geringer als es auf den ersten Blick erscheint. Auf die Tatsache allerdings, daß nach den Erfahrungen der Praxis eine günstige Temperaturverteilung, vorausgesetzt werden muß und sich schließlich auch erreichen läßt (Bild 4), wird erneut hingewiesen. Der Rechnung zufolge ist die spezif. Wärmebelastung q_H bei Annahme gleicher Hubraumabmessungen und gleicher Leistung im Durchschnitt kleiner als im obengesteuerten Zylinder, weil sich die größeren Flächen o_C bzw. o_{II} ermäßigend auf den Wärmeanteil Q_0' auswirken. Da sich der Kühlflächenbedarf nach der Wärmebelastung richtet, weil Wärmeabfuhr und Wärmeaufnahme im Gleichgewicht sein müssen, würde der untengesteuerte Laufzylinder, wenn man zunächst von der zusätzlichen Aufheizung durch den Brennraum und durch den Auslaßkanal absieht, mit einer erheblich kleineren spezif. Kühlfläche auskommen. Man ist folglich in der Lage, trotz dieser zusätzlichen Aufheizung völlig befriedigende Verhältnisse für die Luftkühlung dieser Bauform zu schaffen.

Am zugehörigen Leichtmetallzylinderkopf hat man andererseits, da die Ventile und Kanäle daran fehlen, keinerlei Mühe, den Temperaturzustand mit mäßigem Aufwand an Kühlfläche nach Bedarf zu regulieren. Dem größeren Wärmeanteil Q_0'' steht die noch größere Zunahme der Wandfläche o_C gegenüber, so daß sich die Belastungszahl q_C im Vergleich zur obengesteuerten Bauart in noch stärkerem Grade ermäßigt als die Belastungszahl q_H. Damit wird eine der wichtigsten Forderungen, nämlich die möglichst weitgehende Kühlung des zuletzt verbrennenden Gemischrestes als Voraussetzung ausreichender Klopffestigkeit erfüllbar[18]).

Die Folge dieser Sachlage ist, daß der untengesteuerte luftgekühlte Zylinder im Vergleich zu dem in Abschnitt C III 1b angeführten obengesteuerten Zylinder nach Bild 5 eine wesentlich kleinere spezif. Gesamtkühlfläche und eine andere Verteilung der Kühlflächen aufweist. Nachstehend sind die spezif. Kühlflächen der in Bild 4 und 5 dargestellten Bauarten einander gegenübergestellt:

Zyl. Kopf (Leichtmetall):			
untengesteuert:	2000 cm²/l Hubraum		
obengesteuert:	4250 cm²/l	,,	(8650)
Laufzylinder (Grauguß):			
untengesteuert:	5000 cm²/l	,,	
obengesteuert:	5000 cm²/l	,,	(2450)
Ganzer Zylinder:			
untengesteuert:	7000 cm²/l	,,	
obengesteuert:	9250 cm²/l	,,	(11100)

Diese Zahlen bestätigen die vorstehenden Feststellungen. Beide Zylinderbauarten haben trotz des starken baulichen Unterschiedes, auf den Hubraum bezogen, am Laufzylinder die gleiche Kühlfläche, wobei sich die Kühlfläche des untengesteuerten Laufzylinders sogar einschließlich der Verrippung der Gaskanäle versteht. In beiden Fällen ist die Kühlfläche des Hubraumes rund 11 mal so groß wie seine Wandfläche.

---

18) Dr. Ing. Karl Zinner: „Klopfvorgang und Verbrennungsraum", ATZ 1939, Heft 9 v. 15. 5. 39.

Am Zylinderkopf dagegen ist die auf den Hubraum bezogene Kühlfläche des untengesteuerten Zylinders, da die mittlere Wärmebelastung kleiner ist und die Gaskanäle fehlen, nicht einmal halb so groß wie im Vergleichsfall des kopfgesteuerten Motors. Wählt man die innere Brennraumfläche als Bezugsgröße, so genügt hier bereits der ungefähr 5-fache Wert um die Wärme abzuführen.

Wie stark die Kühlflächen-Bemessung von den individuellen Gestaltungsrücksichten am Motor abhängt, zeigen im übrigen die in Klammern gesetzten Vergleichswerte der vorstehenden Gegenüberstellung. Diese Zahlen beziehen sich auf den obengesteuerten Zylinder des Volkswagenmotors. Sie ergeben nicht nur eine insgesamt sehr große Kühlfläche, sondern vor allem eine abweichende Aufteilung zugunsten des thermisch hochbelasteten Zylinderkopfes. Die ausnehmend kleine Kühlfläche des Laufzylinders ist einesteils eine Folge des in der Boxerbauart begründeten kleinen Hubverhältnisses von $s/d = 0{,}915$, andernteils dadurch verursacht, daß der Laufzylinder ziemlich weit in das Kurbelgehäuse und mit dem oberen Ende in den Zylinderkopf aus Silumin hineingezogen ist. Ein Teil der Laufflächenkühlung wird daher von Zylinderkopf übernommen, wobei der Wärmeübergang nach oben dadurch unterstützt wird, daß der Kopf ohne Dichtung auf den Laufzylinder aufgesetzt und nur mit Dichtungsmasse abgedichtet ist.

Um zu der Leistungsfähigkeit der untengesteuerten Bauart zurückzukehren, so geht diese schon aus den Vergleichswerten des Verdichtungsverhältnisses und der drehzahlunabhängigen Leistungsdaten — Ladungsausnutzung bzw. mittlerer Nutzdruck — in Zahlentafel 2 hervor. Erfahrungsgemäß lassen sich somit auch am luftgekühlten Motor die zahlreichen Vorteile der stehenden Ventilanordnung[19]) im vollen Umfang zur Geltung bringen. Zweifellos würde die Weiterentwicklung zum Leichtmetallzylinder mit Laufbuchse hier für den Ausgleich der Temperaturen von besonders großem Nutzen sein, weil man damit die Ventile und Kanäle im Leichtmetall unterbringen könnte, wie dies im Zylinderkopf der obengesteuerten Bauart der Fall ist. Erfolg versprechende Ansätze einer solchen Entwicklung sind bereits vorhanden.

In dem obigen Vergleich des Kühlflächenbedarfs beider Zylinderbauarten wurde die spezifische Kühlfläche, wie in der Literatur üblich, auf den Hubraum bezogen. Hiergegen ist nichts einzuwenden, denn es handelt sich bei den beiden verglichenen Zylindern, Bild 4 u. 5, um gleichgroße Hubräume (vgl. Zahlentafel 2). Für den Vergleich von Zylindern verschiedenen Inhalts gibt aber der Hubraum keinen zuverlässigen Maßstab. In diesem Fall ist es unbedingt richtiger, die innere Wandfläche als Bezugsgröße zu wählen, weil sich das Verhältnis zwischen der Fläche und dem Hubraum nach der o/v-Kurve im Bild 11 verändert, so daß eine Beurteilung der Einflüsse, die nach obiger Gegenüberstellung von den baulichen Unterschieden ausgehen, andernfalls erschwert wäre. Da der Kühlflächenbedarf nicht vom Zylinderinhalt, sondern nur von der Größe der inneren Wandfläche und ihrer Wärmebelastung abhängt, kann aber die Angabe in cm^2/l Hubraum oder in cm^2/cm^3 Hubraum bei der Übertragung auf eine andere Zylindergröße auch bei gleicher Bauart nicht als Maßstab dienen.

III. Der Wärmedurchgang durch die Zylinderwand.

Die für den Wärmedurchgang durch eine Trennwand zwischen 2 Flüssigkeiten oder Gasen maßgebende allgemeine Beziehung lautet in der Anwendung auf den zunächst glatten, dünnwandigen Rohrzylinder mit der äußeren Oberfläche F_Z, der einem quergerichteten Kühlluftstrom ausgesetzt ist, unter Annahme einer gleichmäßigen Temperaturverteilung über Länge und Umfang

[19]) Ernst M. Drucker: „Die neuere Entwicklung der seitengesteuerten Vergasermotoren" ATZ 1937, Heft 19 v. 10. 10. 37.

$$Q_K = k \cdot F_Z(t_V - t_L) \text{ kcal/h},$$

worin Q_K begrifflich der früheren Bezeichnung Q_{K_Z} in Bild 8 entspricht.

Hierbei bringt die Wärmedurchgangszahl

$$k = \frac{1}{\frac{1}{\alpha_V} + \frac{\delta}{\lambda} + \frac{1}{\alpha_L}} \quad \text{kcal/m}^2 \text{ h } {}^0\text{C}$$

bei der Aufteilung der obigen Gleichung in

$$\frac{Q_K}{k} = \frac{Q_K}{\alpha_V} + Q_K \cdot \frac{\delta}{\lambda} + \frac{Q_K}{\alpha_L} = F_Z \cdot [(t_V - t_i) + (t_i - t_Z) + (t_Z - t_L)]$$

folgende Widerstände der Wärmeübertragung am Zylinder zum Ausdruck:

a) vom Verbrennungsgas mit der Temperatur t_V auf die innere Zylinderwandfläche mit der Temperatur t_i (WUZ: α_V in kcal/m² h °C).

b) beim Durchgang durch die Zylinderwand (Wandstärke δ in m, Wärmeleitzahl λ in kcal/m h °C, Temperaturdifferenz $t_i - t_Z$).

c) von der Außenfläche des Zylinders mit der Temperatur t_Z auf die Kühlluft mit der Temperatur t_L (WUZ: α_L in kcal/m² h °C).

Der Klammerwert $(t_V - t_L)$ ist die gesamte Temperaturdifferenz, die zur Überwindung der 3 Stufen erforderlich ist, damit der Wärmefluß ohne Überschreitung der zulässigen inneren Wandtemperatur $t_{i_{max}}$ aufrecht erhalten bleibt. Auf eine Betrachtung der Stufe a) wird verzichtet, denn bei der Berechnung genügt es zu wissen, für welche größte Wandtemperatur $t_{i_{max}}$ die Kühlung bemessen werden soll (vgl. Abschnitt B III 1b). Im übrigen ist der Übergangswiderstand dieser Stufe infolge des hohen Temperaturgefälles $(t_V - t_i)$ und infolge der starken Bewegung (Wirbelung) der heißen Gase im Zylinder nur klein. Für α_V kann man etwa 2400 kcal/m² h °C annehmen.

Der weitere Temperaturabfall $(t_i - t_Z)$ in der Wand selbst (entsprechend der Stufe b) ist bei gegebener Wärmebelastung q vom Werkstoff und von der Wandstärke abhängig, und zwar nach der Teilbeziehung

$$t_i - t_Z = \frac{Q_K}{F_Z} \cdot \frac{\delta}{\lambda} \quad {}^0\text{C}.$$

Bei getrennter Betrachtung des rohrförmigen Laufzylinders und des Zylinderkopfes, für den sinngemäß derselbe Ansatz gilt, kann man die Rechnung in Anbetracht der dünnen Wandstärken vereinfachen und mit ausreichender Genauigkeit für $\frac{Q_K}{F_Z}$ die auf die inneren Wandflächen o_H bzw. o_C bezüglichen Wärmebelastungszahlen q_H und q_C des vorigen Abschnittes setzen. Hierbei ist der außerdem durch die Kühlung abzuführende Teil der Abgaswärme, dargestellt durch den Restbetrag der gesamten Kühlwärme [entsprechend Q_{K_A} bzw. $(x - x')$ in Bild 8] alsdann auf Grund der Oberfläche des Auslaßkanals für sich ebenfalls noch zu berücksichtigen.

Zur Beurteilung der Werkstoffrage geben die beiden folgenden Beispiele über die Größenordnung des Temperaturabfalls in der Wand eines gußeisernen Laufzylinders und eines Zylinderkopfes aus Leichtmetall Aufschluß. Es handelt sich um reine Durchschnittswerte am obengesteuerten Motor:

Angenommene Konstruktionsdaten:

$v_H = 0{,}75$ l/Zyl.; $\varepsilon = 5{,}5$; $z = 1{,}3$

1. Grauguß-Zylinder: $\lambda \approx 42$ kcal/m h °C

Wandstärke: $\delta = 0{,}007$ m (übliche Wandstärke für mehrmaliges Zylinder-Ausschleifen).

Mittl. Wärmebelastung: $q_H = 138000$ kcal/m² h°C (nach Bild 11).

$$\Delta t_H = t_{i_H} - t_{z_H} = \frac{138000 \cdot 0{,}007}{42} = 23\,{}^{\circ}\mathrm{C},$$

2. Al-Guß-Kopf: $\lambda \approx 133$ kcal/m h°C

Wandstärke: $\delta = 0{,}015$ m (günstige Wandstärke für die Senkung der Temperaturspitzen im Brennraum)

Mittl. Wärmebelastung: $q_C = 200000$ kcal/m² h °C (nach Bild 11).

$$\Delta t_C = t_{i_C} - t_{z_C} = \frac{200000 \cdot 0{,}015}{133} = 22{,}5\,{}^{\circ}\mathrm{C}$$

Die angenommenen Wandstärken von 7 und 15 mm entsprechen einer bei Fahrzeugmotoren häufig gewählten Ausführungsweise. Es ergeben sich etwa gleichgroße mittlere Temperaturdifferenzen im Material.

Bei einem gußeisernen Zylinderkopf, dessen Wandstärke aus Gewichtsgründen auf höchstens 7 mm (wie am Zylinder) zu bemessen wäre, würde unter den Voraussetzungen des 2. Beispiels ein mittlerer Temperaturabfall von $\Delta t_C = 33^{\circ}$ C anzunehmen sein.

Der durch Verwendung von Leichtmetall infolge des kleineren Durchgangswiderstandes entstehende durchschnittliche Gewinn von 10 °C ist nur gering und würde den höheren Kostenaufwand für die Leichtmetallbauart des Zylinderkopfes an sich nicht lohnen.[20]) Wie aber in Abschnitt C III 1a betont, liegt der kühltechnische Vorteil eines gut leitenden Materials in der teilweise durch indirekte Kühlung erzielbaren, gleichmäßigeren Temperaturverteilung als wesentlichem Faktor hoher Verdichtung, Leistung und Betriebssicherheit.

Nimmt man für die Wandtemperatur t_{i_H} des Hubraumes bei größter Beanspruchung (Vollast und Höchstdrehzahl) eine Höhe von etwa 175° C für die dem quergerichteten Kühlluftstrom zugekehrte Seite und von etwa 200 °C für die abgekehrte Seite an (Bild 5), so bewegt sich nach Beispiel 1 die Temperatur t_{z_H} der äußeren, unverrippten Oberfläche F_z zwischen 150 und 175° C. Die Temperatur am unteren Zylinderschaft liegt natürlich niedriger.

Analog ergibt sich aus Beispiel 2 an einem hochbeanspruchten Zylinderkopf mit $t_{i_C} = 300^{\circ}$ C eine äußere Wandtemperatur t_{z_C} von etwa 275° C.

Zylinderguß.

Aus den Wärmeleitzahlen (Eisen: $\lambda = 42 - 50$; Reinaluminium: $\lambda = 180$; Kupfer: $\lambda = 320$) ist ersichtlich, daß das Eisen vom Standpunkt der Luftkühlung ein recht wenig geeigneter Werkstoff ist. Die Zahl λ nimmt mit steigender Temperatur sowohl bei unlegiertem als auch bei legiertem Gußeisen ab. Sie ist außerdem von den Legierungsbestandteilen abhängig und sinkt nach Jaklitsch[21]) mit zunehmender Steigerung der mechanischen Beanspruchungsfähigkeit des Materials nach Maßgabe der in Frage kommenden Zusätze (Si, Ni, Mo, Cr, W usw.).

Im übrigen ist für den Zylinderguß luftgekühlter Motoren zu fordern:

1. Hohe mechanische Festigkeit und hoher Elastizitätsmodul gegen Verformungen unter dem Einfluß ungleichmäßig hoher Temperaturen (Veränderung des Kolbenspiels, ungleichförmige Abnutzung der Laufbahn, mangelnde Kompression durch undichte Ventile) und gegen Verspannungen der Dichtflächen durch die Zylinderkopfschrauben.

---

[20]) R. v. Linde: „Die Wärmeleitfähigkeit der Metalle und ihr Einfluß auf den Wärmeaustausch", Metalltechnik (N.F.M.-Verlag, Berlin W 35), 8. Jhrgg. Heft 52 v. 29.12.39.

[21]) Dr. F. Jaklitsch: „Der Weg zum Großflugmotor", ATZ 1939, Heft 22 (25.11 1939)

Zahlentafel 3: Stoffwerte verschiedener Aluminium-Legierungen
(größtenteils nach Angaben im Alum.-Taschenbuch der Alum.-Zentrale, Berlin, 8. Auflage, 1937).

Legierung	Gattung nach DIN 1713	Zustand	Streckgrenze (0,2%)	Zug-fesigkeit	Dehnung (δ_{10})	Brinellhärte	Wichte γ	Schwind-maß	Wärme-leitzahl	Wärme-ausdeh-nung
			kg/mm^2	kg/mm^2	%	kg/mm^2	g/cm^3	%	$\frac{cal}{cm\ s\ °C}$	$\frac{1}{°C \cdot 10^6}$
Amerikanische Legierung	GAl-Cu	Sandguß	6—10	12—16	3—5	50—70	2,9	1,25	0,34	25
		Kokillenguß	8—12	12—18	2—3	60—75		1,40		
Neonalium	GA ·Cu	Sandguß	11—15	17—20	0,3—1,2	80—100	2,9	1,25	—	22
		Kokillenguß	15—22	18—24	0,2—0,5	90—120				
RR 53 (Hiduminium)	GAl-Cu-Ni	Sandguß unvergütet	12—15	17—19	1—2	70—80	2,7	1,25	0,40	22
		Sandguß vergütet	23—28	25—30	0,5	125—140				
		Kok.-Guß unvergütet	12—15	19—21	0,5—1	75—85				
		Kok.-Guß vergütet	26—33	28—36	0,3—0,6	136—150				
Y Legierung	GAl-Cu-Ni	Sandguß unvergütet	—	16—19	0,3—0,6	85—95	2,8	1,3	0,34—0,37	23,5
		Sandguß vergütet	18—22	23—27	0.3—0,8	90—100				
		Kok.-Guß unvergütet	—	21—25	0,3—1,0	95—105				
		Kok.-Guß vergütet	20—23	24—30	0,5—1,0	95—105				

2. großer Verschleißwiderstand bei hoher Temperatur (Warmhärte).
3. leichte Vergießbarkeit für die Herstellung der dünnen Kühlrippen.

Als Analyse eines gewöhnlichen Zylindergusses mit günstigem Gefüge und brauchbaren mechanischen Eigenschaften (bei mehr als 5 mm Wandstärke) ist z. B. zu nennen:

3,0 — 3,35 C; 1,7 — 2,0 Si; 0,75—0,90 Mn; 0,10—0,13 S; 0,15—0,20 P; wobei (C + Si) $\approx$ 5—5,1 betragen soll.

Härte:	190—240 Brinell
Zerreißfestigkeit:	25—32 kg/mm²
Biegefestigkeit:	36—52 kg/mm²

Eine wesentliche Erhöhung der Verschleißfestigkeit ist bei diesem Material z. B. durch Zusatz von etwa 0,5% Molybdän bei gleichzeitig höherem Phosphorgehalt (0,7 bis 0,9%) erzielbar. Allerdings ist Molybdän in Deutschland schwer zu beschaffen. Als Ersatz von ähnlich verschleißmindernder Wirkung kommen nach amerikanischen Erfahrungen Vanadin- und Titan-Zusätze in Frage. Bei vanadin-legierten Zylindern rechnet man mit 0,2 bis 0,3% Vanadium und 1% Phosphor. Die Vergießbarkeit wird bei solchen Zusätzen naturgemäß schlechter, sodaß Gießversuche angestellt werden müssen, um die günstigste Herstellungsweise für eine bestimmte Zylinderkonstruktion zu finden und den Ausschuß wie auch die Mehrkosten so klein wie möglich zu halten.

Leichtmetall:

Für das Material des Zylinderkopfes ist neben den allgemeinen Festigkeits- und Gießeigenschaften die Wärmeleitfähigkeit und die Wärmebeständigkeit entscheidend. Man verwendet hier vielfach GAl-Cu-Legierungen, wie z. B. die „amerikanische Legierung" oder die selbst-härtende Legierung Neonalium (γ = 2,85 bis 2,9), die neben etwa 2% Cu noch 1,7% Mg enthält. Wird eine noch höhere Warmfestigkeit verlangt, so kommen die vergütbaren GAl-Cu-Ni-Legierungen in Frage. Zu dieser Gruppe gehören die bekannten Legierungen Y und RR 53.

In Zahlentafel 3 sind die Stoffwerte einiger gebräuchlicher Gußlegierungen zusammengestellt. Außerdem wird auf das Normblatt DIN 1713 verwiesen.

Zur Einschränkung des Sparstoff-Verbrauchs sucht man neuerdings mit geeigneten Umschmelzlegierungen auszukommen und hat hierbei beachtliche Ergebnisse zu verzeichnen.

IV. Die Wärmeabgabe an die Kühlluft.

Bei der dritten Wärmeübergangsstufe von der äußeren Zylinderfläche an die Kühlluft, dem Kernproblem aller Gestaltungsfragen für die Anwendung der Luftkühlung, bestehen zwischen den maßgebenden Einflußgrößen ziemlich enge Wechselbeziehungen, die hier nur in den Grundzügen angedeutet werden können.

Die Kühlfläche F_K setzt sich am Rippenzylinder mit der Rippenzahl p aus der Gesamtrippenfläche $p \cdot F_R$ und der restlichen Mantelfläche F'_Z zusammen. An der Wärmeabfuhr ist F_R jedoch nur mit einem bestimmten Wirkungsgrad η_R beteiligt, der die relative Wirksamkeit der Rippen gegenüber der Wärmeabgabe eines gleich großen Teils der Rohrmantelfläche F'_Z angibt. Die Grundgleichung der Stufe c des vorigen Abschnitts lautet daher in Übertragung vom glatten Rohrzylinder auf den Rippenzylinder:

$$Q_K = \alpha_L \cdot F_K \cdot (t_Z - t_L) = \alpha_L (F'_Z + p \cdot \eta_R \cdot F_R) \cdot (t_Z - t_L) \text{ kcal/h}$$

In einer wärmetechnischen Untersuchung von W. Repenthin[22]) ist das Kühlproblem am Flugmotorenzylinder in schrittweiser Entwicklung, ausgehend vom einfachen Rohrzylinder und unter Berücksichtigung der am Rippenkörper aerodynamisch bedingten Verluste, eingehend behandelt

[22]) W. Repenthin: „Die Kühlungsbedingungen für den luftgekühlten Motor", Ingenieur Archiv (J. Springer, Berlin), III. Band, 1. Heft, März 1932.

worden. Danach wird die Kennziffer α_L für den Wärmeübergang auf der Luftseite bestimmt

vom Luftzustand: γ, c_{pm}, λ_L und λ_Z der Luft in Abhängigkeit von t_L und t_Z,

vom Bewegungszustand der Luft: Geschwindigkeit v_L und Wirbelungsgrad β,

vom Rohrdurchmesser D_Z.

Das Abhängigkeitsgesetz hat mit den hier gewählten Bezeichnungen die Form:

$$\alpha_L = K \cdot \beta \frac{\lambda_Z}{D_Z^{0,214}} \cdot \left(\frac{v_L \cdot c_{pm} \cdot \gamma}{\lambda_L}\right)^{0,786} \quad \text{kcal/m}^2\,\text{h}\,^0\text{C},$$

wobei die quantitative Übereinstimmung mit den tatsächlichen Verhältnissen nur unter Aufstellung einer Gesamtwärmebilanz auf Grund praktischer Versuche durch Anpassung des Erfahrungsfaktors K an den Einzelfall herbeigeführt werden kann.

Einige Berechnungsmethoden für die Wärmeübertragung durch Rippen findet man u. a. auch bei E. Schmidt[33]), Kamm[34]) und Löhner[35]).

Für eine theoretische Vorausbestimmung der günstigsten Rippenabmessungen (F_K und η_R) sind die Rechnungsgrundlagen bei der engen Verkettung der zahlreichen Einzeleinflüsse zu unbestimmt. Die Schwierigkeiten liegen am Wagenmotor teils in den unterschiedlichen aerodynamischen Vorbedingungen (Querstrom, Längsstrom, Wirbelung), teils in den Eigenschaften der verschiedenen Zylinderbauarten (Hubraumgröße, Hubverhältnis, Werkstoff, Ventilanordnung, thermische Beanspruchung usw.), teils in den Einbauverhältnissen. Die z. Zt. im Verkehr befindlichen Motorentypen nach Abschnitt F geben über die Vielfalt der Gestaltungsmöglichkeiten hinreichenden Aufschluß.

Nicht zuletzt gibt aber die Tatsache den Ausschlag, daß die der obigen Gleichung zugrundeliegende Annahme einer über Länge und Umfang des Zylinders gleichmäßigen Temperaturverteilung in Wirklichkeit nicht zutrifft. Zur Angleichung der Kühlung an die örtlich verschiedene Wärmebelastung führt man in der Regel die Rippenhöhe und z. T. auch den Rippenabstand nach Bedarf verschieden aus. Die Einheitlichkeit wird auch dadurch gestört, daß mancherlei Hindernisse (Zylinderkopf-Befestigung, Steuerung, Gaskanäle, Zündkerze usw.) bei der Anordnung der Kühlfläche auftreten. Kühlluftgeschwindigkeit, Rippenwirkungsgrad und WUZ sind infolgedessen am Zylinder ebenfalls örtlich verschieden.

Repenthin unterteilt aus diesem Grunde den untersuchten Flugmotorenzylinder in 3 Zonen, für die der obige Ansatz entsprechend verschiedene Mittelwerte des Wärmeübergangs ergibt. Durch diese Abgrenzung der veränderlichen Kennwerte der Wärmeabfuhr gelangt Repenthin, gestützt auf eingehende Messungen, zu einer Reihe von Darstellungen der funktionellen Verbundenheit von v_L, α_L, η_R und t_Z, die eine Vorstellung der tatsächlich am Motorzylinder auftretenden Unterschiede der Wärmeabgabe, jedoch nur für den untersuchten Fall, vermitteln.

Die Lösung solcher Aufgaben hängt sehr davon ab, ob experimentelle Unterlagen vorhanden sind, die sich zur Anwendung auf die betreffende Zylinderbauart tatsächlich eignen. Überwiegend muß sich der Fahrzeugmotorenbauer in der Praxis auf seine Erfahrung verlassen. Falls keine Vorversuche gemacht werden können, wird er sich damit begnügen müssen, die aus der bisherigen Entwicklung bekannten gesetzmäßigen Zusammenhänge möglichst sorgfältig zu berücksichtigen und auf diese Weise wenigstens ein angenähertes Bild der an seiner Motorkonstruktion voraussichtlich

[33]) E. Schmidt: „Die Wärmeübertragung durch Rippen", Z. d. VDI, 1926, Nr. 26 u. 28.
[34]) W. Kamm: „Das Kraftfahrzeug", Verl. J. Springer, Berlin 1936, Abschn. 26.
[35]) K. Löhner: „Die Entwicklung luftgekühlter Motoren mit Gebläsekühlung", ATZ 1933, Heft 14 und 15.

erreichbaren Kühlwirkung und Temperaturverteilung zu gewinnen. Unbedingt sollte er sich den Ausweg nachträglicher Verbesserungsmaßnahmen durch Modelländerung, Regulierung der Kühlluftmenge und der Kühlluftverteilung (Leitbleche) offen lassen.

Die auf die Wärmeabfuhr einwirkenden Faktoren unterteilen sich nach Repenthin in die nicht beeinflußbaren Größen (Witterungseinflüsse) und in die konstruktiv veränderlichen Größen (Aerodynamisch abhängige Faktoren).

1. Witterungseinflüsse.

Die Ausgangsbedingungen für den Kühlvorgang sind durch den jeweiligen Kühlluftzustand gegeben. Ebenso wie eine Belastungsänderung des Motors oder ein anderweitiger Eingriff in den Wärmezustand sucht auch jede Abweichung der Kühlluft vom Normalzustand eine Verlagerung des normalen Gleichgewichtszustandes in der Wärmebilanz herbeizuführen, wobei die Zylinderwandtemperaturen t_Z und t_i solange steigen oder fallen, bis ein neuer Beharrungszustand der Wärmeabfuhr eingetreten ist. Nach dem Grad dieser Störungseinflüsse richtet sich der Sicherheitsabstand, der für t_i nach oben vorhanden sein muß, damit der zulässige Höchstwert der Betriebstemperaturen im Motor auch beim Zusammentreffen ungünstiger Umstände nicht überschritten wird.

Sehr geringfügig ist unter den Witterungseinflüssen die Wirkung, die der Luftdruck b für sich allein auf den Wärmeübergang ausübt. Steigender Barometerstand ergibt eine gewisse Zunahme der Wärmeabfuhr, zugleich aber auch zunehmende Motorleistung durch höheren Anfangsdruck im Zylinder.

Der Feuchtigkeitsgehalt der Luft kommt erst bei höherer Lufttemperatur allmählich zur Geltung. Einerseits begünstigt er die Wärmeleitfähigkeit der Luft und dadurch die Wärmeabfuhrbedingungen, andererseits setzt er infolge des niedrigeren Sauerstoffgehalts der Zylinderladung die Motorleistung herab.

Bei sehr feuchtwarmer Tropenluft von 40° C, 735 Torr würde z. B. ein Feuchtigkeitsgrad von 80%, da der Wasserdampfanteil bei diesem Luftzustand an der Nebelgrenze 7,5% beträgt, einen Leistungsabfall von $0{,}8 \cdot 7{,}5 = 6\%$ gegenüber der Leistung bei trockener Luft gleichen Zustandes verursachen. Die Wärmebeanspruchung erfährt infolgedessen durch die Luftfeuchtigkeit auf doppeltem Wege eine Entlastung. Der Einfluß ist jedoch im normal vorkommenden Bereich unbedeutend.

Die Veränderlichkeit der Lufttemperatur t_{L_e} kommt, für sich betrachtet, in einer bedeutenden Änderung des Wärmeüberganges zum Ausdruck, denn die Kühllufttemperatur t_L schwankt als Mittelwert zwischen der Eintrittstemperatur t_{L_e} und der Austrittstemperatur t_{L_a} mit den jahreszeitlich auftretenden Temperaturänderungen der Außenluft in ziemlich weiten Grenzen. Ihr Einfluß erstreckt sich auf $(t_Z - t_L)$, α_L und η_R. Nach einem in der Abhandlung von Repenthin enthaltenen Schaubild steigt die Wärmeabfuhr bei einer Außentemperatur von —30° C auf den 1,52 fachen Betrag des normalen Wertes. Bei + 35° C hingegen beträgt sie nur 85%. Dies entspricht zahlenmäßig etwa einer Änderung von Q_K, die man in der Wärmeübergangsgleichung durch einfachen Austausch der t_L-Werte erhalten würde. Hiernach wäre Q_K etwa proportional dem Temperaturunterschied zwischen Zylinder und Kühlluft, wenn t_Z tatsächlich konstant bliebe.

Im allgemeinen ändern sich die Luftzustandswerte, Temperatur und Druck, aber nicht selbständig, sondern gemeinsam, so daß die veränderliche Luftwichte γ als Maßstab der Wärmeabfuhr vorzuziehen ist. Es ist festgestellt, daß die Wärmeabfuhr der Änderung von γ annähernd verhältnisgleich, und zwar mit einer geringfügigen, praktisch belanglosen Abweichung folgt.

Nach der Beziehung

$$\frac{N_i}{N_{i_0}} = \frac{b \cdot T_0}{b_0 \cdot T} = \frac{\gamma}{\gamma_0}$$

wird aber in erster Annäherung, wenn man die natürliche Vorwärmung des Gemisches im Saugkanal unberücksichtigt läßt, gleichzeitig auch das Ladegewicht im Zylinder, d. h. die indizierte Motorleistung von der Luftwichte γ bestimmt. Da ein Anstieg der inneren Wandtemperatur t_i als Folge einer verminderten Wärmeabgabe bei einer hohen Kühllufttemperatur t_L überdies auch von sich aus eine Verkleinerung des Liefergrades η_l zu bewirken sucht, und zwar durch Steigerung der Anfangstemperatur des angesaugten Gemisches, kommt im Ergebnis eine weitgehende Anpassung der inneren Wärmezufuhr an die verminderte äußere Wärmeabfuhr zustande. Die Folge ist, daß die Zylinderwandtemperaturen sich unter diesen Umständen garnicht oder nur unwesentlich verändern. Nach dem Bericht von Repenthin sind am Flugmotor zur Prüfung des Verhaltens der Zylindertemperaturen bei veränderlichem Luftzustand planmäßige Messungen im Bereich folgender Grenzfälle vorgenommen worden:

Barometerstand b:	715 bis 735 Torr
Lufttemperatur t:	—30 bis +35° C
rel. Luftfeuchtigkeit:	35 bis 90%.

Diese Messungen haben bestätigt, daß die untersuchten Variationen trotz der starken Schwankungen der abgeführten Wärmemenge hinsichtlich der höchsten Zylinderwandtemperatur in nur unbedeutendem Ausmaß zum Ausdruck kommen. Die Abweichung vom Normalwert betrug innerhalb der obigen Grenzen im allgemeinen nicht mehr als 10 bis 20° C. Damit ist die außerordentlich große Unempfindlichkeit der Luftkühlung gegen Witterungseinflüsse zur Genüge gekennzeichnet. Daß der Gesamtwärmezustand des luftgekühlten Motors (Schmieröl im Ölsumpf, Triebwerk, Gehäuse) im übrigen den äußeren Temperatur-Einwirkungen der Jahreszeit in demselben Maße unterworfen ist, wie es bei jedem wassergekühlten Motor der Fall ist, liegt auf der Hand.

2. Konstruktiv veränderliche Einflußgrößen.

a) Kühlluftmenge und -geschwindigkeit.

Auch bei konstanter Eintrittstemperatur t_{L_e} ist der Durchschnittswert $t_L = \frac{t_{L_e} + t_{L_a}}{2}$ nicht eindeutig bestimmt, denn die Austrittstemperatur t_{L_a} richtet sich nach dem Grad der Erwärmung der Luft auf dem Wege durch die Kühlrippen.

Die Erfahrung zeigt zunächst, daß sich ein Rippenzylinder in gewissen Grenzen sowohl mit einer relativ großen Luftmenge bzw. Luftgeschwindigkeit bei entsprechend geringer Steigerung Δt_L als auch auf umgekehrte Weise wirksam kühlen läßt. Solange die Gebläseleistungskurve noch einigermaßen flach verläuft, besteht für den Konstrukteur, wie sich noch zeigen wird, ein gewisser Spielraum für die gegenseitige Abstimmung von Kühlrippenform und -oberfläche, Luftdurchtrittsquerschnitt und Luftmenge. Es kommt hierbei sehr darauf an, welchen Wärmezustand man in der Maschine mit diesen verschiedenen Mitteln erreicht und welche Einflüsse der Bauart, der Herstellungskosten, der Unterbringung des Motors im Fahrzeug usw. gleichzeitig zu berücksichtigen sind.

Die führenden Baumuster luftgekühlter Wagenmotoren weisen aus diesem Grunde keineswegs einheitliche Kennwerte der Kühlung auf und es ist schwierig, die Vorteile und Nachteile der verschiedenen Maßnahmen im Einzelfall gegeneinander abzuschätzen.

Bei sehr hoch gesteigerten Werten der Luftgeschwindigkeit und der Luftmenge ändert sich aber das Bild rasch, da der immer stärker zunehmende Leistungsverlust am Gebläse schließlich größer wird als der noch erreichbare Nutzen an indizierter Leistung, sodaß die Nutzleistung infolgedessen absinkt. Um eine etwa nachträglich notwendig werdende Verbesserung der Kühlverhältnisse durch mehr Kühlluft nicht zu teuer erkaufen zu müssen, soll man den Entwurf bei Verwendung der heute üblichen Gebläsebauarten von vornherein so anlegen, daß man zunächst mit einer möglichst kleinen Luftmenge und mit einer mittleren Strömungsgeschwindigkeit (30—40 m/s) auskommt. Bei gegebener Kühlfläche und Rippenform wird die Mindestgrenze der Luftmenge von der noch zulässigen Betriebstemperatur des Zylinders und von den davon abhängigen Betriebstemperaturen der übrigen Motorteile (klopffreie Verbrennung, Kolbentemperaturen, Lagertemperaturen usw.) bestimmt. Rechnerisch ist die stündliche Kühlluftmenge

$$L = \frac{Q_K}{(t_{L_a} - t_{L_e}) \cdot c_{p_m}} \quad \text{m}^3/\text{h}$$

und die je m³ Kühlluft zugeführte Wärmemenge

$$q_L = \frac{Q_K}{\text{L}} = c_{p_m} \cdot (t_{L_a} - t_{L_e}) \quad \text{kcal/m}^3,$$

wobei man in der Praxis für den Wagenmotor bislang höchstens mit einer Temperaturerhöhung $\Delta t_L = t_{L_a} - t_{L_e} = 90 - 20 = 70^0$ C rechnet.

Damit beläuft sich der mittlere Temperaturunterschied zwischen Zylinderwand und Kühlluft auf $(t_Z - t_L) \approx 100^0$ C.

Die maximale Strömungsgeschwindigkeit stellt sich naturgemäß im engsten Durchschnittsquerschnitt F_L ein. Dieser liegt im allgemeinen in der Mittelebene zwischen den benachbarten Zylindern, also an einer Stelle, wo die Kühlluft etwa ihre mittlere Temperatur t_L angenommen hat. Infolgedessen vergrößert sich die wirkliche Luftgeschwindigkeit, auf diesen Querschnitt bezogen, gegenüber der kalten Kühlluft auf

$$v_L = v_{L_e} \cdot \frac{T_L}{T_{L_e}} \quad \text{m/s}.$$

Mit den vorgenannten Durchschnittszahlen würde also die Geschwindigkeit an dieser Stelle immerhin auf

$$v_L = v_{L_e} \cdot \frac{273 + 55}{273 + 20} = 1{,}12\, v_{L_e} \quad \text{anwachsen.}$$

Für die Austrittsgeschwindigkeit v_{L_a} würde sich bei gleichbleibendem Querschnitt (verkleidete Kühlrippen mit konstanter Rippenhöhe) der doppelte Zuwachs, d. h. eine Steigerung auf 1,24 v_{L_a} ergeben. Eine Berücksichtigung der Lufterwärmung durch entsprechende Querschnittsanpassung ist daher dringend am Platze.

b) Kühlluftführung am Rippenzylinder.

Dem Bestreben nach geringem Leistungsverbrauch des Gebläses stehen die Verluste durch örtliche Luftwirbel gegenüber. Im Bereich stehender Wirbelfelder verhält sich die Wärmeabfuhr im Verhältnis zum Leistungsaufwand bekanntlich sehr ungünstig. Bei der Umspülung eines runden Rippenzylinders, besonders im Querstrom, und mehr noch des Zylinderkopfes und der Gaskanäle ist die Entstehung von Abflußwirbeln infolge plötzlicher Änderung der Durchflußweite unvermeidbar. Dasselbe ist bei vorgelagerten Anbauteilen (Saugrohr, Stoßstangen, Zündkerze, Einspritzdüse usw.) der Fall.

Der Einfluß der Wirbelbildung ist als von der Zylinderbauart abhängige Größe rechnerisch nicht zu erfassen. Konstruktiv läßt sich aber beim Entwurf des Zylinders sehr viel dagegen tun. Die wirksamste Verbesserung ist dadurch erzielbar, daß man, soweit die Bauart es zuläßt, den Zylinder mit Luftleitblechen oder Führungswänden, die die Strömungsgeschwindigtkeit der zunehmend wärmer werdenden Kühlluft möglichst konstant halten, umkleidet. Die Führung des Luftstroms an den Kühlrippen entlang vermindert die ungleichmäßige Temperaturverteilung und die Wirbeltverluste auf der Windschatttenseite, sie steigert durch die höhere örtliche Strömungsgeschwindigkeit der Kühlluft den Wirkungsgrad der Kühlrippen und die Ausnutzung der vorhandenen Luftmenge. Für den gebläsegekühlten Wagenmotor sollte daher hauptsächlich der am Zylinder durch Leitmittel gelenkte Kühlluftstrom in Frage kommen, während bekanntlich der Zylinder des Kraftradmotors, der bei Einzelanordnung oder auch wegen seiner kleinen Abmessungen die Unterbringung einer größeren spezif. Kühlfläche gestattet, vom freien Luftstrom angeblasen wird.

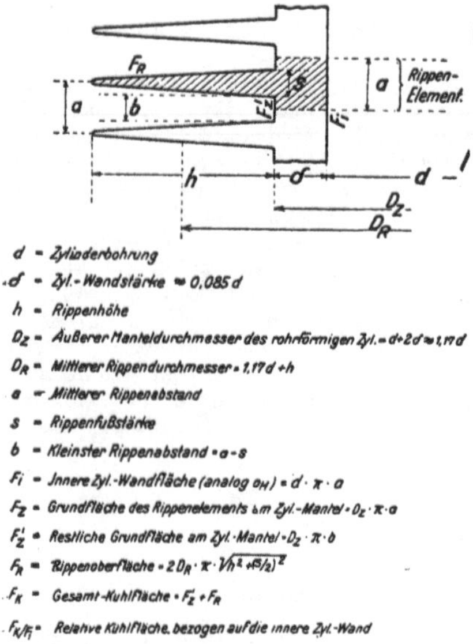

Bild 13.
Kühlrippen-Element am Laufzylinder

c) Kühlfläche.

Zur Erfüllung der Wärmeübergangsgleichung mit einem Kleinstbetrag an Kühlluft ist nach der bereits an anderer Stelle klar herausgestellten Forderung eine möglichst große Kühlfläche erforderlich, die unter Einhaltung eines noch genügend weiten Durchtrittsquerschnitts für die Kühlluft untergebracht werden muß. Entscheidend sind hierbei Rippenzahl und Rippenform.

Ohne Zweifel ist von den verfügbaren konstruktiven Mitteln die Kühlfläche $F_K = (F_Z' + F_R)$ diejenige Einflußgröße, die einer willkürlichen Veränderung am leichtesten zugänglich ist, und zwar über den Anteil F_R. Betrachtet man ein Kühlrippenelement am runden Laufzylinder nach der Darstellung in

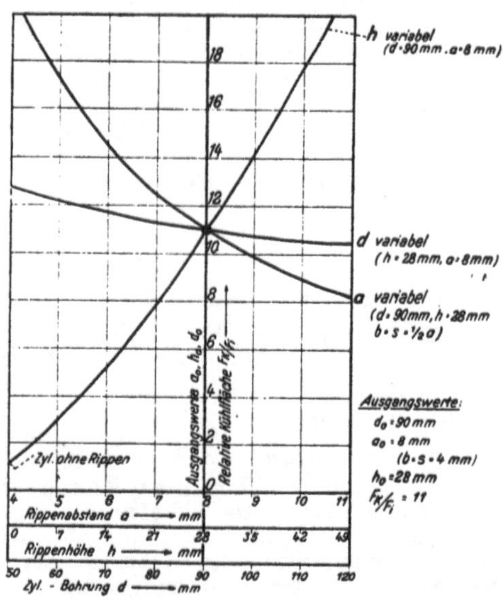

Bild 14. Beeinflussung der relativen Kühlfläche am Rippenzylinder mit verschiedener Bohrung und Rippenform durch Änderung einer der Einflußgrößen bei Konstanthaltung der übrigen

Bild 13, so ist rechnerich leicht festzustellen, welchen Einfluß die einzelnen Konstruktionsgrößen auf die Kühlfläche ausüben.

Bild 14 zeigt das Ergebnis. Danach läßt sich die Kühlfläche F_K im Verhältnis zur inneren Wandfläche F_i durch Wahl enger und hoher Rippen sehr ausgiebig vergrößern. Die Schaulinien für h und a steigen zunehmend und teilweise sogar schneller als in der 1. Potenz. Der Wirkungsgrad der Wärmeabfuhr geht aber, wie noch gezeigt wird, unter den gleichen Umständen mehr und mehr zurück.

Leider muß man sich am Wagenmotor bei der Unterbringung der Kühlfläche aus verschiedenen Gründen Beschränkung auferlegen. Vor allem wird man am Reihenmotor die Rippenhöhe gerade am engsten Luftquerschnitt zwischen den benachbarten Zylindern nicht größer ausführen wollen als man für den Zylinderabstand zugestehen kann. Wenn irgend möglich, bringt man verständlicherweise in dieser Hinsicht nicht gern ein Opfer an Motor-Baulänge und -Baugewicht.

Ein genügend großer Luftquerschnitt an dieser Stelle wurde aber bereits aus Gründen der Kühlluft-Erwärmung gefordert. Beachtenswert ist dabei — was aus Bild 14 nicht hervorgeht —, daß eine Veränderung des Zwischenraumes b und der Rippenstärke s am Rippengrund (Bild 13) bei gegebenem Abstand a einen nur ganz unbedeutenden Einfluß auf F_K/F_i hat. Man kann daher diese beiden Konstruktionsmaße nach anderweitigen Rücksichten (Kühlluftquerschnitt, Rippenwirkungsgrad, Herstellung) bestimmen.

Es gibt Sonderausführungen, wie z. B. die Bauart von Seld, bei denen die üblichen geschlossenen Ringrippen unterbrochen und die einzelnen flossenartigen Rippenstücke so versetzt zueinander angeordnet sind, daß bei üblichem Abstandsmaß a eine etwas vergrößerte Kühlfläche bei gleichzeitig verbesserter Ausnutzung des Kühlluftstromes erzielbar ist. Für ein in dieser Weise aufgelockertes Kühlrippensystem mit zahnförmigen Rippen gelten sinngemäß die gleichen Richtlinien. Das erforderliche Druckgefälle wird allerdings größer.

Man hat auch Untersuchungen mit nadelbesetzten Kühlflächen angestellt, und zwar mit dem Ergebnis, daß sich die gesamte Kühlleistung bedeutend senken läßt. Danach erscheint die Nadel dort ein gegebenes Kühlelement, wo nur geringe Luftmengen zur Verfügung stehen und dafür relativ hohe Druckverluste in Kauf genommen werden können[26]).

Was schließlich den Einfluß der Zylinderbohrung d in Bild 14 betrifft, so bewirkt eine Vergrößerung dieses Maßes bei sonst gleichen Rippenabmessungen naturgemäß eine Verminderung der relativen Kühlfläche. Bei einem Vergleich mit der $(o_H + o_O)/v_H$-Kurve in Bild 11 kommt man zu folgenden allgemeinen Feststellungen:

1. Der spezif. Kühlflächenbedarf wächst mit zunehmendem Hubraum, insbesondere mit zunehmender Bohrung beträchtlich. Die relative Verminderung der Mantelfläche F_Z gegenüber dem Hubraum verlangt einen Ausgleich durch Steigerung des F_R-Anteils, d. h. durch größere Rippenhöhe und Rippenzahl.
2. Da die Steigerung des F_R-Anteils praktisch begrenzt ist, wird die in einem gegebenen Zylinder erzielbare Höchstleistung, sofern Füllung, Kolbengeschwindigkeit usw. nicht schon vorher eine Grenze ziehen, von der Kühlung unmittelbar bestimmt. Mit dieser schon aus früheren Erörterungen bekannten Feststellung wird der Vorteil einer großen, gut verteilten Kühlfläche nochmals unterstrichen.

d) Rippenform.

Die Aufrechterhaltung des Wärmeabflusses durch die Kühlrippen umfaßt 2 Aufgaben: Die Durchleitung (Konduktion) der Wärmemenge

---

[26]) R. Focke: „Die Nadel als Kühlelement", ZdVDI, Bd 87, Nr. 11/12, März 1943.

vom Rippenfuß zur Rippenoberfläche und die Ableitung (Konvektion) von der Oberfläche an die Kühlluft.

Luftquerschnitt und Gewichtsrücksichten fordern für die Rippenfußstärke s bei gegebener Rippenzahl die Beschränkung auf den Mindestwert. Der Mindestwert von s ist zunächst dadurch bestimmt, daß kein Wärmestau beim Eintritt der Wärme aus der Zylinderwand in die Kühlrippe auftreten darf; er ist also eine Funktion der vorhandenen Rippenhöhe.

Vergleicht man dünne Stahl- und Aluminiumrippen für Flugmotorenzylinder miteinander vom Standpunkt des Gewichts[27]), so zeigt sich, daß die für den Wärmedurchfluß günstigste Stärke im umgekehrten Verhältnis zur Leitfähigkeit des Materials steht und daß die Aluminiumrippe mehr als $2^1/_4$mal so viel Wärme an die Kühlluft überträgt wie die ebenso schwere Stahlrippe mit den entsprechend kleineren Abmessungen. Hieraus läßt sich auf einen nur geringen Unterschied der Wärmeübertragung für den Fall gleichgroßer Abmessungen schließen, eine Folgerung, die man in der Praxis auch bestätigt findet (vgl. Bild 33 nebst Erläuterungen).

Als praktisch brauchbarste und meistverwendete Rippenform kann, abgesehen von ganz dünnen, schwer herstellbaren Rippen, nicht der rechteckige Querschnitt gelten, sondern die nach außen verjüngte Form mit nahezu dreieckigem Querschnitt. Diese Form ergibt bei guten Eigenschaften der Wärmeübertragung nicht nur größere freie Luftquerschnitte, sondern gleichzeitig Ersparnisse an Material und Gewicht, und zwar ohne Einbuße an Haltbarkeit am Rippengrund. Außerdem erfüllt der konische Auslauf die Forderung des Formers in der Gießerei nach einem Anzug von mindestens 2 bis $2\frac{1}{2}^0$. Bei gedrehten Rippen kann die für den Dreher durch den schrägen Einstich entstehende unbedeutende Erschwerung in Anbetracht der übrigen Vorteile in Kauf genommen werden. In jedem Fall muß der Rand allerdings noch stark genug sein, damit das Material beim Gießen sauber ausläuft bzw. beim Bearbeiten oder beim Transport des Zylinders nicht allzuleicht ausbricht.

Den zweiten Teil ihrer Aufgabe, die Wärmeabgabe an die Kühlluft, kann die Kühlrippe, wie schon angedeutet, nur mit einem bestimmten Wirkungsgrad η_R, der sich nach Form, Anordnung und Luftzufuhr richtet und daher am Zylinder örtlich verschieden groß ist, erfüllen. Die Begrenzung des Leistungsaufwandes für die Kühlung und der unterbringbaren Kühlfläche erfordert eine möglichst gute Ausnutzung der von der Luft bestrichenen Fläche.

Das Abhängigkeitsverhältnis zwischen F_R, η_R und α_L ist aber nur auf empirischen Wege zu klären und daher der Hauptgegenstand der über das Gebiet der Luftkühlung veröffentlichten Abhandlungen.

Die in diesen Arbeiten [8], [22], [25], [27], [28], [29]) enthaltenen Erfahrungsgrundlagen beziehen sich sämtlich auf den vom Luftstrom quer angeblasenen Flugmotorenzylinder. Auf sie gründet sich die vorherrschende Stellung der Luftkühlung im Flugmotorenbau. Der Konstrukteur des luftgekühlten Wagenmotors kann sich auf ähnliche Forschungsarbeiten aus dem eigenen, engeren Fachgebiet nicht stützen. Er ist daher darauf angewiesen, die am Flugmotor gewonnenen wissenschaftlichen Erkenntnisse auf die Verhältnisse des Wagenmotors zu übertragen. Hierbei sind folgende Unterschiede zwischen Flugmotor und Wagenmotor zu beachten:

Betriebsanforderungen:

Die auf reinen, konstanten Dauerbetrieb zugeschnittenen Leistungswerte des aufgeladenen Flugmotors liegen gegenüber den Leistungswerten des auf ein weites Drehzahlfeld eingerichteten Wagenmotors wesentlich

---

[27]) Arnold E. Biermann: „The Design of Metal Fins for Air-cooled Engines", SAE-Journal, Sept. 37.

[28]) A. E. Biermann u. B. Pinkel: „Heat Transfer from Finned Metal Cylinders in an Airstream", N.A.C.A. Technical Report Nr. 488, 1934.

[29]) Carlton Kemper: „Fin and Cylinder-Baffle Design for Air-Cooled Engines". SAE-Journal, Oktober 1934.

höher[30]). Die Kühlungsbedingungen beider Motorarten sind daher nicht ohne weiteres miteinander vergleichbar.

Kühlluftbedarf:

Im Luftfahrzeug liefert der in Flugrichtung aufgefangene Kühlluftstrom einen sehr hohen Staudruck. Bei den heutigen Fluggeschwindigkeiten tritt die Kühlluft mit 60 bis 100 m/s und mehr in den Stauraum. Wäre der Flugmotor mit einem Kühlgebläse ausgerüstet, so würde die Leistung zur Erzeugung der Kühlluftgeschwindigkeit ganz oder teilweise erspart werden, wenn der Luftaustritt durch geeignete Leitkanäle mit der gleichen Relativgeschwindigkeit entgegen der Flugrichtung erfolgt. Es wäre alsdann nur die Leistung zur Deckung der Druckverluste aufzubringen, die durch die Umlenkungen der Kühlluft am Motor und durch die Oberflächenreibung an den Kühlrippen entstehen.

Am Wagenmotor zwingt jedoch der außerdem noch zur Beschleunigung der Kühlluft erforderliche, variable Leistungsaufwand im Gebläse dazu, mit viel kleineren Höchstwerten an Luftmenge und Anblasdruck auszukommen. Die angewendeten Luftgeschwindigkeiten liegen oft weit unter 50 m/s.

Kühlflächenbedarf:

Trotz des großen verfügbaren Anblasdruckes ist der Kühlflächenbedarf des Flugmotors so hoch, daß er mit der am Wagenmotor üblichen Rippenform nicht auskommen würde. Der Grund liegt in den großen Zylinderabmessungen und in den hohen Literleistungen.

Um eine spezif. Kühlfläche der bei Wagenmotoren üblichen Größenordnung, beispielsweise von 7000 cm²/l oder mehr[21]), an einem großräumigen Flugmotorenzylinder unterzubringen, bedarf es im Gegensatz zum Wagenmotor sehr eng gestellter, dünner Kühlrippen, die, soweit es sich um den runden Laufzylinder handelt, nur durch allseitige Bearbeitung herstellbar sind[31]), wobei Baugewicht und Materialaufwand eine ausschlaggebende Rolle spielen und die unter diesem Gesichtspunkt wärmetechnisch günstigsten Rippenabmessungen mit den heutigen Mitteln noch nicht einmal erreicht werden können[27]).

Herstellungsfragen.

Auf dem Wege ständig verbesserter Herstellungsmethoden ist man heute in der Luftfahrt zu etwa folgenden Rippenabmessungen gelangt:

Stahlrippen am Laufzylinder (bearbeitet)

Stärke $s =$ 0,5 mm
Abstand $a =$ 2 mm
Höhe $h =$ 15 mm bis 25 mm

Leichtmetallrippen am Zylinderkopf (im Sonderverfahren gegossen)

Stärke $s =$ 1,6 bis 2 mm
Abstand $a =$ 4 bis 5 mm
Höhe $h =$ 40 bis 80 mm

Diese Dimensionen geben einen Begriff von den Herstellungsschwierigkeiten und -kosten des modernen Flugmotorenzylinders. Größte Sorgfalt beim Ausdrehen der Stahlrippen aus dem vollen, geschmiedeten Material bzw. ein Höchstmaß an gießtechnischer Kunstfertigkeit beim Einformen und Abgießen des Zylinderkopfes sind die Voraussetzungen für ausreichende Wärmeabfuhr im Flugbetrieb.

Am Zylinder des Wagenmotors ist eine für die heutigen Leistungswerte noch auskömmliche Kühlfläche in Anbetracht der kleineren Abmessungen mit weit weniger kostspieligen Mitteln erreichbar. Der Konstrukteur wird nicht abstreiten, daß ihm die Anbringung der nötigen Kühlfläche je nach der Zylindergröße mehr oder weniger Sorgen macht, aber in erster Linie deshalb, weil er die Rippenabmessungen

[30]) E. Vohrer: Luftwissen 1939, Heft 9 und 10.
[31]) George J. Mead: „Aircraft Powerplant Trends", SAE-Journal, Okt. 1937.

vornehmlich nach rein praktischen Erwägungen wählen muß und hierfür bereits bei der Festlegung der Zylinderabstände vor schwierigen Entscheidungen steht, die die Betriebseigenschaften der Maschine später grundlegend beeinflussen.

Die Verhältnisse liegen also am Wagenmotor anders als am Flugmotor. Im Vordergrund steht die möglichst einfache und billige Serienerzeugung. Dabei treten notgedrungen die Gewichtsrücksichten zurück. Im Hinblick auf den Formvorgang und auf die Lebensdauer der Formeinrichtung sind Rippenstärken und -abstände erforderlich, die auch bei ziemlich abgenutztem Metallmodell noch brauchbare Abgüsse erzielen lassen.

Weiter kommt hinzu, daß der fertige Motorzylinder einer rauhen Behandlung in der Werkstatt und beim Transport gewachsen sein muß. Schließlich erfordern auch die Betriebsumstände selbst (geringer Anblasdruck, Verschmutzung der Luftwege bei Traktoren und bei Heeresmotoren durch den Staubgehalt der Kühlluft) gebieterisch einen genügend großen Rippenabstand.

Aus diesen Gründen ist am luftgekühlten Wagenmotor heutiger Bauart die Anwendung gegossener, unbearbeiteter Kühlrippen allgemein üblich. Als Grenze einer noch wirtschaftlichen Herstellung in der Gießerei können etwa die in Bild 14 gewählten Ausgangswerte der Rippenform gelten. Mit Einschluß der bei einer allmählich erneuerungsbedürftig gewordenen Formeinrichtung in Frage kommenden Stärkenmaße beträgt bei den roh gegossenen Kühlrippen des Wagenmotors

die Fußstärke	:	3,5 bis 4 mm
die äußere Randstärke	:	1,5 bis 2,2 mm
der Abstand	:	8 bis 10 mm
die Höhe (in Strömungsrichtung)	:	bis 40 mm

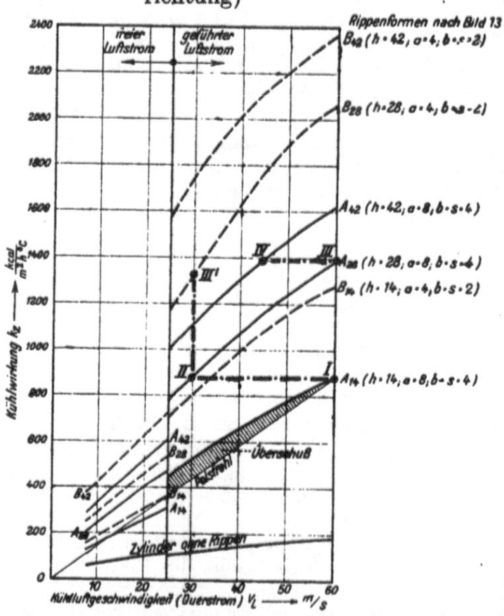

Bild 15. Kühlwirkung verschiedener Rippenformen am unverkleideten und am verkleideten Modellzylinder (D_z = 160 mm ∅), bezogen auf 1 m² Grundfläche des Zyl.-Mantels und auf 1° C Temperaturunterschied zwischen Zylinder und Kühlluft, in Abhängigkeit von der Kühlluftgeschwindigkeit (nach Löhner)

Die günstigste, praktisch brauchbare Rippenform wird somit am Wagenmotor von dem Grundsatz der Preiswürdigkeit bestimmt. Die Art des Gießverfahrens spricht hierbei in starkem Maße mit. Andererseits liegt es auf der Hand, daß sich bei Befolgung der im Flugmotorenbau herrschenden Herstellungsrichtlinien auch hier eine Steigerung der Kühlwirkung (z. B. zur Einhaltung möglichst kleiner Zylinderabstände) und der Hubraumausnutzung (z. B. mit Zweitaktmotoren) erzielen läßt. Ob der eiserne Zylinder mit allseitig bearbeiteten Rippen oder die Anwendung von Leichtmetall den Vorrang erhalten wird, ist eine Angelegenheit der künftigen Entwicklung. Verschiedene Anzeichen und Gründe (u. a. Anblasdruck, Temperaturverteilung, Lohnkosten, Fabrikationsausschuß) sprechen für die

Leichtmetallausführung, doch ist die Frage noch völlig offen. Für beide Lösungen bestehen bereits praktische Beispiele.

3. Kühlwirkung.

Die unter dem Einfluß von α_L, F_R und η_R erzielbaren Werte der Wärme übertragung sind für verschiedene Rippenformen und Luftgeschwindigkeiten bei frei angeblasenem Laufzylinder und bei durch Leitmittel geführtem Luftstrom in Bild 15 und 16 aufgetragen, und zwar als Kühlungsfaktoren k_Z. Die beiden Darstellungen beziehen sich auf die früheren Messungen von K. Löhner[25]) an bearbeiteten Modellzylindern aus gepreßtem Lautal mit einer Bohrung $d = 135$ mm und einem Manteldurchmesser $D_Z = 160$ mm. Sie gelten für quergerichteten Luftstrom und in Anbetracht der damaligen Fluggeschwindigkeiten für Luftgeschwindigkeitswerte bis $v_L = 60$ m/s.

Den ausgezogenen Schaulinien der Form A liegen die am Wagenmotor zur Anwendung kommenden, in gegossener Ausführung noch wirtschaftlich herstellbaren Rippenabmessungen zugrunde. Zum Vergleich sind für die gestrichelt dargestellten Kurven der Form B die Maße der Rippenstärke und des Rippenabstandes nur halb so groß gewählt wie für Form A. Für diese schwachen Abmessungen kommen nur voll bearbeitete Rippenzylinder, z. B. für Motoren mit eng aneinanderstehenden Zylindern in Frage, die unmittelbar aus einer bisher wassergekühlten Bauart unter Beibehaltung des vorhandenen Kurbelgehäuses und Triebwerks entstanden sind.

Als Bezugsgröße der Kennwerte k_Z für die Kühlwirkung gilt nach Löhner die Mantelfläche des Versuchszylinders, d. h. die Grundfläche $F_Z = D_Z \cdot \pi \cdot a$. der verschieden großen, konzentrisch zur Bohrung angeordneten Rippen (vgl. Bild 13). In der Dimension deckt sich der Kennwert k_Z mit der nach gleichen Gesetzen veränderlichen Wärmeübergangszahl α_L. Begrifflich besteht der Unterschied, daß sich α_L, wie schon berichtet, unabhängig von der Kühlfläche $F_K = (F'_Z + \eta_R \cdot F_R)$ verändert, während k_Z den Einfluß der variablen Rippenfläche, die über der gegebenen Zylinder-Mantelfläche angeordnet werden kann, sowie den Wirkungsgrad η_R unmittelbar enthält. Demnach ist $Q_K = k_Z \cdot F_Z \, (t_Z - t_L)$.

Für den Konstrukteur des luftgekühlten Wagenmotors liegt der Wert dieser Schaubilder hauptsächlich in der Feststellung der darin wieder gegebenen Zusammenhänge zwischen Kühlfläche, Rippenform und Wärmeabfuhr. Einer unmittelbaren zahlenmäßigen Übertragung steht an sich entgegen, daß man am Wagenmotor kleinere Zylinderabmessungen und als Baustoff kein bearbeitetes Leichtmetall, sondern in der Regel Grauguß mit rauher Rippenoberfläche verwendet. Die aus diesen Unterschieden für den Wärmeübergang abzuleitenden Einflüsse sind aber einander entgegengesetzt gerichtet, denn die spezif. Kühlwirkung eines bestimmten Rippenquerschnitts wird nach bisheriger Feststellung bei der Anwendung auf kleinere Zylinderabmessungen verbessert und auf der anderen Seite durch den Übergang auf Eisen verschlechtert. In der Annahme, daß sich hierdurch ein gewisser Ausgleich ergibt, kann man die Zahlenwerte von Löhner mit einiger Vorsicht immerhin zur Beurteilung der am Wagenmotor mit solchen Rippenformen erzielbaren Kühlwirkung heranziehen. In der Praxis kommt man hiermit eher zum Ziel als mit langwierigen Rechnungen auf unsicherer theoretischer Grundlage.

Aus Bild 15 und 16 geht folgendes hervor:

1. Mit zunehmender Kühlluftgeschwindigkeit steigt die Kühlwirkung beträchtlich. Der Anstieg wird zwar bei größerer Luftgeschwindigkeit infolge Abnahme des Rippenwirkungsgrades allmählich geringer, ist aber bei 60 m/s durchweg noch ziemlich steil. Die günstigste Luftgeschwindigkeit liegt etwa im Bereich von 20 bis 40 m/s.

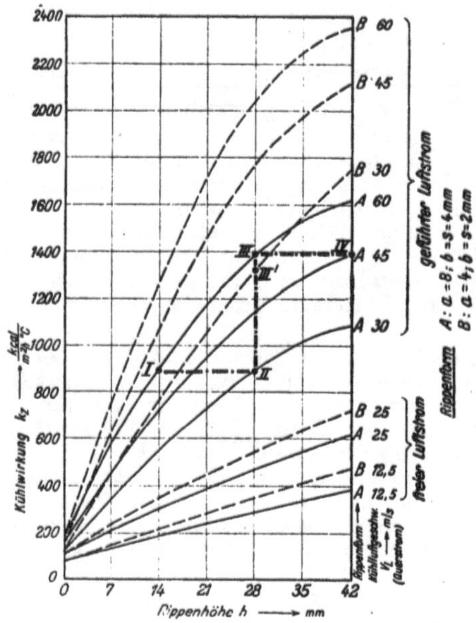

Bild 16. Kühlwirkung verschiedener Rippenformen am unverkleideten und am verkleideten Modellzylinder (D_Z = 160 mm ∅), bezogen auf 1 m² Grundfläche des Zyl.-Mantels und auf 1° C Temperaturunterschied zwischen Zylinder und Kühlluft, bei verschiedener Kühlluftgeschwindigkeit in Abhängigkeit von der Rippenhöhe (nach Löhner)

2. Die Kühlwirkung beträgt am unverkleideten Zylin der nur etwa $^1/_2$ bis $^2/_3$ der Kühlwirkung am verkleideten Zylinder.

3. Der Wärmeübergang steigt mit zunehmender Rippenhöhe und mit abnehmendem Rippenabstand bzw. größerer Rippenzahl, doch wird der Anstieg ebenfalls immer kleiner, d. h. der Rippenwirkungsgrad nimmt bei Vergrößerung der spezif. Kühlfläche ab. Über 50 bis 60 mm wird eine weitere Vergrößerung der Rippenhöhe bei geführtem Luftstrom wertlos.

4. Eine bestimmte Kühlwirkung ist, worauf schon hingewiesen wurde, sowohl mit kleiner Luftgeschwindigkeit und großer Rippenhöhe als auch auf umgekehrtem Wege erzielbar (Beispiele I—II und III—IV). Eine Verdoppelung der Rippenhöhe entspricht im Falle I—II dem halben Bedarf an Kühlluftgeschwindigkeit. Hierbei ergeben sich etwa gleichgroße Luftmengen, weil sich der Luftquerschnitt auch annähernd verdoppelt. Da die kleine Luftgeschwindigkeit einen weit kleineren Anblasdruck erfordert, sind entsprechend Ziff. 3 hohe Rippen grundsätzlich günstiger als niedrige Rippen, insbesondere vom Standpunkt des Leistungsaufwandes für das Gebläse.

5. Wie aus den Hilfslinien II—III und II—III' hervorgeht, ist bei entsprechender Rippenhöhe mit einer Verdoppelung der Kühlfläche durch Halbierung des Rippenabstandes und der Rippenstärke ungefähr ebensoviel Kühlwirkung zu erreichen wie mit einer Verdoppelung der Luftgeschwindigkeit. Im Beispiel II—III' bleibt die Größe des Luftquerschnitts ziemlich unverändert, also auch die Luftmenge.

Enge schwache Rippen sind daher, wie auch Ziff. 3 zeigt, grundsätzlich günstiger als weite, starke Rippen, insbesondere vom Standpunkt der Kühlluft-Ausnutzung.

6. Für gegebene Kühlverhältnisse ermittelt man das ungefähr zu erwartende Temperaturgefälle ($t_Z - t_L$) zwischen Laufzylinder und Kühlluft nach folgendem

Beispiel:

Gegeben:

Zylinder:	$v_H = 0{,}5$ l; $\varepsilon = 5{,}5$
Rippenform A:	$h = 28$ mm
Luftgeschw.:	$v_L = 45$ m/s (geführter Luftstrom)
Zyl.-Außen∅:	$D_Z \approx 1{,}17$ d (Bild 13)

mittl. Wärmebelastg.: $q_H = 140000$ kcal/m²h (Bild 11)

Ergebnis:

Kühlwirkung $k_Z = 1150$ kcal/m² h °C (Bild 15)

Temp. Gefälle: $(t_Z - t_L) = \frac{140000}{1,17 \cdot 1150} = 105^\circ$ C.

Für $t_L = \frac{t_{L_e} + t_{L_a}}{2} = \frac{20 + 90}{2} = 55^\circ$ C ist dann die mittlere Temperatur der äußeren Zyl.-Wand: $t_{Z_m} = 160^\circ$ C, die mittlere Temperatur der inneren Zyl.-Wand (nach Abschnitt D III): $t_{i_m} \approx 185^\circ$ C.

7. Gegenüber dem Polstrahl in Bild 15 ergibt sich im mittleren Drehzahlbereich, wie die schraffierte Fläche andeutet, ein gewisser Zuschuß an Kühlwirkung. Dieser Mehrbertrag fällt anteilig um so größe aus, je größer die maximale Kühlluftgeschwindigkeit oder die Rippenhöhe bzw. je kleiner der Rippenabstand gewählt wird. Dadurch entsteht gegenüber der Steigerung, die der durch Kühlung abzuführende Wärmeanteil bei abfallender Motordrehzahl nach Bild 8 aufweist, ein mehr oder weniger großer Ausgleich (vgl. Abschnitt DI 2).

Bei Ausnutzung dieses günstigen Umstandes kann man es erforderlichenfalls im Gegensatz zu Bild 9 erreichen, daß im Gebiet des größten Drehmoments kleinere Betriebstemperaturen auftreten als bei der Höchstleistung (Bild 17).

Ein solcher Temperaturverlauf erscheint in erster Linie bei Maschinen, die sehr häufig mit hoher Belastung und mittlerer Drehzahl betrieben werden, angebracht, also bei Motoren für Lastwagen (Bergfahrt, Anhängerbetrieb) und für Traktoren. Er ist außerdem für untengesteuerte Motoren durch Senkung der Temperatur der Abgase und an der kritischen Stelle zwischen Auslaßventil und Zylinderbohrung von Bedeutung.

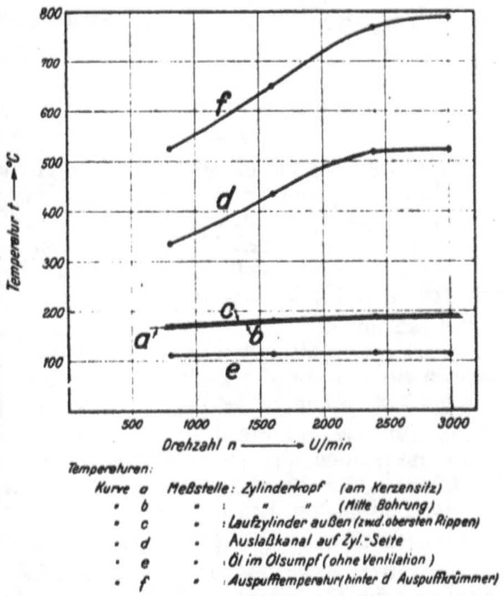

Bild 17. Temperaturmessungen bei Vollast am Phänomen-Motor „Granit 27"

E. Kühlluftförderung.

I. Leistungsaufwand zur Kühlung.

Hat man im Vorentwurf des Motors die günstigste Rippenform und Kühlluftgeschwindigkeit v_L (in m/s) und aus dem zugrundegelegten Zylinderabstand durch Planimitrieren den für den Luftdurchtritt in Schattenprojektion verfügbaren freien Querschnitt F_L (in m²) bestimmt, so erhält man den stündlichen Luftbedarf aus

$$L = 3600\, v_L \cdot F_L \text{ m}^3/\text{h},$$

gültig für die mittlere Lufttemperatur t im Querschnitt F_L. Diese Temperatur kann über

$$\Delta t_L = t_{L_a} - t_{L_e} = \frac{Q_K}{L \cdot c_{pm}} \text{ °C mit } c_{pm} \text{ in kcal/m}^3\,\text{°C}$$

ermittelt werden und dient an Hand der gegebenen zahlenmäßigen Richtlinien zur Nachprüfung der Entwurfsgrundlagen bezüglich einer auskömmlichen Kühlwirkung der vorhandenen Kühlfläche. Bei Rippen mit wechselnder Rippenhöhe h ist die unrunde Form des Rippenrandes durch Einführung des aus Fläche und Umfang bestimmbaren äquivalenten Durchmessers $D_{ae} = \frac{4F}{U}$ zu berücksichtigen.

Für Motoren üblicher Bauart und Hubraumausnutzung gilt die Faustregel, daß je Minute und je PS größter Motor-Nutzleistung eine Kühlluftmenge von 1 m³ erforderlich ist. Dieser Wert ergibt sich überschlägig mit einer Kühlluftерwärmung auf etwa 75 °C, d. h. mit

$\Delta t_L = t_{L_a} - t_{L_e} = 55$ °C und $\frac{Q_K}{N_0} \approx 1000$ kcal/PSh aus der obigen Beziehung durch Umformung auf

$$\frac{L}{N_0} = \frac{Q_K}{N_0 \cdot \Delta t_L \cdot c_{pm}} \approx \frac{1000}{55 \cdot 0{,}31} \approx 60 \text{m}^3/\text{PSh}.$$

Man darf dieser Regel zwar nur richtungweisende Bedeutung beimessen, denn in der Praxis treten durch den Einfluß von Zylinderbauart, Drehzahl, spezif. Kühlfläche, Rippenform, Lage des Auspuffkanals zum Kühlluftstrom usw. erhebliche Abweichungen nach oben und nach unten auf. Es gibt aber zahlreiche Beispiele für die diese Rechnung zutrifft, darunter den Volkswagenmotor.

Im allgemeinen ist mit Rücksicht auf den Leistungsbedarf des Gebläses eine wiederholte Verbesserung des Entwurfs notwendig, wobei die Kühlluftmengen für den Laufzylinder und für den Zylinderkopf wegen der unterschiedlichen Wärmebelastung getrennt ermittelt werden müssen.

Die für die Kühlung aufzubringende Leistung ergibt sich aus dem Druckunterschied, der vom Gebläse erzeugt werden muß, um die Luft durch den freien Querschnitt zwischen den Kühlrippen hindurchzupressen, sowie aus der benötigten Luftmenge.

Der Staudruck $p_s = (p_0 + \Delta p_s)$ kg/m² liefert das Energiegefälle, um die Luftreibung zwischen den Rippenflächen, die Widerstände im Kühlluftkanal und die Wirbelwiderstände zu überwinden und die Kühlarbeit zu verrichten. Zusammen mit dem zur Beschleunigung der Luft auf die Geschwindigkeit v_{L_0} erforderlichen Aufwand ergibt sich die Gesamtleistung unter Berücksichtigung des Gebläsewirkungsgrades η_G bei der Luftdichte $\frac{\gamma}{g} = \varrho$ in kg s²/m⁴ zu

$$N_G = \left(\Delta p_s + \frac{v_{L_0}^2 \cdot \varrho}{2}\right) L_0 \cdot \frac{1}{\eta_G} \text{ mkg/s}.$$

Da v_{L_0} die Austrittsgeschwindigkeit aus dem Gebläsegehäuse (Diffusor), dessen Endquerschnitt hier mit F_{L_0} bezeichnet wird, darstellt, ist auch die Luftmenge L_0 auf die kalte Luft an dieser Stelle, und zwar auf die Sekunde zu beziehen. Sie ist aus der stündlichen, auf t_L erwärmten Luftmenge L im Kühlrippenquerschnitt F_L durch Gleichsetzung der sekundlichen Luftgewichtsmengen bestimmbar.

Setzt man den Klammerwert der vorstehenden Gleichung als Gesamtdruckunterschied Δp_g vorsichtig recht hoch mit rund 300 kg/m² ein und bezieht sicherheitshalber $L/N_0 = 60$ m³/PSh auf die kalte Gebläseluft, so erhält man unter Annahme von $\eta_G = 66\%$ ein Verhältnis zwischen Gebläseleistung und Motornutzleistung von

$$\frac{N_G}{N_0} = \frac{\Delta p_g \cdot L}{N_0 \cdot 75\, \eta_G \cdot 3600} = \frac{300 \cdot 60}{75 \cdot 0{,}66 \cdot 3600} = \frac{1}{10}.$$

Hiernach hätte man mit 1 PS Gebläseleistung je 10 PS Motornutzleistung zu rechnen, ein Wert, den man als erste Annahme dem Entwurf bei direktem Gebläseantrieb zunächst vorbehaltlich zugrunde legen kann, da er unter gewöhnlichen Verhältnissen mit einiger Bestimmtheit einzuhalten oder vielleicht noch zu unterbieten ist. In der Praxis findet man diesen Wert jedenfalls häufig bestätigt, und zwar unabhängig von der Bauart und Größe von Motor und Gebläse.

Aus der Leistungsformel geht hervor, daß zur Beschränkung des Leistungsbedarfs für die Kühlung auf den äußerst notwendigen Betrag nicht nur die schon bekannten Maßnahmen am Zylinder (Rippenform, Luftquerschnitt, Verkleidung) wichtig sind. Neben L/N_0 kommt es ebenso entscheidend auf die Betriebseigenschaften des Gebläses (η_G) und auf die Verringerung der Widerstände bei der Zu- und Ableitung der Luft am Motor bzw. am Fahrzeug an (Δp). Der Luftabfuhr aus dem Fahrzeug kommt hierbei die gleiche Bedeutung zu wie dem möglichst ungehinderten Zustrom.

Oft finden die hinter dem Motor innerhalb der Haubenverkleidung auftretenden Wirbel- und Stoßverluste, da sie am Bremsstand nicht ohne weiteres berücksichtigt werden können, zu wenig Beachtung. Normalerweise soll der Motor sich im Sommer auch ohne Entfernen der seitlichen Haubenbleche im Fahrzeug nicht überhitzen, doch kann natürlich selbst der bestgekühlte Motor bei ungeschicktem Einbau notleidend werden.

Demgegenüber kann eine möglichst verlustfreie Abführung der warmen Luft aus der Motorhaube ins Freie durch Anpassung der Austrittsgeschwindigkeit an die im gleichen Sinne veränderliche Fahrgeschwindigkeit den tatsächlichen Aufwand an Gebläseleistung im oberen Drehzahlbereich sehr günstig beeinflussen. Hierzu sind entsprechend bemessene und geformte Leitkanäle (Diffusordüsen), zum mindesten aber genügend weite Luftaustrittsöffnungen in der Haube notwendig. Im allg. verzichtet man auf besondere Luft-Abführungskanäle wegen ihres meist sehr mäßigen Wirkungsgrades. Es ist aber klar, daß die aus dem Fahrwind in das Gebläse übernommene Geschwindigkeitsenergie des Kühlluftstromes zwar die Gebläseleistung verringert, jedoch als ein nutzbarer Gewinnposten für die Vortriebsleistung des Fahrzeugs eben nur in dem Ausmaß nicht verloren ist, wie es gelingt, den Luftwiderstand hinter dem Motor zu verkleinern. In dieser Hinsicht ist die Heckanordnung des Motors im Fahrzeug (Tatra, Volkswagen) sehr von Vorteil, sofern allerdings die Zuführung der Luft zum Gebläse möglichst ungehindert vor sich geht.

In Anbetracht der geringen Fahrgeschwindigkeit in den übersetzten Getriebe-Schaltgängen ist selbstverständlich der dynamische Druckanteil $\frac{v_{L_0}^2 \cdot \varrho}{2}$ für den Wagenmotor bei der Bestimmung der Gebläseleistung genau so voll in Rechnung zu stellen wie für ortsfesten Betrieb. Die auf der Bremse, insbesondere bei Abnahmeläufen erzielten Ergebnisse stellen von diesem Standpunkt aus Mindestwerte der tatsächlich im Fahrzeug bei schneller Fahrt und drosselfreier Luftabfuhr verfügbaren Motor-Nutzleistung dar.

Es versteht sich von selbst, daß die Lösung der Gesamtaufgabe, den Aufwand für die Kühlung in ein möglichst günstiges Verhältnis zur abgeführten Wärmemenge zu bringen, stark von den jeweils vorliegenden Umständen (Personenwagen, Lastwagen, Bauart, Motoranordnung im Fahrzeug, Kostenfrage usw.) beeinflußt wird. Für einen langsam laufenden 4 Zyl.-Lastwagenmotor einfacher, untengesteuerter Bauart ergeben sich naturgemäß andere Voraussetzungen als für den obengesteuerten kurzhubigen Schnelläufer mit 6 oder 8 Zylindern, für dessen Kühlsystem kostspieligere Mittel wie z. B. enger angeordnete Kühlrippen, hochlegierter Zylinderguß, übersetzter Gebläseantrieb, Luftkanäle aus Leichtmetallguß u. dgl. gerechtfertigt sind. Während hier die Motor-Höchstleistung vom Leistungsbedarf des Gebläses möglichst wenig beeinträchtigt werden soll, kann u. U. dort ein Zugeständnis in der Spitze zugunsten eines möglichst hohen Drehmoments oder aus anderen, weiter unten genannten Gründen angebracht sein. Die in der Praxis beschrittenen Wege sind daher, was den baulichen Aufwand für die Luftkühlung und ihren Leistungsanteil betrifft, verschieden.

Grundsätzlich ist das Verhältnis zwischen Leistungsaufwand und Kühlwirkung dadurch gekennzeichnet, daß die Leistung bei gegebenen Rippenabmessungen in Abhängigkeit von v_L zunehmend stärker, nämlich in der 3. Potenz ansteigt und daher im oberen Bereich von den Schaulinien der Wärmeübertragung in Bild 15 immer mehr abweicht. Auf den Leistungsverbrauch bezogen wird die mit steigender Luftmenge erzielbare, zunächst sehr wirksame Verstärkung der Wärmeabfuhr schließlich recht bescheiden, da der anfänglich steilere Kurvenanstieg in einen immer flacheren Verlauf übergeht. Man entschließt sich deshalb im Falle ungenügender Kühlung um so schwerer zu einer Vergrößerung der Luftmenge, je größer die Luftgeschwindigkeit bei der Höchstdrehzahl des Motors bereits ist, und wird gut daran tun, vorher zu prüfen, ob die Verbesserungsmöglichkeiten am Rippenzylinder, in der Kühlluftführung und am Gebläse selbst tatsächlich erschöpft sind.

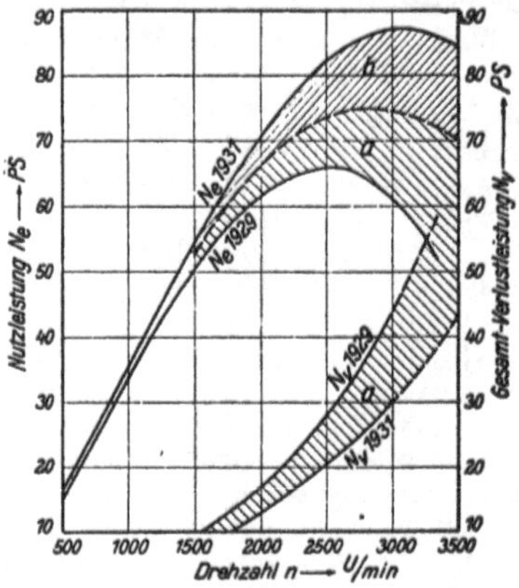

Bild 18. Nutzleistung und Gesamt-Verlustleistung der luftgekühlten 6 Zyl.-Franklin-Motoren Bauart 1929 und Bauart 1931 mit 4,5 Liter Hubvolumen

In Bild 18 sind als aufschlußreiches Beispiel die Kurven der Nutzleistung und der Gesamtverluste (einschl. Pumpverlusten und Gebläseleistung) für die beiden Franklin-Motoren aus den Baujahren 1929 und 1931 wiedergegeben [6]). Bei der Bauart 1929 handelt es sich um eine alte, mit verschiedenen Fehlern behaftete Konstruktion, deren besondere Merkmale in Überkühlung durch zu große spezif. Luftmenge, in schlechter Füllung infolge zu stark erwärmter Einlässe und in zu niedrigem Gebläsewirkungsgrad bestanden.

Die Mehrleistung der neueren, mehrfach verbesserten Bauart (vgl. Zahlentafel 2) wurde ohne Vergrößerung des Hubraumes erzielt, und zwar auf der Seite der unmittelbaren Leistungsverluste durch Verbesserungen am Gebläse, dargestellt in Bild 18 durch die Fläche a, im übrigen gemäß Fläche b durch bessere Kühlverhältnisse am Zylinder (Änderung von Rippenform und Anblasrichtung), durch höhere Verdichtung (5,3 : 4,7) und durch größere Ventilquerschnitte.

Im Falle der alten Bauart würde die Verlustleistung der Maschine schon bei $n = 3250$/Min. etwa die Größe der Nutzleistung erreichen! Die einschneidende Bedeutung der Gebläseeigenschaften bedarf hiernach keiner besonderen Erläuterung.

Andererseits zeigt gerade die Leistungskurve der alten Bauart, daß man in dem starken Anstieg der Gebläseleistung im Verein mit der Füllungsfrage ein Mittel besitzt, um für bestimmte Zwecke, etwa zur Steigerung der Autobahnfestigkeit des Motors oder zur Verwendung in Geländefahrzeugen der

Nutzleistungskurve absichtlich einen scharf ausgeprägten Knick zu geben und dadurch ohne Anwendung eines Reglers (Drehzahlbegrenzers) eine mißbräuchliche Überbeanspruchung des Motors durch Überdrehen zu verhüten. Höchstwerte und Dauerwerte der Geschwindigkeit bzw. der Drehzahl fallen unter diesen Umständen in der Regel zusammen (Volkswagen).

II. Gebläseanordnung und Anblasrichtung.

Bei vorn im Wagen untergebrachtem, luftgekühltem Motor ist die Anordnung des Gebläses auf dem Vorderende der Kurbelwelle heute noch am häufigsten anzutreffen. Diese Anordnung kann daher als die klassische gelten. Sie findet sich u. a. schon bei den älteren Franklin-Motoren (Bild 19) und ergibt sich mit Rücksicht auf den fast ungehindert von vorn zuströmenden Fahrwind und mit Rücksicht auf eine billige, geräuschfreie Ausführung von selbst. Bei kleineren Motoren hat sich auch die Anordnung eines Sauggebläses auf der Schwungradnabe bewährt.

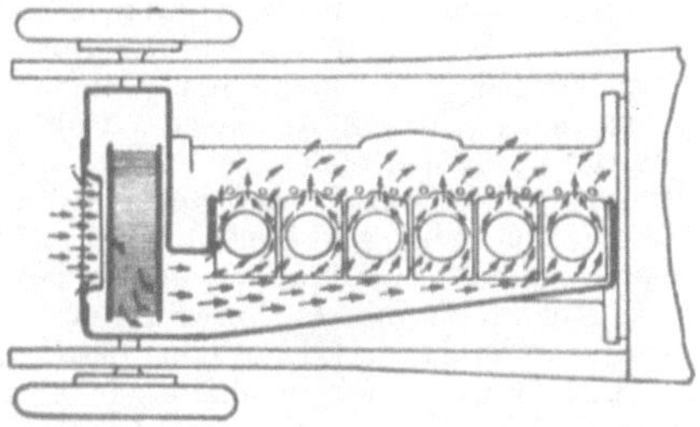

Bild 19. Gebläseanordnung und Kühlluftführung am Franklin-Reihenmotor

Wie leicht vorstellbar, ist man bei direktem Antrieb von der Kurbelwelle aus auf ein Radialgebläse (Schleudergebläse) angewiesen. Durch die von der Rahmenbreite des Fahrzeugs festgelegten Raumverhältnisse ist aber die Umfangsgeschwindigkeit des Gebläse-Laufrades bei den üblichen Motordrehzahlen und Fahrgestell-Konstruktionen auf 50 bis 70 m/s beschränkt. Diese Umfangsgeschwindigkeiten sind zwar an sich mit den derzeitigen Anforderungen noch gut in Einklang zu bringen, doch kommt man immerhin bei langsam laufenden Motoren über 3,5 bis 4 l Hubraum (Lastwagenmotoren, Dieselmotoren) zu ziemlich großen Gebläse-Abmessungen, die einen zwanglosen Einbau in Frage stellen können (Bild 46).

Beim Übergang auf höhere Umfangsgeschwindigkeiten und auf größer Luftmengen ist ein übersetzter Antrieb notwendig. Dieser gestattet eine freizügigere Art der Anordnung (Riemenantrieb bei Tatra und am Volkswagenmotor) und läßt eine nachträgliche Anpassung der Gebläsedrehzahl zu. Bei kleinen, sehr schnellaufenden Gebläsen rückt aber die Frage der ausreichend niedrigen Ansauggeschwindigkeit in der Saugöffnung des Gebläses in den Vordergrund und es ist kein Zweifel, daß bei geeigneter Motorbauart, z. B. bei V-Motoren, die Anordnung von zwei oder mehr Kühlgebläsen (Tatra, Steyr) oder die Verwendung eines Axialgebläses Vorteile bieten kann.

Axialgebläse (Schraubengebläse) besitzen zudem einen hohen Reaktionsgrad, weil das Laufrad nur statischen Überdruck erzeugt. Die am Radialgebläse bei der Umsetzung von Geschwindigkeit in Druck im Diffusor auftretenden Verluste fallen daher am Axialgebläse weg. Hierdurch erklären sich die höheren Wirkungsgrade, die mit solchen Gebläsen erzielt werden können. Die Verwendung von Axialgebläsen am luftgekühlten Motor erscheint nur in Verbindung mit einer sehr hohen Drehzahl und Kühlluftgeschwindigkeit lohnend und befindet sich, fabrikatorisch betrachtet, im Anfang der Entwicklung[32]). Die weiteren Erörterungen bleiben daher auf Radialgebläse als der z. Zt. am Wagenmotor bevorzugten Bauart beschränkt.

Es ist für die Anordnung des Gebläses am Motor sowie für die Ausbildung des Gebläsegehäuses und der Luftzuführung nicht gleichgültig, in welcher Weise die Zylinder vom Luftstrom angeblasen werden sollen.

[32]) Ernst, Schäfer, Eckert: „Entwicklungsarbeiten an luftgekühlten Kraftwagenmotoren und ihren Kühlgebläsen", Dtsche Kraftfahrforschung Heft 67, VDI-Verlag Berlin 1942.

Man findet in der Praxis alle möglichen Bauarten, und zwar bei obengesteuerten Motoren das Anblasen von der Seite, wobei die Ventile quer zum Luftstrom (Volkswagenmotor, Phänomen-Diesel, Tatra, Steudel) oder in Längsrichtung zum Luftstrom (Franklin, Steyr) angeordnet sind, das Anblasen vom Zylinderfuß her an längsgestellten Kühlrippen entlang mit der Ausblasöffnung im Zylinderkopf (Krupp), bei V-Motoren den Querstrom von innen nach außen (Franklin, Steyr) und von außen nach innen (Tatra) usw.

An einem verkleideten Versuchszylinder mit stehenden Ventilen sind vor längerer Zeit im Forschungsinstitut für Kraftfahrwesen und Fahrzeugmotoren an der T. H. Stuttgart von Prof. W. Kamm Versuche über die günstigste Richtung des Luftstromes durchgeführt worden. Die kleinste Anblasleistung bei gleichzeitig niedrigsten und gut verteilten Zylindertemperaturen durch Anblasen von der Ventilseite aus. Wird das Gebläse auf der Gegenseite des Zylinders angeschlossen, so bleibt trotzdem die Richtung des Kühlstromes von der Ventilseite her zweckmäßiger, weil die Ventile auch bei geschlossener Luftführung auf der dem Kühlluftstrom abgekehrten Seite ungünstig liegen. Wenn man schon einen Teil der Wärme vom Auspuffkanal bei dieser Bauart durch entsprechende Rippenanordnung zum Einlaßkanal abzieht, um die Temperaturverteilung an der nahen Zylinderbohrung zu beeinflussen und Verwerfungen des Zylinders zu unterdrücken, so hat man naturgemäß an einem unmittelbaren Auftreffen der kalten Kühlluft auf beide Kanäle, insbesondere auf den Auslaßkanal, besonderes Interesse. In dem vorgenannten Fall wäre daher ein Sauggebläse erforderlich. Das auf der Ventilseite angeschlossene Druckgebläse bleibt jedoch in Bezug auf Leistungsersparnis überlegen (Phänomen).

III. Kühlluftgebläse.

Die folgenden Erörterungen dienen der Einführung in die strömungstechnischen Grundbegriffe des Ventilatorenbaues, soweit deren Kenntnis für die Nutzanwendung am luftgekühlten Motor bei der Konstruktion und im Prüffeld unentbehrlich ist. Für eine eingehendere Unterrichtung auf diesem Gebiet wird auf die Fachliteratur[33]), [34]), [35]) verwiesen.

1. Druckverhältnisse.

Bei der Druckwirkung des Kühlluftgebläses hat man der Art nach zwischen dem dynamischen Anteil zur Fortbewegung der Luft in den Leitkanälen und dem statischen Anteil zur Überwindung der Leitungswiderstände und zur Verrichtung der Kühlarbeit zu unterscheiden. Diese Drücke werden nach der allgemeinen hydraulischen Beziehung

$$\Delta p = \gamma \cdot h \quad \text{kg/m}^2$$

als Druckhöhe (auch Hubhöhe oder Förderhöhe) bezeichnet und in mm Wassersäule gemessen:

$$h = \frac{\Delta p}{\gamma} = \frac{\Delta p}{1000} \; m \text{ oder} = \Delta p \text{ mm.}$$

Die Gesamt-Druckhöhe $\Delta p_g = h_g$ des Gebläses ist ein Maß für den Energiegehalt der bewegten Luft im Ausblasquerschnitt F_{L_0}. Sie entspricht dem Klammerausdruck in der N_G-Gleichung des Abschnittes E 1 und stellt die Summe aus potentieller und kinetischer Energie dar. Mit der von Gronwald[33]) angewendeten Bezeichnungsweise ist daher

---

[33]) E. Gronwald: „Zentrifugal-Ventilatoren, ihre Berechnung und Konstruktion", Verl. J. Springer, Berlin 1925.

[34]) Dr. Ing. Bruno Eck: „Ventilatoren, Entwurf und Betrieb der Schleuder- und Schraubengebläse", Verl. J. Springer, Berlin 1937.

[35]) Dr.-Ing. Bruno Eckert: „Das Kühlgebläse des Kraftfahrzeugs und sein betriebliches Verhalten", Dtsche Kraftfahrforschung Heft 51, VDI-Verlag Berlin 1941.

$$h_g = h_s + h_d \text{ mm W.-S.}$$

Der statische Überdruck h_s muß mindestens so groß sein wie die Summe aller Einzelwiderstände im Leitungssystem. Da er am Motor von zahlreichen, der Konstruktion nach unterschiedlichen Widerstandsgrößen wie Wandreibung, Umlenkungen, Rippenzylinder, Anbauteilen usw. abhängt, ist eine rein theoretische Vorausbestimmung nicht durchführbar. Eine direkte Messung am Motor ist aber möglich.

Der Geschwindigkeitsdruck h_d kann andererseits nicht direkt gemessen, sondern nur als Differenz aus den Messungen von h_g und h_s festgestellt werden. Sein Sollwert ist aber aus der geforderten Liefermenge in m³/s und dem Strömungsquerschnitt in m² mit

$$v_{L_0} = L_0/F_{L_0} \text{ m/s}$$

zu berechnen und beträgt (als Mittelwert am Ende des Ausblasstutzens)

$$h_d = \frac{v_{L_0}^2 \cdot \gamma}{2g} \text{ mm W.-S.}$$

Man rechnet am Wagenmotor gewöhnlich mit einem dynamischen Druck von 55 bis 100 mm W.-S. entsprechend einer Luftgeschwindigkeit $v_{L_0} = 30$ bis 40 m/s, doch kommen auch höhere Werte vor. Da diese Zahlen jeweils von der Dichtheit der Blechgehäuse für die Luftführung abhängen, wozu im Falle des Riemenantriebs je nach der Art der Nachstellung noch Schwankungen im Übersetzungsverhältnis kommen, handelt es sich bei solchen Angaben stets um Zahlen von mäßiger Genauigkeit.

Die Messung der Druckhöhen ergibt in der Saugleitung den Unterdruck $h = p_0 - p'$ und in der Druckleitung den Überdruck $h = p'' - p_0$.

Das normale Druckgebläse am Motor besitzt nur eine Druckleitung zu den Zylindern und keine Saugleitung (Bild 19). Infolgedessen fällt eine statische Arbeit vor dem Gebläse fort. Der auf dem Motorenprüfstand erzeugte Gesamtdruckunterschied, d. h. die Differenz der absoluten Drücke dicht vor und hinter dem Gebläse beträgt daher einfach

$$\Delta p_g = p'' - p_0 \text{ kg/m}^2$$

oder manometrisch

$$\Delta p_g = h_s'' + h_d'' = h_g'' \text{ mm W.-S. (auf der Druckseite).}$$

Bei einem Gebläse, das mit der Saugleitung am Motor angeschlossen ist, wird die Luft unmittelbar ins Freie ausgeblasen. Die Druckarbeit setzt sich aus dem Unterdruck in der Gebläse-Eintrittsöffnung und aus dem Geschwindigkeitsdruck im Ausblasquerschnitt zusammen, so daß

$$\Delta p_g = p'' - p'$$

oder manometrisch $\Delta p_g = h_d'' + h_s' + h_d' = h_g' + h_d''$.

Als 3. Fall kommt noch die Messung am Kühlluftgebläse ohne Anschluß des Motors in Betracht. Da hierbei weder eine Saugleitung noch eine Druckleitung vorhanden ist, sind außerhalb des Gebläses überhaupt keine Widerstände zu überwinden. Die Arbeit besteht nur in der Erzeugung der Luftbewegung:

$$\Delta p_g = p'' - p_0 = h_d''$$

2. Verluste.

Aus der Gebläsenutzleistung (Anblasleistung, Förderleistung)

$$N_{G_e} = \frac{\Delta p_g \cdot L_0}{75} \text{ PS}$$

und der von der Kurbelwelle abgenommenen Antriebsleistung N_G ergibt sich der Gesamtverlust $(N_G - N_{G_e})$ innerhalb des Gebläses und der Gesamtwirkungsgrad $\eta_G = N_{G_e}/N_G$ des Gebläses. Die Verluste setzten sich aus den hydraulischen, volumetrischen und gegebenenfalls mechanischen

Verlusten zusammen und gehen auf verschiedene Ursachen zurück, nämlich auf Luftreibungsverluste an der Deckscheibe und in den Schaufeln des Laufrades, Stoßverluste beim Eintritt der Luft in die Luftschaufeln, Spaltverluste zwischen Laufrad und Leitgehäuse, Leitkanalverluste bei der Umsetzung von Geschwindigkeitsenergie in Druckenergie, Wirbelverluste bei zu kleiner Schaufelzahl, Antriebsverluste bei Riemenantrieb oder Zahnradübersetzung usw.

Die Summe dieser Verluste nimmt bei den im Motorenbau vorwiegend gebräuchlichen Radialgebläsen bedeutende Werte an. Der Gesamtwirkungsgrad η_G liegt etwa zwischen 0,5 und 0,65.

3. Wirkungsweise bei unveränderlichem Widerstand und veränderlicher Drehzahl.

Im Falle gleichbleibenden Widerstandes, d. h. am fertigen Motor bestehen zwischen Fördermenge, Druckhöhe und Leistungsverbrauch folgende gesetzmäßigen Zusammenhänge:

Es ändert sich:

a) die Fördermenge proportional mit der Drehzahl:

$$L_2 = L_1 \frac{n_2}{n_1}; \qquad \text{d. h.} \quad \frac{L}{n} = \text{const}$$

b) die Druckhöhe im Quadrat der Drehzahl bzw. der Fördermenge:

$$h_2 = h_1 \cdot \frac{n_2^2}{n_1^2} = h_1 \frac{L_2^2}{L_1^2} \quad \text{d. h.} \quad \frac{h}{n^2} \text{ und } \frac{h}{L^2} = \text{const}$$

c) die Förderleistung als Produkt von h und L in der 3. Potenz der Drehzahl bzw. der Fördermenge:

$$N_{G_2} = N_{G_1} \cdot \frac{n_2^3}{n_1^3} = N_{G_1} \cdot \frac{L_2^3}{L_1^3}; \quad \text{d. h.} \quad \frac{N_G}{n^3} \text{ und } \frac{N_G}{L^3} = \text{const}$$

d) die Förderleistung mit der Druckhöhe nach der Beziehung:

$$N_{G_2}^2 = N_{G_1}^2 \cdot \frac{h_2^3}{h_1^3}; \quad \text{d. h.} \quad \frac{N_G}{(\sqrt{h})^3} = \text{const}$$

Bild 20 und 21 geben einen Überblick über die z. B. am Krupp-Motor M 304 vom Kühlluftgebläse erreichten Leistungswerte[36]) und zeigen u. a.

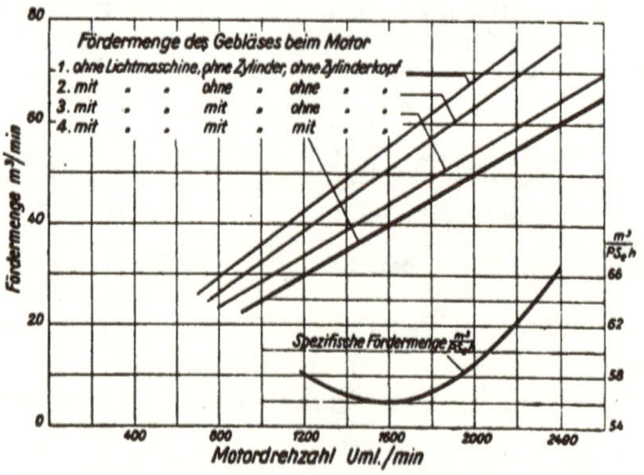

Bild 20. Fördermenge des Kühlluftgebläses am Krupp-Boxer-Motor M 304 (4—90/130) bei verschiedenen Widerständen und Drehzahlen

[36]) M. Hörig: „Aus der Entwicklung der luftgekühlten Motoren", Techn. Mitteilungen Krupp, 6. Jhrg., Heft 1, Februar 1938.

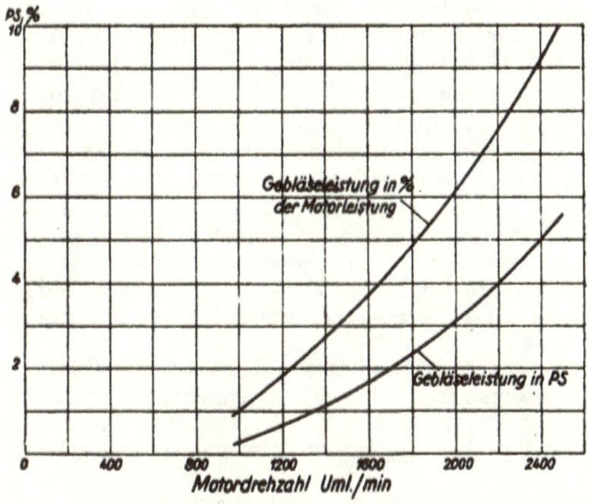

Bild 21. Gebläseleistung am Krupp-Boxer-Motor M 304 in Abhängigkeit von der Motordrehzahl

den linearen Anstieg der Fördermenge mit der Drehzahl und den damit verbundenen starken Zuwachs an Leistungsbedarf für das Gebläse. Die Höchstwerte stimmen mit den angegebenen Richtlinien $L/N_0 = 60\ m^3/PSh$ und $N_G = 0{,}1\ N_0$ PS angenähert überein. Die Abweichung beträgt etwa 10%. Da das Radialgebläse in diesem Falle direkt von der Kurbelwelle angetrieben wird und bei der niedrigen Spitzendrehzahl des Motors mit mäßiger Umfangsgeschwindigkeit arbeitet, liegen hier vom Standpunkt der Kühlluftförderung zeimlich schwierige konstruktive Vorbedingungen vor, so daß die erzielten Leistungsdaten als durchaus annehmbar gelten müssen.

4. Wirkungsweise bei veränderlichem Widerstand und unveränderlicher Drehzahl.

Für den Konstrukteur, der seine Konstruktion mit den Leistungsdaten anderer Motortypen zu vergleichen sucht, steht die Frage nach dem Abhängigkeitsverhältnis zwischen Druckhöhe, Fördermenge und Leistungsaufwand bei der Änderung der angeschlossenen Widerstände und bei gleichbleibender Drehzahl im Vordergrund. Gesetzmäßige Beziehungen bestehen in diesem Falle nicht, so daß nur der Versuch Aufschluß geben kann. Verschiedene Richtlinien verdienen jedoch besondere Beachtung:

a) Der dynamische Druck h_d bleibt bei durchgehend gleichgroßem Leitungsquerschnitt über die Länge der Luftführung solange konstant, wie sich γ nicht ändert. Am Motor ist aber eine Konstanthaltung der Querschnitte beim Übergang zu den Rippenzylindern nur sehr angenähert durchführbar. Außerdem ändert sich bei der Erwärmung der Luft an den Zylindern auch γ bzw. ϱ je nach der Belastung des Motors. Es treten daher Schwankungen in den Strömungsverhältnissen in bezug auf h_d und h_s auf. Jede Umwandlung von Geschwindigkeitenergie in Druckenergie oder umgekehrt geht aber durch die Verzögerung oder Beschleunigung des Luftstromes nur unter zusätzlichen Leistungsverlusten vor sich. Eine möglichst sorgfältige Bemessung der Leitungsquerschnitte mit allmählich verlaufenden Übergängen ist daher unerläßliche Vorbedingung für einen halbwegs guten Wirkungsgrad der Anlage.

b) Der statische Druck h_s und damit der Gesamtdruck h_g nehmen unter der Annahme eines stetigen Querschnittsverlaufs der Luftführung von Anfang an nach Maßgabe der Einzelwiderstände ständig ab. Falls hinter dem Motor nicht noch zusätzliche Widerstände von der abströmenden Luft zu überwinden sind, ist h_s beim Austritt der Luft aus den Kühlrippen bzw. aus der Zylinderverkleidung verbraucht und dort $= 0$. An dieser Stelle ist somit $h_g = h_d$, jedoch bezogen auf den γ-Wert der erwärmten Kühlluft und auf den Durchtrittsquerschnitt zwischen den Kühlrippen.

Im normalen Fall soll eine Herabsetzung der hohen Luftgeschwindigkeit, die am Laufrad-Umfang erzeugt wird, durch das sich spiralförmig erweiternde Gebläsegehäuse in dem Maße erfolgen, daß am Ausblasstutzen die vom Motor benötigte Geschwindigkeitshöhe vorhanden ist und der dadurch frei gewordene Druck als zusätzlicher statischer Druck zur Verfügung steht. Bei Gebläsen mit sehr großem h_d-Anteil im Ausblasstutzen muß versucht werden, noch hinter diesem Stutzen möglichst viel davon durch allmähliche Verminderung der zu hohen Luftgeschwindigkeit in nutzbaren statischen Druck umzuwandeln.

Dies kann durch eine diffusorartige Wirkung des angeschlossenen Luftkastens mittels langsamer, stetiger Querschnittserweiterung geschehen, sofern der Luftdurchtritt an den Kühlrippen der Zylinder weit genug ist. Je langsamer die Verzögerung erfolgt, um so geringer sind die zusätzlichen Verluste.

Bei besonders großer Platznot (enger Fahrzeugrahmen, niedrige Höchstdrehzahl des Gebläses) wendet man zuweilen absichtlich hohe Ausblasgeschwindigkeiten am Gebläse mit anschließender Querschnittserweiterung an, um die Gehäuseabmessungen klein halten zu können, doch muß dieser Ausweg unter den mäßigen baulichen Voraussetzungen, die vielfach für die Diffusorwirkung des Luftführungskastens gegeben sind, als ein ziemlich fragwürdiges Verfahren gelten.

Bei dieser Gelegenheit sei darauf hingewiesen, daß man durch Anschluß des Vergasers oder des Luftfilters an das Gebläse den Anfangsdruck des Gemisches im Zylinder um den an sich geringen Betrag der Gebläsedruckhöhe heben kann. Die Ladeluftmenge des Motors beläuft sich auf nur ungefähr 5% der Kühlluftmenge und läßt sich am Gebläse vielfach ohne weiteres entbehren oder von vornherein mit einbeziehen. Besonders bei der Verwendung von Hochleistungs-Luftfiltern (z. B. Ölbadfiltern, Zyklon-Reinigern) mit großem Widerstand ist u. U. auf diesem Wege eine fühlbare Verbesserung der Ansaugverhältnisse und der Leistung des Motors zu erreichen, vorausgesetzt, daß es durch eine günstige Vergasereinstellung und Ausbildung der Saugleitung gelingt, Schwierigkeiten im Übergang vom Leerlauf auf Vollgas im Saugsystem (Verschlucken des Motors) zu vermeiden.

c) Je höher der Gesamtwiderstand in der Luftführung bei konstanter Drehzahl ist, um so niedriger ist bei einem gegebenen Gebläse die Fördermenge. Soll die Fördermenge vergrößert werden, weil die Widerstände am Motor zu groß ausgefallen sind, so ist eine größere Umfangsgeschwindigkeit des Laufrades erforderlich. Bei übersetztem Gebläseantrieb kann man sich mit einer Erhöhung der Drehzahl leicht helfen, wobei man allerdings die damit verbundene Steigerung des Leistungsbedarfs in Kauf nehmen muß. Bei direkt angetriebenem Gebläse ist man dagegen an die Motordrehzahl gebunden, so daß man sich vor die Aufgabe gestellt sieht, Änderungen der Luftführung, der Gebläseabmessungen oder der Laufrad-Konstruktion vorzunehmen.

Deckt man also z. B. den Luftaustritt an den Zylindern zur Regulierung der Kühlluft- und Temperaturverteilung teilweise ab, so vermindert sich infolge des höheren Widerstandes die Kühlluftmenge. Die nachträgliche Änderung dieses Querschnitts hat daher praktisch nur Wert, wenn die Liefermenge verkleinert werden darf oder absichtlich verkleinert werden soll. Bei richtiger Anwendung einer solchen Maßnahme kann man allerdings den Wirkungsgrad des Gebläses und die Angleichung der Kühlwirkung an den wirklichen, örtlichen Bedarf u. U. merklich verbessern.

Der Einfluß der einzelnen, den Luftweg drosselnden Bauteile auf die Kühlluftmenge geht aus dem Beispiel des Krupp-Motors in Bild 20 hervor.

Die Lichtanlaßmaschine ist bei diesem Motor aus Kühlungsgründen dicht vor dem Druckgebläse angeordnet und wird von der Kurbelwelle angetrieben (vgl. Bild 0). Sie erzeugt einen zusätzlichen Drosselwiderstand in der Saugöffnung des Gebläses, der immerhin ⅓ des Widerstandes der 4 obengesteuerten Motorzylinder, deren Bauart aus Bild 9 bekannt ist, ausmacht.

d) Die Grenzfälle für die Druck- und Förderleistung sind bei konstanter Drehzahl gegeben:

1) durch das in einen geschlossenen Behälter arbeitende Gebläse mit $h_d = 0$ und $h_g = h_s$.

2) durch das frei aus dem Stutzen seines Spiralgehäuses ausblasende Gebläse mit $h_s = 0$ und $h_g = h_d$.

Der Fall 1) würde am Motor mit Kühlluftregelung im Gebläse-Druckstutzen bei ganz geschlossener Drosselklappe eintreten, sofern man von dem üblichen Sicherheitsdurchlaß absieht. Beim Öffnen stellt die Klappe einen veränderlichen Widerstand dar. Das Gebläse beginnt zu fördern. Es findet nach Maßgabe der freigegebenen Öffnung z. T. eine Umsetzung des statischen Druckes in fühlbaren, dynamischen Druck statt und zwar steigt die Liefermenge solange, bis h_s auf den Wert gesunken ist, der bei voll geöffneter Klappe und gleichbleibender Drehzahl der Summe aller Widerstände im Luftführungssystem einschl. Rippenzylinder entspricht. Diese Widerstände sind, abgesehen von dem veränderlichen Einfluß der Motorbelastung auf die Kühllufterwärmung, konstant. Erfahrungsgemäß kann man mit der Drosselregelung des Gebläses bei entsprechender Schaufelform des Laufrades einen erheblichen Anteil des Leistungsaufwandes, der bei ungeregelter Kühlluft notwendig wäre, einsparen. Da ein Wagenmotor nur selten mit Vollgas, aber häufig mit hoher Drehzahl betrieben wird, fällt eine solche Ersparnis, bezogen auf die gedrosselte Motorleistung, um so mehr ins Gewicht.

Der nach dem obigen Grenzfall 2) für das frei ausblasende Gebläse mögliche Höchstwert von h_d kann unter normalen Querschnittsverhältnissen der Luftführung am Motor infolge der angeschlossenen Leitungswiderstände nicht auftreten, es sei denn, daß die Kühlluftregelung durch vorheriges Abblasen der nicht benötigten Luftmenge ins Freie erfolgt und daß in der äußersten Regelstellung der Zustrom zu den Zylindern wegen zu kalter Maschine ganz abgesperrt ist. Diese Art der Regelung hat aber im Hinblick auf das günstigere Verhalten der Drosselregelung wenig praktische Bedeutung erlangt.

Zwischen beiden Grenzfällen ändert sich die Gesamt-Druckhöhe bei konstanter Drehzahl in Abhängigkeit von der Liefermenge nach einem für die Schaufelform des Laufrades charakteristischen Verlauf (Gebläsekennlinie). Theoretisch wäre die Druckvolumenkurve eine gerade Linie, die bei der gegebenenen Umfangsgeschwindigkeit für $L = 0$ mit $h_g = \frac{u^2 \cdot \gamma}{g}$ beginnt und je nach dem Schaufelaustrittswinkel mit zunehmender Liefermenge abfällt (rückwärts gekrümmte Schaufeln), konstant verläuft (radial auslaufende Schaufeln) oder ansteigt (vorwärts gekrümmte Schaufeln). Wie von Eck[34]) nachgewiesen worden ist, bleibt diese Kennlinie auch unter dem Einfluß der Minderleistung durch die endliche Schaufelzahl noch linear, solange reibungslose Luftbewegung angenommen wird.

Durch die Reibungs- und Stoßverluste in den Schaufelkanälen und in der Leitvorrichtung werden die theoretischen Kennlinien jedoch parabelförmig verzerrt, wobei die radiale Schaufeltiefe, d. h. das Verhältnis D_e/D_a zwischen Eintritts- und Austrittsdurchmesser des Laufrades für die Stoßverluste eine maßgebende Rolle spielt und sich dahin auswirkt, daß die Äste der Parabel um so steiler abfallen, je größer der Wert D_e/D_a ist.

Bei den weit unterhalb des Normalwertes liegenden Liefermengen des Gebläses werden die Schaufelkanalbreiten nur teilweise von der Luftströmung ausgenutzt. Die dadurch erhöhte Relativgeschwindigkeit ist nach

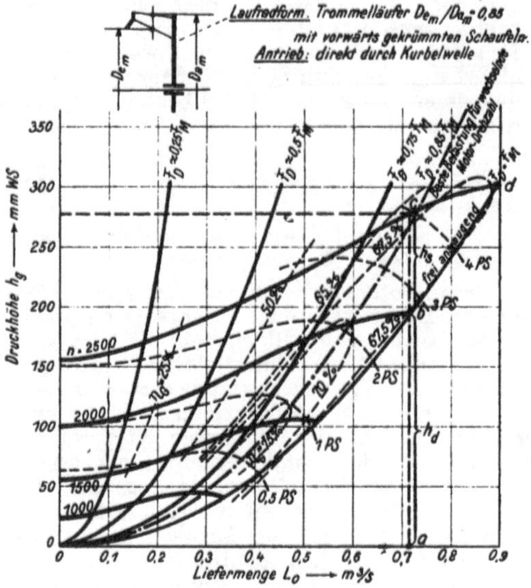

Bild 22. Druckverhältnisse eines Kühlluftgebläses in Abhängigkeit von der Liefermenge, dargestellt durch die Kennlinien von Drehzahl, Ausblasöffnung, Leistung und Wirkungsgrad

(Trommelläufer 372 mm ∅ mit vorwärtsgekrümmten Schaufeln.)

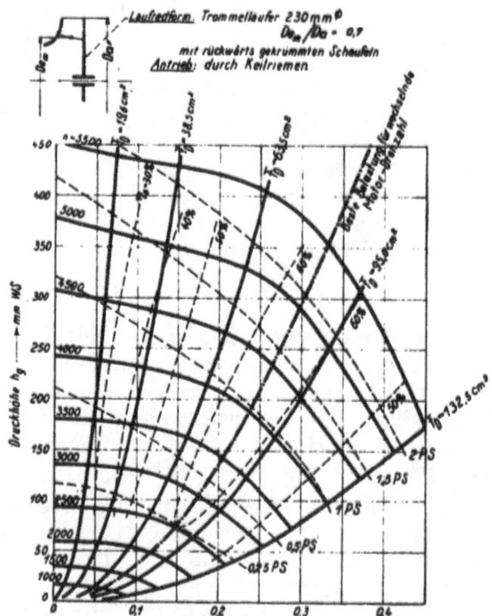

Bild 23. Druckverhältnisse eines Kühlluftgebläses in Abhängigkeit von der Liefermenge, dargestellt durch die Kennlinien von Drehzahl, Ausblasöffnung, Leistung und Wirkungsgrad. (Trommelläufer 230 mm ∅ mit rückwärtsgkrümmten Schaufeln; Staurohr 168 mm ∅; Normblenden)

einer von Eck gefundenen Erklärung der Anlaß, daß bei radial endenden und bei vorwärtsgekrümmten Schaufeln im Bereich der bis auf $L = 0$ abnehmenden Liefermenge ein Druckanstieg, d. h. ein Wiederaufrichten der Druckkurve eintritt. Dadurch entsteht der für solche Schaufelformen kennzeichnende, sattelförmig durchgebogene Linienverlauf. Das Ergebnis dieser Einflüsse ist, daß zwischen der theoretischen und der wirklichen Kennlinie an sich sehr wenig Ähnlichkeit besteht und daß die wirkliche Kennlinie allenfalls nach ihrem steigenden oder fallenden Gesamtverlauf noch Rückschlüsse auf die verwendete Schaufelkrümmung erlaubt. So handelt es sich z. B. bei dem in Bild 22 gezeigten Kennfeld, das sich auf das Gebläse eines älteren Motortyps mit hoher Ausblasgeschwindigkeit bezieht, dem Anstieg der Kurven zufolge um ein Laufrad mit vorwärts gekrümmten Schaufeln. Das Bild betrifft einen Trommelläufer mit einem Außen-Durchmesser von 372 mm, dessen Schaufeln zur Vergrößerung der bei plötzlicher Änderung der Motordrehzahl erforderlichen Festigkeit und zur Aufnahme der auftretenden Fliehkräfte breit an die Radscheibe herangezogen sind (vgl. die schematische Darstellung im oberen Teil des Bildes). Im Gegensatz dazu stellt Bild 23 das Kennfeld eines Gebläses dar, dessen Läufer rückwärts gekrümmte Schaufeln aufweist. Es handelt sich hierbei um ein Rad der im Volkswagenmotor verwendeten Bauart und Größenordnung, dessen Kennlinienverlauf in typischer Weise auf diese Schaufelform hindeutet. Die Stärke des Abfalls der Kennlinien ist durch das Durchmesser-Verhältnis $D_e/D_a = 0{,}7$ bestimmt.

Die Bilder 22 und 23 werden im folgenden Abschnitt noch näher erläutert.

5. Gleichwertige Düse.

Zur versuchsmäßigen Bestimmung der Betriebszustände und Leistungsgrenzen von Ventilatoren beliebiger Bauart und Größe kann man die Widerstände, die das Gebläse in der angeschlossenen Luftführung am Motor zu überwinden hat, durch ein kreisförmige Durchflußöffnung (Drosseldüse, Blende, Staurand) künstlich ersetzen. Unter der „gleichwertigen Düse“ F_D wird diejenige Kreisöffnung verstanden, durch die eine der tatsächlichen Kühlluftmenge am Motor entsprechende Luftmenge L_0 unter Einhaltung der zugeordneten Gesamt-Druckhöhe h_g verlustlos ausfließt. Sie ergibt als Maßstab der wirklichen Widerstände im Verhältnis zum Ausblasquerschnitt F_{L_0} die Durchflußziffer

$$\alpha = F_D/F_{L_0}.$$

Wegen $h_g = \left(\frac{L_0}{F_D}\right)^2 \cdot \frac{\gamma}{2g}$ und $h_d = \left(\frac{L_0}{F_{L_0}}\right)^2 \cdot \frac{\gamma}{2g}$ ist $\frac{h_d}{h_g} = \left(\frac{F_D}{F_{L_0}}\right)^2 = \alpha^2$,

so daß mit $h_s/h_g = 1 - \alpha^2$ auch der statische Druckanteil im Ausblasstutzen F_{L_0} bestimmbar ist.

Für die Durchflußmessungen gelten besondere Regeln[37]). Die in der Zeiteinheit wirklich ausfließende Luftmenge unterscheidet sich von der theoretischen durch den vom Öffnungsverhältnis abhängigen Durchflußfaktor α und durch die Expansionsziffer ε gemäß

$$L_0 = \varepsilon \cdot F_D \cdot v_{L_0} = \varepsilon \cdot \alpha \cdot F_{L_0} \cdot v_{L_0} \quad \mathrm{m^3/s}.$$

Da die adiabatische Temperaturerhöhung nur 1^0 C auf je etwa 120 mm-W.-S. beträgt, ist praktisch $\varepsilon = 1$. Somit wird

$$L_0 = \alpha \cdot F_{L_0} \cdot v_{L_0} = \alpha \cdot F_{L_0} \sqrt{\frac{h_g \cdot 2g}{\gamma}} \quad \mathrm{m^3/s}$$

[37]) „Regeln für Abnahme- und Leistungsversuche an Verdichtern“, VDI-Verlag, Berlin 1934.

und für normale Barometerstände ($\gamma \approx 1{,}2$)

$$L_0 = 4\,\alpha \cdot F_{L_0} \cdot \sqrt{h_g}\ \text{m}^3/\text{s}\,.$$

Der Konstrukteur kann den Leistungsaufwand zur Förderung der benötigten Kühlluftmenge von 2 Seiten beeinflussen, durch die Gebläsekonstruktion (Druckkurve) und durch die Bauart der Luftführungsanlage (Widerstandskurve). Die Kennlinie des Leitungssystems bzw. des Gesamtwiderstandes ist nach obiger Gleichung eine Parabel $h = \text{const}\,.\,L^2$ (Abschnitt E III 3) durch den Nullpunkt. Der Schnittpunkt mit der Gebläsekennlinie der betrachteten Drehzahl bestimmt den gesuchten Betriebspunkt.

Durch systematische Durchmessung sowie durch Hinzufügung der Leistungskurven und der Kurven gleichen Wirkungsgrades, die in ihrer offenen oder geschlossenen Form den Höhenschichtlinien einer Landkarte ähneln, entsteht ein Kennfeld nach Art von Bild 22 und 23, mit dem man einen klaren Überblick über die Leistungsgrenzen des untersuchten Kühlluftgebläses bei Anschluß verschieden großer Widerstände (F_D-Linien) und über seine Ausnutzung bei allen am Motor auftretenden Betriebszuständen (η_G, n und N_G) erhält.

Wie daraus erkennbar, kann das Gebläse nur in einem bestimmten Betriebsbereich mit seinem günstigsten Wirkungsgrad arbeiten. Die Kenntnis der Gebläsecharakteristik ist infolgedessen notwendig, um beurteilen zu können, welche Maßnahmen erforderlichenfalls zur Verlagerung der wichtigsten Betriebspunkte am Motor in ein Gebiet besseren Wirkungsgrades etwa durch Änderung der Übersetzung, der Ausblasöffnung am Gebläse oder an den Zylindern, der Krümmerverluste in der Luftführung u. dgl. geeignet sind.

Die für den untersuchten Motor maßgebende Widerstandslinie ist in Bild 22 eingetragen. Sie ergibt sich aus dem am kalten Motor im Versuch ermittelten äquivalenten Düsenquerschnitt $F_D = F_M$. Auf dieser Linie liegen alle am Motor vorkommenden Betriebspunkte. Die bei der Höchstdrehzahl des Motors erreichbare Kühlluftmenge ergibt sich aus Punkt d.

Aus den übrigen F_D-Kurven geht hervor, welche Betriebswerte mit dem Gebläse zu erwarten sind, wenn es gegen andere konstante Ausblasöffnungen arbeitet, die kleiner sind als die den wirklichen Widerständen am Motor entsprechende Düsenöffnung F_M. In allen Fällen teilt sich der Gesamtdruck nach der Lage der Widerstandslinie in die verfügbaren dynamischen und statischen Anteile auf (Beispiel: Linien a—b und b—c). Man kann daher aus einem solchen Schaubild alle bisher angedeuteten Zusammenhänge wie Rückgang der Liefermenge bei Vermehrung der Widerstände ($F_D < F_M$), Ausgleich durch Drehzahlsteigerung, Verhalten der Leistungsaufnahme bei Drosselregelung usw. unmittelbar ablesen. Bei völlig abgedrosseltem Gebläse $L_0 = 0$ und voller Drehzahl beträgt lt. Bild 22 die statische Druckhöhe 150 mm WS und die Antriebsleistung 2 PS. Der Rückgang des Leistungsbedarfs ist die Folge der bei vorwärts gekrümmtem Schaufelprofil gleichzeitig mit der Liefermenge abfallenden Kennlinie.

Im dargestellten Fall, Bild 22, handelt es sich um eine Anlage, die im Sinne der früheren Betrachtung einen verhältnismäßig engen Ausblasquerschnitt F_{L_0} mit demgemäß sehr hoher Luftgeschwindigkeit besitzt, an den ein als Diffusor ausgebildeter Luftführungskanal angeschlossen ist. Wie sich bei den Messungen bestätigt hat, ist die Liefermenge und die Antriebsleistung bei freier Ausblasöffnung am Gebläse hier ziemlich ebenso groß wie bei angebauten Zylindern nebst Luftführungskanal. Der Druck im Ausblasstutzen ist dabei sogar etwas höher. Dies läßt einerseits den ungewöhnlich hohen Widerstand bei freier Ausströmung erkennen und andererseits auf einen vorteilhaften Einfluß des als Diffusor wirkenden Luftführungskanals schließen.

Durch diese Diffusorwirkung kommt immerhin ein noch sehr günstiger Wirkungsgrad zustande. Nach der im Bild 22 eingetragenen Linie der besten Belastung, die bei etwa 0,85 F_M liegt, ist anzunehmen, daß sich die Ausnutzung bei betriebswarmen Zylindern sogar noch verbessert, denn diese Belastung dürfte nach früheren Darlegungen, wonach die Erwärmung der Kühlluft an den Zylindern einer Verengung des kleinsten Durchtrittsquerschnittes zwischen den Kühlrippen auf etwa 100/1,12 = 89% gleichkommt, hier im praktischen Betrieb tatsächlich vorhanden sein.

Trotzdem kann aber die Gebläseanlage nach Bild 22 nicht befriedigen, denn der Leistungsbedarf erscheint durch die hohe Luftgeschwindigkeit im engen Ausblasquerschnitt des Spiralgehäuses im Vergleich zu den erfahrungsgemäß erreichbaren Werten als zu hoch und könnte bei gleichgroßer Liefermenge verkleinert werden, sofern man mit einer kleineren Gesamtdruckhöhe auskommt. Es ist zweifellos richtig, die Luftgeschwindigkeit in F_{L_0} nicht größer zu halten als zwischen den Kühlrippen. Als Mittel zur Verbesserung kommt hier, wie sich aus Versuchen ergeben hat, ein kleineres Laufrad mit relativ größerer Ausblasöffnung des Gebläsegehäuses und mit entsprechend kleinerer Luftgeschwindigkeit an dieser Stelle in Frage, vielleicht sogar auch eine Änderung der Schaufelform.

Das durch Bild 23 charakterisierte Gebläse wurde unabhängig vou seiner Verwendung am Volkswagenmotor nach Normvorschrift 37 durchgemessen. Das anschließende Staurohr bis zur Normblende hatte eine Weite von 168 φ. Am VW-Motor liegt die höchste Betriebsdrehzahl des Läufers noch wesentlich höher als die im Kennfeld dargestellte höchste Versuchsdrehzahl von 5500 U/min. Auch die Druckverhältnisse sind dort infolge anderer Widerstände der angeschlossenen Luftführung (2 Ausblas-Kanäle) und je nach der Meßstelle von der Darstellung Bild 23 verschieden.

6. Kennziffern.

Für die Beurteilung von Gebläsen gleicher Bauart und verschiedener Größe verwendet man einheitliche dimensionslose Kennziffern, die als reine Verhältniszahlen aus den gegebenen Konstruktionsgrundlagen gebildet sind. Wenn diese Ziffern für eine Gebläseanlage bestimmter Bauart und Größenordnung bekannt sind, so lassen sich daraus die aerodynamischen Eigenschaften aller geometrisch ähnlichen Ausführungen ableiten. Für den Motorenbauer ist dies bei der Übertragung bestimmter Gebläseeigenschaften auf einen ähnlichen Motor gleicher oder anderer Größe von Bedeutung.

a) Als Kennwert φ der Liefermenge gilt das Verhältnis der wirklichen Luftmenge zur größtmöglichen theoretischen Luftmenge, die sich im Ansaugzustand aus der Umfangsgeschwindigkeit u des Laufrades in m/s und dem voll ausgenutzten Ausblasquerschnitt F_{L_0} in m² ergibt:

$$\varphi = \frac{L_0}{F_{L_0} \cdot u}, \quad \text{worin } u = \frac{D_a \cdot \pi \cdot n}{60} \text{ m/s.}$$

Die Lieferziffer φ hat für jede Blende einen der Öffnung zugeordneten Wert und gestattet bei der Übertragung auf andere Größenverhältnisse die Bestimmung der Drehzahl n und des Laufraddurchmessers D_a.

b) Als Kennwert ψ der Druckhöhe ist das Verhältnis der erreichten Gesamtdruckhöhe h_g zur theoretisch möglichen Druckhöhe, d. h. zum Staudruck der Umfangsgeschwindigkeit zu setzen, nämlich

$$\psi_g = \frac{h_g}{\gamma \cdot u^2/2g} = \frac{h_g \cdot 2g}{\gamma \cdot u^2} = \frac{\varphi^2}{\lambda^2}.$$

Die Druckziffer ψ_g dient zur Ermittlung von h_g bzw. Δp_g und ändert sich mit der Blendenweite. Analog dazu kann man die statischen Druckverhältnisse (ψ_s) bestimmen.

c) Der Kennwert λ der Leistung (Leistungsziffer) stellt das Verhältnis der vom Gebläse aufgenommenen Leistung N_G zur theoretischen Förderleistung dar, also

$$\lambda = \frac{N_G}{\left(F_{L_0} \cdot u\right) \cdot \frac{u^2 \cdot \gamma}{2g}} = \frac{h_g \cdot L_0 \cdot 2g}{\eta_G \cdot F_{L_0} \cdot \gamma \cdot u^3} = \frac{\varphi \cdot \psi}{\eta_G}.$$

In Bild 24 sind die Kennziffern des in Bild 22 untersuchten Kühlluftgebläses wiedergegeben. Beide Schaubilder beruhen auf bisher unveröffentlichten Messungen, die im Forschungsinstitut für Kraftfahrwesen und Fahrzeugmotoren an der T. H. Stuttgart vor Jahren durchgeführt worden sind,

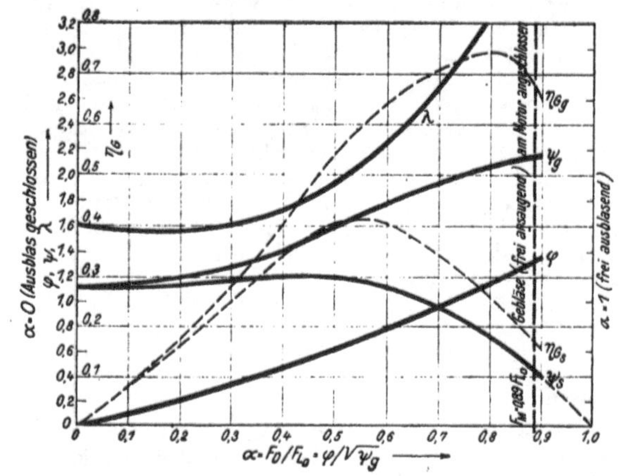

Bild 24. Kennlinien des Kühlluftgebläses nach Bild 22 in Abhängigkeit von der Durchflußziffer

und enthalten sämtliche möglichen Betriebszustände des untersuchten Gebläses. Die besprochene Eigenart dieses praktischen Beispiels früherer Bauart geht auch aus Bild 24 hervor, und zwar aus $\varphi > 1$, wonach die Luftgeschwindigkeit im Ausblasstutzen F_{L_0} größer sein muß als die Umfangsgeschwindigkeit des Laufrades. Ferner erkennt man aus dem hohen Betrag der Druckziffer ψ_g die Verwendung vorwärtsgekrümmter Laufradschaufeln, denn man rechnet nach Eck

für vorwärtsgekrümmte Schaufeln mit $\psi \approx 1{,}6$—$2{,}3$
für radial auslaufende Schaufeln mit $\psi \approx 1{,}0$—$1{,}4$
für rückwärts gekrümmte Schaufeln mit $\psi \approx 0{,}7$—$1{,}2$.

7. Laufradgestaltung.

Im Falle des nachstehend betrachteten direkten Gebläseantriebs, der vom Standpunkt der Gebläsegestaltung am schwierigsten ist, sind dem Motorenkonstrukteur 3 Konstruktionsgrößen gegeben, und zwar die Kühlluftmenge L_0, die Drehzahl n und der Gesamtdruckunterschied h_g, dessen Anteil h_s zunächst aus der Erfahrung geschätzt werden muß. Als veränderliche Konstruktionsgrößen stehen zur Verfügung:

der Laufraddurchmesser D_a,
das Durchmesserverhältnis D_e/D_a,
die Schaufelform (Eintritts- und Austrittswinkel),
die Ausbildung des Leitgehäuses und der angeschlossenen Leitung.

Es bestehen die Forderungen, daß ein möglichst günstiger Wirkungsgrad über ein weites Drehzahlfeld erzielt werden soll und daß sich die Gebläseabmessungen nach den Einbauverhältnissen des Motors im Fahrzeug richten müssen. Diese Rücksichten bestimmen die Bauart des Laufrades und die Schaufelform in entscheidender Weise.

a) Bauart des Laufrades.

Im Hinblick darauf, daß der beste Wirkungsgrad nicht mit dem Betriebspunkt des stoßfreien Lufteintritts in den Schaufelkanal zusammenfällt[34]), empfiehlt es sich, eine etwas vergrößerte Fördermenge L_0' in Rechnung zu setzen. Für die so gegebene Kombination von L_0', n und h_g kommen, was den Laufraddurchmesser und die Beschaufelung betrifft, verschiedene Lösungen in Frage, aber für jede Drehzahl kann nur eine dieser möglichen Lösungen die geringste Verlustziffer aufweisen. Für den Wagenmotor wird man daher nach Erfordernis entweder die Höchstdrehzahl zugrundelegen, um eine möglichst große Motor-Höchstleistung zu erzielen, oder, wie es unter günstigen räumlichen Bedingungen bei Gebrauchsmotoren vorkommt, die im Fahrbetrieb häufigste Drehzahl.

Durch die Bedeutung der Platzfrage am Motor und im Fahrzeug verengt sich die Aufgabe dahin, daß die benötigte Luftmenge bei gegebener Höchstgrenze des Raddurchmessers D_a und der Umfangsgeschwindigkeit u unter Einhaltung des gegebenen Mindestwertes an Überdruck zu fördern ist. Gleichzeitig soll ein genügend großer Eintrittsdurchmesser D_e vorhanden sein, denn eine Ablösung der Luftströmung an der Umlenkstelle zu den Radschaufeln ist nur vermeidbar, wenn die Eintrittsbreite b des Laufrades voll ausgenutzt wird, d. h, wenn der Saugquerdurchschnitt $\frac{\pi D_e^2}{4}$ groß genug ist, um eine Beschleunigung der Luftströmung beim Eintritt in den Ringquerschnitt $\pi D_e \cdot b$ des Laufrades herbeizuführen ($\frac{\pi D_e^2}{4} > \pi \cdot D_e \cdot b$).

D_e und b sind zur Erfüllung der Bedingung $b < \frac{D_e}{4}$ nach Eck miteinander durch die Beziehung

$$b_{\max} = \frac{D_e}{4{,}8} = 0{,}21\, D_e$$

verbunden. Mit dieser Radbreite beträgt die Verengung der Querschnitte im Schaufelkanal 20%.

Das Verhältnis D_e/D_a muß also in solchen Einbaufällen groß sein. Diese Forderung führt bei den meisten Motoren für ein Radialgebläse zwangläufig zur Wahl eines Trommelläufers in Turbinenradform (Sirocco-Laufrad) mit sehr kurzen radialen Schaufellängen und mit einer für ausreichende Luftführung im Laufrad entsprechend großen Schaufelzahl. Nur bei kleinen Motoren oder Gebläsen kann man der Unterbringungsfrage des Kühlluftgebläses im Wagen mit aerodynamisch günstigeren Laufradformen (u. U. sogar aus Leichtmetallguß) gerecht werden.

Es genügt somit, lediglich die Trommelbauart des Läufers näher zu betrachten. Diese Bauart gründet ihre Überlegenheit für den räumlich beschränkten Einbaufall am Motor auf folgende Eigenschaften:

1. Höchste erreichbare φ- und ψ-Werte des Laufrades bei kleinsten Abmessungen und Drehzahlen infolge des großen Wertes von D_e/D_a.

2. Niedrige Umfangsgeschwindigkeit und Massenträgheit, infolgedessen bessere Festigkeit gegenüber dem normalen Laufrad aus gleichem Baustoff mit viel größerem Außendurchmesser, gleicher Fördermenge und Druckhöhe. (Bei drehelastischer Anordnung auf dem vorderen Ende der Kurbelwelle ersetzt das Laufrad einen Schwingungsdämpfer.)

3. Billige Ausführung und verhältnismäßig kleines Gewicht durch geringe Abmessungen und durch Verwendung unprofilierter Blechschaufeln dünner Wandstärke. In gewissem Ausmaß werden diese Eigenschaften allerdings, sofern man keine Zugeständnisse machen will, durch die hohe Anzahl der Schaufeln beeinträchtigt.

4. Geräuschloser Lauf infolge geringer Wirbelbildung.

Angesichts dieser Vorzüge, die den praktischen Belangen am Fahrzeugmotor außerordentlich weit entgegenkommen, wird man die dem Trommelläufer anhaftenden Nachteile in bezug auf Laufradverluste und hydraulischen Wirkungsgrad, Leistungsbedarf und Reaktionsgrad als das kleinere Übel ansehen, wenn es sich vordringlich darum handelt, zunächst einmal brauchbare Gehäuseabmessungen zu schaffen.

Das Durchmesserverhältnis D_e/D_a eines Trommelläufers liegt als maßgebende Einflußgröße der aerodynamischen Gebläseeigenschaften bei vorwärts gekrümmten Schaufeln nach den Angaben von Eck zwischen 0,8 und 0,95. Der Mittelwert von 0,875 ergibt eine radiale Schaufeltiefe $\frac{D_a - D_e}{2} = \frac{1}{16} D_a$. Dabei liegen die günstigsten Laufradbreiten zwischen $b = 0{,}167 D_a$ und $b = 0{,}198\ D_a$ (Mittelwert $b = 0{,}183\ D_a$). Bei größeren Breiten ist mit Abreißen der Strömung und mit Rückfluß der Luft durch die Schaufeln zu rechnen.

Was die Schaufelzahl z betrifft, so wird im Ventilatorenbau bei vorwärts gekrümmten Schaufeln empfohlen, die Teilung $t = \frac{\pi \cdot D_a}{z}$ auf die Schaufelkrümmung $r = \frac{D_a - D_e}{2\sqrt{2}}$ zu beziehen und in Anlehnung an den Dampfturbinenbau nach Stodola $t = 0{,}7\ r$ bis $t = r$ zu wählen[34]).

Dies ergibt, mit dem Durchmesserverhältnis ausgedrückt,

$$\text{für } t = 0{,}7\ r: \qquad z = 12{,}7 \frac{1}{1 - D_e/D_a}$$

$$\text{für } t = r \quad : \qquad z = 8{,}88 \frac{1}{1 - D_e/D_a}$$

Bei rückwärtsgekrümmten Schaufeln kann die Anzahl wesentlich kleiner sein (längere Kanäle), ebenso das Durchmesserverhältnis.

Zahlentafel 4: Günstigste Laufradbreite und Schaufelzahl sowie Minderleistungsfaktor der endlichen Schaufelzahl, erreichbare Lieferziffern und Reaktionsgrad von Trommelläufern mit vorwärts gekrümmten Schaufeln bei verschiedener radialer Schaufeltiefe (nach B. Eck).

Durchmesserverhältnis	$\frac{D_e}{D_a}$	0,8	0,85	0,9	0,95
Laufradbreite / Raddurchmesser	$\frac{b}{D_a}$	0,1665	0,177	0,1875	0,198
Schaufelzahl	z für $t = 0{,}7\ r$	64	85	127	254
	z für $t = r$	44	60	89	178
Minderleistungsfaktor durch endl. Schaufelzahl	ε für $t = 0{,}7\ r$	0,911	0,914	0,917	0,918
	ε für $t = r$	0,878	0,882	0,885	0,885
Lieferziffer	φ'	0,533	0,602	0,675	0,752
Reaktionsgrad	$\varkappa$	0,18	0,139	0,095	0,049

In Zahlentafel 4 sind die von Eck für Trommelläufer mit vorwärtsgekrümmten Schaufeln errechneten und empfohlenen Laufraddaten zusammengestellt. Die Werte des durch die endliche Schaufelzahl hervorgerufenen Minderleistungsfaktors ε, die durchgängig bei etwa 0,9 liegen, des Reaktionsgrades $\varkappa$ und der erreichbaren Lieferziffer φ' sind der Vollständigkeit wegen mit aufgenommen. Die Lieferziffer φ' ist hier, um vom Ausblasquerschnitt unabhängig zu sein, auf den Laufraddurchmesser bezogen und definiert sich zu

$$\varphi' = \frac{L}{\frac{\pi D_a^2}{4} \cdot u_2} = \frac{c_{2m} \cdot b \cdot Da \cdot \pi}{\frac{\pi \cdot D_a^2}{4} \cdot u_2} = 4 \cdot \frac{c_{2m} \cdot b}{D_a \cdot u_2},$$

worin c_{2m} die Meridiangeschwindigkeit und u_2 die Umfangsgeschwindigkeit am Austritt der Luft aus dem Laufrad bedeutet.

Aus praktischen Erwägungen (Schaufelzahl, Festigkeitseigenschaften beim plötzlichen Drehzahlwechsel, Reaktionsgrad) wird man bestrebt sein, den kleinsten Betrag von D_e/D_a zu erreichen, der am eingebauten Motor für den Trommelläufer zugestanden werden kann, denn mit der auch dann noch als hoch anzusprechenden Lieferziffer φ' findet man im allgemeinen ein Auskommen.

b) Schaufelform.

Die im Ventilatorenbau vorkommenden Schaufelformen enden je nach der Größe des Schaufelaustrittswinkels β_2 mit einer Vorwärtskrümmung ($\beta_2 > 90^0$) oder radial ($\beta_2 = 90^0$) oder mit einer Rückwärtskrümmung

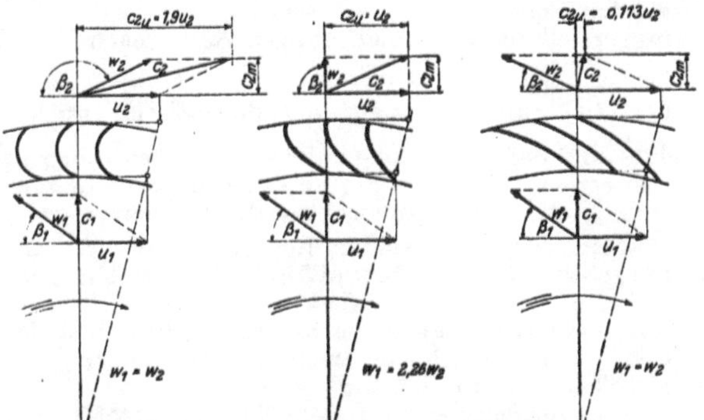

Bild 25. Geschwindigkeitsdiagramme verschiedener Schaufelformen am Trommelläufer

($\beta_2 < 90^0$). Für stoßfreien Lufteintritt in den Schaufelkanal ergibt sich bei allen 3 Formen bei gleicher Drehzahl und Liefermenge der gleiche Winkel β_1. Die Druckleistung der 3 Schaufelformen ist von den Schaufelwinkeln abhängig und daher sehr verschieden. Wie schon bei der Erörterung der Betriebseigenschaften besprochen, hat die theoretische Druckhöhe in Abhängigkeit vom Zuwachs der Liefermenge einen ansteigenden, konstanten oder abfallenden Verlauf.

In Bild 25a—c sind diese Schaufelformen mit den zugehörigen Geschwindigkeitsdreiecken für Trommelläufer mit gleicher Schaufelzahl und mit gleichen Eintrittswinkeln für $D_e/D_a = 0{,}85$ schematisch dargestellt. Mit der Annahme gleicher Radabmessungen und Drehzahlen wird neben $u_2 = \text{const}$ auch $c_{2m} = \text{const}$. Es liegen also gleiche Liefermengen zugrunde.

Wie ersichtlich, setzen sich die Vektoren so zusammen, daß die geometrische Summe der Relativgeschwindigkeiten der absoluten Geschwindigkeit entspricht. Als Hauptgleichung für die Druckhöhe h_g bzw. für die Druckzunahme Δp_g gilt:

$$\Delta p_g = \frac{\gamma}{2g}\left[\left(c_2^2 - c_1^2\right) + \left(u_2^2 - u_1^2\right) + \left(w_1^2 - w_2^2\right)\right].$$

Hierin stellt das erste Glied $\frac{\gamma}{2g}(c_2^2 - c_1^2)$ die kinetische Energie hinter dem Laufrad dar, deren mehr oder oder weniger verlustreiche Umwandlung in statischen Druck im Gebläsegehäuse und gegebenenfalls im Leitungssystem zu erfolgen hat.

Die beiden anderen Glieder bezeichnen den statischen Druck hinter dem Laufrad, den sog. Spaltdruck, und erklären sich aus der Druckerhöhung durch die Zentrifugalkräfte bzw. aus der Verzögerung des Luftstromes durch die Erweiterung der Schaufelkanäle nach außen.

In Bild 25a und 25c ist $w_1 = w_2$ angenommen, was durch einen konischen Abdeckring der vorderen Schaufelenden ($b_2 < b_1$) erreichbar ist. Die Verwendung solcher Deckringe an Stelle paralleler Deckwände ($b_2 = b_1$) wird von Eck zur Vermeidung der mit der Geschwindigkeitsänderung verbundenen Verluste um so dringender empfohlen je größer D_e/D_a, d. h. je kürzer die radiale Schaufellänge ist. Bei $w_1 = w_2$ fällt das 3. Glied weg.

Bei radial endenden Schaufeln ist die Bedingung $w_1 = w_2$ infolge der starken Erweiterung der Kanäle in der radialen Richtung nicht erfüllbar. Für $D_e/D_a = 0{,}85$ ergibt sich mit $w_1 = 2{,}26\, w_2$ eine so starke Verzögerung des Luftstromes in den kurzen Schaufeln, daß diese Form aus der Betrachtung ausscheidet.

Die Gegenüberstellung der beiden übrigen Räder nach Bild 25a und c zeigt folgendes:

Der aus der Fliehkraftwirkung entstehende statische Druck $\frac{\gamma}{2g}(u_2^2 - u_1^2)$ ist der Annahme und der Darstellung zufolge bei beiden Rädern gleichgroß. Da der noch zu erwartende Druckgewinn durch die sehr unterschiedlichen c_{2_u}-Werte gekennzeichnet ist, ergibt sich aus den Geschwindigkeitsdreiecken augenfällig, daß sich Form *a* besonders für solche Anwendungsfälle eignet, in denen bei gegebener Luftmenge und Drehzahl bzw. Umfangsgeschwindigkeit ein hoher Druck verlangt wird, während sich Form *c* entgegengesetzt verhält. Dies zeigen auch die Kennfelder Bild 22 u. 23, bei deren Vergleich natürlich die verschiedenartigen Abmessungen der geprüften Laufräder berücksichtigt werden müssen.

Von der Seite einer gegebenen Druckhöhe betrachtet kommt also die Form *a* mit weit kleineren Drehzahlen oder Gebläseabmessungen aus als Form *c*, wobei sich natürlich entsprechend verschiedene Liefermengen ergeben. In bezug auf die Abmessungen des auf einen bestimmten Widerstand am Motor abgestimmten Kühlluftgebläses besitzt die vorwärtsgekrümmte Schaufelform offensichtlich Vorteile, nicht aber in bezug auf den Leistungsbedarf, für den das Produkt aus Druckhöhe und Liefermenge maßgebend ist.

Einen allgemeinen Überblick über die Druckverhältnisse von Laufrädern mit verschiedener Schaufelform, die gleiche Kenndaten (D_a, D_e/D_a, b, u) besitzen und daher gleiche Luftmengen fördern, erhält man aus der Betrachtung des Reaktionsgrades. Dieser gibt an, wie hoch sich der statische Druckanteil unmittelbar hinter den Schaufelkanälen beläuft und welcher nutzbare Druck bei verlustlos gedachter Umsetzung von Geschwindigkeit in Druck im Spiralgehäuse des Gebläses bzw. auch im angeschlossenen Diffusor noch zu gewinnen ist. Demzufolge wird der Reaktionsgrad ausgedrückt durch

$$\varkappa = \frac{h_s}{h} = \frac{\psi_s}{\psi_g}$$

am Laufrad-Umfang. Bild 26 ist aus der Abhandlung von Eck[34]) fast unverändert übernommen und läßt erkennen, daß mit wachsendem Schaufelaustrittswinkel β_2 der Gesamtdruck linear ansteigt, daß aber der Reaktions-

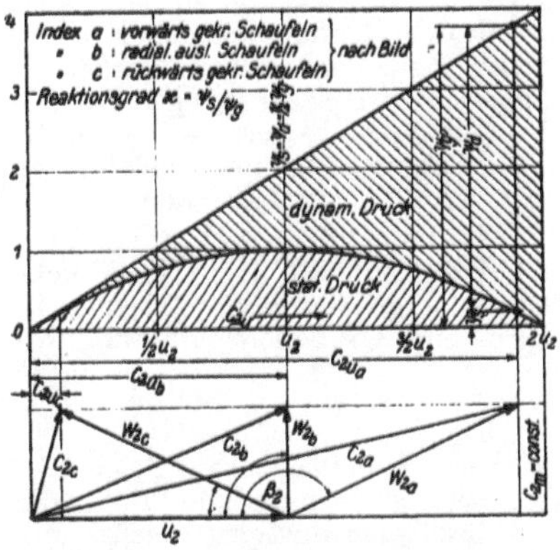

Bild 26. Änderung der stat. und dynam. Druckanteile bei wachsenden Schaufelaustrittswinkeln von Laufrädern mit gleichen Abmessungen, Umfangsgeschwindigkeiten und Liefermengen (nach B. Eck)

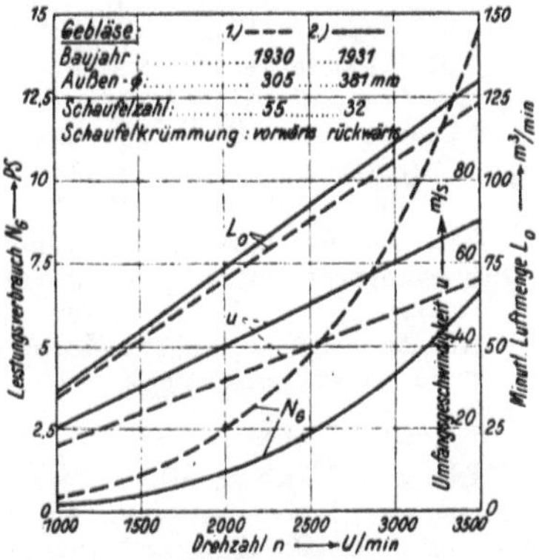

Bild 27. Leistungsverbrauch, Fördermenge und Umfangsgeschwindigkeit verschiedener Gebläse-Bauarten am Franklin-Motor in Abhängigkeit von der Drehzahl

grad dabei fortschreitend abnimmt und infolgessen bei vorwärtsgekrümmten Schaufeln am kleinsten ist (Zahlentafel 4).

Der hohen Gesamt-Druckleistung wegen werden im Ventilatorenbau bei Trommelläufern fast ausschließlich vorwärts gekrümmte Schaufeln verwendet. Tatsächlich geben natürlich die kleineren Drehzahlen oder Gebläseabmessungen, die damit möglich sind, vor der Frage der Wirtschaftlichkeit gewöhnlich den Ausschlag. Die Gebrauchsfähigkeit des Läufers der Form c, der bei gleicher Liefermenge weit weniger Leistung erfordert, ist aber durchaus nicht immer von der Hand zu weisen, besonders dann nicht, wenn der Motor verhältnismäßig große Luftdurchlässe aufweist oder wenn infolge günstigerer baulicher Umstände die Möglichkeit besteht, die Vektoren des Austrittsdiagramms durch größere Laufradabmessungen oder gesteigerte Übersetzung in ihrer absoluten Größe den Anforderungen entsprechend zu bemessen.

Als Beispiel eines solchen Vorgehens zeigt Bild 27 die Gegenüberstellung zweier direkt angetriebener Kühlluftgebläse am Franklin-Motor mit dem Übergang von vorwärtsgekrümmten auf rückwärtsgekrümmte Schaufeln[6]). Die bei dem rückwärts gekrümmten Schaufelprofil unzureichende Druckhöhe wurde hier durch ein vergrößertes Laufrad mit höherer Umfangsgeschwindigkeit dem Bedarf angepaßt. Gleichzeitig konnte dabei die Schaufelzahl empirisch Schritt für Schritt auf die aus Festigkeitsgründen erforderliche Mindestzahl verkleinert werden, ohne daß angeblich der Wirkungsgrad nachließ. Der Erfolg der Maßnahmen zeigt sich in einem unter gleichen Vorbedingungen nur halb so großen Leistungsaufwand für die Luftkühlung bei ungefähr gleichgroßer Fördermenge.

Es sei in diesem Zusammenhang dahingestellt, in welchem Ausmaß sich etwa mit der Anwendung eines Schraubengebläses grundsätzliche Vorteile in den Leistungswerten der Luftkühlung und fallweise vielleicht auch Vorteile baulicher Art erzielen lassen. Richtig scheint aber jedenfalls die Überlegung zu sein, daß in allen Fällen, in denen sich die Anwendung eines Schraubengebläses für die Luftkühlung nicht aus aerodynamischen Gründen, sondern allein aus irgendwelchen betriebstechnischen Bedenken (zu hohe Drehzahl als Ursache zu starker Geräuschbildung, Antriebsschwierigkeiten o. dgl.) verbietet, zunächst die Möglichkeit geprüft werden sollte, dieselben oder ähnliche Leistungswerte stattdessen durch ein Radialgebläse mit rückwärts gekrümmten Schaufeln zu erreichen. Voraussetzung ist natürlich, daß die Platzfrage und die Antriebsbedingungen diese Lösung zulassen oder, wie bei Boxermotoren in der Bauart des Volkswagenmotors mit auf $n = 6000-6600$/min übersetztem Gebläse, sogar begünstigen. Gerade an diesem Beispiel tritt hervor, daß die baulichen Vorbedingungen für die Anordnung eines Radialgebläses u. U. mehr Vorteile versprechen (Luftführung) als für die Anordnung eines an sich weit kleiner ausfallenden Axialgebläses mit seinen weit schwierigeren Antriebsverhältnissen.

Man kann wohl für die Anwendung des Radialgebläses bei luftgekühlten Wagenmotoren allgemein die Regel aufstellen, daß der erforderliche Leistungsaufwand bei direktem Antrieb um so größer wird, je kleiner die Baubreite ist, die für einen Motor von gegebener Größenordnung im Fahrzeug zur Verfügung steht.

8. Spiralgehäuse.

Der Zweck des spiralförmigen Leitgehäuses, nämlich die im Schleudergebläse aus den Schaufelkanälen des Laufrades strömende Kühlluft in der abzuleitenden Richtung aufzunehmen und ihre Geschwindigkeitsenergie teilweise in Druckenergie umzuwandeln, wurde bereits erörtert. Die Querschnittsform des Leitkanals (Kreisform, Quadrat, Rechteck, Trapez oder Kombinationen davon) richtet sich am luftgekühlten Motor ganz nach den baulichen Umständen. Neben den strömungstechnischen Grundsätzen spricht vor allem die Rücksicht auf wirtschaftliche Herstellung (Baustoff, gegossene oder blechgepreßte Ausführung) entscheidend mit.

Eine im Hinblick auf die Grundform der angeschlossenen Luftführung zu den Zylindern häufig angewendete, billige Bauart ist das aus dünnen, punktgeschweißten Baublechen zusammengesetzte Spiralgehäuse mit quadratischem oder rechteckigem Kanalquerschnitt mit mehr oder weniger abgerundeten Ecken. In anderen Fällen findet man sorgfältiger geformte, aus Leichtmetall gegossene Gehäuse, die mitunter gleichzeitig als tragende Konstruktionsteile zur Abstützung des Motors oder zur Aufnahme von Hilfsmaschinen des Motors ausgebildet sind. Bei zweireihigen Motoren (V-Form, Boxerbauart) besitzt das Gebläse zwei halbe Spiralkanäle und zwei Ausblasöffnungen.

Bei der Gestaltung des Blechgehäuses für Gebläse und Druckkanal ist zu beachten, daß schädliche Luftdurchlässe nach außen an den Blech-Stößen im normalen Reihenbau möglichst vermieden werden müssen. Ein am Volkswagenmotor vorgenommener Vergleichsversuch zur Feststellung der Lieferdaten des Gebläses im Serienzustand gegenüber einer an allen Fugen mit Plastilin abgedichteten Versuchsausführung erbrachte eine Steigerung der Luftmenge am Seriengebläse über dem ganzen Drehzahlbereich von durchschnittlich 10% sowie einen Druckabfall von annähernd gleicher Größe. Hierbei arbeitete das Gebläse mit seinen rückwärts gekrümmten Schaufeln im Gebiet der steil abfallenden Kennlinien in Bild 23. Für die Leistungsaufnahme ergab sich gleichzeitig im unteren und mittleren Drehzahlfeld ein Minderbedarf, dagegen im oberen Drehzahlfeld ein geringer Mehrbedarf.

Zur Erklärung der Gestaltungsrichtlinien genügt die Betrachtung des einfachsten Falles, d. h. des Eisenblech-Gehäuses mit nur einem Anschlußstutzen (einreihige Zylinderanordnung), dessen Öffnung durch ein Quadrat oder durch ein Rechteck gebildet wird. Strömungstechnisch ist dieser Querschnitt gegenüber dem Kreisquerschnitt infolge der toten Ecken und infolge von Reibungseinflüssen im Nachteil. Die Luftgeschwindigkeit ist sehr ungleichmäßig verteilt. Als wirksame Öffnung zählt daher nur der „gleichwertige Durchmesser“ d_{gl}, der bei quadratischer Öffnung mit der Seitenlänge x dem eingeschriebenen Kreis $d_{gl} = x$ und beim Rechteck mit den Seitenlängen x und y der Größe $d_{gl} = \frac{2xy}{x+y}$ entspricht.

In der Praxis entwickelt man die Spiralform nach dem in Bild 28 dargestellten Näherungsverfahren[33]). Hierbei legt man der Konstruktion ein um den Mittelpunkt des Laufrades beschriebenes Quadrat mit der Seitenlänge s zugrunde, dessen Ecken die Mittelpunkte der jeweils um den Betrag s wachsenden 4 Radien R_1 bis R_4 bilden, wobei $R_1 = {}^1/_2\,(D_a + s)$.

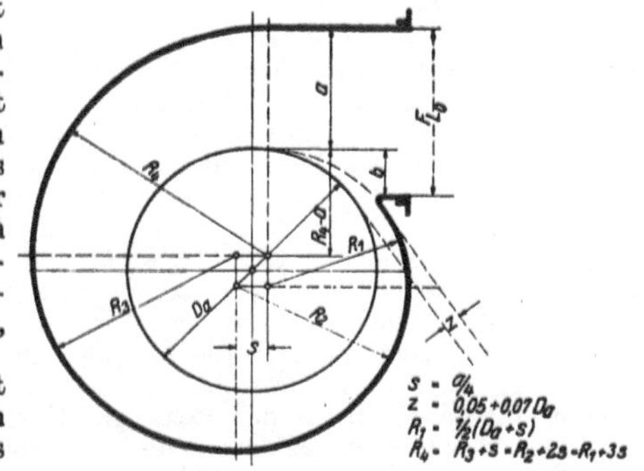

Bild 28. Gebläsegehäuse; Konstruktion der Spirale (nach Gronwald)

Für den Ausblasstutzen ist es in Anbetracht der niedrigen Druckhöhe zulässig, daß das Laufrad mit dem Außendurchmesser D_a in den Ausblasquerschnitt F_{L_0} um einen gewissen Betrag b hineinragt. Dadurch erhält man kleinere Gebläseabmessungen. Das Maß b bzw. die Größe des über dem Laufrad vorhandenen Querschnitts mit der Höhe a hängt im Vergleich zum ganzen Ausblasquerschnitt F_{L_0} davon ab, wieweit die Spirale das Laufrad umfaßt, d. h. welcher Anteil der Liefermenge bis dahin vom Laufrad gefördert ist. In der Abbildung ist $s = a/4$, weil lt. Konstruktion

$$a = R_4 + s - R_1 = (R_1 + 3\,s) + s - R_1 = 4\,s.$$

Bild 28 enthält auch das übliche Maß für den Abstand z der Gebläsezunge vom Laufrad. Mit Rücksicht auf den Spaltverlust soll z möglichst klein sein, doch ist bei zu naher Anordnung der Zunge am Laufrad unter dem Einfluß der Schaufelform bei hohen Drehzahlen mit der Entstehung pfeifender Geräusche zu rechnen. Man kann sich nötigenfalls (z. B. bei Gebläsen mit 2 Ausblasstutzen für 2reihige Motoren) helfen und z ziemlich klein ausführen, indem die alsdann scharfkantige Gehäusezunge in der Draufsicht auf das Laufrad schräg gelegt wird. Unter gewöhnlichen Umständen sind solche Sondermaßnahmen aber von ziemlich zweifelhaftem Wert.

Um einen möglichst hohen statischen Druck zu erhalten, soll die Geschwindigkeit v_{L_0} in der Ausblasöffnung nach einer im Ventilatorenbau geltenden Regel möglichst nicht größer sein als die Ansauggeschwindigkeit. Andererseits ist ein großer Unterschied gegenüber der Luftgeschwindigkeit an den Kühlrippen ebenfalls unerwünscht, da sich dadurch ungünstige Verhältnisse in der Leitung zu den Zylindern einstellen. Beide Forderungen lassen sich schwer vereinigen, denn man liegt mit der Luftgeschwindigkeit am Zylinder als der Ausgangsgröße der Querschnittsbemessung hinter dem Laufrad meistens weit höher als mit der Ansauggeschwindigkeit vor dem Laufrad.

Da man auf die Einbauabmessungen des Motors Rücksicht nehmen muß, erhält man häufig schon aus diesem Grunde ein ziemlich enges Spiralgehäuse mit enger Ausblasöffnung, so daß eine diffusorartige Erweiterung des Luftführungsquerschnittes zu den Zylindern manchmal wünschenswert sein mag. Bei einem zu großen Unterschied in den Luftgeschwindigkeiten von der Ausblasöffnung des Gebläses bis zur Ausblasöffnung an den Zylindern (Druckgebläse) wird aber, wie am Beispiel erläutert wurde, ein größerer Leistungsaufwand unvermeidlich. Die Bedeutung einer möglichst gleichmäßigen Luftgeschwindigkeit auf der Gebläsedruckseite sei deshalb nochmals betont. Maßgebend für den Entwurf ist die Geschwindigkeit der warmen Kühlluft an den Zylindern. Von diesem Wert soll die Konstruktion des Spiralgehäuses ausgehen.

IV. Luftführung zu den Zylindern.

Um die Kühlluft unter Ausnutzung der vom Gebläse erzeugten Strömungsenergie den Zylindern in derartiger Form zuzuführen, daß eine bevorzugte Kühlung der Stellen hoher Wärmebelastung stattfindet, bedarf es einer wohlüberlegt ausgebildeten Leitvorrichtung, über deren Gestaltung aber bei der Vielfalt der Konstruktionsrichtungen, die der Motorenbau in der Frage der Luftkühlung aufweist, keine allgemein gültigen Richtlinien aufgestellt werden können. Bei mehrzylindrigen Motoren hat die Aufmerksamkeit außerdem der gleichmäßigen Temperatur aller Zylinder zu gelten, denn das Mitschleppen eines einzelnen überkühlten Zylinders ist für den Betrieb genau so hinderlich wie ein Zylinder, der zu wenig Kühlluft bekommt und dadurch die Klopfgrenze für den ganzen Motor herabdrückt. Es ist für die Betriebssicherheit weniger wichtig, ob die Gesamttemperatur des Motors in den zulässigen Grenzen etwas höher oder niedriger liegt, als vielmehr zu erreichen, daß eine möglichst gleichmäßige Kühlung aller Zylinder und ausreichende Luftzufuhr zu den heißesten Zonen vorhanden ist. Wenn stets ein und derselbe Zylinder trotz sorgfältiger Gemischverteilung und bei sonst einwandfreiem Lauf aller übrigen Zylinder Anzeichen unzulänglicher Kühlung zeigt (z. B. verzogene Auslaßventilteller, ungünstiges Kolbenlaufbild, Klingeln usw.), so bleibt nichts weiter übrig, als die vorhandene Kühlluftmenge mit Hilfe der Leitvorrichtung anders zu verteilen. Hierbei ist aber gleichmäßige Kühlluftverteilung nicht immer gleichbedeutend mit gleichmäßiger Temperaturverteilung, denn in den Ansaugverhältnissen der an demselben Vergaser angeschlossenen Zylinder ist eine absolute Übereinstimmung kaum erreichbar.

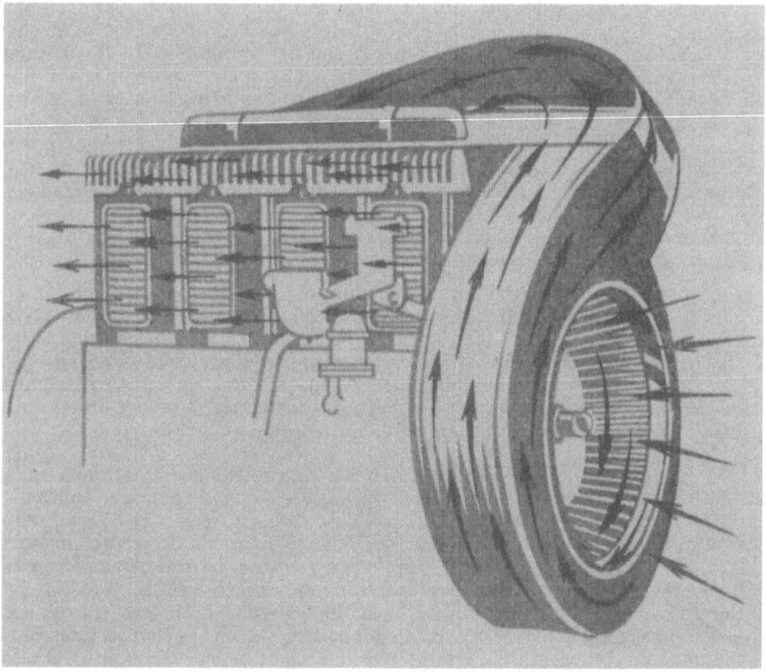

Bild 29. Kühlluftweg an einem Reihenmotor mit vornliegendem Radial-Gebläse (Phänomen „Granit 27")

Da es auf nichts anderes als auf die richtige Betriebstemperatur aller Zylinder, und zwar im ganzen Vollastgebiet ankommt, ist die zweckmäßigste Form der Leitvorrichtung innerhalb der konstruktiv festgelegten Grundsätze nur auf dem Versuchswege zu ermitteln. Der Konstrukteur muß hierbei von vornherein mit Störungen in der Luftverteilung rechnen und sich für eine Änderung der Leitvorrichtung während der Probeläufe der neuen Motorbauart möglichst freie Hand lassen, denn die Aussicht, auf Grund theoretischer Betrachtungen sofort das Optimum zu erreichen, ist erfahrungsgemäß gering. Das Temperaturbild, das auf dem Prüfstand aus der Temperaturmessung mit Hilfe von gleichmäßig auf die Zylinder verteilten Thermoelementen entsteht, ist erst dann befriedigend, wenn der Unterschied zwischen den gleichartigen Meßstellen an allen Zylindern nicht mehr ausmacht als höchstens 20° C. Dies gilt zunächst für den Dauerbetrieb mit hoher Leistung und Drehzahl. Wenn dann, was meist nicht zu vermeiden ist, bei kleineren Vollast-Drehzahlen gewisse Verschiebungen in der Temperaturverteilung eintreten, weil sich die Strömungsverhältnisse in der Leitvorrichtung mit der Kühlluftgeschwindigkeit ändern, so kommt es ganz auf den Verlauf der Temperaturkurven an, wieweit größere Temperaturunterschiede in diesem Betriebsbereich als unbedenklich gelten können (vgl. Bild 9 und 17). Die möglichst gleichmäßige Anpassung der Kühlung an die veränderlichen Betriebszustände ist bei stark wechselnder Luftbelieferung der einzelnen Zylinder in den verschiedenen Drehzahlen eine oft mühevolle Aufgabe, von deren Lösung die Betriebssicherheit unmittelbar abhängen kann.

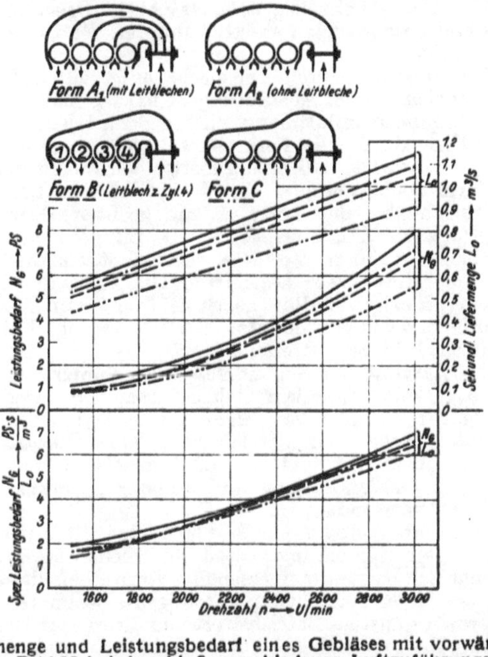

Bild 30. Liefermenge und Leistungsbedarf eines Gebläses mit vorwärtsgekrümmten Schaufeln nach Bild 22 bei Anschluß verschiedener Luftzuführungen zum Motor

Betrachtet man das einfache Beispiel eines 4 Zyl.-Reihenmotors mit seitlich angeblasenen Zylindern nach Bild 29, so findet man, daß die Luftzuführung zur gleichmäßigen Kühlung der Zylinder mit sehr verschieden gestalteten Leitmitteln möglich ist. In Bild 30 sind einige Formen des Luftführungskastens schematisch dargestellt, die nach den Erfahrungen auf dem Prüfstand an einem untersuchten Reihenmotor diese Bedingung mehr oder weniger erfüllen. Hierbei zeigen die Ausführungen A_1 und A_2 gleiche Grundform mit und ohne Leitblechanordnung. Im Falle B und C ist mit Rücksicht auf die Kühlung des dem Gebläsestutzen am nächsten liegenden Zylinders auch die Grundform verschieden.

An den $\frac{N_G}{L_0}$-Kurven fällt auf, daß sich die einzelnen Luftführungskästen in bezug auf den spezifischen Leistungsbedarf ziemlich einheitlich verhalten. Die je m³/s Kühlluft erforderliche Antriebsleistung des Gebläses weist im maßgebenden Drehzahlbereich Unterschiede von nur 10 bis 15 % auf und liegt der Größenordnung nach in der Nähe der in Abschnitt E 1 genannten Richtwerte, denen zufolge bei voller Drehzahl

$$\frac{N_G}{L_0} = \frac{N_G \cdot N_0}{N_0 \cdot L_0} = \frac{1 \cdot 3600}{10 \cdot 60} = 6 \text{ PS} \cdot s/m^3.$$

Der Unterschied zwischen den dargestellten Bauarten der Leitvorrichtung liegt vielmehr in dem bei gleichem Gebläse erzielbaren Luftdurchlaß. Aus den L_0- und N_G-Kurven geht eindeutig hervor, welche konstruktive Bedeutung die Form des an das Gebläse angeschlossenen Luftführungskastens für die erzielbare Kühlluftmenge besitzt. Da eine Änderung am Luftführungskasten viel einfacher durchzuführen ist als am Gebläse, wird man eine etwa notwendige Vergrößerung der Kühlluftmenge zunächst durch eine Vergrößerung des Luftdurchlasses im Luftführungskasten zu erreichen suchen. Daß gleichzeitig, sofern nicht die Druckhöhe absinkt, der Leistungsaufwand entsprechend steigt, kann den Wert dieses Hilfsmittels nicht beeinträchtigen.

Was die Wirkung des durch Leitbleche aufgeteilten Luftstromes anbelangt, so bietet sich mit der Ausführung A_1 naturgemäß die beste Möglichkeit zur Anpassung der Kühlluftmenge an den Bedarf der einzelnen Zylinder. In dieser Beziehung dürfte die Form A_2 am wenigstens geeignet sein. Im Versuch hat sich bestätigt, daß eine günstige Verteilung der Kühlluft mit dieser Kanalform nicht gelingt. Die durchfließende Luftmenge ist infolge der Leitbleche bei der Form A_1 am größten, doch steigt gleichzeitig der spezifische Leistungsbedarf, da offenbar die Wandreibung an den Leitblechen größere Verluste verursacht als die Wirbelbildung im Falle des Fortfalles dieser Leitmittel. Daß trotz der Druckzunahme bei Form A_1 eine größere Kühlluftmenge gefördert wird, ist allerdings nur für Gebläse mit vorwärts gekrümmten Schaufeln nach Bild 25a, d. h. mit Kennfeldern nach Bild 22 zutreffend.

Die in Bild 30 dargestellten Schaulinien wurden unter sonst gleichen Vorbedingungen, d. h. mit demselben Gebläse und mit der gleichen Bauart und Anordnung der Zylinder gewonnen. Sie gestatten daher unabhängig von der absoluten Größe der Betriebswerte eine Übertragung der vermittelten Erkenntnisse auf gleichartige Luftkastenformen bei Reihenmotoren beliebiger Größenordnung und anderer Zylinderzahl, sofern ein ähnliches Gebläse verwandt wird.

Wie leicht erkennbar, sind die in Bild 30 dargestellten Leitvorrichtungen vom Standpunkt der Herstellungskosten verschieden zu beurteilen. Unter Berücksichtigung der Kostenfrage erscheint Form B als die zweckmäßigste Bauart, denn bei dieser Ausführung vereinigen sich im Gegensatz zu den anderen Bauformen günstige Betriebswerte mit einfacher Herstellungsweise und mit kleinem Raumbedarf. Selbstverständlich können aber die im Einzelfall am Motor auftretenden Forderungen das Bild ohne weiteres zugunsten einer durch Leitbleche aufgeteilten Luftführung verändern, wenn eine einwandfreie Luftverteilung auf einfacherem Wege (z. B. nach Form B) nicht erreichbar ist. Die Bedeutung, die der richtigen Verteilung und Ausnutzung der Kühlluft am Motor zukommt, rechtfertigt, dies sei ausdrücklich betont, jeden Aufwand an Zeit und Mühe bei der Durchführung der Versuchsläufe auf dem Bremsstand.

F. Ausgeführte Motoren.

Die in diesem Abschnitt abgebildeten Beispiele luftgekühlter Wagenmotoren geben, soweit es im vorliegenden Rahmen möglich ist, einen Überblick über die wichtigsten, in der Praxis bewährten Bauformen. Betriebswerte dieser z. T. seit vielen Jahren im Sreienbau hergestellten Motorenmuster, die schon aus früheren Erörterungen (Bild 2, 5, 18, 27; Zahlentafel 2) hervorgehen, sind nicht mehr besonders angegeben.

Bemerkenswerterweise ist die Schaffung leistungsfähiger und zuverlässiger Motoren mit sehr verschieden durchgebildeten Luftkühlungs-Systemen erreicht worden. Von keiner dieser in sich ausgereiften Motorbauarten kann, soweit es sich um die für die Luftkühlung angewendeten Grundsätze handelt, ein ausgesprochener Vorrang in Anspruch genommen werden, der geeignet wäre, die Weiterentwicklung auf diesem Gebiet in einer bestimmten Konstruktionsrichtung festzulegen. Man findet im Gegenteil, daß sich die von den einzelnen Herstellerfirmen bevorzugten Konstruktionsmerkmale (Anblasrichtung, Gebläseanordnung, Antrieb usw.) bisher nebeneinander zäh behaupten und auch in den neuesten Baumustern wiederkehren, ein Kennzeichen dafür, in welchem Maße die Luftkühlung auf Spezialerfahrungen und auf der Planmäßigkeit im Ausbau dieser Erfahrungen beruht.

I. Personenwagen-Motoren.

1. Franklin.

Die amerikanische Franklin Manufacturing Comp. in Syracuse, N.Y., die vor mehreren Jahren durch den einseitigen Zuschnitt ihres Bauprogramms auf Luxusfahrzeuge der wirtschaftlichen Depression in U.S.A. nicht standhalten konnte und eingegangen ist, hat den Bau luftgekühlter Motoren seit 1902 betrieben und galt als eine der erfahrensten Pionierfirmen auf diesem Gebiet. Das erfolgreichste, aus großzügiger Versuchsarbeit [6]) hervorgegangene Modell ist der 6-Zyl.-Reihenmotor Serie 145, der in bezug auf Leistungsdaten, Zylinderbauart und Luftkühlungssystem bereits eingehend behandelt worden ist. Bild 31 und Bild 32 zeigen den allgemeinen Aufbau: Gebläse-Laufrad als Trommelläufer (dargestellt noch in der Bauart 1930) unter Zwischenschaltung einer schwingungsdämpfenden Gummikupplung vorn auf der Kurbelwelle angeordnet, obengesteuerte Zylinder nach Bild 5 u. 19 von der Seite angeblasen. Die Betriebsdaten sind aus Zahlentafel 2 sowie aus Bild 18 und 27 zu entnehmen.

Die gleiche Bauart ist auch als doppelt so starker 12-Zyl.-V-Motor mit ebenfalls direkt auf der Kurbelwelle angeordnetem Gebläse zur Ausführung gekommen, wobei die Kühlluft für die beiden Zylinderreihen aus einem gemeinsamen Austrittsstutzen des Gebläses in den V-förmigen Zwischenraum gedrückt wurde. Dieses Modell hat jedoch infolge der mit der Zylinderzahl wachsenden konstruktiven Schwierigkeiten, die teilweise durch Kunstkniffe überwunden werden mußten, keinen technischen Fortschritt gebracht und daher keine besondere Bedeutung erlangt.

Neuerdings ist diese bewährte Zylinderbauart von der Lizenznachfolgerin der Franklin-Gesellschaft, der Aircooled Motor Corporation of Syracuse nach neuzeitlichsten Gesichtspunkten weiterentwickelt worden, und zwar als Leichtmetall-Zylinder (Britische Y-Legierung) mit eingeschrumpfter, sehr dünnwandiger Ni-Resist-Gußlaufbuchse, deren Wärmeausdehnungskoeffizient 18×10^{-6} beträgt gegenüber einem solchen von $22{,}1 \times 10^{-6}$ des Leichtmetallgusses [7]). Das Übermaß der Laufbuchse zur Aufnahmebohrung im Zylinder beträgt 0,3 mm. Durch die nahezu gleichgroße Ausdehnung beider Teile im Betrieb wird ein einwandfreier Wärmeübergang unter allen Bedingungen erreicht.

Bild 33 zeigt einen Querschnitt des 4-Zyl.-Boxermotors AC-150 der vorgenannten Firma mit dieser Zylinderbauart. Es handelt sich um einen 2,43 l-Motor mit 92 mm Bohrung und 92 mm Hub, der als Flugmotor bei einer Drehzahl von 2400/Min ca. 50 PS (ohne Gebläse) hergibt.

Der einstückig mit dem Zylinderkopf gegossene Leichtmetall-Zylinder zeigt einen grundsätzlich ähnlichen Aufbau wie der alte Franklin-Zylinder nach Bild 5. Durch den Fortfall der Zylinderkopfdichtung ergibt sich ein ungehinderter Wärmeabfluß vom Verbrennungsraum, so daß hier infolge der guten Temperaturverteilung durch das Leichtmetall für Kraftstoffe mit OZ $\geqq$ 73 ein Verdichtungsverhältnis von 6,5 angewendet werden kann. Dieser Wert entspricht dem derzeitigen Entwicklungsstand hochwertiger wassergekühlter Motoren. Der Rippenabstand beträgt durchschnittlich 8 mm. Das Ventilspiel wird durch den hydraulischen Wilcox-Rich-Stössel, der in U.S.A. auch bei wassergekühlten Motoren sehr verbreitet ist, selbsttätig ausgeglichen. Für die Ventilsitze sind gegossene Ni-Resist-Ringe vorgesehen, deren Übermaß 0,09 mm beträgt. Die Aluminiumkolben besitzen ein für luftgekühlte Motoren allerdings meist nur bei Vollschaftkolben übliches Einbauspiel, nämlich 0,19 mm = 0,0021 D.

Diese Maschine zählt zu den fortschrittlichsten Neubauten auf dem Gebiet der luftgekühlten Leichtmotoren, insbesondere deshalb, weil sie ohne Kühlluftgebläse

Bild 31. 6 Zyl.-Franklin-Motor, Kühlluftaustrittsseite

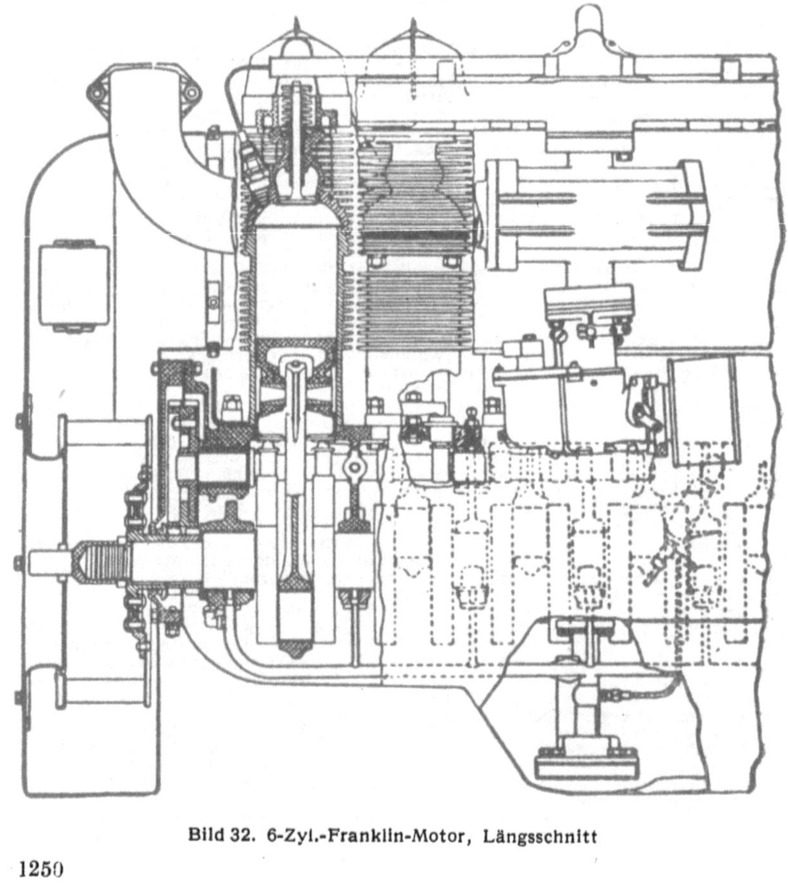

Bild 32. 6-Zyl.-Franklin-Motor, Längsschnitt

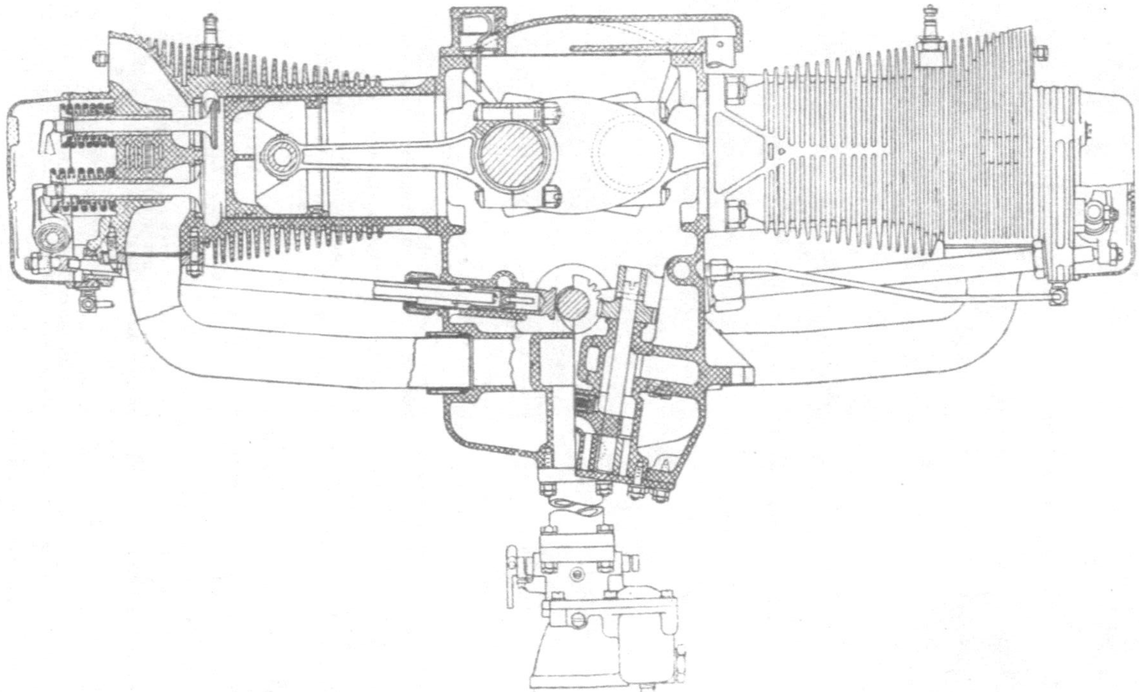

Bild 33. 4-Zyl.-Boxer-Flugmotor *AC* — 150 (Bauart Franklin) der Aircooled Motor Corporation of Syracuse, USA (Querschnitt)

Bild 34. Franklin-Boxer-Motor AC — 150 im Heckantriebs-Aggregat der White-Motor-Company, Cleveland, USA

als Flugmotor für Sportflugzeuge und mit Kühlluftgebläse als Wagenmotor Verwendung findet. Zur Aufnahme der Reaktionskräfte vom Propeller ist das vordere Bundlager besonders stark und lang.

Für den Wagenmotor mit Gebläse, Verteiler und Lichtmaschine wird die normale Bremsleistung mit 45 PS bei $n = 2500$ U/min (= 18,5 PS/l) angegeben. Der Einbau erfolgt serienmäßig u. a. als Heckmotor in den White-Horse-Milchlieferwagen der White-Motor-Company, Cleveland, und zwar, um den Betriebsverhältnissen des Haus-zu-Haus-Lieferverkehrs und der Oktanzahl des handelsüblichen Kraftstoffes Rechnung zu tragen, mit einem auf $\varepsilon = 5{,}5$ verkleinerten Verdichtungsverhältnis. Bild 34 zeigt das komplette Antriebsaggregat.

Da der Flugmotor AC-150 normal ohne Lichtmaschine und Verteiler und stattdessen mit einem Scintilla-Magnetzünder ausgerüstet wird (Doppelzündung nur auf Wunsch), geht der Leistungsunterschied von 5 PS nahezu ganz zu Lasten der Gebläseluftkühlung und der kleineren Verdichtung. Für den Einfluß der Verdichtung muß man aber nach Bild 1 in diesem Fall mit etwa 2,5 PS rechnen. Der gleichgroße, übrigbleibende Betrag erscheint indessen für den Gebläseantrieb so niedrig, daß die bekanntgegebenen, abgerundeten Leistungsangaben nur annähernd zutreffen können. Für diese Annahme besteht um so mehr Grund, als die maximale Kühlluftmenge angeblich 56 m³/min beträgt und demnach den ausnehmend hohen spezif. Wert von 75 m³/PSh erreichen würde. Vermutlich bezieht sich diese Angabe auf die kalte Kühlluft am fremdangetriebenen Motor, so daß bei normalem Betrieb und erwärmter Kühlluft etwa der bekannte Richtwert von 60 m³/PSh vorhanden ist, doch sind die zahlenmäßigen Zusammenhänge nach den vorliegenden Unterlagen nicht durchsichtig genug. Für die Kühlluftförderung am Wagenmotor ist ein Gebläse-Läufer mit direktem Antrieb, 305 mm ∅ und 55 Luftschaufeln vorgesehen.

Im übrigen stimmen die Leistungsdaten des Franklin-Motors AC-150 ohne Gebläse mit denjenigen ähnlicher amerikanischer Kleinflugmotoren, die aus der gleichen Entwicklungszeit stammen und der Größenordnung und Bauart wegen für den Konstrukteur luftgekühlter Wagenmotoren von Interesse sind, leidlich überein:

Continental A 50 (Baujahr 1938):
2,8 l-Boxermotor 4-98,4/92,1, obengesteuert,

Leistung: 50 PS bei 1900 U/min (18 PS/l)
Verdichtung: $\varepsilon = 5{,}4$
Kraftstoff: OZ 65
Werkstoff für Zyl.: Schmiedestahl
Werkstoff für Zyl.-Kopf: Aluminium
Zyl.-Kopf-Temperatur: < 200° C
Zyl.-Fuß-Temperatur: < 95° C

Menasco M 50: (Baujahr 1938):
2,36 l-4 Zyl.-Boxermotor, untengesteuert,
Leistung: 50 PS bei 2550 U/min (= 21,2 PS/l)
Verdichtung: $\varepsilon = 5{,}25$
Kraftstoff: OZ 73
Werkstoff für Zyl.: nickelleg. Gußeisen } paarweise gegossen
Werkstoff für Zyl.-Kopf: Aluminium }

Wie aus diesen Vergleichsziffern ersichtlich, nähern sich die beiden Fachgebiete des Flugmotors und des Wagenmotors in diesem Leistungsbereich einander so stark, daß die im Franklin-Motor AC-150 verwirklichte Baugleichheit und die damit erzielte Überbrückung der unterschiedlichen Betriebsanforderungen und Herstellungsbedingungen für beide Zwecke durchaus brauchbare Ergebnisse liefert. Man erkennt aber daraus auch ohne weiteres den sehr beachtlichen Entwicklungsstand der luftgekühlten Wagenmotoren, die, abgesehen von der Leistungsgewichtsfrage und von der Mehrbelastung durch das Kühlluftgebläse, den Kleinflugmotoren an Leistungsfähigkeit nicht viel nachstehen. Allerdings sind diese Flugmotoren in letzter Zeit weiter verbessert und vervollkommnet worden.

2. Tatra.

Schon das älteste Modell des von den damals tschechischen Tatra-Werken gebauten, gegenläufigen 2-Zyl.-Kleinwagenmotors gelangte durch seine Luftkühlung zu vollem Erfolg. Den damaligen Erfahrungen entsprechend wurde die Kühlung der mit schraubenförmigen Kühlrippen versehenen Graugußzylinder gleichzeitig durch Gebläse, Fahrwind und Schmieröl bewerkstelligt. Das Gebläse war mit dem Schwungrad verbunden und drückte die Kühlluft von den Zylinderfüßen nach außen an den im Fahrwind liegenden Zylinderköpfen vorbei ins Freie.

Der aus dieser Bauart hervorgegangene obengesteuerte 4-Zyl.-Boxermotor Typ 57 mit 1,25 l Hubraum, 23 PS Leistung und mit vornliegendem, direkt angetriebenem

Bild 35. 8 Zyl.-V-Motor Typ 77 der Tatra-Werke

Bild 36. 8 Zyl.-V-Motor Typ 87 der Tatra-Werke

Gebläse, bei dem die Kühlung der Zylinderköpfe ebenfalls vom Fahrwind unterstützt wurde, hatte einen ähnlichen Erfolg und stellte bei den damaligen Bedürfnissen an Leistung und Geräuschfreiheit eine sehr glückliche Lösung dar, weil die vordringlichen Forderungen nach einer zuverlässigen, ausdauernden und anspruchslosen Maschine damit bereits in weitgehendem Maße erfüllt waren. Aus dieser bewährten Bauart entstand 1937 der verbesserte Typ 97 mit 1,75 l Hubraum, 40 PS Leistung und 3500 U/min, der im Prinzip von den Stoewer-Werken, Stettin, für einen 1,5 l-Motor in Lzenz übernommen worden ist (Bild 2).

Die im Kleinmotorenbau gesammelten Erfahrungen haben schon vor Jahren die Tatra-Werke veranlaßt, die Luftkühlung auf größere Einheiten mit hoher Drehzahl zu übertragen. Von den bekannten obengesteuerten 8-Zyl.-V-Motoren Typ 77 (V_H = 3,4 l, N_e = 70 PS, n = 3500/min) und Typ 87 (V_H = 2,96 l, N_e = 72 PS, n = 3500/min, ε = 5,8) ist das erstgenannte Baumuster als für die Bauart kennzeichnend in Bild 35 wiedergegeben. Bei diesem 90°-V-Motor wird auf jeder Seite (im Bild nur für eine Seite sichtbar) ein durch Keilriemen angetriebenes Gebläse verwendet, das jeweils eine Reihe von 4 Zylindern mit Kühlluft beliefert.

Der in Bild 36 dargestellte neuere Typ 87 läßt das gleiche Bauprinzip erkennen, weist aber in den Einzelheiten eine weitgehende Vervollkommnung auf. Als besondere Unterscheidungsmerkmale gegenüber Typ 77 sind die obenliegenden Nockenwellen und kühltechnisch die veränderte Dreh- und Anblasrichtung der beiden Gebläsegruppen zu nennen. Die Kühlluft umströmt die Zylinder nicht mehr vom Zylinderfuß her, sondern von der Seite, was sich vornehmlich zugunsten der Zylinderkopf-Kühlung dieses Hochleistungsmotors auswirkt. Durch die Änderung der Steuerung und der Köpfe sind die Auspuff-Krümmer aus dem Bereich der ausströmenden Kühlluft nach außen gerückt.

Bild 37 zeigt den Einbau des Motors im Heck des bekannten Tatra-Stromlinienwagens bei abgenommenem Rückenblech mit Kühlluft-Auslaß.

Zwei Merkmale sind für diese beiden Schnelläufer typisch: die Ausrüstung mit 2 getrennten Kühlluftgebläsen und der Antrieb der beiden Gebläse mittels 2 einfacher Keilriemen.

Durch die Heckanordnung des Motors wird die Forderung nach einer möglichst ungehinderten Abfuhr der warmen Kühlluft bestens erfüllt. Die Zufuhr der Kühlluft

Bild 37. Tatra-Motor Typ 87 im Wagenheck eingebaut

erfolgt durch 2 Fangtaschen in den Seitenwänden des Wagenaufbaues. Der Leistungsaufwand für die Kühlung im Fahrzeug ist daher gering.

Eine gegendruckfreie Ableitung der Kühlluft ist bei 2 Gebläsen, die in denselben Raum hinein fördern, wie dies hier geschieht, besonders wichtig, da andernfalls leicht Störungen durch Druckschwankungen, verbunden mit unregelmäßiger Leistungsaufnahme auftreten können, wenn die beiden parallel arbeitenden Gebläse, besonders Trommelläufer, zwischen verschiedenen Betriebspunkten ihrer Kennlinien ins Pendeln geraten. Bei der Zusammenarbeit zweier Gebläse werden daher mit Vorteil rückwärts gekrümmte oder allenfalls radial auslaufende Schaufeln verwendet, weil deren Kennlinie, wie früher besprochen, mit zunehmender Fördermenge abfallenden bzw. konstanten Druck ergibt und mit der gleichzeitig ansteigenden Widerstandslinie des Leitungssystems nicht mehr als einen Schnittpunkt haben kann, so daß der Arbeitsvorgang im ganzen Bereich stabil bleibt.

Was die Anwendung von Keilriemen für den Gebläseantrieb betrifft, so begegnete diese Lösung früher vom Standpunkt der Betriebssicherheit oftmals Bedenken. Diese Bedenken erscheinen jedoch unbegründet, denn ungünstige Erfahrungen sind bisher nicht bekannt geworden. Der zahlreichen Vorteile (Einfachheit, Billigkeit, Geräuschlosig keit und Elastizität) wegen wird diese Antriebsart im Gegenteil neuerdings in zunehmendem Maße bevorzugt. Es sei daran erinnert, daß auch das Kühlluftgebläse des Volkswagenmotors auf diese Weise, und zwar gemeinsam mit der Lichtmaschine betrieben wird. Allerdings kann dort durch das Warnsignal der Ladekontrollampe der Lichtmaschine ein Versagen des Antriebs nicht gut vom Fahrer übersehen werden. Es trifft im übrigen zu, daß ein solcher Riemenantrieb beträchtliche Beschleunigungs- und Verzögerungskräfte aufzunehmen hat, wenn die Motordrehzahl plötzlich wechselt. Die Kleinhaltung der Massenkräfte am Gebläselaufrad bildet daher die Voraussetzung für zuverlässigen Betrieb und damit für die Anwendung überhaupt. Als weitere Frage von Bedeutung erweist sich bei der Bauart nach Bild 35 die Sorge um eine ausreichende Isolierung des Vergasers gegenüber dem austretenden Warmluftstrom. Sie ist nach Bild 36 u. 37 beim Typ 87 inzwischen durch eine strenge Trennung der Räume mit kalter Frischluft und warmer Abluft behoben worden.

3. Volkswagen-Motor.

Einen besonderen Auftrieb hat der Gedanke der Luftkühlung in der Fachwelt durch den Motor des Volkswagens erhalten. Der Motor wird vom Volkswagen-Werk sowohl in den KdF-Wagen Typ 60 als auch in den leichten geländegängigen Heeres-Personenwagen eingebaut und bildet zusammen mit dem Wagentriebwerk ein geschlossenes Heckantriebs-Aggregat. Mit den 4 Zylindern von 70 mm Bohrung und 64 mm Hub in gegenüberliegender Anordnung (Boxer-Bauart) besitzt der Motor einen Gesamthubraum von 0,985 l, eine Dauerleistung von 23,5 PS bei 3000 U/min und ein Drehmoment von 6,45 mkg bei 2000 U/min. Seit März 1943 wird der Motor mit einer auf 75 mm vergrößerten Bohrung geliefert. Damit ist der Gesamt-Hubraum auf 1,13 l und die Dauerleistung auf 25 PS gestiegen. In beiden Fällen ist das Verdichtungsverhältnis 1 : 5,8 und die Zündfolge 1—4—3—2.

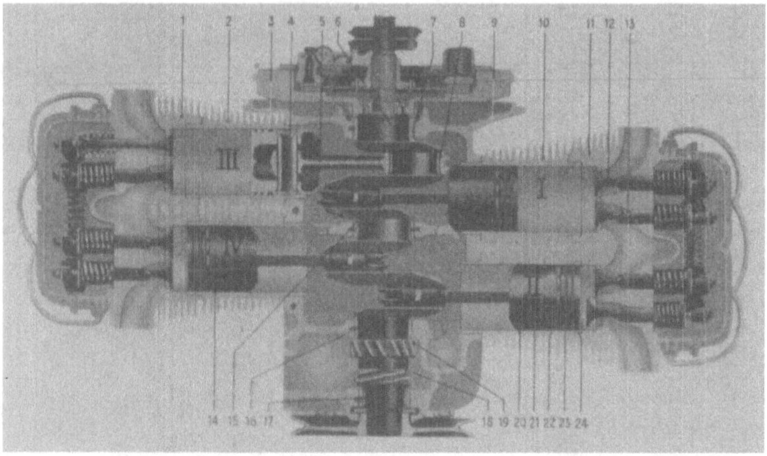

Bild 38. Volkswagen-Motor, wagerechter Längsschnitt

1 Zylinderkopf links
2 Zylinder III
3 Linkes Kurbelgehäuse
4 Kolbenbolzen
5 Pleuel
6 Kurbelwelle
7 Erstes Kurbelwellenlager
8 Erstes Pleuellager
9 Rechtes Kurbelgehäuse
10 Zylinder I
11 Zylinderkopf rechts
12 Auslaßventil
13 Einlaßventil
14 Zylinder IV
15 Zweites Kurbelwellenlager
16 Drittes Kurbelwellenlager
17 Viertes Kurbelwellenlager
18 Antriebsrad-Verteiler
19 Antriebsrad-Nockenwelle
20 Zylinder II
21 Kolben
22 Ölabstreifring
23 Dichtungsring gerade
24 Dichtungsring konisch

Bild 38 zeigt einen wagerechten Schnitt durch den Motor. Wie erkennbar, sind einzelstehende Zylinder (Grauguß) vorhanden, die paarweise einen gemeinsamen, abnehmbaren Zylinderkopf (Leichtmetall) besitzen. Durch die Kühlrippen wird bei dem Motor mit 70 mm Bohrung eine Kühlfläche von 10940 cm^2 erzielt, wovon auf den Zylinderkopf 8520 cm^2 entfallen.

Das Kurbelgehäuse ist in der senkrechten Mittelebene geteilt und bestand ursprünglich aus Leichtmetall. Zwischen den Gehäusehälften ist die geschmiedete Kurbelwelle in 4 Gleitlagern gelagert, von denen 3 als geschlossene Lager und das Mittellager als geteiltes Lager ausgebildet sind. Der Lagerwerkstoff ist, ebenso wie bei den Pleuellagern, Bleibronze.

Bei der Bauart der Kolben handelt es sich um Röhrenkolben aus Leichtmetall mit im Pleuel schwimmenden Bolzen und 3 Kolbenringen (2 Dichtungsringen und 1 Ölschlitzring).

Die 3-fach gelagerte Nockenwelle ist ebenfalls zwischen den Gehäusehälften, und zwar unter der Kurbelwelle angeordnet. Sie betätigt die im Kopf hängenden Ventile über Stösselstangen und Kipphebel.

Die Schmierung wird durch Druckumlauf mit Hilfe einer von der Nockenwelle angetriebenen Zahnrad-Ölpumpe bewirkt. Die Kraftstofförderung zum Fallstromvergaser erfolgt durch Membranpumpe.

Der Gesamtaufbau des Motors ist in Form einer Durchsicht aus Bild 39 zu ersehen. Auf diesem Bild erkennt man auch die Anordnung des über dem Kurbelgehäuse angeordneten Kühlluftgebläses. Der Antrieb des mit 16 rückwärtsgekrümmten Schaufeln ausgerüsteten Läufers erfolgt gemeinsam mit dem Antrieb der Lichtmaschine durch einen Riemenantrieb vom Kurbelwellenende aus. Hierbei trägt das in das Gebläsegehäuse hineinragende Ende der Lichtmaschinenwelle unmittelbar das Gebläselaufrad, das mit Hilfe besonderer Schaufeln, die auf seiner Rückseite angebracht sind, gleichzeitig für die Belüftung der Lichtmaschine sorgt.

Das Radialgebläse hat der Boxer-Bauart des Motors entsprechend 2 Luftaustritte zu den beiden Zylinderpaaren, deren Kühlrippen von der Seite her von der Kühlluft umströmt werden. Hinter den Zylindern wird die Kühlluft durch Führungskästen aus Blech nach dem hinteren Wagenende abgeleitet. Neben dem etwas aus der senkrechten Mittelebene des Motors versetzten Gebläselaufrad ist ein Röhrenkühler für die Ölkühlung in den Kühlluftstrom (linken Druckstutzen des Gebläses) gestellt. Er ist in Bild 39 mit seinem Rohrsystem angedeutet und liegt im Hauptstrom des Ölkreislaufs. Das Fassungsvermögen des Kurbelgehäuses beträgt 3 l Öl. Zur Kontrolle des Ölkreislaufs dient ein grünes Warnlicht an der Schalttafel des Wagens.

Das Gebläserad läuft mit doppelter Motordrehzahl und fördert lt. Fabrikangabe bei der höchsten Motordrehzahl von 3300 U/min in der Sekunde 500 l Kühlluft. Nach genaueren Messungen liegt diese Liefermenge bei der Höchstdrehzahl je nach der

Bild 39. Volkswagen-Motor, Durchsicht

1 Gebläsegehäuse | 4 Stößelstange | 7 Zahnrad-Ölpumpe
2 Ölkühler | 5 Nockenwelle | 8 Gebläserad
3 Schwinghebel | 6 Steuerrad-Nockenwelle | 9 Lichtmaschine
10 Keilriemen

Dichtheit der Gehäuse zwischen 420 und 460 l/s, so daß sich die maximale Kühlluftgeschwindigkeit an den Zylindern bei einer projizierten Luftdurchtrittsfläche von insgesamt 73,5 cm² und bei einer Schwankung des Übersetzungsverhältnisses zwischen Motor und Gebläse von ± 5% in den Grenzen von 55 und 65 m/s hält.

Das Gewicht des kompl. Motors beträgt in der Ausführung mit Leichtmetallgehäuse etwa 85 kg.

Bei ihrer hinreichend bekannten Bewährung im KdF-Wagen und besonders im Truppengebrauch stellt diese Motorkonstruktion ein besonders fortschrittliches Entwicklungsglied in der Reihe der luftgekühlten Personenwagenmotoren dar. Vermöge der sorgfältig durchgebildeten Kühlanlage ist der Motor aber auch für stationäre Verwendung bestens geeignet.

II. Lastwagen-Motoren.

1. Krupp.

Bei den luftgekühlten, obengesteuerten Lastwagenmotoren der Friedrich Krupp A.G., Essen, sticht als besonderes Merkmal die Anordnung von Längsrippen an den Laufzylindern und die Ausbildung der Zylinderköpfe als Rippen-Hohlkörper hervor. Die Anbringung einfacher gerader Längsrippen, deren Abstand hier 10 mm beträgt, stellt die dritte Ausführungsart unter den bis jetzt betrachteten obengesteuerten Motorzylindern dar (Franklin und VW-Motor: Querrippen, Tatra: kurvenförmige Rippen am Boxermotor). Der Weg der Kühlluft geht bei den Krupp-Motoren zunächst ähnlich wie bei Tatra alter Bauart vom Gebläse zu den unteren Zylinderschäften, wo die Verteilung auf den Zylinderumfang stattfindet, und von dort an den Längsrippen entlang durch die Hohlräume der kastenförmigen Zylinderköpfe hindurch nach außen. In Bild 40, das den bewährten 4-Zyl.-Boxer-Motor M 304 mit 3,3 l Hubraum im Schrägansicht darstellt, ist der Luftaustritt auf der Oberseite der Zylinderköpfe deutlich zu erkennen. Da die Köpfe des eingebauten Motors seitlich aus dem Fahrzeugrahmen

Bild 40. 4-Zyl.-Vergaser-Motor M 304 von Krupp

Bild 41. 5 Liter-8 Zyl.-Vergasermotor von Krupp (Vorläufer der Motortype M 313)

hinausragen, erfolgt das Ausblasen der Kühlluft unmittelbar in den Fahrwind, wobei die zusätzliche Umspülung durch die Frischluft noch zur Wärmeabfuhr beiträgt.

Die Abbildung vermittelt einen Eindruck von der flachen, gedrungenen Bauform, die mit einer gegenläufigen Maschine bei einer solchen Kühlluftführung erreichbar ist. Hierdurch wird die Verwendbarkeit des Motors für Spezialfahrzeuge (Gelände-Lastwagen) und als Unterflur-Motor begünstigt. Die an früherer Stelle erwähnte Lichtanlaß-Maschine (Siemens-Schuckert) sitzt unmittelbar vor dem Gebläse. Durch die Heranziehung des Gebläsegehäuses als Träger dieser schweren Maschine ist natürlich eine solide, gegossene Ausführung des Gehäuses erforderlich.

Über die Vollast-Temperaturen an dieser Zylinderkonstruktion gibt Bild 9 Auskunft. Dem Verwendungszweck als Lastwagenmotor entsprechend sind die Zylinder-Abmessungen größer und die Betriebswerte, vornehmlich die Drehzahl, niedriger als bei den vorbeschriebenen Bauarten.

Abmessungen: 4-90/130
Leistung: 54 PS max. bei $n = 2500$/min (16,3 PS/l)
50 PS dauernd bei $n = 2500$/min (15,1 PS/l)
Verdichtung: $\varepsilon = 4{,}95$.

Bild 42. 4-Zyl.-Diesel-Motor M 612 von Krupp

Mit genau derselben Zylinderbauart haben die Krupp-Werke ihren späteren 5 l-8 Zyl.-V-Motor mit zunächst 85 mm Bohrung und 110 mm Hub herausgebracht, der bei wiederum 2500 U/min Nenndrehzahl eine Leistung von 90 PS entwickelt. Der Vergleich dieses Motors nach Bild 41 mit dem Ausgangsmodell nach Bild 40 läßt die gleichartigen konstruktiven Grundsätze klar erkennen.

Beide Motoren wurden später im Hubvolumen vergrößert, der Boxermotor auf 100/130, der V-Motor auf 90/120. Mit dem auf 6,1 l vergrößerten Hubraum konnte die Spitzenleistung des V-Motors M 313 ohne Drehzahlerhöhung auf 120 PS, d. h. auf 19,7 PS/l gesteigert werden.

Angeregt durch die Erfolge mit den Vergasermotoren gingen die Krupp-Werke dazu über, die gewonnenen Erfahrungen auf luftgekühlte Dieselmotoren zu übertragen. Bild 42 gibt den neuesten Motor dieser Entwicklungsreihe wieder, und zwar den Vorkammer-Dieselmotor M 612, dessen weitgehende bauliche Übereinstimmung mit dem Vergasermotor nach Bild 40 keiner weiteren Erläuterung bedarf:

Abmessungen: 4-100/130 (V_H = 4,1 l)
Leistung: 55 PS bei n = 2200/min
Verdichtung: ε = 18.

Dieser Motor ist der erste luftgekühlte Fahrzeug-Dieselmotor, der zu serienmäßiger Lieferung gelangt ist. Einige allgemeine Fragen, die die Luftkühlung in Beziehung zum Dieselverfahren betreffen, werden noch kurz behandelt werden.

Die Firma Krupp hat seit Beginn ihrer Entwicklungsarbeit im Jahre 1930 an ihrer in vielen Einzelheiten bemerkenswerten Lösung des Kühlungsproblems festgehalten. Der auffallendste Eindruck aller Krupp-Motoren ist die bauliche Geschlossenheit, die sich aus der Kühlluftführung ergibt und noch stärker in Erscheinung tritt als z. B. am 8-Zyl.-Tatra-Motor. Unter Verzicht auf einfache Blechverkleidungen und sonstige billige Hilfsmittel ist bei diesen Motoren schon äußerlich die konstruktive Reife betont, auf die sich ihre Leistungsfähigkeit und Ausdauer im Betrieb gründen.

Wie der Konstrukteur aus der Zylinderbauart von Krupp lernen kann, darf die Kühlluft für die Kühlung des Zylinderkopfes bereits durch die Wärmeaufnahme am Laufzylinder stark vorgewärmt sein, sofern nur der Leichtmetallkopf zum Ausgleich eine genügend vergrößerte Kühlfläche erhält und sofern es vor allem gelingt, die kritische Stelle zwischen den Ventilen von Wärmestauungen zu befreien. Die Wärmeableitung aus den Ventilsitzen zum Leichtmetall erfolgt dabei durch eine eingegossene, nach Bild 9 gut verankerte Brille aus Spezialbronze. Diese kostspielige Bauweise ist, wie erwähnt, an hochbeanspruchten Motoren mit Luftkühlung, deren Ventile im Leichtmetall arbeiten, notwendig, wenn einfache Ventilsitzringe versagen.

Zahlentafel 5: Entwicklung der Phänomen-Motoren seit 1926.

4 Zylinder-Reihen-Motor	Entwicklungsjahr	Verwendung für Lastwagen mit Nutzlast in	Hubraum	Bohrung und Hub	Hubverhältnis	Drehzahl	Verdichtung	Prüfstandsleistung	Literleistung	Mittlerer Nutzdruck bei $N_{e\max}$	Spezif. Verbrauch	Max. Drehmoment
			V_H	d, s	s/d	n	ε	$N_{e\max}$	N_e/V_H	p_m	b	Md_{max}
Type		t	l	mm		U/min		PS	PS/l	kg/cm²	g/PS h	mkg
4 R L	1926	3/4	1,55	74/90	1,22	2200	4,7	16	10,3	4,2	390	6
Granit 25	1930	1,5	2,5	85/110	1,29	2500	5,3	38	15,2	5,5	290	13,5
Granit 30	1934	2,3	3,05	90/120	1,33	2800	5,3	52	17,2	5,5	300	18
Granit 27	1939	1,5	2,7	85/118	1,39	2800	5,3	51	18,9	6,0	255	16,3

2. Phänomen:

Einen wesentlich anderen Zuschnitt auf ihren ausschließlichen Zweck als Lastwagen-Motoren und als Stationär-Motoren zeigen die Typen der Phänomenwerke Gustav Hiller A.G., Zittau. Diese Firma zählt wie Franklin in U.S.A. zu den ältesten Vorkämpfern der Luftkühlung und hat, ausgehend von den Anfangserfahrungen an dem kleinen, von 1913 bis 1925 für den Antrieb eines Dreiradfahrzeugs fabrizierten Phänomobil-Motor mit ihren heutigen bewährten „Granit"-Motoren eine Bauart entwickelt, die den höchsten Anforderungen an Zuverlässigkeit und Wirtschaftlichkeit gerecht wird.

Durch die Verwendung stehender Ventile nimmt die Phänomen-Bauart unter den heute im Verkehr befindlichen luftgekühlten Wagenmotoren eine Sonderstellung ein. Zweifellos kommen die Vorteile der Luftkühlung für ein Nutzfahrzeug um so stärker zur Geltung, je mehr auch der übrige Aufbau des Motors auf die im Transportwesen entscheidenden Gebrauchseigenschaften abgestellt ist. Neben der selbstverständlichen Voraussetzung eines zuverlässigen und wirtschaftlichen Betriebes stehen die Forderungen nach geringen Herstellungskosten, einfacher Wartung, leichter Überholung und billiger Instandsetzung im Vordergrund. Dies bedingt die Anwendung möglichst einfacher baulicher Mittel und es ist keine Frage, daß mit der seitlichen Steuerung ein unübertroffen einfacher Gesamtaufbau des Motors erzielbar ist.

Daß der untengesteuerte, gußeiserne Zylinder in bezug auf Temperaturverteilung, Wärmespannungen usw. besondere konstruktive Sorgfalt und Erfahrung beansprucht, wurde mehrfach hervorgehoben. Wenn aber, wie bei den Phänomen-Motoren, die Forderung nach einer in allen Betriebslagen einwandfreien Kühlung und nach einer möglichst großen Sparsamkeit im Betriebsstoffverbrauch im ganzen Drehzahlbereich erfüllt ist, so ist diese Bauart trotz ihrer minder hohen Leistungswerte den obengesteuerten Motoren in der Summe der Eigenschaften, die den Gebrauchswert bestimmen, mindestens ebenbürtig.

Die Betriebswerte der in den letzten 18 Jahren von den Phänomen-Werken entwickelten Typen sind in Zahlentafel 5 zusammengestellt. Bemerkenswert ist die stetige Zunahme des Hubverhältnisses und der Hubraumleistung bei gleichzeitiger Senkung des spezifischen Brennstoffverbrauchs. Der Normverbrauch liegt bei den in einer Stückzahl von über 10000 gebauten 1,5 t-Lastwagenmotoren „Granit 25" unter 14 l/100 km. Der Schmierölverbrauch der Granitmotoren beträgt bei normalem Betriebszustand

Bild 43. Phänomen-Motor „Granit 30“ mit angeblocktem Vierganggetriebe

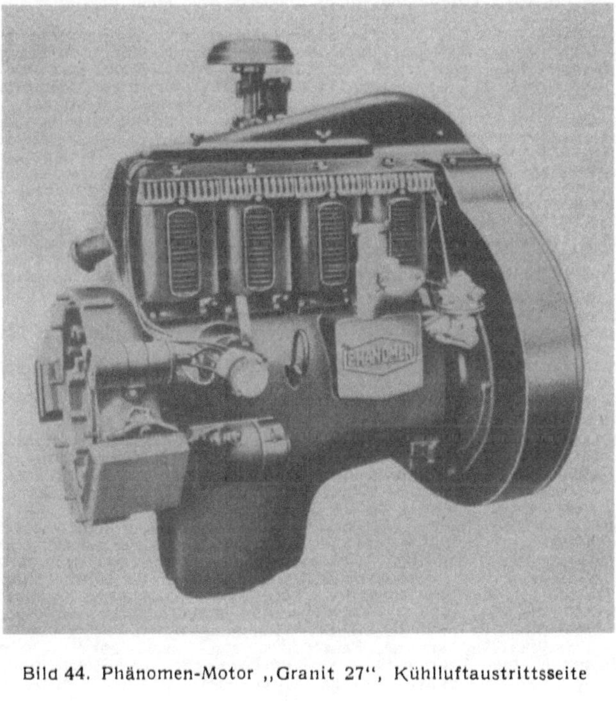

Bild 44. Phänomen-Motor „Granit 27“, Kühlluftaustrittsseite

Bild 45. Phänomen-Motor „Granit 27", Steuerungsseite

0,25 bis 0,3 l/100 km und ist in dieser relativ geringen Höhe ein Zeichen für einwandfreies Rundbleiben der Zylinder im Betrieb und für die Dichtheit der Kolben.

Als Beispiel dieser Bauart ist im Bild 43 das kompl. Motor-Getriebe-Aggregat „Granit 30" abgebildet. Der Motor ähnelt seinem Vorgänger „Granit 25" bis auf wenige Einzelheiten vollkommen. Leistung, Kolbengeschwindigkeit und Verdichtung bewegen sich in den durch die Dauerbeanspruchung im Lastwagenbetrieb gezogenen Grenzen. Die Kurbelwelle ist in Wälzlagern gelagert. Diese an und für sich teure Lagerung steigert den mechanischen Wirkungsgrad und die Lebensdauer, sie vereinfacht die Schmierung, erleichtert das Anlassen und schaltet bei Anwendung richtiger Toleranzen Lagerschwierigkeiten praktisch ganz aus. Mit Rücksicht auf die ausströmende Kühlluft sind, wie aus dem Bild ersichtlich, Vergaser, Luftfilter (mit Abschirmglocke) und Brennstoffpumpe seitlich am Kurbelgehäuse angeordnet. Auch der von der warmen Kühlluft beaufschlagte Thermostat für die Kühlluftregelung ist deutlich erkennbar. Im übrigen geht die Einfachheit des konstruktiven Aufbaus aus folgenden Merkmalen hervor:

4 Zyl.-Reihenbauart,
Grauguß-Zylinder mit quergerichtetem Kühlluftstrom,
Grauguß-Kurbelgehäuse in Tunnelbauart als steifes Fundament für die einzelstehenden Zylinder,
abnehmbare Zylinderköpfe aus Leichtmetall, bei den älteren „Granit"-Typen als Rippen-Hohlkörper ausgebildet,
direkt von der Kurbelwelle angetriebenes Kühlluftgebläse,
Luftführungskasten aus Eisenblech.

An weiteren Einzelheiten ist erwähnenswert, daß der Nockenwellenantrieb durch Steuerkette (geräuschlose Rollenkette) erfolgt und daß die Schmierung der Pleuellager als Tauchschmierung mit Ölzufuhr durch Zahnradpumpe ausgebildet ist. Die Verwendung hochwertiger Baustoffe ist auf ein Mindestmaß beschränkt. Zur Milderung der Betriebsgeräusche arbeiten die Ventilstößel unter Öl.

Über das neueste Modell „Granit 27" geben Bild 44 (Kühlluft-Austrittsseite) und Bild 45 (Steuerungsseite) Aufschluß. Die nach Zahlentafel 5 erzielte Steigerung der Literleistung bei gleichzeitiger Verbesserung des spezifischen Verbrauchs ist das Ergebnis zahlreicher Verbesserungsmaßnahmen, an denen die kühltechnischen Verbesserungen und die Verminderung der Eigenverluste maßgebend beteiligt sind. Zu diesen Verbesserungen gehört insbesondere eine Regeleinrichtung für die Kühl luft, bei der 2 Drosselklappen im Gebläse-Druckstutzen angeordnet sind, die nach Maßgabe der Gaszufuhr selbsttätig durch den Fahrer bzw. nach Maßgabe der Motor-Erwärmung selbsttätig durch einen Thermostaten gesteuert werden. Diese Einrichtung hat sich im praktischen Fahrbetrieb als unentbehrlich erwiesen und bestens bewährt (Bild 6).

Der Ölinhalt des Kurbelgehäuses, dessen aus Bild 44 und 45 ersichtliche untere Form durch die Verwendung dieses Motors in allradangetriebenen LKW bestimmt ist, beträgt 7 Liter. Ein Ölkühler ist, wie Versuche erwiesen haben, auch unter tropischen Betriebsverhältnissen nicht erforderlich.

Vergleicht man den bei der Spitzenleistung vorhandenen mittleren Nutzdruck

$$p_m = \frac{900 \cdot N_{e_{max}}}{V_H \cdot n}$$

nach Zahlentafel 5 mit dem Mitteldruck, der sich bei den obengesteuerten luftgekühlten Motoren gleichen Entwicklungsstandes errechnet, so ergibt sich im Durchschnitt ein Unterschied von etwa 10% zuungunsten der untengesteuerten Bauart. Dieser Unterschied entspricht der auch bei wassergekühlten Motoren üblichen Bewertung beider Bauarten und ist für den untengesteuerten Motor in Anbetracht des günstigen Brennstoffverbrauchs und der baulichen Vereinfachung durchaus tragbar, besonders da auch

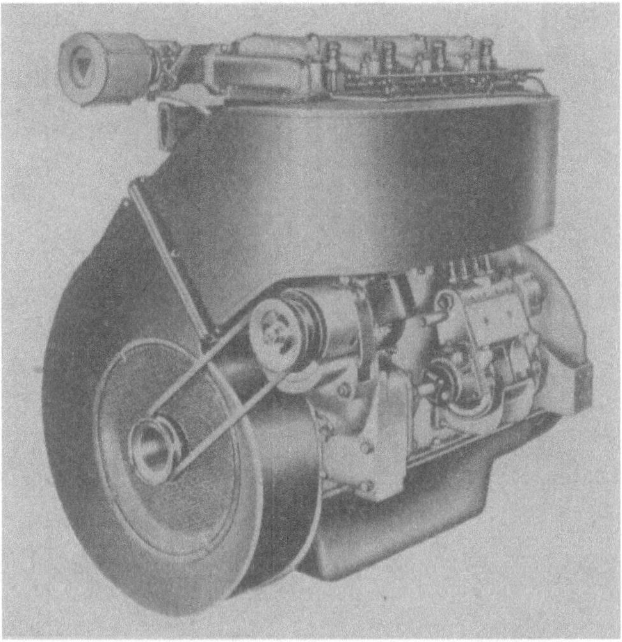

Bild 46. 4,1 Liter-Phänomen-Dieselmotor, Schrägansicht der Einspritzpumpenseite

die Einbauabmessungen und das Leistungsgewicht im Vergleich mit dem obengesteuerten Motor günstig abschneiden. Im Falle des Motors „Granit 27" beträgt das Leistungsgewicht 5,1 kg/PS. Dieser Wert versteht sich für den kompl. ausgerüsteten, betriebsfertigen Motor mit Graugußgehäuse, Wälzlagerung und Gebläse bei der Spitzenleistung von 51 PS und liegt innerhalb der Grenzen, die bei wassergekühlten Otto-Motoren für Lastwagen ohne Berücksichtigung des Kühlers üblich sind (4,5 bis 6,5 kgPS).

Als Herstellerwerk luftgekühlter Lastwagenmotoren haben die Phänomen-Werke bereits vor der Typenregelung in der Kraftfahrzeug-Industrie einen Dieselmotor entwickelt, und zwar einen Vierzyl.-Wirbelkammermotor in Reihenbauart, der mit einer Bohrung von 95 mm und einem Hub von 145 mm dasselbe Hubvolumen erreicht wie der Krupp M 612, nämlich 4,1 l. Die Dauerleistung beträgt 56 PS bei $n = 2200$/min, die Kurzleistung an der Rauchgrenze 60 PS bei der gleichen Drehzahl. Die in 5 Gleitlagern gelagerte Kurbelwelle trägt am vorderen Ende das Gebläselaufrad (Trommelläufer mit vorwärts gekrümmten Schaufeln). Bild 46 stellt eine Schrägansicht der Einspritzpumpenseite dar und zeigt in bezug auf die Gebläseanordnung und Kühlluftführung die gleichen konstruktiven Grundsätze wie die untengesteuerten Otto-Motoren der Bauart „Granit" nach den voraufgehenden Bildern. Mit der von den älteren „Granit"-Motoren übernommenen Leitblechanordnung in der Kühlluftführung zu den Zylindern hat sich das Kühlsystem auch bei diesem Motortyp in bezug auf gleichmäßige Kühlluftbelieferung der Zylinder voll bewährt.

Durch die Typenregelung in der Kraftfahrzeug-Industrie kam dieser Motor s. Zt. nicht zur serienmäßigen Fabrikation. Nach dem heutigen Erfahrungsstand kann er als Übergangsbauart zu dem in den folgenden Bildern dargestellten Diesel-Motortyp der Phänomen-Werke gelten.

Die Bilder 47 und 48 zeigen den neuesten, luftgekühlten Diesel-Motor dieser Firma von der Steuerungsseite und von der Gebläseseite. Dieser Motor ist als Glied einer Entwicklung zu betrachten, die in einem Aufsatz von Oberreg. Baurat Dipl.-Ing. Augustin in der Fachliteratur[38]) beschrieben ist.

Wiederum handelt es sich um einen Vierzyl.-Reihenmotor, der nach einem Wirbelkammerverfahren arbeitet. Bei einem Einzelzylinder-Hubraum von 0,8 l/Zyl. mit 90 mm Bohrung und 125 mm Hub besitzt der Motor ein Gesamthubvolumen von 3,2 l und erreicht in bezug auf Leistung und Drehzahl dieselben Werte wie der Otto-Motor „Granit 27" nach Zahlentafel 5. Auch das Drehmoment des Motors ist mit 16 mkg genau auf das Drehmoment des Otto-Motors „Granit 27" abgestimmt und

Bild 47. 3,2-Liter-Phänomen-Dieselmotor, Steuerungsseite

weist nur im Linienverlauf einen gewissen, im Dieselverfahren begründeten Unterschied auf. Mit diesen Leistungsdaten und den konstruktiv eingehaltenen Einbauabmessungen ist dieser Motor gegen den Otto-Motor „Granit 27" sowohl im Fahrzuge als auch in den stationären Verwendungsfällen austauschbar.

Mit Rücksicht auf die Austauschfähigkeit wurde bei diesem Phänomen-Motortyp erstmalig von dem direkt angetriebenen Kühlluftgebläse auf dem vorderen Kurbelwellenende abgegangen und eine Anordnung gewählt, bei der zwei seitlich neben den Zylindern auf gemeinsamer Antriebswelle sitzende Doppelgebläse mit 230 ∅ von einem Doppelriemen angetrieben werden. Die Bauart wurde vorher gemeinsam mit dem angewandten Dieselverfahren an einem Einzyl.-Versuchsmotor eingehend erprobt und dann für den Reihenmotor übernommen.

Die Betriebsdaten jedes einzelnen Gebläserades sind aus Bild 23 ersichtlich. Das Gewicht des kompl. ausgerüsteten, betriebsfertigen Motors beträgt 360 kg, so daß

[38]) Augustin: „Luft- oder wassergekühlte Motoren", ATZ, Jahrg. 46, Heft 19/20, Okt. 1943.

ein Leistungsgewicht von weniger als 7 kg/PS, bezogen auf rauchfreien Dauerbetrieb, erreicht wird. Damit ist der Motor um rund 100 kg schwerer als der mit ihm austauschbare Otto-Motor „Granit 27".

Die bekannte Regel, wonach ein Diesel-Motor bei gleicher Drehzahl gegenüber einem gleichstarken Otto-Motor etwa 20% mehr Hubraum benötigt und um etwa $^1/_3$ schwerer ist, findet mit diesem Baumuster ihre Bestätigung.

Bild 48. 3,2-Liter-Phänomen-Dieselmotor, Gebläseseite

Grundsätzlich ist über die Luftkühlung von Dieselmotoren noch folgendes zu sagen:

Selbst in Fachkreisen wird zuweilen die Meinung vertreten, daß der Dieselmotor infolge seines besseren thermischen Wirkungsgrades und seiner kleineren Literleistung für die Anwendung der Luftkühlung günstigere Voraussetzungen bietet als der Otto-Motor. In Wirklichkeit ist das Gegenteil der Fall. Die einzige günstigere Vorbedingung von Belang ist das größere Hubverhältnis. Der kleineren Literleistung steht der größere Einzelzylinderinhalt gegenüber und man ersieht aus Bild 2 an den Beispielen l und m, daß die Literleistung dem auch bei Vergasermotoren für diese Zylindergröße zu erwartenden Durchschnitt entspricht.

Was den höheren thermischen Wirkungsgrad, also die Verringerung der Wärmeverluste betrifft, so wirkt sich diese nach Abschnitt A leider in nur geringfügigem Maße auf die Wärmeabgabe der Zylinder an das Kühlmittel aus, dafür aber um so mehr auf die Wärmeenergie der Auspuffgase (Senkung der Abgastemperatur auf 500—600° C). Dies bedeutet daher lediglich eine Erleichterung in der Kühlung der Auslaßstutzen.

Alle übrigen Unterschiede des Dieselmotors gegenüber dem Otto-Motor gestalten die Verhältnisse für die Luftkühlung ungünstiger. Zunächst die Drehzahl: die teils durch den Verbrennungsvorgang, teils durch die Kolbengeschwindigkeit (Hubverhältnis!) erforderliche Beschränkung hat naturgemäß entsprechende Ausmaße des Gebläses zur Folge, falls man nicht einen übersetzten Antrieb vorzieht wie in Bild 47/48. Bei kleineren Motoren bis zu 3 l Hubraum (0,75 l/Zyl.) liegen allerdings, aber nur in dieser Beziehung, weit weniger Schwierigkeiten vor.

Ferner bedarf es im allgemeinen einer sehr sorgfältigen Prüfung der Möglichkeiten zur Schaffung genügend großer Kühlluftquerschnitte am Zylinderkopf. Außer den Ventilkammern und Kanälen stehen auch die Einspritzdüse und gegebenenfalls die Vorkammer oder Wirbelkammer dem Luftstrom im Wege, so daß die Kühlung der gefährdeten Stellen bei den hohen Arbeitstemperaturen des Dieselmotors nicht bei allen Brennsystemen einwandfrei gelingt. Die durch das Verfahren bedingte Anordnung bzw. Gestaltung des Brennraumes ist für die erfolgreiche Anwendung der Luftkühlung ausschlaggebend.

Bei Zustandekommen einer anordnungsmäßig befriedigenden Lösung mit ausreichenden Kühlluftquerschnitten am Zylinderkopf kann es eintreten, daß der gußeiserne Laufzylinder und der Kolben der Kühlung mehr Schwierigkeiten bereiten als der Zylinderkopf, aus dem einfachen Grunde, weil die den Brenngasen ausgesetzte Fläche o_I im Laufzylinder (halbe Hubraumwand $o_H/2$ + Kolbenboden o_K) beim Dieselmotor in weit größerem Verhältnis zur Brennraumfläche o_C steht als beim Ottomotor. Es läßt sich an Hand von Abschnitt D II für den vereinfachten, der direkten Einspritzung ähnlichen Fall leicht nachrechnen, daß sich diese Wärmeübergangsflächen (Ventilteller eingerechnet) bei einem Otto-Motor mit $\varepsilon = 5$ und $z = s/d = 1{,}3$ ungefähr wie 1,5 : 1 verhalten, bei einem Dieselmotor mit $\varepsilon = 17$ und $z = 1{,}5$ dagegen wie 2,9 : 1. Dadurch verlagert sich meistens der Schwerpunkt der Kühlungsfrage trotz der obengesteuerten Zylinderbauart des Dieselmotors auf den oberen Teil des Laufzylinders, auf seine Verbindung mit dem Zylinderkopf und auf die Wärmeabfuhr aus dem Kolben. Unter ungünstigen Umständen kann eine durch den Temperaturzustand bedingte Vergrößerung des Kolbenspiels sogar eine Heraufsetzung des Verdichtungsgrades erforderlich machen, falls sich Anlaßschwierigketien bei kalter Maschine herausstellen.

www.ingramcontent.com/pod-product-compliance
Lightning Source LLC
LaVergne TN
LVHW092150300926
849161LV00002B/233
* 9 7 8 3 1 1 2 6 9 3 4 3 8 *